WISBOOK®
智慧图书

教育部全国职业教育与成人教育教学用书规划教材

“十二五”全国高校计算机专业岗前实训教材

1 CD

100个经典实例，

100种机械零件图形的绘制

中文版

AutoCAD 机械绘图 100例

张永茂　王继荣　编著

海洋出版社

2011年・北京

内 容 简 介

本书是作者总结多年来使用 AutoCAD 绘制机械图形的实践经验以及教学经验，特别为广大机械绘图设计师编写的教材。通过 100 个经典实例，100 种机械零件图形的绘制，多种绘图方法的综合应用，详细深入的流程讲解，帮助您迅速掌握 AutoCAD 的绘图方法与技巧，适应实际工作的需要。

本书基于 AutoCAD 2010 软件编写，全书共分为 10 章，包括绘制常用图形；绘制标准零件；绘制传动零件；绘制一般零件；标注零件；绘制零件图；绘制装配图；绘制轴测图；创建三维实体以及打印出图等。整个学习流程紧密结合一线实际需求，典型实用，技术含量十足，物超所值！

读者对象：适用于高等院校计算机辅助设计专业教材；社会计算机辅助设计培训班教材；用 AutoCAD 绘制机械零件的从业人员实用的自学指导书。

光盘：相关实例素材及效果文件+电子课件。

图书在版编目(CIP)数据

中文版 AutoCAD 机械绘图 100 例/张永茂，王继荣编著. —北京：海洋出版社，2011.6
ISBN 978-7-5027-8010-4

Ⅰ.①中…　Ⅱ.①张…②王…　Ⅲ.①机械制图：计算机制图—AutoCAD 软件　Ⅳ.①TH126

中国版本图书馆 CIP 数据核字（2011）第 081094 号

总 策 划：刘　斌
责任编辑：刘　斌
责任校对：肖新民
责任印制：刘志恒
排　　版：海洋计算机图书输出中心　晓阳
出版发行：海洋出版社
地　　址：北京市海淀区大慧寺路 8 号（716 房间）100081
经　　销：新华书店
技术支持：（010）62100055

发 行 部：（010）62173651（传真）（010）62132549
（010）68038093（邮购）（010）62100077
网　　址：www.oceanpress.com.cn
承　　印：北京华正印刷有限公司
版　　次：2011 年 6 月第 1 版
2011 年 6 月第 1 次印刷
开　　本：787mm×1092mm　1/16
印　　张：26.75
字　　数：513 千字
印　　数：1～4000 册
定　　价：49.00 元（含 1CD）

本书如有印、装质量问题可与发行部调换

丛书序言

首先感谢您对海洋出版社计算机图书的支持和厚爱！

在长期的出版过程中，许多热心的读者反映，在他们所接触的计算机教材中，常常有学完之后依旧腹中空空的感觉，在实际工作中遇到问题依旧无法顺利的解决，不能做到学以致用。或者是有些教材编写晦涩，让人很难理解，这些都影响他们迅速地掌握相关的计算机技能。

“十二五”全国高校计算机专业岗前实训系列丛书，是通过我们对大中院校相关专业、企事业单位一线从业人员以及社会相关培训机构长达数年的调研基础上，精心组织了一批长期在第一线进行计算机培训的教育专家、学者、工程师，结合企事业单位岗位需要以及培训班授课和讲座的要求编写而成的。

本套丛书内容通俗易懂，并且辅以大量的上机实战，易学易用，即使是初学者，也容易快速的上手，最大限度的调动读者学习的兴趣，同时知识点广泛，举一反三，环环相扣，意境深远，力图将最实用最完整的知识呈现出来，让读者轻松掌握操作电脑的技能。

我们编写这套书的立足点是“岗前实训”，在对职业要求深入研究的基础上，通过大量有针对性的实例练习、项目指导以及技能分析，让您了解职业特点，掌握职业技能，快速成为职场高手！

一、本系列教材的特点

1.理论与实践结合

本系列丛书从行业的基础理论与概念开始讲解，着重于实际问题的分析与解决，针对每个教学案例提供了详细的制作分析，从案例中引出教学和实际工作的需求，从而达到情景式教学的目的，让读者可以从实用的行业案例中了解更多的行业知识和设计技能。

2.完整的内容讲解

本系列丛书重点在快速掌握软件在实际工作中的应用，边讲边练、讲练结合，内容系统全面，由浅入深、循序渐进，知识点丰富而又有层次。每一节都有明确的学习目标，以及相关的重点难点释疑，每章后既有课后思考又有相应的上机实训，巩固成果、学以致用。

3.实用的学习扩展

每个章节讲解完成后，都在章后提供实用的学习扩展内容，从细节中分析项目的制作过程与技巧，以及与项目相关知识的延伸理解。同时针对项目应用的软件功能进行详细的讲解，让读者在掌握项目制作的同时，更掌握软件的应用。

4.丰富的辅助教学

本系列丛书在出版时多方面考虑读者在使用时的方便，书中范例中用的素材文件以及源文件都附在光盘中，重要实例都配备了语音视频文件，犹如老师在身边一般，手把手地教您学习！同时为方便教学需求，有些光盘中还配备了电子教案。

二、本系列丛书的内容

1.中文版 AutoCAD 机械绘图 100 例

2.基于网站建设的 Flash 动画制作

3.Dreamweaver & Asp 动态网页制作

4.Illustrator CS5 平面图形设计

三、读者定位

本系列教材既是各大中院校计算机专业首选教材，又是社会相关领域初中级电脑培训班的最佳教材，同时也可作为广大初中级用户的自学指导书。

希望“十二五”全国高校计算机专业岗前实训系列丛书能对我国计算机技能型专业技术人才市场的发展壮大，以及计算机技术的普及贡献一份力量。

海洋出版社

前　言

AutoCAD是美国Autodesk公司研究开发的图形设计系列软件之一，在计算机辅助设计领域始终处于领先的地位，在机械设计领域得到最为广泛的使用，成为机械绘图从业人员必备的设计工具。

本书基于AutoCAD 2010版本编写，该版本较以前的版本又做了许多改进和提高，如增加了参数化绘图功能和3D打印功能，增强了动态块、填充、快速访问和多引线等方面的功能。中文版AutoCAD 2010的功能完备，几乎可以胜任任何机械设计工作，因此，一经推出，便备受业界瞩目和欢迎。

为满足广大读者和工程技术人员学习新软件的需求，本书精选了机械设计中100个经典实例并利用中文版AutoCAD 2010绘制了规范的图样。本书在实际应用中介绍中文版AutoCAD 2010的操作方法和技巧，叙述详细、通俗易懂且可操作性强。即使刚入门的读者通过学习和操作，也能绘制出书中的图样。读者既可以将该书当作教科书，学习到AutoCAD 2010的操作方法，也可将该书当作设计“字典”，随时在书中查找同类零件的设计方法，并应用到实际设计中。

全书包括10部分内容，即绘制常用图形、绘制标准零件、绘制传动零件、绘制一般零件、标注零件、绘制零件图、绘制装配图、绘制轴测图、创建三维实体和打印出图。书中列举的绘图实例几乎涉及机械设计中所有类型的零件，内容丰富翔实。读者通过学习和操作，可以触类旁通，掌握同类零件的绘图方法，迅速提高绘图技能。

参加本书编写工作的除了封面署名的编者外，张桂平、王俊卿、王汉厚、谢水丽、曲健、谢强、张鹏德、王学菊等人在校对和整理材料方面做了许多工作，张少朋、张艳平和孙浩洋为本书提供了许多参考资料，在此表示衷心地感谢。

由于时间和水平所限，书中不足之处在所难免，欢迎读者批评指正。

编　者

目　　录

1

绘制常用图形

实例 01 图框和标题栏

本实例所用的绘图命令："图层" Layer 命令、"文字样式" Style 命令、"矩形" Rectangle 命令、"直线" Line 命令、"偏移" Offset 命令、"修剪" Trim 命令、"单行文字" Dtext 命令、"复制" Copy 命令、"移动" Move 命令。

图框和标题栏如图 1-1 所示。

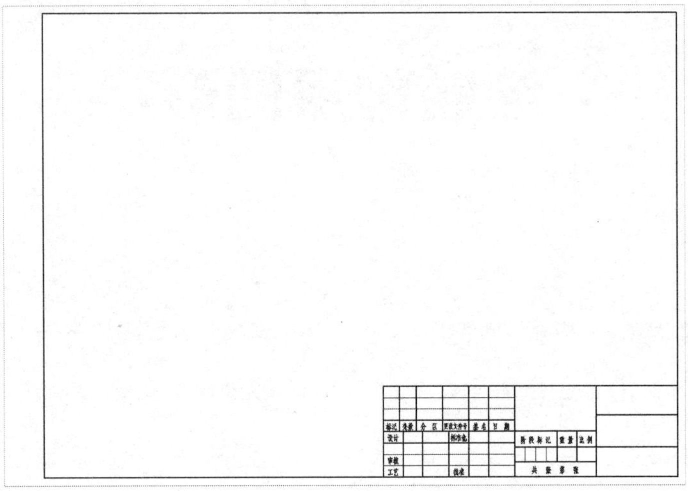

图 1-1　图框和标题栏

绘制步骤

一、创建图层

1 选择菜单"格式"→"图层"选项或单击"图层"工具栏中"图层特性管理器"按钮，弹出"图层特性管理器"对话框。单击对话框中的"新建图层"按钮或回车，新建一个图层，如图 1-2 所示。

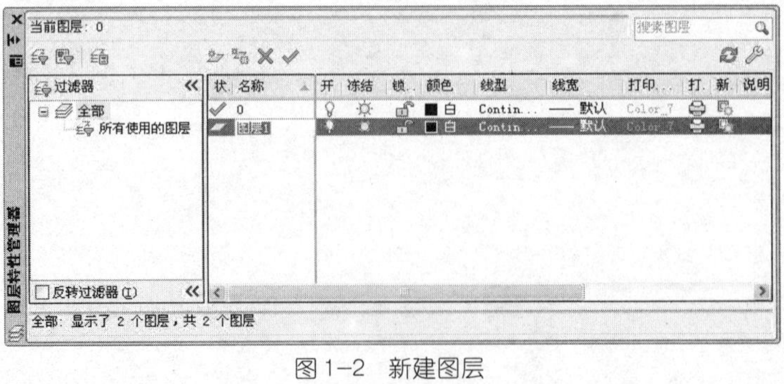

图 1-2　新建图层

2 删除默认的图层名称，输入图层的名称为“边界线”。

3 在显示边界线层颜色的区域单击，弹出“选择颜色”对话框，从中选择 30 号颜色，即橙色，如图 1–3 所示，单击“确定”按钮。

4 边界线的线型是连续线型，保留线型的缺省设置 Continuous 不变。

5 在显示边界线层线宽的区域单击，弹出 “线宽”对话框。按照工程制图国家标准的规定，粗实线层的线宽取 0.75 毫米，其他所有对象的线宽取 0.25 毫米。在“线宽”对话框中选择 0.25 毫米，如图 1–4 所示，单击“确定”按钮。

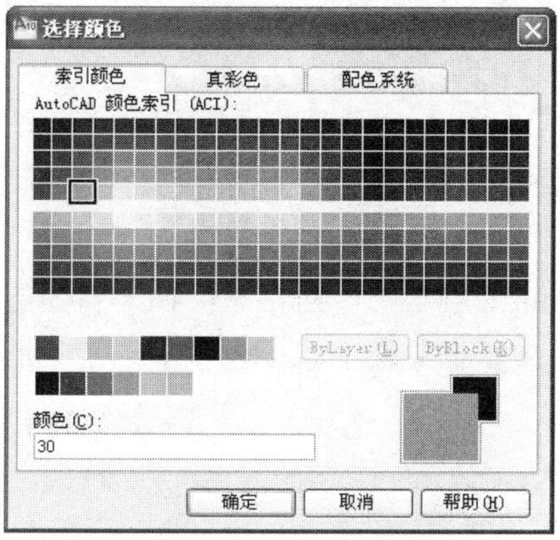

图 1–3 “选择颜色”对话框

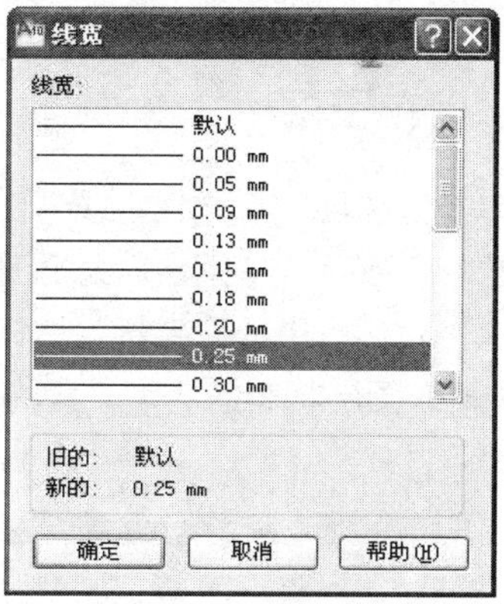

图 1–4 “线宽”对话框

6 按照上述方法可再创建边框层、标注层、粗实线层、点画线层、双点画线层、文字层、细实线层、虚线层，并分别设置它们的颜色、线型和线宽。设置点画线层、双点画线层、虚线层的线型时，单击该图层的线型 Continuous 区域，弹出如图 1–5 所示的“选择线型”对话框。在缺省情况下，该对话框中只有一种线型，即连续线型 Continuous。要设置非连续线型，单击对话框中的“加载”按钮，弹出如图 1–6 所示的“加载或重载线型”对话框。按住键盘上的“Ctrl”键，依次选择 ACAD_ISO04W100、ACAD_ISO05W100、HIDDEN2 三种线型，单击“确定”按钮，即可将三种非连续线型加载到“选择线型”对话框中。

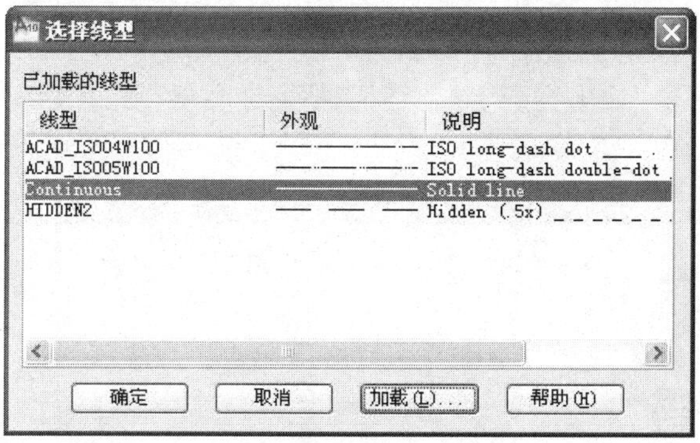

图 1–5 “选择线型”对话框

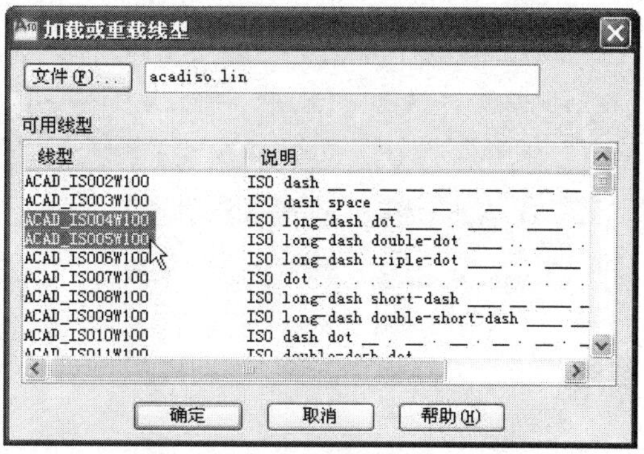

图 1–6 “加载或重载线型”对话框

7 将点画线层的线型设置为 ACAD_ISO04W100，将双点画线层的线型设置为 ACAD_ISO05W100，将虚线层的线型设置为 HIDDEN2 即可。

8 创建图层的结果如图 1–7 所示。其中文字层的颜色设置为 14 号色，即棕色。

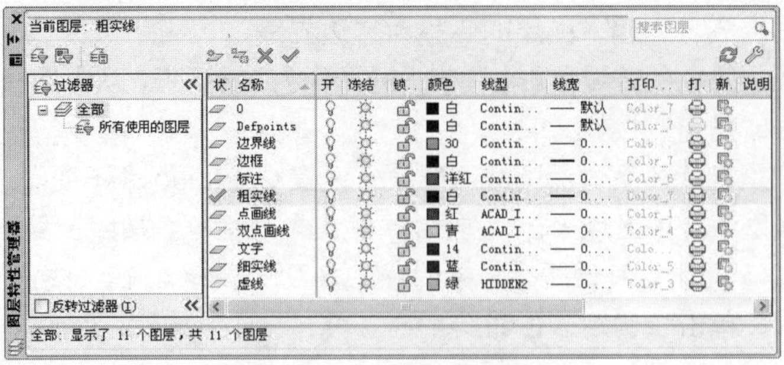

图 1–7　创建图层的结果

二、保存图层

1 单击“图层”工具栏中或“图层特性管理器”选项板左上方的“图层状态管理器”按钮，弹出如图 1–8 所示的“图层状态管理器”对话框。

2 单击对话框中的“新建”按钮，弹出“要保存的新图层状态”对话框。在“新图层状态名”文本框中输入图层状态的名字“我的图层”，在“说明”文本框中输入说明文字“自定义图层”，如图 1–9 所示。

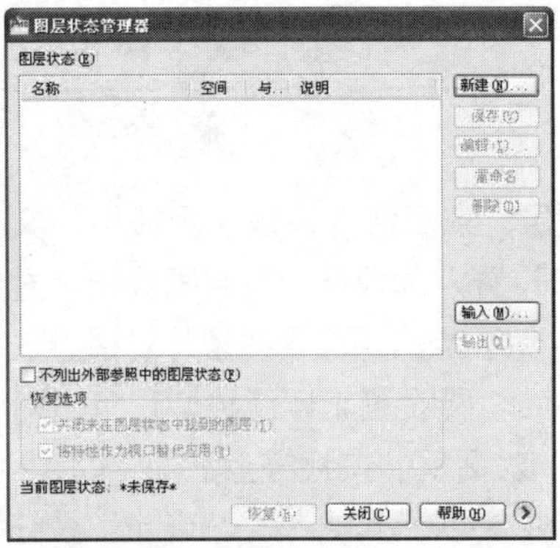

图 1–8　“图层特性管理器”对话框

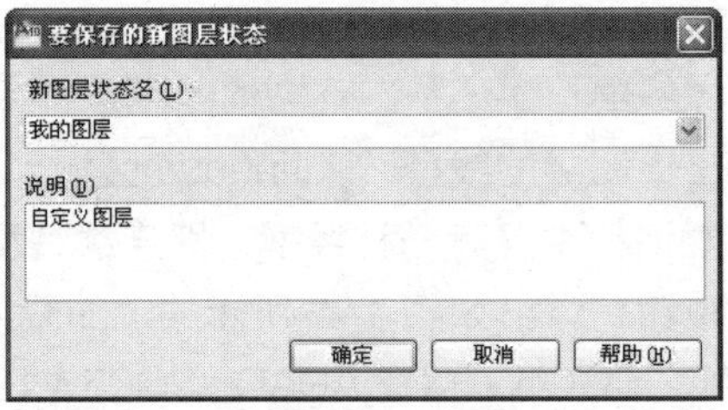

图 1–9　“要保存的新图层状态”对话框

3 单击“要保存的新图层状态”对话框中的“确定”按钮，回到“图层状态管理器”对话框，并在“图层状态”栏显示出图层的名称，原来不可用的按钮全部可用，如图 1–10 所示。

4 单击“输出”按钮，弹出如图 1–11 所示的“输出图层状态”对话框，设置保存路径后，单击“保存”按钮，即可将设置的图层输出保存为“我的图层.las”文件。

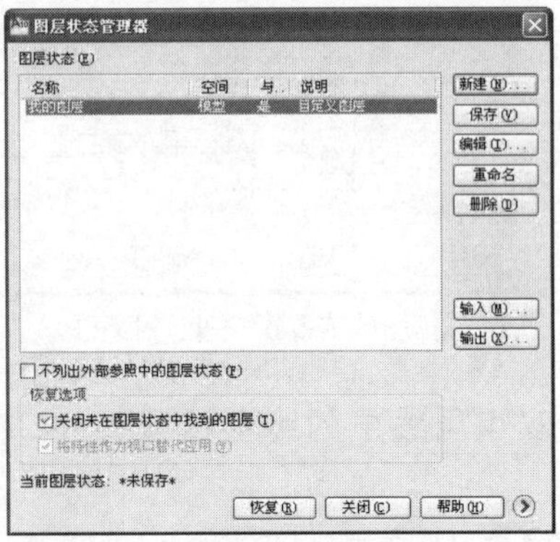

图 1–10　“图层状态管理器”对话框

图 1–11　“输出图层状态”对话框

三、创建文字样式

1 单击“文字”工具栏或“样式”工具栏中的“文字样式”按钮，或选择菜单“格式”→“文字样式”选项，弹出如图 1–12 所示的“文字样式”对话框，系统默认的文字样式名为 Standard。

2 单击“新建”按钮，弹出“新建文字样式”对话框。在“样式名”文本框中输入“字母与数字样式”，如 1–13 所示。

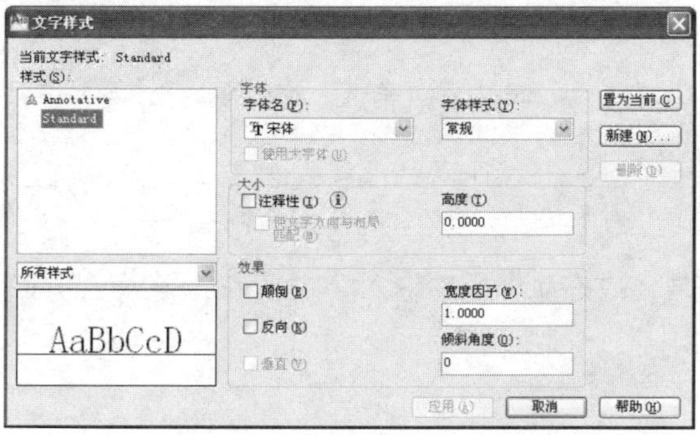

图 1–12　“文字样式”对话框

图 1–13　“新建文字样式”对话框

3 单击“确定”按钮，返回“文字样式”对话框。在“字体名”下拉列表中选择 simplex.shx 选项，在“高度”文本框中输入 5，在“宽度因子”文本框中输入 0.7，在“倾斜角度”文本框中输入 15，如图 1–14 所示，单击“应用”按钮。

4 单击“新建”按钮，弹出“新建文字样式”对话框。在“样式名”文本框中输入“汉字样式”，单击“确定”按钮。

5 在“字体名”下拉列表中选中“仿宋体_GB2312”，保留“高度”文字框的设置 5.000 和“宽度比例”文本框的设置 0.7000 不变，在“倾斜角度”文本框中输入 0，如图 1–15 所示。

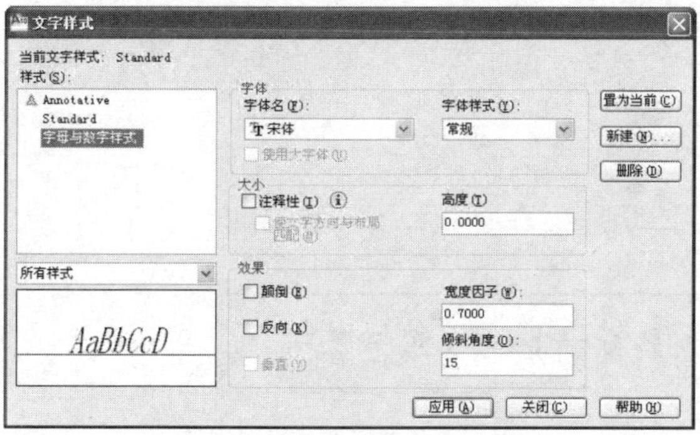

图 1–14　创建“字母与数字样式”

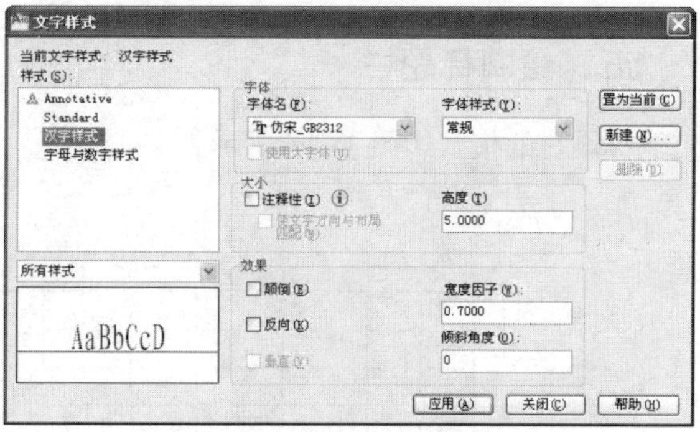

图 1–15　创建“汉字样式”

6 单击“应用”按钮，再单击“关闭”按钮或对话框标题栏中的按钮，关闭“文字样式”对话框，完成文字样式的创建。

四、绘制图框

1 将“边界线”层设置为当前层，利用“矩形”命令绘制边界线。

命令：_rectang　　（单击“绘图”工具栏中的“矩形”按钮，启动“矩形”命令）

指定第一个角点或 [倒角(C)/标高(E)/圆角(F)/厚度(T)/宽度(W)]: 0,0↙　　（输入矩形左下角点的坐标，即坐标原点，回车）
指定另一个角点或 [面积(A)/尺寸(D)/旋转(R)]: 420,297↙　　（输入矩形右上角点的坐标，回车）

2 将“边框”层设置为当前层，利用“矩形”命令绘制边框。

命令: _rectang　　（单击“绘图”工具栏中的“矩形”按钮，启动“矩形”命令）
指定第一个角点或 [倒角(C)/标高(E)/圆角(F)/厚度(T)/宽度(W)]: 25,5↙　　（输入矩形左下角点的坐标，回车）
指定另一个角点或 [面积(A)/尺寸(D)/旋转(R)]: _from　　（单击“对象捕捉”工具栏中的“捕捉自”按钮）
基点:　　（捕捉边界线的右上角点）
<偏移>: @-5,-5↙　　（输入边框的右上角点相对于边界线的右上角点的坐标，回车）

3 单击“缩放”工具栏中的“全部显示”按钮，或在命令行中输入 Z 并回车，输入 A 并回车，将图形全部显示，如图 1-16 所示。

图 1-16　绘制图框

五、绘制标题栏

标题栏的格式如图 1-17 所示。

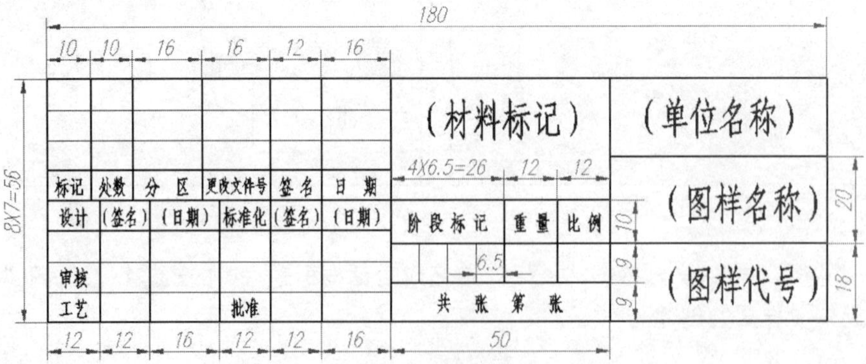

图 1-17　标题栏

1 将“粗实线”层设置为当前层，利用“矩形”命令绘制标题栏外框。

命令: _rectang　　（单击“绘图”工具栏中的“矩形”按钮，启动“矩形”命令）

指定第一个角点或 [倒角(C)/标高(E)/圆角(F)/厚度(T)/宽度(W)]:　　(在适当位置单击，指定标题栏左下角点A的位置)
指定另一个角点或 [面积(A)/尺寸(D)/旋转(R)]: @180,56　　(输入标题栏的右上角点C相对于A点的坐标，回车)

2 打开状态栏中的“对象捕捉”按钮□和“对象捕捉追踪”按钮∠，将光标移到“对象捕捉”按钮□上单击鼠标右键，在弹出的状态栏快捷菜单中选择“设置”选项，如图 1–18 所示，系统弹出“草图设置”对话框，并打开“对象捕捉”选项卡，勾选“端点”、“中点”、“圆心”、“象限点”、“交点”、“延长线”和“垂足”复选框，如图 1–19 所示，单击“确定”按钮。

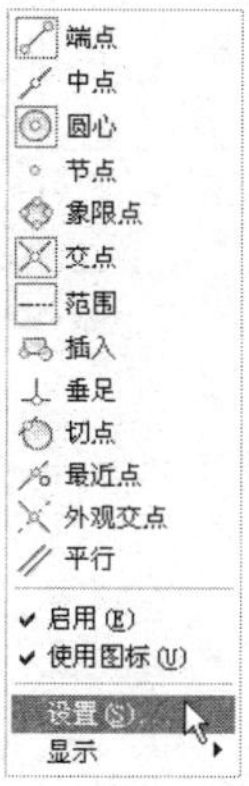

图 1–18　状态栏快捷菜单

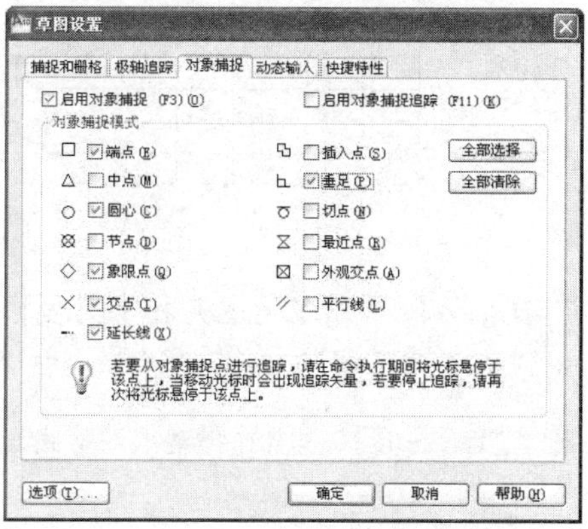

图 1–19　设置自动对象捕捉模式

3 利用“直线”命令绘制内格线 EF。

命令: _line　　(单击“绘图”工具栏中的“直线”按钮⁄，启动“直线”命令)
指定第一点: 130↙　　(将光标移到端点D处，出现端点捕捉标记后，向右移动光标，出现水平追踪轨迹，输入追踪距离130，回车，捕捉到E点。)
指定下一点或 [放弃(U)]:　　(向下移到光标，在AB边上捕捉垂足F)
指定下一点或 [放弃(U)]:↙　　(回车，结束“直线”命令)

4 利用“偏移”命令向左偏移直线 EF。

命令: _offset　　(单击“修改”工具栏中的“偏移”按钮，启动“偏移”命令)
当前设置: 删除源=否　图层=源　OFFSETGAPTYPE=0
指定偏移距离或 [通过(T)/删除(E)/图层(L)] <通过>: 50↙　　(输入偏移距离50，回车)
选择要偏移的对象，或 [退出(E)/放弃(U)] <退出>:　　(单击直线EF)
指定要偏移的那一侧上的点，或 [退出(E)/多个(M)/放弃(U)] <退出>:　　(在EF的左侧单击，得到直线GH)
选择要偏移的对象，或 [退出(E)/放弃(U)] <退出>:　　(回车，结束“偏移”命令)

5 利用“直线”命令，连接 AD 的中点 I、GH 的中点 J 和 EF 的中点 K，如图 1–20 所示。

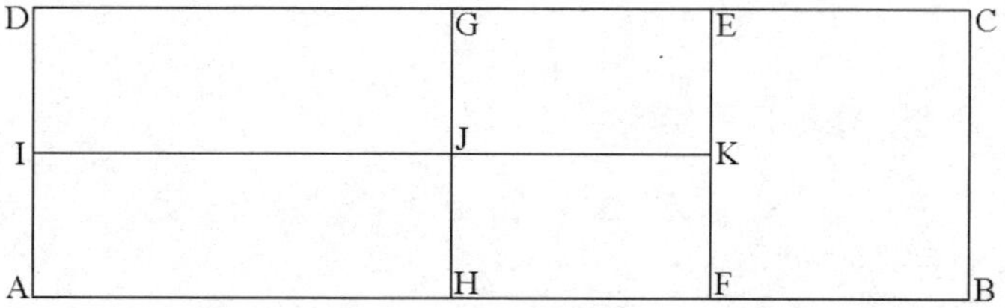

图 1–20　利用“矩形”、“直线”和“偏移”命令绘制标题栏

6 单击“修改”工具栏中的“偏移”按钮，利用“偏移”命令向左连续偏移直线 EF，偏移距离为 12mm，得到直线 LM 和 NO。向左连续偏移直线 NO，偏移距离为 6.5mm。向下偏移直线 JK，偏移距离为 10mm 和 19mm，得到直线 PQ 和 RS。过 Q 点绘制水平线 QT，T 点是在 BC 边上捕捉的垂足。向上偏移直线 QT，偏移距离为 20mm。向左偏移直线 GH 8 次，偏移距离分别为 12mm、28mm、40mm、44mm、56mm、60mm、68mm 和 70mm。向上、向下连续偏移直线 IJ 各 3 次，偏移距离为 7mm。偏移直线的结果如图 1-21 所示。

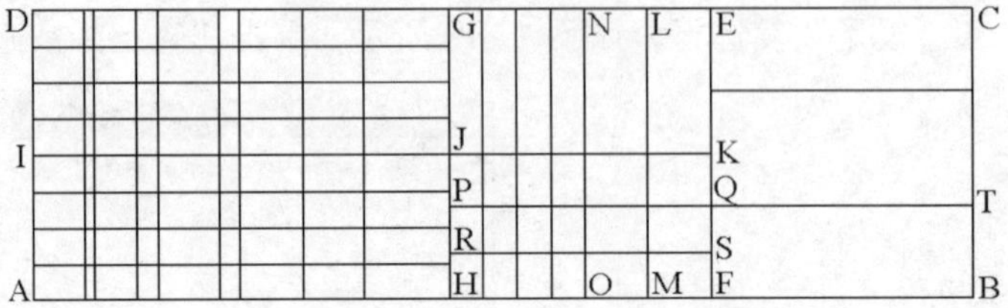

图 1-21 利用“偏移”命令绘制标题栏

7 利用“图层匹配”命令将上方和下方偏移出来的 4 条水平线和连续偏移出来的 3 条竖直线的图层修改为“细实线”层。

命令：_laymch （选择菜单“格式”→“图层工具”→“图层匹配”选项）
选择要更改的对象：
选择对象：找到 1 个
选择对象：找到 1 个，总计 2 个
选择对象：找到 1 个，总计 3 个
选择对象：找到 1 个，总计 4 个
选择对象：找到 1 个，总计 5 个
选择对象：找到 1 个，总计 6 个
选择对象：找到 1 个，总计 7 个
选择对象： （依次单击7条偏移出来的直线）
选择目标图层上的对象或 [名称(N)]：N （输入N，回车，选择“名称”选项，弹出“更改到图层”对话框，在该对话框的图层列表中单击“细实线”，如图1-22所示。）
7 个对象更改到图层“细实线”。

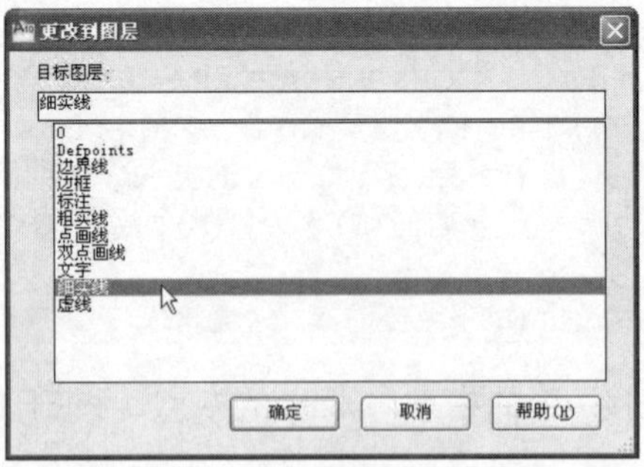

图 1-22 “更改到图层”对话框

8 利用“修剪”命令，修剪标题栏的中部区域。

命令：_trim （单击“修改”工具栏中的“修剪”按钮，启动“修剪”命令）
当前设置：投影=UCS，边=无
选择剪切边...
选择对象或 <全部选择>： （单击直线JK）

找到 1 个
选择对象： (单击直线PQ)
找到 1 个，总计 2 个
选择对象： (单击直线RS)
找到 1 个，总计 3 个
选择对象：↙ (回车，结束选择修剪边界对象)
选择要修剪的对象，或按住 Shift 键选择要延伸的对象，或[栏选(F)/窗交(C)/投影(P)/边(E)/删除(R)/放弃(U)]： (在EFGH区域右上方单击)
指定对角点： (向左下方移动光标，拖出的虚线拾取窗口与左侧五条竖直内格线相交，如图1-23所示。)
选择要修剪的对象，或按住 Shift 键选择要延伸的对象，或[栏选(F)/窗交(C)/投影(P)/边(E)/删除(R)/放弃(U)]： (在“阶段标记”区域右上方单击)
指定对角点： (向左下方移动光标，拖出的虚线拾取窗口与左侧三条细竖直内格线相交)
选择要修剪的对象，或按住 Shift 键选择要延伸的对象，或[栏选(F)/窗交(C)/投影(P)/边(E)/删除(R)/放弃(U)]： (在“共 张第 张”区域右上方单击)
指定对角点： (向左下方移动光标，拖出的虚线拾取窗口与左侧五条竖直内格线相交)
选择要修剪的对象，或按住 Shift 键选择要延伸的对象，或[栏选(F)/窗交(C)/投影(P)/边(E)/删除(R)/放弃(U)]： (回车，结束“修剪”命令，修剪出标题栏的中部区域，如图1-24所示。)

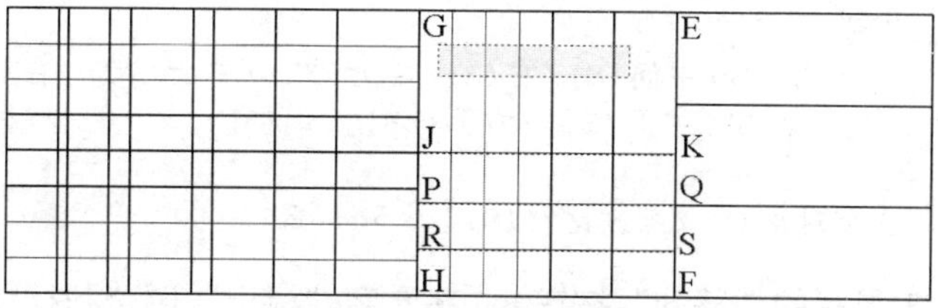

图1-23 利用虚线相交拾取框选择修剪对象

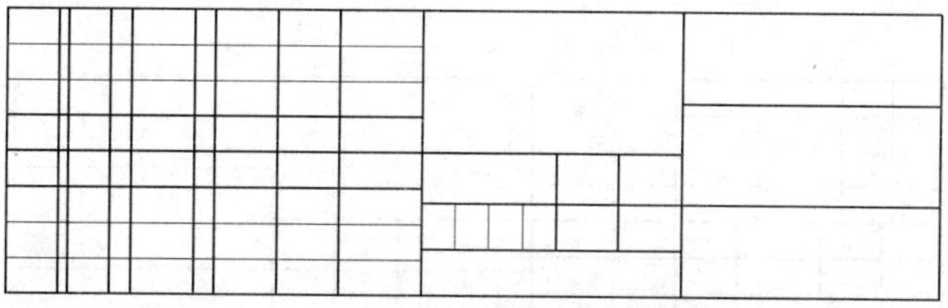

图1-24 修剪出标题栏的中部区域

9 单击“修改”工具栏中的 -/-- 按钮，利用“修剪”命令，修剪标题栏的左侧区域，选择直线IJ为修剪边界对象，修剪结果如图1-25所示。

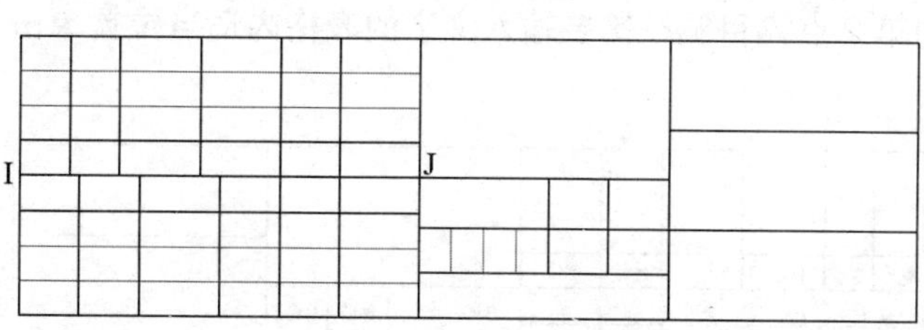

图1-25 修剪标题栏的结果

10 关闭状态栏中的“正交”按钮和“对象捕捉”按钮，将“文字”层设置为当前层。利用“单行文字”命令在标题栏中输入文字“标记”，如图1-26所示。

命令：_dtext　　（单击“文字”工具栏中的“单行文字”按钮A，启动“单行文字”命令）
当前文字样式：汉字样式　当前文字高度：5.0000
指定文字的起点或 [对正(J)/样式(S)]：　　（在适当位置单击）
指定文字的旋转角度 <0>：　　（回车，文字不旋转）
在绘图区的输入框内输入“标记”后回车，结束“单行文字”命令。

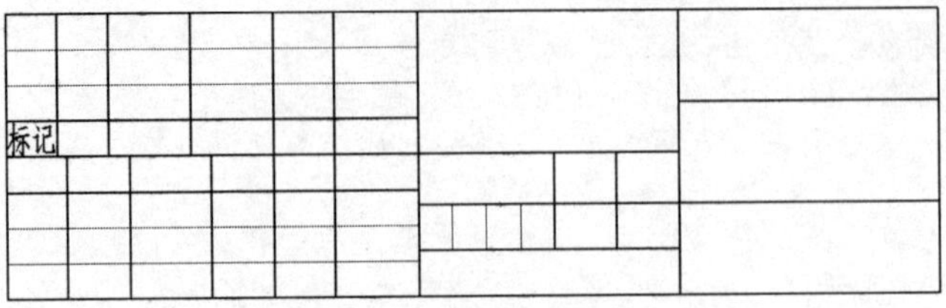

图 1-26　输入单行文字

11　利用“文字缩放”命令修改文字的高度。

命令：_scaletext　　（单击“文字”工具栏中的“文字缩放”按钮，启动“文字缩放”命令）
选择对象：　　（单击文字“标记”）
找到 1 个
选择对象：↙　　（回车，结束选择文字缩放对象）
输入缩放的基点选项
[现有(E)/左(L)/中心(C)/中间(M)/右(R)/左上(TL)/中上(TC)/右上(TR)/左中(ML)/正中(MC)/右中(MR)/左下(BL)/中下(BC)/右下(BR)] <现有>：↙　　（回车，缩放基点为现有的文字起点）
指定新高度或 [匹配对象(M)/缩放比例(S)] <5>：3.5↙　　（输入新高度3.5，回车）

12 单击“修改”工具栏的“移动”按钮，将文字“标记”调整到标题栏适当的位置，移动的基点可在适当位置单击，移动的第 2 点靠目测在需要输入文字的表格内适当位置单击。移动结果如图 1-27 所示。

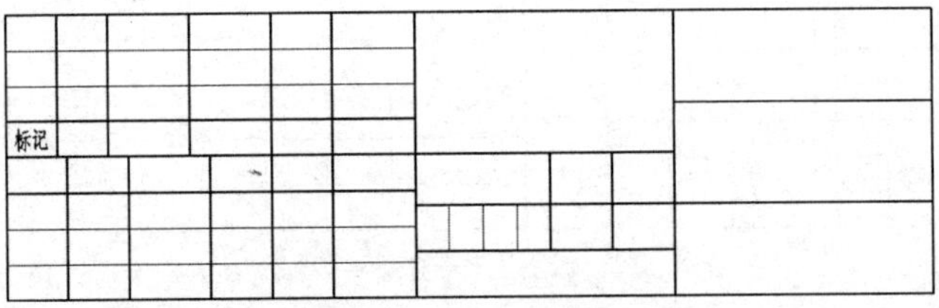

图 1-27　缩放、移动文字

13 单击“修改”工具栏中的按钮，利用“复制”命令复制文字“标记”，复制的基点可在适当位置单击，复制的第 2 点靠目测在需要输入文字的表格内适当位置单击。复制结果如图 1-28 所示。

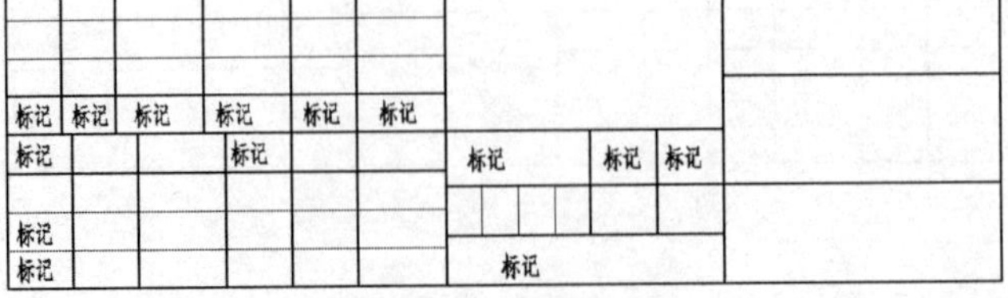

图 1-28　复制文字

14 双击复制出来的文字“标记”，按照标题栏中的文字进行修改，输入新的文字。

15 单击“文字”工具栏中的“文字缩放”按钮，利用“文字缩放”命令将文字“更改文件号”的高度修改为 3mm。

16 分别单击“修改”工具栏的“移动”按钮调整标题栏中文字的位置，完成绘制标题栏，如图 1-29 所示。

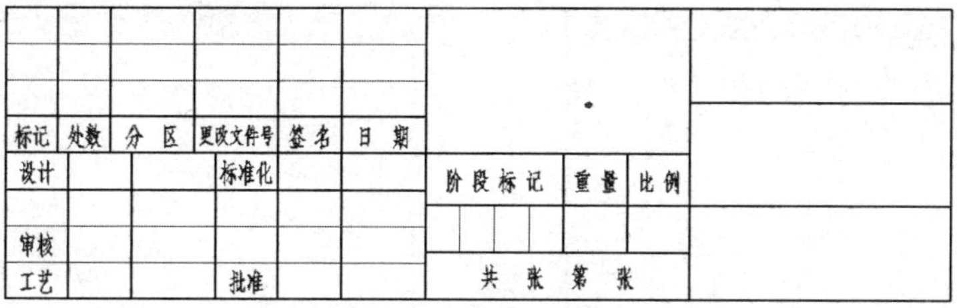

图 1-29　绘制标题栏

17 回车，再次启动“移动”命令，将标题栏移到边框的右下角，移动的基点为标题栏的右下角点，移动的第 2 点为边框的右下角点。

完成绘制图框和标题栏。

实例 02　粗糙度符号

本实例所用的绘图命令：“直线” Line 命令、“偏移” Offset 命令、“修剪” Trim 命令、“圆” Circle 命令、“删除” Erase 命令、“块” Block 命令、“保存块” Wblock 命令、“定义属性” Attdef 命令。

粗糙度符号如图 2-1 所示。其中图 2-1(a)为粗糙度基本符号，图 2-1(b)为加工面粗糙度符号，图 2-1(c)为非加工面粗糙度符号。

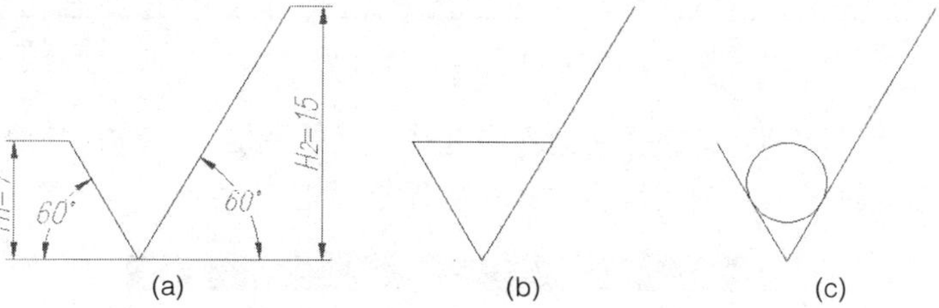

图 2-1　粗糙度符号

绘制步骤

一、恢复图层

1 单击“标准”工具栏中“新建”按钮，弹出“选择样板”对话框，在“打开”下拉列表中选择“无样板打开 – 公制 (M)”选项，如图 2-2 所示，新建一个空白的、未做任何设置的图形文件。

2 选择菜单“格式”→“线型”选项，弹出“线型管理器”对话框，单击“加载”按钮，弹出的“加载或重载线型”对话框，按住键盘上的“Ctrl”键，依次选择 ACAD_ISO04W100、ACAD_ISO05W100、HIDDEN2 3 种线型，单击“确定”按钮，即可将 3 种非连续线型加载到“线型管理器”对话框中，如图 2-3 所示的。

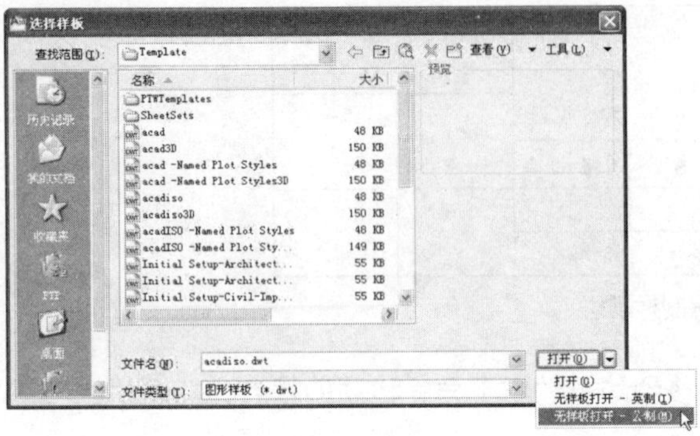

图 2-2 “选择样板”对话框

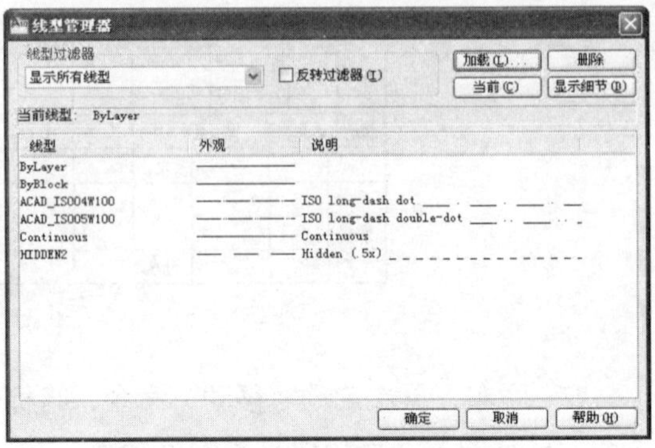

图 2-3 “线型管理器”对话框

3 单击“图层”工具栏中或“图层特性管理器”选项板左上方的“图层状态管理器”按钮，弹出“图层特性管理器”对话框，如图 2-4 所示。

4 单击对话框“输入”按钮，弹出如图 2-5 所示的“输入图层状态”对话框。

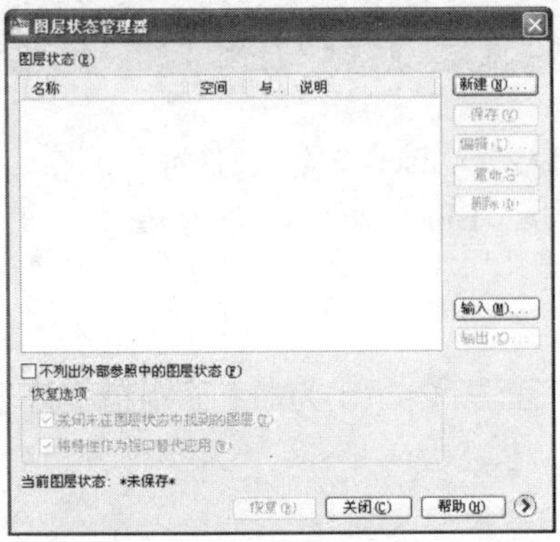

图 2-4 “图层状态管理器”对话框

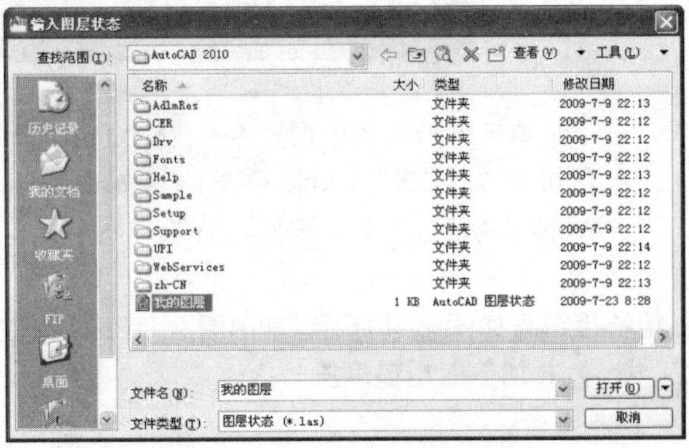

图 2-5 “输入图层状态”对话框

5 在中文版 AutoCAD 2010 的文件列表中选择“我的图层”，单击“打开”按钮，弹出如图 2-6 所示的图层输入提示框，并询问是否立即恢复图层状态。

图 2-6 图层输入提示框

6 单击“恢复状态”按钮，“我的图层”所保存的图层的状态和特性便被恢复过来。

在后面的绘图实例中，当从一个空白的、未做任何设置的图形文件开始绘图时，首先应将 3 种非连续的线型即点画线、双点画线和虚线加载到线型管理器对话框，然后再恢复“我的图层”所保存图层的状态和特性。这个操作过程简述为“新建空白图形文件，加载线型，恢复图层”。

二、绘制粗糙度符号

1 打开状态栏中的“正交”按钮和“对象捕捉”按钮。

2 将“细实线”层设置为当前层，利用“直线”命令绘制一条水平细实线。

```
命令: _line      (单击“绘图”工具栏中的“直线”按钮，启动“直线”命令)
指定第一点:      (在绘图区适当位置单击)
指定下一点或 [放弃(U)]:      (向右移动光标，在适当位置单击)
指定下一点或 [放弃(U)]: ↘      (回车，结束“直线”命令)
```

3 利用“偏移”命令偏移水平细实线。

```
命令: _offset      (单击“修改”工具栏中的“偏移”按钮，启动“偏移”命令)
当前设置: 删除源=否  图层=源  OFFSETGAPTYPE=0
指定偏移距离或 [通过(T)/删除(E)/图层(L)] <通过>: 7↘      (指定偏移距离7，回车)
选择要偏移的对象，或 [退出(E)/放弃(U)] <退出>:      (单击水平细实线为偏移对象)
指定要偏移的那一侧上的点，或 [退出(E)/多个(M)/放弃(U)] <退出>:  (在水平细实线的上方单击)
选择要偏移的对象，或 [退出(E)/放弃(U)] <退出>: ↘      (回车，结束偏移命令)

命令: _offset      (单击“修改”工具栏中的按钮或回车，启动偏移命令)
当前设置: 删除源=否  图层=源  OFFSETGAPTYPE=0
指定偏移距离或 [通过(T)/删除(E)/图层(L)] <通过>: 15↘      (指定偏移距离15，回车)
选择要偏移的对象，或 [退出(E)/放弃(U)] <退出>:      (单击水平细实线为偏移对象)
指定要偏移的那一侧上的点，或 [退出(E)/多个(M)/放弃(U)] <退出>:  (在水平细实线的上方单击)
选择要偏移的对象，或 [退出(E)/放弃(U)] <退出>: ↘      (回车，结束“偏移”命令)
```

4 单击“标准”工具栏中的“窗口缩放”按钮，利用“窗口缩放”命令将图形放大显示。

5 分别利用“直线”命令绘制倾斜细实线，如图2-7所示。

```
命令: _line      (单击“绘图”工具栏中的“直线”按钮，启动“直线”命令)
指定第一点:      (在上方两条水平细实线之间的适当位置单击)
指定下一点或 [放弃(U)]: @15<-60 ↘      (指定第二点相对于第一点的位置)
指定下一点或 [放弃(U)]: ↘      (回车，结束“直线”命令)

命令: _line      (单击“绘图”工具栏中的“直线”按钮或回车，启动“直线”命令)
指定第一点:      (捕捉倾斜细实线和下方水平细实线的交点A)
指定下一点或 [放弃(U)]: @20<60 ↘      (指定第二点相对于第一点的位置)
指定下一点或 [放弃(U)]: ↘      (回车，结束“直线”命令)
```

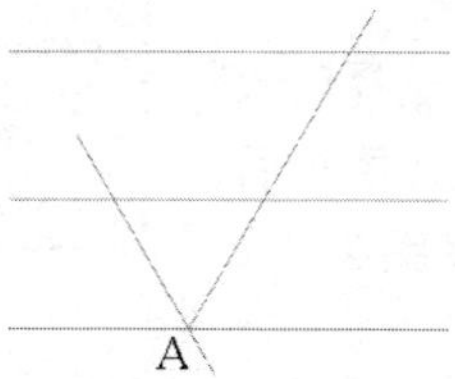

图2-7　绘制水平和倾斜细实线

6 单击“修改”工具栏中的“修剪”按钮，修剪细实线。

7 单击“修改”工具栏中的“删除”按钮，删除下方和上方水平细实线，得到粗糙度符号，如图2-8(a)所示。

8 单击“标准”工具栏中的“缩放上一个”按钮，利用缩放上一个命令返回上一个显示窗口。

9 利用“复制”命令复制图 2-8(a)所示的图形。

```
命令: _copy      (单击“修改”工具栏中的“复制”按钮，启动“复制”命令)
选择对象:       (在图2-8(a)所示图形的左上方适当位置单击)
指定对角点: (向右下方移动光标，拖出一个实线拾取框包围图2-8(a)所示图形，在适当位置单击)
找到 3 个
选择对象:↘      (回车，结束复制对象)
指定基点或 [位移(D)] <位移>:        (捕捉图2-8(a)所示图形的尖点为基点)
指定第二个点或 <使用第一个点作为位移>:       (在适当位置单击)
指定第二个点或 [退出(E)/放弃(U)] <退出>: ↘       (回车，结束“复制”命令)
```

10 绘制等边三角形的内切圆，如图 2-8(b)所示。

```
命令: _circle       (选择菜单“绘图”→“圆” →“相切、相切、相切”选项，启动圆命令)
指定圆的圆心或 [三点(3P)/两点(2P)/相切、相切、半径(T)]: _3p
指定圆上的第一个点: _tan 到
指定圆上的第二个点: _tan 到
指定圆上的第三个点: _tan 到       (依次单击等边三角形的三条直线)
```

11 单击“修改”工具栏中的“删除”按钮，删除图 2-8(b)中的水平直线，即可绘出图 2-1(c)所示的粗糙度符号。

(a)　　(b)

图 2-8　绘制粗糙度符号

三、创建块

1 单击“绘图”工具栏中的“创建块”按钮，弹出如图 2-9 所示的“块定义”对话框，在“名称”下拉文本框中输入“非加工面粗糙度”。

2 单击“基点”选项栏中的“拾取点”按钮，在绘图区域内捕捉图 2-1(c)所示粗糙度符号的下尖点为插入基点后，返回对话框。

3 单击“选择对象”选项栏中的“选择对象”按钮，在绘图区域内选择该粗糙度符号，回车后，返回对话框，单击“确定”按钮，即可将图 2-1(c)所示的粗糙度符号定义为块。

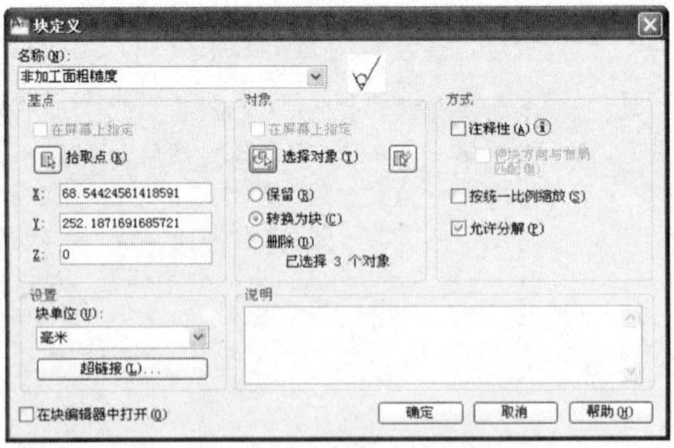

图 2-9　“块定义”对话框

四、保存块

在命令行中输入 Wblock 后回车，即可启动“保存块”命令，系统弹出如图 2-10 所示“写块”对话框。该对话框包括“源”选项栏和“目标”选项栏。

在“源”选项栏中选中“块”单选按钮，从其下拉列表框中选择“非加工面粗糙度”块。在“目标”选项栏中指定输出文件的名称和保存路径，单击“确定”按钮，即可保存“面加工面粗糙度”块。

五、定义属性

加工面的粗糙度值需要根据具体情况输入不同的数值，可以定义为属性。

1 选择菜单“绘图”→“块”→“定义属性”选项，弹出“定义属性”对话框，在“标记”文本框中输入 RA，在“提示”文本框中输入“请输入粗糙度值”，在“值”文本框中输入 RA，如图 2-11 所示。

2 单击“确定”按钮，回到绘图窗口，在加工面表面粗糙度符号的左端点的正上方约 2mm 的位置单击即可，结果如图 2-12 所示。

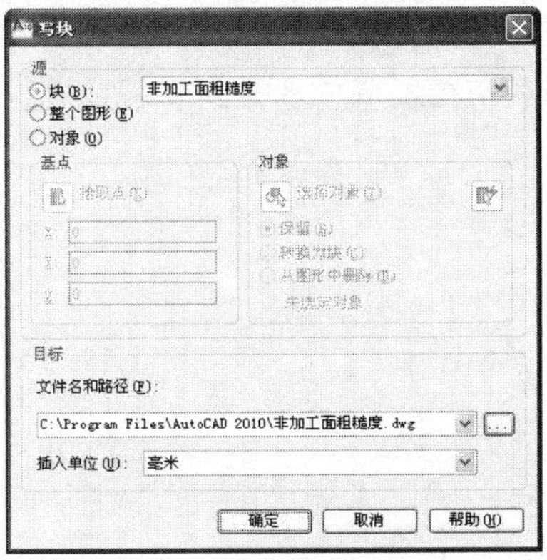

图 2-10　“写块”对话框

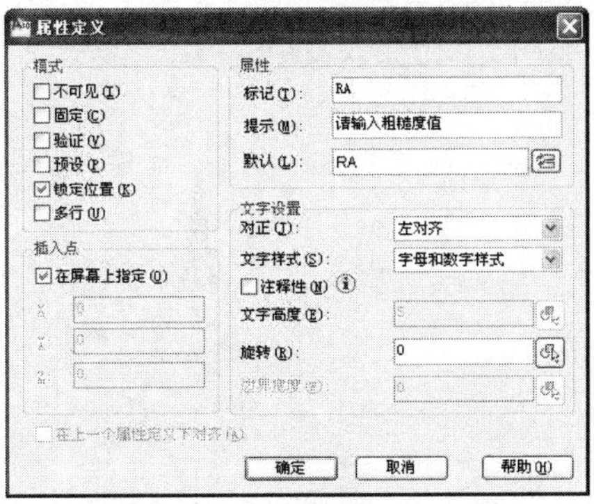

图 2-11　“属性定义”对话框

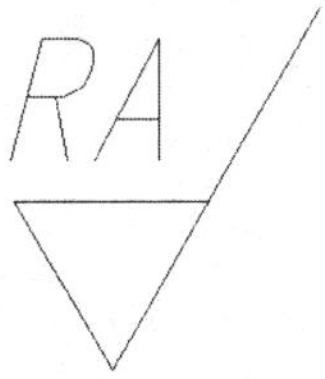

图 2-12　定义粗糙度属性

六、创建带属性的块

1 单击“绘图”工具栏中的“创建块”按钮，弹出“块定义”对话框，在“名称”下拉文本框中输入“加工面粗糙度”。

2 单击“基点”选项栏中的“拾取点”按钮，在绘图区域内捕捉如图 2-8(a)所示的图形的下尖点为插入基点后，返回对话框。

3 单击“选择对象”选项栏中的“选择对象”按钮，在绘图区域内用拾取框包围如图 2-8(b)中的所有对象，回车后，返回“块定义”对话框，如图 2-13 所示。

4 单击“块定义”对话框中的“确定”按钮，弹出如图 2-14 所示的“编辑属性”对话框。

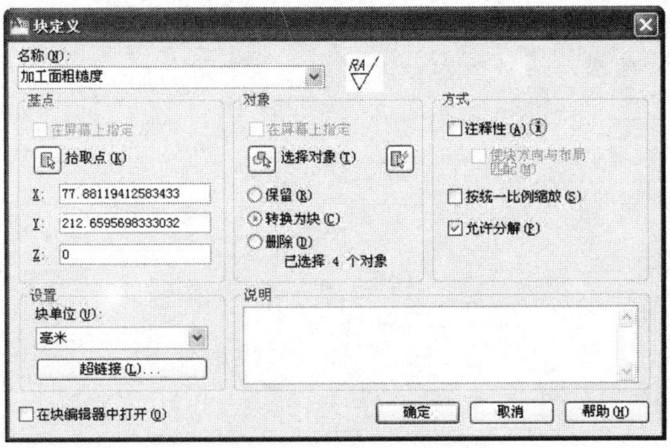

图 2-13　定义带属性的块

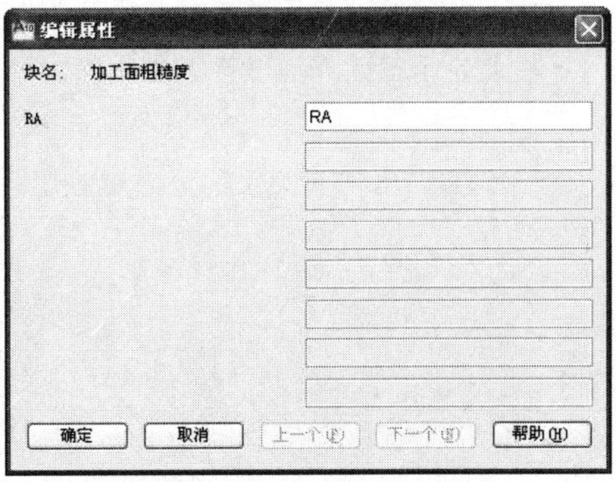

图 2-14　“编辑属性”对话框

5 可以在该对话框中的属性文本框中修改属性，也可以不修改。在“RA”文本框中输入“RA”，单击该对话框中“确定”按钮，即可将图 12-12 所示的图形定义为块。

6 利用 Wblock 命令将新定义的块保存为“加工面粗糙度”。

实例 03 箭头

本实例所用的绘图命令：“直线”Line 命令、“图案填充”Bhatch 命令、“块”Block 命令、“保存块”Wblock 命令。

箭头在机械图样中一般用于表示投影方向，如图 3-1 所示，其中宽度取 1.3 是为了和标注尺寸时的箭头样式统一。

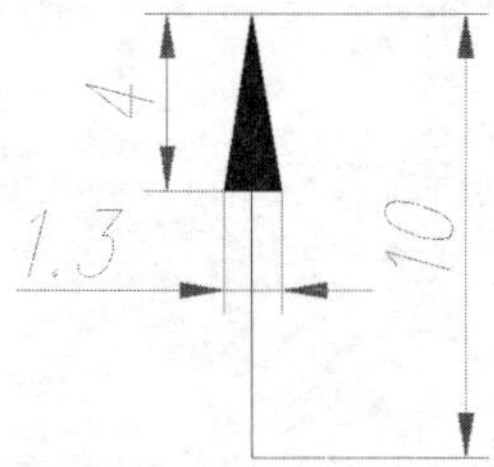

图 3-1　箭头尺寸

绘制步骤

1 新建空白图形文件，加载线型，恢复图层。

2 打开状态栏中的“正交”按钮和“对象捕捉”按钮。

3 将“细实线”层设置为当前层，利用“直线”命令绘制箭头，如图 3-2 所示。

```
命令: _line       (单击“绘图”工具栏中的“直线”按钮，启动“直线”命令)
指定第一点:      (在适当位置单击)
指定下一点或 [放弃(U)]: 10↙      (向上移动光标，输入直线的长度10，回车)
指定下一点或 [放弃(U)]: @0.65,-4↙      (输入第三点相对于第二点的坐标，回车)
指定下一点或 [放弃(U)]: @-1.3,0↙      (输入第四点相对于第三点的坐标，回车)
指定下一点或 [放弃(U)]:      (捕捉垂直线的上方端点即第二点，回车)
指定下一点或 [放弃(U)]: ↙       (回车，结束“直线”命令)
```

图 3-2　绘制箭头

4 利用“图案填充”命令进行实体填充，如图 3-4 所示。

命令：_bhatch　　　(单击“绘图”工具栏中的“图案填充”按钮，启动“图案填充”命令)
拾取内部点或 [选择对象(S)/删除边界(B)]：　　　(在弹出的“图案填充和渐变色”对话框中，在“图案”下拉列表中选择SOLID选项，如图3-3所示，单击“拾取点”按钮)
正在选择所有对象...
正在选择所有可见对象...　　　(在等腰三角形区域内单击)
正在分析所选数据...
正在分析内部孤岛...
拾取内部点或 [选择对象(S)/删除边界(B)]：↙　　　(回车，结束选择填充区域)
正在分析内部孤岛...
拾取内部点或 [选择对象(S)/删除边界(B)]：↙　　　(回车，结束“图案填充”命令)

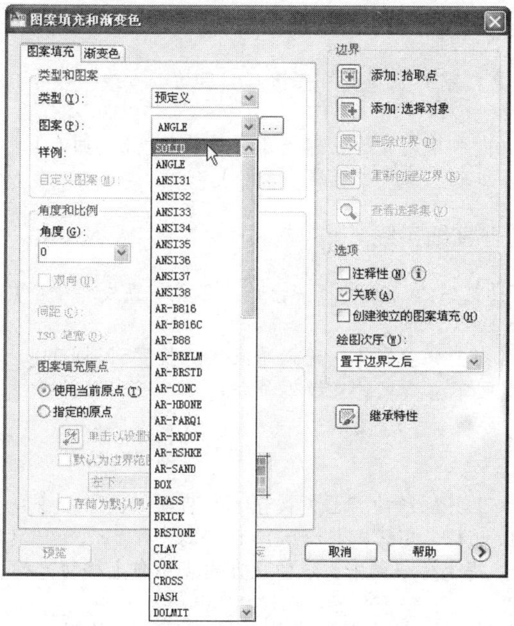

图 3-3　利用 SOLID 选项进行实体填充

图 3-4　实体填充结果

5 单击“绘图”工具栏中的“创建块”按钮，捕捉箭头中的竖直线的下方端点为基点，将绘制的箭头定义为“箭头”块。

6 利用 Wblock 命令可将箭头符号块保存为“箭头.dwg”。

实例 04　基准符号

本实例所用的绘图命令：“直线”Line 命令、“圆”Circle 命令、“定义属性”Attdef 命令、“块”Block 命令、“保存块”Wblock 命令。

基准符号如图 4-1 所示。

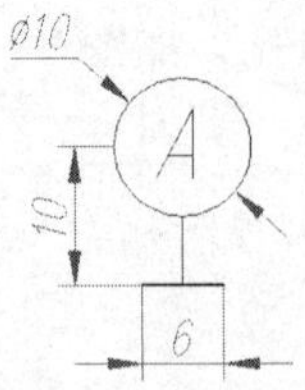

图 4-1 基准符号

绘制步骤

1 新建空白图形文件，加载线型，恢复图层。

2 打开状态栏中的“正交”按钮和 “对象捕捉”按钮。

3 将“粗实线”层设置为当前层，绘制水平粗实线。

命令：_line　　(单击“绘图”工具栏中的“直线”按钮，启动“直线”命令)
指定第一点：　　(在适当位置单击)
指定下一点或 [放弃(U)]：6↙　　(向右移动光标，输入水平线的长度6，回车)
指定下一点或 [放弃(U)]：↙　　(回车，结束“直线”命令)

4 将“细实线”层设置为当前层，绘制垂直细实线。

命令：_line　　(单击“绘图”工具栏中的“直线”按钮，启动“直线”命令)
指定第一点：　　(捕捉水平线的中点)
指定下一点或 [放弃(U)]：5↙　　(向上移动光标，输入垂直线的长度5，回车)
指定下一点或 [放弃(U)]：↙　　(回车，结束“直线”命令)

5 利用“圆”命令和和延长捕捉绘制圆。

命令：_circle　　(单击“绘图”工具栏中的“圆”按钮，启动“圆”命令)
指定圆的圆心或 [三点(3P)/两点(2P)/相切、相切、半径(T)]：_ext 于 5↙　　(单击“对象捕捉”工具栏中的“延长捕捉”按钮，将光标移到垂直线的上方端点后向上移动光标，出现延长线轨迹，输入延长线的长度为5，回车)
指定圆的半径或 [直径(D)]：　　(捕捉细实线的上方端点，绘制半径为5的圆)

6 关闭状态栏中的“正交”按钮和 “对象捕捉”按钮。选择菜单“绘图”→“块”→“定义属性”选项，弹出“属性定义”对话框。在“属性”选项栏的“标记”文本框中输入“A”，在“提示”文本框中输入“请输入基准名称”，在“值”文本框中输入“A”，单击“确定”按钮，回到绘图区，在基准符号的圆周内适当位置单击，指定属性的插入点，完成定义基准符号的属性“A”，如图 4-2 所示。

图 4-2 定义基准符号的属性

7 单击“绘图”工具栏中的“创建块”按钮，捕捉基准符号中的水平线的中点为基点，将带属性“A”的基准符号定义为“基准符号”块。

8 利用 Wblock 命令可将“基准符号”块保存为“基准符号.dwg”。

实例 05　沉孔符号

本实例所用的绘图命令："直线" Line 命令、"圆" Circle 命令、"插入" Insert 命令、"修剪" Trim 命令、"块" Block 命令、"保存块" Wblock 命令。

沉孔符号可参照图 5-1 绘制。其中(a)表示阶梯沉孔和锪平孔，(b) 表示孔深，(c) 表示锥形沉孔。

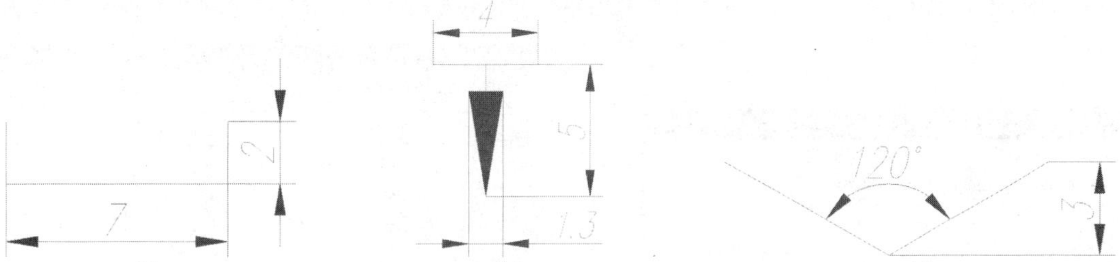

图 5-1　沉孔符号

绘制步骤

一、绘制阶梯孔符号

1 新建空白图形文件，加载线型，恢复图层。
2 打开状态栏中的"正交"按钮和"对象捕捉"按钮。
3 将"标注"设置为当前层，利用"直线"命令绘制阶梯孔符号，如图 5-2 所示

命令：_line　　(单击"绘图"工具栏中的"直线"按钮，启动"直线"命令)
指定第一点：　　(在适当位置单击)
指定下一点或 [放弃(U)]：2↙　　(向下移动光标，输入竖直线的长度2，回车)
指定下一点或 [放弃(U)]：7↙　　(向右移动光标，输入水平线的长度7，回车)
指定下一点或 [闭合(C)/放弃(U)]：2↙　　(向上移动光标，输入另一条竖直线的长度为2，回车)
指定下一点或 [闭合(C)/放弃(U)]：↙　　(回车，结束"直线"命令)

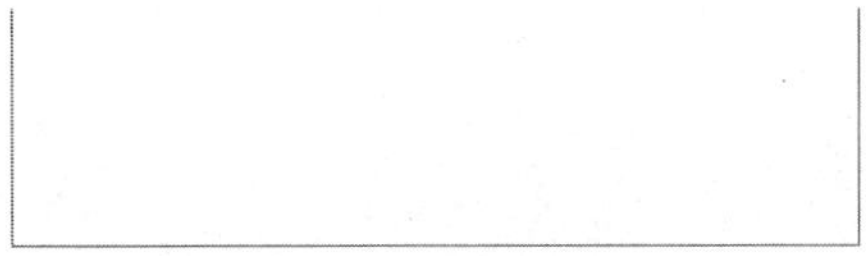

图 5-2　阶梯孔符号

二、绘制孔深符号

1 利用"直线"命令绘制水平线。

命令：_line　　（单击“绘图”工具栏中的“直线”按钮，启动“直线”命令）
指定第一点：　　（在适当位置单击）
指定下一点或 [放弃(U)]：4↙　　（向右移动光标，输入水平线的长度4，回车）
指定下一点或 [放弃(U)]：↙　　（回车，结束“直线”命令）

2 单击“标准”工具栏中的“实时缩放”按钮，将图形放大显示。

3 利用“插入”命令将保存的“箭头”块插入到当前图形中，如图 5-5 所示。

命令：_insert　　（单击“绘图”工具栏中的“插入”按钮，启动“插入”命令。系统弹出如图5-3所示的“插入”对话框，单击“浏览”按钮，在弹出的“选择图形文件”对话框中选中“箭头”，如图5-4所示，单击“打开”按钮。回到“插入”对话框后，保留“缩放比例”的缺省设置1不变，在“角度”文本框中输入180，勾选“分解”文本框，如图5-3所示。）
指定块的插入点：_tt　　（单击“对象捕捉”工具栏中的“临时追踪点捕捉”按钮）
指定临时对象追踪点：　　（捕捉长度为4的水平线的中点）
指定块的插入点：5↙　　（向上移动光标，出现竖直追踪轨迹后，输入追踪距离5，回车）

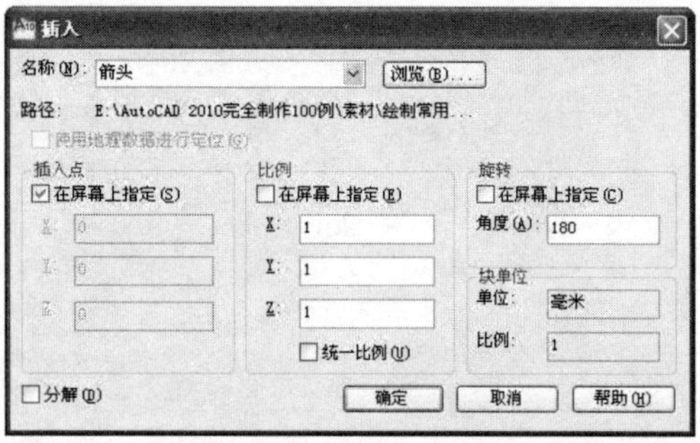

图 5-3 “插入”对话框

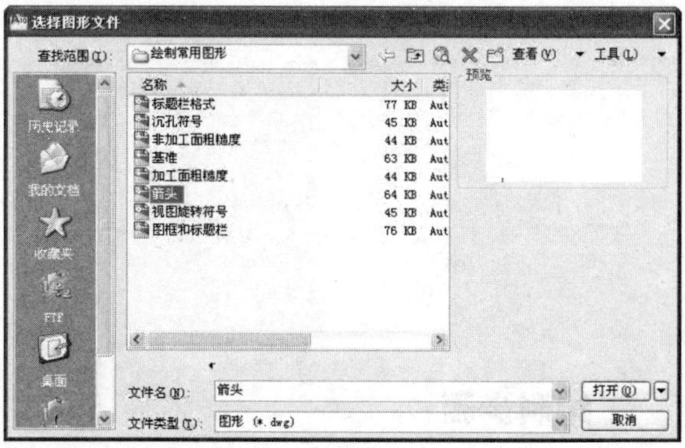

图 5-4 “选择图形文件”对话框

4 利用“图层匹配”命令将插入的箭头的图层修改为“标注”层。

命令：_laymch　　（选择菜单“格式”→“图层工具”→“图层匹配”选项）
选择要更改的对象：
选择对象：
指定对角点：　　（在水平线的下方用虚线拾取框选中插入的箭头，如图5-6所示）
找到 5 个
选择对象：↙　　（回车，结束选择对象）
选择目标图层上的对象或 [名称(N)]：　　（单击水平线）
5 个对象更改到图层“标注”（当前图层）。

5 利用“修剪”命令修剪垂直线，即可绘制出孔深符号，如图 5-7 所示。

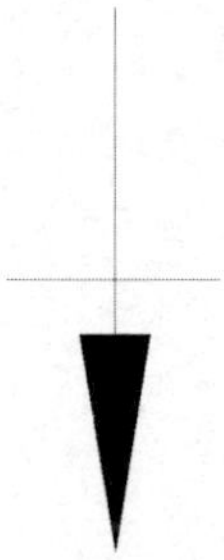

图 5-5 插入箭头

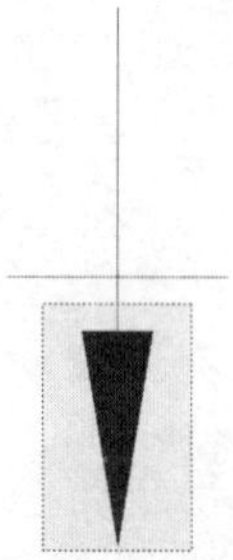

图 5-6 用虚线拾取框选择对象

图 5-7 孔深符号

三、绘制锥形沉孔符号

利用“直线”命令绘制锥形沉孔符号，如图 5-8 所示。

```
命令: _line      (单击“绘图”工具栏中的“直线”按钮，启动“直线”命令)
指定第一点:      (在适当位置单击)
指定下一点或 [放弃(U)]: @6<-30↙      (输入第二点相对于第一点的坐标，回车)
指定下一点或 [放弃(U)]: @6<30↙       (输入第三点相对于第二点的坐标，回车)
指定下一点或 [放弃(U)]: ↙       (回车，结束“直线”命令)
```

图 5-8　锥形沉孔符号

四、创建沉孔标注符号块

1 单击“绘图”工具栏中的“创建块”按钮，将以上 3 个符号创建为块，块的基点分别是阶梯孔符号中水平线的中点、孔深符号的箭头顶点和锥形沉孔符号的尖点。

2 利用 Wblock 命令将以上 3 个符号块保存为“阶梯孔符号.dwg”、“孔深符号.dwg”和“锥形沉孔符号.dwg”。

实例 06　视图旋转符号

本实例所用的绘图命令：“圆弧”Arc 命令、“插入”Insert 命令、“删除”Erase 命令、“旋转”Rotate 命令、“镜像”Mirror 命令、“块”Block 命令、“保存块”Wblock 命令。

视图旋转符号分为顺时针旋转符号（如图 6-1(a)所示），以及逆时针旋转，如图 6-1(b)所示。

图 6-1　视图旋转符号

绘制步骤

一、绘制视图旋转符号

1 新建空白图形文件，加载线型，恢复图层。

2 打开状态栏中的“对象捕捉”按钮。

3 将“标注”层设置为当前层，利用“圆弧”命令绘制半圆，如图 6–2 所示。

命令：_arc　　(选择菜单“绘图”→“圆弧”→“圆心，起点，角度”选项)
指定圆弧的起点或 [圆心(C)]：_c 指定圆弧的圆心：　　(在适当位置单击)
指定圆弧的起点：@7,0↙　　(输入起点相对于圆心的坐标，回车)
指定圆弧的端点或 [角度(A)/弦长(L)]：_a 指定包含角：180↙　　(输入包含角180，回车)

图 6–2　绘制半圆

4 利用“插入”命令将保存的“箭头”块插入到当前图形中，如图 6–4 所示。

命令：_insert　　(单击“绘图”工具栏中的“插入”按钮，启动“插入”命令。系统弹出如图6-3所示的“插入”对话框，单击“浏览”按钮，在弹出的“选择图形文件”对话框中选中“箭头”，单击“打开”按钮。回到“插入”对话框后，保留“缩放比例”的缺省设置1不变，在“角度”文本框中输入180，勾选“分解”文本框，如图6-3所示。)
指定块的插入点：_tt　　(单击“对象捕捉”工具栏中的“临时追踪点捕捉” 按钮)
指定临时对象追踪点：　　(捕捉半圆的右端点)
指定块的插入点：10↙　　(向上移动光标，出现竖直追踪轨迹后，输入追踪距离10，回车)

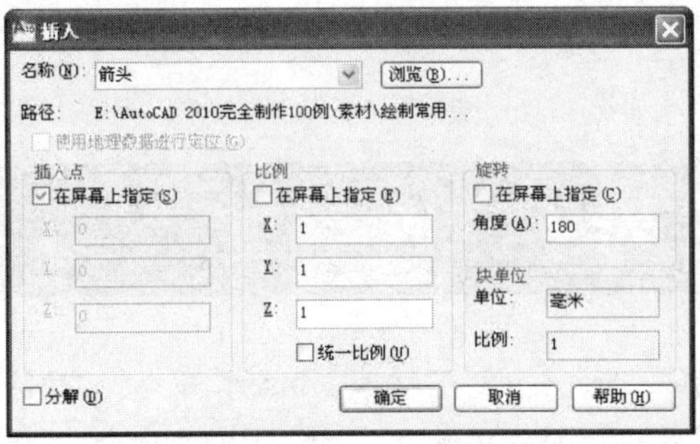

图 6–3　“插入”对话框

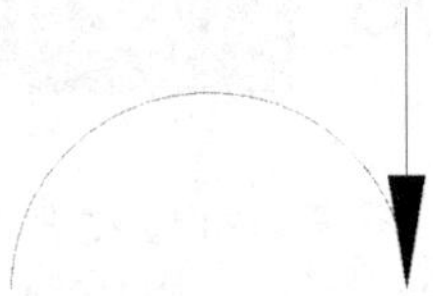

图 6–4　插入箭头

5 利用“图层匹配”命令将插入的箭头的图层修改为“标注”层。

6 单击“修改”工具栏中的“删除”按钮，将箭头中的竖直线删除，如图 6–5 所示。

7 利用“旋转”命令将箭头逆时针旋转，调整箭头的方向，如图 6–6 所示。

命令：_rotate　　(单击“修改”工具栏中的“旋转”按钮，启动“旋转”命令)
UCS 当前的正角方向：ANGDIR=逆时针　ANGBASE=0
选择对象：　　(在箭头的左下方单击)
指定对角点：　　(向右上方移到光标，拖出一个实线拾取框包围箭头)
找到 4 个
选择对象：↙　　(回车，结束选择移到对象)
指定基点：　　(捕捉箭头的尖点)
指定旋转角度，或 [复制(C)/参照(R)] <0>：24↙　　(输入旋转角度24，回车)

图 6–5　插入并编辑箭头

图 6–6　旋转箭头实体部分

8 单击“修改”工具栏中的“修剪”按钮，选择箭头等腰三角形的底边为修剪边界，修剪半圆（修剪过程中可以向前转动鼠标滑轮，将图形放大显示），即可绘制出表示顺时针旋转的视图旋转符号，如图 6-7 所示。

9 单击“修改”工具栏中的“镜像”按钮，做表示顺时针旋转的视图旋转符号的垂直镜像，得到表示逆时针旋转的视图旋转符号，如图 6-8 所示。

```
命令: _mirror      (单击“修改”工具栏中的按钮，启动“镜像”命令)
选择对象:       (在视图旋转符号的左下方单击)
指定对角点:       (向右上方移到光标，拖出一个实线拾取框包围视图旋转符号)
找到 5 个
选择对象: ↙       (回车，结束选择镜像对象)
指定镜像线的第一点:       (在视图旋转符号的右侧单击)
指定镜像线的第二点:       (垂直向下移动光标，在适当位置单击)
要删除源对象吗？[是(Y)/否(N)] <N>:↙       (回车，不删除源对象，并结束镜像命令)
```

图 6-7　视图顺时针旋转符号

图 6-8　视图逆时针旋转符号

二、创建视图旋转符号块

1 单击“绘图”工具栏中的“创建块”按钮，将以上两个视图旋转符号创建为块，块的基点均为箭头的尖点。

2 利用 Wblock 命令将以上两个视图旋转符号块保存为“顺时针旋转符号.dwg”和“逆时针旋转符号.dwg”。

2

绘制标准零件

实例 07　圆柱销
实例 08　圆锥销
实例 09　开口销
实例 10　普通平键
实例 11　半圆键
实例 12　钩头楔键
实例 13　花键
实例 14　六角头螺栓
实例 15　螺塞
实例 16　圆柱头螺钉
实例 17　沉头螺钉
实例 18　内六角螺钉
实例 19　圆柱端紧定螺钉
实例 20　圆锥端紧定螺钉
实例 21　吊环螺钉
实例 22　螺柱
实例 23　六角螺母
实例 24　六角开槽螺母
实例 25　圆螺母
实例 26　平垫圈
实例 27　弹簧垫圈
实例 28　圆螺母用止动垫圈
实例 29　弹性挡圈
实例 30　深沟球轴承
实例 31　圆锥滚子轴承
实例 32　推力球轴承
实例 33　旋盖式油杯
实例 34　圆形油标
实例 35　长形油标
实例 36　杆式油标

实例 07　圆柱销

本实例所用的绘图命令："矩形" Rectangle 命令、"倒角" Chamfer 命令、"直线" Line 命令、"特性" Properties 命令。

圆柱销（GB/T119.2—2000　10×40）的主视图如图 7-1 所示。

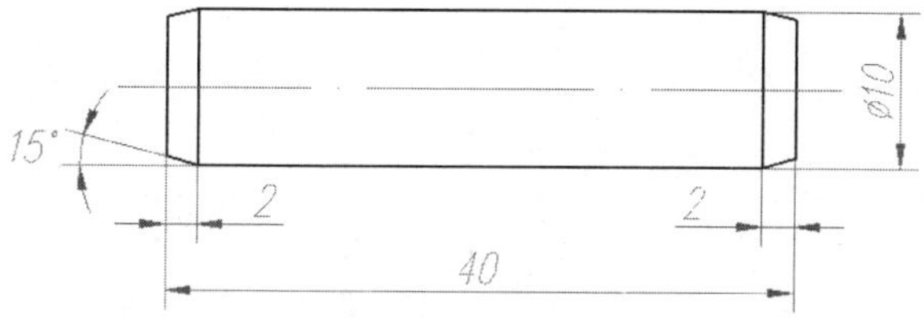

图 7-1　圆柱销

绘制步骤

1 新建空白图形文件，加载线型，恢复图层。

2 打开状态栏中的"对象捕捉"按钮和"对象捕捉追踪"按钮。

3 将"粗实线"层设置为当前层，利用"矩形"命令绘制圆柱轮廓线，如图 7-2 所示。

```
命令: _rectang　　　（单击"绘图"工具栏中的"矩形"按钮，启动"矩形"命令）
指定第一个角点或 [倒角(C)/标高(E)/圆角(F)/厚度(T)/宽度(W)]:　　　（在绘图区适当位置单击）
指定另一个角点或 [面积(A)/尺寸(D)/旋转(R)]: @40,10↙　　　（输入另一角点的相对坐标，回车）
```

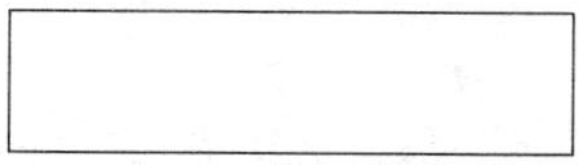

图 7-2　绘制圆柱轮廓线

4 利用"倒角"命令绘制倒角，如图 7-3 所示。

```
命令: _chamfer　　　（单击"修改"工具栏中的"倒角"按钮，启动"倒角"命令）
（"不修剪"模式）当前倒角距离 1 = 0.0000，距离 2 = 0.0000
选择第一条直线或 [放弃(U)/多段线(P)/距离(D)/角度(A)/修剪(T)/方式(E)/多个(M)]:
T↙　　　（输入T，回车，选择"修剪"选项）
输入修剪模式选项 [修剪(T)/不修剪(N)] <不修剪>: T↙　　　（输入T，回车，选择"修剪"选项）
选择第一条直线或 [放弃(U)/多段线(P)/距离(D)/角度(A)/修剪(T)/方式(E)/多个(M)]:
A↙　　　（输入A，回车，选择"角度"选项）
指定第一条直线的倒角长度 <0.0000>: 2↙　　　（指定第一条直线的倒角长度）
指定第一条直线的倒角角度 <0>: 15↙　　　（指定第一条直线的倒角角度）
选择第一条直线或 [放弃(U)/多段线(P)/距离(D)/角度(A)/修剪(T)/方式(E)/多个(M)]:
M↙　　　（输入M，回车，选择"多个"选项）
选择第一条直线或 [放弃(U)/多段线(P)/距离(D)/角度(A)/修剪(T)/方式(E)/多个(M)]:
（单击矩形的上方水平边）
```

选择第二条直线，或按住 Shift 键选择要应用角点的直线：　　(单击矩形的左侧竖直边)
选择第一条直线或 [放弃(U)/多段线(P)/距离(D)/角度(A)/修剪(T)/方式(E)/多个(M)]：(单击矩形的上方水平边)
选择第二条直线，或按住 Shift 键选择要应用角点的直线：　　(单击矩形的右侧竖直边)
选择第一条直线或 [放弃(U)/多段线(P)/距离(D)/角度(A)/修剪(T)/方式(E)/多个(M)]：(单击矩形的下方水平边)
选择第二条直线，或按住 Shift 键选择要应用角点的直线：　　(单击矩形的左侧竖直边)
选择第一条直线或 [放弃(U)/多段线(P)/距离(D)/角度(A)/修剪(T)/方式(E)/多个(M)]：(单击矩形的下方水平边)
选择第二条直线，或按住 Shift 键选择要应用角点的直线：　　(单击矩形的右侧竖直边)
选择第一条直线或 [放弃(U)/多段线(P)/距离(D)/角度(A)/修剪(T)/方式(E)/多个(M)]：

5 单击“绘图”工具栏中的“直线”按钮，利用“直线”命令连接上下相对的倒角斜线端点，如图 7-4 所示。

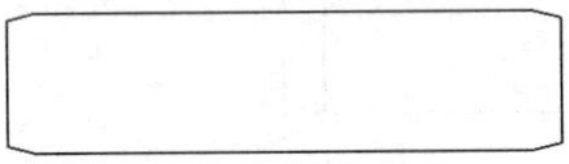
图 7-3　绘制倒角

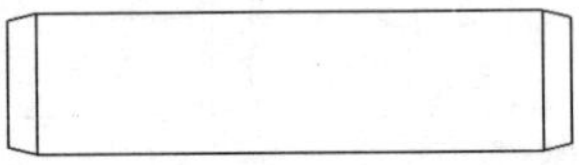
图 7-4　连接倒角斜边端点

6 将“点画线”层设置为当前层，利用“直线”命令绘制圆柱销的对称点画线，完成绘制圆柱销，如图 7-5 所示。

命令：_line　　(单击“绘图”工具栏中的“直线”按钮，启动“直线”命令)
指定第一点：3↙　　(将光标移到圆柱销左端面轮廓线的中点处，出现中点捕捉标记后，向左移动光标，出现水平追踪轨迹后，输入追踪距离3，回车)
指定下一点或 [放弃(U)]：3↙　　(将光标移到圆柱销右端面轮廓线的中点处，出现中点捕捉标记后，向右移动光标，出现水平追踪轨迹后，输入追踪距离3，回车)
指定下一点或 [放弃(U)]：↙　　(回车，结束“直线”命令)

7 此时所绘制的点画线中画线于轮廓线相比显得过长，需要修改点画线的线型比例。

① 单击点画线，在点画线上出现 3 个蓝色夹点，如图 7-6 所示。

② 再次单击点画线，系统弹出“特性”选项板。在“常规”选项栏中单击“线型比例”选项，在其右侧的文本框中输入 0.6，如图 7-7 所示。

③ 关闭“特性”选项板，按“Esc”键，取消夹点，即可改变点画线的线型比例，将其画线缩短。

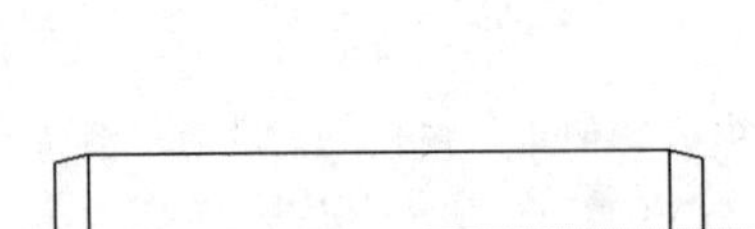
图 7-5　绘制对称点画线

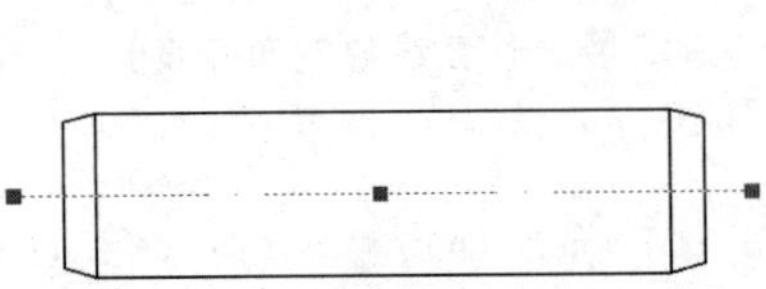
图 7-6　单击对象显示出夹点

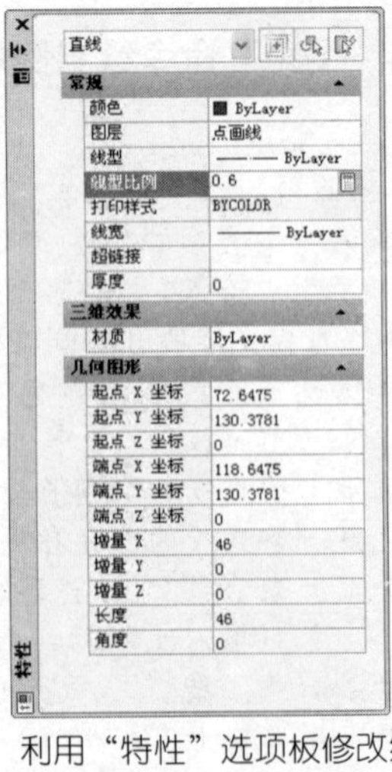

图 7-7　利用“特性”选项板修改线型比例

实例 08　圆锥销

本实例所用的绘图命令："直线"Line 命令、"构造线"Xline 命令、"圆弧"Arc 命令、"删除"Erase 命令。

圆锥销（GB/T117—2000　10×40）的主视图如图 8-1 所示。

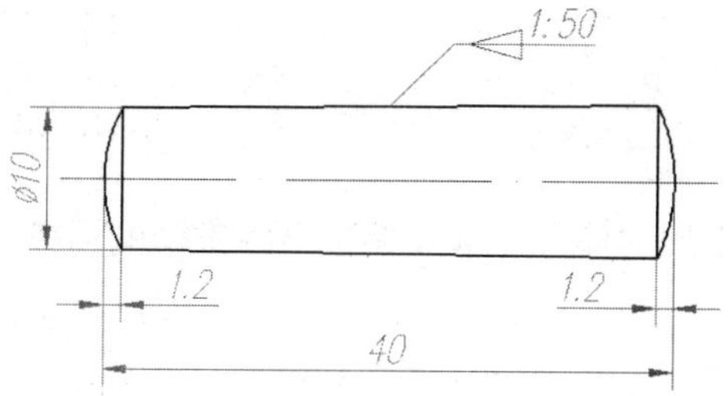

图 8-1　圆锥销

绘制步骤

1 新建空白图形文件，加载线型，恢复图层。

2 打开状态栏中的"正交"按钮和"对象捕捉"按钮。

3 将"粗实线"层设置为当前层，利用"直线"命令绘制圆锥轮廓线。

```
命令: _line      (单击"绘图"工具栏中的"直线"按钮，启动"直线"命令)
指定第一点:      (在绘图区适当位置单击)
指定下一点或 [放弃(U)]: 5↙      (向上移动光标，输入竖直线的长度，回车)
指定下一点或 [放弃(U)]: @40,0.4↙      (输入下一点的相对坐标，回车)
指定下一点或 [闭合(C)/放弃(U)]: 5.4↙      (向下移动光标，输入竖直线的长度，回车)
指定下一点或 [闭合(C)/放弃(U)]:↙      (回车，结束"直线"命令)
```

4 关闭状态栏中的"正交"按钮，打开状态栏中的"对象捕捉追踪"按钮。

5 将"点画线"层设置为当前层，利用"直线"命令绘制圆锥销的对称点画线，如图 8-2 所示（在后面的操作实例中，绘制水平和竖直点画线的方法均简述为"利用'直线'命令和对象捕捉追踪模式绘制点画线"）。

```
命令: _line      (单击"绘图"工具栏中的"直线"按钮，启动"直线"命令)
指定第一点: 3↙      (将光标移到左侧竖直线的下端点处，出现端点捕捉标记后，向左移动光标，
出现水平追踪轨迹后，输入追踪距离3，回车)
指定下一点或 [放弃(U)]: 3↙      (将光标移到右侧竖直线的下端点处，出现端点捕捉标记后，
向右移动光标，出现水平追踪轨迹后，输入追踪距离3，回车)
指定下一点或 [放弃(U)]:↙      (回车，结束"直线"命令)
```

图 8-2　绘制圆锥轮廓线和对称点画线

6 利用“镜像”命令做圆锥轮廓线的水平镜像，如图 8-4 所示。

命令：_mirror （单击“修改”工具栏中的按钮，启动“镜像”命令）
选择对象： （在右侧竖直轮廓线的右上方单击）
指定对角点： （向左下方移动改变，拖出虚线拾取窗口，如图8-3所示。在点画线的上方单击，选择圆锥轮廓线为镜像对象）
找到 3 个
选择对象：↙ （回车，结束选择镜像对象）
指定镜像线的第一点： （捕捉水平点画线的左端点）
指定镜像线的第二点： （捕捉水平点画线的右端点）
要删除源对象吗？[是(Y)/否(N)] <N>:↙ （回车，不删除源对象）

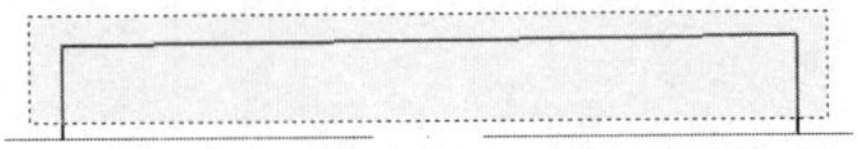
图 8-3 用虚线拾取窗口选择对象

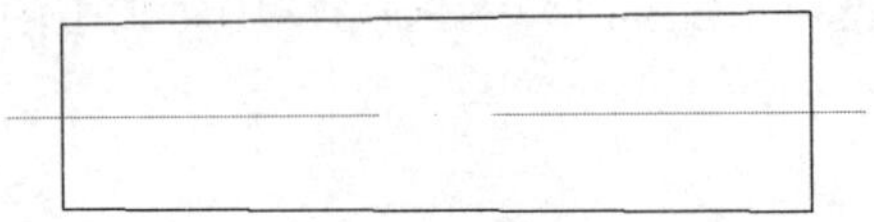
图 8-4 做圆锥轮廓线的水平镜像

7 利用“构造线”命令中的“偏移”选项偏移出圆锥销的两条竖直轮廓线，如图 8-5 所示。

命令：_xline （单击“绘图”工具栏中的“构造线”按钮，启动“构造线”命令）
指定点或 [水平(H)/垂直(V)/角度(A)/二等分(B)/偏移(O)]：O↙ （输入O，回车，选择“偏移”选项）
指定偏移距离或 [通过(T)] <通过>：1.2↙ （输入偏移距离，回车）
选择直线对象： （单击左侧竖直轮廓线为直线对象）
指定向哪侧偏移： （在直线对象右侧单击）
选择直线对象： （单击右侧竖直轮廓线为直线对象）
指定向哪侧偏移： （在直线对象左侧单击）
选择直线对象：↙ （回车，结束“构造线”命令）

8 单击“修改”工具栏中的“修剪”按钮，修剪线条，结果如图 8-6 所示。

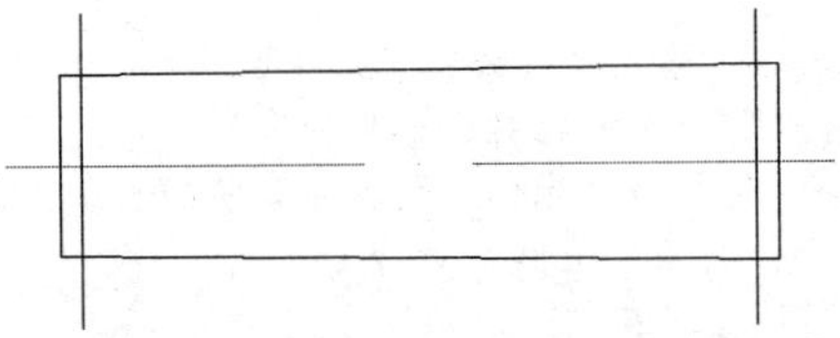
图 8-5 利用“构造线”命令中的“偏移”选项绘制构造线

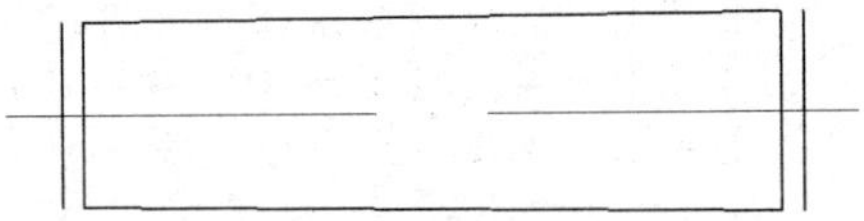
图 8-6 修剪线条

9 利用“圆弧”命令绘制圆弧轮廓线，如图 8-7 所示。

命令：_arc （单击“绘图”工具栏中的“圆弧”按钮，启动“圆弧”命令）
指定圆弧的起点或 [圆心(C)]： （捕捉端点A）
指定圆弧的第二个点或 [圆心(C)/端点(E)]： （捕捉端点B）
指定圆弧的端点： （捕捉端点C）

命令：_arc （单击“绘图”工具栏中的“圆弧”按钮，启动“圆弧”命令）
指定圆弧的起点或 [圆心(C)]： （捕捉端点D）
指定圆弧的第二个点或 [圆心(C)/端点(E)]： （捕捉端点E）
指定圆弧的端点： （捕捉端点F）

10 单击“修改”工具栏中的“删除”按钮，将过 B、E 两点的竖直线删除，如图 8-8 所示。

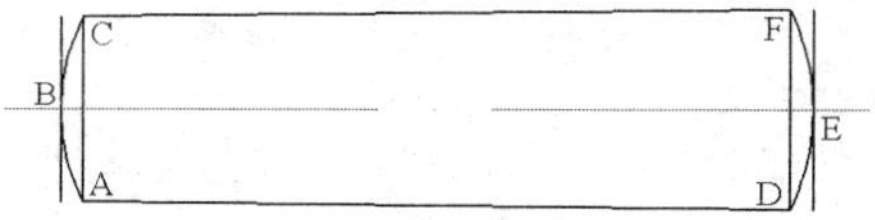

图 8-7　绘制对称点画线

图 8-8　绘制圆锥销的结果

11 双击点画线，在“特性”选项板中将点画线的线型比例修改为 0.6。完成绘制圆锥销，效果如图 8-1 所示。

实例 09　开口销

本实例所用的绘图命令：“圆”Circle 命令、“直线”Line 命令、“偏移”Offset 命令、“圆角”Fillet 命令、“拉长”Lengthen 命令、“修剪”Trim 命令。

开口销（GB/T91—2000　2×20）的主视图如图 9-1 所示。

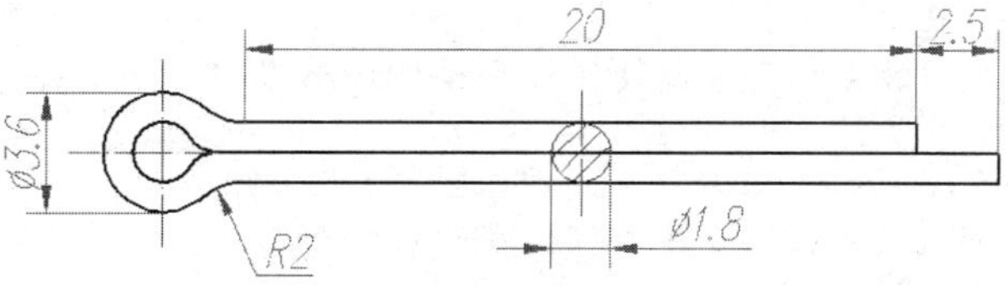

图 9-1　开口销

绘制步骤

1 新建空白图形文件，加载线型，恢复图层。

2 打开状态栏中的“正交”按钮和“对象捕捉”按钮。

3 将“粗实线”层设置为当前层，利用“圆”命令圆。

```
命令: _circle        (单击“绘图”工具栏中的“圆”按钮，启动“圆”命令)
指定圆的圆心或 [三点(3P)/两点(2P)/相切、相切、半径(T)]:        (在绘图区适当位置单击)
指定圆的半径或 [直径(D)]: 1.8↙        (输入圆的半径，回车)
```

4 利用“直线”命令绘制水平线，如图 9-2 所示。

```
命令: _line        (单击“绘图”工具栏中的“直线”按钮，启动“直线”命令)
指定第一点:        (捕捉圆的圆心)
指定下一点或 [放弃(U)]: 30↙        (向右移动光标，输入水平线的长度，回车)
指定下一点或 [放弃(U)]:↙        (回车，结束“直线”命令)
```

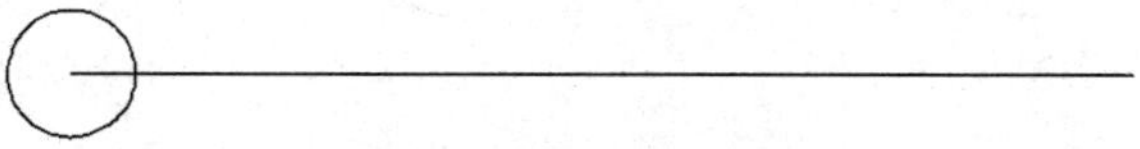

图 9-2　绘制圆和水平线

5 利用“偏移”命令偏移圆和水平线，如图 9-3 所示。

命令：_offset　　（单击“修改”工具栏中的“偏移”按钮，启动“偏移”命令）
当前设置：删除源=否　图层=源　OFFSETGAPTYPE=0
指定偏移距离或［通过(T)/删除(E)/图层(L)］<1.0000>：0.9↙　　（输入偏移距离，回车）
选择要偏移的对象，或［退出(E)/放弃(U)］<退出>：　　（单击圆）
指定要偏移的那一侧上的点，或［退出(E)/多个(M)/放弃(U)］<退出>：　　（在圆内单击）
选择要偏移的对象，或［退出(E)/放弃(U)］<退出>：　　（单击水平线）
指定要偏移的那一侧上的点，或［退出(E)/多个(M)/放弃(U)］<退出>：　　（在水平线上方单击）
选择要偏移的对象，或［退出(E)/放弃(U)］<退出>：　　（单击过圆心的水平线）
指定要偏移的那一侧上的点，或［退出(E)/多个(M)/放弃(U)］<退出>：（在过圆心的水平线的下方单击）
选择要偏移的对象，或［退出(E)/放弃(U)］<退出>：↙　　（回车，结束“偏移”命令）

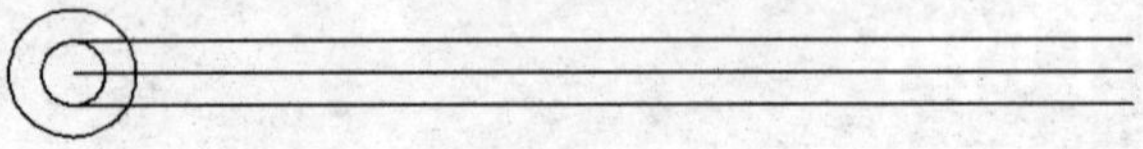

图 9-3　偏移圆和水平线

6 利用“圆角”命令绘制圆角，如图 9-4 所示。

命令：_fillet　　（单击“修改”工具栏中的“圆角”按钮，启动“圆角”命令）
当前设置：模式 = 修剪，半径 = 0.0000
选择第一个对象或［放弃(U)/多段线(P)/半径(R)/修剪(T)/多个(M)］：M↙　　（输入M，回车，选择“多个”选项）
选择第一个对象或［放弃(U)/多段线(P)/半径(R)/修剪(T)/多个(M)］：R↙　　（输入R，回车，选择“半径”选项）
指定圆角半径 <0.0000>：2↙　　（输入圆角半径，回车）
选择第一个对象或［放弃(U)/多段线(P)/半径(R)/修剪(T)/多个(M)］：　（在大圆上象限点附近单击大圆）
选择第二个对象，或按住 Shift 键选择要应用角点的对象：　　（单击上方水平线）
选择第一个对象或［放弃(U)/多段线(P)/半径(R)/修剪(T)/多个(M)］：　（在大圆下象限点附近单击大圆）
选择第二个对象，或按住 Shift 键选择要应用角点的对象：　　（单击下方水平线）
选择第一个对象或［放弃(U)/多段线(P)/半径(R)/修剪(T)/多个(M)］：R↙　　（输入R，回车，选择“半径”选项）
指定圆角半径 <2.0000>：1↙　　（重新输入圆角半径，回车）
选择第一个对象或［放弃(U)/多段线(P)/半径(R)/修剪(T)/多个(M)］：　（在小圆上象限点附近单击小圆）
选择第二个对象，或按住 Shift 键选择要应用角点的对象：　　（单击中间水平线）
选择第一个对象或［放弃(U)/多段线(P)/半径(R)/修剪(T)/多个(M)］：　（在小圆下象限点附近单击小圆）
选择第二个对象，或按住 Shift 键选择要应用角点的对象：　　（单击中间水平线）
选择第一个对象或［放弃(U)/多段线(P)/半径(R)/修剪(T)/多个(M)］：↙　　（回车，结束“圆角”命令）

7 单击“修改”工具栏中的“修剪”按钮，修剪轮廓线，结果如图 9-5 所示。

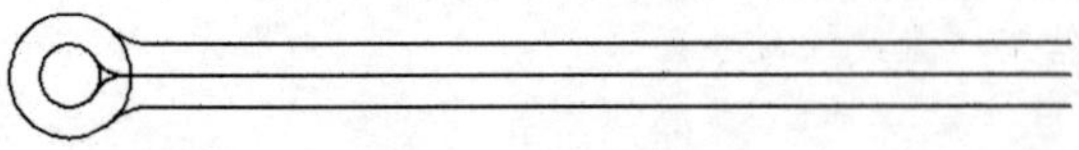

图 9-4　绘制圆角

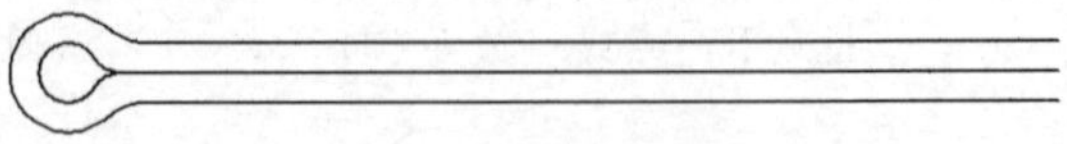

图 9-5　修剪轮廓线

8 利用“拉长”命令调整水平线的长度，如图 9-6 所示。

命令：_lengthen　　（选择菜单“修改”→“拉长”选项，启动“拉长”命令）

选择对象或 [增量(DE)/百分数(P)/全部(T)/动态(DY)]: T↙　　（输入T，回车，选择“全部”选项）
指定总长度或 [角度(A)] <0.0000)>: 20↙　　（输入总长度，回车）
选择要修改的对象或 [放弃(U)]:　　（在上方水平线的右端点附近单击）
选择要修改的对象或 [放弃(U)]:↙　　（回车，结束“拉长”命令）

命令: _lengthen　　（选择菜单“修改”→“拉长”选项或回车，启动“拉长”命令）
选择对象或 [增量(DE)/百分数(P)/全部(T)/动态(DY)]: T↙　　（输入T，回车，选择“全部”选项）
指定总长度或 [角度(A)] <20.0000)>: 22.5↙　　（输入总长度，回车）
选择要修改的对象或 [放弃(U)]:　　（在下方水平线的右端点附近单击）
选择要修改的对象或 [放弃(U)]:↙　　（回车，结束“拉长”命令）

9 利用“直线”命令过上方水平线的右端点和下方水平线的右端点，绘制两条与中间水平线垂直的直线。

10 单击“修改”工具栏中的“修剪”按钮，利用“修剪”命令修剪中间水平线。

11 关闭状态栏中的“正交”按钮，打开状态栏中的“对象捕捉追踪”按钮。

12 利用“直线”命令和对象捕捉追踪模式绘制水平点画线和竖直点画线，如图 9–7 所示。

13 将“细实线”层设置为当前层，单击“绘图”工具栏中的“圆”按钮，利用“圆”命令以右侧设置点画线于中间水平轮廓线的交点为圆心，过高设置点画线与另外两条水平轮廓线的交点绘制细实线圆。

14 利用“图案填充”命令绘制断面的剖面线。

命令: _bhatch　　（单击“绘图”工具栏中的“图案填充”按钮，启动“图案填充”命令）
拾取内部点或 [选择对象(S)/删除边界(B)]:　　（在弹出的“图案填充和渐变色”对话框中打开“图案填充”选项卡，将图案类型设置为ANSI31，角度设置为0，比例设置为0.15，如图9-8所示。单击“选择对象”按钮）
选择对象或 [拾取内部点(K)/删除边界(B)]:　　（单击细实线圆）
选择对象或 [拾取内部点(K)/删除边界(B)]:　　（回车，结束选择填充区域。回到“图案填充和渐变色”对话框后，单击“确定”按钮）

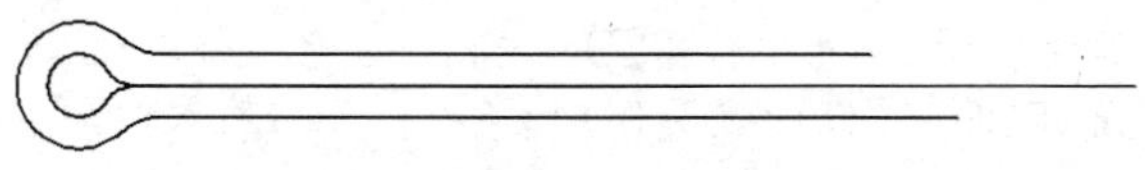

图 9–6　调整水平线的长度

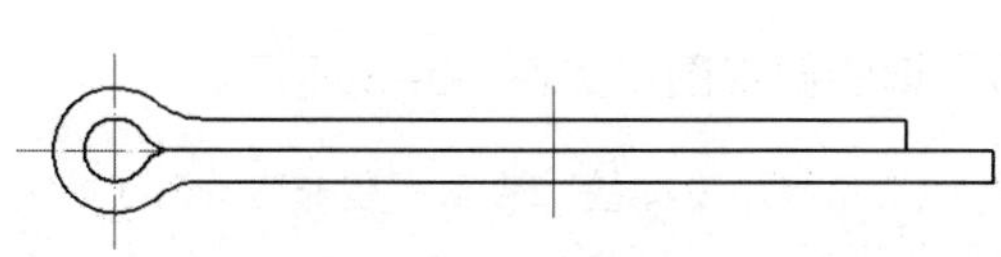

图 9–7　绘制点画线

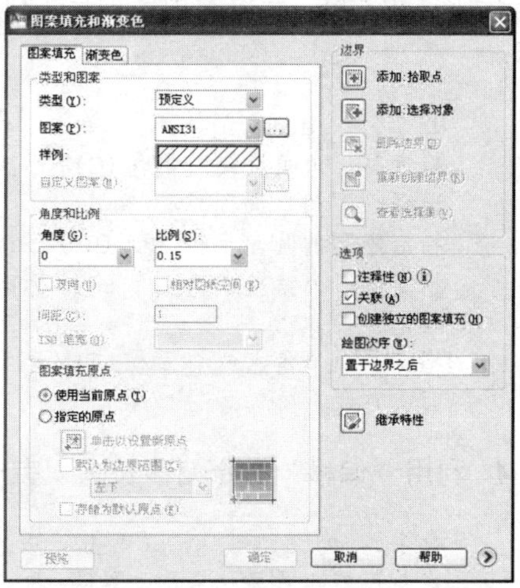

图 9–8　“图案填充和渐变色”对话框

完成绘制开口销，效果如图 9–1 所示。

实例 10 普通平键

本实例所用的绘图命令：“矩形”Rectangle 命令、“偏移”Offset 命令、“直线”Line 命令。

普通平键（GB/T1096—79　10×50）的主视图和俯视图如图 10-1 所示。

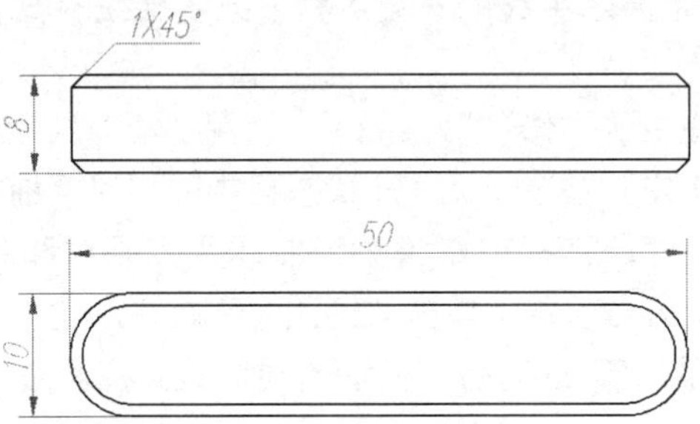

图 10-1　普通平键

绘制步骤

一、绘制普通平键的俯视图

1 新建空白图形文件，加载线型，恢复图层。

2 打开状态栏中的“正交”按钮和“对象捕捉”按钮。

3 将“粗实线”层设置为当前层，利用“矩形”命令绘制普通平键俯视图中的长圆，如图 10-2 所示。

命令：_rectang　　（单击“绘图”工具栏中的“矩形”按钮，启动“矩形”命令）
指定第一个角点或 [倒角(C)/标高(E)/圆角(F)/厚度(T)/宽度(W)]：F↙　　（输入F，回车，选择“圆角”选项）
指定矩形的圆角半径 <0.0000>：5↙　　（输入圆角半径，回车）
指定第一个角点或 [倒角(C)/标高(E)/圆角(F)/厚度(T)/宽度(W)]：　　（在绘图区适当位置单击）
指定另一个角点或 [面积(A)/尺寸(D)/旋转(R)]：@50,10↙　　（输入另一角点的相对坐标，回车）

4 利用“偏移”命令偏移长圆，完成绘制普通平键的俯视图，如图 10-3 所示。

命令：_offset　　（单击“修改”工具栏中的“偏移”按钮，启动“偏移”命令）
当前设置：删除源=否　图层=源　OFFSETGAPTYPE=0
指定偏移距离或 [通过(T)/删除(E)/图层(L)] <通过>：1↙　　（输入偏移距离，回车）
选择要偏移的对象，或 [退出(E)/放弃(U)] <退出>：　　（单击长圆）
指定要偏移的那一侧上的点，或 [退出(E)/多个(M)/放弃(U)] <退出>：　　（在长圆内单击）
选择要偏移的对象，或 [退出(E)/放弃(U)] <退出>：↙　　（回车，结束“偏移”命令）

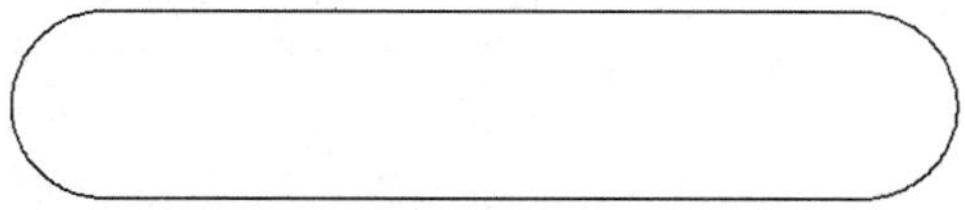

图 10-2　绘制长圆

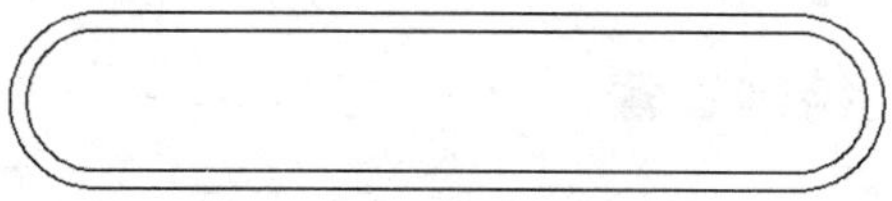

图 10-3　普通平键的俯视图

二、绘制普通平键的主视图

1 利用“矩形”命令绘制主视图中带倒角的矩形，如图 10-4 所示。

命令: _rectang　　（单击“绘图”工具栏中的“矩形”按钮，启动“矩形”命令）
当前矩形模式: 圆角=5.0000
指定第一个角点或 [倒角(C)/标高(E)/圆角(F)/厚度(T)/宽度(W)]: C↙　　（输入C，回车，选择“倒角”选项）
指定矩形的第一个倒角距离 <5.0000>: 1↙　　（输入第一倒角距离，回车）
指定矩形的第二个倒角距离 <5.0000>: 1↙　　（输入第二倒角距离，回车）
指定第一个角点或 [倒角(C)/标高(E)/圆角(F)/厚度(T)/宽度(W)]: _tt　　（单击“对象捕捉”工具栏中的“临时追踪点捕捉”按钮）
指定临时对象追踪点:　　（捕捉俯视图中外侧长圆的左侧圆弧的中点）
指定第一个角点或 [倒角(C)/标高(E)/圆角(F)/厚度(T)/宽度(W)]:　　（向上移动光标，出现竖直追踪轨迹，在适当位置单击）
指定另一个角点或 [面积(A)/尺寸(D)/旋转(R)]: @50,8↙　　（输入另一角点的相对坐标，回车）

2 单击“绘图”工具栏中的“直线”按钮，利用“直线”命令连接左右相对的斜倒角斜线的端点，完成绘制普通平键的主视图，如图 10-5 所示。

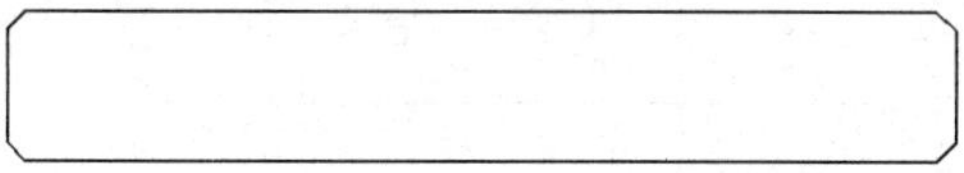

图 10-4　绘制带倒角的矩形

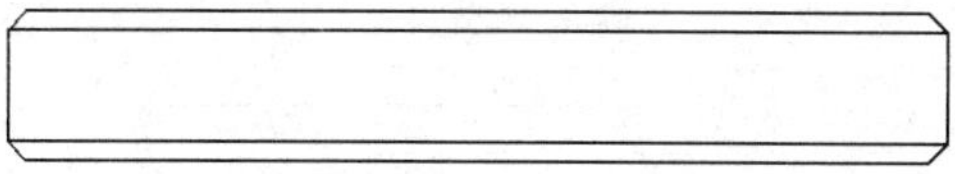

图 10-5　普通平键的主视图

实例 11　半圆键

本实例所用的绘图命令:“圆弧”Arc 命令、“直线”Line 命令、“偏移”Offset 命令、“矩形”Rectangle 命令、“倒角”Chamfer 命令。

半圆键（GB/T1096—79　10×35）的主视图和左视图如图 11-1 所示。

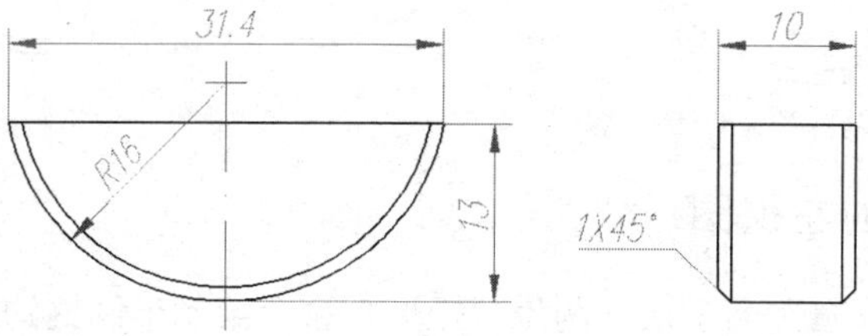

图 11-1　半圆键

绘制步骤

一、绘制半圆键的主视图

1 新建空白图形文件，加载线型，恢复图层。

2 打开状态栏中的“对象捕捉”按钮和“对象捕捉追踪”按钮。

3 将“粗实线”层设置为当前层，利用“圆弧”命令绘制半圆键主视图中的圆弧。

```
命令: _arc        (选择菜单“绘图”→“圆弧”→“起点、圆心、长度”选项)
指定圆弧的起点或 [圆心(C)]:        (在绘图区适当位置单击)
指定圆弧的第二个点或 [圆心(C)/端点(E)]: _c
指定圆弧的圆心: @15.7,3↙        (输入圆心相对于起点的坐标，回车)
指定圆弧的端点或 [角度(A)/弦长(L)]: _l
指定弦长: 31.4↙        (输入弦长，回车)
```

4 单击“绘图”工具栏中的“直线”按钮，利用“直线”命令连接圆弧的端点，如图 11–2 所示。

5 利用“偏移”命令偏移圆弧，如图 11–3 所示。

```
命令: _offset     (单击“修改”工具栏中的“偏移”按钮，启动“偏移”命令)
当前设置: 删除源=否  图层=源  OFFSETGAPTYPE=0
指定偏移距离或 [通过(T)/删除(E)/图层(L)] <通过>: 1↙        (输入偏移距离，回车)
选择要偏移的对象，或 [退出(E)/放弃(U)] <退出>:        (单击圆弧)
指定要偏移的那一侧上的点，或 [退出(E)/多个(M)/放弃(U)] <退出>:        (在圆弧内单击)
选择要偏移的对象，或 [退出(E)/放弃(U)] <退出>:↙        (回车，结束“偏移”命令)
```

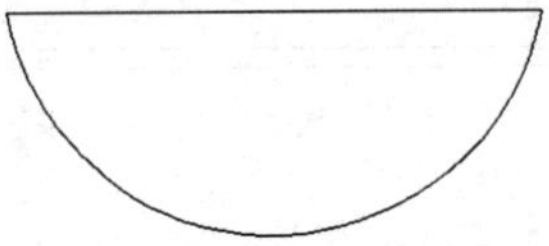

图 11–2 绘制圆弧并连接端点

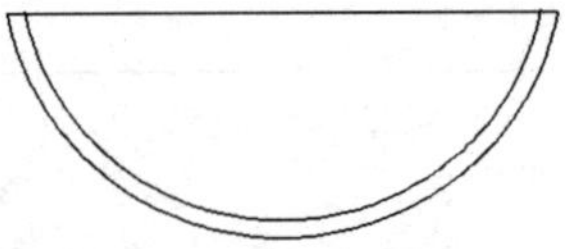

图 11–3 偏移圆弧

6 单击“修改”工具栏中的“修剪”按钮，利用“修剪”命令修剪偏移出来的圆弧，如图 11–4 所示（修剪过程中可以单击“标准”工具栏中的“窗口缩放”按钮，将图形放大显示。完成修剪后单击“标准”工具栏中的“缩放上一个”按钮，返回初始显示窗口）。

7 将“点画线”层设置为当前层，利用“直线”命令和对象捕捉追踪模式绘制半圆键的主视图中的对称点画线，如图 11–5 所示。

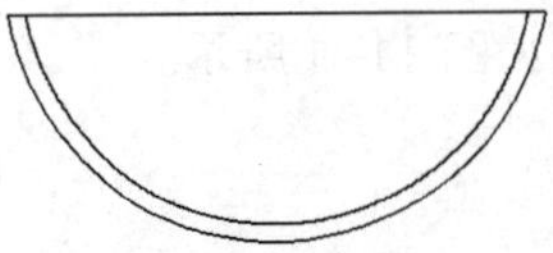

图 11–4 修剪偏移出来的圆弧

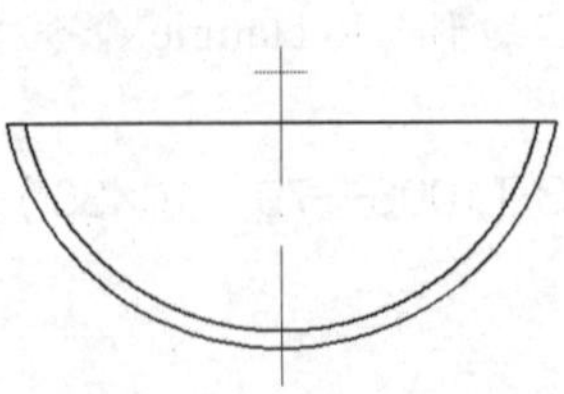

图 11–5 半圆键的主视图

二、绘制半圆键的左视图

1 将“粗实线”层设置为当前层，利用“矩形”命令绘制半圆键的左视图中的矩形轮廓线，如图 11–6 所示。

命令：_rectang　　（单击“绘图”工具栏中的“矩形”按钮，启动“矩形”命令）
指定第一个角点或 [倒角(C)/标高(E)/圆角(F)/厚度(T)/宽度(W)]：　　（将光标移到外侧圆弧的中点处，出现中点捕捉标记后，向右移动光标，出现水平追踪轨迹，在适当位置单击）
指定另一个角点或 [面积(A)/尺寸(D)/旋转(R)]：@10,13↙　　（输入另一角点的相对坐标，回车）

2 利用“倒角”命令在矩形上绘制两个倒角，如图 11-7 所示。

命令：_chamfer　　（单击“修改”工具栏中的“倒角”按钮，启动“倒角”命令）
（“修剪”模式）当前倒角距离 1 = 0.0000，距离 2 = 0.0000
选择第一条直线或 [放弃(U)/多段线(P)/距离(D)/角度(A)/修剪(T)/方式(E)/多个(M)]：D↙　　（输入D，回车，选择“距离”选项）
指定第一个倒角距离 <0.0000>：1↙　　（输入第一倒角距离，回车）
指定第二个倒角距离 <1.0000>：1↙　　（输入第二倒角距离，回车）
选择第一条直线或 [放弃(U)/多段线(P)/距离(D)/角度(A)/修剪(T)/方式(E)/多个(M)]：M↙　　（输入M，回车，选择“多个”选项）
选择第一条直线或 [放弃(U)/多段线(P)/距离(D)/角度(A)/修剪(T)/方式(E)/多个(M)]：（单击矩形的左侧竖直边）
选择第二条直线，或按住 Shift 键选择要应用角点的直线：　　（单击矩形的下方水平边）
选择第一条直线或 [放弃(U)/多段线(P)/距离(D)/角度(A)/修剪(T)/方式(E)/多个(M)]：（单击矩形的右侧竖直边）
选择第二条直线，或按住 Shift 键选择要应用角点的直线：　　（单击矩形的下方水平边）
选择第一条直线或 [放弃(U)/多段线(P)/距离(D)/角度(A)/修剪(T)/方式(E)/多个(M)]：↙（回车，结束“倒角”命令）

3 单击“绘图”工具栏中的“直线”按钮，利用“直线”命令过倒角斜线的端点绘制与上方水平边垂直的直线，完成绘制半圆键的左视图，如图 11-8 所示。

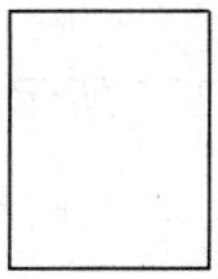

图 11-6　绘制矩形

图 11-7　绘制矩形的两个倒角

图 11-8　半圆键的左视图

实例 12　钩头楔键

本实例所用的绘图命令：“直线”Line 命令和“矩形”Rectangle 命令。

钩头楔键（GB/T1565—79　18×100）的主视图和左视图如图 12-1 所示。

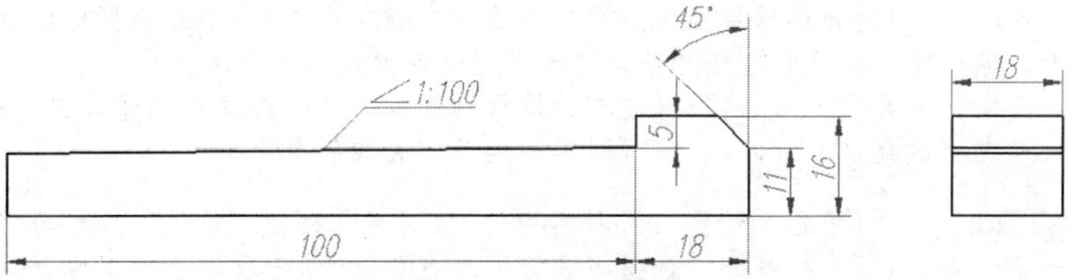

图 12-1　钩头楔键

绘制步骤

一、绘制钩头楔键的主视图

1 新建图形文件，加载线型，恢复图层。

2 打开状态栏中的“正交”按钮、“对象捕捉”按钮和“对象捕捉追踪”按钮。

3 将“粗实线”层设置为当前层，利用“直线”命令连续绘制钩头楔键的主视图，如图 11-2 所示。

```
命令: _line        (单击“绘图”工具栏中的“直线”按钮，启动“直线”命令)
指定第一点:        (在绘图区适当位置单击)
指定下一点或 [放弃(U)]: 118↙        (向右移动光标，输入水平线的长度118，回车)
指定下一点或 [放弃(U)]: 11↙        (向上移动光标，输入垂直线的长度11，回车)
指定下一点或 [闭合(C)/放弃(U)]: @-5,5↙        (输入下一点相对于上一点的坐标，回车)
指定下一点或 [闭合(C)/放弃(U)]: 11↙        (向左移动光标，输入水平线的长度11，回车)
指定下一点或 [闭合(C)/放弃(U)]: 5↙        (向下移动光标，输入垂直线的长度5，回车)
指定下一点或 [闭合(C)/放弃(U)]: @-100,-1↙        (输入下一点相对于上一点的坐标，回车)
指定下一点或 [闭合(C)/放弃(U)]:C↙ (输入C，回车，选择“闭合”选项，并结束“直线”命令)
```

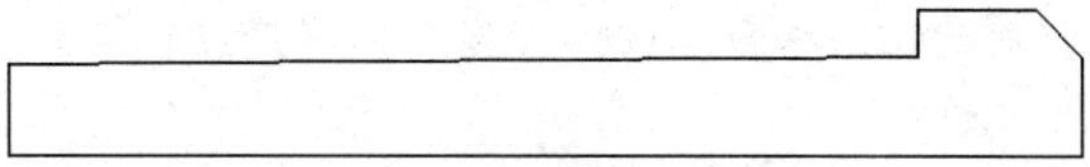

图 12-2　钩头楔键主视图

二、绘制钩头楔键的左视图

1 利用“矩形”命令绘制钩头楔键的左视图中的矩形轮廓线，如图 12-3 所示。

```
命令: _rectang        (单击“绘图”工具栏中的“矩形”按钮，启动“矩形”命令)
指定第一个角点或 [倒角(C)/标高(E)/圆角(F)/厚度(T)/宽度(W)]:        (将光标移到主视图的下方水平线的右端点处，出现端点捕捉标记后，向右移动光标，出现水平追踪轨迹，在适当位置单击)
指定另一个角点或 [面积(A)/尺寸(D)/旋转(R)]: @18,16↙        (输入另一角点的相对坐标，回车)
```

图 12-3　绘制矩形

2 利用“直线”命令绘制倾斜面轮廓线，完成绘制钩头楔键的左视图，如图 12-4 所示。

```
命令: _line        (单击“绘图”工具栏中的“直线”按钮，启动“直线”命令)
指定第一点:        (将光标移到主视图的倾斜线的左端点处，出现端点捕捉标记后，向右移动光标，出现水平追踪轨迹，在矩形的左侧竖直边上出现交点捕捉标记后单击)
指定下一点或 [放弃(U)]:        (向右继续移动光标，在矩形的右侧竖直边上捕捉垂足)
指定下一点或 [放弃(U)]:↙        (回车，结束“直线”命令)

命令: _line        (单击“绘图”工具栏中的 “直线”按钮或回车，启动“直线”命令)
指定第一点:        (将光标移到主视图的倾斜线的右端点处，出现端点捕捉标记后，向右移动光标，出现水平追踪轨迹，在矩形的左侧竖直边上出现交点捕捉标记后单击)
```

指定下一点或 [放弃(U)]:　　　　(向右继续移动光标, 在矩形的右侧竖直边上捕捉垂足)
指定下一点或 [放弃(U)]:↙　　　　(回车, 结束“直线”命令)

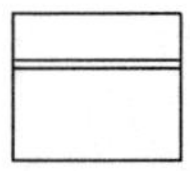

图 12-4　钩头楔键的左视图

实例 13　花键

本实例所用的绘图命令:“圆”Circle 命令、“直线”Line 命令、“偏移”Offset 命令、“阵列”Array 命令、“修剪”Trim 命令。

花键 (GB/T1144—87　8×52×56×10) 的主视图如图 13-1 所示。

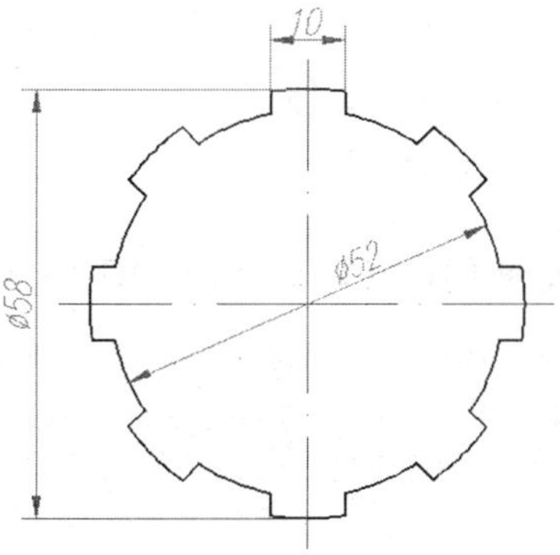

图 13-1　花键

绘制步骤

1 新建空白图形文件，加载线型，恢复图层。

2 打开状态栏中的“对象捕捉”按钮和“对象捕捉追踪”按钮。

3 将“粗实线”层设置为当前层，分别单击“绘图”工具栏中的“圆”按钮，利用“圆”命令绘制两个直径分别是 52mm 和 58mm 的同心圆。

4 单击“绘图”工具栏中的“直线”按钮，利用“直线”命令和对象捕捉追踪模式绘制同心圆的对称中心线，如图 13-2 所示。

5 单击“修改”工具栏中的“偏移”按钮，利用“偏移”命令对称偏移竖直对称中心线，偏移距离为 5mm，如图 13-3 所示。

6 选择菜单“格式”→“图层工具”→“图层匹配”选项，将两条偏移出来的点画线的图层修改为“粗实线”层，如图 13-4 所示。

7 单击“修改”工具栏中的“修剪”按钮， 利用“修剪”命令修剪两条竖直线，如图 13-5 所示。

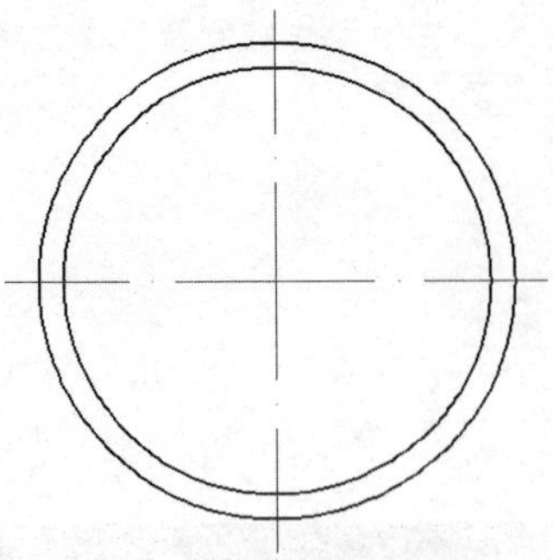

图 13-2　绘制同心圆和中心线

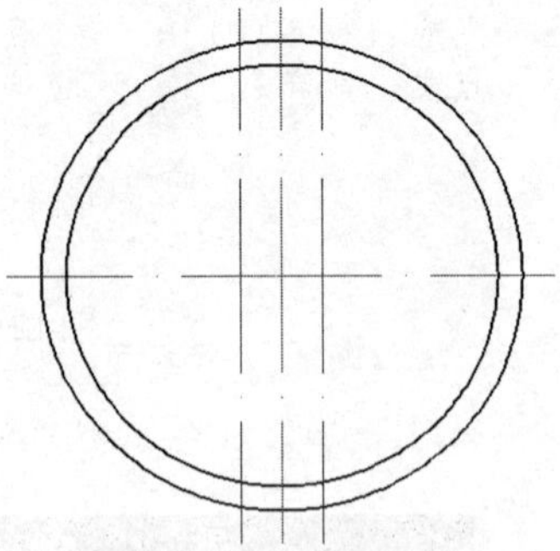

图 13-3　对称偏移中心线

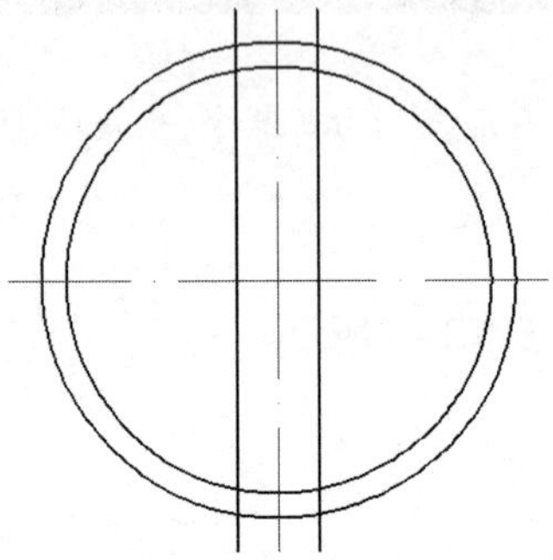

图 13-4　将点画线修改为粗实线

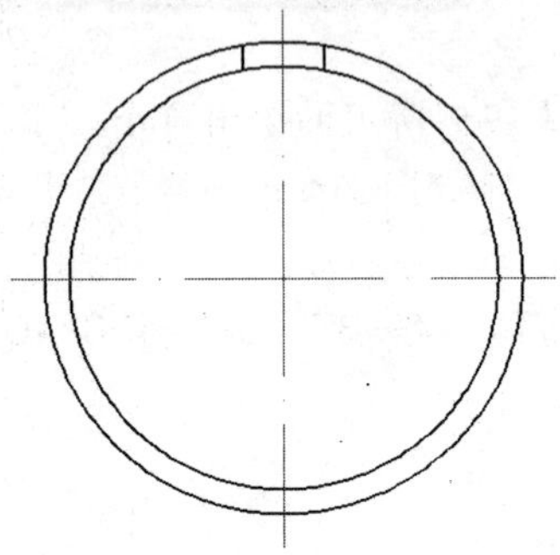

图 13-5　修剪两条竖直线

8 利用“阵列”命令将两条竖直线做环形阵列，如图 13-6 所示。

命令：_array　　（单击“修改”工具栏中的“阵列”按钮，系统弹出“阵列”对话框。选中“环形阵列”单选按钮，在“项目”总数文本框中输入8，单击“拾取中心点”按钮）
指定阵列中心点：_cen 于　　（捕捉同心圆的圆心，返回“阵列”对话框，如图13-7所示。单击“选择对象”按钮）
选择对象：　　（单击一条竖直线）
找到 1 个
选择对象：　　（单击另一条竖直线）
找到 1 个，总计 2 个
选择对象：↙　　（回车，结束选择阵列对象，返回“阵列”对话框，单击“确定”按钮）

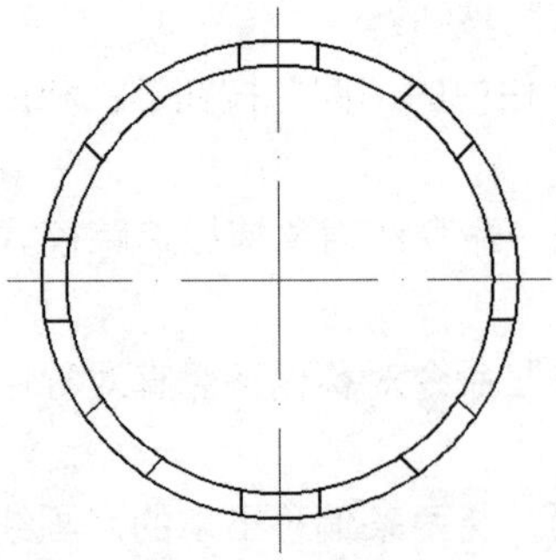

图 13-6　环形阵列结果

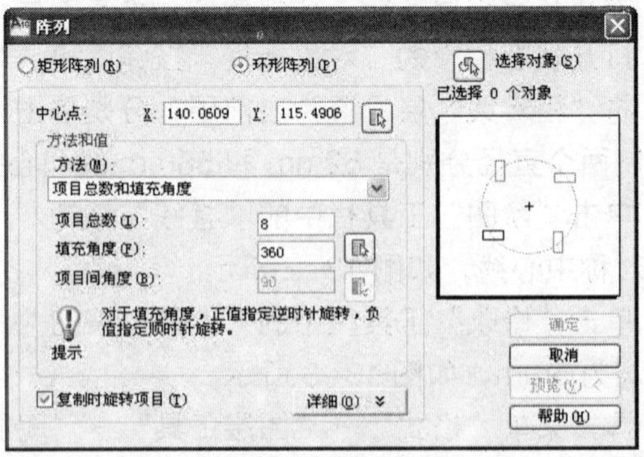

图 13-7　绘制矩形

9 单击“修改”工具栏中的“修剪”按钮，利用“修剪”命令修剪同心圆，完成绘制花键主视图，效果如图 13-1 所示。

实例 14　六角头螺栓

本实例所用的绘图命令："圆" Circle 命令、"多边形" Polygon 命令、"直线" Line 命令、"偏移" Offset 命令、"修剪" Trim 命令、"圆弧" Arc 命令、"倒角" Chamfer 命令、"图层匹配" Laymch 命令。

六角头螺栓（GB/T5782—2000　M10×40）的主视图和左视图如图 14-1 所示。

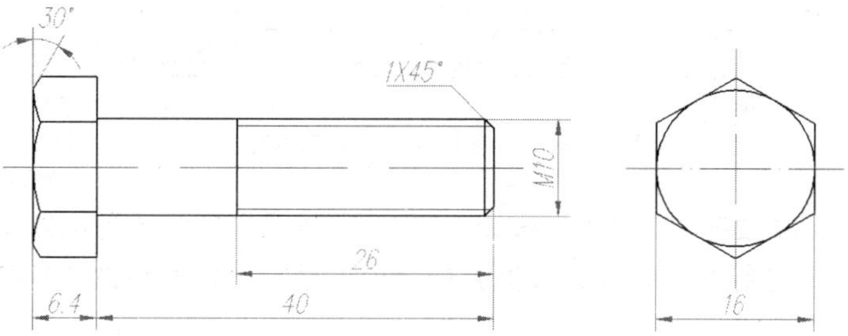

图 14-1　六角头螺栓

绘制步骤

一、绘制六角头螺栓左视图

1 新建空白图形文件，加载线型，恢复图层。

2 打开状态栏中的"对象捕捉"按钮和"对象捕捉追踪"按钮。

3 将"粗实线"层设置为当前层，单击"绘图"工具栏中的"圆"按钮，在绘图区适当位置绘制一个直径为 16mm 的圆。

4 利用"多边形"命令绘制正六边形。

```
命令: _polygon　　　（单击"绘图"工具栏中的"正多边形"按钮，启动"多边形"命令）
输入边的数目 <4>: 6↙　　　（输入正多边形的边数6，回车）
指定正多边形的中心点或 [边(E)]:　　　（捕捉圆心）
输入选项 [内接于圆(I)/外切于圆(C)] <I>: C↙　　　（输入C，回车，选择"外切于圆"选项）
指定圆的半径:　　　（捕捉圆的右象限点）
```

5 将"点画线"层设置为当前层，利用"直线"命令和对象捕捉追踪模式，绘制出两条对称中心线。完成绘制左视图，如图 14-2 所示。

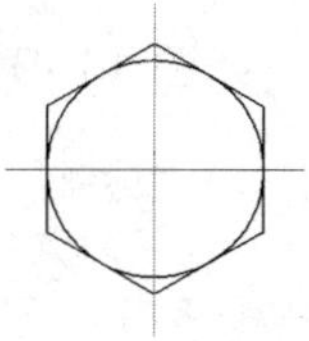

图 14-2　绘制螺栓的左视图

二、绘制六角头螺栓主视图

1 打开状态栏中的“正交”按钮，将“粗实线”层设置为当前层。

2 单击“绘图”工具栏中的“直线”按钮，利用“直线”命令绘制水平线 AB 和竖直线 BC；绘制水平线 DE、FG、HI 和 JK，E、G、I、K 为在直线 BC 上捕捉的垂足；绘制倾斜线 EN 和 MP，N 点相对于 E 点的坐标为“@5<60”，P 点相对于 M 点的坐标为“@5<-60”。

3 单击“修改”工具栏中的“偏移”按钮，利用“偏移”命令向右偏移竖直线 BC，偏移距离为 6.4mm，如图 14-3 所示。

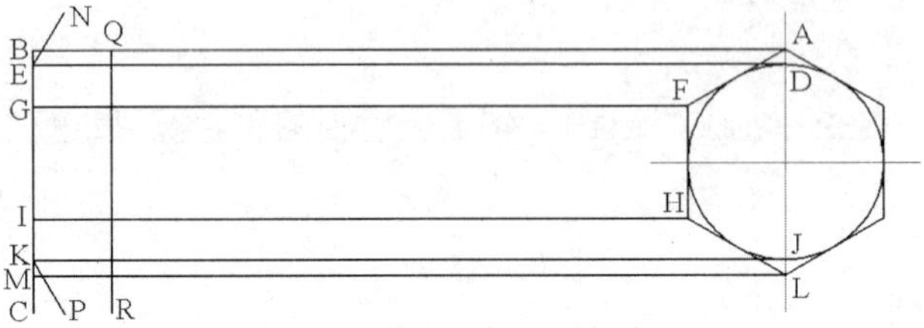

图 14-3　绘制直线、偏移直线

4 单击“修改”工具栏中的“修剪”按钮，利用“修剪”命令修剪出如图 14-4 所示的图形。

5 利用“圆弧”命令绘制大圆弧，该圆弧的半径为螺栓公称直径的 1.5 倍，如图 14-5 所示。

```
命令: _arc        (选择菜单“绘图”→“圆弧”→“起点、端点、半径”选项)
指定圆弧的起点或 [圆心(C)]:        (捕捉端点G)
指定圆弧的第二个点或 [圆心(C)/端点(E)]: _e
指定圆弧的端点:        (捕捉端点I)
指定圆弧的圆心或 [角度(A)/方向(D)/半径(R)]: _r
指定圆弧的半径: 15↙        (输入圆弧的半径，回车)
```

6 利用“移动”命令调整大圆弧的位置，如图 14-6 所示。

```
命令: _move        (单击“修改”工具栏中的“移动”按钮，启动“移动”命令)
选择对象:        (单击大圆弧)
找到 1 个
选择对象:↙        (回车，结束选择移动对象)
指定基点或 [位移(D)] <位移>:        (捕捉大圆弧的中点)
指定第二个点或 <使用第一个点作为位移>:        (捕捉直线ST的中点)
```

图 14-4　修剪直线

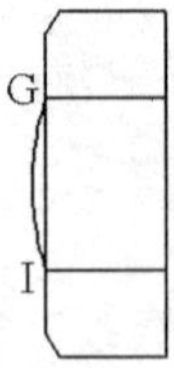

图 14-5　绘制大圆弧

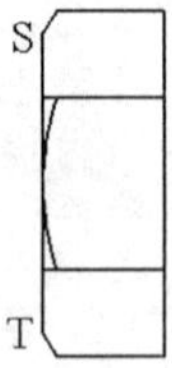

图 14-6　移动大圆弧

7 利用“圆弧”命令绘制两个小圆弧，如图 14-9 所示。

```
命令: _arc        (选择菜单“绘图”→“圆弧”→“起点、端点、方向”选项)
指定圆弧的起点或 [圆心(C)]:        (捕捉端点S)
指定圆弧的第二个点或 [圆心(C)/端点(E)]: _e
指定圆弧的端点:        (捕捉端点U)
```

指定圆弧的圆心或 [角度(A)/方向(D)/半径(R)]: _d
指定圆弧的起点切向:　　(捕捉与小圆弧相切的竖直线的端点T，如图14-7所示)

命令: _arc　　(选择菜单“绘图”→“圆弧”→“起点、端点、方向”选项)
指定圆弧的起点或 [圆心(C)]:　　(捕捉端点V)
指定圆弧的第二个点或 [圆心(C)/端点(E)]: _e
指定圆弧的端点:　　(捕捉端点W)
指定圆弧的圆心或 [角度(A)/方向(D)/半径(R)]: _d
指定圆弧的起点切向:　　(捕捉与小圆弧相切的竖直线的端点S，如图14-8所示)

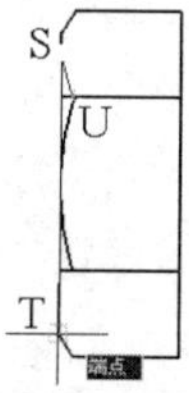

图 14-7　指定圆弧起点的切线方向

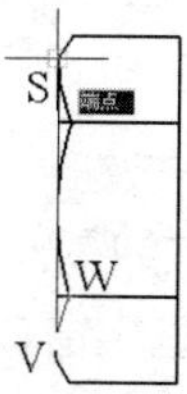

图 14-8　指定另一个圆弧起点的切线方向

图 14-9　绘制两个小圆弧

8 单击“修改”工具栏中的“修剪”按钮，利用“修剪”命令修剪多余的线条，完成绘制螺栓头部的轮廓线，如图 14-10 所示。

9 利用“直线”命令连续绘制螺杆轮廓线。

命令: _line　　(单击“绘图”工具栏中的“直线”按钮，启动“直线”命令)
指定第一点: 5↙　　(将光标移到头部右端面轮廓线的中点处，出现中点捕捉标记后，向上移动光标，出现竖直追踪轨迹，输入追踪距离5，回车)
指定下一点或 [放弃(U)]: 40↙　　(向右移动光标，输入水平线的长度40，回车)
指定下一点或 [放弃(U)]: 10↙　　(向下移动光标，输入竖直线的长度10，回车)
指定下一点或 [闭合(C)/放弃(U)]:　　(向左移动光标，在头部右端面轮廓线上捕捉垂足)
指定下一点或 [闭合(C)/放弃(U)]: ↙　　(回车，结束“直线”命令)

10 将“点画线”层设置为当前层，利用“直线”命令和对象捕捉追踪模式，绘制对称点画线，如图 14-11 所示。

图 14-10　螺栓头部的轮廓线

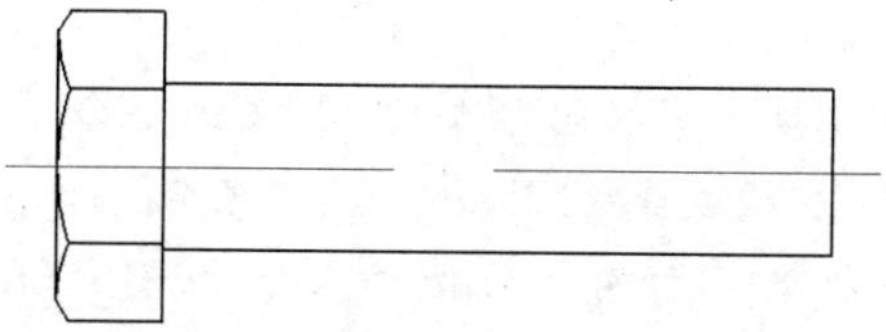
图 14-11　绘制螺杆轮廓线和点画线

11 单击“修改”工具栏中的“偏移”按钮，利用“偏移”命令向视图内偏移螺杆的两条水平轮廓线，向左偏移螺杆的竖直轮廓线，偏移距离分别为 0.75mm 和 26mm。

12 利用“倒角”命令绘制倒角，如图 14-12 所示。

命令: _chamfer　　(单击“修改”工具栏中的“倒角”按钮，启动“倒角”命令)
(“修剪”模式) 当前倒角距离 1 = 0.0000，距离 2 = 0.0000
选择第一条直线或 [放弃(U)/多段线(P)/距离(D)/角度(A)/修剪(T)/方式(E)/多个(M)]: D↙　　(输入D，回车，选择“距离”选项)
指定第一个倒角距离 <0.0000>: 1↙　　(输入第一倒角距离，回车)
指定第二个倒角距离 <1.0000>: 1↙　　(输入第二倒角距离，回车)

选择第一条直线或 [放弃(U)/多段线(P)/距离(D)/角度(A)/修剪(T)/方式(E)/多个(M)]:（单击螺杆的水平轮廓线）
选择第二条直线，或按住 Shift 键选择要应用角点的直线:　　（单击螺杆的竖直轮廓线）
选择第一条直线或 [放弃(U)/多段线(P)/距离(D)/角度(A)/修剪(T)/方式(E)/多个(M)]:（单击螺杆的另一条水平轮廓线）
选择第二条直线，或按住 Shift 键选择要应用角点的直线:　　（单击螺杆的竖直轮廓线）
选择第一条直线或 [放弃(U)/多段线(P)/距离(D)/角度(A)/修剪(T)/方式(E)/多个(M)]:↙（回车，结束“倒角”命令）

13 选择菜单“格式”→“图层工具”→“图层匹配”选项，利用“图层匹配”命令将偏移出来的水平线的图层修改为“细实线”层。

14 单击“修改”工具栏中的“修剪”按钮，利用“修剪”命令修剪细实线（修剪过程中可以单击“标准”工具栏中的“窗口缩放”按钮，将图形放大显示。完成修剪后单击“标准”工具栏中的“缩放上一个”按钮，返回初始显示窗口）。

15 单击“绘图”工具栏中的“直线”按钮，利用“直线”命令连接倒角斜线的端点，如图 14-13 所示。

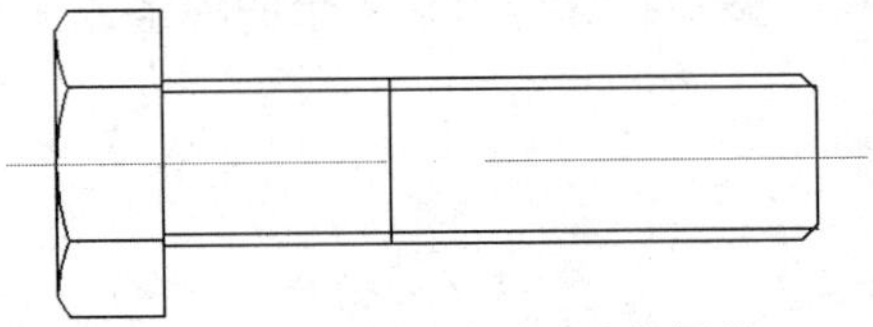

图 14-12　偏移轮廓线、绘制倒角

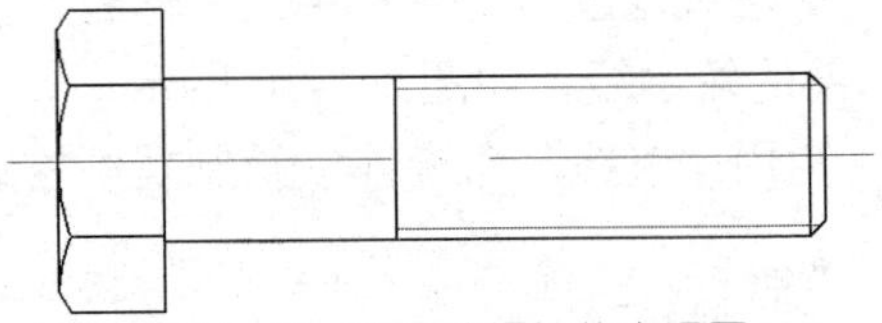

图 14-13　六角头螺栓的主视图

16 双击主视图和左视图中的点画线，在弹出的“特性”选项板中将主视图和左视图中点画线的“线型比例”修改为 0.7 和 0.3，完成绘制六角头螺栓的主视图和左视图，效果如图 14-1 所示。

实例 15　螺塞

本实例所用的绘图命令：“圆”Circle 命令、“多边形”Polygon 命令、“直线”Line 命令、“构造线”Xline 命令、“修剪”Trim 命令、“倒角”Chamfer 命令、“圆弧”Arc 命令、“修剪”Trim 命令、“偏移”Offset 命令、“倒角”Chamfer 命令。

螺塞的主视图和左视图如图 15-1 所示。

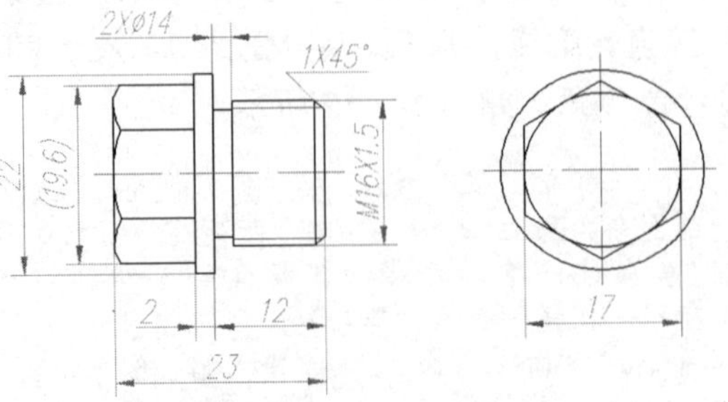

图 15-1　螺塞

绘制步骤

一、绘制左视图

1 新建空白图形文件，加载线型，恢复图层。

2 打开状态栏中的“对象捕捉”按钮和“对象捕捉追踪”按钮。

3 将“粗实线”层设置为当前层。单击“绘图”工具栏中的“圆”按钮，利用“圆”命令绘制半径为 11mm 的圆。

4 单击“标准”工具栏中“窗口缩放”按钮，将绘制的圆放大显示。

5 利用“多边形”命令绘制正六边形。

```
命令: _polygon      (单击“绘图”工具栏中的“正多边形”按钮，启动“多边形”命令)
输入边的数目 <4>: 6↙        (输入正多边形的边数6，回车)
指定正多边形的中心点或 [边(E)]:       (捕捉大圆的圆心)
输入选项 [内接于圆(I)/外切于圆(C)] <I>: C↙      (输入C，回车，选择“外切于圆”选项)
指定圆的半径: @8.5,0↙       (输入光标与正多边形中心的相对坐标，回车)
```

6 单击“绘图”工具栏中的“圆”按钮，捕捉已绘制的圆的圆心，再在正六边形的边上捕捉中点，即可绘制出正六边形的内切圆。

7 将“点画线”层设置为当前层，分别利用“直线”命令和对象捕捉追踪模式，绘制出两条对称中心线。完成绘制左视图，如图 15-2 所示。

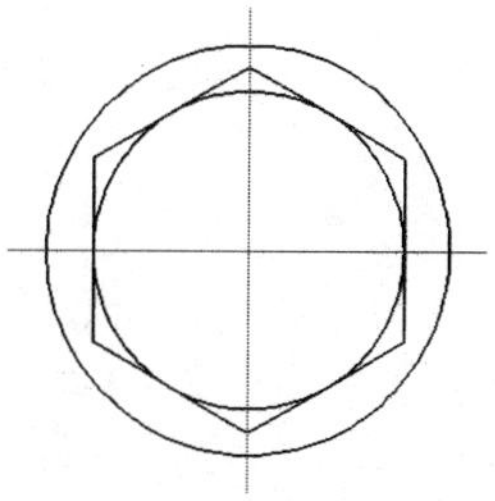

图 15-2　绘制螺塞左视图

二、绘制主视图

1 单击“标准”工具栏中的“实时偏移”按钮，调整左视图在绘图区的显示位置。

2 单击“图层”工具栏中的“上一个图层”按钮，将“粗实线”层设置为当前层。

3 单击“绘图”工具栏中的“构造线”按钮，启动“构造线”命令。输入 H 后回车，选择构造线命令中的“水平”选项，依次捕捉左视图中两个圆的上、下两个象限点和正六边形的 4 个顶点为通过点，回车结束指定通过点，即可绘制出 6 条水平构造线。

4 回车再次启动“构造线”命令，输入 V 后回车，选择构造线命令中的“垂直”选项，在适当位置单击，绘制出一条竖直构造线是螺塞的左端面轮廓线。

5 利用“构造线”命令中的“偏移”选项偏移竖直构造线。

```
命令: _xline      (单击“绘图”工具栏中的“构造线”按钮，启动“构造线”命令)
指定点或 [水平(H)/垂直(V)/角度(A)/二等分(B)/偏移(O)]: O↙     (输入O，回车，选择“偏
移”选项)
指定偏移距离或 [通过(T)] <通过>: 9↙      (输入偏移距离，回车)
选择直线对象:       (单击竖直构造线)
指定向哪侧偏移:       (在竖直构造线右侧单击)
选择直线对象:↙       (回车，结束“构造线”命令)
```

6 利用“构造线”命令中的“偏移”选项，向右偏移上一次偏移出的竖直构造线，偏移距离是 2mm、2mm、10mm，如图 15-3 所示。

7 利用“构造线”命令中的“偏移”选项，向下偏移上方水平构造线、向上偏移下方水平构造线，输入偏移距离 4mm。

8 利用“构造线”命令中的“偏移”选项，向下偏移上方水平构造线、向上偏移下方水平构造线，输入偏移距离 3mm。如图 15-4 所示。

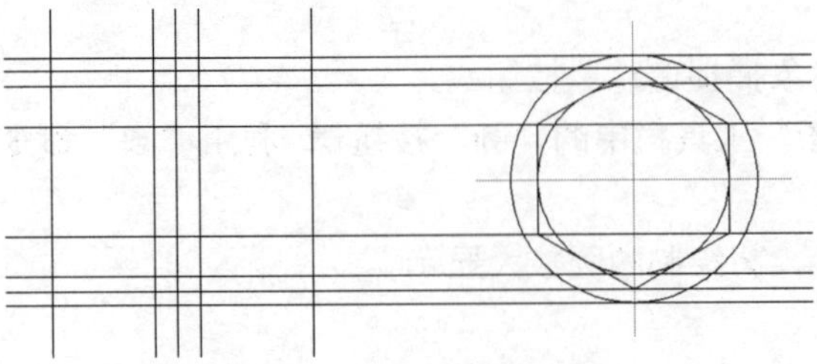

图 15-3 利用构造线绘图

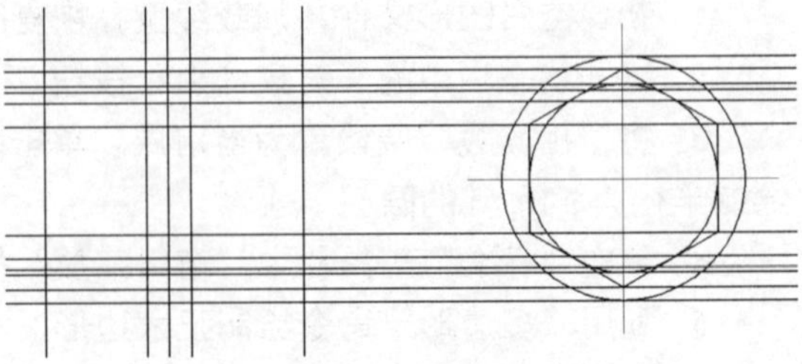

图 15-4 偏移水平构造线

9 单击“修改”工具栏中的“修剪”按钮-/--，选择最外面的 4 条构造线为修剪边界，修剪这 4 条构造线以外的线条，进行初步修剪。如图 15-5 所示。

10 进一步修剪，即可初步得到螺塞主视图的主要轮廓线，如图 15-6 所示。

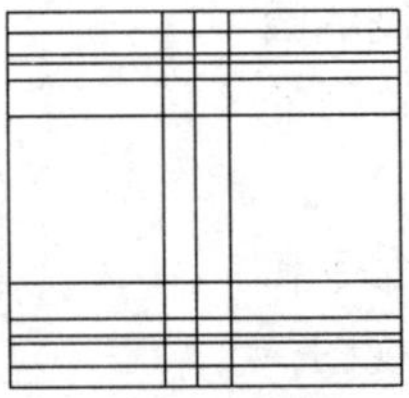

图 15-5 初步修剪

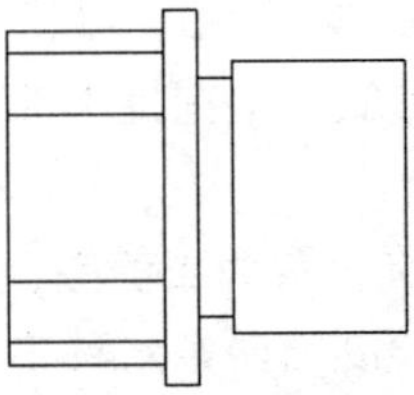

图 15-6 修剪结果

三、绘制六棱柱倒角

六棱柱倒角后得到的轮廓线实际是双曲线，在主视图中的投影可以用圆弧近似地绘制，其中大圆弧的半径为 15mm，小圆弧通过作图画出，其作图方法与绘制六角头螺栓的六棱柱倒角相同。

1 过 A 点和 B 点绘制两条倾斜线，倾斜角度为 60° 和-60° ，如图 15-7(a)所示。

2 修剪线条并删除 AB 和 DE，绘制出倒角斜线，如图 15-7(b)所示。绘制大圆弧和两个小圆弧的过程不再重复，绘图结果如图 15-7(c)所示。

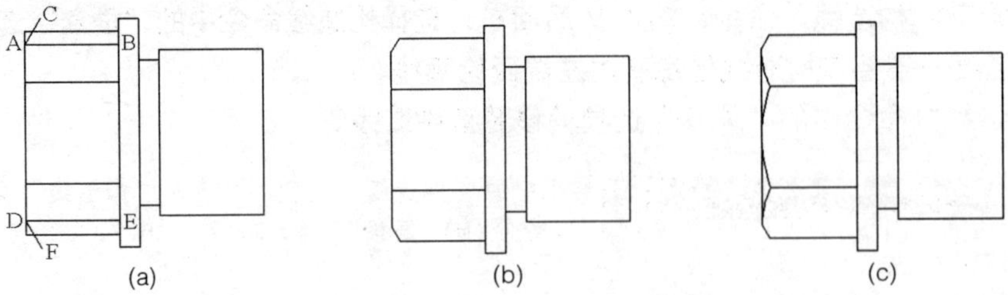

图 15-7 绘制六棱柱倒角和倒角圆弧

四、绘制螺纹和倒角

1 绘制螺塞外螺纹和倒角的方法与绘制螺栓外螺纹和倒角的方法相同，这里不再重复，绘图结果如图 15-8 所示。

2 将“点画线”层设置为当前层，利用“直线”命令和对象捕捉追踪模式，绘制出对称点画线，如图 15-9 所示。

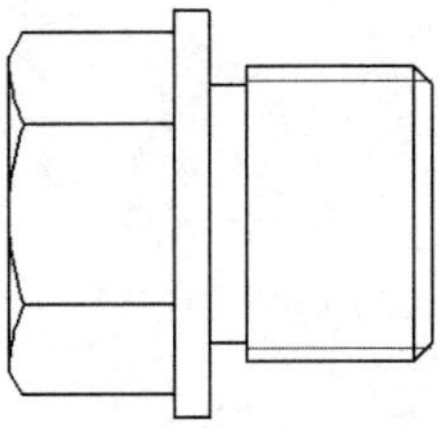

图 15-8　绘制螺纹和倒角

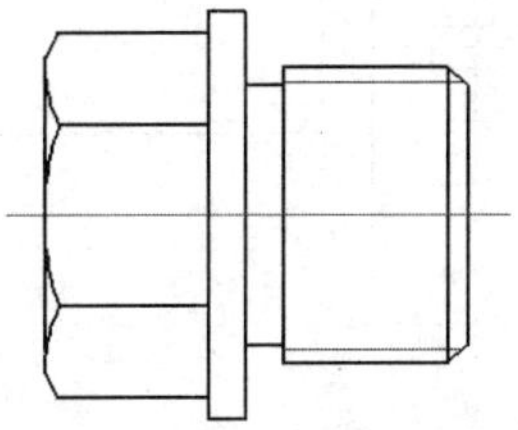

图 15-9　完成绘制主视图

五、缩放视图，改变线型比例

1 利用“缩放”命令放大视图，如图 15-10 所示。

```
命令: _scale        (单击“修改”工具栏中的“缩放”按钮，启动“缩放”命令)
选择对象:
指定对角点:       (用拾取窗口包围两个视图)
找到 34 个
选择对象:↙        (回车，结束选择对象)
指定基点:       (在两个视图中间适当位置单击)
指定比例因子或 [复制(C)/参照(R)] <1.0000>: 2↙        (输入比例因子2，回车)
```

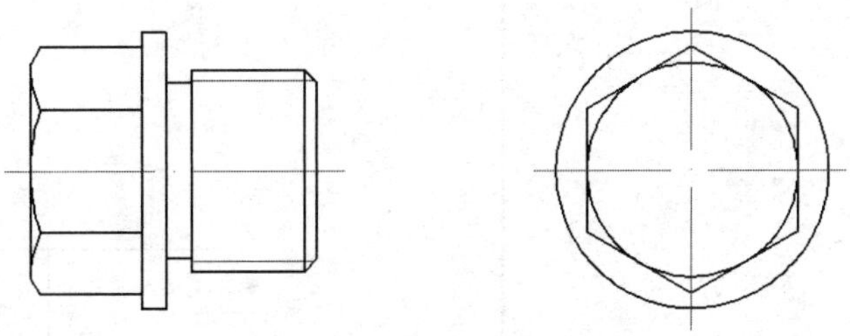

图 15-10　将两个视图放大 2 倍

2 双击主视图和左视图中的点画线，在弹出的“特性”选项板中将主视图和左视图中点画线的“线型比例”修改为 0.7，完成绘制螺塞的主视图和左视图。

实例 16　圆柱头螺钉

本实例所用的绘图命令：“打开” Open 命令、“删除” Erase 命令、“直线” Line 命令、“移动” Move 命令、“延伸” Extend 命令、“圆” Circle 命令、“偏移” Offset 命令、“修剪” Trim 命令、“旋转” Rotate 命令。

圆柱头螺钉（GB/T65—2000　M10×40）的主视图和左视图如图 16-1 所示。

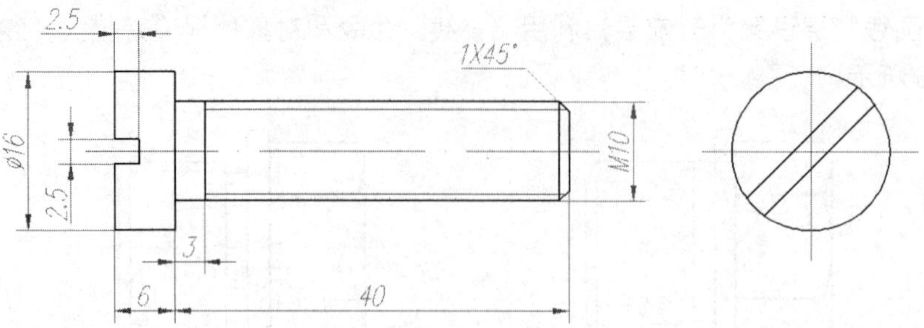

图 16–1　圆柱头螺钉

绘制步骤

一、绘制圆柱头螺钉主视图

1 单击“标准”工具栏中的“打开”按钮，在弹出的“选择文件”对话框中选中“六角头螺栓”，如图 16–2 所示。单击“打开”按钮，打开图形文件“六角头螺栓.dwg”。

2 单击“修改”工具栏中的“删除”按钮，将六角头螺栓的头部轮廓线删除，如图 16–3 所示。

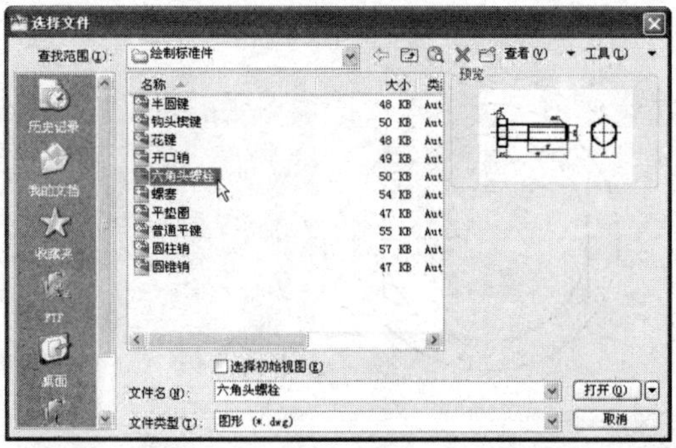

图 16–2 “选择文件”对话框

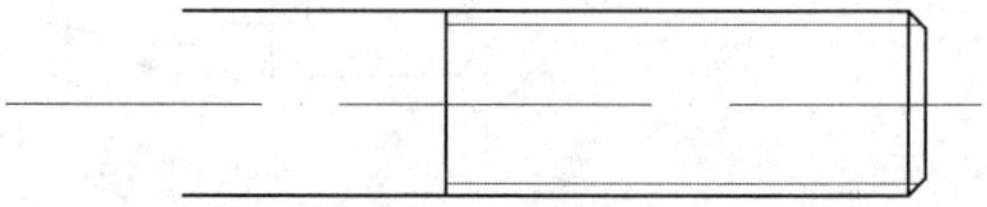

图 16–3　删除六角头螺栓的头部轮廓线

3 打开状态栏中的“正交”按钮、“对象捕捉”按钮和“对象捕捉追踪”按钮。

4 将“粗实线”层设置为当前层，利用“直线”命令连续绘制圆柱头螺钉的头部轮廓线，如图 16–4 所示。

```
命令: _line　　(单击“绘图”工具栏中的“直线”按钮，启动“直线”命令)
指定第一点:　　(捕捉端点A)
指定下一点或 [放弃(U)]: 3↙　　(向上移动光标，输入竖直线的长度，回车)
指定下一点或 [放弃(U)]: 6↙　　(向左移动光标，输入水平线的长度，回车)
指定下一点或 [闭合(C)/放弃(U)]: 6.75↙　　(向下移动光标，输入竖直线的长度，回车)
指定下一点或 [闭合(C)/放弃(U)]: 2.5↙　　(向右移动光标，输入水平线的长度，回车)
指定下一点或 [闭合(C)/放弃(U)]: 2.5↙　　(向下移动光标，输入竖直线的长度，回车)
指定下一点或 [闭合(C)/放弃(U)]: 2.5↙　　(向左移动光标，输入水平线的长度，回车)
指定下一点或 [闭合(C)/放弃(U)]: 6.75↙　　(向下移动光标，输入竖直线的长度，回车)
指定下一点或 [闭合(C)/放弃(U)]: 6↙　　(向右移动光标，输入水平线的长度，回车)
指定下一点或 [闭合(C)/放弃(U)]:　　(捕捉端点A)
指定下一点或 [闭合(C)/放弃(U)]:↙　　(回车，结束“直线”命令)
```

5 单击“修改”工具栏中的“移动”按钮，利用“移动”命令将螺纹终止线向左移动 11mm。

6 利用“延伸”命令将两条细实线延伸至螺纹终止线上，如图 16-5 所示。

命令: _extend　　（单击“修改”工具栏中的“延伸”按钮，启动“延伸”命令）
当前设置:投影=UCS，边=无
选择边界的边...
选择对象或 <全部选择>:　　（单击螺纹终止线）
找到 1 个
选择对象:↙　　（回车，结束选择边界对象）
选择要延伸的对象，或按住 Shift 键选择要修剪的对象，或[栏选(F)/窗交(C)/投影(P)/边(E)/放弃(U)]:　　（在一条细实线的左端点附近单击该线）
选择要延伸的对象，或按住 Shift 键选择要修剪的对象，或[栏选(F)/窗交(C)/投影(P)/边(E)/放弃(U)]:　　（在另一条细实线的左端点附近单击该线）
选择要延伸的对象，或按住 Shift 键选择要修剪的对象，或[栏选(F)/窗交(C)/投影(P)/边(E)/放弃(U)]:↙　　（回车，结束“延伸”命令）

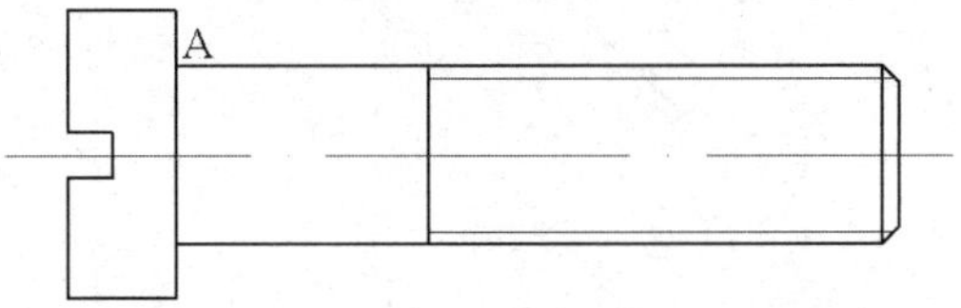

图 16-4　绘制柱头螺钉的头部轮廓线

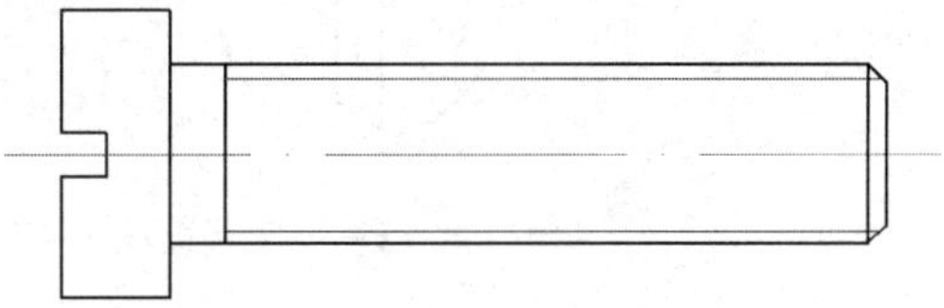

图 16-5　延伸细实线

二、绘制圆柱头螺钉左视图

1 利用“圆”命令在主视图对称点画线的延长线上绘制半径为 8 的圆。

命令: _circle　　（单击“绘图”工具栏中的“圆”按钮，启动“圆”命令）
指定圆的圆心或 [三点(3P)/两点(2P)/相切、相切、半径(T)]:　　（将光标移到主视图对称点画线的右端点处，出现端点捕捉标记后，向右移动光标，出现追踪轨迹后，在适当位置单击）
指定圆的半径或 [直径(D)]: 8↙　　（输入圆的半径，回车）

2 利用“直线”命令和对象捕捉追踪模式绘制圆的两条对称中心线，如图 16-6 所示。

3 单击“修改”工具栏中的“偏移”按钮，利用“偏移”命令对称偏移竖直中心线，偏移的距离为 1.25mm，结果如图 16-7 所示。

4 选择菜单“格式”→“图层工具”→“图层匹配”选项，利用“图层匹配”命令将偏移出来的点画线的图层修改为“粗实线”层，如图 16-8 所示。

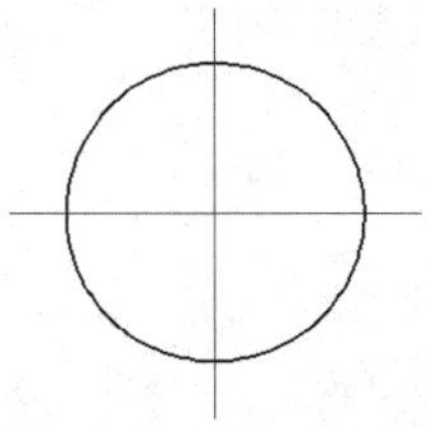

图 16-6　绘制圆及其对称中心线

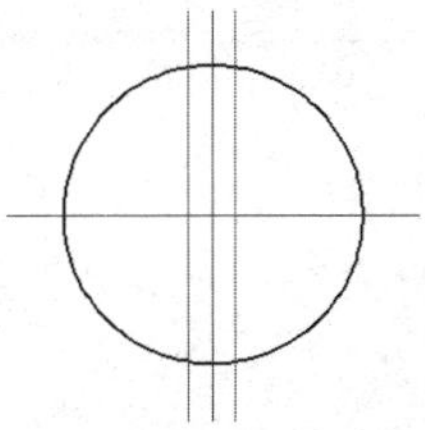

图 16-7　对称偏移竖直中心线

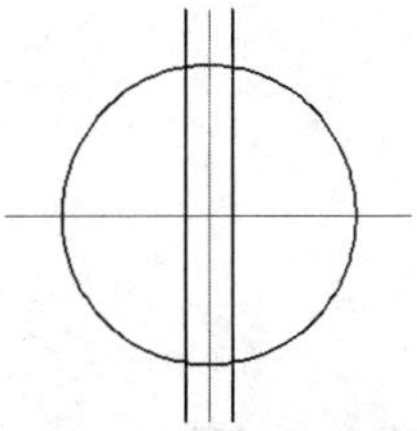

图 16-8　修改对象的图层

5 单击“修改”工具栏中的“修剪”按钮，利用“修剪”命令修剪两条竖直粗实线，如图 16-9 所示。

6 利用“旋转”命令将两条竖直线顺时针旋转 45°，完成绘制柱头螺钉的左视图，如图 16-10 所示。

```
命令：_rotate        （单击“修改”工具栏中的“旋转”按钮，启动“旋转”命令）
UCS 当前的正角方向： ANGDIR=逆时针  ANGBASE=0
选择对象：      （单击一条竖直线）
找到 1 个
选择对象：      （单击另一条竖直线）
找到 1 个，总计 2 个
选择对象：↙       （回车，结束选择旋转对象）
指定基点：      （捕捉圆心为旋转基点）
指定旋转角度，或 [复制(C)/参照(R)] <0>: -45↙       （输入旋转角度，回车）
```

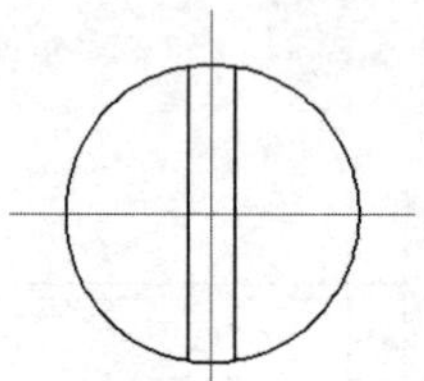

图 16-9 修剪两条竖直线

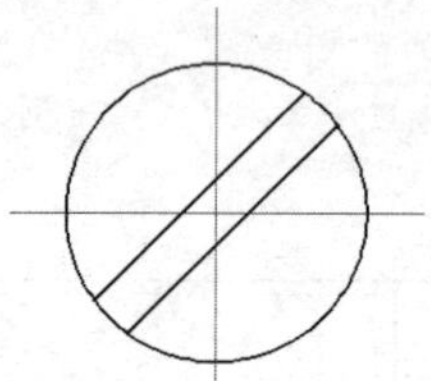

图 16-10 圆柱头螺钉的左视图

实例 17 沉头螺钉

本实例所用的绘图命令：“打开”Open 命令、“删除”Erase 命令、“拉伸”Stretch 命令、“延伸”Extend 命令、“拉长”Lengthen 命令、“直线”Line 命令、“圆”Circle 命令、“延伸”Extend 命令、“修剪”Trim 命令。

沉头螺钉（GB/T68—2000 M10×40）的主视图和左视图如图 17-1 所示。

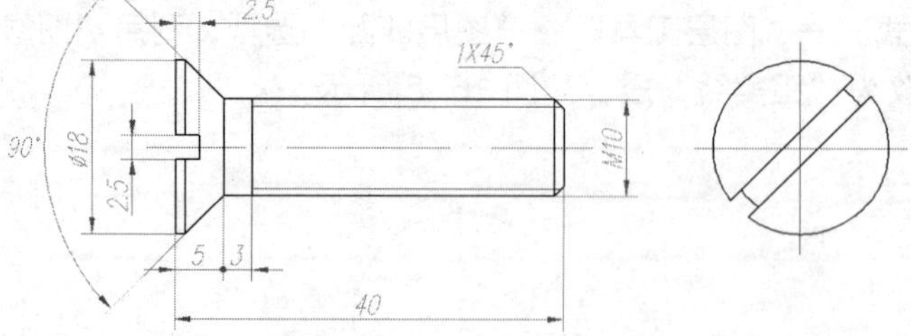

图 17-1 沉头螺钉

绘制步骤

一、绘制沉头螺钉主视图

1 单击“标准”工具栏中的“打开”按钮，利用“打开”命令打开图形文件“圆柱头螺钉.dwg”。

2 单击“修改”工具栏中的“删除”按钮，将圆柱头螺钉的头部的部分轮廓线删除，如图 17–2 所示。

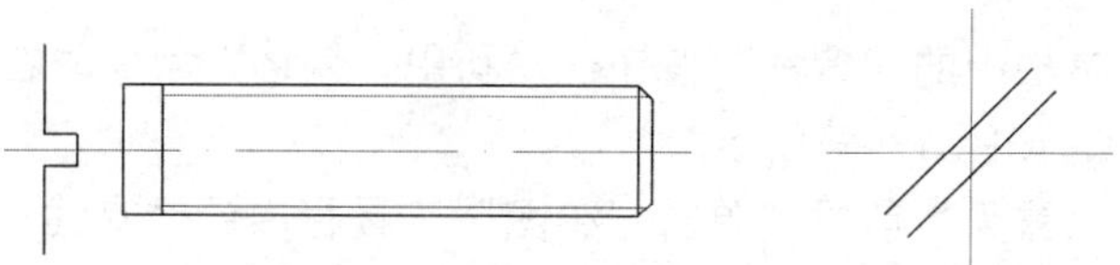

图 17–2　删除柱头螺钉的部分轮廓线

3 打开状态栏中的“正交”按钮和“对象捕捉”按钮。

4 利用“拉伸”命令平移保留的头部轮廓线和螺纹终止线，将其他轮廓线缩短，如图 17–4 所示。

```
命令: _stretch        (单击“修改”工具栏中的“拉伸”按钮，启动“拉伸”命令)
以交叉窗口或交叉多边形选择要拉伸的对象...
选择对象:
指定对角点:        (用虚线拾取窗口包围保留的头部轮廓线和螺纹终止线，如图17-3所示)
找到 14 个
选择对象:↙        (回车，结束选择拉伸对象)
指定基点或 [位移(D)] <位移>:        (在适当位置单击)
指定第二个点或 <使用第一个点作为位移>: 5↙        (向右移动光标，输入拉伸距离5，回车)
```

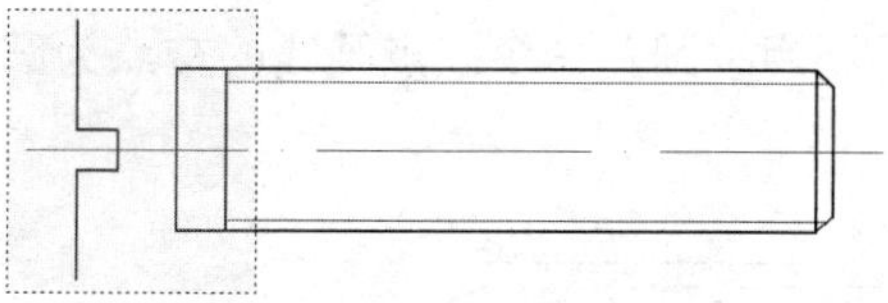

图 17–3　用虚线窗口选择拉伸对象

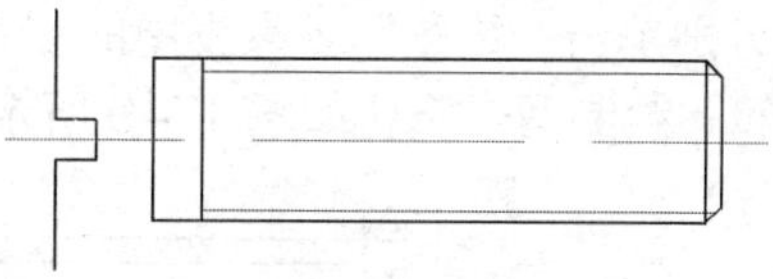

图 17–4　拉伸结果

5 利用“拉伸”命令平移保留的头部轮廓线，将点画线缩短，如图 17–6 所示。

```
命令: _stretch        (单击“修改”工具栏中的“拉伸”按钮，启动“拉伸”命令)
以交叉窗口或交叉多边形选择要拉伸的对象...
选择对象:
指定对角点:        (用虚线拾取窗口包围保留的头部轮廓线和螺纹终止线，如图17-5所示)
找到 6 个
选择对象:↙        (回车，结束选择拉伸对象)
指定基点或 [位移(D)] <位移>:        (在适当位置单击)
指定第二个点或 <使用第一个点作为位移>: 1↙        (向右移动光标，输入拉伸距离1，回车)
```

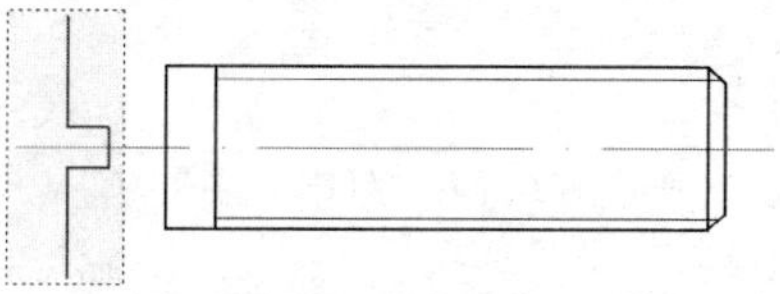

图 17–5　用虚线窗口选择拉伸对象

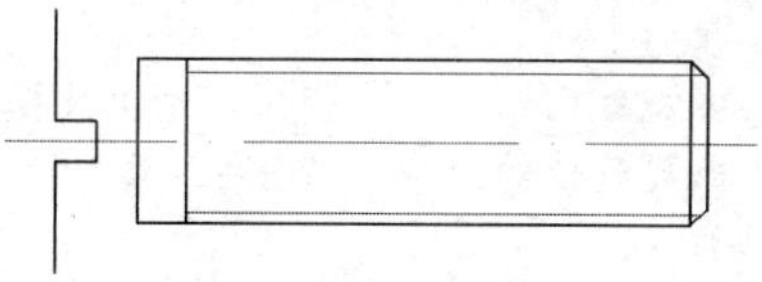

图 17–6　拉伸结果

6 利用“拉长”命令拉长头部左端面竖直轮廓线。

```
命令: _lengthen        (选择菜单“修改”→“拉长”选项)
选择对象或 [增量(DE)/百分数(P)/全部(T)/动态(DY)]: DE↙        (输入DE，回车，选择“增量”选项)
输入长度增量或 [角度(A)] <0.0000>: 1↙        (输入长度增量1，回车)
```

```
选择要修改的对象或 [放弃(U)]:        (在头部左端面竖直轮廓线的上方端点附近单击该线)
选择要修改的对象或 [放弃(U)]:        (在头部左端面竖直轮廓线的下方端点附近单击该线)
选择要修改的对象或 [放弃(U)]:↙        (回车，结束选择要修改的对象)
```

7 单击“修改”工具栏中的“偏移”按钮，利用“偏移”命令向右偏移头部左端面竖直轮廓线，偏移距离为 1mm，如图 17-7 所示。

8 将“粗实线”层设置为当前层，单击“绘图”工具栏中的“直线”按钮，利用“直线”命令绘制头部轮廓线，如图 17-8 所示。

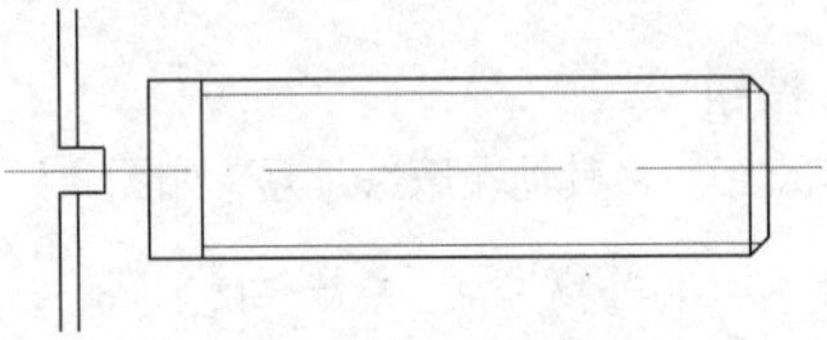

图 17-7　拉长、偏移头部轮廓线

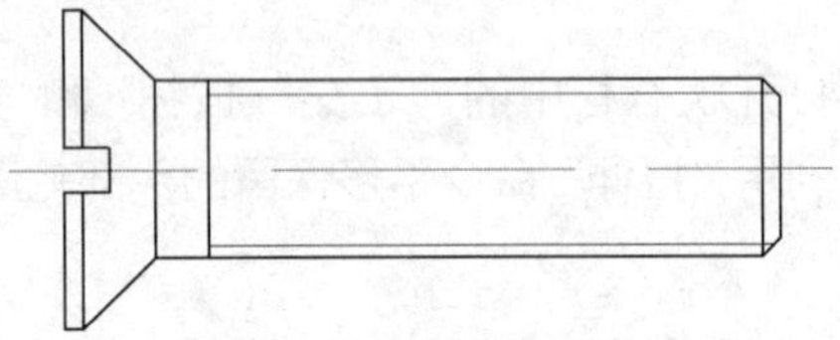

图 17-8　绘制头部轮廓线

二、绘制沉头螺钉左视图

1 分别单击“绘图”工具栏中的“直线”按钮，利用“直线”命令过端点 A 绘制辅助线 AB 与竖直点画线垂直、过端点 C 绘制辅助线 CD 与 AB 垂直、过交点 E 绘制辅助线 EF 与竖直点画线垂直。

2 分别单击“绘图”工具栏中的“圆”按钮，利用“圆”命令以点画线的交点为圆心，过端点 B 和 F 绘制两个圆，如图 17-9 所示。

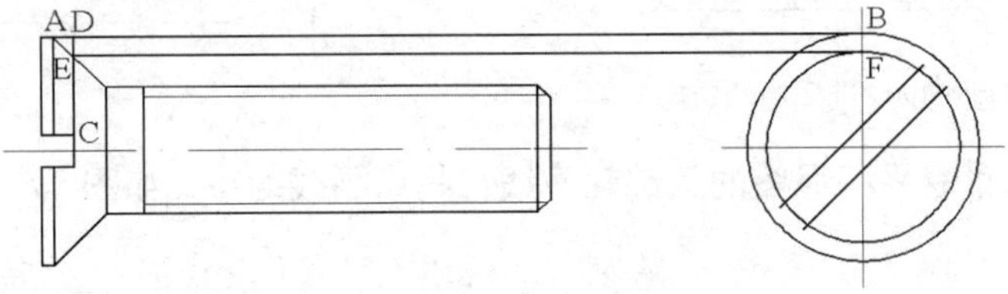

图 17-9　利用辅助线绘制圆

3 利用“延伸”命令将两条倾斜线延伸到大圆周上，如图 17-10 所示。

```
命令: _extend        (单击“修改”工具栏中的“延伸”按钮，启动“延伸”命令)
当前设置:投影=UCS，边=无
选择边界的边...
选择对象或 <全部选择>:        (单击大圆)
找到 1 个
选择对象:↙        (回车，结束选择边界对象)
选择要延伸的对象，或按住 Shift 键选择要修剪的对象，或[栏选(F)/窗交(C)/投影(P)/边
(E)/放弃(U)]:        (在一条倾斜线的右上方端点附近单击该线)
选择要延伸的对象，或按住 Shift 键选择要修剪的对象，或[栏选(F)/窗交(C)/投影(P)/边
(E)/放弃(U)]:        (在另一条倾斜线的右上方端点附近单击该线)
选择要延伸的对象，或按住 Shift 键选择要修剪的对象，或[栏选(F)/窗交(C)/投影(P)/边
(E)/放弃(U)]:        (在一条倾斜线的左下方端点附近单击该线)
选择要延伸的对象，或按住 Shift 键选择要修剪的对象，或[栏选(F)/窗交(C)/投影(P)/边
(E)/放弃(U)]:        (在另一条倾斜线的左下方端点附近单击该线)
选择要延伸的对象，或按住 Shift 键选择要修剪的对象，或[栏选(F)/窗交(C)/投影(P)/边
(E)/放弃(U)]:↙        (回车，结束“延伸”命令)
```

4 单击“修改”工具栏中的“修剪”按钮，利用“修剪”命令修剪两条倾斜线，完成绘制沉头螺钉左视图，如图 17–11 所示。

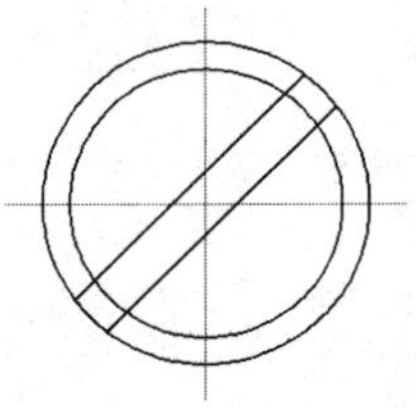

图 17–10　将倾斜线延伸到大圆周上

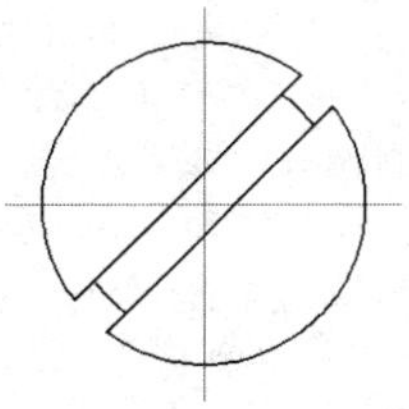

图 17–11　沉头螺钉的左视图

实例 18　内六角螺钉

本实例所用的绘图命令：“打开”Open 命令、“删除”Erase 命令、“合并”Join 命令、“拉伸”Stretch 命令、“移动”Move 命令、“修剪”Trim 命令、“多边形”Polygon 命令、“圆”Circle 命令、“直线”Line 命令。

内六角螺钉（GB/T70.1—2000　M10×40）的主视图和左视图如图 18–1 所示。

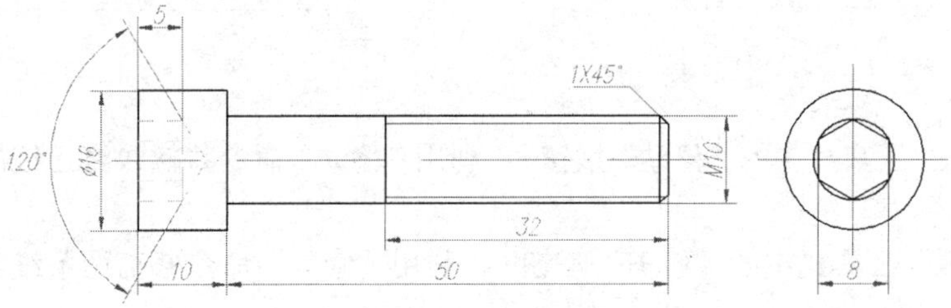

图 18–1　内六角螺钉

绘制步骤

一、绘制内六角螺钉主视图

1 单击“标准”工具栏中的“打开”按钮，利用“打开”命令打开图形文件“圆柱头螺钉.dwg”。

2 单击“修改”工具栏中的“删除”按钮，将圆柱头螺钉头部槽的轮廓线删除，如图 18–2 所示。

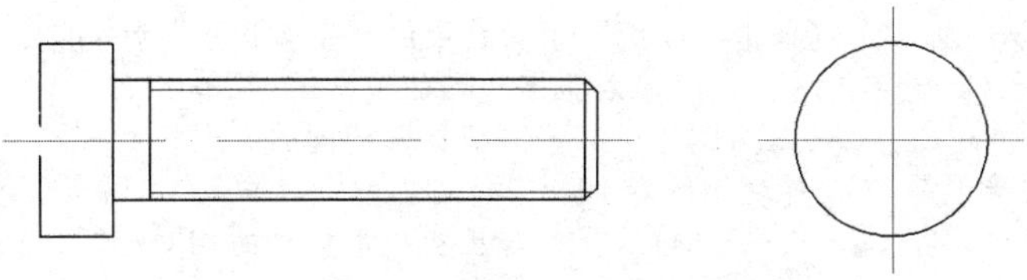

图 18–2　删除柱头螺钉头部槽的轮廓线

3 打开状态栏中的“正交”按钮和“对象捕捉”按钮。

4 利用“合并”命令将头部左端面的两段轮廓线合并，如图 18-3 所示。

```
命令: _join          (单击“修改”工具栏中的“合并”按钮，启动“合并”命令)
选择源对象:          (单击头部左端面的一段轮廓线)
选择要合并到源的直线:        (单击头部左端面的另一段轮廓线)
找到 1 个
选择要合并到源的直线:↙        (回车，结束“合并”命令)
已将 1 条直线合并到源
```

5 单击“修改”工具栏中的“拉伸”按钮，利用“拉伸”命令将头部轮廓线向左拉伸 4mm，利用虚线窗口选择拉伸对象如图 18-4 所示，拉伸结果参看图 18-5。

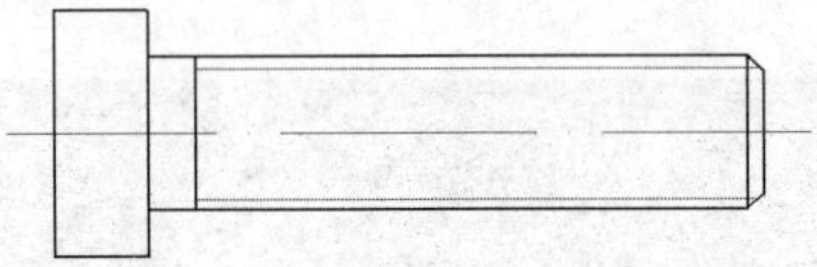

图 18-3　合并头部左端面的两段轮廓线

图 18-4　用虚线窗口选择拉伸对象

6 利用“拉伸”命令将外螺纹右端轮廓线向右拉伸 10mm，利用虚线窗口选择拉伸对象如图 18-5 所示，拉伸结果如图 18-6 所示。

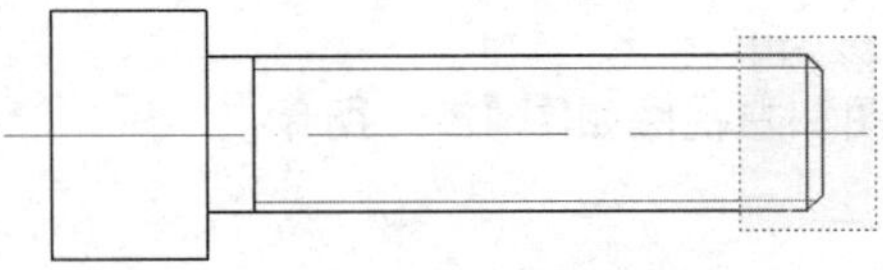

图 18-5　用虚线窗口选择拉伸对象

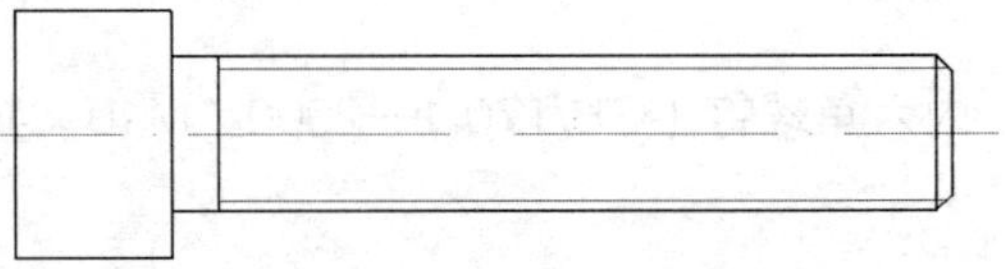

图 18-6　拉伸结果

7 单击“修改”工具栏中的“移动”按钮，利用“移动”命令将螺纹终止线向右移动 15mm，如图 18-7 所示。

8 单击“修改”工具栏中的“修剪”按钮，利用“修剪”命令修剪两条细实线，如图 18-8 所示。

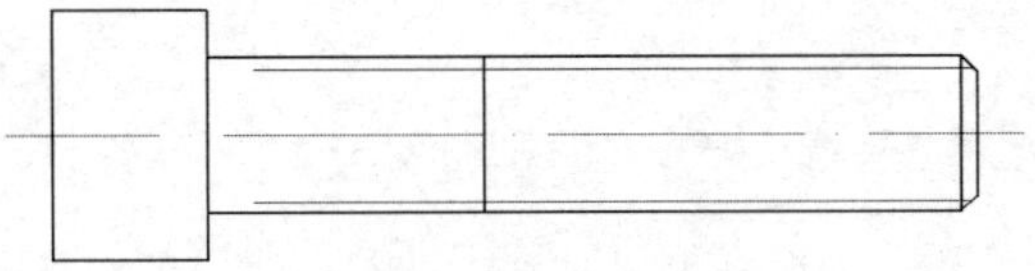

图 18-7　移动螺纹终止线

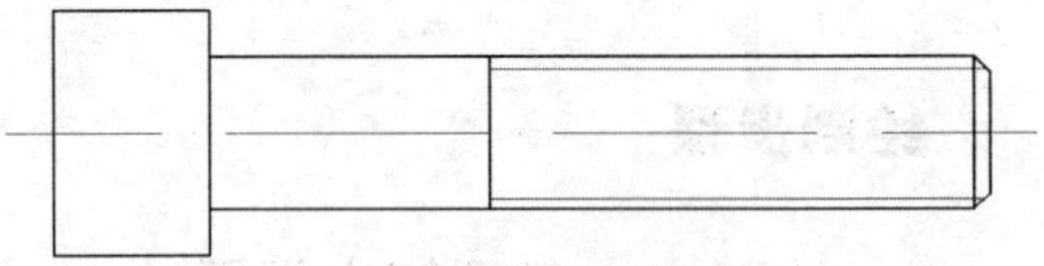

图 18-8　修剪细实线

二、绘制柱头螺钉左视图和内六角轮廓线

1 利用“多边形”命令绘制正六边形。

```
命令: _polygon        (单击“绘图”工具栏中的“正多边形”按钮，启动“多边形”命令)
输入边的数目 <4>: 6↙          (输入正多边形的边数6，回车)
指定正多边形的中心点或 [边(E)]:        (捕捉圆的圆心)
输入选项 [内接于圆(I)/外切于圆(C)] <I>: C↙        (输入C，回车，选择“外切于圆”选项)
指定圆的半径: @4,0↙          (输入光标与正多边形中心的相对坐标，回车)
```

2 单击“绘图”工具栏中的“圆”按钮，捕捉点画线的交点为圆心，在正六边形上捕捉一个顶点，绘制外接于正六边形的圆。完成绘制内六角螺钉的左视图，如图 18-9 所示。

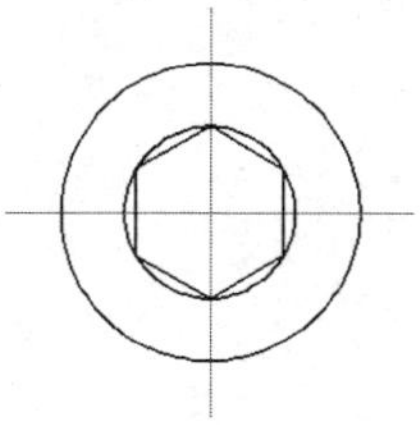

图 18-9　内六角螺钉的左视图

3 单击“修改”工具栏中的“偏移”按钮，利用“偏移”命令向右偏移螺钉头部左端面轮廓线，偏移距离为 5mm。

4 将“虚线”层设置为当前层，分别单击“绘图”工具栏中的“直线”按钮，利用“直线”命令过正六边形的 4 个顶点绘制与螺钉头部左端面轮廓线垂直的直线，如图 18-10 所示。

5 选择菜单“格式”→“图层工具”→“图层匹配”选项，利用“图层匹配”命令将偏移出来的直线的图层修改为“虚线”层。

6 单击“修改”工具栏中的“修剪”按钮，利用“修剪”命令修剪虚线，如图 18-11 所示。

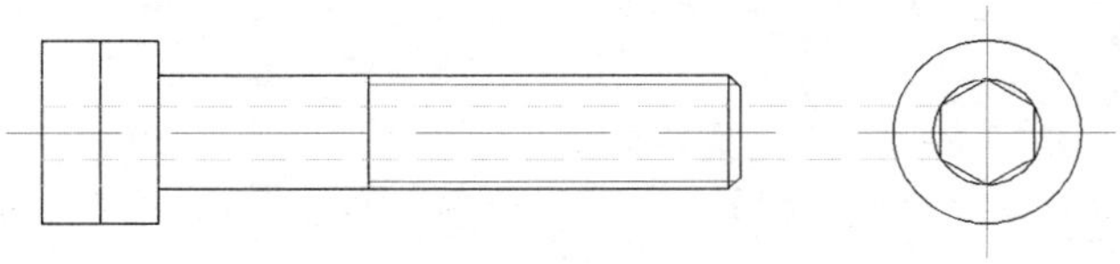

图 18-10　偏移轮廓线，绘制虚线

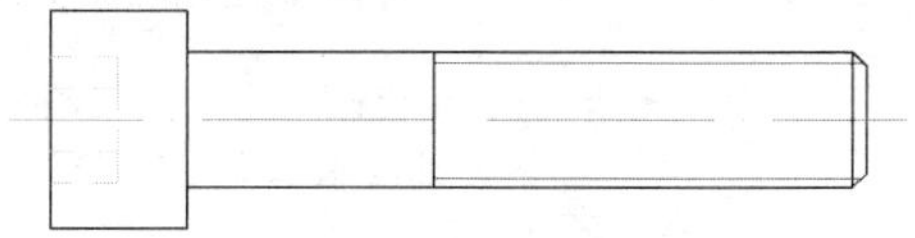

图 18-11　修剪虚线

7 单击“绘图”工具栏中的“直线”按钮，如图 18-12 所示，利用“直线”命令过端点 A 绘制直线 AB，B 点相对于 A 点的坐标为“@8<60”。利用“直线”命令连接端点 C 和交点 D。

8 单击“修改”工具栏中的“修剪”按钮，利用“修剪”命令修剪倾斜虚线，完成绘制内六角螺钉的主视图，如图 18-13 所示。

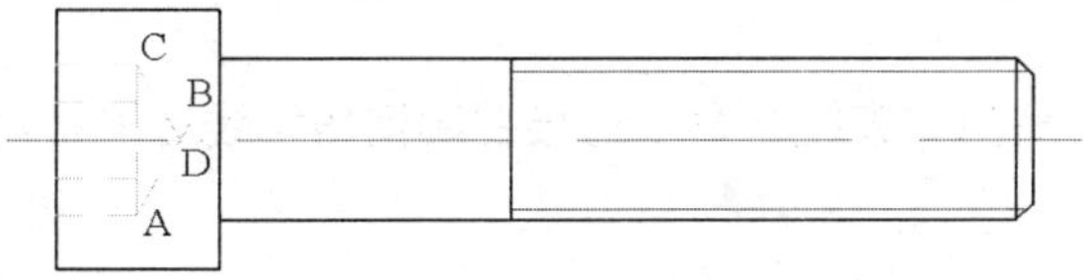

图 18-12　绘制倾斜虚线

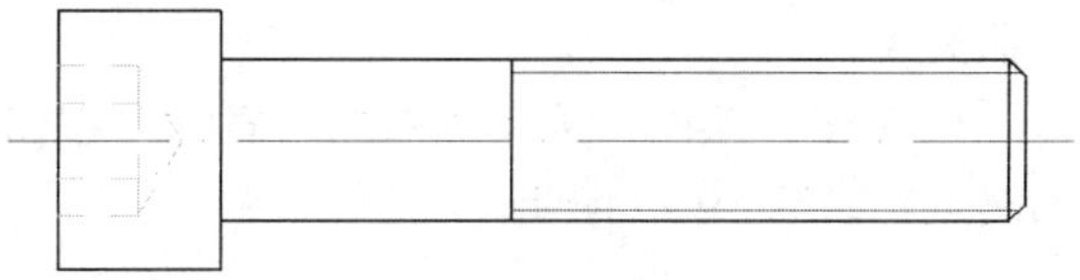

图 18-13　内六角螺钉的主视图

实例 19　圆柱端紧定螺钉

本实例所用的绘图命令：“打开”Open 命令、“删除”Erase 命令、“修剪”Trim 命令、“拉长”Lengthen 命令、“倒角”Chamfer 命令、“拉伸”Stretch 命令、“偏移”Offset 命令、“直线”Line 命令。

圆柱端紧定螺钉（GB/T75—1985　M10×40）的主视图如图 19-1 所示。

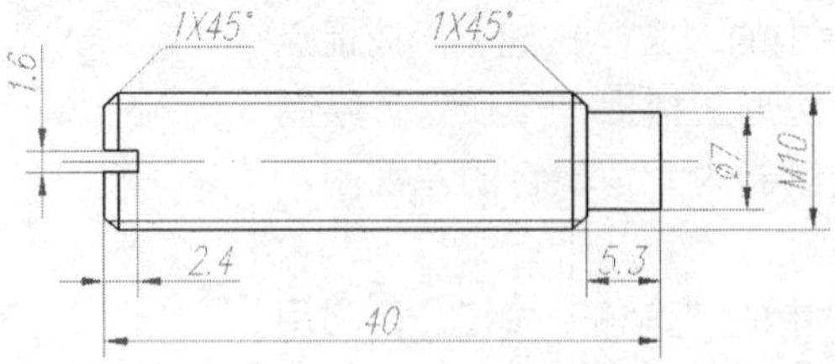

图 19–1　圆柱端紧定螺钉

绘制步骤

1 单击“标准”工具栏中的“打开”按钮，利用“打开”命令打开图形文件“圆柱头螺钉.dwg”。

2 单击“修改”工具栏中的“删除”按钮，将圆柱头螺钉的头部轮廓线和左视图删除，如图 19–2 所示。

3 单击“修改”工具栏中的“修剪”按钮，利用“修剪”命令修剪两条水平粗实线。

4 利用“拉长”命令调整点画线的长度。

```
命令: _lengthen      (选择菜单“修改”→“拉长”选项)
选择对象或 [增量(DE)/百分数(P)/全部(T)/动态(DY)]: DY↙      (输入DY, 回车, 选择“动
态”选项)
选择要修改的对象或 [放弃(U)]:      (在点画线的左端点附近单击该线)
指定新端点:      (向右移动光标, 在适当位置单击)
选择要修改的对象或 [放弃(U)]:↙      (回车, 结束“拉长”命令)
```

5 单击“修改”工具栏中的“倒角”按钮，利用“倒角”命令在左端绘制两个倒角距离均为 1 的倒角。

6 单击“修改”工具栏中的“修剪”按钮，利用“修剪”命令修剪两条超出左端倒角斜线的细实线。

7 单击“绘图”工具栏中的“直线”按钮，利用“直线”命令连接左端倒角斜线上下相对的端点，如图 19–3 所示。

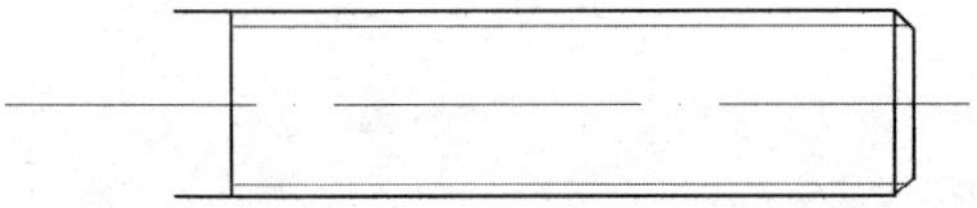

图 19–2　删除柱头螺钉的头部轮廓线和左视图

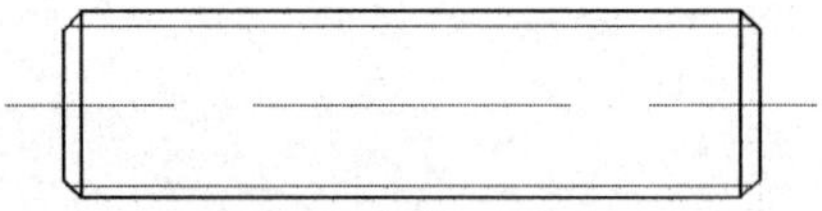

图 19–3　编辑图形

8 单击“修改”工具栏中的“拉伸”按钮，利用“拉伸”命令将左端轮廓线向右拉伸 2.3mm，利用虚线窗口选择拉伸对象，如图 19–4 所示，拉伸结果如图 19–5 所示。

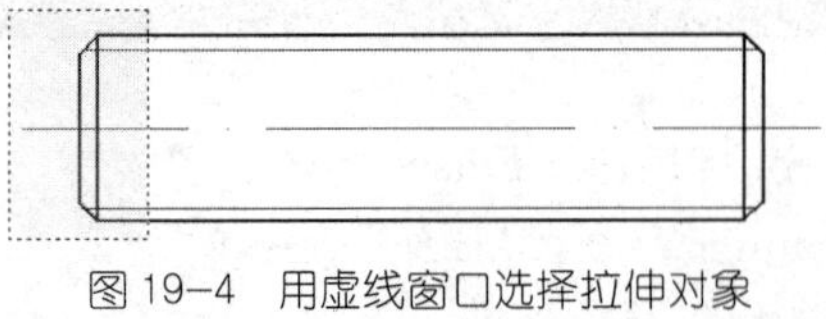

图 19–4　用虚线窗口选择拉伸对象

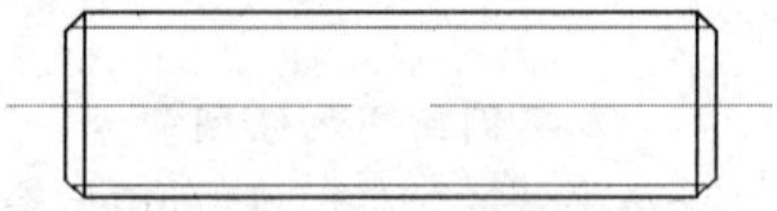

图 19–5　拉伸结果

9 单击“修改”工具栏中的“偏移”按钮，利用“偏移”命令对称偏移对称点画线，偏移的距离为 0.8mm。

10 单击“修改”工具栏中的“偏移”按钮，利用“偏移”命令向右偏移左端面轮廓线，偏

移的距离为 2.4mm，如图 19-6 所示。

11 选择菜单“格式”→“图层工具”→“图层匹配”选项，利用“图层匹配”命令将偏移出来的点画线的图层修改为“粗实线”层。

12 单击“修改”工具栏中的“修剪”按钮，利用“修剪”命令修剪线条，得到一字槽的轮廓线，如图 19-7 所示

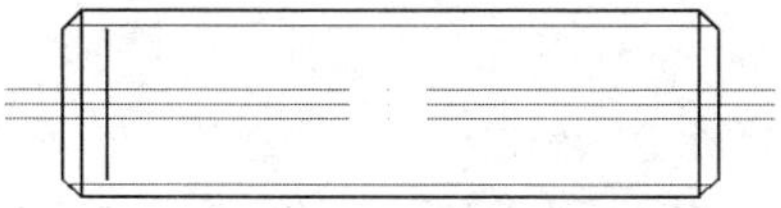

图 19-6　偏移点画线和轮廓线

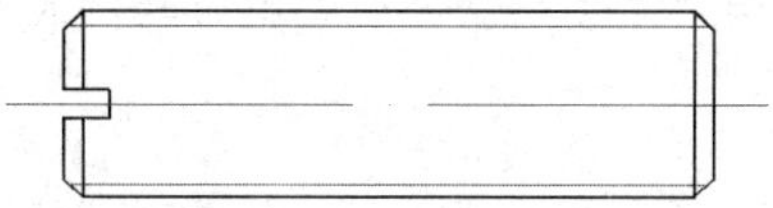

图 19-7　绘制一字槽轮廓线

13 打开状态栏中的“正交”按钮和“对象捕捉”按钮。

14 将“粗实线”层设置为当前层，利用“直线”命令绘制圆柱端轮廓线，如图 19-8 所示。

```
命令: _line        (单击“绘图”工具栏中的“直线”按钮，启动“直线”命令)
指定第一点: _tt        (单击“对象捕捉”工具栏中的“临时追踪点捕捉”按钮)
指定临时对象追踪点:        (捕捉端点A为临时对象追踪点)
指定第一点: 3.5↙        (向上移动光标，出现竖直追踪轨迹，输入追踪距离3.5，回车)
指定下一点或 [放弃(U)]: 5.3↙        (向右移动光标，输入水平线的长度5.3，回车)
指定下一点或 [放弃(U)]: 7↙        (向下移动光标，输入竖直线的长度7，回车)
指定下一点或 [闭合(C)/放弃(U)]:        (在过A点的竖直轮廓线上捕捉垂足)
指定下一点或 [闭合(C)/放弃(U)]:↙        (回车，结束“直线”命令)
```

15 选择菜单“修改”→“拉长”选项，利用“拉长”命令中的“动态”选项调整点画线的长度。完成绘制圆柱端紧定螺钉的主视图，如图 19-9 所示。

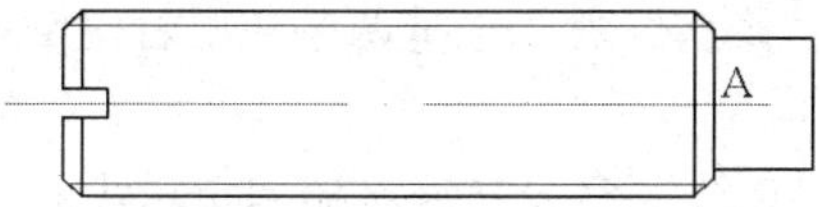

图 19-8　绘制圆柱端轮廓线

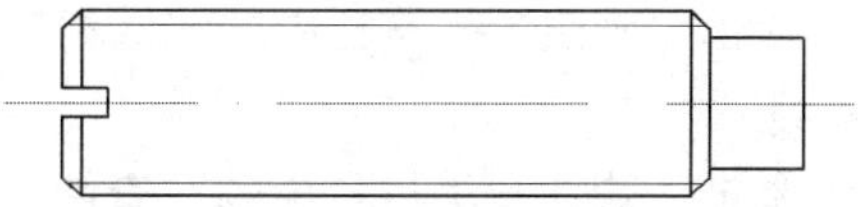

图 19-9　圆柱端紧定螺钉的主视图

实例 20　圆锥端紧定螺钉

本实例所用的绘图命令：“打开”Open 命令、“删除”Erase 命令、“拉长”Lengthen 命令、“倒角”Chamfer 命令、“修剪”Trim 命令、“拉伸”Stretch 命令。

圆锥端紧定螺钉（GB/T71—1985　M10×40）的主视图如图 20-1 所示。

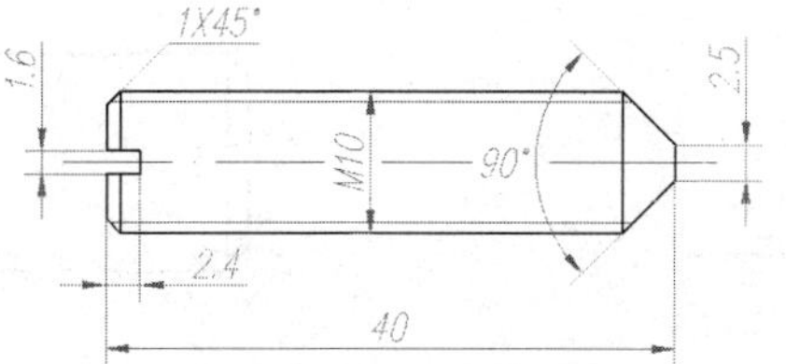

图 20-1　圆锥端紧定螺钉

绘制步骤

1 单击“标准”工具栏中的“打开”按钮，利用“打开”命令打开图形文件“圆柱端紧定螺钉.dwg”。

2 单击“修改”工具栏中的“删除”按钮，将圆柱端轮廓线删除，如图 20-2 所示。

3 利用“拉长”命令调整点画线的长度。

```
命令: _lengthen      (选择菜单“修改”→“拉长”选项)
选择对象或 [增量(DE)/百分数(P)/全部(T)/动态(DY)]: DY↙     (输入DY，回车，选择“动态”选项)
选择要修改的对象或 [放弃(U)]:      (在点画线的右端点附近单击该线)
指定新端点:      (向左移动光标，在适当位置单击)
选择要修改的对象或 [放弃(U)]:↙      (回车，结束“拉长”命令)
```

4 单击“修改”工具栏中的“删除”按钮，将右端倒角斜线删除，如图 20-3 所示。

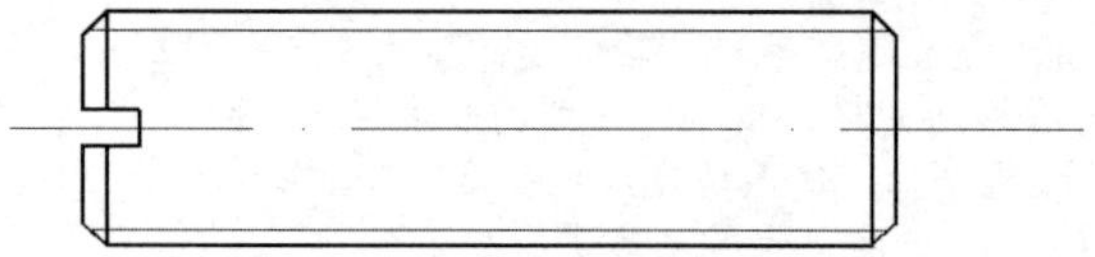
图 20-2　删除圆柱端轮廓线

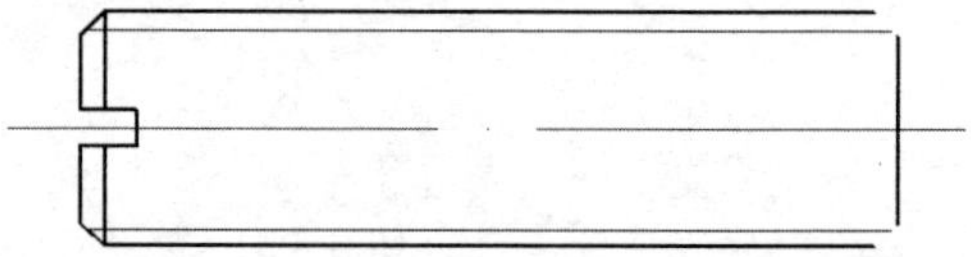
图 20-3　调整点画线长度，删除倒角斜线

5 单击“修改”工具栏中的“倒角”按钮，利用“倒角”命令在右端绘制两个倒角距离均为 3.75mm 的倒角，如图 20-4 所示。

6 单击“修改”工具栏中的“修剪”按钮，利用“修剪”命令修剪两条超出右端倒角斜线的细实线。

7 单击“绘图”工具栏中的“直线”按钮，利用“直线”命令连接右端倒角斜线上下相对的端点，如图 20-5 所示。

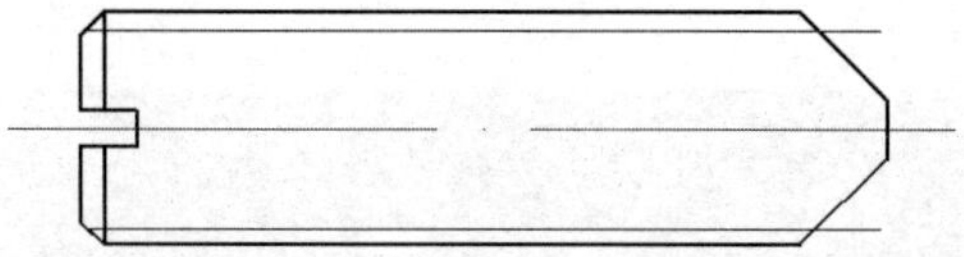
图 20-4　重新绘制倒角

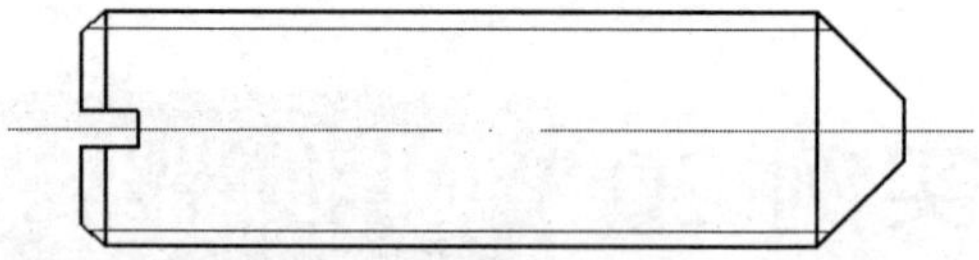
图 20-5　修剪并连线

8 单击“修改”工具栏中的“拉伸”按钮，利用“拉伸”命令将右端轮廓线向右拉伸 5.3mm，即完成绘制圆锥端紧定螺钉主视图。利用虚线窗口选择拉伸对象，如图 20-6 所示，拉伸结果如图 20-7 所示。

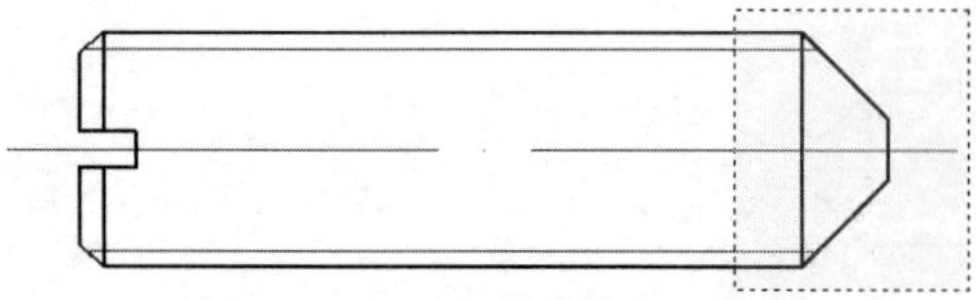
图 20-6　用虚线窗口选择拉伸对象

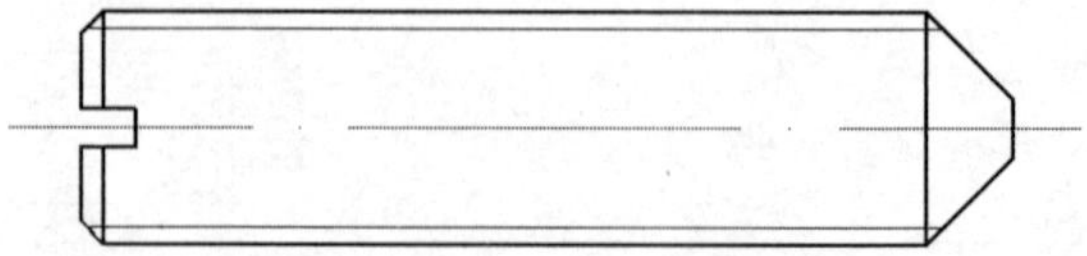
图 20-7　圆锥端紧定螺钉主视图

实例 21　吊环螺钉

本实例所用的绘图命令：“直线”Line 命令、“偏移”Offset 命令、“倒角”Chamfer 命令、“图层匹配”Laymch 命令、“圆角”Fillet 命令、“修剪”Trim 命令、“镜像”Mirror 命令、“删除”Erase 命令、“圆”Circle 命令、“复制”Copy 命令、“椭圆”Ellipse 命令。

吊环螺钉（GB/T825—1988　M10）的主视图和左视图如图 21-1 所示。

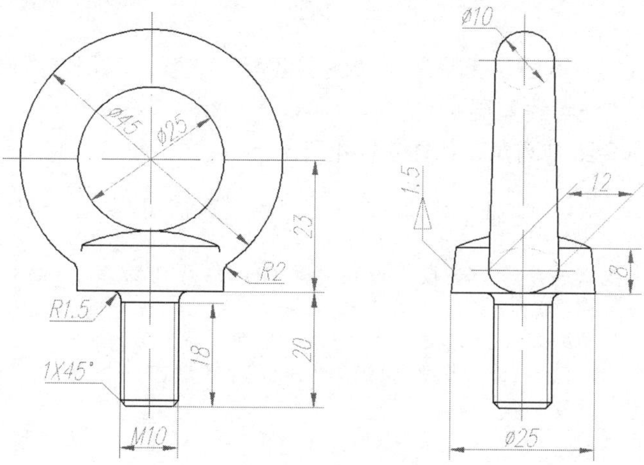

图 21-1　吊环螺钉

绘制步骤

一、绘制吊环螺钉主视图

1 新建空白图形文件，加载线型，恢复图层。

2 打开状态栏中的“正交”按钮和“对象捕捉”按钮。

3 将“粗实线”层设置为当前层，利用“直线”命令绘制轮廓线，如图 21-2 所示。

```
命令: _line        (单击“绘图”工具栏中的“直线”按钮，启动“直线”命令)
指定第一点:        (在绘图区适当位置单击，指定A点)
指定下一点或 [放弃(U)]: 5↙        (向左移动光标，输入水平线AB的长度5，回车)
指定下一点或 [放弃(U)]: 20↙        (向上移动光标，输入竖直线BC的长度20，回车)
指定下一点或 [闭合(C)/放弃(U)]: 7.5↙        (向左移动光标，输入水平线CD的长度7.5，回车)
指定下一点或 [闭合(C)/放弃(U)]: 5↙        (向上移动光标，输入竖直线DE的长度5，回车)
指定下一点或 [闭合(C)/放弃(U)]:↙        (回车，结束“直线”命令)

命令: _line        (单击“绘图”工具栏中的“直线”按钮，启动“直线”命令)
指定第一点:        (捕捉端点C)
```

指定下一点或 [放弃(U)]: 5↙　　(向右移动光标，输入水平线CF的长度5，回车)
指定下一点或 [放弃(U)]: ↙　　(回车，结束“直线”命令)

4 单击“修改”工具栏中的“偏移”按钮，利用“偏移”命令向右偏移竖直线 BC，偏移距离为 0.75mm。

5 单击“修改”工具栏中的“倒角”按钮，利用“倒角”命令在水平线 AB 和竖直线 BC 的拐角处绘制倒角，倒角距离为 1mm，如图 21-3 所示。

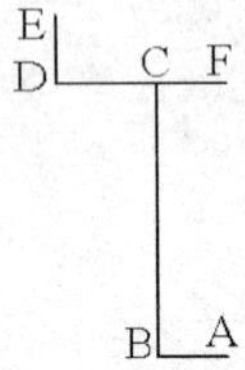

图 21-2　绘制轮廓线

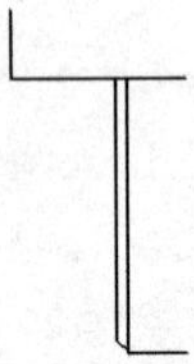

图 21-3　偏移轮廓线，绘制倒角

6 选择长度“格式”→“图层工具”→“图层匹配”选项，利用“图层匹配”命令将偏移出来的直线的图层修改为“细实线”层。

7 利用“圆角”命令绘制圆角，如图 21-4 所示。

命令: _fillet　　(单击“修改”工具栏中的“圆角”按钮，启动“圆角”命令)
当前设置: 模式 = 修剪，半径 = 0.0000
选择第一个对象或 [放弃(U)/多段线(P)/半径(R)/修剪(T)/多个(M)]: R↙　　(输入R，回车，选择“半径”选项)
指定圆角半径 <0.0000>: 1.5↙　　(输入圆角半径1.5，回车)
选择第一个对象或 [放弃(U)/多段线(P)/半径(R)/修剪(T)/多个(M)]: T↙　　(输入T，回车，选择“修剪”选项)
输入修剪模式选项 [修剪(T)/不修剪(N)] <修剪>: N↙　　(输入N，回车，选择“不修剪”选项)
选择第一个对象或 [放弃(U)/多段线(P)/半径(R)/修剪(T)/多个(M)]:　　(单击直线BC)
选择第二个对象，或按住 Shift 键选择要应用角点的对象:　　(单击直线CD)

8 单击“修改”工具栏中的“修剪”按钮，利用“修剪”命令修剪细实线和圆角处轮廓线。

9 单击“修改”工具栏中的“镜像”按钮，利用“镜像”命令做所绘图形的竖直镜像，镜像线的两个端点为 A 点和 F 点，如图 21-5 所示。

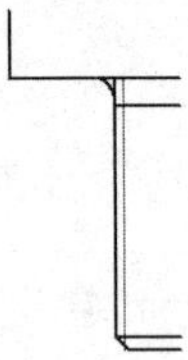

图 21-4　修改图层，绘制圆角

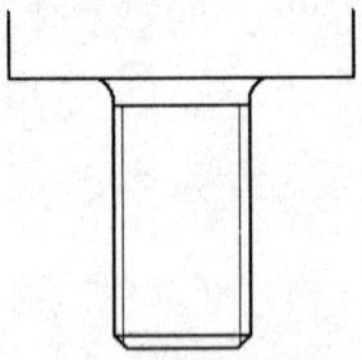

图 21-5　修剪后做竖直镜像

10 利用“圆”命令绘制同心圆，如图 21-6 所示。

命令: _circle　　(单击“绘图”工具栏中的“圆”按钮，启动“圆”命令)
指定圆的圆心或 [三点(3P)/两点(2P)/相切、相切、半径(T)]: _tt　　(单击“对象捕捉”工具栏中的“临时追踪点捕捉”按钮)
指定临时对象追踪点:　　(捕捉F点)

指定圆的圆心或 [三点(3P)/两点(2P)/相切、相切、半径(T)]: 23↙　　(向上移动光标，出现竖直追踪轨迹，输入追踪距离23，回车)
指定圆的半径或 [直径(D)]: 22.5↙　　(输入圆的半径22.5，回车)

11 回车，再次启动“圆”命令，捕捉半径为 22.5mm 的圆的圆心，绘制半径为 12.5mm 的圆，如图 21-6 所示。

12 利用“圆角”命令绘制圆角。

命令: _fillet　　(单击“修改”工具栏中的“圆角”按钮，启动“圆角”命令)
当前设置: 模式 = 不修剪，半径 = 1.5000
选择第一个对象或 [放弃(U)/多段线(P)/半径(R)/修剪(T)/多个(M)]: R↙　　(输入R，回车，选择“半径”选项)
指定圆角半径 <1.5000>: 2↙　　(输入圆角半径2，回车)
选择第一个对象或 [放弃(U)/多段线(P)/半径(R)/修剪(T)/多个(M)]: T↙　　(输入T，回车，选择“修剪”选项)
输入修剪模式选项 [修剪(T)/不修剪(N)] <不修剪>: T↙　　(输入T，回车，选择“修剪”选项)
选择第一个对象或 [放弃(U)/多段线(P)/半径(R)/修剪(T)/多个(M)]: M↙　　(输入M，回车，选择“多个”选项)
选择第一个对象或 [放弃(U)/多段线(P)/半径(R)/修剪(T)/多个(M)]:　　(单击大圆)
选择第二个对象，或按住 Shift 键选择要应用角点的对象:　　(单击与大圆相交的竖直线)
选择第一个对象或 [放弃(U)/多段线(P)/半径(R)/修剪(T)/多个(M)]:　　(单击大圆)
选择第二个对象,或按住 Shift 键选择要应用角点的对象:　　(单击与大圆相交的另一条竖直线)
选择第一个对象或 [放弃(U)/多段线(P)/半径(R)/修剪(T)/多个(M)]: ↙　　(回车，结束“圆角”命令)

13 单击“修改”工具栏中的“修剪”按钮，利用“修剪”命令修剪大圆，如图 21-7 所示。

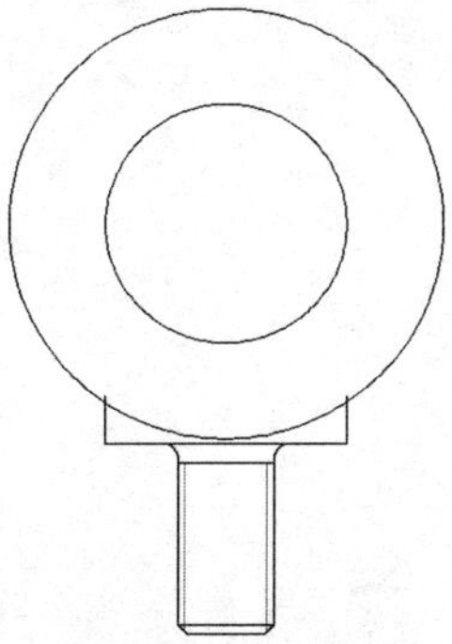
图 21-6　绘制同心圆

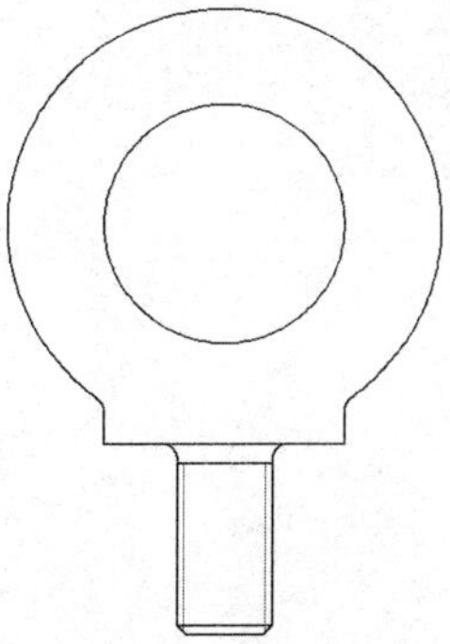
图 21-7　修剪大圆

14 利用“合并”命令合并 D 点和 G 点之间的四段直线。

命令: _join　　(单击“修改”工具栏中的“合并”按钮，启动“合并”命令)
选择源对象:
选择要合并到源的直线:　　(单击D点和G点之间的一段直线)
找到 1 个
选择要合并到源的直线:
找到 1 个，总计 2 个
选择要合并到源的直线:　　(依次单击D点和G点之间的另外三段直线)
找到 1 个，总计 3 个
选择要合并到源的直线:↙　　(回车，结束“合并”命令)
已将 3 条直线合并到源

15 单击“修改”工具栏中的“偏移”按钮，利用“偏移”命令向上偏移直线 DE，偏移距离为 8mm。

16 单击“绘图”工具栏中的“直线”按钮，利用“直线”命令过端点 D 和端点 G 绘制倾斜直线 DH 和 GI，H 点相对于 D 点的坐标为“@1,10”，I 点相对于 G 点的坐标为“@-1,10”，如图 21-8 所示。

17 单击“修改”工具栏中的“修剪”按钮，利用“修剪”命令修剪偏移出来的水平线和两条倾斜线。

18 利用“圆弧”命令绘制圆弧，如图 21-9 所示。

```
命令: _arc      (单击“绘图”工具栏中的“圆弧”按钮，启动“圆弧”命令)
指定圆弧的起点或 [圆心(C)]:      (捕捉端点J)
指定圆弧的第二个点或 [圆心(C)/端点(E)]:      (捕捉小圆的下象限点K)
指定圆弧的端点:      (捕捉端点L)
```

19 利用“复制”命令复制下半部分图形，以备绘制左视图之用，如图 21-10 所示。

```
命令: _copy      (单击“修改”工具栏中的“复制”按钮，启动“复制”命令)
选择对象: 找到 1 个
选择对象: 找到 1 个, 总计 2 个
选择对象: 找到 1 个, 总计 3 个
选择对象: 找到 1 个, 总计 4 个
选择对象: 找到 1 个, 总计 5 个
选择对象: 指定对角点: 找到 14 个, 总计 19 个      (选中下半部分图形中所有线条)
选择对象:↙      (回车, 结束选择复制对象)
指定基点或 [位移(D)] <位移>:      (在绘图区任意位置单击)
指定第二个点或 <使用第一个点作为位移>:      (在绘图区适当位置单击)
指定第二个点或 [退出(E)/放弃(U)] <退出>:↙      (回车, 结束“复制”命令)
```

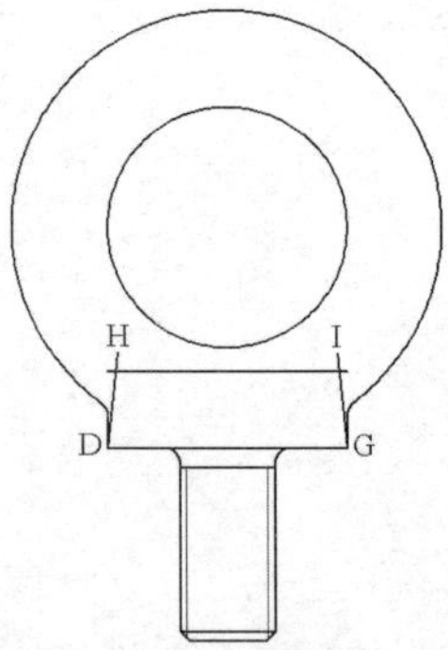

图 21-8 偏移轮廓线，绘制倾斜线

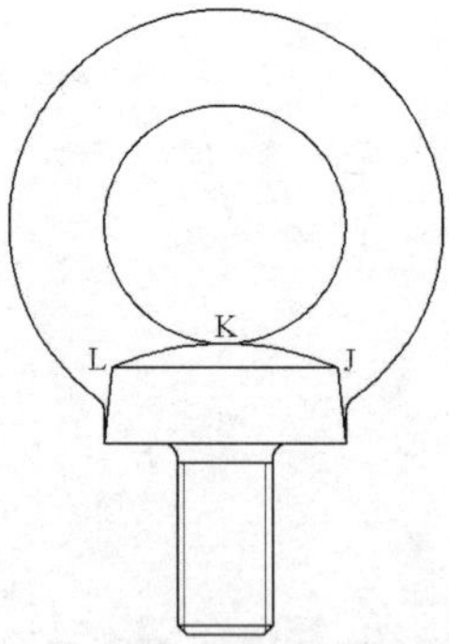

图 21-9 修剪后绘制圆弧

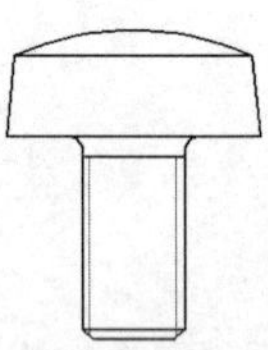

图 21-10 复制出下半部分图形

20 单击“修改”工具栏中的“偏移”按钮，利用“偏移”命令向上偏移直线 DG，偏移距离为 7mm，如图 21-11 所示。

21 单击“修改”工具栏中的“修剪”按钮，利用“修剪”命令修剪两条倾斜线。

22 单击“修改”工具栏中的“删除”按钮，利用“删除”命令删除偏移出来的直线。

23 关闭状态栏中的“正交”按钮，打开状态栏中的“对象捕捉”按钮。

24 将“点画线”层设置为当前层，利用“直线”命令和对象捕捉追踪模式绘制竖直对称点画线和同心圆的水平中心线。完成绘制吊环螺钉的主视图，如图 21-12 所示。

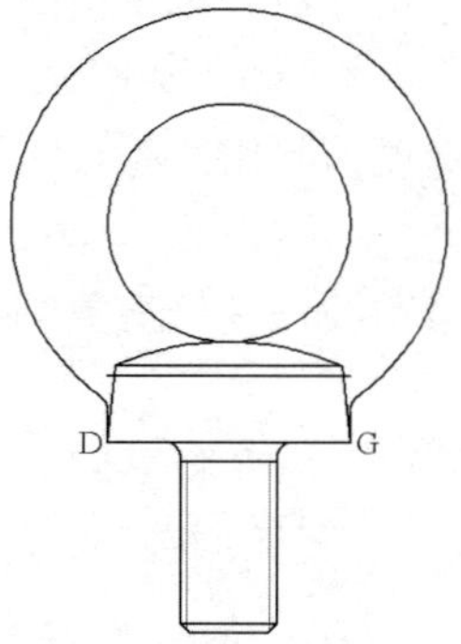

图 21–11　偏移轮廓线

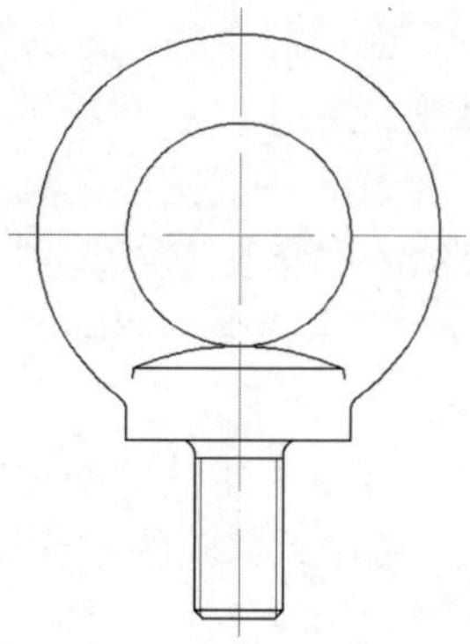

图 21–12　吊环螺钉主视图

二、绘制吊环螺钉左视图

1 将“粗画线”层设置为当前层，利用“椭圆”命令绘制椭圆。

```
命令: _ellipse        (单击“绘图”工具栏中的“椭圆”按钮, 启动“椭圆”命令)
指定椭圆的轴端点或 [圆弧(A)/中心点(C)]:
指定轴的另一个端点:        (分别在复制出来的图形中的上方两条水平线上捕捉中点)
指定另一条半轴长度或 [旋转(R)]: 6↙        (输入另一条半轴长度6, 回车)
```

2 利用“圆”命令绘制同心圆，如图 21–13 所示。

```
命令: _circle        (单击“绘图”工具栏中的“圆”按钮, 启动“圆”命令)
指定圆的圆心或 [三点(3P)/两点(2P)/相切、相切、半径(T)]: _tt        (单击“对象捕捉”
工具栏中的“临时追踪点捕捉”按钮)
指定临时对象追踪点:        (捕捉上方水平线的中点)
指定圆的圆心或 [三点(3P)/两点(2P)/相切、相切、半径(T)]: 32.5↙        (向上移动光标,
出现竖直追踪轨迹, 输入追踪距离32.5, 回车)
指定圆的半径或 [直径(D)]: <22.5000>: 5↙        (输入圆的半径5, 回车)
```

3 单击“绘图”工具栏中的“直线”按钮，利用“直线”命令绘制两条直线，直线的端点是椭圆的左右象限点和半径为 5mm 的圆上捕捉的切点 (捕捉切点时可单击“对象捕捉”工具栏中的“切点捕捉”按钮)，如图 21–14 所示。

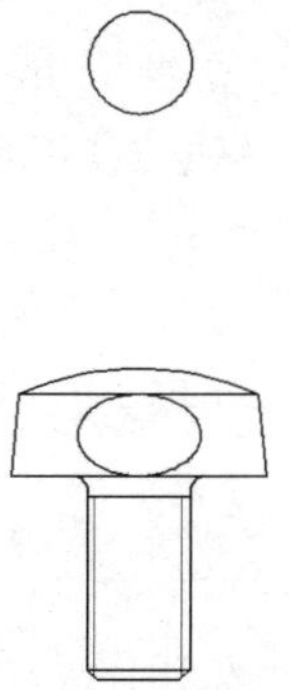

图 21–13　绘制椭圆和圆

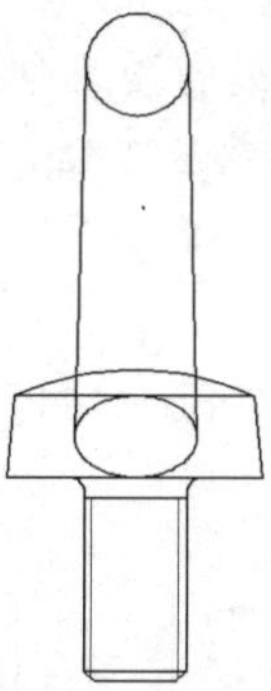

图 21–14　绘制直线

4 单击“修改”工具栏中的“复制”按钮，利用“复制”命令复制椭圆、半径为 5mm 的圆和与该圆相切的两条直线。

5 单击“修改”工具栏中的“修剪”按钮，利用“修剪”命令修剪椭圆、半径为 5mm 的圆和上方水平轮廓线，如图 21–15 所示。

6 选择长度“格式”→“图层工具”→“图层匹配”选项，利用“图层匹配”命令将左视图中的椭圆弧和圆弧的图层修改为“虚线”层。

7 单击“修改”工具栏中的“修剪”按钮，利用“修剪”命令修剪复制出来的椭圆、半径为 5mm 的圆，如图 21–16 所示。

8 单击“修改”工具栏中的“移动”按钮，利用“移动”命令将复制的图形中修剪后的椭圆弧和圆弧移到左视图中，移动的基点为复制的图形中修剪后的圆弧的圆心，移动的第 2 点为左视图中圆弧的圆心。

9 单击“修改”工具栏中的“删除”按钮，利用“删除”命令删除复制出来的两条直线。

10 将“点画线”层设置为当前层，分别利用“直线”命令和对象捕捉追踪模式绘制竖直对称点画线、椭圆和圆的水平中心线。完成绘制吊环螺钉的左视图，如图 21–17 所示。

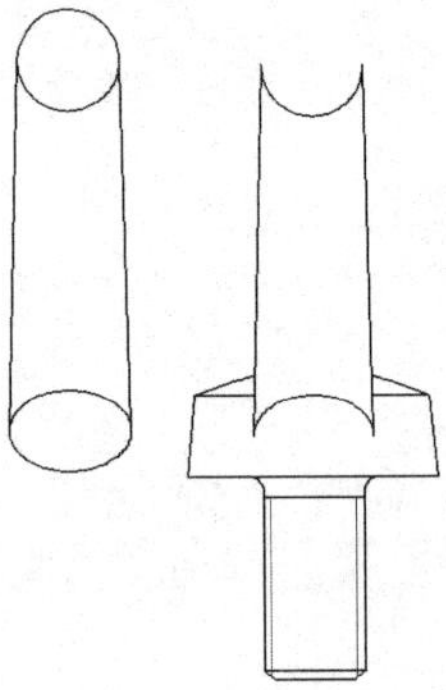

图 21–15　复制图形，修剪轮廓线

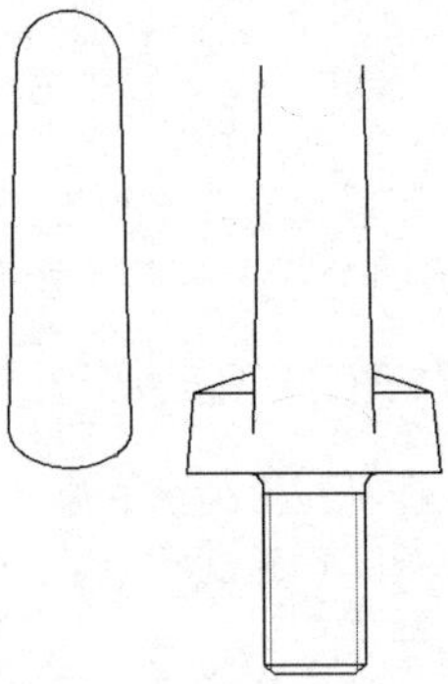

图 21–16　修剪复制的图形

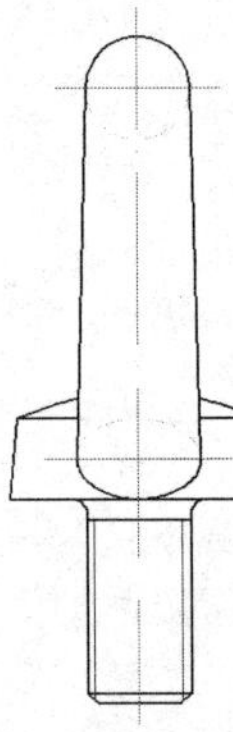

图 21–17　吊环螺钉的左视图

实例 22 螺柱

本实例所用的绘图命令：“矩形”Rectangle 命令、“直线”Line 命令、“偏移”Offset 命令、“图层匹配”Laymch 命令、“修剪”Trim 命令、“倒角”Chamfer 命令。

螺柱（GB/T897—1988　M10×2×50）的主视图如图 22–1 所示。

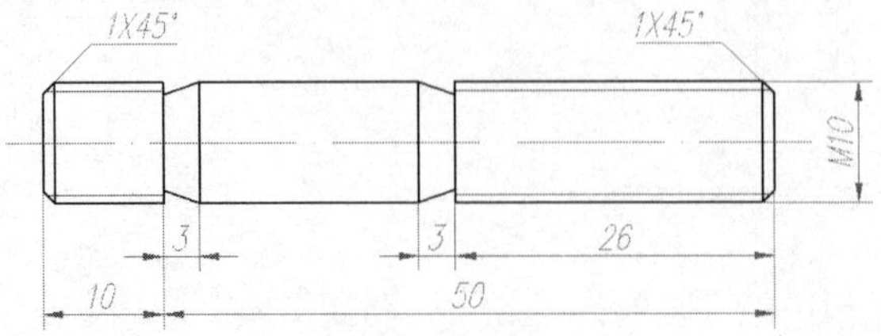

图 22–1　螺柱

绘制步骤

1 新建空白图形文件，加载线型，恢复图层。

2 打开状态栏中的“正交”按钮和“对象捕捉”按钮。

3 将“粗实线”层设置为当前层，利用“矩形”命令绘制螺柱轮廓线，如图 22-2 所示。

命令：_rectang　　（单击“绘图”工具栏中的“矩形”按钮，启动“矩形”命令）
指定第一个角点或［倒角(C)/标高(E)/圆角(F)/厚度(T)/宽度(W)］:C↙　　（输入C，回车，选择“倒角”选项）
指定矩形的第一个倒角距离 <0.0000>：1↙　　（输入第一倒角距离1，回车）
指定矩形的第二个倒角距离 <1.0000>：1↙　　（输入第二倒角距离1，回车）
指定第一个角点或［倒角(C)/标高(E)/圆角(F)/厚度(T)/宽度(W)］：　　（在绘图区适当位置单击）
指定另一个角点或［面积(A)/尺寸(D)/旋转(R)］：@60,10↙　　（输入另一角点的相对坐标，回车）

4 单击“绘图”工具栏中的“直线”按钮，利用“直线”命令连接上下相对的倒角斜线的端点。

5 将“点画线”层设置为当前层，利用“直线”命令和对象捕捉追踪模式绘制对称点画线，如图 22-3 所示。

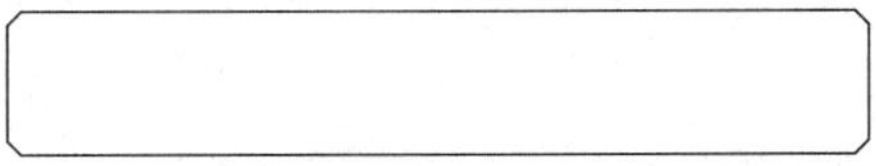

图 22-2　绘制螺柱轮廓线

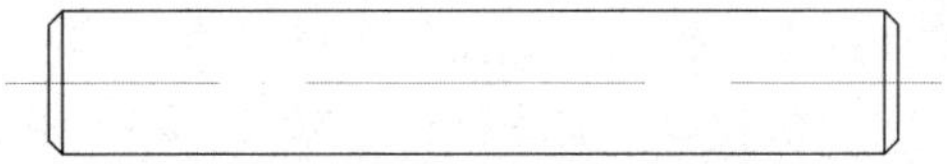

图 22-3　连线

6 单击“修改”工具栏中的“偏移”按钮，利用“偏移”命令对称偏移点画线，偏移的距离为 4.25mm。

7 单击“修改”工具栏中的“偏移”按钮，利用“偏移”命令向右偏移轮廓线 AB、向左偏移轮廓线 CD，偏移的距离为 9mm 和 25mm，得到螺柱两端的螺纹终止线 EF 和 GH，如图 22-4 所示。

8 选择菜单“格式”→“图层工具”→“图层匹配”选项，利用“图层匹配”命令将偏移出来的直线的图层修改为“细实线”层。

9 单击“修改”工具栏中的“修剪”按钮，利用“修剪”命令修剪两条细实线，如图 22-5 所示。

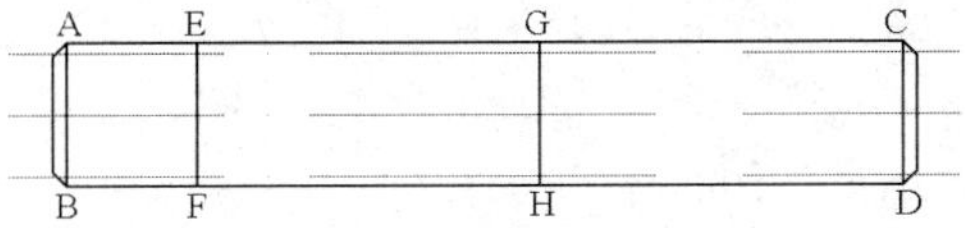

图 22-4　偏移轮廓线和点画线

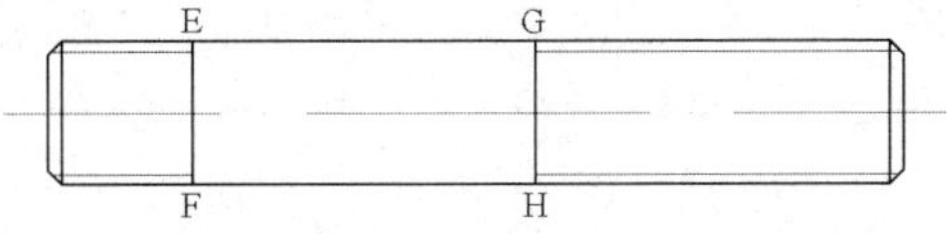

图 22-5　将偏移出来的点画线变为细实线并修剪

10 利用“倒角”命令绘制螺纹终止线处的倒角，如图 22-6 所示。

命令：_chamfer　　（单击“修改”工具栏中的“倒角”按钮，启动“倒角”命令）
（“修剪”模式）当前倒角距离 1 = 1.0000，距离 2 = 1.0000
选择第一条直线或［放弃(U)/多段线(P)/距离(D)/角度(A)/修剪(T)/方式(E)/多个(M)］：A↙　（输入A，回车，选择“角度”选项）
指定第一条直线的倒角长度 <2.5000>：3↙　　（输入第一条直线的倒角长度3，回车）
指定第一条直线的倒角角度 <30>：20↙　　（输入第一条直线的倒角角度20，回车）
选择第一条直线或［放弃(U)/多段线(P)/距离(D)/角度(A)/修剪(T)/方式(E)/多个(M)］：T↙　　（输入T，回车，选择“修剪”选项）

输入修剪模式选项 [修剪(T)/不修剪(N)] <修剪>: N↙ （输入N，回车，选择“不修剪”选项）
选择第一条直线或 [放弃(U)/多段线(P)/距离(D)/角度(A)/修剪(T)/方式(E)/多个(M)]: M↙ （输入M，回车，选择“多个”选项）
选择第一条直线或 [放弃(U)/多段线(P)/距离(D)/角度(A)/修剪(T)/方式(E)/多个(M)]: （单击EG）
选择第二条直线，或按住 Shift 键选择要应用角点的直线： （单击EF）
选择第一条直线或 [放弃(U)/多段线(P)/距离(D)/角度(A)/修剪(T)/方式(E)/多个(M)]: （单击EG）
选择第二条直线，或按住 Shift 键选择要应用角点的直线： （单击GH）
选择第一条直线或 [放弃(U)/多段线(P)/距离(D)/角度(A)/修剪(T)/方式(E)/多个(M)]: （单击FH）
选择第二条直线，或按住 Shift 键选择要应用角点的直线： （单击EF）
选择第一条直线或 [放弃(U)/多段线(P)/距离(D)/角度(A)/修剪(T)/方式(E)/多个(M)]: （单击FH）
选择第二条直线，或按住 Shift 键选择要应用角点的直线： （单击GH）
选择第一条直线或 [放弃(U)/多段线(P)/距离(D)/角度(A)/修剪(T)/方式(E)/多个(M)]:↙ （回车，结束“倒角”命令）

11 单击“修改”工具栏中的“修剪”按钮，利用“修剪”命令修剪 EG 和 FH。

12 将“粗实线”层设置为当前层，单击“绘图”工具栏中的“直线”按钮，利用“直线”命令连接上下相对的倒角斜线的端点。

完成绘制螺柱的主视图，如图 22-7 所示。

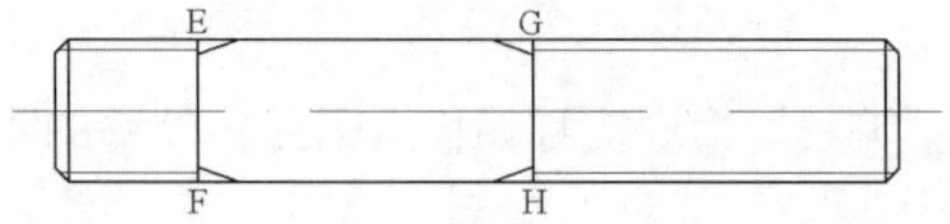

图 22-6 绘制螺纹终止线处的倒角

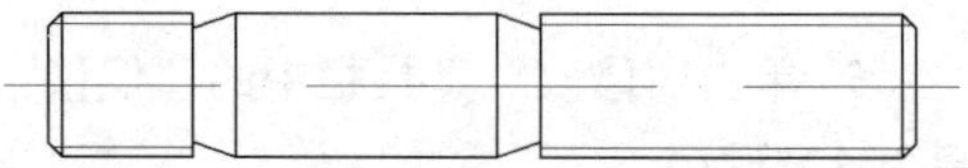
图 22-7 螺柱的主视图

实例 23 六角螺母

本实例所用的绘图命令：“打开”Open 命令、“删除”Erase 命令、“圆”Circle 命令、“圆弧”Arc 命令、“直线”Line 命令、“拉长”Lengthen 命令、“移动”Move 命令、“拉伸”Stretch 命令、“复制”Copy 命令、“修剪”Trim 命令、“镜像”Mirror 命令、“倒角”Chamfer 命令、“图案填充”Bhatch 命令。

六角螺母（GB/T6170—2000 M10）的主视图（外形图和剖视图）和左视图如图 23-1 所示。

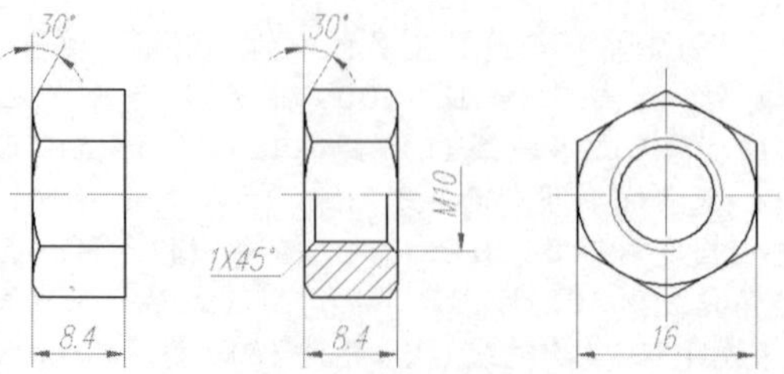

图 23-1 六角螺母

绘制步骤

一、绘制左视图

1 单击“标准”工具栏中的“打开”按钮，利用“打开”命令打开图形文件“六角头螺栓.dwg”。

2 单击“修改”工具栏中的“删除”按钮，将六角头螺栓的螺杆部分轮廓线删除，如图 23-2 所示。

3 打开状态栏中的“正交”按钮和“对象捕捉”按钮。

4 将“粗实线”层设置为当前层，单击“绘图”工具栏中的“圆”按钮，以左视图中的圆的圆心为圆心，绘制一个直径为 8.5mm 的圆。

5 将“细实线”层设置为当前层，利用圆弧命令绘制 3/4 圆，即内螺纹的牙底圆。完成绘制左视图，如图 23-3 所示。

```
命令: _arc        (选择菜单“绘图”→“圆弧”→“圆心、起点、端点”选项)
指定圆弧的起点或 [圆心(C)]: _c
指定圆弧的圆心:        (在左视图中捕捉圆心)
指定圆弧的起点: @5<-10↙        (输入起点相对于圆心的坐标，回车)
指定圆弧的端点或 [角度(A)/弦长(L)]: @5<280↙        (输入端点相对于圆心的坐标，回车)
```

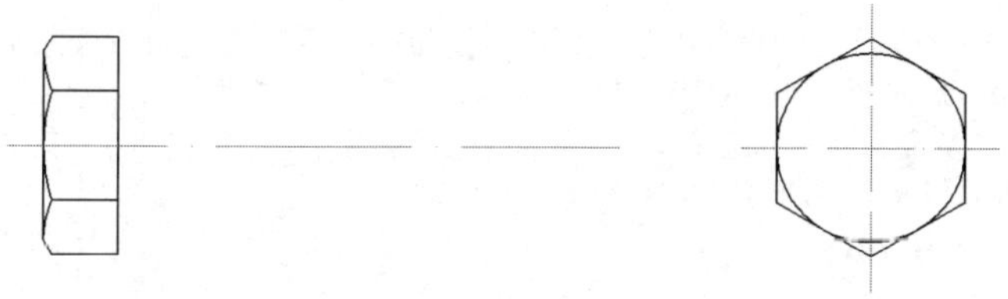

图 23-2　删除螺杆部分轮廓线

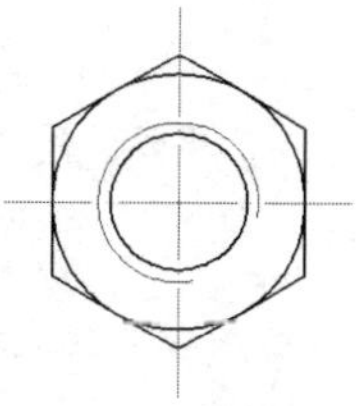

图 23-3　绘制螺母左视图

二、绘制主视图

1 选择菜单“修改”→“拉长”选项，利用拉长命令中的“动态”选项调整主视图中点画线的长度。

2 单击“修改”工具栏中的“移动”按钮，利用“移动”命令调整主视图的位置，如图 23-4 所示

3 单击“修改”工具栏中的“拉伸”按钮，利用“拉伸”命令将右端轮廓线向右拉伸 2mm，即完成绘制螺母主视图（外形图）。利用虚线窗口选择拉伸对象如图 23-5 所示，拉伸结果如图 23-6 所示。

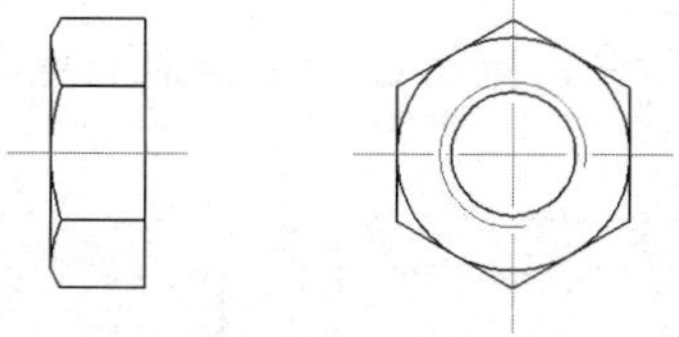

图 23-4　调整点画线的长度和主视图的位置

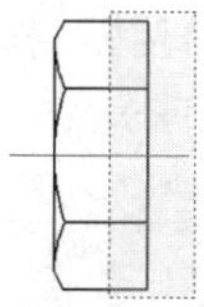

图 23-5　利用虚线窗口选择拉伸对象

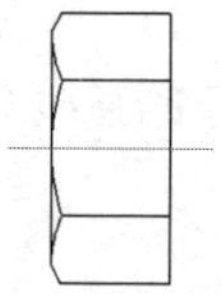

图 23-6　拉伸结果

4 单击“修改”工具栏中的“复制”按钮，利用“复制”命令复制螺母主视图（外形图）。

5 单击“修改”工具栏中的“修剪”按钮，利用“修剪”命令修剪大圆弧。

6 单击“修改”工具栏中的“删除”按钮，将下方小圆弧和与之相交的水平轮廓线删除，如图 23-7 所示。

7 单击“绘图”工具栏中的“直线”按钮，利用“直线”命令过螺母左视图中细实线圆弧的下象限点绘制水平辅助线。

8 将“粗实线”层设置为当前层，单击“绘图”工具栏中的“直线”按钮，利用“直线”命令过螺母左视图中小圆的下象限点绘制水平辅助线，如图 23-8 所示。

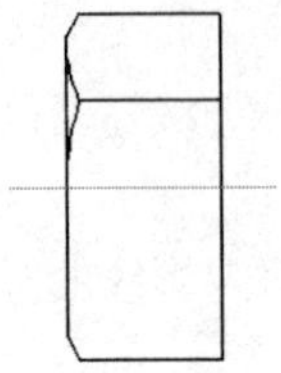

图 23-7　修剪、删除圆弧

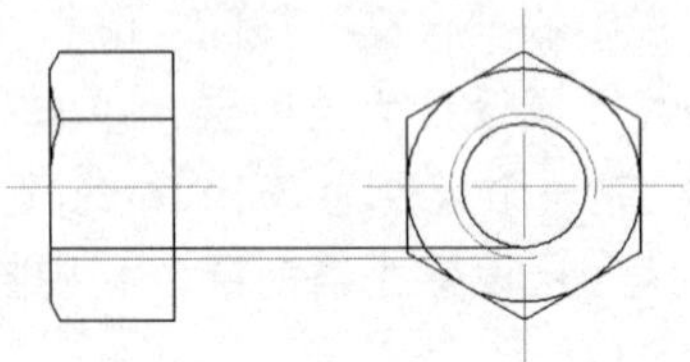

图 23-8　绘制水平辅助线

9 单击“修改”工具栏中的“修剪”按钮，利用“修剪”命令修剪两条水平辅助线。

10 单击“修改”工具栏中的“镜像”按钮，启动“镜像”命令，做保留的圆弧和两条倒角斜线的垂直镜像，镜像线的两个端点是在直线 AB 上捕捉的中点和在点画线上捕捉的垂足。

11 利用“倒角”命令绘制内倒角，如图 23-9 所示。

```
命令: _chamfer　　　(单击“修改”工具栏中的“倒角”按钮，启动“倒角”命令)
(“修剪”模式) 当前倒角距离 1 = 1.0000, 距离 2 = 1.0000
选择第一条直线或 [放弃(U)/多段线(P)/距离(D)/角度(A)/修剪(T)/方式(E)/多个(M)]:
T↙　　(输入T, 回车, 选择“修剪”选项)
输入修剪模式选项 [修剪(T)/不修剪(N)] <修剪>: N↙　　(输入N, 回车, 选择“不修剪”
选项)
选择第一条直线或 [放弃(U)/多段线(P)/距离(D)/角度(A)/修剪(T)/方式(E)/多个(M)]:
M↙　　(输入M, 回车, 选择“多个”选项)
选择第一条直线或 [放弃(U)/多段线(P)/距离(D)/角度(A)/修剪(T)/方式(E)/多个(M)]:
(单击直线AB)
选择第二条直线, 或按住 Shift 键选择要应用角点的直线:　　(在A点下方单击左侧竖直轮
廓线)
选择第一条直线或 [放弃(U)/多段线(P)/距离(D)/角度(A)/修剪(T)/方式(E)/多个(M)]:
(单击直线AB)
选择第二条直线, 或按住 Shift 键选择要应用角点的直线:　　(在A点下方单击右侧竖直轮廓线)
选择第一条直线或 [放弃(U)/多段线(P)/距离(D)/角度(A)/修剪(T)/方式(E)/多个(M)]: ↙
(回车, 结束“倒角”命令)
```

12 单击“修改”工具栏中的“修剪”按钮，利用“修剪”命令修剪出如图 23-10 所示的图形，注意修剪细实线。

13 单击“绘图”工具栏中的“直线”按钮，利用“直线”命令过端点 C 和 E 绘制与点画线垂直的直线 CD 和 EF，如图 23-11 所示。

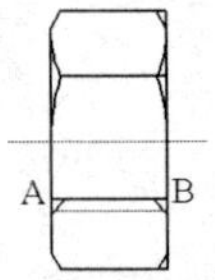

图 23-9　修剪后做镜像和倒角

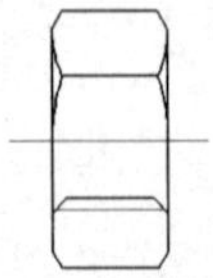

图 23-10　修剪线条

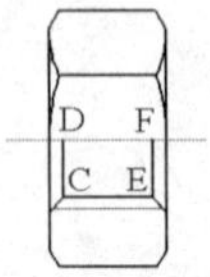

图 23-11　绘制竖直线

14 将“细实线”层设置为当前层，利用“图案填充”命令绘制剖面线，完成绘制六角螺母主视图（剖视图），如图 23-13 所示。

```
命令：_bhatch      （单击“绘图”工具栏中的“图案填充”按钮，启动“图案填充”命令）
拾取内部点或 [选择对象(S)/删除边界(B)]：     （在弹出的“图案填充和渐变色”对话框中打开“图案填充”选项卡，将图案类型设置为ANSI31，角度设置为0，比例设置为0.35，如图23-12所示。单击“拾取点”按钮）
正在选择所有对象...
正在选择所有可见对象...       （分别在CE和细实线之间的区域和细实线下方的区域内单击）
正在分析所选数据...
正在分析内部孤岛...
拾取内部点或 [选择对象(S)/删除边界(B)]：↙      （回车，结束选择填充区域）
正在分析内部孤岛...
拾取内部点或 [选择对象(S)/删除边界(B)]：↙      （回车，结束“图案填充”命令）
```

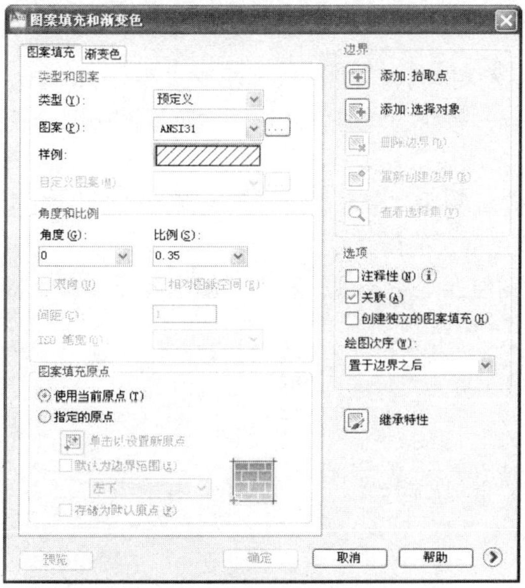

图 23-12　设置“图案填充”选项卡

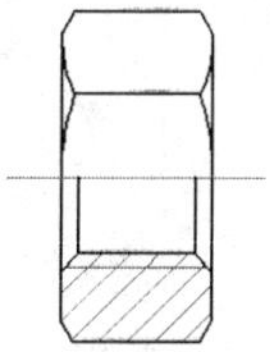

图 23-13　六角螺母剖视图

实例 24　六角开槽螺母

本实例所用的绘图命令：“打开”Open 命令、“删除”Erase 命令、“偏移”Offset 命令、“图层匹配”Laymch 命令、“修剪”Trim 命令、“打断”Break 命令、“阵列”Array 命令、“合并”Join 命令、“延伸”Extend 命令、“直线”Line 命令、“拉伸”Stretch 命令、“图案填充”Bhatch 命令。

六角开槽螺母（GB/T6178—2000　M10）的主视图和左视图如图 24-1 所示。

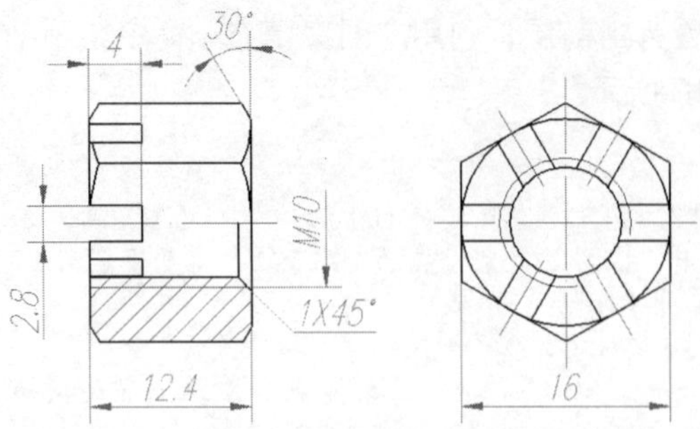

图 24-1　六角开槽螺母

绘制步骤

一、绘制六角开槽螺母左视图

1 单击“标准”工具栏中的“打开”按钮，利用“打开”命令打开图形文件“六角螺母.dwg”。

2 单击“修改”工具栏中的“删除”按钮，将六角螺母的外形图和剖视图中部分轮廓线删除，如图 24-2 所示。

3 单击“修改”工具栏中的“偏移”按钮，利用“偏移”命令对称偏移左视图中的水平点画线，偏移的距离为 1.4mm，如图 24-3 所示。

4 选择菜单“格式”→“图层工具”→“图层匹配”选项，利用“图层匹配”命令将偏移出来的线条的图层修改为“粗实线”层，如图 24-4 所示。

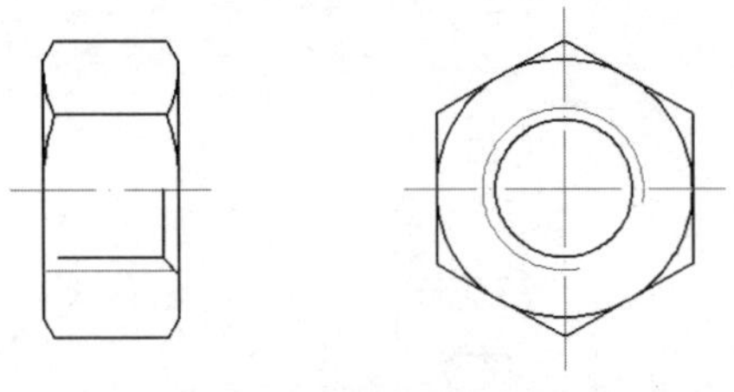

图 24-2　删除后的图形

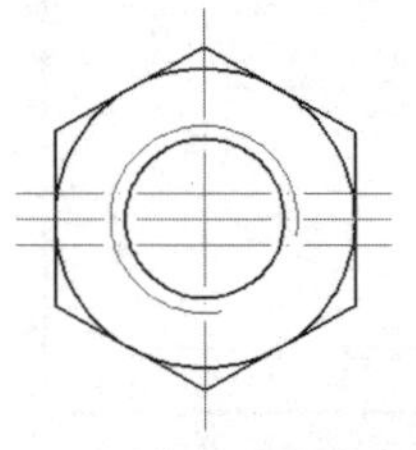

图 24-3　对称偏移水平点画线

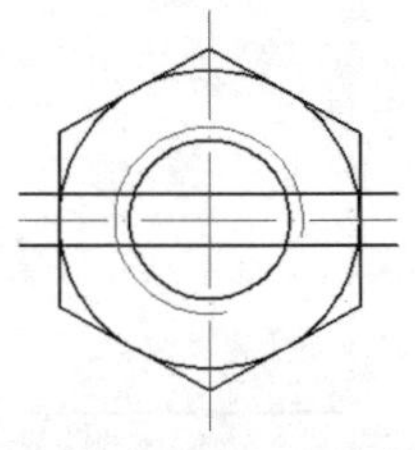

图 24-4　将点画线修改为粗实线

5 单击“修改”工具栏中的“修剪”按钮，利用“修剪”命令修剪两条水平粗实线。

6 关闭状态栏中的“对象捕捉”按钮，利用“打断”命令将水平点画线打断，如图 24-5 所示。

```
命令: _break      (单击“修改”工具栏中的“双点打断”按钮，启动“双点打断”命令)
选择对象:     (在靠近小圆左象限点附近单击水平点画线)
指定第二个打断点 或 [第一点(F)]:        (在靠近小圆右象限点附近单击水平点画线)
```

7 单击“修改”工具栏中的“阵列”按钮，系统弹出“阵列”对话框，选中“环形阵列”单选按钮，单击“拾取中心点”按钮，在左视图中捕捉圆心。回到“阵列”对话框后，在“项目总数”文本框中输入 3，填充角度设置为 360。单击“选择对象”按钮，在绘图区中用拾取框包围左视图中的 4 条水平粗实线和两条水平点画线。回车，回到“阵列”对话框，单击“确定”按钮。

8 单击“修改”工具栏中的“合并”按钮，利用“合并”命令将两条水平点画线合并。完成绘制六角开槽螺母的左视图，如图 24-6 所示。

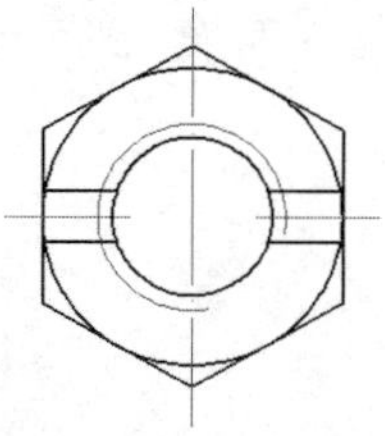

图 24-5　修剪水平线，打断点画线

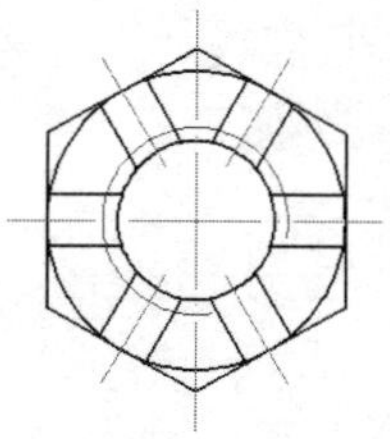

图 24-6　六角开槽螺母左视图

二、绘制六角开槽螺母主视图

1 利用“延伸”命令将主视图中的内螺纹的牙顶线（粗实线）和牙底线（细实线）延伸到左端面轮廓线相交，如图 24-7 所示。

```
命令: _extend        (单击“修改”工具栏中的“延伸”按钮，启动“延伸”命令)
当前设置:投影=UCS, 边=无
选择边界的边...
选择对象或 <全部选择>:        (单击左端面竖直轮廓线)
找到 1 个
选择对象:↙        (回车，结束选择延伸对象)
选择要延伸的对象，或按住 Shift 键选择要修剪的对象，或[栏选(F)/窗交(C)/投影(P)/边(E)/放弃(U)]:  (单击内螺纹的牙顶线)
选择要延伸的对象，或按住 Shift 键选择要修剪的对象，或[栏选(F)/窗交(C)/投影(P)/边(E)/放弃(U)]:  (单击内螺纹的牙底线)
选择要延伸的对象，或按住 Shift 键选择要修剪的对象，或[栏选(F)/窗交(C)/投影(P)/边(E)/放弃(U)]:  ↙        (回车，结束“延伸”命令)
```

2 单击“修改”工具栏中的“拉伸”按钮，利用“拉伸”命令将左端轮廓线向左拉伸 4mm，利用虚线窗口选择拉伸对象如图 24-8 所示，拉伸结果如图 24-9 所示。

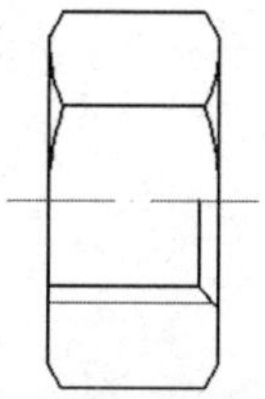

图 24-7　延伸内螺纹图线

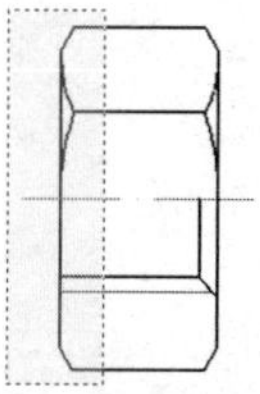

图 24-8　利用虚线窗口选择拉伸对象

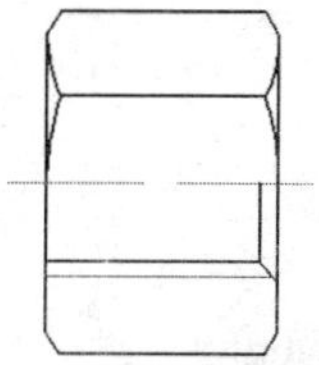

图 24-9　拉伸结果

3 打开状态栏中的“正交”按钮和“对象捕捉”按钮。

4 将“粗实线”层设置为当前层，分别单击“绘图”工具栏中的“直线”按钮，利用“直线”命令过左视图中开槽轮廓线的打断绘制 6 条水平辅助线。

5 单击“修改”工具栏中的“偏移”按钮，利用“偏移”命令向右偏移左端面竖直轮廓线，偏移距离为 4mm。如图 24-10 所示。

6 单击“修改”工具栏中的“修剪”按钮，利用“修剪”命令修剪出如图 24-11 所示的图形。

7 将“细实线”层设置为当前层，单击“绘图”工具栏中的“图案填充”按钮，利用“图案填充”命令绘制剖面线。在弹出的“图案填充和渐变色”对话框中打开“图案填充”选项卡，将图案类型设置为 ANSI31，角度设置为 0，比例设置为 0.35。单击“拾取点”按钮，在主视图中

单击内螺纹牙顶线和牙底线之间的区域及牙底线下方的区域，回车两次，即可完成绘制六角开槽螺母主视图，如图 24-12 所示。

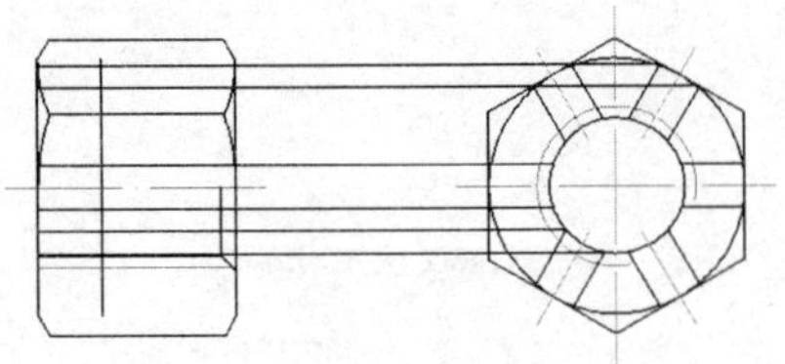

图 24-10　绘制水平辅助线

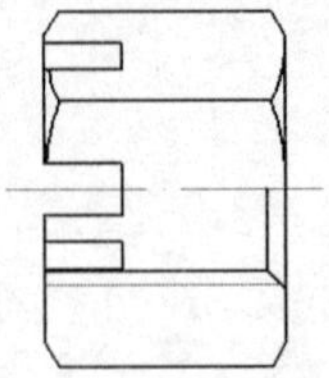

图 24-11　修剪结果

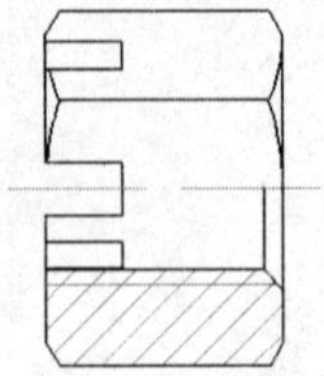

图 24-12　六角开槽螺母主视图

实例 25　圆螺母

本实例所用的绘图命令：“圆”Circle 命令、“圆弧”Arc 命令、“直线”Line 命令、“偏移”Offset 命令、“图层匹配”Laymch 命令、“修剪”Trim 命令、“删除”Erase 命令、“倒角”Chamfer 命令、“图案填充”Bhatch 命令。

圆螺母（GB/T812—2000　M10）的主视图和左视图如图 25-1 所示。

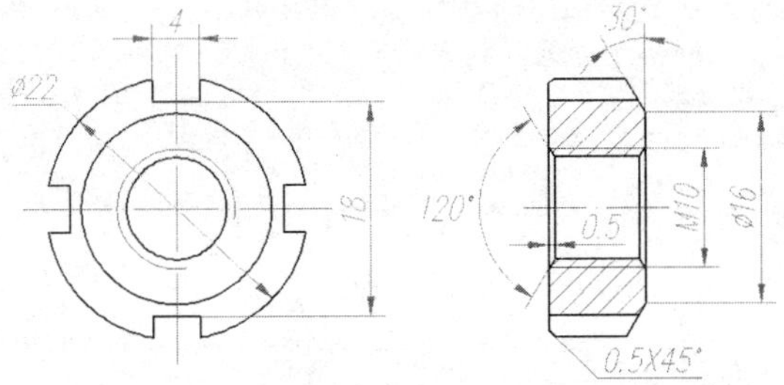

图 25-1　圆螺母

绘制步骤

一、绘制圆螺母主视图

1 新建空白图形文件，加载线型，恢复图层。

2 打开状态栏中的“正交”按钮和“对象捕捉”按钮。

3 将“粗实线”层设置为当前层，单击“绘图”工具栏中的“圆”按钮，在绘图区适当位置绘制 3 个直径为 22mm、16mm 和 8.5mm 的圆。

4 将“细实线”层设置为当前层，利用圆弧命令绘制 3/4 圆，即内螺纹的牙底圆。

```
命令：_arc        (选择菜单“绘图”→“圆弧”→“圆心、起点、端点”选项)
指定圆弧的起点或 [圆心(C)]: _c
指定圆弧的圆心:        (在左视图中捕捉圆心)
指定圆弧的起点: @5<-10↙        (输入起点相对于圆心的坐标，回车)
```

指定圆弧的端点或 [角度(A)/弦长(L)]: @5<280↙　　　（输入端点相对于圆心的坐标，回车）

5 将“点画线”层设置为当前层，利用“直线”命令和对象捕捉追踪模式绘制水平和竖直对称中心线，如图 25-2 所示。

6 单击“修改”工具栏中的“偏移”按钮，利用“偏移”命令对称偏移两条中心线，偏移的距离分别为 2mm 和 9mm，如图 25-3 所示。

7 选择菜单“格式”→“图层工具”→“图层匹配”选项，利用“图层匹配”命令将偏移出来的线条的图层修改为“粗实线”层。

8 单击“修改”工具栏中的“修剪”按钮，利用“修剪”命令修剪直线和大圆，完成绘制圆螺母主视图，如图 25-4 所示。

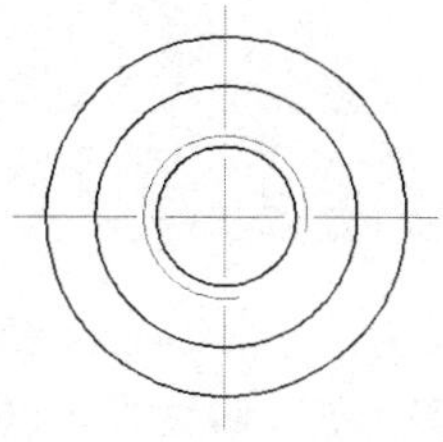

图 25-2　绘制圆、圆弧和中心线

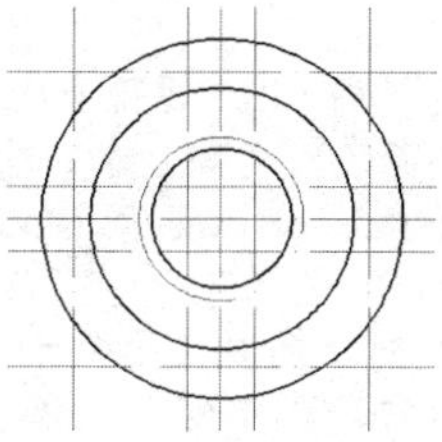

图 25-3　偏移中心线

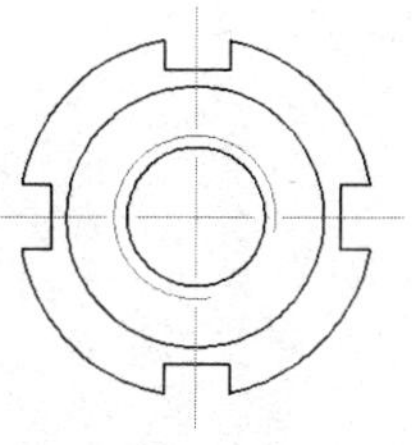

图 25-4　绘制圆螺母主视图

二、绘制圆螺母左视图

1 将“粗实线”层设置为当前层，单击“绘图”工具栏中的“直线”按钮，利用“直线”命令绘制水平和竖直辅助线。

2 单击“修改”工具栏中的“修剪”按钮，利用“偏移”命令向左偏移竖直线，偏移的距离为 8mm。

3 将“细实线”层设置为当前层，单击“绘图”工具栏中的“直线”按钮，利用“直线”命令过圆弧的上、下象限点绘制水平辅助线，如图 25-5 所示。

4 单击“修改”工具栏中的“修剪”按钮，利用“修剪”命令修剪辅助线。

5 将“粗实线”层设置为当前层，单击“绘图”工具栏中的“直线”按钮，利用“直线”命令绘制倾斜线 AE 和 CF，E 点相对于 A 点的坐标为“@5<120”，F 点相对于 C 点的坐标为“@5<240”，如图 25-6 所示。

6 单击“修改”工具栏中的“修剪”按钮，利用“修剪”命令修剪出 30° 倒角。

7 单击“修改”工具栏中的“删除”按钮，利用“删除”命令将直线 AB 和 CD 删除，如图 25-7 所示。

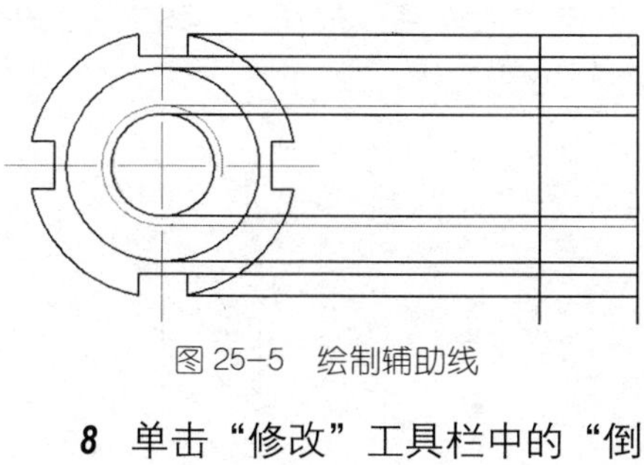

图 25-5　绘制辅助线

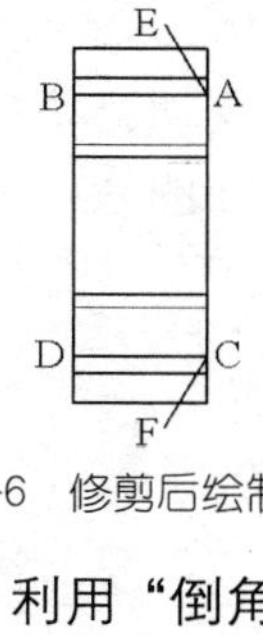

图 25-6　修剪后绘制倾斜线

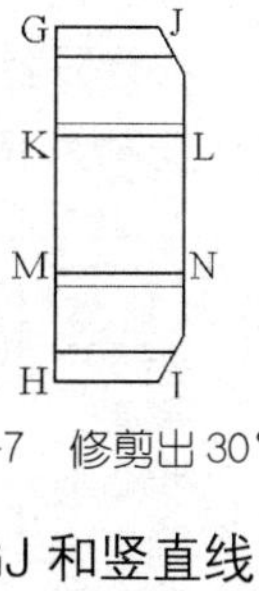

图 25-7　修剪出 30°倒角

8 单击“修改”工具栏中的“倒角”按钮，利用“倒角”命令在水平线 GJ 和竖直线 GH 的拐角处、水平线 HI 和竖直线 GH 的拐角处绘制倒角，倒角距离为 1mm。

9 利用“倒角”命令绘制内倒角，如图 25-8 所示。

```
命令：_chamfer    （单击“修改”工具栏中的“倒角”按钮，启动“圆倒角”命令）
（“修剪”模式）当前倒角距离 1 = 0.5000，距离 2 = 0.5000
选择第一条直线或 [放弃(U)/多段线(P)/距离(D)/角度(A)/修剪(T)/方式(E)/多个(M)]:
A↙    （输入A，回车，选择“角度”选项）
指定第一条直线的倒角长度 <2.5000>: 0.5↙    （输入第一条直线的倒角长度0.5，回车）
指定第一条直线的倒角角度 <30>: 60↙    （输入第一条直线的倒角角度60，回车）
选择第一条直线或 [放弃(U)/多段线(P)/距离(D)/角度(A)/修剪(T)/方式(E)/多个(M)]:
T↙    （输入T，回车，选择“修剪”选项）
输入修剪模式选项 [修剪(T)/不修剪(N)] <修剪>: N↙    （输入N，回车，选择“不修剪”
选项）
选择第一条直线或 [放弃(U)/多段线(P)/距离(D)/角度(A)/修剪(T)/方式(E)/多个(M)]:
M↙    （输入M，回车，选择“多个”选项）
选择第一条直线或 [放弃(U)/多段线(P)/距离(D)/角度(A)/修剪(T)/方式(E)/多个(M)]:
（单击直线KL）
选择第二条直线，或按住 Shift 键选择要应用角点的直线:    （在K点上方单击直线GH）
选择第一条直线或 [放弃(U)/多段线(P)/距离(D)/角度(A)/修剪(T)/方式(E)/多个(M)]:
（单击直线KL）
选择第二条直线，或按住 Shift 键选择要应用角点的直线:    （在L点上方单击右侧竖直线）
选择第一条直线或 [放弃(U)/多段线(P)/距离(D)/角度(A)/修剪(T)/方式(E)/多个(M)]:
（单击直线MN）
选择第二条直线，或按住 Shift 键选择要应用角点的直线:    （在M点下方单击直线GH）
选择第一条直线或 [放弃(U)/多段线(P)/距离(D)/角度(A)/修剪(T)/方式(E)/多个(M)]:
（单击直线MN）
选择第二条直线，或按住 Shift 键选择要应用角点的直线:    （在N点下方单击右侧竖直线）
选择第一条直线或 [放弃(U)/多段线(P)/距离(D)/角度(A)/修剪(T)/方式(E)/多个(M)]: ↙
（回车，结束“倒角”命令）
```

10 单击“修改”工具栏中的“修剪”按钮，利用“修剪”命令修剪内螺纹的牙顶线和牙底线。

11 单击“绘图”工具栏中的“直线”按钮，利用“直线”命令连接内倒角斜线上下相对的端点，如图 25-9 所示。

12 将“点画线”层设置为当前层，利用“直线”命令和对象捕捉追踪模式在主视图中绘制对称点画线。

13 将“细实线”层设置为当前层，单击“绘图”工具栏中的“图案填充”按钮，利用“图案填充”命令绘制剖面线。在弹出的“图案填充和渐变色”对话框中打开“图案填充”选项卡，将图案类型设置为 ANSI31，角度设置为 0，比例设置为 0.35。单击“拾取点”按钮，在主视图中单击内螺纹牙顶线两侧的区域，回车两次，即可在主视图中绘制出剖面线。

完成绘制六角开槽螺母主视图，如图 25-10 所示。

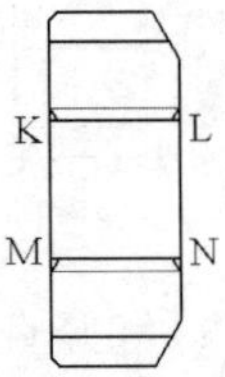

图 25-8 绘制外倒角和内倒角

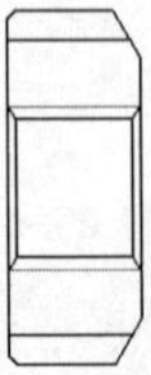
图 25-9 修剪并连线

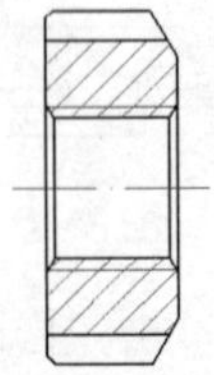
图 25-10 绘制圆螺母主视图

实例 26　平垫圈

本实例所用的绘图命令："矩形" Rectangle 命令、"直线" Line 命令、"偏移" Offset 命令、"图层匹配" Laymch 命令、"修剪" Trim 命令、"图案填充" Bhatch 命令。

平垫圈（GB/T97.1—1985　10）的主视图如图 26-1 所示。

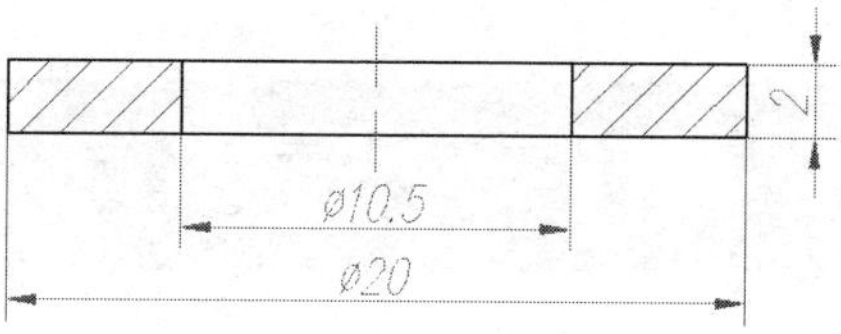

图 26-1　平垫圈

绘制步骤

1 新建空白图形文件，加载线型，恢复图层。

2 打开状态栏中的"正交"按钮和"对象捕捉"按钮。

3 将"粗实线"层设置为当前层，利用"矩形"命令绘制垫圈外轮廓线，如图 26-2 所示。

命令: _rectang　　（单击"绘图"工具栏中的"矩形"按钮，启动"矩形"命令）
指定第一个角点或 [倒角(C)/标高(E)/圆角(F)/厚度(T)/宽度(W)]:　　（在绘图区适当位置单击）
指定另一个角点或 [面积(A)/尺寸(D)/旋转(R)]: @20, 2↙　　（输入另一角点的相对坐标，回车）

4 将"点画线"层设置为当前层，利用"直线"命令和对象捕捉追踪模式绘制对称点画线，如图 26-2 所示。

5 单击"修改"工具栏中的"偏移"按钮，利用"偏移"命令对称偏移点画线，偏移距离为 10.25mm，如图 26-3 所示。

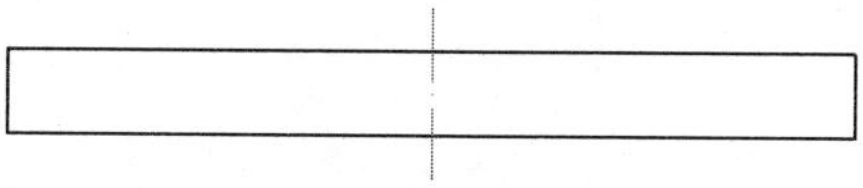

图 26-2　绘制矩形和点画线

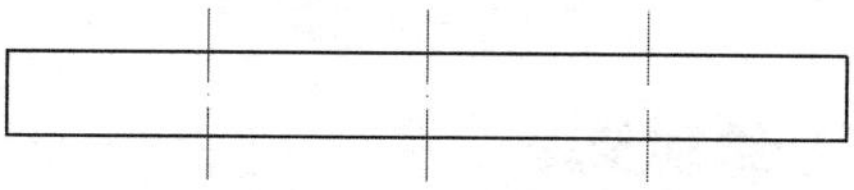

图 26-3　对称偏移点画线

6 选择菜单"格式"→"图层工具"→"图层匹配"选项，利用"图层匹配"命令将偏移出来的两条点画线的图层修改为"粗实线"层，如图 26-4 所示。

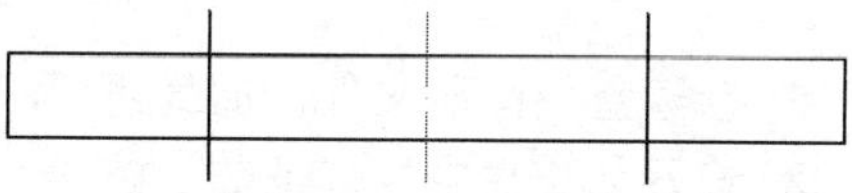

图 26-4　将偏移出来的点画线变为细实线

7 单击“修改”工具栏中的“修剪”按钮-/--，利用“修剪”命令修剪两条竖直粗实线，如图 26-5 所示。

8 将“细实线”层设置为当前层，单击“绘图”工具栏中的“图案填充”按钮，利用“图案填充”命令绘制剖面线。在弹出的“图案填充和渐变色”对话框中打开“图案填充”选项卡，将图案类型设置为 ANSI31，角度设置为 0，比例设置为 0.3。单击“拾取点”按钮，在主视图的填充区域单击，回车两次，即可完成绘制平垫圈的主视图，如图 26-6 所示。

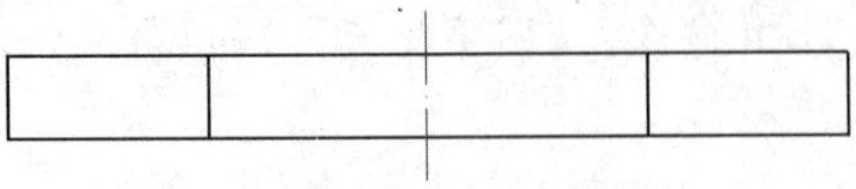

图 26-5　修剪结果

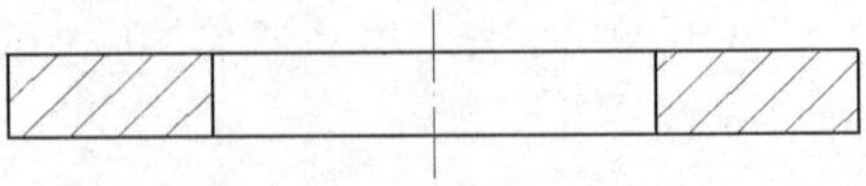

图 26-6　绘制平垫圈主视图

实例 27 弹簧垫圈

本实例所用的绘图命令：“椭圆”Ellipse 命令、“复制”Copy 命令、“直线”Line 命令、“修剪”Trim 命令、“删除”Erase 命令、“镜像”Mirror 命令、“偏移”Offset 命令、“延伸”Extend 命令、“拉长”Lengthen 命令、“圆”Circle 命令、

弹簧垫圈（GB/T93—1987　10）的主视图和左视图如图 27-1 所示。

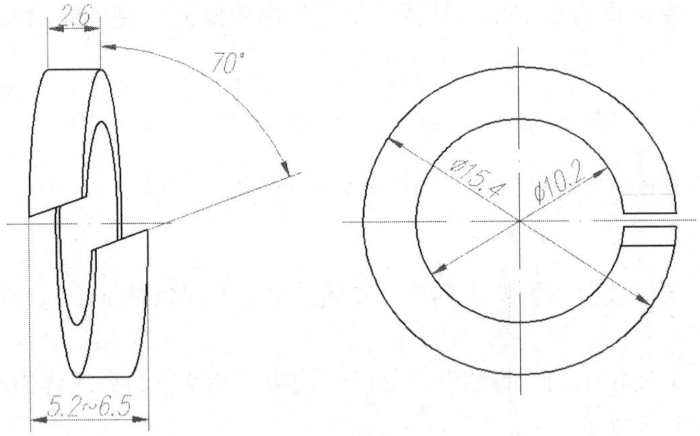

图 27-1　弹簧垫圈

绘制步骤

一、绘制弹簧垫圈主视图

1 新建空白图形文件，加载线型，恢复图层。

2 打开状态栏中的“正交”按钮和“对象捕捉”按钮。

3 将“粗实线”层设置为当前层，分别利用“椭圆”命令绘制两个椭圆，如图 27-2 所示。

命令：_ellipse　　（单击“绘图”工具栏中的“椭圆”按钮，启动“椭圆”命令）
指定椭圆的轴端点或 [圆弧(A)/中心点(C)]：　　（在适当位置单击）
指定轴的另一个端点：15.4↙　　（向上移动光标，输入轴的两个端点距离15.4，回车）
指定另一条半轴长度或 [旋转(R)]:1↙　　（输入另一条半轴长度1，回车）

命令：_ellipse　　（单击“绘图”工具栏中的“椭圆”按钮或回车，启动“椭圆”命令）
指定椭圆的轴端点或 [圆弧(A)/中心点(C)]：C↙　　（输入C，回车，选择“中心点”选项）
指定椭圆的中心点：　　（捕捉上一个椭圆的中心）
指定轴的端点：5.1↙　　（向上移动光标，输入轴的端点与中心的距离5.1，回车）
指定另一条半轴长度或 [旋转(R)]：0.8↙　　（输入另一条半轴长度0.8，回车）

4 单击“修改”工具栏中的“复制”按钮，利用“复制”命令向左复制大椭圆，复制距离为 2.6mm。

5 单击“绘图”工具栏中的“直线”按钮，利用“直线”命令连接两个大椭圆的两个上象限点和两个下象限点，如图 27-3 所示。

6 单击“修改”工具栏中的“修剪”按钮，利用“修剪”命令修剪复制出来的大椭圆。

7 单击“绘图”工具栏中的“直线”按钮，利用“直线”命令连接大椭圆弧的左象限点和大椭圆的右象限点，如图 27-4 所示。

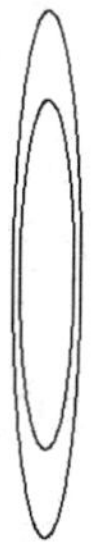

图 27-2　绘制两个椭圆

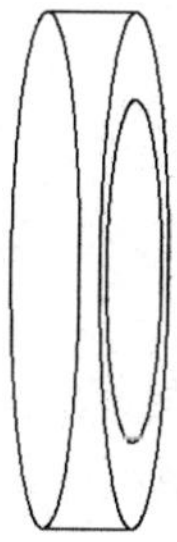

图 27-3　复制椭圆并连线

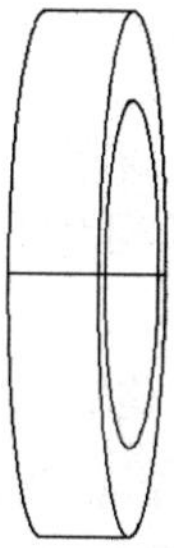

图 27-4　修剪后连线

8 单击“修改”工具栏中的“复制”按钮，利用“复制”命令复制绘制的图形。

9 单击“修改”工具栏中的“修剪”按钮，利用“修剪”命令修剪两个相同的图形，一个图形修剪下半部分，另一个图形修剪上半部分。

10 单击“修改”工具栏中的“删除”按钮，利用“删除”命令将中间的连线删除，结果如图 27-5 所示。

11 利用“镜像”命令制作如图 27-5 所示图形中下方图形的竖直镜像，并删除源对象，如图 27-6 所示。

命令：_mirror　　（单击“修改”工具栏中的“镜像”按钮，启动“镜像”命令）
选择对象：
指定对角点：　　（用拾取框包围图27-5所示图形中下方图形）
找到 4 个
选择对象：↙　　（回车，结束选择镜像对象）
指定镜像线的第一点：　　（在适当位置单击）
指定镜像线的第二点：　　（向下移动光标，在适当位置单击）
要删除源对象吗？[是(Y)/否(N)] <N>：Y↙　　（输入Y，回车，删除源对象）

12 利用“移动”命令调整镜像出来的图形的位置，如图 27-7 所示。

命令：_move　　（单击“修改”工具栏中的“移动”按钮，启动“移动”命令）

选择对象：
指定对角点：　　（用拾取框包围镜像出来的图形）
找到 4 个
选择对象：↙　　（回车，结束选择移动对象）
指定基点或 [位移(D)] <位移>：　　（捕捉B点）
指定第二个点或 <使用第一个点作为位移>：_tt　　（单击“对象捕捉”工具栏中的“临时追踪点捕捉”按钮）
指定临时对象追踪点：　　（捕捉A点）
指定第二个点或 <使用第一个点作为位移>：1.3↙　　（向右移动光标，出现水平追踪轨迹，输入追踪距离1.3，回车）

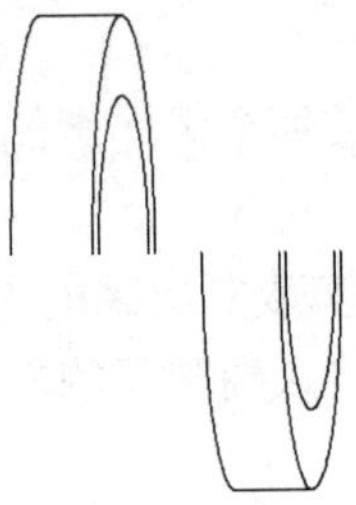

图 27-5　复制、修剪、删除图形

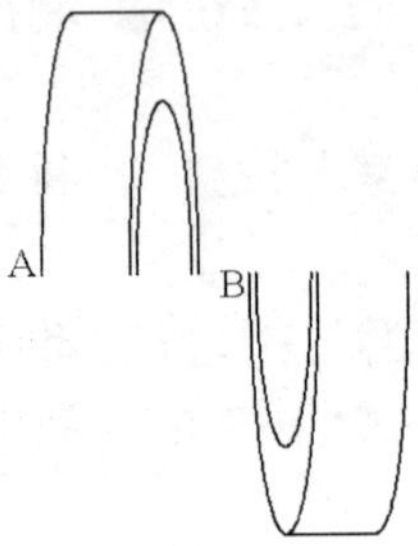

图 27-6　做下半部分图形的竖直镜像

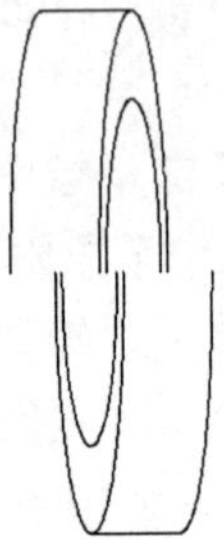

图 27-7　移动下半部分图形

13 单击“绘图”工具栏中的“直线”按钮，利用“直线”命令过 A 点和 D 点绘制倾斜线 AC 和 DE，C 点相对于 A 点的坐标为“@6<20”，E 点相对于 D 点的坐标为“@6<200”，如图 27-8 所示。

14 单击“修改”工具栏中的“偏移”按钮，利用“偏移”命令向上偏移直线 AC，向下偏移直线 DE，偏移距离为 0.3mm，如图 27-9 所示。

15 单击“修改”工具栏中的“删除”按钮，利用“删除”命令将直线 AC 和 DE 删除。

16 单击“修改”工具栏中的“修剪”按钮，利用“修剪”命令修剪偏移出来的两条直线和椭圆弧，如图 27-10 所示。

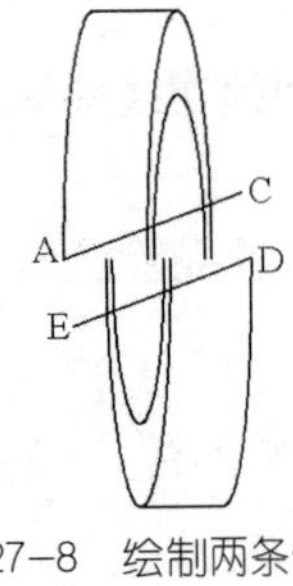

图 27-8　绘制两条倾斜线

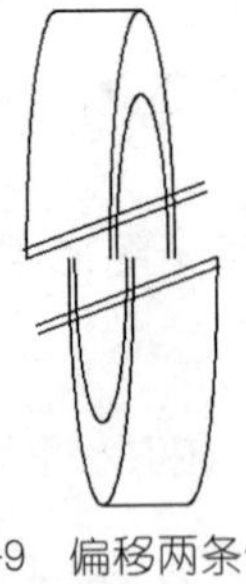

图 27-9　偏移两条倾斜线

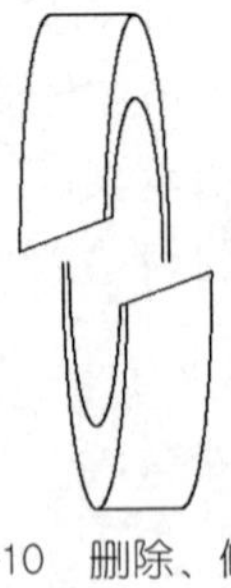

图 27-10　删除、修剪图线

17 单击“修改”工具栏中的“延伸”按钮，利用“延伸”命令将上方两个椭圆弧延伸至下方倾斜线，将下方两个椭圆弧延伸至上方倾斜线，如图 27-11 所示。

18 将“点画线”层设置为当前层，利用“直线”命令过椭圆弧的中心绘制水平点画线，如图 27-12 所示。

19 选择菜单“修改”→“拉长”选项，利用拉长命令中的“动态”选项，将点画线适当拉长，完成绘制弹簧垫圈的主视图，如图 27-13 所示。

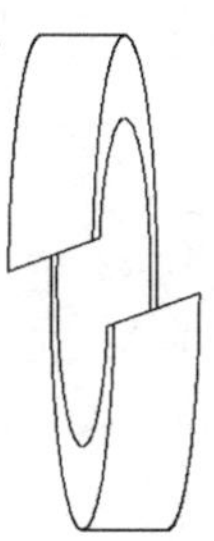

图 27-11　延伸椭圆弧

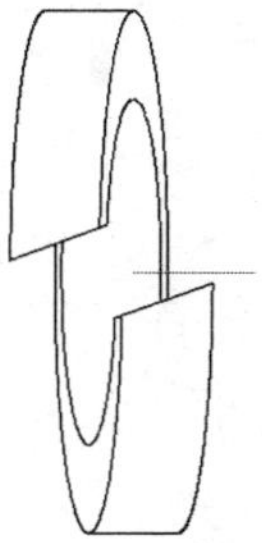

图 27-12　绘制水平点画线

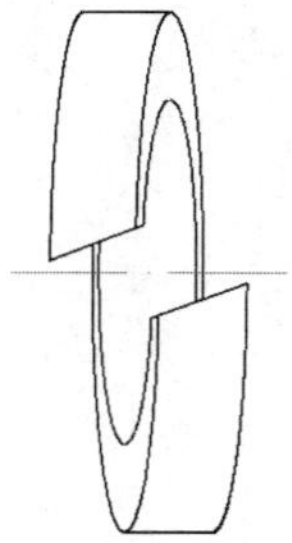

图 27-13　拉长水平点画线

二、绘制弹簧垫圈左视图

1 打开状态栏中的“对象捕捉追踪”按钮，将“粗实线”层设置为当前层。利用“圆”命令和对象捕捉追踪模式在主视图点画线的延长线上绘制直径为 10.2mm 的圆。再利用“圆”命令绘制该圆的同心圆，直径为 15.4mm。

2 将“点画线”层设置为当前层，利用“直线”命令和对象捕捉追踪模式绘制水平中心线和竖直中心线，如图 27-14 所示。

3 将“粗实线”层设置为当前层，单击“绘图”工具栏中的“直线”按钮，利用“直线”命令过端点 F、交点 H 和端点 I 绘制 3 条水平粗实线。

4 将“虚线”层设置为当前层，单击“绘图”工具栏中的“直线”按钮，利用“直线”命令过交点 G 绘制水平虚线，如图 27-15 所示。

5 单击“修改”工具栏中的“修剪”按钮，利用“修剪”命令修剪 4 条水平辅助线和同心圆，完成绘制弹簧垫圈的左视图，如图 27-16 所示。

图 27-14　绘制同心圆和中心线

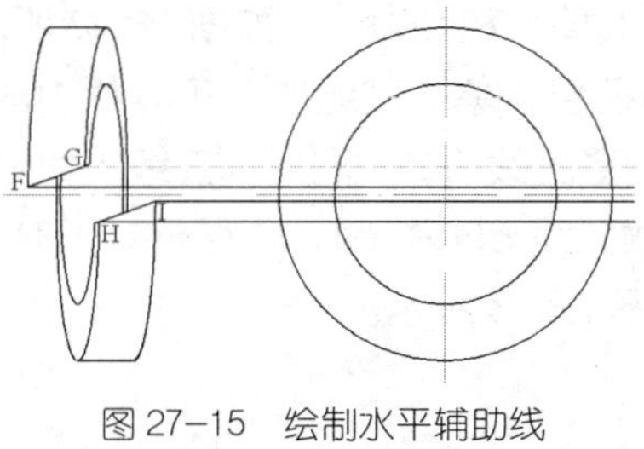

图 27-15　绘制水平辅助线

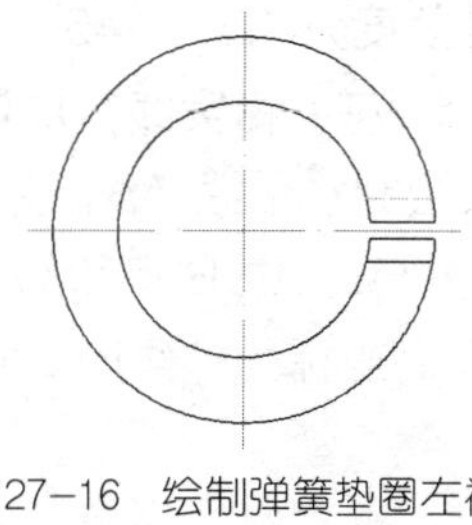

图 27-16　绘制弹簧垫圈左视图

实例 28　圆螺母用止动垫圈

本实例所用的绘图命令：“圆弧”Arc 命令、“直线”Line 命令、“偏移”Offset 命令、“拉长”Lengthen 命令、“删除”Erase 命令、“修剪”Trim 命令、“图层匹配”Laymch 命令、“图案填充”Bhatch 命令。

圆螺母用止动垫圈（GB/T859—1988　16）的主视图和左视图如图 28-1 所示。

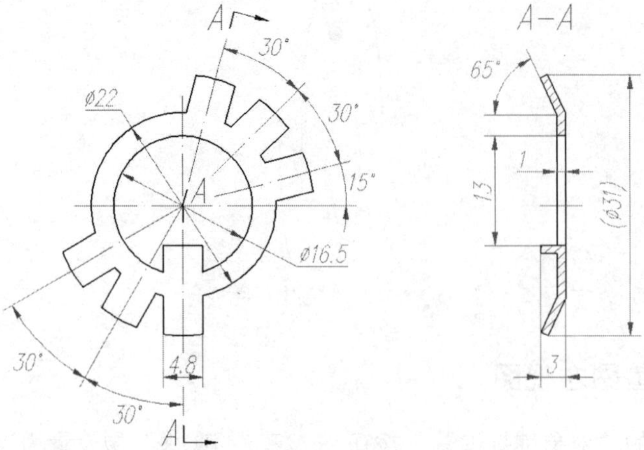

图 28-1　圆螺母用止动垫圈

绘制步骤

1 新建空白图形文件，加载线型，恢复图层。

2 打开状态栏中的“正交”按钮和“对象捕捉”按钮。

3 将“粗实线”层设置为当前层，单击“绘图”工具栏中的“圆”按钮，利用“圆”命令绘制两个直径为 22mm 和 16.5mm 的圆。

4 将“点画线”层设置为当前层，利用“直线”命令和对象捕捉追踪模式绘制水平中心线和竖直中心线。

5 单击“绘图”工具栏中的“直线”按钮，利用“直线”命令过圆心绘制 5 条倾斜点画线，倾斜角度为 15°、45°、75°、210° 和 240°，如图 28-2 所示。

6 将“粗实线”层设置为当前层，单击“绘图”工具栏中的“直线”按钮，过大圆的上象限点绘制水平线 AB，并连续绘制竖直线 BC。利用“直线”命令过小圆的上下象限点绘制水平线 DE 和 FG，过 B 点和 G 点绘制倾斜线 BH 和 GI，H 点相对于 B 点坐标为“@10<115”，I 点相对于 G 点坐标为“@10<245”，如图 28-3 所示。

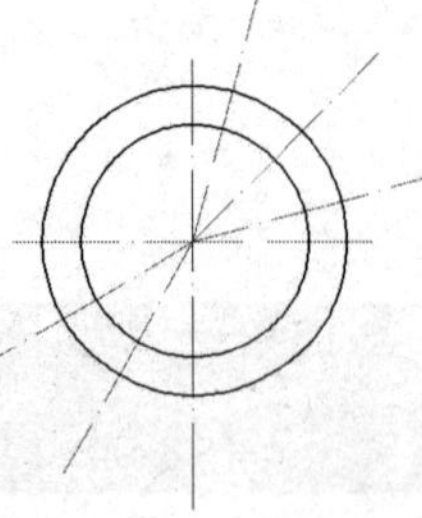

图 28-2　绘制同心圆和点画线

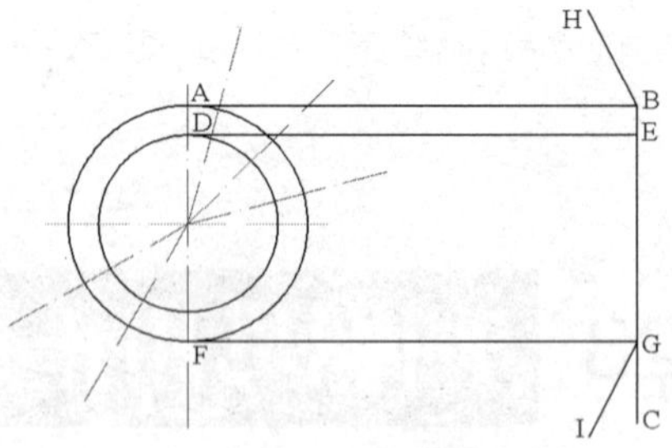

图 28-3　绘制辅助线

7 单击“修改”工具栏中的“偏移”按钮，利用“偏移”命令向左偏移直线 BC、向下偏移直线 DE（得到直线 JK），偏移距离为 3mm 和 13mm。

8 回车，再次启动“偏移”命令，向左偏移直线 BC、向左下方偏移直线 BH、向左上方偏移直线 GI、向下偏移直线 JK，偏移距离为 1mm，如图 28-4 所示。

9 选择菜单“修改”→“拉长”选项，利用拉长命令中的“动态”选项拉长直线 LM。

10 单击“绘图”工具栏中的“直线”按钮，利用“直线”命令过交点 N 和 Q 做倾斜线 GI 和 BH 的垂直线，如图 28–5 所示。

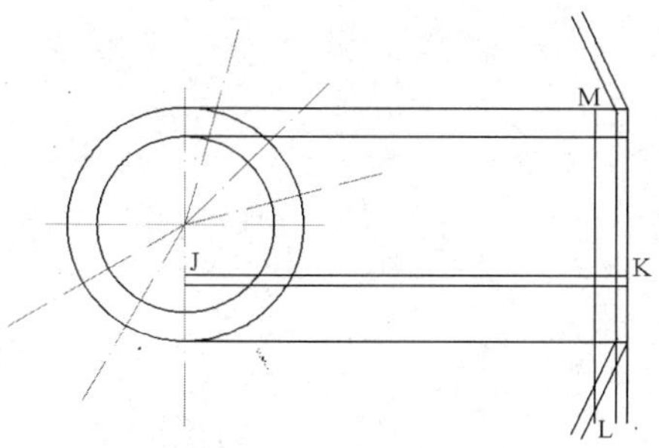

图 28–4　偏移直线

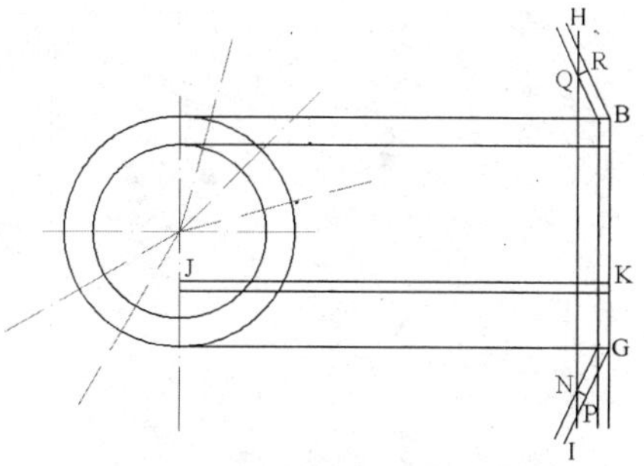

图 28–5　拉长直线绘制垂直线

11 单击“修改”工具栏中的“删除”按钮，利用“删除”命令删除水平线 AB 和 FG。

12 单击“修改”工具栏中的“修剪”按钮，利用“修剪”命令修剪出如图 28–6 所示的图形。

13 单击“绘图”工具栏中的“直线”按钮，利用“直线”命令过端点 P 绘制直线 PT 与主视图中的竖直点画线垂直。

14 单击“绘图”工具栏中的“圆”按钮，利用“圆”命令以主视图中同心圆的圆心为圆心，过端点 T 绘制圆。

15 选择菜单“修改”→“拉长”选项，利用拉长命令中的“动态”选项拉长直线 KJ。

16 单击“修改”工具栏中的“偏移”按钮，利用“偏移”命令对称偏移主视图中的竖直点画线和倾斜点画线，偏移距离为 2.4mm，如图 28–7 所示。

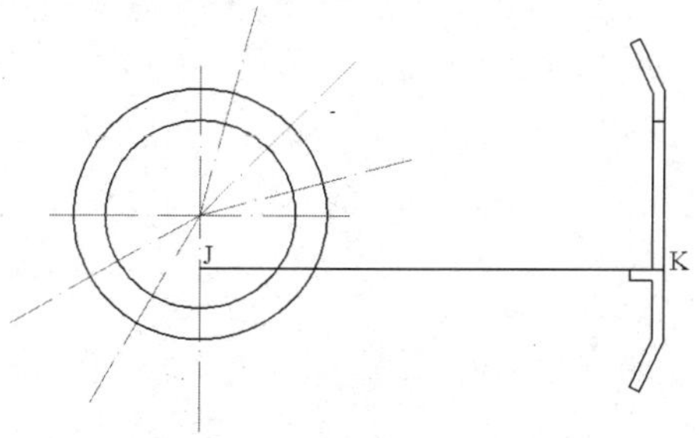

图 28–6　删除、修剪图线

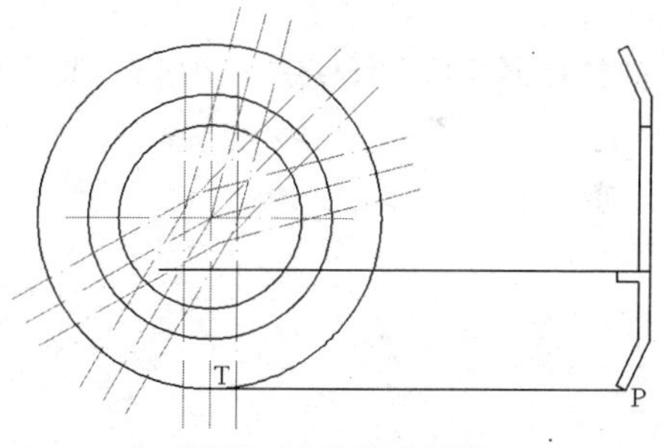

图 28–7　偏移点画线

17 选择菜单“格式”→“图层工具”→“图层匹配”选项，利用“图层匹配”命令将偏移出来的点画线的图层修改为“粗实线”层。

18 单击“修改”工具栏中的“删除”按钮，利用“删除”命令删除水平线 PT。

19 单击“修改”工具栏中的“修剪”按钮，利用“修剪”命令修剪出如图 28–8 所示的图形。

20 关闭状态栏中的“正交”按钮，打开“对象捕捉追踪”按钮。

21 将“点画线”线层设置为垫当前层，利用“直线”命令和对象捕捉追踪模式绘制左视图中的对称点画线。

22 将“细实线”层设置为当前层，单击“绘图”工具栏中的“图案填充”按钮，利用“图案填充”命令绘制剖面线。在弹出的“图案填充和渐变色”对话框中打开“图案填充”选项卡，将图案类型设置为 ANSI31，角度设置为 0，比例设置为 0.25。单击“拾取点”按钮，在左视图中的填充区域内单击，回车两次，即可在左视图中绘制出剖面线。

完成绘制圆螺母用止动垫圈的主视图和左视图，如图 28-9 所示。

图 28-8　修剪图线

图 28-9　完成绘图

实例 29　弹性挡圈

本实例所用的绘图命令："圆" Circle 命令、"直线" Line 命令、"圆心标记" Dimcenter 命令、"偏移" Offset 命令、"窗口缩放" Zoom Window 命令、"删除" Erase 命令、"修剪"Trim 命令、"缩放上一个"Zoom Previous 命令、"拉长"Lengthen 命令、"镜像" Mirror 命令。

弹性挡圈（GB/T893.1—1986　36）的主视图如图 29-1 所示。

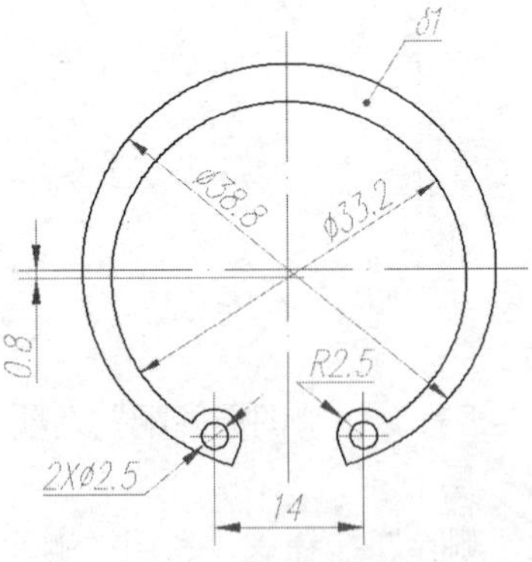

图 29-1　弹性挡圈

绘制步骤

1 新建空白图形文件，加载线型，恢复图层。

2 打开状态栏中的"对象捕捉"按钮□和"对象捕捉追踪"按钮∠。

3 将"粗实线"层设置为当前层，单击"绘图"工具栏中的"圆"按钮⊙，利用"圆"命令绘制直径为 38.8mm 的圆。

4 回车，再次启动"圆"命令，单击"对象捕捉"工具栏中的"临时追踪点捕捉"按钮⊷，

捕捉上一个圆的圆心为临时对象追踪点，向下移动光标，出现竖直追踪轨迹后，输入追踪距离为 0.8mm 后回车，再输入半径为 16.6mm，回车，绘制出直径为 33.2mm 的圆。

5 将“点画线”层设置为当前层，利用“直线”命令和对象捕捉追踪模式绘制大圆的水平中心线和竖直中心线。

6 单击“标注”工具栏中的“圆心标记”按钮，单击直径为 33.2mm 的圆，绘制出该圆的圆心标记，如图 29–2 所示。

7 单击“修改”工具栏中的“偏移”按钮，利用“偏移”命令向右偏移竖直中心线，偏移距为 7mm。

8 将“粗实线”层设置为当前层，单击“绘图”工具栏中的“圆”按钮，利用“圆”命令以偏移出来的点画线与直径为 33.2mm 的圆的交点为圆心，绘制半径为 2.5mm 和 1.25mm 的同心圆，如图 29–3 所示。

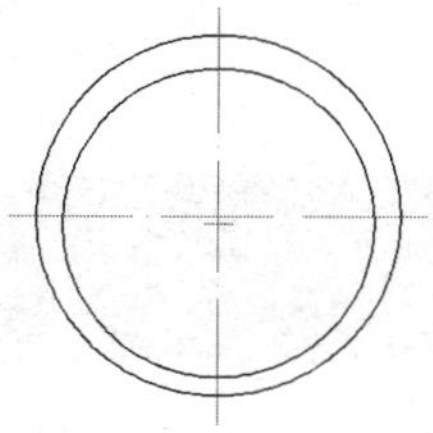

图 29–2　绘制偏心圆及中心线

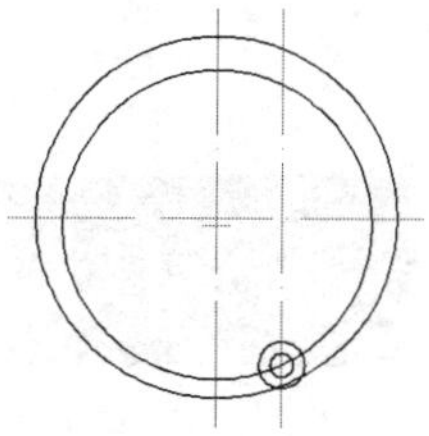

图 29–3　偏移点画线，绘制同心圆

9 单击“标准”工具栏中的按钮“窗口缩放”按钮，利用“窗口缩放”命令将同心圆放大显示。

10 单击“绘图”工具栏中的“直线”按钮，利用“直线”命令连接交点 A 和 B，并过交点 C 做直线 AB 的垂线 CD，如图 29–4 所示。

11 单击“修改”工具栏中的“移动”按钮，利用“移动”命令移动直线 CD，移动的基点为端点 D，移动的第 2 点为交点 B，得到直线 BE，该线与半径为 2.5mm 的圆相切，如图 29–5 所示。

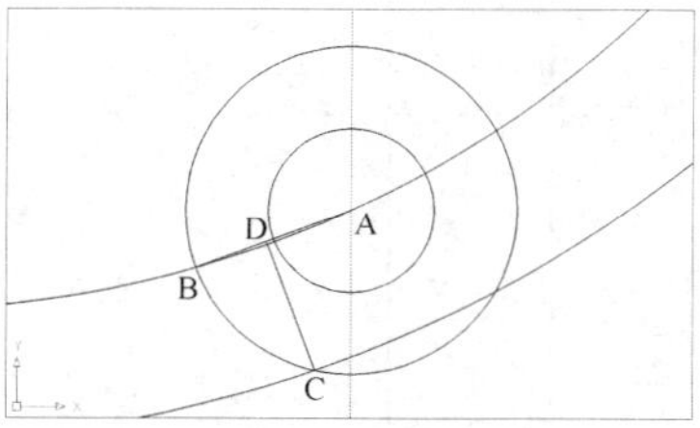

图 29–4　绘制辅助线

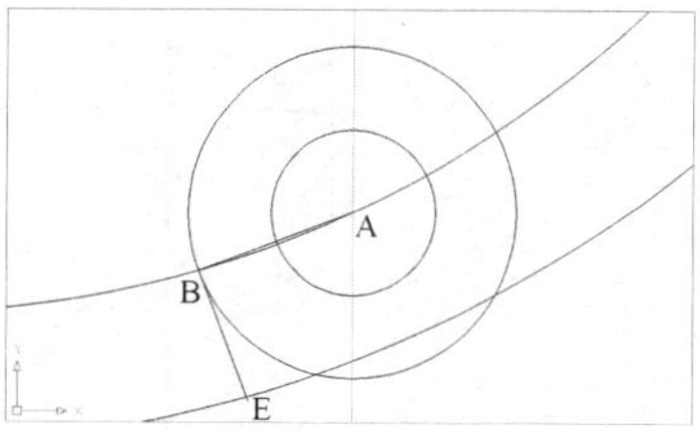

图 29–5　移动直线

12 单击“修改”工具栏中的“删除”按钮，利用“删除”命令删除直线 AB。

13 单击“修改”工具栏中的“修剪”按钮，利用“修剪”命令修剪圆和直线 BE。

14 将“点画线”层设置为当前层，利用“直线”命令和对象捕捉追踪模式绘制小圆的水平中心线，如图 29–6 所示。

15 单击“标准”工具栏中的按钮“缩放上一个”按钮，利用“缩放上一个”命令返回上一个显示窗口。

16 选择菜单“修改”→“拉长”选项，利用拉长命令中的“动态”选项将偏移出来的点画线适当缩短。

17 单击“修改”工具栏中的“镜像”按钮⚠，利用“镜像”命令做小圆及其中心线、小圆弧及其切线的竖直镜像，镜像线是大圆的竖直点画线，如图 29-7 所示。

18 单击“修改”工具栏中的“修剪”按钮，利用“修剪”命令修剪圆周，完成绘制弹性挡圈的主视图，如图 29-8 所示。

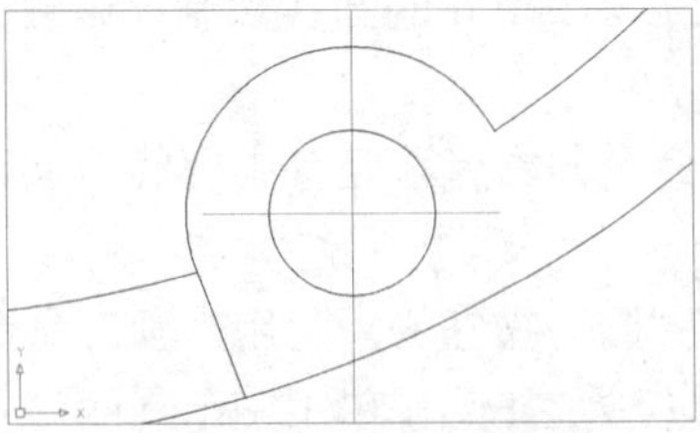

图 29-6 删除、修剪图线

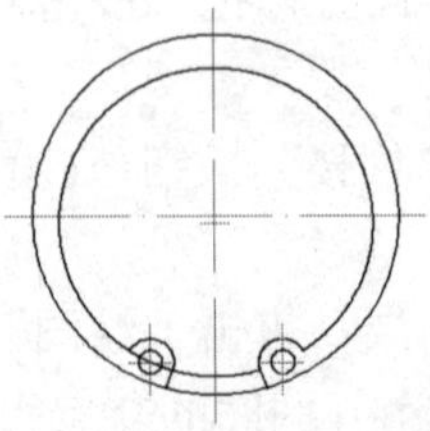

图 29-7 缩短点画线后做竖直镜像

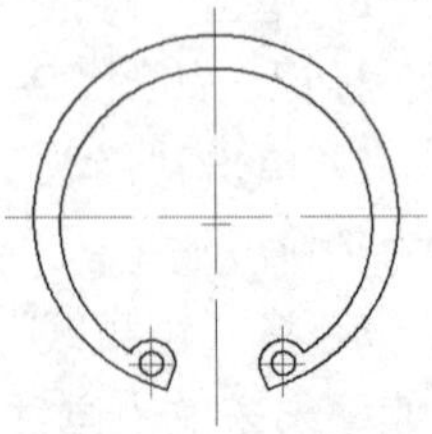

图 29-8 完成绘图

实例 30 深沟球轴承

本实例所用的绘图命令：“圆” Circle 命令、“直线” Line 命令、“圆心标记” Dimcenter 命令、“偏移” Offset 命令、“窗口缩放” Zoom Window 命令、“删除” Erase 命令、“修剪”Trim 命令、“缩放上一个”Zoom Previous 命令、“拉长”Lengthen 命令、“镜像” Mirror 命令、“图案填充” Bhatch 命令。

深沟球轴承（6218 GB/T276—1994）的主视图如图 30-1 所示。

深沟球轴承的比例图如图 30-2 所示，其中 D1 = (D + d)/2，A = (D−d)/2。

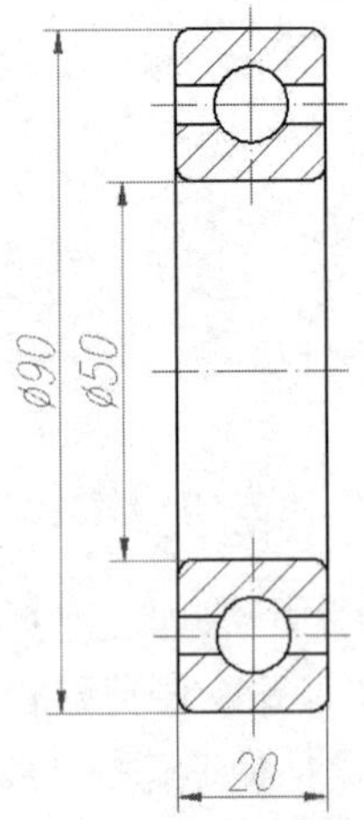

图 30-1 深沟球轴承

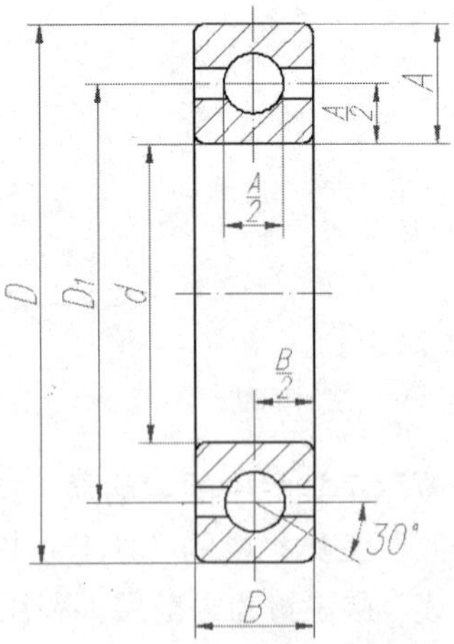

图 30-2 深沟球轴承比例图

绘制步骤

1 新建空白图形文件，加载线型，恢复图层。

2 打开状态栏中的“对象捕捉”按钮和“对象捕捉追踪”按钮。

3 将“粗实线”层设置为当前层，利用“矩形”命令绘制带圆角的矩形。

```
命令: _rectang      (单击“绘图”工具栏中的“矩形”按钮，启动“矩形”命令)
指定第一个角点或 [倒角(C)/标高(E)/圆角(F)/厚度(T)/宽度(W)]: F↙      (输入F，回车，
选择“圆角”选项)
指定矩形的圆角半径 <0.0000>: 2↙      (输入圆角半径2，回车)
指定第一个角点或 [倒角(C)/标高(E)/圆角(F)/厚度(T)/宽度(W)]:      (在适当位置单击)
指定另一个角点或 [面积(A)/尺寸(D)/旋转(R)]: @20,20↙      (输入另一角点的相对坐标，
回车)
```

4 将“点画线”层设置为当前层，利用“直线”命令和对象捕捉追踪模式绘制矩形的水平对称点画线和竖直对称点画线，如图 30-3 所示。

5 单击“修改”工具栏中的“偏移”按钮，利用“偏移”命令向下偏移水平点画线，偏移距为 35mm。

6 将“粗实线”层设置为当前层，单击“绘图”工具栏中的“圆”按钮，利用“圆”命令以点画线的交点为圆心，绘制半径为 5mm 的圆。

7 单击“绘图”工具栏中的“直线”按钮，利用“直线”命令过圆心 A 绘制倾斜线 AB，B 点相对于 A 点的坐标为“@10<30”，过 AB 与圆的交点 C 绘制水平线直线 CD，D 点为在矩形上捕捉的垂足。

8 单击“绘图”工具栏中的“直线”按钮，利用“直线”命令过矩形的两个竖直边的下端点绘制偏移出来点画线的垂线，如图 30-4 所示。

9 单击“修改”工具栏中的“删除”按钮，利用“删除”命令删除直线 AB。

10 单击“修改”工具栏中的“镜像”按钮，利用“镜像”命令做直线 CD 的水平镜像，镜像线为水平点画线，得到直线 EF。回车再次启动“镜像”命令，做直线 CD 和 EF 的竖直镜像，镜像线是竖直点画线。镜像结果如图 30-5 所示。

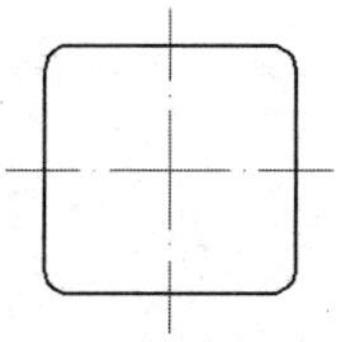

图 30-3　绘制矩形及对称点画线

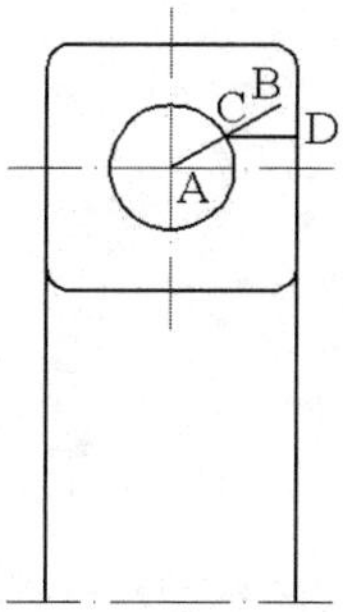

图 30-4　偏移点画线

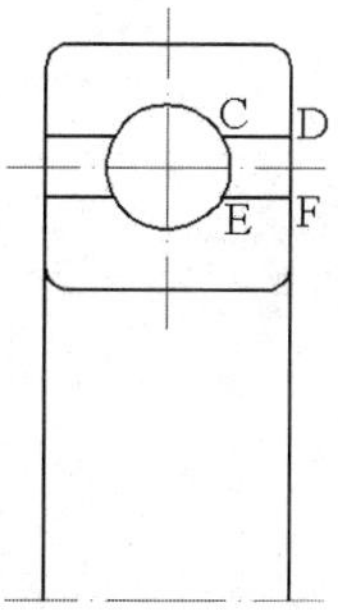

图 30-5　删除辅助线后做镜像

11 回车再次启动“镜像”命令，选择图中除了下方水平点画线外所有线条为镜像对象，镜像线是下方水平点画线。镜像结果如图 30-6 所示。

12 将“细实线”层设置为当前层，单击“绘图”工具栏中的“图案填充”按钮，利用“图案填充”命令绘制剖面线。在弹出的“图案填充和渐变色”对话框中打开“图案填充”选项卡，将图案类型设置为 ANSI31，角度设置为 0，比例设置为 1。单击“拾取点”按钮，在主视图中的填充区域内单击，回车两次，即可在主视图中绘制出剖面线。

完成绘制深沟球轴承的主视图，如图 30-7 所示。

图 30-6　水平镜像结果

图 30-7　完成绘图

实例 31　圆锥滚子轴承

本实例所用的绘图命令：“直线”Line 命令、“实时缩放”Zoom Realtime 命令、“拉长”Lengthen 命令、“偏移”Offset 命令、“图层匹配”Laymch 命令、“删除”Erase 命令、“修剪”Trim 命令、“镜像”Mirror 命令、“图案填充”Bhatch 命令。

圆锥滚子轴承（30205　GB/T297—1994）的主视图如图 31-1 所示。

圆锥滚子轴承的比例图如图 31-2 所示，其中 A＝(D−d)/2，α≈15°。

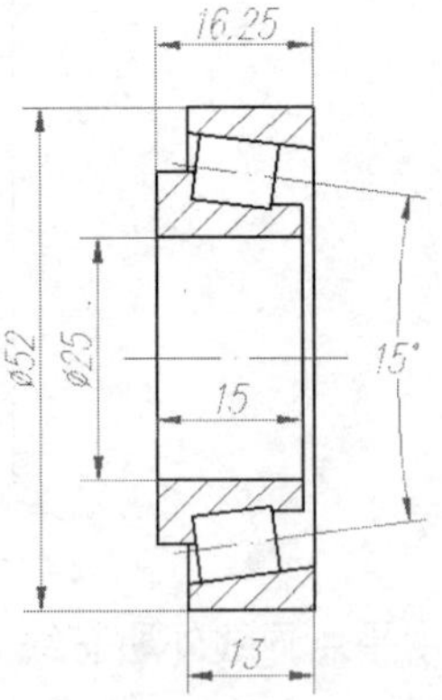

图 31-1　圆锥滚子轴承

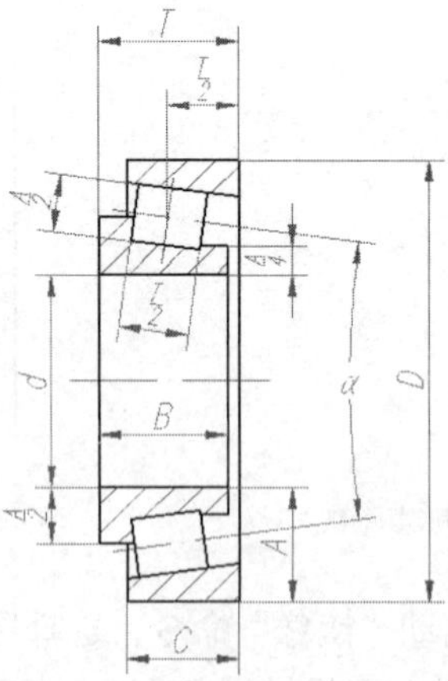

图 31-2　圆锥滚子轴承比例图

绘制步骤

1　新建空白图形文件，加载线型，恢复图层。

2　打开状态栏中的“正交”按钮、“对象捕捉”按钮和“对象捕捉追踪”按钮。

3　将“粗实线”层设置为当前层，利用“直线”命令绘制轴承外圈轮廓线。

```
命令: _line      (单击“绘图”工具栏中的“直线”按钮, 启动“直线”命令)
指定第一点:      (在适当位置单击)
指定下一点或 [放弃(U)]: 19.25↙      (向上移动光标, 输入直线的长度, 回车)
指定下一点或 [放弃(U)]: 3.25↙      (向右移动光标, 输入直线的长度, 回车)
指定下一点或 [闭合(C)/放弃(U)]: 6.75↙      (向上移动光标, 输入直线的长度, 回车)
指定下一点或 [闭合(C)/放弃(U)]: 13↙      (向右移动光标, 输入直线的长度, 回车)
指定下一点或 [闭合(C)/放弃(U)]: 26↙      (向下移动光标, 输入直线的长度, 回车)
指定下一点或 [闭合(C)/放弃(U)]: ↙      (回车, 结束“直线”命令)
```

4 单击“标准”工具栏中的“实时缩放”按钮，利用“实时缩放”命令将图形放大显示。

5 将“点画线”层设置为当前层，利用“直线”命令和对象捕捉追踪模式绘制轴承的对称点画线，如图 31–3 所示。

6 将“粗实线”层设置为当前层，选择菜单“修改”→“拉长”选项，利用拉长命令中的“动态”选项，拉长直线 BC。

7 利用“直线”命令绘制内圈轮廓线，如图 31–4 所示。

```
命令: _line      (单击“绘图”工具栏中的“直线”按钮, 启动“直线”命令)
指定第一点: _tt      (单击“对象捕捉”工具栏中的“临时追踪点捕捉”按钮)
指定临时对象追踪点:      (捕捉A点为临时对象追踪点)
指定第一点: 12.5↙      (向上移动光标, 出现竖直追踪轨迹, 输入追踪距离12.5, 回车)
指定下一点或 [放弃(U)]: 15↙      (向右移动光标, 输入水平线的长度15, 回车)
指定下一点或 [放弃(U)]: ↙      (向下移动光标, 在点画线上捕捉垂足)
指定下一点或 [闭合(C)/放弃(U)]: ↙      (回车, 结束“直线”命令)
```

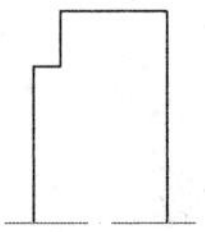

图 31–3　绘制轮廓线和点画线

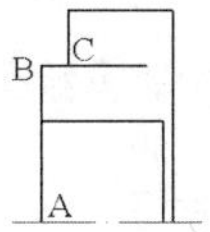

图 31–4　绘制内圈轮廓线

8 回车再次启动“直线”命令，绘制内圈其余轮廓线，如图 31–5 所示。

```
命令: _line      (单击“绘图”工具栏中的“直线”按钮, 启动“直线”命令)
指定第一点:      (捕捉D点)
指定下一点或 [放弃(U)]: 3.38↙      (向上移光标, 输入垂直线的长度3.38, 回车)
指定下一点或 [放弃(U)]:      (向左移动光标, 在左侧竖直轮廓线上捕捉垂足)
指定下一点或 [闭合(C)/放弃(U)]:↙      (回车, 结束“直线”命令)
```

9 单击“修改”工具栏中的“偏移”按钮，利用“偏移”命令向左偏移右侧轮廓线，偏移距离为 8.13mm，如图 31–6 所示。

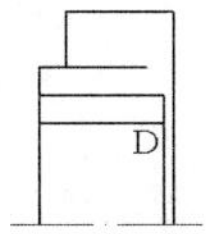

图 31–5　绘制内圈轮廓线

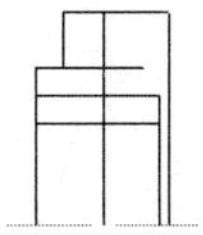

图 31–6　偏移出一条辅助线

10 将“点画线”层设置为当前层，利用“直线”命令绘制滚子对称点画线。

```
命令: _line      (单击“绘图”工具栏中的“直线”按钮, 启动“直线”命令)
指定第一点:      (捕捉交点E)
```

```
指定下一点或 [放弃(U)]: @11<-7.5↙        (输入下一点相对于E点的坐标，回车)
指定下一点或 [放弃(U)]: ↙       (回车，结束“直线”命令)
```

11 选择菜单“修改”→“拉长”选项，利用拉长命令中的“动态”选项，拉长绘制的倾斜点画线。如图 31-7 所示。

12 单击“修改”工具栏中的“偏移”按钮，利用“偏移”命令对称偏移滚子的对称点画线，偏移距离为 3.38mm。

13 选择菜单“格式”→“图层工具”→“图层匹配”选项，利用“图层匹配”命令将偏移出来的点画线的图层修改为“粗实线”层，如图 31-8 所示。

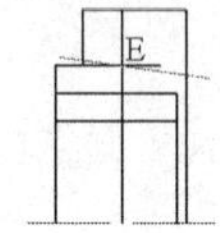

图 31-7　绘制滚子点画线

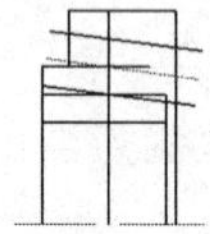
图 31-8　偏移滚子的对称点画线

14 将“粗实线”层设置为当前层，利用“直线”命令绘制滚子轮廓线，如图 31-9 所示。

```
命令: _line      (单击“绘图”工具栏中的“直线”按钮，启动“直线”命令)
指定第一点: _from       (单击“对象捕捉”工具栏中的“捕捉自”按钮)
基点:       (捕捉交点E为基点)
<偏移>: @4.06<-7.5↙       (输入F点相对于E点的坐标，回车)
指定下一点或 [放弃(U)]:       (在F点上方的倾斜线上捕捉垂足)
指定下一点或 [放弃(U)]: ↙       (回车，结束“直线”命令)
```

15 利用“拉长”命令将绘制的直线拉长一倍。

```
命令: _lengthen       (选择菜单“修改”→“拉长”选项)
选择对象或 [增量(DE)/百分数(P)/全部(T)/动态(DY)]: P↙       (输入P，回车，选择“百分数”选项)
输入长度百分数 <100.0000>: 200↙       (输入长度百分数200，即拉长一倍，回车)
选择要修改的对象或 [放弃(U)]:       (在F点附近单击刚绘制的轮廓线)
选择要修改的对象或 [放弃(U)]:↙       (回车，结束“拉长”命令)
```

16 单击“修改”工具栏中的“偏移”按钮，利用“偏移”命令偏移拉长后的轮廓线，得到滚子的另一条轮廓线，偏移距离为 8.13mm，如图 31-10 所示。

17 单击“修改”工具栏中的“删除”按钮，利用“删除”命令删除辅助线。

18 单击“修改”工具栏中的“修剪”按钮，利用“修剪”命令修剪轮廓线。结果如图 31-11 所示。

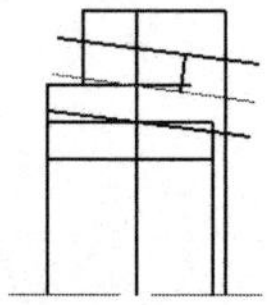
图 31-9　绘制滚子端面轮廓线

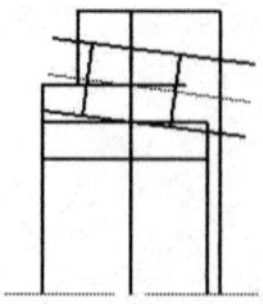
图 31-10　拉长并偏移轮廓线

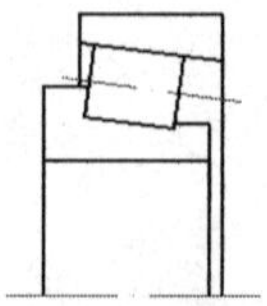
图 31-11　修剪轮廓线

19 单击“修改”工具栏中的“镜像”按钮，利用“镜像”命令镜像出对称的下半部分图形，如图 31-12 所示。

20 将“细实线”层设置为当前层，单击“绘图”工具栏中的“图案填充”按钮，利用“图案填充”命令绘制剖面线。在弹出的“图案填充和渐变色”对话框中打开“图案填充”选项卡，将图案类型设置为 ANSI31，角度设置为 0，比例设置为 0.75。单击“拾取点”按钮，在需要的填充区域内单击，回车两次，即可在轴承主视图中绘制出剖面线。

完成绘制圆锥滚子轴承主视图，如图 31-13 所示。

图 31-12　镜像出轴承的轮廓线

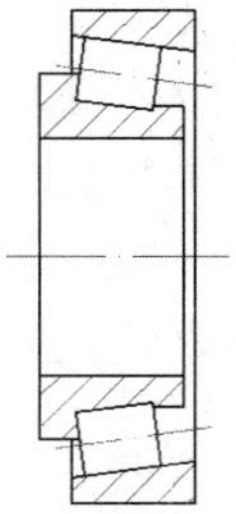

图 31-13　图案填充，完成绘图

实例 32　推力球轴承

本实例所用的绘图命令：“矩形”Rectangle 命令、“直线”Line 命令、“偏移”Offset 命令、“圆”Circle 命令、“删除”Erase 命令、“延伸”Extend 命令、“镜像”Mirror 命令、“修剪”Trim 命令、“拉长”Lengthen 命令、“图案填充”Bhatch 命令。

推力球轴承（51210　GB/T301—1995）的主视图如图 32-1 所示。

推力球轴承的比例图如图 32-2 所示，其中 D1 = (D + d)/2。

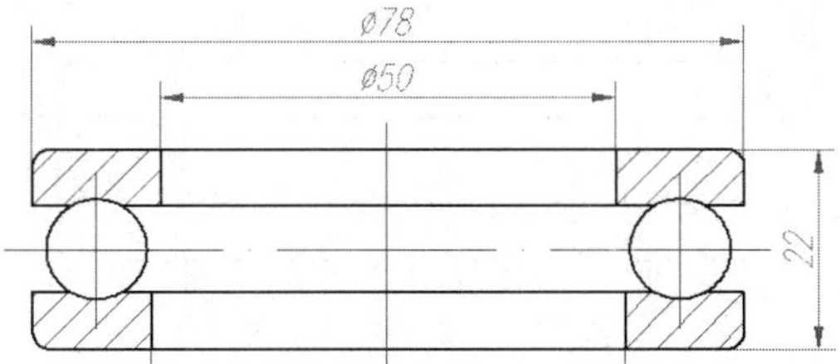

图 32-1　推力球轴承

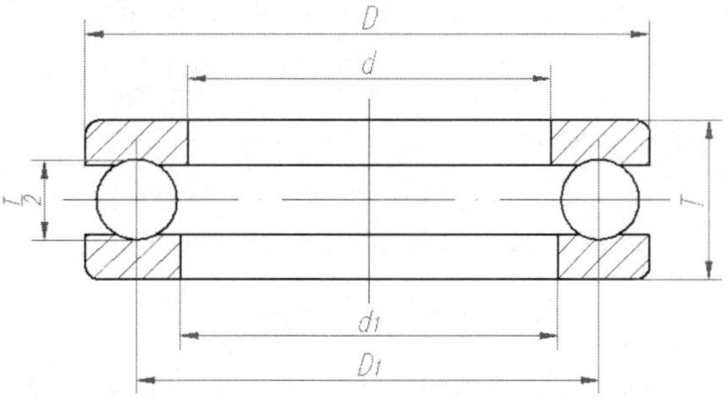

图 32-2　推力球轴承比例图

绘制步骤

1 新建空白图形文件，加载线型，恢复图层。

2 打开状态栏中的“对象捕捉”按钮和“对象捕捉追踪”按钮。

3 将“粗实线”层设置为当前层，利用“矩形”命令绘制带圆角的矩形。

```
命令: _rectang      (单击"绘图"工具栏中的"矩形"按钮, 启动"矩形"命令)
指定第一个角点或 [倒角(C)/标高(E)/圆角(F)/厚度(T)/宽度(W)]: F↙      (输入F, 回车, 选择"圆角"选项)
指定矩形的圆角半径 <0.0000>: 2↙      (输入圆角半径2, 回车)
指定第一个角点或 [倒角(C)/标高(E)/圆角(F)/厚度(T)/宽度(W)]:      (在适当位置单击)
指定另一个角点或 [面积(A)/尺寸(D)/旋转(R)]: @78,22↙  (输入另一角点的相对坐标, 回车)
```

4 将"点画线"层设置为当前层，利用"直线"命令和对象捕捉追踪模式绘制矩形的水平对称点画线和竖直对称点画线，如图 32-3 所示。

5 单击"修改"工具栏中的"偏移"按钮，利用"偏移"命令对称偏移竖直点画线，偏移距分别为 25mm、26mm 和 32mm，如图 32-4 所示。

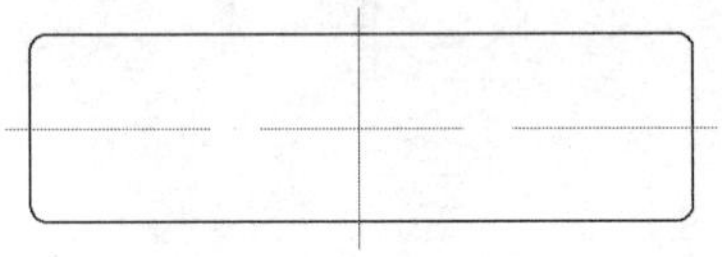

图 32-3　绘制矩形及对称点画线

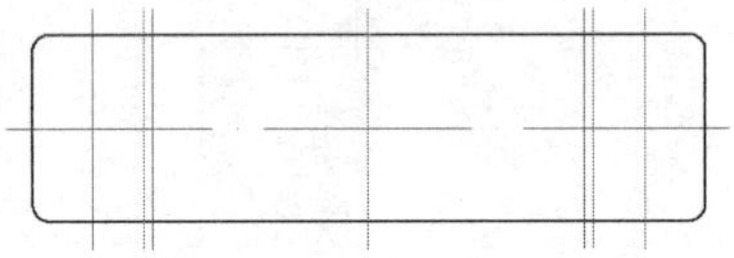

图 32-4　对称偏移竖直点画线

6 将"粗实线"层设置为当前层，单击"绘图"工具栏中的"圆"按钮，利用"圆"命令以两条外侧偏移出来的竖直点画线与水平点画线的交点为圆心，绘制两个直径为 11mm 的圆。

7 单击"绘图"工具栏中的"直线"按钮，利用"直线"命令过圆心 A 绘制倾斜线 AB，B 点相对于 A 点的坐标为"@9<60"，过 AB 与圆的交点绘制水平线直线 CD，D 点为在矩形上捕捉的垂足，如图 32-5 所示。

8 单击"修改"工具栏中的"删除"按钮，利用"删除"命令删除直线 AB。

9 单击"修改"工具栏中的"延伸"按钮，利用"延伸"命令将直线 DC 延伸到与矩形的另一侧竖直边相交，得到直线 DE。

10 单击"修改"工具栏中的"镜像"按钮，利用"镜像"命令做直线 DE 的水平镜像，镜像线为水平点画线，如图 32-6 所示。

11 选择菜单"格式"→"图层工具"→"图层匹配"选项，利用"图层匹配"命令将偏移距离为 25mm 和 26mm 的 4 条点画线的图层修改为"粗实线"层。

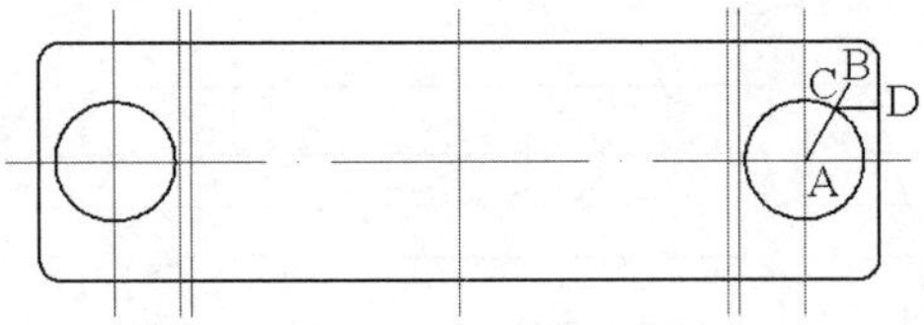

图 32-5　绘制圆和直线

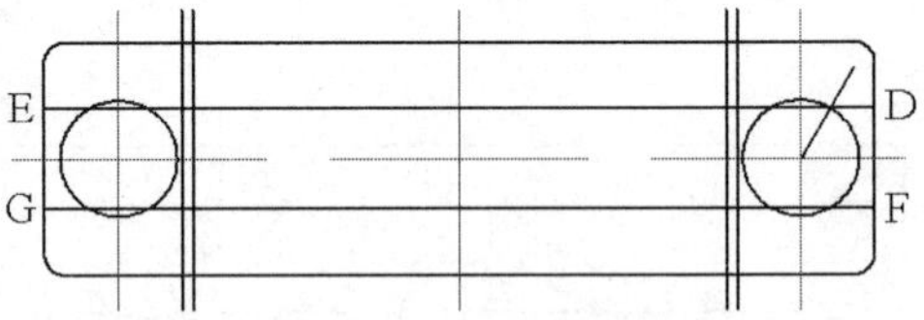

图 32-6　延伸后做镜像

12 单击"修改"工具栏中的"修剪"按钮，利用"修剪"命令修剪轮廓线。

13 选择菜单"修改"→"拉长"选项，利用拉长命令中的"动态"选项，将两个圆的竖直中心线适当缩短。如图 32-7 所示。

14 将"细实线"层设置为当前层，单击"绘图"工具栏中的"图案填充"按钮，利用"图案填充"命令绘制剖面线。在弹出的"图案填充和渐变色"对话框中打开"图案填充"选项卡，将图案类型设置为 ANSI31，角度设置为 0，比例设置为 0.75。单击"拾取点"按钮，在主视图中的填充区域内单击，回车两次，即可在主视图中绘制出剖面线。

完成绘制推力球轴承的主视图，如图 32-8 所示。

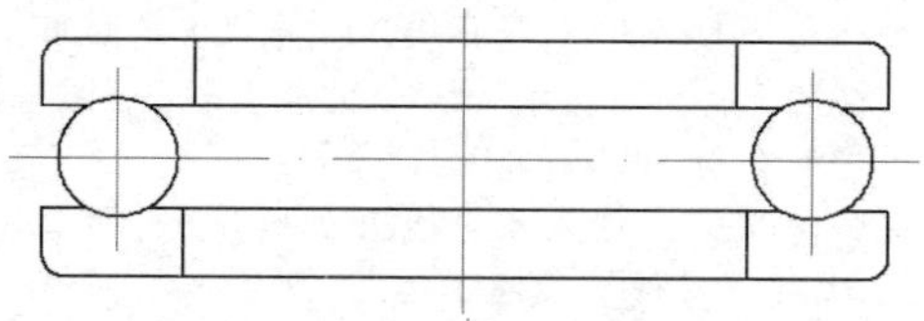

图 32-7　修剪后调整中心线的长度

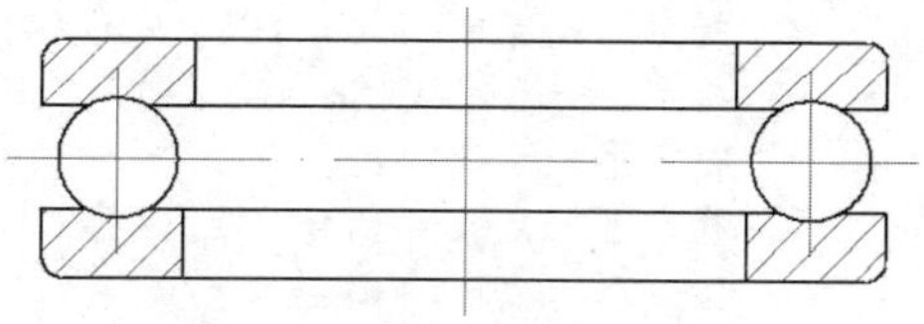

图 32-8　完成绘图

实例 33　旋盖式油杯

本实例所用的绘图命令："直线" Line 命令、"偏移" Offset 命令、"倒角" Chamfer 命令、"图层匹配" Laymch 命令、"修剪" Trim 命令、"镜像" Mirror 命令、"复制" Copy 命令、"图案填充" Bhatch 命令。

旋盖式油杯（GB/T825—1988　A-10）的主视图如图 33-1 所示。

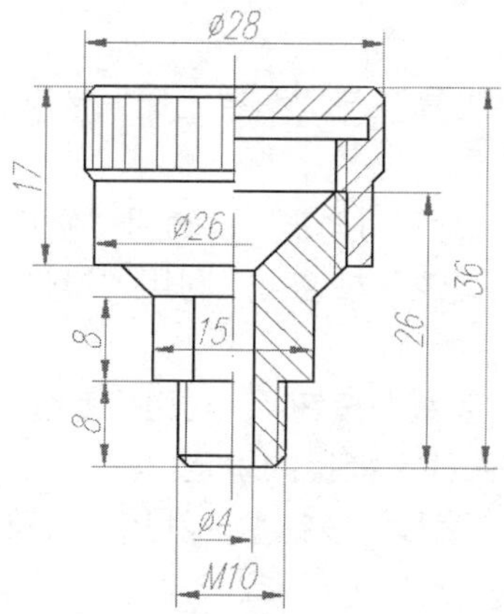

图 33-1　旋盖式油杯

绘制步骤

1 新建空白图形文件，加载线型，恢复图层。

2 打开状态栏中的"正交"按钮、"对象捕捉"按钮和"对象捕捉追踪"按钮。

3 将"粗实线"层设置为当前层，利用"直线"命令绘制轮廓线，如图 33-2 所示。

```
命令: _line       (单击"绘图"工具栏中的"直线"按钮，启动"直线"命令)
指定第一点:       (在绘图区适当位置单击，指定A点)
指定下一点或 [放弃(U)]: 14↙       (向左移动光标，输入水平线AB的长度14，回车)
指定下一点或 [放弃(U)]: 9↙       (向下移动光标，输入竖直线BC的长度9，回车)
指定下一点或 [闭合(C)/放弃(U)]: 1↙       (向右移动光标，输入水平线CD的长度1，回车)
指定下一点或 [闭合(C)/放弃(U)]: 8↙       (向下移动光标，输入竖直线DE的长度8，回车)
指定下一点或 [闭合(C)/放弃(U)]:2.5↙       (向右移动光标，输入水平线EF的长度2.5，回车)
指定下一点或 [闭合(C)/放弃(U)]: @-3,-3↙       (输入G点相对于F点的坐标，回车)
```

指定下一点或 [闭合(C)/放弃(U)]: 8↙　　(向下移动光标，输入竖直线GH的长度8，回车)
指定下一点或 [闭合(C)/放弃(U)]: 2.5↙　　(向右移动光标，输入水平线HI的长度2.5，回车)
指定下一点或 [闭合(C)/放弃(U)]: 8↙　　(向下移动光标，输入竖直线IJ的长度8，回车)
指定下一点或 [闭合(C)/放弃(U)]: 5↙　　(向右移动光标，输入水平线JK的长度5，回车)
指定下一点或 [闭合(C)/放弃(U)]:↙　　(回车，结束“直线”命令)

4 将“点画线”层设置为当前层，利用“直线”命令和对象捕捉追踪模式绘制竖直对称点画线，如图 33-2 所示。

5 单击“修改”工具栏中的“偏移”按钮，利用“偏移”命令向右偏移竖直线 IJ，偏移距离为 0.75mm。

6 单击“修改”工具栏中的“倒角”按钮，利用“倒角”命令在水平线 AB 和竖直线 BC、竖直线 BC 和水平线 CD、竖直线 IJ 和水平线 JK 的拐角处绘制倒角，倒角距离为 1，如图 33-3 所示。

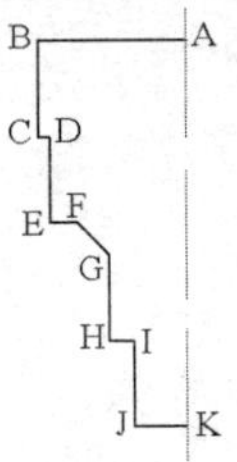

图 33-2　绘制轮廓线和点画线

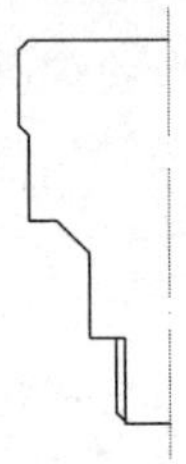
图 33-3　偏移轮廓线，绘制倒角

7 选择菜单“格式”→“图层工具”→“图层匹配”选项，利用“图层匹配”命令将偏移出来的直线的图层修改为“细实线”层。

8 单击“修改”工具栏中的“修剪”按钮，利用“修剪”命令修剪细实线。

9 单击“修改”工具栏中的“镜像”按钮，利用“镜像”命令以对称点画线为镜像线做所绘图形的竖直镜像，结果如图 33-4 所示。

10 单击“绘图”工具栏中的“直线”按钮，利用“直线”命令在左半部分绘制水平轮廓线，这些水平轮廓线的右端点均为在点画线上捕捉的垂足。

11 单击“修改”工具栏中的“偏移”按钮，利用“偏移”命令向右偏移竖直线 GH，偏移距离为 3.75mm，如图 33-5 所示。

图 33-4　做竖直镜像

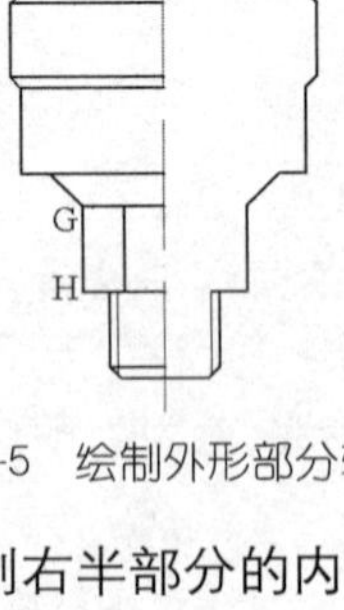

图 33-5　绘制外形部分轮廓线

12 将“粗实线”层设置为当前层，利用“直线”命令绘制右半部分的内部轮廓线，如图 33-6 所示。

命令: _line　　(单击“绘图”工具栏中的“直线”按钮，启动“直线”命令)
指定第一点: _tt　　(单击“对象捕捉”工具栏中的“临时追踪点捕捉”按钮)
指定临时对象追踪点:　　(捕捉端点A为临时对象追踪点)
指定第一点: 3↙ (向下移动光标，出现竖直追踪轨迹，输入追踪距离3，回车，捕捉到L点)
指定下一点或 [放弃(U)]: 12.5↙　　(向右移动光标，输入水平线LM的长度12.5，回车)

```
指定下一点或 [放弃(U)]:2↙      (向下移动光标，输入竖直线MN的长度2，回车)
指定下一点或 [闭合(C)/放弃(U)]: 2↙      (向左移动光标，输入水平线NP的长度2，回车)
指定下一点或 [闭合(C)/放弃(U)]: 5↙      (向下移动光标，输入竖直线PQ的长度5，回车)
指定下一点或 [闭合(C)/放弃(U)]: 1↙      (向左移动光标，输入水平线QR的长度1，回车)
指定下一点或 [闭合(C)/放弃(U)]: @12<225↙      (输入S点相对于R点的坐标，回车)
指定下一点或 [闭合(C)/放弃(U)]: ↙      (回车，结束“直线”命令)
```

13 单击“修改”工具栏中的“偏移”按钮，利用“偏移”命令向右偏移竖直点画线，偏移距离为 2mm，如图 33-6 所示。

14 选择菜单“格式”→“图层工具”→“图层匹配”选项，利用“图层匹配”命令将偏移出来的点画线的图层修改为“粗实线”层。

15 单击“修改”工具栏中的“修剪”按钮，利用“修剪”命令修剪内部轮廓线。

16 单击“绘图”工具栏中的“直线”按钮，利用“直线”命令过端点 Q 绘制竖直线 QT，如图 33-7 所示。

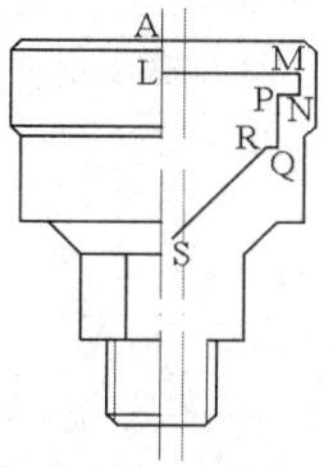

图 33-6　绘制内部轮廓线，偏移点画线

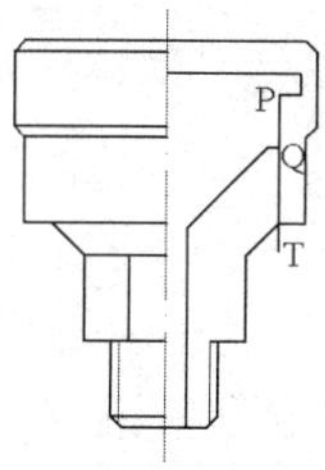

图 33-7　修剪后绘制直线

17 单击“绘图”工具栏中的“直线”按钮，利用“直线”命令在右半部分绘制水平轮廓线，这些水平轮廓线的右端点均为在点画线上捕捉的垂足。

18 单击“修改”工具栏中的“偏移”按钮，利用“偏移”命令向左偏移直线 PQ 和 QT，偏移距离为 1mm，如图 33-8 所示。

19 选择菜单“格式”→“图层工具”→“图层匹配”选项，利用“图层匹配”命令将直线 PQ 和由 QT 偏移出来直线的图层修改为“细实线”层，如图 33-9 所示。

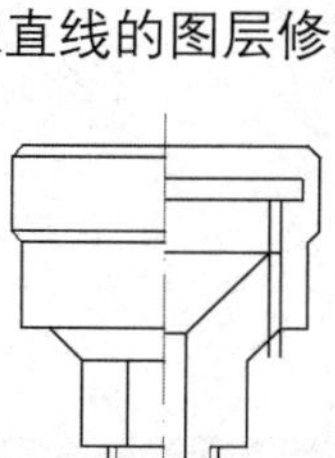

图 33-8　绘制水平线，偏移竖直线

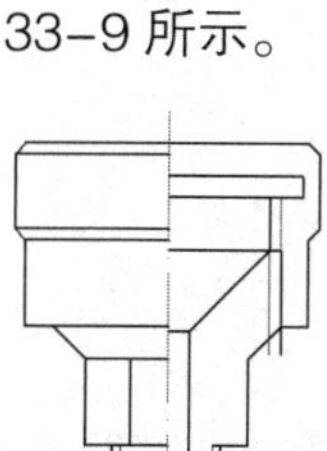

图 33-9　修改图层

20 单击“修改”工具栏中的“修剪”按钮，利用“修剪”命令修剪超出轮廓线的粗实线和细实线，如图 33-10 所示。

21 将“细实线”层设置为当前层，利用“直线”命令在左半部分旋盖轮廓线内绘制直纹线。

```
命令: _line      (单击“绘图”工具栏中的“直线”按钮，启动“直线”命令)
指定第一点: _tt      (单击“对象捕捉”工具栏中的“临时追踪点捕捉”按钮)
指定临时对象追踪点:      (捕捉端点U为临时对象追踪点)
指定第一点: 1.1↙      (向左移动光标，出现水平追踪轨迹，输入追踪距离1.1，回车，捕捉到V点)
```

```
指定下一点或 [放弃(U)]:        (在下方水平轮廓线上捕捉垂足W)
指定下一点或 [放弃(U)]:↙        (回车，结束“直线”命令)
```

22 利用“复制”命令复制出旋盖的直纹线，如图 33-11 所示。

```
命令: _copy       (单击“修改”工具栏中的“复制”按钮，启动“复制”命令)
选择对象:       (单击直线VW)
找到 1 个
选择对象:↙       (回车，结束选择复制对象)
指定基点或 [位移(D)] <位移>:        (捕捉端点V为复制基点)
指定第二个点或 <使用第一个点作为位移>: 2.2↙ (向左移动光标，输入复制距离2.2，回车)
指定第二个点或 [退出(E)/放弃(U)] <退出>: 4.2↙(向左移动光标，输入复制距离4.2，回车)
指定第二个点或 [退出(E)/放弃(U)] <退出>: 6↙ (向左移动光标，输入复制距离6，回车)
指定第二个点或 [退出(E)/放弃(U)] <退出>: 7.6↙ (向左移动光标，输入复制距离7.6，回车)
指定第二个点或 [退出(E)/放弃(U)] <退出>: 9↙ (向左移动光标，输入复制距离9，回车)
指定第二个点或 [退出(E)/放弃(U)] <退出>: 10.2↙ (向左移动光标，输入复制距离10.2，
回车)
指定第二个点或 [退出(E)/放弃(U)] <退出>: 11.2↙ (向左移动光标，输入复制距离11.2，
回车)
指定第二个点或 [退出(E)/放弃(U)] <退出>: 12↙ (向左移动光标，输入复制距离12，回车)
指定第二个点或 [退出(E)/放弃(U)] <退出>:↙        (回车，结束“复制”命令)
```

23 单击“绘图”工具栏中的“图案填充”按钮，利用“图案填充”命令绘制剖面线。在弹出的“图案填充和渐变色”对话框中打开“图案填充”选项卡，将图案类型均设置为 ANSI31，角度设置为 0 和 90，比例均设置为 0.5。单击“拾取点”按钮，在右半部分需要的填充区域内单击，回车两次，即可在右半部分的旋盖和杯体的剖开区域绘制出剖面线。

完成绘制旋盖式油杯的主视图，如图 33-12 所示。

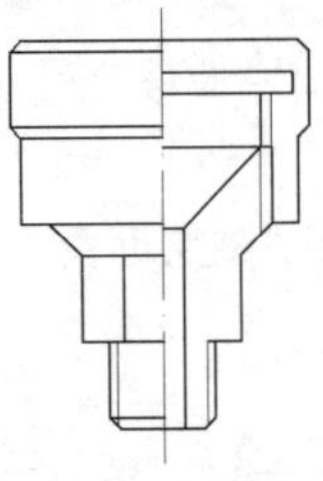

图 33-10　修剪结果

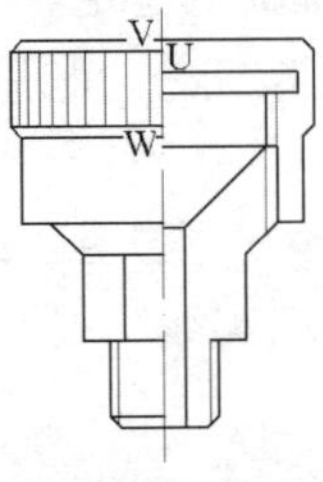

图 33-11　绘制旋盖直纹线

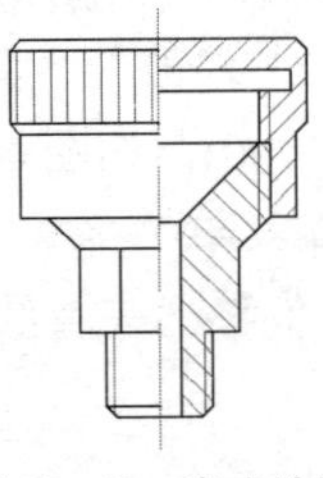

图 33-12　完成绘图

实例 34 圆形油标

本实例所用的绘图命令：“直线”Line 命令、“偏移”Offset 命令、“图层匹配”Laymch 命令、“修剪”Trim 命令、“倒角”Chamfer 命令、“删除”Erase 命令、“圆弧”Arc 命令、“拉长”Lengthen 命令、“单点打断”Break 命令、“镜像”Mirror 命令、“样条曲线”Spline 命令、“圆”Circle 命令、“图案填充”Bhatch 命令。

圆形油标（GB/T1160—1979　25）的主视图和左视图如图 34-1 所示。

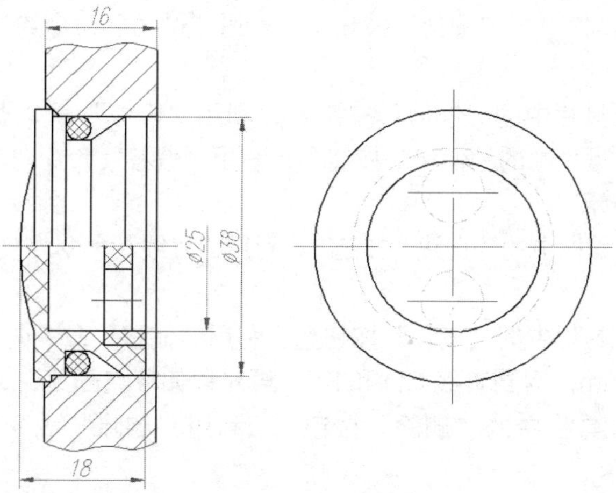

图 34-1　圆形油标

绘制步骤

一、绘制圆形油标主视图

1 新建空白图形文件，加载线型，恢复图层。

2 打开状态栏中的“正交”按钮、“对象捕捉”按钮和“对象捕捉追踪”按钮。

3 将“粗实线”层设置为当前层，单击“绘图”工具栏中的“直线”按钮，利用“直线”命令绘制一条长度约为 58mm 的竖直线。

4 单击“修改”工具栏中的“偏移”按钮，利用“偏移”命令向右偏移该竖直线，偏移距离为 16mm。

5 将“点画线”层设置为当前层，利用“直线”命令和对象捕捉追踪模式过竖直线的中点绘制水平对称点画线。

6 单击“修改”工具栏中的“偏移”按钮，利用“偏移”命令对称偏移点画线，偏移距离为 19mm，如图 34-2 所示。

7 选择菜单“格式”→“图层工具”→“图层匹配”选项，利用“图层匹配”命令将偏移出来的点画线的图层修改为“粗实线”层。

8 单击“修改”工具栏中的“修剪”按钮，利用“修剪”命令修剪两条水平线，得到内孔轮廓线，如图 34-3 所示。

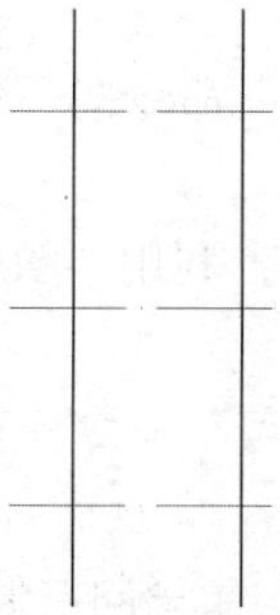

图 34-2　绘制竖直线和点画线

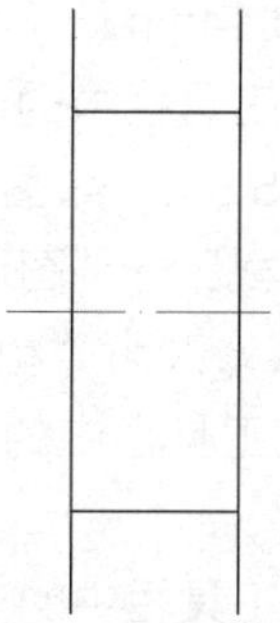

图 34-3　绘制内孔轮廓线

9 单击“修改”工具栏中的“倒角”按钮，利用“倒角”命令绘制内孔的两条倒角斜线，倒角距离 2mm。

10 单击“修改”工具栏中的“修剪”按钮，利用“修剪”命令修剪两条水平轮廓线。

11 单击“修改”工具栏中的“偏移”按钮，利用“偏移”命令对称偏移点画线，偏移距离为 20mm，如图 34–4 所示。

12 单击“绘图”工具栏中的“直线”按钮，利用“直线”命令连接交点 A 和 B，如图 34–5 所示。

13 单击“修改”工具栏中的“偏移”按钮，利用“偏移”命令向左偏移直线 AB 两次，偏移距离为 2.5mm 和 4.5mm，得到直线 CD 和 EF。再对称偏移点画线，偏移距离为 12.5mm。

14 单击“修改”工具栏中的“删除”按钮，利用“删除”命令删除过 A 点和 B 点的点画线。

15 单击“修改”工具栏中的“修剪”按钮，利用“修剪”命令修剪左侧长度为 58mm 的竖直线。

16 单击“绘图”工具栏中的“直线”按钮，利用“直线”命令连接端点 A 和 C、端点 B 和 D。

17 单击“绘图”工具栏中的“圆弧”按钮，利用“圆弧”命令过交点 G、H 和 I 绘制圆弧，如图 34–6 所示。

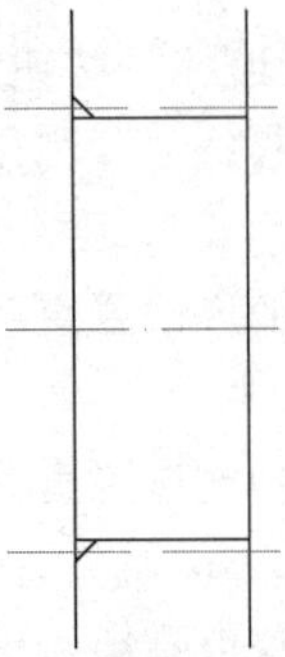

图 34–4 绘制倒角，偏移点画线

图 34–5 螺孔交点

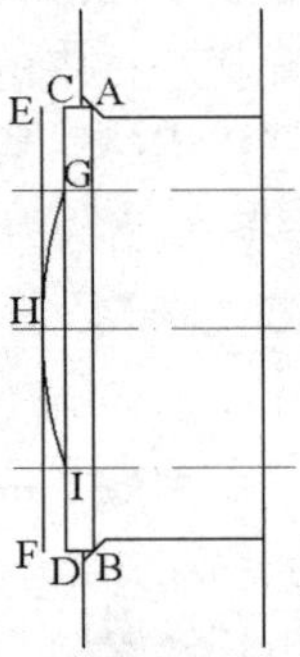

图 34–6 绘制油标头部轮廓线

18 单击“修改”工具栏中的“修剪”按钮，利用“修剪”命令修剪直线 AB 和 CD。

19 单击“修改”工具栏中的“偏移”按钮，利用“偏移”命令向右偏移直线 EF，偏移距离为 18mm，得到直线 JK，如图 34–7 所示。

20 单击“修改”工具栏中的“偏移”按钮，利用“偏移”命令，向左偏移直线 JK，偏移距离为 2mm、6mm 和 14mm。

21 单击“修改”工具栏中的“偏移”按钮，利用“偏移”命令向下偏移点画线，偏移距离分别为 12.5mm 和 14.5mm，如图 34–8 所示。

22 选择菜单“格式”→“图层工具”→“图层匹配”选项，利用“图层匹配”命令将两条偏移出来的点画线的图层修改为“粗实线”层。

23 单击“修改”工具栏中的“修剪”按钮，利用“修剪”命令修剪轮廓线，如图 34–9 所示。

24 单击“修改”工具栏中的“偏移”按钮，利用“偏移”命令向右偏移直线 AL，偏移距离为 2mm、5.5mm 和 10.5mm。

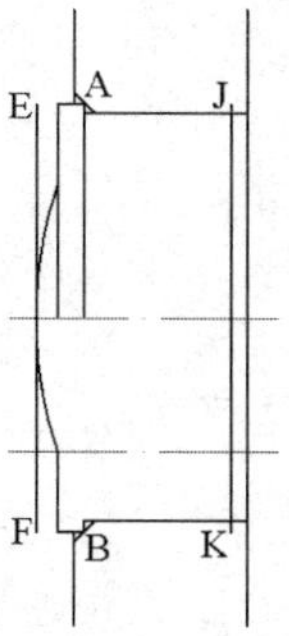

图 34-7　修剪、偏移轮廓线

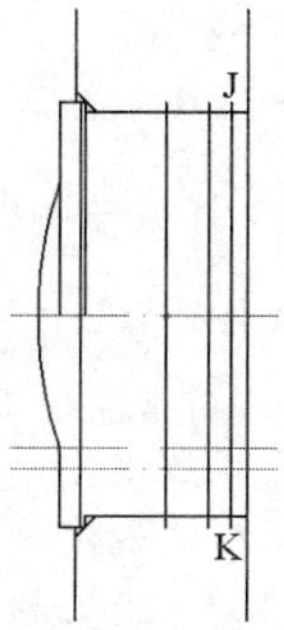

图 34-8　偏移轮廓线和点画线

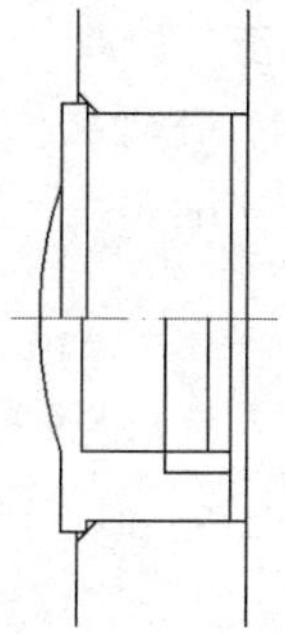

图 34-9　修剪轮廓线

25 单击“修改”工具栏中的“偏移”按钮，利用“偏移”命令向下偏移对称点画线，偏移距离为 3.5mm 和 8mm。向上偏移对称点画线，偏移距离为 15.5mm，如图 34-10 所示。

26 选择菜单“格式”→“图层工具”→“图层匹配”选项，利用“图层匹配”命令将偏移距离为 3.5mm 和 15.5mm 的点画线的图层修改为“粗实线”层。

27 选择菜单“修改”→“拉长”选项，利用拉长命令中的“动态”选项将偏移距离为 8mm 的点画线的长度适当缩短。

28 单击“修改”工具栏中的“修剪”按钮，利用“修剪”命令修剪轮廓线，如图 34-11 所示。

29 利用“单点打断”命令绘制将直线 MN 打断。

```
命令: _break        (单击“修改”工具栏中的“打断于点”按钮，启动“单点打断”命令)
选择对象:        (单击直线MN)
指定第二个打断点 或 [第一点(F)]: _f
指定第一个打断点:        (捕捉端点N)
指定第二个打断点: @
```

30 利用“圆”命令绘制密封圈断面，如图 34-12 所示。

```
命令: _circle       (选择菜单“绘图”→“圆”→“相切, 相切, 半径”选项)
指定圆的圆心或 [三点(3P)/两点(2P)/相切、相切、半径(T)]: _ttr
指定对象与圆的第一个切点:        (在直线MN上单击)
指定对象与圆的第二个切点:        (在直线NP上单击)
指定圆的半径: 1.75↙        (输入圆的半径1.75, 回车)
```

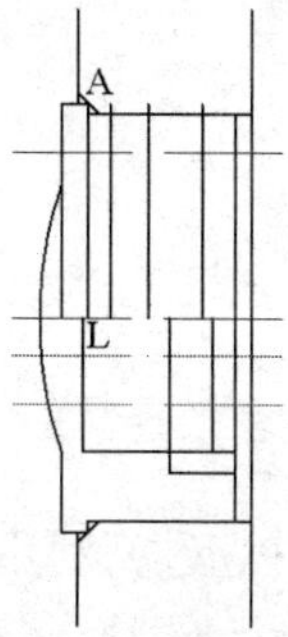

图 34-10　偏移轮廓线和点画线

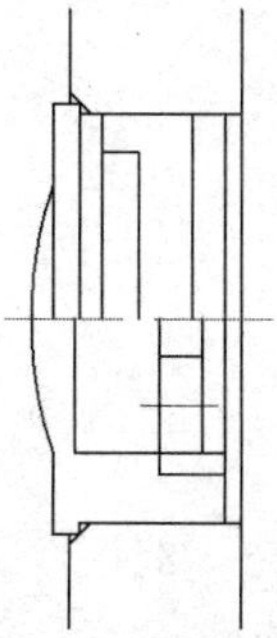

图 34-11　修剪轮廓线

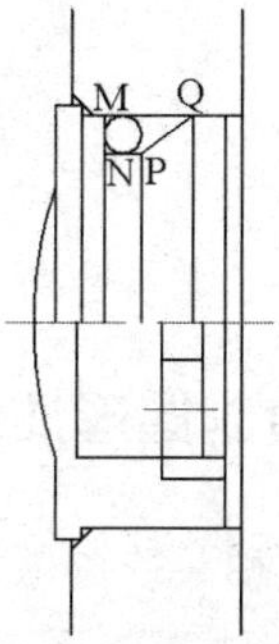

图 34-12　绘制圆和直线

31 单击“绘图”工具栏中的“直线”按钮，利用“直线”命令连接端点 P 和 Q。

32 单击“修改”工具栏中的“镜像”按钮，利用“镜像”命令做直线 MN、NP、PQ 和圆的水平镜像，镜像线为对称点画线，如图 34-13 所示。

33 将“细实线”层设置为当前层，利用“样条曲线”命令绘制波浪线。

```
命令: _spline      (单击“绘图”工具栏中的“样条曲线”按钮，启动“样条曲线”命令)
指定第一个点或 [对象(O)]:      (捕捉左侧被修剪的长度为58mm的竖直线的上端点)
指定下一点:      (向右移动光标，在适当位置单击)
指定下一点:      (向右移动光标，在适当位置单击)
指定下一点或 [闭合(C)/拟合公差(F)] <起点切向>:      (向右移动光标，在适当位置单击)
指定下一点或 [闭合(C)/拟合公差(F)] <起点切向>:      (捕捉右侧长度为58mm的竖直线的上端点)
指定下一点或 [闭合(C)/拟合公差(F)] <起点切向>:↙      (回车，结束指定通过点)
指定起点切向:↙      (回车，不指定起点切向)
指定端点切向:↙      (回车，不指定端点切向)
```

34 回车，再次启动“样条曲线”命令，绘制下方另一条波浪线。

35 单击“绘图”工具栏中的“图案填充”按钮，利用“图案填充”命令绘制剖面线。在弹出的“图案填充和渐变色”对话框中打开“图案填充”选项卡，将图案类型均设置为 ANSI31，角度设置为 0，比例均设置为 0.75。单击“拾取点”按钮，在内孔轮廓线和波浪线之间的区域内单击，回车两次，即可绘制出与圆形油标装配在一起的零件的剖面线。

36 单击“绘图”工具栏中的“图案填充”按钮，利用“图案填充”命令绘制剖面线。在弹出的“图案填充和渐变色”对话框中打开“图案填充”选项卡，将图案类型均设置为 ANSI37，角度均设置为 0，比例设置为 0.75、0.5 和 0.3。单击“拾取点”按钮，在需要的填充区域内单击，回车两次，即可在圆形油标下半部分剖开区域内和密封圈断面中绘制出网状剖面线。

完成绘制圆形油标的主视图，如图 34-14 所示。

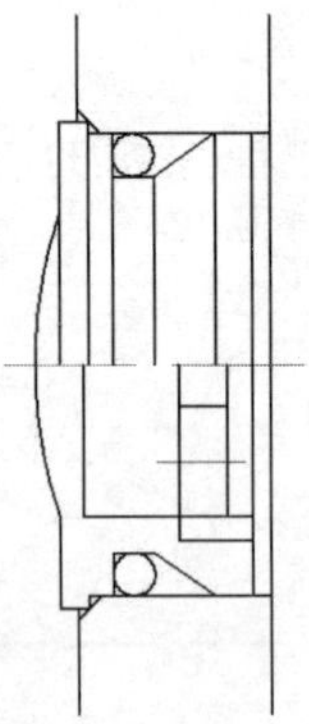

图 34-13　水平镜像

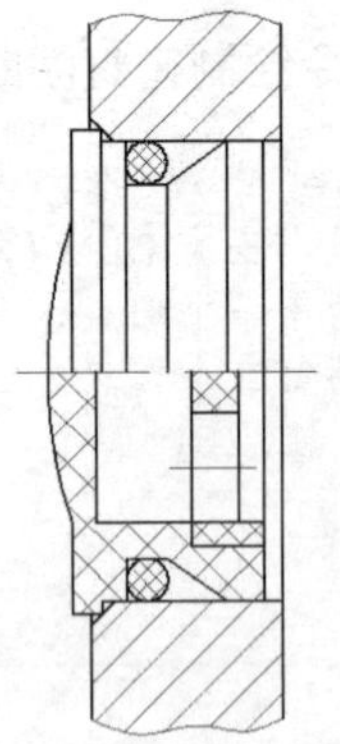

图 34-14　圆形油标主视图

二、绘制圆形油标左视图

1 将“粗实线”层设置为当前层，单击“绘图”工具栏中的“圆”按钮，利用“圆”命令和对象捕捉追踪模式在主视图对称点画线的延长线上绘制一个半径为 20mm 的圆。

2 将“点画线”层设置为当前层，利用“直线”命令和对象捕捉追踪模式绘制圆的水平中心线和竖直中心线。

3 将“粗实线”层设置为当前层，单击“绘图”工具栏中的“直线”按钮，利用“直线”命令绘制水平辅助线 RS、TU 和 VW，S 点、U 点和 W 点是在圆的竖直中心线上捕捉的垂足。

4 单击“绘图”工具栏中的“圆”按钮，利用“圆”命令以半径为 20mm 的圆的圆心为圆心，过端点 S 绘制粗实线圆。

5 将“虚线”层设置为当前层，单击“绘图”工具栏中的“圆”按钮，利用“圆”命令以半径为 20mm 的圆的圆心为圆心，过端点 W 绘制虚线圆。

6 利用“圆”命令绘制小虚线圆，如图 34-15 所示。

```
命令: _circle        (选择菜单“绘图”→“圆”→“两点”选项)
指定圆的圆心或 [三点(3P)/两点(2P)/相切、相切、半径(T)]: _2p
指定圆直径的第一个端点:       (捕捉端点U)
指定圆直径的第二个端点:       (捕捉过端点S的圆的下象限点)
```

7 单击“修改”工具栏中的“删除”按钮，利用“删除”命令删除辅助线。

8 将“点画线”层设置为当前层，利用“直线”命令和对象捕捉追踪模式绘制小虚线圆的水平中心线。

9 单击“修改”工具栏中的按钮，利用“镜像”命令做小虚线圆及其水平中心线的水平镜像，镜像线为半径为 20mm 的水平中心线。

完成绘制圆心油标的左视图，如图 34-16 所示。

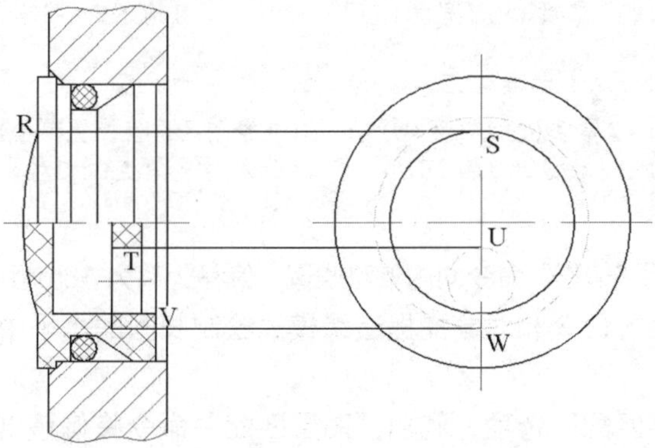

图 34-15　利用辅助线绘制圆

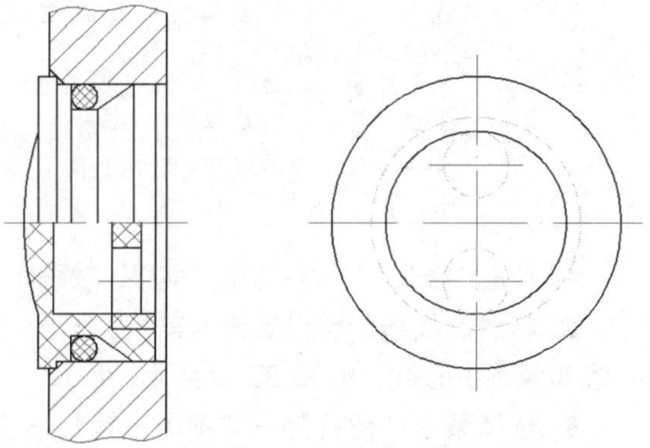

图 34-16　完成绘图

实例 35　长形油标

本实例所用的绘图命令：“矩形”Rectangle 命令、“偏移”Offset 命令、“直线”Line 命令、“图层匹配”Laymch 命令、“圆”Circle 命令、“复制”Copy 命令、“修剪”Trim 命令、“删除”Erase 命令、“圆角”Fillet 命令、“图案填充”Bhatch 命令。

长形油标（GB/T1101—1979　120）的主视图和左视图如图 35-1 所示。

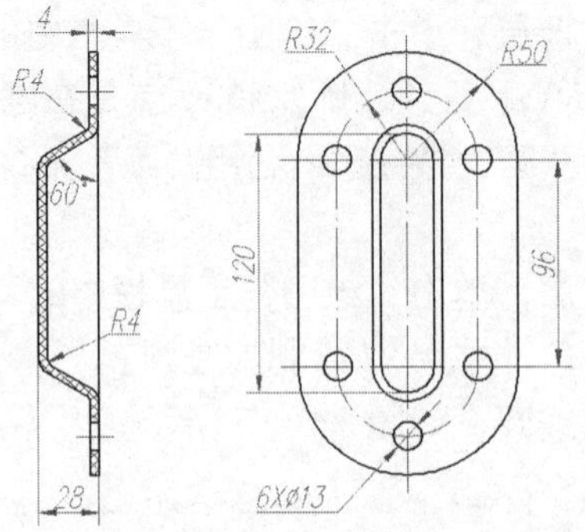

图 35-1 长形油标

绘制步骤

一、绘制长形油标左视图

1 新建空白图形文件，加载线型，恢复图层。

2 打开状态栏中的“正交”按钮、“对象捕捉”按钮和“对象捕捉追踪”按钮。

3 将“粗实线”层设置为当前层，利用“矩形”命令绘制长圆。

命令：_rectang　　（单击“绘图”工具栏中的“矩形”按钮，启动“矩形”命令）
指定第一个角点或 [倒角(C)/标高(E)/圆角(F)/厚度(T)/宽度(W)]：F↙　　（输入F，回车，选择“圆角”选项）
指定矩形的圆角半径 <0.0000>：50↙　　（输入圆角半径50，回车）
指定第一个角点或 [倒角(C)/标高(E)/圆角(F)/厚度(T)/宽度(W)]：　（在绘图区适当位置单击）
指定另一个角点或 [面积(A)/尺寸(D)/旋转(R)]：@100,196↙　　（输入另一角点的相对坐标，回车）

4 单击“修改”工具栏中的“偏移”按钮，利用“偏移”命令向内偏移长圆，偏移距离为 18mm。

5 将“点画线”层设置为当前层，利用“直线”命令和对象捕捉追踪模式绘制长圆的水平中心线和竖直中心线，如图 35-2 所示。

6 选择菜单“格式”→“图层工具”→“图层匹配”选项，利用“图层匹配”命令将偏移出来的长圆的图层修改为“点画线”层。

7 单击“绘图”工具栏中的“圆”按钮，利用“圆”命令过点画线长圆与水平中心线的交点绘制一个直径为 13mm 的圆，如图 35-3 所示。

8 单击“修改”工具栏中的“复制”按钮，利用“复制”命令将绘制的圆复制到点画线圆与中心线的其他交点处，如图 35-4 所示。

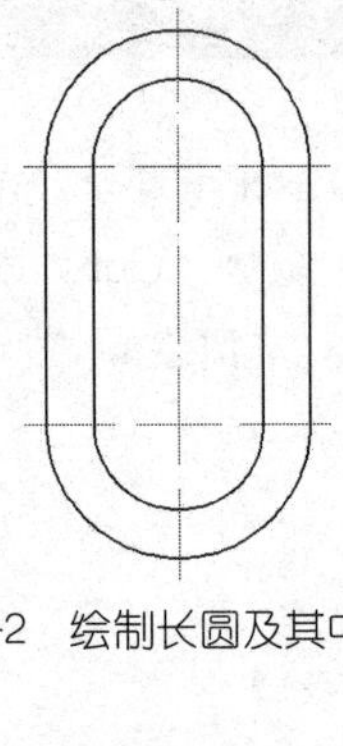

图 35-2 绘制长圆及其中心线

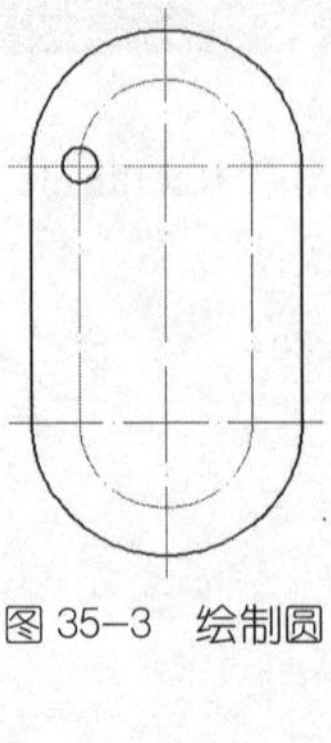

图 35-3 绘制圆

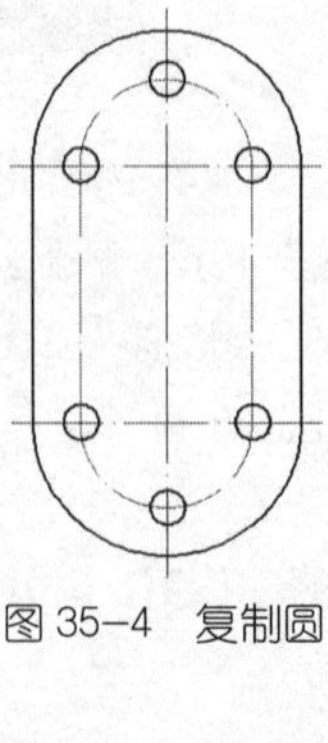

图 35-4 复制圆

9 单击“绘图”工具栏中的“圆”按钮，利用“圆”命令过竖直中心线与两条水平中心线的交点绘制两个半径为 12mm 的圆。

10 单击“绘图”工具栏中的“直线”按钮，利用“直线”命令连接两个半径为 12mm 的圆的两个左象限点和两个右象限点，这两条直线与两个圆相切，如图 35-5 所示。

11 单击“修改”工具栏中的“修剪”按钮，利用“修剪”命令修剪两个半径为 12mm 的圆，得到一个长圆。

12 单击“修改”工具栏中的“偏移”按钮，利用“偏移”命令向外偏移两条直线和两个半圆，偏移距离为 4mm。

完成绘制长形油标的左视图，如图 35-6 所示。

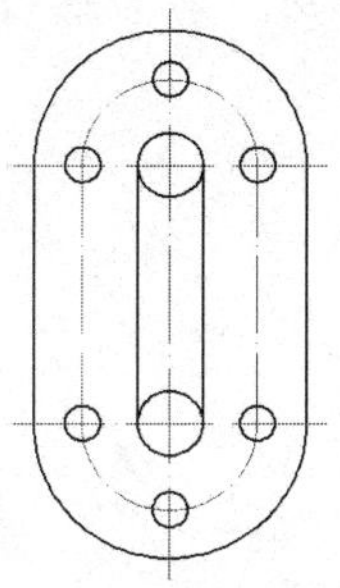

图 35-5　绘制圆及其切线

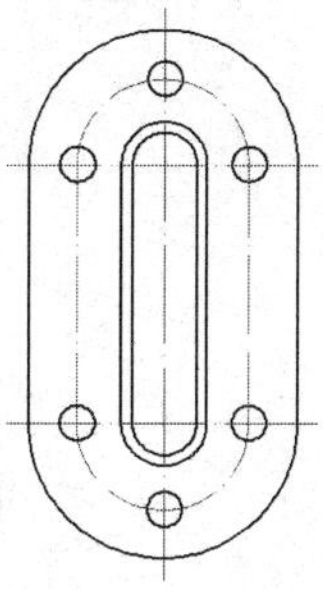

图 35-6　长形油标左视图

二、绘制长形油标主视图

1 单击“绘图”工具栏中的“直线”按钮，将光标移到交点 A 处，出现交点捕捉标记后向左移动光标，出现水平追踪轨迹，在适当位置单击，然后向下移动光标，绘制一条长度为 196mm 的竖直线 BC。

2 单击“绘图”工具栏中的“直线”按钮，过交点 D 和 F 绘制水平线 DE 和 FG，E 点和 G 点是在直线 BC 上捕捉的垂足。

3 单击“修改”工具栏中的“偏移”按钮，利用“偏移”命令向左偏移直线 BC，偏移距离为 24mm。

4 单击“绘图”工具栏中的“直线”按钮，利用“直线”命令过端点 E 和端点 G 绘制倾斜线 EJ 和 GK，J 点相对于 E 点的坐标为“@40<210”，K 点相对于 G 点的坐标为“@40<150”。如图 35-7 所示。

5 单击“修改”工具栏中的“删除”按钮，利用“删除”命令删除直线 DE 和 FG。

6 单击“修改”工具栏中的“修剪”按钮，利用“修剪”命令修剪直线 HI、EJ 和 GK，如图 35-8 所示。

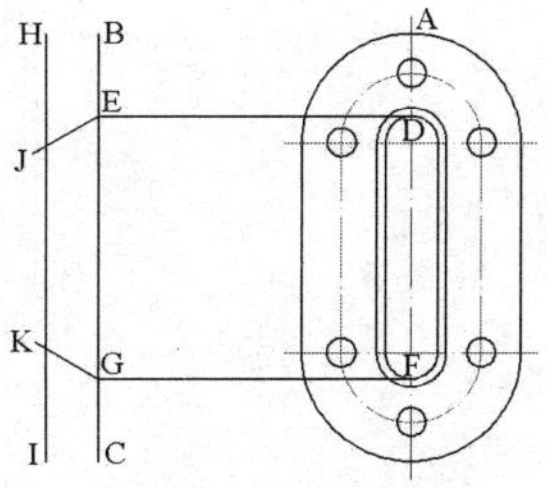

图 35-7　绘制辅助线

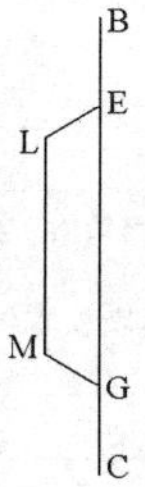

图 35-8　修剪辅助线

7 单击“修改”工具栏中的“偏移”按钮，利用“偏移”命令向左偏移直线 BC、和 LM、向左上方偏移直线 EL、向右下方偏移直线 GM，偏移距离为 4mm，如图 35-9 所示。

8 选择菜单“修改”→“拉长”选项，利用拉长命令中的“动态”选项将不相交的轮廓线拉长后相交。

9 单击“绘图”工具栏中的“直线”按钮，利用“直线”命令连接两条长竖直线的上方两个端点和下方两个端点。

10 单击“绘图”工具栏中的“直线”按钮，利用“直线”命令过左视图中上方和下方两个圆的上象限点和下象限点绘制 4 条水平线，水平的右端点是在偏移长出来的长竖直线上捕捉的垂足，如图 35-10 所示。

11 单击“修改”工具栏中的“修剪”按钮，利用“修剪”命令修剪出如图 35-11 所示的图形。

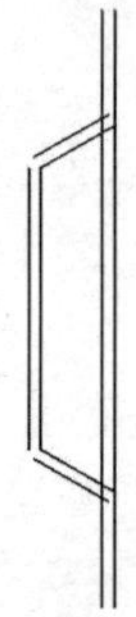

图 35-9 偏移轮廓线

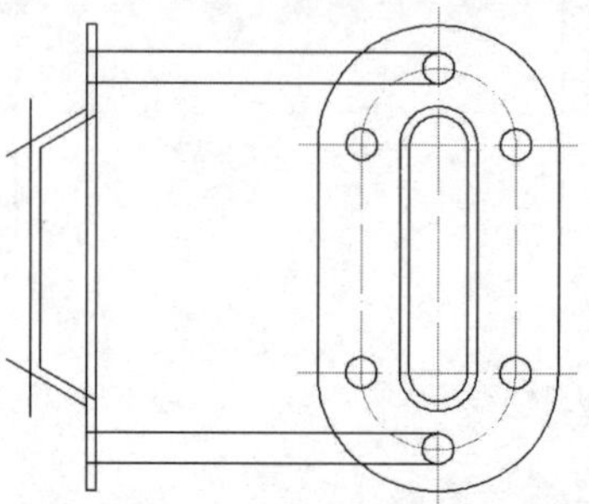

图 35-10 拉长轮廓线，绘制辅助线

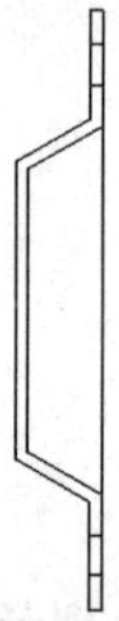

图 35-11 修剪结果

12 单击“修改”工具栏中的“圆角”按钮，利用“圆角”命令在外侧轮廓线的拐角处绘制 4 个圆角半径为 8mm 的圆角，在内侧轮廓线的拐角处绘制 4 个圆角半径为 4mm 的圆角，其中在上方和下方的内侧轮廓线拐角处绘制圆角时，需将“圆角”命令中的“修剪”选项设置为“不修剪”，如图 35-12 所示。

13 单击“修改”工具栏中的“修剪”按钮，利用“修剪”命令修剪未被修剪的圆角边（修剪时应将图形放大显示）。

14 单击“绘图”工具栏中的“图案填充”按钮，利用“图案填充”命令绘制剖面线。在弹出的“图案填充和渐变色”对话框中打开“图案填充”选项卡，将图案类型均设置为 ANSI37，角度均设置为 0，比例设置为 0.5。单击“拾取点”按钮，在需要的填充区域内单击，回车两次，即可在长形油标的主视图中绘制出网状剖面线。

完成绘制长形油标的主视图，如图 35-13 所示。

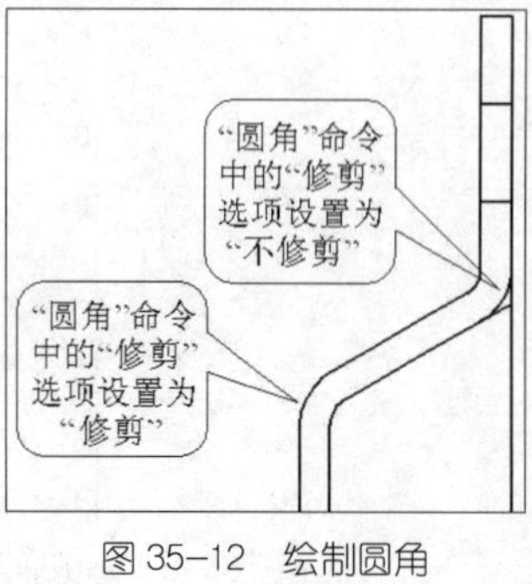

图 35-12 绘制圆角

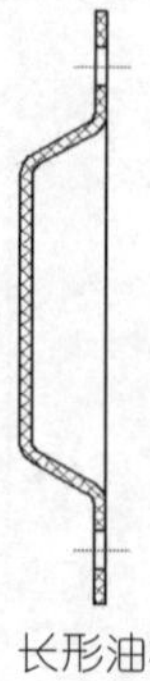

图 35-13 长形油标主视图

实例 36　杆式油标

本实例所用的绘图命令：“直线” Line 命令、“圆” Circle 命令、“偏移” Offset 命令、“删除” Erase 命令、“图层匹配” Laymch 命令、“倒角” Chamfer 命令、“延伸” Extend 命令、“镜像” Mirror 命令、“窗口缩放” Zoom Window 命令、“圆弧” Arc 命令、“缩放上一个” Zoom Previous 命令、“修剪” Trim 命令、“样条曲线” Spline 命令、“图案填充” Bhatch 命令。

杆式油标（M20）的主视图如图 36–1 所示。

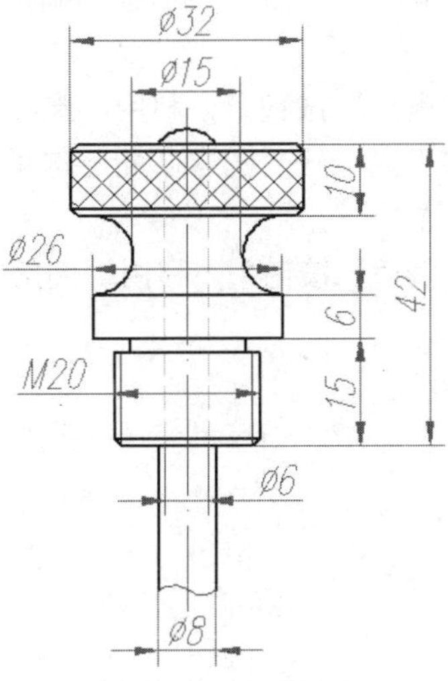

图 36–1　杆式油标

绘制步骤

1 新建空白图形文件，加载线型，恢复图层。

2 打开状态栏中的“正交”按钮、“对象捕捉”按钮和“对象捕捉追踪”按钮。

3 将“粗实线”层设置为当前层，利用“直线”命令绘制轮廓线。

```
命令: _line      (单击“绘图”工具栏中的“直线”按钮，启动“直线”命令)
指定第一点:      (在绘图区适当位置单击)
指定下一点或 [放弃(U)]: 16↙      (向左移动光标，输入水平线的长度16，回车)
指定下一点或 [放弃(U)]: 10↙      (向下移动光标，输入竖直线的长度10，回车)
指定下一点或 [闭合(C)/放弃(U)]: 8.5↙      (向右移动光标，输入水平线的长度8.5，回车)
指定下一点或 [闭合(C)/放弃(U)]: 11↙      (向下移动光标，输入竖直线的长度11，回车)
指定下一点或 [闭合(C)/放弃(U)]: 5.5↙      (向左移动光标，输入水平线的长度5.5，回车)
指定下一点或 [闭合(C)/放弃(U)]: 6↙      (向下移动光标，输入竖直线的长度6，回车)
指定下一点或 [闭合(C)/放弃(U)]: 5↙      (向右移动光标，输入水平线的长度5，回车)
```

```
指定下一点或 [闭合(C)/放弃(U)]: 2↙      (向下移动光标，输入竖直线的长度2，回车)
指定下一点或 [闭合(C)/放弃(U)]: 2↙      (向左移动光标，输入水平线的长度2，回车)
指定下一点或 [闭合(C)/放弃(U)]: 13↙     (向下移动光标，输入竖直线的长度13，回车)
指定下一点或 [闭合(C)/放弃(U)]: 6↙      (向右移动光标，输入水平线的长度6，回车)
指定下一点或 [闭合(C)/放弃(U)]: 20↙     (向下移动光标，输入竖直线的长度20，回车)
指定下一点或 [闭合(C)/放弃(U)]:↙       (回车，结束“直线”命令)
```

4 将“点画线”层设置为当前层，利用“直线”命令和对象捕捉追踪模式绘制竖直对称点画线，如图 36-2 所示。

5 利用 3 个相切关系绘制圆。

```
命令: _circle       (选择菜单“绘图”→“圆”→“相切、相切、相切”选项)
指定圆的圆心或 [三点(3P)/两点(2P)/相切、相切、半径(T)]: _3p
指定圆上的第一个点: _tan 到     (在直线AB上捕捉切点)
指定圆上的第二个点: _tan 到     (在直线BC上捕捉切点)
指定圆上的第三个点: _tan 到     (在直线CD上捕捉切点)
```

6 单击“修改”工具栏中的“偏移”按钮，利用“偏移”命令向右偏移竖直线 EF，偏移距离为 0.75mm，如图 36-3 所示。

7 单击“修改”工具栏中的“删除”按钮，利用“删除”命令删除直线 BC。

8 选择菜单“格式”→“图层工具”→“图层匹配”选项，利用“图层匹配”命令将偏移出来的直线的图层修改为“细实线”层。

9 单击“修改”工具栏中的“倒角”按钮，利用“倒角”命令绘制 3 个倒角，倒角距离为 1mm，如图 36-4 所示。

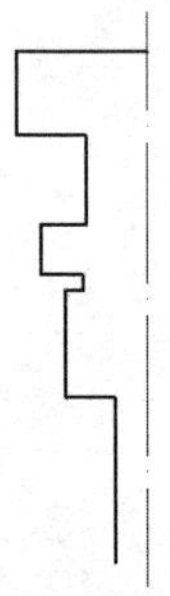

图 36-2　绘制轮廓线和点画线

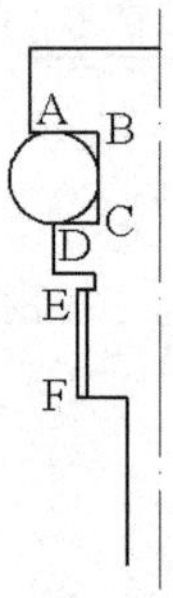

图 36-3　绘制圆，偏移轮廓线

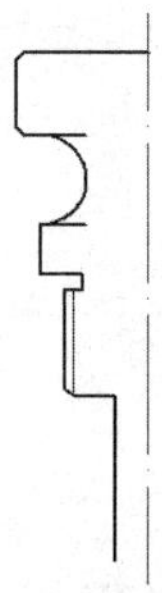

图 36-4　做竖直镜像

10 单击“修改”工具栏中的“延伸”按钮，利用“延伸”命令将与圆弧相切的两条直线延伸到对称点画线上。

11 单击“绘图”工具栏中的“直线”按钮，利用“直线”命令绘制水平轮廓线，如图 36-5 所示。

12 单击“修改”工具栏中的“镜像”按钮，利用“镜像”命令以对称点画线为镜像线做所绘图形的竖直镜像，如图 36-6 所示。

13 单击“修改”工具栏中的“偏移”按钮，利用“偏移”命令对称偏移竖直对称点画线两次，偏移距离为 3mm 和 4mm。向上偏移上方水平轮廓线，偏移距离为 2mm，如图 36-7 所示。

14 单击“标准”工具栏中的“窗口缩放”按钮，利用“窗口缩放”命令将上半部分图线放大显示。

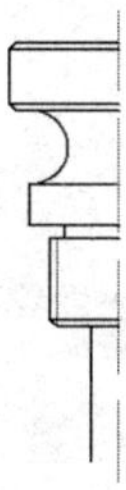

图 36-5　绘制外形部分轮廓线

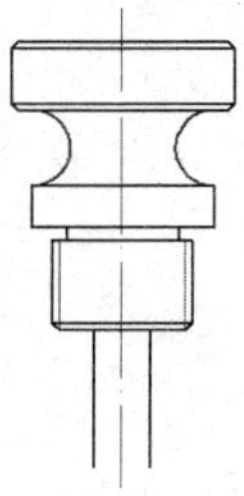

图 36-6　做竖直镜像

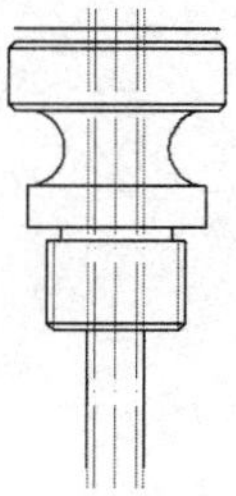

图 36-7　偏移点画线和轮廓线

15 单击“绘图”工具栏中的“圆弧”按钮，启动“直线”命令，过交点 G、H 和 I 绘制圆弧，如图 36-8 所示。

16 选择菜单“格式”→“图层工具”→“图层匹配”选项，利用“图层匹配”命令将偏移距离为 3mm 的两条点画线的图层修改为“虚线”层。

17 单击“标准”工具栏中的“缩放上一个”按钮，利用“缩放上一个”命令返回上一个显示窗口，如图 36-9 所示。

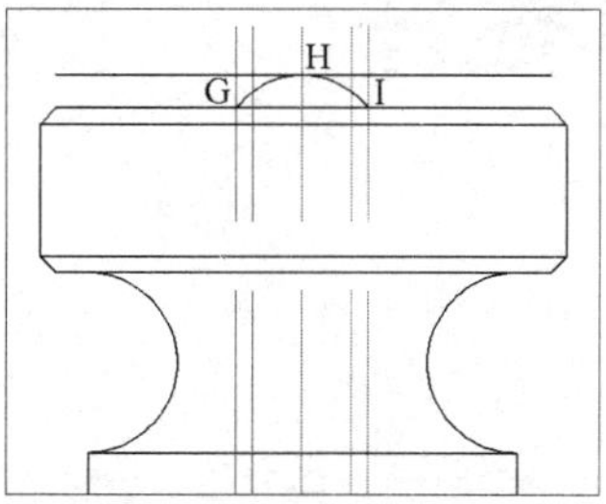

图 36-8　绘制圆弧

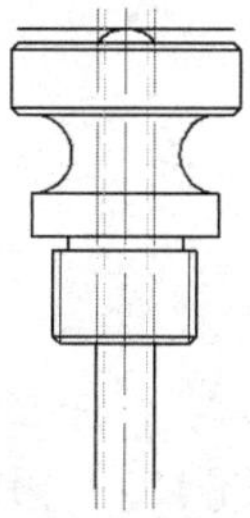

图 36-9　改变偏移出来点画线的图层

18 单击“修改”工具栏中的“删除”按钮，利用“删除”命令删除偏移出来的水平线，及两条偏移距离为 4mm 的点画线。

19 单击“修改”工具栏中的“修剪”按钮，利用“修剪”命令修剪虚线，如图 36-10 所示。

20 将“细实线”层设置为当前层，单击“绘图”工具栏中的“样条曲线”按钮，利用“样条曲线”命令捕捉下方两条竖直线的下端点为样条曲线的端点，绘制断开波浪线。

21 单击“绘图”工具栏中的“图案填充”按钮，利用“图案填充”命令绘制剖面线。在弹出的“图案填充和渐变色”对话框中打开“图案填充”选项卡，将图案类型均设置为 ANSI37，角度分别设置为 0，比例设置为 0.75。单击“拾取点”按钮，在需要的填充区域内单击，回车两次，即可绘制出网纹。

完成绘制杆式油标的主视图，如图 36-11 所示。

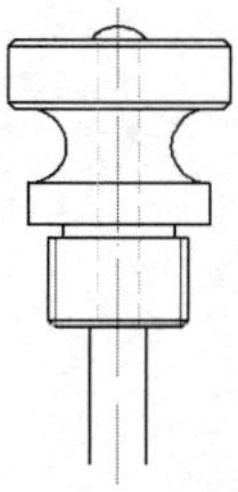

图 36-10　修改图层

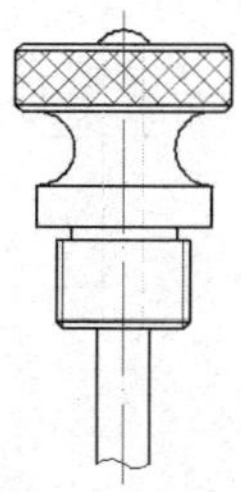

图 36-11　完成绘图

3

绘制传动零件

实例 37　直齿圆柱齿轮

实例 38　斜齿圆柱齿轮

实例 39　圆锥齿轮

实例 40　带轮

实例 41　蜗轮

实例 42　凸轮 Ⅰ

实例 43　凸轮 Ⅱ

实例 44　链轮

实例 45　棘轮

实例 46　槽轮

实例 47　压缩弹簧

实例 48　拉伸弹簧

实例 49　扭转弹簧

实例 37　直齿圆柱齿轮

本实例所用的绘图命令："直线" Line 命令、"偏移" Offset 命令、"倒角" Chamfer 命令、"图层匹配" Laymch 命令、"删除" Erase 命令、"修剪" Trim 命令、"圆角" Fillet 命令、"镜像" Mirror 命令、"拉长" Lengthen 命令、"窗口缩放" Zoom Window 命令、"缩放上一个" Zoom Previous 命令、"圆" Circle 命令、"阵列" Array 命令、"合并" Join 命令、"图案填充" Bhatch 命令。

直齿圆柱齿轮（腹板式）的主视图和左视图如图 37-1 所示。该齿轮的模数 m=3，齿数 z=81。

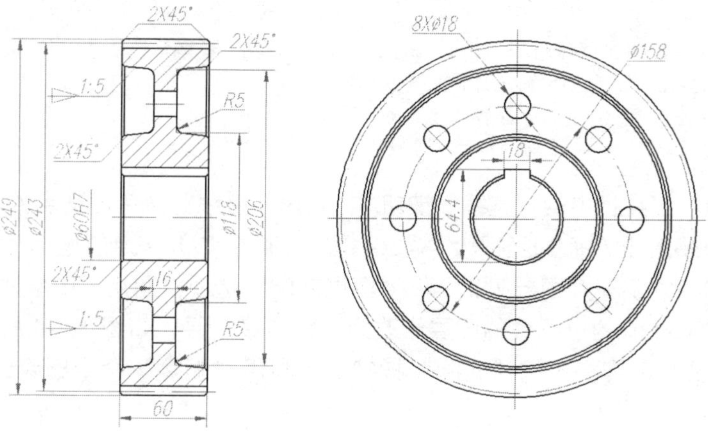

图 37-1　直齿圆柱齿轮

绘制步骤

一、绘制直齿圆柱齿轮主视图

1 新建空白图形文件，加载线型，恢复图层。

2 打开状态栏中的"正交"按钮、"对象捕捉"按钮和"对象捕捉追踪"按钮。

3 将"粗实线"层设置为当前层，利用"直线"命令绘制轮廓线。

```
命令: _line        （单击"绘图"工具栏中的"直线"按钮，启动"直线"命令）
指定第一点:        （在绘图区适当位置单击）
指定下一点或 [放弃(U)]: 124.5↙       （向上移动光标，输入竖直线的长度124.5，回车）
指定下一点或 [放弃(U)]: 60↙       （向右移动光标，输入水平线的长度60，回车）
指定下一点或 [闭合(C)/放弃(U)]:124.5↙    （向下移动光标，输入竖直线的长度124.5，回车）
指定下一点或 [闭合(C)/放弃(U)]:↙       （回车，结束"直线"命令）
```

4 将"点画线"层设置为当前层，利用"直线"命令和对象捕捉追踪模式绘制齿轮的水平对称点画线，如图 37-2 所示。

5 单击“修改”工具栏中的“偏移”按钮，利用“偏移”命令向上偏移对称点画线，偏移距离为 30mm、59mm、103mm、117.75mm 和 121.5mm（其中 117.75mm 为齿根圆的半径），如图 37-3 所示。

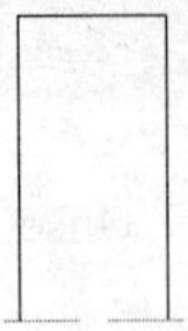

图 37-2 绘制轮廓线和点画线

图 37-3 偏移点画线

6 单击“修改”工具栏中的“倒角”按钮，利用“倒角”命令绘制两个倒角，倒角距离 2mm。

7 将“粗实线”层设置为当前层，利用“构造线”命令中的“偏移”选项绘制辅助线。

```
命令: _xline      (单击“绘图”工具栏中的“构造线”按钮，启动“构造线”命令)
指定点或 [水平(H)/垂直(V)/角度(A)/二等分(B)/偏移(O)]: O↙     (输入O, 回车, 选择“偏移”选项)
指定偏移距离或 [通过(T)] <通过>: 22↙     (输入偏移距离22, 回车)
选择直线对象:     (单击右侧竖直轮廓线)
指定向哪侧偏移:     (在图形内单击)
选择直线对象:↙     (回车, 结束“构造线”命令)
```

8 单击“绘图”工具栏中的“直线”按钮，利用“直线”命令过交点 A 和交点 C 绘制倾斜线 AB 和 CD，B 点相对于 A 点的坐标为“@30, 3”，B 点相对于 A 点的坐标为“@30, -3”。

9 选择菜单“格式”→“图层工具”→“图层匹配”选项，利用“图层匹配”命令将偏移距离为 30mm 和 117.75mm 的点画线的图层修改为“粗实线”层，如图 37-4 所示。

10 单击“修改”工具栏中的“删除”按钮，利用“删除”命令删除过 A 点和 C 点的点画线。

11 单击“修改”工具栏中的“修剪”按钮，利用“修剪”命令修剪出如图 37-5 所示的图形。

12 单击“修改”工具栏中的“圆角”按钮，利用“圆角”命令在两条倾斜线和与其相交的竖直线的拐角处绘制圆角，圆角半径为 5mm。

13 单击“修改”工具栏中的“倒角”按钮，利用“倒角”命令在两条倾斜线的右端绘制两个内倒角，倒角距离为 2mm。绘制内倒角时，“倒角”命令中的“修剪”选项应设置为“不修剪”，然后利用“修剪”命令修剪倒角边。

14 单击“绘图”工具栏中的“直线”按钮，利用“直线”命令连接两条倒角斜线的端点，如图 37-6 所示。

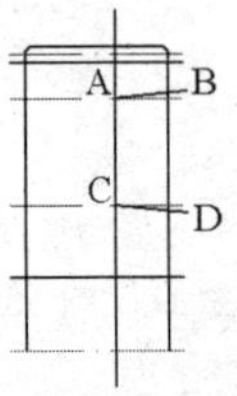

图 37-4 绘制辅助线

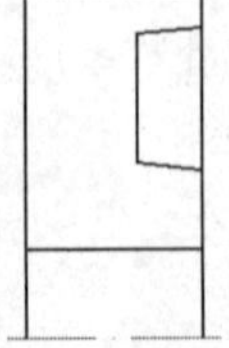

图 37-5 修剪图线

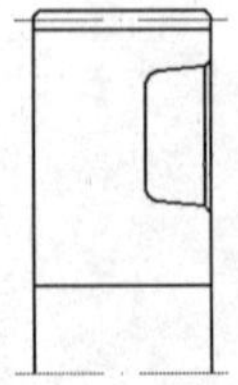

图 37-6 绘制圆角和倒角

15 单击“修改”工具栏中的“镜像”按钮，利用“镜像”命令制作图 37-6 中倾斜轮廓线

部分图形的竖直镜像，镜像线的两个端点是在两条水平轮廓线上捕捉的中点

16 单击“修改”工具栏中的“偏移”按钮，利用“偏移”命令向上偏移齿轮的对称点画线，偏移距离为 79mm。

17 回车，再次启动“偏移”命令，对称偏移刚偏移出来的点画线，偏移距离为 9mm，如图 37–7 所示。

18 选择菜单“格式”→“图层工具”→“图层匹配”选项，利用“图层匹配”命令将对称偏移出来的两条点画线的图层修改为“粗实线”层。

19 单击“修改”工具栏中的“修剪”按钮，利用“修剪”命令修剪两条由点画线变化来的水平粗实线。

20 选择菜单“修改”→“拉长”选项，利用拉长命令中的“动态”选项将偏移距离为 79mm 的点画线适当缩短，如图 37–8 所示。

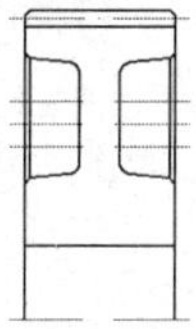

图 37–7　镜像后偏移点画线

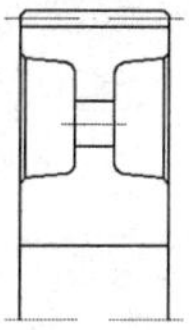

图 37–8　绘制均布孔的轮廓线

21 单击“修改”工具栏中的“镜像”按钮，利用“镜像”命令以对称点画线为镜像线做所绘图形的水平镜像，如图 37–9 所示。

22 单击“标准”工具栏中的“窗口缩放”按钮，利用“窗口缩放”命令将倾斜轮廓线部分图形放大显示。

23 将“细实线”层设置为当前层，利用“直线”命令和“延长捕捉”绘制与圆角相切的轮廓线的延长线。延长线相交后利用“修剪”命令修剪超出的细实线，如图 37–10 所示。

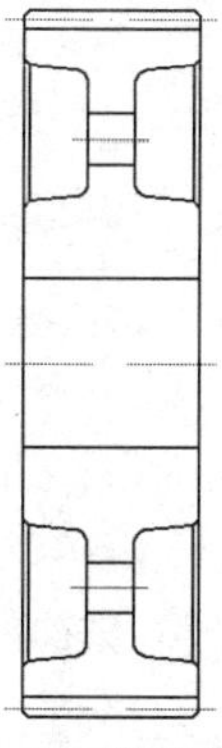

图 37–9　做水平镜像

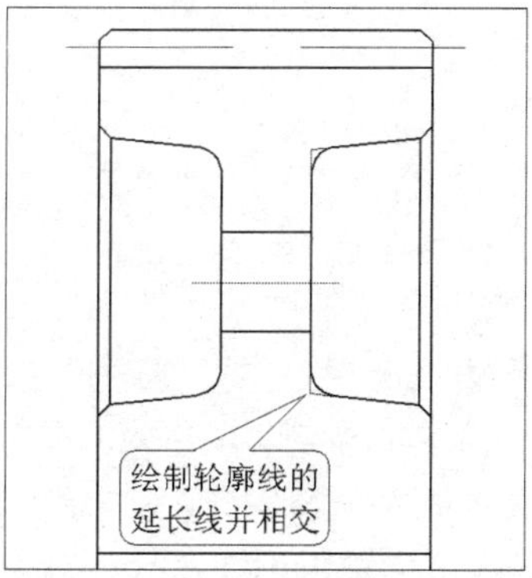

图 37–10　绘制轮廓线的延长线

24 单击“标准”工具栏中的“缩放上一个”按钮，利用“缩放上一个”命令返回上一个显示窗口。

二、绘制直齿圆柱齿轮左视图并完成主视图

1 单击“绘图”工具栏中的“圆”按钮，利用“圆”命令和对象捕捉追踪模式在主视图对称点画线的延长线上绘制直径为 249mm、64mm 和 60mm 的同心圆。

2 将“点画线”层设置为当前层，利用“直线”命令和对象捕捉追踪模式绘制同心圆的水平中心线和竖直中心线。

3 单击“绘图”工具栏中的“圆”按钮⊙，利用“圆”命令，捕捉同心圆的圆心为圆心绘制直径分别为 243mm 和 158mm 的点画线圆。

4 单击“绘图”工具栏中的“圆”按钮⊙，利用“圆”命令以直径为 158mm 的点画线圆与竖直中心线的交点为圆心，绘制直径为 18mm 的圆。

5 将“粗实线”层设置为当前层，单击“绘图”工具栏中的“直线”按钮⁄，利用“直线”命令过用细实线绘制的延长线的交点、倾斜线右端倒角斜线的端点绘制 6 条水平辅助线，辅助线的右端点为在左视图竖直对称点画线上捕捉的垂足。

6 利用“圆”命令，捕捉同心圆的圆心为圆心，过 6 条水平辅助线的右端点绘制 6 个圆。

7 单击“修改”工具栏中的“偏移”按钮，利用“偏移”命令向上偏移水平中心线、对称偏移竖直中心线，偏移距离为 34.4mm 和 9mm，绘图结果如图 37–11 所示。

8 单击“修改”工具栏中的“删除”按钮，利用“删除”命令删除 6 条水平辅助线。

9 选择菜单“格式”→“图层工具”→“图层匹配”选项，利用“图层匹配”命令将对称偏移出来的两条点画线的图层修改为“粗实线”层。

10 单击“修改”工具栏中的“修剪”按钮-/--，利用“修剪”命令修剪 3 条直线和直径分别为 64mm 和 60mm 的圆，得到键槽轮廓线。

11 选择菜单“修改”→“拉长”选项，利用拉长命令中的“动态”选项竖直中心线适当缩短，如图 37–12 所示。

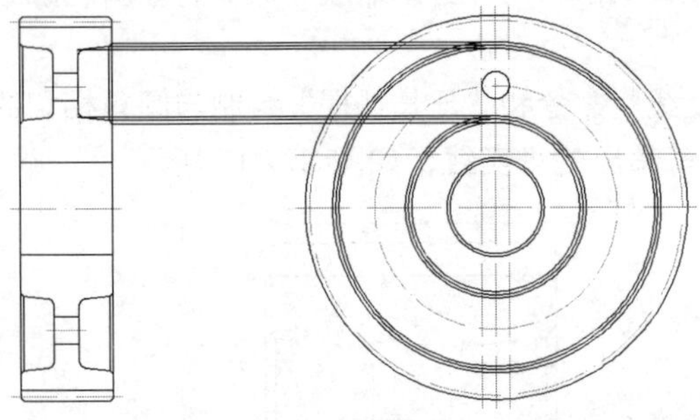
图 37–11　绘制同心圆，偏移中心线

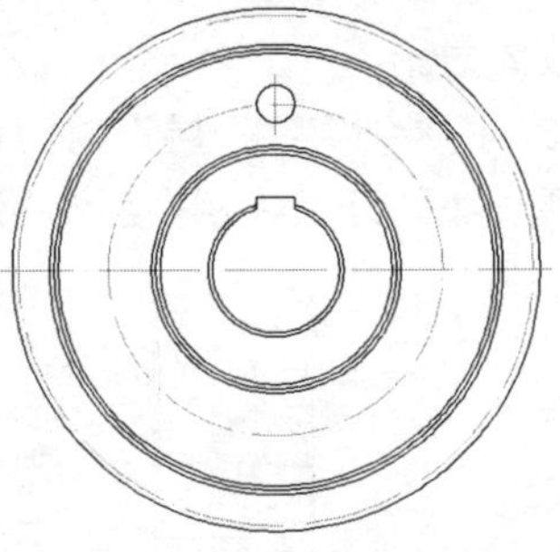
图 37–12　修剪图线，缩短中心线

12 单击“修改”工具栏中的“阵列”按钮，系统弹出“阵列”对话框，选中“环形阵列”单选按钮，单击“拾取中心点”按钮，在左视图中捕捉同心圆的圆心。回到“阵列”对话框后，在“项目总数”文本框中输入 8，保留“填充角度”文本框中的缺省设置 360 不变。单击“选择对象”按钮，在绘图区中单击小圆及其竖直中心线。回车，回到“阵列”对话框，单击“确定”按钮。阵列结果如图 37–13 所示。

13 单击“修改”工具栏中的“合并”按钮，利用“合并”命令将两条竖直点画线合并。

14 选择菜单“修改”→“拉长”选项，利用拉长命令中的“动态”选项将竖直点画线的两端拉长并超出大圆（齿顶圆）适当长度。

15 单击“绘图”工具栏中的“直线”按钮⁄，利用“直线”命令过键槽竖直轮廓线的端点绘制两条水平辅助线，辅助线的左端点为在主视图左侧竖直轮廓线上捕捉的垂足，如图 37–14 所示。

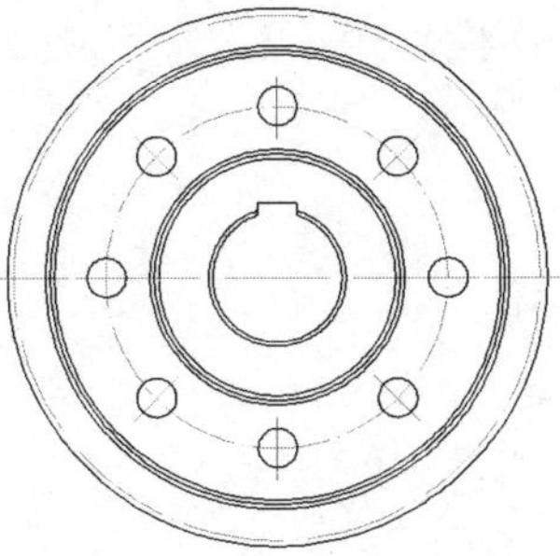

图 37-13　环形阵列结果

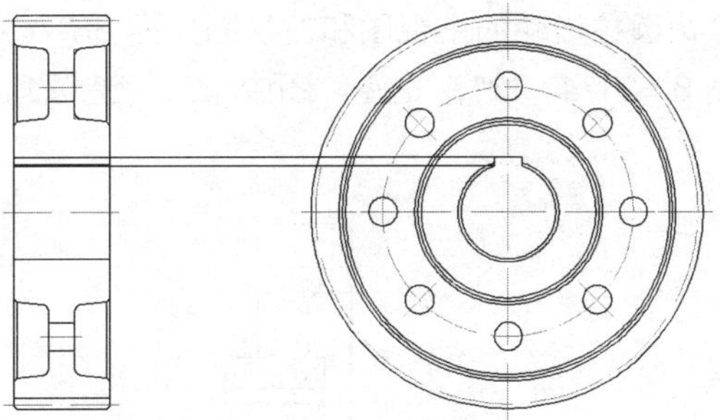

图 37-14　绘制辅助线

16 单击“修改”工具栏中的“删除”按钮，利用“删除”命令删除主视图中夹在两条辅助线之间的水平线。

17 单击“修改”工具栏中的“修剪”按钮，利用“修剪”命令修剪两条直线水平辅助线，得到主视图中键槽轮廓线，如图 37-15 所示。

18 单击“修改”工具栏中的“倒角”按钮，利用“倒角”命令在主视图中的内孔轮廓线两端绘制 4 个倒角。

19 单击“绘图”工具栏中的“直线”按钮，利用“直线”命令连接上下相对的内倒角斜线的端点。

20 将“细实线”层设置为当前层，单击“绘图”工具栏中的“图案填充”按钮，利用“图案填充”命令绘制剖面线。在弹出的“图案填充和渐变色”对话框中打开“图案填充”选项卡，将图案类型均设置为 ANSI31 角度分别设置为 0，比例设置为 1.25。单击“拾取点”按钮，在主视图中需要的填充区域内单击，回车两次，即可绘制剖面线。

完成绘制直齿圆柱齿轮的主视图和左视图，如图 37-16 所示。

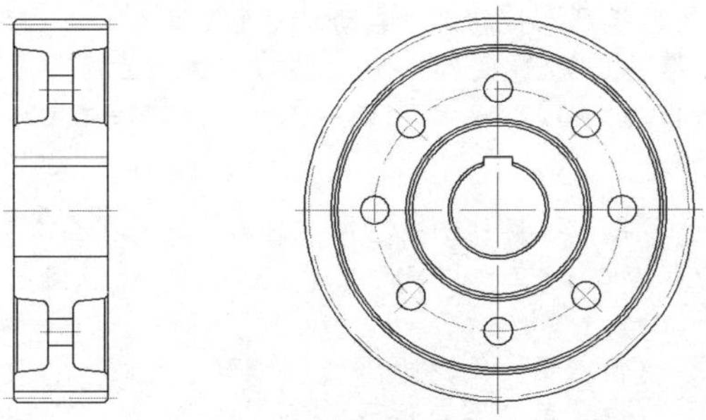

图 37-15　绘制键槽轮廓线

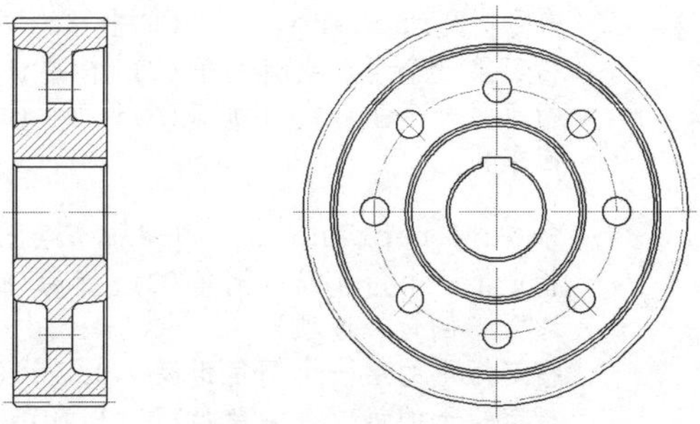

图 37-16　完成绘图

实例 38　斜齿圆柱齿轮

本实例所用的绘图命令：“矩形”Rectangle 命令、“直线”Line 命令、“偏移”Offset 命令、“图层匹配”Laymch 命令、“倒角”Chamfer 命令、“圆角”Fillet 命令、“样条曲线”Spline 命令“修剪”Trim 命令、“圆”Circle 命令、“图案填充”Bhatch 命令。

斜齿圆柱齿轮的主视图和左视图如图 38-1 所示。该齿轮的法面模数 m_n=3.25，齿数 z=21，螺旋角 β=21°47′12″，左旋。图中未注铸造圆角 R2，未注倒角 1×45°。

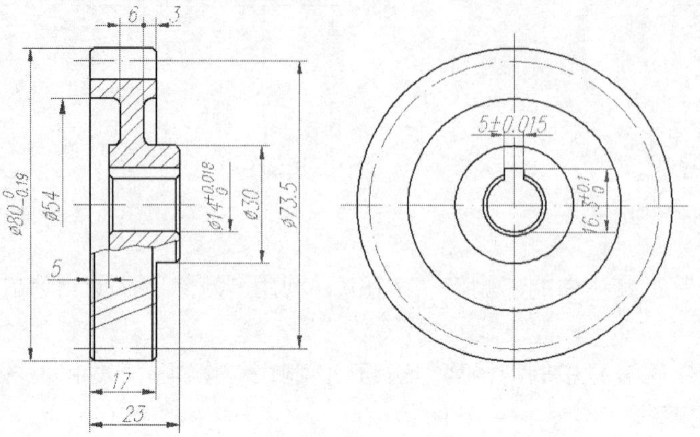

图 38-1 斜齿圆柱齿轮

绘制步骤

一、绘制斜齿圆柱齿轮主视图

1 新建空白图形文件，加载线型，恢复图层。

2 打开状态栏中的“正交”按钮、“对象捕捉”按钮和“对象捕捉追踪”按钮。

3 将“粗实线”层设置为当前层，利用“矩形”命令绘制轮廓线，如图 38-2 所示。

命令: _rectang　　（单击“绘图”工具栏中的“矩形”按钮，启动“矩形”命令）
指定第一个角点或 [倒角(C)/标高(E)/圆角(F)/厚度(T)/宽度(W)]:　　（在适当位置单击）
指定另一个角点或 [面积(A)/尺寸(D)/旋转(R)]: @18,30↙　　（输入另一角点的相对坐标，回车）

命令: _rectang　　（单击“绘图”工具栏中的“矩形”按钮或回车，启动“矩形”命令）
指定第一个角点或 [倒角(C)/标高(E)/圆角(F)/厚度(T)/宽度(W)]: C↙　　（输入C，回车，选择“倒角”选项）
指定矩形的第一个倒角距离 <0.0000>: 1↙　　（输入第一倒角距离1，回车）
指定矩形的第二个倒角距离 <1.0000>: 1↙　　（输入第二倒角距离1，回车）
指定第一个角点或 [倒角(C)/标高(E)/圆角(F)/厚度(T)/宽度(W)]: _from　　（单击“对象捕捉”工具栏中的“捕捉自”按钮）
基点:　　（捕捉小矩形左侧竖直边的中点A为基点）
<偏移>: @-5,-40↙　　（输入带倒角的矩形左下角点相对于基点A的坐标，回车）
指定另一个角点或 [面积(A)/尺寸(D)/旋转(R)]: @17,80↙　（输入另一角点的相对坐标，回车）

4 将“点画线”层设置为当前层，利用“直线”命令和对象捕捉追踪模式绘制齿轮的水平对称点画线，如图 38-2 所示。

5 利用“直线”命令绘制轮廓线。

命令: _line　　（单击“绘图”工具栏中的“直线”按钮，启动“直线”命令）
指定第一点: 27↙　　（将光标移到大矩形竖直边的中点B处，出现中点捕捉标记后，向上移动光标，出现竖直追踪轨迹，输入追踪距离27，回车）

指定下一点或 [放弃(U)]: 8↙　　　(向右移动光标，输入水平线的长度8，回车)
指定下一点或 [放弃(U)]:　　　(在小矩形的水平边上捕捉垂足E)
指定下一点或 [闭合(C)/放弃(U)]:↙　　　(回车，结束“直线”命令)

6 单击“修改”工具栏中的“偏移”按钮，利用“偏移”命令向右偏移直线 DE（得到直线 FG），向上偏移对称点画线，再对称偏移对称点画线，偏移距离为 6mm、32.6875mm 和 36.75mm。

7 单击“绘图”工具栏中的“直线”按钮，利用“直线”命令过 F 点绘制水平线 FH，H 点是在大矩形竖直边上捕捉的垂足，如图 38-3 所示。

8 选择菜单“格式”→“图层工具”→“图层匹配”选项，利用“图层匹配”命令将偏移距离为 32.6875mm 的点画线的图层修改为“粗实线”层。

9 单击“修改”工具栏中的“圆角”按钮，利用“圆角”命令在 D、E、F、G 处绘制 4 个半径为 5mm 的圆角，其中绘制 E、G 处的圆角时，“圆角”命令中的“修剪”选项应设置为“不修剪”。

10 单击“修改”工具栏中的“倒角”按钮，利用“倒角”命令在小矩形的右侧两个拐角处绘制两个倒角，倒角距离 1mm。

11 关闭状态栏中的“正交”按钮和“对象捕捉”按钮，将“细实线”层设置为当前层，单击“绘图”工具栏中的“样条曲线”按钮，利用“样条曲线”命令在对称点画线的下方绘制波浪线，波浪线的端点指定在两侧轮廓线外，如图 38-4 所示。

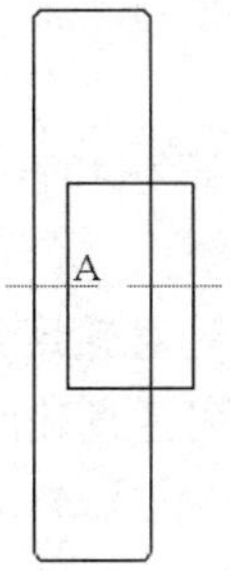

图 38-2　绘制矩形

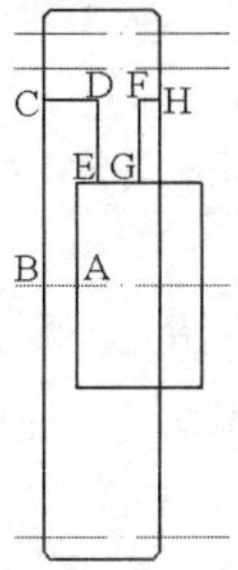

图 38-3　偏移点画线和直线

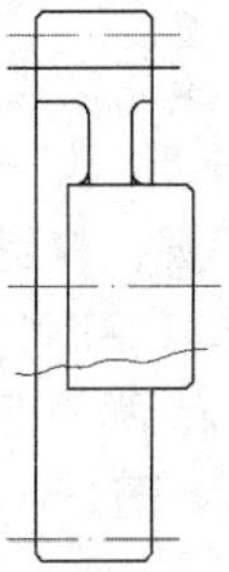
图 38-4　绘制圆角、倒角和波浪线

12 单击“修改”工具栏中的“修剪”按钮，利用“修剪”命令修剪由点画线变化来的粗实线及圆角处轮廓线。

13 打开状态栏中的“正交”按钮和“对象捕捉”按钮，将“粗实线”层设置为当前层。

14 单击“绘图”工具栏中的“直线”按钮，利用“直线”命令过两个矩形的下方倒角斜线的端点绘制竖直轮廓线，3 条竖直轮廓线的端点指定在波浪线的上方，如图 38-5 所示。

15 单击“修改”工具栏中的“修剪”按钮，利用“修剪”命令修剪波浪线和 3 条竖直轮廓线。

16 将“细实线”层设置为当前层，单击“绘图”工具栏中的“直线”按钮，利用“直线”在波浪线的下方绘制 1 条倾斜线，该线右端点相对于左端点的坐标为“@30<21.8”。

17 单击“修改”工具栏中的“偏移”按钮，利用“偏移”命令向右下方连续偏移细实线，偏移距离为 3mm，得到互相平行且等距的细实线，如图 38-6 所示。

18 单击“修改”工具栏中的“修剪”按钮，利用“修剪”命令修剪 3 条细实线，如图 38-7 所示。

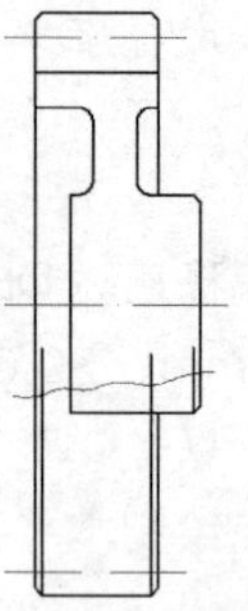

图 38-5　修剪后绘制竖直轮廓线

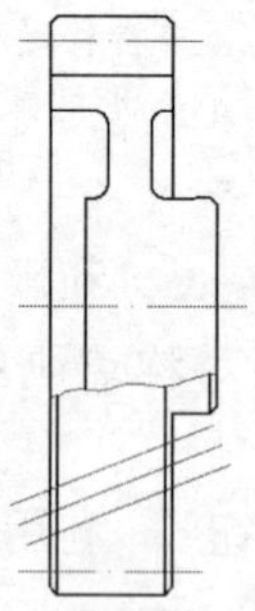

图 38-6　修剪后绘制细实线

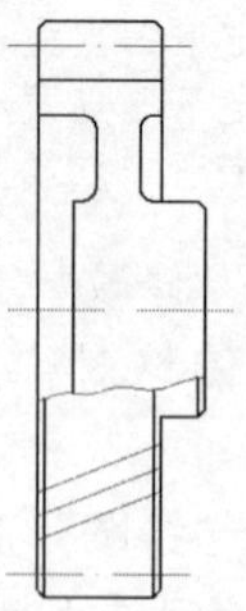

图 38-7　修剪细实线

二、绘制斜齿圆柱齿轮左视图并完成主视图

1 单击“绘图”工具栏中的“圆”按钮，利用“圆”命令和对象捕捉追踪模式在主视图对称点画线的延长线上绘制直径为 80mm、54mm、30mm、16mm 和 14mm 的同心圆。

2 将“点画线”层设置为当前层，利用“直线”命令和对象捕捉追踪模式绘制同心圆的水平中心线和竖直中心线。

3 单击“绘图”工具栏中的“圆”按钮，利用“圆”命令，捕捉同心圆的圆心为圆心绘制直径为 73.5mm 的点画线圆。

4 单击“修改”工具栏中的“偏移”按钮，利用“偏移”命令向上偏移水平中心线、对称偏移竖直中心线，偏移距离为 9.3mm 和 2.5mm，如图 38-8 所示。

5 选择菜单“格式”→“图层工具”→“图层匹配”选项，利用“图层匹配”命令将对称偏移出来的 3 条点画线的图层修改为“粗实线”层。

6 单击“修改”工具栏中的“修剪”按钮，利用“修剪”命令修剪 3 条直线和直径为 16mm 和 14mm 的圆，得到键槽轮廓线。

7 单击“绘图”工具栏中的“直线”按钮，利用“直线”命令过键槽竖直轮廓线的端点和直径为 14mm 圆的下象限点绘制 3 条水平辅助线，辅助线的左端点为在主视图竖直轮廓线 IJ 上捕捉的垂足，如图 38-9 所示。

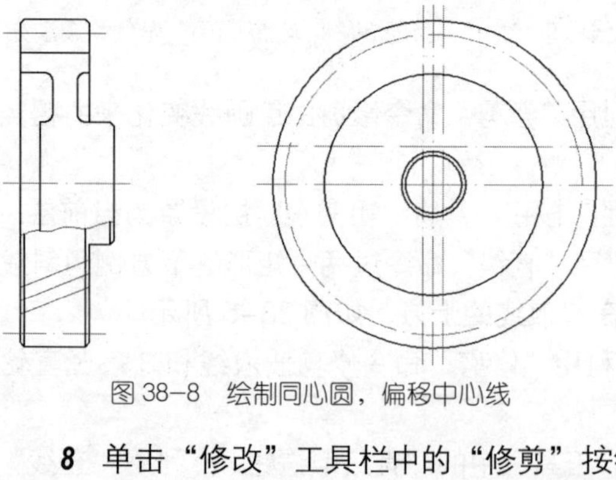

图 38-8　绘制同心圆，偏移中心线

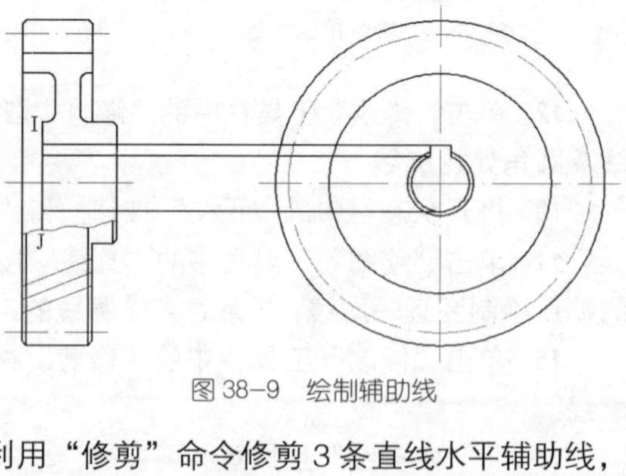

图 38-9　绘制辅助线

8 单击“修改”工具栏中的“修剪”按钮，利用“修剪”命令修剪 3 条直线水平辅助线，得到主视图中键槽轮廓线，如图 38-10 所示。

9 将“细实线”层设置为当前层，单击“绘图”工具栏中的“图案填充”按钮，利用“图案填充”命令绘制剖面线。在弹出的“图案填充和渐变色”对话框中打开“图案填充”选项卡，将图案类型均设置为 ANSI31，角度设置为 0，比例设置为 0.75。单击“拾取点”按钮，在主视图中需要的填充区域内单击，回车两次，即可绘制剖面线。

完成绘制斜齿圆柱齿轮的主视图和左视图，如图 38–11 所示。

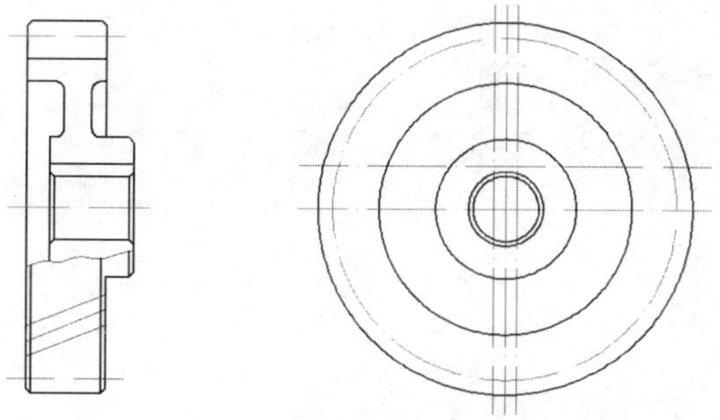

图 38–10　绘制键槽轮廓线

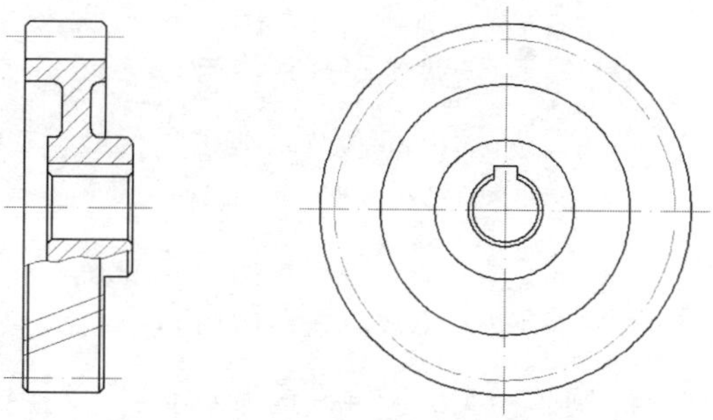

图 38–11　完成绘图

实例 39　圆锥齿轮

本实例所用的绘图命令：“直线”Line 命令、“偏移”Offset 命令、“删除”Erase 命令、“延伸”Extend 命令、“修剪”Trim 命令、“单点打断”Break 命令、“图层匹配”Laymch 命令、“倒角”Chamfer 命令、“镜像”Mirror 命令、“图案填充”Bhatch 命令、“圆”Circle 命令。

圆锥齿轮的主视图和左视图如图 39–1 所示。该齿轮的法面模数 mt=7，齿数 z=20，图中未注倒角 2×45°。

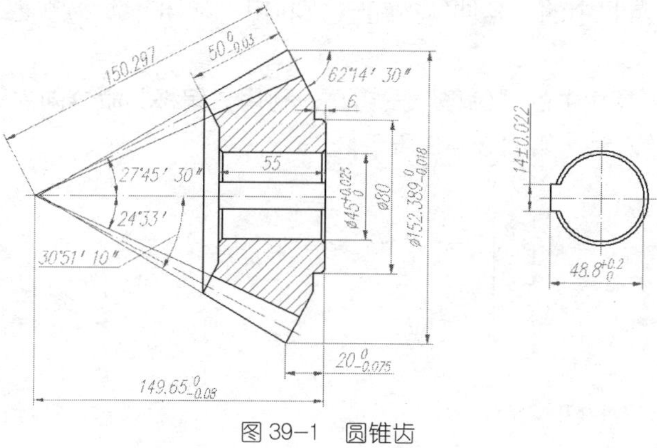

图 39–1　圆锥齿

绘制步骤

一、绘制圆锥齿轮主视图

1 新建空白图形文件，加载线型，恢复图层。

2 打开状态栏中的“正交”按钮、“对象捕捉”按钮和“对象捕捉追踪”按钮。

3 将“点画线”层设置为当前层，利用“直线”命令绘制点画线（圆锥齿轮的锥分角点画线和对称点画线）如图 39–2 所示。

```
命令: _line        (单击“绘图”工具栏中的“直线”按钮，启动“直线”命令)
指定第一点:        (在适当位置单击指定A点)
指定下一点或 [放弃(U)]: @155<27.755↙        (输入B点相对于A点的坐标，回车)
指定下一点或 [放弃(U)]:↙        (回车，结束“直线”命令)

命令: _line        (单击“绘图”工具栏中的“直线”按钮或回车，启动“直线”命令)
指定第一点: 5↙        (将光标移到端点A处，出现端点捕捉标记后，向左移动光标，出现水平追踪轨迹，输入追踪距离5，回车)
指定下一点或 [放弃(U)]: 160↙        (向右移动光标，输入水平线的长度160，回车)
指定下一点或 [放弃(U)]:↙        (回车，结束“直线”命令)
```

4 将“粗实线”层设置为当前层，利用“直线”命令绘制辅助线 CD。

```
命令: _line        (单击“绘图”工具栏中的“直线”按钮或回车，启动“直线”命令)
指定第一点: 149.65↙        (将光标移到端点A处，出现端点捕捉标记后，向右移动光标，出现水平追踪轨迹，输入追踪距离149.65，回车)
指定下一点或 [放弃(U)]: 80↙        (向上移动光标，输入竖直线的长度80，回车)
指定下一点或 [放弃(U)]:↙        (回车，结束“直线”命令)
```

5 单击“修改”工具栏中的“偏移”按钮，利用“偏移”命令向上偏移对称点画线、向左偏移直线 CD，偏移距离为 76.1945mm 和 20mm。

6 单击“绘图”工具栏中的“直线”按钮，利用“直线”命令过交点 E 做点画线 AB 的垂线 EF，F 点为垂足，如图 39-2 所示

7 单击“修改”工具栏中的“删除”按钮，利用“删除”命令删除偏移出来的水平点画线。

8 单击“绘图”工具栏中的“直线”按钮，利用“直线”命令过端点 A 绘制倾斜线 AH，过端点 E 绘制倾斜线 EG，H 点相对于 A 点的坐标为“@160<24.55”，G 点相对于 E 点的坐标为“@160<210.8517”。

9 单击“修改”工具栏中的“延伸”按钮，利用“延伸”命令将直线 EF 延伸到与直线 AH 相交，交点为 I。

10 单击“修改”工具栏中的“偏移”按钮，利用“偏移”命令向左下方偏移直线 EI，偏移距离为 50mm，得到直线 JK，如图 39-3 所示。

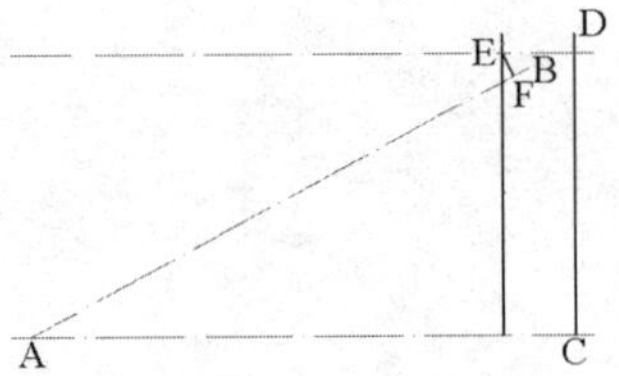

图 39-2　绘制点画线和轮廓线

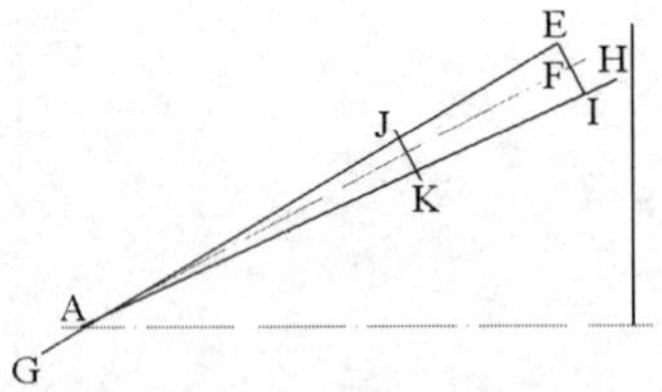

图 39-3　绘制轮齿轮廓线

11 单击“修改”工具栏中的“修剪”按钮，利用“修剪”命令修剪直线 AH、EG 和 JK，如图 39-4 所示。

12 利用“打断于点”命令将直线 AI 在 N 点处打断。

```
命令: _break        (单击“修改”工具栏中的“打断于点”按钮，启动“打断于点”命令)
选择对象:        (单击直线AI)
指定第二个打断点 或 [第一点(F)]: _f
指定第一个打断点:        (捕捉端点N)
指定第二个打断点: @
```

13 使用同样方法，利用“打断于点”命令将直线 EL 在 M 点处打断。

14 选择菜单“格式”→“图层工具”→“图层匹配”选项，利用“图层匹配”命令将直线 AN 和 LM 的图层修改为“细实线”层，如图 39-5 所示。

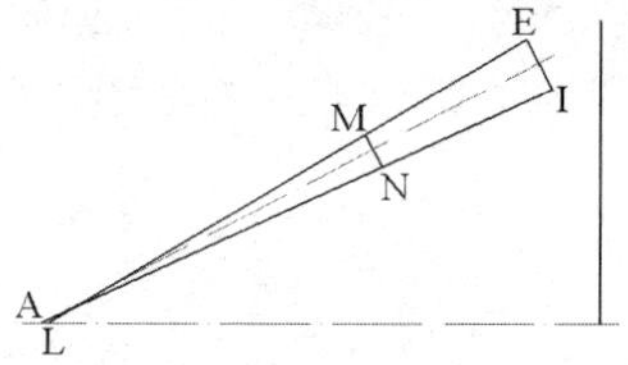

图 39-4　修剪直线

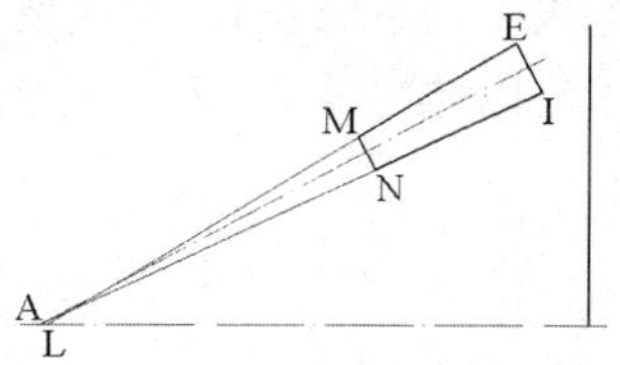

图 39-5　打断直线后改变图层

15 单击“修改”工具栏中的“偏移”按钮，利用“偏移”命令向上偏移齿轮的对称点画线三次，偏移距离为 7mm、22.5mm 和 40mm。向左偏移直线 CD 两次，偏移距离为 6mm 和 55mm，得到直线 PQ 和 SR。

16 单击“绘图”工具栏中的“直线”按钮，利用“直线”命令过 M 点做齿轮的对称点画线的垂线。

17 单击“修改”工具栏中的“延伸”按钮，利用“延伸”命令将直线 EI 延伸到与直线 PQ 相交，将直线 MN 延伸到与直线 SR 相交，如图 39-6 所示。

18 选择菜单“格式”→“图层工具”→“图层匹配”选项，利用“图层匹配”命令将偏移出来的点画线的图层修改为“粗实线”层。

19 单击“修改”工具栏中的“修剪”按钮，利用“修剪”命令修剪出如图 39-7 所示的图形。

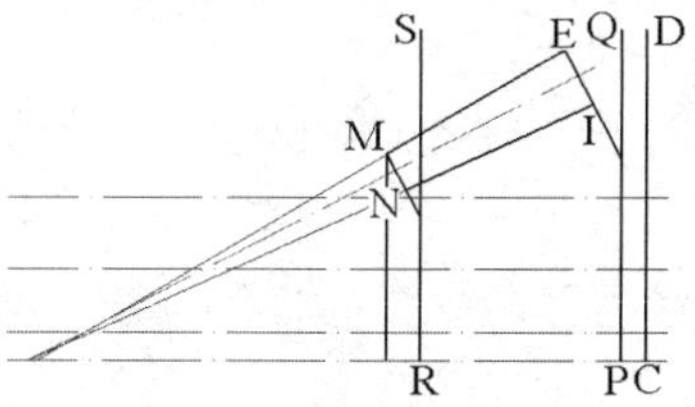

图 39-6　偏移、延伸直线

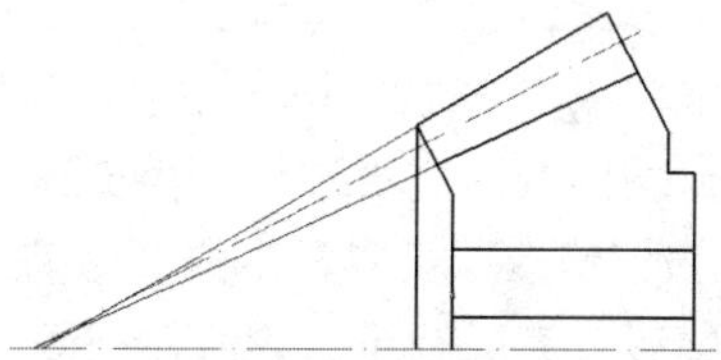

图 39-7　修剪直线

20 单击“修改”工具栏中的“倒角”按钮，利用“倒角”命令绘制外倒角和内倒角，倒角距离 2mm。绘制内倒角时，“倒角”命令中的“修剪”选项应设置为“不修剪”，如图 39-8 所示。

21 单击“修改”工具栏中的“修剪”按钮，利用“修剪”命令修剪绘制内倒角时未修剪的倒角边。

22 单击“绘图”工具栏中的“直线”按钮，利用“直线”命令过内倒角斜线的端点绘制竖直线，直线的端点是在下方水平轮廓线上捕捉的垂足，如图 39-9 所示。

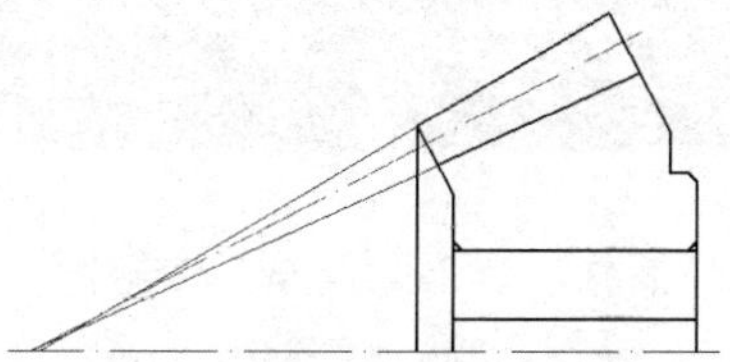

图 39-8　绘制外倒角和内倒角

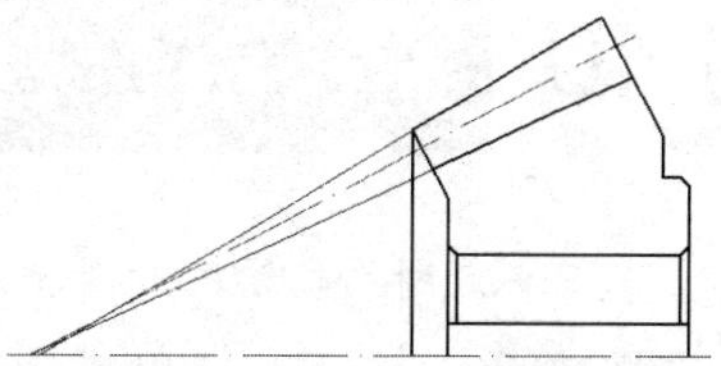

图 39-9　修剪后绘制倒角轮廓线

23 单击“修改”工具栏中的“镜像”按钮，利用“镜像”命令以对称点画线为镜像线做所绘图形的水平镜像，如图 39–10 所示。

24 将“细实线”层设置为当前层，单击“绘图”工具栏中的“图案填充”按钮，利用“图案填充”命令绘制剖面线。在弹出的“图案填充和渐变色”对话框中打开“图案填充”选项卡，将图案类型均设置为 ANSI31，角度设置为 0，比例设置为 1.25。单击“拾取点”按钮，在主视图中需要的填充区域内单击，回车两次，即可绘制剖面线。完成绘制圆锥齿轮的主视图，如图 39–11 所示。

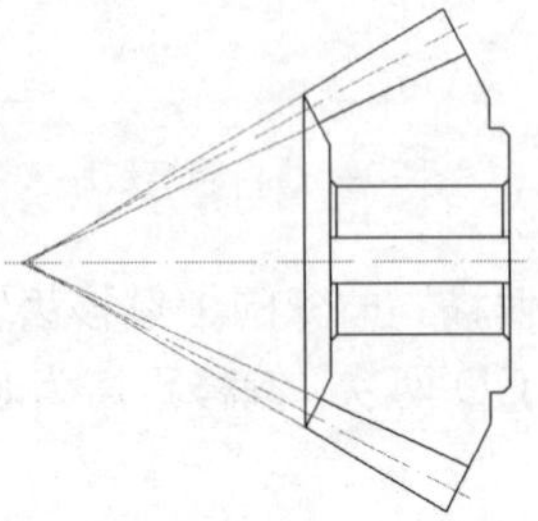

图 39–10　做水平镜像

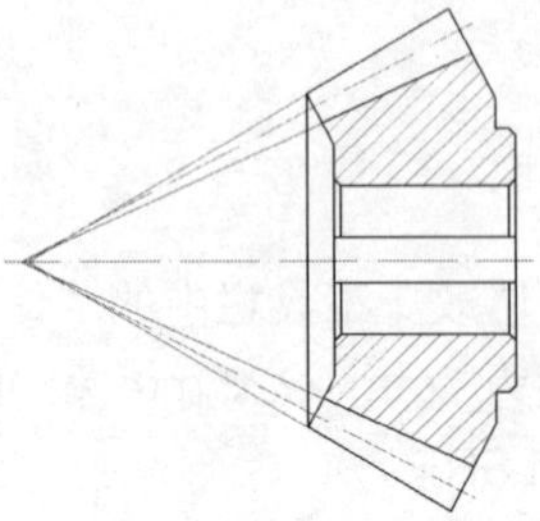

图 39–11　绘制剖面线，完成绘制主视图

二、绘制圆锥齿轮左视图

1 单击“绘图”工具栏中的“圆”按钮，利用“圆”命令和对象捕捉追踪模式在主视图对称点画线的延长线上绘制直径为 45mm 和 49mm 的同心圆。

2 将“点画线”层设置为当前层，利用“直线”命令和对象捕捉追踪模式绘制同心圆的水平中心线和竖直中心线。

3 单击“修改”工具栏中的“偏移”按钮，利用“偏移”命令对称偏移水平中心线、向左偏移竖直中心线，偏移距离为 7mm 和 26.3mm，如图 39–12 所示。

4 选择菜单“格式”→“图层工具”→“图层匹配”选项，利用“图层匹配”命令将偏移出来的 3 条点画线的图层修改为“粗实线”层。

5 单击“修改”工具栏中的“修剪”按钮，利用“修剪”命令修剪 3 条直线和同心圆，得到键槽轮廓线，完成圆锥齿轮的左视图，如图 39–13 所示。

图 39–12　绘制同心圆，偏移中心线

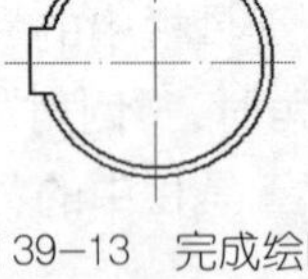

图 39–13　完成绘图

实例 40　带轮

本实例所用的绘图命令：“直线”Line 命令、“偏移”Offset 命令、“删除”Erase 命令、“修剪”Trim 命令、“图层匹配”Laymch 命令、“镜像”Mirror 命令、“倒角”Chamfer 命令、“圆角”Fillet 命令、“圆”Circle 命令、“窗口缩放”Zoom Window 命令、“缩放上一个”Zoom Previous 命令、“图案填充”Bhatch 命令。

带轮的主视图和左视图如图 40-1 所示，图中未注倒角 2×45°　。

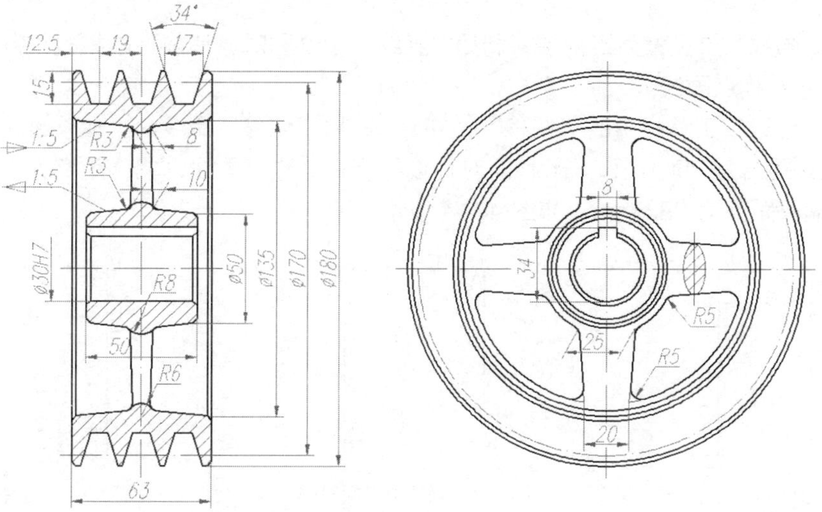

图 40-1　带轮

绘制步骤

一、绘制带轮主视图

1 新建空白图形文件，加载线型，恢复图层。

2 打开状态栏中的“正交”按钮、“对象捕捉”按钮和“对象捕捉追踪”按钮。

3 将“粗实线”层设置为当前层，单击“绘图”工具栏中的“直线”按钮，利用“直线”命令绘制竖直线 AB、水平线 BC 和竖直线 CD，AB 和 CD 的长度为 90mm，BC 的长度为 63mm。

4 单击“修改”工具栏中的“偏移”按钮，利用“偏移”命令向右偏移直线 AB，向下偏移直线 BC，偏移距离为 12.5mm 和 15mm，得到直线 EF 和 KL，如图 40-2 所示。

5 回车，再次启动“偏移”命令，对称偏移直线 EF，偏移距离为 8.5mm，得到直线 GH 和 IJ。

6 单击“绘图”工具栏中的“直线”按钮，利用“直线”命令过 G 点和 I 点绘制倾斜线 GN 和 IM，N 点相对于 G 点的坐标为“@35<-73”，M 点相对于 I 点的坐标为“@35<253”，如图 40-2 所示。

7 单击“修改”工具栏中的“删除”按钮，利用“删除”命令删除直线 EF、GH 和 IJ。

8 单击“修改”工具栏中的“修剪”按钮，利用“修剪”命令修剪直线 GN 和 IM，得到带轮 V 形槽的倾斜轮廓线，如图 40-3 所示。

9 利用“复制”命令复制出另外两个带槽轮廓线。

```
命令: _copy        (单击“修改”工具栏中的“复制”按钮，启动“复制”命令)
选择对象:
指定对角点:        (用虚线拾取框选中直线GP、PQ和IQ)
找到 3 个
选择对象:↙        (回车，结束选择复制对象)
指定基点或 [位移(D)] <位移>:        (在适当位置单击)
指定第二个点或 <使用第一个点作为位移>: 19↙        (向右移动光标，输入复制距离，回车)
```

指定第二个点或 [退出(E)/放弃(U)] <退出>: 38↙　　(向右移动光标，输入复制距离，回车)
指定第二个点或 [退出(E)/放弃(U)] <退出>:↙　　(回车，结束“复制”命令)

10 将“点画线”层设置为当前层，利用“直线”命令和对象捕捉追踪模式绘制带轮的水平对称点画线和竖直对称点画线。

11 单击“修改”工具栏中的“偏移”按钮，利用“偏移”命令向上偏移带轮的水平对称点画线两次，偏移距离为 25mm 和 85mm。对称偏移竖直对称点画线，偏移距离为 25mm。向下偏移直线 BC，偏移距离为 22.5mm。如图 40-4 所示。

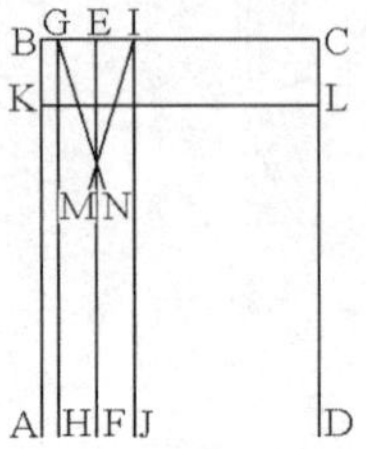

图 40-2　绘制和偏移直线

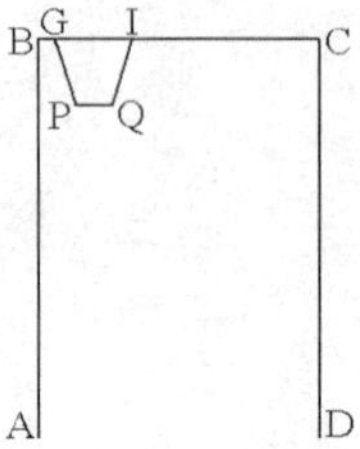

图 40-3　修剪出带槽轮廓线

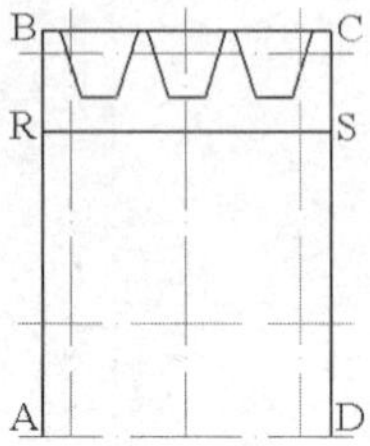

图 40-4　绘制辅助线

12 选择菜单“格式”→“图层工具”→“图层匹配”选项，利用“图层匹配”命令将偏移出来的点画线的图层修改为“粗实线”层。

13 单击“修改”工具栏中的“修剪”按钮，利用“修剪”命令修剪直线，如图 40-5 所示。

14 单击“修改”工具栏中的“偏移”按钮，利用“偏移”命令对称偏移竖直对称点画线两次，偏移距离分别为 4mm 和 5mm。

15 单击“绘图”工具栏中的“直线”按钮，利用“直线”命令过端点 R 和 U 绘制两条倾斜线 RT 和 UV，T 点相对于 R 点的坐标为“@30, −3”，V 点相对于 U 点的坐标“@22, 2.2”。

16 单击“绘图”工具栏中的“直线”按钮，利用“直线”命令将直线 RT 与偏移距离 3 的竖直点画线的交点、直线 UV 与偏移距离 4 的竖直点画线的交点连接起来，如图 40-6 所示。

17 单击“修改”工具栏中的“删除”按钮，利用“删除”命令删除两条偏移出来的竖直点画线及过 R 点和 U 点的两条水平线。

18 单击“修改”工具栏中的“修剪”按钮，利用“修剪”命令修剪直线 RT 和 UV。

19 单击“修改”工具栏中的“镜像”按钮，利用“镜像”命令做 3 条倾斜轮廓线的竖直镜像，如图 40-7 所示。

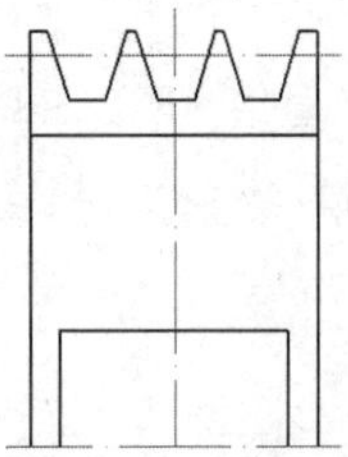
图 40-5　修剪直线

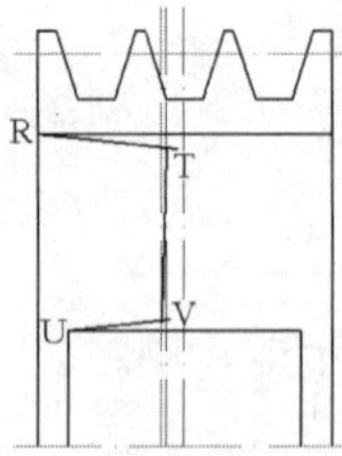

图 40-6　绘制倾斜轮廓线

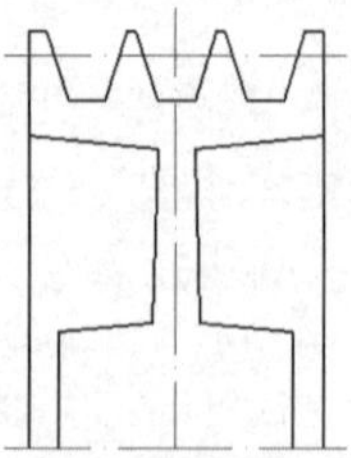
图 40-7　镜像倾斜轮廓线

20 单击“修改”工具栏中的“圆角”按钮，利用“圆角”命令在两条倾斜线的拐角处绘制圆角，圆角半径为 3mm。

21 单击“修改”工具栏中的“倒角”按钮，利用“倒角”命令在上方倾斜线的右端绘制两个内倒角，在下方倾斜线的右端绘制两个外倒角，倒角距离 2。绘制内倒角时，“倒角”命令中的

“修剪”选项应设置为“不修剪”，然后利用“修剪”命令修剪倒角边。

22 单击“绘图”工具栏中的“直线”按钮，利用“直线”命令过两条内倒角斜线的端点绘制水平对称点画线的垂线，如图 40-8 所示。

23 利用“圆”命令绘制轮辐轮廓线。

```
命令：_circle　　　（单击“绘图”工具栏中的“圆”按钮，启动“圆”命令）
指定圆的圆心或 [三点(3P)/两点(2P)/相切、相切、半径(T)]：T↙　　　（输入T，回车，选择“相切、相切、半径”选项）
指定对象与圆的第一个切点：　　　（在上方圆角上单击）
指定对象与圆的第二个切点：　　　（在上方另一个圆角上单击）
指定圆的半径：6↙　　　（输入圆的半径）
```

24 使用同样方法可绘制与下方两个圆角相切的圆，半径为 8mm，如图 40-9 所示。

25 单击“修改”工具栏中的“修剪”按钮，利用“修剪”命令修剪两个与圆角相切的圆，得到轮辐的轮廓线，如图 40-10 所示。

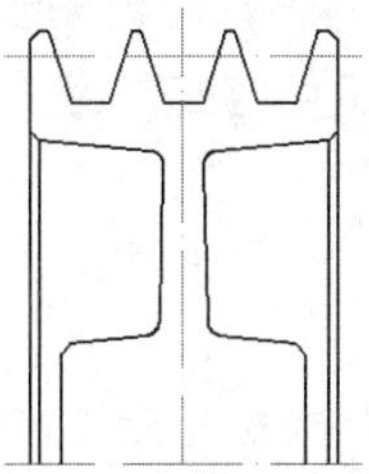
图 40-8　绘制倒角和圆角

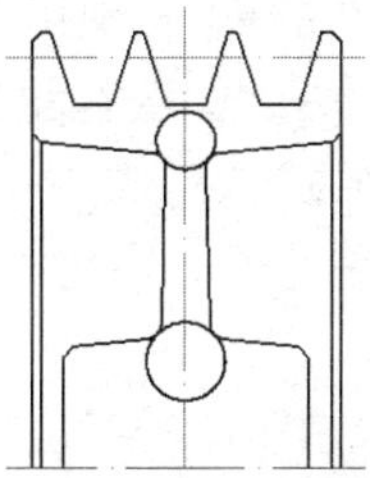
图 40-9　绘制与圆角相切的圆

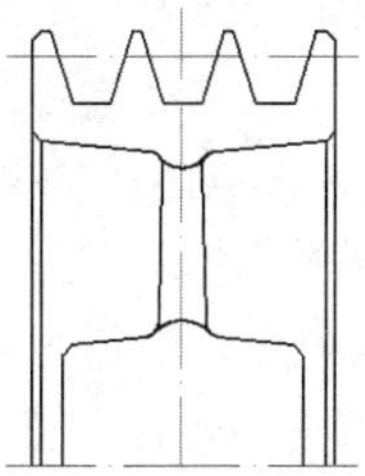
图 40-10　绘制轮辐轮廓线

26 单击“修改”工具栏中的“镜像”按钮，利用“镜像”命令以水平对称点画线为镜像线做所绘图形的水平镜像，如图 40-11 所示。

27 单击“标准”工具栏中的“窗口缩放”按钮，利用“窗口缩放”命令将圆角处的图形放大显示。

28 将“细实线”层设置为当前层，利用“直线”命令和“延长捕捉”绘制与圆角相切的倾斜轮廓线的延长线，如图 40-12 所示。延长线相交后利用“修剪”命令修剪超出的细实线。

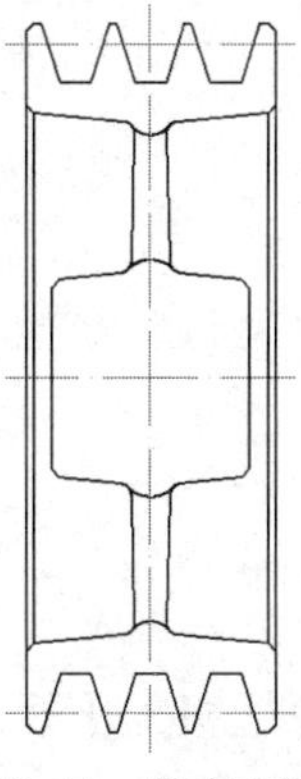
图 40-11　做水平镜像

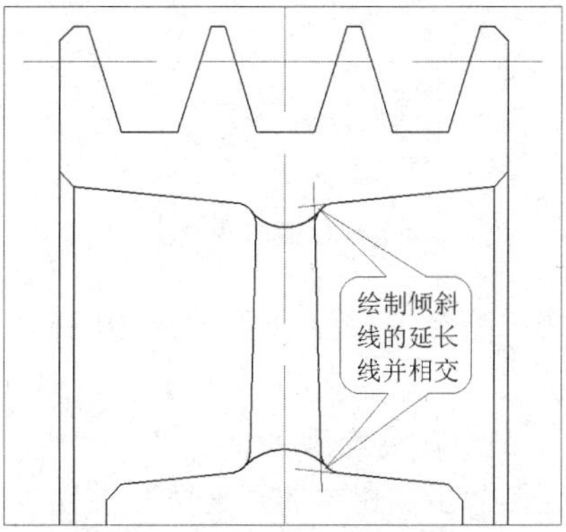

图 40-12　绘制倾斜线的延长线

29 单击“标准”工具栏中的“缩放上一个”按钮，利用“缩放上一个”命令返回上一个显示窗口。

二、绘制带轮左视图并完成主视图

1 将“粗实线”层设置为当前层，单击“绘图”工具栏中的“圆”按钮，利用“圆”命令和对象捕捉追踪模式在主视图对称点画线的延长线上绘制直径为 180mm、34mm 和 30mm 的圆。

2 将“点画线”层设置为当前层，回车，再次启动“圆”命令，以同心圆的圆心为圆心，绘制直径为 170mm 的点画线圆。

3 利用“直线”命令和对象捕捉追踪模式绘制同心圆的水平中心线和竖直中心线。

4 将“粗实线”层设置为当前层，单击“绘图”工具栏中的“直线”按钮，利用“直线”命令绘制 9 条水平辅助线，辅助线的右端点为在竖直中心线上捕捉的垂足。

5 单击“绘图”工具栏中的“圆”按钮，利用“圆”命令，捕捉同心圆的圆心为圆心，过水平辅助线的右端点，绘制 9 个同心圆。

6 单击“修改”工具栏中的“偏移”按钮，利用“偏移”命令向上偏移水平中心线、对称偏移竖直中心线，偏移距离为 34mm 和 4mm，如图 40–13 所示。

7 单击“修改”工具栏中的“删除”按钮，利用“删除”命令删除 9 条水平辅助线。

8 选择菜单“格式”→“图层工具”→“图层匹配”选项，利用“图层匹配”命令将对称偏移出来的 3 条点画线的图层修改为“粗实线”层。

9 单击“修改”工具栏中的“修剪”按钮，利用“修剪”命令修剪 3 条直线和直径为 34mm 和 30mm 的圆，得到键槽轮廓线。

10 单击“绘图”工具栏中的“直线”按钮，启动“直线”命令后，将光标移到直径为 30mm 的圆弧的下象限点处，出现中点捕捉标记（该圆已杯修剪为圆弧，下象限点即是圆弧的中点）后，向左移到光标，在主视图的相应竖直轮廓线上捕捉到交点，如图 40–14 所示，向左继续移动光标，在另一条竖直轮廓线上捕捉垂足，在主视图中绘制出轴孔的轮廓线。

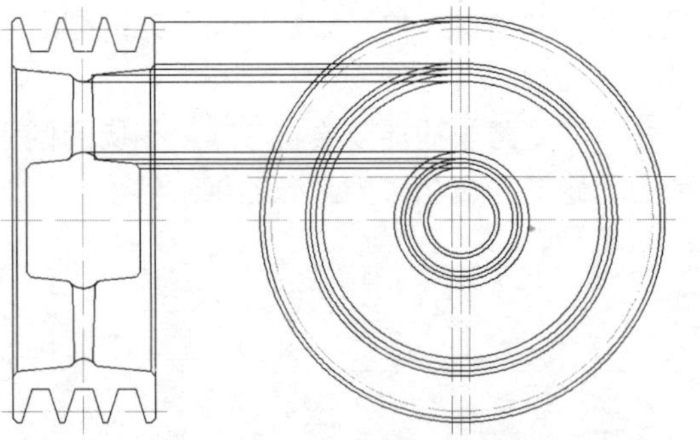

图 40–13 绘制同心圆，偏移中心线

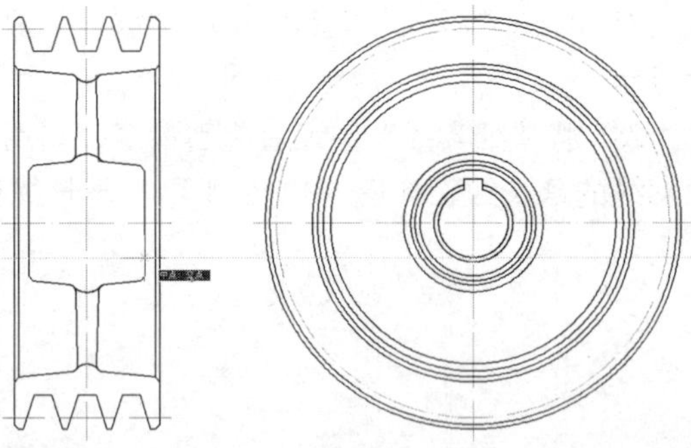

图 40–14 利用对象捕捉追踪绘制轴孔和键槽轮廓线

11 使用同样方法在主视图中可以绘制出键槽的轮廓线。

12 单击“修改”工具栏中的“倒角”按钮，利用“倒角”命令在内孔和键槽轮廓线的两端绘制 4 个内倒角，倒角距离均为 2mm。

13 单击“绘图”工具栏中的“直线”按钮，利用“直线”命令连接上下相对的倒角斜线的端点。

14 单击“修改”工具栏中的“偏移”按钮，利用“偏移”命令向上、向左偏移水平中心线和竖直中心线各两次，偏移距离为 10mm 和 12.5mm。

15 单击“绘图”工具栏中的“直线”按钮，利用“直线”命令将交点 a 和 b、c 和 d 连接起来，如图 40-15 所示。

16 单击“修改”工具栏中的“删除”按钮，利用“删除”命令删除左视图中偏移出来的四条点画线。

17 单击“修改”工具栏中的“修剪”按钮，利用“修剪”命令修剪与直线 ab 和 cd 相交的两个圆，如图 40-16 所示。

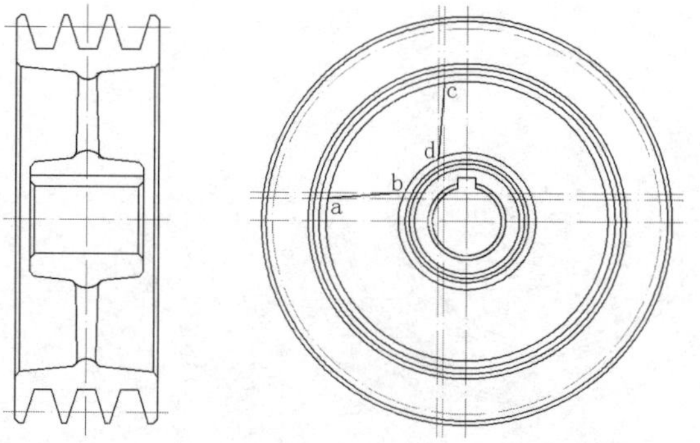

图 40-15　绘制轮辐轮廓线

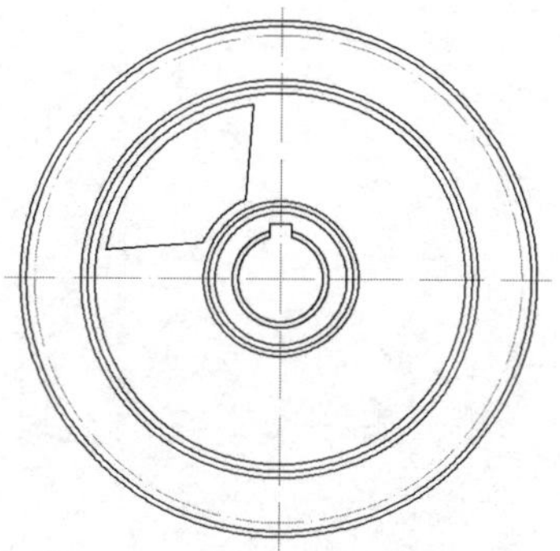

图 40-16　修剪圆周

18 单击“修改”工具栏中的“圆角”按钮，利用“圆角”命令在两条倾斜线的端点处绘制 4 个圆角，圆角半径为 5mm，如图 40-17 所示。

19 单击“修改”工具栏中的“镜像”按钮，利用“镜像”命令以竖直对称点画线为镜像线做左视图中 4 个圆角处轮廓线的镜像，得到右侧对称图形。

20 回车，再次启动“镜像”命令，以水平对称点画线为镜像线做左视图中 4 个圆角处轮廓线及其右侧对称图形镜像，得到 4 个轮辐轮廓线，如图 40-18 所示。

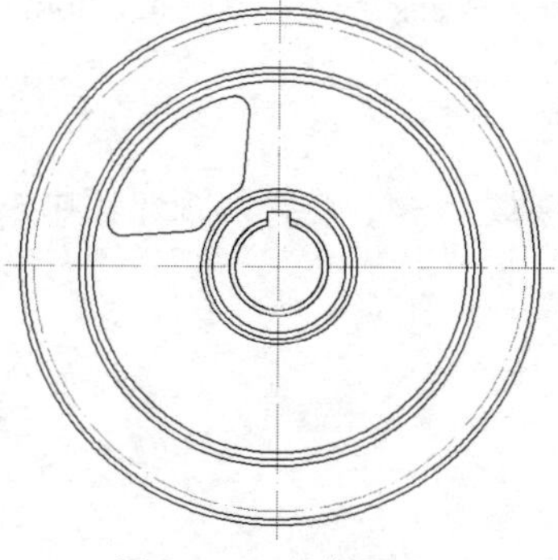

图 40-17　绘制圆角

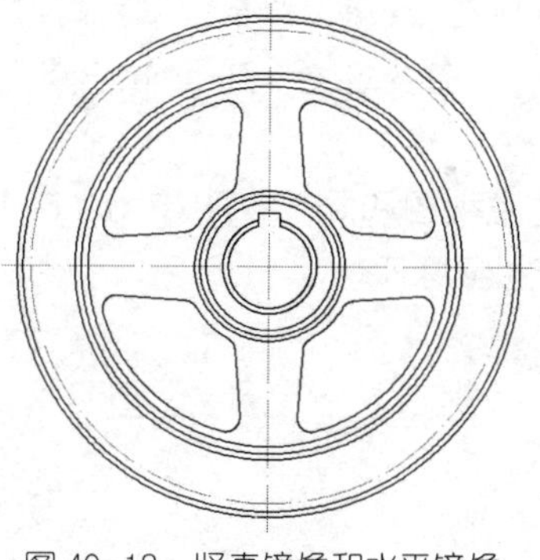

图 40-18　竖直镜像和水平镜像

21 将“点画线”层设置为当前层，利用“直线”命令在左视图中右侧轮辐轮廓线适当位置绘制一条竖直点画线。

22 利用“椭圆”命令绘制轮辐断面。

```
命令: _ellipse      (单击“绘图”工具栏中的“椭圆”按钮, 启动“椭圆”命令)
指定椭圆的轴端点或 [圆弧(A)/中心点(C)]:      (捕捉竖直点画线与轮辐轮廓线的交点)
指定轴的另一个端点:      (捕捉竖直点画线与另一条轮辐轮廓线的交点)
指定另一条半轴长度或 [旋转(R)]: 5↙      (输入另一条轴半径5, 回车)
```

23 将“细实线”层设置为当前层，单击“绘图”工具栏中的“图案填充”按钮，利用“图案填充”命令绘制剖面线。在弹出的“图案填充和渐变色”对话框中打开“图案填充”选项卡，将图案类型均设置为 ANSI31，角度设置为 0，比例设置为 1.25。单击“拾取点”按钮，在主视图中需要的填充区域和左视图中的椭圆断面区域内单击，回车两次，即可绘制剖面线。

完成绘制直齿圆柱齿轮的主视图和左视图，如图 40-19 所示。

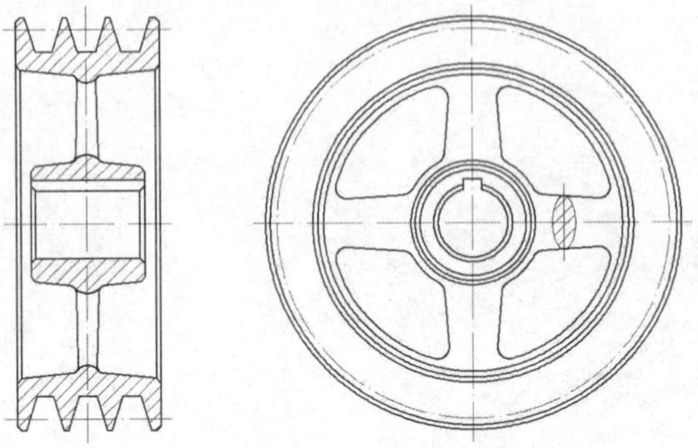

图 40-19　完成绘图

实例 41 蜗轮

本实例所用的绘图命令：“直线”Line 命令、“偏移”Offset 命令、“图层匹配”Laymch 命令、“修剪”Trim 命令、“圆”Circle 命令、“倒角”Chamfer 命令、“圆角”Fillet 命令、“镜像”Mirror 命令、“打断”Break 命令、“合并”Join 命令、“图案填充”Bhatch 命令。

蜗轮的主视图和局部视图如图 41-1 所示，其中端面模数 m=4，齿数 z=30，图中未注倒角 1.5×45°，未注圆角 R3。

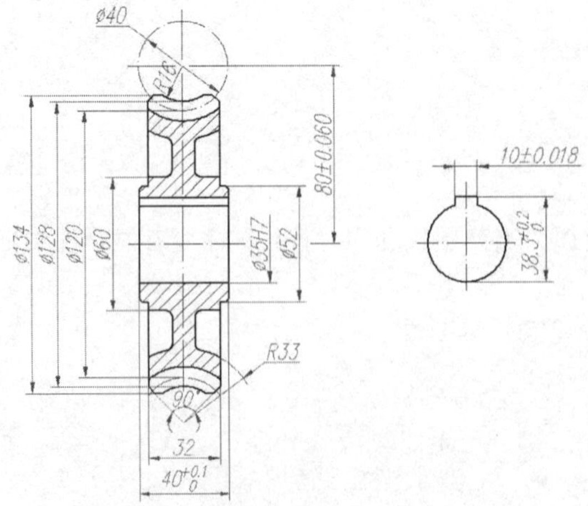

图 41-1　蜗轮

绘制步骤

1 新建空白图形文件，加载线型，恢复图层。

2 打开状态栏中的“正交”按钮、“对象捕捉”按钮和“对象捕捉追踪”按钮。

3 将“点画线”层设置为当前层，单击“绘图”工具栏中的“直线”按钮，利用“直线”命令绘制一条长度为 50mm 的水平点画线线和一条长度为 105mm 的竖直点画线，竖直点画线与水平点画线垂直平分，如图 41–2 所示。

4 单击“修改”工具栏中的“偏移”按钮，利用“偏移”命令向上偏移水平点画线 5 次，偏移的距离是 17.5mm、26mm、30mm、67mm、80mm。利用“偏移”命令左右对称偏移竖直点画线各 3 次，偏移的距离是 5mm、16mm、20mm，如图 41–3 所示。

5 选择菜单“格式”→“图层工具”→“图层匹配”选项，利用“图层匹配”命令将除了最上方的点画线外的其余偏移出来的点画线的图层修改为“粗实线”层。

6 单击“修改”工具栏中的“修剪”按钮，利用“修剪”命令修剪图形，如图 41–4 所示。

图 41–2　绘制点画线

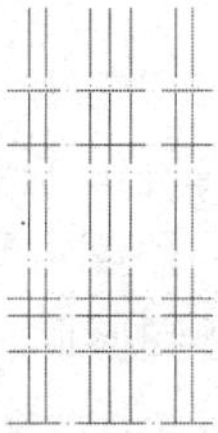

图 41–3　偏移点画线

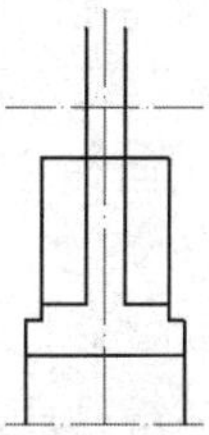

图 41–4　修剪结果

7 单击“绘图”工具栏中的“圆”按钮，利用“圆”命令以上方水平点画线和竖直点画线的交点为圆心，绘制直径 40mm 的点画线圆。

8 将“粗实线”层设置为当前层，利用“圆”命令绘制点画线圆的同心圆，直径是 32mm、49.6mm 和 66mm，如图 41–5 所示。

9 单击“修改”工具栏中的“修剪”按钮，利用“修剪”命令修剪出如图 41–6 所示的图形。

10 单击“修改”工具栏中的“圆角”按钮，利用“圆角”绘制 4 个半径为 3mm 的圆角。

11 单击“修改”工具栏中的“倒角”按钮，利用“倒角”命令绘制两个相同的倒角，倒角距离均为 1.5mm。如图 41–7 所示。

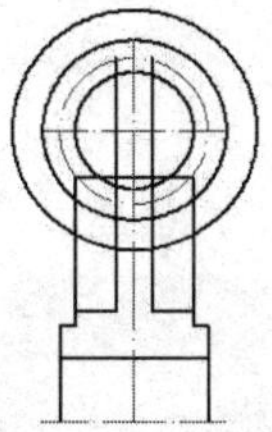

图 41–5　绘制圆

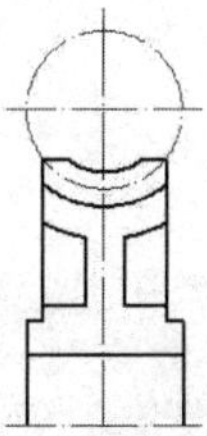

图 41–6　修剪轮廓线

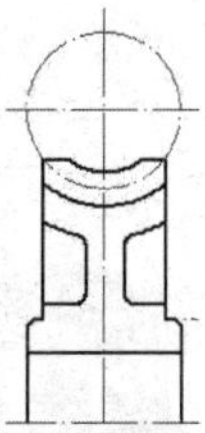

图 41–7　绘制圆角和倒角

12 单击“绘图”工具栏中的“直线”按钮，利用“直线”命令过圆心 A 绘制两条倾斜线 AB 和 AC，B 点相对于 A 点的坐标为“@30<225”，C 点相对于 A 点的坐标为“@30<–45”，如图 41–8 所示。

13 单击“修改”工具栏中的“修剪”按钮，利用“修剪”命令修剪图形，如图 41–9 所示。

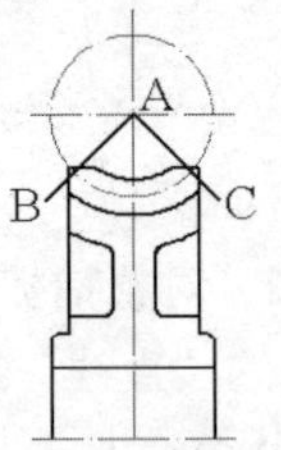

图 41-8　绘制两条倾斜线

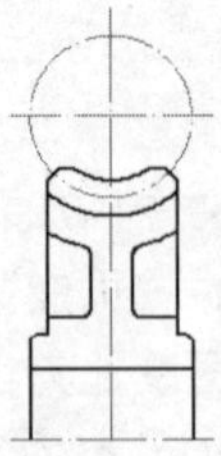

图 41-9　修剪出齿形轮廓线

14 单击“修改”工具栏中的“修剪”按钮，启动“镜像”命令，选择除了两条水平点画线外的所有对象为镜像对象，捕捉下方水平点画线的两个端点为镜像线的两个端点，镜像出对称的下半部分图形，如图 41-10 所示。

15 单击“修改”工具栏中的“打断”按钮，利用“打断”命令将下方点画线圆打断。

16 单击“修改”工具栏中的“合并”按钮，利用“合并”命令将两段竖直点画线合并。

17 选择菜单“修改”→“拉长”选项，利用“拉长”命令中的“动态”选项将竖直点画线适当缩短，结果如图 41-11 所示。

18 将“细实线”层设置为当前层，单击“绘图”工具栏中的“图案填充”按钮，利用“图案填充”命令绘制剖面线。在弹出的“图案填充和渐变色”对话框中打开“图案填充”选项卡，将图案类型均设置为 ANSI31，角度设置为 0，比例设置为 1.25。单击“拾取点”按钮，在主视图中需要的填充区域内单击，回车两次，即可绘制剖面线。

19 绘制轴孔和键槽局部视图的方法实例 39 已经介绍过，不再重复。

完成绘图，如图 41-12 所示。

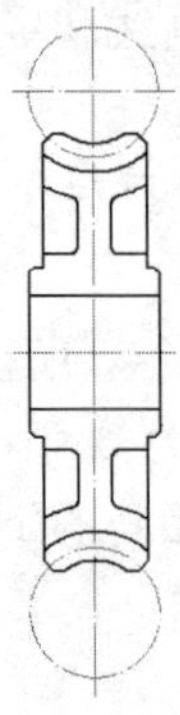

图 41-10　做水平镜像

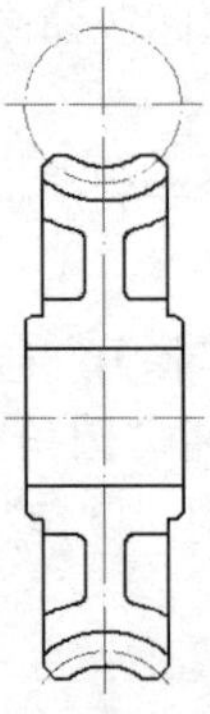

图 41-11　编辑点画线

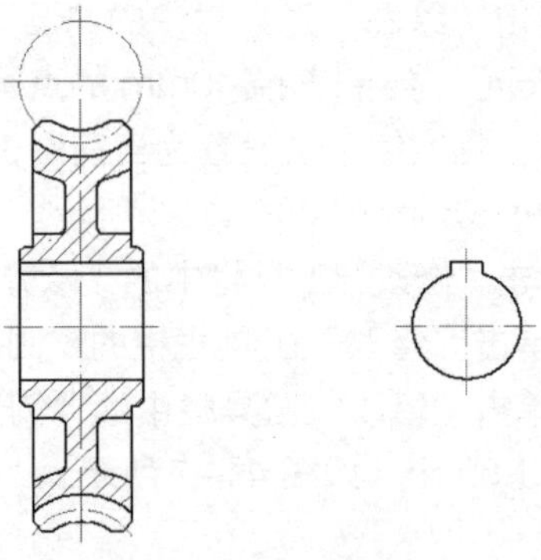

图 41-12　完成绘图

实例 42　凸轮 I

本实例所用的绘图命令：“圆”Circle 命令、“直线”Line 命令、“阵列”Array 命令、“移动”Move 命令、“样条曲线”Spline 命令。

凸轮 I 为尖端移动从动件盘形凸轮，如图 42-1(a)所示；从动件的位移线图如图 42-1(b)所示。

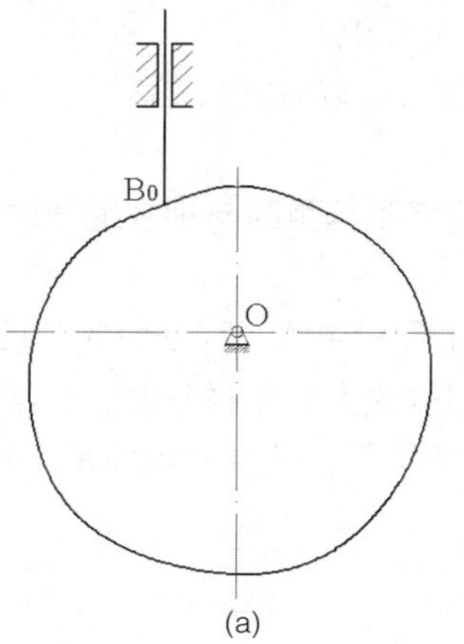

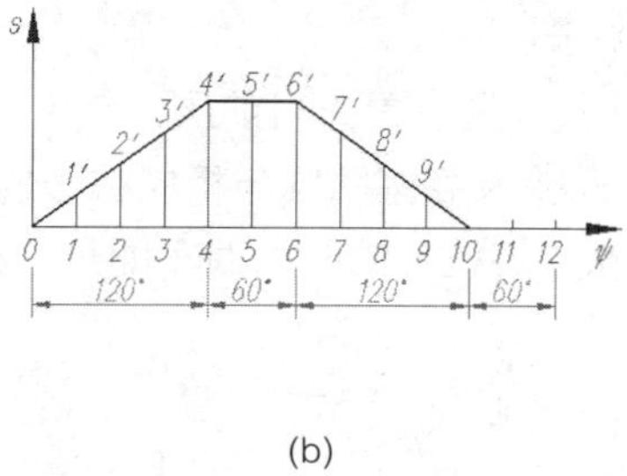

图 42–1　凸轮及从动件位移线图

绘制步骤

1 新建空白图形文件，加载线型，恢复图层。

2 打开状态栏中的“正交”按钮和“对象捕捉”按钮。

3 将“细实线”层设置为当前层，单击“绘图”工具栏中的“圆”按钮，利用“圆”命令绘制基圆，基圆的圆心为 O 点，半径为 O 点到从动件的距离。

4 回车，再次启动“圆”命令，以 O 点为圆心，过从动件尖点的起始位置 B_0绘制偏距圆。

5 单击“绘图”工具栏中的“直线”按钮，利用“直线”命令连续绘制基圆的一条水平半径和一条适当长度的竖直线，该竖直线与基圆相切，如图 42–2 所示。

6 单击“修改”工具栏中的“阵列”按钮，系统弹出“阵列”对话框，选中“环形阵列”单选按钮，单击“拾取中心点”按钮，在绘图区捕捉同心圆的圆心。回到“阵列”对话框后，在“项目总数”文本框中输入 12，保留“填充角度”文本框中的缺省设置 360 不变。单击“选择对象”按钮，在绘图区中单击基圆的水平半径和基圆的切线。回车，回到“阵列”对话框，单击“确定”按钮。阵列结果如图 42–3 所示。

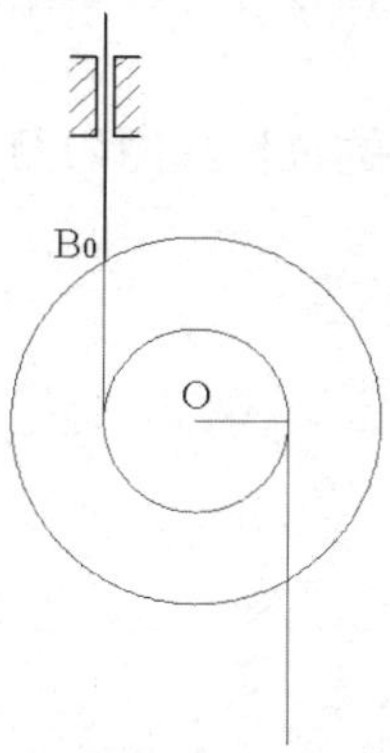

图 42–2　绘制基圆、偏距圆、基圆半径和切线

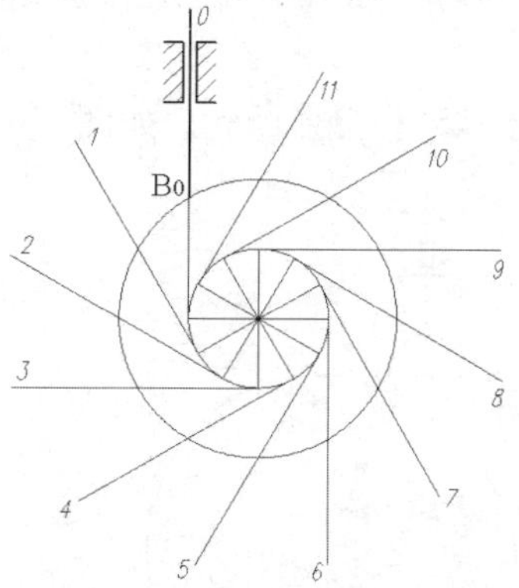

图 42–3　环形阵列

7 单击“绘图”工具栏中的“圆”按钮，以图 42–1(b)动件位移线图中的 1 点为圆心，11′为半径绘制辅助圆。

8 单击“修改”工具栏中的“移动”按钮，利用“移动”命令以将位移线图中的圆的圆心

为移动基点，将该辅助圆移到偏距圆与 1 号基圆切线的交点处。

9 使用同样方法在位移线图中以 2、3……9 点为圆心，以 22′、33′……99′ 为半径绘制辅助圆。

10 利用“移动”命令将在位移线图中绘制的辅助圆移到偏距圆与相应编号的基圆切线的交点处，如图 42-4 所示。

11 将“粗实线”层设置为当前层，单击“绘图”工具栏中的“样条曲线”按钮~，利用“样条曲线”命令过 B_0 点及各辅助圆与相应编号的基圆切线的交点绘制样条曲线，当系统提示指定样条曲线起点和端点的切线方向时均回车即可，如图 42-5 所示，图中曲线即是凸轮的轮廓曲线。

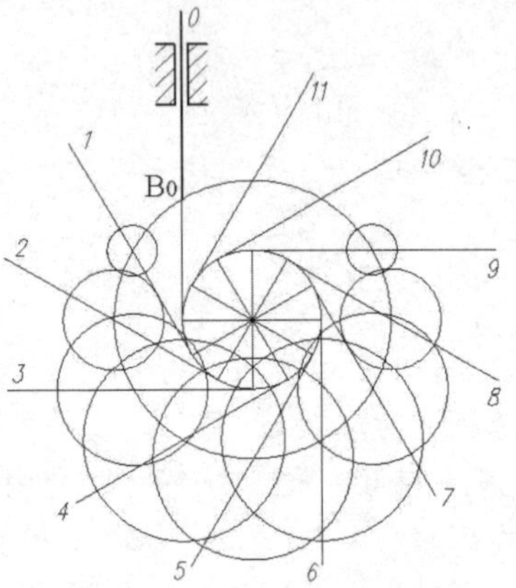

图 42-4　绘制、移动辅助圆

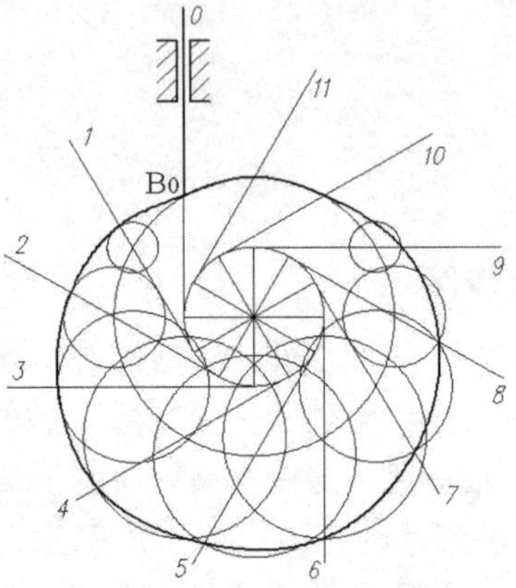

图 42-5　绘制凸轮的轮廓曲线

实例 43 凸轮 II

本实例所用的绘图命令：“圆”Circle 命令、“直线”Line 命令、“阵列”Array 命令、“移动”Move 命令、“样条曲线”Spline 命令、“偏移”Offset 命令。

凸轮 II 为滚子从动件盘形凸轮，如图 43-1(a)所示；从动件的位移线图如图 43-1(b)所示。

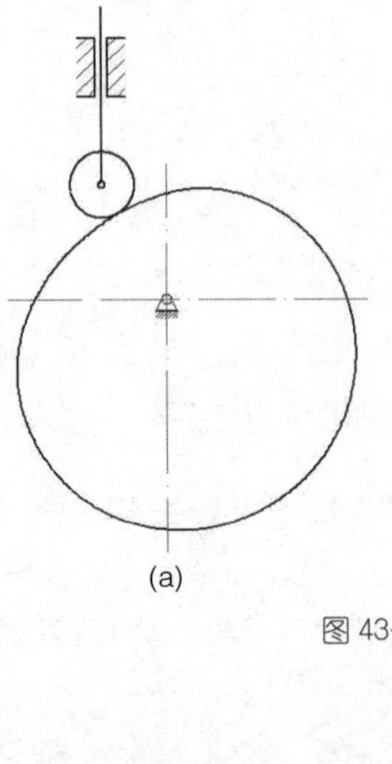

(a)

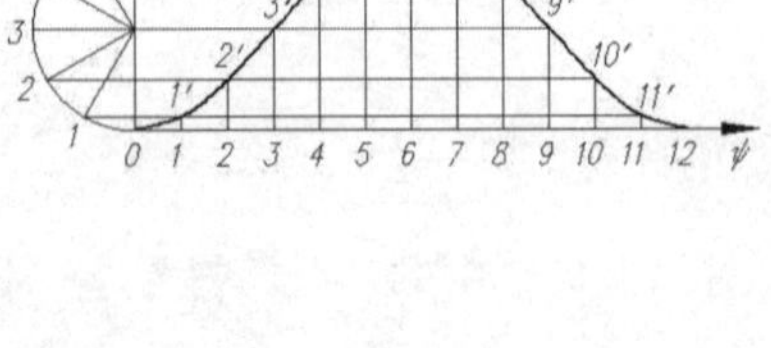

(b)

图 43-1　凸轮及从动件位移线图

绘制步骤

1 新建空白图形文件，加载线型，恢复图层。

2 打开状态栏中的“正交”按钮和“对象捕捉”按钮。

3 绘制基圆、偏距圆，绘制基圆水平半径和基圆切线，并将搞水平半径和切线左环形阵列的方法与绘制凸轮 I 中操作相同，这里不再重复。

4 单击“绘图”工具栏中的“圆”按钮，利用“圆”命令在位移线图中以 1、2、3……9 点为圆心，以 11′、22′、33′……99′为半径绘制辅助圆。

5 利用“移动”命令将在位移线图中绘制的辅助圆移到偏距圆与相应编号的基圆切线的交点处，如图 43-2 所示。

6 将“粗实线”层设置为当前层，单击“绘图”工具栏中的“样条曲线”按钮，利用“样条曲线”命令过 B_0 点及各辅助圆与相应编号的基圆切线的交点绘制样条曲线，当系统提示指定样条曲线起点和端点的切线方向时均回车即可，如图 43-3 所示，图中曲线即是滚子中心的运动轨迹。

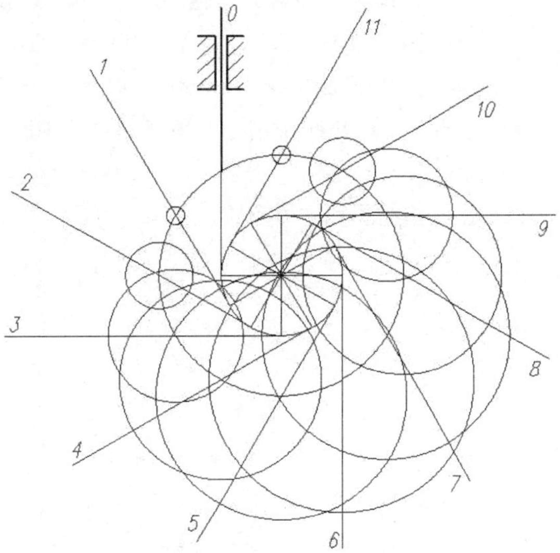

图 43-2　绘制、移动辅助圆

7 单击“修改”工具栏中的“偏移”按钮，利用“偏移”命令向图 43-3 所示的曲线内偏移该曲线，偏移的距离为滚子的半径，本例中滚子的半径为 5mm，即得凸轮的轮廓线曲线，如图 43-4 所示（图中删除了辅助圆，并过滚子中心运动轨迹与基圆切线的交点绘制了滚子圆，这些圆均与凸轮的轮廓曲线相切）。

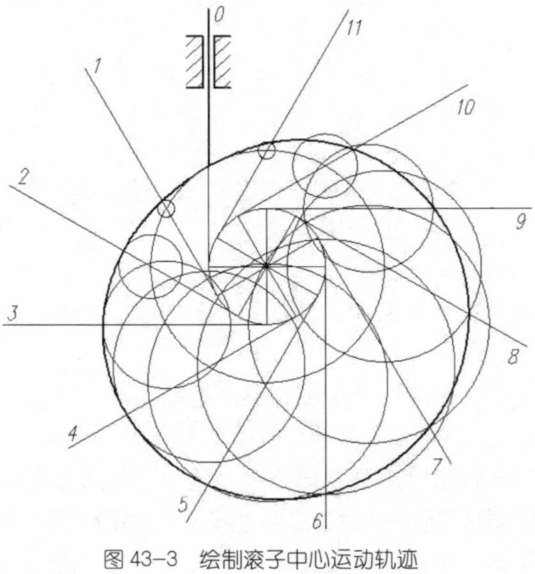

图 43-3　绘制滚子中心运动轨迹

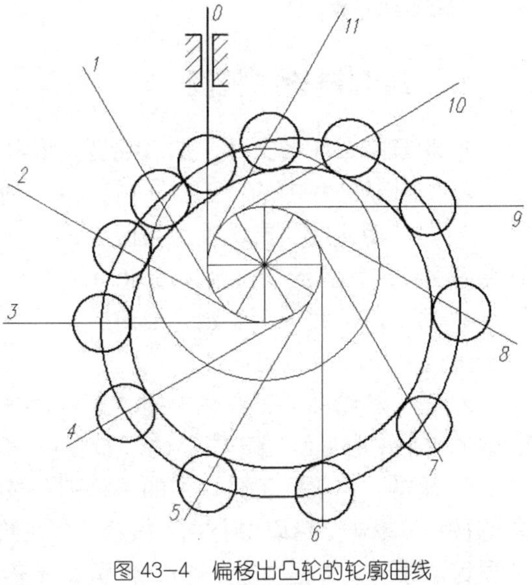

图 43-4　偏移出凸轮的轮廓曲线

实例 44 链轮

本实例所用的绘图命令：“圆”Circle 命令、“直线”Line 命令、“阵列”Array 命令、“删除”Erase 命令、“修剪”Trim 命令、“镜像”Mirror 命令、“偏移”Offset 命令、“图层匹配”Laymch 命令、“圆角”Fillet 命令、“倒角”Chamfer 命令、“拉长”Lengthen 命令、“图案填充”Bhatch 命令。

链轮的主视图和左视图如图 44-1 所示。

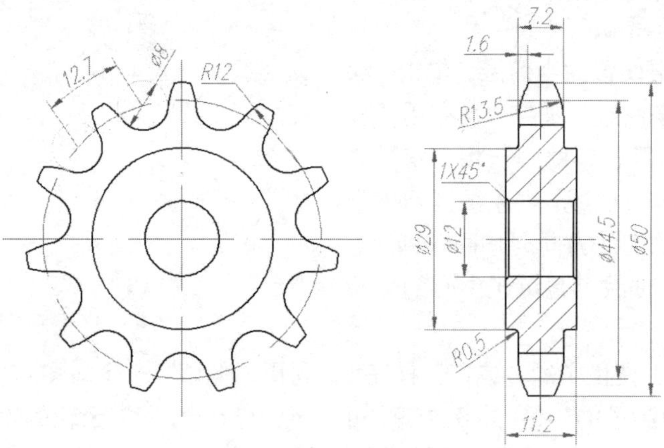

图 44-1 链轮

绘制步骤

一、绘制链轮主视图

1 新建空白图形文件，加载线型，恢复图层。

2 打开状态栏中的“正交”按钮、“对象捕捉”按钮和“对象捕捉追踪”按钮。

3 将“粗实线”层设置为当前层，单击“绘图”工具栏中的“圆”按钮，利用“圆”命令在绘图区适当位置绘制直径为 50mm、29mm 和 12mm 的同心圆。

4 将“点画线”层设置为当前层，回车，再次启动“圆”命令，捕捉同心圆的圆心为圆心，绘制直径为 45mm 的点画线圆。

5 单击“绘图”工具栏中的“直线”按钮，利用“直线”命令和对象捕捉追踪模式绘制同心圆的水平中心线和竖直中心线，如图 44-2 所示。

6 单击“修改”工具栏中的“阵列”按钮，系统弹出“阵列”对话框，选中“环形阵列”单选按钮，单击“拾取中心点”按钮，在绘图区捕捉同心圆的圆心。回到“阵列”对话框后，在“项目总数”文本框中输入 11，保留“填充角度”文本框中的缺省设置 360 不变。单击“选择对象”按钮，在绘图区中单击竖直中心线。回车，回到“阵列”对话框，单击“确定”按钮。

7　将“粗实线”层设置为当前层，单击“绘图”工具栏中的“圆”按钮，利用“圆”命令以倾斜点画线与点画线圆的交点 A 为圆心，绘制直径为 8mm 和 16mm 的圆。

8　回车，再次启动“圆”命令，以直径为 16mm 的圆与点画线圆的交点为圆心，绘制直径为 12mm 的圆，该圆与直径为 8mm 的圆外切，如图 44-3 所示

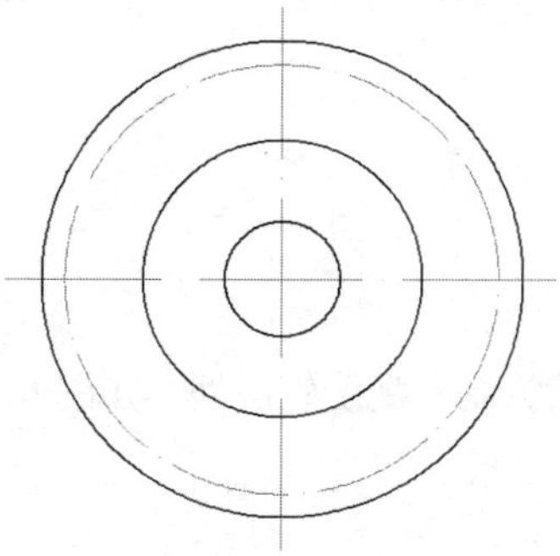

图 44-2　绘制同心圆和中心线

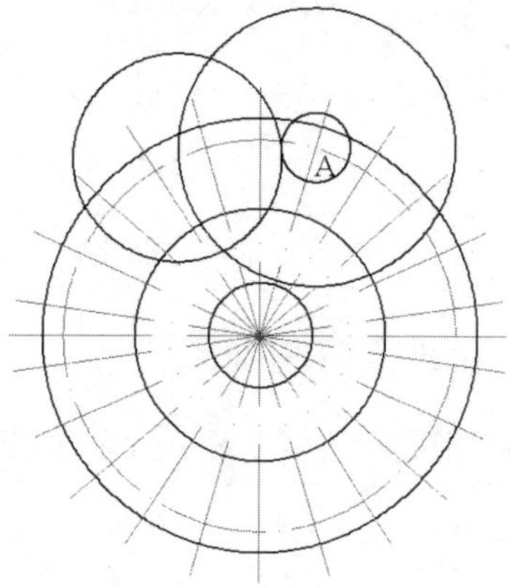

图 44-3　阵列后绘制圆

9　单击“修改”工具栏中的“删除”按钮，利用“删除”命令删除直径为 16mm 的圆和所有倾斜点画线。

10　单击“修改”工具栏中的“修剪”按钮，利用“修剪”命令修剪直径为 12mm 的圆，得到齿顶圆弧，如图 44-4 所示。

11　单击“修改”工具栏中的“镜像”按钮，利用“镜像”命令做齿顶圆弧的竖直镜像，镜像线为竖直中心线，如图 44-5 所示。

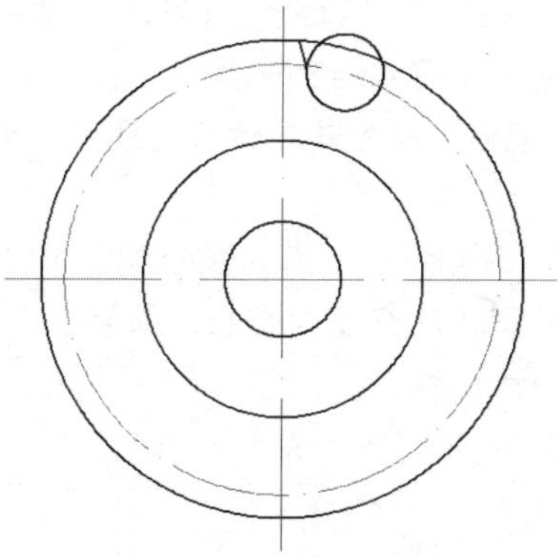

图 44-4　修剪出齿顶圆弧

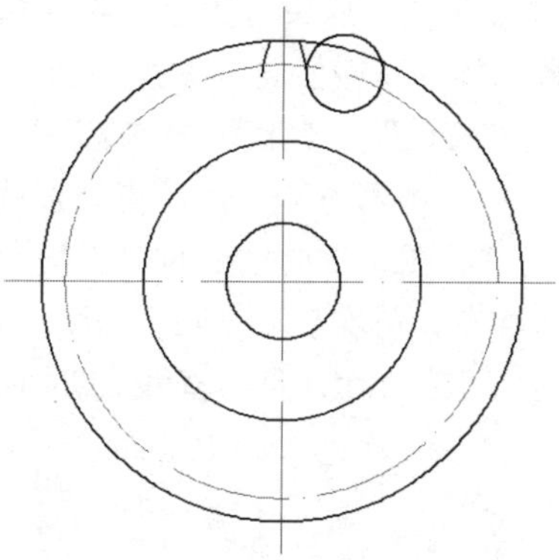

图 44-5　做齿顶圆弧的竖直镜像

12　单击“修改”工具栏中的“阵列”按钮，系统弹出“阵列”对话框，选中“环形阵列”单选按钮，单击“拾取中心点”按钮，在绘图区捕捉同心圆的圆心。回到“阵列”对话框后，在“项目总数”文本框中输入 11，保留“填充角度”文本框中的缺省设置 360 不变。单击“选择对象”按钮，在绘图区中单击两条齿顶圆弧和直径为 8mm 的圆。回车，回到“阵列”对话框，单击“确定”按钮，阵列结果如图 44-6 所示。

13　单击“修改”工具栏中的“修剪”按钮，启动“修剪”命令，选择所有齿顶圆弧为修剪边界，修剪直径为 8mm 和 50mm 的圆，完成绘制链轮主视图，如图 44-7 所示。

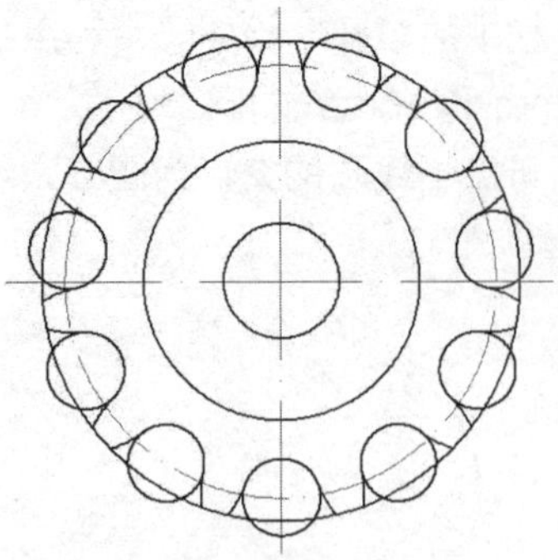

图 44-6 环形阵列结果

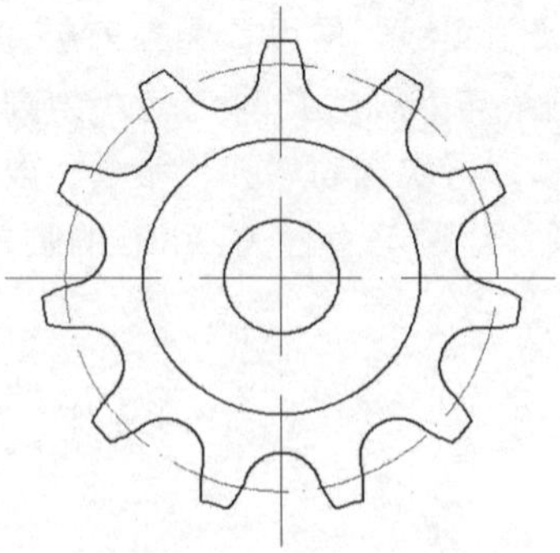

图 44-7 修剪结果

二、绘制链轮左视图

1 将“粗实线”层设置为当前层，利用“直线”命令连续绘制左视图轮廓线，如图 44-8 所示。

```
命令: _line       (单击“绘图”工具栏中的“直线”按钮，启动“直线”命令)
指定第一点:       (将光标移到主视图水平中心线的右端点处，出现端点捕捉标记后，向右移动光标，出现水平追踪轨迹，在适当位置单击)
指定下一点或 [放弃(U)]: 14.5↙       (向上移动光标，输入竖直线BC的长度14.5，回车)
指定下一点或 [放弃(U)]: 2↙       (向右移动光标，输入水平线CD的长度2，回车)
指定下一点或 [闭合(C)/放弃(U)]:10.5↙       (向上移动光标，输入竖直线DE的长度10.5，回车)
指定下一点或 [闭合(C)/放弃(U)]: 7.2↙       (向右移动光标，输入水平线的EF长度7.2，回车)
指定下一点或 [闭合(C)/放弃(U)]: 10.5↙       (向下移动光标，输入竖直线的FG长度10.5，回车)
指定下一点或 [闭合(C)/放弃(U)]: 2↙       (向右移动光标，输入水平线的GH长度2，回车)
指定下一点或 [闭合(C)/放弃(U)]:14.5↙       (向下移动光标，输入竖直线的HI长度14.5，回车)
指定下一点或 [闭合(C)/放弃(U)]:↙       (回车，结束“直线”命令)
```

2 将“点画线”层设置为当前层，单击“绘图”工具栏中的“直线”按钮，利用“直线”命令和对象捕捉追踪模式绘制左视图的水平对对称点画线，如图 44-8 所示。

3 单击“修改”工具栏中的“偏移”按钮，利用“偏移”命令向右偏移直线 ED 两次，偏移距离分别为 1.6mm 和 13.5mm，得到直线 IJ 和 MN。

4 单击“绘图”工具栏中的“圆”按钮，利用“圆”命令以 L 点为圆心绘制半径 13.5mm 的辅助圆。回车，再次启动“圆”命令，以辅助圆与直线 MN 的交点为圆心，绘制过 L 点的圆，该圆半径也为 13.5mm，且与直线 ED 相切，如图 44-9 所示。

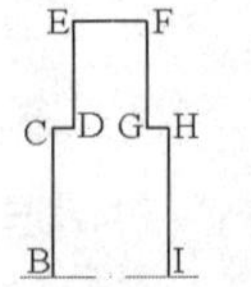

图 44-8 绘制直线和点画线

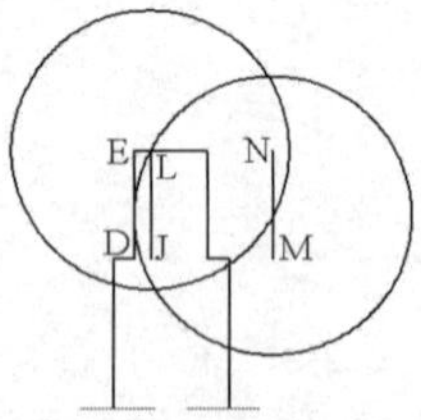

图 44-9 偏移直线后绘制圆

5 单击“修改”工具栏中的“删除”按钮，利用“删除”命令删除直线 IJ、MN 和辅助圆。

6 单击“修改”工具栏中的“修剪”按钮，利用“修剪”命令修剪与直线 ED 相切的圆，如图 44-10 所示。

7 单击“修改”工具栏中的“镜像”按钮，利用“镜像”命令做圆弧的竖直镜像，镜像线一个

端点为在直线 EF 上捕捉的中点，另一个端点为在对称点画线上捕捉的垂足，结果如图 44-11 所示。

8 单击“修改”工具栏中的“修剪”按钮，利用“修剪”命令修剪圆弧两侧的直线。

9 单击“修改”工具栏中的“偏移”按钮，利用“偏移”命令向上偏移水平对称点画线三次，偏移距离为 6mm、18.25mm 和 22.25mm，如图 44-12 所示。

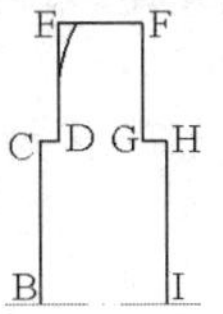

图 44-10　修剪出圆弧

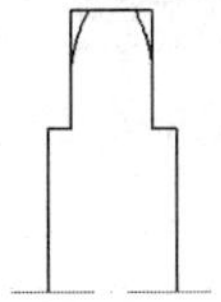
图 44-11　做圆弧的竖直镜像

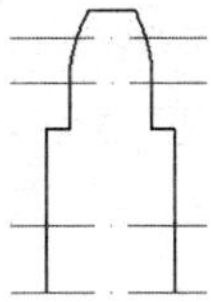
图 44-12　偏移点画线

10 选择菜单“格式”→“图层工具”→“图层匹配”选项，利用“图层匹配”命令将偏移距离为 6 mm 和 18 .25mm 的点画线的图层修改为“粗实线”层。

11 单击“修改”工具栏中的“修剪”按钮，利用“修剪”命令修剪两条由点画线变化来的粗实线。

12 选择菜单“修改”→“拉长”选项，利用拉长命令中的“动态”选项将上方水平点画线适当缩短，如图 44-13 示。

13 单击“修改”工具栏中的“圆角”按钮，利用“圆角”命令绘制两个半径为 0.5mm 圆角。

14 单击“修改”工具栏中的“倒角”按钮，利用“倒角”命令绘制两个内倒角，倒角距离 1。绘制内倒角时，“倒角”命令中的“修剪”选项应设置为“不修剪”，然后利用“修剪”命令修剪倒角边。

15 单击“绘图”工具栏中的“直线”按钮，利用“直线”命令过两条倒角斜线的端点做水平对称点画线的垂线，如图 44-14 所示。

16 单击“修改”工具栏中的“镜像”按钮，利用“镜像”命令做所绘图形的水平镜像，镜像线为水平对称点画线。

17 将“点画线”层设置为当前层，单击“绘图”工具栏中的“直线”按钮，利用“直线”命令和对象捕捉追踪模式绘制左视图的竖直对称点画线。

18 双击水平对称点画线，在弹出的“特性”选项板中将线型比例修改为 0.2。

19 将“细实线”层设置为当前层，单击“绘图”工具栏中的“图案填充”按钮，利用“图案填充”命令绘制剖面线。在弹出的“图案填充和渐变色”对话框中打开“图案填充”选项卡，将图案类型均设置为 ANSI31，角度设置为 0，比例设置为 0.75。单击“拾取点”按钮，在左视图中需要的填充区域内单击，回车两次，即可绘制剖面线。

完成绘制链轮左视图，如图 44-15 所示。

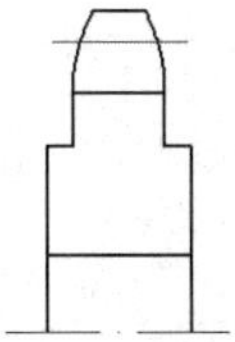
图 44-13　修剪直线

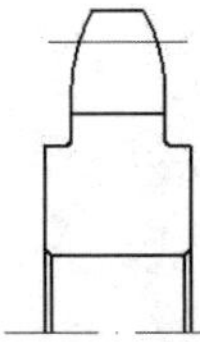
图 44-14　绘制圆角和内倒角

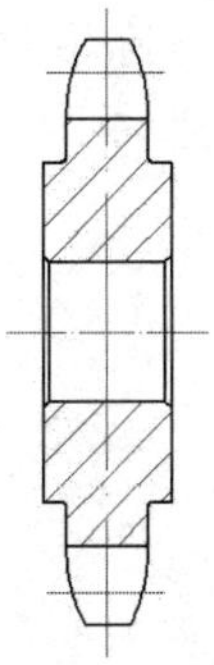
图 44-15　绘制左视图

实例 45 棘轮

本实例所用的绘图命令："圆" Circle 命令、"直线" Line 命令、"修剪" Trim 命令、"阵列" Array 命令。

棘轮的主视图如图 45-1 所示，该棘轮的模数 m=4，齿数 z=14。

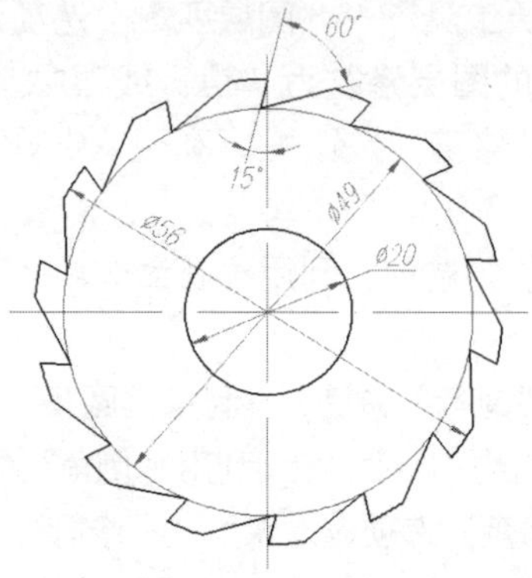

图 45-1　棘轮

绘制步骤

1 新建空白图形文件，加载线型，恢复图层。

2 打开状态栏中的"正交"按钮、"对象捕捉"按钮和"对象捕捉追踪"按钮。

3 将"粗实线"层设置为当前层，分别单击"绘图"工具栏中的"圆"按钮，利用"圆"命令在绘图区适当位置绘制直径分别为 56mm 和 20mm 的同心圆。

4 将"细实线"层设置为当前层，回车，再次启动"圆"命令，捕捉同心圆的圆心为圆心，绘制直径为 49mm 的细实线圆

5 将"点画线"层设置为当前层，分别单击"绘图"工具栏中的"直线"按钮，利用"直线"命令和对象捕捉追踪模式绘制同心圆的水平中心线和竖直中心线，如图 45-2 所示。

6 将"粗实线"层设置为当前层。利用"直线"命令，过直径为 56mm 的圆的上象限点 A 绘制倾斜线 AB，B 点相对于 A 点的坐标为"@7<255"。过 AB 与细实线圆的交点 C 绘制倾斜线 CD，D 点相对于 C 点的坐标为"@10<15"，如图 45-3 所示。

图 45-2　绘制同心圆和中心线

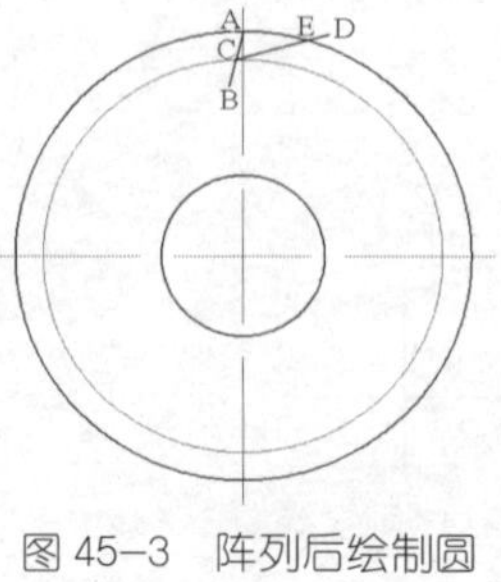

图 45-3　阵列后绘制圆

7 单击“修改”工具栏中的“修剪”按钮-/--，利用“修剪”命令修剪两条倾斜线，得到轮齿轮廓 AC 和 CE，如图 45-4 所示。

8 单击“修改”工具栏中的“阵列”按钮，系统弹出“阵列”对话框，选中“环形阵列”单选按钮，单击“拾取中心点”按钮，在绘图区捕捉同心圆的圆心。回到“阵列”对话框后，在“项目总数”文本框中输入 14，保留“填充角度”文本框中的缺省设置 360 不变。单击“选择对象”按钮，在绘图区中单击直线 AC 和 CE。回车，回到“阵列”对话框，单击“确定”按钮。阵列结果如图 45-5 所示。

9 单击“修改”工具栏中的“修剪”按钮-/--，启动“修剪”命令，选择所有轮齿轮廓线为修剪边界，修剪直径为 56mm 的圆，完成绘制棘轮主视图，如图 45-6 所示。

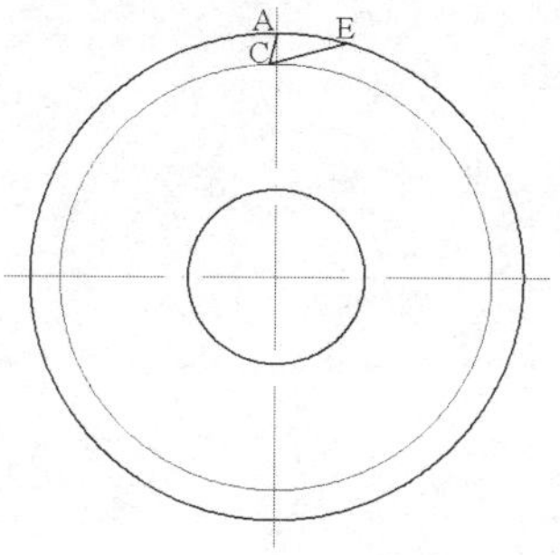

图 45-4　修剪出齿顶圆弧

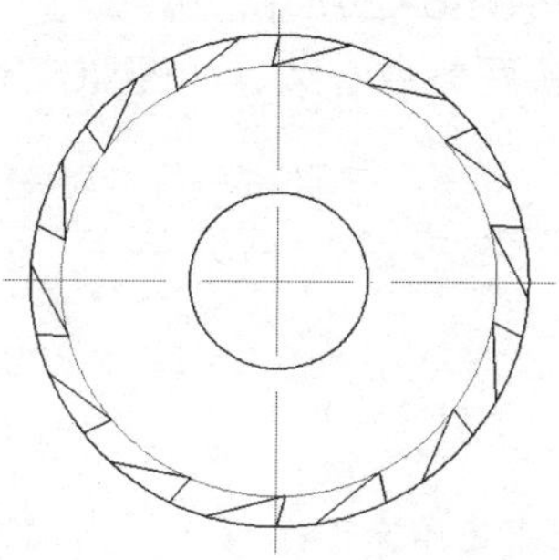
图 45-5　环形阵列结果

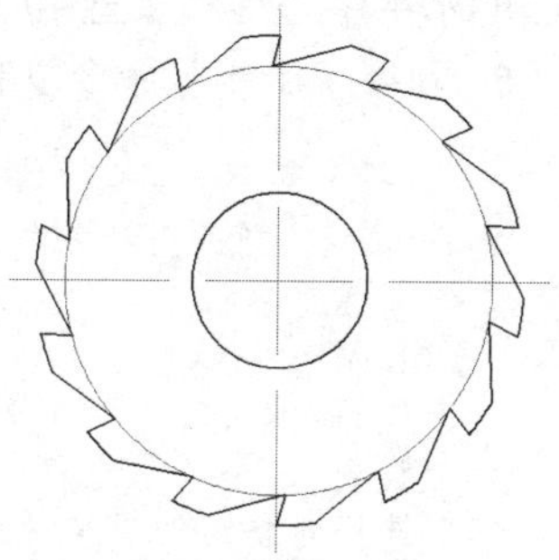
图 45-6　完成绘图

实例 46　槽轮

本实例所用的绘图命令：“圆”Circle 命令、“直线”Line 命令、“阵列”Array 命令、“复制”Copy 命令、“删除”Erase 命令、“修剪”Trim 命令、“偏移”Offset 命令、“图层匹配”Laymch 命令。

槽轮的主视图如图 46-1 所示。

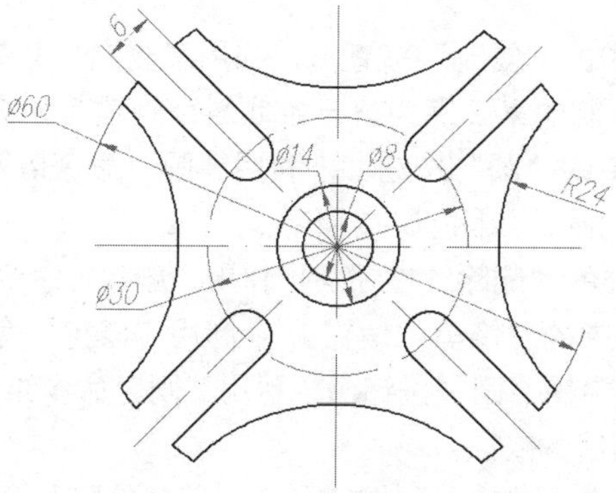

图 46-1　槽轮

绘制步骤

1 新建空白图形文件，加载线型，恢复图层。

2 打开状态栏中的“正交”按钮、“对象捕捉”按钮和“对象捕捉追踪”按钮。

3 将“粗实线”层设置为当前层，单击“绘图”工具栏中的“圆”按钮，利用“圆”命令在绘图区适当位置绘制直径为 60mm、14mm 和 8mm 的同心圆。

4 将“点画线”层设置为当前层，回车，再次启动“圆”命令，捕捉同心圆的圆心为圆心，绘制直径为 30mm 的点画线圆。

5 单击“绘图”工具栏中的“直线”按钮，利用“直线”命令和对象捕捉追踪模式绘制同心圆的水平中心线和竖直中心线，如图 46-2 所示。

6 利用“旋转”命令复制并旋转两条中心线，如图 46-3 所示。

```
命令: _rotate      (单击“修改”工具栏中的“旋转”按钮，启动“旋转”命令)
UCS 当前的正角方向: ANGDIR=逆时针  ANGBASE=0
选择对象:
找到 1 个
选择对象:        (分别单击两条中心线)
找到 1 个，总计 2 个
选择对象:↙        (回车，结束选择旋转对象)
指定基点:        (捕捉同心圆的圆心)
指定旋转角度，或 [复制(C)/参照(R)] <0>: C↙      (输入C，回车，选择“复制”选项)
旋转一组选定对象。
指定旋转角度，或 [复制(C)/参照(R)] <0>: 45↙      (输入旋转角度45，回车)
```

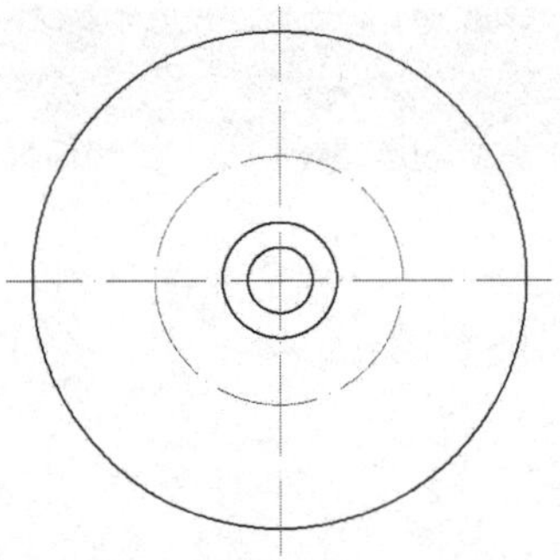

图 46-2　绘制同心圆和水平中心线

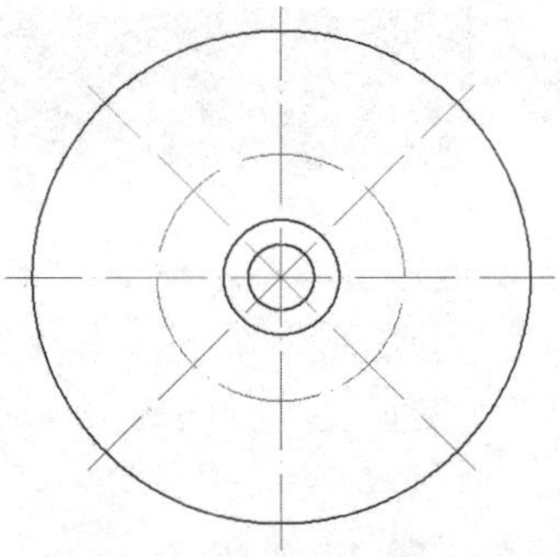

图 46-3　复制并旋转中心线

7 单击“修改”工具栏中的“复制”按钮，利用“复制”命令复制两条倾斜点画线，复制的基点为同心圆的圆心 O，复制的第 2 点为另一条倾斜点画线与大圆的交点。

8 单击“绘图”工具栏中的“圆”按钮，利用“圆”命令以两条复制出来的点画线的交点为圆心，绘制半径为 24mm 的圆，如图 46-4 所示。

9 单击“修改”工具栏中的“删除”按钮，利用“删除”命令删除复制出来的两条点画线。

10 单击“修改”工具栏中的“修剪”按钮，利用“修剪”命令修剪直径为 24mm 的圆。

11 单击“绘图”工具栏中的“圆”按钮，利用“圆”命令绘制直径为 6mm 的圆，圆心为点画线圆与倾斜 135° 的点画线的交点。

12 单击“修改”工具栏中的“偏移”按钮，利用“偏移”命令对称偏移倾斜 135°的点画线，偏移距离为 3mm，如图 46-5 所示。

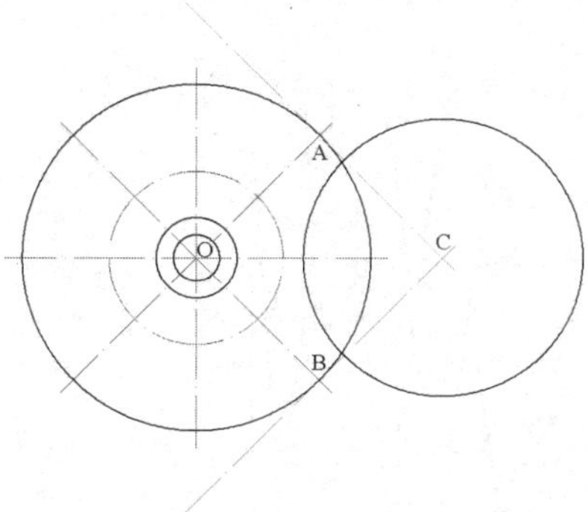

图 46–4　复制倾斜点画线后绘制圆

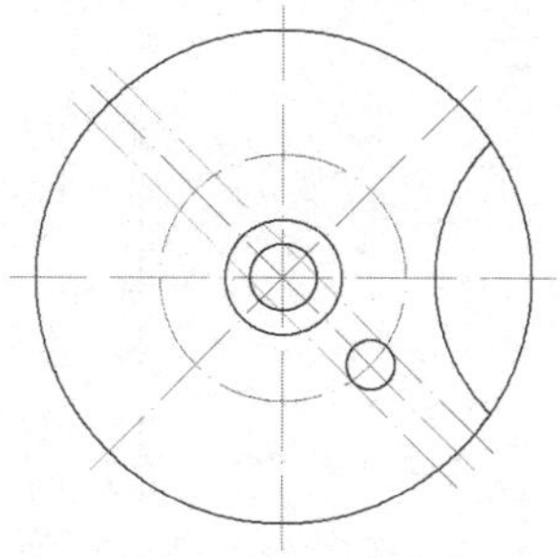

图 46–5　绘制圆，偏移点画线

13 选择菜单“格式”→“图层工具”→“图层匹配”选项，利用“图层匹配”命令将偏移出来的两条的点画线的图层修改为“粗实线”层。

14 单击“修改”工具栏中的“修剪”按钮，利用“修剪”命令修剪两条倾斜线和直径为 6mm 的圆，得到槽的轮廓线，如图 46–6 所示。

15 单击“修改”工具栏中的“阵列”按钮，系统弹出“阵列”对话框，选中“环形阵列”单选按钮，单击“拾取中心点”按钮，在绘图区捕捉同心圆的圆心。回到“阵列”对话框后，在“项目总数”文本框中输入 4，保留“填充角度”文本框中的缺省设置 360 不变。单击“选择对象”按钮，在绘图区中单击槽的轮廓线和半径为 24mm 的圆弧。回车，回到“阵列”对话框，单击“确定”按钮，阵列结果如图 46–7 所示。

16 单击“修改”工具栏中的“修剪”按钮，启动“修剪”命令，选择槽的倾斜轮廓线和半径为 24mm 的圆弧为修剪边界，修剪直径为 60mm 的圆，完成绘制槽轮主视图，如图 46–8 所示。

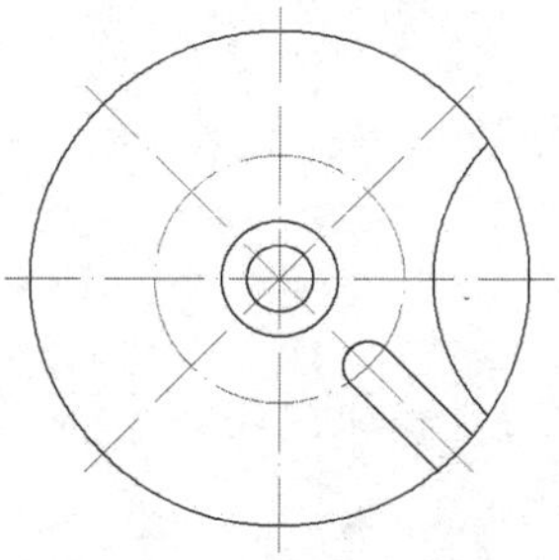

图 46–6　修剪出槽的轮廓线

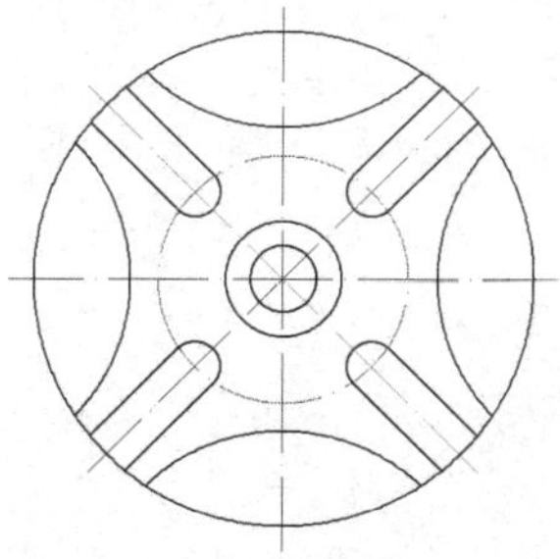

图 46–7　环形阵列结果

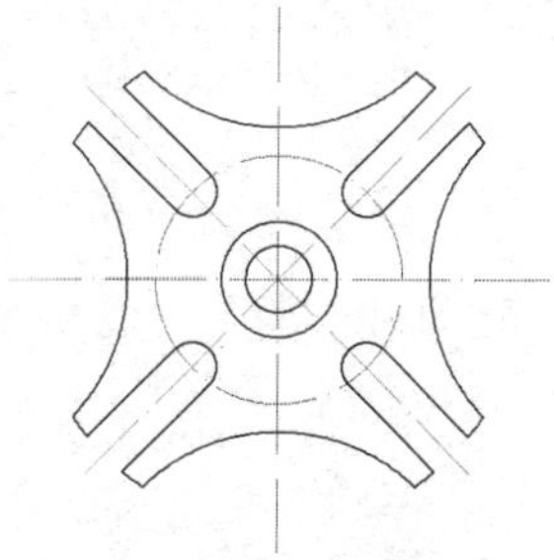

图 46–8　完成绘图

实例 47　压缩弹簧

本实例所用的绘图命令：“直线”Line 命令、“偏移”Offset 命令、“圆”Circle 命令、“复制”Copy 命令、“修剪”Trim 命令、“镜像”Mirror 命令、“图案填充”Bhatch 命令。

压缩弹簧的主视图如图 47–1 所示。

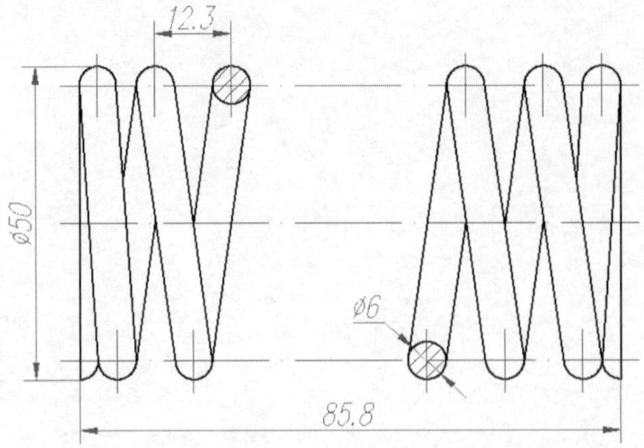

图 47-1　压缩弹簧

绘制步骤

1 新建空白图形文件，加载线型，恢复图层。

2 打开状态栏中的“正交”按钮、“对象捕捉”按钮和“对象捕捉追踪”按钮。

3 将“点画线”层设置为当前层，单击“绘图”工具栏中的“直线”按钮，利用“直线”命令绘制一条长度为 91.8mm 的水平点画线

4 单击“修改”工具栏中的“偏移”按钮，利用“偏移”命令对称偏移水平点画线，偏移距离为 22mm。

5 将“粗实线”层设置为当前层，利用“圆”命令绘制圆。

命令：_circle　　（单击“绘图”工具栏中的“圆”按钮，启动“圆”命令）
指定圆的圆心或 [三点(3P)/两点(2P)/相切、相切、半径(T)]：3↙　　（将光标移到下方水平点画线的左端点A处，出现端点捕捉标记后，向右移动光标，出现水平追踪轨迹，输入追踪距离3，回车）
指定圆的半径或 [直径(D)]：　　（捕捉端点A）

6 利用“复制”命令复制圆。

命令：_copy　　（单击“修改”工具栏中的“复制”按钮，启动“复制”命令）
选择对象：　　（单击圆）
找到 1 个
选择对象：↙　　（回车，结束选择复制对象）
指定基点或 [位移(D)] <位移>：　　（捕捉圆心）
指定第二个点或 <使用第一个点作为位移>：@3,44↙　　（输入第二点相对于圆心的坐标，回车）
指定第二个点或 [退出(E)/放弃(U)] <退出>：↙　　（回车，结束“复制”命令）

7 单击“绘图”工具栏中的“直线”按钮，利用“直线”命令连接上方圆的左象限点和下方圆的下象限点，如图 47-2 所示。

8 将“点画线”层设置为当前层，利用“直线”命令和对象捕捉追踪模式绘制上方圆的竖直中心线。

9 单击“修改”工具栏中的“修剪”按钮，利用“修剪”命令修剪下方圆，如图 47-3 所示。

图 47-2　绘制点画线、复制圆、连线

10 利用“复制”命令复制圆及其竖直中心线，如图 47-4 所示。

命令：_copy　　（单击“修改”工具栏中的“复制”按钮，启动“复制”命令）
选择对象：
指定对角点：　　（用实线拾取框包围圆及其竖直中心线）
找到 2 个
选择对象：↙　　（回车，结束选择复制对象）
指定基点或 [位移(D)] <位移>：　　（捕捉该圆的圆心）
指定第二个点或 <使用第一个点作为位移>：@3,-44↙　　（输入复制的第一个圆的圆心相对于基点的坐标，回车）
指定第二个点或 [退出(E)/放弃(U)] <退出>：@15.3,-44↙　　（输入复制的第二个圆的圆心相对于基点的坐标，回车）
指定第二个点或 [退出(E)/放弃(U)] <退出>：@9.15,0↙　　（输入复制的第三个圆的圆心相对于基点的坐标，回车）
指定第二个点或 [退出(E)/放弃(U)] <退出>：@21.45,0↙　　（输入复制的第四个圆的圆心相对于基点的坐标，回车）
指定第二个点或 [退出(E)/放弃(U)] <退出>：↙　　（回车，结束“复制”命令）

图 47-3　绘制中心线后修剪圆

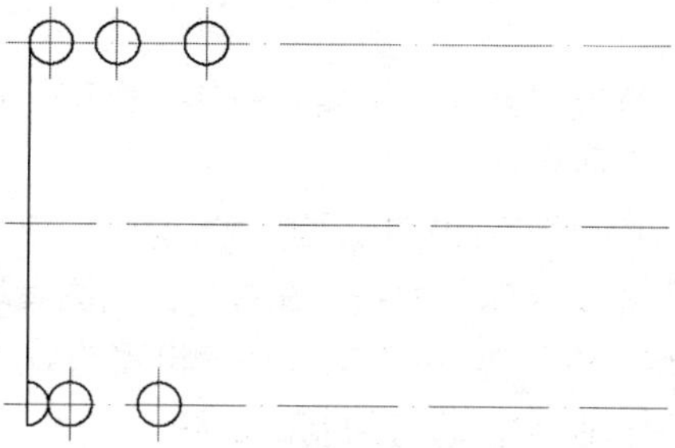

图 47-4　复制圆及其竖直中心线

11 关闭状态栏中的“正交”按钮和“对象捕捉追踪”按钮，将光标移到“对象捕捉”按钮上单击鼠标右键，在弹出的“草图设置”对话框中打开“对象捕捉”选项卡，取消原来的自动捕捉设置，只勾选“切点”复选框，如图 47-5 所示。

12 单击“绘图”工具栏中的 ⁄ 按钮，利用“直线”命令和自动切点捕捉绘制上下相对圆的公切线，如图 47-6 所示。

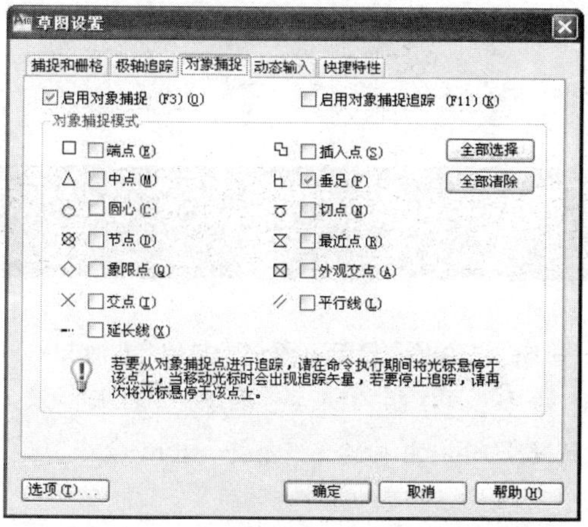

图 47-5　重新设置自动对象捕捉选项

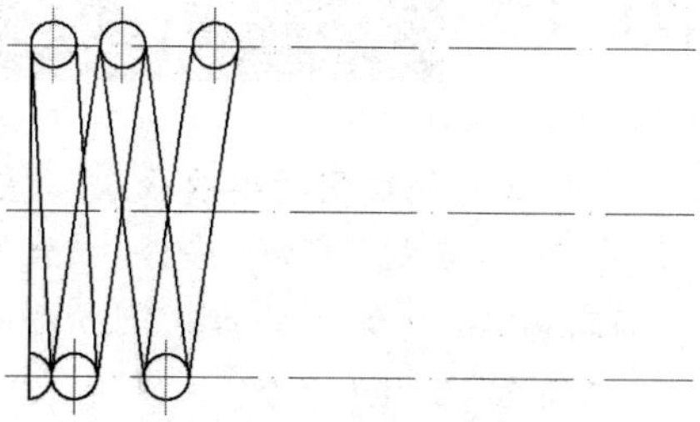

图 47-6　绘制圆的公切线

13 单击“修改”工具栏中的“镜像”按钮，利用“镜像”命令做已绘制的圆及其竖直中心线和公切线的竖直镜像，镜像线的两个端点是在两条水平点画线上捕捉的中点。镜像结果如图 47-7 所示。

14 单击“修改”工具栏中的“复制”按钮，利用“复制”命令复制圆心为 B 点的圆及其竖直中心线，复制的基点为 B，复制的第 2 点相对于 B 点的坐标为“@-12.3, 0”。

15 单击“绘图”工具栏中的“直线”按钮，利用“直线”命令和自动切点捕捉绘制复制出来的圆和上方相对圆的公切线，如图 47-8 所示。

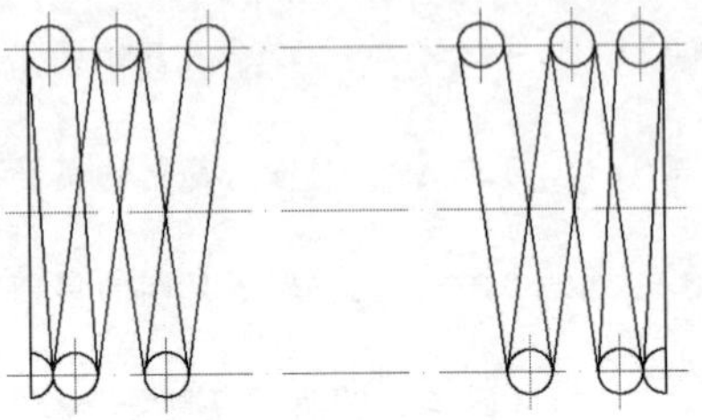

图 47-7　做竖直镜像

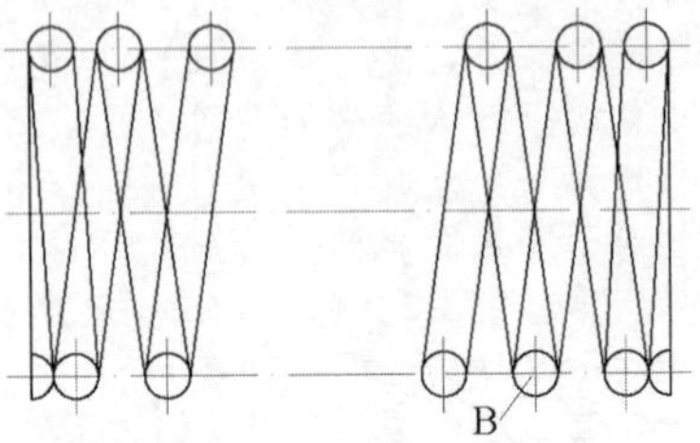

图 47-8　复制圆并绘制公切线

16 单击“修改”工具栏中的“修剪”按钮，利用“修剪”命令修剪不可见的圆和公切线，如图 47-9 所示。

17 将“细实线”层设置为当前层，单击“绘图”工具栏中的“图案填充”按钮，利用“图案填充”命令绘制剖面线。在弹出的“图案填充和渐变色”对话框中打开“图案填充”选项卡，将图案类型均设置为 ANSI31，角度设置为 0，比例设置为 0.5。单击“拾取点”按钮，在两个圆内单击，回车两次，即可绘制剖面线。

完成绘制压缩弹簧主视图，如图 47-10 所示。

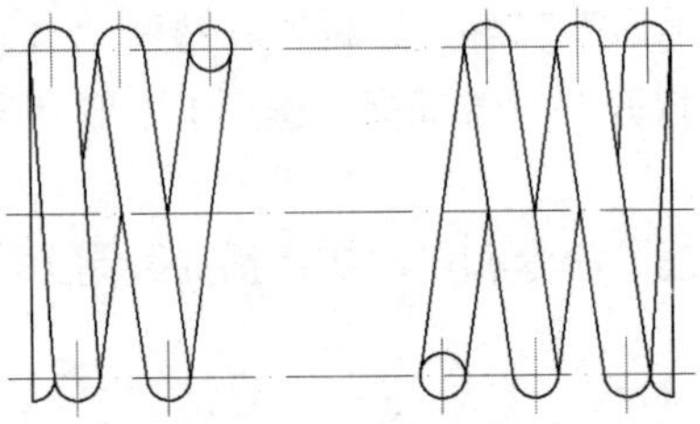

图 47-9　修剪结果

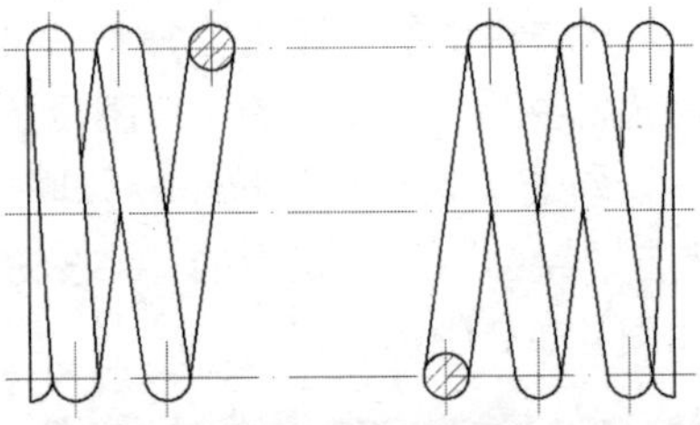

图 47-10　完成绘图

实例 48　拉伸弹簧

本实例所用的绘图命令：“直线”Line 命令、“偏移”Offset 命令、“圆”Circle 命令、“复制”Copy 命令、“镜像”Mirror 命令、“移动”Move 命令、“拉长”Lengthen 命令、“修剪”Trim 命令、“图案填充”Bhatch 命令、“合并”Join 命令、“圆角”Fillet 命令。

拉伸弹簧的主视图和左视图如图 48-1 所示。

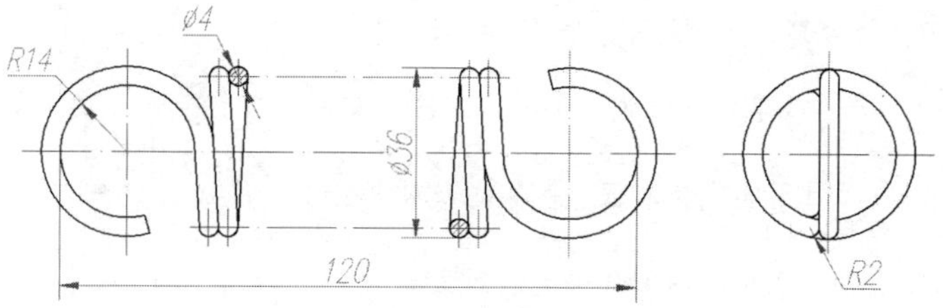

图 48-1　拉伸弹簧

绘制步骤

一、绘制拉伸弹簧主视图

1 新建空白图形文件，加载线型，恢复图层。

2 打开状态栏中的“正交”按钮、“对象捕捉”按钮和“对象捕捉追踪”按钮。

3 将“点画线”层设置为当前层，单击“绘图”工具栏中的“直线”按钮，利用“直线”命令绘制一条长度为 136mm 的水平点画线。

4 单击“修改”工具栏中的“偏移”按钮，利用“偏移”命令对称偏移水平点画线，偏移距离为 16mm。

5 将“粗实线”层设置为当前层，利用“圆”命令绘制圆。

命令：_circle　　（单击“绘图”工具栏中的“圆”按钮，启动“圆”命令）
指定圆的圆心或 [三点(3P)/两点(2P)/相切、相切、半径(T)]：22↙　　（将光标移到中间水平点画线的左端点A处，出现端点捕捉标记后，向右移动光标，出现水平追踪轨迹，输入追踪距22，回车）
指定圆的半径或 [直径(D)]:14↙　　（输入圆的半径，回车）

6 单击“修改”工具栏中的“偏移”按钮，利用“偏移”命令向外偏移圆，偏移距离为 4mm。

7 将“点画线”层设置为当前层，利用“直线”命令和对象捕捉追踪模式绘制同心圆的竖直中心线，如图 48-2 所示。

8 将“粗实线”层设置为当前层，利用“圆”命令绘制圆。

命令：_circle　　（单击“绘图”工具栏中的“圆”按钮，启动“圆”命令）
指定圆的圆心或 [三点(3P)/两点(2P)/相切、相切、半径(T)]：_from　　（单击“对象捕捉”工具栏中的“捕捉自”按钮）
基点：　　（捕捉同心圆的圆心为基点）
<偏移>：@17,-16↙　　（输入圆心相对于基点的坐标，回车）
指定圆的半径或 [直径(D)] <14.0000>：2↙　　（输入圆的半径，回车）

9 将“点画线”层设置为当前层，利用“直线”命令和对象捕捉追踪模式绘制半径为 2mm 的圆的竖直中心线，如图 48-3 所示。

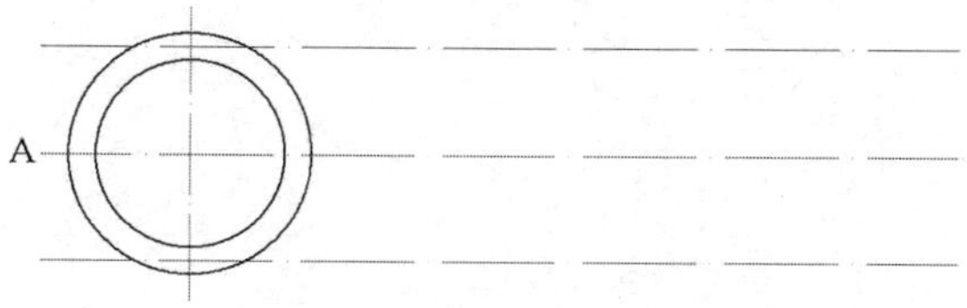

图 48-2　绘制点画线和同心圆

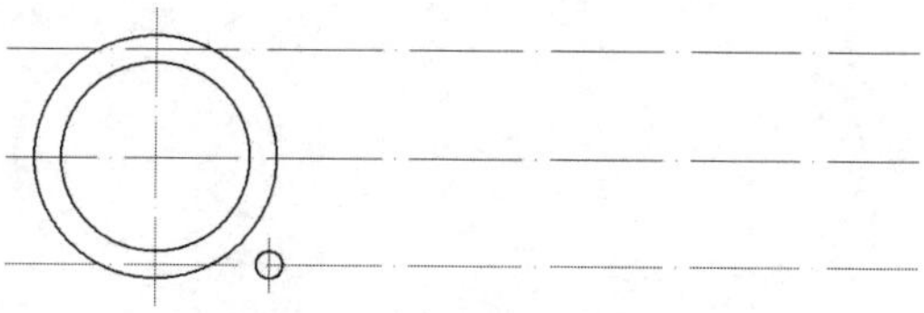

图 48-3　绘制圆和竖直中心线

10 利用“复制”命令复制小圆及其竖直中心线。

```
命令: _copy        (单击“修改”工具栏中的“复制”按钮，启动“复制”命令)
选择对象:
指定对角点:        (用实线拾取框包围小圆及其竖直中心线)
找到 2 个
选择对象:↙        (回车，结束选择复制对象)
指定基点或 [位移(D)] <位移>:        (捕捉小圆的左象限点)
指定第二个点或 <使用第一个点作为位移>:        (捕捉小圆的右象限点)
指定第二个点或 [退出(E)/放弃(U)] <退出>:↙        (回车，结束“复制”命令)
```

11 利用“复制”命令复制两个小圆及其竖直中心线，如图 48-4 所示。

```
命令: _copy        (单击“修改”工具栏中的“复制”按钮，启动“复制”命令)
选择对象:
指定对角点:        (用实线拾取框包围两个小圆及其竖直中心线)
找到 2 个
选择对象:↙        (回车，结束选择复制对象)
指定基点或 [位移(D)] <位移>:        (捕捉左侧小圆的圆心)
指定第二个点或 <使用第一个点作为位移>: @2,32↙        (输入第二相对于基点的坐标，回车)
指定第二个点或 [退出(E)/放弃(U)] <退出>:↙        (回车，结束“复制”命令)
```

12 单击“修改”工具栏中的“镜像”按钮，利用“镜像”命令做已绘制同心圆、小圆及其竖直中心线的竖直镜像，镜像线的两个端点是在两条水平点画线上捕捉的中点。镜像结果如图 48-5 所示。

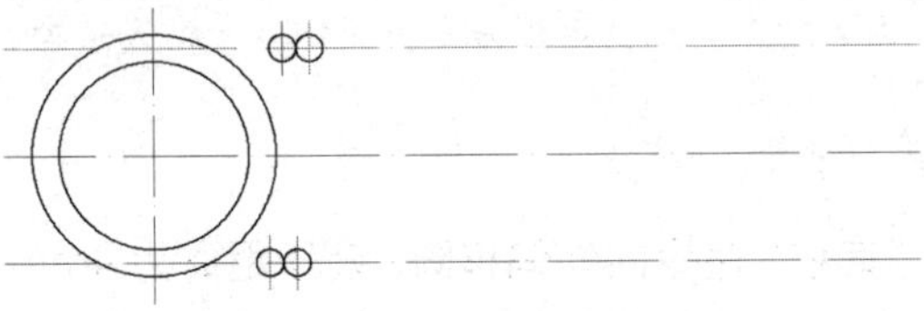

图 48-4 复制圆及其竖直中心线

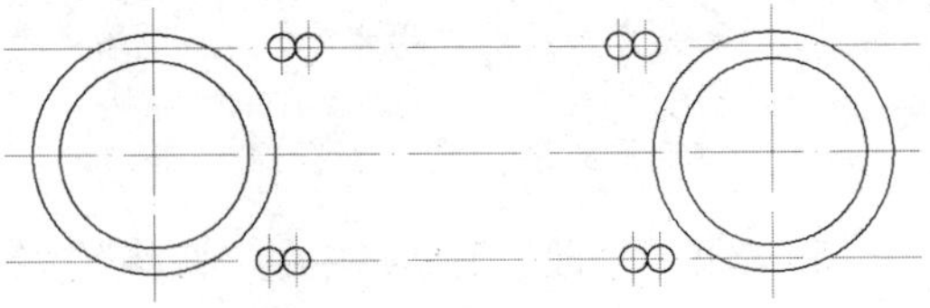

图 48-5 做竖直镜像

13 单击“修改”工具栏中的“移动”按钮，利用“移动”命令将右上方的两个小圆及其竖直中心线向右移动 2mm，将右下方的两个小圆及其竖直中心线向左移动 2mm。

14 选择菜单“修改”→“拉长”选项，利用拉长命令中的“动态”选项将上方和下方两条水平点画线适当缩短，如图 48-6 所示。

15 关闭状态栏中的“正交”按钮和“对象捕捉追踪”按钮，将光标移到“对象捕捉”按钮上单击鼠标右键，在弹出的“草图设置”对话框中打开“对象捕捉”选项卡，取消原来的自动捕捉设置，只勾选“切点”复选框。

16 将“粗实线”层设置为当前层，单击“绘图”工具栏中的“直线”按钮，利用“直线”命令和自动切点捕捉绘制上下相对圆的公切线，如图 48-7 所示。

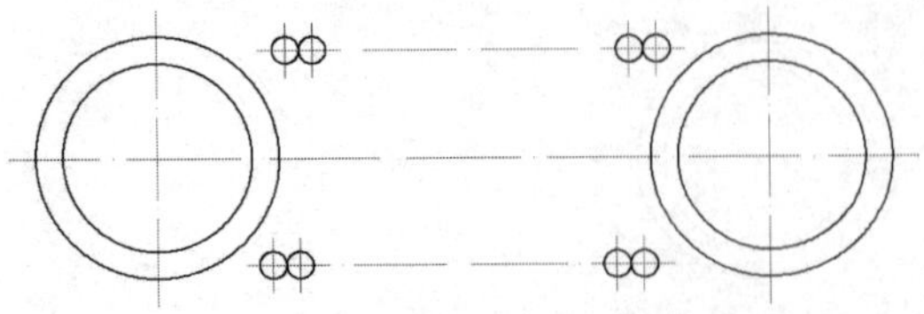

图 48-6 移动小圆及其中心线，缩短是点画线

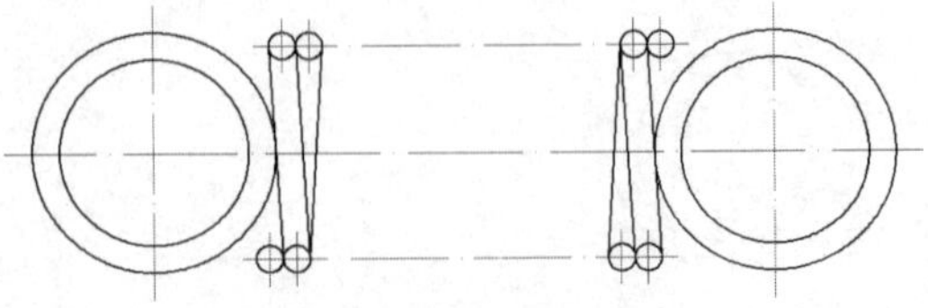

图 48-7 绘制公切线

17 打开状态栏中的“正交”按钮 按钮，单击“修改”工具栏中的“复制”按钮，利用“复制”命令向左复制最左方公切线，向右复制最右方公切线，复制距离均为 4mm。复制出来的直线与小圆相切，与半径为 14mm 的圆相交。

18 单击“绘图”工具栏中的“直线”按钮，利用“直线”命令过两个同心圆的圆心 B 和 D 绘制两条倾斜线 BC 和 DE，C 点相对于 B 点的坐标为“@20<-75”，E 点相对于 D 点的坐标为“@20<105”，如图 48-8 所示。

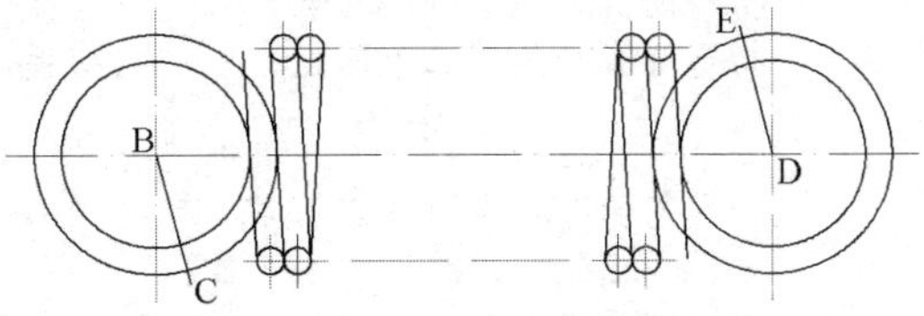

图 48-8　复制公切线，绘制倾斜线

19 单击“修改”工具栏中的“修剪”按钮，利用“修剪”命令修剪不可见的圆、公切线、同心圆和倾斜线，修剪结果如图 48-9 所示。

20 将“细实线”层设置为当前层，单击“绘图”工具栏中的“图案填充”按钮，利用“图案填充”命令绘制剖面线。在弹出的“图案填充和渐变色”对话框中打开“图案填充”选项卡，将图案类型均设置为 ANSI31，角度设置为 0，比例设置为 0.3。单击“拾取点”按钮，在两个圆内单击，回车两次，即可绘制剖面线。

完成绘制拉伸弹簧主视图，如图 48-10 所示。

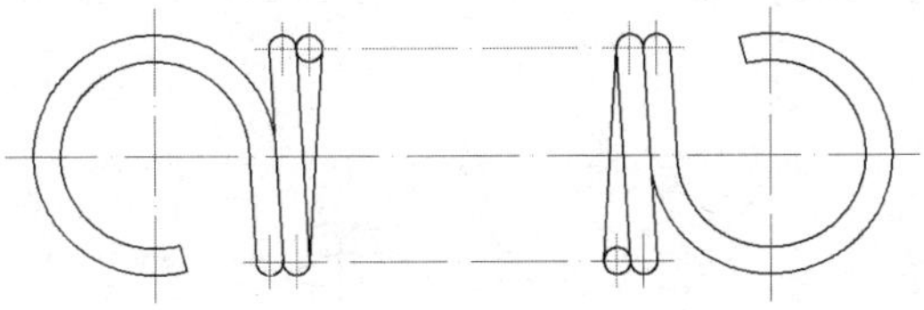
图 48-9　修剪结果

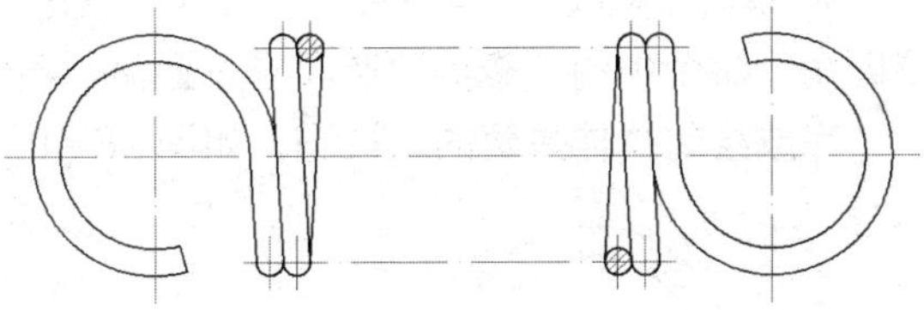
图 48-10　完成拉伸弹簧主视图

二、绘制拉伸弹簧左视图

1 单击“修改”工具栏中的“复制”按钮，利用“复制”命令复制主视图中的同心圆弧及其竖直中心线，如图 48-11 所示。

2 利用“合并”命令圆弧闭合为整圆。

```
命令: _join      (单击“修改”工具栏中的“合并”按钮，启动“合并”命令)
选择源对象:      (单击复制出来的圆弧)
选择圆弧，以合并到源或进行 [闭合(L)]: L↙      (输入L，回车，选择“闭合”选项)
已将圆弧转换为圆。
```

3 使用同样方法利用“合并”命令将另一个复制出来的圆弧闭合为整圆。

4 将“点画线”层设置为当前层，利用“直线”命令和对象捕捉追踪模式绘制同心圆的水平中心线，如图 48-12 所示。

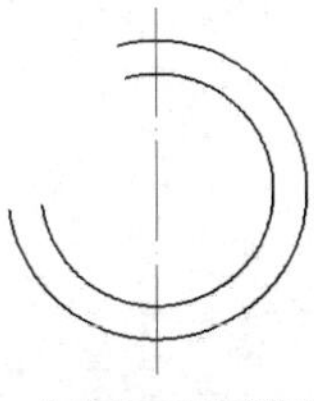
图 48-11　复制同心圆弧及其中心线

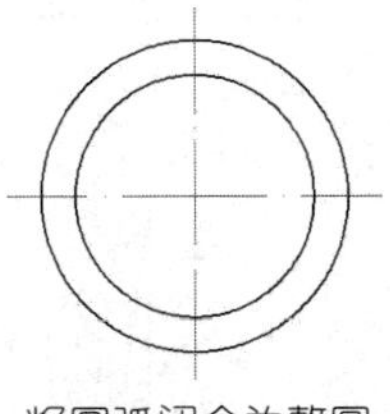
图 48-12　将圆弧闭合为整圆，绘制中心线

5 利用“圆”命令绘制圆。

命令：_circle　　（单击“绘图”工具栏中的“圆”按钮⊙，启动“圆”命令）
指定圆的圆心或 [三点(3P)/两点(2P)/相切、相切、半径(T)]：2P↙　（输入2P，回，选择“两点”选项）
指定圆直径的第一个端点：　　（捕捉外圆的上象限点）
指定圆直径的第二个端点：　　（捕捉内圆的上象限点）

命令：_circle　　（单击“绘图”工具栏中的“圆”按钮⊙或回车，启动“圆”命令）
指定圆的圆心或 [三点(3P)/两点(2P)/相切、相切、半径(T)]：2P↙　（输入2P，回，选择“两点”选项）
指定圆直径的第一个端点：　　（捕捉外圆的下象限点）
指定圆直径的第二个端点：　　（捕捉内圆的下象限点）

6 单击“修改”工具栏中的“偏移”按钮，利用“偏移”命令对称偏移同心圆的竖直中心线，偏移距离为 2mm，如图 48-13 所示。

7 选择菜单“格式”→“图层工具”→“图层匹配”选项，利用“图层匹配”命令将偏移出来的两条点画线的图层修改为“粗实线”层。

8 单击“修改”工具栏中的“修剪”按钮-/--，利用“修剪”命令修剪圆和直线，结果如图 48-14 所示。

9 单击“修改”工具栏中的“圆角”按钮，利用“圆角”命令绘制 3 个半径为 2mm 的圆角，“圆角”命令中的“修剪”选项应设置为“不修剪”。

完成绘制拉伸弹簧的左视图，如图 48-15 所示。

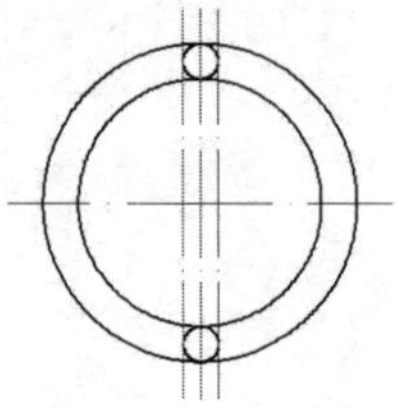
图 48-13　绘制圆，偏移中心线

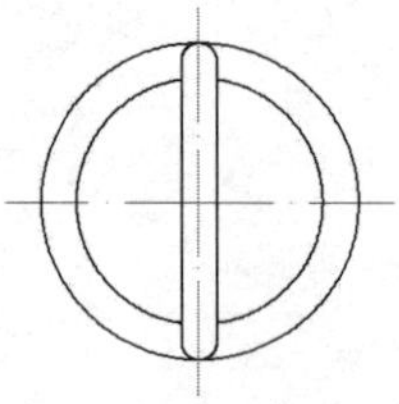
图 48-14　修剪圆和直线

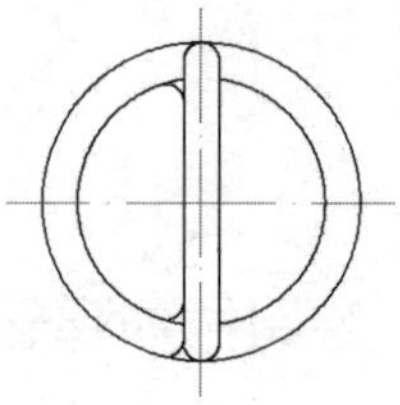
图 48-15　绘制拉伸弹簧的左视图

实例 49　扭转弹簧

本实例所用的绘图命令：“直线”Line 命令、“偏移”Offset 命令、“圆”Circle 命令、“复制”Copy 命令、“删除”Erase 命令、“修剪”Trim 命令。

扭转弹簧的主视图和左视图如图 49-1 所示。

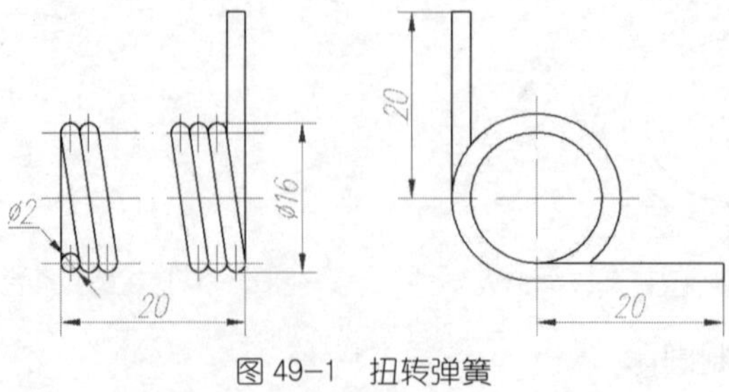

图 49-1　扭转弹簧

绘制步骤

一、绘制扭转弹簧主视图

1 新建空白图形文件，加载线型，恢复图层。

2 打开状态栏中的“正交”按钮、“对象捕捉”按钮和“对象捕捉追踪”按钮。

3 将“点画线”层设置为当前层，单击“绘图”工具栏中的“直线”按钮，利用“直线”命令绘制一条长度为 24mm 的水平点画线

4 单击“修改”工具栏中的“偏移”按钮，利用“偏移”命令对称偏移水平点画线，偏移距离为 7mm。

5 将“粗实线”层设置为当前层，利用“圆”命令绘制圆。

```
命令: _circle        (单击“绘图”工具栏中的“圆”按钮，启动“圆”命令)
指定圆的圆心或 [三点(3P)/两点(2P)/相切、相切、半径(T)]: 3↙        (将光标移到下方水平点画线的左端点A处，出现端点捕捉标记后，向右移动光标，出现水平追踪轨迹，输入追踪距3，回车)
指定圆的半径或 [直径(D)]: 2↙        (输入圆的半径，回车)
```

6 将“点画线”层设置为当前层，利用“直线”命令和对象捕捉追踪模式绘制圆的竖直中心线，如图 49-2 所示。

7 利用“复制”命令复制小圆及其竖直中心线，如图 49-3 所示。

```
命令: _copy        (单击“修改”工具栏中的“复制”按钮，启动“复制”命令)
选择对象:
指定对角点:        (用实线拾取框包围小圆及其竖直中心线)
找到 2 个
选择对象:↙        (回车，结束选择复制对象)
指定基点或 [位移(D)] <位移>:        (捕捉小圆的左象限点)
指定第二个点或 <使用第一个点作为位移>:        (捕捉小圆的右象限点)
指定第二个点或 <使用第一个点作为位移>:        (捕捉第二个小圆的右象限点)
指定第二个点或 [退出(E)/放弃(U)] <退出>:↙        (回车，结束“复制”命令)
```

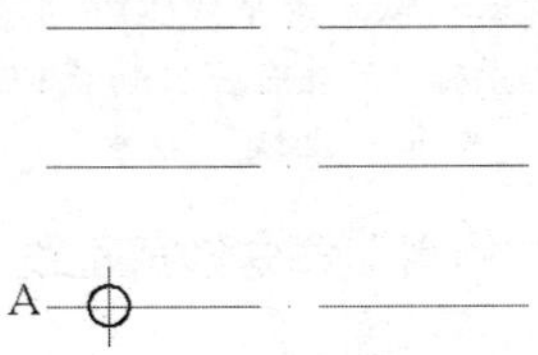

图 49-2　绘制点画线和圆

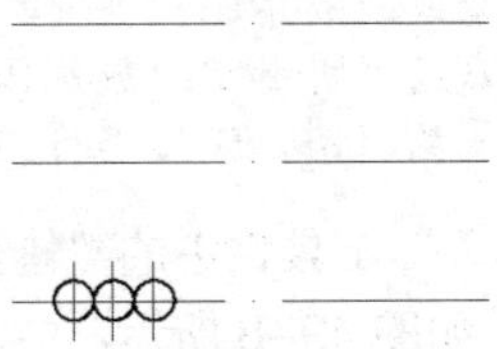
图 49-3　复制圆及其竖直中心线

8 利用“复制”命令复制 3 个小圆及其竖直中心线，如图 49-4 所示。

```
命令: _copy        (单击“修改”工具栏中的“复制”按钮，启动“复制”命令)
选择对象:
指定对角点:        (用实线拾取框包围三个小圆及其竖直中心线)
找到 6 个
选择对象:↙        (回车，结束选择复制对象)
指定基点或 [位移(D)] <位移>:        (捕捉小圆的圆心)
指定第二个点或 <使用第一个点作为位移>:        (在上方水平点画线上捕捉垂足)
```

```
指定第二个点或 [退出(E)/放弃(U)] <退出>: @14,0↙    (输入右下方小圆相对于基点的坐标，回车)
指定第二个点或 [退出(E)/放弃(U)] <退出>: @12,14↙    (输入右上方小圆相对于基点的坐标，回车)
指定第二个点或 [退出(E)/放弃(U)] <退出>:↙    (回车，结束“复制”命令)
```

9 单击“修改”工具栏中的“删除”按钮，利用“删除”命令删除左上方第 3 个圆及其竖直中心线。

10 关闭状态栏中的“正交”按钮和“对象捕捉追踪”按钮，将光标移到“对象捕捉”按钮上单击鼠标右键，在弹出的“草图设置”对话框中打开“对象捕捉”选项卡，取消原来的自动捕捉设置，只勾选“切点”复选框。

11 将“粗实线”层设置为当前层，单击“绘图”工具栏中的“直线”按钮，利用“直线”命令和自动切点捕捉绘制上下相对圆的公切线，如图 49-5 所示。

12 单击“修改”工具栏中的“修剪”按钮，利用“修剪”命令修剪圆，修剪结果如图 49-6 所示。

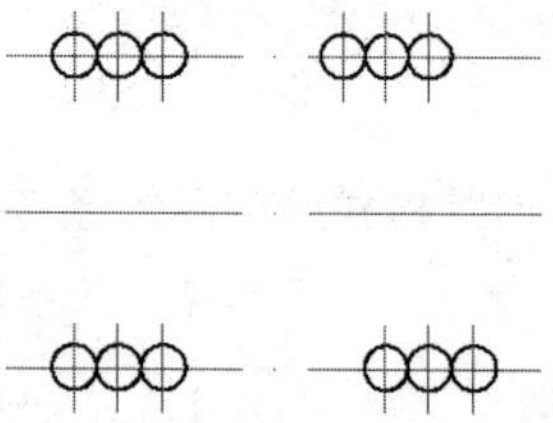

图 49-4 复制 3 个圆及其竖直中心线

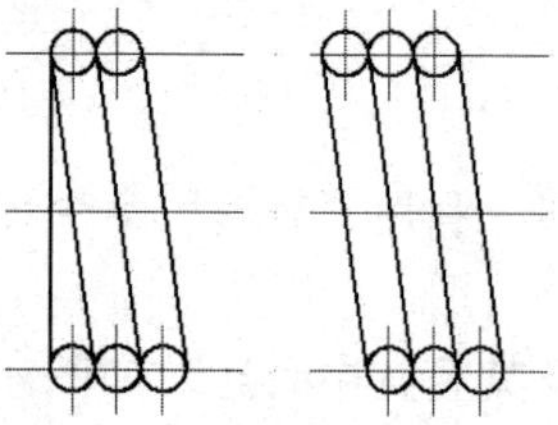

图 49-5 绘制公切线

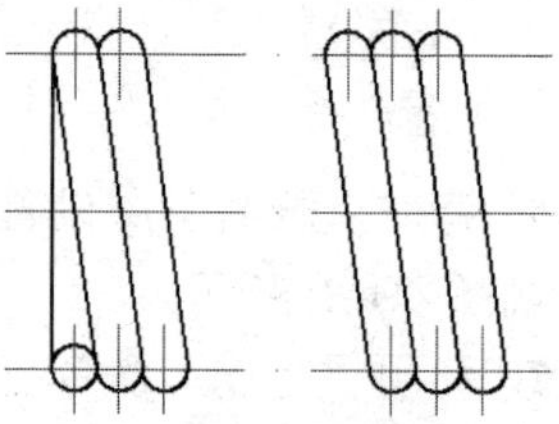

图 49-6 修剪结果

13 打开状态栏中的“正交”按钮和“对象捕捉追踪”按钮。在“草图设置”对话框中重新设置“对象捕捉”选项卡，勾选“端点”、“中点”、“圆心”、“象限点”、“交点”和“垂足”复选框。

14 利用“直线”命令绘制轮廓线，如图 49-7 所示。

```
命令: _line    (单击“绘图”工具栏中的“直线”按钮，启动“直线”命令)
指定第一点:    (在右下方圆弧上捕捉右象限点B)
指定下一点或 [放弃(U)]: 29↙    (向上移动光标，输入竖直线BC的长度29，回车)
指定下一点或 [放弃(U)]: 2↙    (向左移动光标，输入水平线CD的长度2，回车)
指定下一点或 [闭合(C)/放弃(U)]:    (向下移动光标，在最右方公切线的下方适当位置单击)
指定下一点或 [闭合(C)/放弃(U)]:↙    (回车，结束“直线”命令)
```

15 单击“修改”工具栏中的“修剪”按钮，利用“修剪”命令修剪直线 DE，完成绘制扭转弹簧的主视图，如图 49-8 所示。

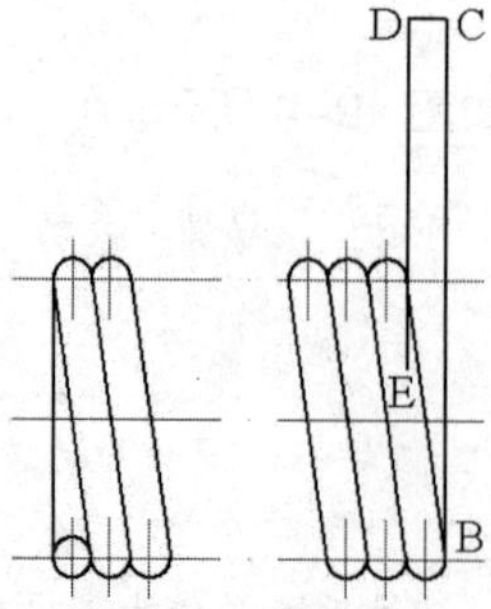

图 49-7 绘制直线

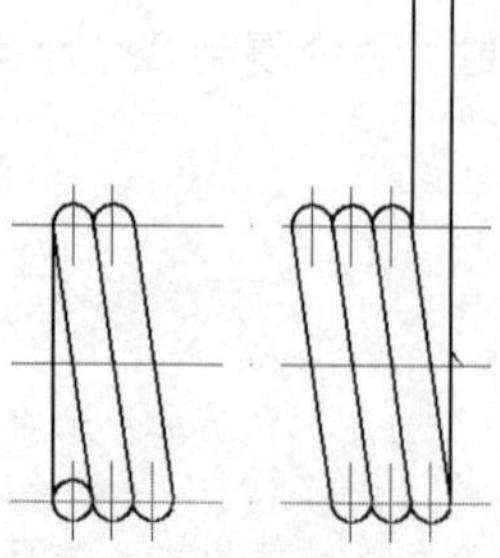

图 49-8 修剪直线

二、绘制扭转弹簧左视图

1 单击“绘图”工具栏中的“圆”按钮，利用“圆”命令和对象捕捉追踪模式在主视图对称点画线的延长线上绘制直径为 18mm 的圆。

2 单击“修改”工具栏中的“偏移”按钮，利用“偏移”命令向圆内偏移该圆，偏移距离为 2mm。

3 将“点画线”层设置为当前层，利用“直线”命令和对象捕捉追踪模式绘制同心圆的水平中心线和竖直中心线，如图 49-9 所示。

4 利用“直线”命令绘制轮廓线，如图 49-10 所示。

```
命令: _line       (单击“绘图”工具栏中的“直线”按钮，启动“直线”命令)
指定第一点:       (捕捉外圆的左象限点F)
指定下一点或 [放弃(U)]: 20↙        (向上移动光标，输入竖直线FG的长度20，回车)
指定下一点或 [放弃(U)]: 2↙         (向右移动光标，输入水平线GH的长度2，回车)
指定下一点或 [闭合(C)/放弃(U)]:        (捕捉内圆的左象限点I)
定下一点或 [闭合(C)/放弃(U)]:↙        (回车，结束“直线”命令)

命令: _line       (单击“绘图”工具栏中的“直线”按钮或回车，启动“直线”命令)
指定第一点:       (捕捉外圆的下象限点J)
指定下一点或 [放弃(U)]: 20↙        (向右移动光标，输入水平线JK的长度20，回车)
指定下一点或 [放弃(U)]: 2↙         (向上移动光标，输入竖直线KL的长度2，回车)
指定下一点或 [闭合(C)/放弃(U)]:        (捕捉内圆的下象限点M)
定下一点或 [闭合(C)/放弃(U)]:↙        (回车，结束“直线”命令)
```

5 单击“修改”工具栏中的“修剪”按钮，利用“修剪”命令修剪直线 HI、LM 和外圆，完成绘制扭转弹簧的左视图，如图 49-11 所示。

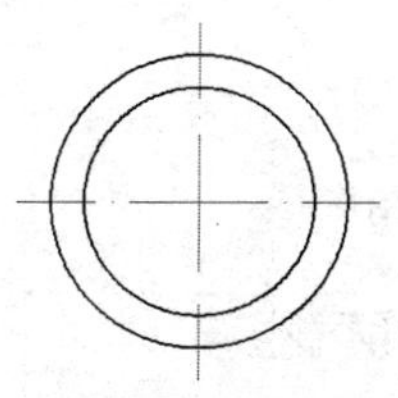

图 49-9　绘制圆和中心线

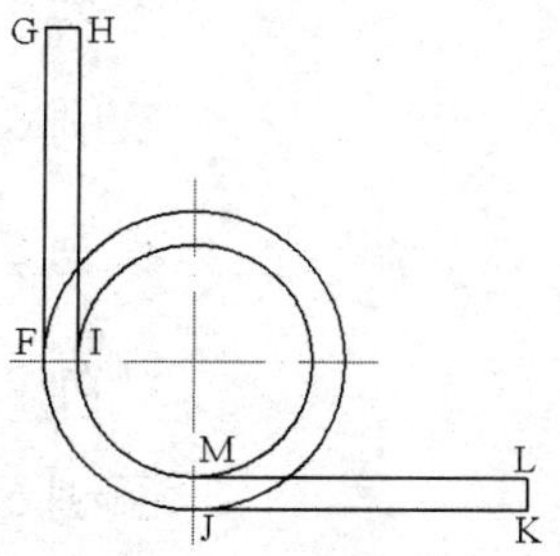

图 49-10　绘制直线

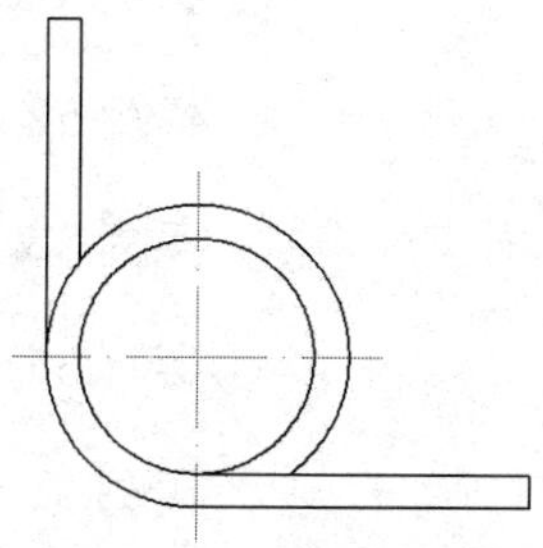

图 49-11　完成扭转弹簧的左视图

4

绘制一般零件

实例 50　起重钩

本实例所用的绘图命令："直线" Line 命令、"倒角" Chamfer 命令、"圆角" Fillet 命令、"镜像" Mirror 命令、"圆" Circle 命令、"偏移" Offset 命令、"圆心标记" Dimcenter 命令 "删除" Erase 命令、"修剪" Trim 命令。

起重钩的主视图如图 50-1 所示。

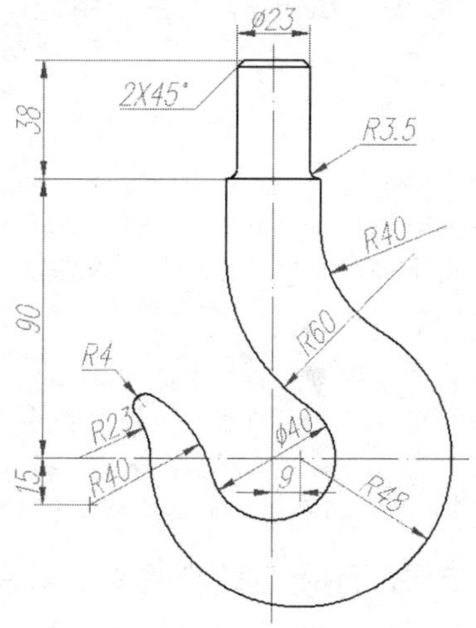

图 50-1　起重钩

绘制步骤

1 新建空白图形文件，加载线型，恢复图层。

2 打开状态栏中的"正交"按钮、"对象捕捉"按钮和"对象捕捉追踪"按钮。

3 将"粗实线"层设置为当前层，利用"直线"命令绘制轮廓线，如图 50-2 所示。

```
命令: _line        (单击"绘图"工具栏中的"直线"按钮，启动"直线"命令)
指定第一点:        (在绘图区适当位置单击)
指定下一点或 [放弃(U)]: 11.5↙       (向左移动光标，输入水平线的长度11.5，回车)
指定下一点或 [放弃(U)]: 38↙       (向下移动光标，输入竖直线的长度38，回车)
指定下一点或 [闭合(C)/放弃(U)]: 3.5↙       (向左移动光标，输入水平线的长度3.5，回车)
指定下一点或 [闭合(C)/放弃(U)]:        (向下移动光标，在适当位置单击)
指定下一点或 [闭合(C)/放弃(U)]:↙       (回车，结束"直线"命令)
```

4 单击"修改"工具栏中的"倒角"按钮，利用"倒角"命令在水平线 AB 和竖直线 BC 的拐角处绘制倒角，倒角距离为 2mm。

5 单击"修改"工具栏中的"圆角"按钮，利用"圆角"命令在竖直线 BC 和水平线 CD 的拐角处绘制半径为 3.5mm 的圆角，如图 50-3 所示。

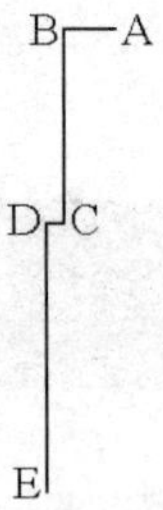

图 50-2　绘制直线

图 50-3　绘制倒角和圆角

6 将“点画线”层设置为当前层，利用“直线”命令和对象捕捉追踪模式绘制竖直点画线。

7 单击“绘图”工具栏中的“直线”按钮，利用“直线”命令过倒角斜线的端点和 D 点绘制水平轮廓线，轮廓线的端点是在竖直点画线上捕捉的垂足，如图 50-4 所示。

8 单击“修改”工具栏中的“镜像”按钮，利用“镜像”命令以竖直点画线为镜像线做所绘图形的竖直镜像。

9 利用“圆”命令绘制圆。

命令：_circle　　（单击“绘图”工具栏中的“圆”按钮，启动“圆”命令）
指定圆的圆心或 [三点(3P)/两点(2P)/相切、相切、半径(T)]：90↙　　（将光标移到端点H处，出现端点捕捉标记后，向下移动光标，出现竖直追踪轨迹，输入追踪距离90，回车）
指定圆的半径或 [直径(D)]：20↙　　（输入圆的半径20，回车）

命令：_circle　　（单击“绘图”工具栏中的“圆”按钮或回车，启动“圆”命令）
指定圆的圆心或 [三点(3P)/两点(2P)/相切、相切、半径(T)]：9↙　　（将光标移到半径为20mm的圆心处，出现圆心捕捉标记后，向右移动光标，出现水平追踪轨迹，输入追踪距离9，回车）
指定圆的半径或 [直径(D)]：48↙　　（输入圆的半径48，回车）

10 将“点画线”层设置为当前层，利用“直线”命令和对象捕捉追踪模式绘制半径为 48mm 的圆的水平中心线。

11 单击“标注”工具栏中的“圆心标记”按钮，绘制半径为 48mm 的圆的圆心标记，如图 50-5 所示。

12 单击“修改”工具栏中的“圆角”按钮，利用“圆角”命令绘制直线 DE 和半径为 20mm 的圆的圆角、直线 FG 和半径为 48mm 的圆的圆角，圆角半径为 60mm 和 40mm，如图 50-6 所示。

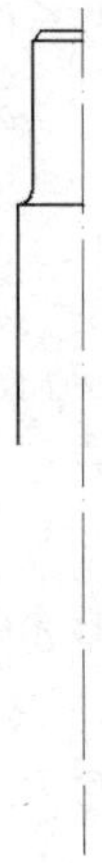

图 50-4　绘制轮廓线和点画线

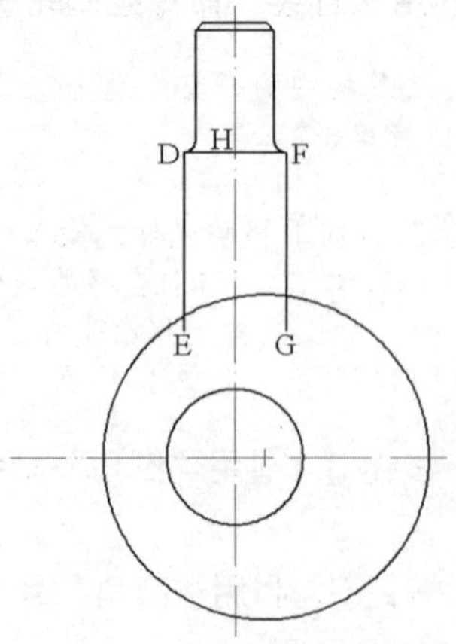

图 50-5　镜像后绘制圆和中心线

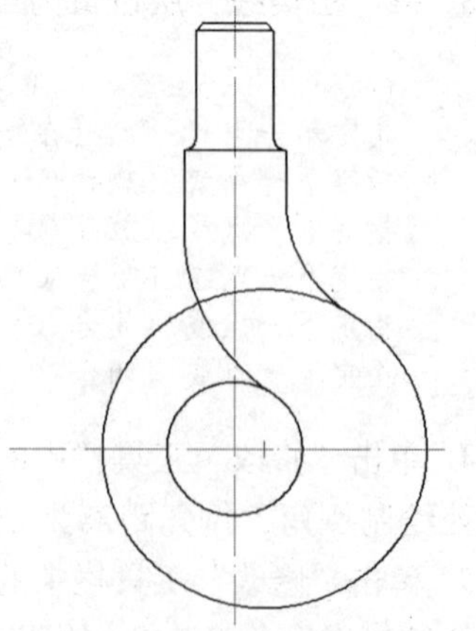

图 50-6　绘制圆角

13 单击“修改”工具栏中的“偏移”按钮，利用“偏移”命令向下偏移水平点画线，偏移距离为 15mm，如图 36-3 所示。

14 单击“绘图”工具栏中的“圆”按钮，利用“圆”命令以半径为 20mm 和 48mm 的圆的圆心为圆心，绘制半径为 60mm 和 71mm 的辅助圆。

15 单击“绘图”工具栏中的“圆”按钮，利用“圆”命令以半径为 60mm 的辅助圆与下方水平点画线的交点 I、半径 71mm 的辅助圆与上方水平点画线的交点 J 为圆心，绘制半径为 40mm 和 23mm 的圆。

16 单击“修改”工具栏中的“圆角”按钮，利用“圆角”命令在半径为 40mm 和 23mm 的两个圆之间绘制圆角，圆角半径为 4mm，如图 50-7 所示。

17 单击“修改”工具栏中的“删除”按钮，利用“删除”命令将两个辅助圆和偏移出来的水平点画线删除。

18 单击“修改”工具栏中的“修剪”按钮，利用“修剪”命令修剪圆，完成绘制起重钩的主视图，如图 50-8 所示。

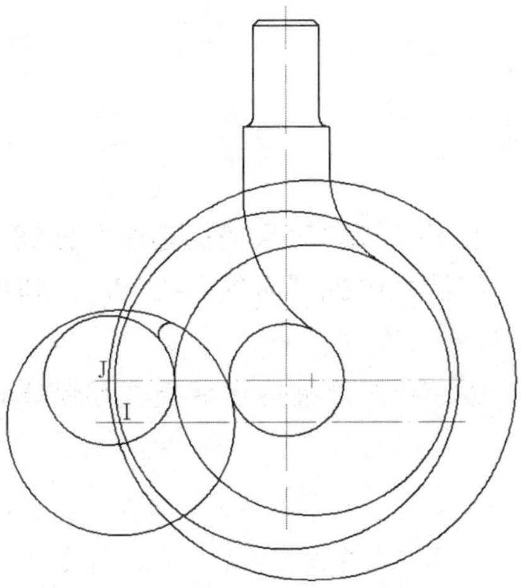

图 50-7　绘制圆和圆角

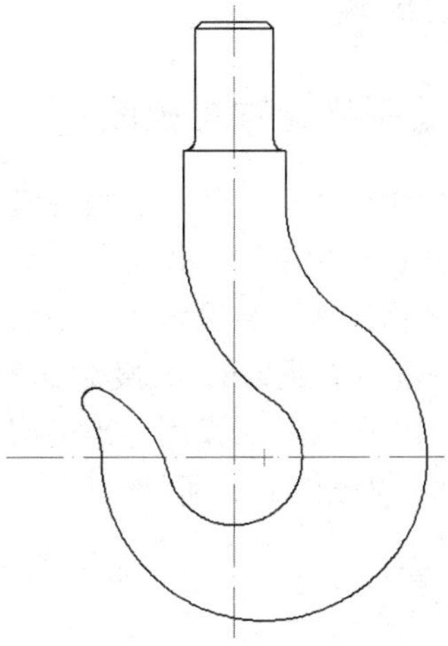

图 50-8　完成绘图

实例 51　栏蜗轮轴

本实例所用的绘图命令：“直线”Line 命令、“偏移”Offset 命令、“图层匹配”Laymch 命令“修剪”Trim 命令、“圆角”Fillet 命令、“倒角”Chamfer 命令、“删除”Erase 命令、“插入”Insert 命令、“镜像”Mirror 命令、“圆”Circle 命令、“矩形”Rectangle 命令、“面域”Region 命令、“差集”Subtract 命令、“图案填充”Bhatch 命令。

蜗轮轴的主视图和键槽断面图如图 51-1 所示，图中注倒角 1×45° 。

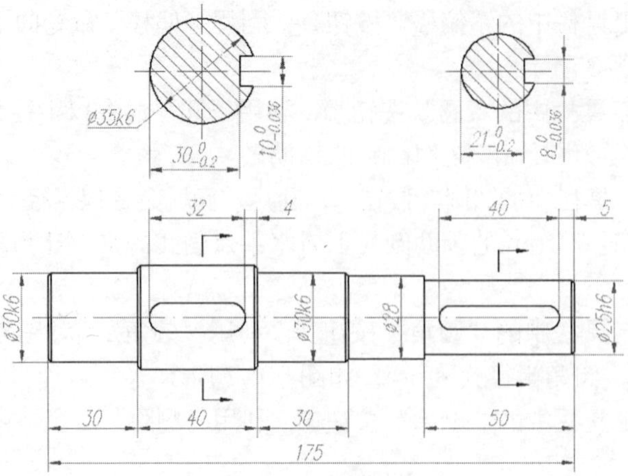

图 51–1　蜗轮轴

绘制步骤

一、绘制蜗轮轴主视图

1 新建空白图形文件，加载线型，恢复图层。

2 打开状态栏中的“正交”按钮、“对象捕捉”按钮和“对象捕捉追踪”按钮。

3 将“粗实线”层设置为当前层，单击“绘图”工具栏中的“直线”按钮，利用“直线”命令绘制一条竖直线 AB，长度为 40mm。

4 将“点画线”层设置为当前层，利用“直线”命令和对象捕捉追踪模式绘制蜗轮轴的水平对称点画线，如图 51–2 所示。

```
命令: _line      (单击“绘图”工具栏中的“直线”按钮，启动“直线”命令)
指定第一点:5↙      (将光标移到AB的中点处，出现中点捕捉标记后，向左移动光标，出现水平
追踪轨迹，输入追踪距离5，回车)
指定下一点或 [放弃(U)]: 185↙      (向右移动光标，输入水平线的长度185，回车)
指定下一点或 [放弃(U)]: ↙      (回车，结束“直线”命令)
```

5 单击“修改”工具栏中的“偏移”按钮，利用“偏移”命令对称偏移水平点画线，偏移距离分别为 4mm、5mm、12.5mm、14mm、15mm 和 17.5mm。

6 单击“修改”工具栏中的“偏移”按钮，利用“偏移”命令向右偏移直线 AB，得到直线 EF，偏移距离为 30mm。向右偏移直线 EF，得到直线 GH，偏移距离为 40mm。向右偏移直线 GH，得到直线 IJ，偏移距离为 30mm。向左偏移直线 GH，得到直线 KL，偏移距离为 9mm。向左偏移直线 KL，得到直线 MN，偏移距离为 22mm。向右偏移直线 AB，得到直线 OP，偏移距离为 175mm。向左偏移直线 OP，得到直线 ST，偏移距离为 9mm。向左偏移直线 ST，得到直线 UV，偏移距离为 32mm。偏移结果如图 51–3 所示。

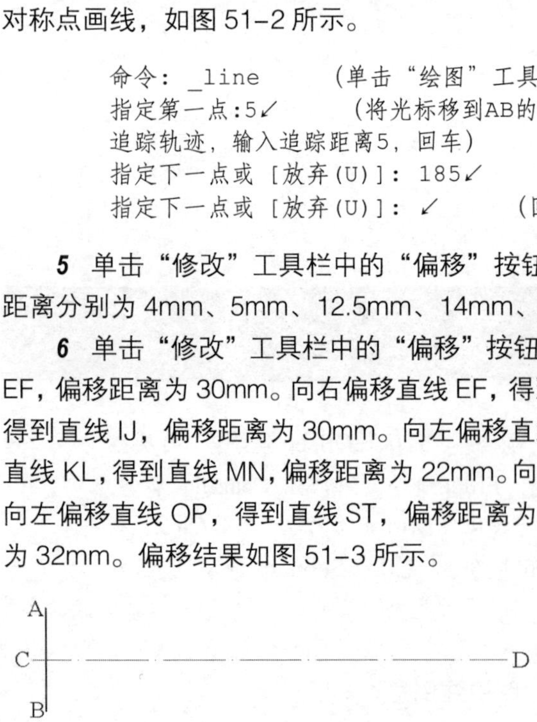

图 51–2　绘制轮廓线和点画线

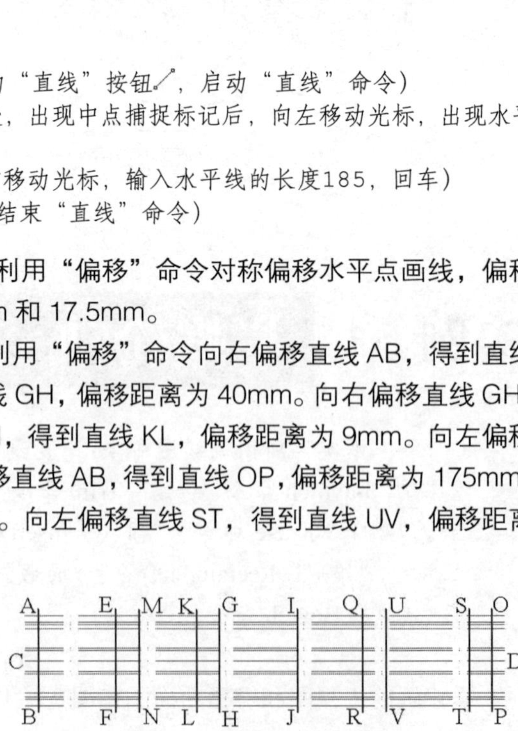

图 51–3　偏移点画线和轮廓线

7 选择菜单“格式”→“图层工具”→“图层匹配”选项，利用“图层匹配”命令将偏移出来的点画线的图层修改为“粗实线”层。

8 单击“修改”工具栏中的“修剪”按钮，利用“修剪”命令修剪直线，结果如图 51–4 所示。

9 单击“修改”工具栏中的“圆角”按钮，利用“圆角”命令在平行线 ab 和 cd、ef 和 gh 之间绘制圆角，圆角半径为 5mm 和 4mm，如图 51–5 所示。

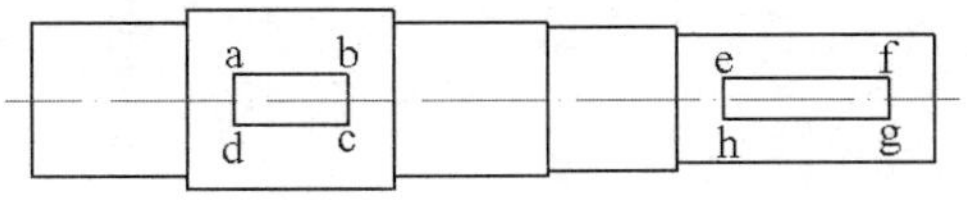

图 51–4　修剪直线

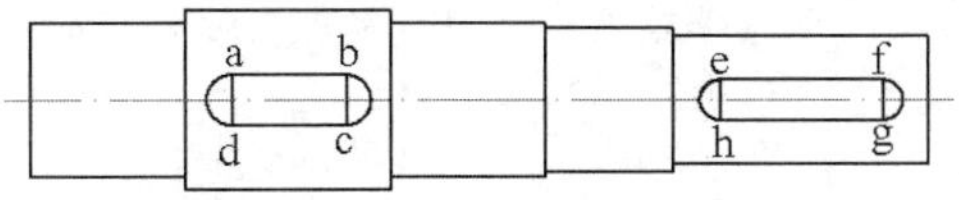

图 51–5　绘制圆角

10 单击“修改”工具栏中的“删除”按钮，利用“删除”命令删除直线 ad、bc、eh 和 fg。

11 单击“修改”工具栏中的“倒角”按钮，利用“倒角”命令绘制 10 个倒角距离均为 1 的倒角。

12 将“粗实线”层设置为当前层，单击“绘图”工具栏中的“直线”按钮，利用“直线”命令连接上下相对的倒角斜线的端点，如图 51–6 所示。

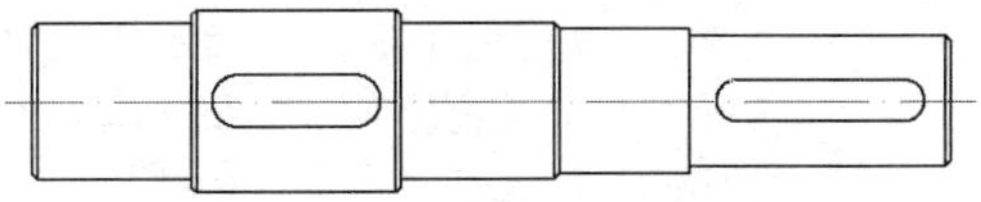
图 51–6　删除直线，绘制倒角

13 回车，再次启动“直线”命令，在左侧长圆轮廓线上方适当位置绘制一条长度为 7mm 的竖直线，即剖切符号。

14 单击“绘图”工具栏中的“插入”按钮，利用“插入”命令将“箭头”块插入到剖切符号的上方端点处，如图 51–7 所示。在“插入”对话框中将“角度”设置为–90°。

15 单击“修改”工具栏中的“复制”按钮，利用“复制”命令将剖切符号和箭头复制到右侧长圆上方适当位置。

16 单击“修改”工具栏中的“镜像”按钮，利用“镜像”命令以水平点画线为镜像线做所两个剖切符号和箭头的水平镜像，完成绘制蜗轮轴主视图，如图 51–8 所示。

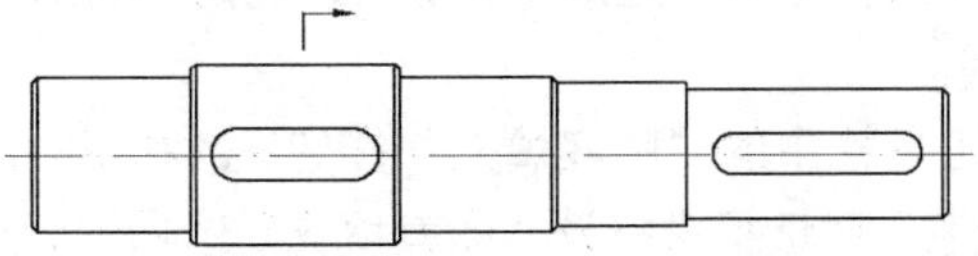
图 51–7　绘制剖切符号，插入箭头

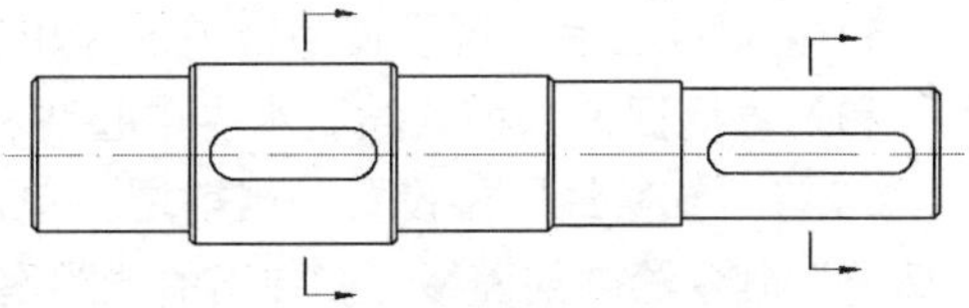
图 51–8　完成蜗轮轴主视图

二、绘制键槽断面图

绘制键槽的断面图的方法一般是偏移中心线后进行修剪。这里介绍一种利用面域和布尔运算绘制键槽断面图的方法。

1 单击“绘图”工具栏中的“圆”按钮，利用“圆”命令和对象捕捉追踪模式在左侧剖切符号的延长线上绘制直径为 35mm 的圆。

2 利用“矩形”命令绘制矩形，如图 51–9 所示。

```
命令: _rectang        (单击“绘图”工具栏中的“矩形”按钮，启动“矩形”命令)
指定第一个角点或 [倒角(C)/标高(E)/圆角(F)/厚度(T)/宽度(W)]: _from      (单击“对
```

象捕捉”工具栏中的“捕捉自”按钮)
基点：　　（捕捉直径为35mm的圆的右象限点）
<偏移>: @30,-5↙　　（输入矩形的左下角点相对于基点的坐标，回车）
指定另一个角点或 [面积(A)/尺寸(D)/旋转(R)]: @15,10↙　　（输入矩形的右上角点相对于左下角点的坐标，回车）

3 利用“面域”命令将圆和矩形创建为面域。

命令：_region　　（单击“绘图”工具栏中的“面域”按钮，启动“面域”命令）
选择对象：　　（单击直径为35mm的圆）
找到 1 个
选择对象：　　（单击矩形）
找到 1 个，总计 2 个
选择对象:↙　　（回车，结束“面域”命令）
已提取 2 个环。
已创建 2 个面域。

4 利用“差集”命令将两个面域进行差运算，结果如图 51-10 所示。

命令：_subtract　　（单击“实体编辑”工具栏中的“差集”按钮，启动“差集”命令）
选择要从中减去的实体或面域...
选择对象：　　（单击圆面域）
找到 1 个
选择对象:↙　　（回车，结束选择被减的面域对象）
选择要减去的实体或面域 ..
选择对象：　　（单击矩形面域）
找到 1 个
选择对象:↙　　（回车，结束选择要减的面域对象）

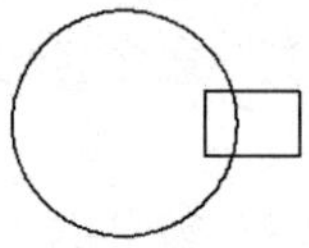
图 51-9　绘制圆和矩形

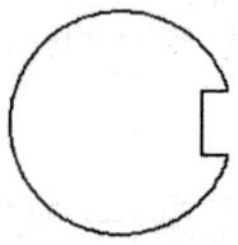
图 51-10　差运算的结果

5 将“点画线”层设置为当前层，单击“绘图”工具栏中的“直线”按钮，利用“直线”命令和对象捕捉追踪模式绘制水平中心线和竖直中心线。

6 将“细实线”层设置为当前层，单击“绘图”工具栏中的“图案填充”按钮，利用“图案填充”命令绘制剖面线。在弹出的“图案填充和渐变色”对话框中打开“图案填充”选项卡，将图案类型设置为 ANSI31，角度设置为 90，比例设置为 1。单击“选择对象”按钮，在单击差运算后形成的轮廓线，回车两次，即可在断面图中绘制出剖面线，如图 51-11(a)所示。

7 同样方法可以绘制出另一个键槽的断面图，如图 51-11(b)所示。

(a)　　(b)

图 51-11　绘制断面图

实例 52　蜗杆轴

本实例所用的绘图命令："直线" Line 命令、"倒角" Chamfer 命令、"圆角" Fillet 命令、"修剪" Trim 命令、"镜像" Mirror 命令、"拉伸" Stretch 命令、"偏移" Offset 命令、"拉长" Lengthen 命令、"矩形" Rectangle 命令、"复制" Copy 命令、样条曲线" Spline 命令、"图案填充" Bhatch 命令、"单行文字" DText 命令、"插入" Insert 命令。

蜗杆轴的主视图和键槽断面图如图 52-1 所示，蜗杆模数 m=4，齿数 z_1=2，图中未注倒角 1×45°。

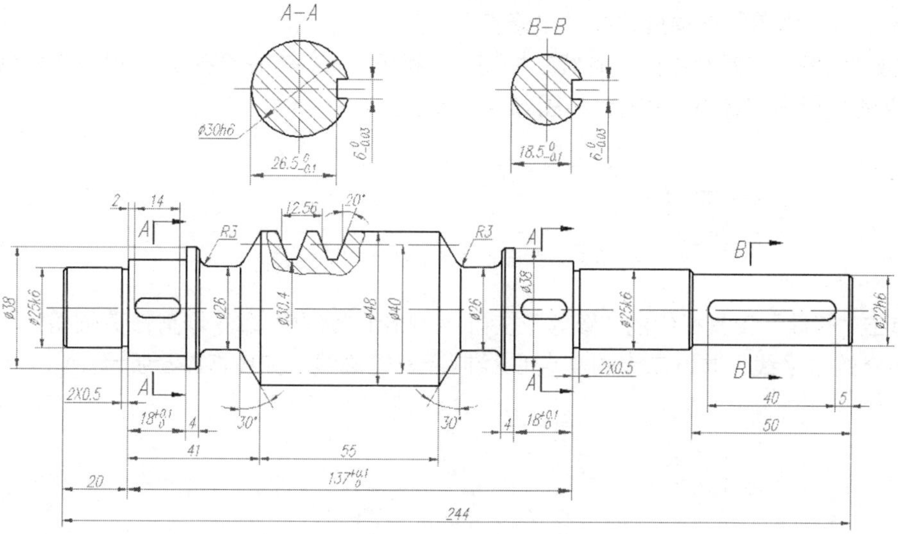

图 52-1　蜗杆轴

绘制步骤

一、绘制蜗轮轴主视图

1 新建空白图形文件，加载线型，恢复图层。

2 打开状态栏中的"正交"按钮、"对象捕捉"按钮和"对象捕捉追踪"按钮。

3 将"粗实线"层设置为当前层，单击"绘图"工具栏中的"直线"按钮，利用"直线"命令连续绘制如图 52-2 所示的直线。

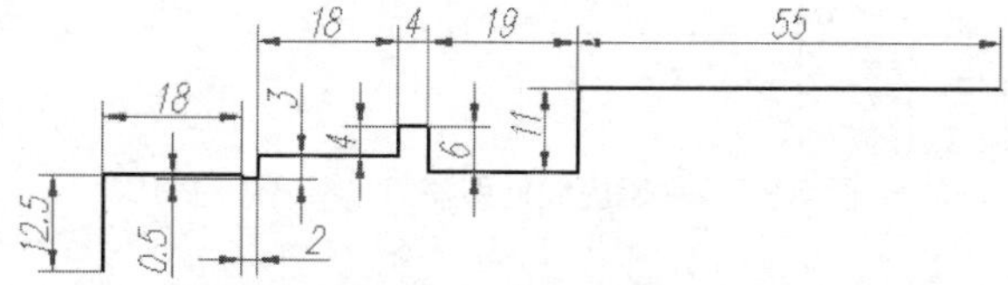

图 52-2　连续绘制直线

4 将“点画线”层设置为当前层，利用“直线”命令和对象捕捉追踪模式绘制蜗杆轴的水平对称点画线。长度为 254mm，超出左端轮廓线 5mm。

5 单击“绘图”工具栏中的“直线”按钮，利用“直线”命令和自动端点捕捉、自动垂足捕捉绘制如图 52-3 所示的 5 条竖直轮廓线。

图 52-3　绘制点画线和竖直轮廓线

6 单击“修改”工具栏中的“倒角”按钮，利用“倒角”命令绘制两个倒角距离为 1 的倒角。

7 单击“绘图”工具栏中的“直线”按钮，利用“直线”命令过倒角斜线的端点绘制竖直轮廓线。

8 单击“修改”工具栏中的“圆角”按钮，利用“圆角”命令绘制半径为 3mm 的圆角，注意圆角命令中的“修剪”选项应选择“不修剪”。

9 单击“绘图”工具栏中的“直线”按钮，利用“直线”命令过 A 点做一条斜线 AB，B 点相对于 A 点的坐标是“@25<240”，如图 52-4 所示。

图 52-4　绘制倒角、圆角和倾斜线

10 单击“修改”工具栏中的“修剪”按钮，利用“修剪”命令修剪修剪圆角边、倾斜线 AB 和与 AB 相交的水平线，并过二者的交点 C 绘制竖直轮廓线，如图 52-5 所示。

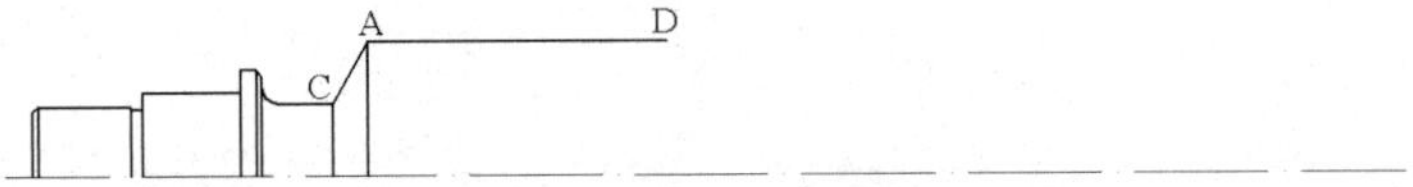

图 52-5　修剪、绘制直线

11 单击“修改”工具栏中的“圆角”按钮，利用“圆角”命令在交点 C 处绘制一个半径为 3mm 的圆角，其中“修剪”选项应设置为“修剪”，结果如图 52-6 所示。

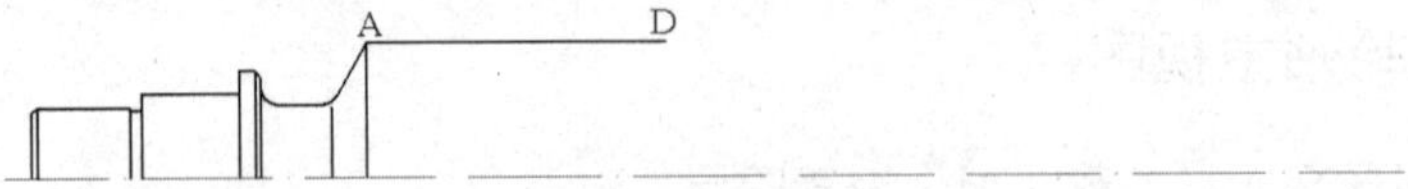

图 52-6　绘制圆角

12 单击“修改”工具栏中的“镜像”按钮，启动“镜像”命令，利用虚线拾取窗口选择除了直线 AD 和水平对称点画线以外的所有轮廓线为镜像对象，如图 52-7 所示。

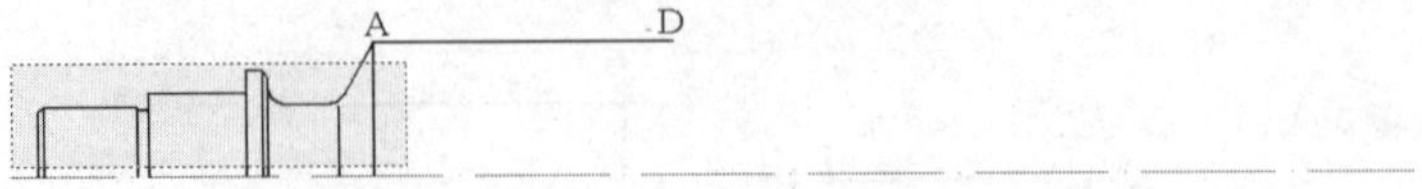

图 52-7　利用虚线拾取窗口选择镜像对象

13 回车结束选择镜像对象，捕捉直线 AD 的中点为镜像线的第 1 点，向下移动光标并在适当

位置单击指定镜像线的第 2 点，即以直线 AD 的中垂线为镜像线，回车后镜像出蜗杆轴右端部分轮廓线，如图 52-8 所示。

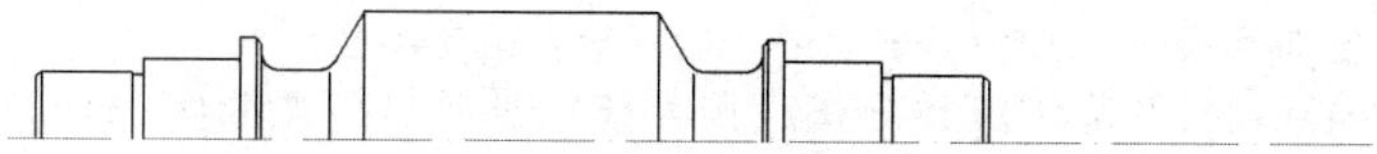

图 52-8　镜像出右端部分轮廓线

14 在“图层”工具栏的下拉列表中将“点画线”层关闭。单击“修改”工具栏中的“拉伸”按钮，利用“拉伸”命令拉伸右端倒角部分轮廓线。用虚线拾取框选择拉伸对象，如图 52-9 所示。拉伸距离为 17mm，拉伸结果如图 52-10 所示。

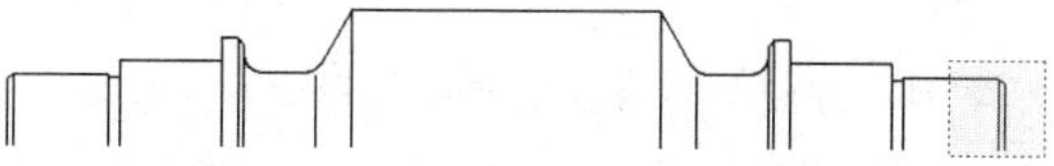

图 52-9　用虚线拾取框选择拉伸对象

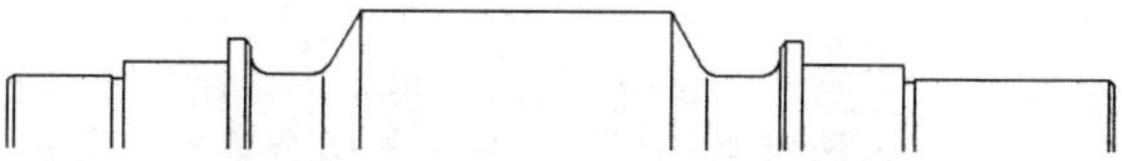

图 52-10　拉伸图形

15 在“图层”工具栏的下拉列表中打开“点画线”层。单击“绘图”工具栏中的“直线”按钮，将光标移到端点 E 处，出现端点捕捉标记后，向上移动光标，出现竖直追踪轨迹，输入追踪距离 11 后回车，捕捉到 F 点。向右移动光标，输入水平线 FG 的长度 50 后回车。向下移动光标，在点画线上捕捉垂足 H。回车，结束“直线”命令，绘制出轴的右端上半部分轮廓线，如图 52-11 所示。

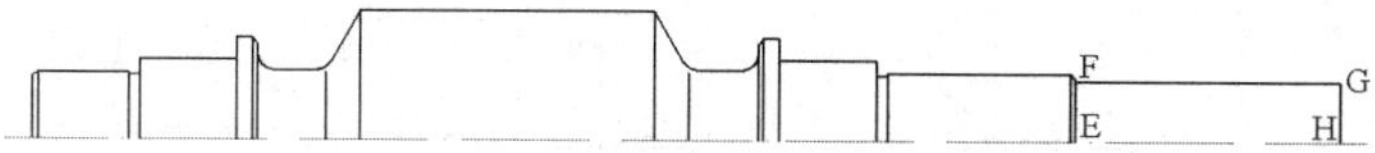

图 52-11　绘制右端上半部分轮廓线

16 单击“修改”工具栏中的“倒角”按钮，利用“倒角”命令绘制右端倒角，倒角距离为 1mm。

17 单击“绘图”工具栏中的“直线”按钮，利用“直线”命令过右端倒角斜线的端点绘制竖直轮廓线。

18 单击“修改”工具栏中的“偏移”按钮，利用“偏移”命令向上偏移水平对称点画线，偏移距离为 20mm，如图 52-12 所示。

图 52-12　绘制右端倒角，偏移点画线

19 选择菜单“修改”→“拉长”选项，利用“拉长”命令中的“动态”选项将偏移出来的点画线适当缩短，得到蜗杆分度线。

20 单击“修改”工具栏中的“镜像”按钮，利用“镜像”命令镜像出蜗杆轴对称的下半部分图形，如图 52-13 所示。

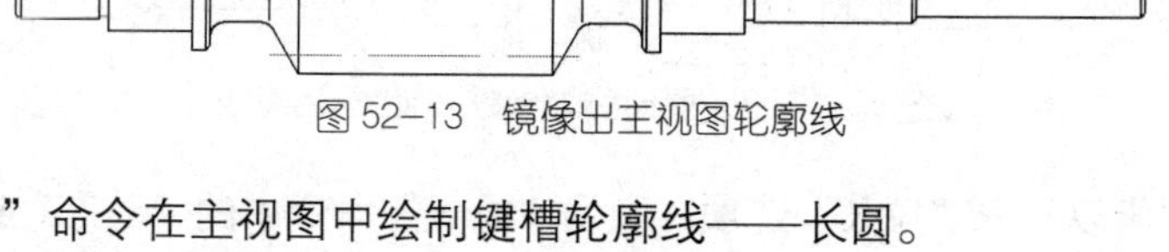

图 52-13　镜像出主视图轮廓线

21 利用“矩形”命令在主视图中绘制键槽轮廓线——长圆。

命令：_rectang　　(单击“绘图”工具栏中的“矩形”按钮，启动“矩形”命令)

指定第一个角点或 [倒角(C)/标高(E)/圆角(F)/厚度(T)/宽度(W)]：F↙ (输入F回车，选择“圆角”选项)

指定矩形的圆角半径 <0.0000>：3↙　　(输入圆角半径)

指定第一个角点或 [倒角(C)/标高(E)/圆角(F)/厚度(T)/宽度(W)]：_from　　(单击“对象捕捉”工具栏中的“捕捉自”按钮)

基点：　　(捕捉I点为基点)

<偏移>：@2,-3↙　　(输入矩形第一角点相对于I点的坐标，回车)

指定另一个角点或 [面积(A)/尺寸(D)/旋转(R)]：@14,6↙　　(输入另一角点相对于第一角点的坐标)

22 利用“复制”命令复制长圆，如图 52-14 所示。

命令：_copy　　(单击“修改”工具栏中的“复制”按钮，启动“复制”命令)

选择对象：　　(单击长圆为复制对象)

找到 1 个

选择对象：↙　　(回车，结束选择复制对象)

指定基点或 [位移(D)] <位移>：　　(在适当位置单击)

指定第二个点或 <使用第一个点作为位移>：119↙　　(输入复制距离，回车)

指定第二个点或 [退出(E)/放弃(U)] <退出>：177↙　　(输入复制距离，回车)

指定第二个点或 [退出(E)/放弃(U)] <退出>：↙　　(回车，结束“复制”命令)

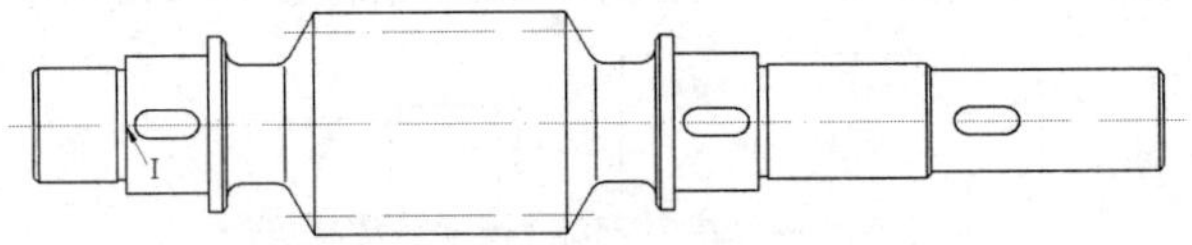

图 52-14　绘制、复制长圆

23 在“图层”工具栏的下拉列表中将“点画线”层关闭。单击“修改”工具栏中的“拉伸”按钮，利用“拉伸”命令拉伸右侧长圆。用虚线拾取框选择右端长圆为拉伸对象，拉伸距离为 26mm。拉伸长圆后，在“图层”工具栏的下拉列表中打开“点画线”层，结果如图 52-15 所示。

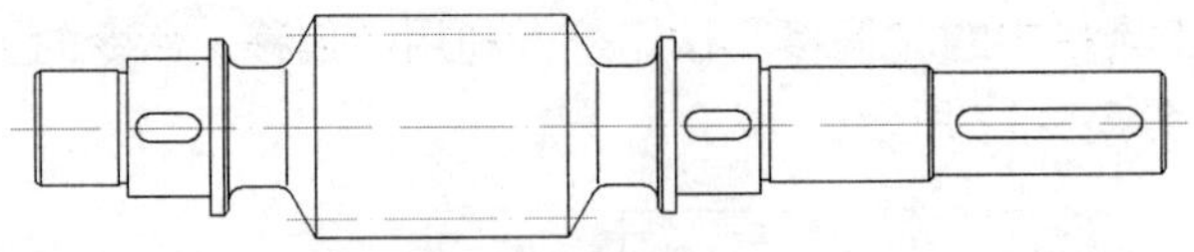

图 52-15 拉伸长圆

24 单击“修改”工具栏中的“偏移”按钮，利用“偏移”命令向下偏移齿顶线 AD，偏移距离为全齿高 h，h 等于模数的 2.2 倍即 8.8，得到齿根线。

25 利用“直线”命令和对象捕捉追踪模式，绘制直线 JK 和 MN，如图 52-16 所示。J 点到 A 点的追踪距离为 5mm，K 点相对于 J 点的坐标为“@15<-70”。直线 JK 与分度线交点为 L，L 点到 M 点的的追踪距离为 6.28mm，N 点相对于 M 点的坐标为“@10<70”，如图 52-16 所示。

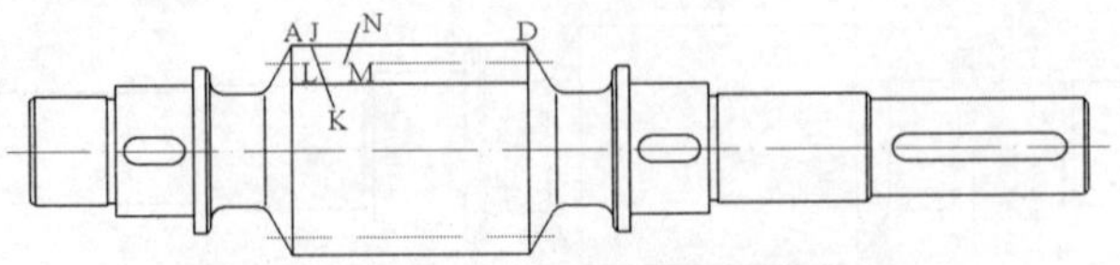

图 52-16　偏移出齿根线并绘制齿形轮廓线

26 选择菜单“修改”→“拉长”选项，利用“拉长”命令中的“动态”选项，拉长直线 NM。

27 单击“修改”工具栏中的“修剪”按钮，利用“修剪”命令修剪两条倾斜线，得到两条齿形轮廓线 JO 和 PQ，如图 52-17 所示。

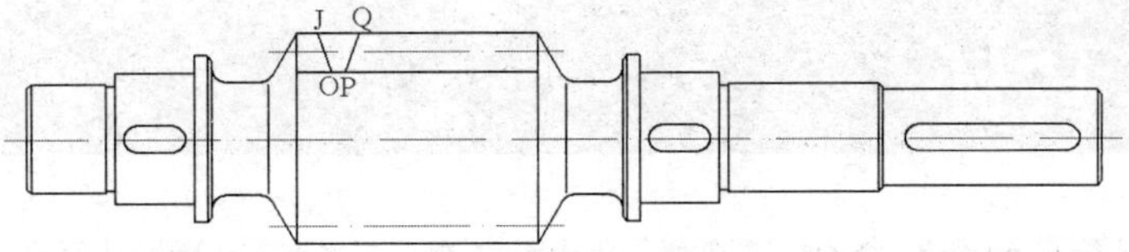

图 52-17　修剪出齿形轮廓线

28 单击“修改”工具栏中的“复制”按钮，利用“复制”命令复制齿形轮廓线 JO 和 PQ，得到另一个齿形的轮廓线，复制的距离为齿距即 12.56mm。

29 关闭状态栏中的“正交”按钮和“对象捕捉”按钮，将“细实线”层设置为当前层。单击“绘图”工具栏中的“样条曲线”按钮，利用“样条曲线”命令绘制波浪线，如图 52-18 所示。

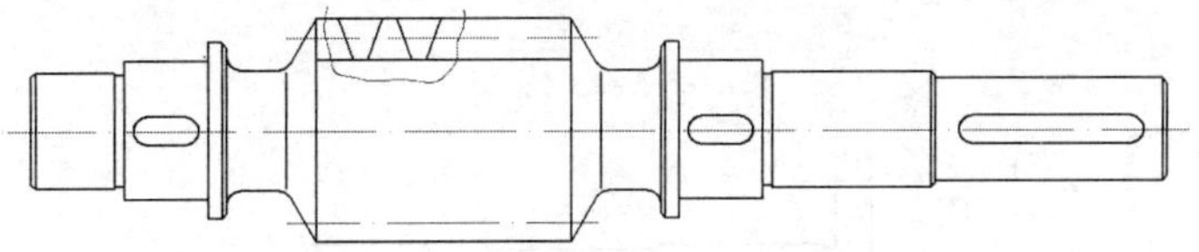

图 52-18　复制齿形轮廓线，绘制波浪线

30 单击“修改”工具栏中的“修剪”按钮，利用“修剪”命令修剪齿顶线、齿根线和波浪线。

31 单击“绘图”工具栏中的“图案填充”按钮，利用“图案填充”命令绘制剖面线。在弹出的“图案填充和渐变色”对话框中打开“图案填充”选项卡，将图案类型设置为 ANSI31，角度分别设置为 0，比例设置为 1。单击“拾取点”按钮，在局部剖开的区域内单击，回车两次，即可绘制剖面线。

32 蜗杆轴主视图中的剖切符号和箭头可以利用“直线”命令和“插入”命令绘制，也可以从蜗轮轴主视图中复制粘贴。

33 将“文字”设置为当前层，单击“文字”工具栏中的“单行文字”按钮，利用“单行文字”命令输入字母 A。

34 单击“修改”工具栏中的“复制”按钮，利用“复制”命令将字母 A 复制到剖切符号附近适当位置。

35 双击右侧剖切符号处的字母 A，将其修改为 B。

36 单击“修改”工具栏中的“移动”按钮，利用“移动”命令调整每个剖切符号、箭头和字母的位置。

完成绘制蜗杆轴主视图，如图 52-19 所示。

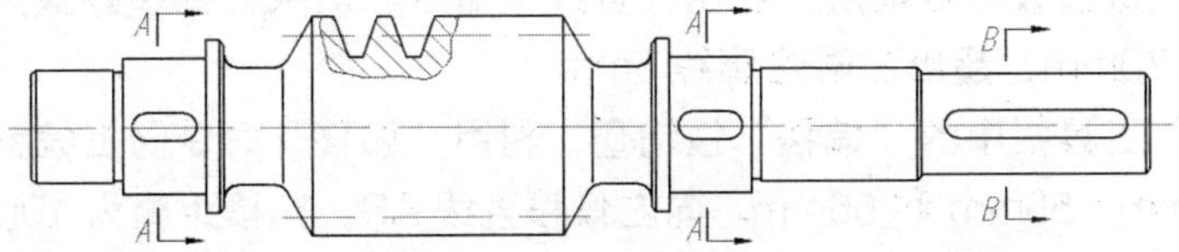

图 52-19　绘制蜗杆轴主视图

二、绘制键槽断面图

绘制键槽断面图的方法在实例 51 中已介绍过，不再重复。绘图结果如图 52-1 所示。

实例 53 套杯

本实例所用的绘图命令："直线" Line 命令、"偏移" Offset 命令、"图层匹配" Laymch 命令、"拉长" Lengthen 命令、"修剪" Trim 命令、"倒角" Chamfer 命令、"椭圆" Ellipse 命令、"复制" Copy 命令、"镜像" Mirror 命令、"图案填充" Bhatch 命令。

套杯的主视图如图 53-1 所示。

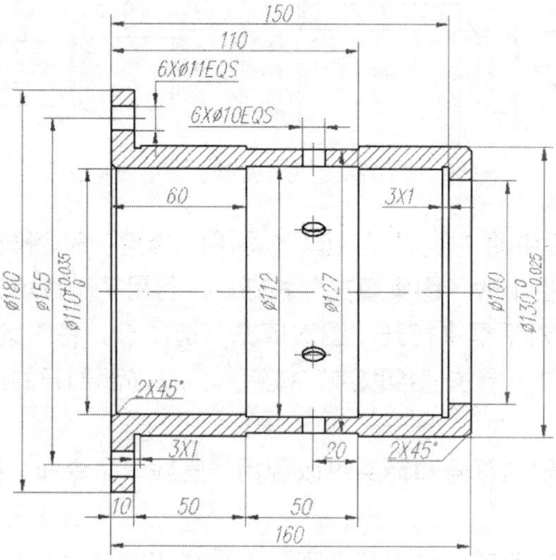

图 53-1 套杯

绘制步骤

1 新建空白图形文件，加载线型，恢复图层。

2 打开状态栏中的"正交"按钮、"对象捕捉"按钮和"对象捕捉追踪"按钮。

3 将"粗实线"层设置为当前层，单击"绘图"工具栏中的"直线"按钮，利用"直线"命令连续绘制轮廓线，如图 53-2 所示。

4 将"点画线"层设置为当前层，利用"直线"命令和对象捕捉追踪模式绘制套杯的水平对称点画线。长度为 170mm，超出左端轮廓线 5mm。

5 单击"修改"工具栏中的"偏移"按钮，利用"偏移"命令向上偏移水平对称点画线三次，偏移距离为 50mm、55mm 和 56mm。向左偏移直线 AB，偏移距离为 10mm，得到直线 CD。向左偏移直线 CD，偏移距离为 3mm，得到直线 EF。向左偏移直线 CD，偏移距离为 40mm，得到直线 GH。向左偏移直线 GH，偏移距离为 20mm，得到直线 IJ。向左偏移直线 GH，偏移距离为 50mm，得到直线 KL。对称偏移直线 IJ，偏移距离为 5mm，得到直线 MN 和 OP，如图 53-3 所示。

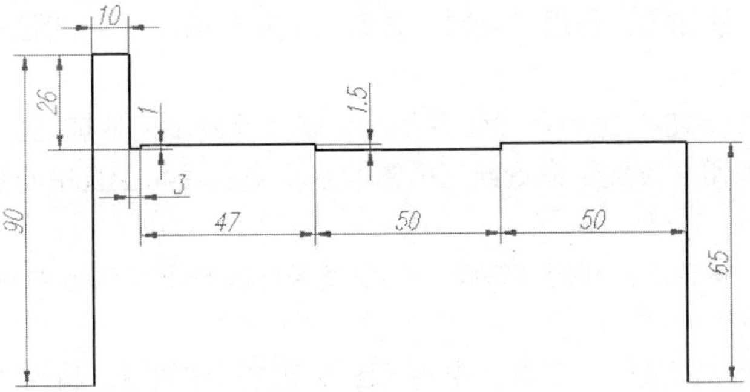

图 53–2　连续绘制轮廓线

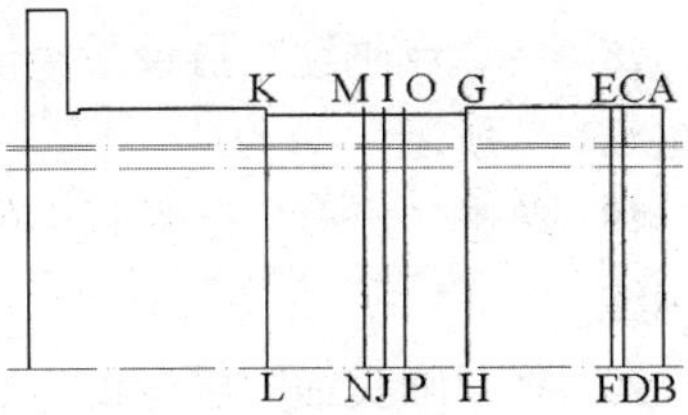

图 53–3　偏移点画线和直线

6 选择菜单“格式”→“图层工具”→“图层匹配”选项，利用“图层匹配”命令将偏移出来的 3 条点画线的图层修改为“粗实线”层，将直线 IJ 的图层修改为“点画线”层。

7 选择菜单“修改”→“拉长”选项，利用“拉长”命令中的“动态”选项将竖直点画线的下端适当缩短，上端适当拉长。

8 单击“修改”工具栏中的“修剪”按钮，利用“修剪”命令修剪出如图 53–4 所示的图形。

9 单击“修改”工具栏中的“偏移”按钮，利用“偏移”命令向上偏移水平对称点画线，偏移距离为 77.5mm。对称偏移新得到水平点画线，偏移距离为 5.5mm。

10 单击“修改”工具栏中的“倒角”按钮，利用“倒角”命令绘制内倒角和外倒角，倒角距离为 1 的，绘制内倒角时，“修剪”选项应设置为“不修剪”。

11 利用“椭圆”命令绘制倾斜孔的可见轮廓线，如图 53–5 所示。

命令：_ellipse　（单击“绘图”工具栏中的“椭圆”按钮，启动“椭圆”命令）
指定椭圆的轴端点或 [圆弧(A)/中心点(C)]：C↙　（输入C，回车，选择“中心点”选项）
指定椭圆的中心点：28↙　（将光标移到交点Q处，出现交点捕捉标记后，向下移动光标，出现竖直追踪轨迹，输入追踪距离28，回车）
指定轴的端点：5↙　（向右移动光标，输入长轴半径5，回车）
指定另一条半轴长度或 [旋转(R)]：3↙　（向上移动光标，输入短轴半径3，回车）

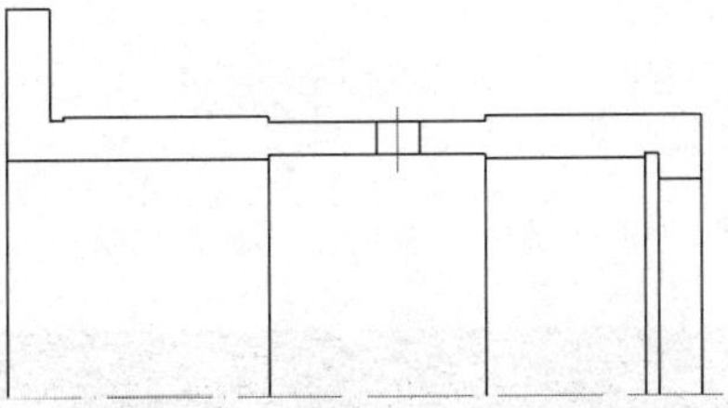

图 53–4　改变图层，修剪直线

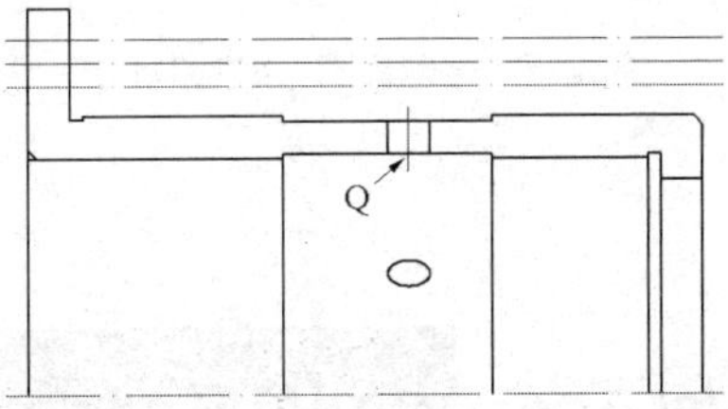

图 53–5　偏移点画线，绘制倒角和椭圆

12 选择菜单“格式”→“图层工具”→“图层匹配”选项，利用“图层匹配”命令将对称偏移出来的两条水平点画线的图层修改为“粗实线”层。

13 单击“修改”工具栏中的“修剪”按钮，利用“修剪”命令修剪两条由点画线变化来的直线和内倒角处轮廓线。

14 选择菜单“修改”→“拉长”选项，利用“拉长”命令中的“动态”选项将偏移出来的水平点画线的右端适当缩短。

15 单击“绘图”工具栏中的“直线”按钮，利用“直线”命令过内倒角斜线的端点绘制竖直轮廓线。

16 单击“修改”工具栏中的“复制”按钮，利用“复制”命令向上复制椭圆，复制距离为2mm，如图 53-6 所示。

17 单击“修改”工具栏中的“修剪”按钮，利用“修剪”命令修剪复制出来的椭圆。

18 将“点画线”层设置为当前层，利用“直线”命令绘制椭圆的水平中心线和竖直中心线，如图 53-7 所示。

19 单击“修改”工具栏中的“镜像”按钮，利用“镜像”命令镜像出套杯下半部分对称的轮廓线。

20 将“细实线”层设置为当前层，单击“绘图”工具栏中的“图案填充”按钮，利用“图案填充”命令绘制剖面线。在弹出的“图案填充和渐变色”对话框中打开“图案填充”选项卡，将图案类型设置为 ANSI31，角度设置为 0，比例设置为 1。单击“拾取点”按钮，在需要填充的区域内单击，回车两次，即可绘制剖面线。

完成绘制套杯的主视图，如图 53-8 所示。

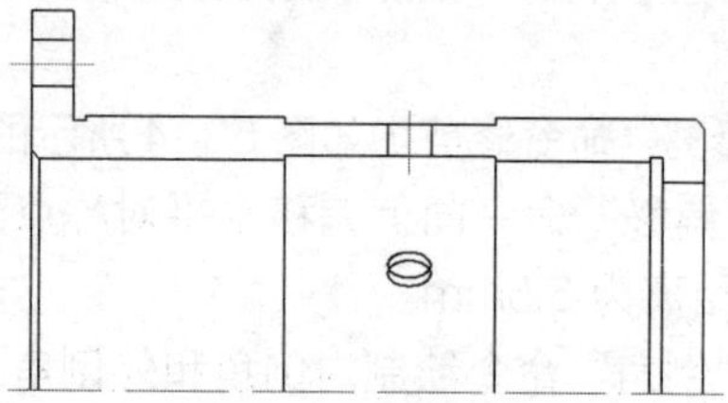

图 53-6 复制椭圆

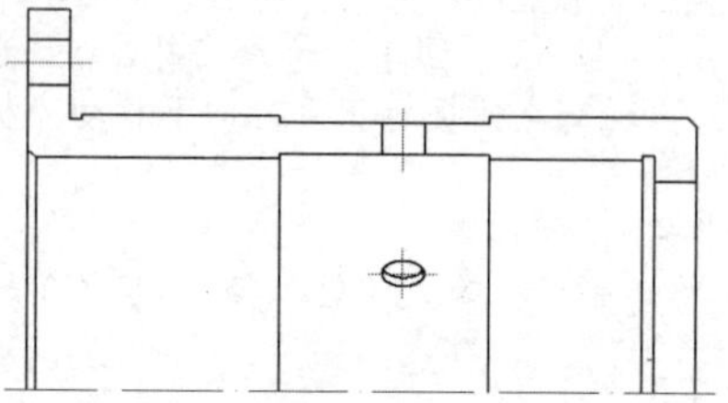

图 53-7 修剪椭圆，绘制中心线

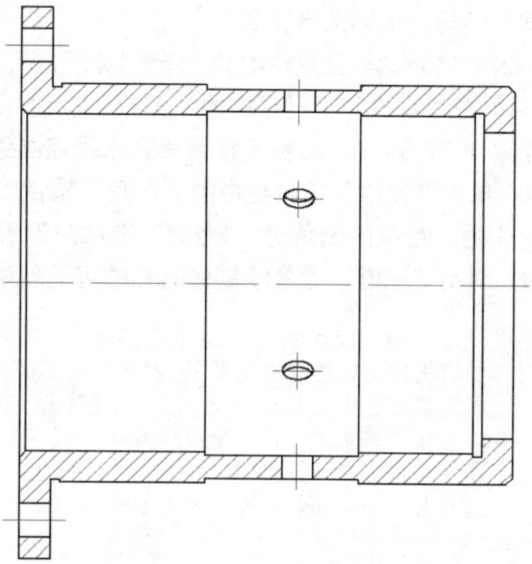

图 53-8 完成套杯主视图

实例 54 轴承盖

本实例所用的绘图命令：“圆” Circle 命令、“直线” Line 命令、“圆弧” Arc 命令、“阵列” Array 命令、“面域” Region 命令、“并集” Union 命令、“合并” Join 命令、“分解” Explode 命令、“圆角” Fillet 命令、“偏移” Offset 命令、“图层匹配” Laymch 命令、“拉长” Lengthen 命令、“修剪” Trim 命令、“倒角” Chamfer 命令、“镜像” Mirror 命令、“图案填充” Bhatch 命令。

轴承盖的主视图和左视图如图 54-1 所示，图中未注圆角 R3，未注倒角 $2 \times 45°$。

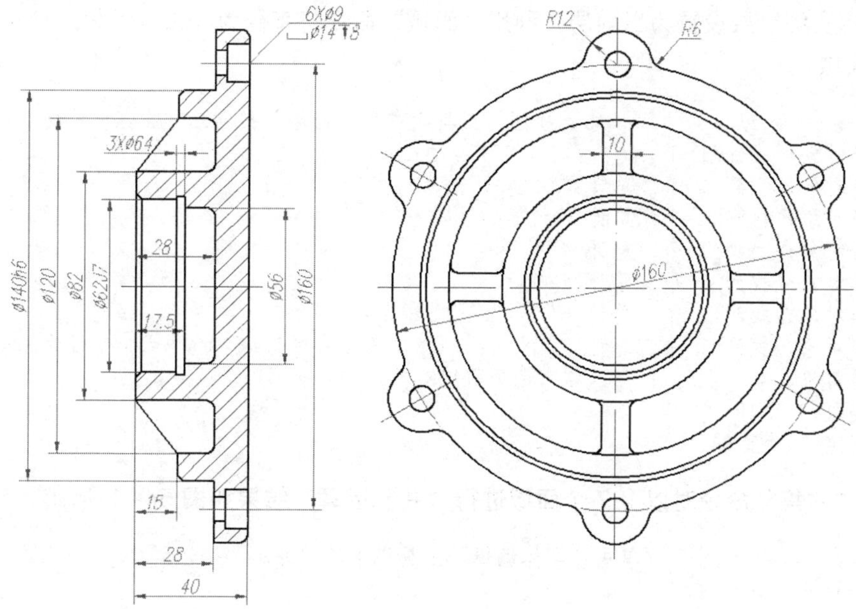

图 54-1　轴承盖

绘制步骤

一、绘制轴承盖左视图

1 新建空白图形文件，加载线型，恢复图层。

2 打开状态栏中的“正交”按钮、“对象捕捉”按钮和“对象捕捉追踪”按钮。

3 将“粗实线”层设置为当前层，单击“绘图”工具栏中的“圆”按钮，利用“圆”命令在适当位置绘制直径为 160mm、140mm、136mm、120mm、82mm、66mm、62mm 和 56mm 的同心圆。

4 利用“圆”命令，以直径为 160mm 的圆的上象限点为圆心，绘制直径为 12mm 和 4.5mm 的同心圆。

5 将“点画线”层设置为当前层，利用“直线”命令和对象捕捉追踪模式绘制半径为 12mm 的圆的竖直中心线。

6 绘制确定 6 个均匀分布圆的圆心位置的点画线圆弧。如图 54-2 所示。

```
命令: _arc      (选择菜单“绘图”→“圆弧”→“起点、圆心、端点”选项)
指定圆弧的起点或 [圆心(C)]:        (捕捉交点A)
指定圆弧的第二个点或 [圆心(C)/端点(E)]: _c
指定圆弧的圆心:        (捕捉直径为160mm的圆的圆心)
指定圆弧的端点或 [角度(A)/弦长(L)]:        (捕捉交点B)
```

7 单击“修改”工具栏中的“阵列”按钮，系统弹出“阵列”对话框，选中“环形阵列”单选按钮，单击“拾取中心点”按钮，在绘图区捕捉直径为 160mm 的圆的圆心。回到“阵列”对话框后，在“项目总数”文本框中输入 6，保留“填充角度”文本框中的缺省设置 360 不变。单击“选择对象”按钮，在绘图区中用拾取框包围选择两个小的同心圆、竖直中心线和点画线圆弧为阵列对象。回车，回到“阵列”对话框，单击“确定”按钮。阵列结果如图 54-3 所示。

8 将“粗实线”层设置为当前层，利用“面域”命令将直径为 160mm 和 6 个半径为 12mm 的圆创建为面域。

```
命令: _region     (单击“绘图”工具栏中的“面域”按钮◎，启动“面域”命令)
选择对象: 找到 1 个
选择对象: 找到 1 个，总计 2 个
选择对象: 找到 1 个，总计 3 个
选择对象: 找到 1 个，总计 4 个
选择对象: 找到 1 个，总计 5 个
选择对象: 找到 1 个，总计 6 个
选择对象: 找到 1 个，总计 7 个     (依次单击直径为160mm和六个半径为12mm的圆)
选择对象: ↙     (回车，结束选择面域对象)
已提取 7 个环。
已创建 7 个面域。
```

9 利用“并集”命令对以上 7 个面域进行“并”运算，结果如图 54-4 所示。

```
命令: _union     (单击“实体编辑”工具栏中的“并集”按钮◎)
选择对象: 找到 1 个
选择对象: 找到 1 个，总计 2 个
选择对象: 找到 1 个，总计 3 个
选择对象: 找到 1 个，总计 4 个
选择对象: 找到 1 个，总计 5 个
选择对象: 找到 1 个，总计 6 个
选择对象: 找到 1 个，总计 7 个     (依次单击以上七个面域为“并”运算对象)
选择对象: ↙     (回车，结束选择“并”运算对象)
```

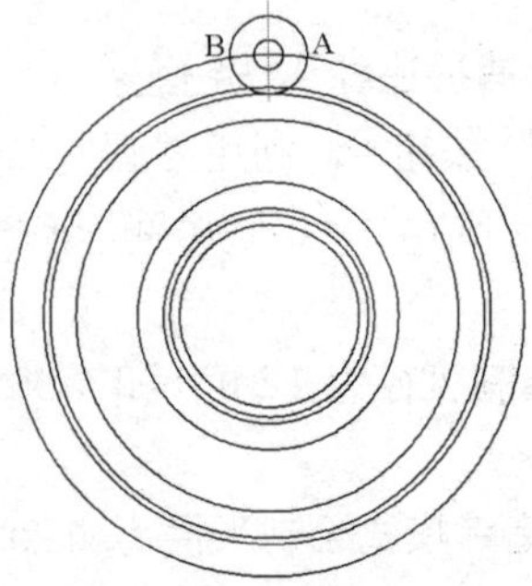

图 54-2 绘制同心圆和点画线

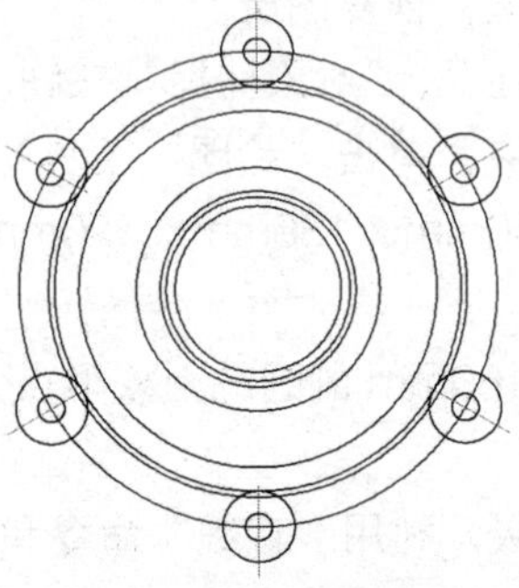

图 54-3 环形阵列结果

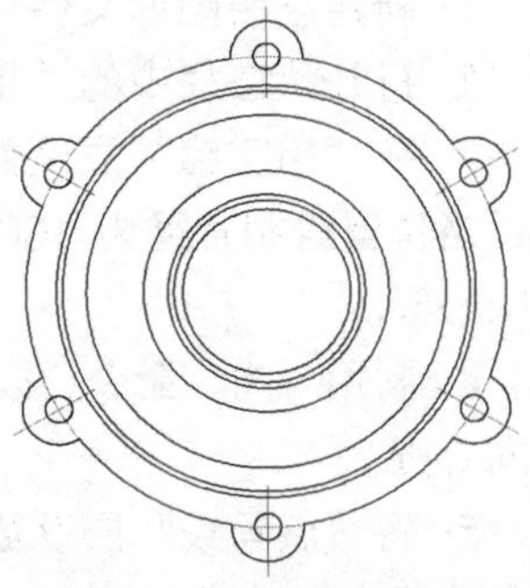

图 54-4 “并”运算结果

10 将“点画线”层设置为当前层，利用“直线”命令和对象捕捉追踪模式绘制半径为 160mm 的圆的水平中心线。

11 单击“修改”工具栏中的“合并”按钮，利用“合并”命令将两条竖直中心线合并，如图 54-5 所示。

12 单击“修改”工具栏中的“分解”按钮，利用“分解”命令将“并”运算后得到的轮廓线分解为 12 段圆弧。

13 单击“修改”工具栏中的“圆角”按钮，利用“圆角”命令在 12 个分解出来的圆弧间绘制 12 个圆角，圆角半径为 6mm，如图 54-6 所示。

14 单击“修改”工具栏中的“偏移”按钮，利用“偏移”命令对称偏移水平中心线和竖直中心线，偏移距离为 5mm，如图 54-7 所示。

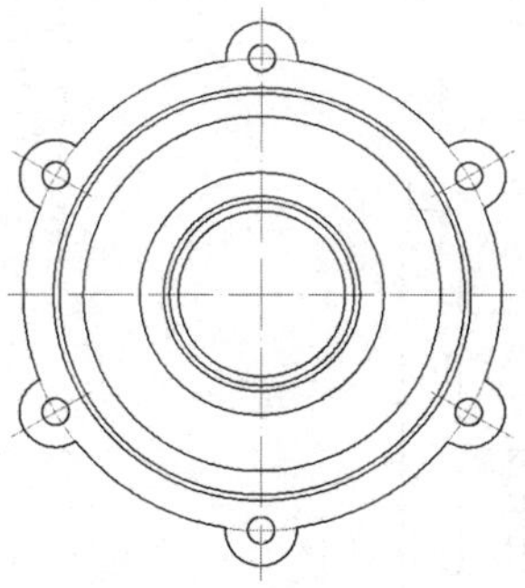

图 54-5　绘制中心线

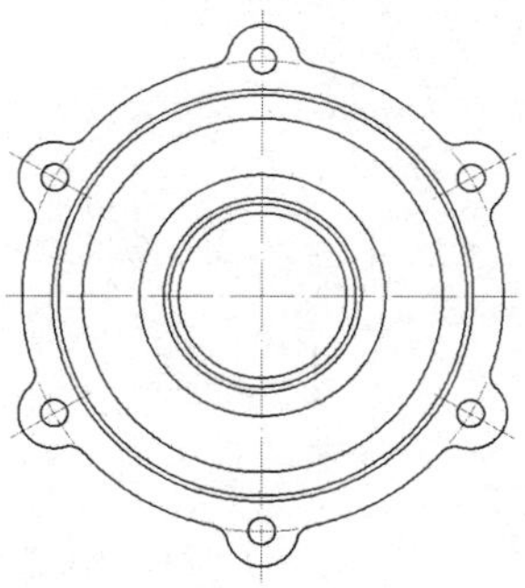

图 54-6　分解外轮廓线后绘制圆角

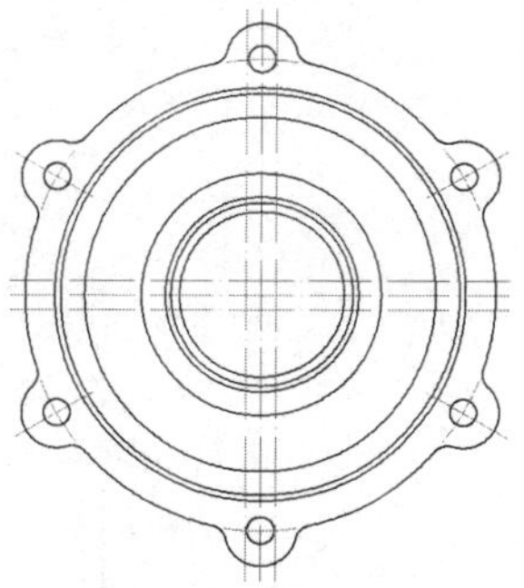

图 54-7　对称偏移中心线

15 选择菜单“格式”→“图层工具”→“图层匹配”选项，利用“图层匹配”命令将 4 条偏移出来的点画线的图层修改为“粗实线”层。

16 单击“修改”工具栏中的“修剪”按钮，利用“修剪”命令修剪 4 条由点画线变化来的粗实线，修剪结果如图 54-8 所示。

17 单击“修改”工具栏中的“圆角”按钮，利用“圆角”命令在修剪出来的 8 条直线的端点处绘制 16 个圆角，圆角半径为 3mm。

完成绘制轴承盖左视图，如图 54-9 所示。

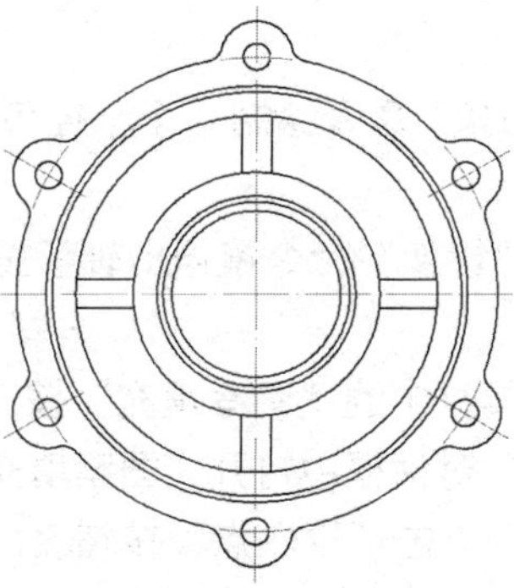

图 54-8　修剪直线

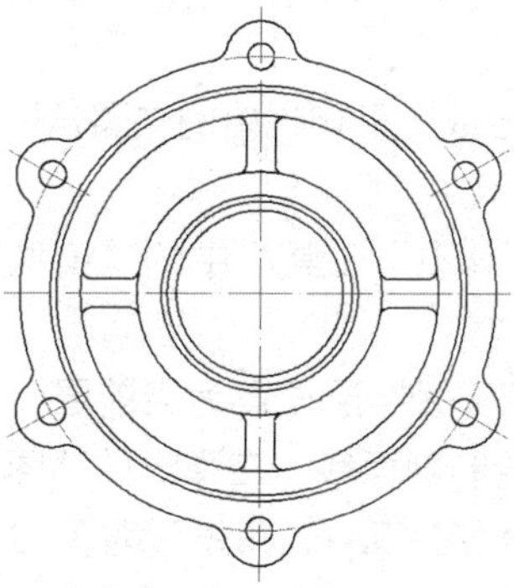

图 54-9　绘制圆角

二、绘制轴承盖主视图

1 将“粗实线”层设置为当前层，单击“绘图”工具栏中的“直线”按钮，利用“直线”命令连续绘制轮廓线，如图 54-10 所示，其中端点 C 可以利用对象捕捉模式指定在左视图水平中心线的延长线上。

2 将“点画线”层设置为当前层，利用“直线”命令和对象捕捉追踪模式绘制轴承盖的水平对称点画线。长度为 50mm，超出左端轮廓线 5mm。

3 单击“修改”工具栏中的“偏移”按钮，利用“偏移”命令向上偏移水平对称点画线 4 次，偏移距离为 28mm、31mm、32mm 和 80mm，其中偏移距离为 80mm 得到的点画线为 MN。对称偏移点画线 MN，偏移距离为 4.5mm 和 7mm。向右偏移直线 CD，偏移距离为 14.5mm、17.5mm 和 28mm。向右偏移直线 IJ，偏移距离为 4mm，如图 54-11 所示。

4 选择菜单“格式”→“图层工具”→“图层匹配”选项，利用“图层匹配”命令将除了点画线 MN 外其他偏移出来的 7 条点画线的图层修改为“粗实线”层。

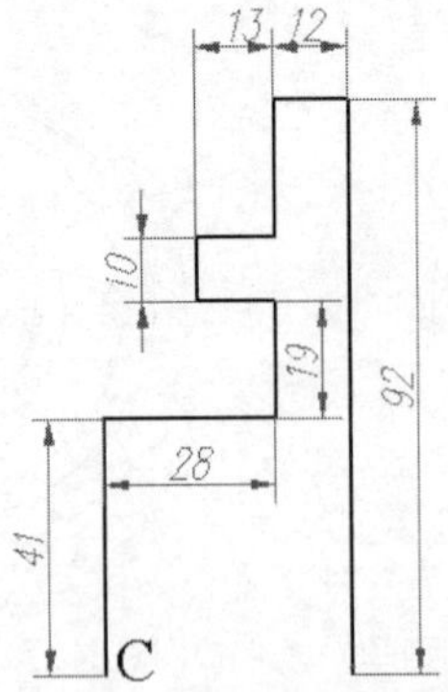

图 54–10　连续绘制轮廓线

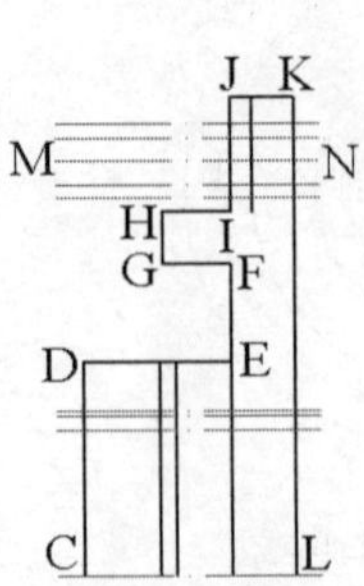

图 54–11　偏移轮廓线和点画线

5 选择菜单“修改”→“拉长”选项，利用“拉长”命令中的“动态”选项将水平点画线 MN 的左端适当缩短。

6 单击“修改”工具栏中的“修剪”按钮，利用“修剪”命令修剪图形，如图 54–12 所示。

7 单击“修改”工具栏中的“倒角”按钮，利用“倒角”命令绘制内倒角和外倒角，倒角距离为 2mm，绘制内倒角时，“修剪”选项应设置为“不修剪”。然后利用“修剪”命令修剪未修剪的倒角边。

8 单击“绘图”工具栏中的“直线”按钮，利用“直线”命令过内倒角斜线的端点绘制竖直轮廓线。

9 单击“修改”工具栏中的“圆角”按钮，利用“圆角”命令绘制 4 个半径为 3mm 的圆角，如图 54–13 所示。

10 单击“修改”工具栏中的“镜像”按钮，利用“镜像”命令镜像出轴承盖下半部分对称的轮廓线。

11 将“细实线”层设置为当前层，单击“绘图”工具栏中的“图案填充”按钮，利用“图案填充”命令绘制剖面线。在弹出的“图案填充和渐变色”对话框中打开“图案填充”选项卡，将图案类型设置为 ANSI31，角度设置为 0，比例设置为 1。单击“拾取点”按钮，在主视图需要填充的区域内单击，回车两次，即可绘制剖面线。

完成绘制轴承盖主视图，如图 54–14 所示。

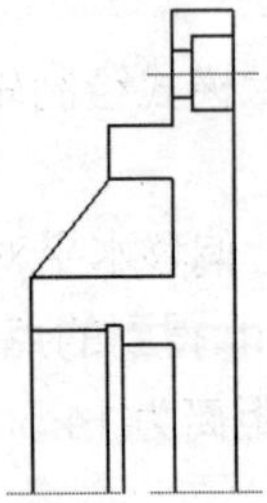

图 54–12　修剪直线

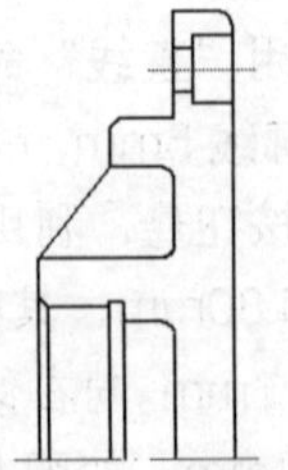

图 54–13　绘制倒角和圆角

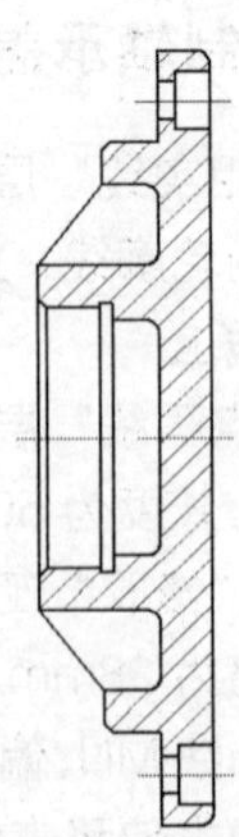

图 54–14　完成轴承盖主视图

实例 55　端盖

本实例所用的绘图命令：“矩形”Rectangle 命令、“直线”Line 命令、“圆”Circle 命令、“打断”Break 命令、“拉长”Lengthen 命令、“阵列”Array 命令、“修剪”Trim 命令、“删除”Erase 命令、“插入”Insert 命令、“偏移”Offset 命令、“图层匹配”Laymch 命令、“倒角”Chamfer 命令、“圆角”Fillet 命令、“镜像”Mirror 命令、“拉伸”Stretch 命令、“图案填充”Bhatch 命令。

端盖的主视图和左视图如图 55-1 所示，图中未注圆角 R2，未注倒角 1×45°。

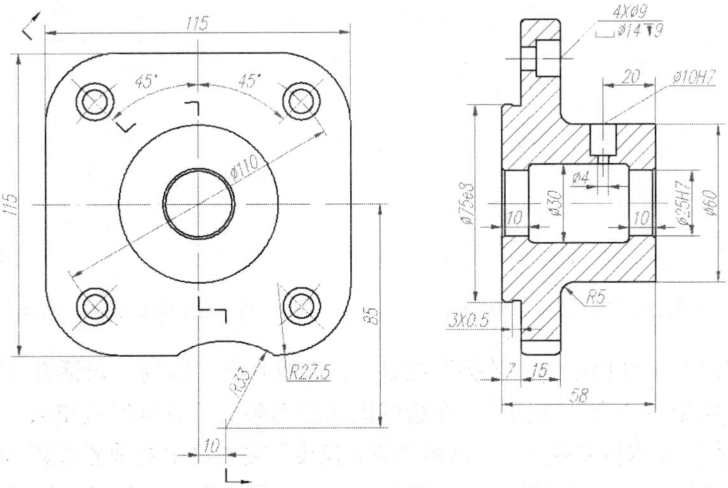

图 55-1　端盖

绘制步骤

一、绘制轴承盖左视图

1 新建空白图形文件，加载线型，恢复图层。

2 打开状态栏中的“正交”按钮、“对象捕捉”按钮和“对象捕捉追踪”按钮。

3 将“粗实线”层设置为当前层，利用“矩形”命令绘制带圆角的正方形。

```
命令: _rectang      (单击“绘图”工具栏中的“矩形”按钮，启动“矩形”命令)
指定第一个角点或 [倒角(C)/标高(E)/圆角(F)/厚度(T)/宽度(W)]: F↙      (输入F，回车，选择“圆角”选项)
指定矩形的圆角半径 <0.0000>: 27.5↙      (输入圆角半径，回车)
指定第一个角点或 [倒角(C)/标高(E)/圆角(F)/厚度(T)/宽度(W)]:   (在绘图区适当位置单击)
指定另一个角点或 [面积(A)/尺寸(D)/旋转(R)]: @115,115↙      (输入另一角点的相对坐标，回车)
```

4 将“点画线”层设置为当前层，利用“直线”命令和对象捕捉追踪模式绘制正方形的水平对称点画线和竖直对称点画线。

5 单击“绘图”工具栏中的“直线”按钮，利用“直线”命令对称点画线的交点绘制一条倾斜点画线，倾斜点画线的左上方端点与对称点画线的交点的相对坐标为“@67<45”。

6 单击“绘图”工具栏中的“圆”按钮，利用“圆”命令以点画线的交点为圆心，绘制直径为 110mm 的点画线圆。

7 将“粗实线”层设置为当前层，利用“圆”命令以点画线圆的圆心为圆心，绘制直径为 60mm、27mm 和 25mm 的同心圆。

8 利用“圆”命，以倾斜点画线和点画线圆的交点为圆心，绘制直径为 14mm 和 4.5mm 的同心圆，如图 55-2 所示。

9 单击“修改”工具栏中的“打断”按钮，利用“打断”命令将点画线圆打断。

10 选择菜单“修改”→“拉长”选项，利用拉长命令中的“动态”选项将倾斜点画线的长度适当缩短，如图 55-3 所示。

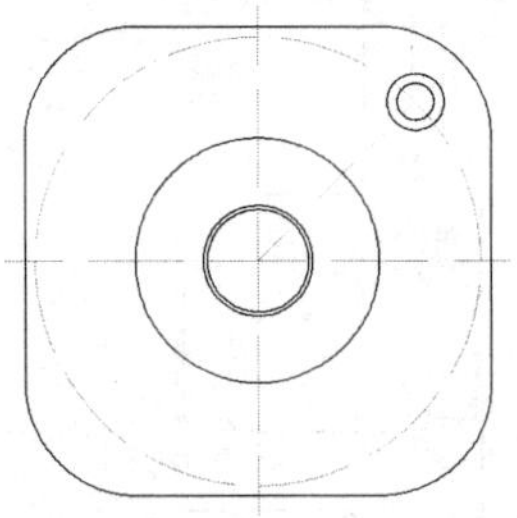

图 55-2　绘制正方形、同心圆和点画线

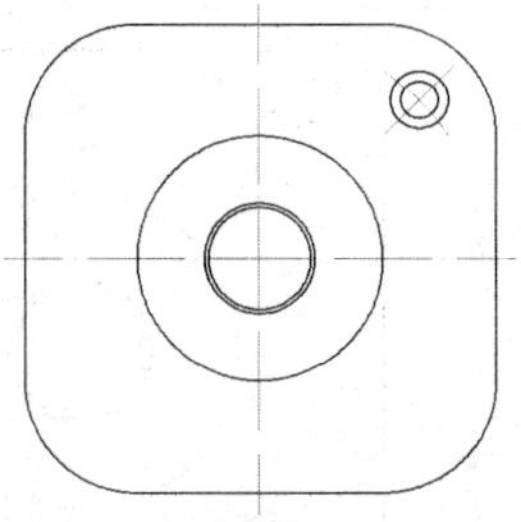

图 55-3　打断点画线圆，调整点画线的长度

11 单击“修改”工具栏中的“阵列”按钮，系统弹出“阵列”对话框，选中“环形阵列”单选按钮，单击“拾取中心点”按钮，在绘图区捕捉两条对称点画线的交点。回到“阵列”对话框后，在“项目总数”文本框中输入 4，保留“填充角度”文本框中的缺省设置 360 不变。单击“选择对象”按钮，在绘图区中用拾取框包围选择两个小的同心圆、倾斜点画线和点画线圆弧为阵列对象。回车，回到“阵列”对话框，单击“确定”按钮，即可生成 4 个均匀分布的同心圆，如图 55-4 所示。

12 利用“圆”命令绘制缺口轮廓线，如图 55-5 所示。

```
命令: _circle        (单击“绘图”工具栏中的“圆”按钮，启动“圆”命令)
指定圆的圆心或 [三点(3P)/两点(2P)/相切、相切、半径(T)]: _from       (单击“对象捕捉”
工具栏中的“捕捉自”按钮)
基点:        (捕捉两条对称点画线的交点为基点)
<偏移>: @10,-85↙        (输入圆心相对于基点的坐标，回车)
指定圆的半径或 [直径(D)]: 33↙        (输入圆的半径，回车)
```

13 单击“修改”工具栏中的“修剪”按钮，利用“修剪”命令修剪正方形和圆，结果如图 55-6 所示。

14 单击“绘图”工具栏中的“圆”按钮，利用“圆”命令以对称点画线的交点 O 为圆心，绘制半径约为 38mm 的辅助圆。

15 单击“绘图”工具栏中的“直线”按钮，利用“直线”命令连接对称点画线的交点 O 和倾斜点画线的端点 P，如图 55-7 所示。

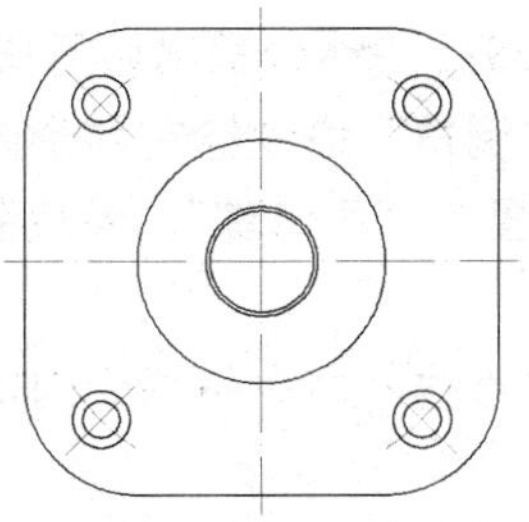

图 55-4　环形阵列结果

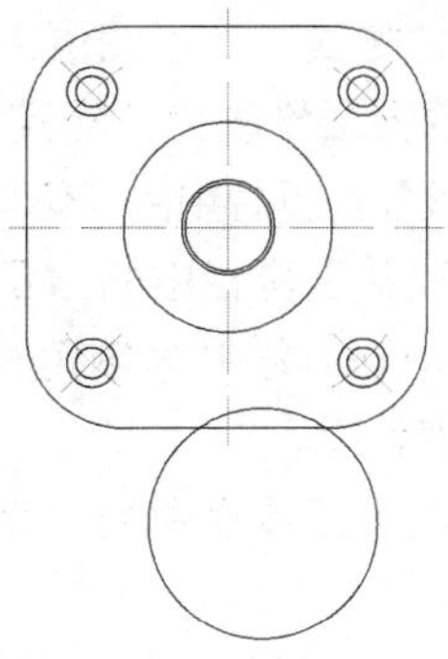

图 55-5　绘制圆

16 单击“修改”工具栏中的“修剪”按钮，利用“修剪”命令将修剪辅助圆修剪为辅助圆弧，修剪边界为直线 OP 和竖直点画线。

17 单击“修改”工具栏中的“打断”按钮，利用“打断”命令将辅助圆弧打断。

18 单击“修改”工具栏中的“删除”按钮，利用“删除”命令将辅助线 OP 删除。

19 利用“直线”命令、延长捕捉和对象捕捉追踪模式绘制其他剖切符号，

20 单击“绘图”工具栏中的“插入”按钮，利用“插入”命令插入“箭头”块。

完成绘制端盖的主视图，如图 55-8 所示。

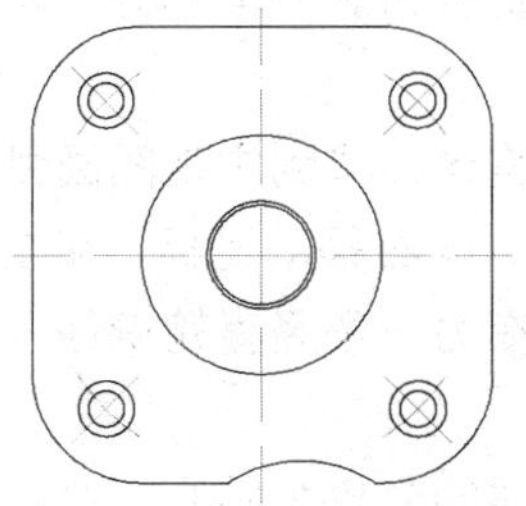

图 55-6　分解外轮廓线后绘制圆角

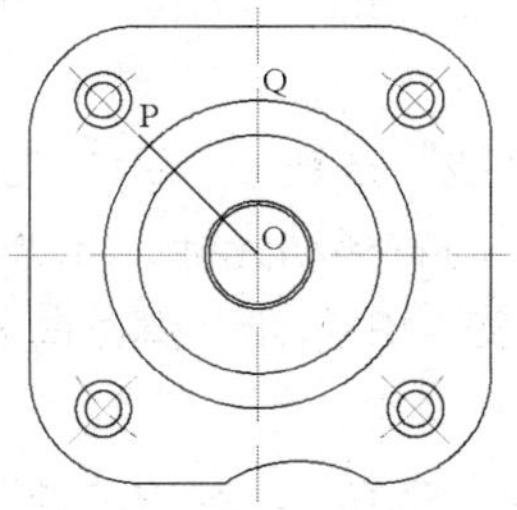

图 55-7　对称偏移中心线

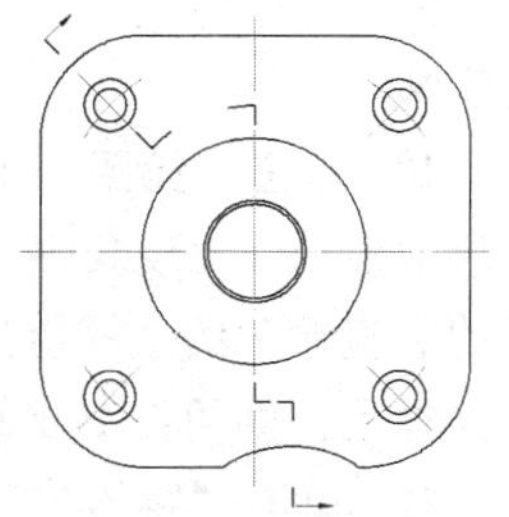

图 55-8　完成端盖主视图

二、绘制端盖左视图

1 将“粗实线”层设置为当前层，单击“绘图”工具栏中的“直线”按钮，利用“直线”命令连续绘制轮廓线，如图 55-9 所示，其中端点 A 可以利用对象捕捉模式指定在主视图水平对称点画线的延长线上。

2 将“点画线”层设置为当前层，利用“直线”命令和对象捕捉追踪模式绘制水平对称点画线。长度为 68mm，超出左端轮廓线 5mm。

3 单击“修改”工具栏中的“偏移”按钮，利用“偏移”命令向上偏移水平对称点画线两次，偏移距离为 15mm 和 12.5mm。向右偏移直线 AB，向左偏移直线 CD，偏移距离均为 10mm，如图 55-10 所示。

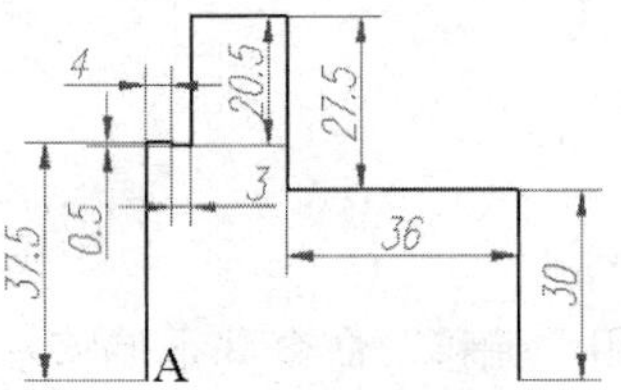

图 55-9　连续绘制轮廓线

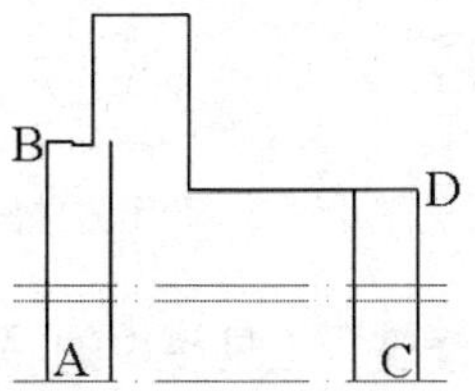

图 55-10　偏移轮廓线和点画线

4 选择菜单“格式”→“图层工具”→“图层匹配”选项，利用“图层匹配”命令将偏移出来的两条点画线的图层修改为“粗实线”层。

5 单击“修改”工具栏中的“修剪”按钮，利用“修剪”命令修剪出如图 55-11 所示的图形。

6 单击“修改”工具栏中的“倒角”按钮，利用“倒角”命令绘制两个内倒角和一个外倒角，倒角距离为 1mm，绘制内倒角时，“修剪”选项应设置为“不修剪”。然后利用“修剪”命令修剪未被修剪的倒角边。

7 单击“绘图”工具栏中的“直线”按钮，利用“直线”命令将两个内倒角斜线的端点连接起来。

8 单击“修改”工具栏中的“圆角”按钮，利用“圆角”命令绘制 4 个半径为 2mm 的圆角、一个半径为 5mm 圆角，如图 55-12 所示。

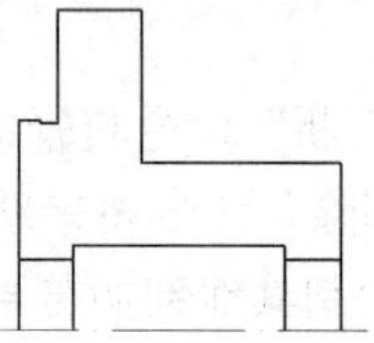

图 55-11 修剪直线

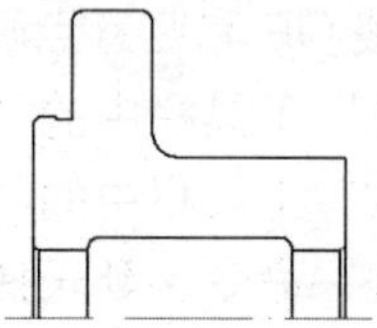

图 55-12 绘制倒角和圆角

9 单击“修改”工具栏中的“镜像”按钮，利用“镜像”命令镜像出端盖下半部分对称的轮廓线。

10 单击“绘图”工具栏中的“直线”按钮，启动“直线”命令，将光标移到主视图圆弧的上象限点处，出现象限点捕捉标记后，向右移动光标，出现水平追踪轨迹，向右移动光标，在左视图的竖直轮廓线上捕捉到交点，如图 55-13 所示。继续向右移动光标，在另一条竖直轮廓线上捕捉到垂足，即可绘制出缺口的轮廓线。

11 单击“绘图”工具栏中的“圆”按钮，利用“圆”命令以点画线的交点为圆心，过正方形圆角的中点绘制一个辅助圆。

12 单击“绘图”工具栏中的“直线”按钮，利用“直线”命令过辅助圆的上象限点绘制一条水平辅助线。

13 单击“修改”工具栏中的“拉伸”按钮，利用“拉伸”命令拉伸左视图上方圆角处轮廓线。利用相交窗口选择拉伸对象如图 55-14 所示。捕捉上方水平轮廓线的中点为基点，在水平辅助线上捕捉垂足为拉伸的第 2 点，如图 55-15 所示。

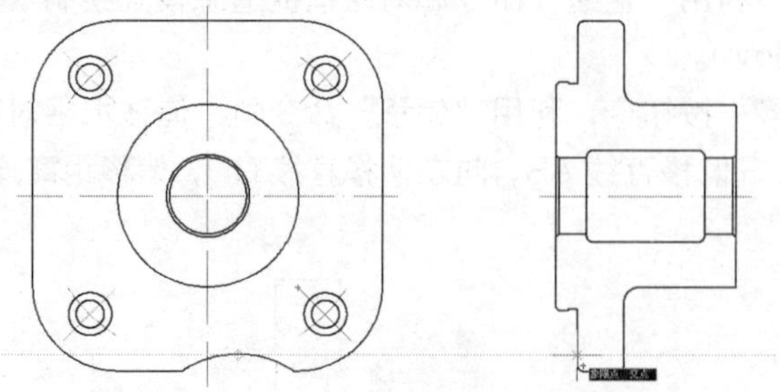

图 55-13 利用对象捕捉追踪绘制轮廓线

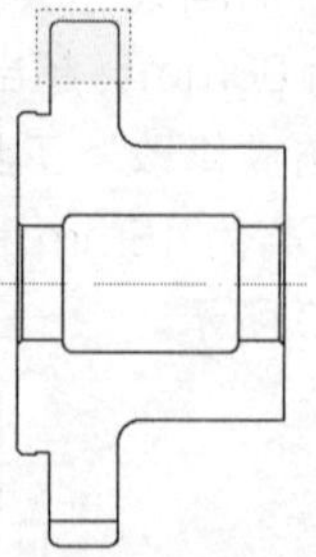

图 55-14 用相交窗口选择拉伸对象

14 单击“修改”工具栏中的“偏移”按钮，利用“偏移”命令向上偏移水平对称点画线，偏移距离为 55mm，得到水平点画线 EF。对称偏移点画线 EF，偏移距离为 7mm 和 4.5mm。向左偏移轮廓线 GH，偏移距离为 9mm，如图 55-16 所示。

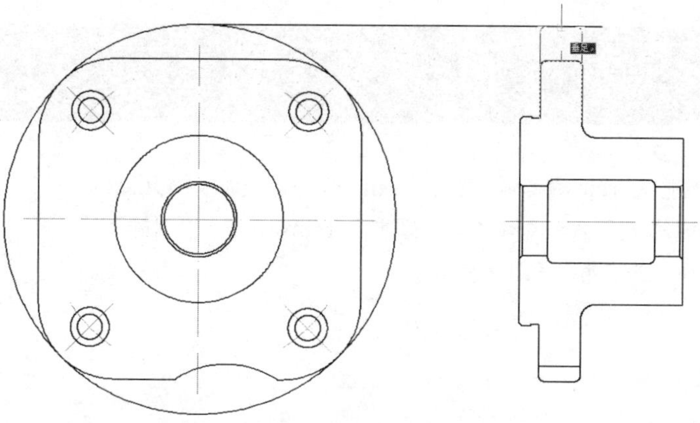

图 55-15　利用辅助线指定拉伸第 2 点

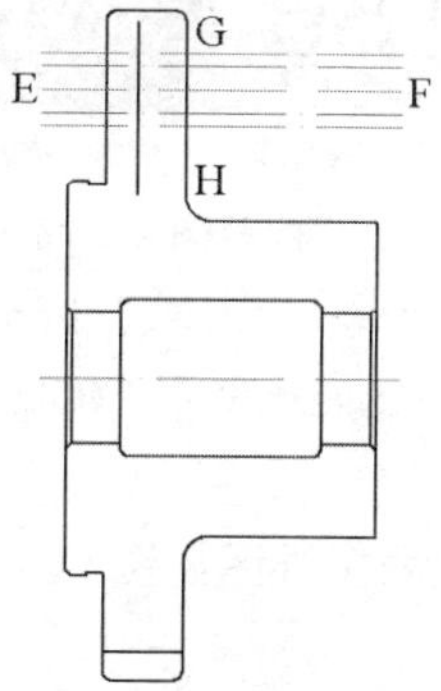

图 55-16　偏移点画线和轮廓线

15 选择菜单“格式”→“图层工具”→“图层匹配”选项，利用“图层匹配”命令将对称偏移出来的 4 条点画线的图层修改为“粗实线”层。

16 单击“修改”工具栏中的“修剪”按钮，利用“修剪”命令修剪直线。

17 选择菜单“修改”→“拉长”选项，利用“拉长”命令中的“动态”选项将水平点画线 EF 的右端适当缩短，结果如图 55-17 所示。

18 单击“修改”工具栏中的“偏移”按钮，利用“偏移”命令向下偏移水平轮廓线 IJ，偏移距离为 12mm。向左偏移右端面竖直轮廓线，偏移距离为 29mm，得到直线 MN。对称偏移直线 MN，偏移距离为 5mm 和 2mm。，如图 55-18 所示。

19 选择菜单“格式”→“图层工具”→“图层匹配”选项，利用“图层匹配”命令将偏移出来的直线 MN 的图层修改为“点画线”层。

20 单击“修改”工具栏中的“修剪”按钮，利用“修剪”命令修剪其他偏移出来的直线。

21 将“细实线”层设置为当前层，单击“绘图”工具栏中的“图案填充”按钮，利用“图案填充”命令绘制剖面线。在弹出的“图案填充和渐变色”对话框中打开“图案填充”选项卡，将图案类型设置为 ANSI31，角度设置为 0，比例设置为 1.25。单击“拾取点”按钮，在左视图需要填充的区域内单击，回车两次，即可绘制剖面线。

完成绘制端盖左视图，如图 55-19 所示。

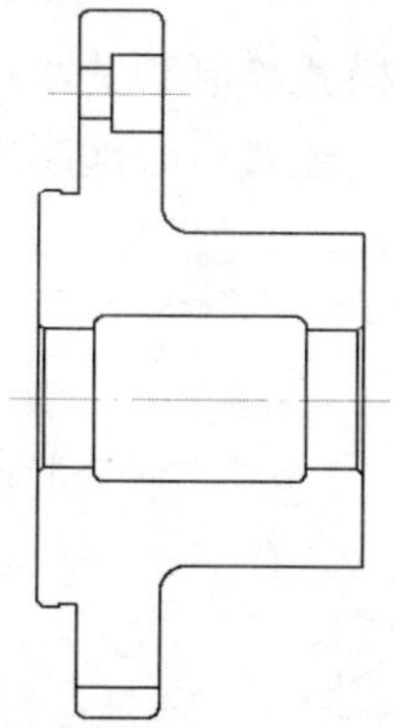

图 55-17　修剪后调整点画线的长度

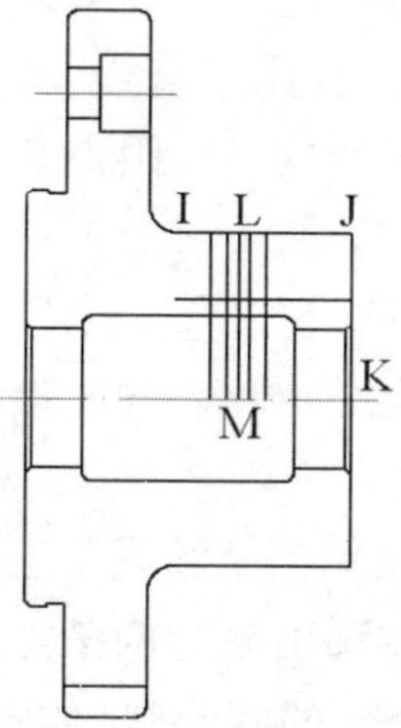

图 55-18　偏移轮廓线

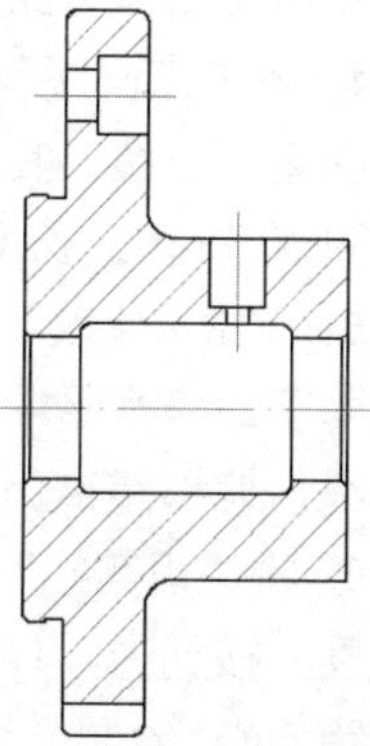

图 55-19　完成端盖左视图

实例 56 垫片

本实例所用的绘图命令：“圆”Circle 命令、“直线”Line 命令、“偏移”Offset 命令、“拉长”Lengthen 命令、“阵列”Array 命令、“修剪”Trim 命令、“删除”Erase 命令、“镜像”Mirror 命令、“圆角”Fillet 命令。

垫片的主视图如图 56-1 所示。

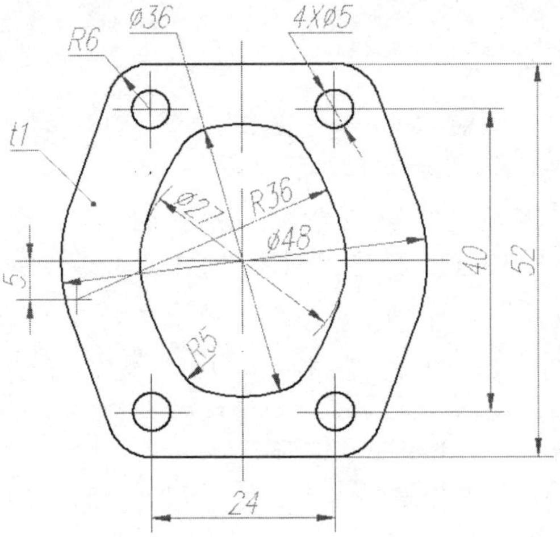

图 56-1 垫片

绘制步骤

1 新建空白图形文件，加载线型，恢复图层。

2 打开状态栏中的“正交”按钮、“对象捕捉”按钮和“对象捕捉追踪”按钮。

3 将“粗实线”层设置为当前层，单击“绘图”工具栏中的“圆”按钮，利用“圆”命令在绘图区适当位置绘制直径为 48mm 的圆。

4 将“点画线”层设置为当前层，利用“直线”命令和对象捕捉追踪模式绘制圆的水平中心线和竖直中心线，其中水平中心线超出圆的左象限点 3mm，长度为 54mm。竖直中心线超出圆的上象限点 5mm，长度为 58mm。

5 单击“修改”工具栏中的“偏移”按钮，利用“偏移”命令向下偏移水平中心线，偏移距离为 20mm。向左偏移竖直中心线，偏移距离为 12mm。

6 将“粗实线”层设置为当前层，单击“绘图”工具栏中的“圆”按钮，利用“圆”命令以偏移出来的两条点画线的交点为圆心，绘制半径为 6mm 和 2.5mm 的同心圆，如图 56-2 所示。

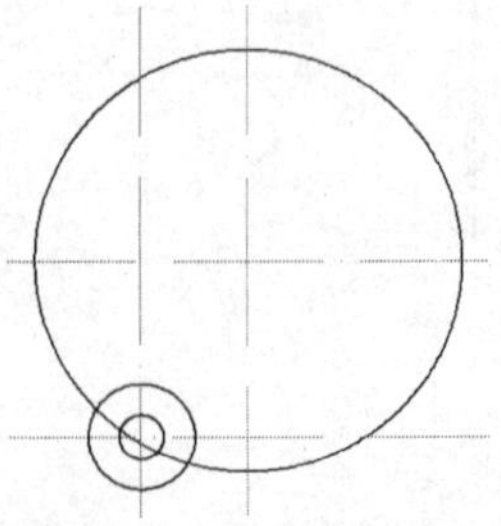

图 56-2 绘制圆和点画线

7 选择菜单“修改”→“拉长”选项，利用拉长命令中的“动态”选项将两条偏移出来的点画线的长度适当缩短，如图 56-3 所示。

8 单击“修改”工具栏中的“阵列”按钮，系统弹出“阵列”对话框，选中“矩形阵列”单选按钮，在“行”文本框中输入 2，在“列”文本框中输入 2，在“行偏移”文本框中输入 40，在“列偏移”文本框中输入 24，如图 56-4 所示。单击“选择对象”按钮，在绘图区中用拾取框包围选择半径为 6mm 的圆、半径为 2.5mm 的圆及其中心线为阵列对象。回车，回到“阵列”对话框，单击“确定”按钮，即可生成 4 个呈矩形分布的同心圆，如图 56-5 所示。

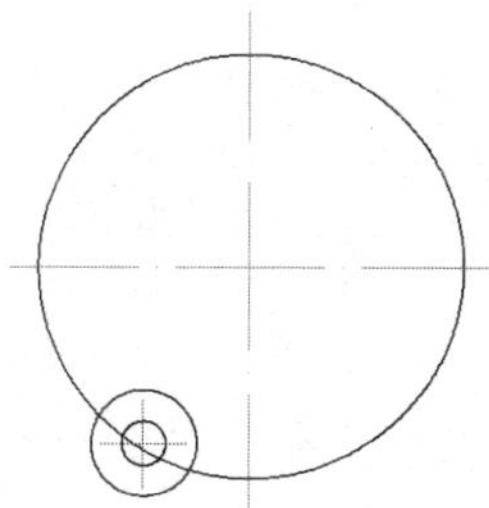

图 56-3　调整点画线的长度

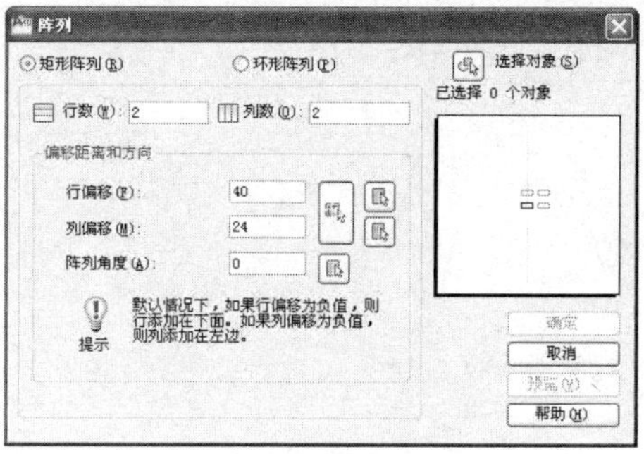

图 56-4　设置矩形阵

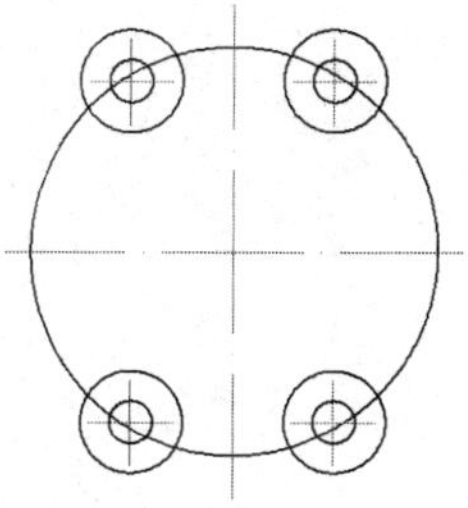

图 56-5　矩形阵列结果

9 单击“绘图”工具栏中的“直线”按钮，利用“直线”命令连接上方两个半径为 6mm 的圆的上象限点、连接下方两个半径为 6mm 的圆的下象限。利用“直线”命令和切点捕捉绘制 4 个半径为 6mm 的圆与直径为 48mm 的圆的公切线，如图 56-6 所示。

10 单击“修改”工具栏中的“修剪”按钮，利用“修剪”命令修剪 4 个半径为 6mm 的圆与直径为 48mm 的圆，结果如图 56-7 所示。

11 单击“绘图”工具栏中的“圆”按钮，利用“圆”命令以图形的两条对称点画线的交点为圆心，绘制半径为 13.5mm、18mm 和 22.5mm 的同心圆，其中半径为 22.5mm 的圆为辅助圆。

12 单击“修改”工具栏中的“偏移”按钮，利用“偏移”命令向下偏移水图形的水平对称点画线，偏移距离为 5mm。

13 单击“绘图”工具栏中的“圆”按钮，利用“圆”命令以偏移出来的水平点画线和半径为 22.5mm 的辅助圆交点为圆心，绘制半径为 36mm 圆，如图 56-8 所示。

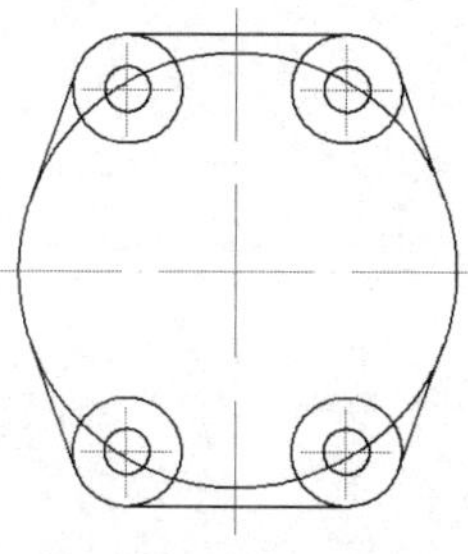

图 56-6　绘制公切线

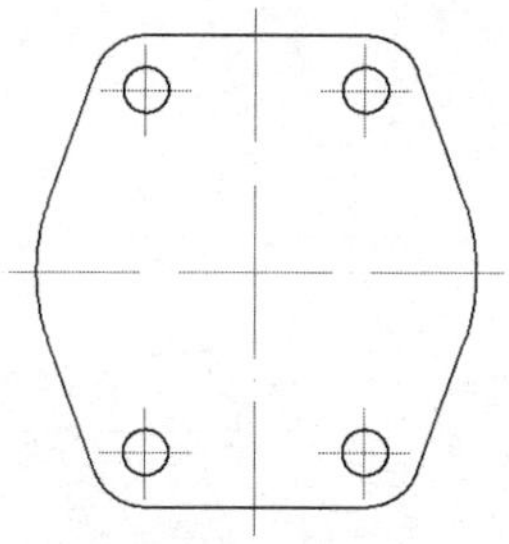

图 56-7　修剪圆

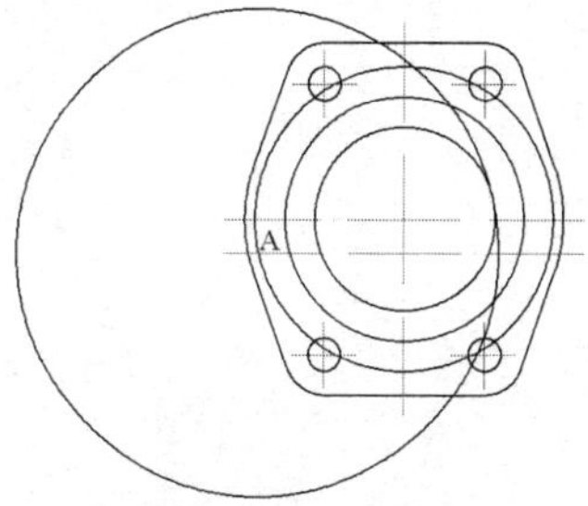

图 56-8　绘制圆

14 单击“修改”工具栏中的“删除”按钮，利用“删除”命令删除辅助圆和偏移出来的水平点画线。

15 单击“修改”工具栏中的“修剪”按钮，利用“修剪”命令修剪半径为 36mm 的圆，得到半径为 36mm 的圆弧，如图 56-9 所示。

16 单击“修改”工具栏中的“镜像”按钮，利用“镜像”命令镜像出半径为 36mm 的圆弧竖直对称圆弧和水平对称圆弧，如图 56-10 所示。

17 单击“修改”工具栏中的“修剪”按钮，利用“修剪”命令修剪同心圆，结果如图 56-11 所示。

18 单击“修改”工具栏中的“圆角”按钮，利用“圆角”命令在 4 个半径为 36mm 与两个半径为 18mm 的圆弧间绘制 4 个半径为 5mm 的圆角。

完成绘制垫片主视图，如图 56-12 所示。

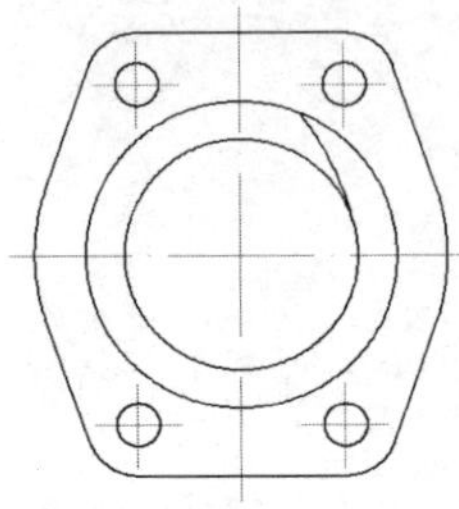
图 56-9　修剪出圆弧

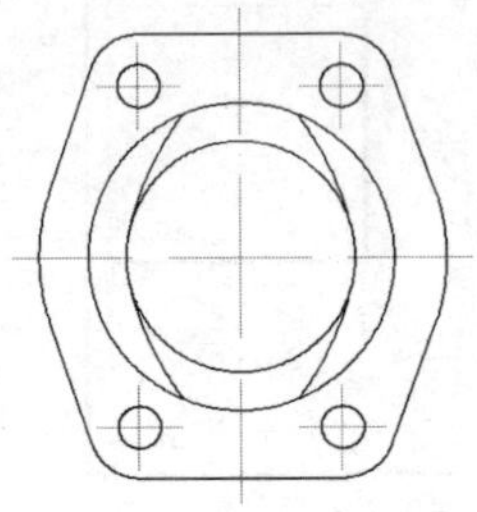
图 56-10　镜像出对称圆弧

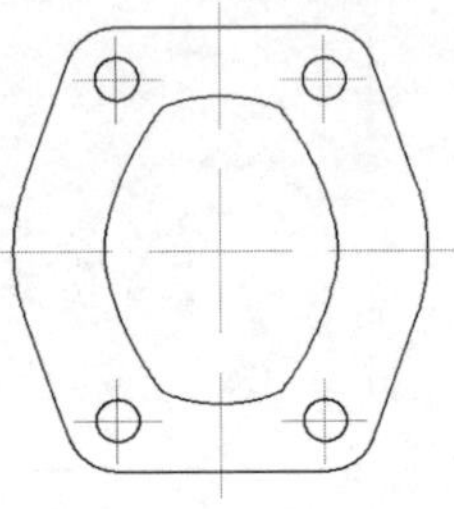
图 56-11　修剪同心圆

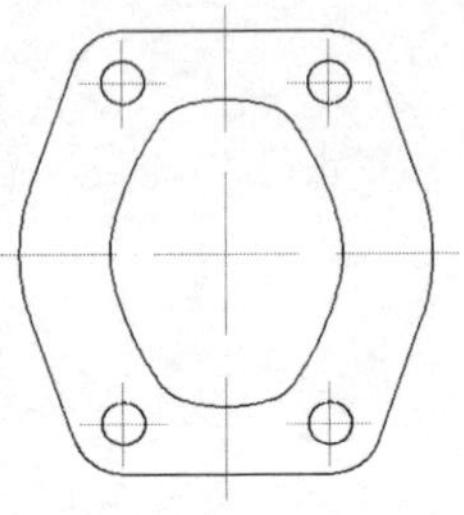
图 56-12　绘制圆角

实例 57　摇臂

本实例所用的绘图命令：“圆”Circle 命令、“直线”Line 命令、“圆弧”Arc 命令、“偏移”Offset 命令、“图层匹配”Laymch 命令、“修剪”Trim 命令、“圆角”Fillet 命令、“拉长”Lengthen 命令。

摇臂的主视图如图 57-1 所示。

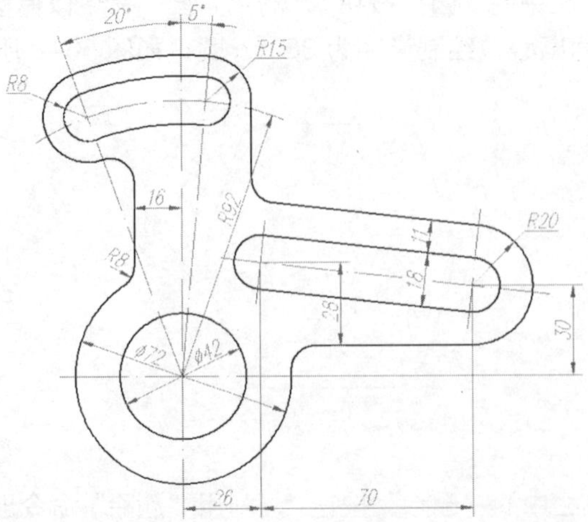

图 57-1　摇臂

绘制步骤

1 新建空白图形文件，加载线型，恢复图层。

2 打开状态栏中的“正交”按钮、“对象捕捉”按钮和“对象捕捉追踪”按钮。

3 将“粗实线”层设置为当前层，单击“绘图”工具栏中的“圆”按钮，利用“圆”命令在绘图区适当位置绘制直径为 72mm 和 42mm 的圆。

4 将“点画线”层设置为当前层，利用“直线”命令和对象捕捉追踪模式绘制圆的水平中心线和竖直中心线，其中水平中心线超出大圆的左象限点 5mm，长度为 82mm。竖直中心线超出大圆的下象限点 5mm，长度为 153mm。

5 利用“圆弧”命令绘制点画线圆弧。

```
命令: _arc      (选择菜单“绘图”→“圆弧”→“圆心、起点、端点”选项)
指定圆弧的起点或 [圆心(C)]: _c
指定圆弧的圆心:       (捕捉同心圆的圆心A)
指定圆弧的起点: @92<73↙        (输入圆弧的起点B相对于圆心的坐标，回车)
指定圆弧的端点或 [角度(A)/弦长(L)]: @92<122↙       (输入圆弧的端点C相对于圆心的坐标，回车)
```

6 单击“绘图”工具栏中的“直线”按钮，利用“直线”命令过同心圆的圆心 A 绘制倾斜点画线 AD 和 AE，D 点相对于 A 点的坐标为“@112<85”，E 点相对于 A 点的坐标为“@112<110”。

7 将“粗实线”层设置为当前层，单击“绘图”工具栏中的“圆”按钮，利用“圆”命令以两条倾斜点画线与点画线圆弧的交点为圆心，绘制直径为 15mm 和 8mm 的同心圆，如图 57-2 所示。

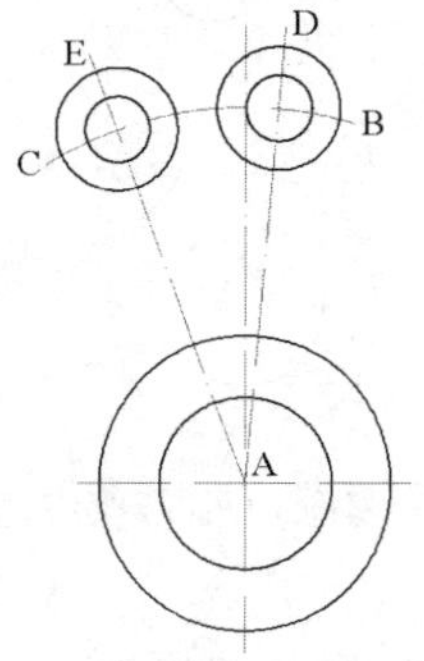

图 57-2　绘制圆和点画线

8 单击“修改”工具栏中的“偏移”按钮，利用“偏移”命令对称偏移点画线圆弧、向上偏移点画线圆弧、向左偏移竖直中心线，偏移距离为 8mm、15mm 和 16mm。

9 利用“圆”命令绘制圆。

```
命令: _circle      (单击“绘图”工具栏中的“圆”按钮，启动“圆”命令)
指定圆的圆心或 [三点(3P)/两点(2P)/相切、相切、半径(T)]: _from      (单击“对象捕捉”工具栏中的“捕捉自”按钮)
基点:       (捕捉同心圆的圆心A)
<偏移>: @96,30↙        (输入圆心F相对于A点的坐标，回车)
指定圆的半径或 [直径(D)] <8.0000>: 9↙       (输入圆的半径，回车)

命令: _circle      (单击“绘图”工具栏中的“圆”按钮或回车，启动“圆”命令)
指定圆的圆心或 [三点(3P)/两点(2P)/相切、相切、半径(T)]: _from      (单击“对象捕捉”工具栏中的“捕捉自”按钮)
基点:       (捕捉同心圆的圆心A)
<偏移>: @26,38↙        (输入圆心F相对于A点的坐标，回车)
指定圆的半径或 [直径(D)] <9.0000>: 9↙       (输入圆的半径，回车)
```

10 将“点画线”层设置为当前层，单击“绘图”工具栏中的“直线”按钮，利用“直线”命令连接两个圆的圆心 F 和 G，如图 57-3 所示。

11 选择菜单“格式”→“图层工具”→“图层匹配”选项，利用“图层匹配”命令将偏移出来的点画线圆弧和竖直点画线的图层修改为“粗实线”层。

12 单击“修改”工具栏中的“偏移”按钮，利用“偏移”命令对称偏移点画线 FG、向上偏移点画线 FG、向外偏移圆心为 F 点的圆，偏移距离为 9mm、20mm 和 11mm，如图 57-4 所示。

13 单击“修改”工具栏中的“修剪”按钮，利用“修剪”命令修剪 3 条粗实线圆弧和两个半径为 8mm 的圆。

14 单击“绘图”工具栏中的“直线”按钮，利用“直线”命令过右上方半径为 15mm 的圆的右象限点 L 绘制竖直线 LM，过右侧偏移出来的圆（半径为 20mm）的下象限点 N 绘制水平线 NP。

15 选择菜单“格式”→“图层工具”→“图层匹配”选项，利用“图层匹配”命令将 3 条偏移出来的倾斜点画线的图层修改为“粗实线”层。

16 将“点画线”层设置为当前层，单击“绘图”工具栏中的“直线”按钮，利用“直线”命令连接端点 HJ 和 IK，如图 57-5 所示。

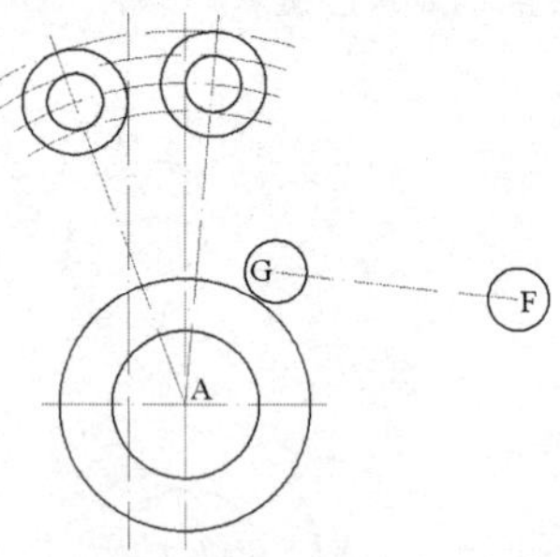

图 57-3 偏移点画线，绘制圆，连接圆心

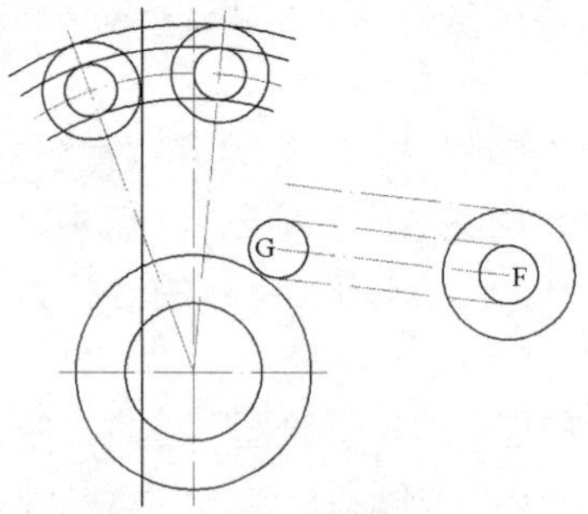

图 57-4 偏移倾斜点画线

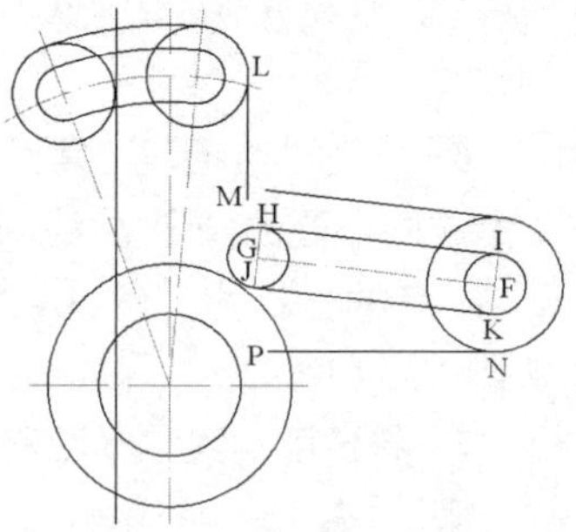

图 57-5 修剪后绘制直线

17 单击“修改”工具栏中的“圆角”按钮，利用“圆角”命令在 4 个半径为 8mm 的圆角。

18 选择菜单“修改”→“拉长”选项，利用拉长命令中的“动态”选项将倾斜点画线 FG、HJ 和 IK 适当拉长，如图 57-6 所示。

19 单击“修改”工具栏中的“修剪”按钮，利用“修剪”命令修剪圆，完成绘制摇臂的主视图，如图 57-7 所示。

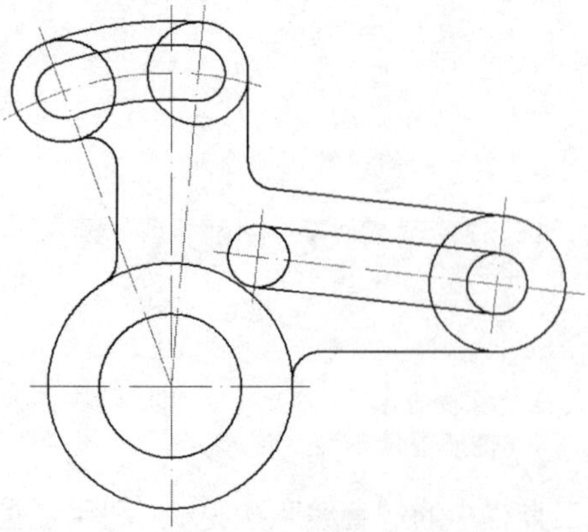
图 57-6 绘制圆角

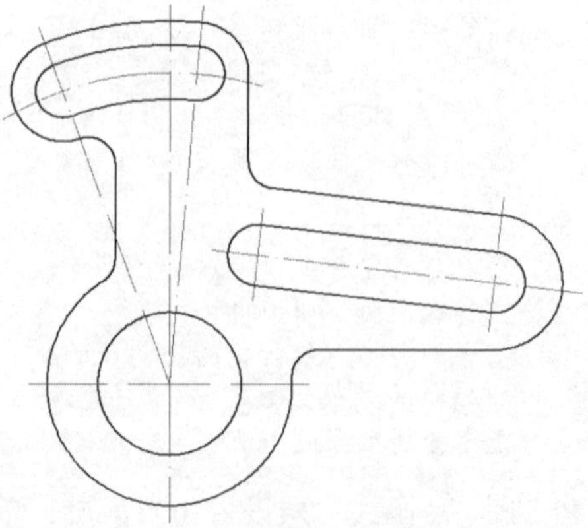
图 57-7 完成摇臂的主视图

实例 58　减速箱体

本实例较为复杂，所用的主要绘图命令有："矩形"Rectangle 命令、"圆"Circle 命令、"直线"Line 命令、"阵列"Array 命令、"偏移"Offset 命令、"圆弧"Arc 命令、"图层匹配"Laymch 命令、"修剪"Trim 命令、"删除"Erase 命令、"分解"Explode 命令、"圆角"Fillet 命令、"单点打断" Break 命令、"复制到粘贴板"Copyclip 命令、"从粘贴板粘贴"Pasteclip 命令、"打断"Break 命令、"移动"Move 命令、"拉长"Lengthen 命令、"图案填充"Bhatch 命令、"插入"Insert 命令、"单行文字"DText 命令、"复制"Copy 命令。

减速箱体的三视图、局部视图和局部剖视图如图 58-1 所示，图中未注圆角 R3。

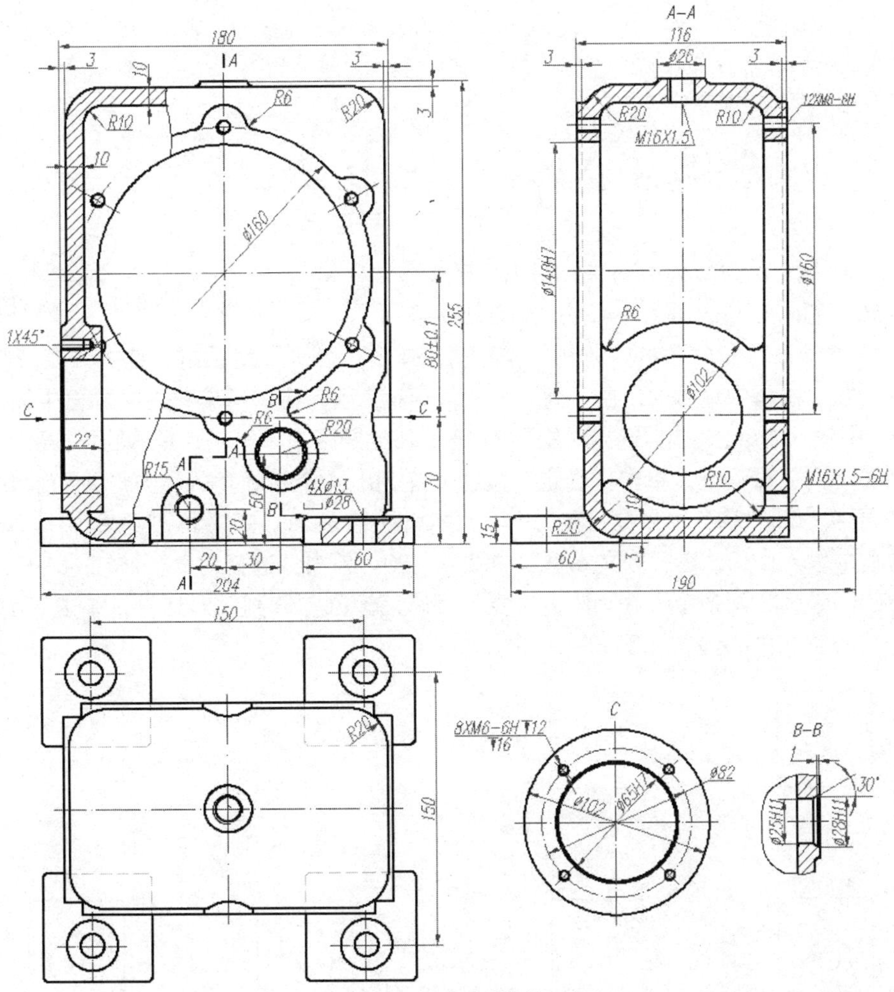

图 58-1　减速箱体

绘制步骤

一、绘制减速箱体俯视图

1 新建空白图形文件，加载线型，恢复图层。

2 打开状态栏中的“正交”按钮、“对象捕捉”按钮和“对象捕捉追踪”按钮。

3 选择菜单“文件”→“另存为”选项，将图形保存为“减速箱体.dwg”。

4 将“粗实线”层设置为当前层，利用“矩形”命令绘制带圆角的正方形。

命令：_rectang （单击“绘图”工具栏中的“矩形”按钮，启动“矩形”命令）
指定第一个角点或 [倒角(C)/标高(E)/圆角(F)/厚度(T)/宽度(W)]：F↙ （输入F，回车，选择“圆角”选项）
指定矩形的圆角半径<0.0000>：3↙ （输圆角半径，回车）
指定第一个角点或 [倒角(C)/标高(E)/圆角(F)/厚度(T)/宽度(W)]： （在适当位置单击）
指定另一个角点或 [面积(A)/尺寸(D)/旋转(R)]：@60,60↙ （输入另一角点的相对坐标，回车）

5 利用“圆”命令绘制半径为 14mm 的圆。

命令：_circle （单击“绘图”工具栏中的“圆”按钮，启动“圆”命令）
指定圆的圆心或 [三点(3P)/两点(2P)/相切、相切、半径(T)]：@-33,-40↙ （输圆心相对于矩形的第二角点的坐标，回车）
指定圆的半径或 [直径(D)]：14↙ （输圆的半径，回车）

6 回车再次启动“圆”命令，绘制半径为 6.5mm 的同心圆。

7 将“点画线”层设置为当前层，利用“直线”命令和对象追踪模式绘制同心圆的两条中心线。如图 58-2 所示。

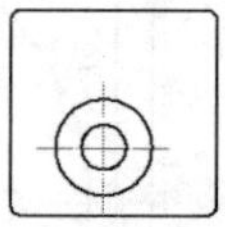

图 58-2 绘制矩形、同心圆和中心线

8 单击“修改”工具栏中的“阵列”按钮，弹出“阵列”对话框，选中“矩形阵列”单选按钮，在“行”文本框中输入 2，在“列”文本框中输入 2，在“行偏移”文本框中输入 130，在“列文本框”中输入 144。单击“选择对象”按钮，在绘图区中单击带圆角的的正方形为阵列对象。回车后返回“阵列”对话框，单击“确定”按钮，阵列出 4 个带圆角的正方形，如图 58-3 所示。

9 回车再次启动“阵列”命令，在“行”文本框中输入 2，在“列”文本框中输入 2，在“行偏移”文本框中输入 150，在“列文本框”中输入 150。单击“选择对象”按钮，在绘图区中选择俯视图中的同心圆和两条中心线为阵列对象。回车后返回“阵列”对话框，单击“确定”按钮，阵列出 4 个同心圆和中心线，如图 58-4 所示。

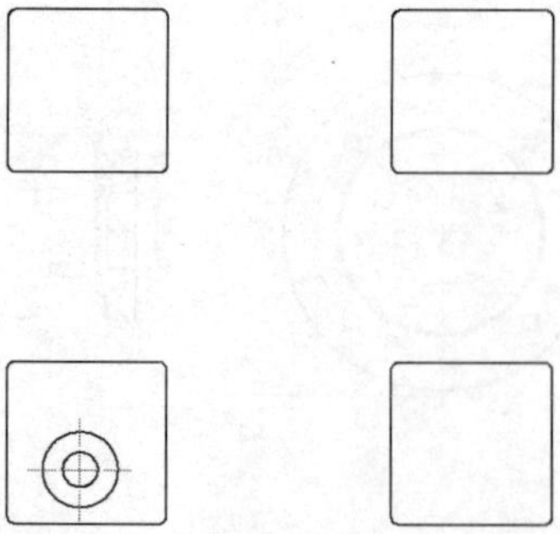

图 58-3 带圆角的正方形做矩形阵列

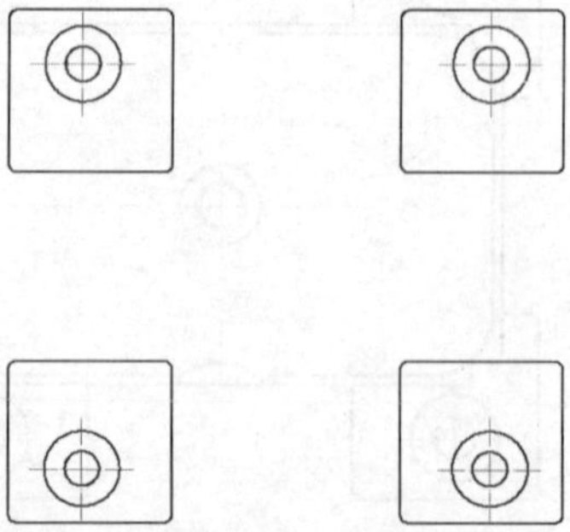

图 58-4 同心圆及其中心线做矩形阵列

10 将“粗实线”层设置为当前层，利用“矩形”命令绘制带圆角的矩形。

命令: _rectang　　（单击“绘图”工具栏中的“矩形”按钮□，启动“矩形”命令）
当前矩形模式:　圆角=3.0000
指定第一个角点或 [倒角(C)/标高(E)/圆角(F)/厚度(T)/宽度(W)]:F↙　　（输入F，回车，选择“圆角”选项）
指定矩形的圆角半径 <3.0000>: 20↙　　（输入圆角半径，回车）
指定第一个角点或 [倒角(C)/标高(E)/圆角(F)/厚度(T)/宽度(W)]: _from　　（单击“对象捕捉”工具栏中的“捕捉自”按钮）
基点:　　（捕捉左前方同心圆的圆心A为基点）
<偏移>: @-12,20↙　　（输入矩形第一角点相对于基点的坐标，回车）
指定另一个角点或 [面积(A)/尺寸(D)/旋转(R)]: @174,110↙　　（输入另一角点的相对坐标，回车）

11 将“点画线”层设置为当前层，利用“直线”命令和对象追踪模式绘制俯视图的两条对称中心线。

12 单击“修改”工具栏中的“偏移”按钮，利用“偏移”命令对称偏移水平点画线，偏移距离为 51mm 和 58mm，对称偏移竖直点画线，偏移距离为 11.6mm、13.3mm、80mm 和 90mm。

13 单击“绘图”工具栏中的“圆弧”按钮，利用“圆弧”命令过交点 B、C、D 和交点 E、F、G 绘制圆弧，如图 58-5 所示。

14 单击“修改”工具栏中的“删除”按钮，利用“删除”命令将偏移距离为 11.6mm 的两条竖直点画线删除。

15 选择菜单“格式”→“图层工具”→“图层匹配”选项，利用“图层匹配”命令将其余偏移出来的点画线的图层修改为“粗实线”层。

16 单击“修改”工具栏中的“修剪”按钮，利用“修剪”命令修剪直线和带圆角的矩形。

17 单击“修改”工具栏中的“分解”按钮，利用“分解”命令分解带圆角的矩形（此时已被修剪为两部分）。

18 单击“修改”工具栏中的“圆角”按钮，利用“圆角”命令在两个圆弧的端点处绘制 4 个半径为 3mm 的圆角（铸造圆角），结果如图 58-6 所示。

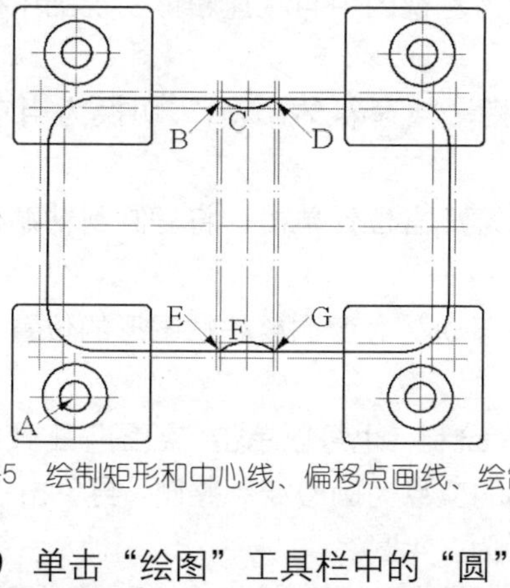

图 58-5　绘制矩形和中心线、偏移点画线、绘制圆弧

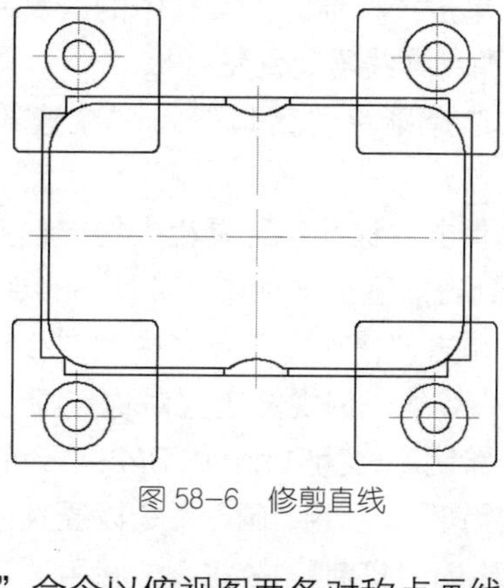

图 58-6　修剪直线

19 单击“绘图”工具栏中的“圆”按钮，利用“圆”命令以俯视图两条对称点画线的交点为圆心，绘制半径为 13mm 和 6.8mm 的同心圆。

20 将“细实线”层设置为当前层，利用“圆弧”命令绘制 3/4 圆，如图 58-7 所示。

命令：_arc　　（选择菜单“绘图”→“圆弧”→“圆心、起点、端点”选项）
指定圆弧的起点或［圆心(C)]：_c
指定圆弧的圆心：　　（捕捉俯视图两条对称点画线的交点为圆心）
指定圆弧的起点：@8<-10↙　　（输入圆弧的起点相对于圆心的坐标，回车）
指定圆弧的端点或［角度(A)/弦长(L)]：@8<280↙　　（输入圆弧的端点相对于圆心的坐标，回车）

21 单击“修改”工具栏中的“打断于点”按钮，利用“打断于点”命令将带圆角的正方形在与水平轮廓线和竖直轮廓线相交处单点打断，共需要打断8次。

22 选择菜单“格式”→“图层工具”→“图层匹配”选项，利用“图层匹配”命令将带圆角的正方形处于两个断点之间轮廓线的图层修改为“虚线”层。

完成绘制减速箱体的俯视图，如图58-8所示。

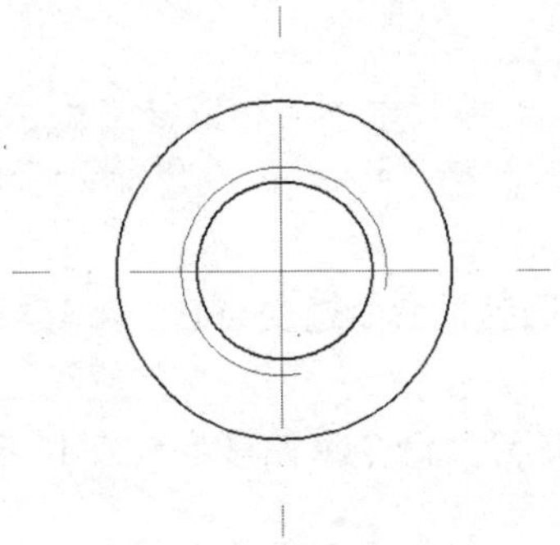

图58-7　绘制内螺纹圆弧

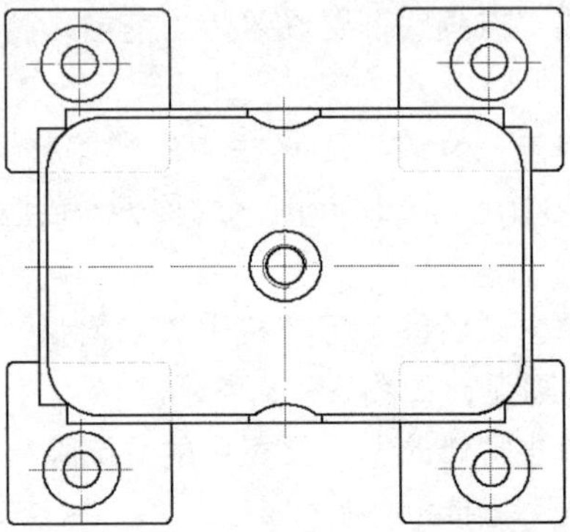

图58-8　完成减速箱体的俯视图

二、绘制减速箱体主视图

减速箱体主视图中6个均匀分布的螺孔部分轮廓线与绘制的轴承盖左视图部分轮廓线相同（该轴承盖安装在减速箱体上，故连接部分的轮廓线和尺寸相同），因此减速箱体的主视图可以从轴承盖左视图中复制粘贴。

1 打开保存的图形文件“轴承盖.dwg”。

2 单击“标准”工具栏中的“复制”按钮，将轴承盖左视图中与减速箱体主视图中相同的轮廓线和点画线复制到粘贴板。

3 选择菜单“窗口”→“减速箱体.dwg”选项，将“减速箱体.dwg”切换为当前图形文件。

4 单击“标准”工具栏中的“粘贴”按钮，在绘图区适当位置单击，将复制到粘贴板的图形粘贴到当前图形文件中，如图58-9所示。

5 单击“修改”工具栏中的“移动”按钮，利用“移动”命令调整粘贴图形的位置，使其竖直中心线处于俯视图竖直对称点画线的延长线上。

6 绘制半径为4mm的3/4圆既可以利用“圆弧”命令绘制，也可以单击“绘图”工具栏中的“圆”按钮，利用“圆”命令以竖直中心线与点画线圆弧的交点为圆心绘制整圆。再单击“修改”工具栏中的“打断”按钮，利用“打断”命令将圆打断为3/4圆。

7 将“粗实线”层设置为当前层，单击“绘图”工具栏中的“圆”按钮，利用“圆”命令以竖直中心线与点画线圆弧的交点为圆心绘制半径为3.4mm的圆，如图58-10。

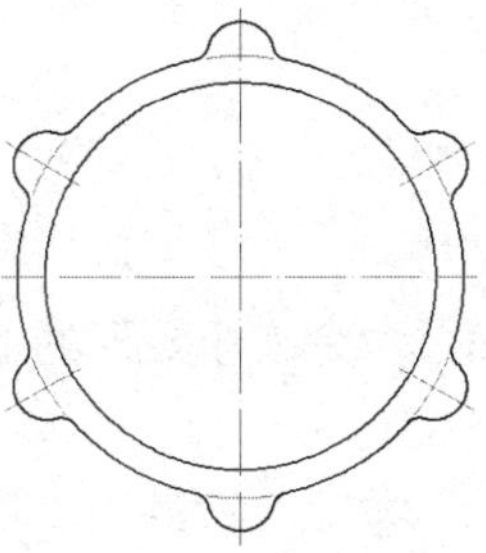

图 58-9　复制粘贴图形

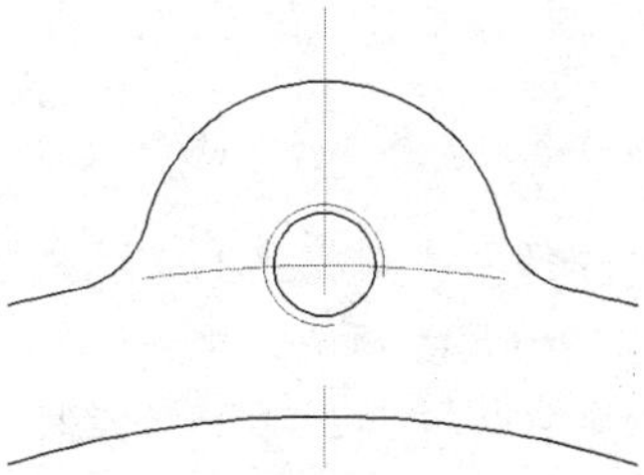

图 58-10　绘制内螺纹圆

8 单击“修改”工具栏中的“阵列”按钮，系统弹出“阵列”对话框，选中“环形阵列”单选按钮，单击“拾取中心点”按钮，在主视图中捕捉水平中心线和竖直中心线的交点。回到“阵列”对话框后，在“项目总数”文本框中输入 6，保留“填充角度”文本框中的缺省设置。单击“选择对象”按钮，在绘图区中用拾取框包围主视图中的内螺纹圆。回车，回到“阵列”对话框，单击“确定”按钮，阵列出 6 个均匀的螺纹圆，如图 58-11 所示。

9 将“粗实线”层设置为当前层，利用“矩形”命令绘制带圆角的矩形。

命令：_rectang　　（单击“绘图”工具栏中的“矩形”按钮，启动“矩形”命令）
当前矩形模式：　圆角=20.0000
指定第一个角点或 [倒角(C)/标高(E)/圆角(F)/厚度(T)/宽度(W)]：_from　　（单击“对象捕捉”工具栏中的“捕捉自”按钮）
基点：　　（在主视图中捕捉水平中心线和竖直中心线的交点）
<偏移>：@-87,-147↙　　（输入矩形第一角点相对于基点的坐标，回车）
指定另一个角点或 [面积(A)/尺寸(D)/旋转(R)]：@174,249↙　　（输入另一角点的相对坐标，回车）

10 单击“修改”工具栏中的“偏移”按钮，利用“偏移”命令向内偏移带圆角的矩形，偏移距离为 10mm，如图 58-12 所示。

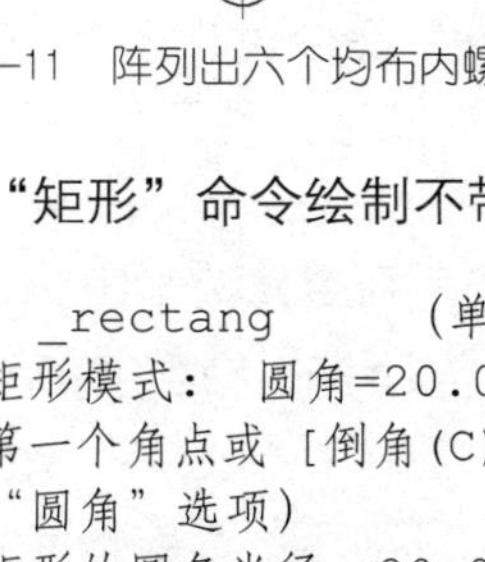

图 58-11　阵列出六个均布内螺纹圆

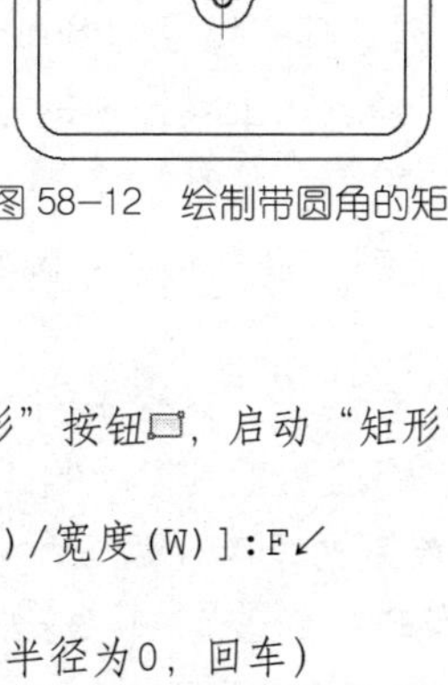

图 58-12　绘制带圆角的矩形

11 利用“矩形”命令绘制不带圆角的矩形。

命令：_rectang　　（单击“绘图”工具栏中的“矩形”按钮，启动“矩形”命令）
当前矩形模式：　圆角=20.0000
指定第一个角点或 [倒角(C)/标高(E)/圆角(F)/厚度(T)/宽度(W)]：F↙　　（输入F，回车，选择“圆角”选项）
指定矩形的圆角半径 <20.0000>：0↙　　（输入圆角半径为0，回车）
指定第一个角点或 [倒角(C)/标高(E)/圆角(F)/厚度(T)/宽度(W)]：_from　　（单击“对象

捕捉”工具栏中的“捕捉自”按钮）
基点：　　(在主视图中捕捉水平中心线和竖直中心线的交点)
<偏移>：@-102,-150↙　　(输入矩形第一角点相对于基点的坐标，回车)
指定另一个角点或 [面积(A)/尺寸(D)/旋转(R)]：@60,15↙　(输入另一角点的相对坐标，回车)

12 单击“修改”工具栏中的“圆角”按钮，利用“圆角”命令在小矩形的上方两个直角处绘制两个半径为 3mm 的圆角。

13 单击“修改”工具栏中的“复制”按钮，利用“复制”命令向右复制小矩形，复制的距离为 144mm，如图 58-13 所示。

14 关闭状态栏中的“正交”按钮和“对象捕捉”按钮。将“细实线”层设置为当前层，单击“绘图”工具栏中的“样条曲线”按钮，利用“样条曲线”命令绘制超出主视图最上方轮廓线和左下方轮廓线的波浪线。

15 选择菜单“修改”→“拉长”选项，利用拉长命令中的“动态”选项将水平点画线和竖直点画线的两端拉长，超出外侧矩形轮廓线约 5mm。

16 单击“修改”工具栏中的“偏移”按钮，利用“偏移”命令向下水平点画线 3 次，偏移距离为 80mm、100mm 和 130mm。向左和向右偏移竖直对称线，偏移距离为 20mm 和 30mm，如图 58-14 所示。

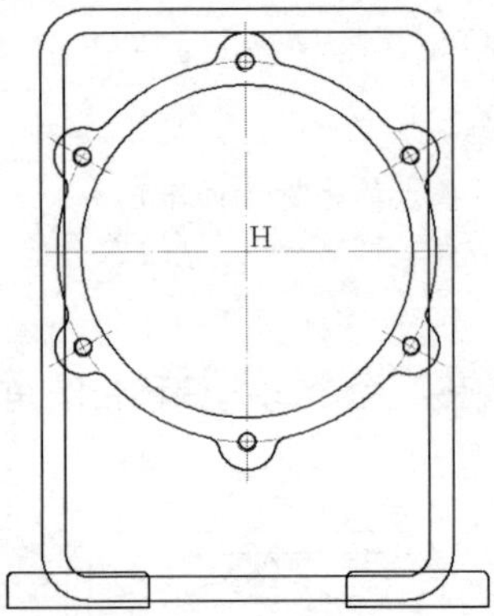

图 58-13　复制矩形

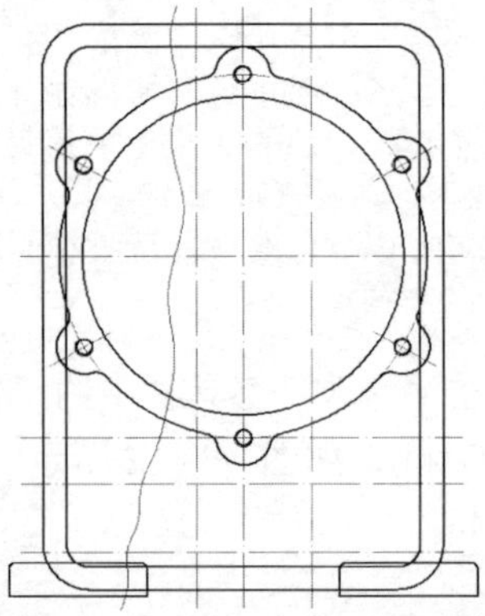
图 58-14　绘制波浪线，偏移点画线

17 单击“修改”工具栏中的“修剪”按钮，利用“修剪”命令修剪波浪线和轮廓线。

18 单击“绘图”工具栏中的“圆”按钮，利用“圆”命令以点画线的交点 I 为圆心绘制半径为 20mm、14mm 和 12.5mm 的同心圆，以点画线的交点 J 为圆心绘制半径为 15mm、8mm 和 6.8mm 的同心圆，其中半径为 8mm 的圆是用细实线绘制的。

19 单击“修改”工具栏中的“打断”按钮，利用“打断”命令将细实线圆打断为 3/4 圆。

20 单击“绘图”工具栏中的“直线”按钮，利用“直线”命令过半径为 15mm 的圆的左右两个象限点绘制竖直轮廓线，轮廓线的下端点是在下方水平轮廓线上捕捉的垂足，如图 58-15 所示。

21 单击“修改”工具栏中的“修剪”按钮，利用“修剪”命令修剪半径为 15mm 的圆。

22 单击“修改”工具栏中的“圆角”按钮，利用“圆角”命令在半径为 20mm 的圆及其上方轮廓线之间绘制两个半径为 6mm 的圆角。

23 选择菜单“修改”→“拉长”选项，利用拉长命令中的“动态”选项将过 I 点和 J 点的 4 条点画线的长度适当缩短。

24 打开状态栏中的“正交”按钮和“对象捕捉”按钮。利用“直线”命令绘制上方凸台轮廓线。

```
命令：_line        (单击“绘图”工具栏中的“直线”按钮，启动“直线”命令)
指定第一点：13↙        (将光标移到交点K处，出现交点捕捉标记后，向左移动光标，出现水平追踪轨迹，输入追踪距离13，回车)
指定下一点或 [放弃(U)]：3↙        (向上移动光标，输入竖直线的长度3，回车)
指定下一点或 [放弃(U)]：26↙        (向右移动光标，输入竖水平线的长度26，回车)
指定下一点或 [闭合(C)/放弃(U)]：        (在下方相邻的水平轮廓线上捕捉垂足)
指定下一点或 [闭合(C)/放弃(U)]：↙        (回车，结束“直线”命令)
```

25 单击“修改”工具栏中的“偏移”按钮，利用“偏移”命令对称偏移下方长水平点画线，偏移距离为 51mm 和 32.5mm。对称偏移竖直对称点画线，偏移距离为 90mm。向左偏移竖直对称点画线，偏移距离为 68mm，如图 58-16 所示。

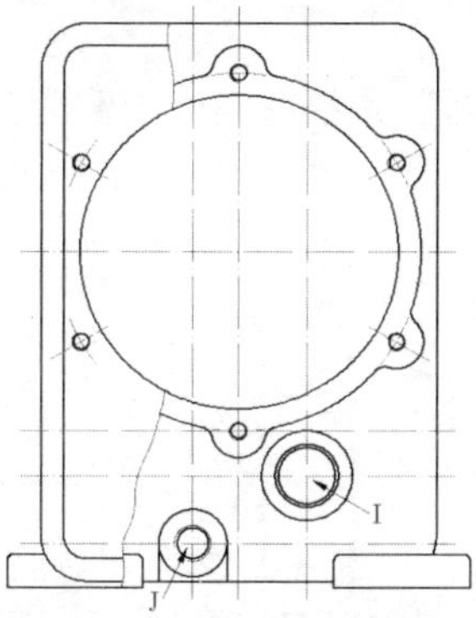

图 58-15　修剪后绘制圆和直线

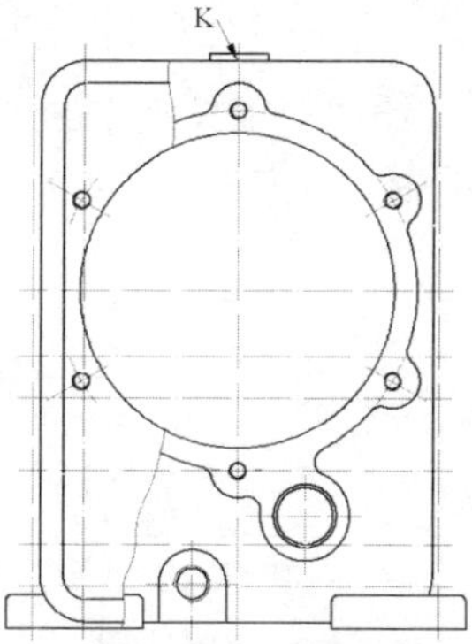

图 58-16　绘制凸台轮廓线、偏移点画线

26 选择菜单“格式”→“图层工具”→“图层匹配”选项，利用“图层匹配”命令将偏移出来的竖直点画线和对称偏移出来的水平点画线的图层修改为“粗实线”层。

27 单击“修改”工具栏中的“修剪”按钮，利用“修剪”命令修剪出如图 58-17 所示的图形。

28 单击“修改”工具栏中的“偏移”按钮，利用“偏移”命令对称偏移下方长水平点画线，偏移距离为 41mm。再对称偏移刚偏移出来的上方水平点画线两次，偏移距离为 3mm 和 2.55mm。再向右偏移轮廓线 LM 两次，偏移距离为 16mm 和 12mm，如图 58-18 所示。

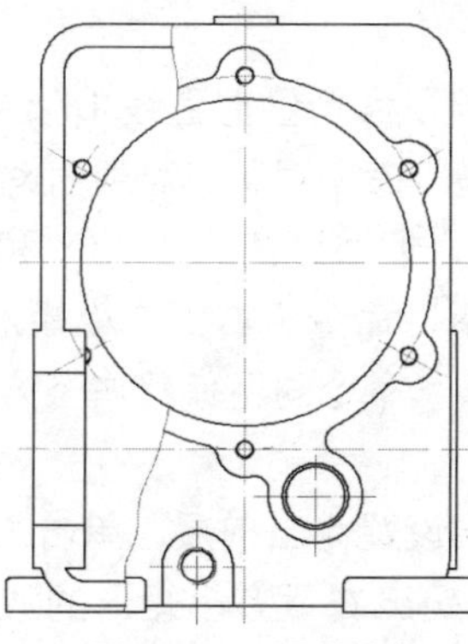

图 58-17　修剪线条

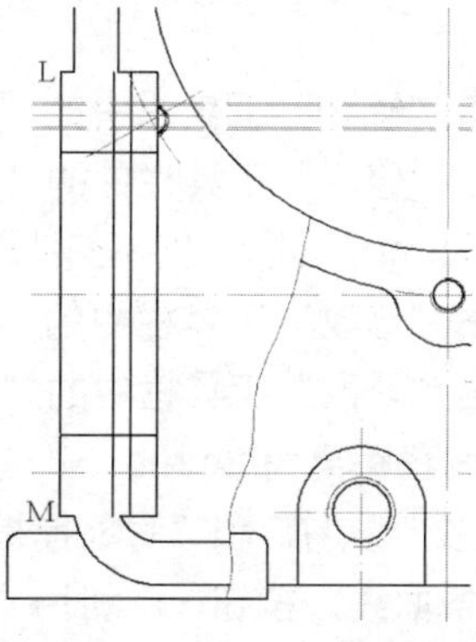

图 58-18　偏移点画线和轮廓线

29 选择菜单“格式”→“图层工具”→“图层匹配”选项，利用“图层匹配”命令将偏移距离为 3mm 的两条水平点画线的图层修改为“细实线”层，将偏移距离为 2.55mm 的两条水平点画线的图层修改为“粗实线”层。

30 单击“修改”工具栏中的“修剪”按钮，利用“修剪”命令修剪直线。

31 单击“绘图”工具栏中的“直线”按钮，利用“直线”命令绘制直线 NP，P 点相对于 N 点的坐标为“@5<60”，利用直线命令将直线 NP 与点画线的交点和端点 Q 连接起来。如图 58-19 所示。

32 单击“修改”工具栏中的“修剪”按钮，利用“修剪”命令修剪直线 NP。

33 选择菜单“修改”→“拉长”选项，利用拉长命令中的“动态”选项将对称偏移距离为 41mm 的两条点画线的长度适当缩短。

34 单击“修改”工具栏中的“倒角”按钮，利用“倒角”命令绘制内倒角，倒角距离为 1mm，倒角命令中的“修剪”选项应设置为“不修剪”。然后利用“修剪”命令修剪未被修剪的倒角边。

35 单击“绘图”工具栏中的“直线”按钮，利用“直线”命令将两个内倒角斜线的端点连接起来，如图 58-20 所示。

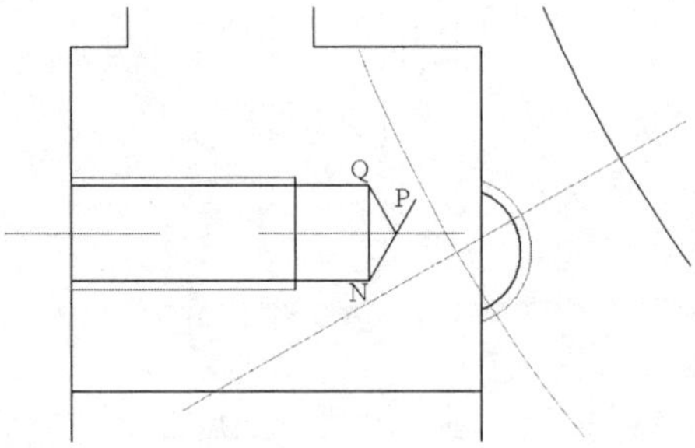

图 58-19　绘制直线

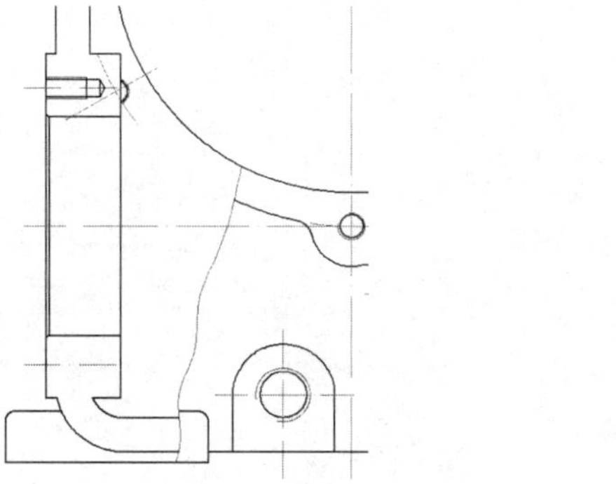

图 58-20　绘制内孔和螺孔

36 单击“修改”工具栏中的“偏移”按钮，利用“偏移”命令对称偏移下方长水平点画线，偏移距离为 24mm。向左偏移轮廓线 RS，偏移距离为 10mm。

37 单击“绘图”工具栏中的“圆弧”按钮，利用“圆弧”命令过交点 T、U、V 绘制圆弧，近似地绘制处相贯线的投影，如图 58-21 所示。

38 单击“修改”工具栏中的“删除”按钮，利用“删除”命令将偏移出来的点画线和粗实线删除。

39 单击“修改”工具栏中的“修剪”按钮，利用“修剪”命令修剪直线 TV。

40 单击“修改”工具栏中的“偏移”按钮，利用“偏移”命令对称偏移竖直对称点画线，偏移距离为 75mm。再对称偏移刚偏移出来的右侧竖直点画线，偏移距离为 14mm 和 6.5mm。

41 单击“修改”工具栏中的“分解”按钮，利用“分解”命令将右下方小矩形分解。

42 单击“修改”工具栏中的“偏移”按钮，利用“偏移”命令向下偏移右下方小矩形的上方水平边，偏移距离为 2mm。

43 “正交”按钮和“对象捕捉”按钮。将“细实线”层设置为当前层，单击“绘图”工具栏中的“样条曲线”按钮，利用“样条曲线”命令绘制两条超出右下方小矩形的波浪线，如图 58-22 所示。

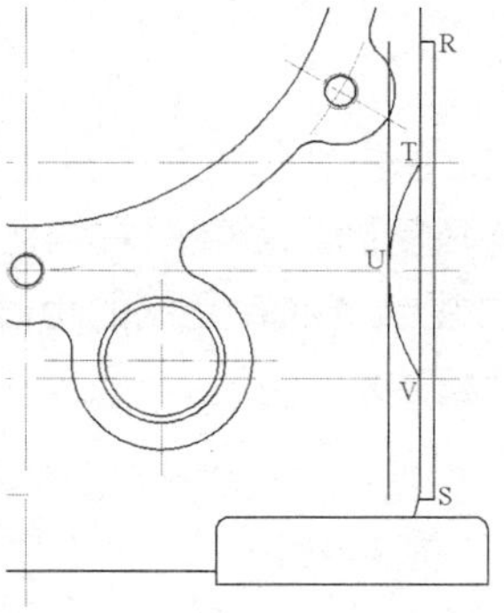

图 58-21　绘制相贯线的投影

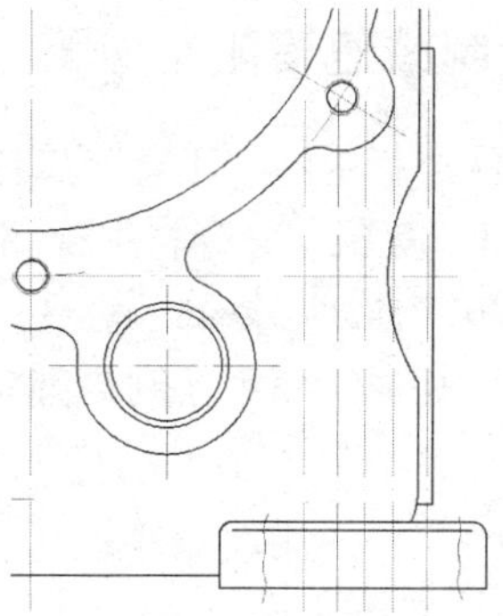
图 58-22　偏移点画线和轮廓线，绘制波浪线

44 选择菜单“格式”→“图层工具”→“图层匹配”选项，利用“图层匹配”命令将右侧对称偏移出来的 4 条水平点画线的图层修改为“粗实线”层。

45 单击“修改”工具栏中的“修剪”按钮，利用“修剪”命令修剪直线和波浪线。

46 选择菜单“修改”→“拉长”选项，利用拉长命令中的“动态”选项将对称偏移距离为 75mm 的两条竖直点画线的上端适当缩短，如图 58-23 所示。

47 单击“修改”工具栏中的“圆角”按钮，利用“圆角”命令在主视图中绘制半径为 3mm 的铸造圆角。

48 将“粗实线”层设置为当前层，分别单击“绘图”工具栏中的“直线”按钮，利用直线命令和对象捕捉追踪模式绘制剖切符号。

49 单击“绘图”工具栏中的“插入”按钮，利用“插入”命令插入“箭头”块，插入角度分别设置为 90° 和-90° 。

50 单击“文字”工具栏中的“单行文字”按钮，利用“单行文字”命令输入字母“A”、“B”和“C”。

51 单击“修改”工具栏中的“移动”按钮，利用“移动”命令将字母调整到适当位置。

52 将“细实线”层设置为当前层，单击“绘图”工具栏中的“图案填充”按钮，利用“图案填充”命令绘制剖面线。在弹出的“图案填充和渐变色”对话框中打开“图案填充”选项卡，将图案类型设置为 ANSI31，角度设置为 0，比例设置为 1.25。单击“拾取点”按钮，在主视图中需要的填充区域内单击（注意螺孔的牙顶线和牙底线之间的区域也是填充区域），回车两次，即可绘制剖面线。

完成绘制减速箱体的主视图，如图 58-24 所示。

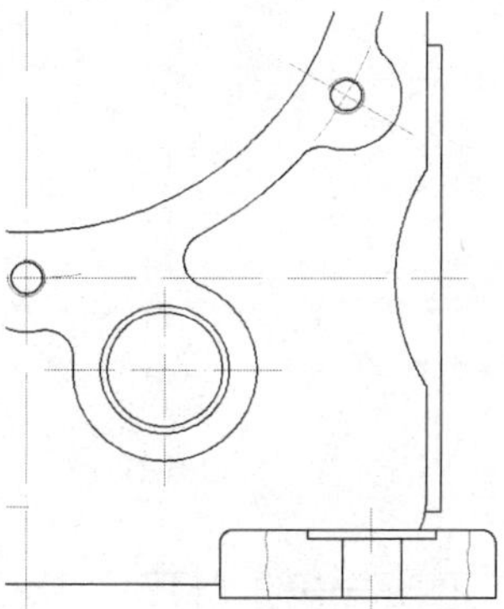
图 58-23　修剪出直线和波浪线

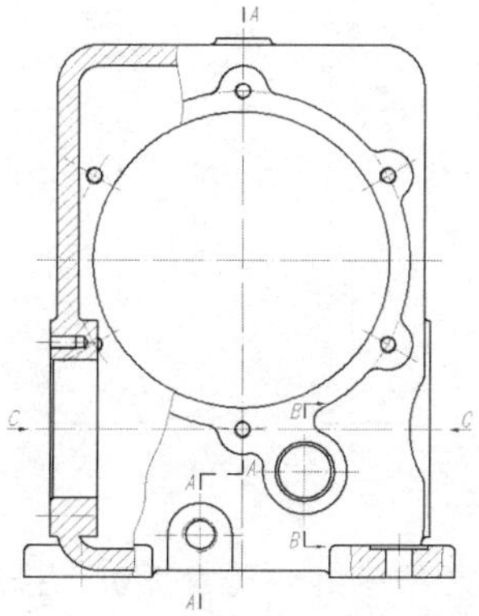

图 58-24　完成减速箱体的主视图

三、绘制减速箱体左视图

1 打开状态栏中的“正交”按钮和“对象捕捉”按钮，单击“修改”工具栏中的“复制”按钮，利用“复制”命令将主视图中右下方矩形及其两个圆角复制到主视图右侧适当位置。

2 回车再次启动“复制”命令，将复制出来的图形再向右复制一次，复制的距离为 130mm。

3 利用“矩形”命令绘制带圆角的矩形，即箱体外表面轮廓线。

```
命令: _rectang      (单击“绘图”工具栏中的“矩形”按钮，启动“矩形”命令)
指定第一个角点或 [倒角(C)/标高(E)/圆角(F)/厚度(T)/宽度(W)]: f↘   (输入f，回车，选择圆角选项)
指定矩形的圆角半径 <20.0000>: 20↘    (输圆角半径20，回车)
指定第一个角点或 [倒角(C)/标高(E)/圆角(F)/厚度(T)/宽度(W)]: _from   (单击“对象捕捉”工具栏中的“捕捉自”按钮)
基点:      (捕捉复制的第一个矩形的左下角点)
<偏移>: @40,3↙     (输入矩形第一角点相对于基点的坐标，回车)
指定另一个角点或 [面积(A)/尺寸(D)/旋转(R)]: @110,249↙      (输入另一角点的相对坐标，回车)
```

4 单击“修改”工具栏中的“偏移”按钮，利用“偏移”命令向内偏移带圆角的矩形，偏移距离为 10mm。

5 将“点画线”层设置为当前层，利用“直线”命令和对象捕捉追踪模式在主视图两条长水平点画线的延长线上绘制左视图中两条水平点画线（上方水平点画线为蜗轮轴孔轴线，下方水平点画线为蜗杆轴孔轴线），以及左视图的竖直对称点画线。

6 单击“修改”工具栏中的“复制”按钮，利用“复制”命令将主视图中上方凸台的轮廓线（包括一条水平线和两个圆角）复制到左视图。复制的基点为凸台水平轮廓线的中点，复制的第 2 点为在左视图竖直对称点画线上捕捉的垂足，如图 58-25 所示。

7 单击“修改”工具栏中的“偏移”按钮，利用“偏移”命令向上偏移蜗轮轴孔轴线，偏移距离为 80mm。向下偏移蜗杆轴孔轴线，偏移距离为 50mm。对称偏移竖直对称点画线，偏移距离为 75mm。

8 单击“修改”工具栏中的“修剪”按钮，利用“修剪”命令修剪轮廓线，并删除圆角弧，得到如图 58-26 所示的图形。

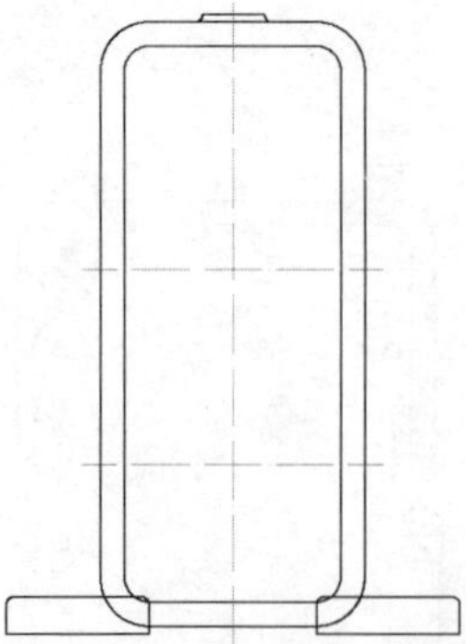

图 58-25　绘制点画线，复制图形

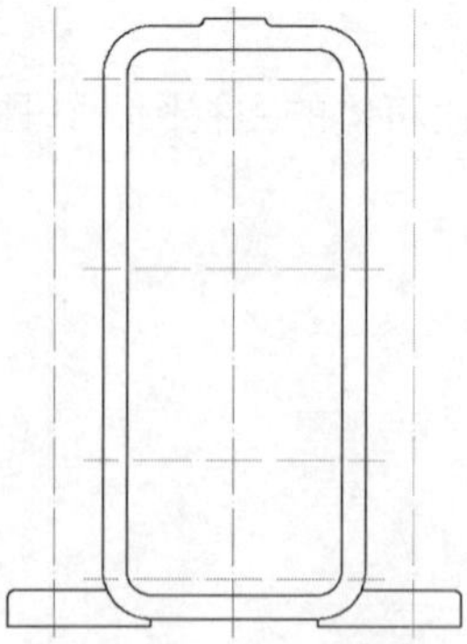

图 58-26　偏移点画线

9 关闭状态栏中的“对象捕捉”按钮，单击“修改”工具栏中的“打断”按钮，利用“打断”命令将上方水平点画线打断。

10 选择菜单“修改”→“拉长”选项，利用拉长命令中的“动态”选项将下方水平点画线的左端适当缩短，如图 58-27 所示。

11 单击“绘图”工具栏中的“圆”按钮，利用“圆”命令以竖直对称点画线和蜗杆轴孔轴线的交点 W 为圆心绘制直径为 102mm 和 65mm 的同心圆。

12 单击“修改”工具栏中的“偏移”按钮，利用“偏移”命令对称偏移蜗轮轴孔轴线和竖直对称点画线，偏移距离为 70mm 和 58mm。向上偏移上方两条短水平点画线（被打断）和蜗杆轴孔轴线，偏移距离为 12mm。再次向下偏移蜗杆轴孔轴线，偏移距离为 35mm，如图 58-28 所示。

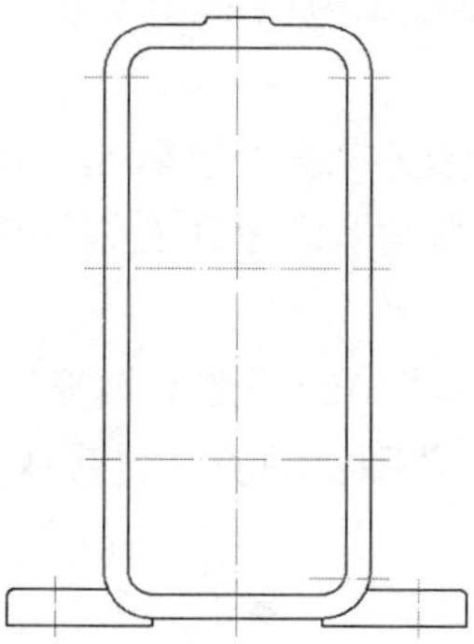

图 58-27　打断、缩短点画线

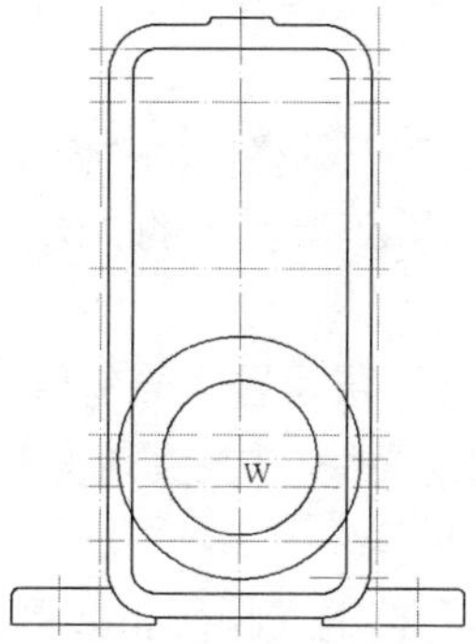

图 58-28　偏移点画线

13 选择菜单“格式”→“图层工具”→“图层匹配”选项，利用“图层匹配”命令将偏移出来的 8 条水平点画线的图层修改为“粗实线”层

14 单击“修改”工具栏中的“修剪”按钮，利用“修剪”命令修剪左视图，得到图形如图 58-29 所示。

15 单击“修改”工具栏中的“打断于点”按钮，利用“打断于点”命令将箱体外表面轮廓线打断，共需打断 4 次。

16 选择菜单“格式”→“图层工具”→“图层匹配”选项，利用“图层匹配”命令将两个断点之间的轮廓线的图层修改为“虚线”层。

17 单击“修改”工具栏中的“延伸”按钮，利用“延伸”命令将箱体外表面的下方水平轮廓线延伸至右侧竖直轮廓线 ab 上，交点为 c。

18 单击“修改”工具栏中的“圆角”按钮，利用“圆角”命令在直径为 102mm 的圆和箱体内表面轮廓线之间绘制 4 个半径为 6mm 的圆角，如图 58-30 所示。“圆角”命令中的修剪选项应设置为“不修剪”。

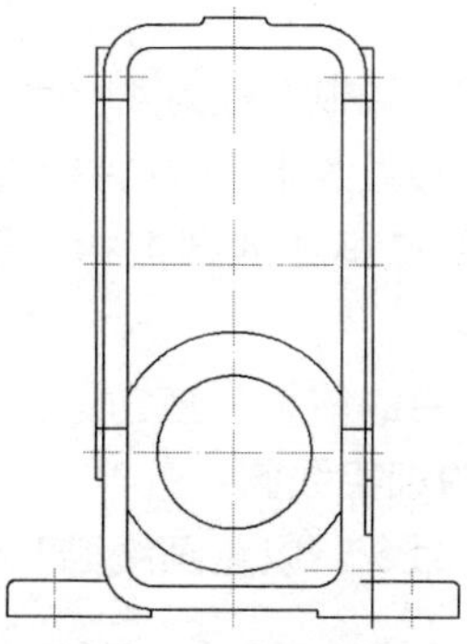

图 58-29　修剪轮廓线

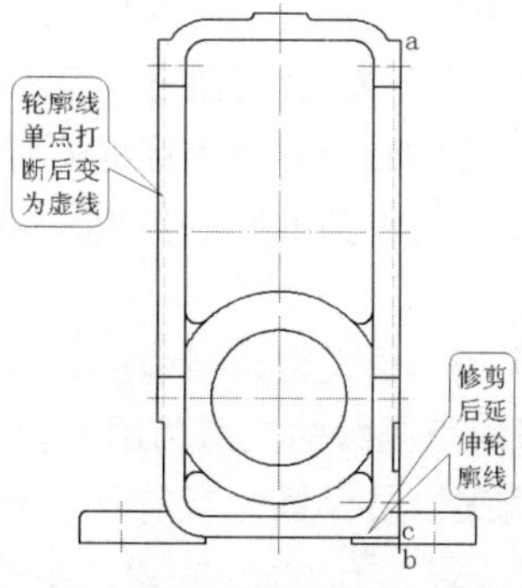

图 58-30　打断、延伸轮廓线，绘制圆角

19 单击“修改”工具栏中的“修剪”按钮，利用“修剪”命令修剪直线 ab 和与之相交的水平轮廓线。

20 单击“修改”工具栏中的“偏移”按钮，利用“偏移”命令对称偏移蜗杆轴孔轴线和上方两条短水平点画线各两次，偏移距离为 4mm 和 3.4mm。对称偏移竖直对称点画线和下方短水平点画线各两次，偏移距离为 8mm 和 6.8mm。向左偏移竖直轮廓线 ac，偏移距离为 23mm，如图 58–31 所示。

21 选择菜单“格式”→“图层工具”→“图层匹配”选项，利用“图层匹配”命令将对称偏移出来的外侧点画线的图层修改为“细实线”层，将对称偏移出来内侧点画线的图层修改为“粗实线”层。

22 单击“修改”工具栏中的“修剪”按钮，利用“修剪”命令修剪出左视图中所有的螺孔。

23 单击“修改”工具栏中的“圆角”按钮，利用“圆角”命令在左视图中绘制半径为 3mm 的铸造圆角。

24 将“细实线”层设置为当前层，单击“绘图”工具栏中的“图案填充”按钮，利用“图案填充”命令绘制剖面线。“图案填充和渐变色”对话框中“图案填充”选项卡的设置与绘制主视图剖面线时的设置相同。

完成绘制减速箱体的左视图，如图 58–32 所示。

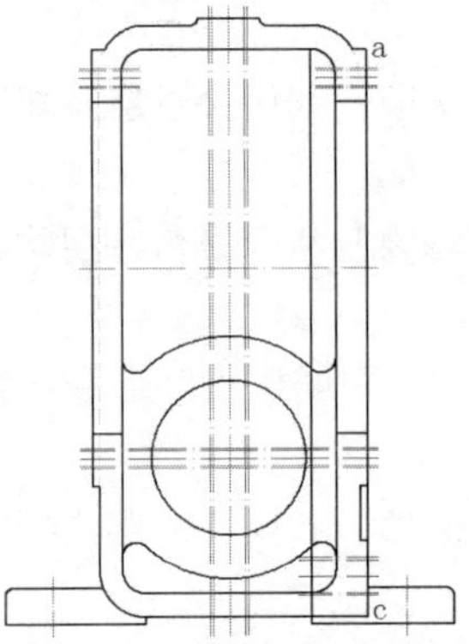

图 58–31　偏移点画线和轮廓线

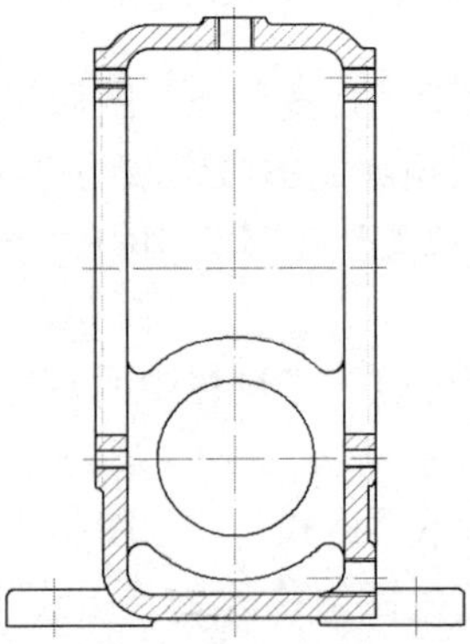

图 58–32　修剪后填充，完成绘制左视图

四、绘制局部视图和局部剖视图

1 将“粗实线”层设置为当前层，单击“绘图”工具栏中的“圆”按钮，利用“圆”命令在适当位置绘制直径为 102mm、67mm 和 65mm 的同心圆。

2 将“点画线”层设置为当前层，回车再次启动“圆”命令，绘制半径为 41mm 的同心点画线圆。

3 利用“直线”命令和对象捕捉追踪模式绘制半径为同心圆的水平中心线和竖直中心线，利用“直线”命令过同心圆的圆心绘制一条倾斜点画线，倾斜点画线的端点相对于圆心的坐标为“@48<45”。

4 将“细实线”层设置为当前层，单击“绘图”工具栏中的“圆”按钮，利用“圆”命令以点画线圆和倾斜点画线的交点为圆心，绘制直径为 6mm 的细实线圆。

5 将“粗实线”层设置为当前层，回车再次启动“圆”命令，以点画线圆和倾斜点画线的交点为圆心，绘制直径为 5.1mm 的圆，如图 58–33 所示。

6 选择菜单“修改”→“拉长”选项，利用拉长命令中的“动态”选项将倾斜点画线的左下端适当缩短。

7 单击“修改”工具栏中的“打断”按钮，利用“打断”命令将细实线圆打断为 3/4 圆。

8 单击“修改”工具栏中的“阵列”按钮，系统弹出“阵列”对话框，选中“环形阵列”单选按钮，单击“拾取中心点”按钮，在左视图中捕捉圆心。回到“阵列”对话框后，在“项目总数”文本框中输入 4，保留“填充角度”文本框中的缺省设置 360 不变。单击“选择对象”按钮，在绘图区中用拾取框包围 3/4 细实线圆及其同心粗实线圆、倾斜点画线。回车，回到“阵列”对话框，单击“确定”按钮。阵列出 4 个均匀分布的内螺纹圆。

9 单击“修改”工具栏中的“复制”按钮，利用“复制”命令将主视图中的字母“C”复制到局部视图的上方，完成绘制局部视图，如图 58-34 所示。

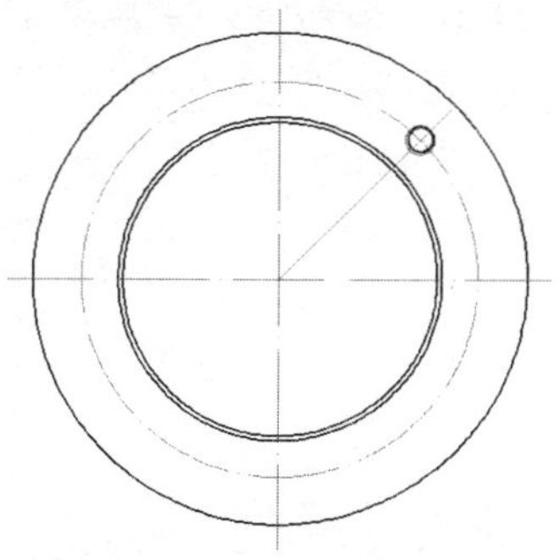

图 58-33　绘制同心圆和点画线

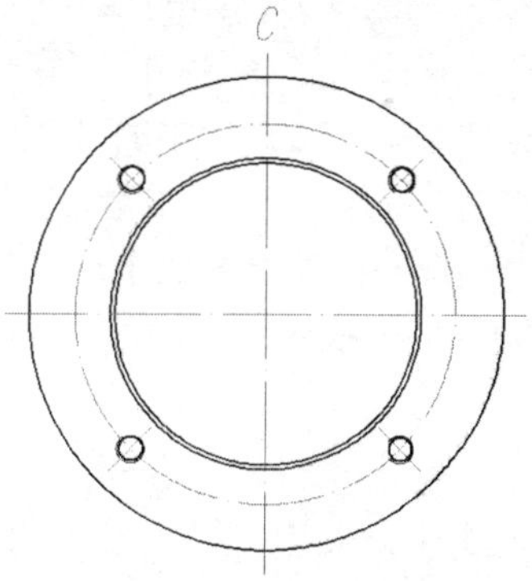

图 58-34　完成局部视图

10 单击“绘图”工具栏中的“直线”按钮，利用“直线”命令绘制一条长度为 60mm 的竖直线。

11 将“点画线”层设置为当前层，利用“直线”命令和对象捕捉追踪模式，过垂直线的中点绘制一条水平点画线，点画线的右端超出竖直线 5mm，长度为 23mm。

12 单击“修改”工具栏中的“偏移”按钮，利用“偏移”命令对称偏移水平点画线两次，偏移距离为 14mm 和 12.5mm。再次向下偏移水平点画线，偏移距离为 20mm。向左偏移竖直线 3 次，偏移距离为 1mm、3mm 和 13mm，如图 58-35 所示。

13 选择菜单“格式”→“图层工具”→“图层匹配”选项，利用“图层匹配”命令将偏移出来的点画线的图层修改为“粗实线”层。

14 单击“修改”工具栏中的“修剪”按钮，利用“修剪”命令修剪出如图 58-36 所示的图形。

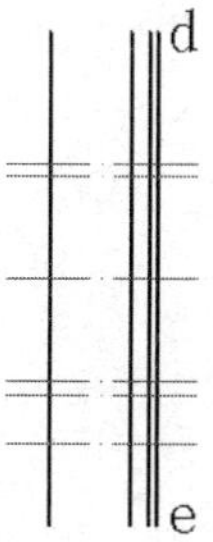

图 58-35　利用偏移命令绘图

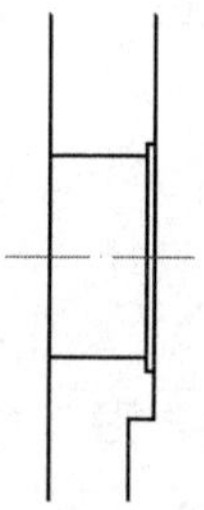

图 58-36　修剪图形

15 将“粗实线”层设置为当前层，利用“直线”命令过端点 f 绘制直线 fg，g 点相对于 f 点的坐标为“@5<210”。利用“直线”命令过交点 h 绘制一条竖直线 hj，i 点是在下方水平轮廓线上捕捉的垂足。利用“直线”命令连接交点 j 和端点 i，如图 58-37 所示。

16 单击“修改”工具栏中的“修剪”按钮，利用“修剪”命令修剪轮廓线。

17 单击“修改”工具栏中的“圆角”按钮，利用“圆角”命令绘制半径为 3mm 的铸造圆角。

18 关闭状态栏中的“正交”按钮和“对象捕捉”按钮，将“细实线”层设置为当前层。单击“绘图”工具栏中的“样条曲线”按钮，利用“样条曲线”命令绘制局部剖视图的波浪线，波浪线的两个端点指定在竖直轮廓线的右侧。

19 单击“修改”工具栏中的“复制”按钮，利用“复制”命令将局部视图上方的字母“C”复制到局部剖视图的上方，如图 58-38 所示。

20 单击“修改”工具栏中的“修剪”按钮，利用“修剪”命令修剪波浪线和竖直线。

21 单击“绘图”工具栏中的“图案填充”按钮，利用“图案填充”命令绘制剖面线。“图案填充和渐变色”对话框中“图案填充”选项卡的设置与绘制主视图剖面线时的设置相同。

22 双击局部剖视图上方的字母“C”，将其修改为“B-B”。

完成绘制局部剖视图，如图 58-39 所示。

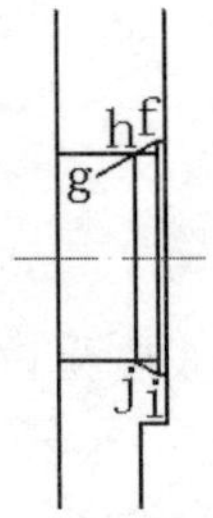

图 58-37　绘制锥孔轮廓线

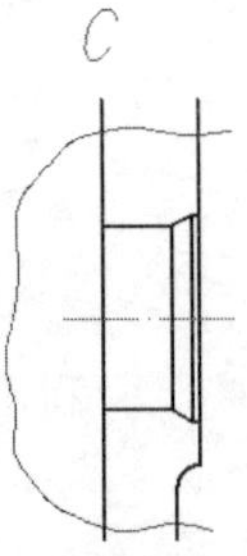

图 58-38　绘制波浪线，复制字母

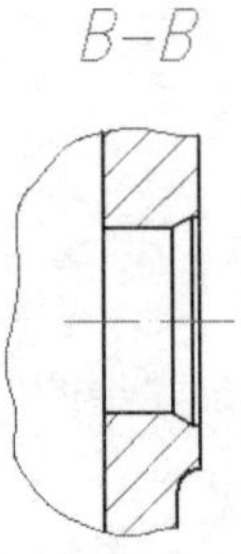

图 58-39　完成局部剖视图

实例 59　拨叉

本实例所用的绘图命令：“圆”Circle 命令、“直线”Line 命令、“偏移”Offset 命令、“图层匹配”Laymch 命令、“修剪”Trim 命令、“样条曲线”Spline 命令、“拉长”Lengthen 命令、“圆角”Fillet 命令、“图案填充”Bhatch 命令、“插入”Insert 命令、“单行文字”DText 命令、“矩形”Rectangle 命令、“删除”Erase 命令、“倒角”Chamfer 命令、“分解”Explode 命令、“镜像”Mirror 命令、“复制”Copy 命令、“旋转”Rotate 命令。

拨叉的主视图、左视图、局部视图和断面图如图 59-1 所示，图中未注圆角 R2，未注倒角 1×45°。

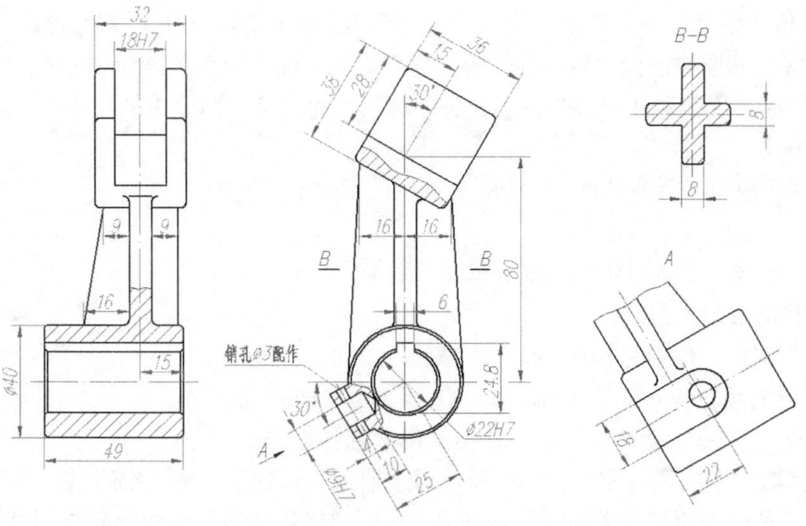

图 59–1　拨叉

绘制步骤

一、绘制拨叉左视图

1 新建空白图形文件，加载线型，恢复图层。

2 打开状态栏中的“正交”按钮、“对象捕捉”按钮和“对象捕捉追踪”按钮。

3 将“粗实线”层设置为当前层，单击“绘图”工具栏中的“圆”按钮，利用“圆”命令在适当位置绘制直径为 40mm、38mm、24mm 和 22mm 的同心圆。

4 将“点画线”层设置为当前层，利用“直线”命令和对象捕捉追踪模式绘制同心圆的水平中心线和竖直中心线，中心线超出大圆周 5mm。

5 回车，再次启动“直线”命令，过同心圆的圆心绘制一条倾斜点画线，点画线的端点相对于圆心的坐标为“@30<210”，如图 59–2 所示。

6 单击“修改”工具栏中的“偏移”按钮，利用“偏移”命令向上偏移水平对称点画线，偏移距离为 13.8mm。对称偏移竖直中心线，偏移距离为 3mm。对称偏移倾斜点画线，偏移距离为 4.5mm 和 9mm。

7 将“粗实线”层设置为当前层，单击“绘图”工具栏中的“直线”按钮，利用“直线”命令连接偏移距离为 9mm 的两条倾斜点画线的右上方端点。

8 单击“修改”工具栏中的“偏移”按钮，利用“偏移”命令向左下方偏移倾斜连线，得到轮廓线 AB。利用“偏移”命令向右上方偏移中心 AB 两次，偏移距离为 4mm 和 10mm。再利用“偏移”命令对称偏移与直线 AB 距离为 4mm 的直线，偏移距离为 1.5mm，如图 59–3 所示。

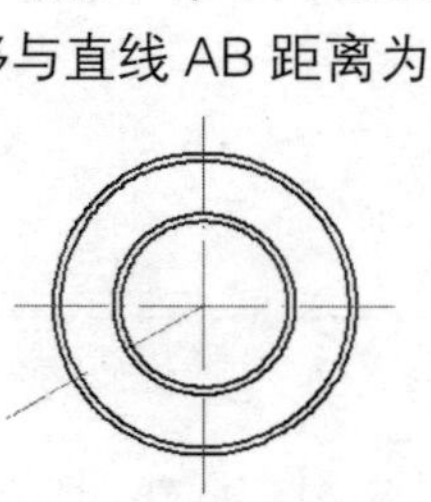

图 59–2　绘制同心圆和点画线

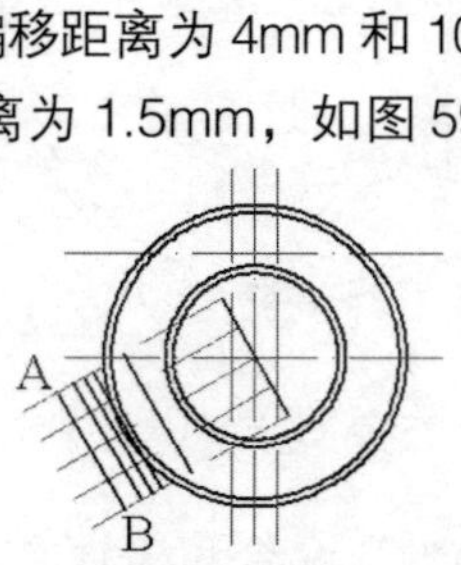

图 59–3　偏移结果

9 选择菜单“格式”→“图层工具”→“图层匹配”选项，利用“图层匹配”命令将偏移出来的 7 条点画线的图层修改为“粗实线”层。将与直线 AB 的距离为 4mm 的倾斜线的图层修改为“点画线”层，并选择菜单“修改”→“拉长”选项，利用拉长命令中的“动态”选项将该点画线的长度适当拉长。

10 单击“修改”工具栏中的“修剪”按钮，利用“修剪”命令修剪出如图 59-4 所示的图形。

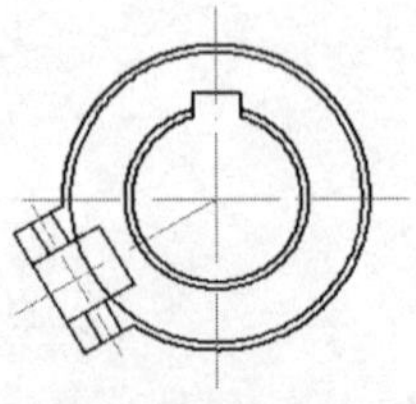

图 59-4 修剪图形

11 单击“标准”工具栏中的“窗口缩放”按钮，利用“窗口缩放”命令将图形放大显示。

12 单击“绘图”工具栏中的“直线”按钮，利用“直线”命令过端点 C 绘制倾斜线 CD，D 点相对 C 点的坐标为“@8<-30”。回车，再次启动“直线”命令，将端点 E 与交点 F 连接起来。

13 关闭状态栏中的“正交”按钮和“对象捕捉”按钮，将“细实线”层设置为当前层。单击“绘图”工具栏中的“样条曲线”按钮，利用“样条曲线”命令绘制局部剖视图的波浪线，波浪线的两个端点指定在直径为 40mm 的圆之外，如图 59-5 所示。

14 单击“修改”工具栏中的“修剪”按钮，利用“修剪”命令修剪直线 CD 和波浪线。

15 单击“标准”工具栏中的“缩放上一个”按钮，利用“缩放上一个”命令返回上一个显示窗口。

16 利用“拉长”命令调整竖直点画线的长度。

```
命令: _lengthen        (选择菜单“修改”→“拉长”选项)
选择对象或 [增量(DE)/百分数(P)/全部(T)/动态(DY)]: T↙       (输入T，选择“全部”选项)
指定总长度或 [角度(A)] <50.0000)>: 110↙       (输入总长度110)
选择要修改的对象或 [放弃(U)]:       (在竖直点画线的上端单击)
选择要修改的对象或 [放弃(U)]:↙       (回车，结束“拉长”命令)
```

17 关闭状态栏中的“对象捕捉追踪”按钮，打开状态栏中的“极轴”按钮和“对象捕捉”按钮，并将光标移到“极轴”按钮上单击鼠标右键，弹出“草图设置”对话框后打开“极轴追踪”选项卡，在“增量角”下拉列表中选择 30，如图 59-6 所示。单击“确定”按钮，完成设置极轴追踪模式。

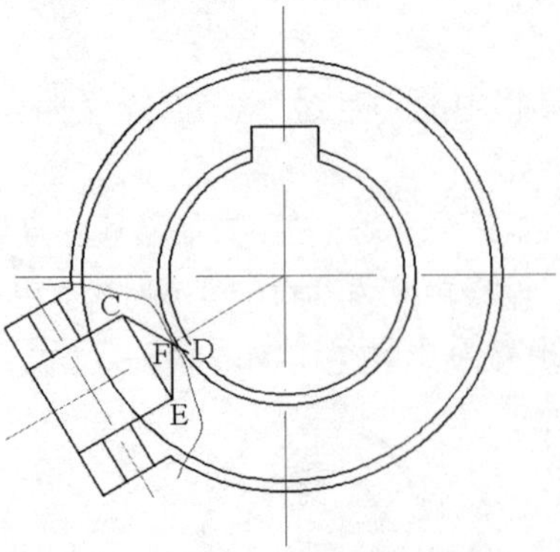

图 59-5 绘制直线和波浪线

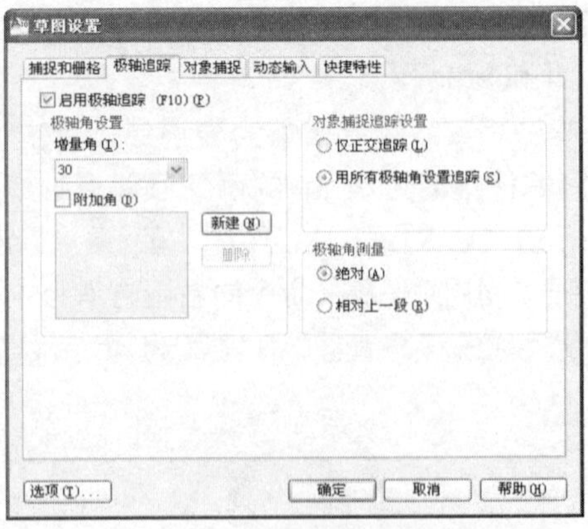

图 59-6 设置极轴追踪模式

18 利用“直线”命令和极轴追踪模式绘制倾斜轮廓线，如图 59-7(c)所示。

命令: _line　　(单击“绘图”工具栏中的“直线”按钮，启动“直线”命令)
指定第一点: _tt　　(单击“对象捕捉”工具栏中的“临时追踪点捕捉”按钮)
指定临时对象追踪点:　　(捕捉同心圆的圆心为临时对象追踪点)
指定第一点: 80↙　　(向上移动光标，出现竖直追踪轨迹后，输入追踪距离80，回车，捕捉到G点)
指定下一点或 [放弃(U)]: 15↙　　(向左上方移动光标，出现150° 追踪轨迹，如图59-7(a)所示。输入追踪距离15，回车，绘制出直线GH)
指定下一点或 [放弃(U)]: 28↙　　(向右上方移动光标，出现60° 追踪轨迹，如图59-7(b)所示。输入追踪距离28，回车，绘制出直线HI)
指定下一点或 [闭合(C)/放弃(U)]: 36↙　　(向右下方移动光标，出现330° 追踪轨迹后，输入追踪距离36，回车，绘制出直线IJ)
指定下一点或 [闭合(C)/放弃(U)]: 38↙　　(向左下方移动光标，出现240° 追踪轨迹后，输入追踪距离38，回车，绘制出直线JK)
指定下一点或 [闭合(C)/放弃(U)]: 36↙　　(向左上方移动光标，出现150° 追踪轨迹后，输入追踪距离15，回车，绘制出直线KL)
指定下一点或 [闭合(C)/放弃(U)]:　　(捕捉端点H)
指定下一点或 [闭合(C)/放弃(U)]:↙　　(回车，结束“直线”命令)

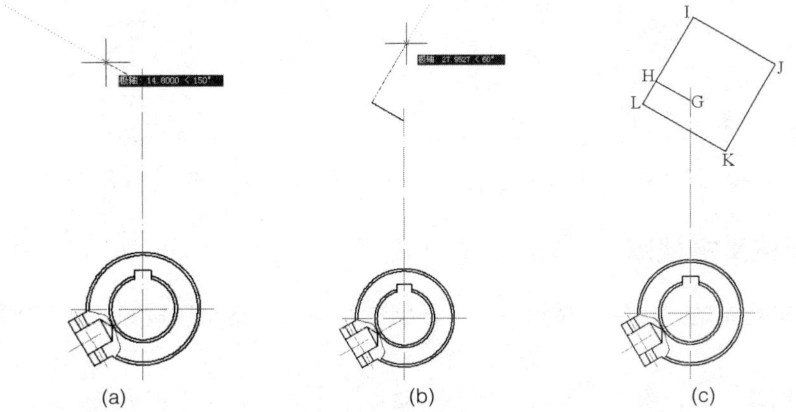

图 59-7　利用极轴追踪模式绘图

19 单击“修改”工具栏中的“偏移”按钮，对称偏移竖直点画线两次，偏移距离为 16mm 和 4mm。

20 单击“绘图”工具栏中的“直线”按钮，启动“直线”命令后捕捉交点 M，然后单击“对象捕捉”工具栏中的“切点捕捉”按钮，在直径为 40mm 的圆上捕捉切点，回车，结束“直线”命令。同样利用“直线”命令和切点捕捉过交点 N 绘制直径为 40mm 的圆的切线。

21 将“细实线”层设置为当前层，单击“绘图”工具栏中的“样条曲线”按钮，利用“样条曲线”命令绘制上方局部剖视图的波浪线，波浪线的两个端点指定在倾斜轮廓线之外，如图 59-8 所示。

22 单击“修改”工具栏中的“删除”按钮，利用“删除”命令将偏移距离为 16mm 的两条点画线删除。

23 选择菜单“格式”→“图层工具”→“图层匹配”选项，利用“图层匹配”命令将偏移距离为 4mm 的两条点画线的图层修改为“粗实线”层。

24 单击“修改”工具栏中的“修剪”按钮，利用“修剪”命令修剪两条竖直线和波浪线。

25 单击“修改”工具栏中的“圆角”按钮，利用“圆角”命令在修剪出来两条竖直线和倾斜轮廓线间绘制两个圆角，圆角半径为 2mm，“圆角”命令中的“修剪”选项设置为“不修剪”，然后利用“修剪”命令修剪竖直轮廓线。

26 将“细实线”层设置为当前层，单击“绘图”工具栏中的“图案填充”按钮，利用“图案填充”命令绘制剖面线。在弹出的“图案填充和渐变色”对话框中打开“图案填充”选项卡，将图案类型设置为 ANSI31，角度设置为 0，比例设置为 1。单击“拾取点”按钮，在左视图需要填充的区域内单击，回车两次，即可绘制剖面线。

完成绘制拨叉左视图，如图 59-9 所示。

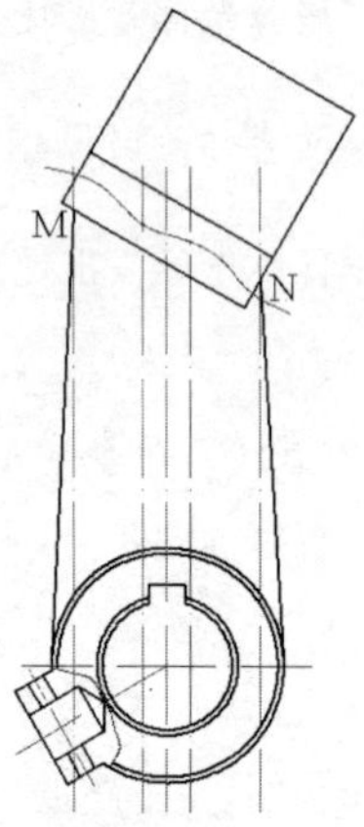

图 59-8 偏移点画线，绘制波浪线

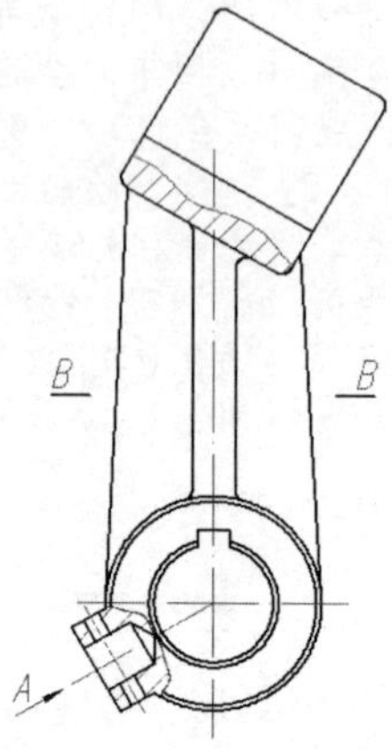

图 59-9 完成拨叉左视图

二、绘制拨叉主视图

1 关闭状态栏中的“极轴”按钮，打开状态栏中的“正交”按钮和“对象捕捉追踪”按钮。

2 将“粗实线”层设置为当前层，利用“矩形”命令绘制圆柱轮廓线。

命令：_rectang　　(单击“绘图”工具栏中的“矩形”按钮，启动“矩形”命令)
指定第一个角点或 [倒角(C)/标高(E)/圆角(F)/厚度(T)/宽度(W)]：C↙　　(输入C，回车，选择“倒角”选项)
指定矩形的第一个倒角距离 <0.0000>：1↙　　(输入第一倒角距离1，回车)
指定矩形的第二个倒角距离 <1.0000>：↙　　(回车，第二倒角距离与第一倒角距离相同)
指定第一个角点或 [倒角(C)/标高(E)/圆角(F)/厚度(T)/宽度(W)]：　　(将光标移到左视图直径为40mm的圆的下象限点处，出现象限点捕捉标记后，向左移动光标，出现水平追踪轨迹，在适当位置单击)
指定另一个角点或 [面积(A)/尺寸(D)/旋转(R)]：@49,40↙　　(输入另一角点的相对坐标，回车)

3 将“点画线”层设置为当前层，利用“直线”命令和对象捕捉追踪模式在左视图水平中心线的延长线上绘制圆柱的对称点画线。

4 利用“直线”命令绘制竖直点画线。

命令：_line　　(单击“绘图”工具栏中的“直线”按钮，启动“直线”命令)
指定第一点：_from　　(单击“对象捕捉”工具栏中的“捕捉自”按钮)
基点：　　(在矩形上捕捉中点O)
<偏移>：@-15,8↙　　(输入竖直点画线的下端点P与O点的相对坐标，回车)
指定下一点或 [放弃(U)]：107↙　　(向上移动光标，输入竖直点画线PQ的长度，回车)
指定下一点或 [放弃(U)]：↙　　(回车，结束“直线”命令)

5 单击“修改”工具栏中的“偏移”按钮，利用“偏移”命令对称偏移竖直点画线 PQ 4 次，偏移距离为 4mm、9mm、13mm 和 16mm。再向左偏移竖直点画线，偏移距离为 20mm。

6 将“粗实线”层设置为当前层，单击“绘图”工具栏中的“直线”按钮，利用“直线”命令绘制 9 条水平辅助线。辅助线的左端点是在左视图中捕捉的圆的象限点、直线的端点和圆角的象限点，右端点是在主视图相应的轮廓线和点画线上捕捉的垂足。回车，再次启动“直线”命令，将交点 R 和交点 S 连接起来，如图 59-10 所示。

7 单击“修改”工具栏中的“删除”按钮，利用“删除”命令将过交点 R 和 S 的两条竖直点画线删除。

8 选择菜单“格式”→“图层工具”→“图层匹配”选项，利用“图层匹配”命令将其余 7 条偏移出来的点画线的图层修改为“粗实线”层。

9 单击“修改”工具栏中的“修剪”按钮，利用“修剪”命令修剪图形，如图 59-11 所示。

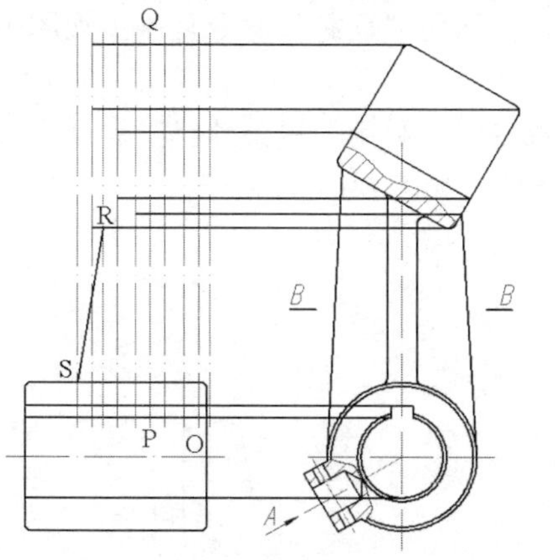

图 59-10　偏移点画线，绘制辅助线

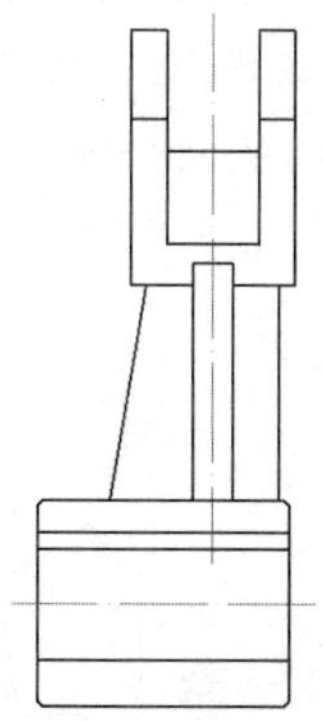

图 59-11　修剪直线

10 单击“修改”工具栏中的“倒角”按钮，利用“倒角”命令绘制内倒角，倒角距离为 1mm。“修剪”选项应设置为“不修剪”，然后利用“修剪”命令修剪未被修剪的倒角边。

11 单击“绘图”工具栏中的“直线”按钮，利用“直线”命令将上下相对的内倒角斜线的端点连接起来。

12 单击“修改”工具栏中的“圆角”按钮，利用“圆角”命令绘制 6 个圆角，圆角半径为 2mm，如图 59-12 所示。绘制上方两个圆角时，“圆角”命令中的“修剪”选项设置为“修剪”，绘制下方 4 个圆角时，“圆角”命令中的“修剪”选项设置为“不修剪”。

13 单击“修改”工具栏中的“镜像”按钮，利用“镜像”命令做下方两个圆角的水平镜像，镜像线的两个端点是在两条竖直圆角边上捕捉的中点，如图 59-13 所示。

14 关闭状态栏中的“正交”按钮和“对象捕捉追踪”按钮，将“细实线”层设置为当前层。单击“绘图”工具栏中的“样条曲线”按钮，利用“样条曲线”命令在矩形的上方绘制波浪线，波浪线的两个端点指定在两条竖直轮廓线之外。

15 单击“修改”工具栏中的“修剪”按钮，利用“修剪”命令修剪圆角边和波浪线。

16 单击“绘图”工具栏中的“图案填充”按钮，利用“图案填充”命令在主视图中绘制剖面线。“图案填充和渐变色”对话框中“图案填充”选项卡的设置左视图剖面线时的设置相同。

完成绘制拨叉主视图，如图 59-14 所示。

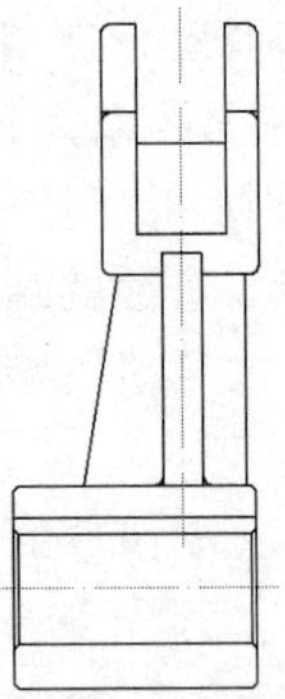

图 59–12　绘制倒角和圆角

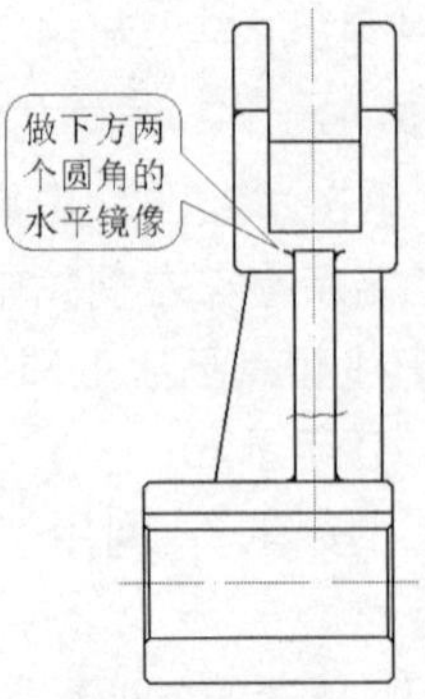

图 59–13　做圆角的镜像，绘制波浪线

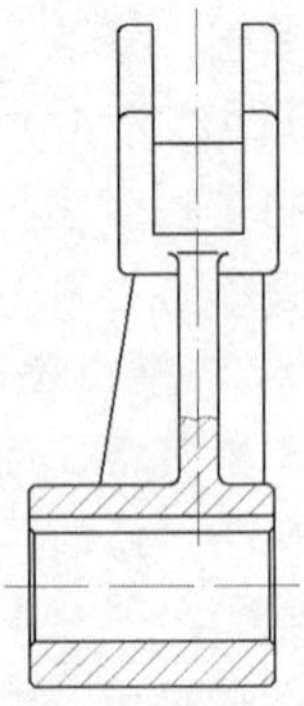

图 59–14　完成拨叉主视图

三、绘制拨叉局部视图和断面图

1 单击“修改”工具栏中的“复制”按钮，利用“复制”命令复制主视图中的部分轮廓线和两条点画线，如图 59–15 所示。

2 单击“绘图”工具栏中的“样条曲线”按钮，利用“样条曲线”命令在圆角的上方绘制波浪线，波浪线的两个端点指定在两侧轮廓线之外，如图 59–16 所示。

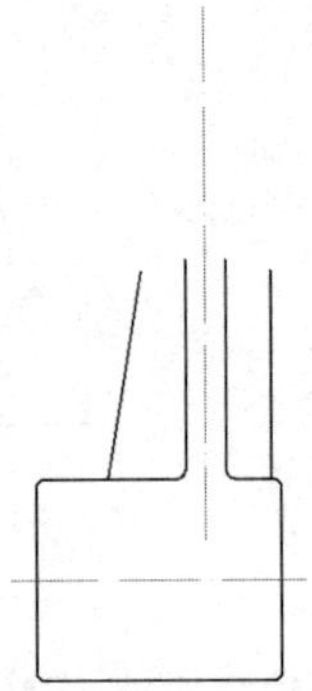

图 59–15　复制轮廓线和点画线

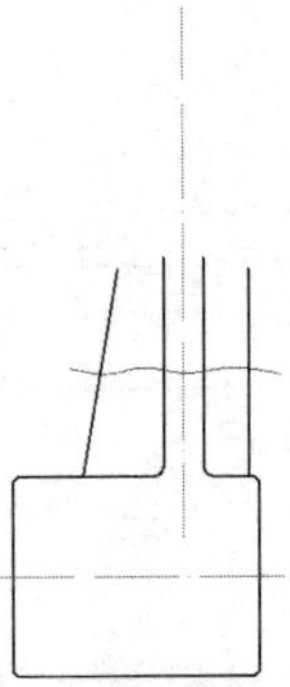

图 59–16　绘制拨叉点画线

3 单击“修改”工具栏中的“修剪”按钮，利用“修剪”命令修剪轮廓线和波浪线。

4 选择菜单“修改”→“拉长”选项，利用“拉长”命令中的“动态”选项将竖直点画线的上端适当缩短，如图 59–17 所示。

5 单击“修改”工具栏中的“镜像”按钮，利用“镜像”命令做图 59–17 所示图形的竖直镜像，并删除源对象，如图 59–18 所示

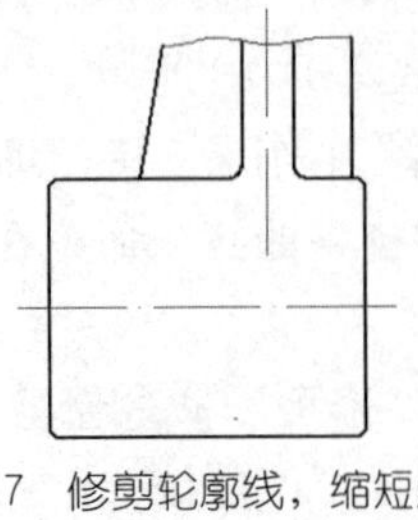

图 59–17　修剪轮廓线，缩短点画线

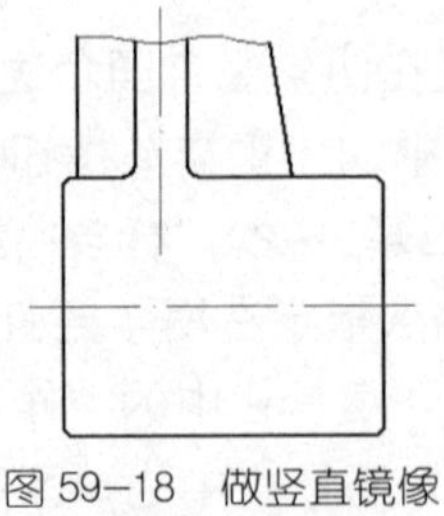

图 59–18　做竖直镜像

6 利用“旋转”命令将图 59–18 所示的图形旋转 30°，如图 59–19 所示。

```
命令: _rotate        (单击“修改”工具栏中的“旋转”按钮, 启动“旋转”命令)
UCS 当前的正角方向: ANGDIR=逆时针  ANGBASE=0
选择对象:
指定对角点:        (用拾取窗口包围如图59-18所示的图形)
找到 10个
选择对象:↙        (回车, 结束选择旋转对象)
指定基点:        (在适当位置单击)
指定旋转角度, 或 [复制(C)/参照(R)] <0>: 30↙        (输入旋转角度30, 回车)
```

7 单击“修改”工具栏中的“分解”按钮，利用“分解”命令将矩形分解（此时已被修剪，且被旋转）。

8 单击“修改”工具栏中的“偏移”按钮，利用“偏移”命令向右偏移轮廓线 ab，偏移距离为 22mm，得到直线 cd。对称偏移直线 cd，偏移距离为 1.5mm。

9 打开状态栏中的“对象捕捉追踪”按钮，单击“绘图”工具栏中的按钮，利用“圆”命令以直线 cd 和点画线的交点为圆心绘制直径为 18m 和 9mm 的同心圆。

10 单击“绘图”工具栏中的“直线”按钮，利用“直线”命令过直径为 18mm 的圆与直线 cd 的交点绘制直线 ab 的垂线，如图 59-20 所示

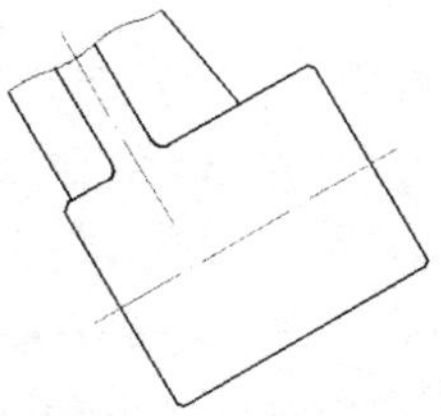

图 59-19　旋转图形

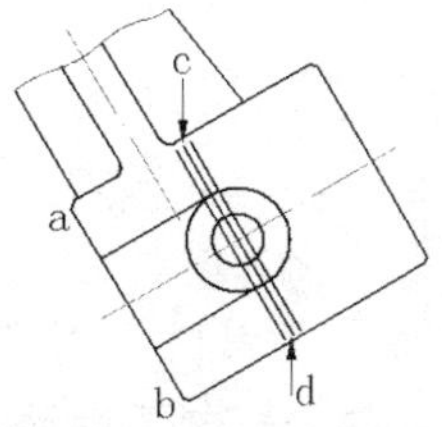

图 59-20　偏移后绘制同心圆和直线

11 选择菜单“格式”→“图层工具”→“图层匹配”选项，利用“图层匹配”命令将直线 cd 的图层修改为“点画线”层，将对称偏移出来的两条直线的图层修改为“虚线”层。

12 选择菜单“修改”→“拉长”选项，利用拉长命令中的“动态”选项将点画线 cd 的长度适当缩短。

13 单击“修改”工具栏中的“修剪”按钮，利用“修剪”命令修剪直径为 18mm 的圆和两条虚线，结果如图 59-21 所示。

14 单击“修改”工具栏中的“偏移”按钮，利用“偏移”命令向上偏移倾斜角度为 30°的点画线。

15 单击“修改”工具栏中的“删除”按钮，利用“删除”命令将两个圆角删除。

16 单击“修改”工具栏中的“延伸”按钮，利用“延伸”命令将两条圆角边延伸至偏移出来的点画线上，如图 59-22 所示。

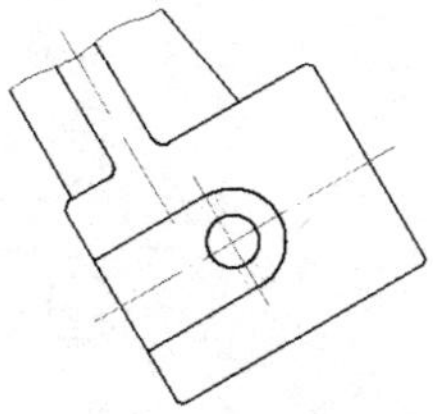

图 59-21　修剪图形

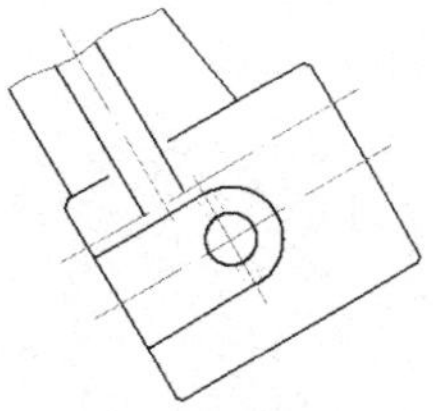

图 59-22　偏移点画线，延伸轮廓线

17 单击“修改”工具栏中的“圆角”按钮，利用“圆角”命令在延伸的直线与偏移出来的点画线的交点处绘制两个圆角，圆角半径为 2mm，“圆角”命令中的“修剪”选项设置为“不修剪”。

18 单击“修改”工具栏中的“延伸”按钮，利用“延伸”命令将矩形的两段直线延伸至圆角边上，如图 59-23 所示

19 单击“修改”工具栏中的“删除”按钮，利用“删除”命令将偏移出来的点画线删除。

20 单击“修改”工具栏中的“复制”按钮，利用“复制”命令将左视图中的字母“A”复制到局部视图的上方，完成绘制局部视图，如图 59-24 所示。

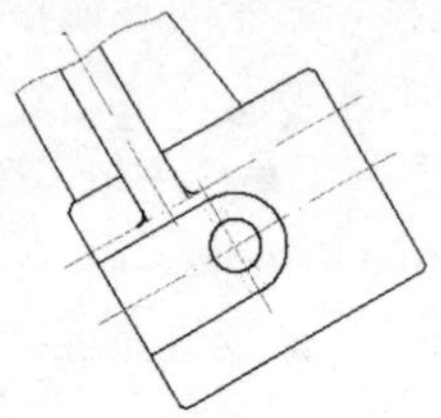

图 59-23　绘制圆角，延伸直线

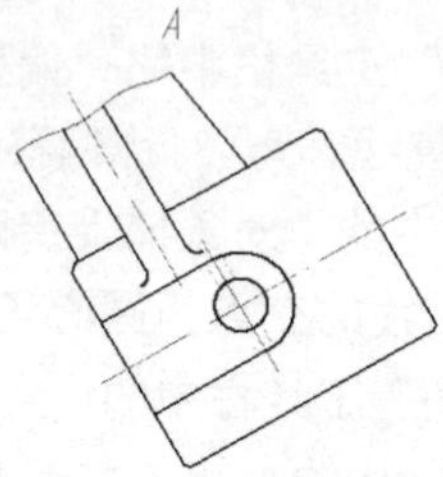

图 59-24　绘制局部视图

21 打开栏中的“正交”按钮，将“点画线”层设置为当前层。在适当位置绘制水平点画线 ef 和竖直点画线 gh，ef 的长度为 40mm，gh 的长度为 44mm，ef 过 gh 的中点，位于 gh 左侧的水平点画线的长度为 22mm。

22 单击“修改”工具栏中的“偏移”按钮，利用“偏移”命令对称偏移点画线 ef 和 gh，偏移距离为 4mm。向上和向下偏移水平点画线 ef，偏移距离为 18mm 和 17.8mm（根据 B-B 剖面的位置在左视图中量取）。向左和向右偏移竖直点画线 gh，偏移距离为 16.7mm 和 13mm（根据 B-B 剖面的位置在主视图中量取），如图 59-25(a)所示。

23 选择菜单“格式”→“图层工具”→“图层匹配”选项，利用“图层匹配”命令将偏移出来的点画线的图层修改为“粗实线”层。

24 单击“修改”工具栏中的“修剪”按钮，利用“修剪”命令修剪出如图 59-25(b)所示的十字图形。

25 单击“修改”工具栏中的“圆角”按钮，利用“圆角”命令绘制 4 个圆角，圆角半径为 2mm。

26 将“细实线”层设置为当前层，单击“绘图”工具栏中的“图案填充”按钮，利用“图案填充”命令在断面图中绘制剖面线。“图案填充和渐变色”对话框中“图案填充”选项卡的设置和在左视图剖面线时的设置相同。

完成绘制拨叉的断面图，如图 59-25(c)所示。

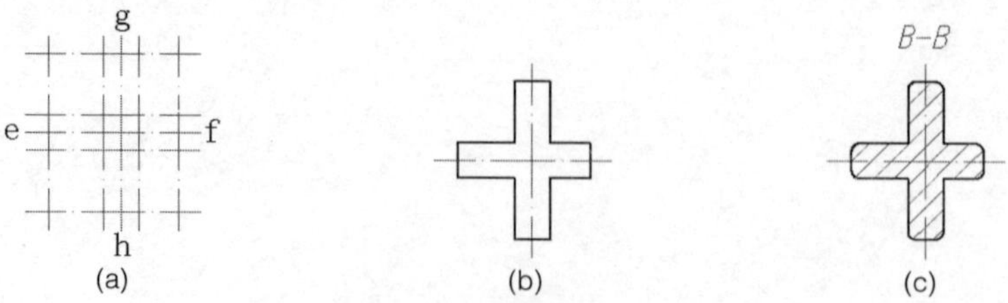

图 59-25　绘制断面图

实例 60　踏脚座

本实例所用的绘图命令："矩形" Rectangle 命令、"圆" Circle 命令、"直线" Line 命令、"偏移" Offset 命令、"拉长" Lengthen 命令、"圆角" Fillet 命令、"删除" Erase 命令、"修剪" Trim 命令、"分解" Explode 命令、"图层匹配" Laymch 命令、"样条曲线" Spline 命令、"图案填充" Bhatch 命令、"插入" Insert 命令、"单行文字" DText 命令、"文字缩放" Scaletext 命令、"倒角" Chamfer 命令、"镜像" Mirror 命令、"移动" Move 命令、"复制" Copy 命令。

踏脚座的主视图、俯视视图、局部视图和断面图如图 60-1 所示，图中未注圆角 R3，未注倒角 1×45° 。

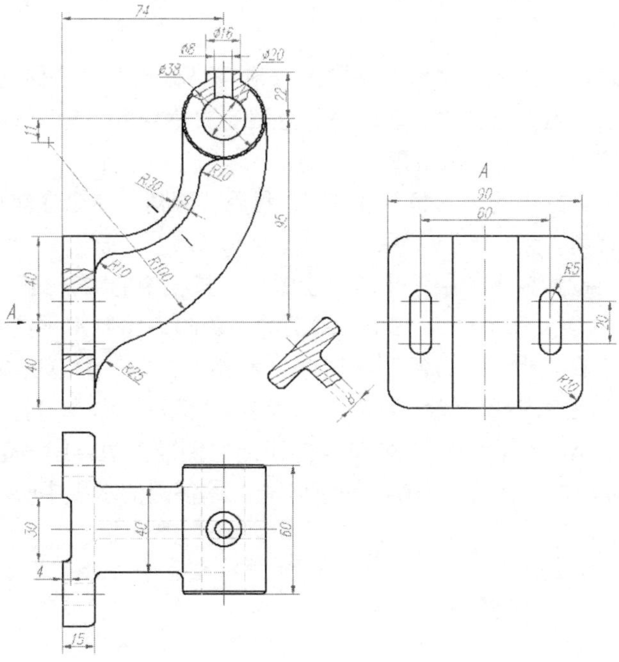

图 60-1　踏脚座

绘制步骤

一、绘制踏脚座主视图

1 新建空白图形文件，加载线型，恢复图层。
2 打开状态栏中的"正交"按钮、"对象捕捉"按钮和"对象捕捉追踪"按钮。
3 将"粗实线"层设置为当前层，单击"绘图"工具栏中的"矩形"按钮，在绘图区适当

位置绘制矩形，其右上角点相对于左下角点的坐标为“@15,80”。

4 单击“绘图”工具栏中的“圆”按钮，利用“圆”命令绘制半径为 10mm、18mm、19mm 和 81mm 的同心圆。可以单击“对象捕捉”工具栏中的“捕捉自”按钮指定同心圆的圆心的位置，其相对于矩形中点 A 的坐标为“@74,95”。

5 将“点画线”层设置为当前层，利用“直线”命令和对象捕捉追踪模式绘制半径为 19mm 的圆的水平中心线和竖直中心线（中心线超出圆周 5mm），以及矩形的水平对称点画线（点画线超出矩形 5mm）。

6 单击“修改”工具栏中的“偏移”按钮，利用“偏移”命令向下偏移水平中心线，偏移距离为 11mm。

7 选择菜单“修改”→“拉长”选项，利用拉长命令中的“动态”选项将偏移出来的水平点画线适当拉长，使其与半径为 81mm 的圆相交。

8 单击“绘图”工具栏中的“圆”按钮，利用“圆”命令以拉长后的水平点画线与半径为 81mm 的圆的交点为圆心，绘制半径为 100mm 的圆。

9 单击“修改”工具栏中的“圆角”按钮，利用“圆角”命令在矩形和半径为 100mm 的圆之间绘制半径为 25mm 的圆角，如图 60-2 所示。

10 单击“修改”工具栏中的“删除”按钮，利用“删除”命令将半径为 81mm 的圆和拉长后的水平点画线删除。

11 单击“修改”工具栏中的“修剪”按钮，利用“修剪”命令修剪半径为 100mm 的圆。

12 将“点画线”层设置为当前层，单击“标注”工具栏中的“圆心标记”按钮，利用“圆心标注”命令绘制半径为 100mm 圆弧的圆心标记。

13 单击“修改”工具栏中的“圆角”按钮，利用“圆角”命令在矩形的右侧两个直角处绘制两个半径为 3mm 的圆角。

14 将“粗实线”层设置为当前层，单击“绘图”工具栏中的“直线”按钮，利用“直线”命令过矩形上方水平边的端点和半径为 19mm 的圆的左象限点绘制水平线和竖直线。

15 单击“修改”工具栏中的“分解”按钮，利用“分解”命令将矩形分解。

16 单击“修改”工具栏中的“偏移”按钮，利用“偏移”命令对称偏移矩形水平对称点画线两次，偏移距离为 15mm 和 10mm。向右偏移矩形的左侧竖直边，偏移距离为 4mm。对称偏移圆的竖直中心线两次，偏移的距离为 8mm 和 4mm。向上偏移圆的水平中心线，偏移距离为 22mm，如图 60-3 所示。

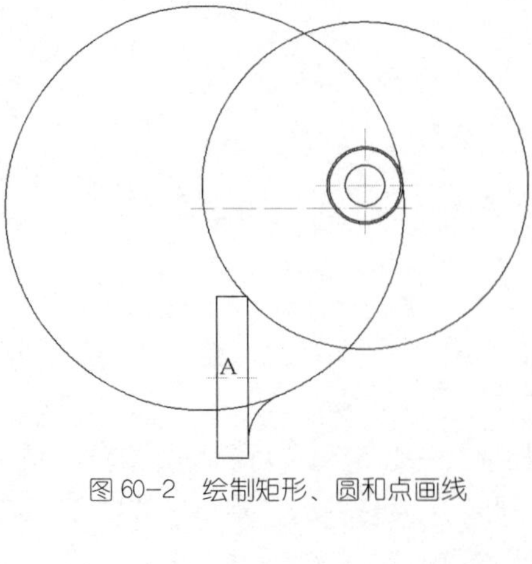

图 60-2 绘制矩形、圆和点画线

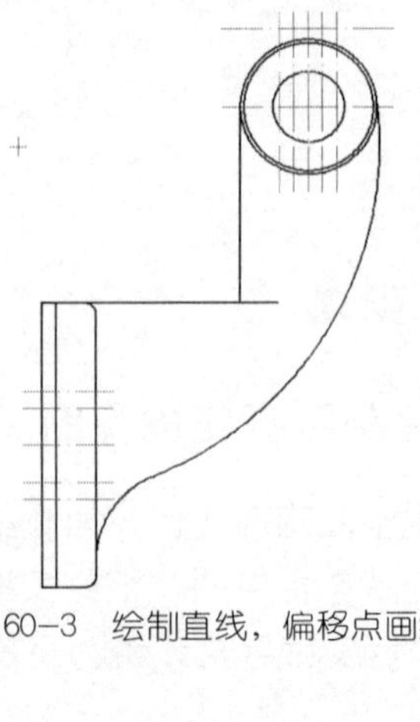

图 60-3 绘制直线，偏移点画线

17 单击“修改”工具栏中的“圆角”按钮，利用“圆角”命令在水平线和竖直线之间绘制半径为 30mm 的圆角。

18 分别选择菜单“格式”→“图层工具”→“图层匹配”选项，利用“图层匹配”命令将偏移的 9 条点画线的图层修改为“粗实线”层，将偏移出来的粗实线的图层修改为“虚线”。

19 单击“修改”工具栏中的“修剪”按钮，利用“修剪”命令修剪直线和半径为 19mm 的圆，如图 60-4 所示。

20 关闭状态栏中的“正交”按钮和“对象捕捉”按钮，将“细实线”层设置为当前层。单击“绘图”工具栏中的“样条曲线”按钮，利用“样条曲线”命令绘制局部剖视图的波浪线，波浪线的两个端点应超出相应的轮廓线。

21 单击“修改”工具栏中的“偏移”按钮，利用“偏移”命令向外偏移半径为 30mm 的圆弧，偏移距离为 8mm。

22 单击“修改”工具栏中的“圆角”按钮，利用“圆角”命令在偏移出来的圆弧和矩形、半径为 19mm 的圆之间绘制半径为 10mm 的圆角，如图 60-5 所示。

23 单击“修改”工具栏中的“修剪”按钮，利用“修剪”命令修剪偏移出来的圆弧、波浪线和半径为 18mm 的圆。

24 单击“绘图”工具栏中的“图案填充”按钮，利用“图案填充”命令绘制剖面线。在弹出的“图案填充和渐变色”对话框中打开“图案填充”选项卡，将图案类型均设置为 ANSI31，角度设置为 0，比例设置为 1。单击“拾取点”按钮，在主视图两个局部剖开区域内单击，回车两次，即可绘制剖面线。

25 单击“绘图”工具栏中的“插入”按钮，利用“插入”命令将“箭头”块插入到图形中，插入时的旋转交点设置为-90。利用“移动”命令调整箭头的位置，使其处于矩形水平对称点画线的延长线上。

26 将“文字”层设置为当前层，单击“文字”工具栏中的“单行文字”按钮，利用“单行文字”命令在箭头的上方输入字母“A”。

27 单击“文字”工具栏中的“文字缩放”按钮，利用“文字缩放”命令将字母“A”的高度放大为 7mm。

28 将“粗实线”层设置为当前层，利用“直线”命令绘制断面剖切符号，可以过半径为 30mm 的圆弧的圆心绘制一条半径，利用“拉长”命令调整其长度，再利用“复制”命令在其延长线上复制出另一段直线。

完成绘制踏脚座的主视图，如图 60-6 所示。

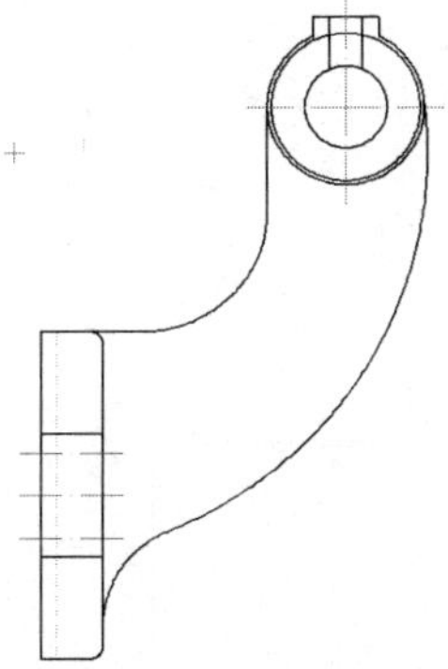

图 60-4　修剪直线和圆

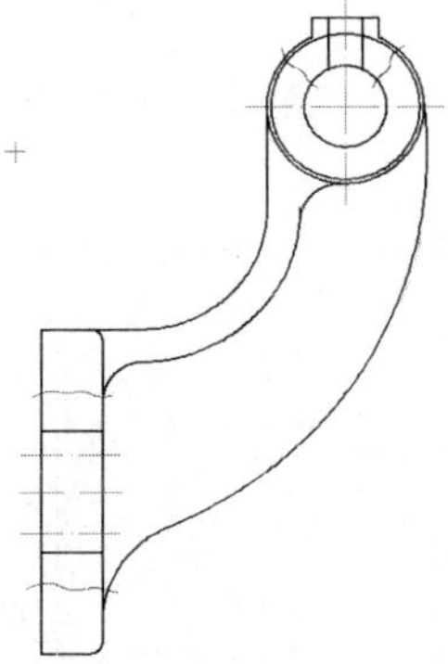

图 60-5　偏移圆弧，绘制波浪线和圆角

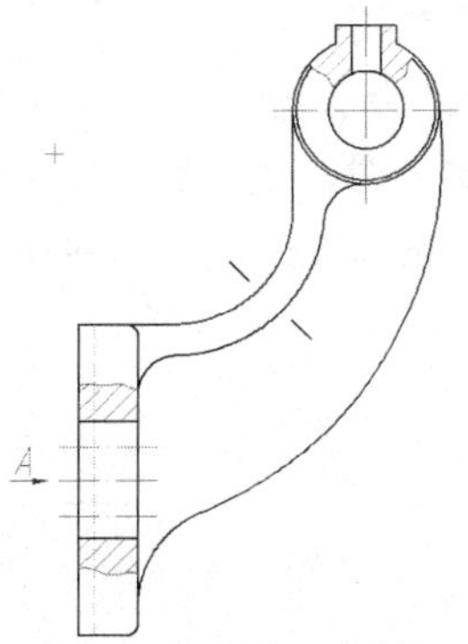

图 60-6　完成踏脚座主视图

二、绘制踏脚座俯视图

1 单击“绘图”工具栏中的“直线”按钮，利用“直线”命令连续绘制如图 60–7 所示的轮廓线，其中端点 M 可以利用对象捕捉追踪或延长捕捉指定在主视图中虚线的延长线上。

2 将“点画线”层设置为当前层，利用“直线”命令和对象捕捉追踪模式绘制水平对称点画线，点画线的左端超出 M 点 9mm，长度为 103mm。

3 将“虚线”层设置为当前层，利用“直线”命令过中间水平轮廓线（即肋板轮廓线）的左端点绘制竖直线。将“粗实线”层设置为当前层，利用“直线”命令过中间水平轮廓线的右端点绘制竖直线。将“点画线”层设置为当前层，利用“直线”命令和对象捕捉追踪模式过右侧水平轮廓线的中点绘制竖直点画线，竖直点画线的上端点超出该水平线 5mm，如图 60–8 所示。

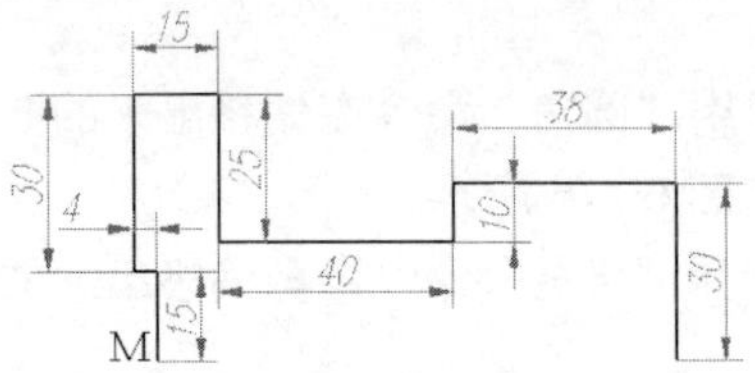

图 60–7 连续绘制轮廓线

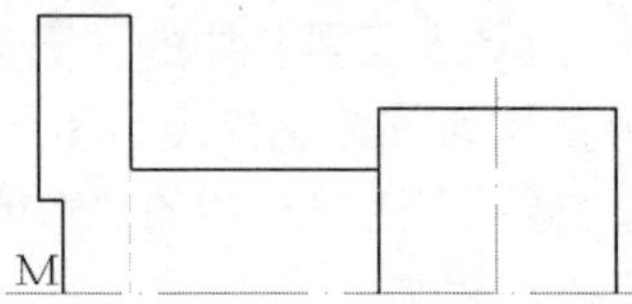

图 60–8 绘制点画线和竖直轮廓线

4 单击“修改”工具栏中的“倒角”按钮，利用“倒角”命令绘制倒角，倒角距离为 1mm。

5 单击“绘图”工具栏中的“直线”按钮，利用“直线”命令将左右相对的倒角斜线的端点连接起来。

6 单击“修改”工具栏中的“圆角”按钮，利用“圆角”命令绘制 4 个半径为 3mm 的圆角。

7 单击“修改”工具栏中的“偏移”按钮，向上偏移水平对称点画线两次，偏移距离为 30mm 和 4mm。再对称偏移与水平对称点画线距离为 30mm 的点画线，偏移距离为 5mm。对称偏移竖直点画线，偏移距离为 10mm，如图 60–9 所示。

8 选择菜单“格式”→“图层工具”→“图层匹配”选项，利用“图层匹配”命令将偏移距离为 4mm、5mm 和 10mm 的 5 条点画线的图层修改为“虚线”层。

9 单击“修改”工具栏中的“修剪”按钮，利用“修剪”命令修剪虚线。

10 选择菜单“修改”→“拉长”选项，利用“拉长”命令中的“动态”选项将偏移距离为 30mm 的水平点画线的右端适当缩短。

11 单击“修改”工具栏中的“圆角”按钮，利用“圆角”命令在肋板的两条虚线轮廓线间绘制半径为 3mm 的圆角，“圆角”命令中的“修剪”选项设置为“不修剪”，然后利用“修剪”命令修剪圆角边。

12 将“虚线”层设置为当前层，利用“直线”命令过中间水平轮廓线的右端点绘制水平线，其右端点时在竖直点画线上捕捉的垂足。

此时绘制的图形即时俯视图的上半部分，如图 60–10 所示。

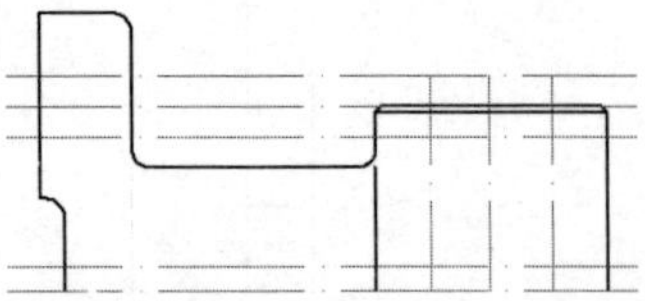
图 60–9 绘制倒角和圆角，偏移点画线

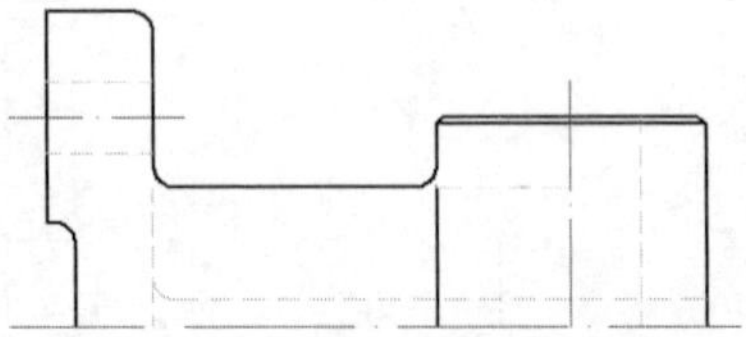
图 60–10 绘制俯视图的上半部分

13 单击“修改”工具栏中的“镜像”按钮，利用“镜像”命令镜像出俯视图下半部分对称的图形，如图 60-11 所示。

14 单击“绘图”工具栏中的“圆”按钮，利用“圆”命令以竖直点画线与水平点画线的交点为圆心，绘制直径为 8mm 和 16mm 的同心圆。完成绘制踏脚座俯视图，如图 60-12 所示。

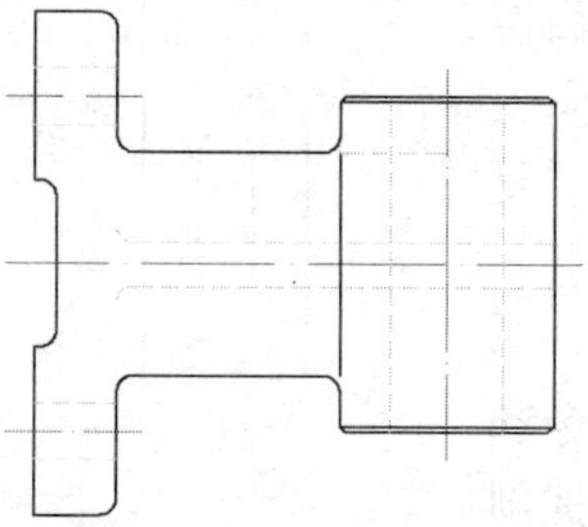

图 60-11　做水平镜像

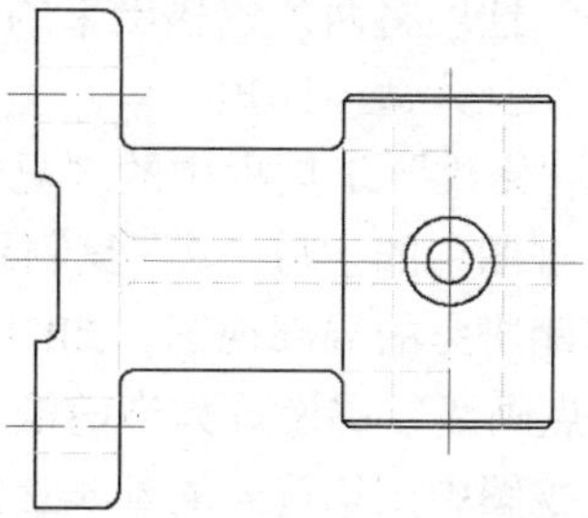

图 60-12　完成踏脚座俯视图

三、绘制踏脚座局部视图和断面图

1 将“粗实线”层设置为当前层，利用“矩形”命令绘制带圆角的矩形。

```
命令: _rectang        (单击“绘图”工具栏中的“矩形”按钮，启动“矩形”命令)
指定第一个角点或 [倒角(C)/标高(E)/圆角(F)/厚度(T)/宽度(W)]: F↙        (输入F，回车，选择“圆角”选项)
指定矩形的圆角半径<0.0000>: 10↙        (输入矩形的圆角半径10，回车)
指定第一个角点或 [倒角(C)/标高(E)/圆角(F)/厚度(T)/宽度(W)]:        (在适当位置单击)
指定另一个角点或 [面积(A)/尺寸(D)/旋转(R)]: @90,80↙        (输入另一角点的相对坐标，回车)
```

2 将“点画线”层设置为当前层，利用“直线”命令和对象捕捉追踪模式绘制矩形的水平对称点画线和竖直对称点画线，如图 60-13 所示。

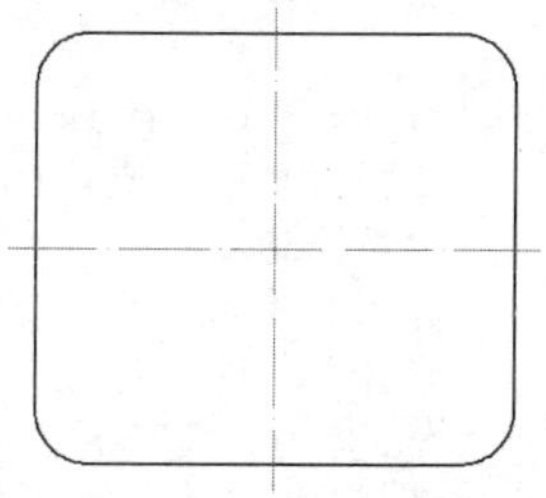

图 60-13　绘制矩形和点画线

3 单击“修改”工具栏中的“移动”按钮，利用“移动”命令调整矩形的位置，使矩形的水平对称点画线和主视图中矩形的水平对称点画线处在一条线上。

4 单击“修改”工具栏中的“偏移”按钮，利用“偏移”命令对称偏移竖直对称点画线两次，偏移距离为 15mm 和 30mm。对称偏移水平对称点画线，偏移距离为 10mm。

5 将“粗实线”层设置为当前层，单击“绘图”工具栏中的“圆”按钮，利用“圆”命令以偏移距离为 30mm 的竖直点画线与偏移出来的两条水平点画线的 4 个交点为圆心绘制半径为 5mm 的圆。

6 单击“绘图”工具栏中的“直线”按钮，利用“直线”命令连接上方圆的左象限点和其相对的下方圆的左象限点，连接上方圆的右象限点和其相对的下方圆的右象限点，如图 60-14 所示。

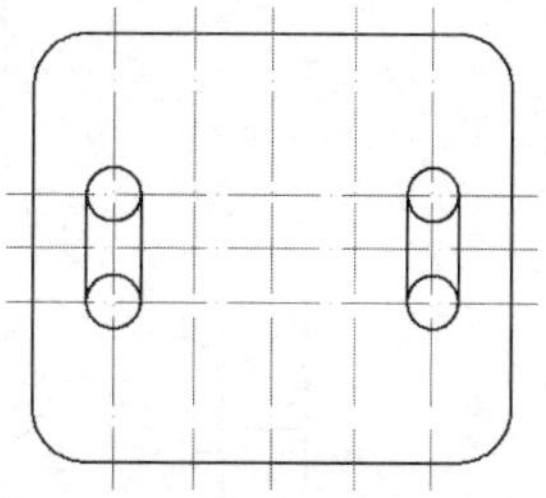

图 60-14　偏移点画线，绘制圆

7 选择菜单“格式”→“图层工具”→“图层匹配”选项，利用“图层匹配”命令将偏移距离为 15mm 的两条点画线的图层修改为“粗实线”层。

8 单击“修改”工具栏中的“修剪”按钮，利用“修剪”命令修剪这两条直线和 4 个圆。

9 单击“修改”工具栏中的“打断”按钮，利用“打断”命令将两条偏移出来的水平点画线在中间打断。

10 选择菜单“修改”→“拉长”选项，利用“拉长”命令中的“动态”选项将两条偏移出来的竖直点画线和打断后得到的 4 条水平点画线适当缩短。

11 单击“修改”工具栏中的“复制”按钮，利用“复制”命令将主视图中的字母“A”复制到局部视图的上方。

完成绘制踏脚座的局部视图，如图 60-15 所示。

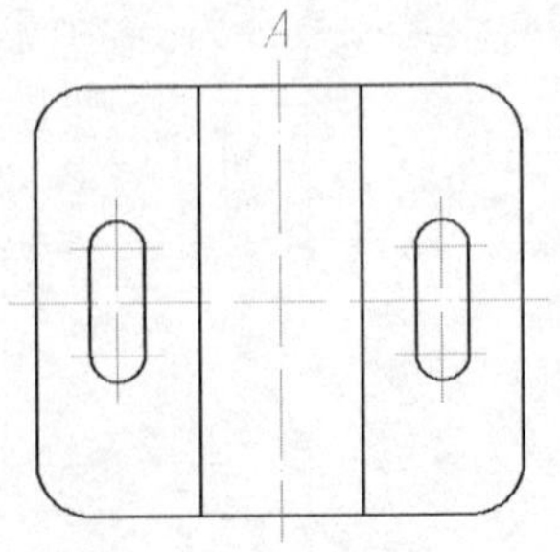

图 60-15 绘制局部视图

12 将“点画线”层设置为当前层，利用“直线”命令和延长捕捉在主视图中剖切符号的延长上捕捉一点 C，再捕捉剖切符号的端点 B，回车，绘制出点画线 BC。

13 将“粗实线”层设置为当前层，利用“直线”命令在适当位置单击指定 D 点，在点画线 BC 上捕捉垂足 E，回车，绘制出与点画线 BC 垂直的直线 DE，如图 60-16 所示。

14 利用“拉长”命令调整点画线 BC 垂线的长度，使得点画线 BC 与直线 FEG 垂直平分，且直线 FEG 的长度为 40mm，如图 60-17 所示。

```
命令: _lengthen        (选择菜单“修改”→“拉长”选项，启动“拉长”命令)
选择对象或 [增量(DE)/百分数(P)/全部(T)/动态(DY)]: T↙        (输入T，回车，选择“全部”选项)
指定总长度或 [角度(A)] <1.0000)>: 20↙        (输入总长度20，回车)
选择要修改的对象或 [放弃(U)]:        (在直线DE的端点D的附近单击，DE的长度变为20，端点D变为F)
选择要修改的对象或 [放弃(U)]:↙        (回车，结束“拉长”命令)

命令: _lengthen        (选择菜单“修改”→“拉长”选项或回车，启动“拉长”命令)
选择对象或 [增量(DE)/百分数(P)/全部(T)/动态(DY)]: P↙        (输入P，回车，选择“百分数”选项)
输入长度百分数 <100.0000>: 200↙        (输入长度百分数200，回车)
选择要修改的对象或 [放弃(U)]:        (在直线FE的端点E的附近单击，该直线向左下方延长一倍，得到直线FG)
选择要修改的对象或 [放弃(U)]:↙        (回车，结束“拉长”命令)
```

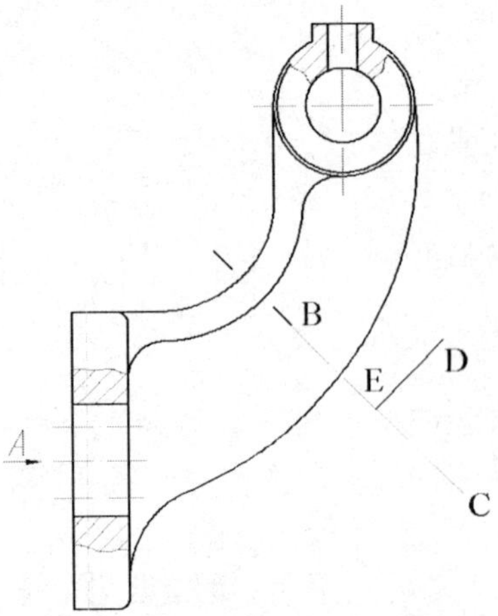

图 60-16 绘制点画线及其垂线

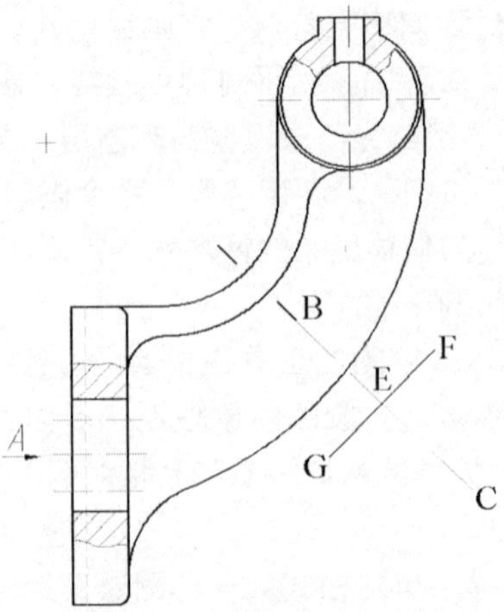

图 60-17 调整直线的长度

15 单击“修改”工具栏中的“偏移”按钮，利用“偏移”命令向右下方偏移直线 FG，偏移距离为 10mm。对称偏移点画线 BC，偏移距离为 4mm。

16 关闭状态栏中的“正交”按钮和“对象捕捉”按钮，将“细实线”层设置为当前层。单击“绘图”工具栏中的“样条曲线”按钮，利用“样条曲线”命令绘制波浪线，波浪线的两个端点指定在两条偏移出来的点画线的外侧，如图 60-18 所示。

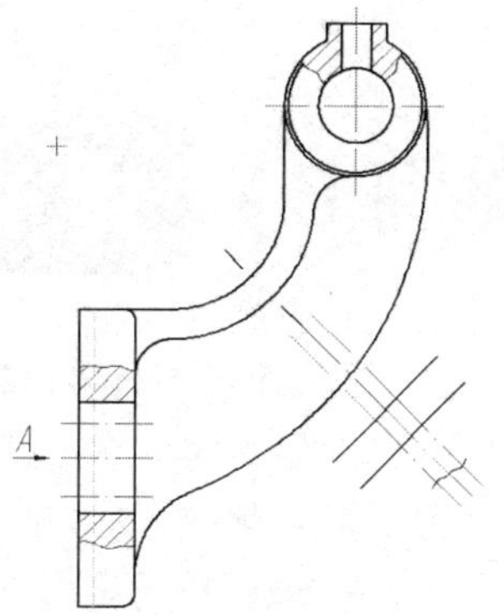

图 60-18 偏移轮廓线和点画线

17 利用“直线”命令连接两条倾斜粗实线的端点。

18 选择菜单“格式”→“图层工具”→“图层匹配”选项，利用“图层匹配”命令将两条偏移出来的点画线的图层修改为“粗实线”层。

19 单击“修改”工具栏中的“修剪”按钮，利用“修剪”命令修剪直线和波浪线。

20 选择菜单“修改”→“拉长”选项，利用“拉长”命令中的“动态”选项将倾斜点画线的两端适当缩短，如图 60-19 所示。

21 单击“修改”工具栏中的“圆角”按钮，利用“圆角”命令绘制 6 个半径为 3mm 的圆角。

22 将“细实线”层设置为当前层，单击“绘图”工具栏中的“图案填充”按钮，利用“图案填充”命令在断面图中绘制剖面线，如图 60-20 所示。“图案填充和渐变色”对话框中“图案填充”选项卡的设置和在左视图剖面线时的设置相同。

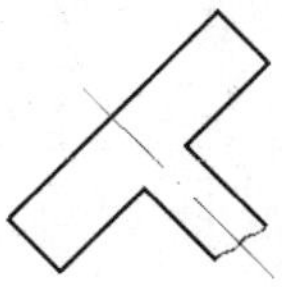

图 60-19 修剪图形

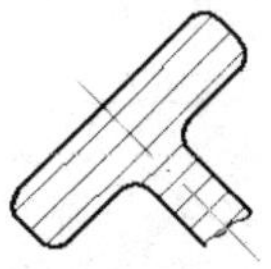

图 60-20 绘制剖面线

23 断面图中的剖面线几乎与主要轮廓线平行，需要修改剖面线的倾斜角度。双击主视图和断面图中的剖面线，在弹出的“图案填充编辑”对话框中的“角度”文本框中输入-15，如图 60-21 所示。单击“确定”按钮，即可将主视图和断面图中的剖面线的倾斜角度修改为 30°。

完成绘制踏脚座的断面图，如图 60-22 所示。

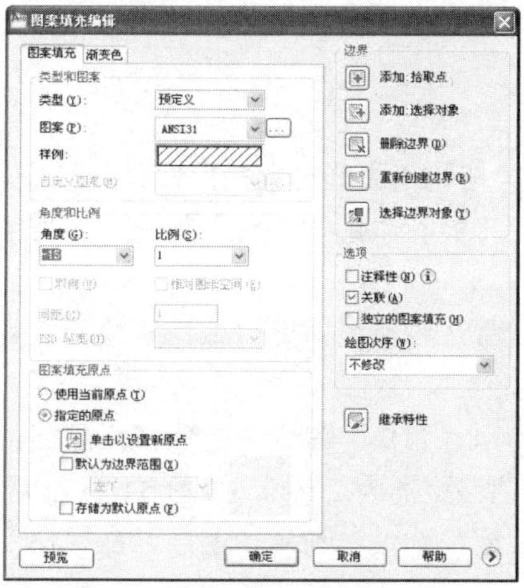

图 60-21 “图案填充编辑”对话框

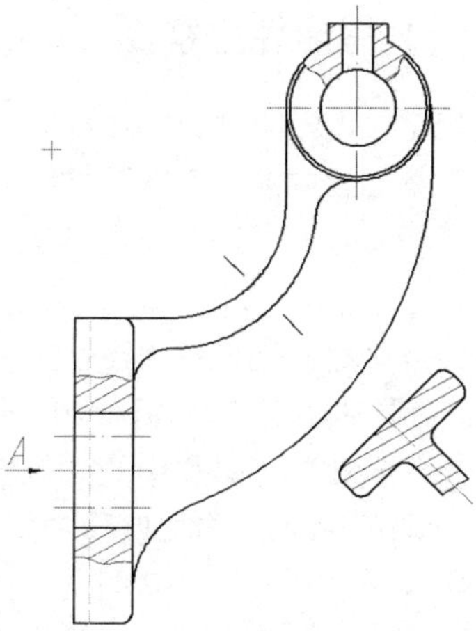

图 60-22 完成踏脚座断面图

实例 61 甩油轮

本实例所用的绘图命令："直线"Line 命令、"偏移"Offset 命令、"图层匹配"Laymch 命令、"修剪"Trim 命令、"删除"Erase 命令、"拉长"Lengthen 命令、"圆弧"Arc 命令、"倒角"Chamfer 命令、"圆角"Fillet 命令、"镜像"Mirror 命令、"图案填充"Bhatch 命令、"圆"Circle 命令。

甩油轮的主视图和左视图如图 61–1 所示。

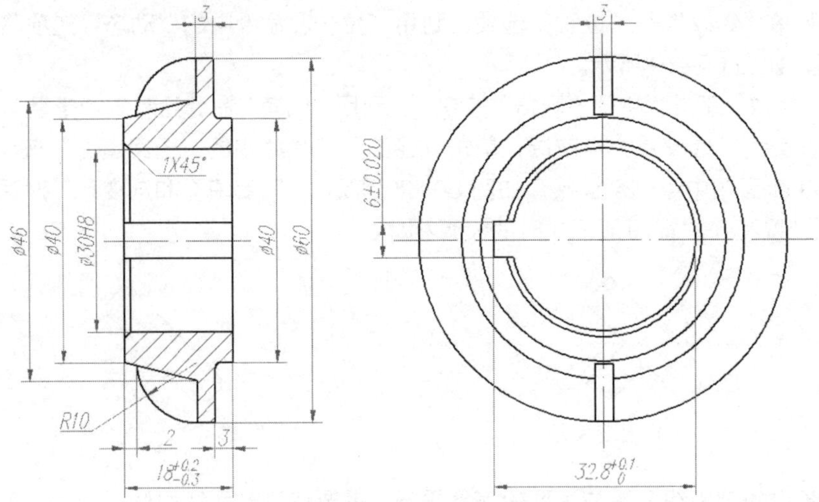

图 61–1 甩油轮

绘制步骤

一、绘制甩油轮主视图

1 新建空白图形文件，加载线型，恢复图层。

2 打开状态栏中的"正交"按钮、"对象捕捉"按钮和"对象捕捉追踪"按钮。

3 将"粗实线"层设置为当前层，单击"绘图"工具栏中的"直线"按钮，利用"直线"命令连续绘制轮廓线，如图 61–2 所示。

4 将"点画线"层设置为当前层，利用"直线"命令和对象捕捉追踪模式绘制主视图水平对称点画线，点画线超出轮廓线 3mm，长度为 24mm。

5 单击"修改"工具栏中的"偏移"按钮，利用"偏移"命令向上偏移点画线两次，偏移距离为 3mm 和 15mm。向右偏移左侧竖直轮廓线，偏移距离为 2mm，如图 61–3 所示。

6 选择菜单"格式"→"图层工具"→"图层匹配"选项，利用"图层匹配"命令将偏移出来的两条条点画线的图层修改为"粗实线"层。

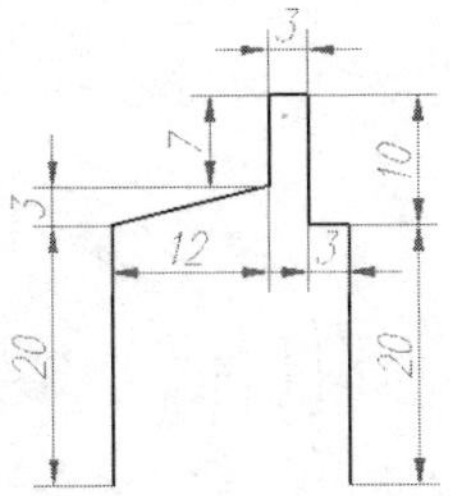

图 61–2　连续绘制轮廓线

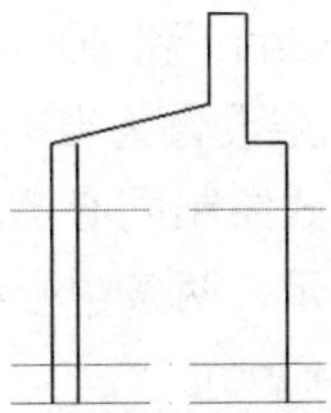

图 61–3　偏移点画线和轮廓线

7 单击“修改”工具栏中的“修剪”按钮，利用“修剪”命令修剪这两条直线。

8 选择菜单“修改”→“拉长”选项，利用“拉长”命令中的“动态”选项将偏移出来的竖直线的上端拉长与倾斜轮廓线相交。

9 选择菜单“绘图”→“圆弧”→“起点、端点、半径”选项，捕捉端点 A 和交点 B 为圆弧的起点和端点，绘制半径为 10mm 的圆弧，如图 61–4 所示。

10 单击“修改”工具栏中的“删除”按钮，利用“删除”命令拉长后的竖直线删除。

11 单击“修改”工具栏中的“倒角”按钮，利用“倒角”命令绘制内倒角，倒角距离为 1mm。“修剪”选项应设置为“不修剪”，然后利用“修剪”命令修剪未被修剪的倒角边。

12 单击“绘图”工具栏中的“直线”按钮，利用“直线”命令过内倒角斜线的端点绘制竖直轮廓线，轮廓线的下端点是在下方水平轮廓线上捕捉的垂足。

13 单击“修改”工具栏中的“圆角”按钮，利用“圆角”命令绘制半径为 1mm 的圆角，如图 61–5 所示。

14 单击“修改”工具栏中的“镜像”按钮，利用“镜像”命令镜像出对称的下半部分轮廓线。

15 将“细实线”层设置为当前层，单击“绘图”工具栏中的“图案填充”按钮，利用“图案填充”命令绘制剖面线。在弹出的“图案填充和渐变色”对话框中打开“图案填充”选项卡，将图案类型设置为 ANSI31，角度设置为 0，比例设置为 0.6。单击“拾取点”按钮，在主视图需要填充的区域内单击，回车两次，即可绘制剖面线。

完成绘制甩油轮主视图，如图 61–6 所示。

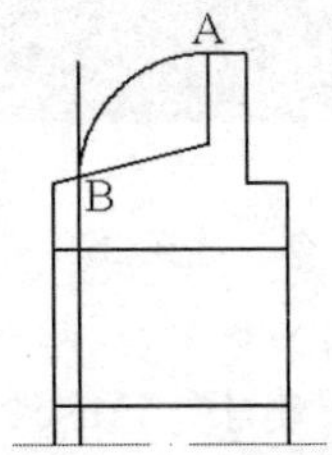

图 61–4　修剪后，绘制圆弧

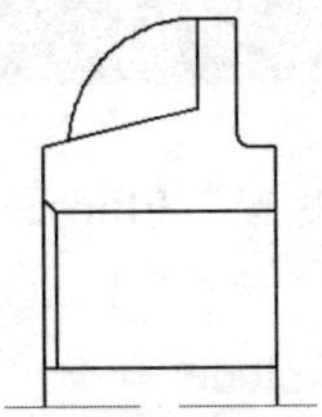

图 61–5　绘制倒角和圆角

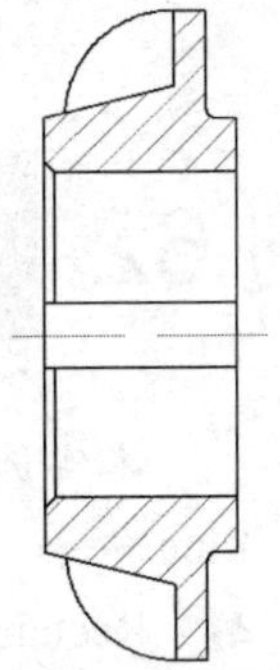

图 61–6　完成甩油轮主视图

二、绘制甩油轮左视图

1 将“粗实线”层设置为当前层，单击“绘图”工具栏中的“圆”按钮和对象捕捉追踪模式在主视图水平对称点画线的延长线上绘制直径为 60mm 的圆。

2 利用圆绘制与直径为 60mm 的圆同心的圆，直径是 46mm、40mm、32mm 和 30mm。

3 将“点画线”层设置为当前层，利用“直线”命令和对象捕捉追踪模式绘制同心圆水平中心线和竖直中心线，如图 61-7 所示，两条中心线超出直径为 60mm 的圆 3mm，长度为 66mm。

4 单击“修改”工具栏中的“偏移”按钮，利用“偏移”命令对称偏移竖直中心线和水平中心线，偏移距离为 1.5mm 和 3mm。再向左偏移竖直点画线，偏移距离为 17.8mm。

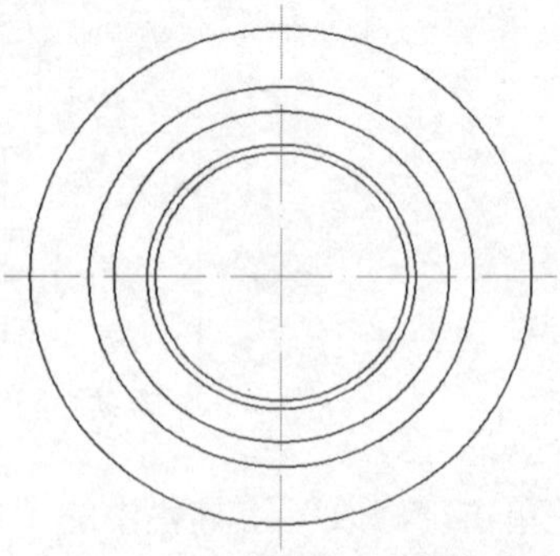

图 61-7　绘制同心圆和中心线

5 利用“直线”命令过主视图中圆弧与倾斜轮廓线的交点 B、C 绘制两条水平辅助线，如图 61-8 所示。

6 选择菜单“格式”→“图层工具”→“图层匹配”选项，利用“图层匹配”命令将偏移出来的 5 条点画线的图层修改为“粗实线”层。

7 单击“修改”工具栏中的“修剪”按钮，利用“修剪”命令修剪这 5 条直线和圆，完成绘制甩油轮左视图，如图 61-9 所示。

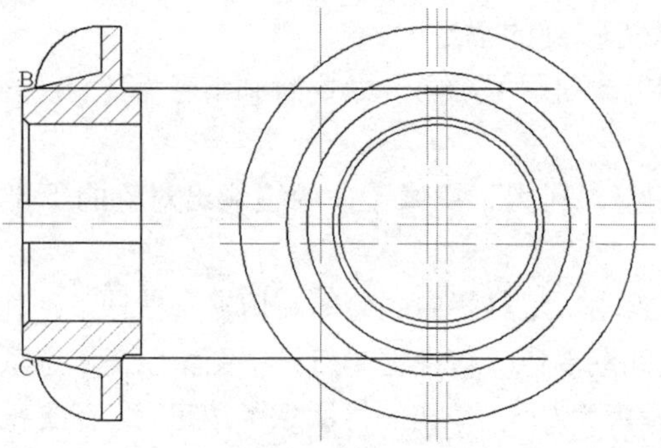

图 61-8　偏移点画线，绘制辅助线

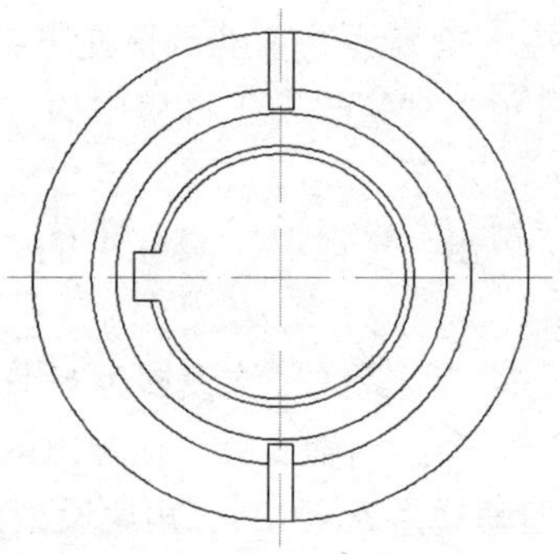

图 61-9　完成甩油轮左视图

实例 62　压铸式通气器

本实例所用的绘图命令：“椭圆”Ellipse 命令、“圆”Circle 命令、“直线”Line 命令、“偏移”Offset 命令、“拉长”Lengthen 命令、“复制”Copy 命令、“矩形”Rectangle 命令、“分解”Explode 命令、“圆角”Fillet 命令、“删除”Erase 命令、“修剪”Trim 命令、“镜像”Mirror 命令、“图层匹配”Laymch 命令、“图案填充”Bhatch 命令。

压铸式通气器的主视图和俯视图如图 62-1 所示，图中未注圆角 R1。

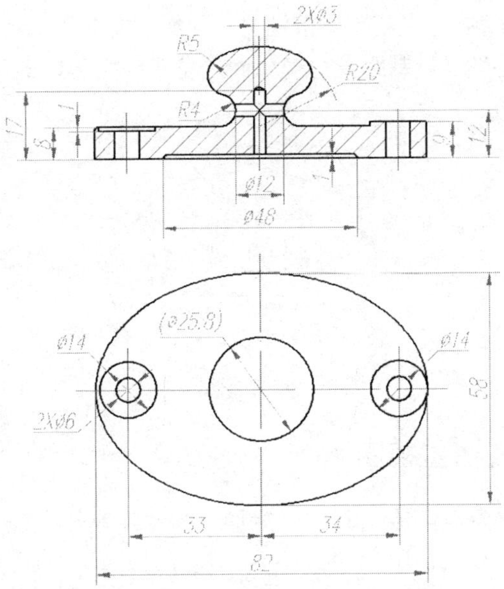

图 62-1　压铸式通气器

绘制步骤

一、绘制压铸式通气器俯视图

1 新建空白图形文件，加载线型，恢复图层。

2 打开状态栏中的“正交”按钮、“对象捕捉”按钮和“对象捕捉追踪”按钮。

3 将“粗实线”层设置为当前层，利用“椭圆”命令绘制椭圆轮廓线。

```
命令: _ellipse        (单击“绘图”工具栏中的“椭圆”按钮，启动“椭圆”命令)
指定椭圆的轴端点或 [圆弧(A)/中心点(C)]:        (在绘图区适当位置单击)
指定轴的另一个端点: 82↙        (向右移动光标，输入长轴的长度82，回车)
指定另一条半轴长度或 [旋转(R)]: 29↙        (输入短半径的长度29，回车)
```

4 单击“绘图”工具栏中的“圆”按钮，利用“圆”命令以椭圆的中心为圆心绘制直径为 25.8mm 的圆。

5 将“虚线”层设置为当前层，利用“圆”命令绘制与直径为 25.8mm 同心的虚线圆，直径为 48mm。

6 将“点画线”层设置为当前层，利用“直线”命令和对象捕捉追踪模式绘制椭圆的水平中心线和竖直中心线，如图 62-2 所示。

7 单击“修改”工具栏中的“偏移”按钮，利用“偏移”命令向右偏移竖直中心线，偏移距离为 34mm。

8 将“粗实线”层设置为当前层，单击“绘图”工具栏中的“圆”按钮，利用“圆”命令以水平中心线与偏移出来的竖直点画线的交点为圆心，绘制直径为 14mm 和 6mm 的同心圆，如图 62-3 所示。

9 选择菜单“修改”→“拉长”选项，利用“拉长”命令中的“动态”选项将偏移出来的竖直点画线适当缩短。

10 单击“修改”工具栏中的“复制”按钮，利用“复制”命令向左复制直径为 14mm 和 6mm 的同心圆及其竖直中心线，复制距离为 77mm。完成绘制压铸式通气器的俯视图，如图 62-4 所示。

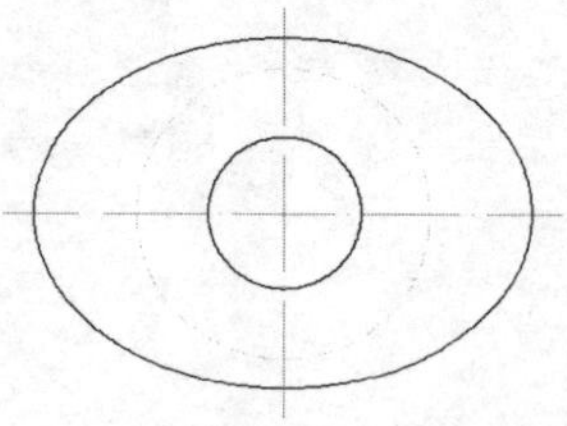

图 62-2 绘制椭圆、圆和中心线

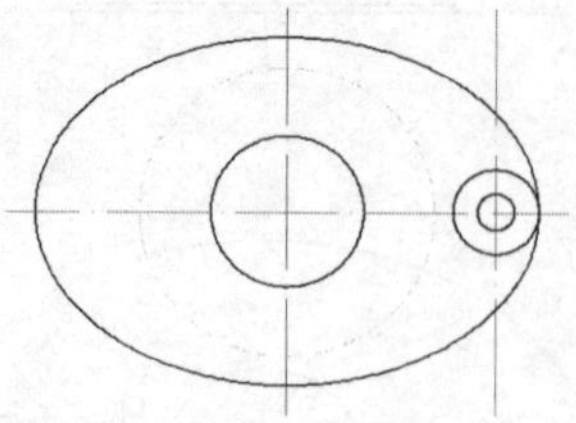

图 62-3 绘制同心圆

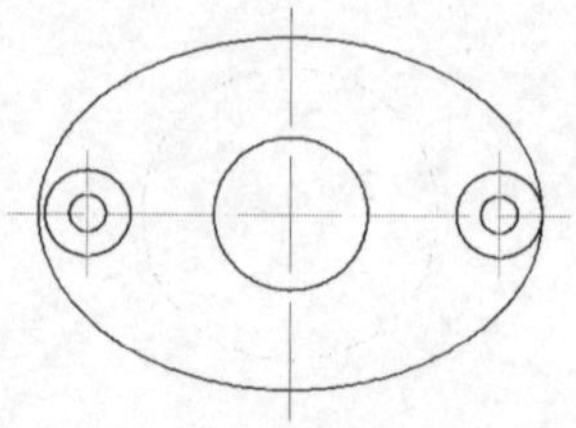

图 62-4 完成压铸式通气器俯视图

二、绘制压铸式通气器主视图

1 将“粗实线”层设置为当前层，利用“矩形”命令绘制矩形轮廓线。

命令：_rectang （单击“绘图”工具栏中的“矩形”按钮，启动“矩形”命令）
指定第一个角点或 [倒角(C)/标高(E)/圆角(F)/厚度(T)/宽度(W)]： （将光标移到椭圆的左象限点处，出现象限点捕捉标记后，向上移动光标，出现竖直追踪轨迹，在适当位置单击，指定A点的位置）
指定另一个角点或 [面积(A)/尺寸(D)/旋转(R)]：@82，8↙ （输入另一角点C的相对于A点坐标，回车）

2 将“点画线”层设置为当前层，利用“直线”命令和对象捕捉追踪模式绘制主视图的竖直对称点画线 EF，如图 62-5 所示。

3 单击“修改”工具栏中的“分解”按钮，利用“分解”命令将矩形分解。

4 单击“修改”工具栏中的“偏移”按钮，利用“偏移”命令向右偏移点画线 EF，偏移距离为 6mm，得到点画线 GH。在向右偏移点画线 GH，偏移距离为 4mm，得到点画线 IJ。向上偏移水平线 CD，偏移距离为 4mm，得到直线 KL。

5 单击“绘图”工具栏中的“圆”按钮，利用“圆”命令以水平线 CD 的中点为圆心，绘制半径为 20mm 的圆。以点画线 IJ 与水平线 KL 的交点为圆心，绘制半径为 4mm 的圆。

6 单击“修改”工具栏中的“圆角”按钮，利用“圆角”命令在半径为 20mm 和半径为 4mm 的圆中间绘制圆角，圆角半径为 5mm，如图 62-6 所示。

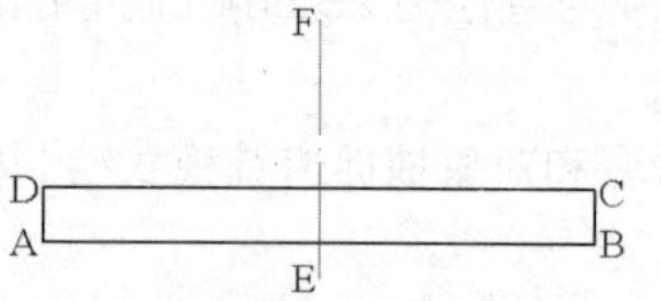

图 62-5 绘制矩形和对称点画线

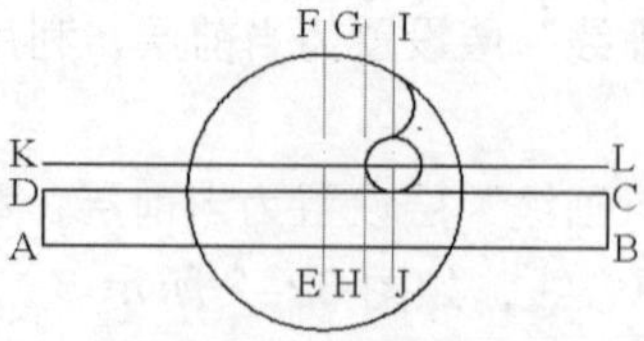

图 62-6 绘制圆和圆角

7 单击“修改”工具栏中的“删除”按钮，利用“删除”命令将偏移出来的两条点画线和水平线删除。

8 单击“修改”工具栏中的“修剪”按钮，利用“修剪”命令修剪出如图 62-7 所示的图形。

9 单击“修改”工具栏中的“镜像”按钮，利用“镜像”命令做所绘曲线的竖直镜像，如图 62-8 所示。

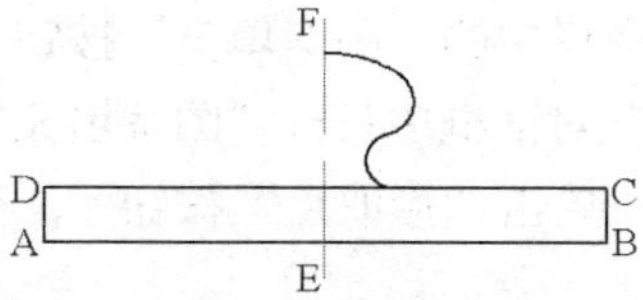

图 62-7　修剪图形

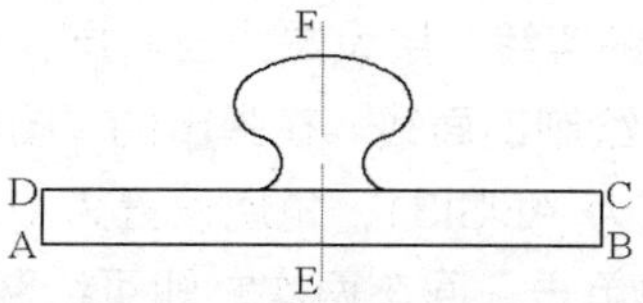

图 62-8　做曲线的竖直镜像

10 单击“修改”工具栏中的“偏移”按钮，利用“偏移”命令对称偏移直线 CD，偏移距离为 1mm。向左偏移竖直对称点画线，偏移距离为 33mm。得到新的竖直点画线后，再对称偏移该点画线两次，偏移距离为 7mm 和 3mm。向右偏移竖直对称点画线，偏移距离为 34mm。得到新的竖直点画线后，再对称偏移该点画线两次，偏移距离为 7mm 和 3mm，如图 62-9 所示。

11 选择菜单“格式”→“图层工具”→“图层匹配”选项，利用“图层匹配”命令将偏移出来的 8 条点画线的图层修改为“粗实线”层。

12 单击“修改”工具栏中的“修剪”按钮，利用“修剪”命令修剪出如图 62-10 所示的图形。

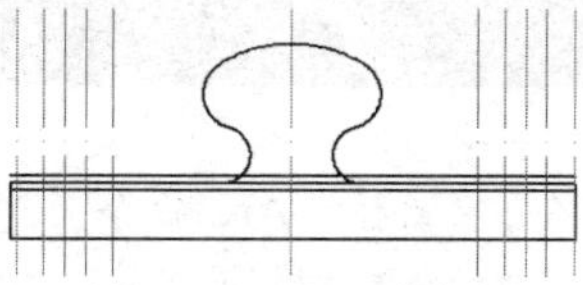

图 62-9　偏移轮廓线和点画线

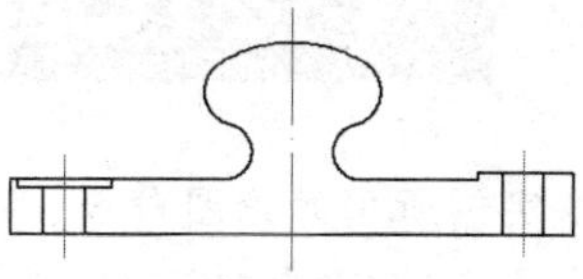

图 62-10　修剪图形

13 单击“修改”工具栏中的“圆角”按钮，利用“圆角”命令绘制两个半径为 1mm 的圆角，如图 62-11 所示。

14 单击“修改”工具栏中的“偏移”按钮，利用“偏移”命令向上偏移下方水平线，偏移距离为 1mm、12mm 和 17mm。再对称偏移竖直点画线和偏移距离为 12mm 的水平线，偏移距离为 1.5mm。再对称竖直点画线，偏移距离为 24mm，如图 62-12 所示。

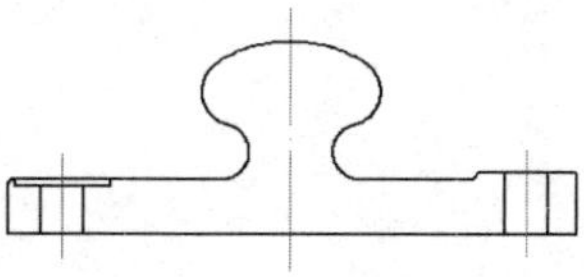

图 62-11　绘制圆角

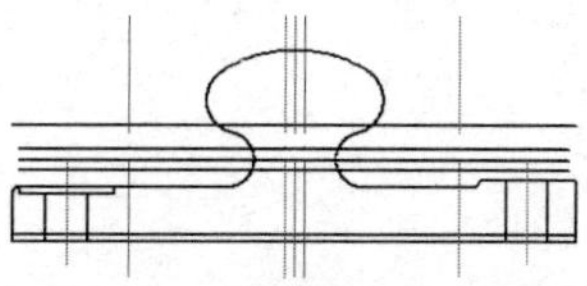

图 62-12　偏移轮廓线和点画线

15 选择菜单“格式”→“图层工具”→“图层匹配”选项，利用“图层匹配”命令将偏移出来的 4 条点画线的图层修改为“粗实线”层，将偏移距离为 12mm 的水平线的图层修改为“点画线”层。

16 单击“修改”工具栏中的“修剪”按钮，利用“修剪”命令修剪图形。

17 选择菜单“修改”→“拉长”选项，利用“拉长”命令中的“动态”选项将水平点画线适当缩短。

18 单击“修改”工具栏中的“圆角”按钮，利用“圆角”命令在两条距离为 48mm 的短竖直线的上端点处绘制两个半径为 1mm 的圆角，如图 62-13 所示。

19 单击“绘图”工具栏中的“直线”按钮，利用“直线”命令绘制两个小孔的相贯线和竖直孔的 120° 钻角的轮廓线。

20 将“细实线”层设置为当前层，单击“绘图”工具栏中的“图案填充”按钮，利用“图案填充”命令绘制剖面线。在弹出的“图案填充和渐变色”对话框中打开“图案填充”选项卡，将图案类型设置为 ANSI31，角度设置为 0，比例设置为 1。单击“拾取点”按钮，在主视图需要填充的区域内单击，回车两次，即可绘制剖面线。

完成绘制压铸式通气器的主视图，如图 62-14 所示。

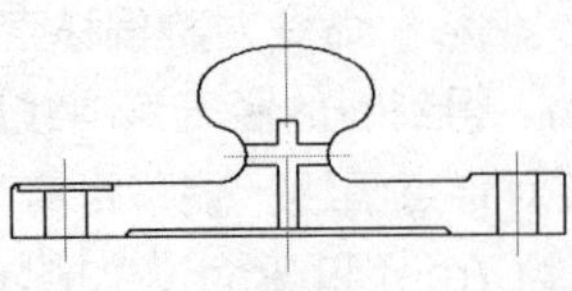

图 62-13　修剪图形，绘制圆角

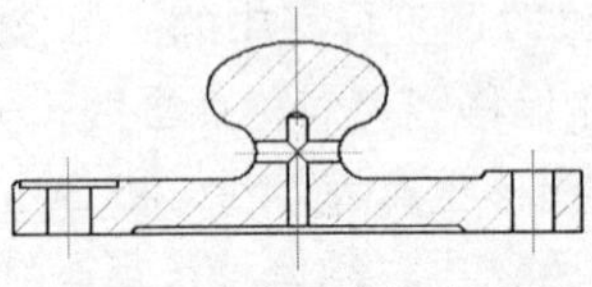

图 62-14　完成绘制主视图

实例 63　焊接式通气器

本实例所用的绘图命令：“矩形”Rectangle 命令、“圆弧”Arc 命令、“直线”Line 命令、“偏移”Offset 命令、“圆”Circle 命令、“删除”Erase 命令、“修剪”Trim 命令、“镜像”Mirror 命令、“合并”Join 命令、“图层匹配”Laymch 命令、“图案填充”Bhatch 命令。

焊接式通气器的主视图如图 63-1 所示。

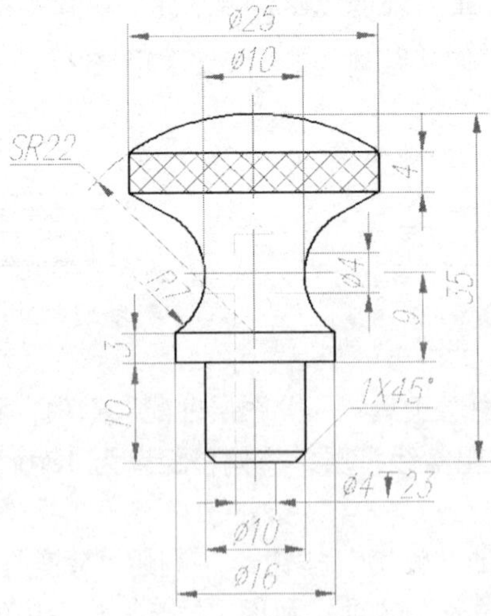

图 63-1　焊接式通气器

绘制步骤

1 新建空白图形文件，加载线型，恢复图层。

2 打开状态栏中的“正交”按钮、“对象捕捉”按钮和“对象捕捉追踪”按钮。

3 将“粗实线”层设置为当前层，单击“绘图”工具栏中的“矩形”按钮，利用“矩形”命令绘制一个长度为 25mm、宽度为 4mm 的矩形。

4 利用“圆弧”命令绘制半径为 22mm 的圆弧。

```
命令: _arc      (选择“绘图”→“圆弧”→“起点、端点、半径”选项)
指定圆弧的起点或 [圆心(C)]:      (捕捉矩形的右上角点)
指定圆弧的第二个点或 [圆心(C)/端点(E)]: _e
指定圆弧的端点:      (捕捉矩形的左上角点)
指定圆弧的圆心或 [角度(A)/方向(D)/半径(R)]: _r
指定圆弧的半径: 22↙      (输入圆弧的半径，回车)
```

5 将“点画线”层设置为当前层，利用“直线”命令和对象捕捉追踪模式过圆弧的中点绘制主视图的竖直对称点画线，点画线超出圆弧 2mm，长度为 35mm，如图 63-2 所示。

6 将“粗实线”层设置为当前层，利用“直线”命令连续绘制轮廓线，如图 63-3 所示。

```
命令: _line      (单击“绘图”工具栏中的“直线”按钮，启动“直线”命令)
指定第一点: 22↙      (将光标移到圆弧的中点处，出现中点捕捉标记后，向下移动光标，出现竖直追踪轨迹，输入追踪距离22，回车，捕捉到A点)
指定下一点或 [放弃(U)]: 8↙      (向左移动光标，输入水平线AB的长度8，回车)
指定下一点或 [放弃(U)]: 3↙      (向下移动光标，输入竖直线BC的长度3，回车)
指定下一点或 [闭合(C)/放弃(U)]: 3↙      (向右移动光标，输入水平线CD的长度3，回车)
指定下一点或 [闭合(C)/放弃(U)]: 10↙      (向下移动光标，输入竖直线DE的长度10，回车)
指定下一点或 [闭合(C)/放弃(U)]: 5↙      (向右移动光标，输入水平线EF的长度5，回车)
指定下一点或 [闭合(C)/放弃(U)]: ↙      (回车，结束“直线”命令)
```

7 单击“修改”工具栏中的“偏移”按钮，利用“偏移”命令向左偏移点画线，偏移距离为 5mm。再向右偏移新得到的点画线，偏移距离为 7mm。

8 单击“绘图”工具栏中的“圆”按钮，利用“圆”命令以端点 B 为圆心，绘制半径为 7mm 的辅助圆。再以辅助圆与第二次偏移出来的点画线的交点 G 为圆心，绘制半径为 7mm 的圆，如图 63-4 所示。

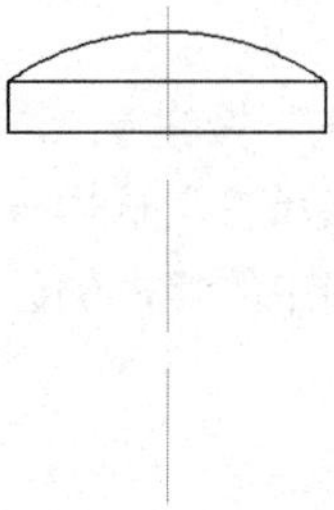

图 63-2　绘制矩形、圆弧和点画线

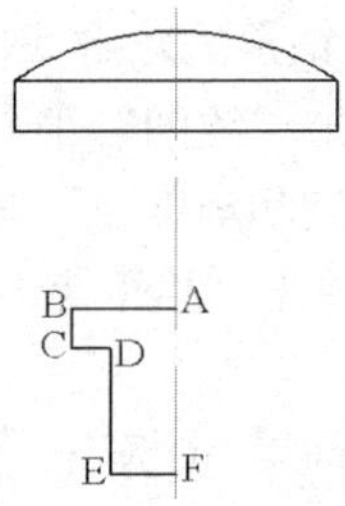

图 63-3　连续绘制轮廓线

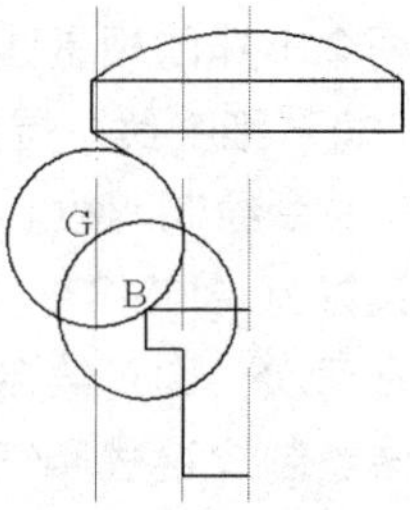

图 63-4　利用辅助线绘制圆

9 单击“绘图”工具栏中的“直线”按钮，启动“直线”命令后，捕捉矩形的左下角点，再单击“对象捕捉”工具栏中的“切点捕捉”按钮，在以交点 G 为圆心的圆上捕捉切点。回车，结束“直线”命令，即可绘制出该圆的切线。

10 单击“修改”工具栏中的“删除”按钮，利用“删除”命令将偏移出来的两条点画线和辅助圆删除。

11 单击“修改”工具栏中的“修剪”按钮，利用“修剪”命令修剪出如图 63-5 所示的图形。

12 单击“修改”工具栏中的“倒角”按钮，利用“倒角”命令在下方直角处绘制倒角，倒角距离为 1mm。

13 单击“绘图”工具栏中的“直线”按钮，利用“直线”命令过倒角斜线的端点和 D 点绘制水平轮廓线，轮廓线的右端点式在对称点画线上捕捉的垂足，如图 63-6 所示。

14 单击“修改”工具栏中的“镜像”按钮，利用“镜像”命令做矩形下方轮廓线的竖直镜像，如图 63-7 所示。

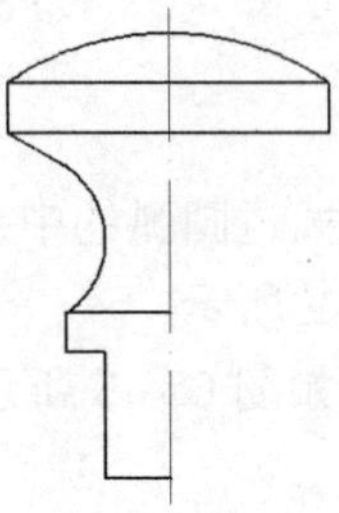

图 63-5 修剪图形

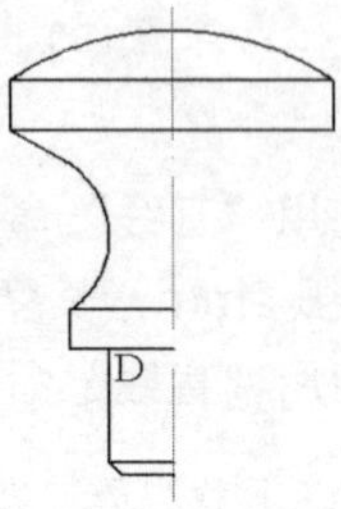

图 63-6 绘制倒角和水平轮廓线

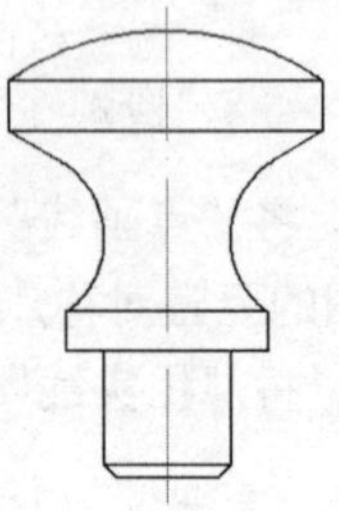

图 63-7 做竖直镜像

15 单击“修改”工具栏中的“合并”按钮，利用“合并”命令分别将 CJ 和 HI 之间的两段直线合并起来。

16 单击“修改”工具栏中的“偏移”按钮，利用“偏移”命令向上偏移直线 CJ，偏移距离为 9mm。再对称偏移新得到的直线和对称点画线，偏移距离为 2mm。向上偏移直线 HI，偏移距离为 23mm，如图 63-8 所示。

17 选择菜单“格式”→“图层工具”→“图层匹配”选项，利用“图层匹配”命令将偏移距离为 9mm 的直线的图层修改为“点画线”层，将其余偏移出来的 3 条轮廓线和两条点画线的图层修改为“虚线”层。

18 单击“修改”工具栏中的“修剪”按钮，利用“修剪”命令修剪虚线，结果如图 63-9 所示的图形。

19 将“虚线”层设置为当前层，单击“绘图”工具栏中的“直线”按钮，利用“直线”命令绘制两个小孔的相贯线和竖直孔的 120° 钻角的轮廓线。

20 将“细实线”层设置为当前层，单击“绘图”工具栏中的“图案填充”按钮，利用“图案填充”命令绘制网纹。在弹出的“图案填充和渐变色”对话框中打开“图案填充”选项卡，将图案类型设置为 ANSI37，比例设置为 0.5。单击“拾取点”按钮，在主视图中的矩形的区域内单击，回车两次，即可绘制出网纹。

完成绘制焊接式通气器的主视图，如图 63-10 所示。

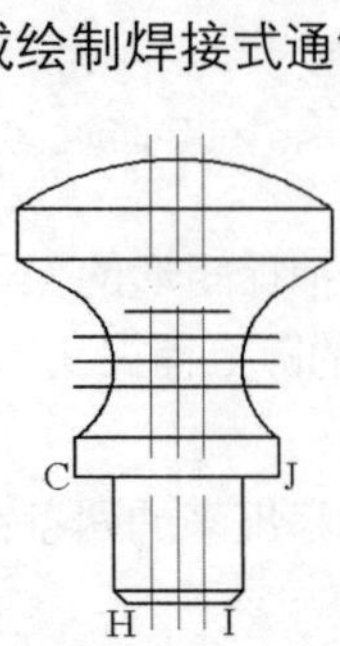

图 63-8 偏移轮廓线和点画线

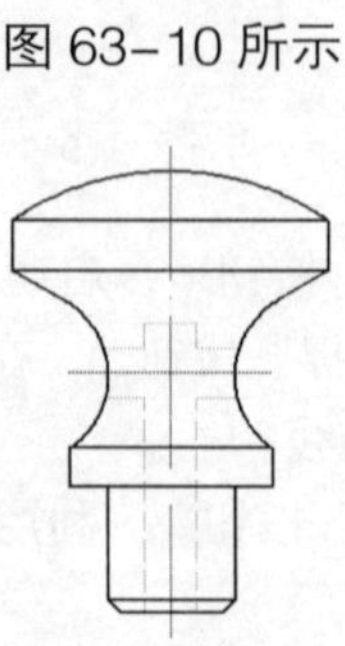

图 63-9 修剪虚线

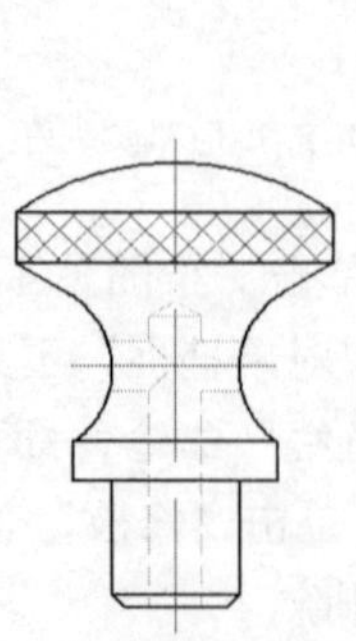

图 63-10 完成焊接式通气器主视图

实例 64 过滤式通气器

本实例所用的绘图命令："直线" Line 命令、"圆弧" Arc 命令、"偏移" Offset 命令、"多边形" Polygon 命令、"圆" Circle 命令、"图层匹配" Laymch 命令、"删除" Erase 命令、"修剪" Trim 命令、"镜像" Mirror 命令、"倒角" Chamfer 命令、"圆角" Fillet 命令、"实时缩放" Zoom Realtime 命令、"合并" Join 命令、"拉长" Lengthen 命令、"图案填充" Bhatch 命令、"缩放上一个" Zoom Previous 命令。

过滤式通气器的主视图如图 64-1 所示。

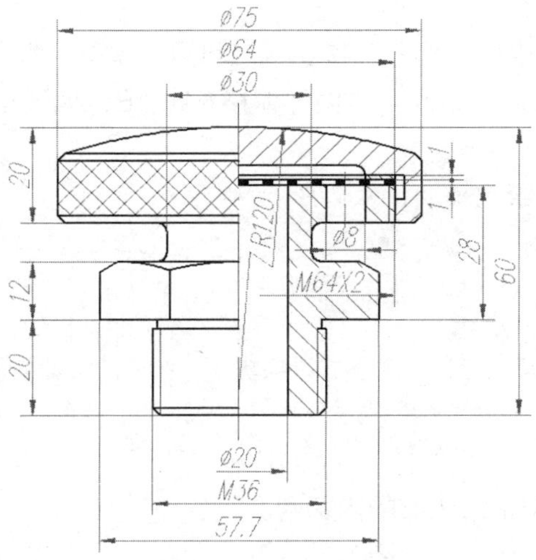

图 64-1 过滤式通气器

绘制步骤

1 新建空白图形文件，加载线型，恢复图层。

2 打开状态栏中的"正交"按钮、"对象捕捉"按钮和"对象捕捉追踪"按钮。

3 将"粗实线"层设置为当前层，单击"绘图"工具栏中的"直线"按钮，利用"直线"命令连续绘制 3 段直线，如图 64-2 所示。

4 单击"修改"工具栏中的"倒角"按钮，利用"倒角"命令在两个直角处绘制倒角，倒角距离为 1.5mm。

5 利用"圆弧"命令绘制半径为 120mm 的圆弧。

```
命令: _arc      (选择"绘图"→"圆弧"→"起点、端点、半径"选项)
指定圆弧的起点或 [圆心(C)]:      (捕捉右侧倒角斜线的上方端点)
指定圆弧的第二个点或 [圆心(C)/端点(E)]: _e
指定圆弧的端点:      (捕捉左侧倒角斜线的上方端点)
```

指定圆弧的圆心或 [角度(A)/方向(D)/半径(R)]: _r
指定圆弧的半径: 120↙　　　(输入圆弧的半径，回车)

6 将“点画线”层设置为当前层，利用“直线”命令和对象捕捉追踪模式过圆弧的中点绘制主视图的竖直对称点画线，点画线超出圆弧 5mm，长度为 70mm，如图 64-3 所示。

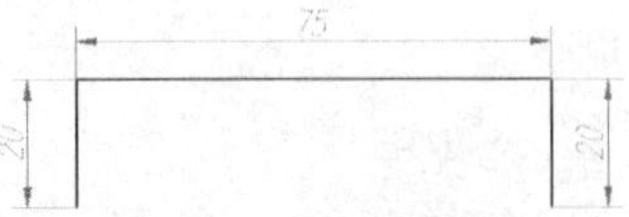

图 64-2　连续绘制直线

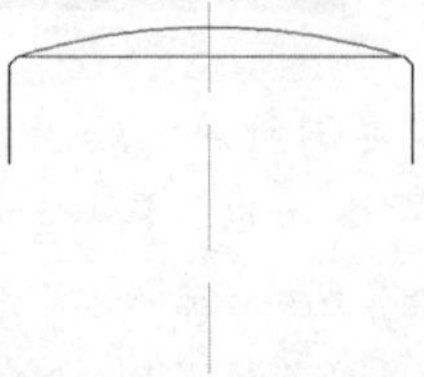

图 64-3　绘制倒角、圆弧和点画线

7 将“粗实线”层设置为当前层，单击“绘图”工具栏中的“直线”按钮，启动“直线”命令后将光标移到圆弧的中点处，出现中点捕捉标记后，向下移动光标，出现竖直追踪轨迹，输入追踪距离 20mm，回车，捕捉到 A 点。向左移动光标，在左侧竖直轮廓线上捕捉垂足 B，绘制出水平线 AB。

8 单击“修改”工具栏中的“偏移”按钮，利用“偏移”命令向左偏移点画线，偏移距离为 15mm、16.2mm、17mm 和 18mm。再向下偏移直线 AB，偏移距离为 8mm（得到直线 CD）、20mm、22mm 和 40mm。

9 利用“多边形”命令绘制辅助正六边形。

命令: _polygon　　　(单击“绘图”工具栏中的“正多边形”按钮，启动“多边形”命令)
输入边的数目 <4>: 6↙　　　(输入边数6，回车)
指定正多边形的中心点或 [边(E)]:　　　(将光标移到主视图对称点画线的下端点处，出现端点捕捉标记后，向下移动光标，出现竖直追踪轨迹，在适当位置单击)
输入选项 [内接于圆(I)/外切于圆(C)] <I>: C↙　　　(输入C，回车，选择“外切于圆”选项)
指定圆的半径: 25↙　　　(输入内切圆的半径25，回车)

10 利用“圆”命令绘制正六边形的内切圆。

命令: _circle　　　(选择菜单“绘图”→“圆”→“相切、相切、相切”选项)
指定圆的圆心或 [三点(3P)/两点(2P)/相切、相切、半径(T)]: _3p
指定圆上的第一个点: _tan 到　　　(单击正六边形一个边)
指定圆上的第二个点: _tan 到　　　(单击正六边形另一个边)
指定圆上的第三个点: _tan 到　　　(单击正六边形第三个边)

11 利用“直线”命令过正六边形的端点 E、F 和内切圆的左象限点绘制直线 CD 的垂线。其中过内切圆的左象限点绘制的垂线的垂足为 G，过 G 点绘制倾斜线 GH，H 点相对于 G 点的坐标为“@10<210”。结果如图 64-4 所示。

12 选择菜单“格式”→“图层工具”→“图层匹配”选项，利用“图层匹配”命令将偏移距离为 16.2mm 的直线的图层修改为“细实线”层，将其余偏移出来的三条点画线的图层修改为“粗实线”层。

13 单击“修改”工具栏中的“删除”按钮，利用“删除”命令将正六边形及其内切圆删除。

14 单击“修改”工具栏中的“修剪”按钮，利用“修剪”命令修剪图形，如图 64-5 所示。

15 单击“修改”工具栏中的“镜像”按钮，利用“镜像”命令做直线 AB 及其下方轮廓线的竖直镜像，如图 64-6 所示。

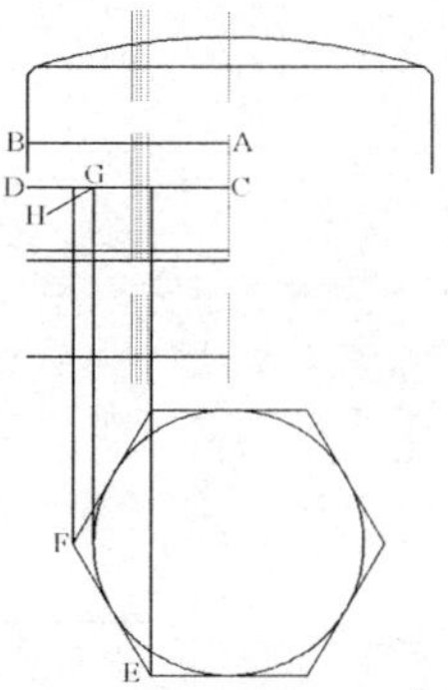

图 64-4　利用偏移和辅助线绘图

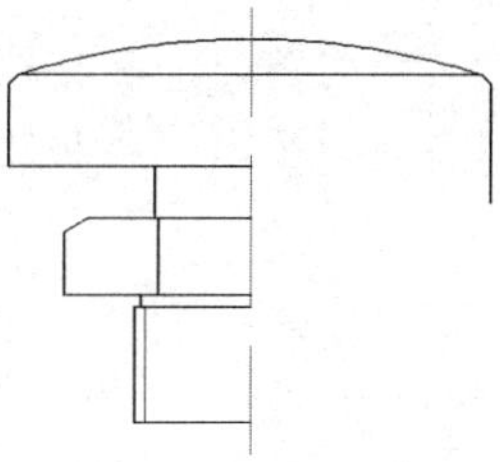
图 64-5　修剪图形

16 单击“修改”工具栏中的“倒角”按钮，利用“倒角”命令绘制 4 个倒角，倒角距离为 1.5mm。

17 单击“修改”工具栏中的“圆角”按钮，利用“圆角”命令绘制 4 个圆角，半径为 1.5mm，如图 61-7 所示。“圆角”命令中的“修剪”选项应设置为“不修剪”。

18 利用“圆弧”命令绘制六棱柱倒角的截交线。

```
命令: _arc        (选择“绘图”→“圆弧”→“起点、端点、半径”选项)
指定圆弧的起点或 [圆心(C)]:        (捕捉端点I)
指定圆弧的第二个点或 [圆心(C)/端点(E)]: _e
指定圆弧的端点:        (捕捉端点J)
指定圆弧的圆心或 [角度(A)/方向(D)/半径(R)]: _r
指定圆弧的半径: 60↙        (输入圆弧的半径，回车)
```

19 单击“修改”工具栏中的“移动”按钮，利用“移动”命令移动圆弧，移动的基点为圆弧的中点（即象限点），移动的第 2 点为直线 IJ 与点画线的交点。如图 64-8 所示。

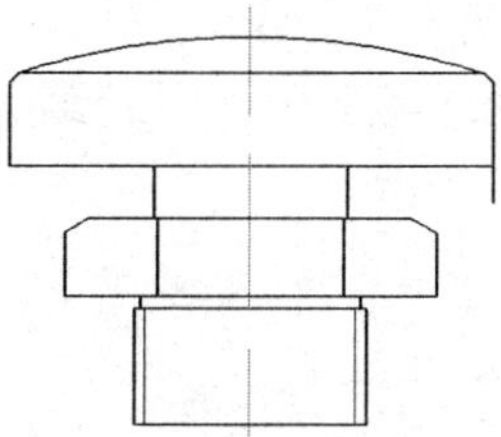
图 64-6　做竖直镜像

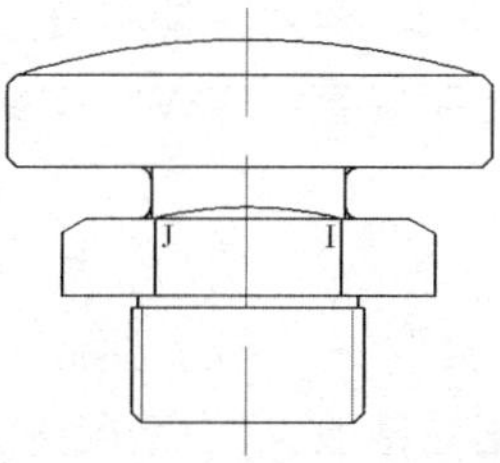

图 64-7　绘制倒角、圆角和圆弧

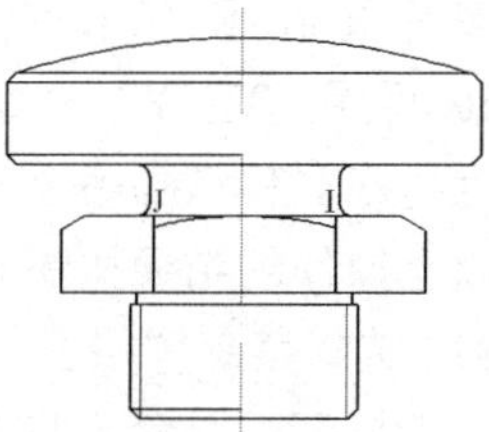

图 64-8　偏移轮廓线和点画线

20 利用“直线”命令过 3 个倒角斜线的端点绘制水平轮廓线，轮廓线的右端点是在点画线上捕捉的垂足。

21 选择“绘图”→“圆弧”→“起点、端点、方向”选项，捕捉左侧 30° 倒角斜线的上端点和半径为 60mm 圆弧的左端点，向右移动光标，捕捉该圆弧的象限点，即所绘制圆弧的起点处的切线方向为水平线，如图 64-9 所示。

22 单击“修改”工具栏中的“修剪”按钮，利用“修剪”命令修剪出如图 64-10 所示的图形。

23 利用“直线”命令连续绘制轮廓线，如图 64-11 所示。

```
命令: _line        (单击“绘图”工具栏中的“直线”按钮，启动“直线”命令)
```

指定第一点：10↙　　(将光标移到端点K处，出现端点捕捉标记后，向右移动光标，出现水平追踪轨迹，输入追踪距离10，回车，捕捉到L点)
指定下一点或 [放弃(U)]：48↙　　(向上移动光标，输入竖直线LM的长度48，回车)
指定下一点或 [放弃(U)]：22↙　　(向右移动光标，输入水平线MN的长度22，回车)
指定下一点或 [闭合(C)/放弃(U)]：　　(向下移动光标，在N点下方水平轮廓线上捕捉垂足O)
指定下一点或 [闭合(C)/放弃(U)]：↙　　(回车，结束"直线"命令)

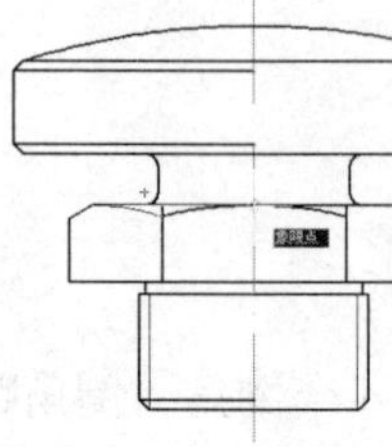

图 64-9　通过指定切线方向绘制圆弧

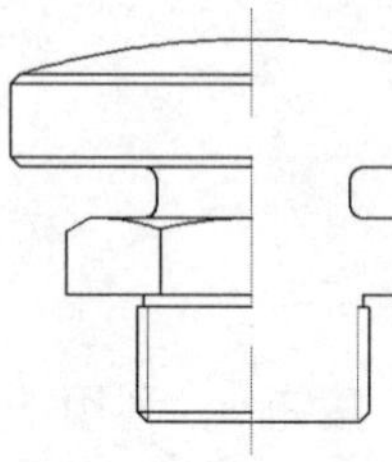

图 64-10　修剪图形

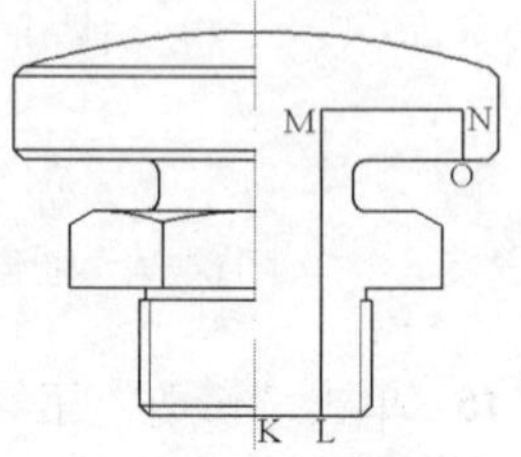

图 64-11　连续绘制轮廓线

24 单击"绘图"工具栏中的"直线"按钮，利用"直线"命令过 M 点绘制水平轮廓线，轮廓线的左端点是在对称点画线上捕捉的垂足 P。

25 单击"修改"工具栏中的"合并"按钮，利用"合并"命令将直线 MN 和 MP 合并起来。

26 单击"标准"工具栏中的"实时缩放"按钮，竖直向上移动光标，将图形放大显示。

27 单击"修改"工具栏中的"偏移"按钮，利用"偏移"命令向上偏移直线 PN，偏移距离为 1mm 和 2mm。

28 单击"绘图"工具栏中的"直线"按钮，启动"直线"命令后，依次连接端点 N 和 S，并连续绘制水平线 ST（长度为 2mm）和竖直线 TU（长度为 5mm）。然后在直线 NO 上捕捉垂足，回车，结束"直线"命令。

29 单击"修改"工具栏中的"偏移"按钮，利用"偏移"命令向左偏移直线 NO 两次，偏移距离为 1mm 和 10mm（得到直线 QR）。再对称偏移直线 QR，偏移距离为 5mm。

30 利用"直线"命令过端点 V 绘制竖直线 VW，长度为 4mm。并连续绘制水平轮廓线，其左端点为在对称点画线上捕捉的垂足。

以上操作的结果如图 64-12 所示。

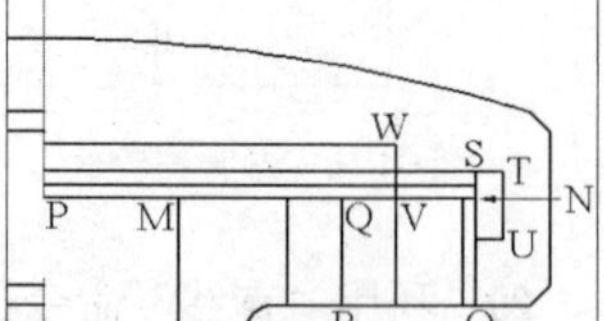

图 64-12　绘制内部轮廓线

31 选择菜单"格式"→"图层工具"→"图层匹配"选项，利用"图层匹配"命令将直线 QR 的图层修改为"点画线"层。

32 选择菜单"修改"→"拉长"选项，利用"拉长"命令中的"动态"选项将点画线 QR 两端适当拉长。

33 单击"修改"工具栏中的"修剪"按钮，利用"修剪"命令修剪直线 VW。

34 单击"修改"工具栏中的"偏移"按钮，利用"偏移"命令向左偏移主视图竖直对称点画线，偏移距离为 2mm。

35 单击"绘图"工具栏中的"图案填充"按钮，利用"图案填充"命令进行实体填充。在弹出的"图案填充和渐变色"对话框中打开"图案填充"选项卡，将图案类型设置为 SOLID，如图 64-13 所示。单击"拾取点"按钮，在两条等长的点画线和过滤网两条水平轮廓线形成的矩形的区域内单击，回车两次，即可将该矩形区域实体填充，即涂黑，如图 64-14 所示。

36 单击"修改"工具栏中的"删除"按钮，利用"删除"命令偏移出来的点画线删除。

图 64-13　将图案类型设置为 SOLID

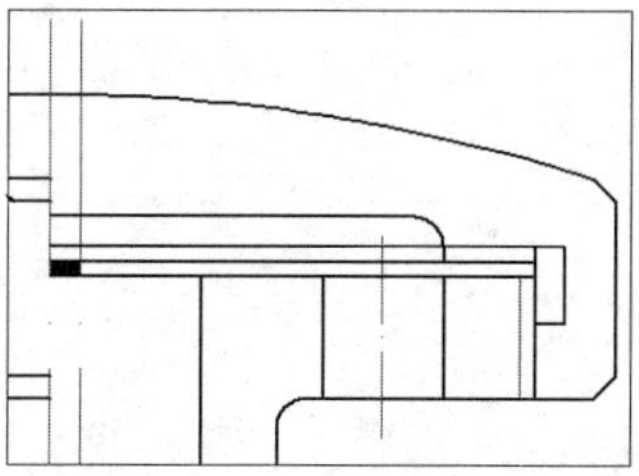

图 64-14　实体填充效果

37 单击“修改”工具栏中的“阵列”按钮，系统弹出“阵列”对话框，选中“矩形阵列”单选按钮，在“行”文本框中输入 1，在“列”文本框中输入 7，在“行偏移”文本框中输入 0，在“列文本框”中输入 5。单击“选择对象”按钮，在主视图中单击实体填充为阵列对象。回车后返回“阵列”对话框，单击“确定”按钮，阵列出 7 个实体填充，如图 64-15 所示。

38 将“细实线”层设置为当前层，单击“绘图”工具栏中的“图案填充”按钮，利用“图案填充”命令绘制网纹。在弹出的“图案填充和渐变色”对话框中打开“图案填充”选项卡，将图案类型设置为 ANSI37，比例设置为 1。单击“拾取点”按钮，在旋盖左半部分圆柱轮廓线范围内单击，回车两次，即可绘制出网纹。

39 单击“绘图”工具栏中的“图案填充”按钮，利用“图案填充”命令绘制旋盖、垫圈和通气器主体三个零件的剖面线。“图案填充”选项卡中图案类型、角度和比例分别设置为 ANSI31、0 和 1；ANSI31、0 和 0.5；ANSI31、90 和 1。

40 单击“标准”工具栏中的“缩放上一个”按钮，返回上一个显示窗口。

完成绘制过滤式通气器的主视图，如图 64-16 所示。

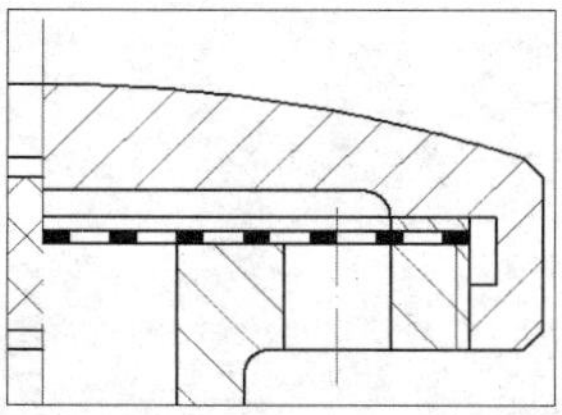

图 64-15　利用“阵列”命令绘制过滤网

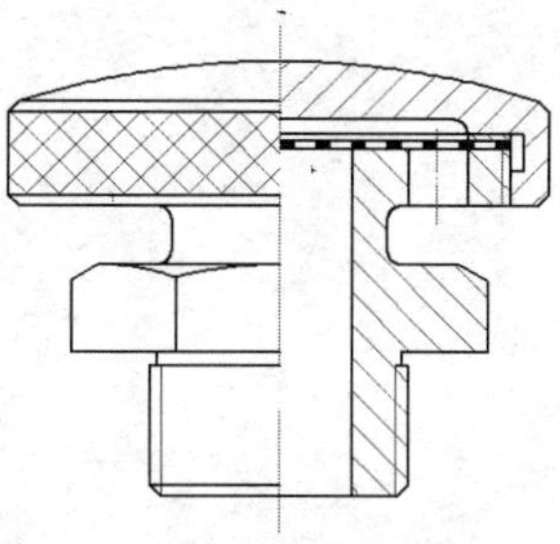

图 64-16　完成过滤式通气器的主视图

5

标注零件

实例 65　标注直齿圆柱齿轮

实例 66　标注拨叉和过滤式通气器

实例 67　标注轴承盖

实例 68　标注蜗杆轴

实例 65　标注直齿圆柱齿轮

本实例所用的绘图命令："标注样式管理器" Dimstyle 命令、"线性标注" Dimlinear 命令、"直线" Line 命令、"直径标注" Dimdiameter 命令、"半径标注" Dimradius 命令、"引线标注" Qleader 命令、"复制" Copy 命令、"分解" Explode 命令、"修剪" Trim 命令、"删除" Erase 命令、"镜像" Mirror 命令、"移动" Move 命令。

直齿圆柱齿轮的标注如图 65–1 所示。

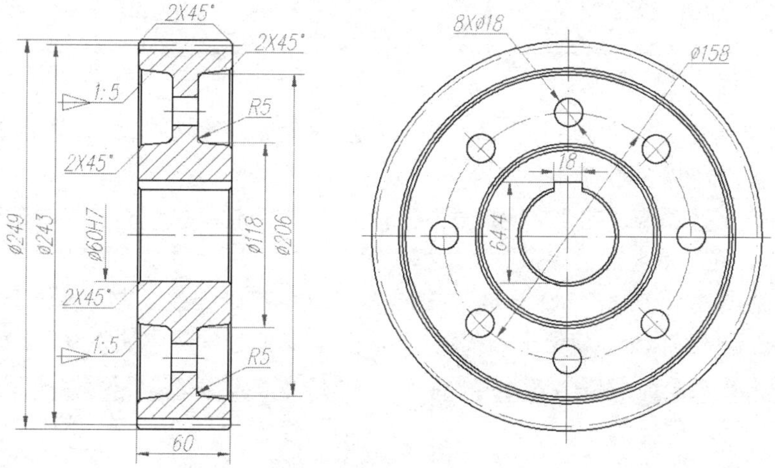

图 65–1　标注直齿圆柱齿轮

绘制步骤

先打开保存的图形文件"直齿圆柱齿轮.dwg"，按照实例 1 中介绍的创建文字样式的方法，创建"汉字样式"和"字母与数字样式"，然后创建标注样式。

一、创建机械标注样式

1 单击"标注"工具栏或"样式"工具栏中的"标注样式管理器"按钮，弹出如图 65–2 所示的"标注样式管理器"对话框。

2 单击"新建"按钮，弹出如图 65–3 所示的"创建新标注样式"对话框。

3 在"新样式名"文本框中输入"机械标注样式"，单击"继续"按钮，弹出如图 65–4 所示的"新建标注样式：机械标注样式"对话框。打开"线"选

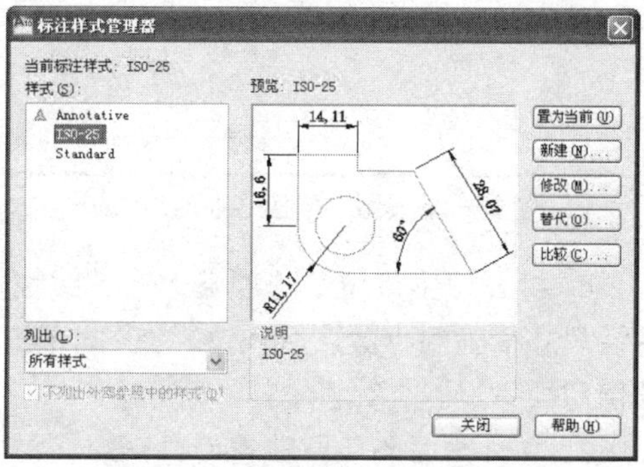

图 65–2　"标注样式管理器"对话框

项卡，在“基线间距”文本框中输入“12”，即基线标注时尺寸线之间的距离为 12mm；在“超出尺寸线”文本框中输入“3”，即延伸线超出尺寸线 3mm；在起点偏移量文本框中输入“0”，即延伸线的起点和标注对象之间无偏移。

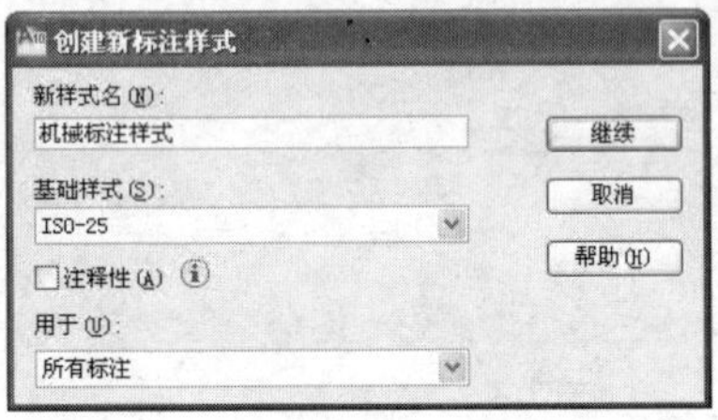

图 65-3 “创建新标注样式”对话框

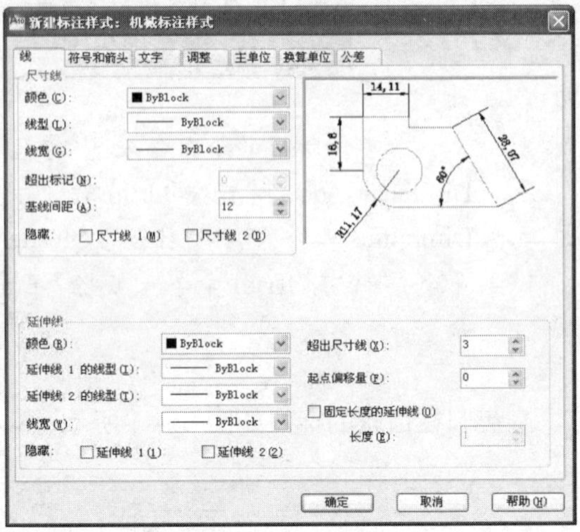

图 65-4 “新建标注样式：机械标注样式”对话框

4 打开“符号和箭头”选项卡，在箭头大小文本框中输入“4”，即箭头的长度为 4mm。其他选项保留缺省设置，如图 65-5 所示。

5 打开“文字”选项卡，在“文字样式”下拉文本框中选择“字母与数字样式”，“文字高度”自动设置为 5mm；在“从尺寸线偏移”文本框中输入“1”，即尺寸与尺寸线之间的间距为 1mm；在“文字对齐”选项栏中选中“ISO 标准”，即当标注文字在延伸线以内，将位于尺寸线的正中上方。当标注文字在延伸线以外，将位于一条水平引线上。其他选项保留缺省设置，如图 65-6 所示。

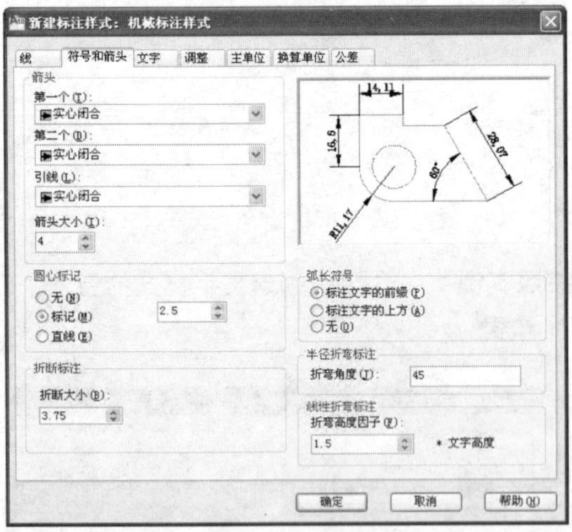

图 65-5 设置“符号和箭头”选项卡

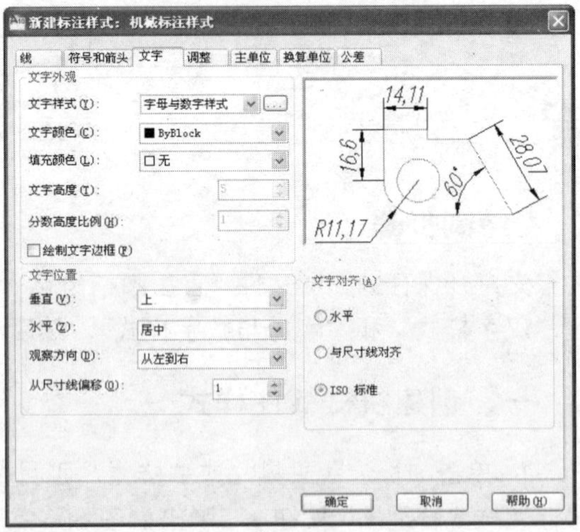

图 65-6 设置“文字”选项卡

6 打开“主单位”选项卡，在“线性标注”选项栏的“精度”下拉列表框中选择“0.0”，即线性尺寸精确到小数点后一位。在“小数分隔符”下拉列表框中选择“‘.’(句点)”选项。其他选项保留缺省设置，如图 65-7 所示。

7 其余选项卡保留缺省设置不变，单击“新建标注样式”对话框中的“确定”按钮，完成设置“机械标注样式”。在“标注样式管理器”对话框中显示出该样式，如图 65-8 所示。

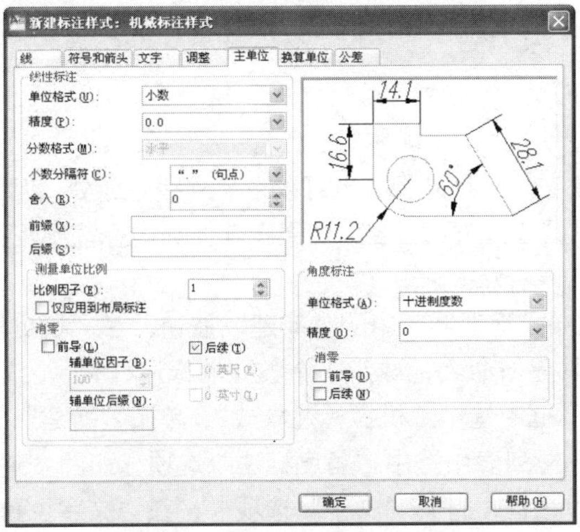

图 65-7　设置“主单位”选项卡

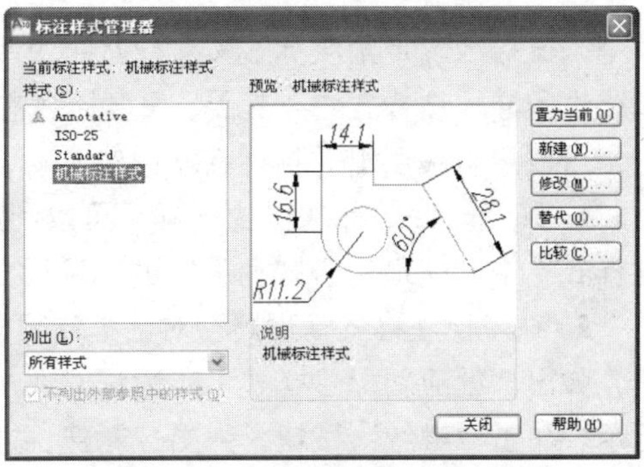

图 65-8　完成创建机械标注样式

提示：“机械标注样式”可以适用于一般线性尺寸和径向尺寸的标注，但当标注的线性尺寸较小时尺寸文字也将像径向尺寸一样标注在一条水平线上，这需要修改。在机械图样中标注径向尺寸包括半径尺寸和直径尺寸是最灵活的，且直径尺寸还可以标注在非圆的视图上。标注线性尺寸有时需要只标注一个延伸线和一个箭头，即另一个延伸线和箭头被隐藏。因此需要创建多个标注样式，以满足灵活标注尺寸的需要。

二、修改机械标注样式

1. 修改线性标注样式

1 在“标注样式管理器”对话框的“样式”选项栏中选中“机械标注样式”，单击“新建”按钮，弹出“创建新标注样式”对话框，在“用于”下拉列表中选中“线性标注”选项，如图 65-9 所示。

2 单击“继续”按钮，弹出“新建标注样式”对话框，打开“文字”选项卡，在“文字对齐”选项栏中选中“与尺寸线对齐”，如图 65-10 所示。

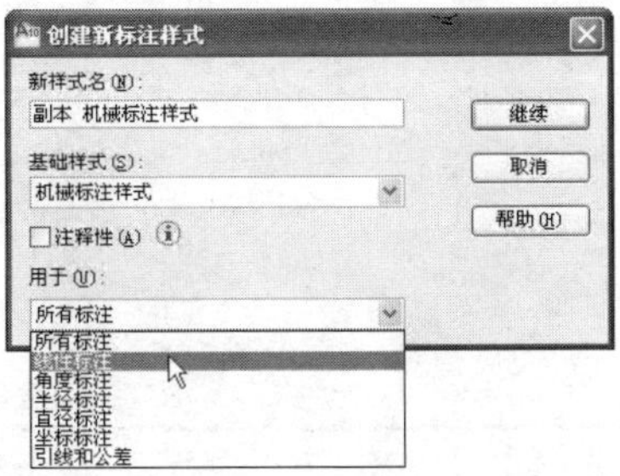

图 65-9　选择适用的标注

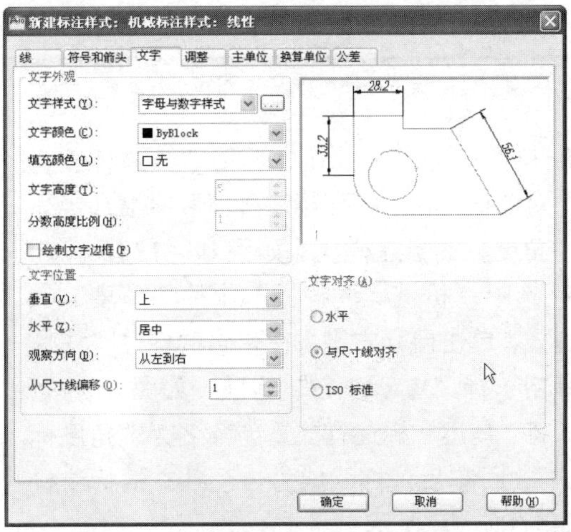

图 65-10　设置线性标注文字的对齐方式

3 单击“确定”按钮，返回“标注样式管理器”对话框，在“机械标注样式”中增加了适用于“线性”的标注样式，如图 65-13 所示。

2. 创建角度标注样式

国家标准规定角度标注文字应水平书写，既可以在尺寸线外侧，也可以在尺寸线中断处，但为和线性尺寸标注样式统一起见，角度标注文字一般设置在尺寸线外部。如果在延伸线内标注不下文字，可以用引线引出并标注在水平线上。

1 和修改线性标注样式一样，可以利用“标注样式管理器”中的“新建”按钮，在“机械标注样式”中创建适用于“角度”的标注样式，再将其重新命名，成为一个独立的标注样式。

2 在“标注样式管理器”对话框的“样式”列表框中选中“机械标注样式”，单击“新建”按钮，弹出“创建新标注样式”对话框，在“用于”下拉列表中选中“角度标注”选项，如图 65-9 所示。单击“继续”按钮，弹出“新建标注样式”对话框，打开“文字”选项卡，在“文字位置”的“垂直”下拉列表中选择“外部”，在“文字对齐”选项栏中选中“水平”，即将角度标注文字位于尺寸线外部且水平书写。“文字”选项卡的设置如图 65-11 所示。

3 打开“调整”选项卡，在“调整选项”选项栏中选中“文字始终保持在尺寸线之间”，在“文字位置”选项栏中选中“尺寸线上方，加引线”，即当尺寸文字在延伸线内放不下时，将其置于一条水平引线上。“调整”选项卡的设置如图 65-12 所示。

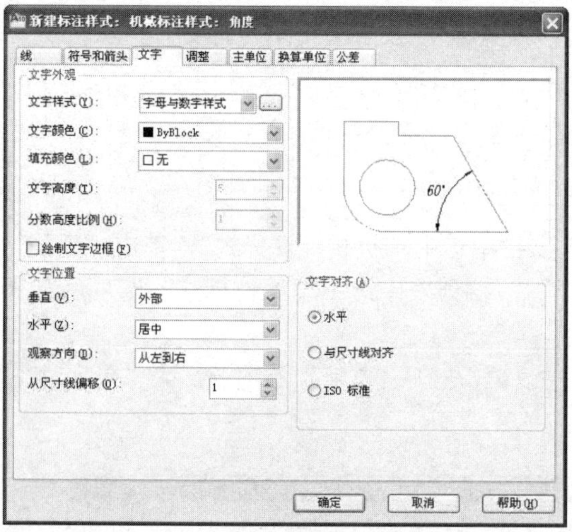

图 65-11　设置角度标注文字的对齐方式

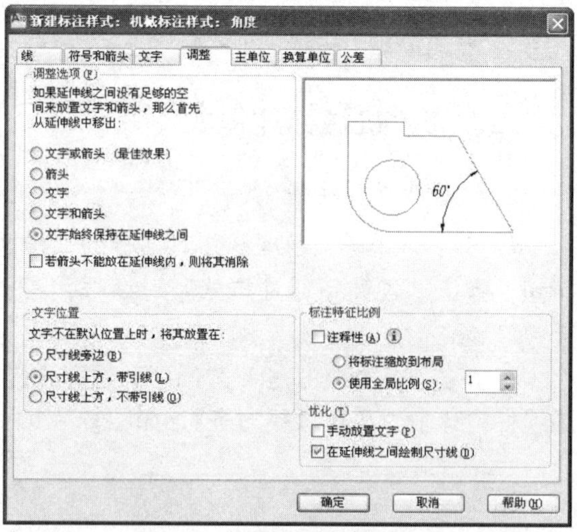

图 65-12　设置“调整”选项卡

4 单击“确定”按钮，返回“标注样式管理器”对话框，在“机械标注样式”中增加了适用于“角度”的标注样式，如图 65-13 所示。

5 选中“机械标注样式”中的“角度”的标注样式，单击鼠标右键，在弹出的标注样式快捷菜单中选择“重新命名”选项，如图 65-14 所示。将“角度”标注样式重新命名为“角度标注样式”，回车后该样式成为一个独立的标注样式，如图 65-15 所示。

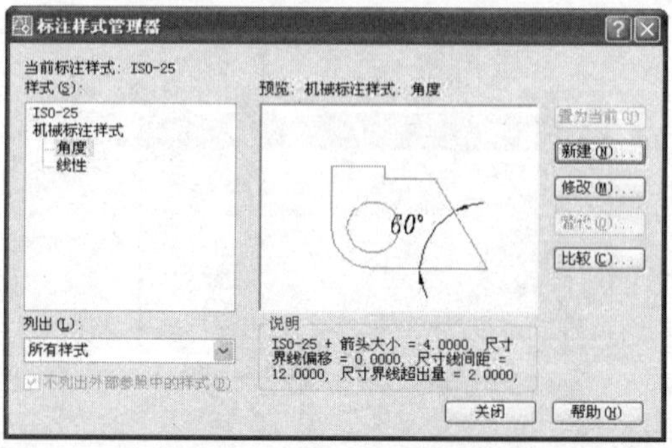

图 65-13　创建适用于“线性”和“角度”的标注类型

图 65–14　标注样式快捷菜单

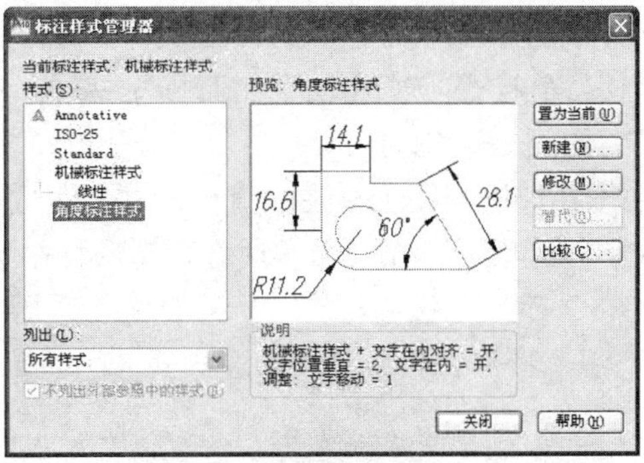

图 65–15　创建角度标注样式

三、创建径向标注补充样式

创建径向标注补充样式需要先创建标注替代样式，然后重新命名。

1 在“标注样式管理器”对话框的“样式”选项栏中选中“机械标注样式”，单击“置为当前”按钮，将“机械标注样式”设置为当前样式。单击“替代”按钮，弹出“替代当前样式”对话框后，打开“调整”选项卡，在该选项卡的“调整选项”选项栏中选中“文字”，即当标注文字在延伸线内放不下时将置于延伸线外，此时如果箭头能在延伸线内放下就被置于延伸线内，否则置于延伸线外；在“优化”选项栏勾选“手动放置文字”复选框，并取消勾选“在延伸线之间绘制尺寸线”复选框，即在放置标注文字时可根据具体情况人工调整其位置。“调整”选项卡的设置如图 65-16 所示。

2 单击“确定”按钮，返回到“标注样式管理器”对话框，在样式列表框中显示出“样式替代”。选中“样式替代”，单击鼠标右键，弹出尺寸替换样式快捷菜单后选择“重命名”选项，将“样式替代”重新命名为“径向标注补充样式”，该样式和原有的标注样式并列显示在样式列表框中，如图 65-17 所示。

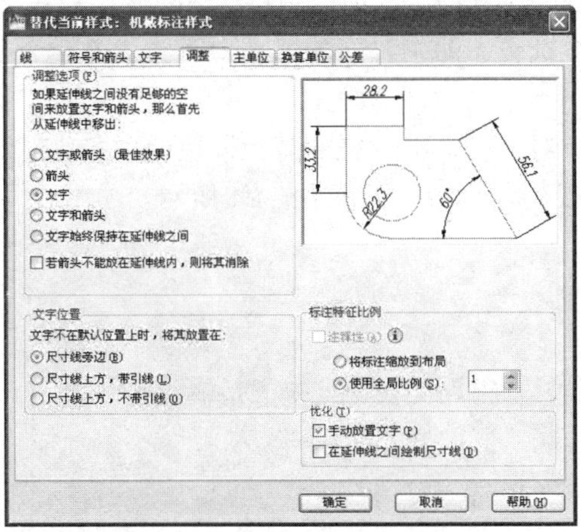

图 65–16　设置“调整”选项卡

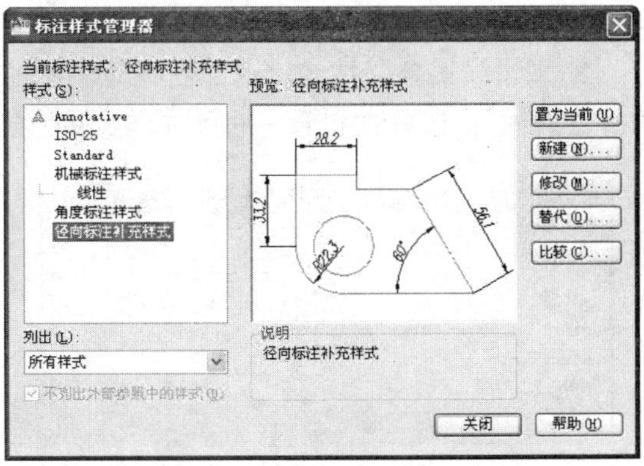

图 65–17　创建径向标注补充样式

四、创建线性直径标注样式

机械图样中的直径尺寸经常标注在非圆的视图上，这需要利用线性标注命令或对齐标注命令进行标注。如果利用这两个命令中的“单行”或“多行”选项在尺寸文字前面添加符号“ø”，就显得过于繁琐。我们可以创建一个“线性直径标注样式”，直接利用该样式在非圆视图上标注直径尺寸。

1 在“标注样式管理器”对话框中将“机械标注样式”设置为当前样式。单击“替代”按钮，弹出“替代当前样式”对话框后，打开“主单位”选项卡，在“前缀”文本框中用英文输入法输入“%%C”，如图 65-18 所示。

2 由于在非圆视图上标注的直径尺寸为线性尺寸，所以其文字的对齐方式和线性标注相同。打开“文字”选项卡，在“文字对齐”选项栏中选中“与尺寸线对齐”，如图 65-6 所示。

3 单击“确定”按钮，在“标注样式管理器”对话框中将“样式替代”重新命名为“线性直径标注样式”，该样式和原有的标注样式并列显示在样式列表框中，如图 65-19 所示。

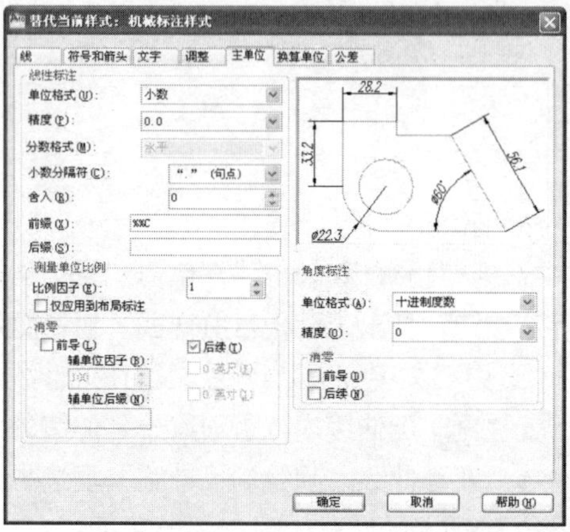

图 65-18　在“主单位”选项卡中添加前缀

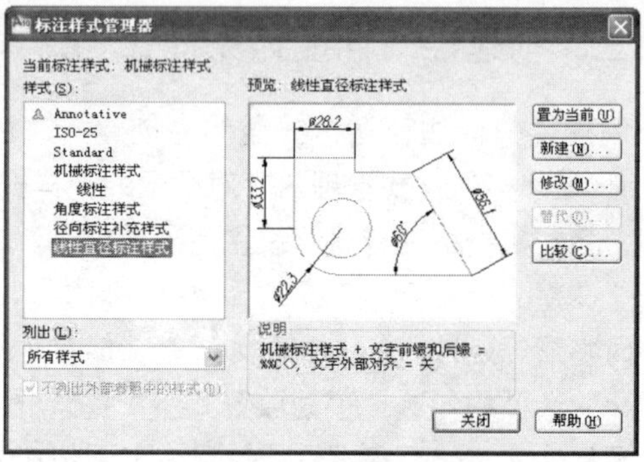

图 65-19　完成创建非圆视图直径标注样式

五、创建隐藏标注样式

1 在“标注样式管理器”对话框中将“机械标注样式”设置为当前样式。单击“替代”按钮，弹出“替代当前样式”对话框后，打开“线”选项卡，在“尺寸线”选项栏中勾选“隐藏尺寸线 2”复选框，在“延伸线”选项栏中勾选“隐藏延伸线 2”复选框，即同时隐藏第 2 个箭头和第 2 个延伸线，如图 65-20 所示。

2 单击“确定”按钮，返回到“标注样式管理器”对话框，将“样式替代”重新命名为“隐藏标注样式”，该样式和原有的尺寸样式并列显示在样式列表框中，如图 65-21 所示。

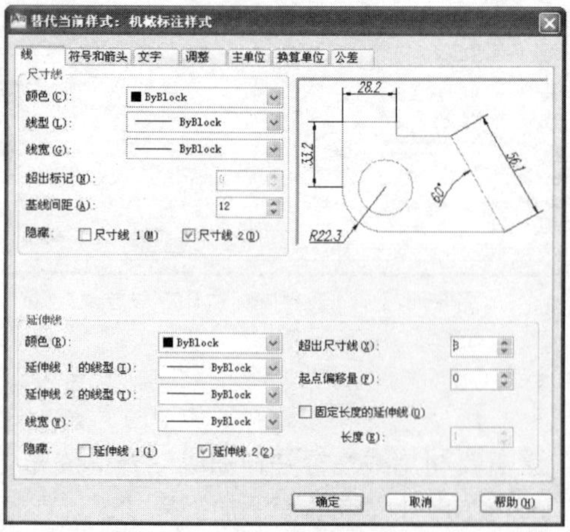

图 65-20　选择隐藏选项

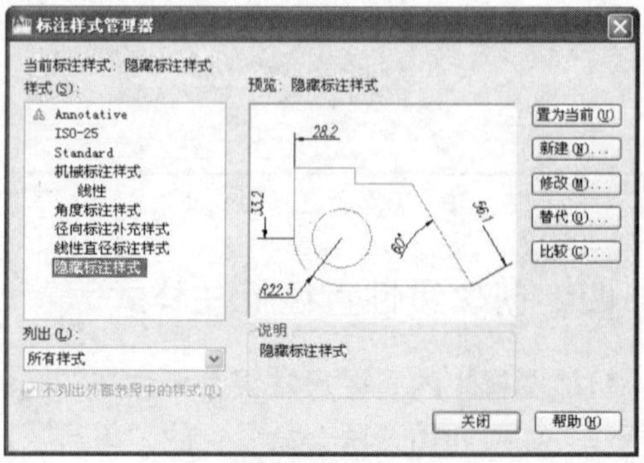

图 65-21　创建隐藏标注样式

六、标注齿轮厚度尺寸和键槽尺寸

1 在图层下拉列表中将“标注”层设置为当前层，在“样式”工具栏的“标注样式”下拉列表中将“机械标注样式”设置为当前样式。

2 设置为当前样式。用“线性标注”命令标注厚度尺寸。利用“线性标注”命令标注厚度尺寸，如图 65-22 所示。

```
命令: _dimlinear  (单击“标注”工具栏中的“线性标注”按钮, 启动“线性标注”命令)
指定第一条延伸线原点或 <选择对象>:      (捕捉端点A)
指定第二条延伸线原点:      (捕捉端点B)
指定尺寸线位置或[多行文字(M)/文字(T)/角度(A)/水平(H)/垂直(V)/旋转(R)]:      (向下移动光标, 在适当位置单击)
标注文字 = 60
```

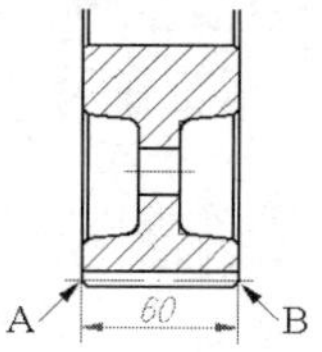

图 65-22　标注厚度尺寸

3 使用同样方法可以在左视图中标注键槽尺寸，如图 65-23(a)所示。

4 “对象捕捉”按钮，单击“修改”工具栏中的“打断”按钮，利用“打断”命令将与尺寸 64.4 相交的水平点画线打断，如图 65-23(b)所示。

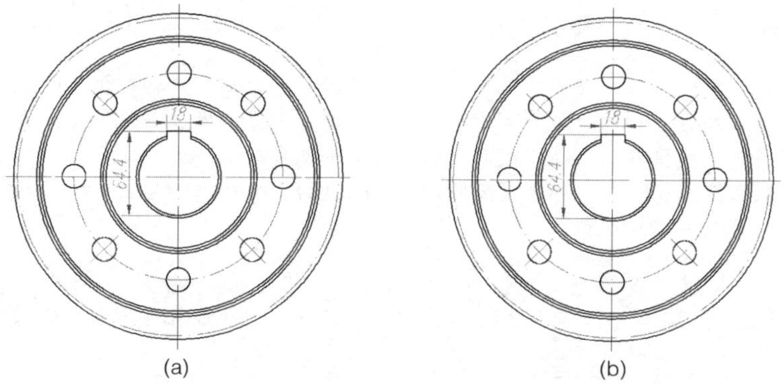

图 65-23　标注键槽尺寸

七、在主视图中标注直径尺寸

在主视图中需要标注 ø60H7、ø118、ø206、ø243、ø249 共 5 个直径尺寸，其中 ø60H7 需要利用“隐藏标注样式”标注，后 4 个直径尺寸可利用“线性直径标注样式”标注。

1 在“样式”工具栏的“标注样式”下拉列表中将“隐藏标注样式”设置为当前样式。

2 利用“线性标注”命令标注直径尺寸 ø60H7，如图 65-24(a)所示。

```
命令: _dimlinear  (单击“标注”工具栏中的“线性标注”按钮, 启动“线性标注”命令)
指定第一条延伸线原点或 <选择对象>:      (捕捉端点C)
指定第二条延伸线原点:      (捕捉端点D)
指定尺寸线位置或[多行文字(M)/文字(T)/角度(A)/水平(H)/垂直(V)/旋转(R)]: T↙
```

（输入T，回车，选择“文字”选项）
输入标注文字 <64.4>：%%C60H7↙　　（输入标注文字，回车）
指定尺寸线位置或[多行文字(M)/文字(T)/角度(A)/水平(H)/垂直(V)/旋转(R)]：　　（向左移动光标，在适当位置单击）
标注文字 = 64.4

3 利用“编辑标注文字”命令调整尺寸的位置。

命令：_dimtedit　　（单击“标注”工具栏中的“编辑标注文字”按钮，启动“编辑标注文字”命令）
选择标注：　　（单击直径尺寸Ø60H7）
为标注文字指定新位置或 [左对齐(L)/右对齐(R)/居中(C)/默认(H)/角度(A)]：　　（移动光标，使水平光标线与齿轮的对称点画线对齐，如图65-24(b)所示，再适当位置单击）

4 单击“绘图”工具栏中的“直线”按钮，利用“直线”命令过直径尺寸 ø60H7 的尺寸线的端点绘制一条竖直线，该竖直线的上端点指定在尺寸文字的上方，如图 65-24(c)所示。

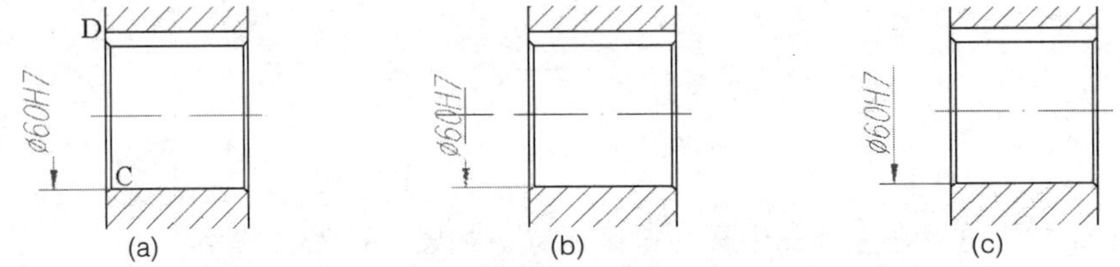

图 65-24　利用“隐藏标注样式”标注尺寸

5 将“线性直径标注样式”设置为当前样式，利用“线性标注”命令标注分度圆直径尺寸 ø243，如图 65-25(a)所示。

命令：_dimlinear　（单击“标注”工具栏中的“线性标注”按钮，启动“线性标注”命令）
指定第一条延伸线原点或 <选择对象>：　　（捕捉上方分度点画线的左端点E）
指定第二条延伸线原点：　　（捕捉下方分度点画线的左端点F）
指定尺寸线位置或[多行文字(M)/文字(T)/角度(A)/水平(H)/垂直(V)/旋转(R)]：　　（向左移动光标，在适当位置单击）
标注文字 = 243

6 使用同样方法可以标注出另外 3 个直径尺寸 ø118、ø206 和 ø249，如图 65-25(b)所示。

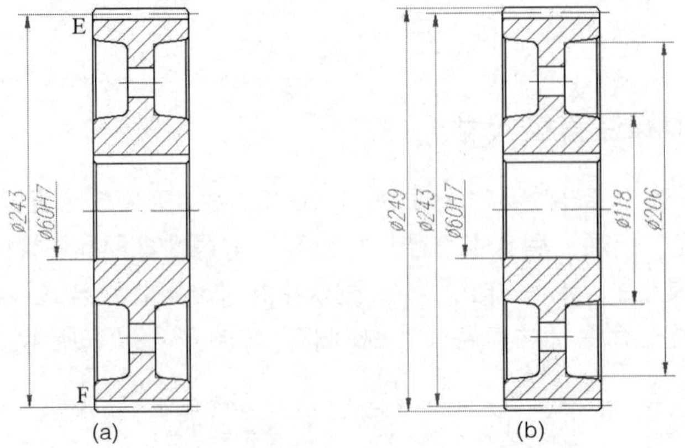

图 65-25　利用“线性直径标注样式”标注尺寸

八、在左视图中标注直径尺寸

在左视图中需要标注 8 个均布孔的直径尺寸 8×ø18 和确定其位置的点画线圆的直径尺寸 ø158。前者需要利用“机械标注样式”标注，后者需要利用“径向标注补充样式”标注。

1 将“机械标注样式”设置为当前样式，利用“直径标注”命令标注直径尺寸 8×ø18

```
命令: _dimdiameter (单击“标注”工具栏中的“直径标注”按钮, 启动“直径标注”命令)
选择圆弧或圆:       (单击上方小圆)
标注文字 = 18
指定尺寸线位置或 [多行文字(M)/文字(T)/角度(A)]: T↙       (输入T, 回车, 选择“文字”选项)
输入标注文字 <18>: 8X%%C18↙       (输入标注文字, 回车)
指定尺寸线位置或 [多行文字(M)/文字(T)/角度(A)]: (向左上方移动光标, 在适当位置单击)
```

2 将“径向标注补充样式”设置为当前样式，利用“直径标注”命令标注直径尺寸 ø158，如图 65-26 所示。

```
命令: _dimdiameter      (单击“标注”工具栏中的“直径标注”按钮, 启动“直径标注”命令)
选择圆弧或圆:       (单击小点画线圆)
标注文字 = 158
指定尺寸线位置或 [多行文字(M)/文字(T)/角度(A)]: (向右上方移动光标, 在适当位置单击)
```

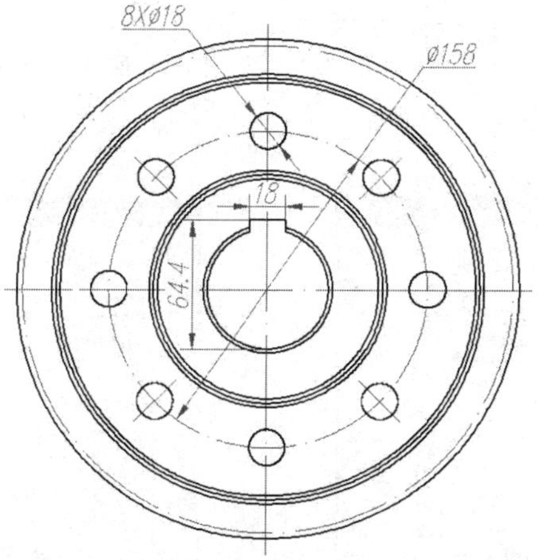

图 65-26　利用“直径标注”命令标注尺寸

九、在主视图中标注圆角的半径尺寸

主视图中的圆角尺寸 R5，既可以利用“机械标注样式”标注，也可以利用“径向标注补充样式”标注。

1 将“机械标注样式”设置为当前样式，利用“半径标注”命令标注半径尺寸 R5。

```
命令: _dimradius  (单击“标注”工具栏中的“半径标注”按钮, 启动“半径标注”命令)
选择圆弧或圆:       (单击主视图中一个圆角)
标注文字 = 5
指定尺寸线位置或 [多行文字(M)/文字(T)/角度(A)]:       (移动光标, 在适当位置单击)
```

2 使用同样的方法可以标注出另外一个圆角半径 R5，如图 65-27 所示。

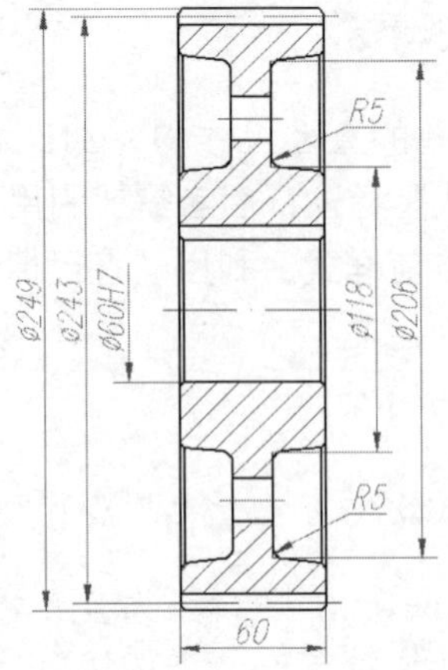

图 65-27　利用“半径标注”命令标注尺寸

十、在主视图中标注倒角尺寸和锥度

标注倒角尺寸和锥度一般利用“机械标注样式”标注。

1 单击“标注”工具栏中的“编辑标注文字”按钮，利用“编辑标注文字”命令将直径尺寸 ⌀243 和 ⌀249 的向左移动，移动过程中注意使水平光标线与齿轮的轴线对齐。

2 关闭状态栏中的“正交”按钮，利用“引线”标注命令标注轴孔倒角尺寸。

命令：QLEADER　　（在命令行中输入QLEADER，回车，启动“引线标注”命令）
指定第一个引线点或 [设置(S)] <设置>:↙　　（回车，选择“设置”选项，系统弹出“引线设置”对话框，在“注释”、“引线和箭头”、“附着”三个选项卡中分别设置如图65-28、图65-29和图65-30所示）

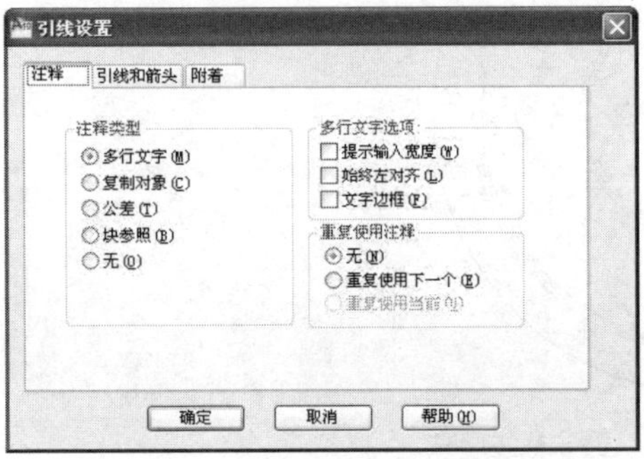

图 65-28　设置“注释”选项卡

图 65-29　设置“引线和箭头”选项卡

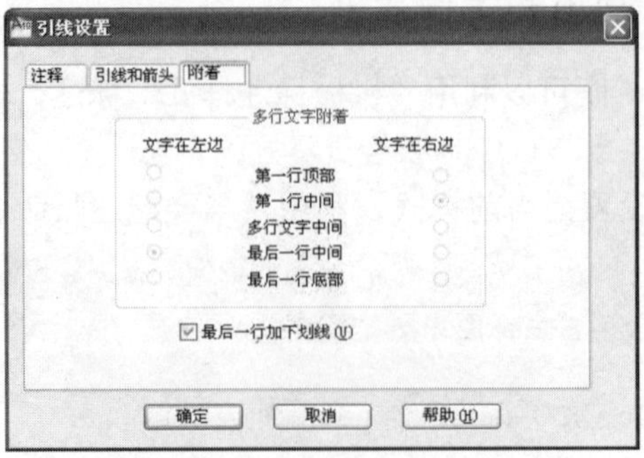

图 65-30　设置“附着”选项卡

指定第一个引线点或 [设置(S)] <设置>:　　　(捕捉端点G)
指定下一点: _ext 于　　　(单击“对象捕捉”工具栏中的“延长捕捉”按钮---，将光标移到端点G处，向左下方移到光标，出现225° 延长轨迹，如图65-31(a)所示。在适当位置单击)
指定下一点： @-1,0 ↙　　　(输入第三点相对于第二点的坐标，回车)
输入注释文字的第一行 <多行文字(M)>: 2X45%%D↙　　　(输入注释文字，回车)
输入注释文字的下一行:↙　　　(回车，结束“引线标注”命令)

标注结果如图 65-31(b)所示。

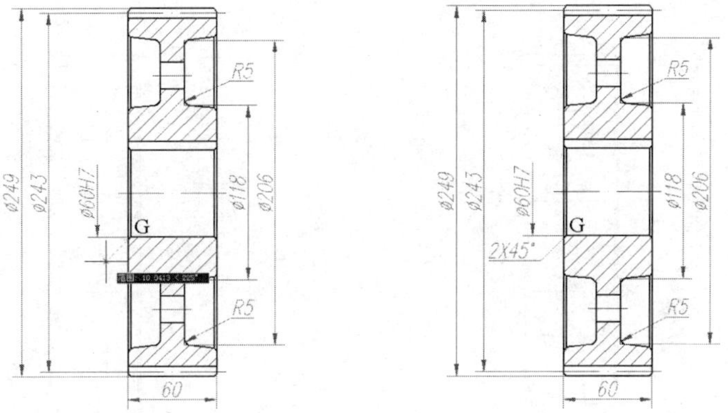

(a)　　　　(b)

图 65-31　利用“引线标注”命令标注尺寸

3 单击“修改”工具栏中的“复制”按钮，利用“复制”命令将轴孔的倒角尺寸由 G 点复制到 H 点，即可标注出外圆锥面倒角尺寸，如图 65-32 所示。

4 利用“引线”标注命令标注内圆锥面倒角尺寸，如图 65-33 所示。

命令: QLEADER　　　(在命令行中输入QLEADER，回车，启动“引线标注”命令)
指定第一个引线点或 [设置(S)] <设置>:　　　(捕捉端点I)
指定下一点:_ext 于　　　(单击“对象捕捉”工具栏中的 --- 按钮，将光标移到端点I处，向右上方移到光标，出现45° 延长轨迹，在适当位置单击)
指定下一点： @1,0 ↙　　　(输入第三点相对于第二点的坐标，回车)
输入注释文字的第一行 <多行文字(M)>: 2X45%%D↙　　　(输入注释文字，回车)
输入注释文字的下一行:↙　　　(回车，结束“引线标注”命令)

5 单击“修改”工具栏中的“复制”按钮，利用“复制”命令将轴孔的倒角尺寸由 I 点复制到 J 点，即可标注出齿轮左端面倒角尺寸，如图 65-34 所示。

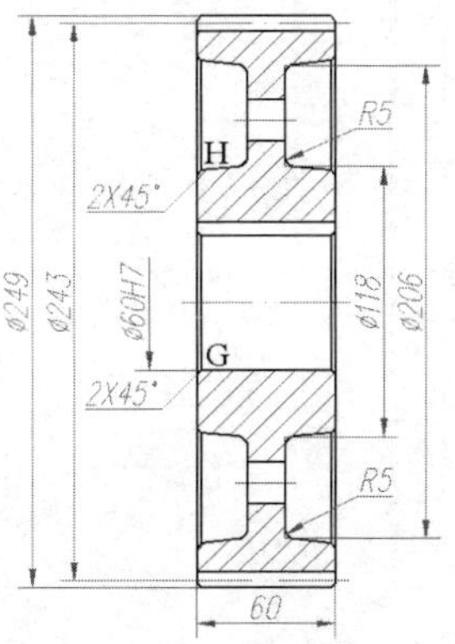

图 65-32　复制倒角尺寸

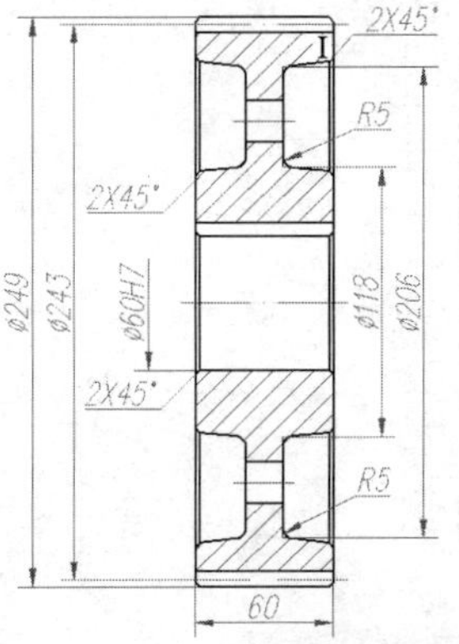

图 65-33　标注内圆锥面倒角尺寸

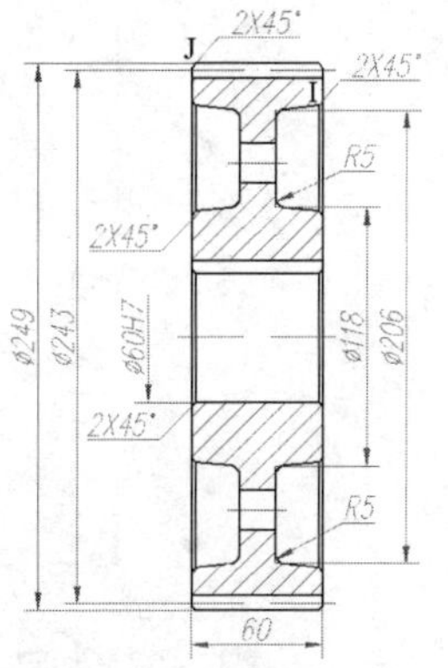

图 65-34　复制倒角尺寸

6 单击“绘图”工具栏中的“直线”按钮⁄，利用“直线”命令过端点 K 绘制倾斜线 KL，L 点相对于 K 点的坐标为“@20<135”，如图 65-35 所示。

7 单击“修改”工具栏中的“分解”按钮，利用“分解”命令分解齿轮左端面倒角尺寸的引线。

8 单击“修改”工具栏中的“修剪”按钮-/--，利用“修剪”命令相交倾斜线 KL 和与之相交的水平引线，即可联合标注出齿轮左右两端面的倒角尺寸，如图 65-36 所示。

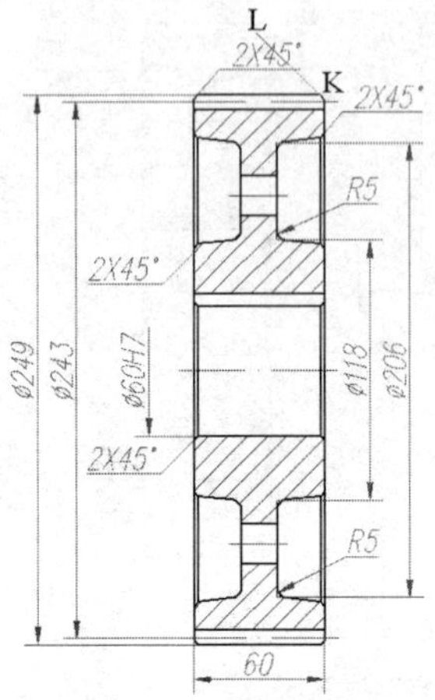

图 65-35　绘制倾斜线

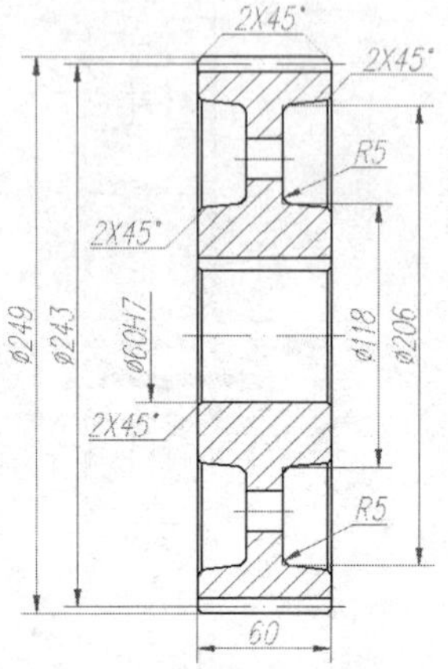

图 65-36　联合标注倒角

9 利用“引线”命令标注锥度，如图 65-37 所示。

```
命令: QLEADER        (在命令行中输入QLEADER, 回车, 启动“引线标注”命令)
指定第一个引线点或 [设置(S)] <设置>:        (捕捉内圆锥面轮廓线的中点M)
指定下一点:       (向左下方移到光标, 在适当位置单击)
指定下一点: @-1,0 ↙        (输入第三点相对于第二点的坐标, 回车)
输入注释文字的第一行 <多行文字(M)>:1:5↙        (输入注释文字, 回车)
输入注释文字的下一行:↙        (回车, 结束“引线标注”命令)
```

10 单击“绘图”工具栏中的“直线”按钮⁄，利用“直线”命令过水平引线的端点 P 绘制水平线 PQ，长度为 12mm，如图 65-38 所示。

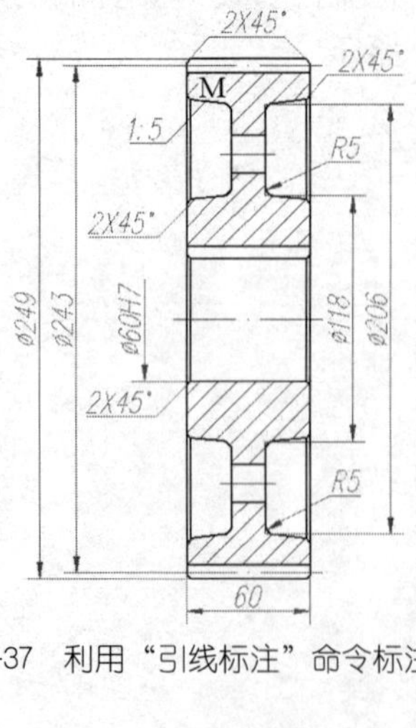

图 65-37　利用“引线标注”命令标注锥度

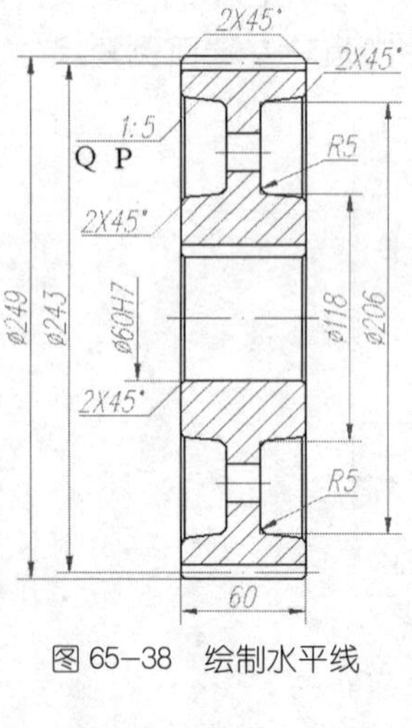

图 65-38　绘制水平线

11 回车，再次启动“直线”命令，绘制竖直线 RS 和水平线 ST，长度为 2.5mm 和 12mm。

12 回车，再次启动“直线”命令，绘制倾斜线 RU，U 点相对于 R 点的坐标为(@12<−15)，如图 65−39(a)所示。

13 单击“修改”工具栏中的“修剪”按钮，利用“修剪”命令修剪直线 RU，得到直线 RV。

14 单击“修改”工具栏中的“删除”按钮，利用“删除”命令将水平线 ST 删除，如图 65−39(b)所示。

15 单击“修改”工具栏中的“镜像”按钮，利用“镜像”命令做直线 RS 和 RV 的水平镜像，得到锥度符号，如图 65−39(c)所示。镜像线的两个端点为 S 点和 V 点。

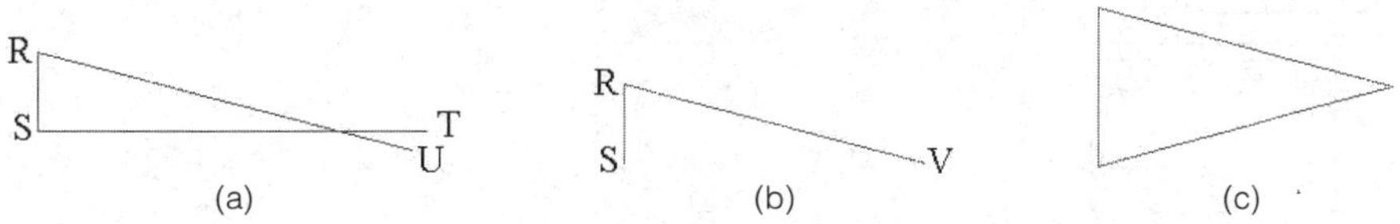

图 65−39　绘制锥度符号

16 单击“修改”工具栏中的“移动”按钮，利用“移动”命令将锥度符号移到水平引线的端点 P 处。再利用“移到”命令将锥度符号向左适当移到。即可完成绘制内圆锥面的锥度。

17 单击“修改”工具栏中的“复制”按钮，利用“复制”命令将标注的内圆锥面的锥度由中点 M 复制到中点 W，即可标注出外圆锥面的锥度，如图 65−40 所示。

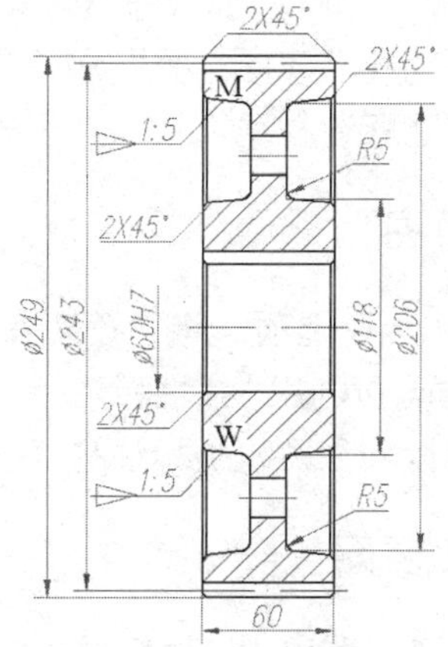

图 65−40　标注锥度

实例 66　标注拨叉和过滤式通气器

本实例所用的绘图命令：“标注样式管理器”Dimstyle 命令、“线性标注”Dimlinear 命令、“直径标注”Dimdiameter 命令、“引线标注”Qleader 命令、“移动”Move 命令、“对齐标注”Dimaligned 命令、“基线标注”Dimbaseline 命令。

拨叉的标注如图 66−1 所示，图中未注圆角 R2，未注倒角 1×45°。

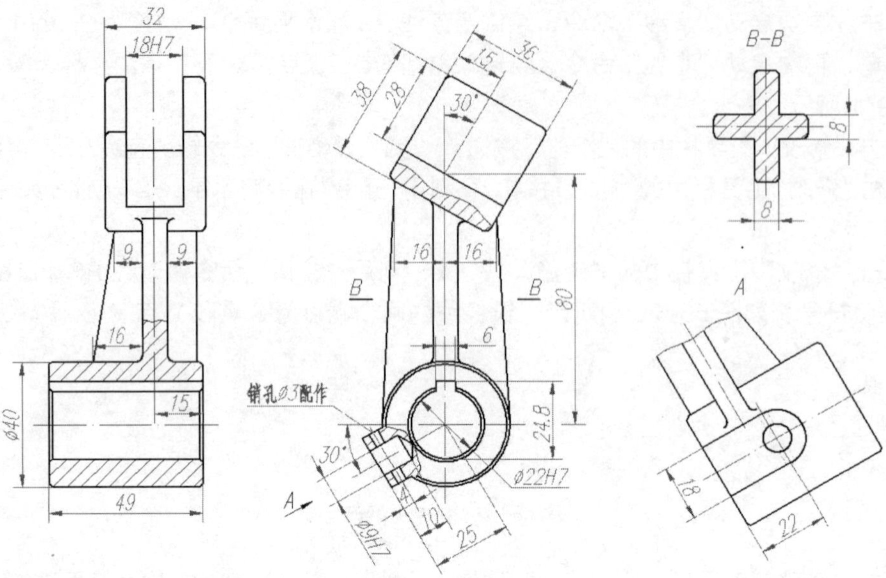

图 66–1 标注拨叉

绘制步骤

先打开保存的图形文件“拨叉.dwg”和“过滤式通气器.dwg”，按照实例 1 中介绍的创建文字样式的方法，在两个图形文件中分别创建“汉字样式”和“字母与数字样式”。然后按照实例 65 介绍的方法在两个图形文件中分别创建标注样式。

一、标注拨叉主视图和断面图

1 选择菜单“窗口”→“拨叉.dwg”选项，将“拨叉.dwg”设置为当前图形文件。

2 拨叉主视图和断面图中的尺寸均可利用“线性标注”命令，其中直径尺寸 ø40 可以利用“线性直径标注样式”标注，其余尺寸可以利用“机械标注样式”标注。

二、标注拨叉左视图和局部视图

拨叉左视图中水平和竖直的尺寸可以利用“机械标注样式”和“线性标注”命令标注，直径尺寸 ø22H7 可以利用“径向标注补充样式”和“直径标注”命令标注。

1 利用“角度标注”命令标注凸台的倾斜角度。

```
命令: _dimangular  (单击“标注”工具栏中的“角度标注”按钮，启动“角度标注”命令)
选择圆弧、圆、直线或 <指定顶点>:        (单击水平点画线)
选择第二条直线:        (单击倾斜点画线)
指定标注弧线位置或 [多行文字(M)/文字(T)/角度(A)/象限点(Q)]:        (向左下方移动光标，在适当位置单击)
标注文字 = 30
```

2 标注拨叉的倾斜角度需要先过竖直点画线与倾斜轮廓线的交点 C 绘制竖直辅助线 CD 和倾斜辅助线 CE，E 点相对于 C 点的坐标为“@14<60”，然后利用“角度标注”命令即可标注出直线 CD 和 CE 的夹角 30°，如图 66–2 所示。

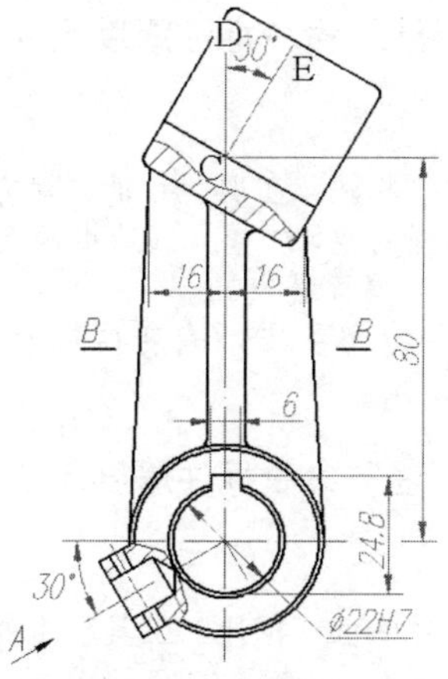

图 66-2　标注角度

3 利用"引线标注"命令标注销孔直径尺寸，如图 66-3 所示。

命令：QLEADER　　(在命令行中输入QLEADER，回车，启动"引线标注"命令)
指定第一个引线点或 [设置(S)] <设置>:↙　　(回车，选择"设置"选项，系统弹出"引线设置"对话框，在"注释"、"引线和箭头"、"附着"三个选项卡中设置)
指定第一个引线点或 [设置(S)] <设置>:　　(捕捉交点F)
指定下一点：　　(向左上方移动光标，在适当位置单击)
指定下一点：@-1,0↙　　(输入第三点相对于第二点的坐标，回车)
输入注释文字的第一行 <多行文字(M)>:↙　　(回车，选择"多行文字"选项，在弹出的"文字格式"对话框中用仿宋体输入"销孔配作"，倾斜角度为0。用Simplex字体输入"Ø3"，倾斜角度为15°，如图66-3所示。单击"确定"按钮。)

4 单击"修改"工具栏中的"移动"按钮，利用"移动"命令和延长捕捉调整箭头和字母"A"的位置，调整后的箭头仍然处在倾斜点画线的延长线上。

5 设置为当前样式。用"线性标注"命令标注厚度尺寸。利用"对齐标注"命令标注直径尺寸，如图 66-4 所示。

命令：_dimaligned　(单击"标注"工具栏中的"对齐标注"按钮，启动"对齐标注"命令)
指定第一条延伸线原点或 <选择对象>:　　(捕捉端点G)
指定第二条延伸线原点：　　(捕捉端点H)
指定尺寸线位置或[多行文字(M)/文字(T)/角度(A)]：T↙　(输入T，回车，选择"文字"选项)
输入标注文字 <9>：%%C9H7↙　　(输入标注文字，回车)
指定尺寸线位置或[多行文字(M)/文字(T)/角度(A)]：　(向左下方移动光标，在适当位置单击)
标注文字 = 9

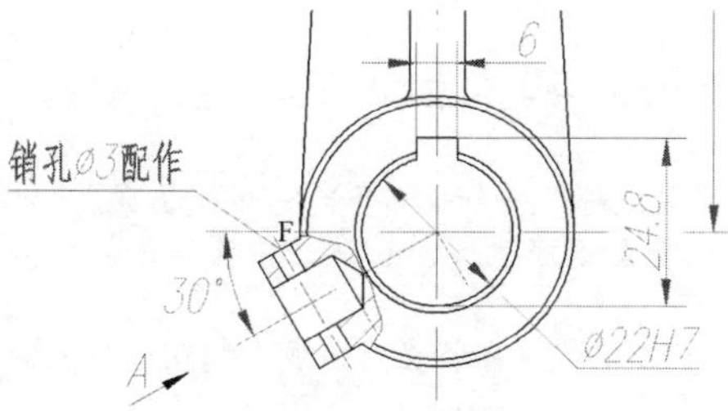

图 66-3　利用"引线标注"命令标注销孔直径

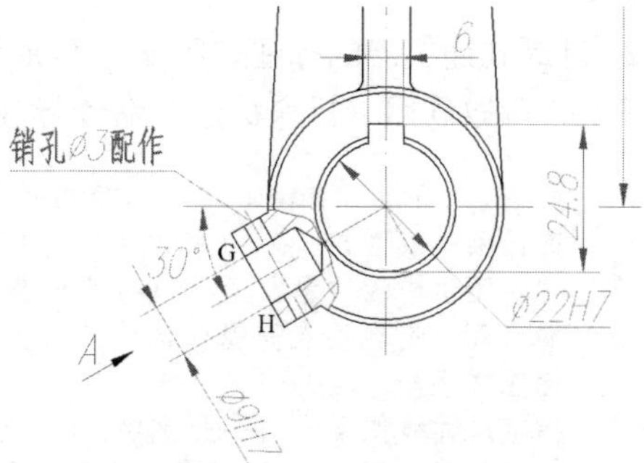

图 66-4　利用"对齐标注"命令标注直径尺寸

6 设置为当前样式。用“线性标注”命令标注厚度尺寸。利用“对齐标注”命令标注尺寸 4，如图 66-5 所示。

命令：_dimaligned （单击“标注”工具栏中的“对齐标注”按钮，启动“对齐标注”命令）
指定第一条延伸线原点或 <选择对象>： （捕捉端点I）
指定第二条延伸线原点： （捕捉端点J）
指定尺寸线位置或[多行文字(M)/文字(T)/角度(A)]： （向右下方移动光标，在适当位置单击）
标注文字 = 4

7 设置为当前样式。用“线性标注”命令标注厚度尺寸。利用“基线标注”命令标注尺寸 10 和 25，如图 66-6 所示。

命令：_dimbaseline （单击“标注”工具栏中的按钮，启动“基线标注”命令）
指定第二条延伸线原点或 [放弃(U)/选择(S)] <选择>： （捕捉端点K）
标注文字 = 10
指定第二条延伸线原点或 [放弃(U)/选择(S)] <选择>： （捕捉交点L）
标注文字 = 25
指定第二条延伸线原点或 [放弃(U)/选择(S)] <选择>：↙ （回车，结束“基线标注”命令）

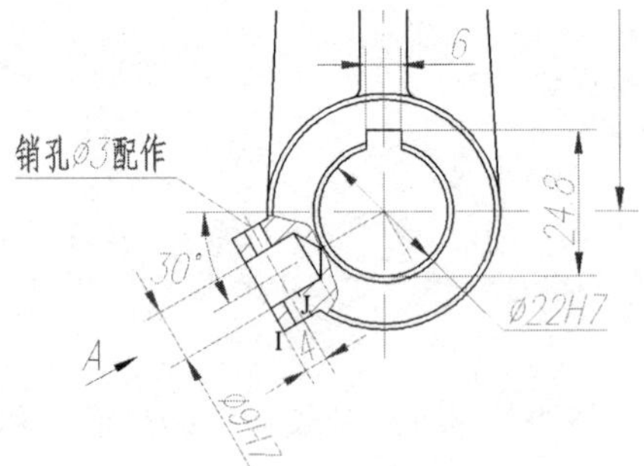

图 66-5 利用“对齐标注”命令标注尺寸

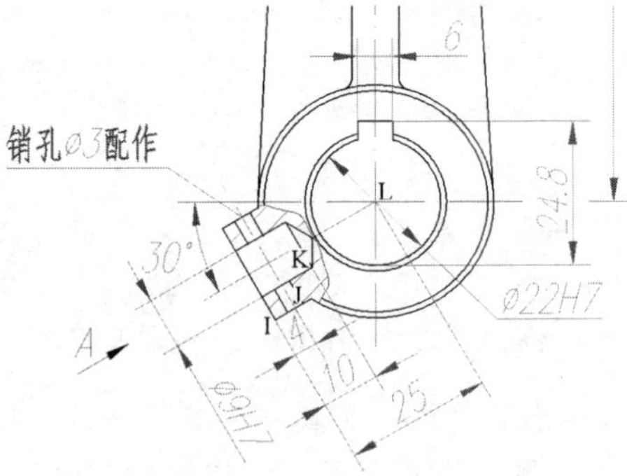

图 66-6 利用“基线标注”命令标注尺寸

8 同样利用“对齐标注”命令和“基线标注”命令可以标注拨叉的倾斜尺寸，如图 66-1 所示。

9 利用“对齐标注”命令可以标注局部视图中的倾斜尺寸，如图 66-1 所示。

三、标注过滤式通气器

1 选择菜单“窗口”→“过滤式通气器.dwg”选项，将“过滤式通气器.dwg”设置为当前图形文件。

2 过滤式通气器的标注如图 66-7 所示，其中绝大部分尺寸可以利用“线性标注”命令标注，半径 R120 可以利用“折弯标注”命令标注。

命令：_dimjogged （单击“标注”工具栏中的按钮，启动“折弯标注”命令）
选择圆弧或圆： （单击半径为120的圆弧）
指定图示中心位置： （打开状态栏中的“对象捕捉追踪”按钮，将光标移到竖直点画线的下端点处，出现端点捕捉标记后，向上移动光标，出现竖直追踪轨迹，在适当位置单击）
标注文字 = 120
指定尺寸线位置或 [多行文字(M)/文字(T)/角度(A)]： （在竖直点画线右侧在适当位置单击）
指定折弯位置： （在适当位置单击）

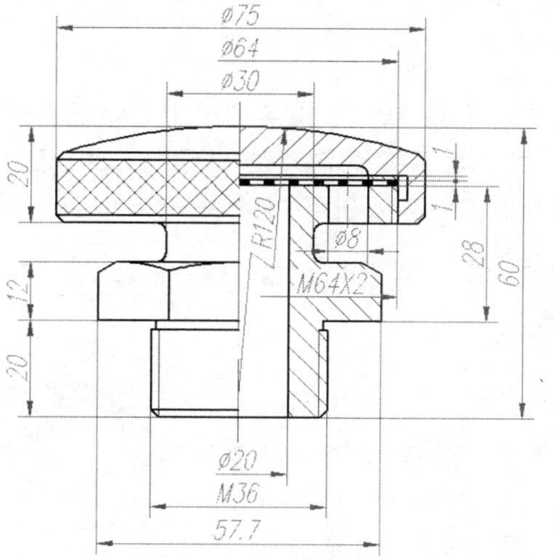

图 66-7　利用“折弯标注”命令标注半径尺寸

实例 67　标注轴承盖

本实例所用的绘图命令：“标注样式管理器”Dimstyle 命令、“线性标注”Dimlinear 命令、“直径标注”Dimdiameter 命令、“半径标注”Dimradius 命令、“引线标注”Qleader 命令、“移动”Move 命令、“插入”Insert 命令、“打断”Break 命令、“单行文字”DText 命令、“文字缩放”Scaletext 命令、“多行文字”Mtext 命令。

轴承盖零件图如图 67-1 所示。

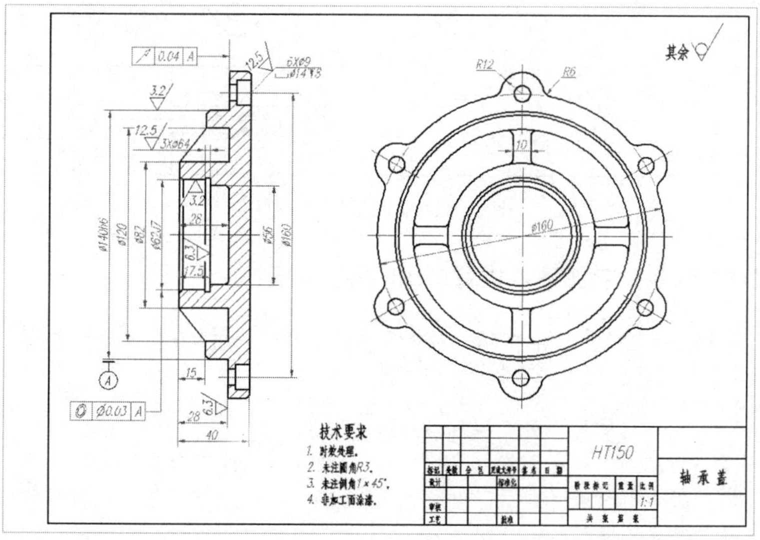

图 67-1　轴承盖零件图

绘制步骤

先打开保存的图形文件“轴承盖.dwg”，按照实例 1 中介绍的创建文字样式的方法，创建“汉字样式”和“字母与数字样式”。然后按照实例 65 介绍的方法创建标注样式。

轴承盖主视图和左视图中的尺寸可以利用“线性标注”命令、“直径标注”命令和“半径标注”命令标注，本例主要介绍在轴承盖零件图中标注形位公差、粗糙度、输入技术要求的方法。

一、插入图框和标题栏

1 单击“绘图”工具栏中的“插入”按钮，系统弹出“插入”对话框。单击“浏览”按钮，在弹出的“选择图形文件”对话框中选中“图框和标题栏”，单击“打开”按钮。“比例”和“角度”文本框中的设置均保留缺省设置，勾选“分解”复选框，如图 67-2 所示。

2 单击“确定”按钮，即可将图框和标题栏插入到当前图形中，如图 67-3 所示。

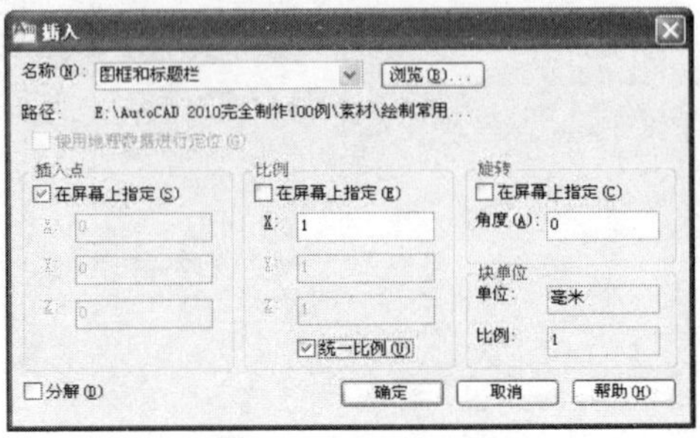

图 67-2 “插入”对话框

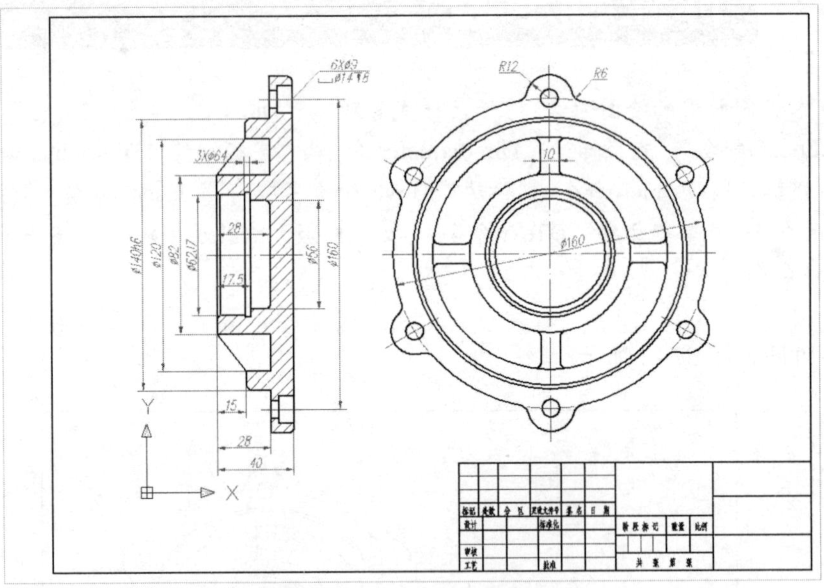

图 67-3 插入图框和标题栏

3 利用“移动”命令调整图形的位置，如图 67-4 所示。

```
命令: _move        （单击“修改”工具栏中的“移动”按钮，启动“移动”命令）
选择对象: ALL↙        （输入ALL，回车）
找到 208 个
选择对象:↙        （回车，结束选择移动对象）
指定基点或 [位移(D)] <位移>:        （标注边界线的左下角点）
指定第二个点或 <使用第一个点作为位移>: 0,0↙        （输入第二点的坐标，回车，即将边界线的左下角点移到坐标原点）
```

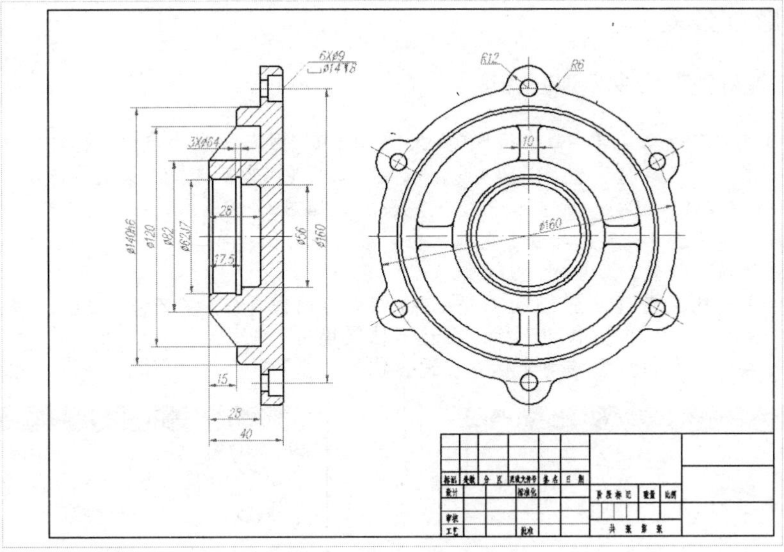

图 67-4 调整图形的位置

二、插入、编辑基准符号

1 利用“插入”命令插入基准符号，如图 67-5 所示。

命令：_insert （单击“绘图”工具栏中的“插入”按钮，系统弹出“插入”对话框。单击“浏览”按钮，在弹出的“选择图形文件”对话框中选中“图框和标题栏”，单击“打开”按钮。在“比例”文本框中输入1，在“角度”文本框中输入180，单击“确定”按钮）
指定插入点或 [基点(B)/比例(S)/旋转(R)]：2↙ （将光标移到直径尺寸Ø140h6的尺寸线的端点处，出现端点捕捉标记后，向下移动光标，出现竖直追踪轨迹，输入追踪距离2，回车）
输入属性值
请输入基准名称 <A>：A↙ （输入基准名称A，回车）

2 双击属性“A”，系统弹出“增强属性编辑器”对话框，打开“文字选项”选项卡，在“对正”下拉列表中选择“右上”选项，在“旋转”文本框中输入 0，如图 67-6 所示。单击“确定”按钮，属性“A”的位置和方向随之改变，如图 67-7 所示。

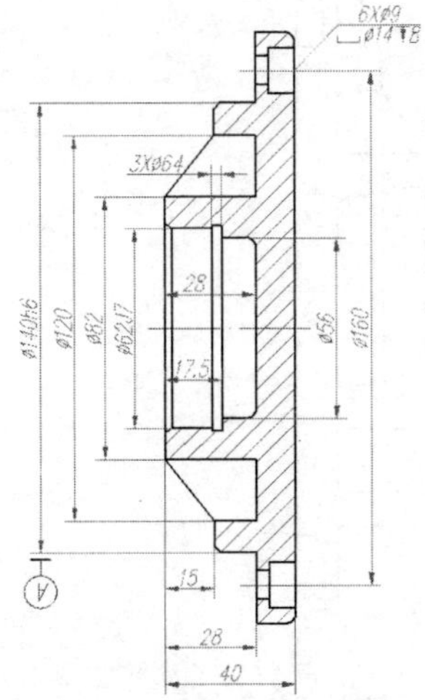

图 67-5 插入基准符号

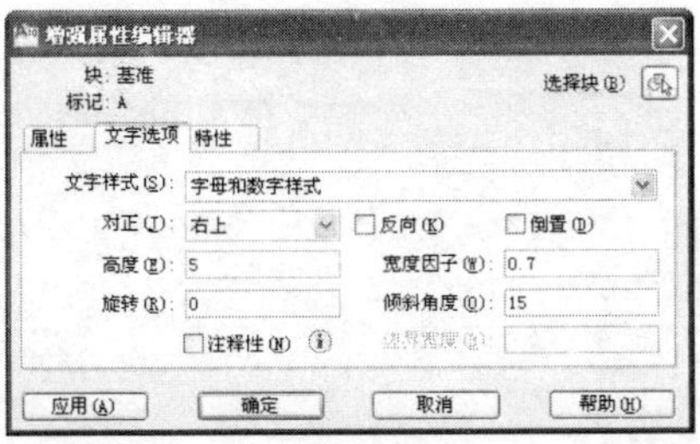

图 67-6 “增强属性编辑器”对话框

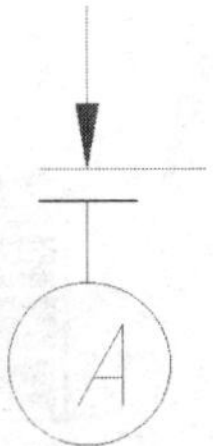

图 67-7 修改属性的位置和方向

三、标注形位公差

1 利用“引线标注”命令标注同轴度。

命令：QLEADER　　（在命令行中输入QLEADER，回车，启动“引线标注”命令）
指定第一个引线点或［设置(S)］<设置>:↙　　（回车，选择“设置”选项，系统弹出“引线设置”对话框，在“注释”选项卡中选中“公差”，如图67-8所示。在“引线和箭头”选项卡的“箭头”下拉列表中选择“实心闭合”选项，在“第一段”和“第二段”下拉列表中选择90°选项，其他选项保留缺省设置，如图67-9所示。）
指定第一个引线点或［设置(S)］<设置>:　　（捕捉直径尺寸Ø62J7的尺寸线的下端点）
指定下一点：　　（向下移动光标，在适当位置单击）
指定下一点：　　（向左移动光标，在适当位置单击）

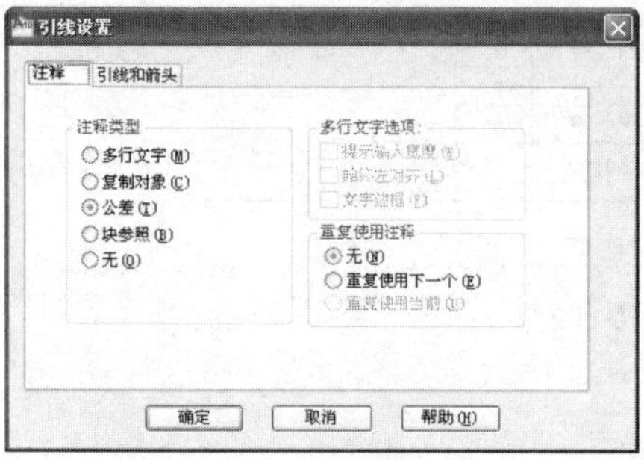

图 67-8　设置“注释”选项卡

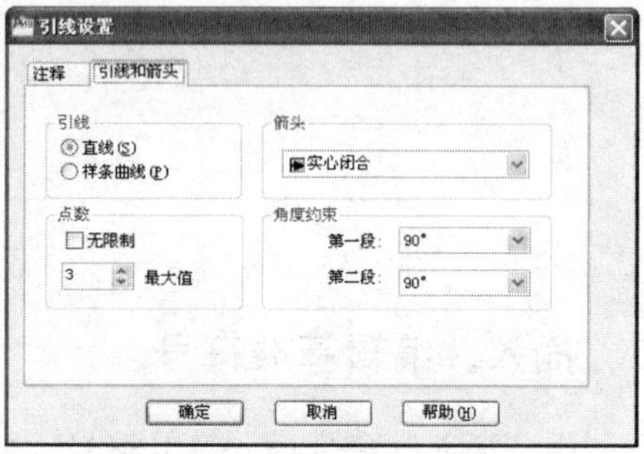

图 67-9　利设置“引线和箭头”选项卡

2 系统弹出如图 67-10 所示的“形位公差”对话框，单击“符号”图标框，系统弹出如图 67-11 所示“特征符号”对话框，在盖对话框中单击同轴度符号，该符号便显示在“形位公差”对话框中。

3 单击“形位公差”对话框的“公差 1”图标框，显示出直径符号“ø”。在“公差 1”文本框中输入“0.03”，在“基准 1”文本框中输入字母“A”，如图 67-10 所示。

4 单击“确定”按钮，即可标注出同轴度。

5 使用同样方法可以标注出跳动度，标注前应绘制一条竖直辅助线，两条引线应处在同一条水平线上。标注形位公差的结果如图 67-12 所示。

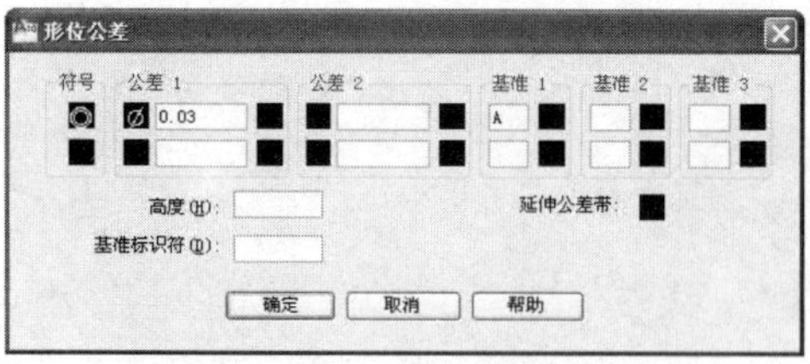

图 67-10　“形位公差”对话框

图 67-11　“特征符号”对话框

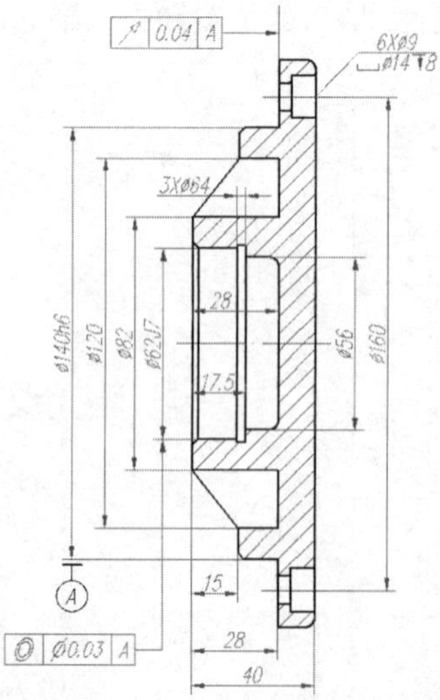

图 67-12　标注形位公差

四、标注粗糙度

1 在轴承盖主视图中利用“插入”命令插入“加工面粗糙度”块，在“插入”对话框中将“比例”均设置为 1，按照自上而下的次序，“角度”设置为 44.1（需要根据具体标注测量阶梯孔直径的倾斜引线与竖直轮廓线的夹角）、0、0、180、90、90。其中标注最上方粗糙度属性值为 12.5。

命令：_insert　　（单击“绘图”工具栏中的“插入”按钮，系统弹出“插入”对话框。单击“浏览”按钮，在弹出的“选择图形文件”对话框中选中“加工面粗糙度”，单击“打开”按钮。在“比例”文本框中输入1，在“角度”文本框中输入44.1，单击“确定”按钮）
指定插入点或 [基点(B)/比例(S)/旋转(R)]：_ext 于　　（单击“对象捕捉”工具栏中的“延长捕捉”按钮，将光标移到引线的第一点处，沿第一条引线移动光标，出现延长轨迹后，在第一条引线上适当位置单击）
输入属性值
RA：12.5↙　　（输入属性值RA为12.5，回车）

提示：在主视图中点插入其他粗糙度块的基点一般利用中点捕捉即可，即捕捉相应延伸线、辅助线（在尺寸 3×Ø64 的尺寸线延长线上标注粗糙度时，需要线绘制辅助线）和轮廓线的中点，初步标注结果如图 67-13 所示。

2 双击属性 12.5，在弹出的“增强属性编辑器”对话框中，打开“文字选项”选项卡，在“对正”下拉列表中选择“居中”选项，单击“确定”按钮

3 单击“修改”工具栏中的“分解”按钮，利用“分解”命令分解尺寸 ø120。

4 单击“修改”工具栏中的“打断”按钮，利用“打断”命令将 ø120 的上方尺寸线在与粗糙度块相交处打断。

5 编辑另外一个属性 12.5 的方法和第一个相同。

6 双击属性 3.2（插入的角度为 180°），在弹出的“增强属性编辑器”对话框中，打开“文字选项”选项卡，在“对正”下拉列表中选择“右上”选项，在“旋转”文本框中输入 0，单击“确定”按钮。

7 单击“修改”工具栏中的“移动”按钮，利用“移动”命令调整标注在内孔轮廓线上的两个粗糙度块的位置，以及尺寸 28 和 17.5 的为位置。

8 单击“标注”工具栏中的“编辑标注文字”按钮，利用“编辑标注文字”命令调整尺寸 28 和 40 的位置。

在主视图中标注粗糙度的结果如图 67-14 所示。

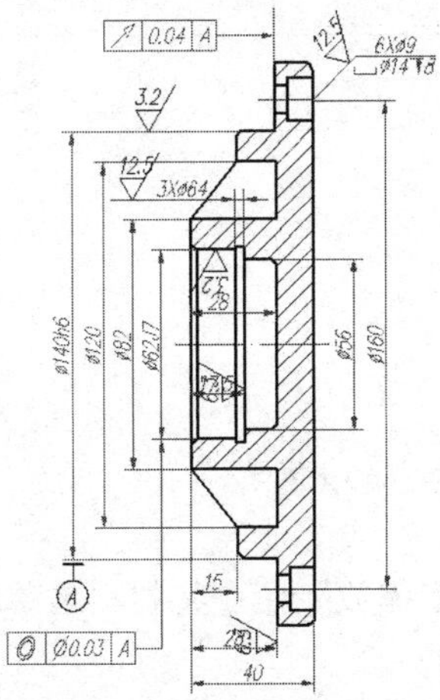

图 67-13　初步标注粗糙度

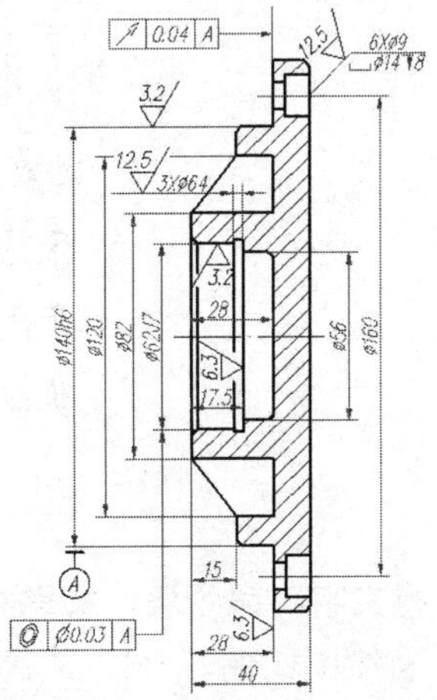

图 67-14　标注粗糙度的结果

9 在零件图右上方标注粗糙度时，需要插入“非加工面粗糙度”块，插入的比例为 1.4，角度为 0。

10 将“文字”层设置为当前层，单击“文字”工具栏中的“单行文字”按钮，利用“单行文字”命令输入“其余”。

11 单击“文字”工具栏中的“文字缩放”按钮，利用“文字缩放”命令“其余”二字的高度放大为 7mm。

12 单击“修改”工具栏中的“移动”按钮，利用“移动”命令调整“其余”二字和非加工面粗糙度的位置，如图 67-15 所示。

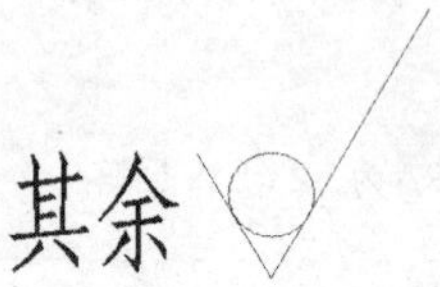

图 67-15　在零件图右上方标注粗糙度

五、输入技术要求、填写标题栏

1 利用“多行文字”命令输入技术要求。

命令：_mtext　　（单击“绘图”或“文字”工具栏中的“多行文字”按钮，启动“多行文字”命令）
当前文字样式：　“汉字样式”　文字高度：　5　注释性：　否
指定第一角点：　　（在适当位置单击）
指定对角点或 [高度(H)/对正(J)/行距(L)/旋转(R)/样式(S)/宽度(W)/栏(C)]：　　（向右下方移动光标，在适当位置单击，系统弹出“文字格式”对话框，如图67-16所示，在该对话框中用仿宋体输入汉字，倾斜角度为0，“技术要求”四个字的高度为7mm。用Simplex字体输入字母和数字，倾斜角度为15°。单击“确定”按钮，即可在零件图中输入技术要求。）

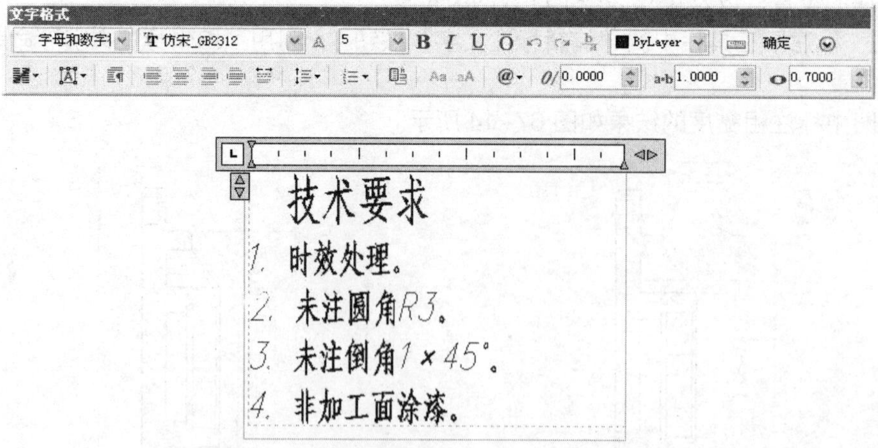

图 67-16　利用“多行文字”命令输入技术要求

2 利用“单行文字”命令填写标题栏，并利用“文字缩放”命令将材料名称和零件名称的高度放大为 7mm，将绘图比例“1:1”的高度缩小为 3.5mm。

3 完成标注轴承盖零件图。

实例 68　标注蜗杆轴

本实例所用的绘图命令：“标注样式管理器”Dimstyle 命令、“线性标注”Dimlinear 命令、“半径标注”Dimradius 命令、“引线标注”Qleader 命令、“基线标注”Dimbaseline 命令、“连续标注”Dimcontinue 命令、“插入”Insert 命令、“打断”Break 命令、“直径标注”Dimdiameter 命令、“移动”Move 命令、“单行文字”DText 命令、“文字缩放”Scaletext 命令、“多行文字”Mtext 命令、“表格样式”Tablestyle 命令、“表格”Table 命令。

蜗杆轴零件图如图 68-1 所示。

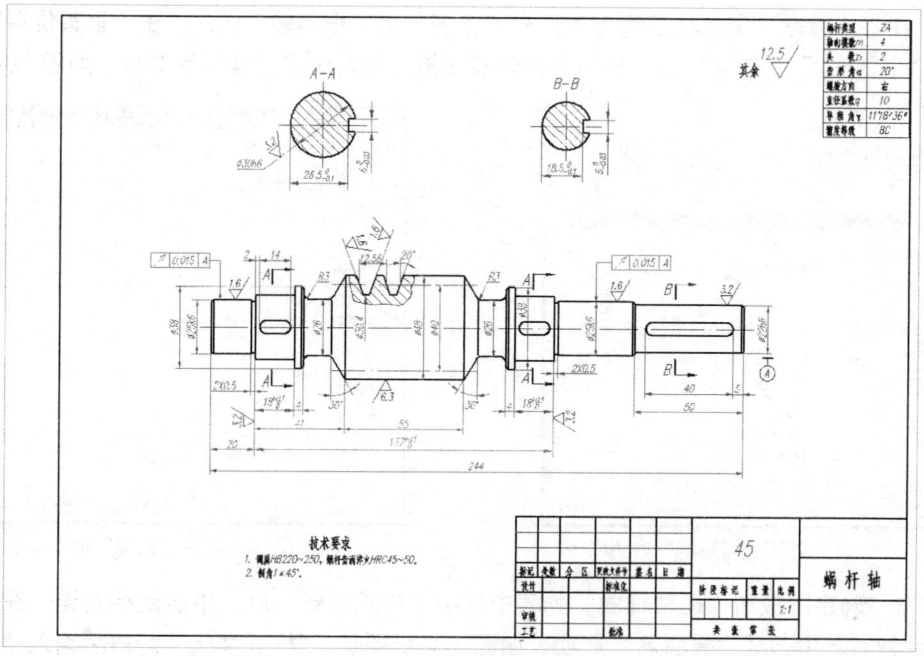

图 68-1　蜗杆轴零件图

绘制步骤

先打开保存的图形文件“蜗杆轴.dwg”，按照实例 1 中介绍的创建文字样式的方法，创建“汉字样式”和“字母与数字样式”，本例中为了使文字与视图匹配，将字体高度设置为 3.5mm。然后按照实例 65 介绍的方法创建标注样式。

一、标注蜗杆轴主视图

蜗杆轴主视图中的直径尺寸和蜗杆齿距可以利用“线性标注”命令标注，圆角半径可以利用“半径标注”命令标注，角度尺寸可以利用“角度标注”命令标注，如图 68-2 所示。

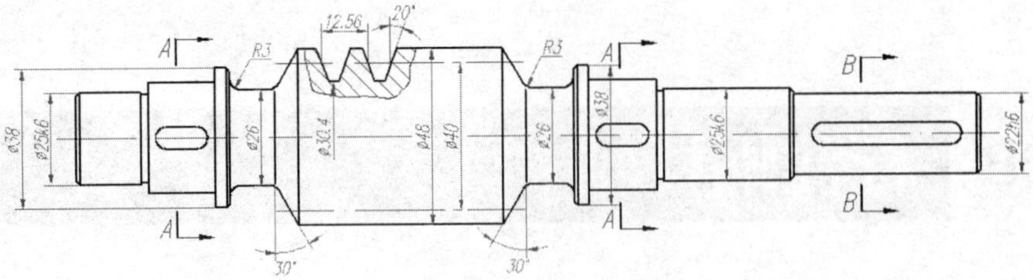

图 68-2 标注直径、齿距、半径、和角度

主视图中的其他尺寸均为长度尺寸，可以利用“线性标注”命令、“基线标注”命令和“连续标注”命令标注，有的长度尺寸中标有公差，则需要创建“公差标注样式”。

1 单击“标注”或“样式”工具栏中的“标注样式管理器”按钮，系统弹出“标注样式管理器”对话框。在“样式”显示列表中选中“机械标注样式”，单击“置为当前”按钮，将“机械标注样式”设置为当前样式后，“替代”按钮变为可用状态，如图 68-3 所示。单击“替代”按钮，系统弹出“替代当前样式”对话框，打开“公差”选项卡，在“公差样式”选项栏的“方式”下拉列表中选择“极限偏差”选项，在“精度”下拉列表中选择“0.0”选项，在“上偏差”文本框中输入 0.1，在“下偏差”文本框中输入 0，在“比例”文本框中输入 0.7，在“垂直位置”下拉列表中选择“中”选项。“消零”选项栏中保留缺省设置，即勾选“后续”复选框，如图 68-4 所示。

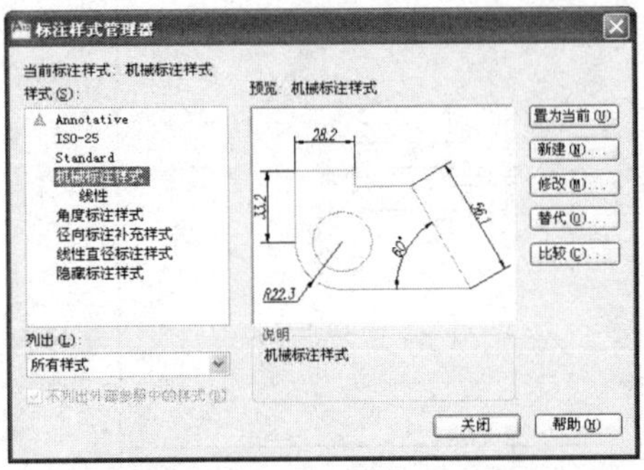

图 68-3 “标注样式管理器”对话框

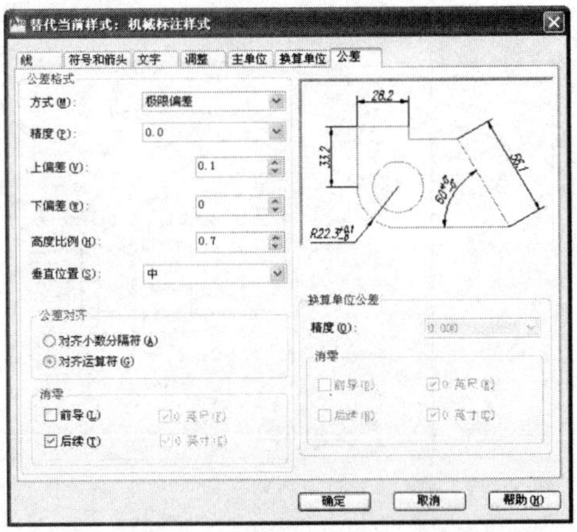

图 68-4 设置“公差”选项卡

2 单击“确定”按钮，在“样式”列表中选中“样式替代”后，单击鼠标右键，在弹出“标注样式”快捷菜单中选择“重命名”选项，如图 68-5 所示，“样式替代”翻白后输入“公差标注样式 1”并回车，即可创建一个新的样式——“公差标注样式 1”，如图 68-6 所示。

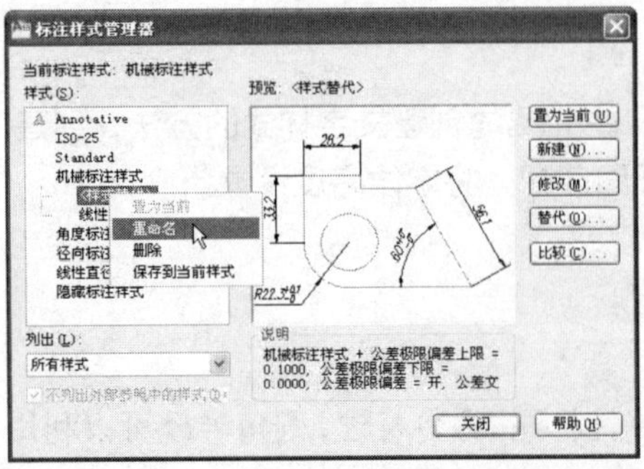

图 68-5 将“样式替代”重命名

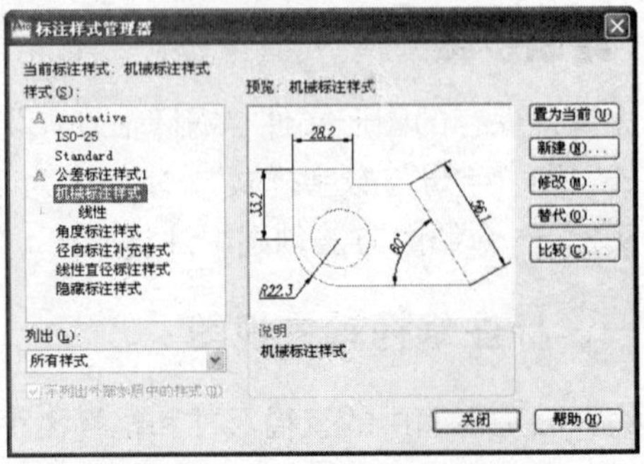

图 68-6 创建“公差标注样式 1”

3 将“公差标注样式 1”设置为当前样式，利用“线性标注”命令可以在蜗杆主视图中标注三个公差相同（上偏差为 0.1，下偏差为 0）的尺寸，如图 68-7 所示。

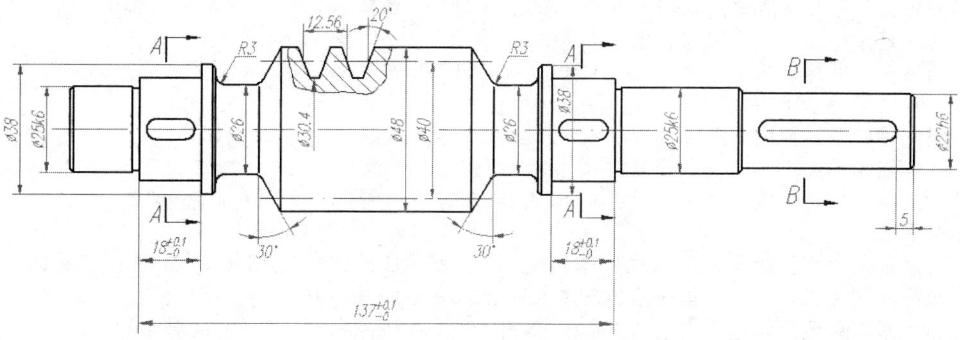

图 68-7　标注带公差的尺寸

4 将“机械标注样式”设置为当前样式，利用“基线标注”命令标注尺寸，如图 68-8 所示。

```
命令: _dimbaseline          (单击“标注”工具栏中的 按钮，启动“基线标注”命令)
选择基准标注:          (单击左侧基本尺寸为18的左延伸线)
指定第二条延伸线原点或 [放弃(U)/选择(S)] <选择>:          (捕捉端点C)
标注文字 = 41
指定第二条延伸线原点或 [放弃(U)/选择(S)] <选择>:↙          (回车，选择“选择”选项)
选择基准标注:          (单击尺寸5的右延伸线)
指定第二条延伸线原点或 [放弃(U)/选择(S)] <选择>:          (捕捉端点D)
标注文字 = 50
指定第二条延伸线原点或 [放弃(U)/选择(S)] <选择>:          (捕捉端点E)
标注文字 = 244
指定第二条延伸线原点或 [放弃(U)/选择(S)] <选择>:↙          (回车，结束“基线标注”命令)
```

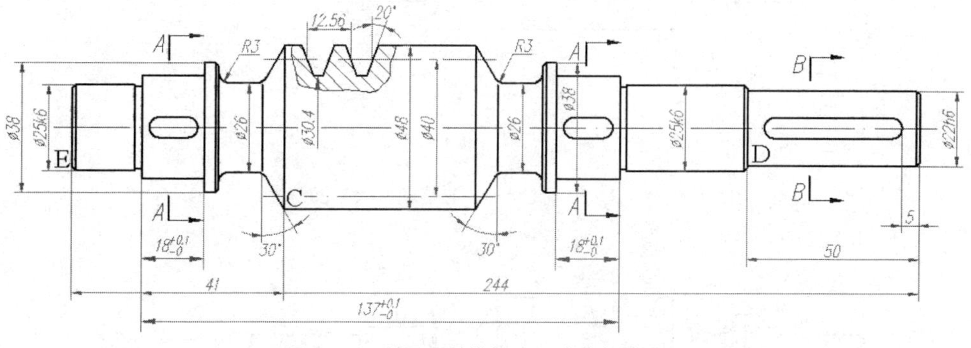

图 68-8　利用“基线标注”命令标注尺寸

5 单击“标注”工具栏中的“线性标注”按钮，利用“线性标注”命令标注两个退刀槽尺寸 2×0.5，左侧键槽的菜单尺寸 14。

6 单击“标注”工具栏中的“编辑标注文字”按钮，利用“编辑标注文字”命令调整总长尺寸 244 的位置，如图 68-9 所示。

7 利用“连续标注”命令标注尺寸，如图 68-10 所示。

```
命令: _dimcontinue          (单击“标注”工具栏中的 按钮，启动“连续标注”命令)
指定第二条延伸线原点或 [放弃(U)/选择(S)] <选择>:↙          (回车，选择“选择”选项)
```

选择连续标注：　　（单击左侧基本尺寸为18的右延伸线）
指定第二条延伸线原点或 [放弃(U)/选择(S)] <选择>:　　（捕捉端点F）
标注文字 = 4
指定第二条延伸线原点或 [放弃(U)/选择(S)] <选择>:↙　　（回车，选择“选择”选项）
选择连续标注：　　（单击尺寸41的右延伸线）
指定第二条延伸线原点或 [放弃(U)/选择(S)] <选择>:　　（捕捉端点G）
标注文字 = 55
指定第二条延伸线原点或 [放弃(U)/选择(S)] <选择>:↙　　（回车，选择“选择”选项）
选择连续标注：　　（单击基本尺寸为137的左延伸线）
指定第二条延伸线原点或 [放弃(U)/选择(S)] <选择>:　　（捕捉端点E）
标注文字 = 20
指定第二条延伸线原点或 [放弃(U)/选择(S)] <选择>:↙　　（回车，选择“选择”选项）
选择连续标注：　　（单击右侧基本尺寸为18的左延伸线）
指定第二条延伸线原点或 [放弃(U)/选择(S)] <选择>:　　（捕捉端点H）
标注文字 = 4
指定第二条延伸线原点或 [放弃(U)/选择(S)] <选择>:↙　　（回车，选择“选择”选项）
选择连续标注：　　（单击尺寸5的右延伸线）
指定第二条延伸线原点或 [放弃(U)/选择(S)] <选择>:　　（捕捉交点I）
标注文字 = 40
指定第二条延伸线原点或 [放弃(U)/选择(S)] <选择>:↙　　（回车，选择“选择”选项）
选择连续标注：　　（单击尺寸14的左延伸线）
指定第二条延伸线原点或 [放弃(U)/选择(S)] <选择>:　　（捕捉端点J）
标注文字 = 2
指定第二条延伸线原点或 [放弃(U)/选择(S)] <选择>:↙　（回车，结束“连续标注”命令）

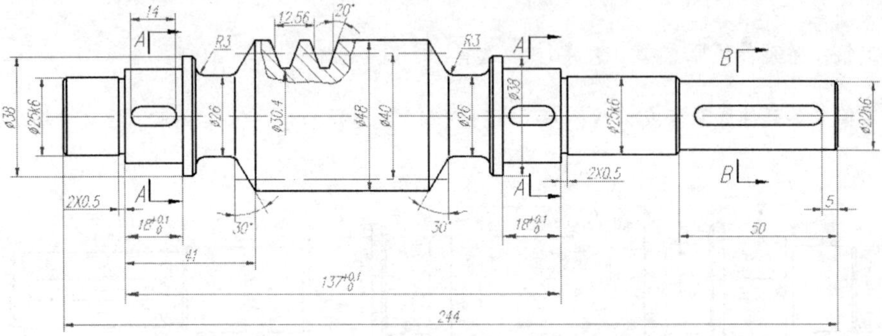

图 68-9　标注长度尺寸，调整总长尺寸的位置

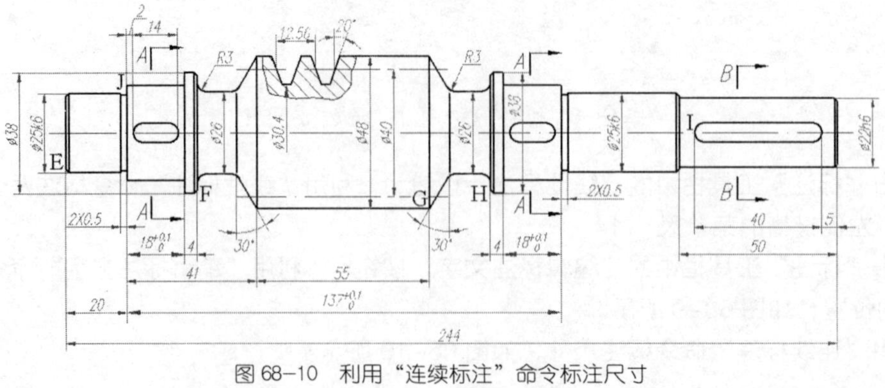

图 68-10　利用“连续标注”命令标注尺寸

8 在蜗杆主视图中还需要标注形位公差和粗糙度，标注结果如图 68-11 所示。

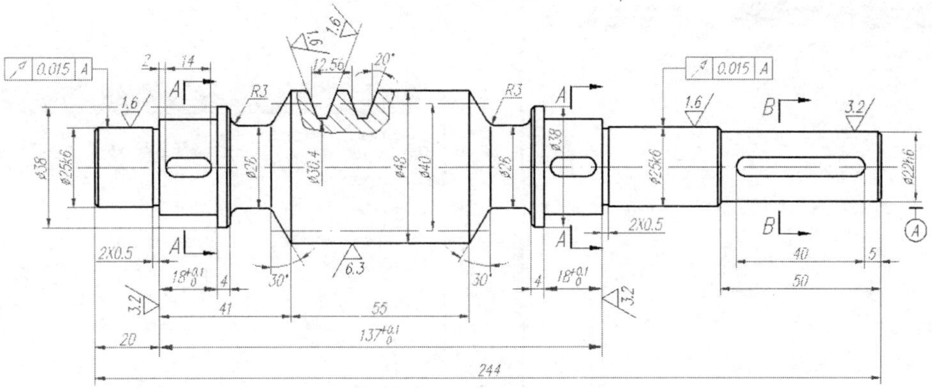

图 68–11　标注蜗杆主视图

二、标注蜗杆轴断面图

蜗杆轴断面图中需要标注两种不同偏差的尺寸，因此还需要创建两个公差标注样式。

1 单击“标注”或“样式”工具栏中的“标注样式”按钮，系统弹出“标注样式管理器”对话框。在“样式”显示列表中选中“公差标注样式 1”，单击“新建”按钮，系统弹出“创建新标注样式”对话框，如图 68–12 所示。单击“继续”按钮，系统弹出“新建标注样式”对话框，并打开“公差”选项卡，在该选项卡中做如图 68–13 所示的设置。

2 单击“确定”按钮，在“标注样式管理器”对话框中将新建的标注样式重新命名为“公差标注样式 2”。

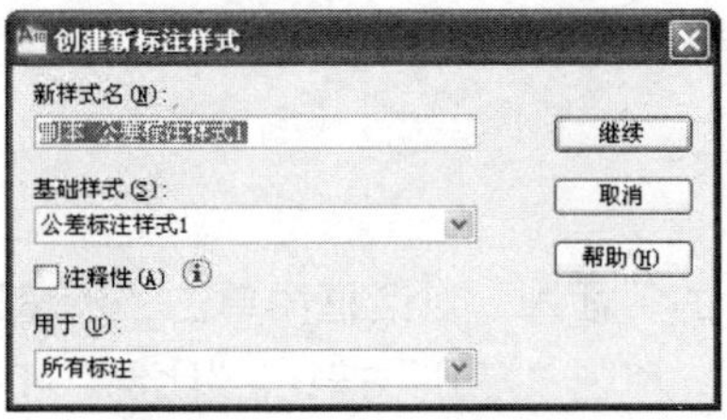

图 68–12　“创建新标注样式”

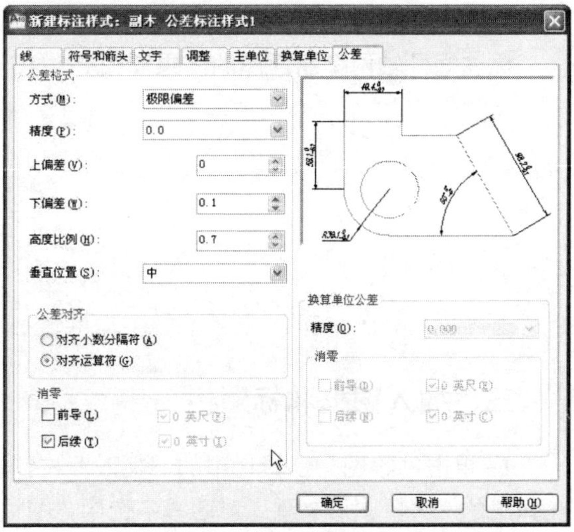

图 68–13　设置“公差标注样式 2”

3 使用同样方法可以创建“公差标注样式 3”，其“公差”选项卡中的设置如图 68–14 所示。新创建的公差标注样式显示在“标注样式管理器”的“样式”列表中，如图 68–15 所示。

4 将“公差标注样式 2”设置为当前样式，利用“线性标注”命令可在两个断面图中标注上偏差为 0，下偏差为–0.1 的尺寸。

5 将“公差标注样式 3”设置为当前样式，利用“线性标注”命令可在两个断面图中标注上偏差为 0，下偏差为–0.03 的尺寸。

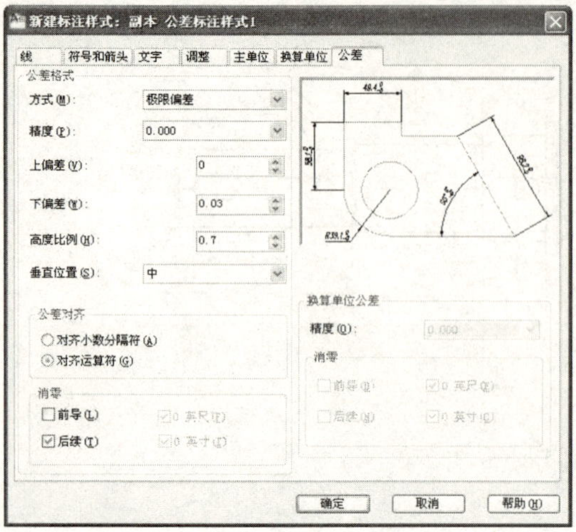

图 68-14　设置“公差标注样式 3”

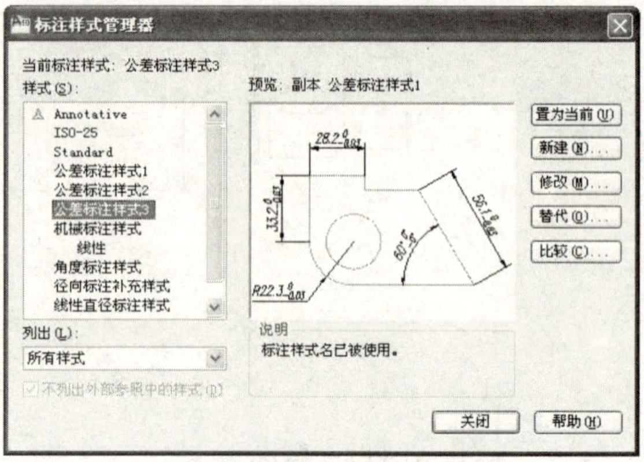

图 68-15　创建公差标注样式

6 将“径向标注补充样式”设置为当前样式，利用“直径”标注命令在 A-A 断面图中标注直径尺寸 ⌀30h6。

7 单击“修改”工具栏中的“分解”按钮，利用“分解”命令分解直径尺寸 ⌀30h6。

8 单击“标注”工具栏中的“角度标注”按钮，利用“角度标注”命令测量直径尺寸 ⌀30h6 的尺寸线与 A-A 断面图的水平中心线的夹角（“角度标注”命令无需操作完成，即可测量出该角度）。

9 单击“绘图”工具栏中的“插入”按钮，利用“插入”命令插入“加工面粗糙度”块，“插入”对话框中的“比例”设置为 0.7，“角度”设置为测量的角度。插入点为直径尺寸 ⌀30h6 尺寸线延长线的中点，输入的属性值为 3.2。

标注蜗杆轴两个断面图的结果如图 68-16 所示。

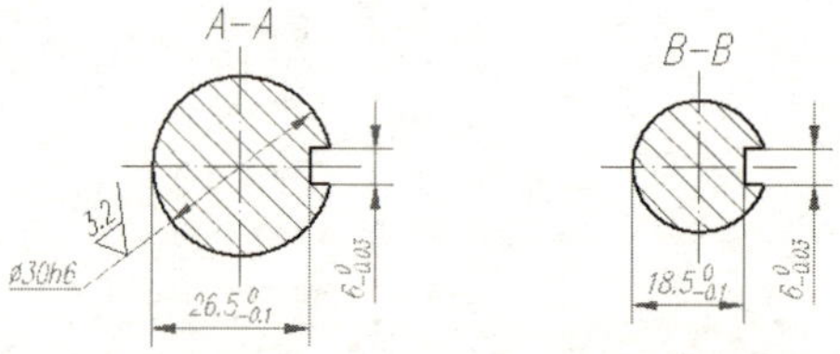

图 68-16　标注蜗杆轴断面图

三、插入图框和标题栏

1 单击“绘图”工具栏中的“插入”按钮，在弹出的“插入”对话框中单击“浏览”按钮，在弹出的“选择图形文件”对话框中选中“图框和标题栏”，单击“打开”按钮。“比例”和“角度”文本框中的设置均保留缺省设置，勾选“分解”复选框。单击“确定”按钮，即可将图框和标题栏插入到当前图形中，如图 68-17 所示。

2 利用“移动”命令调整图形的位置。

```
命令：_move        （单击“修改”工具栏中的“移动”按钮，启动“移动”命令）
选择对象：ALL↙        （输入ALL，回车）
找到 300 个
选择对象：↙        （回车，结束选择移动对象）
指定基点或 [位移(D)] <位移>:        （标注边界线的左下角点）
```

指定第二个点或 <使用第一个点作为位移>：0，0↙　　　（输入第二点的坐标，回车，即将边界线的左下角点移到坐标原点）

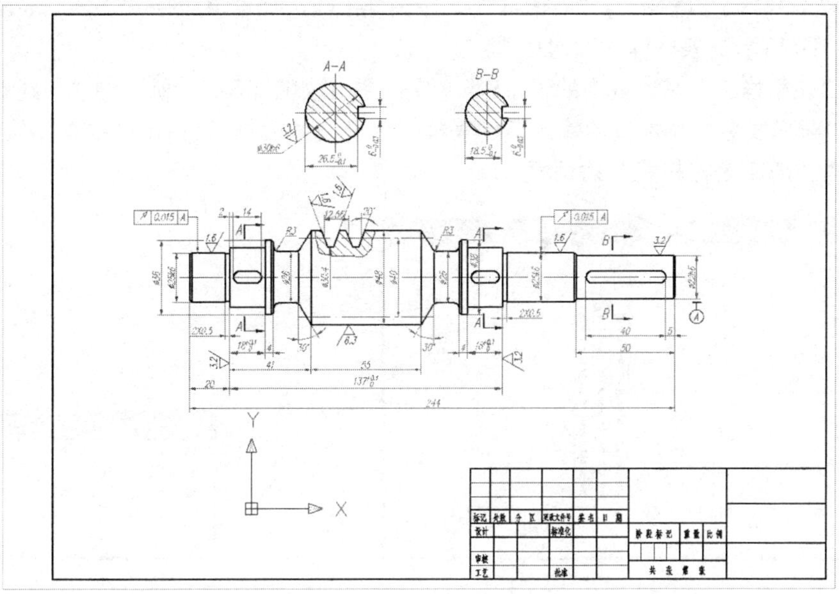

图 68–17　插入图框和标题栏

3 利用“插入”命令在零件图右上方标注粗糙度。

4 将“汉字样式”设置为当前样式，单击“文字”工具栏中的A按钮，利用“单行文字”命令输入“其余”二字。

5 单击“文字”或“绘图”工具栏中的“单行文字”按钮A，利用“多行文字”命令输入技术要求。

6 单击“修改”工具栏中的“移动”按钮✥，利用“移动”命令调整边框内对象的位置，如图 68–18 所示。

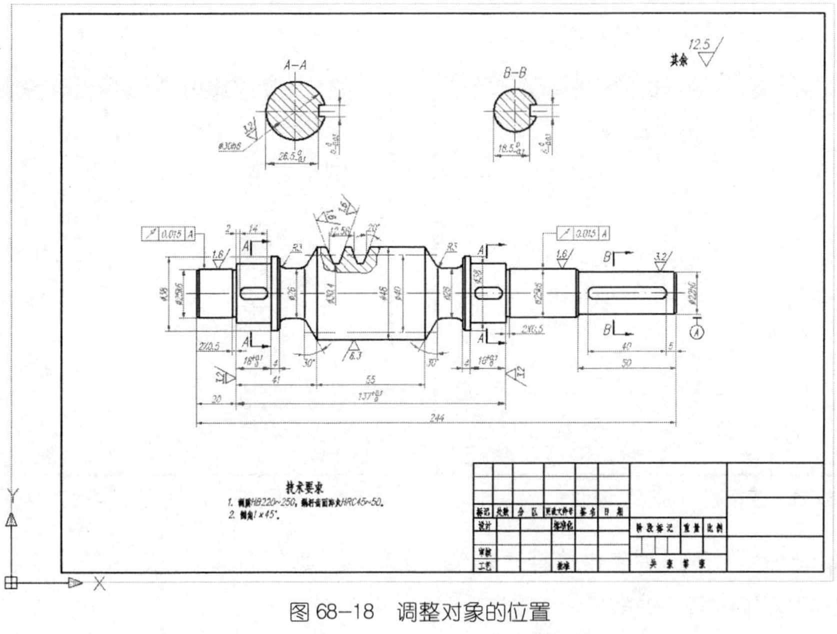

图 68–18　调整对象的位置

四、创建表格样式

1 单击“样式”工具栏中的“表格样式”按钮，或选择菜单“格式”→“表格样式”选项，弹出如图 68–19 所示“表格样式”对话框。

2 单击“表格样式”对话框中的“新建”按钮，弹出如图 68–20 所示的“创建新的表格样式”对话框。在“新样式名”文本框中输入新的表样式名“我的表格”，单击“继续”按钮，弹出如图 68–21 所示的“新建表格样式”对话框。

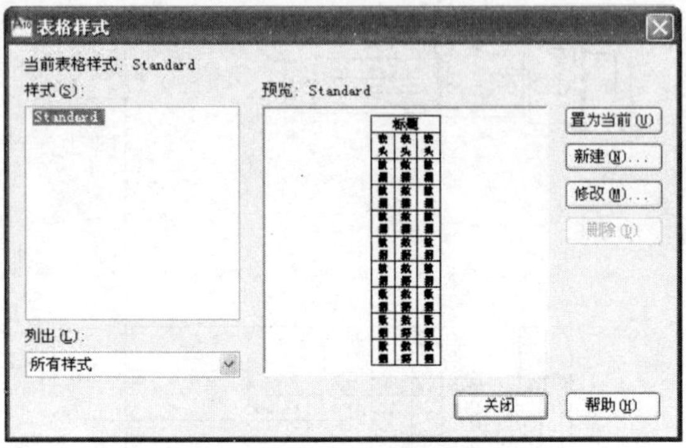

图 68–19 “表格样式”对话框

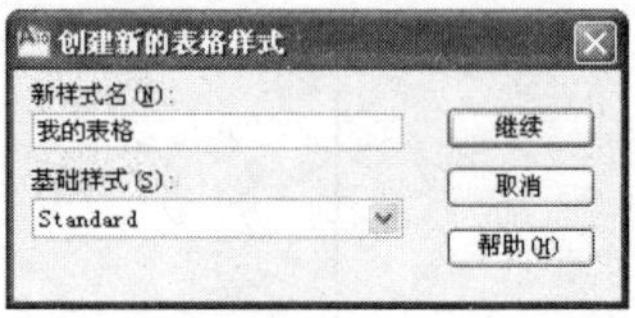

图 68–20 “创建新的表格样式”对话框

3 机械图样中的表格一般都不带标题和表头，在“单元样式”下拉列表中选择“标题”选项，打开“常规”选项卡，在“对齐”下拉列表中选择“左中”选项，在“页边距”选项栏中的 “水平”文本框和“垂直”文本框中输入 1.2 和 0.665，以保证文字在单元格内的位置适当及单元格的高度为 6mm。取消勾选“创建行列时合并单元”复选框，其他选项保留缺省设置不变，如图 68–21 所示。

4 打开“文字”选项卡，在“文字样式”下拉列表中将文字样式设置为“字母与数字样式”，“文字高度”自动设置为 3.5。在“文字颜色”下拉列表中选择“选择颜色”选项，在弹出的“选择颜色”对话框中将文字的颜色设置为 14 号色，即棕色。其他选项保留缺省设置不变，如图 68–22 所示。“边框”选项卡保留缺省设置即可。

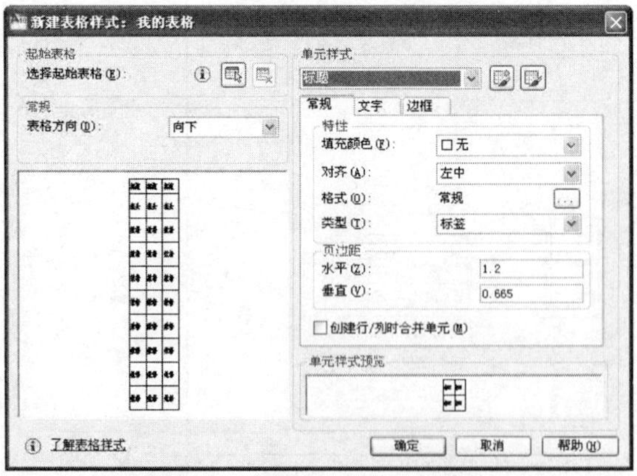

图 68–21 在标题“常规”选项卡

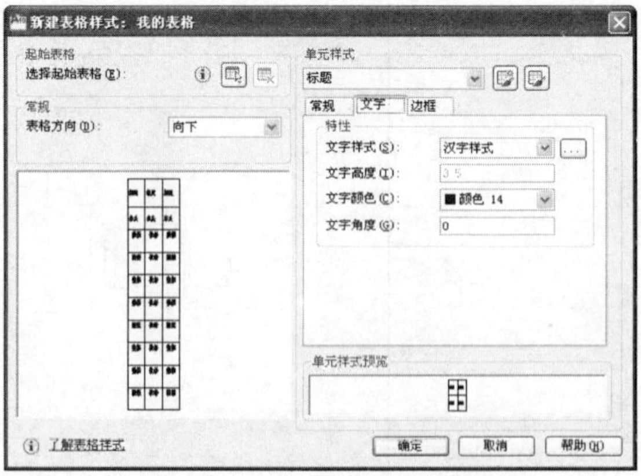

图 68–22 设置标题“文字”选项卡

5 在“单元样式”下拉列表中选择“表头”选项和“数据”选项，二者的“常规”选项和“文字”选项卡中的设置同上，参看图 68–21 和图 68–22。

6 单击“确定”按钮，即可创建新的表格样式并显示在“表格样式”对话框中，如图 68-23 所示。

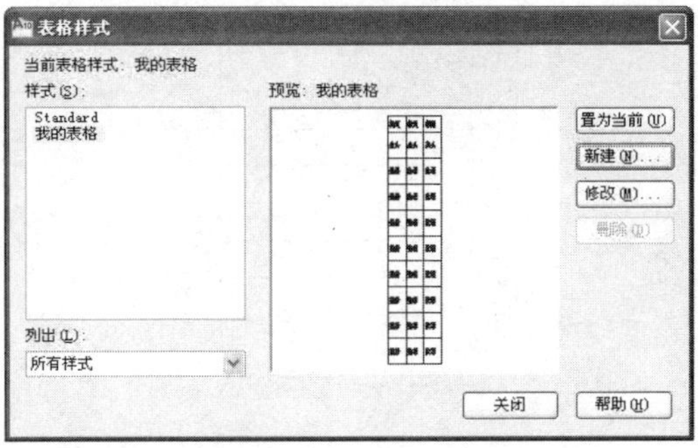

图 68-23　创建表格样式

五、绘制蜗杆轴参数表

1 将“细实线”层设置为当前层，单击“绘图”工具栏中的“表格”按钮，在弹出的“插入表格”对话框中作如图 68-24 所示的设置。在“插入表格方式”选项栏中选中“指定插入点”。在“列数”、“列宽”、“数据行数”文本框中输入 2、20、6，在“行高”文本框中输入 1，即单元格中只有一行文本。

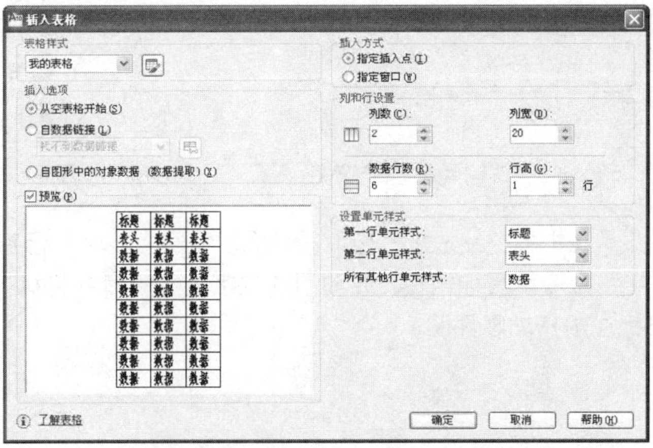

图 68-24　设置“插入表格”对话框

2 单击“确定”按钮，返回绘图区，单击“标准”工具栏中的“窗口缩放”按钮，将边框的右上角放大显示。

3 单击“对象捕捉”工具栏中的“临时追踪点捕捉”按钮，捕捉边框的右上角点为临时追踪点，向左移动光标，出现水平追踪轨迹，输入追踪距离 40 后回车，即可在边框的右上角绘制出篮颜色的表格边框，且表格的左上角第 1 格处于编辑状态，在该格内利用“汉字样式”输入“蜗杆类型”，如图 68-25 所示。

4 按键盘上的光标移动键，如右移光标，则第 1 行的第 2 个单元格处于编辑状态，按空格键后用“字母和数字样式”输入“ZA”，如图 68-26 所示。

5 回车或向下移动光标，第 2 行的第 2 单元格处于编辑状态，输入文本后，再向左移动光标，可以在第 2 行的第 1 单元格内输入文本。

图 68-25 在表格中输入文字

其余依此类推，可以在表格的所有单元格内输入文本，从而完成绘制如图 68-27 所示的蜗杆轴参数表。

图 68-26 移动光标后在其他单元格内输入文字

蜗杆类型	ZA
轴向模数 m	4
头　数 z_1	2
齿 形 角 α	20°
螺旋方向	右
直径系数 q	10
导 程 角 γ	11°18′36″
精度等级	8C

图 68-27 绘制蜗杆轴参数表

6 单击“标准”工具栏中的“缩放上一个”按钮，返回上一个显示窗口。

7 利用“单行文字”命令填写标题栏，并利用“文字缩放”命令将材料名称和零件名称的高度放大为 7mm。完成标注蜗杆轴零件图。

6

绘制零件图

实例 69　滑动轴承轴衬

实例 70　滑动轴承盖

实例 71　滑动轴承座

实例 69 滑动轴承轴衬

本实例所用的绘图命令："打开"Open 命令、"另存为"Save as 命令、"圆弧"Arc 命令、"直线"Line 命令、"偏移"Offset 命令、"图层匹配"Laymch 命令、"删除"Erase 命令、"修剪"Trim 命令、"圆角"Fillet 命令、"倒角"Chamfer 命令、"图案填充"Bhatch 命令、"缩放"Scale 命令、"复制"Copy 命令、"样条曲线"Spline 命令、"单行文字"DText 命令、"移动"Move 命令、"线性标注"Dimlinear 命令、"直径标注"Dimdiameter 命令、"分解"Explode 命令、"单点打断"Break 命令。

滑动轴承上轴衬零件图如图 69-1 所示。

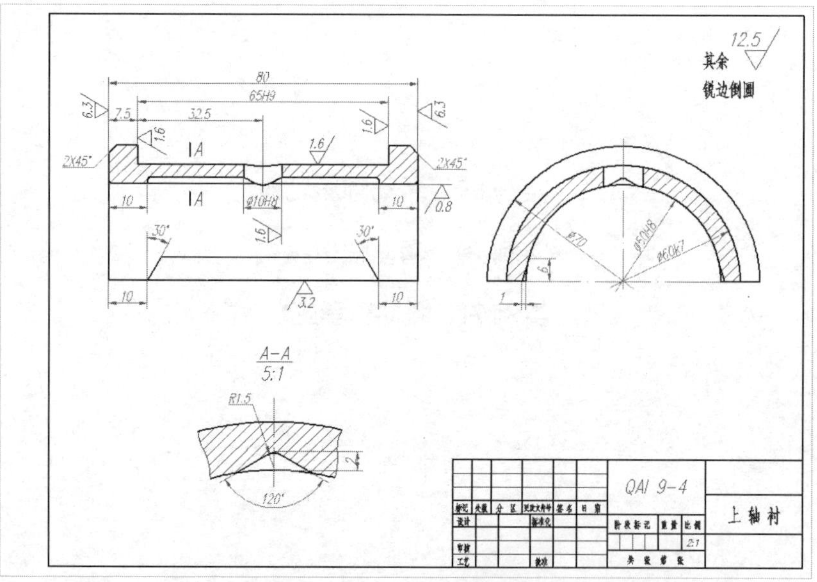

图 69-1 滑动轴承上轴衬零件图

绘制步骤

一、创建 A3 样板图形

1 打开实例 67 绘制的"轴承盖.dwg"，将图框和标题栏以外的所有对象删除（该零件图中已经创建了标注样式，如果打开"图框和标题栏.dwg"，还需要创建标注样式。标题栏中填写的文字也要删除）。

2 选择菜单"文件"→"另存为"选项，系统弹出"图形另存为"对话框，在"文件类型"下拉列表中选择"AutoCAD 图形样板(*.dwt)"选项，在"文件名"文本框中输入"A3 样板图形"，

如图 69-2 所示。

3 单击“保存”按钮，在弹出的“样板图形”对话框中输入说明文字，如图 69-3 所示。单击“确定”按钮，即可创建“A3 样板图形”。

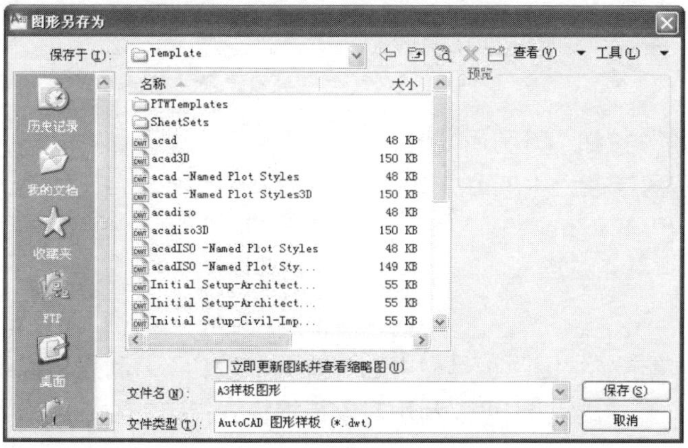

图 69-2 “图形另存为”对话框

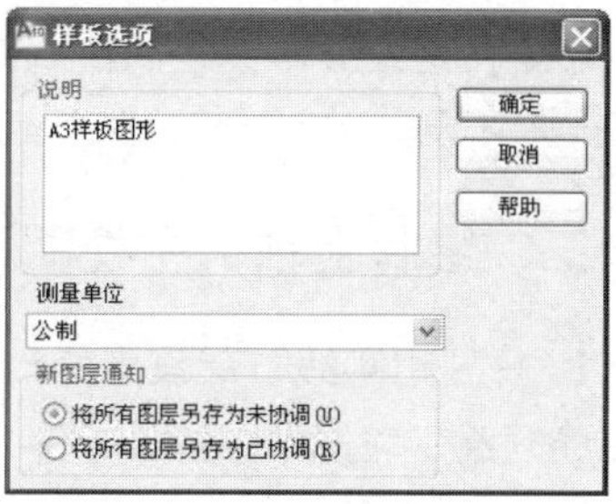

图 69-3 “样板说明”对话框

二、绘制上轴衬左视图

1 打开状态栏中的“正交”按钮、“对象捕捉”按钮和“对象捕捉追踪”按钮。

2 将“粗实线”层设置为当前层，利用“圆弧”命令绘制半径为 25mm 的半圆。

```
命令: _arc        (选择菜单“绘图”→“圆弧”→“圆心、起点、角度”选项)
指定圆弧的起点或 [圆心(C)]: _c
指定圆弧的圆心:        (在适当位置单击)
指定圆弧的起点: @25,0↙        (输入半圆的起点相对于圆心的坐标, 回车)
指定圆弧的端点或 [角度(A)/弦长(L)]: _a
指定包含角: 180↙        (输入包含角180, 回车)
```

3 单击“修改”工具栏中的“偏移”按钮，利用“偏移”命令向外连续偏移半圆，偏移距离为 5mm，得到半径为 30mm 和 35mm 的半圆。

4 将“点画线”层设置为当前层，单击“绘图”工具栏中的“直线”按钮，利用“直线”命令连接半径为 25mm 的半圆的两个端点，利用“直线”命令和对象捕捉追踪模式绘制 3 个同心半圆的竖直中心线，如图 69-4 所示。

5 单击“修改”工具栏中的“偏移”按钮，利用“偏移”命令向上偏移水平点画线两次，偏移的距离为 6mm 和 27mm。对称偏移竖直中心线，偏移距离为 5mm 和 26mm。

6 将“粗实线”层设置为当前层，单击“绘图”工具栏中的“直线”按钮，利用“直线”命令连接交点 A、B 和交点 C、D。过交点 E 绘制倾斜线 EF 和 EG，F 点相对于 E 点的坐标为“@10<-30”，G 点相对于 E 点的坐标为“@10<210”，如图 69-5 所示。

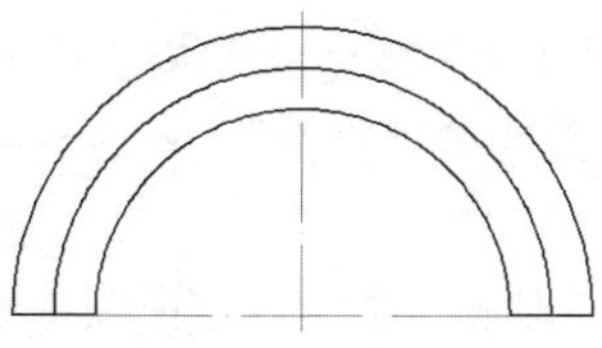

图 69-4 绘制同心半圆和中心线

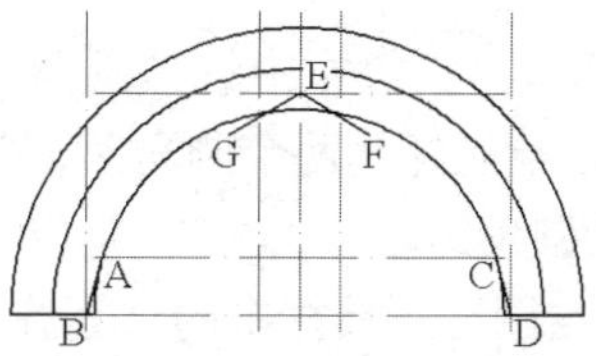

图 69-5 偏移点画线，绘制直线

7 选择菜单“格式”→“图层工具”→“图层匹配”选项，利用“图层匹配”命令将对称偏移距离为 5mm 的两条点画线的图层修改为“粗实线”层。

8 单击“修改”工具栏中的“删除”按钮，利用“删除”命令将其他偏移出来的点画线删除。

9 单击“修改”工具栏中的“修剪”按钮，利用“修剪”命令修剪两条竖直线和两条倾斜线。

10 单击“修改”工具栏中的“圆角”按钮，利用“圆角”命令在两条倾斜线之间绘制圆角，圆角半径为 1.5mm，如图 69-6 所示。

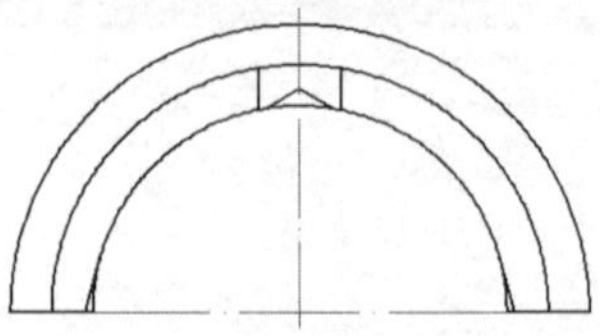

图 69-6 修剪直线，绘制圆角

三、绘制上轴衬主视图

1 将“粗实线”层设置为当前层，单击“绘图”工具栏中的“直线”按钮，利用“直线”命令连续绘制轮廓线，如图 69-7 所示，其中端点 H 可以利用对象捕捉模式指定在左视图水平点画线的延长线上。

2 将“点画线”层设置为当前层，利用“直线”命令和对象捕捉追踪模式过水平线 JK 的中点绘制竖直点画线。

3 单击“修改”工具栏中的“偏移”按钮，利用“偏移”命令向上偏移水平线 HM 两次，偏移距离分别为 6mm 和 25mm。向图形内偏移直线 HI 和 LM，偏移距离为 10mm，得到直线 NO 和 PQ。对称偏移竖直点画线，偏移距离为 5mm。

4 单击“绘图”工具栏中的“直线”按钮，利用“直线”命令过端点 N 和 P 绘制倾斜线 NR 和 PS，R 点相对于 N 点的坐标为“@15<120”，S 点相对于 P 点的坐标为“@15<60”。

5 单击“绘图”工具栏中的“直线”按钮，利用“直线”命令过左视图中圆角的上象限点绘制水平辅助线，其左端点是在直线 PQ 上捕捉的垂足，如图 69-8 所示。

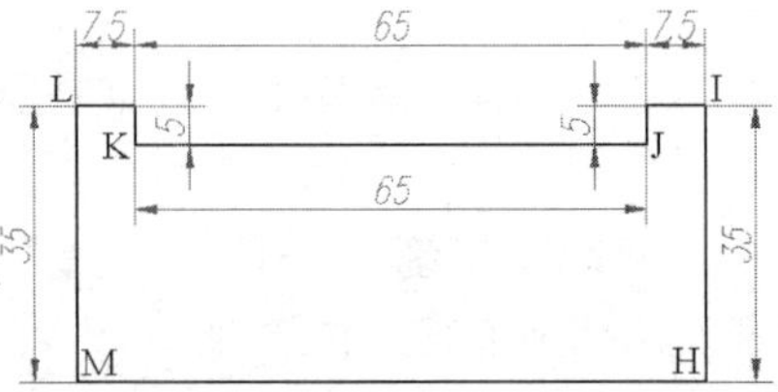

图 69-7 连续绘制轮廓线

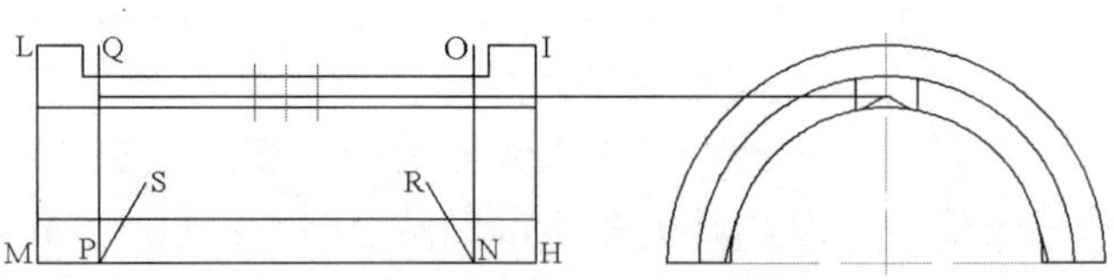

图 69-8 偏移直线，绘制辅助线

6 选择菜单“格式”→“图层工具”→“图层匹配”选项，利用“图层匹配”命令将对称偏移出来的两条点画线的图层修改为“粗实线”层。

7 单击“修改”工具栏中的“修剪”按钮，利用“修剪”命令修剪图形，如图 69-9 所示。

8 单击“修改”工具栏中的“倒角”按钮，利用“倒角”命令绘制两个倒角，倒角距离为 2mm。

9 单击“修改”工具栏中的“圆角”按钮，利用“圆角”命令绘制内表面的四个圆角，圆角半径为 1mm，绘制外侧两个圆角时，“修剪”选项应设置为“不修剪”。然后利用“修剪”命令修剪未被修剪的圆角边。

10 单击“绘图”工具栏中的“直线”按钮，利用“直线”命令过左视图中竖直线的上端点 T 和倾斜线的左下端点 V 绘制两条水平辅助线 TU 和 VW，两条辅助水平的左端点 U 和 W 是在主视图中竖直点画线上捕捉的垂足，如图 69-10 所示。

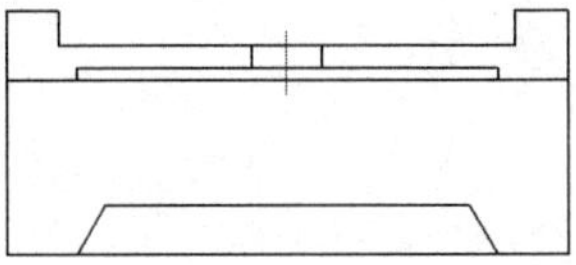

图 69-9　修剪图形

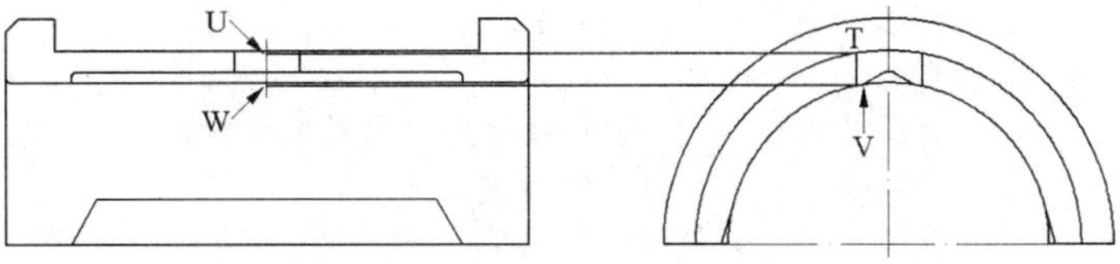

图 69-10　绘制倒角、圆角和辅助线

11 单击“标准”工具栏中的“窗口缩放”按钮，将主视图中竖直点画线处的图形放大显示。

12 单击“绘图”工具栏中的“样条曲线”按钮，利用“样条曲线”命令分别过端点 a、U、c，以及端点 b、W、d 绘制两条曲线，即相贯线，如图 69-11(a)所示。

13 单击“修改”工具栏中的“删除”按钮，利用“删除”命令将两条水平辅助线删除。

14 单击“修改”工具栏中的“修剪”按钮，利用“修剪”命令修剪出如图 69-11(b)所示的图形。

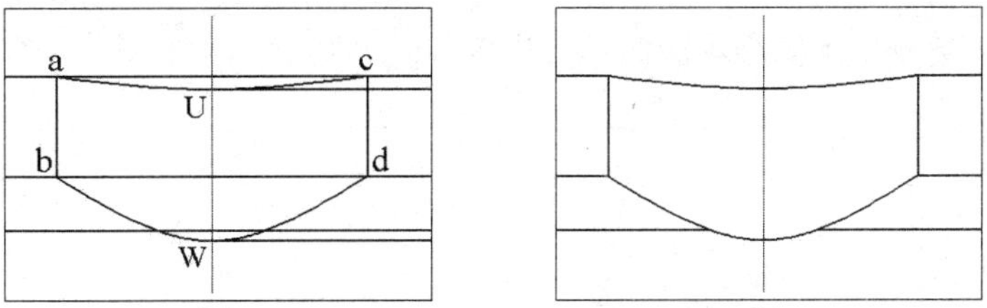

(a)　(b)

图 69-11　绘制相贯线

15 在命令行输入 Z 回车，输入 A 回车，将图形全部显示，如图 69-12 所示

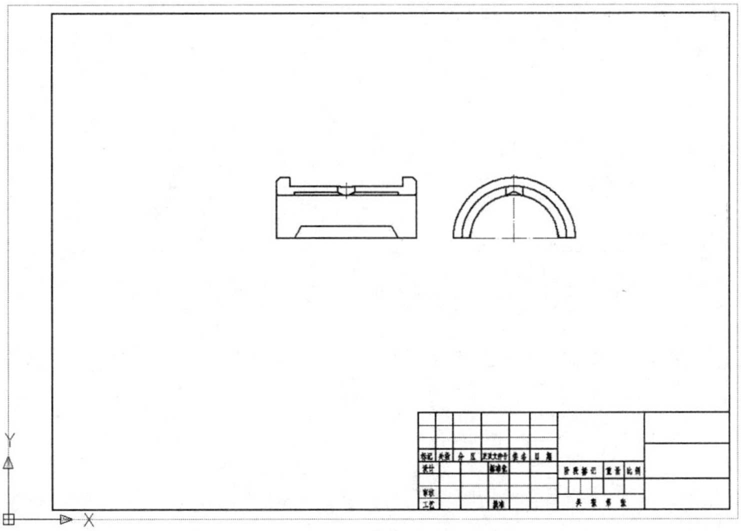

图 69-12　将图形全部显示

四、绘制局部放大图

1 利用“缩放”命令将两个视图放大 2 倍。

命令：_scale　　(单击“修改”工具栏中的“缩放”按钮，启动“缩放”命令)
选择对象：
指定对角点：　　(用拾取窗口包围两个视图)
找到 43 个
选择对象：↙　　(回车，结束选择缩放对象)
指定基点：　　(在适当位置单击)
指定比例因子或 [复制(C)/参照(R)] <1.0000>: 2↙　　(输入比例因子2，回车)

2 将“细实线”层设置为当前层，单击“绘图”工具栏中的“图案填充”按钮，利用“图案填充”命令绘制剖面线。在弹出的“图案填充和渐变色”对话框中打开“图案填充”选项卡，将图案类型设置为 ANSI31，角度分别设置为 0，比例设置为 1.25。单击“拾取点”按钮，在主视图和左视图中需要填充的区域内单击，回车两次，即可绘制剖面线（因为还需要调整视图的位置，所以两个视图最好分别进行图案填充）。

3 单击“修改”工具栏中的“复制”按钮，利用“复制”命令复制左视图中半径为 25mm 和 30mm 的半圆、竖直中心线、两条倾斜线及其圆角。

4 单击“绘图”工具栏中的“样条曲线”按钮，利用“样条曲线”命令绘制两条波浪线，波浪线的端点指定在复制出来的小半圆内和大半圆外，如图 69-13 所示。

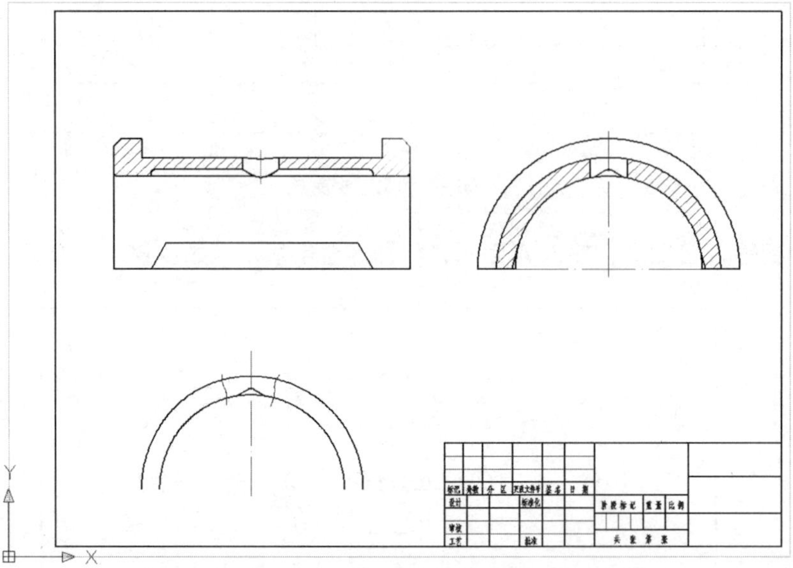

图 69-13　放大视图后图案填充，复制图形后绘制波浪线

5 单击“修改”工具栏中的“修剪”按钮，利用“修剪”命令修剪两个复制的半圆和波浪线。

6 利用“缩放”命令将修剪后的图形放大 2.5 倍，如图 69-14 所示。

命令：_scale　　(单击“修改”工具栏中的“缩放”按钮，启动“缩放”命令)
选择对象：
指定对角点：　　(用拾取窗口包围修剪后的图形)
找到 10 个
选择对象：↙　　(回车，结束选择缩放对象)
指定基点：　　(在适当位置单击)
指定比例因子或 [复制(C)/参照(R)] <2.0000>: 2.5↙　　(输入比例因子2.5，回车)

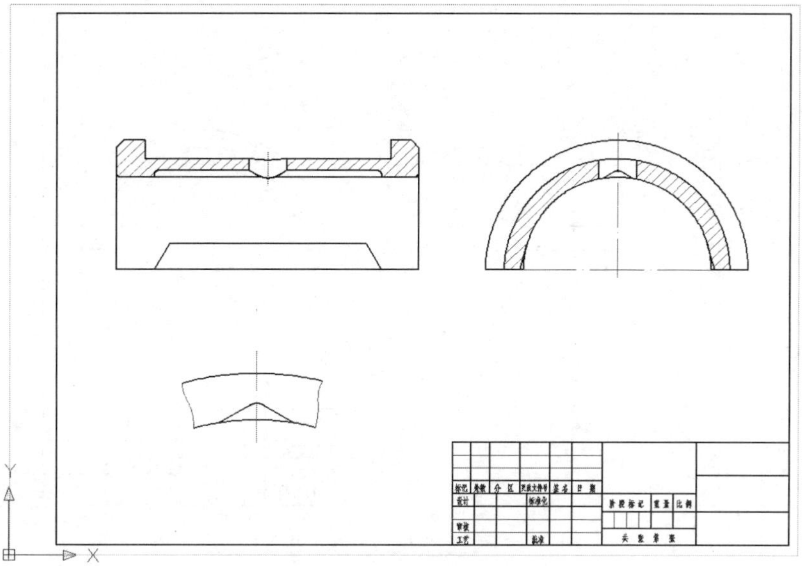

图 69–14　修剪后放大图形

7　单击“标准”工具栏中的“窗口缩放”按钮，将放大后的图形放大显示。

8　单击“绘图”工具栏中的“直线”按钮，启动“直线”命令后单击“对象捕捉”工具栏中的 按钮，将光标移到倾斜线 ef 的端点 F 处，向左上方移动光标，出现延长线轨迹后在竖直点画线的左侧适当位置单击，捕捉到 i 点，再捕捉端点 f，绘制出直线 ef 的延长线 fi。再利用“直线”命令连接倾斜线 gh 的端点 g 和交点 j，hj 为 gh 的延长线，如图 69–15 所示。

9　单击“修改”工具栏中的“修剪”按钮，利用“修剪”命令修剪直线 fi。

10　单击“绘图”工具栏中的“图案填充”按钮，利用“图案填充”命令绘制剖面线。在弹出的“图案填充和渐变色”对话框中打开“图案填充”选项卡，将图案类型设置为 ANSI31，角度分别设置为 0，比例设置为 1.25。单击“拾取点”按钮，在局部放大图中需要填充的区域内单击，回车两次，即可绘制剖面线，如图 69–16 所示。

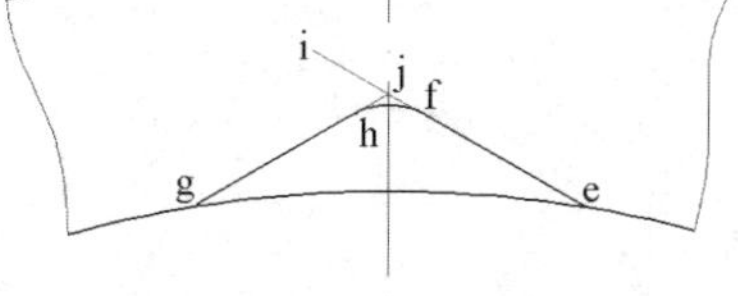

图 69–15　绘制倾斜线的延长线

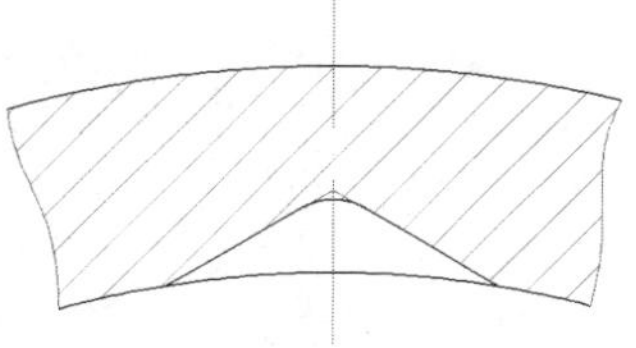

图 69–16　绘制局部放大图

11　单击“标准”工具栏中的“缩放上一个”按钮，返回上一个显示窗口。

12　将“粗实线”层设置为当前层，利用“直线”命令在主视图中绘制剖切符号。

13　将“文字”层设置为当前层，将“字母和数字样式”设置为当前样式。单击“文字”工具栏中的“单行文字”按钮，利用“单行文字”命令输入“A”、“A”、“A–A”和“5:1”。

14　单击“修改”工具栏中的“移动”按钮，利用“移动”命令将“A”和“A”移到主视图的剖切符号附近适当位置，将“A–A”和“5:1”移到局部放大图上方适当位置。

15　利用“直线”命令在“A–A”和“5:1”之间绘制一条水平线，如图 69–17 所示。

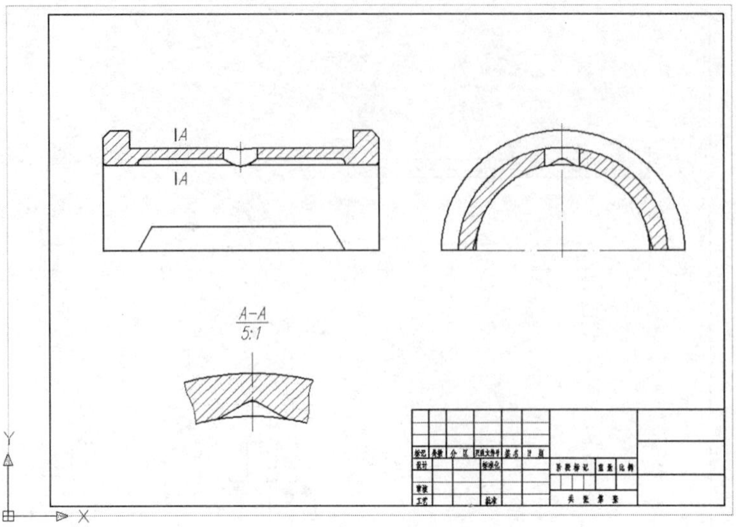

图 69-17　标注剖切位置、名称和放大比例

五、标注尺寸

主视图和左视图放大了 2 倍，在这两个视图中标注尺寸需要将所用的标注样式（机械标注样式和径向标注补充样式）中的“测量单位比例因子”修改为缩放比例的倒数即 0.5。

1 单击“标注”或“样式”工具栏中的“标注样式”按钮，系统弹出“标注样式管理器”对话框。在“样式”显示列表中选中“机械标注样式”，单击“修改”按钮，在弹出的“修改标注样式”对话框中打开“主单位”选项卡，在“测量单位比例”选项栏的“比例因子”文本框中输入 0.5，单击“确定”按钮，如图 69-18 所示。

2 利用“线性标注”命令和“直径”标注命令即可在主视图和左视图中标注实际尺寸。在左视图中初步标注尺寸如图 69-19 所示。

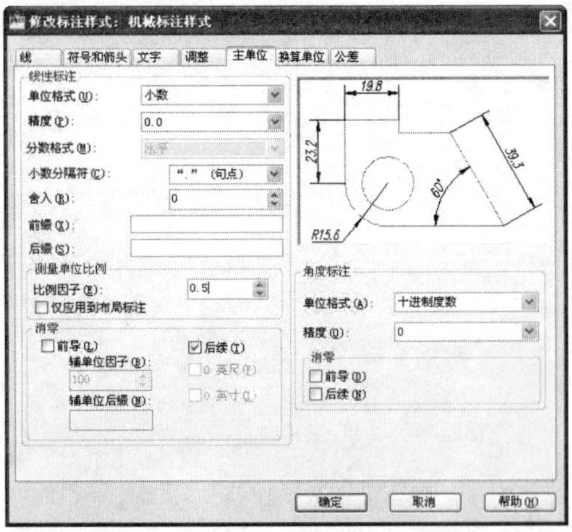

图 69-18　修改测量单位比例因子

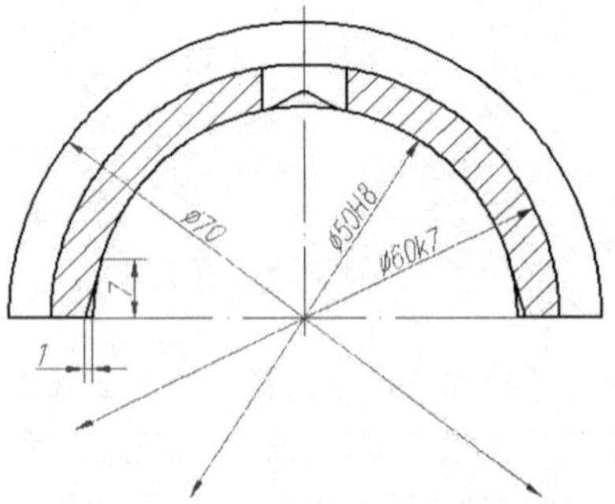

图 69-19　初步标注左视图

3 单击“修改”工具栏中的“分解”按钮，利用“分解”命令将 3 个直径尺寸分解。

4 单击“修改”工具栏中的“打断于点”按钮，利用“打断于点”命令将 3 个直径尺寸的尺寸线在水平点画线的下方打断。

5 单击“修改”工具栏中的“删除”按钮，利用“删除”命令将 3 个直径尺寸下方的 3 个箭头和尺寸线删除，即可标注出如图 69-20 所示的尺寸。

6 在局部放大图中标注尺寸不能修改标注样式中的测量单位比例因子，以免引起混乱。可以利用标注命令中的“单行文字”选项将标注文字修改为实际尺寸，如图 69-21 所示。

```
命令: _dimlinear　（单击“标注”工具栏中的“线性标注”按钮，启动“线性标注”命令）
指定第一条延伸线原点或 <选择对象>::　　（在局部放大图中捕捉圆角的上象限点）
指定第二条延伸线原点:　　（在局部放大图中捕捉半径为25mm圆弧的上象限点）
指定尺寸线位置或[多行文字(M)/文字(T)/角度(A)/水平(H)/垂直(V)/旋转(R)]: T↙
（T，回车，选择“文字”选项）
输入标注文字 <5>: 2↙　　（输入标注文字2，回车）
指定尺寸线位置或[多行文字(M)/文字(T)/角度(A)/水平(H)/垂直(V)/旋转(R)]:　　（在适当位置单击）
标注文字 = 5

命令: _dimradius　　（单击“标注”工具栏中的 按钮，启动“半径标注”命令）
选择圆弧或圆:　　（在局部放大图中单击圆角）
标注文字 = 3.8
指定尺寸线位置或 [多行文字(M)/文字(T)/角度(A)]: T↙　　（T，回车，选择“文字”选项）
输入标注文字 <3.8>: R1.5↙　　（输入标注文字R1.5，回车）
指定尺寸线位置或 [多行文字(M)/文字(T)/角度(A)]:　　（在适当位置单击）
```

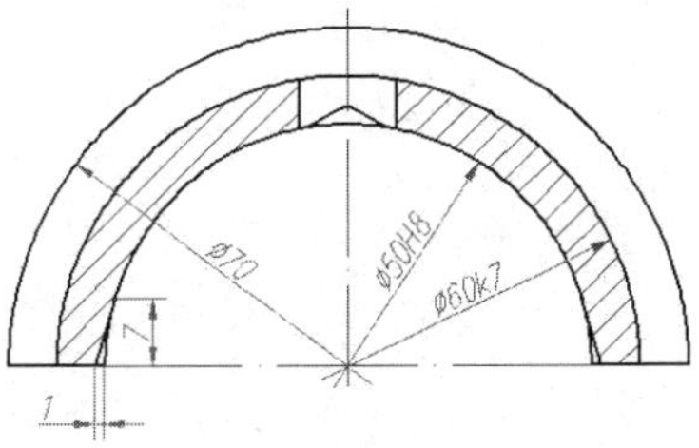

图 69-20　编辑标注

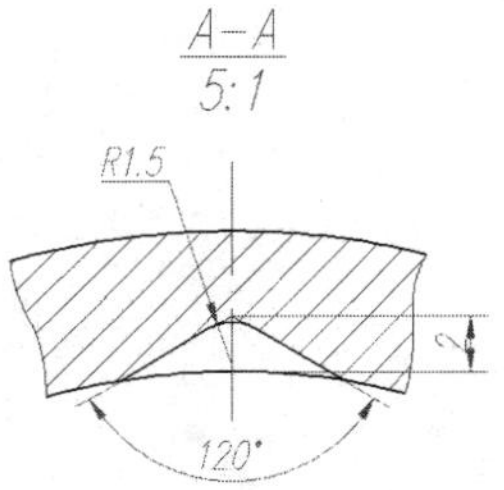

图 69-21　在局部放大图中标注尺寸

六、绘制滑动轴承下轴衬零件图

下轴衬零件图可以由上轴衬零件图编辑而成，如图 69-22 所示。

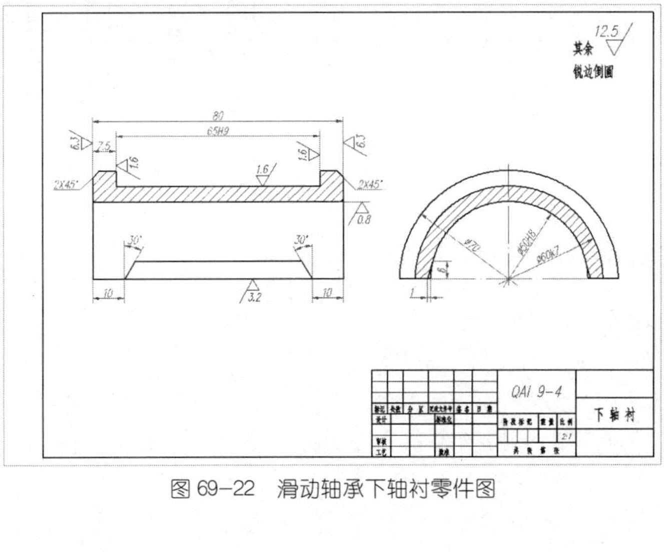

图 69-22　滑动轴承下轴衬零件图

实例 70 滑动轴承盖

本实例所用的绘图命令：“打开”Open 命令、“另存为”Save as 命令、“圆弧”Arc 命令、“直线”Line 命令、“偏移”Offset 命令、“修剪”Trim 命令、“圆心标记”Dimcenter 命令、“拉长”Lengthen 命令、“合并”Join 命令、“图层匹配”Laymch 命令、“删除”Erase 命令、“圆角”Fillet 命令、“倒角”Chamfer 命令、“图案填充”Bhatch 命令、“圆”Circle 命令、“镜像”Mirror 命令、“双点打断”Break 命令、“复制”Copy 命令。

滑动轴承盖零件图如图 70–1 所示。

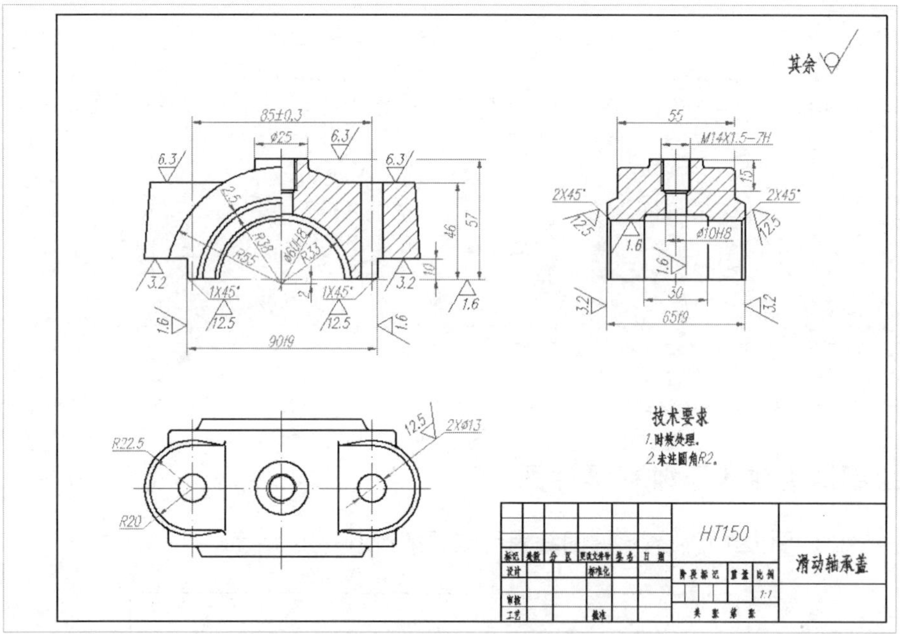

图 70–1　滑动轴承盖

绘制步骤

一、绘制滑动轴承盖主视图

1 打开“A3 样板图形.dwt”。

2 选择菜单“文件”→“另存为”选项，系统弹出“图形另存为”对话框，在“文件类型”下拉列表中选择“AutoCAD 2010 图形(*.dwg)”选项，在“文件名”文本框中输入“滑动轴承盖”，如图 70–2 所示。在“另存于”下拉列表中选择保存的路径后，单击“保存”按钮，创建图形文件“滑动轴承盖.dwg”。

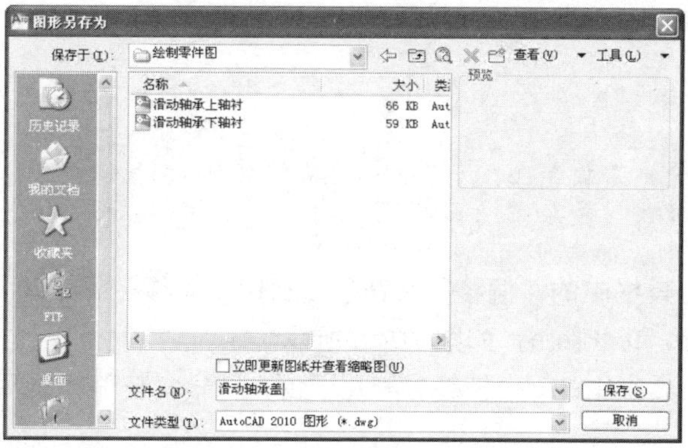

图 70-2 “图形另存为”对话框

3 打开状态栏中的“正交”按钮、“对象捕捉”按钮和“对象捕捉追踪”按钮。

4 将“粗实线”层设置为当前层，利用“圆弧”命令绘制半径为 30mm 的半圆。

```
命令: _arc      (选择菜单“绘图”→“圆弧”→“圆心、起点、角度”选项)
指定圆弧的起点或 [圆心(C)]: _c
指定圆弧的圆心:      (在适当位置单击)
指定圆弧的起点: @30,0↙      (输入半圆的起点相对于圆心的坐标，回车)
指定圆弧的端点或 [角度(A)/弦长(L)]: _a
指定包含角: 180↙      (输入包含角180，回车)
```

5 单击“修改”工具栏中的“偏移”按钮，利用“偏移”命令向外偏移半圆，偏移距离为 2mm、3mm、8mm、10.5mm 和 25mm。

6 单击“绘图”工具栏中的“直线”按钮，利用“直线”命令连接最大半圆（即半径为 55mm 的半圆）的两个端点，如图 70-3 所示。

7 单击“修改”工具栏中的“偏移”按钮，利用“偏移”命令向上偏移该水平连线，偏移距离为 2mm。

8 单击“修改”工具栏中的“删除”按钮，利用“删除”命令将水平连线删除。

9 单击“修改”工具栏中的“修剪”按钮，利用“修剪”命令修剪偏移出来的直线和半圆。

10 将“点画线”层设置为当前层，单击“绘图”工具栏中的“直线”按钮，利用“直线”命令连接半径为 30mm 的圆弧的两个端点，利用“直线”命令和对象捕捉追踪模式绘制主视图的竖直对称点画线。

11 单击“标注”工具栏中的“圆心标注”按钮，利用“圆心标注”命令绘制同心圆弧的圆心标记，如图 70-4 所示。

图 70-3　绘制同心半圆和直线

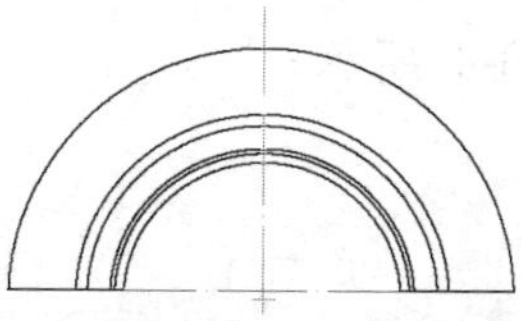

图 70-4　偏移后修剪，绘制点画线和圆心标记

12 利用“拉长”命令拉长两段水平粗实线。

```
命令: _lengthen      (选择菜单“修改”→“拉长”选项，启动“拉长”命令)
```

选择对象或 [增量(DE)/百分数(P)/全部(T)/动态(DY)]: T↙　　(输入T，回车，选择“全部”选项)
指定总长度或 [角度(A)] <1.0000)>: 40↙　　(输入新的长度40，回车)
选择要修改的对象或 [放弃(U)]:　　(在左侧水平粗实线的左端点附近单击该直线)
选择要修改的对象或 [放弃(U)]:　　(在右侧水平粗实线的右端点附近单击该直线)
选择要修改的对象或 [放弃(U)]:↙　　(回车，结束“拉长”命令)

13 单击“修改”工具栏中的“偏移”按钮，利用“偏移”命令向上偏移两段水平粗实线两次，偏移的距离为 10mm 和 46mm，如图 70-5 所示。

14 单击“修改”工具栏中的 按钮，利用“合并”命令将偏移距离为 46mm 的两段粗实线合并。

15 单击“修改”工具栏中的“偏移”按钮，利用“偏移”命令向右偏移竖直对称点画线 3 次，偏移距离为 5mm、5.95mm 和 7mm。再对称偏移竖直对称点画线，偏移距离为 12.5mm、42.5mm、45mm、62.5mm 和 65mm。再对称偏移右侧与竖直对称点画线距离为 42.5mm 的点画线，偏移距离为 6.5mm。向上偏移水平点画线两次，偏移距离为 42mm 和 57mm。

16 将“粗实线”层设置为当前层，单击“绘图”工具栏中的“直线”按钮，利用“直线”命令连接交点 A 和 B、C 和 D，如图 70-6 所示。

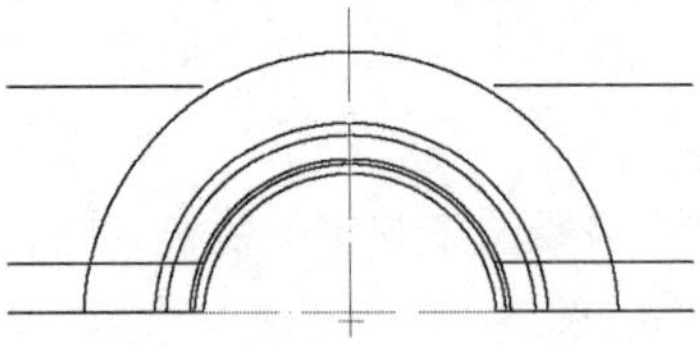

图 70-5　拉长、偏移直线

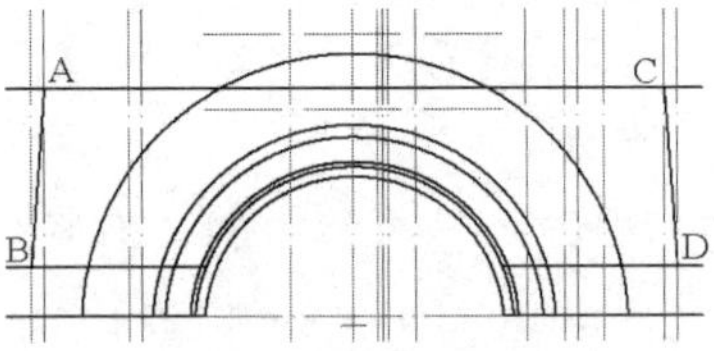

图 70-6　合并直线，偏移点画线，连接交点

17 单击“修改”工具栏中的“删除”按钮，利用“删除”命令将对称偏移距离为 62.5mm 和 65mm 的 4 条点画线删除。

18 选择菜单“格式”→“图层工具”→“图层匹配”选项，利用“图层匹配”命令将偏移距离为 5mm 和 5.95mm、对称偏移距离为 12.5mm、45mm 和 6.5mm 的 8 条点画线的图层修改为“粗实线”层，将偏移距离为 7mm 的点画线的图层修改为“细实线”层。

19 单击“修改”工具栏中的“修剪”按钮，利用“修剪”命令修剪出如图 70-7 所示的图形。

20 单击“标准”工具栏中的“窗口缩放”按钮，将内螺纹处的图形放大显示。

21 单击“绘图”工具栏中的“直线”按钮，利用“直线”命令过端点 E 绘制倾斜线 EF，F 点相对于 E 点的坐标为“@5<225”。再过交点 G 绘制水平线 GH，H 点为在竖直对称点画线上捕捉的垂足，如图 70-8 所示。

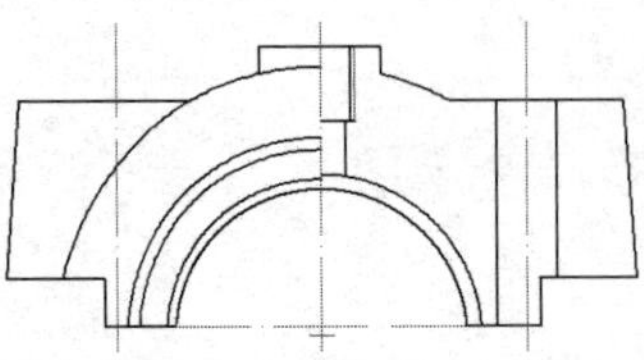

图 70-7　修剪图形

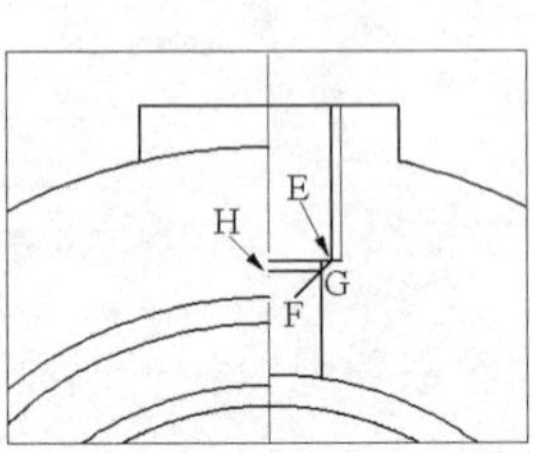

图 70-8　绘制直线

22 单击“修改”工具栏中的“修剪”按钮，利用“修剪”命令修剪出如图 70–9 所示的图形。

23 单击“标准”工具栏中的“缩放上一个”按钮，返回上一个显示窗口。

24 单击“修改”工具栏中的“圆角”按钮，利用“圆角”命令在上方凸台的两条竖直轮廓线和半径为 55mm 圆弧的交点处绘制两个圆角，圆角半径为 2mm。

25 单击“修改”工具栏中的“倒角”按钮，利用“倒角”命令在下方水平轮廓线的两端绘制两个倒角，倒角距离为 1mm。

26 将“细实线”层设置为当前层，单击“绘图”工具栏中的“图案填充”按钮，利用“图案填充”命令绘制剖面线。在弹出的“图案填充和渐变色”对话框中打开“图案填充”选项卡，将图案类型设置为 ANSI31，角度设置为 0，比例设置为 1.25。单击“拾取点”按钮，在主视图中需要填充的区域内单击，回车两次，即可绘制剖面线。

完成绘制滑动轴承盖主视图，如图 70–10 所示。

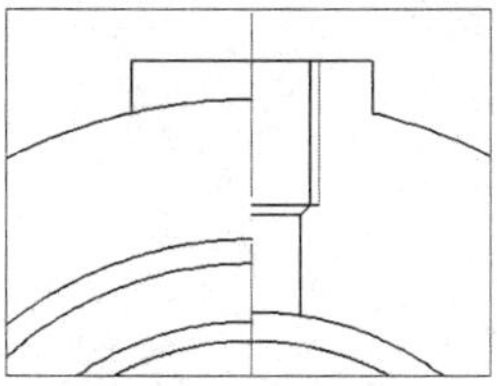

图 70–9　修剪直线

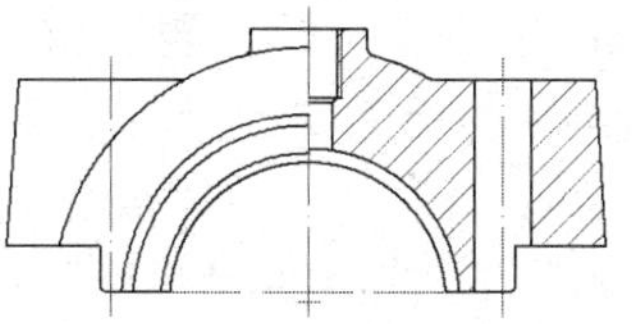

图 70–10　完成滑动轴承盖主视图

二、绘制滑动轴承盖俯视图

1 将“粗实线”层设置为当前层，单击“绘图”工具栏中的“直线”按钮，启动“直线”命令后，将光标移到主视图中半径为 55mm 的圆弧的左下端点处，向下移动光标，出现竖直追踪轨迹，如图 70–11 所示。在适当为位置单击，捕捉到 I 点，继续向下移动光标，绘制竖直线 IJ，长度为 55mm。

2 将“点画线”层设置为当前层，单击“绘图”工具栏中的“直线”按钮，启动“直线”命令后，将光标移到主视图竖直对称点画线的下端点处，向下移动光标，出现竖直追踪轨迹，在适当为位置单击，继续向下移动光标，绘制竖直点画线，该点画线是俯视图的竖直对称点画线。再利用“直线”命令过直线 IJ 的中点绘制水平点画线，其右端点是在竖直点画线上捕捉的垂足，如图 70–12 所示。

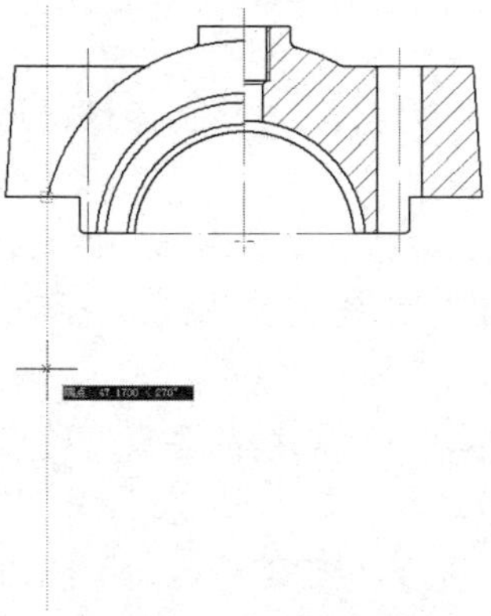

图 70–11　利用对象捕捉追踪模式绘制俯视图

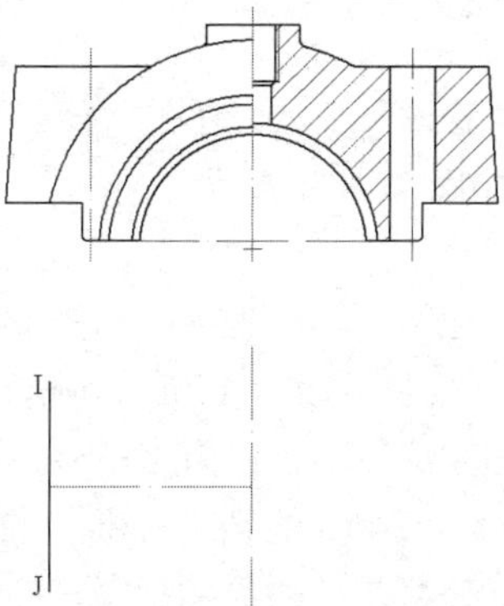

图 70–12　绘制竖直轮廓线和点画线

3 将“粗实线”层设置为当前层，利用“直线”命令过端点 I 和 J 绘制水平线 IK 和 JL，K 和 L 是在竖直点画线上捕捉的垂足。

4 单击“修改”工具栏中的“偏移”按钮，利用“偏移”命令向外侧偏移水平线 IK 和 JL，偏移距离为 5mm。向左偏移竖直点画线，偏移距离为 38mm、40.5mm 和 42.5mm。

5 单击“绘图”工具栏中的“直线”按钮，利用“直线”命令连接交点 M 和 N、交点 O 和 P。过主视图中的端点 Q 绘制竖直辅助线 QR，R 是在直线 JL 上捕捉的垂足。

6 选择菜单“修改”→“拉长”选项，利用“拉长”命令中的“动态”选项将水平点画线适当拉长。

7 单击“绘图”工具栏中的“圆”按钮，利用“圆”命令以水平点画线和偏移距离为 42.5mm 的竖直点画线的交点为圆心，绘制半径为 6.5mm、20mm 和 22.5mm 的圆。

8 单击“绘图”工具栏中的“直线”按钮，利用“直线”命令过半径为 20mm 的圆的上下两个象限点绘制竖直线 QR 的垂线，两条垂线的右端点为 S 和 T。再利用“直线”命令和切点捕捉过 S 点和 T 点绘制半径为 22.5mm 的圆的切线，如图 70-13 所示。

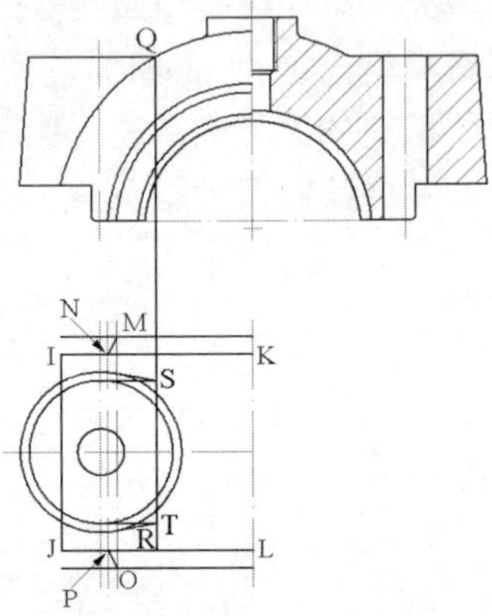

图 70-13 绘制俯视图轮廓线

9 单击“修改”工具栏中的“删除”按钮，利用“删除”命令将偏移距离为 38mm 和 40.5mm 的两条点画线删除。

10 单击“修改”工具栏中的“修剪”按钮，利用“修剪”命令修剪出如图 70-14 所示的图形。

11 单击“绘图”工具栏中的“直线”按钮，利用“直线”命令过端点 S 和 T 绘制两条长度为 2mm 的竖直辅助线，如图 70-15 所示。

12 单击“修改”工具栏中的“圆角”按钮，利用“圆角”命令绘制 6 个半径为 2mm 的圆角，如图 70-16 所示。绘制外侧两个圆角时，“修剪”选项应设置为“不修剪”。

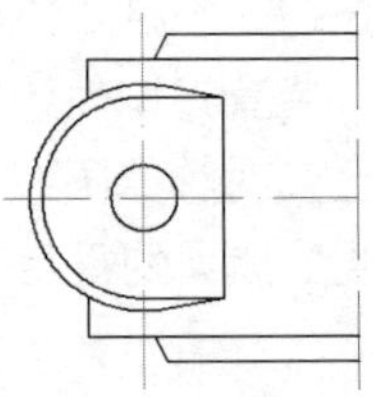
图 70-14 修剪图形

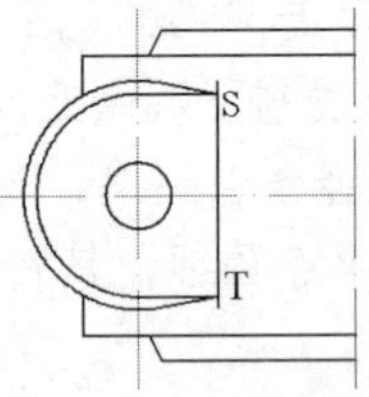

图 70-15 绘制辅助线

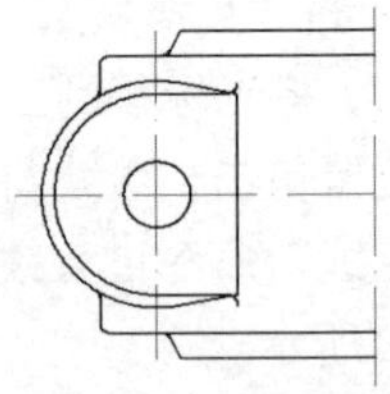
图 70-16 绘制圆角

13 单击“修改”工具栏中的“修剪”按钮，利用“修剪”命令修剪未被修剪的圆角边和两条倾斜切线，如图 70-17 所示。

14 单击“修改”工具栏中的“镜像”按钮，利用“镜像”命令做所绘图形的竖直镜像。

15 单击“绘图”工具栏中的“圆”按钮，利用“圆”命令以水平点画线和竖直对称点画线的交点为圆心，绘制半径为 12.5mm 和 5.95mm 的圆。

16 将“细实线”层设置为当前层，利用“圆”命令以水平点画线和竖直对称点画线的交点为圆心，绘制半径为 7mm 的细实线圆，如图 70-18 所示。

17 关闭状态栏中“对象捕捉”按钮，单击“修改”工具栏中的“打断”按钮，利用“打断”命令将细实线圆端点为 3/4 圆。

完成绘制滑动轴承盖俯视图，如图 70-19 所示。

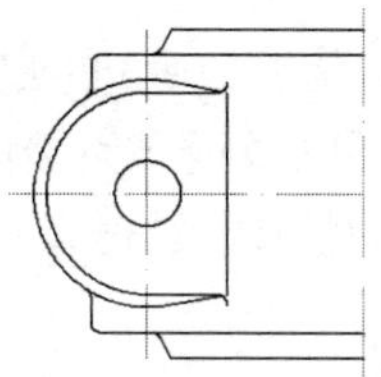

图 70-17　修剪直线

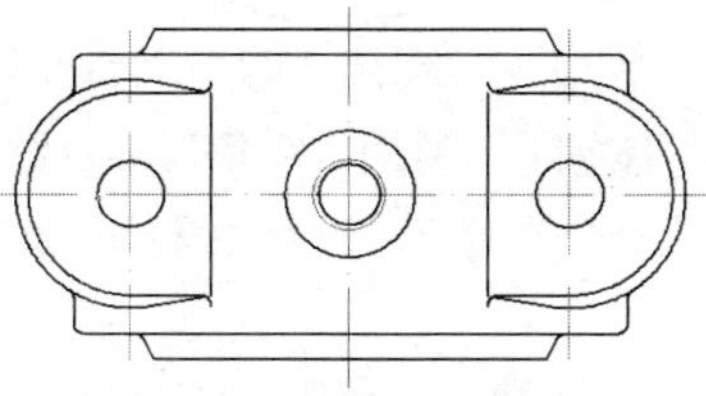

图 70-18　镜像后绘制圆

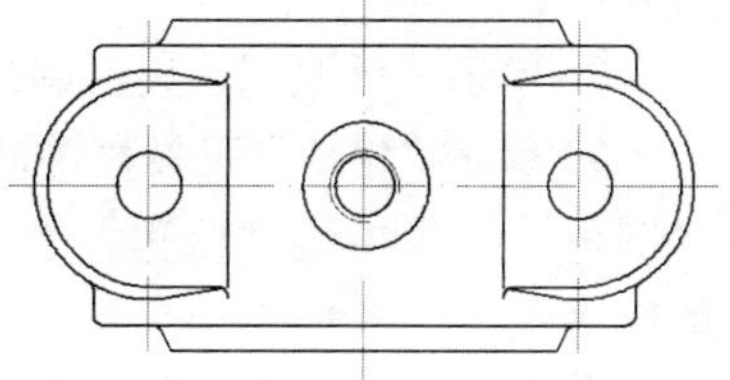

图 70-19　完成滑动轴承盖俯视图

三、绘制滑动轴承盖左视图

1　将“粗实线”层设置为当前层，单击“绘图”工具栏中的“直线”按钮，启动“直线”命令后，将光标移到主视图中的下方水平轮廓线的右端点处，向右移动光标，出现水平追踪轨迹，如图 70-20 所示。在适当为位置单击，捕捉到 a 点，继续向右移动光标，连续绘制水平线 ab 和竖直线 bc，长度为 32.5mm 和 50mm。

2　打开状态栏中的“对象捕捉”按钮，将“点画线”层设置为当前层。单击“绘图”工具栏中的“直线”按钮，利用“直线”命令和对象捕捉追踪模式过端点 a 绘制左视图的竖直对称点画线。

3　单击“修改”工具栏中的“复制”按钮，利用“复制”命令将主视图中上方凸台和内螺纹的轮廓线复制到左视图，复制的基点为中点 U，复制的第 2 点为在左视图竖直对称点画线上捕捉的垂足 V，如图 70-21 所示。

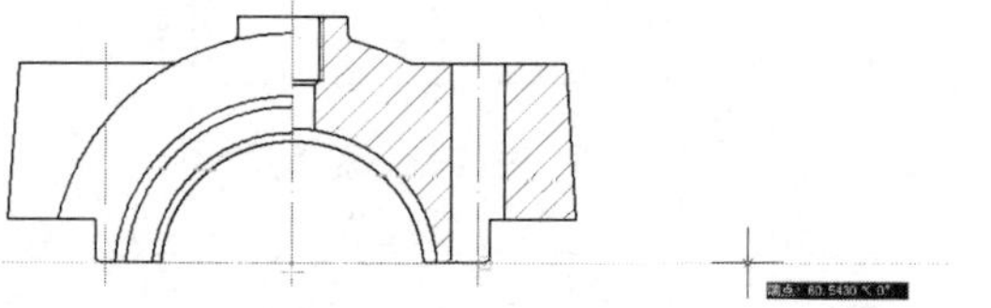

图 70-20　利用对象捕捉追踪模式绘制左视图

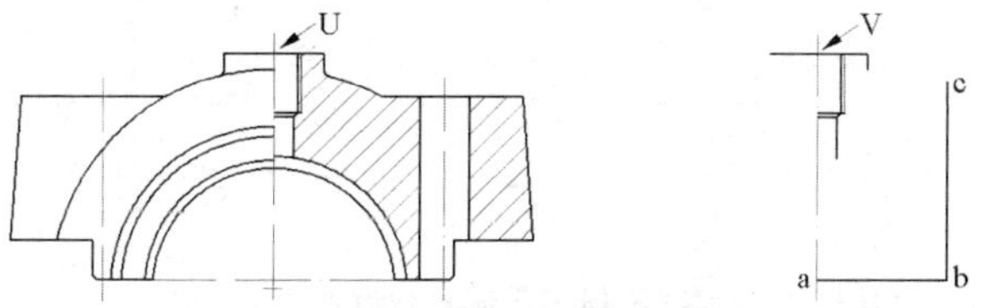

图 70-21　绘制轮廓线和点画线，复制图形

4　单击“修改”工具栏中的“偏移”按钮，利用“偏移”命令向右偏移竖直点画线，偏移距离为 15mm 和 27.5mm。

5　将“粗实线”层设置为当前层，单击“绘图”工具栏中的“直线”按钮，利用“直线”命令分别过主视图中的圆弧的中点 d 和端点 e、h、j 和 l 绘制水平辅助线 df、eg、hi、jk 和 lm，辅助线的右端点是在左视图中竖直轮廓线和竖直点画线上捕捉的垂足。并利用“直线”命令连接端点 i 和 k，如图 70-22 所示。

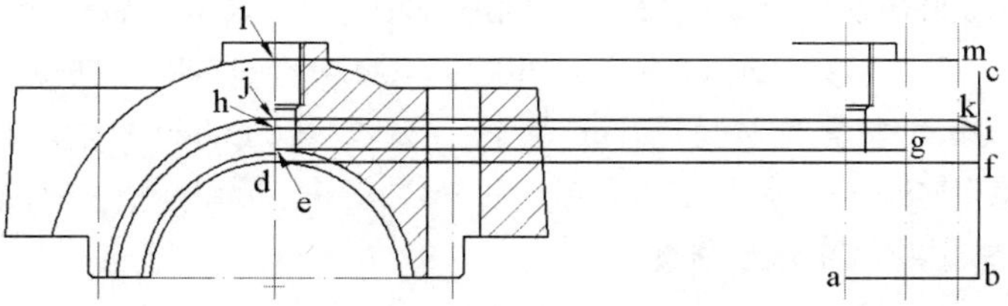

图 70-22　偏移点画线，绘制辅助线

6　单击“修改”工具栏中的“删除”按钮，利用“删除”命令将水平辅助线 hi 和 jk 删除。

7 单击“修改”工具栏中的“修剪”按钮，利用“修剪”命令修剪出如图 70-23 所示的图形。

8 单击“修改”工具栏中的“圆角”按钮，利用“圆角”命令绘制 2 个半径为 2mm 的圆角。

9 单击“修改”工具栏中的“倒角”按钮，利用“倒角”命令绘制内倒角，倒角距离为 2mm。“倒角”命令中的“修剪”选项应设置为“不修剪”，然后利用“修剪”命令修剪未被修剪的倒角边。

10 单击“绘图”工具栏中的“直线”按钮，利用“直线”命令过内倒角斜线的端点绘制竖直轮廓线，其下端点为在下方水平轮廓线上捕捉的垂足，如图 70-24 所示。

11 单击“修改”工具栏中的“镜像”按钮，利用“镜像”命令做所绘图形的竖直镜像。

12 将“细实线”层设置为当前层，单击“绘图”工具栏中的“图案填充”按钮，利用“图案填充”命令绘制剖面线。在弹出的“图案填充和渐变色”对话框中打开“图案填充”选项卡，将图案类型设置为 ANSI31，角度设置为 0，比例设置为 1.25。单击“拾取点”按钮，在左视图中需要填充的区域内单击（注意在内螺纹的牙顶线和牙底线之间单击），回车两次，即可绘制剖面线。

完成绘制滑动轴承盖左视图，如图 70-25 所示。

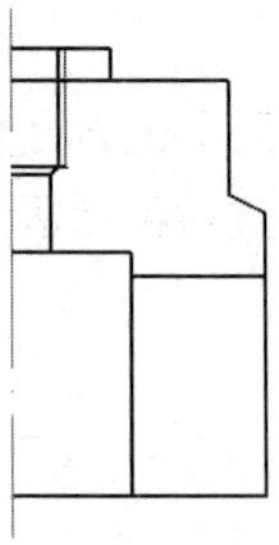

图 70-23　修剪图形

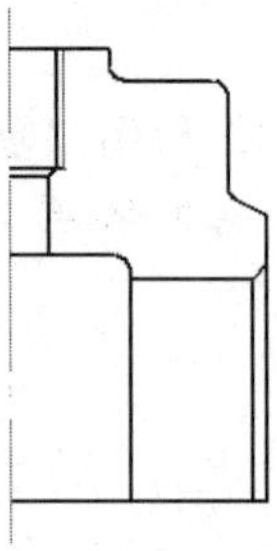

图 70-24　绘制圆角和倒角

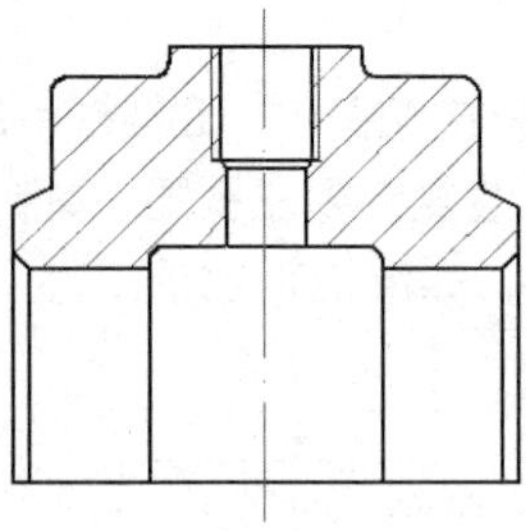

图 70-25　完成滑动轴承盖左视图

四、完成零件图其他内容

标注尺寸、粗糙度、输入技术要求、填写标题栏。完成绘制滑动轴承盖零件图。

实例 71　滑动轴承座

本实例所用的绘图命令：“打开”Open 命令、“另存为”Save as 命令、“直线”Line 命令、“偏移”Offset 命令、“圆”Circle 命令、“删除”Erase 命令、“图层匹配”Laymch 命令、“修剪”Trim 命令　“拉长”Lengthen 命令、“圆角”Fillet 命令、“镜像”Mirror 命令、“圆弧”Arc 命令、“合并”Join 命令、“倒角”Chamfer 命令、“图案填充”Bhatch 命令、

滑动轴承座零件图如图 71-1 所示。

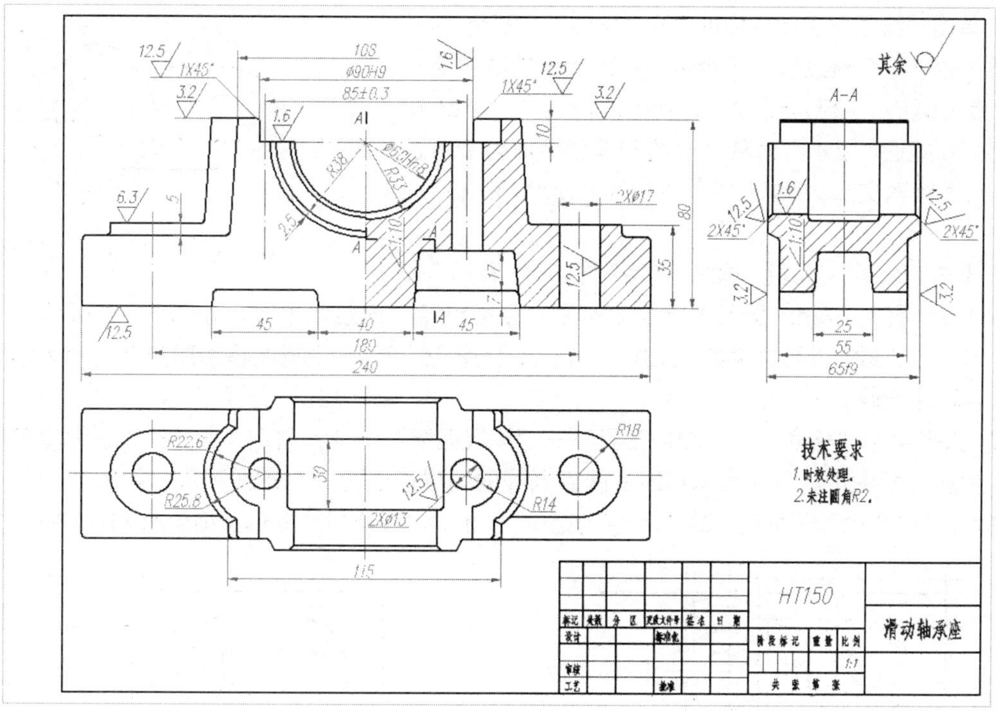

图 71–1　滑动轴承座

绘制步骤

一、绘制滑动轴承座俯视图

1 打开“A3 样板图形.dwt”。

2 选择菜单“文件”→“另存为”选项，在弹出“图形另存为”对话框的“文件类型”下拉列表中选择“AutoCAD 2010 图形(*.dwg)”选项，在“文件名”文本框中输入“滑动轴承座”，在“另存于”下拉列表中选择保存的路径后，单击“保存”按钮，创建图形文件“滑动轴承座.dwg”。

3 打开状态栏中的“正交”按钮、“对象捕捉”按钮和“对象捕捉追踪”按钮。

4 将“点画线”层设置为当前层，单击“绘图”工具栏中的“直线”按钮，利用“直线”命令绘制竖直点画线，该点画线是俯视图的竖直对称点画线，长度为 75mm。再利用“直线”命令过竖直点画线的中点绘制水平点画线，该点画线是俯视图的水平对称点画线，长度为 125mm，如图 71–2 所示。

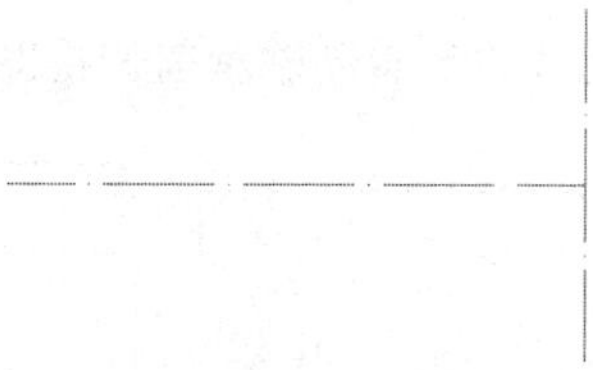

图 71–2　利用对象捕捉追踪模式绘制俯视图

5 单击“修改”工具栏中的“偏移”按钮，利用“偏移”命令向左偏移竖直点画线，偏移距离为 30mm、33mm、38mm、40.5mm、42.5mm、45mm、54mm、57.5mm、90mm 和 120mm。对称偏移水平点画线 3 次，偏移距离为 15mm、27.5mm 和 32.5mm。

6 将“粗实线”层设置为当前层，单击“绘图”工具栏中的“直线”按钮，利用“直线”命令将偏移距离为 38 mm 的竖直点画线和偏移距离为 32.5mm 的水平点画线的交点、偏移距离为 40.5mm 的竖直点画线和偏移距离为 27.5mm 的水平点画线的交点。

7 单击“绘图”工具栏中的“圆”按钮，利用“圆”命令以水平对称点画线和偏移距离为 42.5mm 的竖直点画线的交点为圆心，绘制半径为 6.5mm、13mm、22.6mm 和 25.8mm 的圆。以水平对称点画线和偏移距离为 90mm 的竖直点画线的交点为圆心，绘制半径为 8.5mm 和 18mm 的圆。

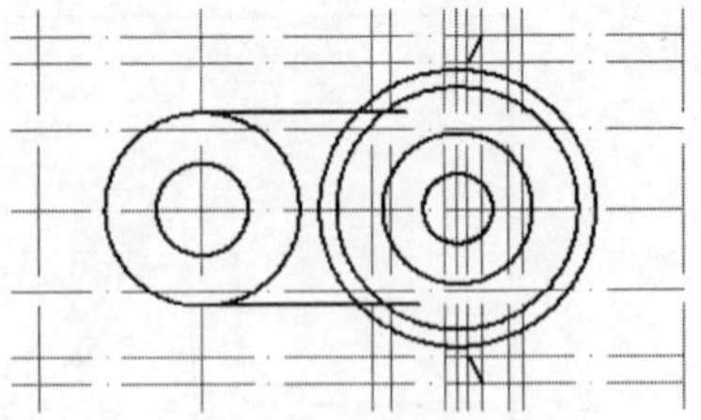

图 71–3　偏移点画线，绘制倾斜线和圆

8 单击“绘图”工具栏中的“直线”按钮，利用“直线”命令过半径为 18mm 的圆的上象限点和下象限点绘制两条水平线，如图 71–3 所示。

9 单击“修改”工具栏中的“删除”按钮，利用“删除”命令将偏移距离为 38mm 和 40.5mm 的两条点画线删除。

10 选择菜单“格式”→“图层工具”→“图层匹配”选项，利用“图层匹配”命令将除了同心圆的竖直点画线外其余 6 条偏移出来的点画线的图层修改为“粗实线”层，如图 71–4 所示。

11 单击“修改”工具栏中的“修剪”按钮，利用“修剪”命令修剪出如图 71–5 所示的图形。

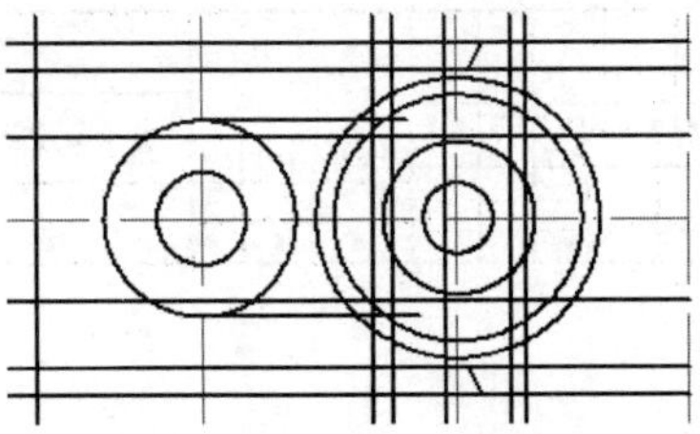

图 71–4　改变点画线的图层

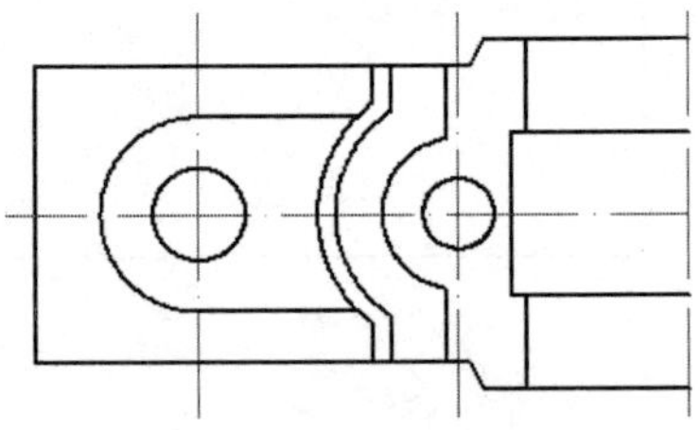

图 71–5　修剪图形

12 选择菜单“修改”→“拉长”选项，利用“拉长”命令中的“动态”选项将两条竖直点画线适当缩短。

13 单击“绘图”工具栏中的“直线”按钮，利用“直线”命令连接半径为 22.6mm 和 25.6mm 两个圆弧的上方两个端点和下方两个端点。

14 单击“修改”工具栏中的“圆角”按钮，利用“圆角”命令绘制十个半径为 2mm 的圆角，如图 71–6 所示。在视图内绘制圆角时，“修剪”选项应设置为“不修剪”。

15 单击“修改”工具栏中的“修剪”按钮，利用“修剪”命令修剪未修剪的圆角边。

16 单击“修改”工具栏中的“镜像”按钮，利用“镜像”命令做所绘图形的竖直镜像。完成绘制滑动轴承盖俯视图，如图 71–7 所示。

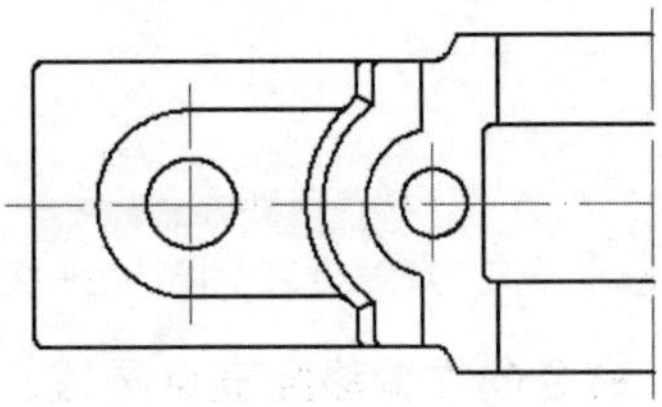

图 71–6　绘制圆角

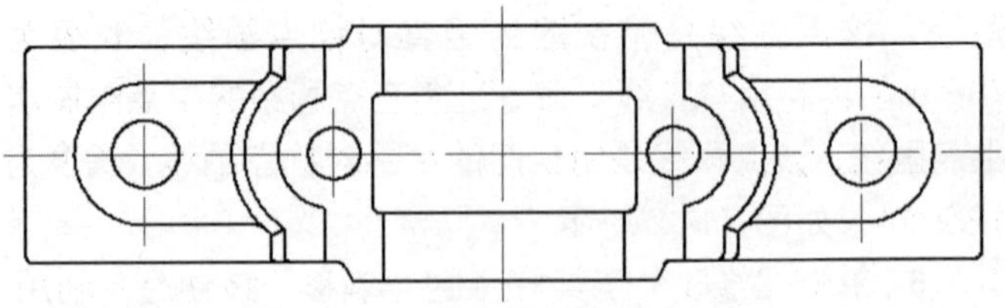

图 71–7　绘制滑动轴承座俯视图

二、绘制滑动轴承座主视图

1 利用“圆弧”命令在俯视图竖直对称点画线的延长线上绘制半径为 30mm 的半圆，如图 71–8 所示。

```
命令: _arc        (选择菜单"绘图"→"圆弧"→"圆心、起点、角度"选项)
指定圆弧的起点或 [圆心(C)]: _c
指定圆弧的圆心:        (将光标移到俯视图竖直对称点画线的上端点处，出现端点捕捉标记后，向上移动光标，出现竖直追踪轨迹，在适当位置单击)
指定圆弧的起点: @-30,0↙        (输入半圆的起点相对于圆心的坐标，回车)
指定圆弧的端点或 [角度(A)/弦长(L)]: _a
指定包含角: 180↙        (输入包含角180，回车)
```

2 单击"修改"工具栏中的"偏移"按钮，利用"偏移"命令向偏移半圆，偏移距离为 2mm、3mm、8mm 和 10.5mm。

3 将"点画线"层设置为当前层，利用直线命令和对象捕捉追踪模式绘制主视图的竖直对称点画线。

4 将"粗实线"层设置为当前层，单击"绘图"工具栏中的"直线"按钮，利用"直线"命令过半圆的圆心绘制两条水平线，长度均为 125mm。

5 单击"修改"工具栏中的"合并"按钮，利用"合并"命令将两条水平线合并成为长度为 250mm 的水平线Ⅰ。

6 单击"修改"工具栏中的"偏移"按钮，利用"偏移"命令向上偏移水平线Ⅰ，偏移距离为 10mm，得到水平线Ⅱ。向下偏移水平线Ⅱ，偏移距离为 80mm，得到水平线Ⅲ。向上偏移水平线Ⅲ，偏移距离为 7mm 和 35mm，得到水平线Ⅳ和Ⅵ。向上偏移水平线Ⅳ，偏移距离为 17mm，得到水平线Ⅴ。向下偏移水平线Ⅵ，偏移距离为 5mm，得到水平线Ⅶ。

7 单击"修改"工具栏中的"偏移"按钮，利用"偏移"命令向左偏移竖直对称点画线两次，偏移距离为 54mm 和 57.5mm。对称偏移竖直对称点画线，偏移距离为 20mm、42.5mm、45mm、65mm、65.1mm、68.3mm、90mm 和 120mm。再对称偏移右侧与竖直对称点画线距离为 42.5mm 和 90mm 的两条点画线，偏移距离为 6.5mm 和 8.5mm。向上偏移水平点画线两次，偏移距离为 42mm 和 57mm。

8 单击"绘图"工具栏中的"直线"按钮，利用"直线"命令将偏移距离为 65.1mm 的竖直点画线和的水平线Ⅰ的交点、偏移距离为 68.3mm 的竖直点画线和水平线Ⅵ的交点连接起来。将偏移距离为 55mm 的竖直点画线和的水平线Ⅰ的交点、偏移距离为 58.5mm 的竖直点画线和水平线Ⅶ的交点连接起来。过俯视图右侧半径为 14mm 圆弧的右象限点绘制水平线Ⅱ的垂线。绘图结果如图 71-9 所示。

9 单击"修改"工具栏中的"删除"按钮，利用"删除"命令将过 3 条倾斜线端点的 6 条竖直点画线删除。

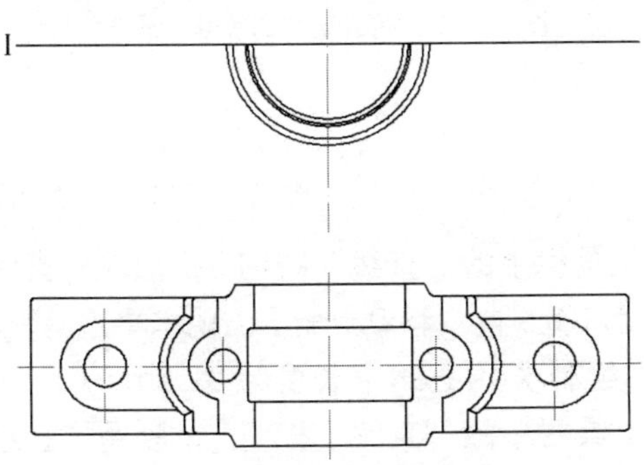

图 71-8　绘制同心半圆和直线

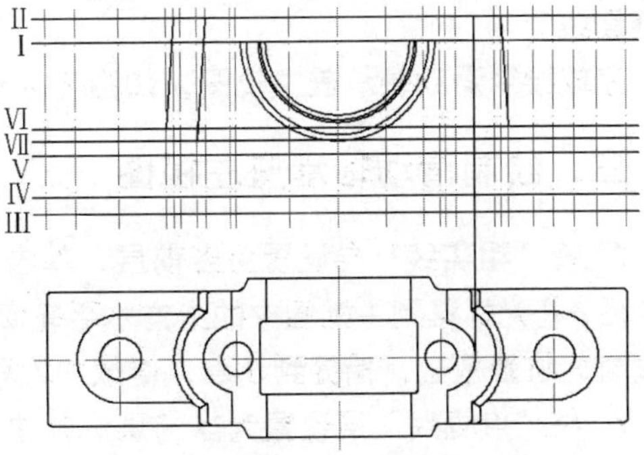

图 71-9　偏移点画线，连接交点

10 选择菜单“格式”→“图层工具”→“图层匹配”选项，利用“图层匹配”命令将除了对称偏移距离为 42.5mm 和 90mm 的 4 条竖直点画线外其余所有偏移出来的点画线的图层修改为“粗实线”层。

11 单击“修改”工具栏中的“修剪”按钮，利用“修剪”命令修剪出如图 71–10 所示的图形。

12 选择菜单“修改”→“拉长”选项，利用“拉长”命令中的“动态”选项将竖直点画线适当缩短。

13 单击“绘图”工具栏中的“直线”按钮，利用“直线”命令过端点 A、C、E 和 G 绘制倾斜线 AB、CD、EF 和 GH，B 点相对于 A 点的坐标为“@1.5, 15”，D 点相对于 C 点的坐标为“@–1.5, 15”，F 点相对于 E 点的坐标为“@3, 30” B 点相对于 A 点的坐标为“@–3, 30”，如图 71–11 所示。

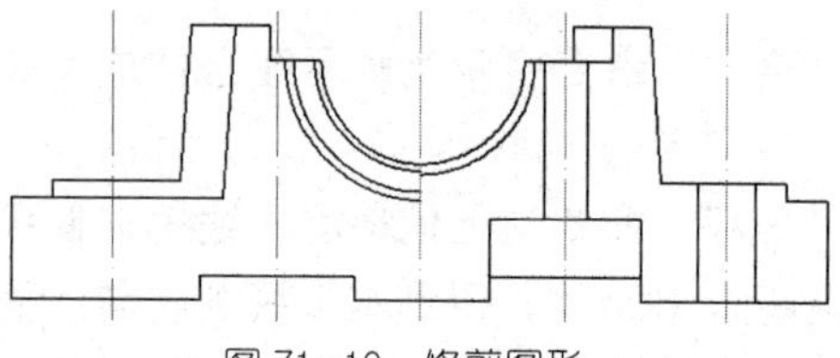

图 71–10　修剪图形

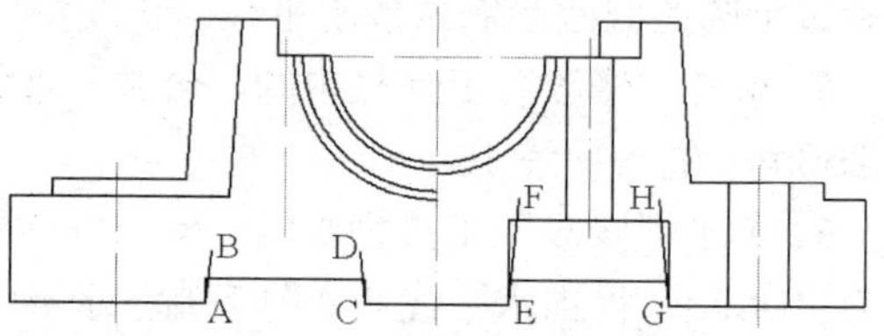

图 71–11　绘制倾斜线

14 单击“修改”工具栏中的“删除”按钮，利用“删除”命令将过端点 A、C、E 和 G 的 4 条竖直线删除。

15 单击“修改”工具栏中的“修剪”按钮，利用“修剪”命令修剪 4 条倾斜线和与之相交的水平线。

16 单击“修改”工具栏中的“圆角”按钮，利用“圆角”命令绘制半径为 2mm 圆角。

17 单击“修改”工具栏中的“倒角”按钮，利用“倒角”命令在上方两条水平轮廓线的内侧端点处绘制两个倒角，倒角距离为 1mm。

18 将“细实线”层设置为当前层，单击“绘图”工具栏中的“图案填充”按钮，利用“图案填充”命令绘制剖面线。在弹出的“图案填充和渐变色”对话框中打开“图案填充”选项卡，将图案类型设置为 ANSI31，角度设置为 0，比例设置为 1.25。单击“拾取点”按钮，在主视图中需要填充的区域内单击，回车两次，即可绘制剖面线。

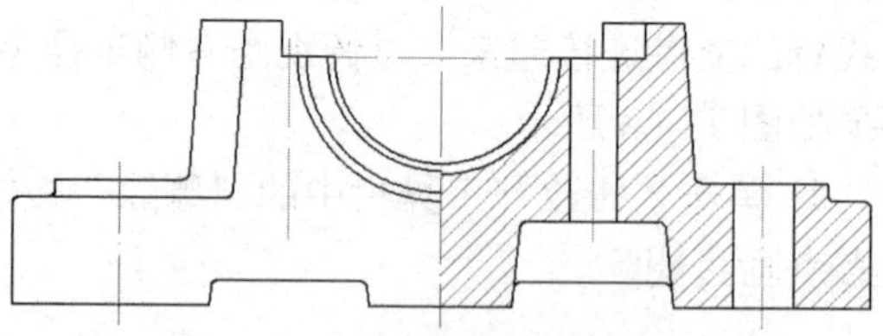

图 71–12　完成滑动轴承盖主视图

完成绘制滑动轴承盖主视图，如图 71–12 所示。

三、绘制滑动轴承座左视图

1 将“粗实线”层设置为当前层，单击“绘图”工具栏中的“直线”按钮，启动“直线”命令后，将光标移到主视图中的上方水平轮廓线的右端点 I 处，向右移动光标，出现水平追踪轨迹，在适当为位置单击，捕捉到 J 点，继续向右移动光标，绘制水平线 JK，长度为 32.5mm。

2 将“点画线”层设置为当前层。单击“绘图”工具栏中的“直线”按钮，利用“直线”命令和对象捕捉追踪模式过端点 K 绘制左视图的竖直对称点画线，如图 71–13 所示。

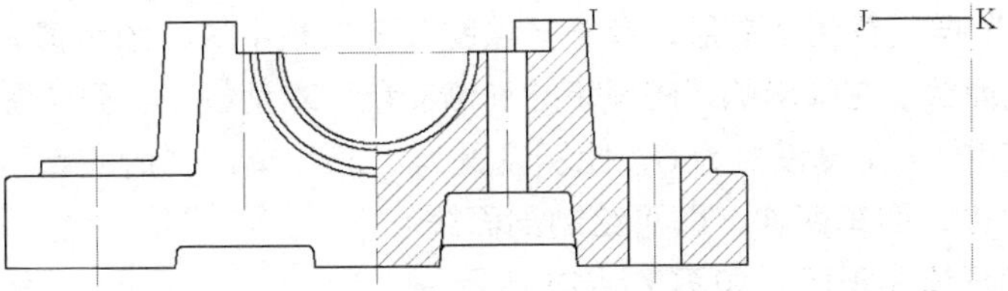

图 71–13　绘制轮廓线和点画线

3 单击“修改”工具栏中的“偏移”按钮，利用“偏移”命令向下偏移直线 JK，偏移距离为 1mm、10mm（得到直线 LM）和 80mm（得到直线 QR）。向下偏移直线 LM，偏移距离为 30mm、33mm、38mm 和 40.5mm。向上偏移直线 QR，偏移距离分别为 7mm 和 24mm。向左偏移竖直点画线，偏移距离分别为 12.5mm、13.8mm、15mm 和 27.5mm。

4 将“粗实线”层设置为当前层，单击“绘图”工具栏中的“直线”按钮，利用“直线”命令连续连接端点 J、端点 N 和交点 P，如图 71–14 所示。

5 单击“修改”工具栏中的“删除”按钮，利用“删除”命令将过 N 点和 P 点的两条水平线删除。

6 选择菜单“格式”→“图层工具”→“图层匹配”选项，利用“图层匹配”命令将偏移出来的 4 条点画线的图层修改为“粗实线”层。

7 单击“修改”工具栏中的“修剪”按钮，利用“修剪”命令修剪图形。

8 单击“绘图”工具栏中的“直线”按钮，利用“直线”命令过过端点 S 绘制倾斜线 ST，T 点相对于 S 点的坐标为“@2,20”，如图 71–15 所示。

9 单击“修改”工具栏中的“删除”按钮，利用“删除”命令将过端点 S 的竖直线删除。

10 单击“修改”工具栏中的“修剪”按钮，利用“修剪”命令修剪倾斜线 ST 和与之相交的水平线，如图 71–16 所示。

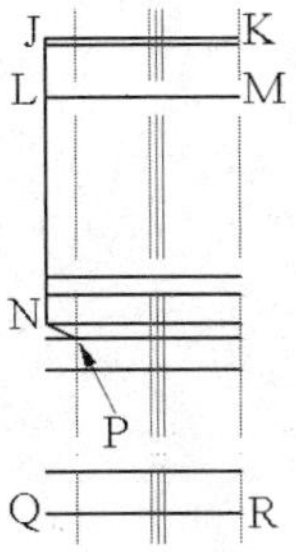

图 71–14　偏移后绘制直线

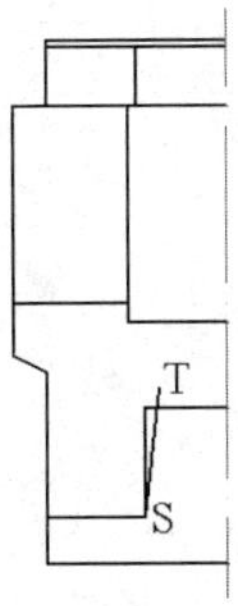

图 71–15　修剪后绘制倾斜线

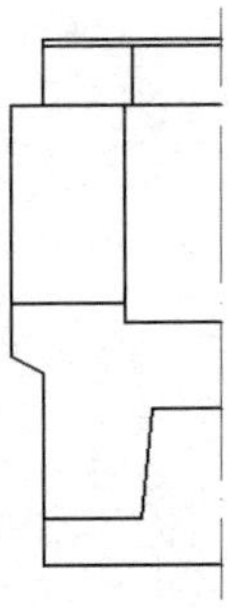

图 71–16　修剪图形

11 单击“修改”工具栏中的“圆角”按钮，利用“圆角”命令绘制 4 个半径为 2mm 的圆角。

12 单击“修改”工具栏中的“倒角”按钮，利用“倒角”命令绘制内倒角，倒角距离为 2mm。“倒角”命令中的“修剪”选项应设置为“不修剪”，然后利用“修剪”命令修剪未被修剪的倒角边。

13 单击“绘图”工具栏中的“直线”按钮，利用“直线”命令过内倒角斜线的端点绘制竖直轮廓线，其上端点是在上方水平轮廓线上捕捉的垂足，如图 71–17 所示。

14 单击“修改”工具栏中的“镜像”按钮，利用“镜像”命令做所绘图形的竖直镜像。

15 将“细实线”层设置为当前层，单击“绘图”工具栏中的“图案填充”按钮，利用“图案填充”命令绘制剖面线。在弹出的“图案填充和渐变色”对话框中打开“图案填充”选项卡，将图案类型设置为 ANSI31，角度设置为 0，比例设置为 1.25。单击“拾取点”按钮，在左视图中需要填充的区域内单击，回车两次，即可绘制剖面线。

完成绘制滑动轴承座左视图，如图 71-18 所示。

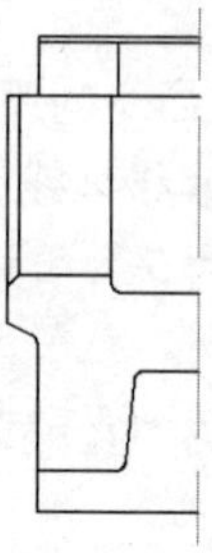

图 71-17　绘制圆角、倒角和直线

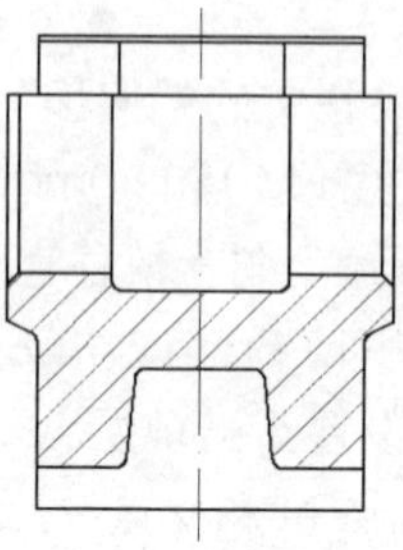

图 71-18　完成滑动轴承座左视图

四、完成零件图其他内容

1 在主视图中标注剖切位置、输入字母 A，在左视图上方标注剖视图名称 A-A。

2 在零件图中标注尺寸、粗糙度、输入技术要求、填写标题栏。

完成绘制滑动轴承座零件图。

7

绘制装配图

实例 72 滑动轴承装配图

本实例拼装视图所用的绘图命令："打开" Open 命令、"删除" Erase 命令、"图形界限" Limits 命令、"矩形" Rectangle 命令、"移动" Move 命令、"另存为" Save as 命令、"插入" Insert 命令、"镜像" Mirror 命令、"缩放" Scale 命令、"旋转" Rotate 命令、"复制" Copy 命令、"拉伸" Stretch 命令、"圆弧" Arc 命令、"修剪" Trim 命令 "拉长" Lengthen 命令、"图案填充" Bhatch 命令、"圆" Circle 命令、"合并" Join 命令、"图层匹配" Laymch 命令、"双点打断" Break 命令。

滑动轴承装配图如图 72-1 所示。

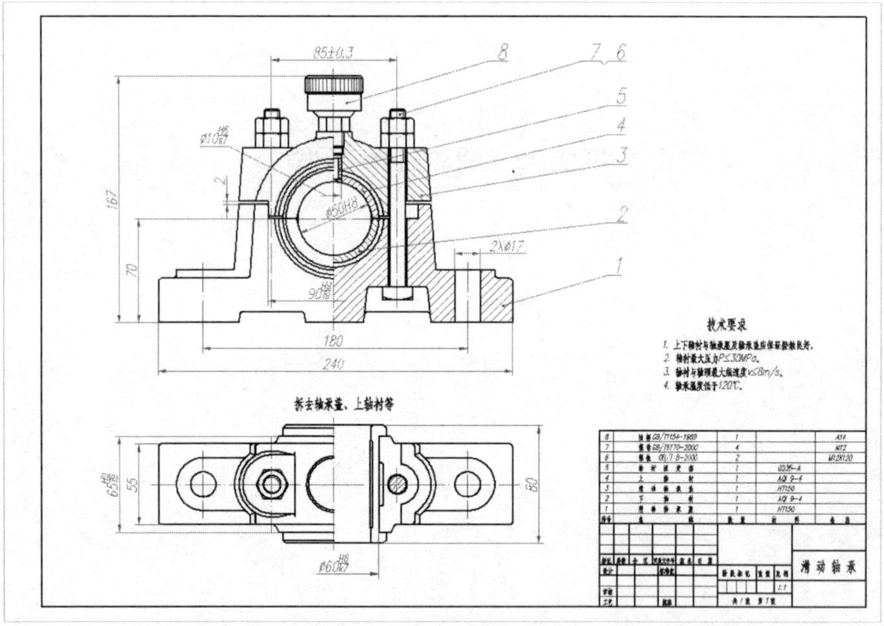

图 72-1 滑动轴承装配图

绘制步骤

一、创建 A2 样板图形

1 打开"A3 样板图形.dwt"。

2 单击"修改"工具栏中的"删除"按钮，利用"删除"命令将边界线和边框删除。

3 根据 A2 图纸的幅面 584mm×420mm 重新设置绘图界限。

命令: '_limits　　(选择菜单“格式”→“绘图界限”选项)
重新设置模型空间界限:
指定左下角点或 [开(ON)/关(OFF)] <0.0000,0.0000>:↙　　(回车，以坐标原点为绘图界限的左下角点)
指定右上角点 <420.0000,297.0000>: 594,420↙　(输入绘图界限的右下角点的坐标，回车)

4 将“边界线”层设置为当前层，重新绘制边界线。

命令: _rectang　　(单击“绘图”工具栏中的“矩形”按钮，启动“矩形”命令)
指定第一个角点或 [倒角(C)/标高(E)/圆角(F)/厚度(T)/宽度(W)]: 0,0↙　　(输入边界线的左下角点的坐标，回车)
指定另一个角点或 [面积(A)/尺寸(D)/旋转(R)]: 594,420↙　　(输入边界线的右下角点的坐标，回车)

5 将“边框”层设置为当前层，重新绘制边框，如图 72-2 所示。

命令: _rectang　　(单击“绘图”工具栏中的“矩形”按钮或回车，启动“矩形”命令)
指定第一个角点或 [倒角(C)/标高(E)/圆角(F)/厚度(T)/宽度(W)]: 25,10↙　　(输入边框的左下角点的坐标，回车)
指定另一个角点或 [面积(A)/尺寸(D)/旋转(R)]: _from　　(单击“对象捕捉”工具栏中的“捕捉自”按钮)
基点:　　(捕捉边界线的右上角点为基点)
<偏移>: @-10,-10↙　　(输入边框的右上角点相对于基点的坐标，回车)

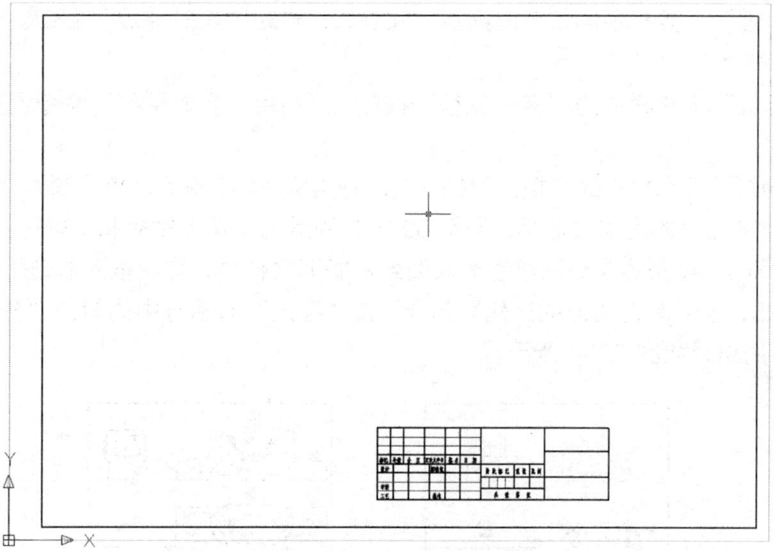

图 72-2　重新绘制边界线和边框

6 单击“修改”工具栏中的“移动”按钮，利用“移动”命令将标题栏移到边框的右下角，如图 72-3 所示。

7 在命令行中输入 Z 回车，输入 A 回车，将图形全部显示。

8 选择菜单“文件”→“另存为”选项，在弹出“图形另存为”对话框的“文件类型”下拉列表中选择“AutoCAD 图形样板(*.dwt)”选项，在“文件名”文本框中输入“A2 样板图形”。单击“保存”按钮，在弹出的“样板图形”对话框中输入说明文字后单击“确定”按钮，即可创建“A2 样板图形”。

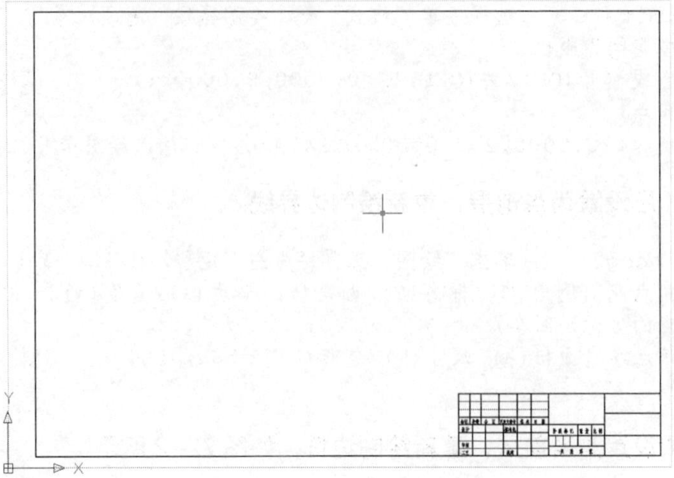

图 72–3　创建 A2 样板图形

二、插入零件图

1 选择菜单“文件”→“另存为”选项，在弹出“图形另存为”对话框的“文件类型”下拉列表中选择“AutoCAD 2010 图形(*.dwg)”选项，在“文件名”文本框中输入“滑动轴承”，在“另存于”下拉列表中选择保存的路径后，单击“保存”按钮，创建图形文件“滑动轴承.dwg”。

2 单击“标准”工具栏中的“实时缩放”按钮，启动“实时缩放”命令，竖直向下移动光标，将图形适当缩小。

3 单击“标准”工具栏中的“实时偏移”按钮，利用“实时平移”命令调整图形在显示窗口内的位置。

4 单击“绘图”工具栏中的“插入”按钮，将实例 14 绘制的六角头螺栓、实例 23 绘制的六角螺母、实例 33 绘制的旋盖式油杯、实例 69 绘制的滑动轴承上轴衬和下轴衬、实例 70 绘制的滑动轴承盖和实例 71 绘制的滑动轴承座插入到当前图形文件中，其中插入滑动轴承上、下轴衬零件图的比例为 0.5，插入其他图形的比例均为 1。在“插入”对话框中均勾选“分解”复选框。

插入零件图的结果如图 72–4 所示。

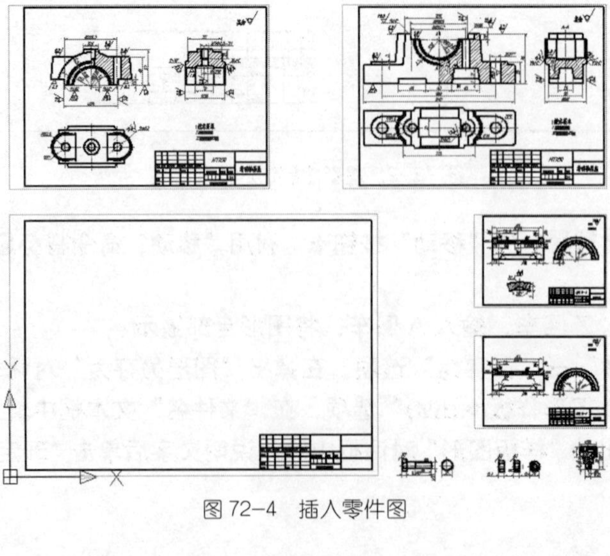

图 72–4　插入零件图

三、编辑零件图

1 单击“修改”工具栏中的“删除”按钮，利用“删除”命令删除零件图中无用的对象。

① 零件图中需要删除的对象有：边界线、边框、标题栏、粗糙度、技术要求，以及绝大部分尺寸。

② 滑动轴承盖零件图中保留两个通孔的定位尺寸，俯视图只保留一半，但将两个整圆和螺纹圆删除。

③ 滑动轴承座零件图中保留两个视图及总长尺寸、两个通孔的尺寸及其定位尺寸。

④ 上轴衬零件图只保留左视图，下轴衬零件图保留了两个视图。

⑤ 3 个标准件的尺寸全部删除，六角螺母图形中的剖视图删除。

结果如图 72-5 所示。

2 单击“修改”工具栏中的“镜像”按钮，利用“镜像”命令做下轴衬两个视图的水平镜像，即两个视图翻转 180°。

3 单击“修改”工具栏中的“缩放”按钮，利用“缩放”命令将六角头螺栓和六角螺母的图形放大 1.2 倍，即它们的公称直径变为 12mm。

4 单击“修改”工具栏中的“旋转”按钮，利用“旋转”命令将六角头螺栓和六角螺母的图形各旋转 90°。

编辑零件图的结果如图 72-6 所示。

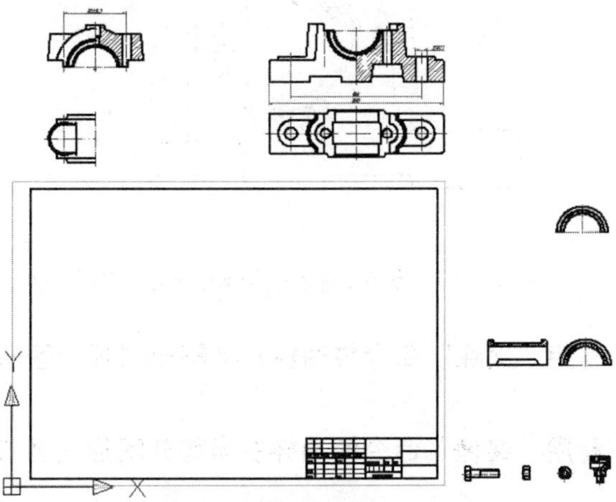

图 72-5 删除零件图中的对象

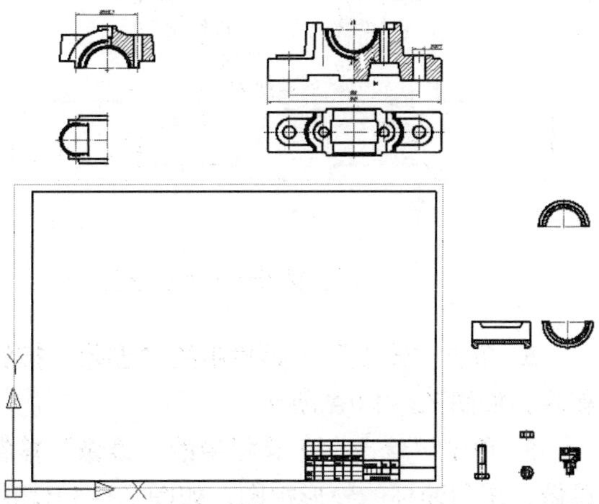

图 72-6 编辑零件图

四、拼装滑动轴承主视图

1 单击“修改”工具栏中的“移动”按钮，利用“移动”命令调整滑动轴承盖和滑动轴承座的主视图、上轴衬和下轴衬的左视图、六角头螺栓、六角螺母、油杯的位置，使这几个图形能在绘图区内同时显示，如图 72-7 所示。

图中还绘制了上轴衬固定套主视图。该零件是应该空心圆柱，外圆柱的直径 10mm，内圆柱的直径为 6mm，高度为 14mm。因该零件形状较为简单，这里不介绍绘图过程。

2 单击“修改”工具栏中的“复制”按钮，利用“复制”命令将下轴衬复制，使其和上轴衬组成一个完整的轴衬，如图 72-8 所示。复制的基点为下轴衬的同心半圆的圆心，复制的第 2 点为上轴衬同心半圆的圆心。保留下轴衬的原图形备用。

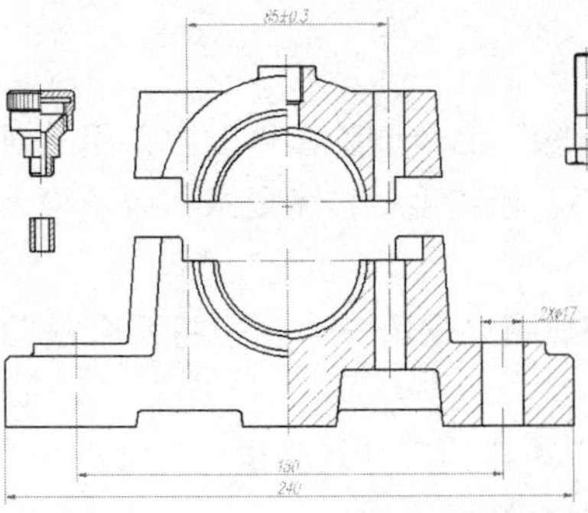

图 72-7　调整图形的位置

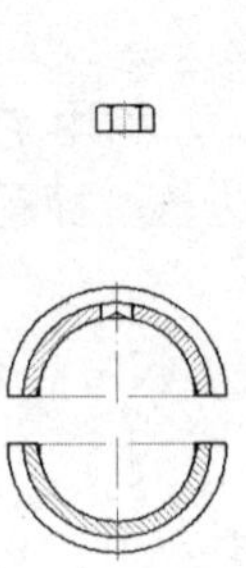

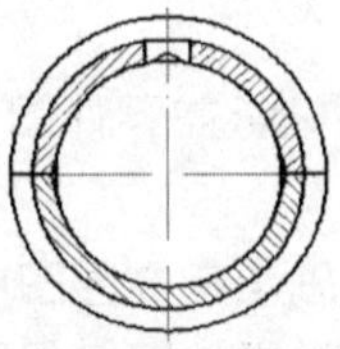

图 72-8　将下轴衬和上轴衬移到一起

3 单击“修改”工具栏中的“移动”按钮，利用“移动”命令将上下轴衬和滑动轴承座移到一起，如图 72-9 所示。移动的基点为上下轴衬的同心圆的圆心，移动的第 2 点为滑动轴承座同心半圆的圆心。

4 单击“修改”工具栏中的“移动”按钮，利用“移动”命令将滑动轴承盖和滑动轴承座移到一起，如图 72-10 所示。移动的基点为滑动轴承盖的同心圆弧的圆心，移动的第 2 点为滑动轴承座同心半圆的圆心。

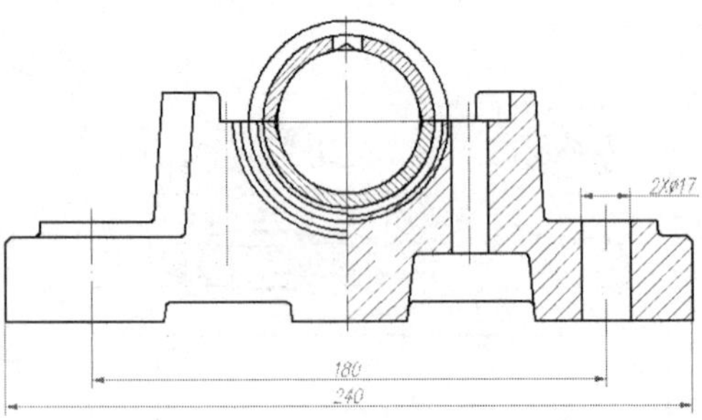

图 72-9　上下轴衬和滑动轴承座移到一起

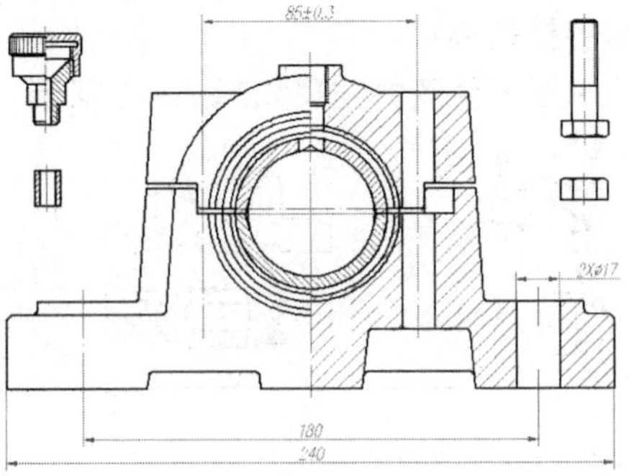

图 72-10　将滑动轴承盖和滑动轴承座移到一起

5 单击“修改”工具栏中的“删除”按钮，利用“删除”命令将油杯右半部分剖开的图形删除，如图 72-11(a)所示。

6 单击“修改”工具栏中的“镜像”按钮，利用“镜像”命令做油杯左半部分图形的竖直镜像，得到油杯的外形视图，如图 72-11(b)所示。

7 单击“修改”工具栏中的“缩放”按钮，利用“缩放”命令将油杯外形视图放大 1.4 倍，得到公称直径为 14mm 的油杯视图，如图 72-11(c)所示。

8 单击“修改”工具栏中的“拉伸”按钮，利用“拉伸”命令将油杯的六棱柱部分轮廓线缩短 1.2mm（选择拉伸对象时，相交虚线窗口与这部分轮廓线相交即可），如图 72-11(d)所示。

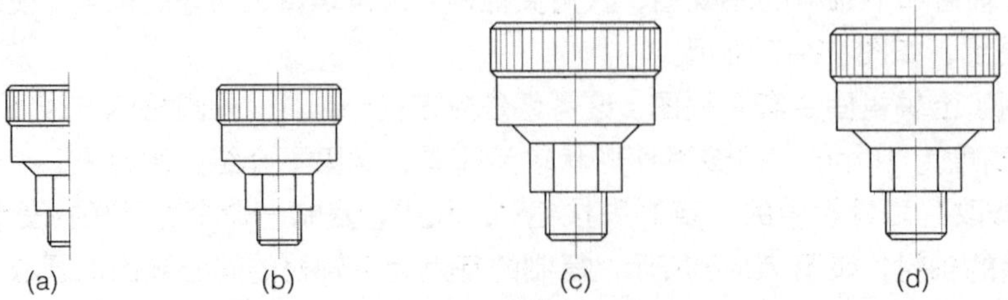

图 72-11　编辑油杯

9　单击“修改”工具栏中的“删除”按钮，利用“删除”命令将六角头螺栓的头部轮廓线删除。

10　将“粗实线”层设置为当前层，单击“绘图”工具栏中的“矩形”按钮，利用“矩形”命令绘制矩形 ABCD，C 点相对于 A 点的坐标为“@20,9”，如图 72-12(a)所示。

11　单击“修改”工具栏中的“移动”按钮，利用“移动”命令将矩形和螺栓的螺杆部分轮廓线移到一起，移动的基点为 CD 的中点，移动的第 2 点为 EF 的中点。

12　选择菜单“绘图”→“圆弧”→“起点、端点、半径”选项，以 A 点和 B 点为圆弧的起点和端点，绘制半径为 24mm 的圆弧，如图 72-12(b)所示。

13　单击“修改”工具栏中的“移动”按钮，利用“移动”命令移动圆弧，移动的基点为圆弧的中点，移动的第 2 点为 AB 的中点，如图 72-12(c)所示。

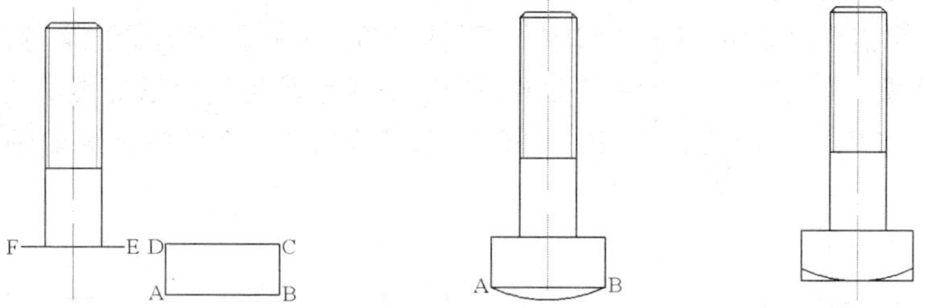

图 72-12　编辑螺栓

14　单击“修改”工具栏中的“拉伸”按钮，利用“拉伸”命令拉伸螺栓两次，第一次拉伸选择拉伸对象时，相交虚线窗口与光杆部分轮廓线相交，将螺栓拉伸 62mm，螺栓的长度变为 110mm，而螺纹的长度不变。第二次拉伸选择拉伸对象时，相交虚线窗口与外螺纹部分轮廓线相交，将螺栓拉伸 10mm，螺栓的长度变为 120mm。

15　单击“修改”工具栏中的“移动”按钮，利用“移动”命令将上轴衬固定套、油杯、螺栓与滑动轴承盖、滑动轴承座移到一起，移动的基点分别为 G_1、H_1 和 I_1，移动的第 2 点分别为 G_2、H_2 和 I_2。

16　单击“修改”工具栏中的“复制”按钮，利用“复制”命令将螺母复制到滑动轴承盖上，复制的基点为 J_1，复制的第 2 点为 J_2 和 J_3，如图 72-13 所示（复制了螺母后，需将源对象删除）。结果如图 72-14 所示。

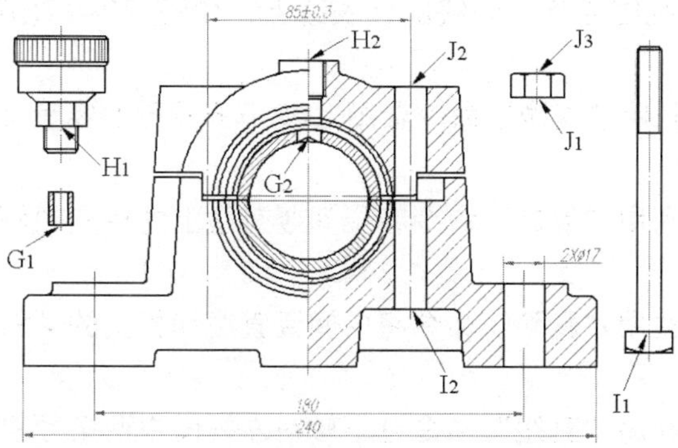

图 72-13　移动和复制图形的基点、第二点

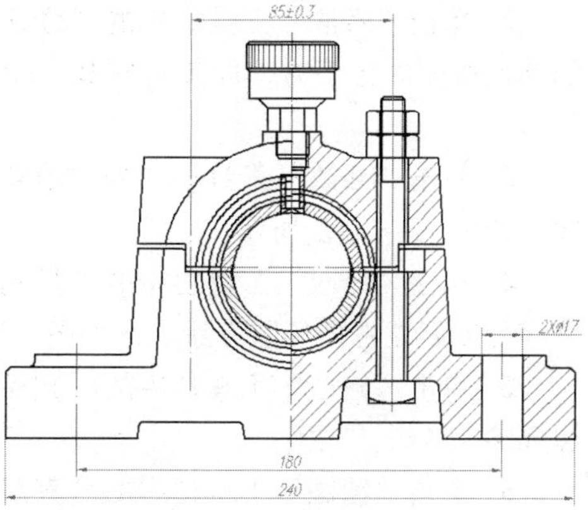

图 72-14　移动和复制图形

17 单击“修改”工具栏中的“复制”按钮，利用“复制”命令将两个螺母和螺栓的外螺纹轮廓线复制到滑动轴承盖左侧竖直点画线处，复制的基点为 K_1，复制的第 2 点为 K_2，如图 72-15 所示。

18 单击“修改”工具栏中的“修剪”按钮和“删除”按钮，利用“修剪”和“删除”命令修剪和删除多余的和不可见的轮廓线。

19 单击“修改”工具栏中的“删除”按钮，删除滑动轴承盖内螺纹的粗实线和细实线，按照内外螺纹旋合的规定画法利用“直线”命令重新绘制。

20 单击“绘图”工具栏中的“圆”按钮，利用“圆”命令绘制上下轴衬的倒角圆，利用“修剪”命令修剪将该圆的右半部分。

21 将重合在一起的点画线删除只保留其中一条。选择菜单“修改”→“拉长”选项，利用“拉长”命令中的“动态”选项将保留的点画线拉长。

22 将滑动轴承盖、滑动轴承座、上轴衬、下轴衬和上轴衬固定套的剖面线删除，单击“绘图”工具栏中的“图案填充”按钮，利用“图案填充”命令重新绘制。填充图案均选择 ANSI37，角度和比例为 90 和 1.25，0 和 1.25，0 和 1，90 和 1，0 和 0.5。完成拼装滑动轴承的主视图，如图 72-16 所示。

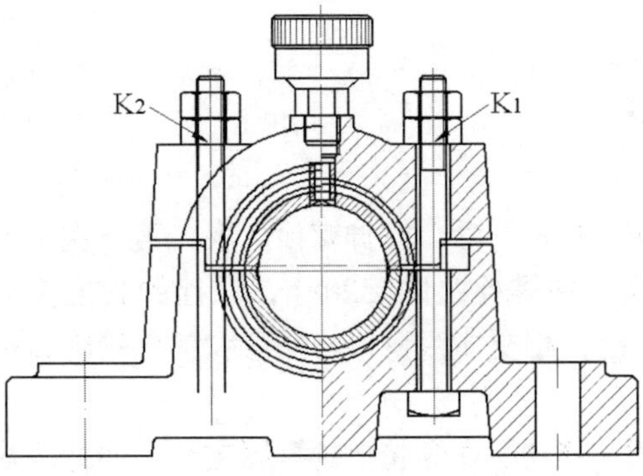

图 72-15 复制螺母和螺栓的外螺纹轮廓线

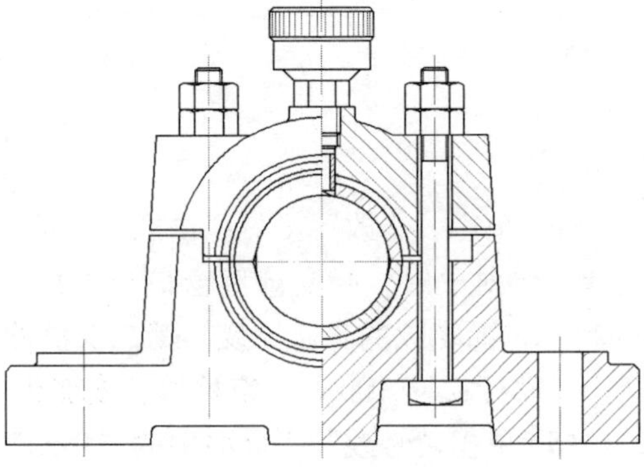

图 72-16 拼装滑动轴承的主视图

五、拼装滑动轴承俯视图

1 单击“修改”工具栏中的“旋转”按钮，利用“旋转”命令将下轴衬主视图（已做水平镜像）旋转 90°。

2 单击“修改”工具栏中的“移动”按钮，利用“移动”命令将旋转后的下轴衬主视图移到其左视图的正下方，即其右侧竖直轮廓线处于左视图竖直中心线的延长线上，如图 72-17(a)所示。

3 单击“修改”工具栏中的“镜像”按钮，利用“镜像”命令做图(a)中下方图形的竖直镜像，如图 72-17(b)所示。

4 单击“修改”工具栏中的“复制”按钮，利用“复制”命令将中间竖直线上的相交的倾斜线复制到左右两侧竖直线上，如图 72-17(c)所示。

5 单击“修改”工具栏中的“删除”按钮，利用“删除”命令将中间竖直线和相交的倾斜线删除。

6 单击“绘图”工具栏中的“直线”按钮，利用“直线”命令过下轴衬左视图中两条倾斜线的 4 个端点绘制 4 条竖直线，如图 72-17(d)所示。

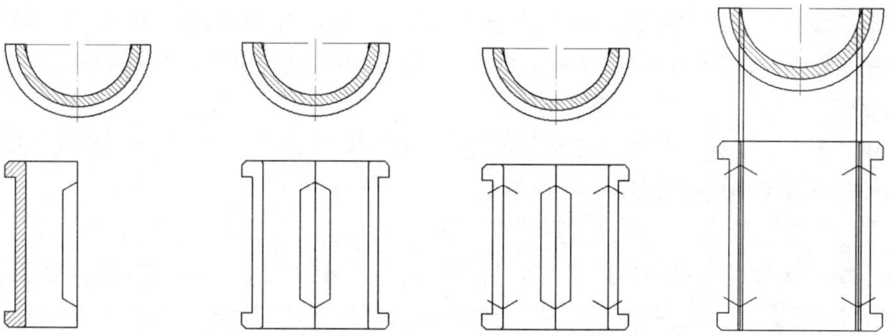

(a)　(b)　(c)　(d)

图 72-17　编辑下轴衬

7 单击“修改”工具栏中的“修剪”按钮，利用“修剪”命令修剪竖直线和倾斜线，并利用“直线”命令绘制其对称点画线，得到下轴衬的俯视图，如图 72-18(a)所示。

8 编辑下轴衬的俯视图，得到上轴衬的俯视图，如图 72-18(b)所示。

9 单击“修改”工具栏中的“移动”按钮，利用“移动”命令将下轴衬俯视图的右半部分和上轴衬俯视图的左半部分拼装在一起，得到两个轴衬在滑动轴衬俯视图中的投影，如图 72-18(c)所示。

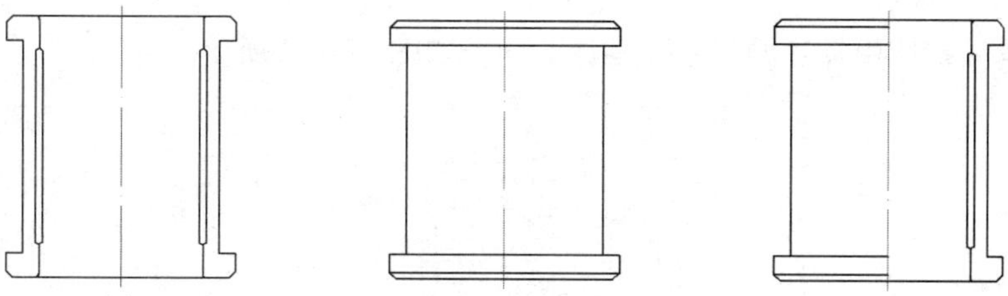

(a)　(b)　(c)

图 72-18　拼装上下轴衬俯视图

10 单击“修改”工具栏中的“移动”按钮，利用“移动”命令将螺母俯视图、滑动轴承左俯视图、上下轴衬俯视图、滑动轴承座俯视图移到一起，移到的基点分别为 L_1、M_1 和 N_1，移到的第 2 点为 L_2、M_2 和 N_2，如图 72-19 所示。图中将滑动轴承座左半部分图形中的一些轮廓线删除。结果如图 72-20 所示。

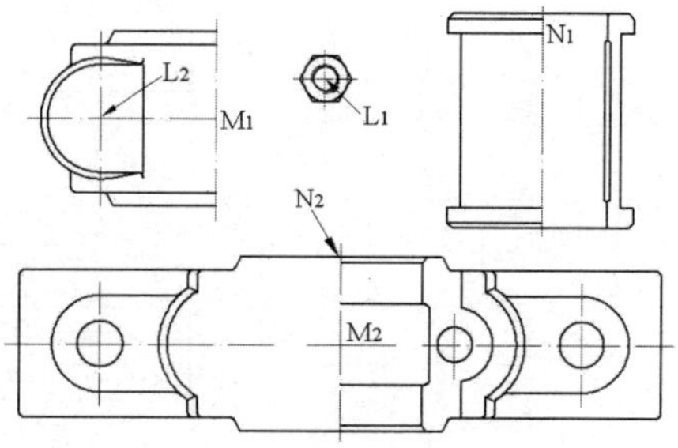

图 72-19　移动图形的基点、第 2 点

11 单击“修改”工具栏中的“修剪”按钮和“删除”按钮，利用“修剪”和“删除”命令修剪和删除多余的和不可见的轮廓线，如图 72-21 所示。

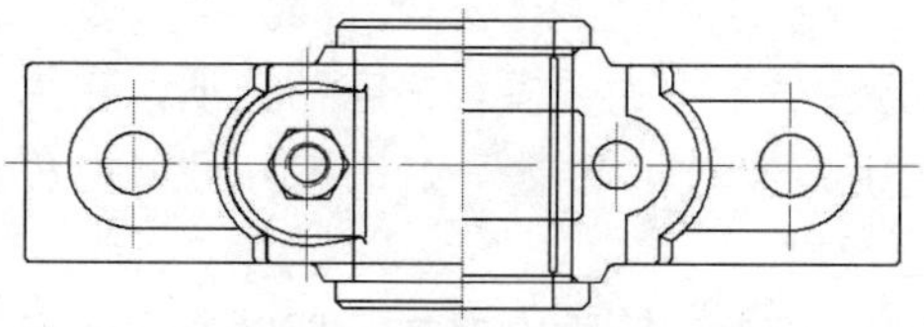

图 72-20　移动俯视图的结果

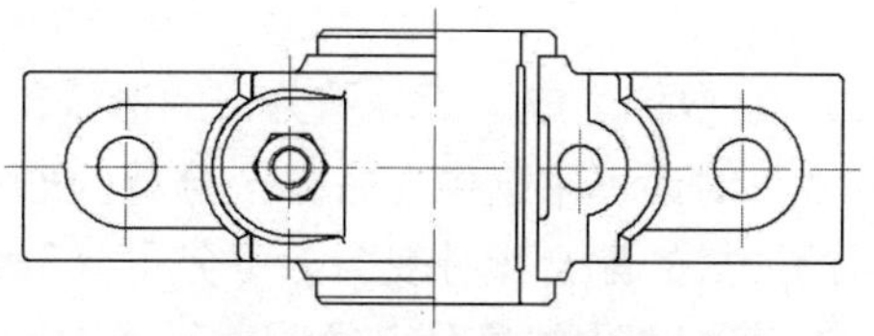

图 72-21　修剪和删除多余的和不可见的轮廓线

12 单击“绘图”工具栏中的“圆”按钮，利用“圆”命令以俯视图的两条对称点画线的交点为圆心绘制半径为 19.1mm 和 17.7mm 的同心圆，以直径为 13mm 的圆的圆心为圆心，绘制直径为 12mm 的圆。

13 单击“修改”工具栏中的“修剪”按钮，利用“修剪”命令将绘制的同心圆的右半部分删除，得到油杯在滑动轴承俯视图中的投影。

14 单击“绘图”工具栏中的“图案填充”按钮，利用“图案填充”在直径为 12mm 的圆内绘制剖面线，填充图案均选择 ANSI37，角度和比例为 0 和 0.75，得到螺栓的剖断面。

15 单击“修改”工具栏中的“合并”按钮，利用“合并”命令将螺母 3/4 细实线圆闭合。

16 选择菜单“格式”→“图层工具”→“图层匹配”选项，利用“图层匹配”命令将细实线圆的图层修改为“粗实线”层，将与细实线圆同心的圆的图层修改为“细实线”层。

17 单击“修改”工具栏中的“打断”按钮，利用“打断”命令将细实线圆打断为 3/4 圆，得到螺栓都在俯视图中的投影。

完成拼装滑动轴承俯视图，如图 72-22 所示。

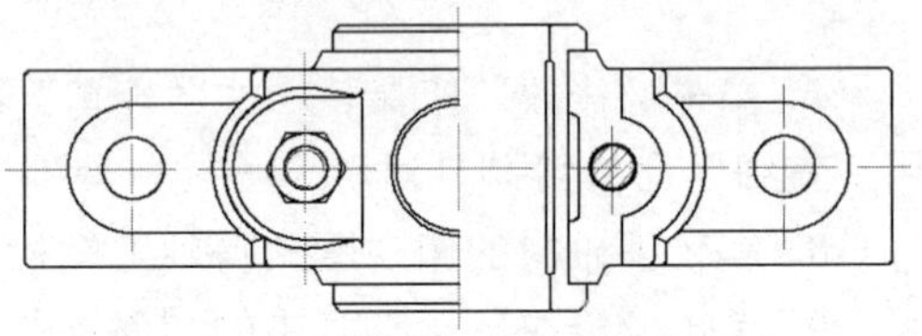

图 72-22　完成拼装滑动轴承俯视图

六、标注尺寸和序号

1 滑动轴承装配图中标注的尺寸和零件的序号如图 72-23 所示。

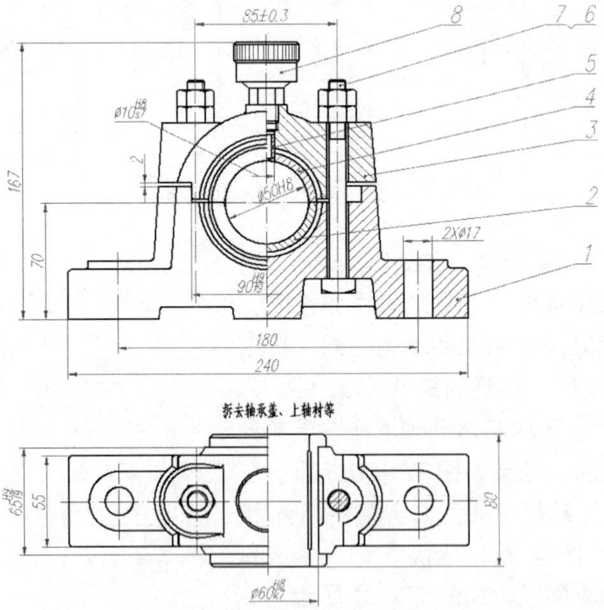

图 72-23　标注的尺寸和序号

2 配合标注成上下分子分母的形式，这必须使用标注命令中的“多行文字”选项，在用“文字格式”对话框中选中左右分子分母的形式的配合尺寸后，单击“堆叠”按钮，可将左右分子分母的形式的配合尺寸变为上下分子分母的形式的配合尺寸。

3 装配图中的序号必须顺时针或逆时针排列，且应上下对正、左右对齐，要做到这一点，利用“引线标注”命令标注序号时必须输入绝对坐标指定引线标注的第 2 点。为了使水平引线的长度一致，第 3 点相对于第 2 点的坐标可为“@5, 0”或“@-5, 0”，这两个相对坐标分别表示向右方画水平引线和向左方画水平引线。

4 序号引线的引出端一般为圆点或箭头（箭头应用于标注非金属的薄板类零件），在滑动轴承中标注序号时，在“引线设置”对话框中将箭头的样式设置为“小点”即可。

七、输入技术要求、填写明细表和主标题栏

1 滑动轴承装配图中的技术要求如图 72-24 所示，利用“多行文字”命令输入即可。

技术要求

1. 上下轴衬与轴承座及轴承盖应保证接触良好。
2. 轴衬最大压力P≤30MPa。
3. 轴衬与轴颈最大线速度v≤8m/s。
4. 轴承温度低于120℃。

图 72-24　输入技术要求

2 滑动轴承装配图中明细表和主标题栏如图 72-25 所示，利用“单行文字”命令输入即可。完成绘制滑动轴承装配图。

8	油杯 GB/T1154-1989	1		A14
7	螺母 GB/T6170-2000	4		M12
6	螺栓 GB/T 8-2000	2		M12X120
5	轴衬固定套	1	Q235-A	
4	上轴衬	1	AQI 9-4	
3	滑动轴承盖	1	HT150	
2	下轴衬	1	AQI 9-4	
1	滑动轴承座	1	HT150	
序号	名称	数量	材料	备注

标记	处数	分区	更改文件号	签名	日期		滑动轴承
设计			标准化			阶段标记　重量　比例	
						1:1	
审核							
工艺			批准			共 1 张　第 1 张	

图 72-25　填写明细表和主标题栏

8

绘制轴测图

实例 73　管接头轴测图

本实例所用的绘图命令：“直线”Line 命令、“椭圆”Ellipse 命令、“复制”Copy 命令、“修剪”Trim 命令、“删除”Erase 命令。

管接头的主视图和向视图如图 73-1 所示。

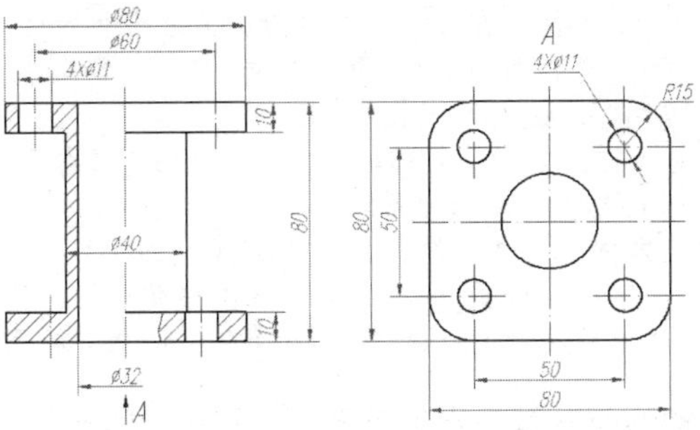

图 73-1　管接头

绘制步骤

一、设置正等轴测图的绘图环境

1 新建空白图形文件，加载线型，恢复图层。

2 打开状态栏中的“正交”按钮、“对象捕捉”按钮和“对象捕捉追踪”按钮。

3 设置对象捕捉追踪模式、启动等轴测模式。

4 将光标移到“对象捕捉追踪”按钮上单击鼠标右键，在弹出的状态栏快捷菜单中选择“设置”选项。在弹出的“草图设置”对话框中打开的“极轴追踪”选项卡，在“角度增量”下拉列表框中选择 30，并选中“用所有极轴角设置追踪”，如图 73-2 所示。

5 打开“草图设置”对话框中的“捕捉和栅格”选项卡，在“捕捉类型”选项栏中选中“等轴测捕捉”，如图 73-3 所示。

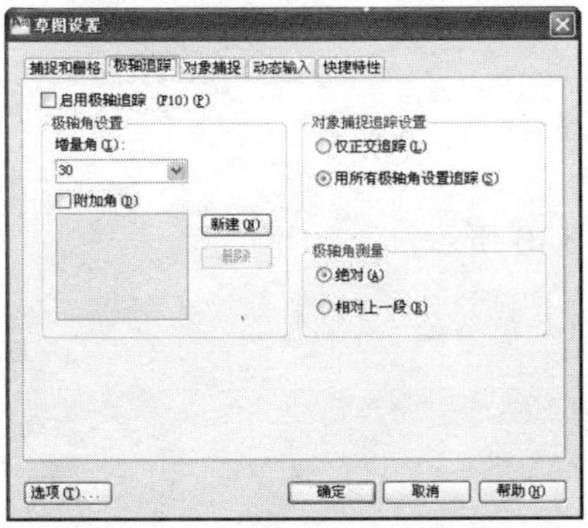

图 73-2　设置对象捕捉追踪

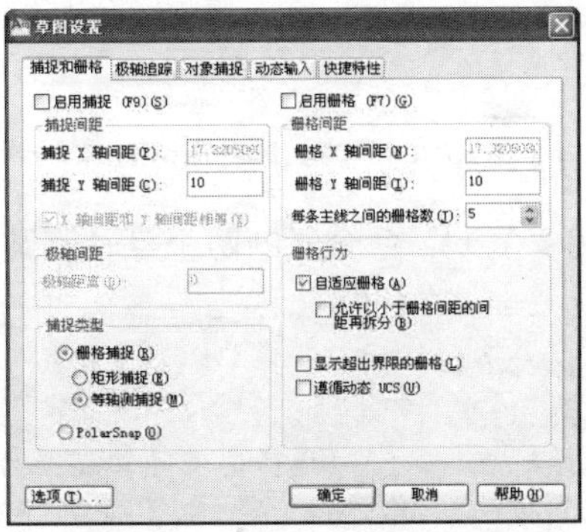

图 73-3　启动等轴测模式

6 单击“确定”按钮，完成设置自动对象捕捉模式和对象捕捉追踪模式，并启动等轴测启动模式，原来的十字光标变为轴测光标，单击“F5”键可将 3 个不同的轴测面切换为当前绘图面。

二、绘制方形连接端轴测图

1 将“粗实线”层设置为当前层，利用“直线”命令连续绘制方形连接端轮廓线，如图 73-4 所示。

命令：_line　（单击“绘图”工具栏中的“直线”按钮，启动“直线”命令）

指定第一点：　（按“F5”键，使上轴测面成为当前绘图面，在适当位置单击）

指定下一点或 [放弃(U)]：80↙　（向右上方移动光标，输入直线长度80，回车）

指定下一点或 [放弃(U)]：80↙　（向右下方移动光标，输入直线长度80，回车）

指定下一点或 [闭合(C)/放弃(U)]：80↙　（向左下方移动光标，输入直线长度80，回车）

指定下一点或 [闭合(C)/放弃(U)]：　（向左上方移动光标，捕捉起点A）

指定下一点或 [闭合(C)/放弃(U)]：<等轴测平面 左> 10↙　（单击“F5”键，使左轴测面是当前绘图面，向下移动光标，输入直线长度10，回车）

指定下一点或 [闭合(C)/放弃(U)]：80↙　（向右下方移动光标，输入直线长度80，回车）

指定下一点或 [闭合(C)/放弃(U)]：<等轴测平面 右> 80↙　（单击“F5”键，使右轴测面成为当前绘图面，向右上方移动光标，输入直线长度80，回车）

指定下一点或 [闭合(C)/放弃(U)]：　（向上移动光标，捕捉端点B）

指定下一点或 [闭合(C)/放弃(U)]：↙　（回车，结束直线命令）

2 单击“F5”键，将上轴测面设置为当前绘图面。利用“椭圆”命令绘制 120°角处等轴测圆。

命令：_ellipse　（单击“绘图”工具栏中的“椭圆”按钮，启动“椭圆”命令）

指定椭圆轴的端点或 [圆弧(A)/中心点(C)/等轴测圆(I)]：I↙　（输入I，回车，选择“等轴测圆”选项）

指定等轴测圆的圆心：15↙　（将光标移到端点此C处，出现端点捕捉标记，向上移动光标，出现竖直追踪轨迹，输入追踪距离15，回车）

指定等轴测圆的半径或 [直径(D)]：15↙　（输入等轴测圆的半径15，回车）

3 利用“椭圆”命令绘制通孔的等轴测圆，如图 73-5 所示。

命令：_ellipse　（单击“绘图”工具栏中的“椭圆”按钮，启动“椭圆”命令）

指定椭圆轴的端点或 [圆弧(A)/中心点(C)/等轴测圆(I)]：I↙　（输入I，回车，选择“等轴测圆”选项）

指定等轴测圆的圆心：　（捕捉半径为15mm的等轴测圆的中心）

指定等轴测圆的半径或 [直径(D)]：5.5↙　（输入等轴测圆的半径5.5，回车）

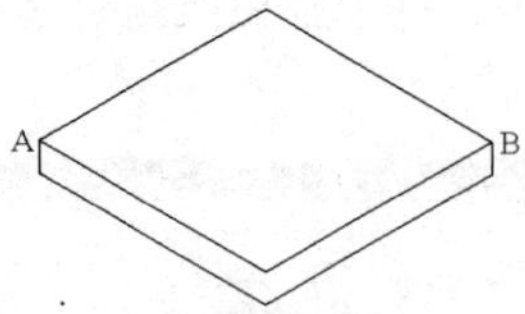

图 73-4　连续绘制底座轮廓线

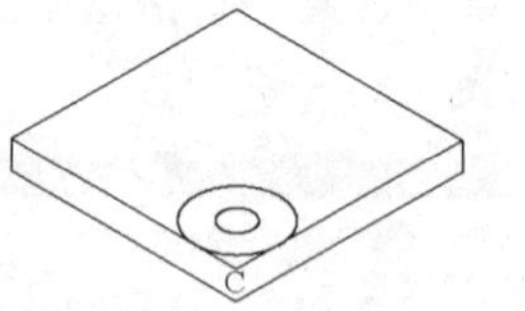

图 73-5　绘制轴测圆

4 利用“复制”命令复制两个等轴测圆，如图 73-6 所示。

命令：_copy　（单击“修改”工具栏中的“复制”按钮，启动“复制”命令）

选择对象：

找到 1 个

选择对象：　（选择两个等轴测圆为复制对象）

找到 1 个，总计 2 个

选择对象：↙　（回车，结束选择复制对象）

指定基点或 [位移(D)] <位移>:　　　(捕捉等轴测圆的中心为复制基点)
指定位移的第二点或 <用第一点作位移>: 50↙　　向右上方移动光标，输入复制距离50，回车)
指定第二个点或 [退出(E)/放弃(U)] <退出>:50↙　　(向左上方移动光标，输入复制距离50，回车)
指定第二个点或 [退出(E)/放弃(U)] <退出>:↙　　(回车，结束复制命令)

5 单击“F5”键，将右轴测面设置为当前绘图面。单击“修改”工具栏中的按钮，利用“复制”命令向下复制 3 个半径为 15mm 的等轴测圆，复制距离均为 10mm 如图 73-7 所示。

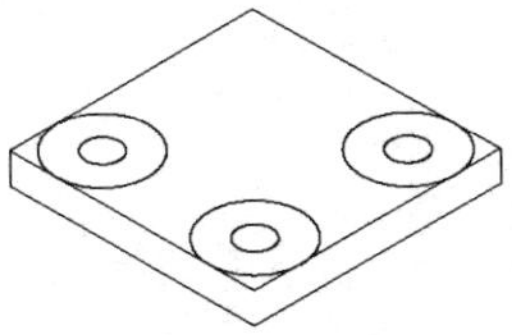

图 73-6　复制出上表面的轴测圆

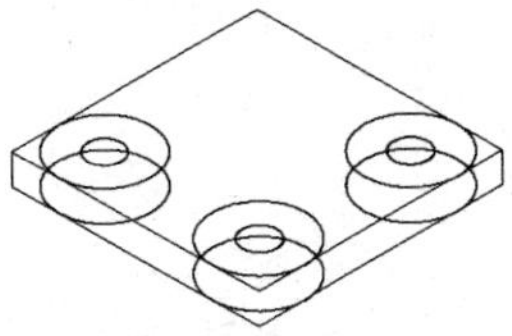

图 73-7　复制出底面的轴测圆

6 单击“绘图”工具栏中的“直线”按钮，利用“直线”命令连接 60° 角处的等轴测圆的两个左象限点和两个右象限点，即绘制等轴测圆的公切线，如图 73-8 所示。

7 单击“修改”工具栏中的“修剪”按钮和“删除”按钮，利用“修剪”命令和“删除”命令修剪、删除多余线条，结果 73-9 所示。

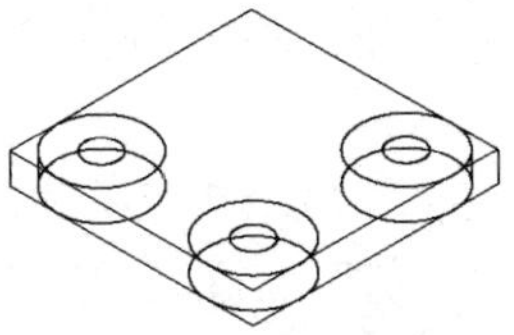

图 73-8　绘制轴测圆公切线

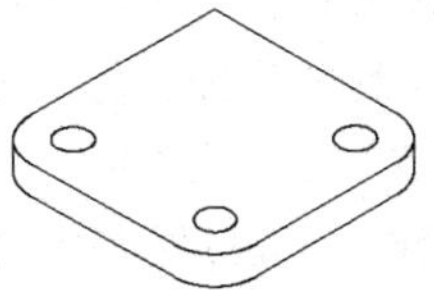

图 73-9　修剪出底板的圆角

三、绘制圆形连接端轴测图

1 将“点画线”层设置为当前层，单击“绘图”工具栏中的“直线”按钮，利用“直线”命令和对象自动捕捉模式过方形连接端上表面轮廓线的中点绘制两条对称点画线。

2 将“粗实线”层设置为当前层，单击“绘图”工具栏中的“椭圆”按钮，利用“椭圆”命令绘制空心圆柱底面轴测圆。轴测圆的圆心为两条点画线的交点，半径为 20mm，如图 73-10 所示。

3 单击“F5”键，将右轴测面设置为当前绘图面。单击“修改”工具栏中的 “复制”按钮，利用“复制”命令竖直向上复制两条点画线，复制距离为 70mm，如图 73-11 所示。

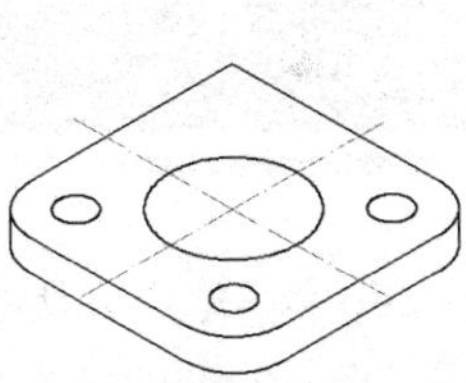

图 73-10　绘制点画线和等轴测圆

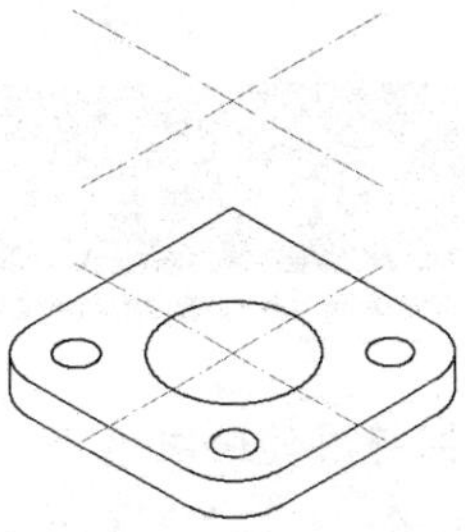

图 73-11　复制点画线

4 单击“F5”键，将上轴测面设置为当前绘图面。单击“绘图”工具栏中的“椭圆”按钮，利用“椭圆”命令以复制出来的两条点画线的交点为中心绘制半径为 16mm、30mm 和 40mm 的等轴测圆，如图 73-12 所示。其中半径为 30mm 的等轴测圆是用点画线绘制的。

5 将“粗实线”层设置为当前层，利用“椭圆”命令以点画线与点画线圆的交点为中心绘制半径为 5.5mm 的等轴测圆。

6 单击“修改”工具栏中的“复制”按钮，利用“复制”命令将半径为 5.5mm 的等轴测圆复制到点画线与点画线圆的其他 3 个交点处，如图 73-13 所示。

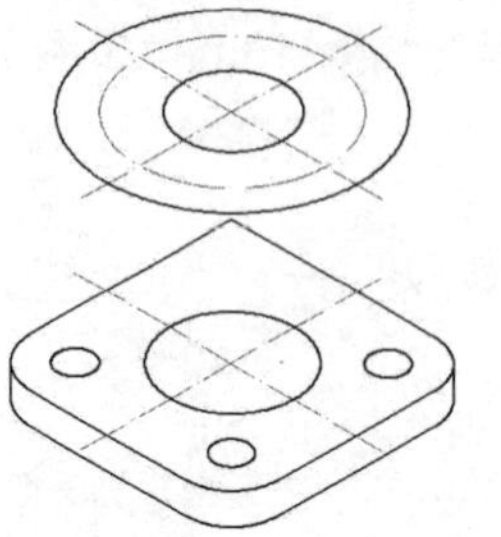

图 73-12 绘制等轴测圆

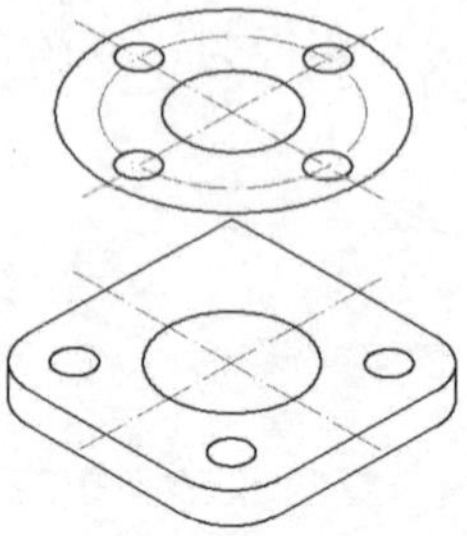

图 73-13 复制等轴测圆

7 单击“F5”键，将右轴测面设置为当前绘图面。单击“修改”工具栏中的“复制”按钮，利用“复制”命令竖直向下复制半径为 40mm 的等轴测圆，复制距离为 10mm。

8 单击“绘图”工具栏中的“直线”按钮，利用“直线”命令连接两个半径为 40mm 的等轴测圆的两个左象限点和两个右象限点，即绘制两个等轴测圆的公切线。再过半径为 25mm 的等轴测圆的象限点绘制两条竖直线，如图 73-14 所示。

9 单击“修改”工具栏中的“删除”按钮，利用“删除”命令将点画线删除。

10 单击“修改”工具栏中的“修剪”按钮，利用“修剪”命令修剪不可见的轮廓线。

完成绘制管接头的轴测图，如图 73-15 所示。

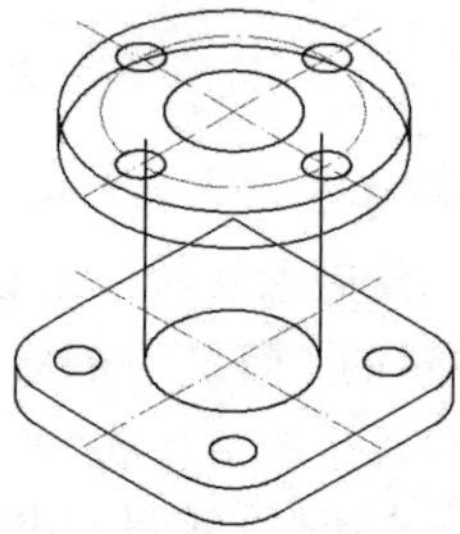

图 73-14 复制等轴测圆，绘制切线

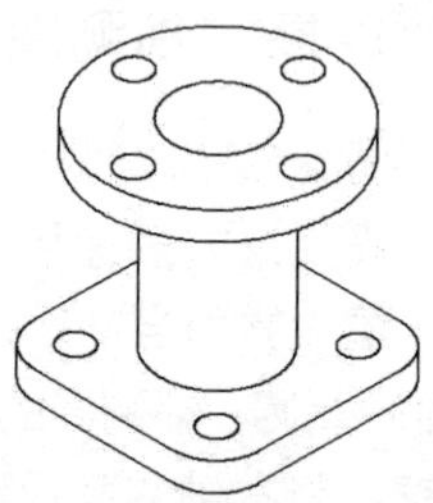

图 73-15 完成绘制管接头轴测图

实例 74 标注管接头轴测图

本实例所用的绘图命令：“复制到粘贴板”Copyclip 命令、“从粘贴板粘贴”Pasteclip 命令、“拉长”Lengthen 命令、“对齐标注”Dimaligned 命令、“直线”Line 命令、“线性标注”Dimlinear 命令、“编辑标注”Dimedit 命令、“圆”Circle 命令、“直径标注”Dimdiameter 命令、“半径标注”Dimradius 命令、“删除”Erase 命令、“分解”Explode 命令、“单点打断”Break 命令、“旋转”Rotate 命令、“编辑标注文字”Dimtedit 命令。

管接头轴测图的标注如图 74-1 所示。

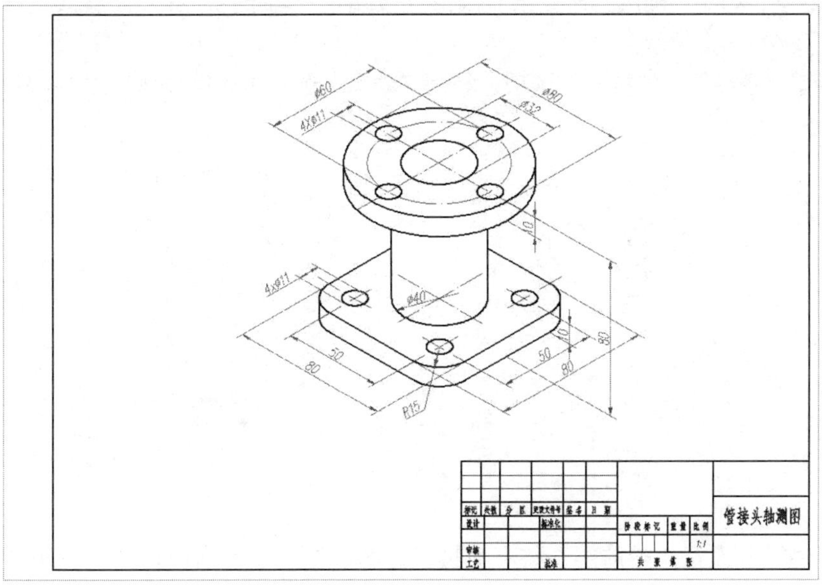

图 74-1　标注管接头轴测图

绘制步骤

一、在轴测图上标注线性尺寸和直径尺寸

1 单击“标准”工具栏中的“复制”按钮，将管接头的轴测图复制到剪贴板。

2 打开 A3 样板图形，单击“标准”工具栏中的“粘贴”按钮，在适当位置单击，将管接头轴测图粘贴到 A3 样板图形中。

3 选择菜单“文件”→“另存为”选项，在弹出“图形另存为”对话框的“文件类型”下拉列表中选择“AutoCAD 2010 图形(*.dwg)”选项，在“文件名”文本框中输入“管接头轴测图”，在“另存于”下拉列表中选择保存的路径后，单击“保存”按钮，创建图形文件“管接头轴测图.dwg”。

4 打开“草图设置”对话框，启动等轴测模式，如图 74-2 所示。

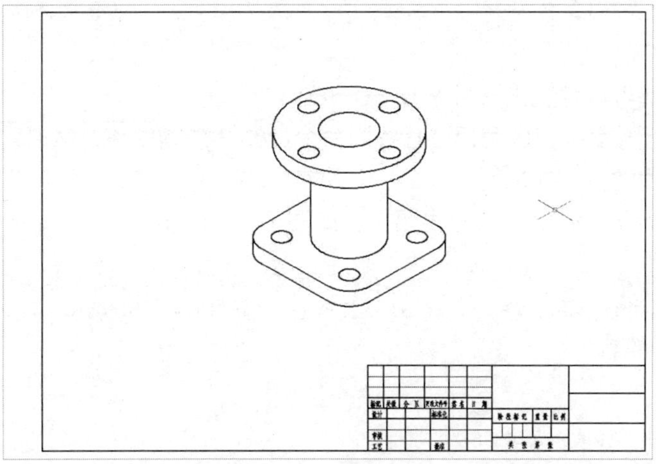

图 74-2　利用剪贴板将轴测图粘贴到样板图形

5 将“点画线”层设置为当前层，利用“直线”命令、以及正交模式和对象捕捉模式绘制各等轴测圆的中心线，利用“椭圆”命令绘制圆形连接端 4 个均布孔所在点画线圆的等轴测圆，半径为 30mm，如图 74-3(a)所示。

6 选择菜单“修改”→“拉长”选项，利用“动态”选项拉长等轴测圆的中心线如图 74-3(b)所示。

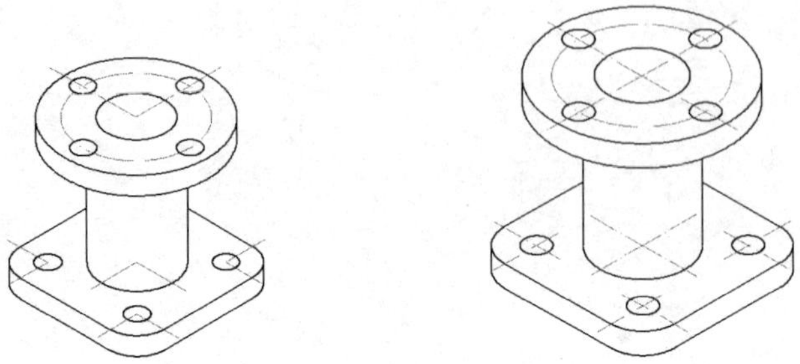

(a) (b)

图 74-3 绘制等轴测圆的中心线

7 将“标注”层设置为当前层，将“机械标注样式”设置为当前样式。利用“对齐标注”命令标注直径尺寸，如图 74-4 所示。

```
命令: _dimaligned (单击“标注”工具栏中的“对齐标注”按钮, 启动“对齐标注”命令)
指定第一条延伸线原点或 <选择对象>:      (捕捉中心线与半径为5.5mm等轴测圆的交点A)
指定第二条延伸线原点:      (捕捉中心线与半径为5.5mm等轴测圆的另一个交点B)
指定尺寸线位置或[多行文字(M)/文字(T)/角度(A)]: T↙  (输入T, 回车, 选择“文字”选项)
输入标注文字 <60>: %%c60↙        (输入标注文字, 回车)
指定尺寸线位置或[多行文字(M)/文字(T)/角度(A)]:        (在适当位置单击)
标注文字 =60
```

8 使用同样方法可以标注出直径尺寸 ø40、ø80、4×ø11 和 ø60。

9 利用“对齐标注”命令标注长度尺寸。

```
命令: _dimaligned (单击“标注”工具栏中的“对齐标注”按钮, 启动“对齐标注”命令)
指定第一条延伸线原点或 <选择对象>:      (捕捉交点C)
指定第二条延伸线原点:      (捕捉交点D)
指定尺寸线位置或[多行文字(M)/文字(T)/角度(A)]:      (在适当位置单击)
标注文字 =50
```

10 使用同样方法可以标注出尺寸 80、50、80。

11 在标注高度尺寸之前，应利用“直线”命令绘制 3 条辅助线，然后利用“线性标注”命令标注 3 个高度尺寸，如图 74-4 所示。

12 利用“编辑标注”命令使延伸线倾斜，如图 74-5 所示。

```
命令: _dimedit   (单击“标注”工具栏中的“编辑标注”按钮, 启动“编辑标注”命令)
输入标注编辑类型 [默认(H)/新建(N)/旋转(R)/倾斜(O)] <默认>: O↙       (输入O, 回车,
选择“倾斜”选项)
选择对象:      (单击尺寸Ø32)
找到 1 个
选择对象:      (单击尺寸Ø80)
找到 1 个, 总计 2 个
```

```
选择对象：      （单击宽度方向尺寸50）
找到 1 个，总计 3 个
选择对象：      （单击宽度方向尺寸80）
找到 1 个，总计 4 个
选择对象：↙        （回车，结束选择编辑对象）
输入倾斜角度 (按 ENTER 表示无)：30↙        （输入尺寸线倾斜的角度30，回车）

命令：_dimedit        （单击“标注”工具栏中的“编辑标注”按钮或回车，启动“编辑标注”命令）
输入标注编辑类型 [默认(H)/新建(N)/旋转(R)/倾斜(O)] <默认>：O↙        （输入O，回车，选择“倾斜”选项）
选择对象：      （单击尺寸4×Ø11）
找到 1 个
选择对象：      （单击尺寸Ø 60）
找到 1 个，总计 2 个
选择对象：      （单击尺寸4×Ø11）
找到 1 个，总计 3 个
选择对象：      （单击长度方向尺寸50）
找到 1 个，总计 4 个
选择对象：      （单击长度方向尺寸80）
找到 1 个，总计 5 个
选择对象：      （单击高度方向尺寸10）
找到 1 个，总计 6 个
选择对象：      （单击高度方向尺寸10）
找到 1 个，总计 7 个
选择对象：      （单击高度方向尺寸80）
找到 1 个，总计 8 个
选择对象：↙        （回车，结束选择编辑对象）
输入倾斜角度 (按 ENTER 表示无)：-30↙        （输入尺寸线倾斜的角度-30，回车）
```

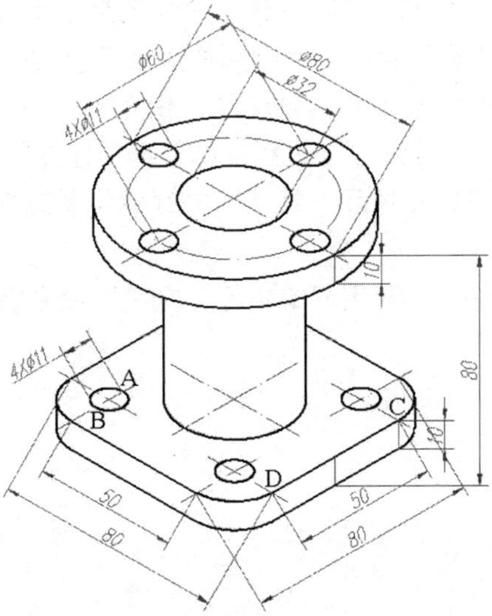

图 74–4　标注尺寸

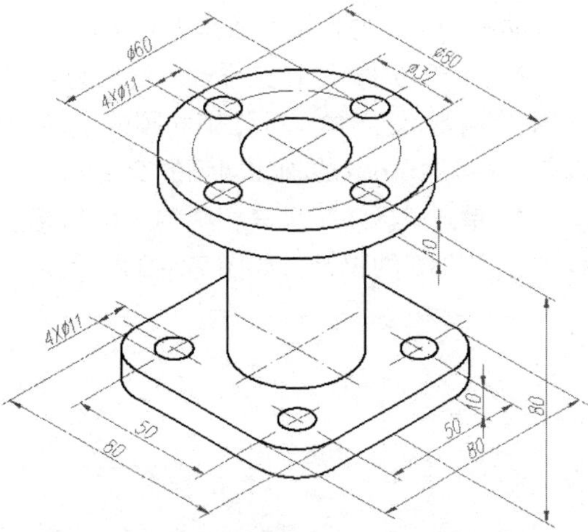

图 74–5　利用“编辑标注”命令使延伸线倾斜

13 单击“标准”工具栏中的“窗口缩放”按钮，利用“窗口缩放”命令将半径为 20mm 的轴测半圆放大显示。

14 单击“绘图”工具栏中的“圆”按钮，利用“圆”命令以点画线的交点 A 为圆心绘制一个

辅助圆，该圆的直径可以是任意大小，但要求在两条点画线的外侧与半径为 20mm 的轴测半圆相交。

15 将“机械标注样式”设置为当前样式，单击“标注”工具栏中的“半径标注”按钮，利用“半径标注”命令中的“文字”选项将辅助圆的直径标注为 ⌀40，如图 74–6 所示。指定尺寸线的位置时捕捉辅助圆与半径为 20mm 的轴测半圆的交点。

16 单击“修改”工具栏中的“删除”按钮，利用“删除”命令将辅助圆删除。

17 单击“修改”工具栏中的“分解”按钮，利用“分解”命令将尺寸 ⌀40 分解。

18 选择菜单“修改”→“拉长”选项，利用“拉长”命令中的“动态”选项将尺寸 ⌀40 的尺寸线适当拉长。

19 关闭状态栏中的“正交”按钮，单击“修改”工具栏中的按钮，利用“移动”命令调整标注文字 ⌀40 的位置。

在轴测半圆上标注直径尺寸的结果如图 74–7 所示。

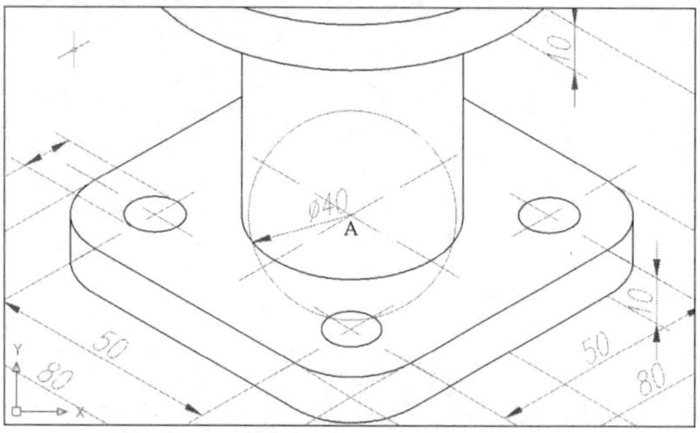

图 74–6　利用辅助圆捕捉直径尺寸

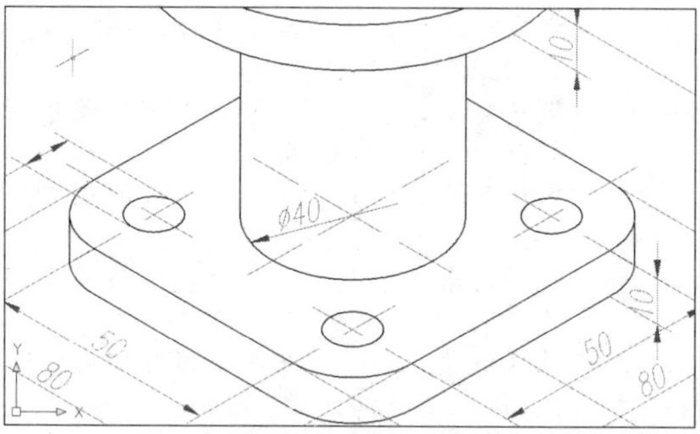

图 74–7　在轴测半圆上标注直径尺寸

二、在轴测图上标注半径尺寸

1 单击“标准”工具栏中的“实时偏移”按钮，利用“实时平移”命令调整显示窗口。

2 单击“绘图”工具栏中的“圆”按钮，利用“圆”命令以点画线的交点 B 为圆心绘制一个辅助圆，该圆的直径可以是任意大小，但要求与半径为 15mm 的轴测圆弧相交。

3 将“径向标注补充样式”设置为当前样式，单击“标注”工具栏中的“半径标注”按钮，利用“半径标注”命令标注辅助圆的半径 R10.，如图 74–8 所示。指定尺寸线的位置时捕捉辅助圆与半径为 15mm 的轴测圆弧的交点。

4 单击“标注”工具栏中的“编辑标注文字”按钮，利用“编辑标注文字”命令调整编辑标注文字 R15 的位置，如图 74–9 所示。

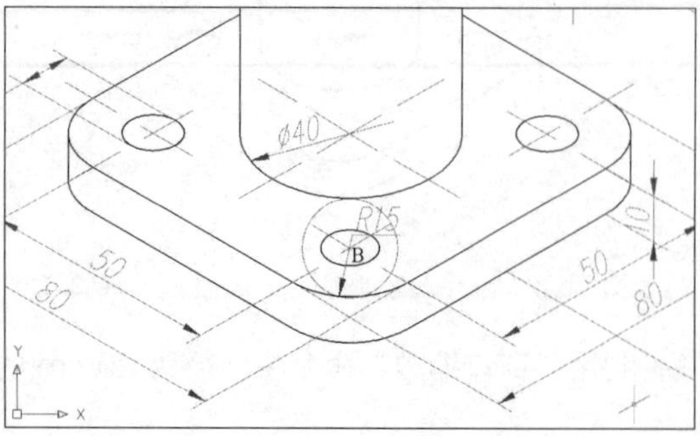

图 74–8　利用辅助圆捕捉直径尺寸

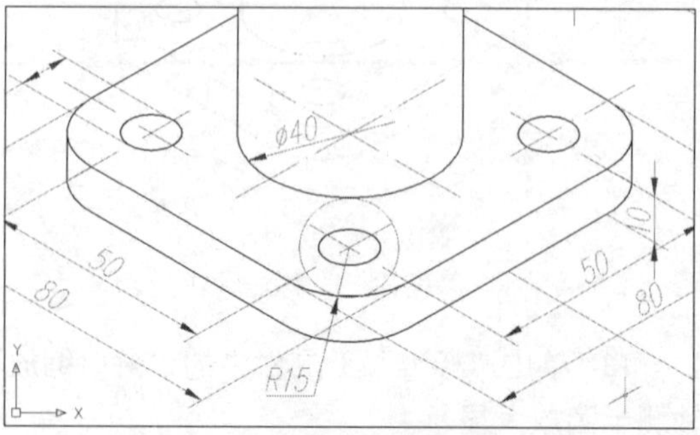

图 74–9　调整标注尺寸文字的位置

5 用光标单击半径尺寸 R15，然后单击鼠标右键，在弹出的编辑快捷菜单中选择“翻转箭头”选项，如图 74–10 所示。半径尺寸 R15 的箭头随之由圆周外翻转到圆周内，如图 74–11 所示。

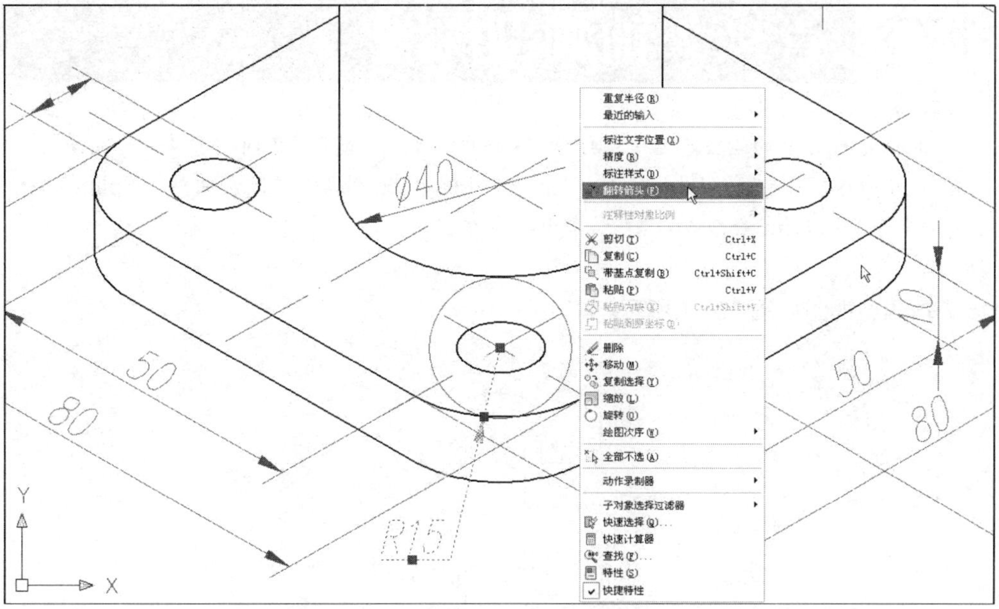

图 74–10　在编辑快捷菜单中选择“翻转箭头”选项

6 单击“修改”工具栏中的“删除”按钮，利用“删除”命令将辅助圆删除。

7 单击“修改”工具栏中的“分解”按钮，利用“分解”命令将半径尺寸 R15 分解。

8 单击“修改”工具栏中的“旋转”按钮，将尺寸文字“R15”和水平引线旋转 30°，如图 74–12 所示。

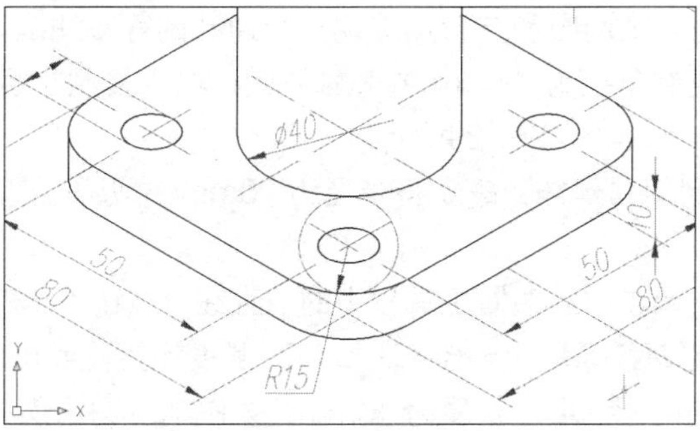

图 74–11　翻转箭头

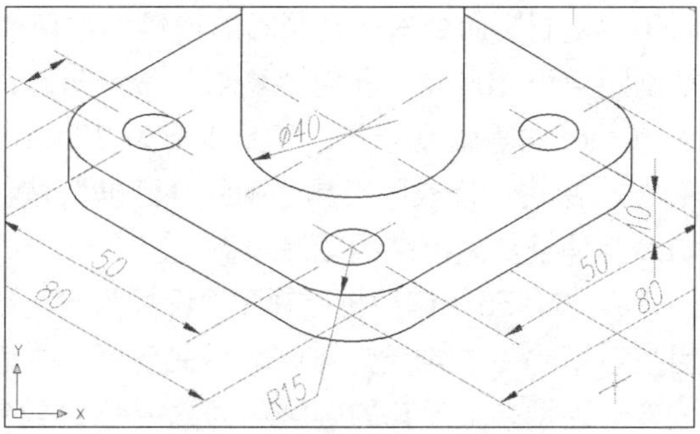

图 74–12　标注半径尺寸的结果

9 在命令行输入 Z 回车，输入 A 回车，将图形全部显示。

10 将“文字”层设置为当前层，将“汉字样式”设置为当前样式，单击“文字”工具栏中的“单行文字”按钮，利用“单行文字”在标题栏的“图样名称”栏中输入“管接头轴测图”。将“字母与数字”样式数字为当前样式，利用“单行文字”在标题栏的“比例”栏中输入“1:1”。

11 单击“文字”工具栏中的“文字缩放”按钮，利用“文字缩放”命令将文字“管接头轴测图”的字高放大为 7mm，将文字“1:1”的字高缩小为 3.5mm。

完成标注管接头轴测图。

实例 75 管接头轴测剖视图

本实例所用的绘图命令："打开"Open 命令、"复制"Copy 命令、"延伸"Extend 命令、"直线"Line 命令、"拉长"Lengthen 命令、"样条曲线"Spline 命令、"修剪"Trim 命令、"删除"Erase 命令。

管接头轴测剖视图如图 75-1 所示。

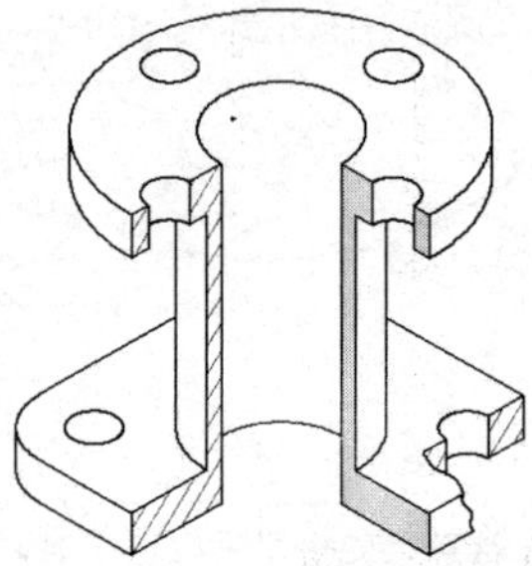

图 75-1　管接头轴测剖视图

绘制步骤

1 单击"标准"工具栏中的"打开"按钮，打开保存的图形文件"管接头轴测图.dwg"。

2 按"F5"键，将右轴测面设置为当前绘图面，单击"修改"工具栏中的"复制"按钮，利用"复制"命令向下复制圆形连接端中两个通孔的等轴测圆和方形连接端一个通孔的等轴测圆，复制距离为 10mm。利用"复制"命令向下、向上复制半径为 16mm 的等轴测圆、向上复制半径为 20mm 的等轴测半圆，复制距离为 80mm 和 60mm，如图 75-2 所示。

3 单击"修改"工具栏中的"延伸"按钮，利用"延伸"命令将半径为 20mm 的两条竖直切线延伸至复制出来的轴测半圆上。

4 按"F5"键，将上轴测面设置为当前绘图面，单击"绘图"工具栏中的"直线"按钮，利用"直线"命令过半径为 40mm 的轴测圆的中心 A 绘制两条等轴测半径 AB 和 AC，长度均为 40mm。过方形连接端上通孔的等轴测圆的中心 D 绘制等轴测半径 DE，长度为 15mm，如图 75-3 所示。

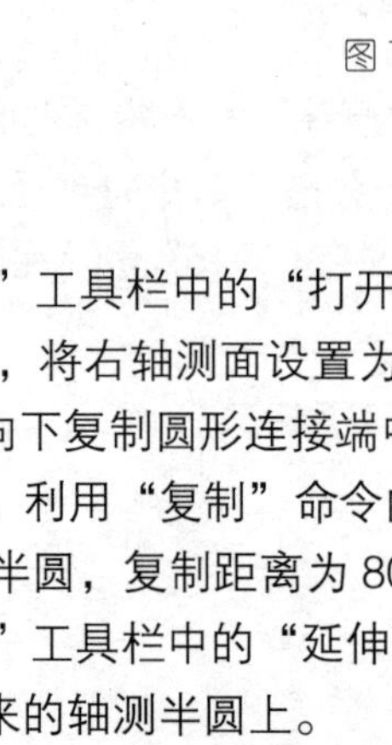

图 75-2　复制等轴测圆

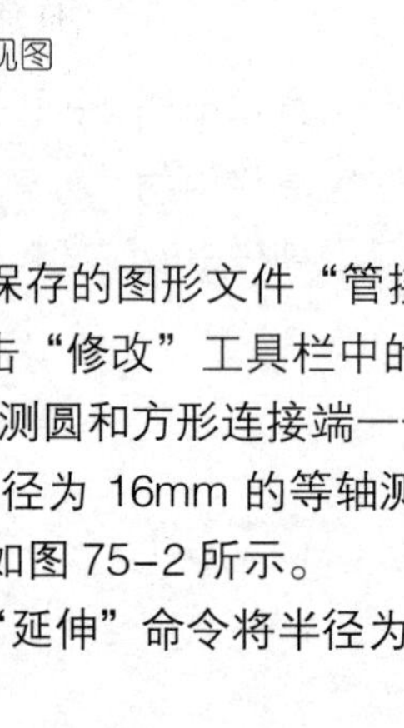

图 75-3　延伸直线，绘制等轴测半径

5 选择菜单"修改"→"拉长"选项，利用"拉长"命令中的"动态"选项将 DE 适当拉长。

6 利用“直线”命令从 B、C 及 AB、AC 与等轴测圆的交点开始绘制剖断面和转折面与管接头内外表面的交线。过 E 点及 DE 与等轴测圆的交点绘制局部剖断面与通孔的交线。

7 关闭状态栏中的“正交”按钮，单击“绘图”工具栏中的“样条曲线”按钮，利用“样条曲线”命令在绘制两条断裂面轮廓线，如图 75-4 所示。

8 单击“修改”工具栏中的“修剪”按钮，利用“修剪”命令修剪被剖掉的轮廓线和不可见的轮廓线。

9 单击“修改”工具栏中的“删除”按钮，利用“删除”命令将多余的线条删除，结果如图 75-5 所示。

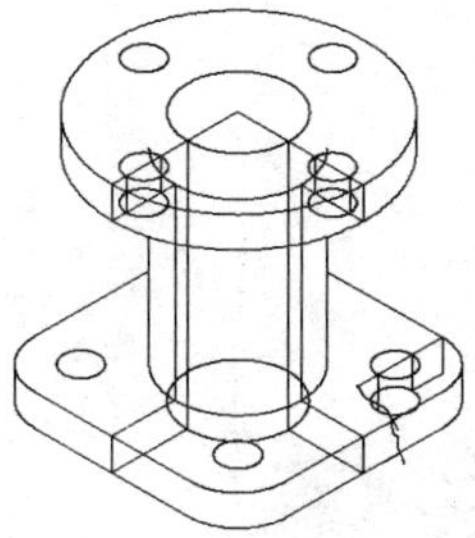

图 75-4　绘制交线和断裂线

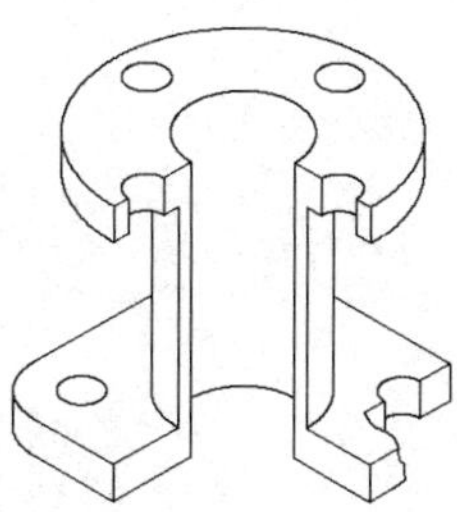

图 75-5　修剪、删除轮廓线

10 将“细实线”层设置为当前层，单击“绘图”工具栏中的“图案填充”按钮，利用“图案填充”命令绘制剖面线。在弹出的“图案填充和渐变色”对话框中打开“图案填充”选项卡，将图案类型设置为 ANSI31，角度设置为 15，比例设置为 1。单击“拾取点”按钮，在半剖和局部剖开的区域内单击，回车两次，即可在等轴测图中绘制出剖面线。

11 单击“绘图”工具栏中的“图案填充”按钮，弹出“图案填充和渐变色”对话框后，打开“渐变色”选项卡，单击“颜色浏览”按钮，在弹出的“选择颜色”对话框的“真色彩”选项卡中选择一种较浅的颜色，如图 75-6 所示。单击“确定”按钮后，在“图案填充和渐变色”对话框中选中“单色”单选按钮，将渐变色调整滑块调至中间位置，如图 75-7 所示。单击“拾取点”按钮，在半剖的转折面区域内单击，回车两次，即可在转折面区域内涂色。

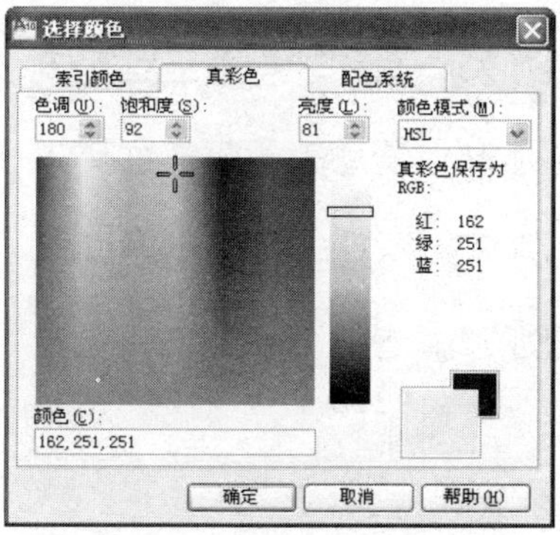

图 75-6 “选择颜色”对话框

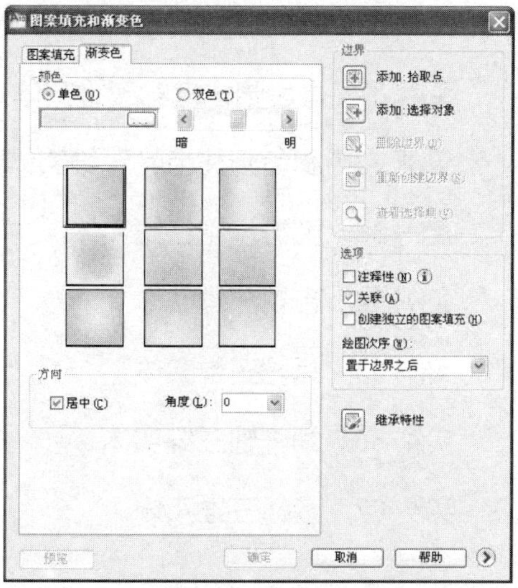

图 75-7 “图案填充和渐变色”对话框

完成绘制管接头的轴测剖视图。

9

创建三维实体

实例 76　六角头螺栓三维实体

本实例所用的绘图命令：“新建”New 命令、“图层”Layer 命令、“螺旋”Helix 命令、“三维自由观察”3DFOrbit 命令、“当前视觉样式”Vscurrent 命令、“三维旋转”3drotate 命令、“用户坐标系”USC 命令、“多边形”Polygon 命令、“旋转”Rotate 命令、“扫描”Sweep 命令、“圆柱体”Cylinder 命令、“三维移动”3dmove 命令、“并集”Union 命令、“圆”Circle 命令、“拉伸”Extrude 命令、“缩放”Scale 命令、“交集”Intersect 命令、“材质”Materials 命令、“渲染”Render 命令。

实例 14 中绘制的六角头螺栓（GB/T5782—2000　M10×40）的三维实体如图 76-1 所示。

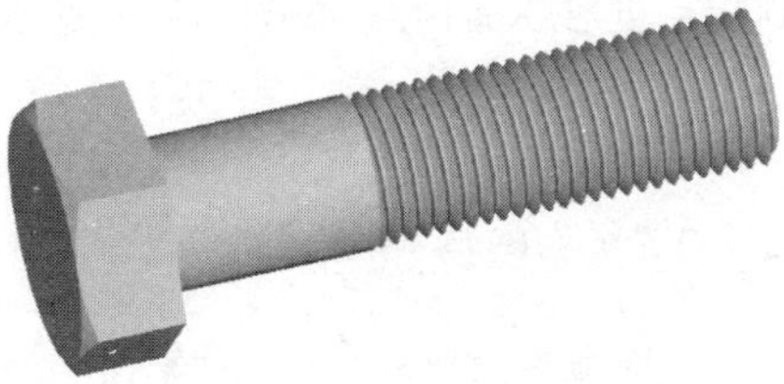

图 76-1　六角头螺栓三维实体

绘制步骤

一、创建螺纹三维实体

1 单击“标准”工具栏中的“新建”按钮，弹出 “选择样板”对话框，在“打开”下拉列表中选择“无样板打开 – 公制（M）”选项，新建一个图形文件。

2 单击“图层”工具栏中“图层特性管理器”按钮，弹出“图层特性管理器”对话框。单击对话框中的“新建图层”按钮或回车，新建一个图层，将其命名为“轮廓线”层，如图 76-2 所示。关闭“图层特性管理器”对话框后，在“图层”下拉列表中将“轮廓线”层设置为当前层。

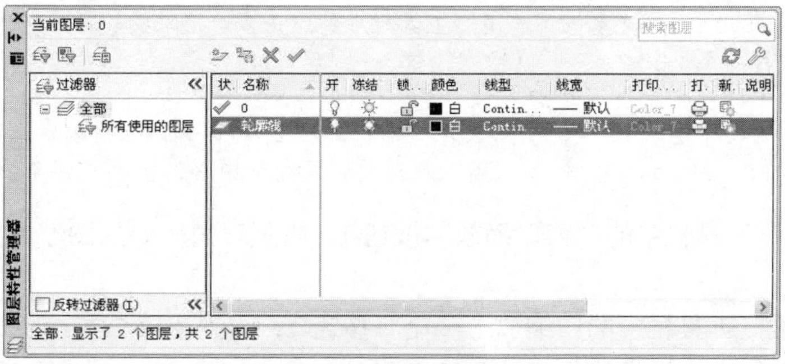

图 76-2　创建“轮廓线”层

3 利用“螺旋”命令绘制用于生成外螺纹的螺旋线。

命令：_Helix　　(单击“建模”工具栏中的“螺旋”按钮，启动“螺旋”命令)
圈数 = 3.0000　　扭曲=CCW
指定底面的中心点:0,0,0↙　　(以坐标原点为底面的中心)
指定底面半径或 [直径(D)] <1.0000>: 4.5　　(输入螺旋底面半径4.5，回车)
指定顶面半径或 [直径(D)] <4.5000>:　　(回车，螺旋顶面半径和底面半径相同)
指定螺旋高度或 [轴端点(A)/圈数(T)/圈高(H)/扭曲(W)] <1.0000>: T　　(输入T，回车,选择“圈数”选项)
输入圈数 <3.0000>: 28　　(输入圈数28，回车)
指定螺旋高度或 [轴端点(A)/圈数(T)/圈高(H)/扭曲(W)] <1.0000>: 28　　(输入螺旋高度28，回车)

4 单击“标准”工具栏中的“窗口缩放”按钮，将螺旋线放大显示。

5 单击“动态观察器”工具栏中的“自由动态观察”按钮，调整观察方向。

6 单击“视觉样式”工具栏中的“三维隐藏视觉样式”按钮，将三维实体显示为三维隐藏视觉样式，如图 76-3 所示。

7 打开状态栏中的“正交”按钮和“对象捕捉”按钮，单击 USC 工具栏中的按钮，调整坐标系的方向，使螺旋线的起点处在 X 轴上，如图 76-4 所示。

命令：_ucs
当前 UCS 名称：*没有名称*
指定 UCS 的原点或 [面(F)/命名(NA)/对象(OB)/上一个(P)/视图(V)/世界(W)/X/Y/Z/Z轴(ZA)] <世界>: _3
指定新原点 <0,0,0>:　　(捕捉螺旋线的圆心)
在正 X 轴范围上指定点 <1.0000,0.0000,0.0000>:　　(捕捉螺旋线的起点)
在 UCS XY 平面的正 Y 轴范围上指定点 <0.4573,0.8893,0.0000>:　　(在Z轴的正方向任意位置单击)

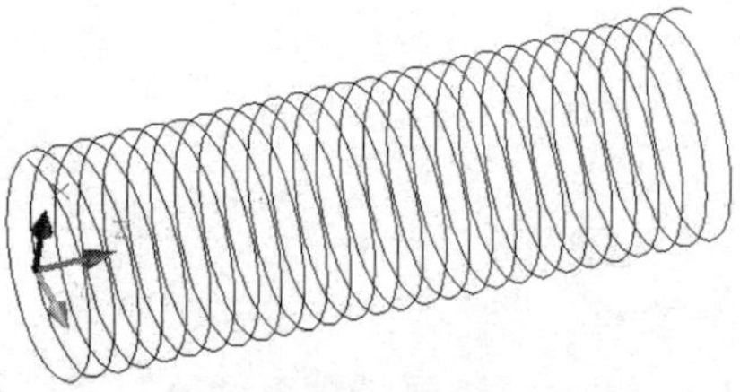

图 76-3　绘制螺旋线

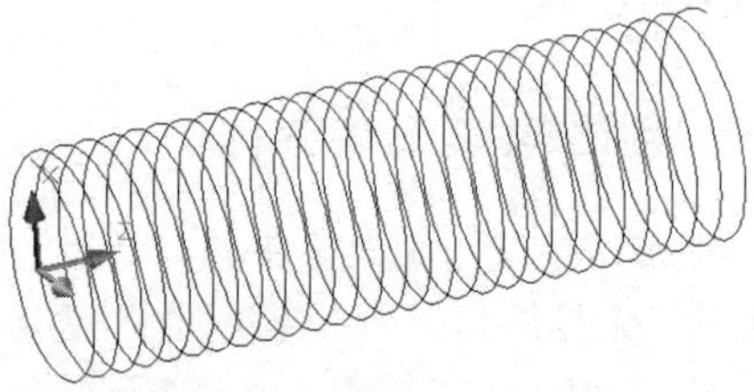

图 76-4　调整坐标系的方向

8 利用“正多边形”命令绘制牙型的正三角形。

命令：_polygon　　(单击“绘图”工具栏中的“正多边形”按钮，启动“正多边形”命令)
输入边的数目 <4>: 3↙　　(输入边数3，回车)
指定正多边形的中心点或 [边(E)]:　　(捕捉螺旋线的起点)
输入选项 [内接于圆(I)/外切于圆(C)] <I>:↙　　(回车，选择缺省选项“内接于圆”选项)
指定圆的半径：@0.5,0↙　　(输入相对于正三角形中心的坐标，回车)

9 单击“标准”工具栏中的“窗口缩放”按钮，将正三角形处的图形放大显示，如图 76-5 所示。

10 单击“标准”工具栏中的“缩放上一个”按钮，回到上一个显示窗口。

11 利用“扫掠”命令沿螺旋线扫掠正三角形，创建出螺纹实体，如图 76-6 所示。

命令:_sweep　　（单击“建模”工具栏中的“扫掠”按钮，启动“扫描”命令）
当前线框密度：ISOLINES=4
选择要扫掠的对象：　　（单击正三角形）
找到 1 个
选择要扫掠的对象：↙　　（回车，结束选择扫掠对象）
选择扫掠路径或 [对齐(A)/基点(B)/比例(S)/扭曲(T)]：　　（单击螺旋线）

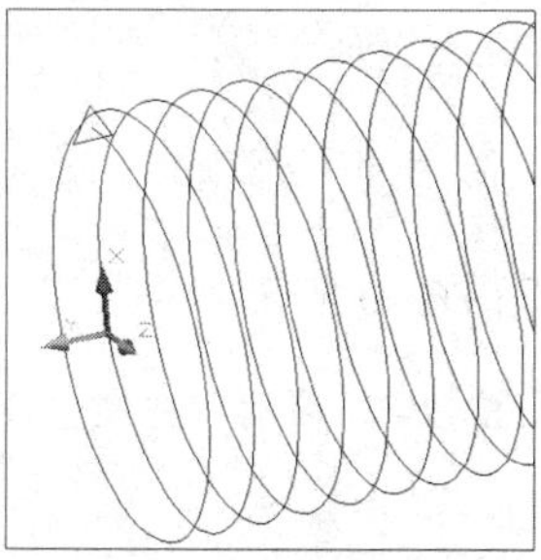

图 76–5　绘制等边三角形

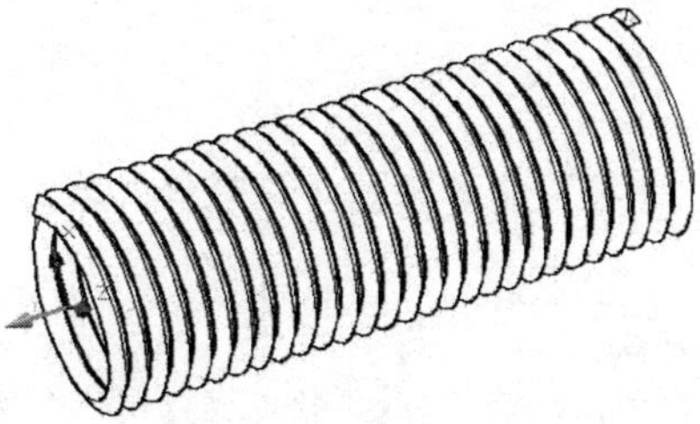

图 76–6　螺纹实体

二、创建螺杆三维实体

1 单击“三维导航”工具栏中的“三维平移”按钮，调整显示窗口。

2 单击 USC 工具栏中的“X”按钮，将坐标系绕 X 轴旋转 90°。

命令：_ucs
当前 UCS 名称：*没有名称*
指定 UCS 的原点或 [面(F)/命名(NA)/对象(OB)/上一个(P)/视图(V)/世界(W)/X/Y/Z/Z轴(ZA)] <世界>：_x
指定绕 X 轴的旋转角度 <90>:↙　　（回车，旋转角度为缺省设置）

3 利用“圆柱体”命令创建两个圆柱实体，如图 76–7 所示。

命令：_cylinder　　（单击“建模”工具栏中的“圆柱体”按钮，启动“圆柱体”命令）
指定底面的中心点或 [三点(3P)/两点(2P)/相切、相切、半径(T)/椭圆(E)]：　（在适当位置单击）
指定底面半径或 [直径(D)]：5↙　　（输入底面半径5，回车）
指定高度或 [两点(2P)/轴端点(A)]：14↙　　（输入圆柱体高度14，回车）

命令：_cylinder　（单击“建模”工具栏中的“圆柱体”按钮或回车，启动“圆柱体”命令）
指定底面的中心点或 [三点(3P)/两点(2P)/相切、相切、半径(T)/椭圆(E)]：　　（捕捉底面半径为5mm的圆柱体的不可见端面的圆心）
指定底面半径或 [直径(D)] <5.0000>：4.3↙　　（输入底面半径4.3，回车）
指定高度或 [两点(2P)/轴端点(A)] <14.0000>：26↙　　（输入圆柱体高度26，回车）

4 利用“三维移动”命令将螺纹三维实体和圆柱实体移动一起，如图 76–8 所示。

命令：_3dmove　　（单击“建模”工具栏中的“三维移动”按钮，启动“三维移动”命令）
选择对象：　　（单击螺纹实体）
找到 1 个
选择对象:↙　　（回车，结束选择三维移动对象）
指定基点或 [位移(D)] <位移>：　　（捕捉螺旋线的顶面圆心）
指定第二个点或 <使用第一个点作为位移>:_from　　（单击“对象捕捉”工具栏中的“捕捉自”按钮）

基点： （捕捉半径较小圆柱的不可见端面的圆心）
<偏移>：@0,0,1↙ （输入第二点相对于基点的坐标，回车）

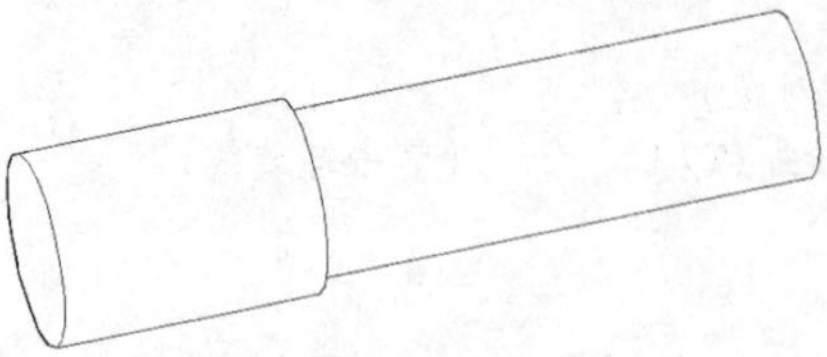

图 76-7 创建圆柱体

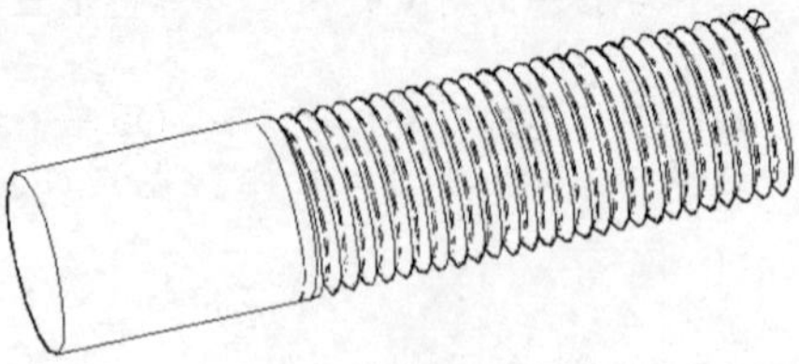

图 76-8 移动三维实体

5 利用“并集”命令将两个圆柱体和螺纹实体合并，如图 76-9 所示。

命令：_union （单击“建模”工具栏中的“并集”按钮，启动“并集”命令）
选择对象：
指定对角点： （用拾取框包围三个实体）
找到 3 个
选择对象： （回车，结束选择合并对象）

6 单击“修改”工具栏中的“删除”按钮，利用“删除”命令将螺旋线删除。

7 利用“剖切”命令剖切超出的螺纹，得到螺杆三维实体，如图 76-10 所示。

命令：_slice （选择菜单“修改”→“三维操作”→“剖切”选项，启动“剖切”命令）
选择要剖切的对象： （单击合并后的三维实体）
找到 1 个
选择要剖切的对象：↙ （回车，结束选择要剖切的对象）
指定 切面 的起点或 [平面对象(O)/曲面(S)/Z 轴(Z)/视图(V)/XY/YZ/ZX/三点(3)] <三点>：YZ↙ （输入YZ，回车，剖切平面与YZ平面平行）
指定 YZ 平面上的点 <0,0,0>： （捕捉右端面圆心）
在所需的侧面上指定点或 [保留两个侧面(B)] <保留两个侧面>： （在剖切平面左侧捕捉螺杆实体上特殊点）

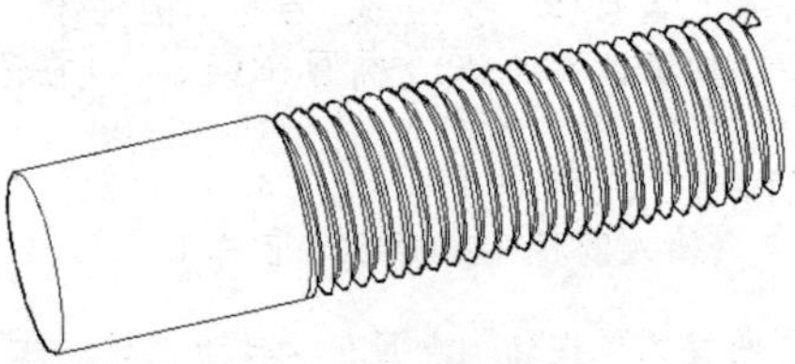

图 76-9 合并三维实体

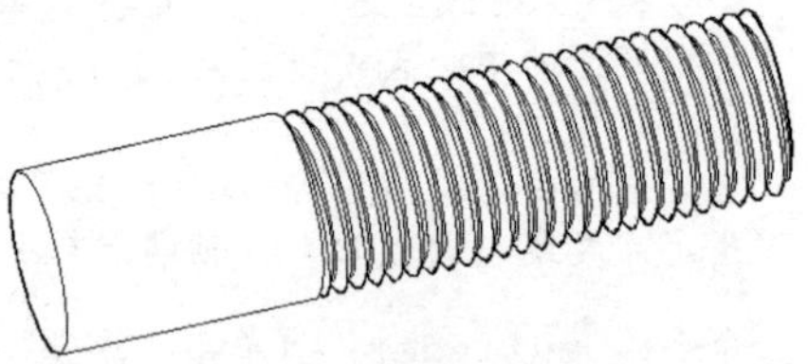

图 76-10 螺杆三维实体

三、创建头部三维实体

1 利用“正多边形”命令绘制正六边形。

命令：_polygon （单击“绘图”工具栏中的“正多边形”按钮，启动“多边形”命令）
输入边的数目 <4>：6 （输入边数6，回车）
指定正多边形的中心点或 [边(E)]： （在适当位置单击，指定正六边形的中心）
输入选项 [内接于圆(I)/外切于圆(C)] <I>： （回车，选择“内接于圆”选项）
指定圆的半径：@0,8 （输入光标相对于正六边形中心的坐标，回车）

2 绘制正六边形的内切圆，如图 76-11 所示。

命令：_circle （选择菜单“绘图”→“圆”→“相切、相切、相切”选项）

```
指定圆的圆心或 [三点(3P)/两点(2P)/相切、相切、半径(T)]: _3p
指定圆上的第一个点: _tan 到      (将光标移动正六边形的一条边上，出现切点捕捉标记后单击)
指定圆上的第二个点: _tan 到      (将光标移动正六边形的另一条边上，出现切点捕捉标记后单击)
指定圆上的第三个点: _tan 到      (将光标移动正六边形的第三条边上，出现切点捕捉标记后单击)
```

3 利用“拉伸”命令将正六边形拉伸为正六棱柱，如图 76-12 所示。

```
命令: _extrude        (单击“建模”工具栏中的“拉伸”按钮，启动“拉伸”命令)
当前线框密度: ISOLINES=4
选择要拉伸的对象:      (单击正六边形的内切圆为拉伸对象)
找到 1 个
选择要拉伸的对象:        (回车，结束选择拉伸对象)
指定拉伸的高度或 [方向(D)/路径(P)/倾斜角(T)] : 6.4        (输入拉伸高度-6.4，回车)
```

4 利用“拉伸”命令将正六边形的内切圆拉伸为圆锥，如图 76-13 所示。

```
命令: _extrude        (单击“建模”工具栏中的“拉伸”按钮，启动“拉伸”命令)
当前线框密度: ISOLINES=4
选择要拉伸的对象:      (单击正六边形的内切圆为拉伸对象)
找到 1 个
选择要拉伸的对象:        (回车，结束选择要拉伸的对象)
指定拉伸的高度或 [方向(D)/路径(P)/倾斜角(T)]: T       (输入T，回车，选择“倾斜角”选项)
指定拉伸的倾斜角度 <0>: 60        (输入拉伸的倾斜角度60，回车)
指定拉伸的高度或 [方向(D)/路径(P)/倾斜角(T)]: -10       (输入拉伸高度10，回车)
```

图 76-11　绘制正六边形及其内切圆

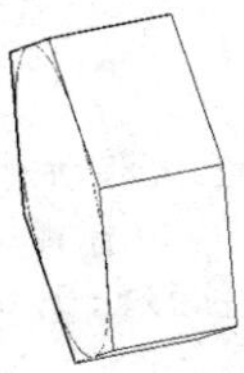
图 76-12　拉伸六边形为六棱柱

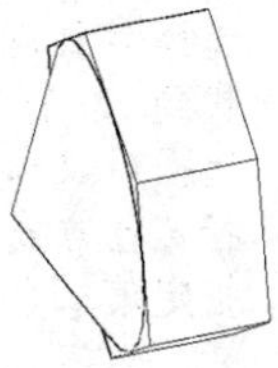
图 76-13　将内切圆拉伸为圆锥

5 利用“缩放”命令将圆锥放大 2.5 倍，如图 76-14 所示（放大圆锥的比例越大越好，如果过小将使正六棱柱的高度在和圆锥做“交”运算后缩短。限于插图不宜过大，这里将缩放比例设置为 2.5，读者在实际操作时不妨将缩放比例设置为 3，甚至更大也可以）。

```
命令: _scale       (单击“修改”工具栏中的“缩放”按钮，启动“缩放”命令)
选择对象:      (单击圆锥为缩放对象)
找到 1 个
选择对象:        (回车，结束选择缩放对象)
指定基点:       (捕捉圆锥的顶点为基点)
指定比例因子或 [复制(C)/参照(R)] <1.0000>: 2.5        (输入比例因子2.5，回车)
```

6 利用“交集”命令将两个正六棱柱实体和圆锥实体做“交集”运算，得到头部实体，如图 76-15 所示。

```
命令: _intersect       (单击“建模”工具栏中的“交集”按钮，启动“交集”命令)
选择对象:      (单击正六棱柱)
找到 1 个
选择对象:      (单击圆锥)
找到 1 个，总计 2 个
选择对象:        (回车，结束“交集”命令)
```

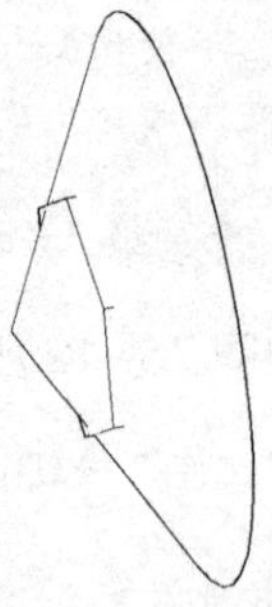

图 76-14　放大圆锥

图 76-15　“交”运算结果

四、创建螺栓三维实体

1 利用“用户坐标系”命令调整坐标系原点的位置。

命令：_ucs　　（单击USC工具栏中的“原点”按钮）
当前 UCS 名称：*没有名称*
指定 UCS 的原点或 [面(F)/命名(NA)/对象(OB)/上一个(P)/视图(V)/世界(W)/X/Y/Z/Z轴(ZA)]<世界>：_o
指定新原点 <0,0,0>：　　（捕捉内切圆的圆心）

2 利用“三维移动”命令将螺杆三维实体和头部三维实体移动一起。

命令：_3dmove　　（单击“建模”工具栏中的“三维移动”按钮，启动“三维移动”命令）
选择对象：　　（单击螺杆三维实体）
找到 1 个
选择对象：↙　　（回车，结束选择三维移动对象）
指定基点或 [位移(D)] <位移>：　　（捕捉螺杆三维实体可见端面的圆心）
指定第二个点或 <使用第一个点作为位移>：0,0,6.4 ↙　　（输入第二点的坐标，回车）

3 利用“并集”命令将螺杆实体和头部实体合并，创建出六角头螺栓三维实体，如图 76-16 所示。

命令：_union　　（单击“建模”工具栏中的“并集”按钮，启动“并集”命令）
选择对象：　　（单击头部实体）
找到 1 个
选择对象：　　（单击螺杆实体）
找到 1 个，总计 2 个
选择对象：　　（回车，结束选择合并对象）

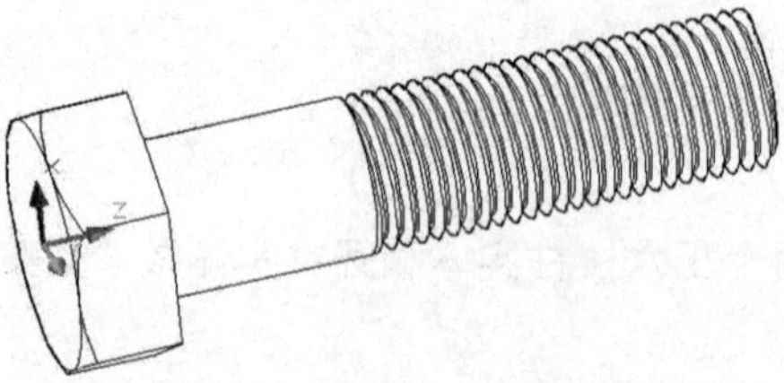

图 76-16　移动、合并实体

4 单击“动态观察器”工具栏中的“自由动态观察”按钮，调整观察方向。

5 单击“渲染”工具栏中的“高级渲染设置”按钮，系统弹出“高级渲染设置”选项板，在“渲染描述”选项栏的“目标”下拉列表中选择“视口”选项，在“输出尺寸”下拉列表中选择“1024×768”选项，如图 76-17 所示。

6 关闭“高级渲染设置”选项板后，单击“渲染”工具栏中的“材质”按钮，系统弹出“材质”选项板，在“类型”下拉列表中选择“真实”选项。取消勾选“随对象”复选框后，单击颜色框，在弹出的“选择颜色”对话框中选择适当的颜色，完成设置“材质”选项板，如图 76-18 所示。单击“将材质应用到对象”按钮，回到绘图区后用光标单击螺栓三维实体。回车后，关闭“材质”选项板。

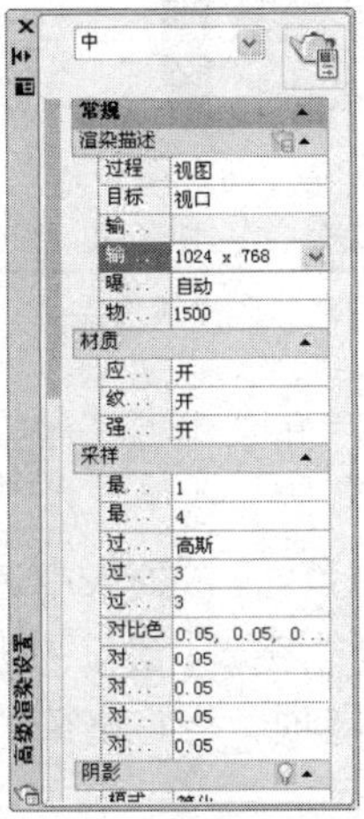

图 76-17 “高级渲染设置”选项板

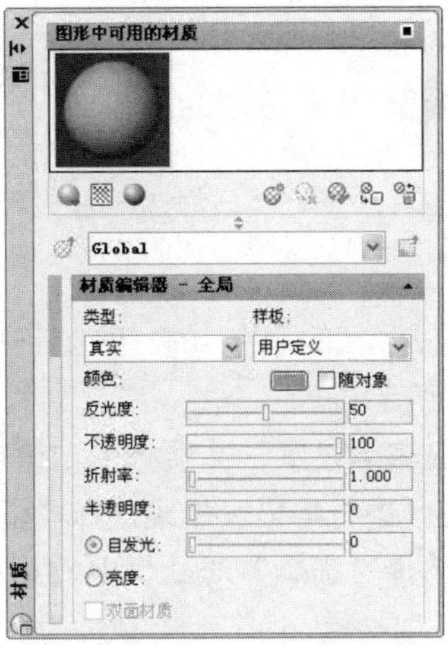

图 76-18 “材质”选项板

7 选择菜单“视图”→“命名视图”选项，系统弹出“视图管理器”对话框，如图 76-19 所示。在视图查看栏选中“模型视图”，单击“新建”按钮，弹出如图 76-20 所示的“新建视图”对话框，在“视图名称”文本框中输入“渲染视图”，在“背景”下拉菜单中选择“纯色”选项，弹出如图 76-21 所示的“背景”对话框，单击“颜色”选项。弹出的“选择颜色”对话框，并打开“真色彩”选项卡，在颜色栏任意单击后，将颜色滑块拖至最上方，即将背景颜色设置为“白色”，如图 76-22 所示。连续单击“确定”按钮，在“视图管理器”对话框中选中“渲染视图”，单击“置为当前”按钮，将“渲染视图”设置为当前视图，单击“确定”按钮。

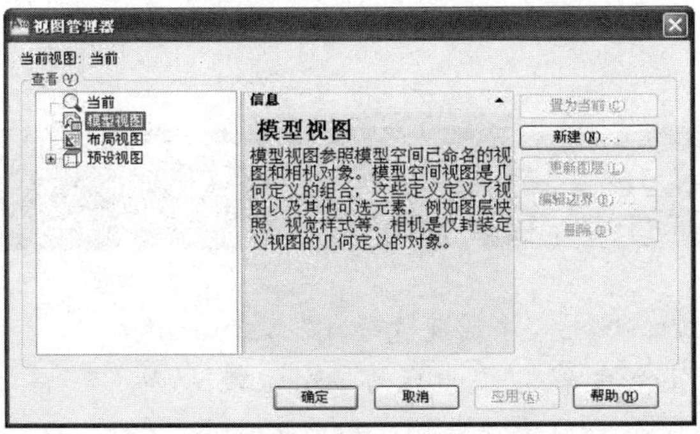

图 76-19 “视图管理器”对话框

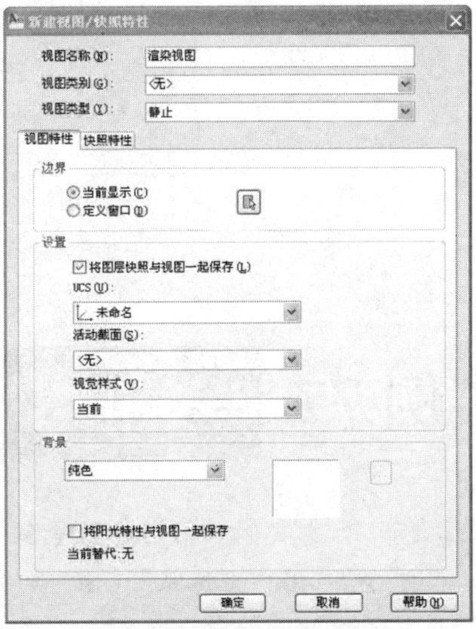

图 76-20 “新建视图”对话框

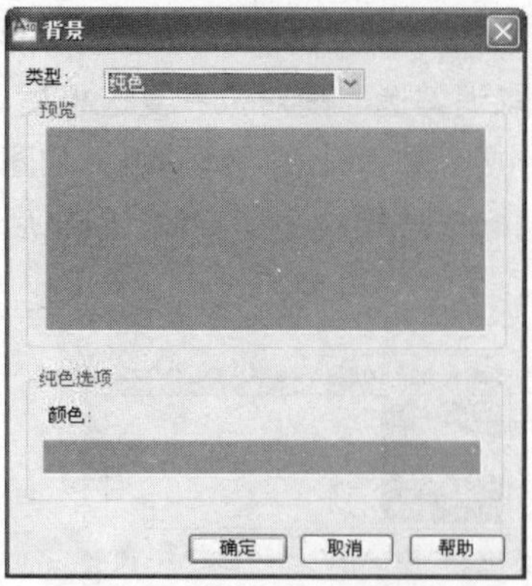

图 76-21 “背景”对话框图

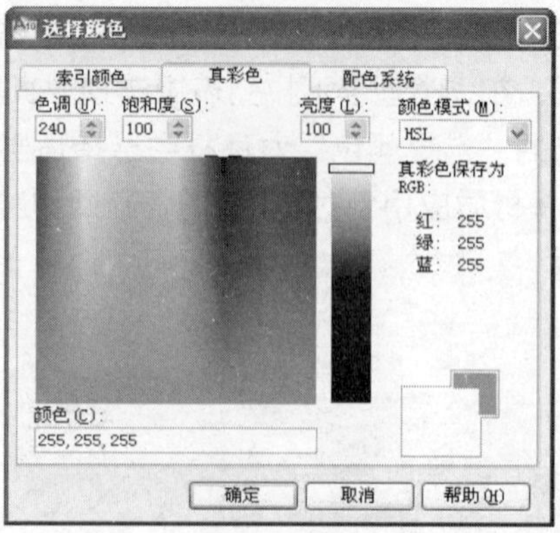

图 76-22 将颜色设置为白色

8 单击“渲染”工具栏中的“渲染”按钮，系统便开始对六角头螺栓三维实体进行渲染，结果如图 76-1 所示。

9 在“高级渲染设置”选项板中“渲染描述”选项栏的“目标”下拉列表中选择“视口”选项，用于在绘图区进行渲染。如果选择“窗口”选项，将在弹出的“渲染”窗口内进行渲染，如图 76-23 所示。选择“渲染”对话框中的菜单“文件”→“保存”选项，可将渲染的三维实体保存为图像文件。

完成创建六角头螺栓三维实体。

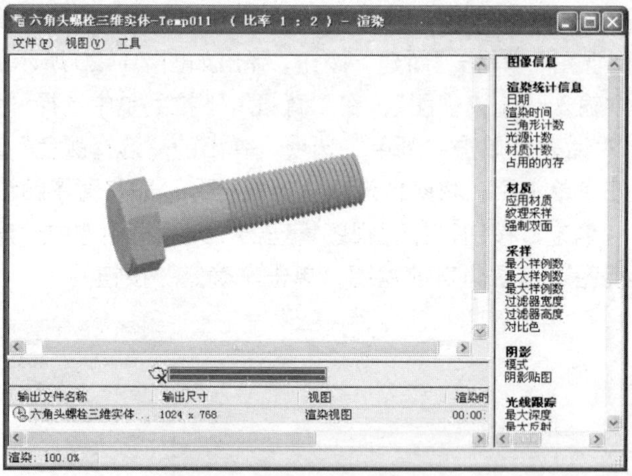

图 76-23 “渲染”对话框

实例 77 六角螺母三维实体

本实例所用的绘图命令：“打开”Open 命令、“当前视觉样式”Vscurrent 命令、“用户坐标系”USC 命令、“剖切”Slice 命令、“三维移动”3dmove 命令、“拉伸面”命令、“差集”Subtract 命令、“三维自由观察”3DFOrbit 命令、“材质”Materials 命令、“渲染”Render 命令实例 23 中绘制的六角螺母（GB/T6170—2000　M10）的三维实体如图 77-1 所示。

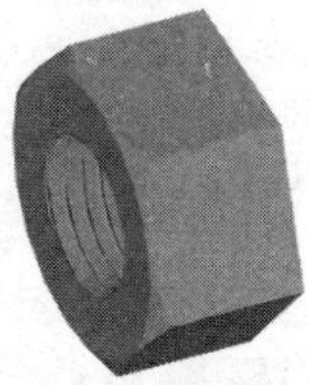

图 77-1　六角螺母三维实体

绘制步骤

1 单击“标准”工具栏中的“打开”按钮，打开保存的图形文件“六角头螺栓三维实体.dwg”。

2 单击“视觉样式”工具栏中的“三维线框视觉样式”按钮，将三维实体显示为三维线框视觉样式。

3 单击 USC 工具栏中的“原点”按钮，将坐标系原点的位置移到螺栓头部实体端面内切圆的圆心处，如图 77-2 所示。

4 利用“剖切”命令将螺栓实体剖切为两部分。

```
命令: _slice　　（选择菜单“修改”→“三维操作”→“剖切”选项，启动“剖切”命令）
选择要剖切的对象:　　（单击螺栓实体）
找到 1 个
选择要剖切的对象:↙　　（回车，结束选择要剖切的对象）
指定 切面 的起点或[平面对象(O)/曲面(S)/Z 轴(Z)/视图(V)/XY/YZ/ZX/三点(3)]<三点>:XY↙　　（输入XY，回车）
指定 XY 平面上的点<0,0,0>:　　（捕捉螺杆端面的圆心）
在所需的侧面上指定点或 [保留两个侧面(B)] <保留两个侧面>: ↙　　（回车，保留两个侧面）
```

5 利用“三维移动”命令移动螺杆实体，如图 77-3 所示。

```
命令: _3dmove　　（单击“建模”工具栏中的“三维移动”按钮，启动“三维移动”命令）
选择对象:　　（单击螺杆实体）
找到 1 个
选择对象:↙　　（回车，结束选择要移动的对象）
指定基点或 [位移(D)] <位移>:　　（在适当位置单击）
指定第二个点或 <使用第一个点作为位移>:　　（在适当位置单击）
```

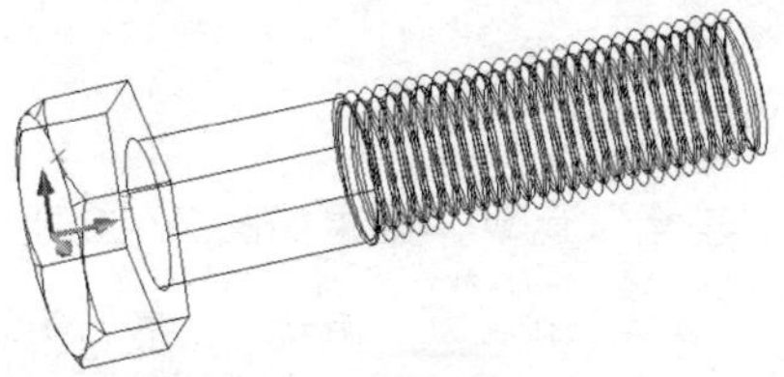

图 77-2　三维线框视觉样式

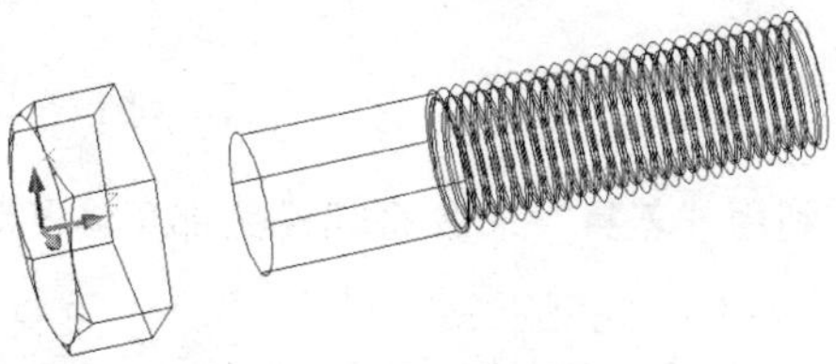

图 77-3　移动螺杆实体

6 利用“实体编辑”命令拉伸螺栓头部实体的端面，如图 77-4(c)所示。

```
命令: _solidedit　　（单击“实体编辑”工具栏中的“拉伸面”按钮）
实体编辑自动检查: SOLIDCHECK=1
输入实体编辑选项 [面(F)/边(E)/体(B)/放弃(U)/退出(X)] <退出>: _face
输入面编辑选项[拉伸(E)/移动(M)/旋转(R)/偏移(O)/倾斜(T)/删除(D)/复制(C)/颜色(L)/
```

材质(A)/放弃(U)/退出(X)] <退出>: _extrude
选择面或 [放弃(U)/删除(R)]:　　(单击六棱柱的端面ABEFGH上的边AB)
找到 2 个面。　　(与六棱柱的端面相交于AB的棱面ABCD也被选中，如图77-4(a)所示)
选择面或 [放弃(U)/删除(R)/全部(ALL)]: R↙　　(输入R，回车，选择“删除”选项)
删除面或 [放弃(U)/添加(A)/全部(ALL)]:　　(单击棱面ABCD上的棱线AG或BH，此时只有端面ABCDEF被选中，如图77-4(b)所示)
找到 2 个面，已删除 1 个。
删除面或 [放弃(U)/添加(A)/全部(ALL)]:↙　　(回车，结束选择删除面)
指定拉伸高度或 [路径(P)]: 2↙　　(输入拉伸高度2，回车)
指定拉伸的倾斜角度 <0>:↙　　(回车，拉伸的倾斜角度为0)
已开始实体校验。
已完成实体校验。
输入面编辑选项[拉伸(E)/移动(M)/旋转(R)/偏移(O)/倾斜(T)/删除(D)/复制(C)/颜色(L)/材质(A)/放弃(U)/退出(X)] <退出>:↙　　(回车，结束“拉伸面”命令)

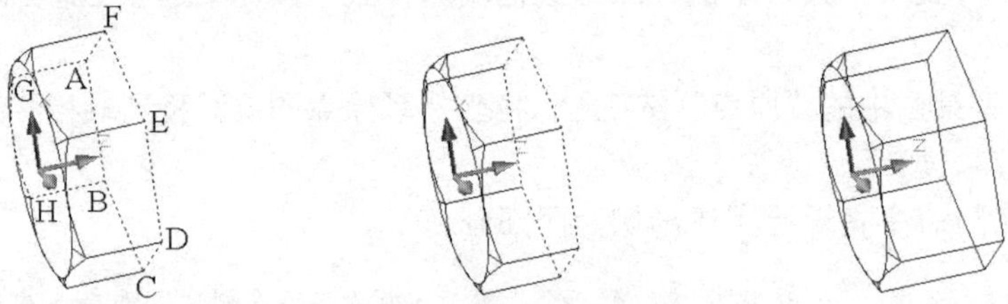

(a)　(b)　(c)

图 77-4　拉伸六棱柱端面

7 利用“三维移动”命令将螺杆实体和螺栓头部实体移动到一起，如图 77-5 所示。

命令: _3dmove　　(单击“建模”工具栏中的“三维移动”按钮，启动“三维移动”命令)
选择对象:　　(单击螺杆实体为移动对象)
找到 1 个
选择对象:　　(回车，结束选择移动对象)
指定基点或 [位移(D)] <位移>:　　(捕捉螺杆可见端面的圆心为基点)
指定第二个点或 <使用第一个点作为位移>:0,0,-20↙　　(输入第二点的坐标，回车)

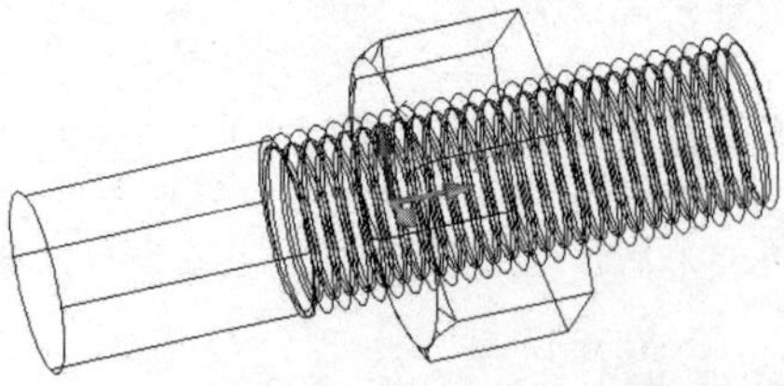

图 77-5　移动螺杆实体

8 利用“差集”命令将螺栓头部实体和螺杆实体做“差集”运算，结果如图 77-6 所示。

命令: _subtract　　(单击“建模”工具栏中的“差集”按钮，启动“差集”命令)
选择要从中减去的实体或面域...
选择对象:　　(单击拉伸后的螺栓头部实体)
找到 1 个
选择对象:↙　　(回车，结束要从中减去的实体)
选择要减去的实体或面域 ..
选择对象:　　(单击螺杆实体)
找到 1 个
选择对象:↙　　(回车，结束“差集”命令)

9 单击“动态观察器”工具栏中的“自由动态观察”按钮，调整观察方向。

10 单击 USC 工具栏中的“原点”按钮，调整坐标系原点的位置。

11 单击“视觉样式”工具栏中的“三维隐藏视觉样式”按钮，将三维实体显示为三维隐藏视觉样式，如图 77-7 所示。

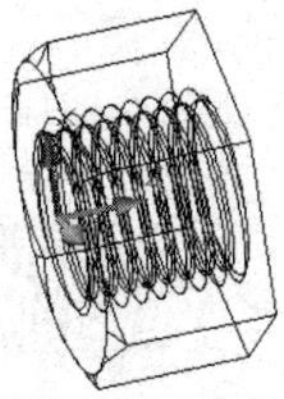
图 77-6 “差”运算结果

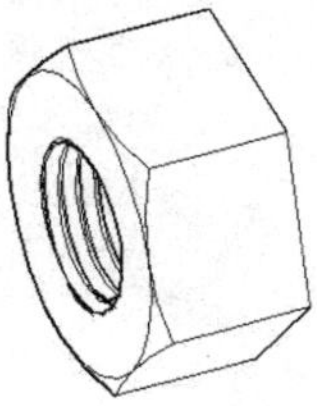
图 77-7　三维隐藏视觉样式

12 设置渲染目标和渲染材质，并创建纯白色渲染视图。单击“渲染”工具栏中的“渲染”按钮，即可对六角螺母三维实体进行渲染，如图 77-1 所示。

完成创建六角螺母三维实体。

实例 78　沉头螺钉三维实体

本实例所用的绘图命令：“打开”Open 命令、“当前视觉样式”Vscurrent 命令、“剖切”Slice 命令、“拉伸面”命令、“复制”Copy 命令、“用户坐标系”USC 命令、“三维移动”3dmove 命令、“并集”Union 命令、“圆锥体”Cone 命令、“长方体”Box 命令、“差集”Subtract 命令、“删除”Erase 命令、“材质”Materials 命令、“渲染”Render 命令。

实例 17 中绘制的沉头螺钉（GB/T68—2000　M10×40）的三维实体如图 78-1 所示。

图 78-1　沉头螺钉三维实体

绘制步骤

1 单击“标准”工具栏中的“打开”按钮，打开保存的图形文件“六角头螺栓三维实体.dwg”。

2 单击“视觉样式”工具栏中的“三维线框视觉样式”按钮，将三维实体显示为三维线框视觉样式，如图 78-2 所示。

3 利用“剖切”命令将螺栓实体的头部切掉，如图 78-3 所示。

```
命令: _slice        (选择菜单“修改”→“三维操作”→“剖切”选项，启动“剖切”命令)
```

选择要剖切的对象：　　（单击螺栓实体）
找到 1 个
选择要剖切的对象:↙　　（回车，结束选择要剖切的对象）
指定 切面 的起点或[平面对象(O)/曲面(S)/Z 轴(Z)/视图(V)/XY/YZ/ZX/三点(3)]<三点>:XY↙　　（输入XY，回车）
指定 XY 平面上的点<0,0,0>:　　（捕捉螺杆端面的圆心）
在所需的侧面上指定点或 [保留两个侧面(B)] <保留两个侧面>:　　（在螺杆上捕捉特殊点）

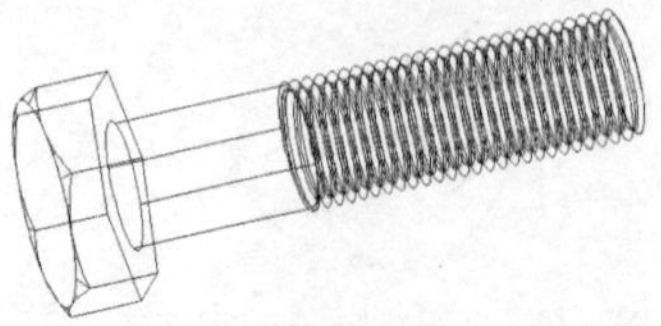
图 78-2　三维线框视觉样式

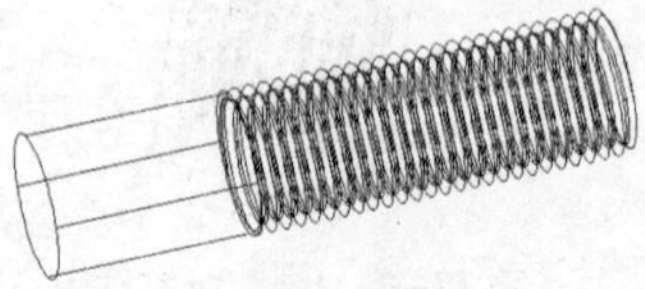
图 78-3　剖切螺栓实体的头部

4 利用“实体编辑”命令将螺杆实体的圆柱部分的长度缩短，如图 78-4 所示。

命令: _solidedit　　（单击“实体编辑”工具栏中的“拉伸面”按钮）
实体编辑自动检查: SOLIDCHECK=1
输入实体编辑选项 [面(F)/边(E)/体(B)/放弃(U)/退出(X)] <退出>: _face
输入面编辑选项[拉伸(E)/移动(M)/旋转(R)/偏移(O)/倾斜(T)/删除(D)/复制(C)/颜色(L)/材质(A)/放弃(U)/退出(X)] <退出>: _extrude
选择面或 [放弃(U)/删除(R)]:　　（单击螺杆实体可见端面的圆周）
找到 2 个面。　　（圆柱面也被选中）
选择面或 [放弃(U)/删除(R)/全部(ALL)]: R↙　　（输入R，回车，选择“删除”选项）
删除面或 [放弃(U)/添加(A)/全部(ALL)]:　　（单击圆柱面的任意一条素线）
找到 1 个面，已删除 1 个。
删除面或 [放弃(U)/添加(A)/全部(ALL)]:↙　　（回车，结束选择删除面）
指定拉伸高度或 [路径(P)]: -11↙　　（输入拉伸高度-11，回车）
指定拉伸的倾斜角度 <0>:↙　　（回车，拉伸的倾斜角度为0）
已开始实体校验。
已完成实体校验。
输入面编辑选项[拉伸(E)/移动(M)/旋转(R)/偏移(O)/倾斜(T)/删除(D)/复制(C)/颜色(L)/材质(A)/放弃(U)/退出(X)] <退出>:↙　　（回车，结束“拉伸面”命令）

5 单击“修改”工具栏中的“复制”按钮，利用“复制”命令复制缩短后的螺杆实体。

6 单击 USC 工具栏中的“原点”按钮，将坐标系原点的移到复制的螺杆实体的可见端面的圆心处，如图 78-4 所示。

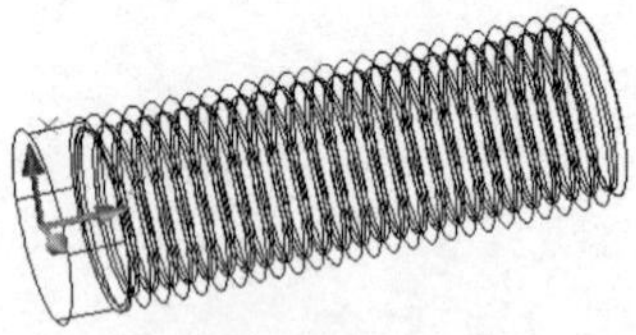
图 78-4　复制缩短后的螺杆实体

7 利用“剖切”命令剖切复制的螺杆实体，如图 78-5 所示。

命令: _slice　　（选择菜单“修改”→“三维操作”→“剖切”选项，启动“剖切”命令）
选择要剖切的对象：　　（单击复制的螺栓实体）
找到 1 个
选择要剖切的对象:↙　　（回车，结束选择要剖切的对象）
指定切面的起点或[平面对象(O)/曲面(S)/Z 轴(Z)/视图(V)/XY/YZ/ZX/三点(3)]<三点>:XY↙　　（输入XY，回车）
指定XY平面上的点<0,0,0>:0,0,23　　（输入切面通过点的坐标，回车）
在所需的侧面上指定点或 [保留两个侧面(B)] <保留两个侧面>:　　（在处在切面的右侧的螺杆实体上捕捉特殊点）

8 单击“建模”工具栏中的“三维移动”按钮，利用“三维移动”命令将两个实体移到一起，移动基点为短实体的可见端面的圆心，第 2 点为长实体的不可见端面的圆心。

9 单击“建模”工具栏中的“并集”按钮，启动“并集”命令将两个实体合并，结果如图 78-6 所示。

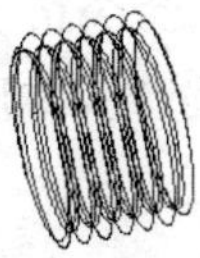

图 78-5　剖切复制的螺杆实体

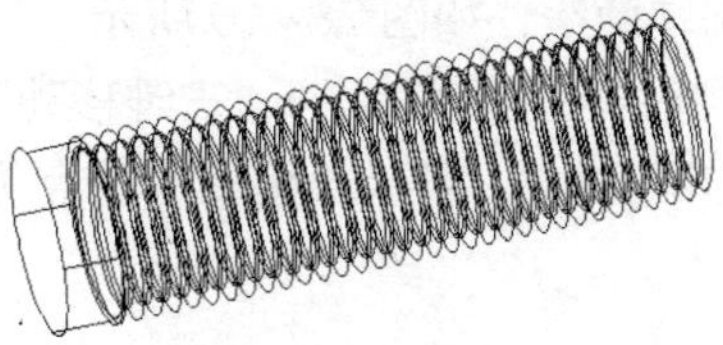

图 78-6　合并实体

10 利用“圆锥体”命令创建圆台实体，如图 78-7 所示。

```
命令: _cone        (单击“建模”工具栏中的“圆锥体”按钮，启动“圆锥体”命令)
指定底面的中心点或 [三点(3P)/两点(2P)/相切、相切、半径(T)/椭圆(E)]:       (在适当位置单击)
指定底面半径或 [直径(D)]: 9↙        (输入圆台底面半径9, 回车)
指定高度或 [两点(2P)/轴端点(A)/顶面半径(T)]: T↙        (输入T, 回车,选择“顶面半径”选项)
指定顶面半径 <0.0000>: 5↙        (输入圆台顶面半径5, 回车)
指定高度或 [两点(2P)/轴端点(A)]: 4↙        (输入圆台高度4, 回车)
```

11 利用“实体编辑”命令拉伸圆台实体的底面，如图 78-8 所示。

```
命令: _solidedit    (单击“实体编辑”工具栏中的“拉伸面”按钮)
实体编辑自动检查: SOLIDCHECK=1
输入实体编辑选项 [面(F)/边(E)/体(B)/放弃(U)/退出(X)] <退出>: _face
输入面编辑选项[拉伸(E)/移动(M)/旋转(R)/偏移(O)/倾斜(T)/删除(D)/复制(C)/颜色(L)/材质(A)/放弃(U)/退出(X)] <退出>: _extrude
选择面或 [放弃(U)/删除(R)]:        (单击圆台实体底面的圆周)
找到 2 个面。      (圆锥面也被选中)
选择面或 [放弃(U)/删除(R)/全部(ALL)]: R↙        (输入R, 回车, 选择“删除”选项)
删除面或 [放弃(U)/添加(A)/全部(ALL)]:        (单击圆锥面的任意一条素线)
找到 1 个面, 已删除 1 个。
删除面或 [放弃(U)/添加(A)/全部(ALL)]:↙        (回车, 结束选择删除面)
指定拉伸高度或 [路径(P)]: 1↙        (输入拉伸高度1, 回车)
指定拉伸的倾斜角度 <0>:↙        (回车, 拉伸的倾斜角度为0)
已开始实体校验。
已完成实体校验。
输入面编辑选项[拉伸(E)/移动(M)/旋转(R)/偏移(O)/倾斜(T)/删除(D)/复制(C)/颜色(L)/材质(A)/放弃(U)/退出(X)] <退出>:↙        (回车, 结束“拉伸面”命令)
```

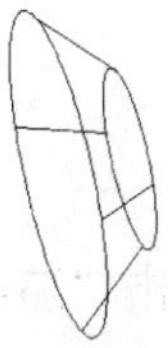

图 78-7　创建圆台实体

图 78-8　拉伸圆台底面

12 利用“长方体”命令创建一字槽长方体，如图 78-9 所示。

```
命令: _box        (单击"建模"工具栏中的"长方体"按钮, 启动"长方体"命令)
指定第一个角点或 [中心(C)]:        (在适当位置单击)
指定其他角点或 [立方体(C)/长度(L)]: @2.5,20,2.5↙      (输入相对角点的相对坐标, 回车)
```

13 单击"绘图"工具栏中的"直线"按钮，利用"直线"命令过长方体上 XY 平面上两条长边的中点绘制辅助线，如图 78-10 所示

14 单击"建模"工具栏中的"三维移动"按钮，利用"三维移动"命令将长方体和圆台实体移到一起，如图 78-11 所示。移动的基点为辅助线的中点，第 2 点为圆台实体底面的圆心。

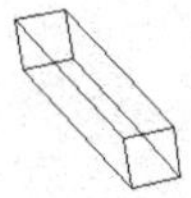
图 78-9　创建长方体

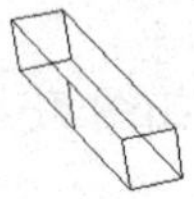
图 78-10　绘制方辅助线

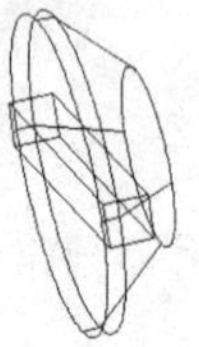
图 78-11　移动长方体

15 单击"修改"工具栏中的"删除"按钮，利用"删除"命令将辅助线删除。

16 利用"差集"命令将圆台实体和长方体实体做"差集"运算，得到沉头螺钉的头部实体，结果如图 78-12 所示。

```
命令: _subtract       (单击"建模"工具栏中的"差集"按钮, 启动"差集"命令)
选择要从中减去的实体或面域...
选择对象:        (单击圆台实体)
找到 1 个
选择对象:↙        (回车, 结束要从中减去的实体)
选择要减去的实体或面域 ..
选择对象:        (单击长方体)
找到 1 个
选择对象:↙        (回车, 结束"差集"命令)
```

17 单击"建模"工具栏中的"三维移动"按钮，利用"三维移动"命令沉头螺钉的头部实体和螺杆实体移到一起。移动的基点为圆台实体顶面的圆心，第 2 点为螺杆实体可见顶面的圆心。

18 单击"建模"工具栏中的"并集"按钮，利用"并集"命令将头部实体和螺杆实体合并起来，如图 78-13 所示。

19 单击"视觉样式"工具栏中的"三维隐藏视觉样式"按钮，将三维实体显示为三维隐藏视觉样式，如图 78-14 所示。

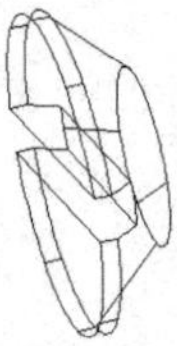
图 78-12　"差"运算结果

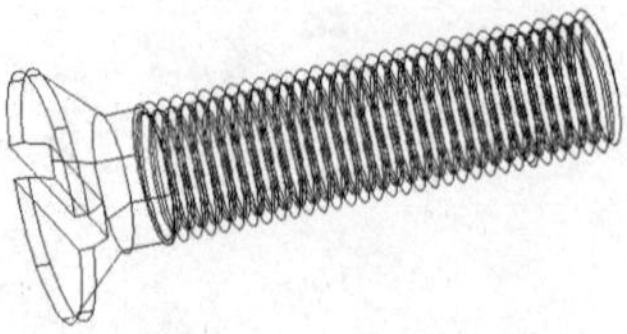
图 78-13　合并结果

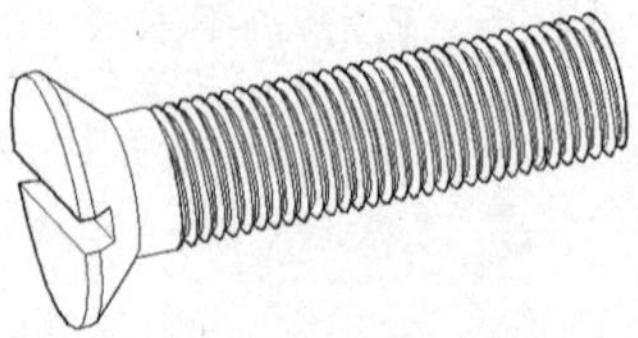
图 78-14　三维隐藏视觉样式

20 设置渲染目标和渲染材质，并创建纯白色渲染视图。单击"渲染"工具栏中的"渲染"按钮，即可对沉头螺钉三维实体进行渲染，如图 78-1 所示。

完成创建沉头螺钉三维实体。

实例 79　弹簧垫圈三维实体

本实例所用的绘图命令："新建" New 命令、"图层" Layer 命令、"螺旋" Helix 命令、"三维自由观察" 3DFOrbit 命令、"用户坐标系" USC 命令、"矩形" Rectangle 命令、"扫掠" Sweep 命令、"直线" Line 命令、"偏移" Offset 命令、"复制" Copy 命令、"删除" Erase 命令、"面域" Region 命令、"拉伸" Extrude 命令、"差集" Subtract 命令、"材质" Materials 命令、"渲染" Render 命令。

实例 27 中绘制的弹簧垫圈的三维实体如图 79-1 所示。

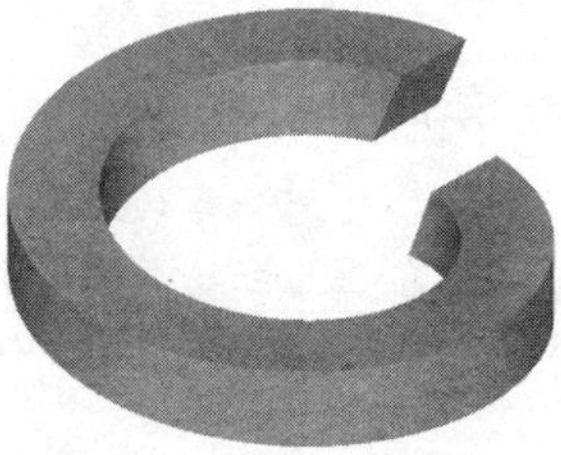

图 79-1　弹簧垫圈三维实体

绘制步骤

1 单击"标准"工具栏中的"新建"按钮，弹出 "选择样板" 对话框，在 "打开" 下拉列表中选择 "无样板打开 – 公制（M）" 选项，新建一个图形文件。

2 单击"图层"工具栏中"图层特性管理器"按钮，在弹出的"图层特性管理器"对话框中创建"轮廓线"层。

3 将"轮廓线"层设置为当前层，利用"螺旋"命令绘制螺旋线。

```
命令：_Helix        （单击"建模"工具栏中的螺旋"按钮，启动"螺旋"命令）
圈数 = 3.0000       扭曲=CCW
指定底面的中心点：    （在适当位置单击）
指定底面半径或 [直径(D)] <1.0000>: 5.1↙        （输入螺旋底面半径5.1，回车）
指定顶面半径或 [直径(D)] <5.1000>:↙        （回车，顶面和底面的半径相同）
指定螺旋高度或 [轴端点(A)/圈数(T)/圈高(H)/扭曲(W)] <1.0000>: W↙        （输入W，回车，选择"扭曲"选项）
输入螺旋的扭曲方向 [顺时针(CW)/逆时针(CCW)] <CCW>: CW↙        （输入CW，回车，选择"顺时针"选项）
指定螺旋高度或 [轴端点(A)/圈数(T)/圈高(H)/扭曲(W)] <1.0000>: T↙        （输入T，回车，选择"圈数"选项）
输入圈数 <3.0000>: 1↙        （输入圈数1，回车）
指定螺旋高度或 [轴端点(A)/圈数(T)/圈高(H)/扭曲(W)] <1.0000>: 3.5↙        （输入螺旋高度3.5，回车）
```

4 单击"标准"工具栏中的"窗口缩放"按钮，将图形放大显示。

5 单击“动态观察器”工具栏中的“自由动态观察”按钮，调整观察方向。

6 单击“视觉样式”工具栏中的“三维线框视觉样式”按钮，将螺旋线显示为三维线框视觉样式。

7 打开状态栏中的“对象捕捉”按钮，单击 USC 工具栏中的按钮，将坐标系的原点移到螺旋线的底面圆心处，如图 79-2 所示。

8 打开状态栏中的“正交”按钮和“对象捕捉”按钮，单击 USC 工具栏中的按钮，调整坐标系的方向，使螺旋线的起点处在 X 轴上，如图 79-3 所示。

```
命令: _ucs
当前 UCS 名称: *没有名称*
指定 UCS 的原点或 [面(F)/命名(NA)/对象(OB)/上一个(P)/视图(V)/世界(W)/X/Y/Z/Z轴(ZA)] <世界>: _3
指定新原点 <0,0,0>:      (捕捉螺旋线的圆心)
在正 X 轴范围上指定点 <1.0000,0.0000,0.0000>:      (捕捉螺旋线的起点)
在 UCS XY 平面的正 Y 轴范围上指定点 <0.0000,-1.0000,0.0000>:      (在Z轴的正方向任意位置单击)
```

9 利用“矩形”命令绘制正方形，如图 79-4 所示。

```
命令: _rectang     (单击“绘图”工具栏中的“矩形”按钮，启动“矩形”命令)
指定第一个角点或 [倒角(C)/标高(E)/圆角(F)/厚度(T)/宽度(W)]:      (捕捉螺旋线的起点)
指定另一个角点或 [面积(A)/尺寸(D)/旋转(R)]: @2.6,2.6   (输入另一角度的相对坐标，回车)
```

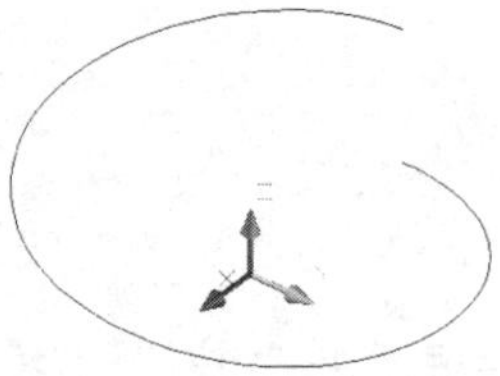

图 79-2　移动螺旋线

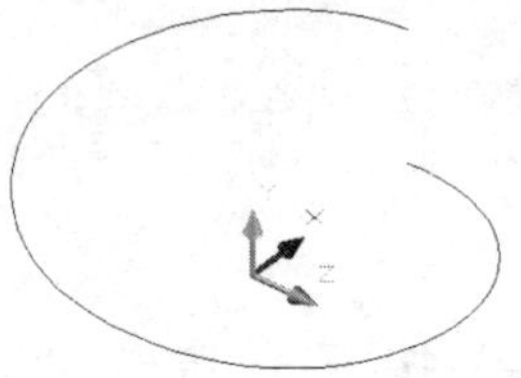

图 79-3　调整坐标系的方向

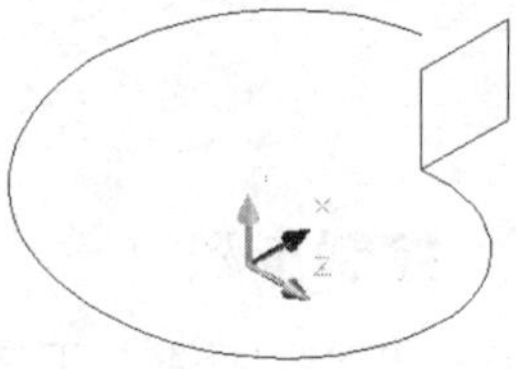

图 79-4　绘制正方形

10 利用“扫掠”命令将沿螺旋线扫掠正方形，如图 79-5 所示。

```
命令: _sweep     (单击“建模”工具栏中的“扫掠”按钮，启动“扫掠”命令)
当前线框密度: ISOLINES=4
选择要扫掠的对象:      (单击正方形)
找到 1 个
选择要扫掠的对象:       (回车，结束选择要扫掠的对象)
选择扫掠路径或 [对齐(A)/基点(B)/比例(S)/扭曲(T)]:      (单击螺旋线)
```

11 单击 USC 工具栏中的“上一个 USC”按钮，返回上一个坐标系。

12 单击“绘图”工具栏中的“直线”按钮，利用“直线”命令连接螺旋线的端点 A 和底面圆心 O。

13 单击“修改”工具栏中的“偏移”按钮，利用“偏移”命令向 Y 轴正方向偏移直线 AO，偏移距离为 2.5mm，得到 BC。

14 单击“绘图”工具栏中的“直线”按钮，利用“直线”命令连接端点 B 和端点 O，如图 79-6 所示。

15 单击“绘图”工具栏中的“直线”按钮，利用“直线”命令过端点 B 绘制直线 BD，D 点相对于 B 点的坐标为“@8<-20”。

16 单击“修改”工具栏中的“复制”按钮，利用“复制”命令复制直线 BD，复制的基点为 B，第 2 点为 O。

17 利用“直线”命令连接端点 D 和 E，如图 79-7 所示。

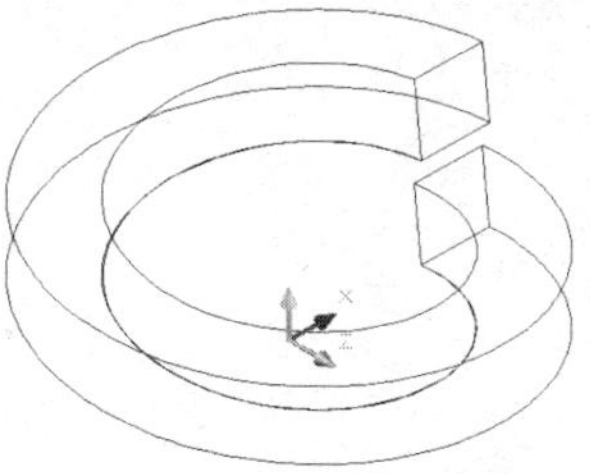

图 79-5　将圆拉伸为弹簧实体

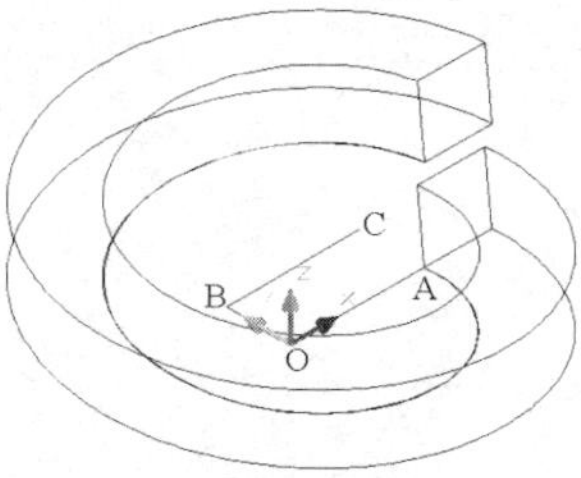

图 79-6　调整坐标系的位置

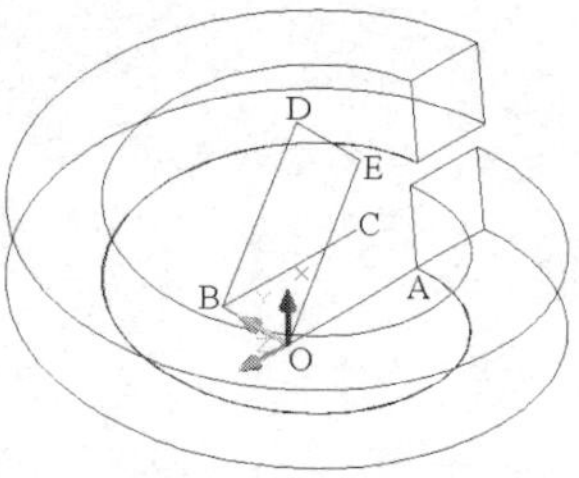

图 79-7　绘制直线

18 单击 USC 工具栏中的“Y”按钮，将坐标系绕绕 Y 轴旋转-90°。

```
命令: _ucs
当前 UCS 名称: *没有名称*
指定 UCS 的原点或 [面(F)/命名(NA)/对象(OB)/上一个(P)/视图(V)/世界(W)/X/Y/Z/Z轴(ZA)] <世界>: _Y
指定绕 Y 轴的旋转角度 <90>: -90↙        (输入旋转角度-90，回车)
```

19 单击“修改”工具栏中的“删除”按钮，利用“删除”命令将螺旋线及直线 OA 和 BC 删除。

20 单击“绘图”工具栏中的“面域”按钮，利用“面域”命令将四边形 BDEO 创建为面域。

21 利用“拉伸”命令将面域拉伸为柱体，如图 79-8 所示。

```
命令: _extrude      (单击“建模”工具栏中的“拉伸”按钮，启动“拉伸”命令)
当前线框密度: ISOLINES=4
选择要拉伸的对象:      (单击面域BDEO)
找到 1 个
选择要拉伸的对象:       (回车，结束选择要拉伸的对象)
指定拉伸的高度或 [方向(D)/路径(P)/倾斜角(T)] <8.8717>:      (移动光标，当拉伸出来的端面超出垫圈外表面时单击)
```

22 利用“差集”命令将扫掠出来的实体和拉伸出来的实体做“差集”运算，如图 79-9 所示。

```
命令: _subtract      (单击“实体编辑”工具栏中的“差集”按钮，启动“差集”命令)
选择要从中减去的实体或面域...
选择对象:      (单击扫掠出来的实体)
找到 1 个
选择对象:       (回车，结束选择对象)
选择要减去的实体或面域 ..
选择对象:      (单击拉伸出来的实体)
找到 1 个
选择对象:       (回车，结束“差集”命令)
```

23 分别设置渲染目标和渲染材质，并创建纯白色渲染视图。单击“渲染”工具栏中的“渲染”按钮，即可对弹簧垫圈三维实体进行渲染，如图 79-1 所示。

完成创建弹簧垫圈三维实体。

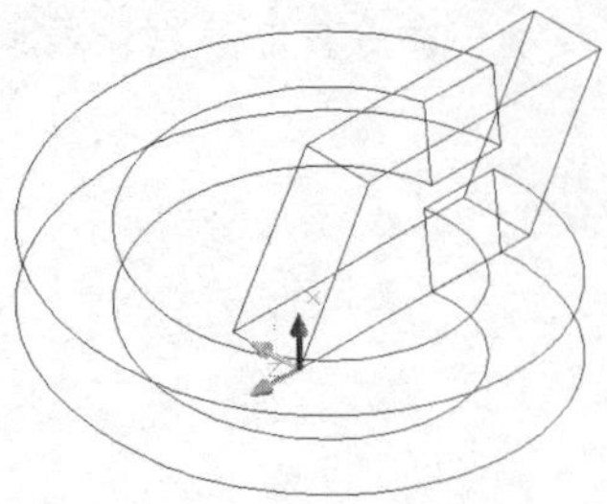

图 79-8　拉伸面域

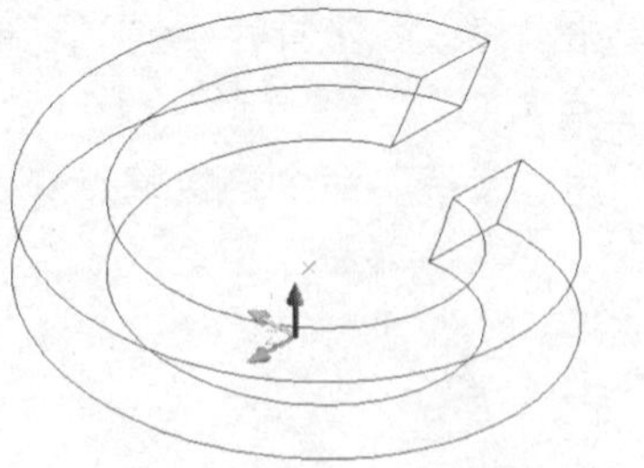

图 79-9　“差”运算结果

实例 80　压缩弹簧三维实体

本实例所用的绘图命令：“新建”New 命令、“视图”View 命令、“螺旋”Helix 命令、“用户坐标系”USC 命令、“圆”Circle 命令、“扫掠”Sweep 命令、“删除”Erase 命令、“剖切”Slice 命令、“当前视觉样式”Vscurrent 命令、“材质”Materials 命令、“渲染”Render 命令。

实例 47 中绘制的压缩弹簧的三维实体如图 80-1 所示。

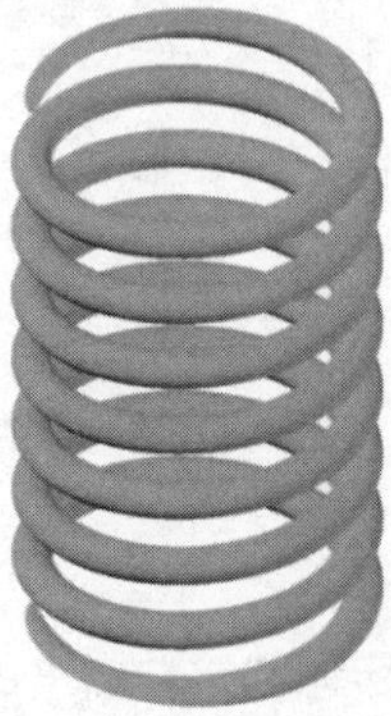

图 80-1　压缩弹簧三维实体

绘制步骤

1 单击“标准”工具栏中的“新建”按钮，弹出 “选择样板”对话框，在“打开”下拉列表中选择“无样板打开－公制（M）”选项，新建一个图形文件。

2 单击“图层”工具栏中“图层特性管理器”按钮，在弹出的“图层特性管理器”对话框中创建“轮廓线”层。

3 将“轮廓线”层设置为当前层，利用“螺旋线”命令绘制螺旋线，如图 80-2 所示。

```
命令: _helix      (单击“建模”工具栏中的“螺旋”按钮，启动“螺旋线”命令)
圈数 = 3.0000      扭曲=CCW
```

指定底面的中心点：　　(在适当位置单击)
指定底面半径或 [直径(D)] <1.0000>: 25↙　　(输入底面半径25，回车)
指定顶面半径或 [直径(D)] <25.0000>:↙　　(回车，顶面半径和底面面半径相同)
指定螺旋高度或 [轴端点(A)/圈数(T)/圈高(H)/扭曲(W)] <1.0000>: T↙　　(输入T，回车，选择“圈数”选项)
输入圈数 <3.0000>: 8↙　　(输入圈数8，回车)
指定螺旋高度或 [轴端点(A)/圈数(T)/圈高(H)/扭曲(W)] <1.0000>: H↙　　(输入H，回车，选择“圈高”选项)
指定圈间距 <0.2500>: 12.3↙　　(输入圈间距12.3，回车)

4 选择菜单“视图”→“三维视图”→“东北等轴测”选项，单击“标准”工具栏中的“窗口缩放”按钮，将图形放大显示。

5 打开状态栏中的“正交”按钮和“对象捕捉”按钮，单击 USC 工具栏中的“原点”按钮，将坐标系的原点移到螺旋线的底面圆心处。

6 单击 USC 工具栏中的按钮，调整坐标系的方向，使螺旋线的起点处在 X 轴上，如图 80-3 所示。

命令: _ucs
当前 UCS 名称: *没有名称*
指定 UCS 的原点或 [面(F)/命名(NA)/对象(OB)/上一个(P)/视图(V)/世界(W)/X/Y/Z/Z轴(ZA)] <世界>: _3
指定新原点 <0,0,0>:　　(捕捉螺旋线的圆心)
在正 X 轴范围上指定点 <1.0000,0.0000,0.0000>:　　(捕捉螺旋线的起点)
在 UCS XY 平面的正 Y 轴范围上指定点 <0.0000,-1.0000,0.0000>:　　(在Z轴的正方向任意位置单击)

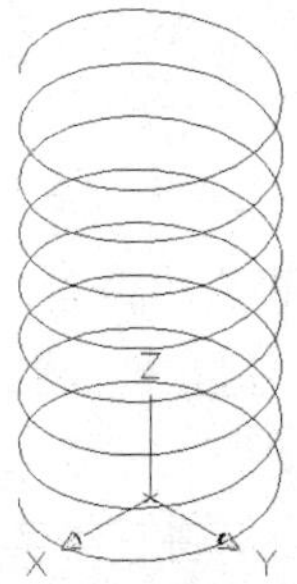

图 80-2　绘制螺旋线

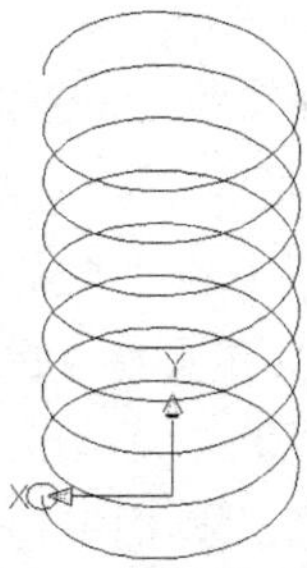

图 80-3　绘制圆

7 单击“绘图”工具栏中的“圆”按钮，以螺旋线的起点为圆心绘制直径为 6mm 的圆。

8 利用“扫掠”命令将圆沿螺旋线扫掠为弹簧三维实体，如图 80-4 所示。

命令: _sweep　　(单击“建模”工具栏中的“扫掠”按钮，启动“扫掠”命令)
当前线框密度: ISOLINES=4
选择要扫掠的对象:　　(单击圆)
找到 1 个
选择要扫掠的对象:↙　　(回车，结束选择要扫掠的对象)
选择扫掠路径或 [对齐(A)/基点(B)/比例(S)/扭曲(T)]:　　(单击螺旋线)

9 单击“修改”工具栏中的“删除”按钮，利用“删除”命令将圆和螺旋线删除，如图 80-5 所示。

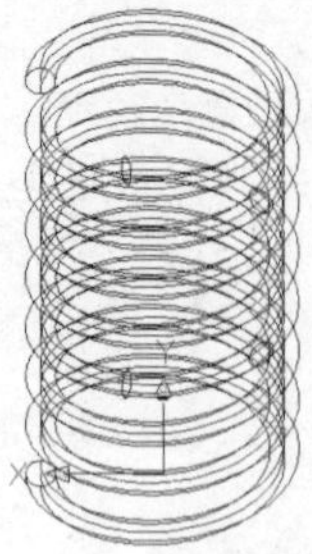

图 80-4　将圆扫掠为弹簧实体

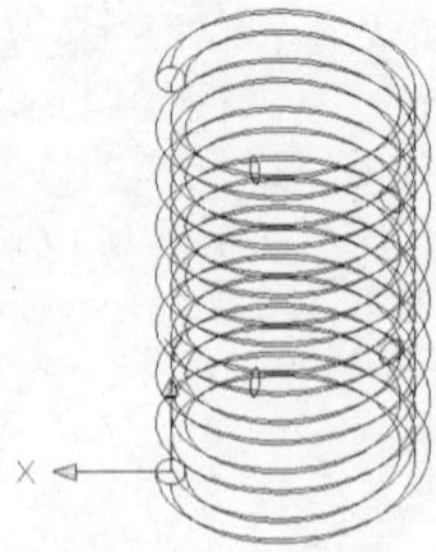

图 80-5　删除螺旋线

10 利用“剖切”命令剖切压缩弹簧三维实体。

```
命令: _slice      (选择菜单“修改”→“三维操作”→“剖切”选项，启动“剖切”命令)
选择要剖切的对象:        (单击弹簧三维实体)
找到 1 个
选择要剖切的对象:↙        (回车，结束选择要剖切的对象)
指定 切面 的起点或 [平面对象(O)/曲面(S)/Z 轴(Z)/视图(V)/XY/YZ/ZX/三点(3)] <三点
>: ZX↙      (输入ZX，回车)
指定 ZX 平面上的点 <0,0,0>: 0, 3, 0↙       (输入ZX平面通过点的坐标，回车)
在所需的侧面上指定点或 [保留两个侧面(B)] <保留两个侧面>:       (在剖切面上方捕捉弹簧
三维实体上的特殊点)

命令: _slice      (选择菜单“修改”→“三维操作”→“剖切”选项或回车，启动“剖切”命令)
选择要剖切的对象:        (单击弹簧三维实体)
找到 1 个
选择要剖切的对象:↙        (回车，结束选择要剖切的对象)
指定 切面 的起点或 [平面对象(O)/曲面(S)/Z 轴(Z)/视图(V)/XY/YZ/ZX/三点(3)] <三点
>: ZX↙      (输入ZX，回车)
指定 ZX 平面上的点 <0,0,0>: 0, 95.4, 0↙       (输入ZX平面通过点的坐标，回车)
在所需的侧面上指定点或 [保留两个侧面(B)] <保留两个侧面>:       (在剖切面下方捕捉弹簧
三维实体上的特殊点)
```

11 单击 USC 工具栏中的“原点”按钮，调整坐标系原点的位置。

12 单击“视觉样式”工具栏中的“三维隐藏视觉样式”按钮，将三维实体显示为三维隐藏视觉样式，如图 80-6 所示。

13 单击“视觉样式”工具栏中的“概念视觉样式”按钮，将三维实体显示为概念视觉样式，如图 80-7 所示。

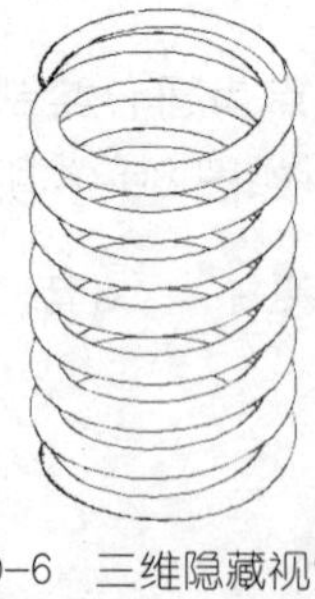

图 80-6　三维隐藏视觉样式

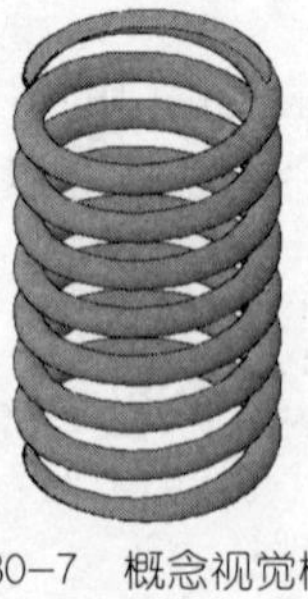

图 80-7　概念视觉样式

14 设置渲染目标和渲染材质，并创建纯白色渲染视图。单击“渲染”工具栏中的“渲染”按钮，即可对压缩弹簧三维实体进行渲染，如图 80-1 所示。

完成创建压缩弹簧三维实体。

实例 81 直齿圆柱齿轮三维实体

本实例所用的三维绘图命令："用户坐标系"USC 命令、"拉伸"Extrude 命令、"三维自由观察"3DFOrbit 命令、"倒角"Chamfer 命令、"三维阵列"3darray 命令、"旋转"Revolve 命令、"长方体"Box 命令、"三维移动"3dmove 命令、"差集"Subtract 命令、"并集"Union 命令、"当前视觉样式"Vscurrent 命令、"材质"Materials 命令、"渲染"Render 命令。

实例 37 中绘制的直齿圆柱齿轮的三维实体如图 81-1 所示。

图 81-1 直齿圆柱齿轮三维实体

绘制步骤

一、创建直齿圆柱齿轮的轮齿三维实体

1 单击"标准"工具栏中的"新建"按钮，弹出"选择样板"对话框，在"打开"下拉列表中选择"无样板打开 – 公制（M）"选项，新建一个图形文件。

2 选择菜单"文件"→"另存为"选项，将图形保存为"直齿圆柱齿轮三维实体.dwg"。

3 单击"图层"工具栏中"图层特性管理器"按钮，在弹出的"图层特性管理器"对话框中创建"轮廓线"层。将"轮廓线"层设置为当前层，打开状态栏中的"对象捕捉"按钮。单击"绘图"工具栏中的"圆"按钮，利用"圆"命令绘制 3 个同心圆，直径为 249mm、243mm 和 235.5mm，这 3 个圆是齿顶圆、分度圆和齿根圆。

4 单击"绘图"工具栏中的"直线"按钮，利用"直线"命令过同心圆的圆心 O 和直径为 249mm 的圆的上象限点 A 绘制一条辅助线 OA，如图 81-2 所示。

5 单击"修改"工具栏中的"阵列"按钮，弹出"阵列"对话框，选中"环形阵列"单选按钮。单击"拾取中心点"按钮后，在绘图区捕捉同心圆的圆心。回到对话框，在"项目总数"文本框中输入 648（该数为齿数的 8 倍，这种作图方法的依据是标准齿轮的齿厚等于槽宽），并保

留“填充角度”文本框中的缺省设置 360 不变。单击“选择对象”按钮，在绘图区中选择辅助线 OA 为阵列对象。回车，回到对话框，单击“确定”按钮，完成环形阵列。

6 单击“标准”工具栏中的“窗口缩放”按钮，将同心圆上象限点处的图形放大显示。

7 单击“绘图”工具栏中的“样条曲线”按钮，过交点 B、C、D 绘制一条样条曲线，过交点 E、F、G 绘制另一条样条曲线，如图 81-3 所示。

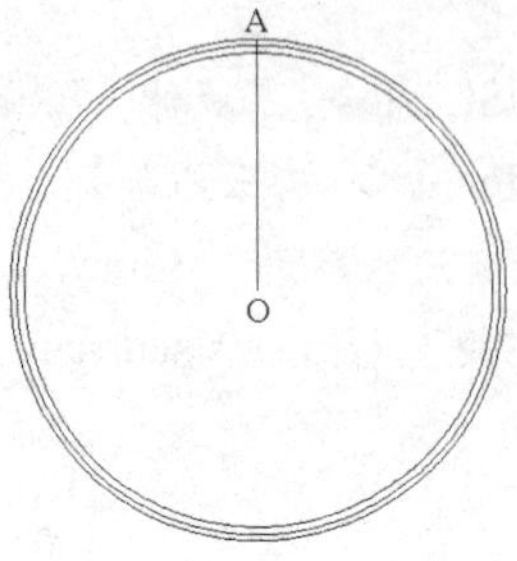

图 81-2 绘制同心圆和辅助线

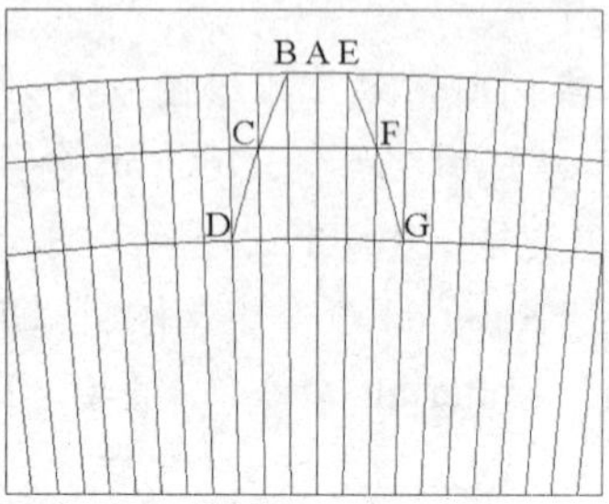

图 81-3 利用样条曲线绘制齿廓

8 单击“修改”工具栏中的“修剪”按钮，修剪直径为 249mm 的圆和直径为 235.5mm 的圆，即齿顶圆和齿根圆。

9 单击“修改”工具栏中的“删除”按钮，将直径为 241mm 的圆即分度圆和所有直线删除，得到齿形的轮廓线。

10 单击 USC 工具栏中的“原点”按钮，将坐标系的原点移到圆弧的圆心处，如图 81-4 所示。

11 单击“绘图”工具栏中的“面域”按钮，利用“面域”命令将由两条样条曲线和两条圆弧组成的封闭图形创建为面域。

12 利用“拉伸”命令将面域拉伸为轮齿。

```
命令: _extrude        (单击“建模”工具栏中的“拉伸”按钮，启动“拉伸”命令)
当前线框密度: ISOLINES=4
选择要拉伸的对象:        (单击面域)
找到 1 个
选择要拉伸的对象:↙        (回车，结束选择要拉伸的对象)
指定拉伸的高度或 [方向(D)/路径(P)/倾斜角(T)]: 60↙        (输入拉伸的高度60，回车)
```

13 单击“动态观察器”工具栏中的“自由动态观察”按钮，调整观察方向，如图 81-5 所示。

图 81-4 修剪出齿廓后移动坐标系

图 81-5 拉伸后调整观察方向

14 单击“标准”工具栏中的“窗口缩放”按钮，将轮齿放大显示，如图 81-6 所示。

15 利用“倒角”命令在轮齿的两端倒角，如图 81-7 所示。

命令: _chamfer　　(单击“修改”工具栏中的“倒角”按钮，启动“倒角”命令)
(“修剪”模式) 当前倒角距离 1 = 0.0000，距离 2 = 0.0000
选择第一条直线或 [放弃(U)/多段线(P)/距离(D)/角度(A)/修剪(T)/方式(E)/多个(M)]:
(单击轮齿的齿顶在端面上的轮廓线HI)
基面选择...
输入曲面选择选项 [下一个(N)/当前(OK)] <当前>:　　(回车，选择“当前”选项)
指定基面的倒角距离: 2　　(输入基面的倒角距离2，回车)
指定其他曲面的倒角距离 <2.0000>:　　(回车，其他基面的倒角距离也为2)
选择边或 [环(L)]:　　(再次单击该轮齿的齿顶在端面上的轮廓线HI)
选择边或 [环(L)]:　　(单击该轮齿的齿顶在另一个端面上的轮廓线JK)
选择边或[环(L)]:　　(回车，结束“倒角”命令)

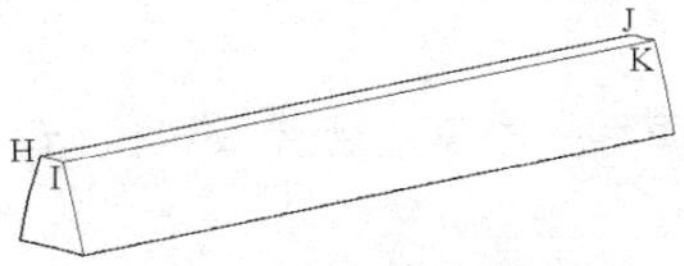

图81-6　放大显示轮齿

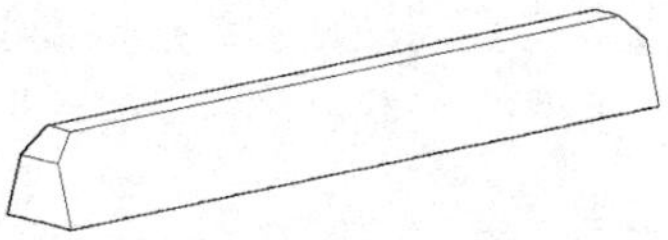
图81-7　做轮齿的倒角

16 单击“标准”工具栏中的“缩放上一个”按钮，回到上一个显示窗口。

17 利用“三维阵列”命令将轮齿做环形阵列，得到直齿圆柱齿轮的轮齿三维实体，如图81-8所示。

命令: _3darray　　(单击“建模”工具栏中的“三维阵列”按钮，启动“三维阵列”命令)
选择对象:　　(单击轮齿实体)
找到 1 个
选择对象:↙　　(回车，结束选择三维阵列对象)
输入阵列类型 [矩形(R)/环形(P)] <矩形>:P:↙　　(输入P，回车)
输入阵列中的项目数目: 81↙　　(输入阵列项目数目即齿数30，回车)
指定要填充的角度 (+=逆时针, -=顺时针) <360>:↙　　(回车，填充角度为360)
旋转阵列对象? [是(Y)/否(N)] <Y>:↙　　(回车，旋转阵列对象)
指定阵列的中心点: 0,0,0↙　　(输入阵列中心点的坐标，回车)
指定旋转轴上的第二点: 0,0,10↙ (输入旋转轴上第二点的坐标，回车，即以Z轴为旋转轴线)

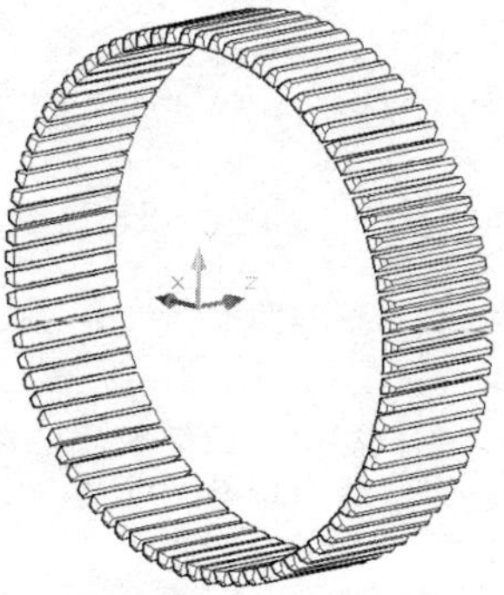
图81-8　直齿圆柱齿轮的轮齿三维实体

二、创建直齿圆柱齿轮三维实体

1 单击USC工具栏中的“Y”按钮，将坐标系绕Y轴旋转-90°。

2 单击“标准”工具栏中的“打开”按钮，打开图形文件“直齿圆柱齿轮.dwg”，并关闭“标注”层、“点画线”层和“细实线”层。

3 单击“标准”工具栏中的“复制”按钮，将齿轮轮主视图中的下半部分图形复制到粘贴板。

4 选择菜单“窗口”→“直齿圆柱齿轮三维实体.dwg”选项，将该图形切换为当前图形。单击“标准”工具栏中的“粘贴”按钮，在适当位置单击，将复制到粘贴板的图形粘贴到当前图形中。如图 81-9 所示。

5 选择菜单“格式”→“图层工具”→“图层匹配”选项，利用“图层匹配”命令将粘贴的图形的图层修改为“轮廓线”层。

6 在打开的“直齿圆柱齿轮”图形文件中，为了使标注的尺寸与两个视图协调，将两个视图缩小为 0.5 倍，因此复制粘贴的图形需要放大 2 倍。单击“修改”工具栏中的“缩放”按钮，利用“缩放”命令将复制粘贴的图形需要放大 2 倍。

7 单击“绘图”工具栏中的“直线”按钮，利用“直线”命令连接端点 L 和 M，如图 81-10 所示。

8 单击“修改”工具栏中的“删除”按钮，利用“删除”命令将齿轮的齿顶及其倒角轮廓线删除，如图 81-10 所示。

9 单击“修改”工具栏中的“修剪”按钮，利用“修剪”命令修剪处如图 81-11 所示的图形。

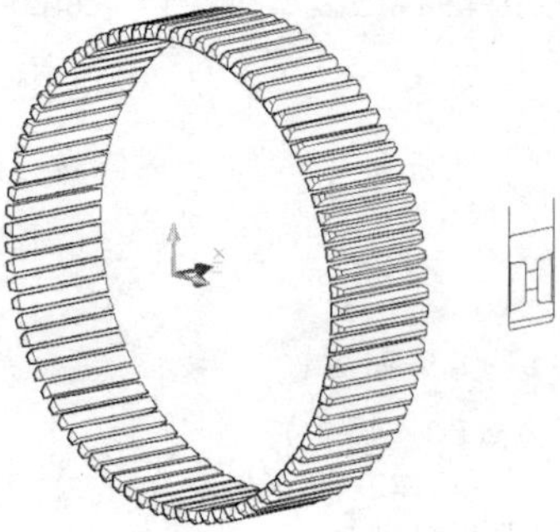

图 81-9 复制粘贴图形

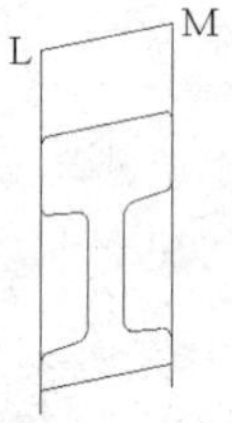

图 81-10 连线后删除齿顶轮廓线

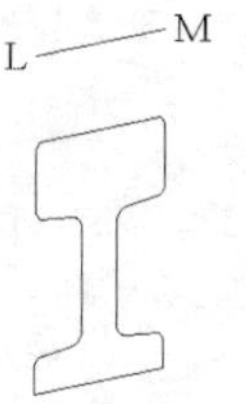

图 81-11 修剪轮廓线

10 单击“绘图”工具栏中的“面域”按钮，利用“面域”命令将封闭的平面图形创建为面域。

11 利用“旋转”命令将面域旋转 360°，并将直线 LM 删除，如图 81-12 所示。

```
命令: _revolve      (单击“建模”工具栏中的“旋转”按钮，启动“旋转”命令)
当前线框密度: ISOLINES=4
选择要旋转的对象:      (单击创建的面域)
找到 1 个
选择要旋转的对象:↙      (回车，结束选择要旋转的对象)
指定轴起点或根据以下选项之一定义轴 [对象(O)/X/Y/Z] <对象>:      (捕捉端点L)
指定轴端点:      (捕捉端点M)
指定旋转角度或 [起点角度(ST)] <360>:↙      (回车，旋转角度为360°)
```

12 单击 USC 工具栏中的“X”按钮，将坐标系绕 X 旋转 180°。

13 利用“长方体”命令创建挖键槽的长方体，如图 81-13 所示。

```
命令: _box      (单击“建模”工具栏中的“长方体”按钮，启动“长方体”命令)
指定第一个角点或 [中心(C)]:      (在适当位置单击指定第一角点N的位置)
指定其他角点或 [立方体(C)/长度(L)]: @18,34.4,60↙      (输入相对角点的坐标，回车)
```

14 单击“建模”工具栏中的“三维移动”按钮，利用“三维移动”命令将长方体和旋转后得到的三维实体移到一起，如图 81-14 所示。移动的基点为长方体的棱边 NP 的中点，第 2 点为旋转后得到的三维实体中间凸台可见端面的圆心。

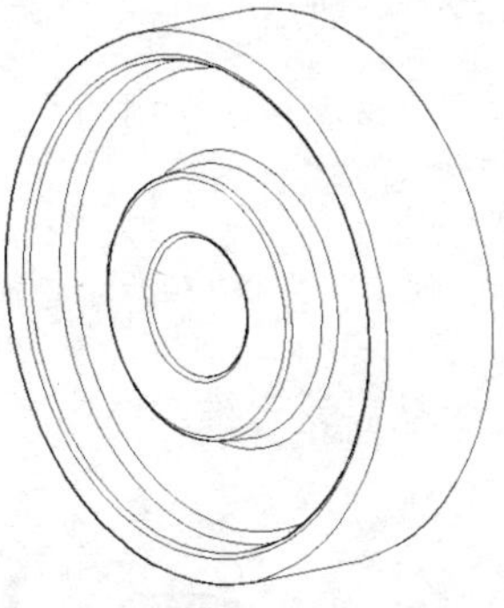
图 81-12　旋转后得到的三维实体

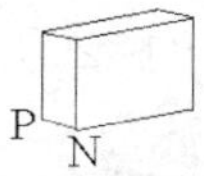

图 81-13　创建长方体

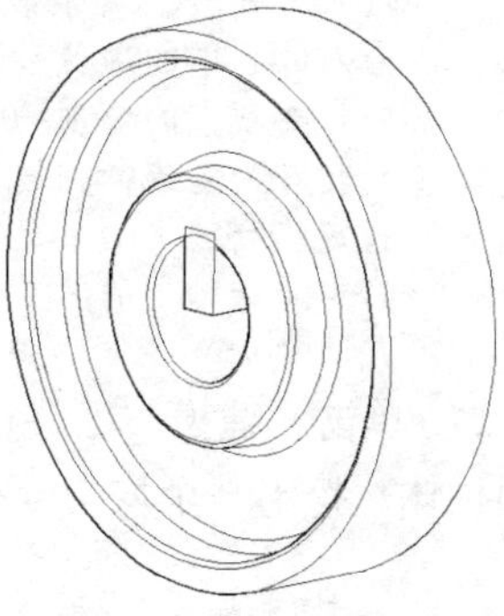
图 81-14　移动长方体

15 单击“建模”工具栏中的“差集”按钮，利用“差集”命令从旋转后得到的三维实体中减去长方体，挖出键槽，如图 81-15 所示。

16 单击“建模”工具栏中的“三维移动”按钮，利用“三维移动”命令将挖去轴孔和键槽三维实体和轮齿三维实体移到一起，如图 81-16 所示。移动的基点为挖去键槽的三维实体可见端面的圆心，第 2 点的坐标为原点。

17 单击“建模”工具栏中的“并集”按钮，利用“并集”命令将所有三维实体合并，如图 81-17 所示。

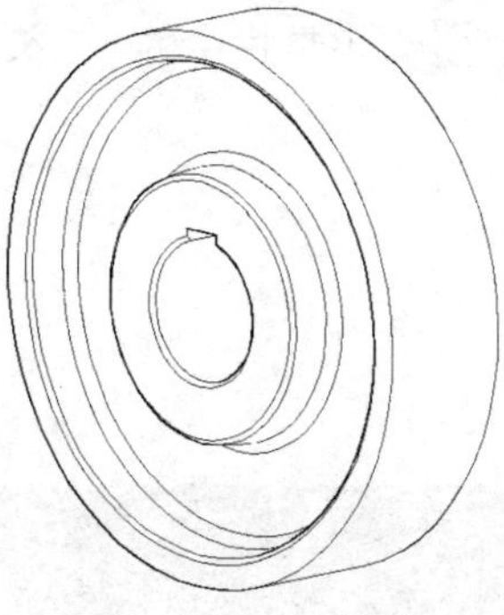
图 81-15　挖出键槽

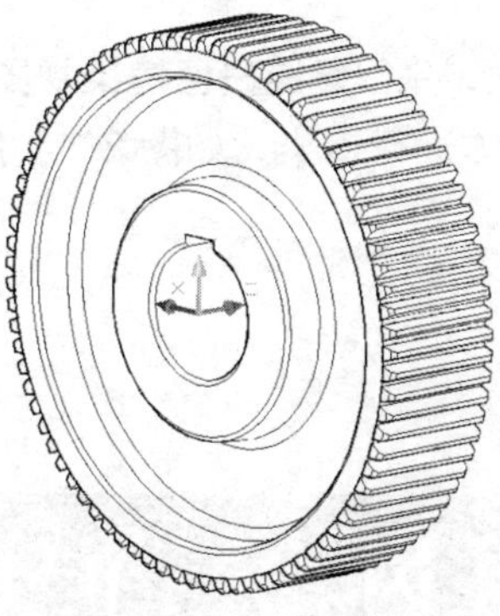
图 81-16　移动三维实体

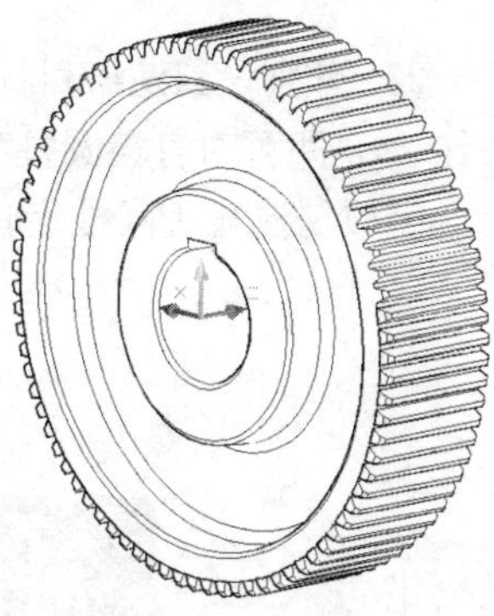
图 81-17　合并三维实体

18 单击“绘图”工具栏中的“圆”按钮，利用“圆”命令以坐标原点为圆心，绘制直径为 158mm 的辅助圆。

19 利用“圆柱体”命令创建用于挖圆孔的圆柱体，如图 81-18 所示。

```
命令: _cylinder        (单击“建模”工具栏中的“圆柱体”按钮，启动“圆柱体”命令)
指定底面的中心点或 [三点(3P)/两点(2P)/相切、相切、半径(T)/椭圆(E)]:      (捕捉辅助圆的上象限点)
指定底面半径或 [直径(D)]: 9↙        (输入底面半径9，回车)
指定高度或 [两点(2P)/轴端点(A)]: 60↙        (输入圆柱体的高度60，回车)
```

20 利用“三维阵列”命令将圆柱体做环形阵列，如图 81-19 所示。

```
命令: _3darray    (单击“建模”工具栏中的“三维阵列”按钮，启动“三维阵列”命令)
选择对象:     (单击圆柱体实体)
找到 1 个
选择对象:↙     (回车，结束选择三维阵列对象)
输入阵列类型 [矩形(R)/环形(P)] <矩形>: P:↙     (输入P，回车)
输入阵列中的项目数目: 8↙     (输入阵列项目数目即齿数8，回车)
指定要填充的角度 (+=逆时针, -=顺时针) <360>:↙     (回车，填充角度为360)
旋转阵列对象? [是(Y)/否(N)] <Y>:↙     (回车，旋转阵列对象)
指定阵列的中心点: 0,0,0↙     (输入阵列中心点的坐标，回车)
指定旋转轴上的第二点: 0,0,10↙ (输入旋转轴上第二点的坐标，回车，即以Z轴为旋转轴线)
```

21 单击“建模”工具栏中的“差集”按钮，利用“差集”命令从齿轮三维实体中减去 8 个圆柱体，挖出 8 个均匀分布的圆孔，如图 81-20 所示。

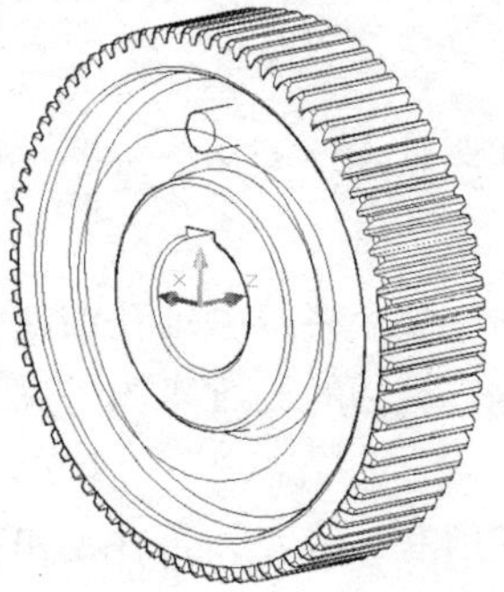

图 81-18 创建圆柱体

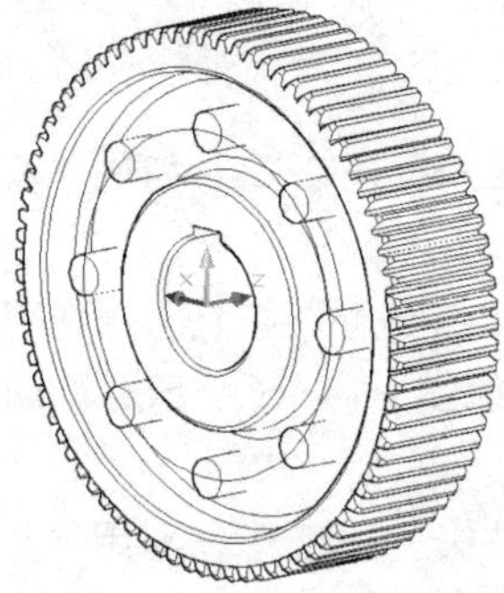

图 81-19 将圆柱体做环形阵列

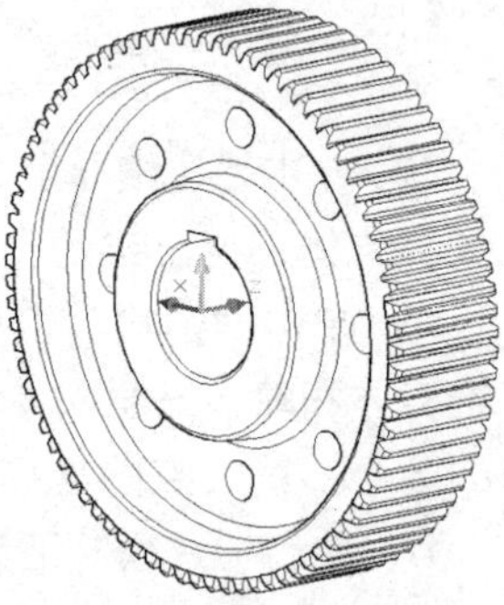

图 81-20 挖出均布圆孔

22 分别设置渲染目标和渲染材质，并创建纯白色渲染视图。单击“渲染”工具栏中的“渲染”按钮，即可对直齿圆柱齿轮三维实体进行渲染，如图 81-1 所示。

完成创建直齿圆柱齿轮的三维实体。

实例 82 斜齿圆柱齿轮三维实体

本实例所用的三维绘图命令：“螺旋”Helix 命令、“三维自由观察”3DFOrbit 命令、“用户坐标系”USC 命令、“扫掠”Sweep 命令、“三维阵列”3darray 命令、“当前视觉样式”Vscurrent 命令、“剖切”Slice 命令、“并集”Union 命令、“拉伸”Extrude 命令、“三维镜像”3dMirror 命令、“交集”Intersect 命令、“旋转”Revolve 命令、“三维移动”3dmove 命令、“长方体”Box 命令、“差集”Subtract 命令、“视口”Vports 命令、“材质”Materials 命令、“渲染”Render 命令。

实例 82 绘制的斜齿圆柱齿轮的三维实体如图 82-1 所示。

图 82–1　斜齿圆柱齿轮的三维实体

该齿轮的法面模数 m_n=3.25，齿数 z=21，分度圆的直径为 73.5mm，齿顶圆的直径为 80mm，齿根圆直径为 65.375mm，螺旋角 β =21°47′12″，左旋。齿轮螺旋线的螺距 H=3.14 × 73.5 × tag68.2133=577.6983mm。

绘制步骤

一、创建斜齿圆柱齿轮的轮齿三维实体

1 单击“标准”工具栏中的“新建”按钮，弹出 “选择样板”对话框，在“打开”下拉列表中选择“无样板打开 – 公制（M）”选项，新建一个图形文件。

2 选择菜单“文件”→“另存为”选项，将图形保存为“斜齿圆柱齿轮三维实体.dwg”。

3 单击“图层”工具栏中“图层特性管理器”按钮，在“图层特性管理器”对话框中创建“轮廓线”层。

4 将“轮廓线”层设置为当前层，利用“螺旋”命令绘制螺旋线。

```
命令：_Helix      （单击“建模”工具栏中的“螺旋”按钮，启动“螺旋”命令）
圈数 = 3.0000     扭曲=CCW
指定底面的中心点：      （在适当位置单击）
指定底面半径或 [直径(D)] <1.0000>: 36.75↙      （输入螺旋底面半径36.75，回车）
指定顶面半径或 [直径(D)] <36.7500>:↙      （回车，顶面和底面的半径相同）
指定螺旋高度或 [轴端点(A)/圈数(T)/圈高(H)/扭曲(W)] <37.0000>: W↙      （输入W，回车，选择“扭曲”选项）
输入螺旋的扭曲方向 [顺时针(CW)/逆时针(CCW)] <CCW>: CW↙      （输入CW，回车，选择“顺时针”选项）
指定螺旋高度或 [轴端点(A)/圈数(T)/圈高(H)/扭曲(W)] <1.0000>: H↙      （输入H，回车，选择“圈高”选项）
指定圈间距 <0.2500>: 577.6983↙      （输入圈间距577.6983，回车）
指定螺旋高度或 [轴端点(A)/圈数(T)/圈高(H)/扭曲(W)] <1.0000>: 37↙      （输入螺旋高度37，回车）
```

5 单击“标准”工具栏中的“窗口缩放”按钮，将螺旋线放大显示。

6 单击“动态观察器”工具栏中的“自由动态观察”按钮，调整观察方向。

7 单击“视觉样式”工具栏中的“三维隐藏视觉样式”按钮，将三维实体显示为三维隐藏视觉样式。

8 打开状态栏中的“正交”按钮和“对象捕捉”按钮，单击 USC 工具栏中的按钮，调整坐标系的方向，使螺旋线的起点处在 X 轴上，如图 82–2 所示。

```
命令: _ucs
当前 UCS 名称: *没有名称*
指定 UCS 的原点或 [面(F)/命名(NA)/对象(OB)/上一个(P)/视图(V)/世界(W)/X/Y/Z/Z
轴(ZA)] <世界>: _3
指定新原点 <0,0,0>:     (捕捉螺旋线的圆心)
在正 X 轴范围上指定点 <1.0000,0.0000,0.0000>:     (捕捉螺旋线的起点)
在 UCS XY 平面的正 Y 轴范围上指定点 <0.4573,0.8893,0.0000>:     (在Z轴的正方向
任意位置单击)
```

9 选择菜单“视图”→“三维视图”→“平面视图”→“当前 USC”选项，将三维视图显示为平面视图。

10 单击“绘图”工具栏中的“圆”按钮，绘制 3 个同心圆，直径分别为 80mm、73.5mm 和 65mm。

11 单击“绘图”工具栏中的“直线”按钮，过同心圆的圆心 O 和直径为 80mm 的圆的上象限点 A 绘制一条辅助线 OA，如图 82-3 所示。

12 单击“修改”工具栏中的“阵列”按钮，弹出“阵列”对话框，选中“环形阵列”单选按钮。单击“拾取中心点”按钮后，在绘图区捕捉同心圆的圆心。回到对话框，在“项目总数”文本框中输入 168（齿数的 8 倍），并保留“填充角度”文本框中的缺省设置 360 不变。单击“选择对象”按钮，在绘图区中选择辅助线 OA 为阵列对象。回车，回到对话框，单击“确定”按钮，完成环形阵列。

13 单击“标准”工具栏中的“窗口缩放”按钮，将同心圆上象限点 A 处的图形放大显示。

14 单击“绘图”工具栏中的“样条曲线”按钮，过交点 B、C、D 绘制一条样条曲线，过交点 E、F、G 绘制另一条样条曲线，如图 82-4 所示。

图 82-2　绘制螺旋线

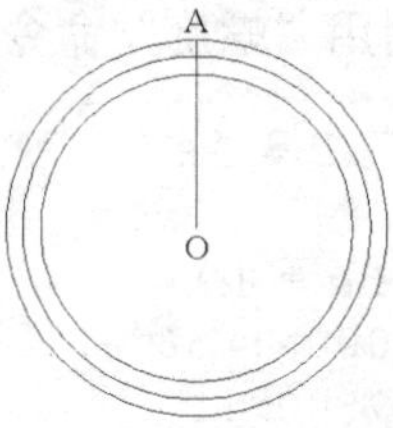

图 82-3　绘图同心圆和辅助线

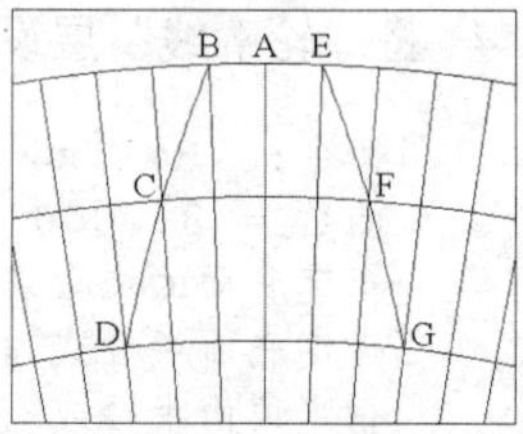

图 82-4　环形阵列后绘制样条曲线

15 单击“修改”工具栏中的“修剪”按钮，修剪三个同心圆。

16 单击“修改”工具栏中的“删除”按钮，将所有直线删除。得到 1 个齿形轮廓线，如图 82-5 所示。

17 双击“标准”工具栏中的“缩放上一个”按钮，返回显示平面视图前的窗口，如图 82-6 所示。

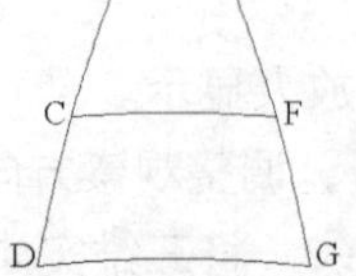

图 82-5　修剪出齿形轮廓线

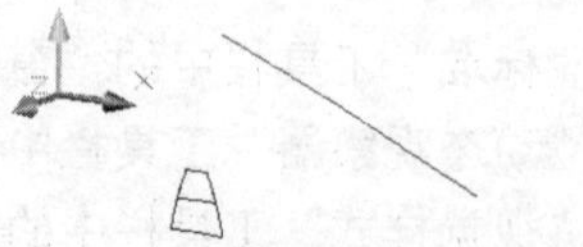

图 82-6　返回显示平面视图前的窗口

18 单击“修改”工具栏中的“移动”按钮，利用“移动”命令移动平面图形 BCDEFG，移动的基点为圆弧 CF 的中点，第 2 点为螺旋线的起点。

19 单击“修改”工具栏中的“删除”按钮，利用“删除”命令将圆弧 CF 删除，如图 82-7 所示。

20 单击“绘图”工具栏中的“面域”按钮，利用“面域”命令将平面图形 BDGE 创建为面域。

21 单击“建模”工具栏中的“扫掠”按钮，利用“扫掠”命令将面域沿螺旋线扫掠单个轮齿三维实体，如图 82-8 所示。

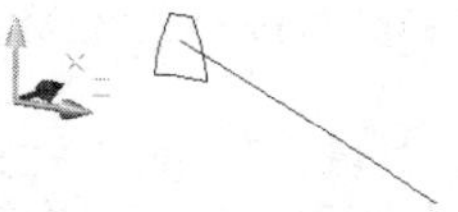

图 82-7　将齿形轮廓线移动螺旋线起点处

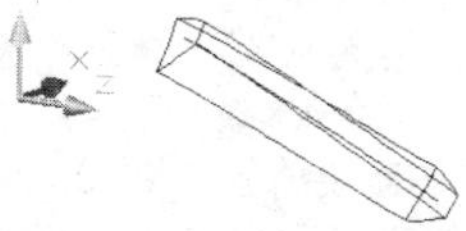

图 82-8　单个轮齿三维实体

22 单击“修改”工具栏中的“删除”按钮，利用“删除”命令将螺旋线删除，

23 利用“三维阵列”命令将扫掠出来的三维实体做环形阵列，结果如图 82-9 所示。

```
命令: _3darray      (单击“建模”工具栏中的“三维阵列”按钮，启动“三维阵列”命令)
选择对象:       (单击扫掠出来的三维实体)
找到 1 个
选择对象:↙      (回车, 结束选择三维阵列对象)
输入阵列类型 [矩形(R)/环形(P)] <矩形>:P:↙      (输入P, 回车)
输入阵列中的项目数目: 21↙      (输入阵列项目数目即齿数21, 回车)
指定要填充的角度 (+=逆时针, -=顺时针) <360>:↙      (回车, 填充角度为360)
旋转阵列对象? [是(Y)/否(N)] <Y>:↙      (回车, 旋转阵列对象)
指定阵列的中心点: 0,0,0↙      (输入阵列中心点的坐标, 回车)
指定旋转轴上的第二点: 0,0,10↙ (输入旋转轴上第二点的坐标, 回车, 即以Z轴为旋转轴线)
```

24 单击“视觉样式”工具栏中的“三维隐藏视觉样式”按钮，将三维实体显示为三维隐藏视觉样式，如图 82-10 所示。

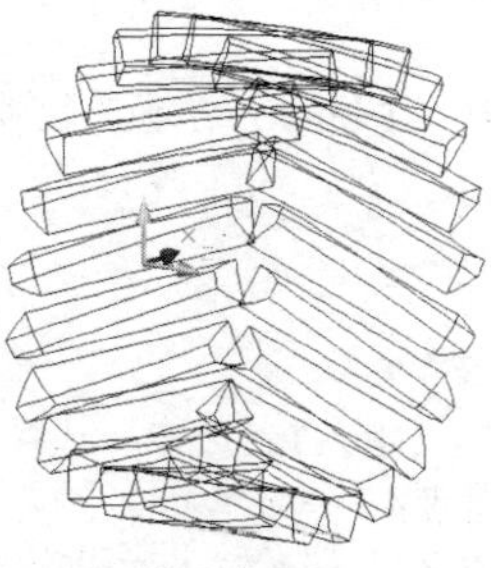

图 82-9　阵列出轮齿三维实体

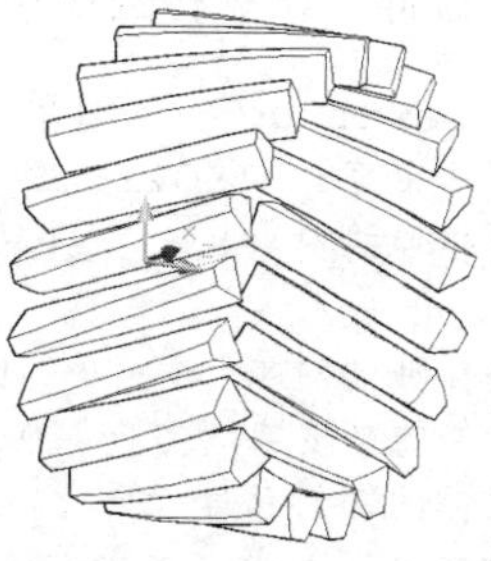

图 82-10　将三维实体显示为三维隐藏视觉样式

25 利用“剖切”命令将阵列出来的三维实体的两端切平，如图 82-11 所示。

```
命令: _slice      (选择菜单“修改”→“三维操作”→“剖切”选项, 启动“剖切”命令)
选择要剖切的对象:
指定对角点:      (用拾取框包围阵列出来的三维实体)
找到 21 个
选择要剖切的对象:↙      (回车, 结束选择要剖切的对象)
指定 切面 的起点或 [平面对象(O)/曲面(S)/Z 轴(Z)/视图(V)/XY/YZ/ZX/三点(3)] <三点>:
XY↙      (输入XY, 回车)
指定 XY 平面上的点 <0,0,0>: 0,0,10↙      (输入剖切平面上的点的坐标, 回车)
```

```
在所需的侧面上指定点或 [保留两个侧面(B)] <保留两个侧面>:      (在剖切平面的右侧捕捉三维实体上的特殊点)
```

```
命令: _slice    (选择菜单"修改"→"三维操作"→"剖切"选项或回车,启动"剖切"命令)
选择要剖切的对象:
指定对角点:      (用拾取框包围经过一次剖切后三维实体)
找到 21 个
选择要剖切的对象:↙       (回车,结束选择要剖切的对象)
指定 切面 的起点或 [平面对象(O)/曲面(S)/Z 轴(Z)/视图(V)/XY/YZ/ZX/三点(3)] <三点>: XY↙      (输入XY,回车)
指定 XY 平面上的点 <0,0,0>: 0,0,27↙       (输入剖切平面上的点的坐标,回车)
在所需的侧面上指定点或 [保留两个侧面(B)] <保留两个侧面>:      (在剖切平面的左侧捕捉三维实体上的特殊点)
```

26 单击"建模"工具栏中的"并集"按钮，将所有轮齿的三维实体合并。

27 单击"绘图"工具栏中的"圆"按钮，利用"圆"命令绘制半径为 47.5mm 的圆，圆心的坐标为(0,0,18.5)，如图 82-12 所示。

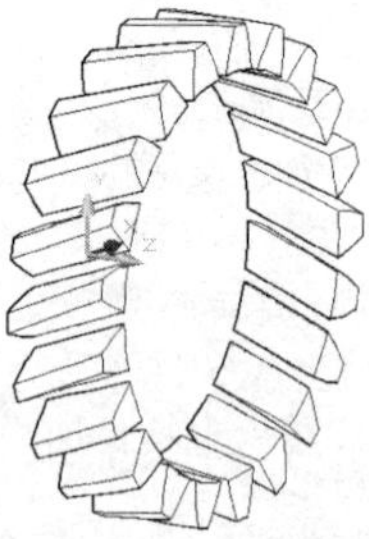

图 82-11　齿形两端切平

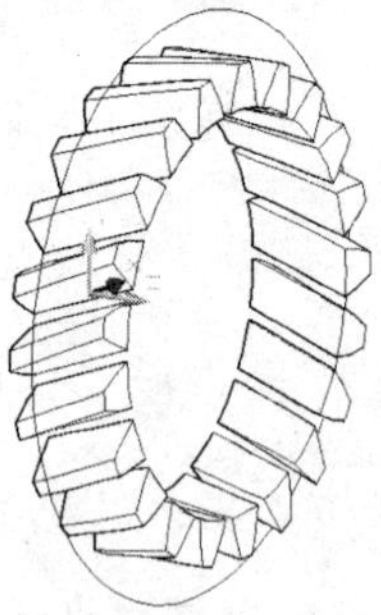

图 82-12　绘制圆

28 利用"拉伸"命令将圆拉伸为圆锥，如图 82-13 所示。

```
命令: _extrude      (单击"建模"工具栏中的"拉伸"按钮,启动"拉伸"命令)
当前线框密度: ISOLINES=4
选择要拉伸的对象:      (单击圆)
找到 1 个
选择要拉伸的对象:↙       (回车,结束选择要拉伸的对象)
指定拉伸的高度或 [方向(D)/路径(P)/倾斜角(T)]: T↙ (输入T,回车,选择"倾斜角"选项)
指定拉伸的倾斜角度 <0>: 45↙       (输入拉伸的倾斜角度45,回车)
指定拉伸的高度或 [方向(D)/路径(P)/倾斜角(T)]: 50↙       (输入拉伸的高度50,回车)
```

29 利用"三维镜像"命令做圆锥体的镜像，如图 82-14 所示。

```
命令: _mirror3d (选择菜单"修改"→"三维操作"→"三维镜像"选项,启动"三维镜像"命令)
选择对象:      (单击圆锥体)
找到 1 个
选择对象: ↙       (回车,结束选择镜像对象)
指定镜像平面 (三点) 的第一个点或[对象(O)/最近的(L)/Z 轴(Z)/视图(V)/XY 平面(XY)/YZ 平面(YZ)/ZX 平面(ZX)/三点(3)] <三点>: XY↙       (输入XY,回车)
指定 XY 平面上的点 <0,0,0>:       (捕捉圆锥体底面的圆心)
是否删除源对象? [是(Y)/否(N)] <否>:↙       (回车,不删除圆对象)
```

30 单击“建模”工具栏中的“并集”按钮，将两个圆锥体合并。

31 单击“建模”工具栏中的“交集”按钮，利用“交集”命令将两个合并的圆锥体与轮齿三维实体做“交集”运算，得到倒角后的轮齿三维实体。

完成创建斜齿圆柱齿轮的轮齿三维实体，如图 82–15 所示。

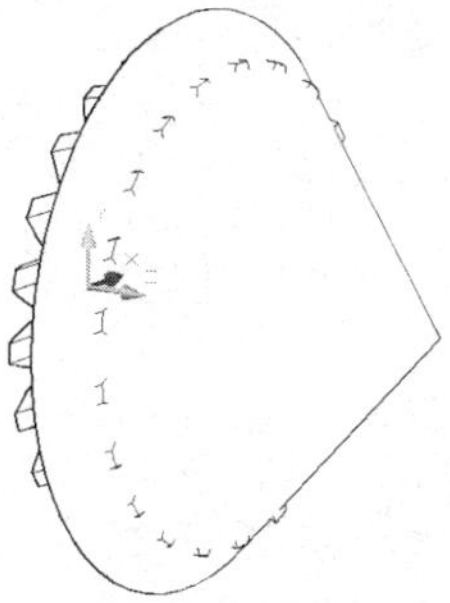
图 82–13　将圆拉伸为圆锥体

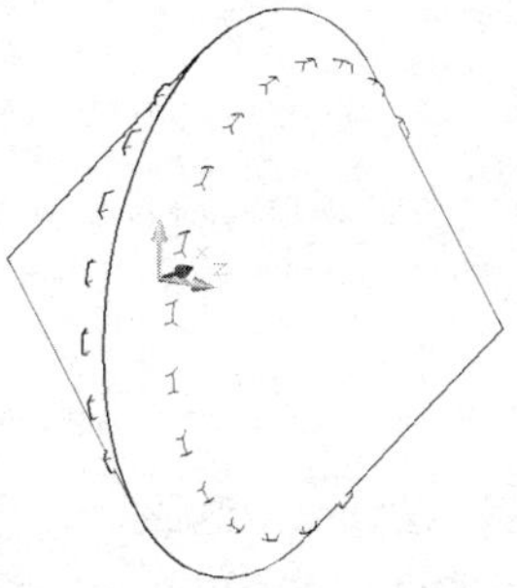
图 82–14　做圆锥体的镜像

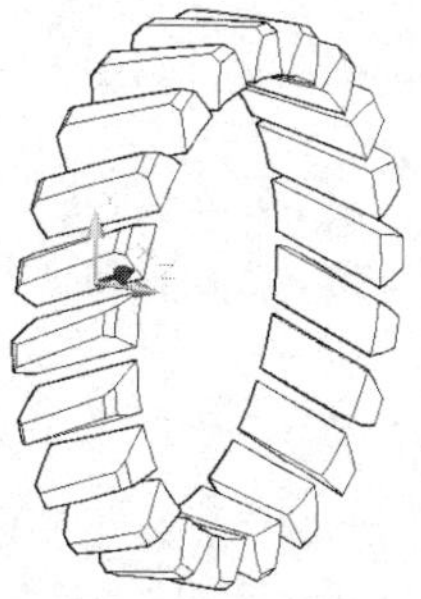
图 82–15　轮齿三维实体

二、创建斜齿圆柱齿轮三维实体

1 单击 USC 工具栏中的“Y”按钮，将坐标系绕 Y 轴旋转–90°。

2 单击“标准”工具栏中的“打开”按钮，利用“打开”命令打开图形文件“斜齿圆柱齿轮.dwg”，并关闭“标注”层、“点画线”层和“细实线”层。

3 单击“标准”工具栏中的“复制”按钮，将斜齿圆柱齿轮主视图中的轮廓线复制到粘贴板。

4 选择菜单“窗口”→“斜齿圆柱齿轮三维实体.dwg”选项，将该图形切换为当前图形。单击“标准”工具栏中的“粘贴”按钮，在适当位置单击，将复制到粘贴板的图形粘贴到当前图形中。

5 选择菜单“格式”→“图层工具”→“图层匹配”选项，利用“图层匹配”命令将粘贴的图形的图层修改为“轮廓线”层。如图 82–16 所示。

6 单击“修改”工具栏中的“删除”按钮，利用“删除”命令将倒角轮廓线和键槽轮廓线删除。

7 单击“绘图”工具栏中的“直线”按钮，利用“直线”命令连接轮廓线的中点 H 和 I，如图 82–17 所示。

8 单击“修改”工具栏中的“镜像”按钮，利用“镜像”命令以 HI 为镜像线做轴孔轮廓线及内倒角斜线的镜像，并将源对象删除。

9 单击“修改”工具栏中的“修剪”按钮，利用“修剪”命令修剪出如图 82–18 所示的图形。

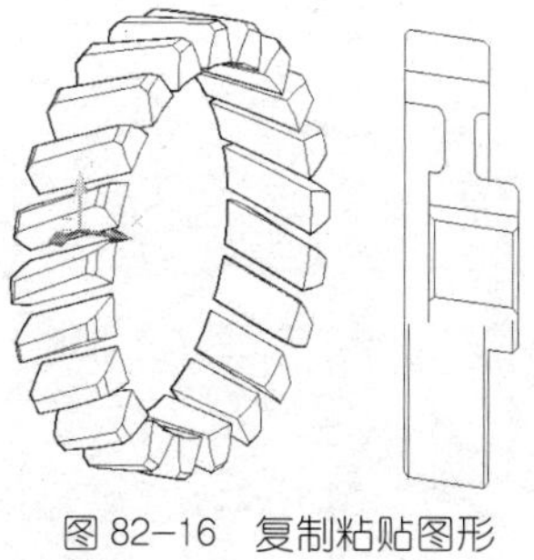
图 82–16　复制粘贴图形

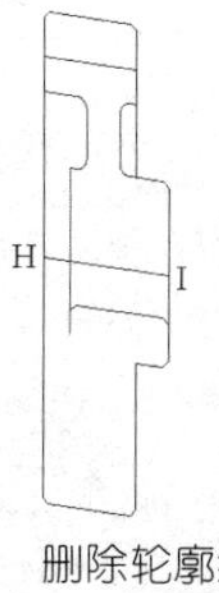

图 82–17　删除轮廓线并连线

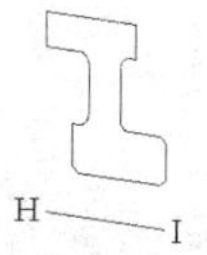

图 82–18　修剪轮廓线

10 单击“绘图”工具栏中的“面域”按钮，利用“面域”命令将封闭的平面图形创建为面域。

11 利用“旋转”命令将创建的面域绕直线 HI 旋转 360°，如图 82-19 所示。

```
命令：_revolve      (单击“建模”工具栏中的“旋转”按钮，启动“旋转”命令)
当前线框密度：ISOLINES=4
选择要旋转的对象：     (单击创建的面域)
找到 1 个
选择要旋转的对象：↙      (回车，结束选择要旋转的对象)
指定轴起点或根据以下选项之一定义轴 [对象(O)/X/Y/Z] <对象>：      (捕捉端点H)
指定轴端点：      (捕捉端点I)
指定旋转角度或 [起点角度(ST)] <360>：↙      (回车，旋转角度为360°)
```

12 单击 USC 工具栏中的“上一个 USC”按钮，返回上一个坐标系。

13 利用“长方体”命令创建挖键槽的长方体，如图 82-20 所示。

```
命令：_box     (单击“建模”工具栏中的“长方体”按钮，启动“长方体”命令)
指定第一个角点或 [中心(C)]：      (在适当位置单击指定第一角点J的位置)
指定其他角点或 [立方体(C)/长度(L)]：@5,9.3,18↙      (输入相对角点的坐标，回车)
```

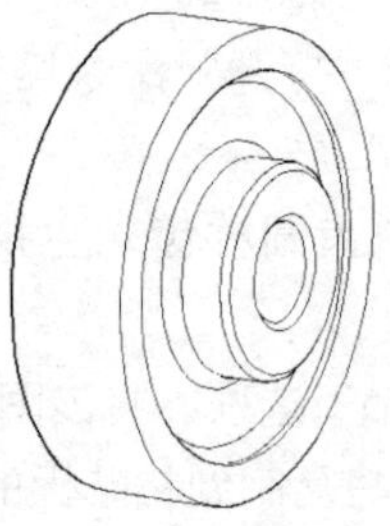

图 82-19　旋转面域

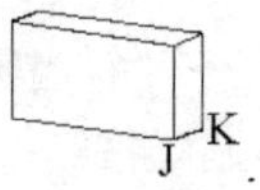

图 82-20　创建长方体

14 单击“建模”工具栏中的“三维移动”按钮，利用“三维移动”命令将长方体和旋转后得到的三维实体移到一起，如图 82-21 所示。移动的基点为长方体的棱边 JK 的中点，第 2 点为旋转后得到的三维实体中间凸台可见端面的圆心。

15 单击“建模”工具栏中的“差集”按钮，利用“差集”命令从旋转后得到的三维实体中减去长方体，挖出键槽，如图 82-22 所示。

16 单击“建模”工具栏中的“三维移动”按钮，利用“三维移动”命令将挖去键槽的三维实体和蜗轮的轮齿三维实体移到一起，如图 82-23 所示。移动的基点为挖去轴键槽三维实体轴孔可见端面的圆心，第 2 点的坐标为(0, 0, 33)。

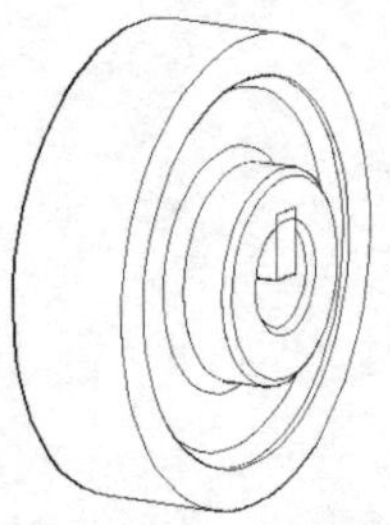

图 82-21　移动长方体

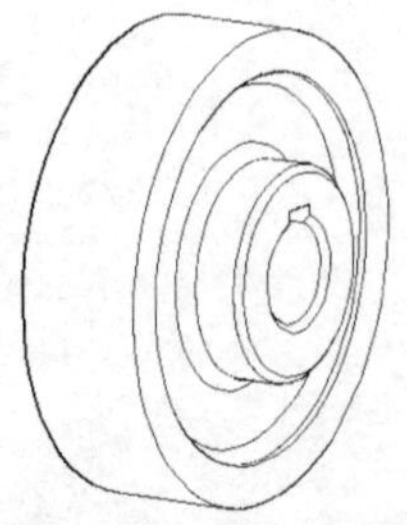

图 82-22　挖出键槽

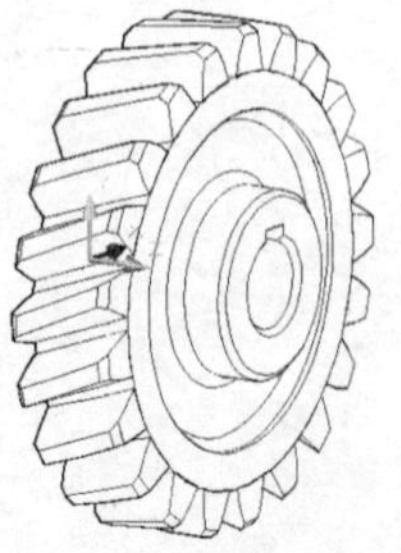

图 82-23　移动三维实体

17 单击“建模”工具栏中的“并集”按钮，利用“并集”命令将两个三维实体合并，如图 82-24 所示。

18 利用“视口”命令创建两个视口。

```
命令: _-vports      (选择菜单“视图”→“视口”→“两个视口”选项，启动“视口”命令)
输入选项 [保存(S)/恢复(R)/删除(D)/合并(J)/单一(SI)/?/2/3/4] <3>: _2
输入配置选项 [水平(H)/垂直(V)] <垂直>:↙        (回车，选择缺省选项“垂直”)
正在重生成模型。
```

19 单击两个视口，激活视口后，单击“动态观察器”工具栏中的“自由动态观察”按钮，调整观察方向，如图 82-25 所示。

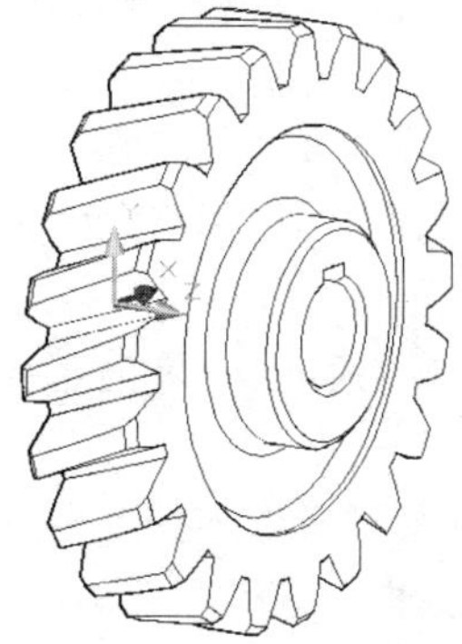

图 82-24　合并三维实体

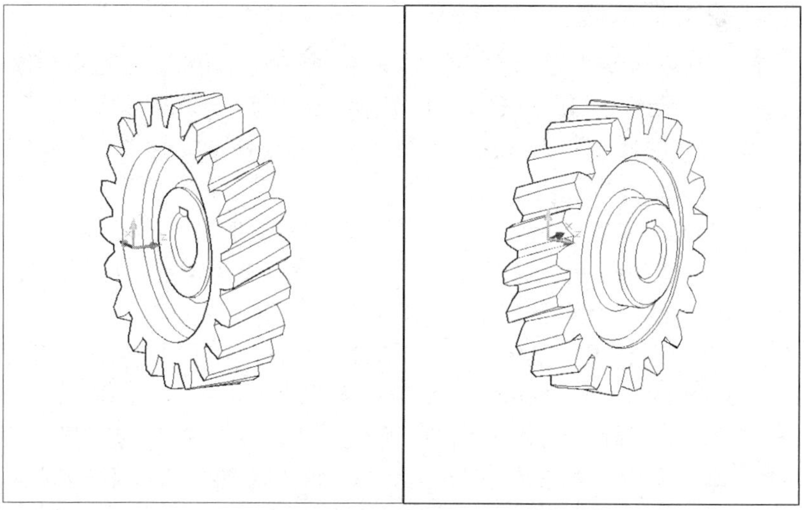

图 82-25　创建两个垂直视口

20 设置渲染目标和渲染材质，并创建纯白色渲染视图。单击“渲染”工具栏中的“渲染”按钮，即可对两个视口中的斜齿圆柱齿轮三维实体进行渲染，如图 82-1 所示。

完成创建斜齿圆柱齿轮三维实体。

实例 83　圆锥齿轮三维实体

本实例所用的三维绘图命令：“三维自由观察”3DFOrbit 命令、“用户坐标系”USC 命令、“拉伸”Extrude 命令、“三维移动”3dmove 命令、“旋转”Revolve 命令、“三维阵列”3darray 命令、“并集”Union 命令、“差集”Subtract 命令、“长方体”Box 命令、“当前视觉样式”Vscurrent 命令、“视口”Vports 命令、“材质”Materials 命令、“渲染”Render 命令

实例 39 中绘制的圆锥齿轮的三维实体如图 83-1 所示。

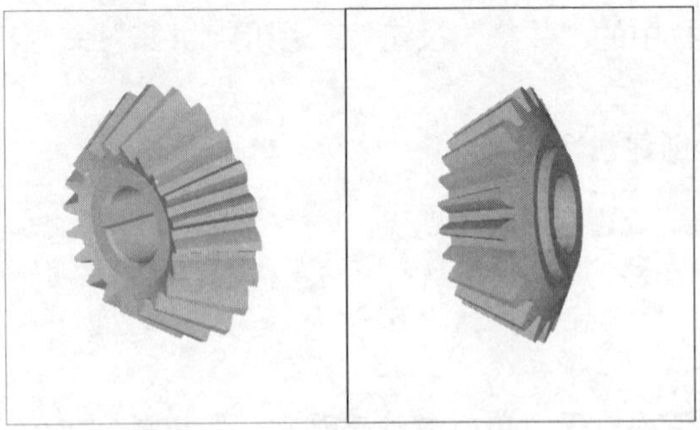

图 83–1　圆锥齿轮三维实体

绘制步骤

1 单击“标准”工具栏中的“新建”按钮，弹出“选择样板”对话框，在“打开”下拉列表中选择“无样板打开 – 公制（M）”选项，新建一个图形文件。

2 单击“图层”工具栏中“图层特性管理器”按钮，在弹出的“图层特性管理器”对话框中创建“轮廓线”层。

3 打开状态栏中的“正交”按钮和“对象捕捉”按钮，将“轮廓线”层设置为当前层，单击“绘图”工具栏中的按钮，利用“圆”命令绘制 3 个同心圆，直径为 152.389mm、140mm 和 123.3mm，这 3 个圆是齿顶圆、分度圆和齿根圆。

4 单击“绘图”工具栏中的“直线”按钮，利用“直线”命令过同心圆的圆心 O 和直径为 152.389mm 的圆的上象限点 A 绘制一条辅助线 OA，如图 83–2 所示。

5 单击“修改”工具栏中的“阵列”按钮，弹出“阵列”对话框，选中“环形阵列”单选按钮。单击“拾取中心点”按钮后，在绘图区捕捉同心圆的圆心。回到对话框，在“项目总数”文本框中输入 160（齿数的 8 倍），并保留“填充角度”文本框中的缺省设置 360 不变。单击“选择对象”按钮，在绘图区中选择辅助线 OA 为阵列对象。回车，回到对话框，单击“确定”按钮，完成环形阵列。

6 单击“标准”工具栏中的“窗口缩放”按钮，将同心圆上象限点处的图形放大显示。

7 单击“绘图”工具栏中的“样条曲线”按钮，过交点 B、C、D 绘制一条样条曲线，过交点 E、F、G 绘制另一条样条曲线，如图 83–3 所示。

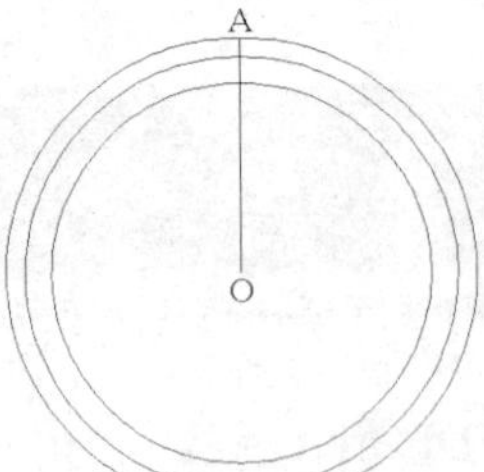

图 83–2　绘制同心圆和辅助线

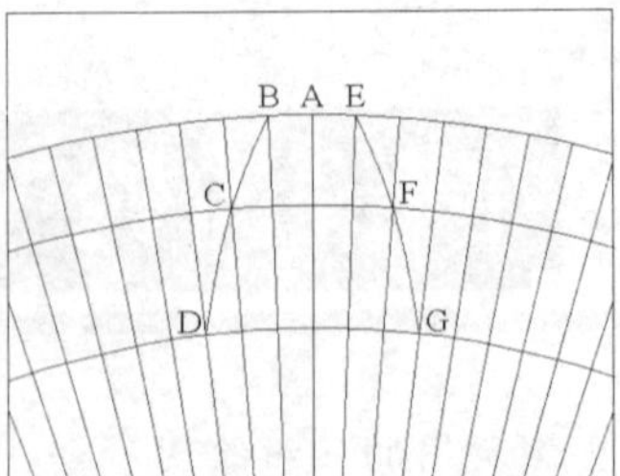

图 83–3　利用样条曲线近似绘制齿廓

8 单击“修改”工具栏中的“修剪”按钮，修剪 3 个圆。

9 单击“修改”工具栏中的“删除”按钮，将所有直线删除，得到齿形的轮廓线 BCDGFE，如图 83–4 所示。

10 单击“动态观察器”工具栏中的“自由动态观察”按钮，调整观察方向。

11 单击“绘图”工具栏中的“直线”按钮，启动“直线”命令过圆弧 CF 的中点 H 绘制与 Z 轴平行的直线 HI，长度为 52mm，如图 83-5 所示。

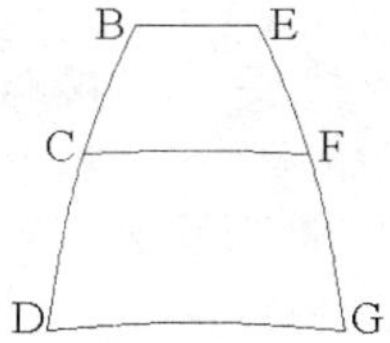

图 83-4　修剪出齿廓

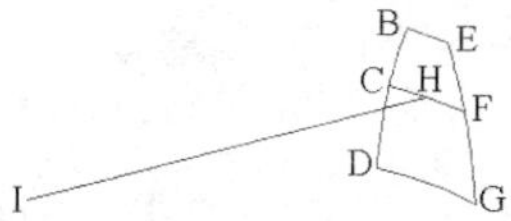

图 83-5　调整观察方向，绘制直线

12 单击“修改”工具栏中的“删除”按钮，将圆弧 CF 删除，

13 单击“绘图”工具栏中的“面域”按钮，利用“面域”命令将由两条样条曲线和两条圆弧组成的封闭图形创建为面域。

14 单击 USC 工具栏中的“Y”按钮，将坐标系绕 Y 轴旋转 90°。

15 单击“修改”工具栏中的“旋转”按钮，利用“旋转”命令将面域和直线 HI 绕基点 H 旋转 27.75°，如图 83-6 所示。

16 利用“拉伸”命令拉伸面域，如图 83-7 所示。

```
命令: _extrude       (单击“建模”工具栏中的“拉伸”按钮，启动“拉伸”命令)
当前线框密度: ISOLINES=4
选择要拉伸的对象:        (单击面域)
找到 1 个
选择要拉伸的对象:↙       (回车，结束选择要拉伸的对象)
指定拉伸的高度或 [方向(D)/路径(P)/倾斜角(T)]：T↙ (输入T，回车，选择“倾斜角”选项)
指定拉伸的倾斜角度 <0>: 3↙        (输入拉伸的倾斜角度3，回车)
指定拉伸的高度或 [方向(D)/路径(P)/倾斜角(T)]：P↙  (输入P，回车，选择“路径”选项)
选择拉伸路径:       (单击直线HI)
```

17 单击“绘图”工具栏中的“直线”按钮，利用“直线”命令依次连接拉伸后得到的三维实体的两个端面中 4 条圆弧的中点 JKLMJ，过 J 点绘制与 Y 轴平行的直线 JN，长度为齿顶圆的半径 96.1945mm，如图 83-8 所示。

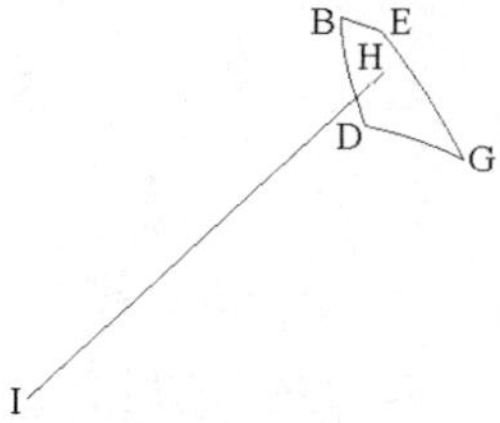

图 83-6　旋转面域和直线

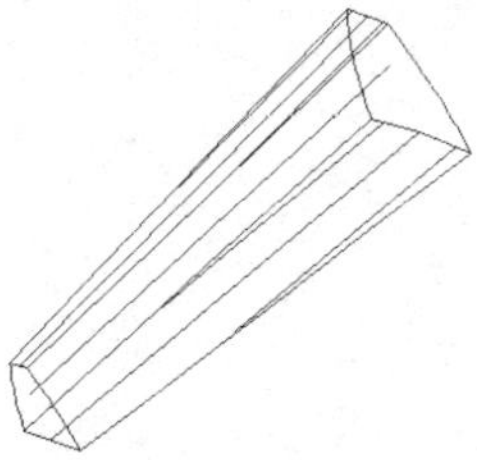
图 83-7　拉伸面域

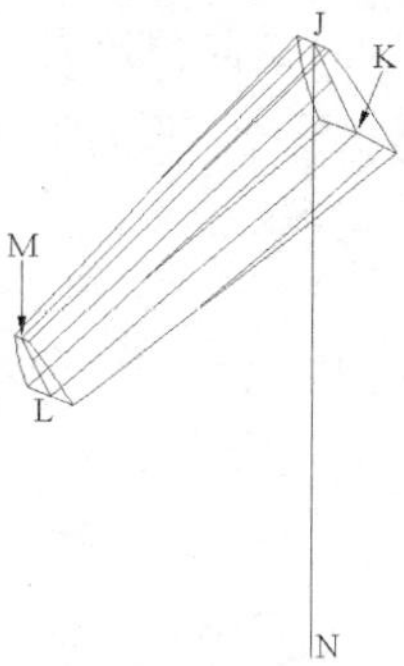

图 83-8　绘制直线

18 单击“建模”工具栏中的“三维移动”按钮，利用“三维移动”命令将拉伸后得到的三维实体竖直向上移动。

19 选择菜单“视图”→“三维视图”→“平面视图”→“当前 USC”选项，显示出 XY 平面内的图形，如图 83-9 所示。

20 单击“修改”工具栏中的“偏移”按钮，利用“偏移”命令向右偏移直线 JN，偏移的距离为 20mm，得到直线 PQ。再利用“偏移”命令向左偏移直线 PQ，偏移距离为 6mm 和 55mm，得到直线 RS 和 TU。

21 单击“绘图”工具栏中的“直线”按钮，利用“直线”命令连接端点 PT。

22 利用“偏移”命令向上偏移直线 PT 两次，偏移距离为 22.5mm 和 40mm。

23 单击“修改”工具栏中的“延伸”按钮，利用“延伸”命令将直线 ML 和 JK 延伸到直线 TU 和 RS 上，交点为 V、W，如图 83-10 所示。

24 单击“修改”工具栏中的“复制”按钮，利用“复制”命令复制直线 MV、JN、JW、RS 和 PT，得到直线 M_1V_1、J_1N_1、J_1W_1、R_1S_1 和 P_1T_1，如图 83-11 所示。

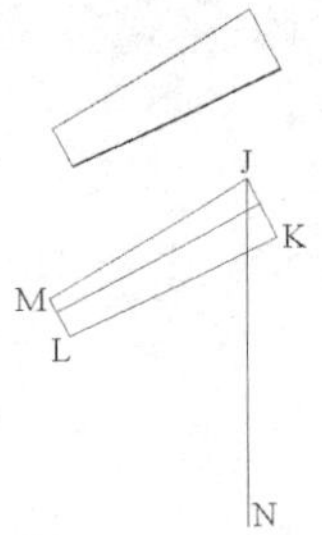

图 83-9 显示平面视图

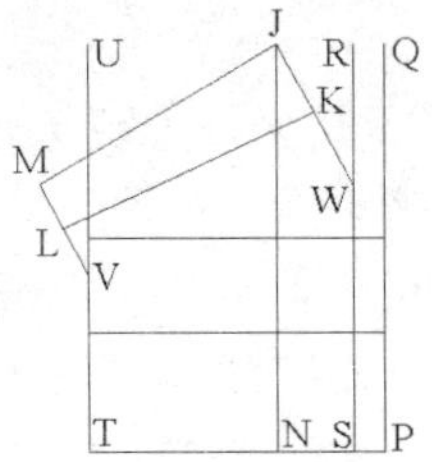

图 83-10 偏移、延伸直线

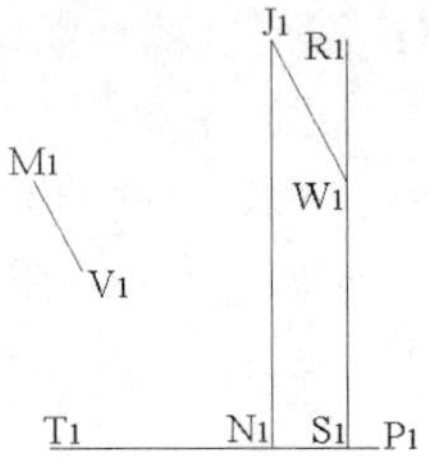

图 83-11 复制直线

25 单击“修改”工具栏中的“修剪”按钮和“删除”按钮，利用“修剪”和“删除”命令修剪、删除图 83-10 中的线条。

26 单击“修改”工具栏中的“倒角”按钮，利用“倒角”命令在图 83-10 中绘制 3 个倒角，倒角距离为 2mm，如图 83-12 所示。

27 单击“修改”工具栏中的“删除”按钮，将直线 KL 删除。（图中直线 KL 的倾斜角度为 24.8°，需要修改。）

28 选择菜单“修改”→“拉长”选项，利用“拉长”命令中的“增量”选项，将直线 VL 延长 0.2mm，得到新的端点 L_1。

29 单击“绘图”工具栏中的“直线”按钮，利用“直线”命令连接端点 K、L_1，如图 83-13 所示。KL 的倾斜角度为 24.5°，与圆锥齿轮的齿根线的倾斜角度极其接近。

30 单击“绘图”工具栏中的“面域”按钮，利用“面域”命令将图 83-12 中的封闭图形创建为面域。

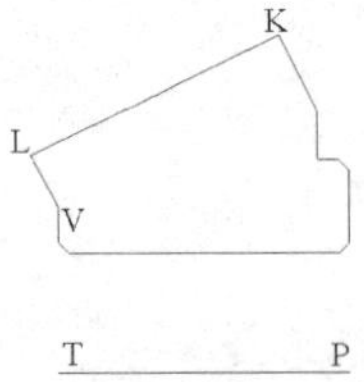

图 83-12 修剪、删除直线后绘制倒角

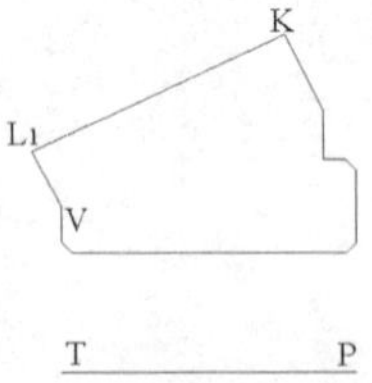

图 83-13 拉长直线、绘制直线

31 单击“建模”工具栏中的“旋转”按钮，利用“旋转”命令将面域绕直线 TP 旋转 360°，得到圆锥齿轮的齿根圆锥体（包括右侧凸台和内孔），如图 83-14 所示。

32 单击“修改”工具栏中的“删除”按钮，利用“删除”命令将直线 TP 删除。

33 单击“修改”工具栏中的“偏移”按钮，利用“偏移”命令在图 83-11 中向右上方偏

移直线 M_1V_1，偏移距离为 2mm。

34 单击“修改”工具栏中的“延伸”按钮--/，利用“延伸”命令将偏移出来的直线延伸到 J_1M_1 上，得到直线 M_2V_2。

35 单击“修改”工具栏中的“偏移”按钮，利用“偏移”命令向左偏移直线 J_1N_1，偏移距离为 35mm，得到直线即 J_2N_2，如图 83-15 所示。

36 单击“修改”工具栏中的“删除”按钮，将直线 J_1M_1 和 M_1V_1 删除。

37 单击“绘图”工具栏中的“直线”按钮，利用“直线”命令连接端点 J_1R_1。利用“直线”命令过端点 M_2 连续绘制水平线 M_2M_3（长度为 2mm）、竖直线 M_3T_2，T_2 是 M_3T_2 与直线 P_1T_1 延长线的交点，如图 83-16 所示。

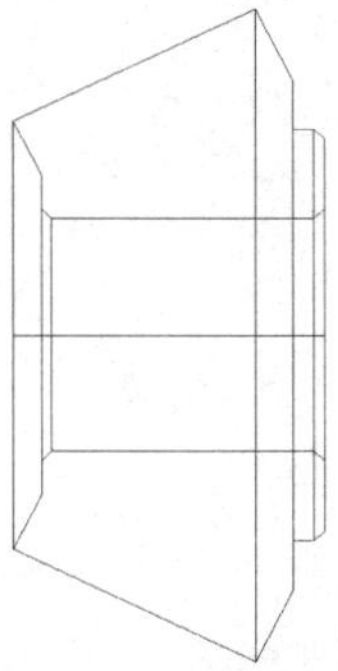

图 83-14　齿根圆锥体

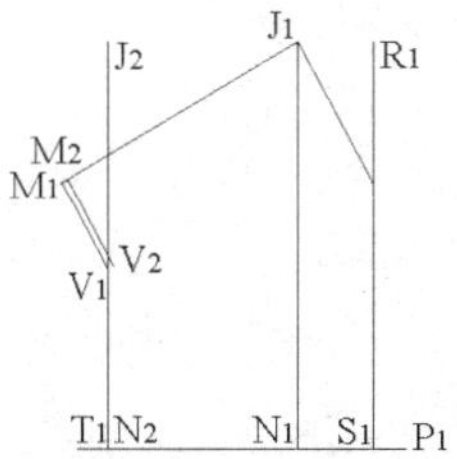

图 83-15　偏移、延伸直线

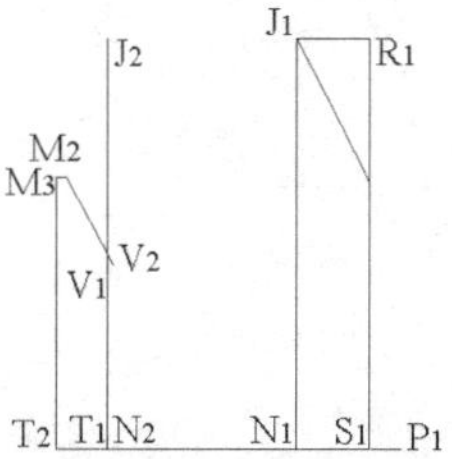

图 83-16　绘制直线

38 单击“修改”工具栏中的“修剪”按钮-/--，修剪出如图 83-17 所示的图形。

39 单击“绘图”工具栏中的“面域”按钮，利用“面域”命令将图 83-17 中两个封闭图形创建为面域。

40 单击“建模”工具栏中的“旋转”按钮，利用“旋转”命令将两个面域绕直线 T_2N_2 旋转 360°，得到圆锥齿轮两个端面圆锥体，如图 83-18 所示。

41 单击“标准”工具栏中的“缩放上一个”按钮，回到上一个显示窗口，如图 83-19 所示。

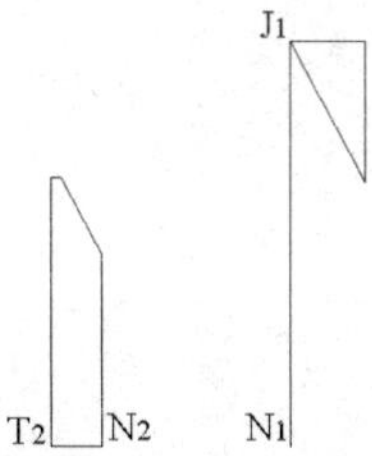

图 83-17　修剪直线

图 83-18　端面圆锥体

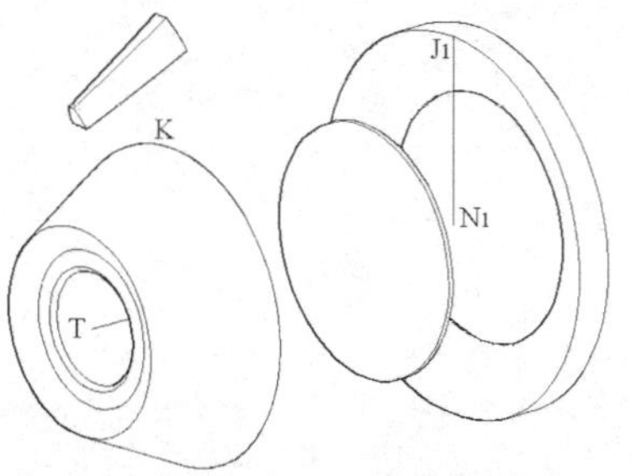

图 83-19　回到三维显示窗口，显示出所有三维实体

42 单击“建模”工具栏中的“三维移动”按钮，利用“三维移动”命令将齿根圆锥体和轮齿三维实体移到一起，如图 83-20 所示。移动的基点为齿根圆锥体大端面的上象限点，第 2 点的轮齿三维实体中齿根圆弧的中点。

43 单击“建模”工具栏中的“三维阵列”按钮，利用“三维阵列”命令将轮齿绕齿根圆锥体的轴线做环形阵列。

44 单击“建模”工具栏中的“并集”按钮，利用“并集”命令将阵列出来的轮齿三维实体和齿根圆锥体合并，如图 83-21 所示。

45 单击“建模”工具栏中的“三维移动”按钮，利用“三维移动”命令将两个端面圆锥体与合并后的三维实体移到一起，如图 83-22 所示。移动的基点为端点 J1，第 2 点为最高轮齿（原始轮齿）的齿顶圆弧的中点。

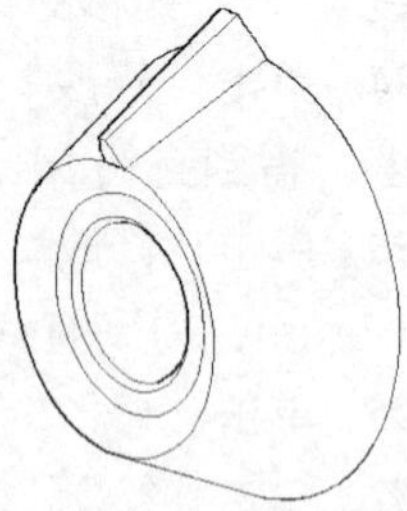

图 83-20　移动三维实体

46 单击“建模”工具栏中的“差集”按钮，利用“差集”命令从合并后的三维实体中减去两个端面圆锥体，得到齿轮三维实体，如图 83-23 所示。

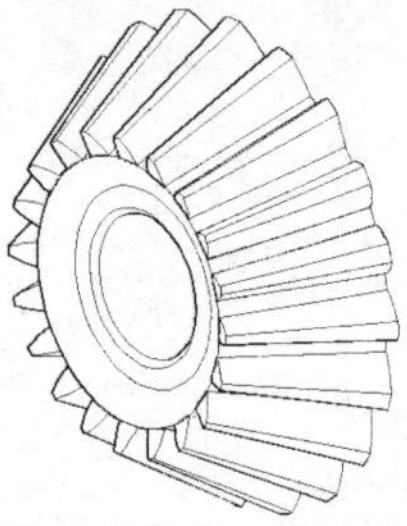

图 83-21　三维阵列后合并实体

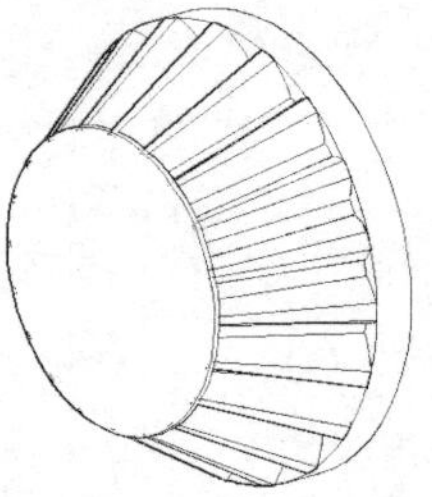

图 83-22　移动三维实体

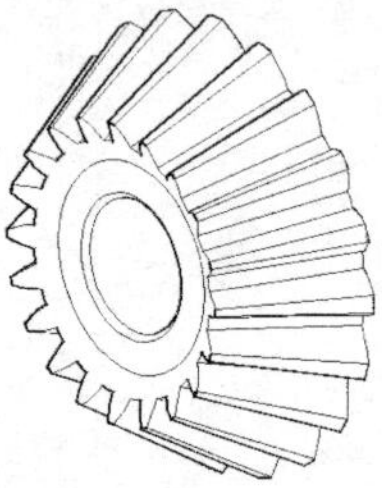

图 83-23　“差”运算结果

47 利用“长方体”命令创建挖键槽的长方体，如图 83-24 所示。

```
命令: _box      (单击“建模”工具栏中的“长方体”按钮，启动“长方体”命令)
指定第一个角点或 [中心(C)]:        (在适当位置单击指定第一角点的位置)
指定其他角点或 [立方体(C)/长度(L)]: @55,15,26.3↙        (输入相对角点的坐标，回车)
```

48 单击“建模”工具栏中的“三维移动”按钮，利用“三维移动”命令将长方体与齿轮三维实体移到一起，如图 83-25 所示。移动的基点为长方体的棱边 ab 的中点，第 2 点为齿轮可见端面上同心圆的圆心。

49 单击“建模”工具栏中的“差集”按钮，利用“差集”命令从轮齿三维实体中减去长方体，挖出键槽，得到圆锥齿轮三维实体，如图 83-26 所示。

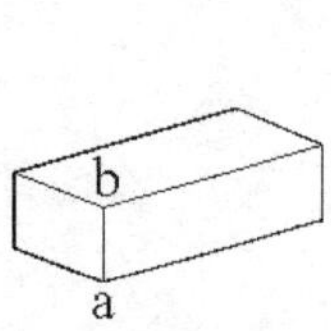

图 83-24　创建长方体

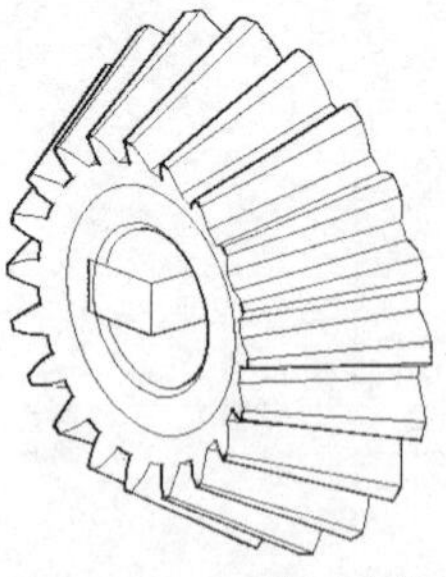

图 83-25　移动长方体

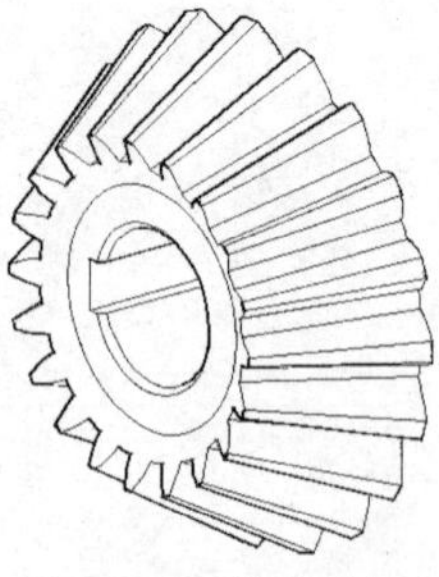

图 83-26　挖出键槽

50 利用“视口”命令创建两个视口。

```
命令: _-vports     (选择菜单“视图”→“视口”→“两个视口”选项，启动“视口”命令)
输入选项 [保存(S)/恢复(R)/删除(D)/合并(J)/单一(SI)/?/2/3/4] <3>: _2
```

输入配置选项 [水平(H)/垂直(V)] <垂直>:↙　　　(回车，选择缺省选项“垂直”)
正在重生成模型。

51 单击右侧视口，视口被激活后，单击“动态观察器”工具栏中的“自由动态观察”按钮，调整观察方向，如图 83-27 所示。

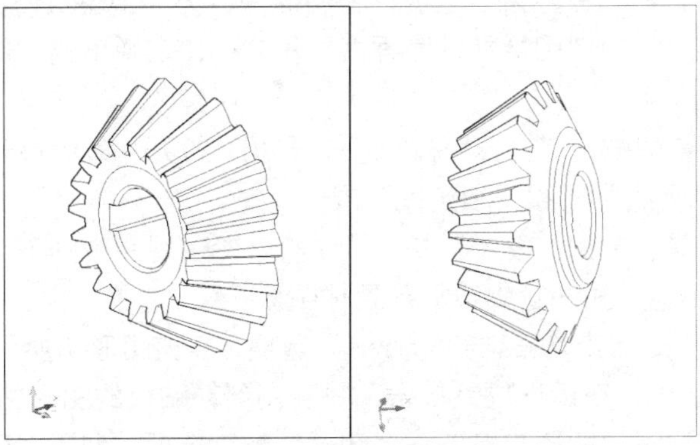

图 83-27　创建两个视口

52 设置渲染目标和渲染材质，并创建纯白色渲染视图。单击“渲染”工具栏中的“渲染”按钮，即可对两个视口中的圆锥齿轮三维实体进行渲染，如图 83-1 所示。

完成创建圆锥齿轮的三维实体。

实例 84　带轮三维实体

本实例所用的三维绘图命令：“旋转”Revolve 命令、“三维自由观察”3DFOrbit 命令、“用户坐标系”USC 命令、“拉伸”Extrude 命令、“三维移动”3dmove 命令、“差集”Subtract 命令、“长方体”Box 命令、“当前视觉样式”Vscurrent 命令、“材质”Materials 命令、“渲染”Render 命令。

实例 40 中绘制的带轮的三维实体如图 84-1 所示。

图 84-1　带轮三维实体

绘制步骤

1 单击“标准”工具栏中的“新建”按钮，弹出“选择样板”对话框，在“打开”下拉列表中选择“无样板打开－公制（M）”选项，新建一个图形文件。

2 选择菜单“文件”→“另存为”选项，将图形保存为“带轮三维实体.dwg”。

3 单击“图层”工具栏中“图层特性管理器”按钮，在弹出的“图层特性管理器”对话框中创建“轮廓线”层。

4 单击“标准”工具栏中的“打开”按钮，利用“打开”命令打开图形文件“带轮.dwg”，并关闭“标注”层、“点画线”层和“细实线”层。

5 单击“标准”工具栏中的“复制”按钮，将带轮主视图中的下半部分图形及左视图中轴孔和键槽的轮廓线、4 个均布孔的轮廓线复制到粘贴板。

6 选择菜单“窗口”→“带轮三维实体.dwg”选项，将该图形切换为当前图形。单击“标准”工具栏中的“粘贴”按钮，在适当位置单击，将复制到粘贴板的图形粘贴到当前图形中。

7 选择菜单“格式”→“图层工具”→“图层匹配”选项，利用“图层匹配”命令将粘贴的图形的图层修改为“轮廓线”层，如图 84-2 所示。

8 单击“修改”工具栏中的“删除”按钮，利用“删除”命令将内孔及其倒角轮廓线、带轮外缘轮廓线和倒角连线、两个圆弧删除。

9 单击“绘图”工具栏中的“直线”按钮，利用“直线”命令连接轮廓线的端点 A 和 B，如图 84-3 所示。

10 单击“绘图”工具栏中的“面域”按钮，利用“面域”命令将图 84-3 所示封闭的平面图形创建为面域。

11 单击“建模”工具栏中的“旋转”按钮，利用“旋转”命令将创建的面域绕直线 AB 旋转 360°，如图 84-4 所示。

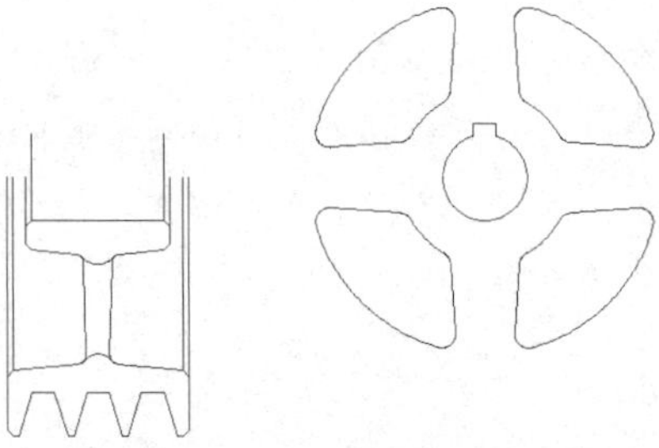

图 84-2　复制粘贴图形

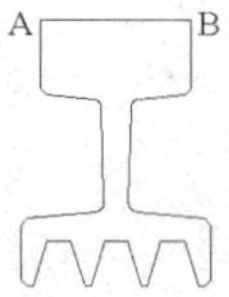

图 84-3　删除轮廓线并连线

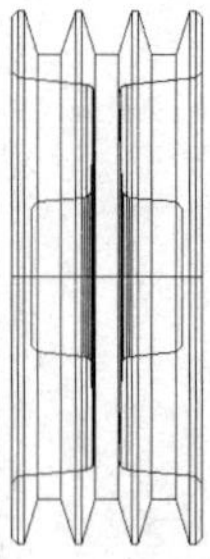

图 84-4　旋转面域

12 单击“动态观察器”工具栏中的“自由动态观察”按钮，调整观察方向。

13 单击“视觉样式”工具栏中的“三维隐藏视觉样式”按钮，将三维实体显示为三维隐藏视觉样式，如图 84-5 所示。

14 单击 USC 工具栏中的“X”按钮，将坐标系绕 X 轴旋转-90°。

15 单击“修改”工具栏中的“旋转”按钮，利用“旋转”命令将粘贴的做视图中的图形视图旋转 90°，如图 84-6 所示。旋转的基点为该图形中同心圆弧的圆心。

16 单击“绘图”工具栏中的“面域”按钮，利用“面域”命令将旋转后的图形创建为 5 个面域。

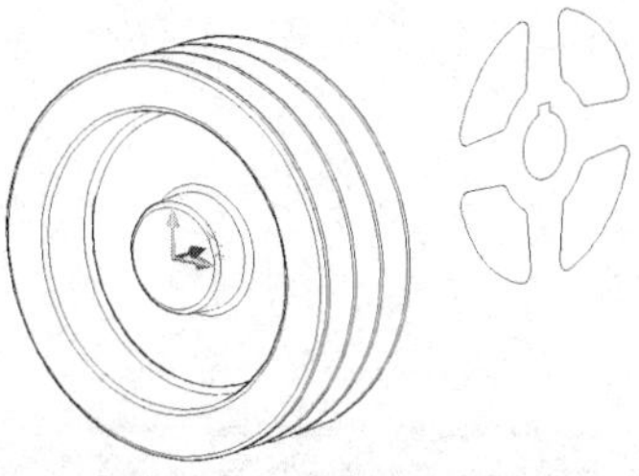

图 84-5　调整观察方向

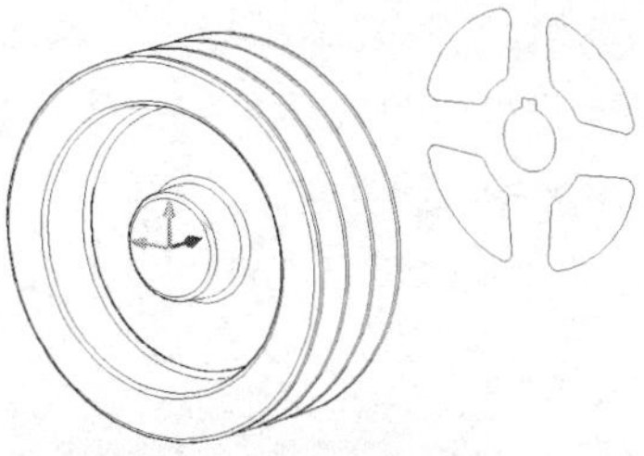

图 84-6　旋转图形

17 利用“拉伸”命令将五个面域拉伸为三维实体，如图 84-7 所示。拉伸高度为 50mm。

18 单击“建模”工具栏中的“三维移动”按钮，利用“三维移动”命令将拉伸后得到的三维实体和旋转后得到的三维实体移到一起，如图 84-8 所示。移动的基点为拉伸后得到的三维实体可见端面的圆心，第 2 点为旋转后得到的三维实体中间凸台可见端面的圆心。

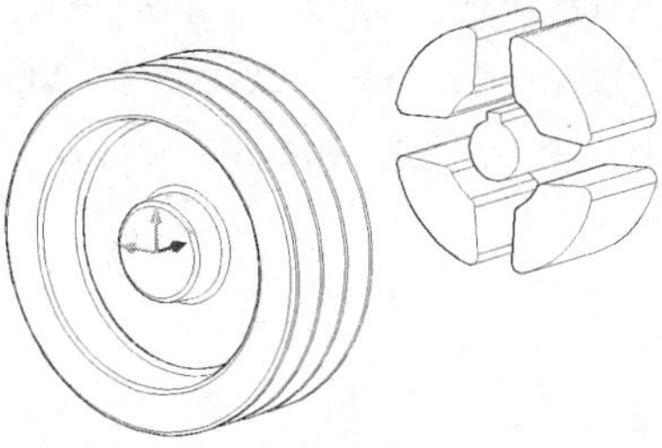

图 84-7　拉伸面域

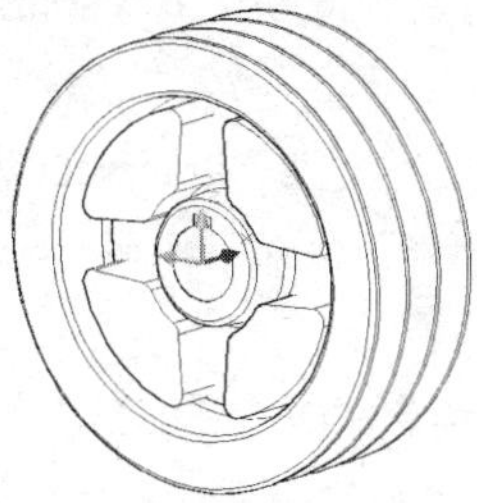

图 84-8　移动平键实体

19 单击“建模”工具栏中的“差集”按钮，利用“差集”命令从旋转后得到的三维实体中减去拉伸后得到的三维实体，挖出轴孔、键槽，创建出轮毂，如图 84-9 所示。

20 利用“圆角”命令在轮毂的两侧倒圆角，如图 84-10 所示。

```
命令: _fillet        (单击“修改”工具栏中的“圆角”按钮，启动“圆角”命令)
当前设置: 模式 = 修剪, 半径 = 0.0000
选择第一个对象或 [放弃(U)/多段线(P)/半径(R)/修剪(T)/多个(M)]:      (单击轮毂在可见端面上的轮廓线)
输入圆角半径: 4↙        (输入圆角半径4, 回车)
选择边或 [链(C)/半径(R)]: C↙        (输入C, 回车)
选择边链或 [边(E)/半径(R)]:        (单击与前次单击轮廓线处于同一端面上的相邻轮廓线, 该孔在轮毂可见端面上的轮廓线即边链全部被选中)
选择边链或 [边(E)/半径(R)]:        (单击另一个孔在轮毂可见端面上的轮廓线)
……
选择边链或 [边(E)/半径(R)]:        (依次单击轮毂可见端面和不可见端面上的轮廓线)
选择边链或 [边(E)/半径(R)]:↙        (回车, 结束选择圆角对象)
已选定 64 个边用于圆角。
```

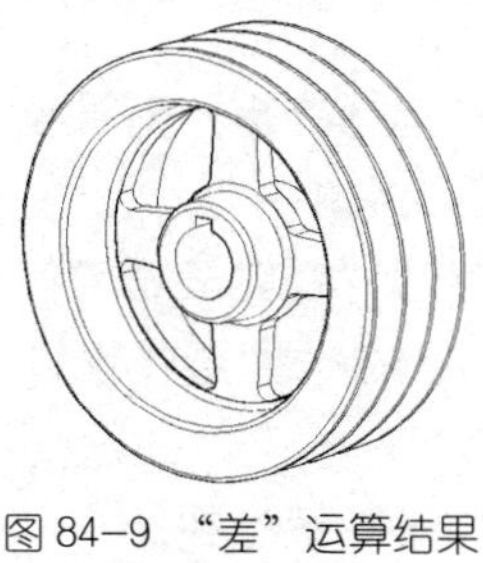

图 84-9　“差”运算结果

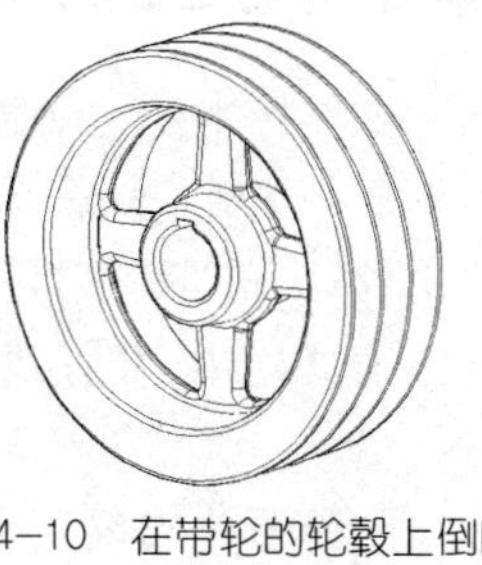

图 84-10　在带轮的轮毂上倒圆角

21 设置渲染目标和渲染材质，并创建纯白色渲染视图。单击“渲染”工具栏中的“渲染”按钮，即可对带轮三维实体进行渲染，如图 84-1 所示。

完成创建带轮三维实体。

实例 85 蜗轮三维实体

本实例所用的三维绘图命令：“螺旋”Helix 命令、“三维自由观察”3DFOrbit 命令、“用户坐标系”USC 命令、“扫掠”Sweep 命令、“三维阵列”3darray 命令、“当前视觉样式”Vscurrent 命令、“剖切”Slice 命令、“并集”Union 命令、“圆环体”Torus 命令“差集”Subtract 命令、“拉伸”Extrude 命令、“三维镜像”3dMirror 命令、“交集”Intersect 命令、“旋转”Revolve 命令、“三维移动”3dmove 命令、“材质”Materials 命令、“渲染”Render 命令。

实例 41 绘制的蜗轮的三维实体如图 85-1 所示。

图 85-1 蜗轮三维实体

该蜗轮的模数 m=4，齿数 z=30，分度圆的直径为 120mm，齿顶圆的直径为 128mm，齿根圆直径为 110.4mm。该蜗轮的配偶蜗杆的导程角为 11.31°，蜗轮螺旋线的导程 H=3.14×120×tag78.69=1884.9461mm。

绘制步骤

一、创建蜗轮的轮齿三维实体

1 单击“标准”工具栏中的“新建”按钮，弹出 “选择样板”对话框，在“打开”下拉列表中选择“无样板打开 – 公制（M）”选项，新建一个图形文件。

2 选择菜单“文件”→“另存为”选项，将图形保存为“蜗轮三维实体.dwg”。

3 单击“图层”工具栏中“图层特性管理器”按钮，在“图层特性管理器”对话框中创建“轮廓线”层。

4 将“轮廓线”层设置为当前层，利用“螺旋”命令绘制螺旋线。

```
命令: _Helix        (单击"建模"工具栏中的"螺旋"按钮，启动"螺旋"命令)
圈数 = 3.0000      扭曲=CCW
指定底面的中心点:       (在适当位置单击)
指定底面半径或 [直径(D)] <1.0000>: 60↙        (输入螺旋底面半径60，回车)
指定顶面半径或 [直径(D)] <60.0000>:↙        (回车，顶面和底面的半径相同)
指定螺旋高度或 [轴端点(A)/圈数(T)/圈高(H)/扭曲(W)] <1.0000>: H↙       (输入H，回车，选择"圈高"选项)
指定圈间距 <0.2500>: 1884.9461↙       (输入圈间距1884.9461，回车)
指定螺旋高度或 [轴端点(A)/圈数(T)/圈高(H)/扭曲(W)] <1.0000>: 50↙        (输入螺旋高度50，回车)
```

5 单击“标准”工具栏中的“窗口缩放”按钮，将螺旋线放大显示。

6 单击“动态观察器”工具栏中的“自由动态观察”按钮，调整观察方向。

7 单击“视觉样式”工具栏中的“三维隐藏视觉样式”按钮，将三维实体显示为三维隐藏视觉样式。

8 打开状态栏中的“正交”按钮和“对象捕捉”按钮，单击 USC 工具栏中的按钮，调整坐标系的方向，使螺旋线的起点处在 X 轴上，如图 85-2 所示。

```
命令: _ucs
当前 UCS 名称: *没有名称*
指定 UCS 的原点或 [面(F)/命名(NA)/对象(OB)/上一个(P)/视图(V)/世界(W)/X/Y/Z/Z轴(ZA)] <世界>: _3
指定新原点 <0,0,0>:      (捕捉螺旋线的圆心)
在正 X 轴范围上指定点 <1.0000,0.0000,0.0000>:      (捕捉螺旋线的起点)
在 UCS XY 平面的正 Y 轴范围上指定点 <0.4573,0.8893,0.0000>:       (在Z轴的正方向任意位置单击)
```

9 选择菜单“视图”→“三维视图”→“平面视图”→“当前 USC”选项，单击“标准”工具栏中的“实时缩放”按钮，竖直向下移动光标，将视图适当缩小。

10 单击“绘图”工具栏中的“圆”按钮，绘制 3 个同心圆，直径为 110mm、120mm 和 134mm。

11 单击“绘图”工具栏中的“直线”按钮，过同心圆的圆心 O 和直径为 128mm 的圆的上象限点 A 绘制一条辅助线 OA，如图 85-3 所示。

12 单击“修改”工具栏中的“阵列”按钮，将直线 OA 做 360° 环形阵列，阵列的数量为齿数的 16 倍即 480 个。

13 单击“标准”工具栏中的“窗口缩放”按钮，将同心圆上象限点 A 处的图形放大显示。

14 单击“绘图”工具栏中的“样条曲线”按钮，过交点 B、C、D 绘制一条样条曲线，过交点 E、F、G 绘制另一条样条曲线，如图 85-4 所示。

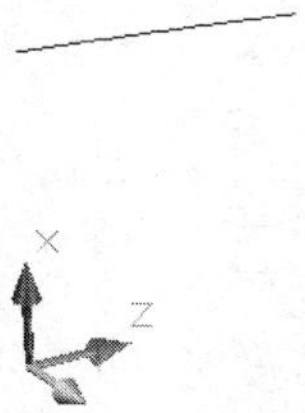

图 85-2　绘制螺旋线

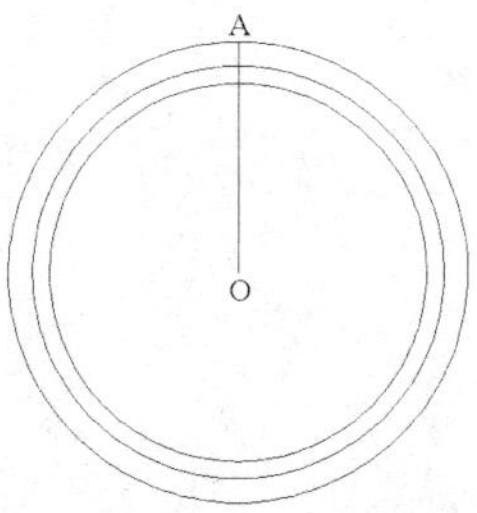

图 85-3　绘图同心圆和辅助线

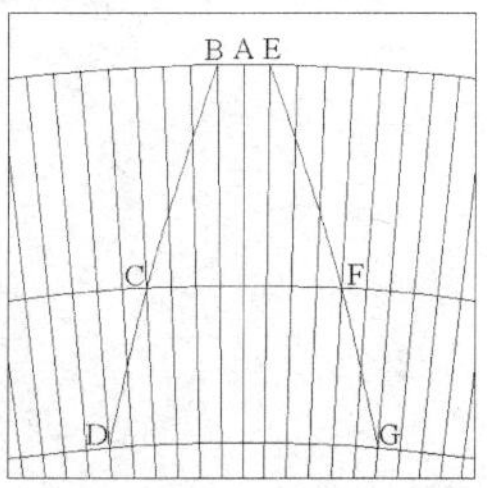

图 85-4　环形阵列后绘制样条曲线

15 单击“修改”工具栏中的“修剪”按钮，修剪 3 个同心圆。

16 单击“修改”工具栏中的“删除”按钮，将所有直线删除。得到一个齿形轮廓线，如图 85-5 所示。

17 双击“标准”工具栏中的“缩放上一个”按钮，返回显示平面视图前的窗口。

18 单击“修改”工具栏中的“移动”按钮，利用“移动”命令移动平面图形 BCDGFE，移动的基点为圆弧 CF 的中点，第 2 点为螺旋线的起点。

19 单击“修改”工具栏中的“删除”按钮，利用“删除”命令将圆弧 CF 删除，如图 85-6 所示。

20 单击“绘图”工具栏中的“面域”按钮，利用“面域”命令将平面图形 BDGE 创建为面域。

21 单击“建模”工具栏中的“扫掠”按钮，利用“扫掠”命令将面域沿螺旋线扫掠为单个轮齿的三维实体，如图 85-7 所示。

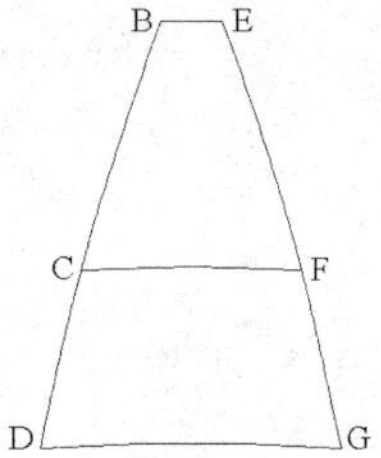

图 85-5　修剪出齿形轮廓线

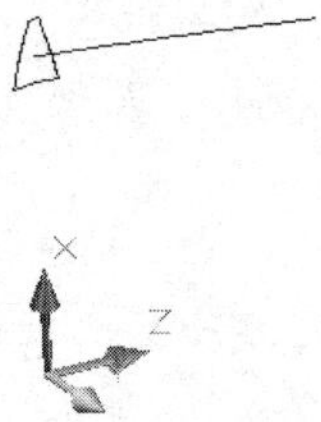

图 85-6　将齿形轮廓线移动螺旋线起点处

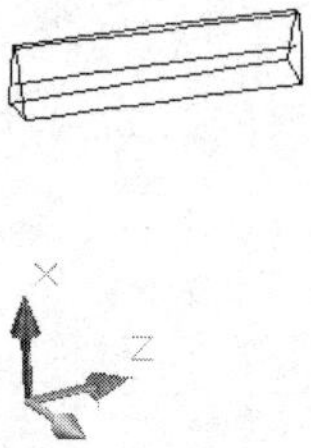

图 85-7　单个轮齿三维实体

22 单击“修改”工具栏中的“删除”按钮，利用“删除”命令将螺旋线删除，

23 利用“三维阵列”命令将扫掠出来的三维实体绕 Z 轴做环形阵列，结果如图 85-8 所示。

```
命令：_3darray      (单击“建模”工具栏中的“三维阵列”按钮，启动“三维阵列”命令)
选择对象：      (单击扫掠齿轮的三维实体)
找到 1 个
选择对象：↙      (回车，结束选择三维阵列对象)
输入阵列类型 [矩形(R)/环形(P)] <矩形>:P:↙      (输入P，回车)
输入阵列中的项目数目：30↙      (输入阵列项目数目即齿数30，回车)
指定要填充的角度 (+=逆时针，-=顺时针) <360>:↙      (回车，填充角度为360)
旋转阵列对象？ [是(Y)/否(N)] <Y>:↙      (回车，旋转阵列对象)
指定阵列的中心点：0,0,0↙      (输入阵列中心点的坐标，回车)
指定旋转轴上的第二点：0,0,10↙ (输入旋转轴上第二点的坐标，回车，即以Z轴为旋转轴线)
```

24 单击“视觉样式”工具栏中的“三维隐藏视觉样式”按钮，将三维实体显示为三维隐藏视觉样式，如图 85-9 所示。

图 85-8　阵列出轮齿三维实体

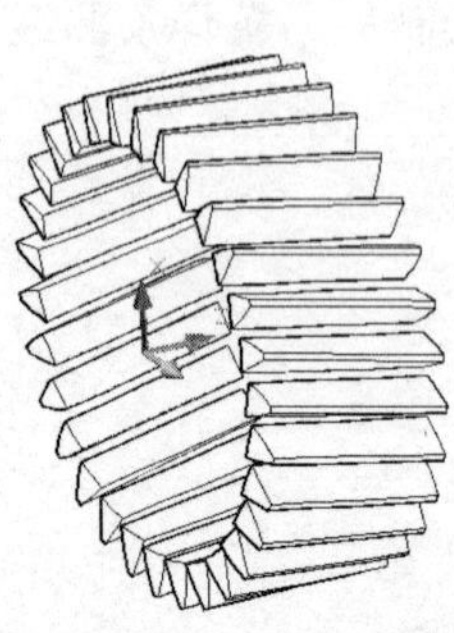
图 85-9　将三维实体显示为三维隐藏视觉样式

25 利用“剖切”命令将阵列出来的三维实体的两端切平，如图 85-10 所示。

```
命令: _slice      (选择菜单“修改”→“三维操作”→“剖切”选项，启动“剖切”命令)
选择要剖切的对象:
指定对角点:      (用拾取框包围阵列出来的三维实体)
找到 30 个
选择要剖切的对象:↙        (回车，结束选择要剖切的对象)
指定 切面 的起点或 [平面对象(O)/曲面(S)/Z 轴(Z)/视图(V)/XY/YZ/ZX/三点(3)] <三点>: XY↙       (输入XY，回车)
指定 XY 平面上的点 <0,0,0>: 0,0,10↙       (输入剖切平面上的点的坐标，回车)
在所需的侧面上指定点或 [保留两个侧面(B)] <保留两个侧面>:       (在剖切平面的右侧捕捉三维实体的特殊点)

命令: _slice (选择菜单“修改”→“三维操作”→“剖切”选项或回车，启动“剖切”命令)
选择要剖切的对象:
指定对角点:      (用拾取框包围经过一次剖切后三维实体)
找到 30 个
选择要剖切的对象:↙        (回车，结束选择要剖切的对象)
指定 切面 的起点或 [平面对象(O)/曲面(S)/Z 轴(Z)/视图(V)/XY/YZ/ZX/三点(3)] <三点>: XY↙       (输入XY，回车)
指定 XY 平面上的点 <0,0,0>: 0,0,42↙       (输入剖切平面上的点的坐标，回车)
在所需的侧面上指定点或 [保留两个侧面(B)] <保留两个侧面>:       (在剖切平面的左侧捕捉三维实体上的特殊点)
```

26 单击“建模”工具栏中的“并集”按钮，将三维实体合并。

27 利用“圆环体”命令创建齿顶圆环三维实体，如图 85-11 所示。

```
命令: _torus      (单击“建模”工具栏中的“圆环体”按钮，启动“圆环体”命令)
指定中心点或 [三点(3P)/两点(2P)/相切、相切、半径(T)]: 0,0,26↙       (输入圆环中心的坐标，回车)
指定半径或 [直径(D)]: 80↙       (输入圆环半径80，回车)
指定圆管半径或 [两点(2P)/直径(D)]: 16↙       (输入圆管半径16，回车)
```

28 单击“建模”工具栏中的“差集”按钮，将合并的轮齿三维实体与圆环做“差集”运算，得到齿顶圆环面，如图 85-12 所示。

29 单击“绘图”工具栏中的“圆”按钮，利用“圆”命令绘制半径为 80mm 的圆，圆心的坐标为(0,0,26)，如图 85-13 所示。

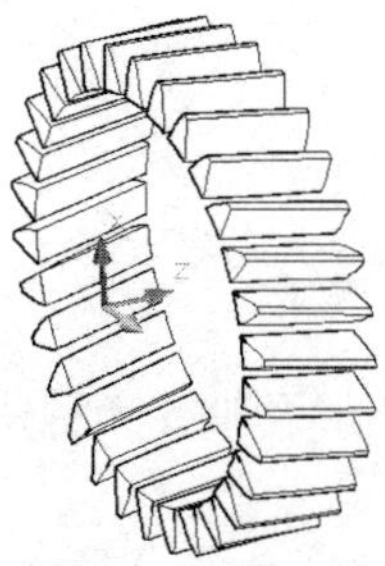

图 85-10　齿形两端切平

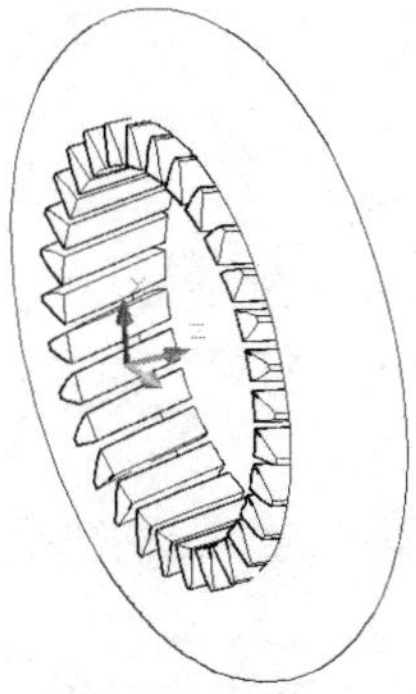

图 85-11　创建圆环体

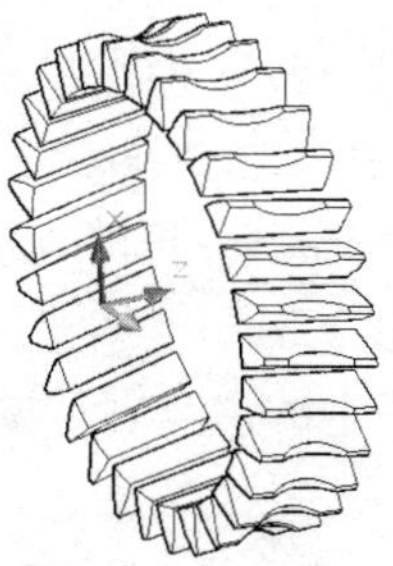

图 85-12　做出齿顶圆环面

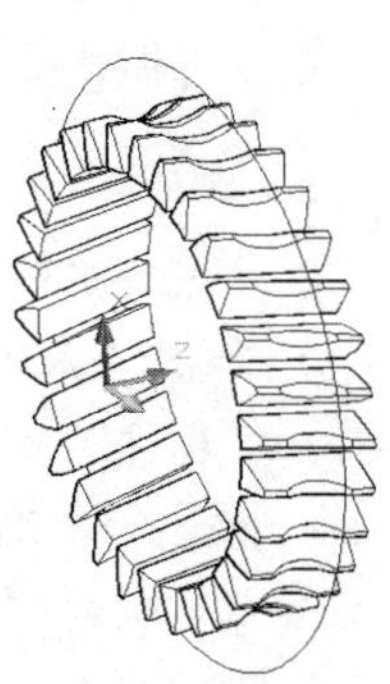

图 85-13　绘制圆

30 利用“拉伸”命令将圆拉伸为圆锥，如图 85-14 所示。

```
命令: _extrude      (单击“建模”工具栏中的“拉伸”按钮，启动“拉伸”命令)
当前线框密度: ISOLINES=4
选择要拉伸的对象:      (单击圆)
找到 1 个
选择要拉伸的对象:↙      (回车，结束选择要拉伸的对象)
指定拉伸的高度或 [方向(D)/路径(P)/倾斜角(T)]: T↙  (输入T，回车，选择“倾斜角”选项)
指定拉伸的倾斜角度 <0>: 45↙      (输入拉伸的倾斜角度45，回车)
指定拉伸的高度或 [方向(D)/路径(P)/倾斜角(T)]: 100↙      (输入拉伸的高度100，回车)
```

31 利用“三维镜像”命令做圆锥体的镜像，如图 85-15 所示。

```
命令: _mirror3d (选择菜单“修改”→“三维操作”→“三维镜像”选项，启动“三维镜像”命令)
选择对象:      (单击圆锥体)
找到 1 个
选择对象: ↙      (回车，结束选择镜像对象)
指定镜像平面 (三点) 的第一个点或[对象(O)/最近的(L)/Z 轴(Z)/视图(V)/XY 平面
(XY)/YZ 平面(YZ)/ZX 平面(ZX)/三点(3)] <三点>: XY↙      (输入XY，回车)
指定 XY 平面上的点 <0,0,0>:      (捕捉圆锥体底面的圆心)
是否删除源对象? [是(Y)/否(N)] <否>:↙      (回车，不删除圆对象)
```

32 单击“建模”工具栏中的“并集”按钮，将两个圆锥体合并。

33 单击“建模”工具栏中的“交集”按钮，利用“交集”命令将两个合并的圆锥体与轮齿三维实体做“交集”运算，得到倒角后的轮齿三维实体。

完成创建蜗轮的轮齿三维实体，如图 85-16 所示。

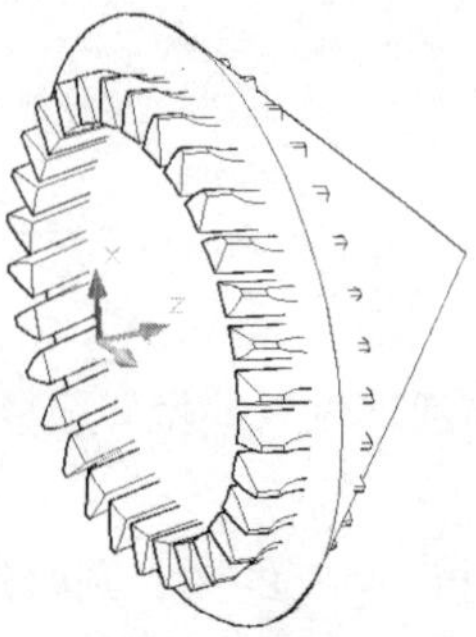

图 85-14　将圆拉伸为圆锥体

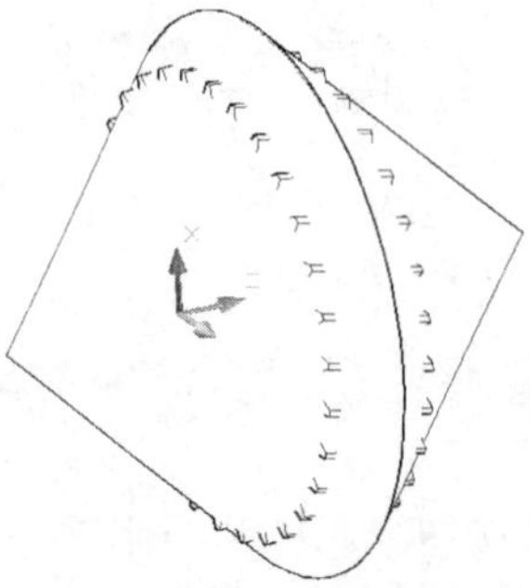

图 85-15　做圆锥体的镜像

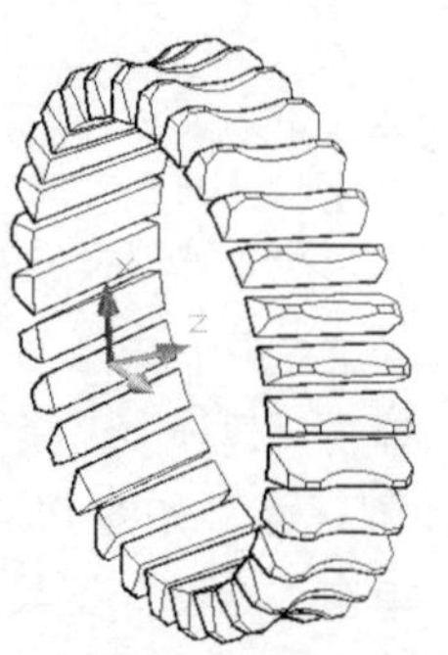

图 85-16　完成创建蜗轮的轮齿三维实体

二、创建蜗轮三维实体

1 单击 USC 工具栏中的“Y”按钮，将坐标系绕 Y 轴旋转-90°。

2 单击 USC 工具栏中的“X”按钮，将坐标系绕 X 轴旋转-90°。

3 单击“标准”工具栏中的“打开”按钮，利用“打开”命令打开图形文件“蜗轮.dwg”，并关闭“标注”层、“点画线”层和“细实线”层。

4 单击“标准”工具栏中的“复制”按钮，将蜗轮主视图中的下半部分图形及轴孔和键槽局部视图复制到粘贴板。

5 选择菜单“窗口”→“蜗轮三维实体.dwg”选项，将该图形切换为当前图形。单击“标准”工具栏中的“粘贴”按钮，在适当位置单击，将复制到粘贴板的图形粘贴到当前图形中。

6 选择菜单“格式”→“图层工具”→“图层匹配”选项，利用“图层匹配”命令将粘贴的图形的图层修改为“轮廓线”层。如图 85-17 所示。

7 单击“修改”工具栏中的“删除”按钮，利用“删除”命令将蜗轮齿顶轮廓线和轴孔轮廓线删除。

8 单击“修改”工具栏中的“修剪”按钮，利用“修剪”命令修剪轮廓线。

9 单击“绘图”工具栏中的“直线”按钮，利用“直线”命令连接端点 H 和 I，如图 85-18 所示。

10 单击“绘图”工具栏中的“面域”按钮，利用“面域”命令将封闭的平面图形创建为面域。

11 利用“旋转”命令将由图 85-18 创建的面域绕 HI 旋转 360°，如图 85-19 所示。

```
命令: _revolve      (单击“建模”工具栏中的“旋转”按钮，启动“旋转”命令)
当前线框密度: ISOLINES=4
选择要旋转的对象:      (单击由图85-18创建的面域)
找到 1 个
选择要旋转的对象:↙      (回车，结束选择要旋转的对象)
指定轴起点或根据以下选项之一定义轴 [对象(O)/X/Y/Z] <对象>:      (捕捉端点H)
指定轴端点:      (捕捉端点I)
指定旋转角度或 [起点角度(ST)] <360>:↙      (回车，旋转角度为360°)
```

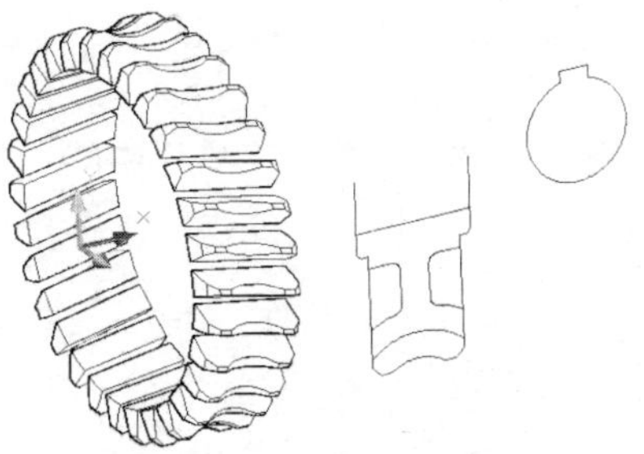

图 85-17　复制粘贴图形

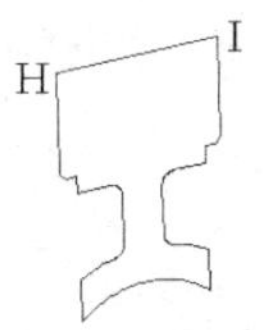

图 85-18　编辑粘贴的图形

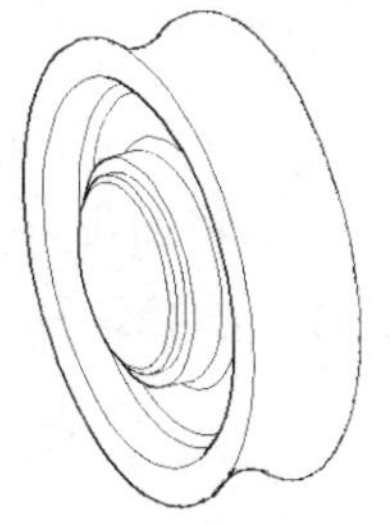

图 85-19　旋转面域

12 单击 USC 工具栏中的“X”按钮，将坐标系绕 X 轴旋转-90°。

13 单击“修改”工具栏中的“旋转”按钮，利用“旋转”命令将由轴孔和键槽局部视图创建的面域旋转 90°，如图 85-20 所示。旋转的基点为该图形的圆心。

14 利用“拉伸”命令将旋转后的轴孔和键槽局部视图面域拉伸为三维实体，如图 85-21 所示。

```
命令: _extrude      (单击“建模”工具栏中的“拉伸”按钮，启动“拉伸”命令)
当前线框密度: ISOLINES=4
选择要拉伸的对象:      (单击旋转后的面域)
找到 1 个
选择要拉伸的对象:↙      (回车，结束选择要拉伸的对象)
指定拉伸的高度或 [方向(D)/路径(P)/倾斜角(T)]: 40↙      (输入拉伸的高度40，回车)
```

图 85-20　旋转面域

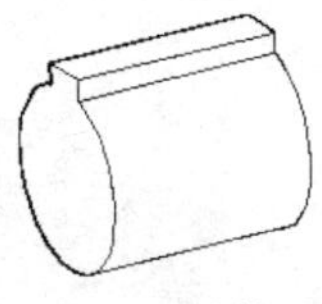

图 85-21　拉伸面域

15 单击“建模”工具栏中的“三维移动”按钮，利用“三维移动”命令将拉伸后得到的三维实体和旋转后得到的三维实体移到一起，如图 85-22 所示。移动的基点为拉伸后得到的三维实体可见端面的圆心，第 2 点为旋转后得到的三维实体中间凸台可见端面的圆心。

16 单击“建模”工具栏中的“差集”按钮，利用“差集”命令从旋转后得到的三维实体中减去拉伸后得到的三维实体，挖出轴孔和键槽，如图 85-23 所示。

17 单击“建模”工具栏中的“三维移动”按钮，利用“三维移动”命令将挖去轴孔和键槽三维实体和蜗轮的轮齿三维实体移到一起，如图 85-24 所示。移动的基点为挖去轴孔和键槽三维实体轴孔可见端面的圆心，第 2 点的坐标为(0, 0, 6)。

18 单击“建模”工具栏中的“并集”按钮，利用“并集”命令将两个三维实体合并，创建出蜗轮三维实体，如图 85-25 所示。

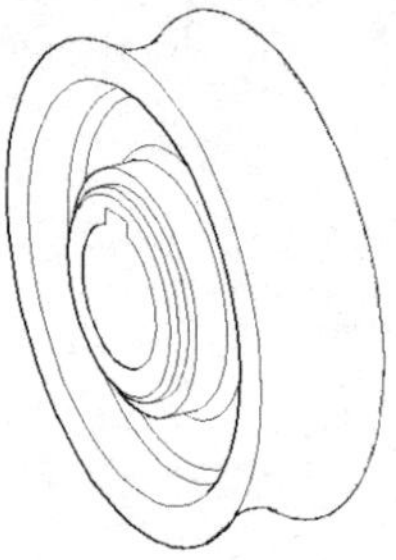
图 85-22　移动平键实体

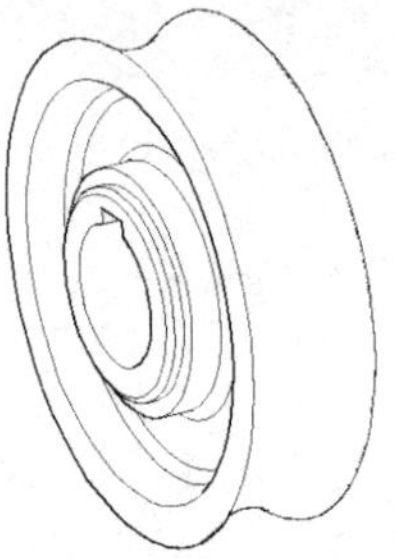
图 85-23　挖出轴孔和键槽

图 85-24　移动三维实体

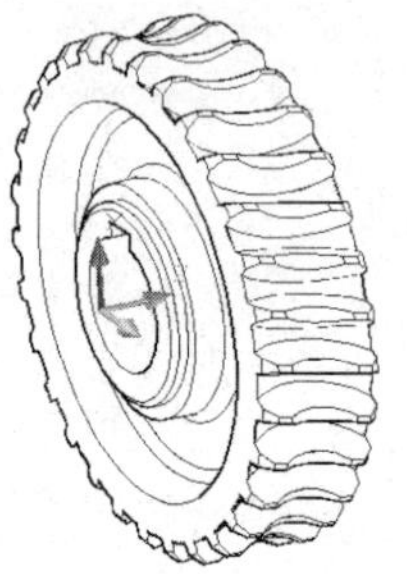
图 85-25　合并三维实体

19 分别设置渲染目标和渲染材质，并创建纯白色渲染视图。单击“渲染”工具栏中的“渲染”按钮，即可对蜗轮三维实体进行渲染，如图 85-1 所示。

完成创建蜗轮三维实体。

实例 86 蜗杆轴三维实体

本实例所用的三维绘图命令：“螺旋”Helix 命令、“三维自由观察”3DFOrbit 命令、“用户坐标系”USC 命令、“扫掠”Sweep 命令、“圆柱体”Cylinder 命令、“三维移动”3dmove 命令、“并集”Union 命令、“拉伸”Extrude 命令、“三维镜像”3dMirror 命令、“交集”Intersect 命令、“旋转”Revolve 命令、“差集”Subtract 命令、“当前视觉样式”Vscurrent 命令、“材质”Materials 命令、“渲染”Render 命令。

实例 52 绘制的蜗杆轴的三维实体如图 86-1 所示。

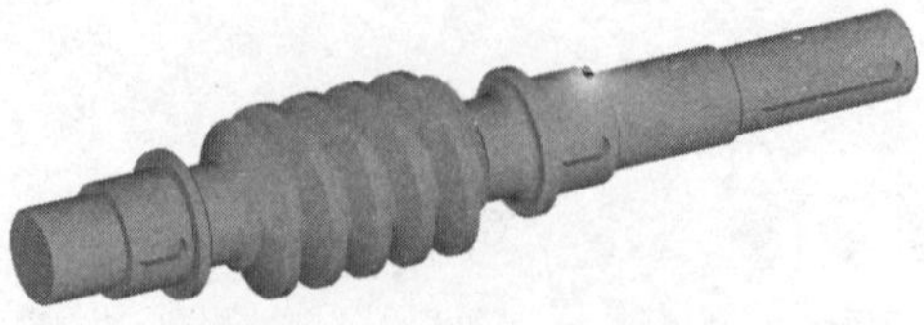
图 86-1　蜗杆轴三维实体

绘制步骤

一、创建蜗杆三维实体

1 单击“标准”工具栏中的“新建”按钮，弹出“选择样板”对话框，在“打开”下拉列表中选择“无样板打开 – 公制（M）”选项，新建一个图形文件。

2 选择菜单“文件”→“另存为”选项，将图形保存为“蜗杆轴三维实体.dwg”。

3 单击“图层”工具栏中“图层特性管理器”按钮，在“图层特性管理器”对话框中创建“轮廓线”层。

4 将“轮廓线”层设置为当前层，利用“螺旋”命令绘制螺旋线。

```
命令: _Helix      （单击“建模”工具栏中的“螺旋”按钮，启动“螺旋”命令）
圈数 = 3.0000      扭曲=CCW
指定底面的中心点:      （在适当位置单击）
指定底面半径或 [直径(D)] <1.0000>: 20↙      （输入螺旋底面半径20，回车）
指定顶面半径或 [直径(D)] <20.0000>:↙      （回车，顶面和底面的半径相同）
指定螺旋高度或 [轴端点(A)/圈数(T)/圈高(H)/扭曲(W)] <1.0000>: T↙      （输入T，回车，选择“圈数”选项）
输入圈数 <3.0000>: 8↙      （输入圈数8，回车）
指定螺旋高度或 [轴端点(A)/圈数(T)/圈高(H)/扭曲(W)] <1.0000>: H↙      （输入H，回车，选择“圈高”选项）
指定圈间距 <0.2500>: 12.56↙      （输入圈间距12.56，回车）
```

5 单击“标准”工具栏中的“窗口缩放”按钮，将螺旋线放大显示。

6 单击“动态观察器”工具栏中的“自由动态观察”按钮，调整观察方向。

7 单击“视觉样式”工具栏中的“三维隐藏视觉样式”按钮，将三维实体显示为三维隐藏视觉样式。

8 打开状态栏中的“正交”按钮和“对象捕捉”按钮，单击 USC 工具栏中的按钮，调整坐标系的方向，使螺旋线的起点处在 X 轴上，如图 86–2 所示。

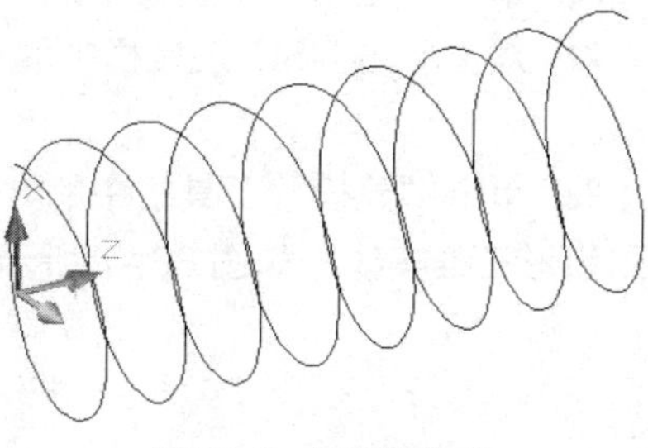

图 86–2　绘制螺旋线

```
命令: _ucs
当前 UCS 名称: *没有名称*
指定 UCS 的原点或 [面(F)/命名(NA)/对象(OB)/上一个(P)/视图(V)/世界(W)/X/Y/Z/Z轴(ZA)] <世界>: _3
指定新原点 <0,0,0>:      （捕捉螺旋线的圆心）
在正 X 轴范围上指定点 <1.0000,0.0000,0.0000>:      （捕捉螺旋线的起点）
在 UCS XY 平面的正 Y 轴范围上指定点 <0.4573,0.8893,0.0000>:      （在Y轴的正方向任意位置单击）
```

9 单击 USC 工具栏中的“Y”按钮，将坐标系绕 Y 轴旋转–90°。

10 单击 USC 工具栏中的“X”按钮，将坐标系绕 X 轴旋转–90°。

11 单击“绘图”工具栏中的“直线”按钮，利用“直线”命令在适当位置绘制与 X 轴平行的直线 AB 及倾斜线 AC，C 点相对于 A 点的坐标为“@12<110”。

12 单击“修改”工具栏中的“偏移”按钮，利用“偏移”命令沿 Y 轴正方向偏移直线 AB 两次，偏移距离为 5mm 和 9mm。

13 分别单击“绘图”工具栏中的“直线”按钮和“对象捕捉”工具栏中的“临时追踪点捕捉”按钮，捕捉交点 H 为临时追踪点，沿 X 轴负方向的追踪距离为 6.28mm，捕捉到 I 点。绘制倾斜线 IJ，J 点相对于 I 点的坐标为“@6<70”。

14 单击“标准”工具栏中的“窗口缩放”按钮，将绘制的直线放大显示，如图 86-3 所示。

15 单击“修改”工具栏中的“延伸”按钮，利用“延伸”命令将直线 JI 延伸到 AB，如图 86-4 所示。

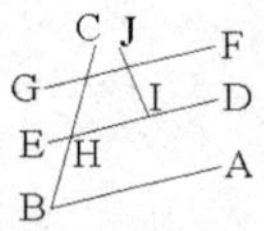

图 86-3　绘制直线

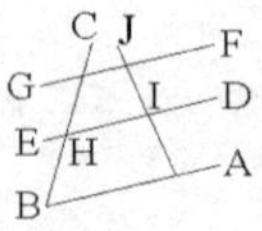

图 86-4　延伸直线

16 单击“修改”工具栏中的“修剪”按钮，利用“修剪”命令修剪直线 AB、BC、GF 和 AJ，修剪出的梯形即为蜗杆的齿形轮廓线。

17 单击“标准”工具栏中的“缩放上一个”按钮，回到上一个显示窗口，如图 86-5 所示。

18 单击“修改”工具栏中的“移动”按钮，利用“移动”命令移动梯形。移动的基点为交点 H，第 2 点为螺旋线的起点。

19 单击“修改”工具栏中的“删除”按钮，利用“删除”命令将直线 DE 删除，如图 86-6 所示。

20 单击“绘图”工具栏中的“面域”按钮，利用“面域”命令将梯形创建为面域。

21 双击单击 USC 工具栏中的“上一个 USC”按钮，返回 Z 轴与螺旋线轴线重合时的坐标系。

22 单击“建模”工具栏中的“扫掠”按钮，利用“扫掠”命令将梯形面域沿螺旋线扫掠，得到齿形三维实体，如图 86-7 所示。

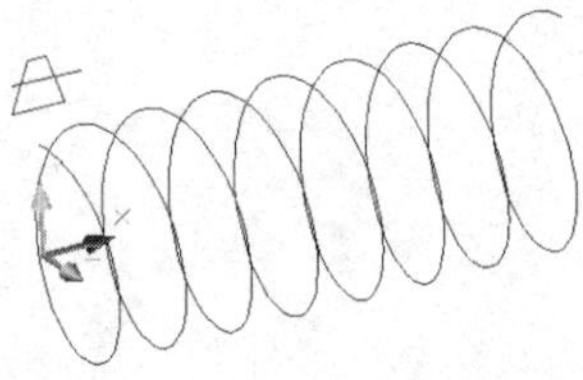
图 86-5　绘制齿形轮廓线

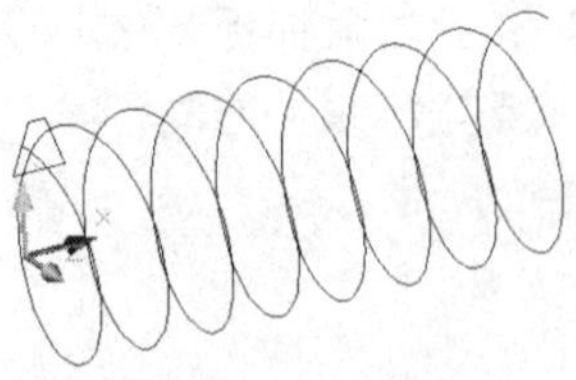
图 86-6　移动齿形轮廓线

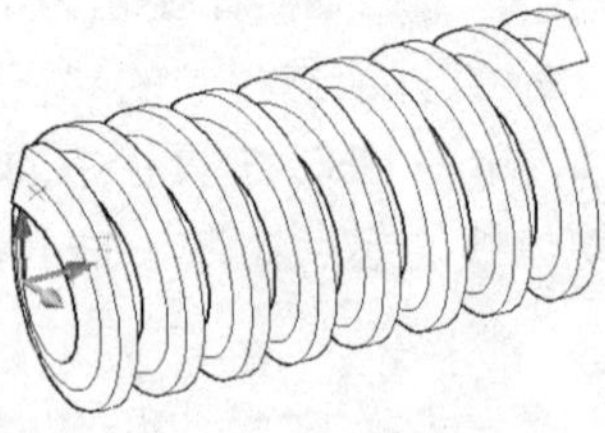
图 86-7　扫掠出齿形三维实体

23 利用“圆柱体”命令创建蜗杆齿根圆柱体，如图 86-8 所示。

命令: _cylinder　　（单击“建模”工具栏中的“圆柱体”按钮，启动“圆柱体”命令）
指定底面的中心点或 [三点(3P)/两点(2P)/相切、相切、半径(T)/椭圆(E)]:　　（在适当位置单击）
指定底面半径或 [直径(D)] :15.2↙　　（输入圆柱体底面半径15.2，回车）
指定高度或 [两点(2P)/轴端点(A)] : 115↙　　（输入圆柱体高度115，回车）

24 单击“建模”工具栏中的“三维移动”按钮，利用“三维移动”命令将圆柱体和齿形三维实体移到一起，移动的基点为圆柱体可见端面的圆心，第 2 点的坐标为(0, 0, −5)。

25 单击“建模”工具栏中的“并集”按钮，利用“并集”命令将圆柱体和齿形三维实体合并，结果如图 86-9 所示。

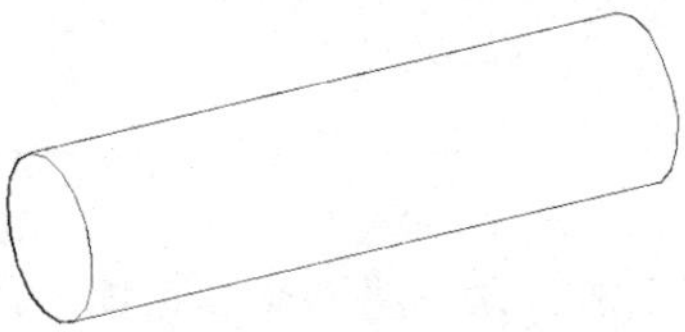

图 86-8　创建齿根圆柱体

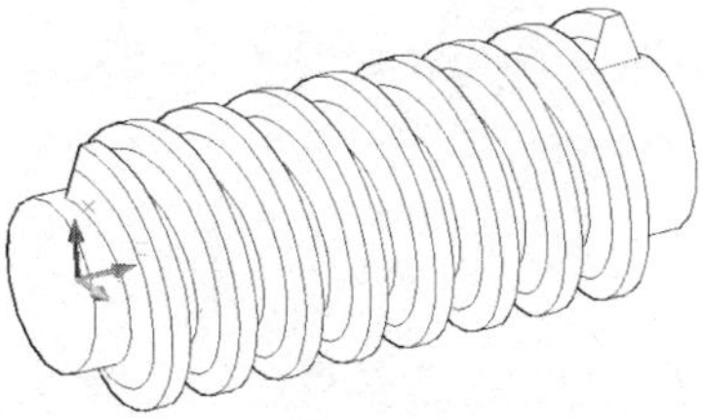

图 86-9　合并圆柱体和齿形三维实体

26 单击“绘图”工具栏中的“圆”按钮，在适当位置绘制一个半径为 24mm 的圆。

27 利用“拉伸”命令将该圆拉伸为圆锥体，如图 86-10 所示。

```
命令: _extrude        (单击“建模”工具栏中的“拉伸”按钮，启动“拉伸”命令)
当前线框密度:  ISOLINES=4
选择要拉伸的对象:        (单击圆)
找到 1 个
选择要拉伸的对象:↙        (回车, 结束选择要拉伸的对象)
指定拉伸的高度或 [方向(D)/路径(P)/倾斜角(T)] <5.0000>: T↙        (输入T, 回车, 选择“倾斜角”选项)
指定拉伸的倾斜角度 <0>: 60↙        (输入拉伸的倾斜角度60, 回车)
指定拉伸的高度或 [方向(D)/路径(P)/倾斜角(T)] <5.0000>: 20↙        (输入拉伸的高度20, 回车)
```

28 利用“三维镜像”命令做圆锥体的镜像，如图 86-11 所示。

```
命令: _mirror3d        (选择菜单“修改”→“三维操作”→“三维镜像”选项, 启动“三维镜像”命令)
选择对象:        (单击圆锥体)
找到 1 个
选择对象: ↙        (回车, 结束选择镜像对象)
指定镜像平面 (三点) 的第一个点或[对象(O)/最近的(L)/Z 轴(Z)/视图(V)/XY 平面(XY)/YZ 平面(YZ)/ZX 平面(ZX)/三点(3)] <三点>: XY↙        (输入XY, 回车)
指定 XY 平面上的点 <0,0,0>:        (捕捉圆锥体底面的圆心)
是否删除源对象? [是(Y)/否(N)] <否>:↙        (回车, 不删除圆对象)
```

图 86-10　将圆拉伸为圆锥体

图 86-11　做圆锥体的镜像

29 单击“建模”工具栏中的“三维移动”按钮，利用“三维移动”命令将两个圆锥体和蜗杆三维实体移到一起，如图 86-12 所示。移动的基点为镜像出来的圆锥体的顶点，第 2 点的坐标为(0, 0, 17)。

30 单击“建模”工具栏中的“三维移动”按钮，利用“三维移动”命令将高度为正值的圆锥体沿 Z 正方向移动 55mm，如图 86-13 所示。

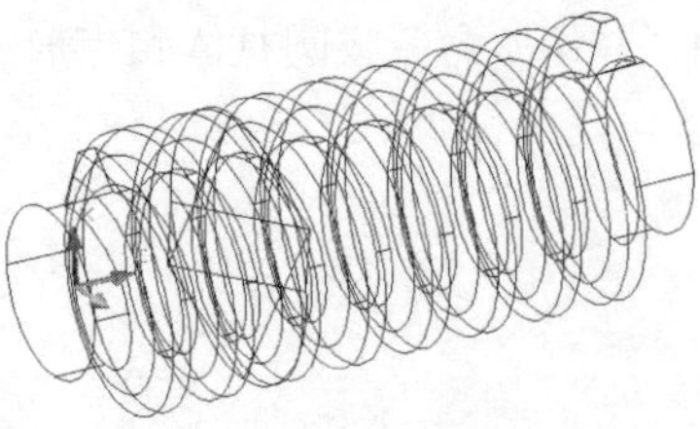

图 86-12　移动两个圆锥体

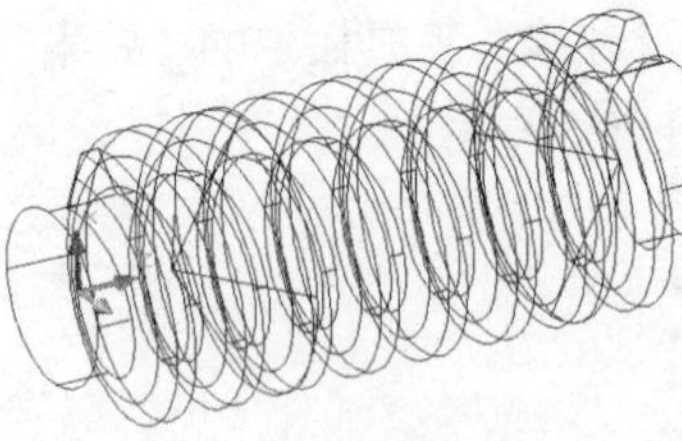

图 86-13　调整两个圆锥体的相对位置

31 单击“修改”工具栏中的“缩放”按钮，利用“缩放”命令将两个圆锥体各放大 6 倍，缩放的基点为两个圆锥体的顶点。

32 单击“标准”工具栏中的“实时缩放”按钮，竖直向下移动光标，将图形适当缩小，如图 86-14 所示。

33 单击“建模”工具栏中的“交集”按钮，利用“交集”命令分别将两个圆锥体和蜗杆三维实体做“交集”运算，得到倒角后的蜗杆三维实体。

34 单击“标准”工具栏中的“缩放上一个”按钮，回到上一个显示窗口。

35 单击“修改”工具栏中的“删除”按钮，利用“删除”命令将螺旋线删除。

36 单击“视觉样式”工具栏中的“三维隐藏视觉样式”按钮，将三维实体显示为三维隐藏视觉样式，如图 86-15 所示。

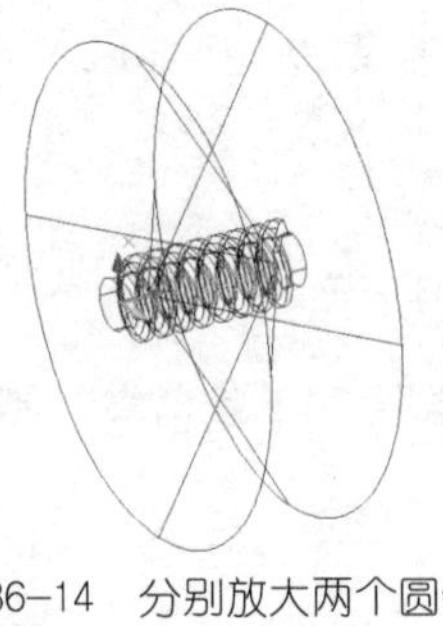

图 86-14　分别放大两个圆锥体

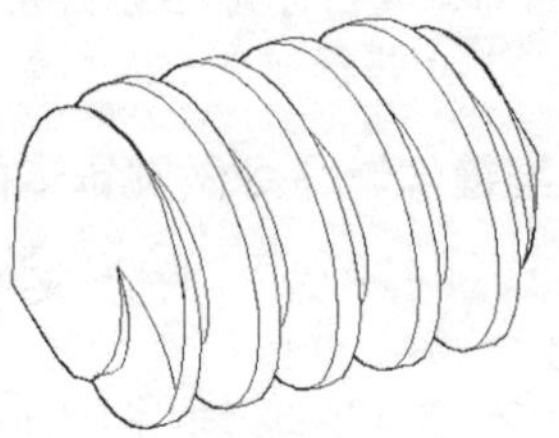

图 86-15　显示为三维隐藏视觉样式

二、创建蜗杆轴三维实体

1 单击 USC 工具栏中的“Y”按钮，将坐标系绕 Y 轴旋转-90°。

2 单击 USC 工具栏中的“X”按钮，将坐标系绕 X 轴旋转-90°。

3 选择菜单“视图”→“三维视图”→“平面视图”→“当前 USC”选项，单击“标准”工具栏中的“实时缩放”按钮，竖直向下移动光标，将视图适当缩小，如图 86-16 所示。

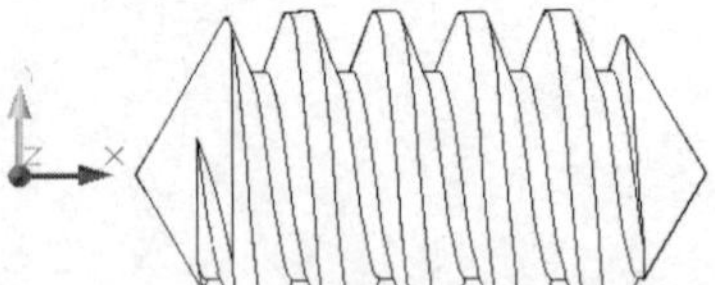

图 86-16　将三维实体显示为平面视图

4 单击“标准”工具栏中的“打开”按钮，利用“打开”命令打开图形文件“蜗杆轴.dwg”，并关闭“标注”层、“点画线”层和“细实线”层。

5 单击“标准”工具栏中的“复制”按钮，将蜗杆轴主视图中的上半部分轮廓线及三个长圆复制到粘贴板。

6 选择菜单“窗口”→“蜗杆轴三维实体.dwg”选项，将该图形切换为当前图形。单击“标准”工具栏中的“粘贴”按钮，在适当位置单击，将复制到粘贴板的图形粘贴到当前图形中，如图 86-17 所示。

图 86-17　复制粘贴图形

7　单击“修改”工具栏中的“删除”按钮，利用“删除”命令将蜗杆齿顶线、倾斜线及其端点处的圆角、视图内的竖直轮廓线删除。

8　单击“修改”工具栏中的“修剪”按钮，利用“修剪”命令修剪圆角边轮廓线及右侧第 2 个倒角处竖直轮廓线。结果如图 86-18 所示。

图 86-18　编辑图形

9　单击“修改”工具栏中的“合并”按钮，利用“合并”命令将中间两条水平轮廓线合并。

10　单击“绘图”工具栏中的“直线”按钮，利用“直线”命令将视图左右两侧的竖直轮廓线的下端点连接起来，如图 86-19 所示。

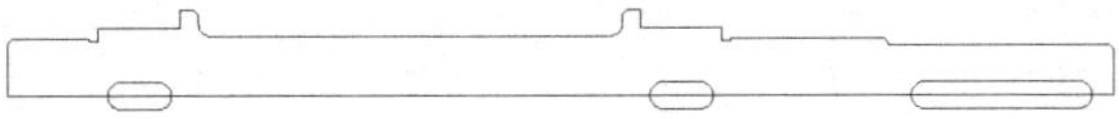

图 86-19　合并轮廓线、连线

11　选择菜单“格式”→“图层工具”→“图层匹配”选项，利用“图层匹配”命令将粘贴、编辑后的图形的图层修改为“轮廓线”层。

12　单击“绘图”工具栏中的“面域”按钮，利用“面域”命令将视图中除了 3 个长圆的封闭图形创建为面域。

13　单击“建模”工具栏中的“旋转”按钮，利用“旋转”命令将面域绕左右两侧的竖直轮廓线的下端点的连线旋转 360°，如图 86-20 所示。

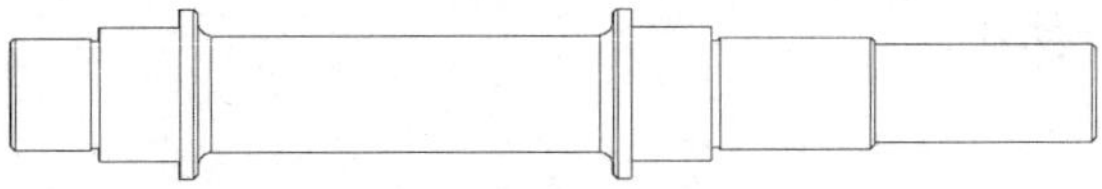

图 86-20　旋转面域

14　双击“标准”工具栏中的“缩放上一个”按钮，回到显示平面视图前的显示窗口。

15　单击“视觉样式”工具栏中的“三维线框视觉样式”按钮，将三维实体显示为三维线框视觉样式，如图 86-21 所示。

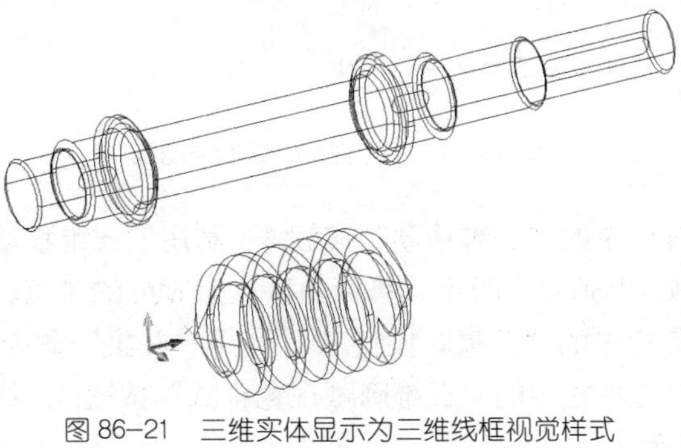

图 86-21　三维实体显示为三维线框视觉样式

16 利用“拉伸”命令将三个长圆拉伸为平键，如图 86-22 所示。

```
命令:_extrude        (单击“建模”工具栏中的“拉伸”按钮，启动“拉伸”命令)
当前线框密度: ISOLINES=4
选择要拉伸的对象:
找到 1 个
选择要拉伸的对象:
找到 1 个，总计 2 个
选择要拉伸的对象:       (依次单击三个长圆)
找到 1 个，总计 3 个
选择要拉伸的对象:↙       (回车，结束选择要拉伸的对象)
指定拉伸的高度或 [方向(D)/路径(P)/倾斜角(T)]: 8↙        (输入拉伸高度8，回车)
```

17 单击“建模”工具栏中的“三维移动”按钮，利用“三维移动”命令沿 Z 正方向移动 3 个平键实体，如图 86-23 所示。移动两个相同平键实体的距离为 11.5mm，移动另一个长平键实体的距离为 7.5mm。

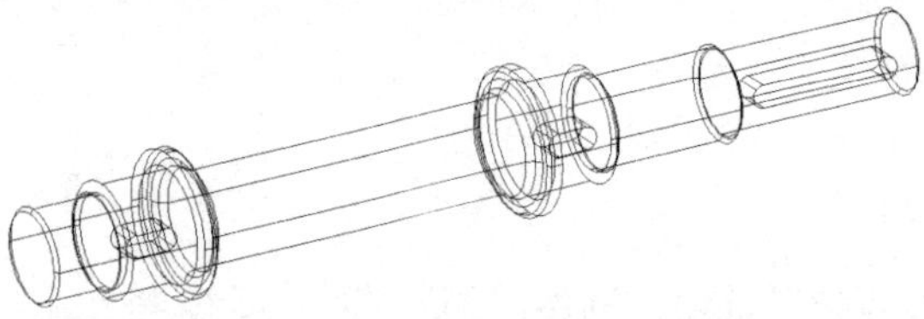

图 86-22　拉伸长圆为平键实体

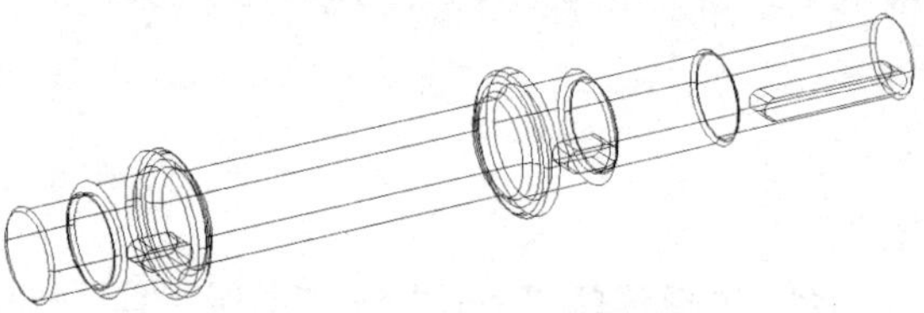

图 86-23　移动平键实体

18 单击“建模”工具栏中的“差集”按钮，利用“差集”命令从轴的实体中减去 3 个平键实体，挖出 3 个键槽。

19 将“粗实线”层设置为当前层，单击“绘图”工具栏中的“直线”按钮，利用“直线”命令连接中间两个圆角截面的圆心 K 和 L。再利用“直线”命令连接蜗杆三维实体两端倒角锥体的顶点 M 和 N，如图 86-24 所示。

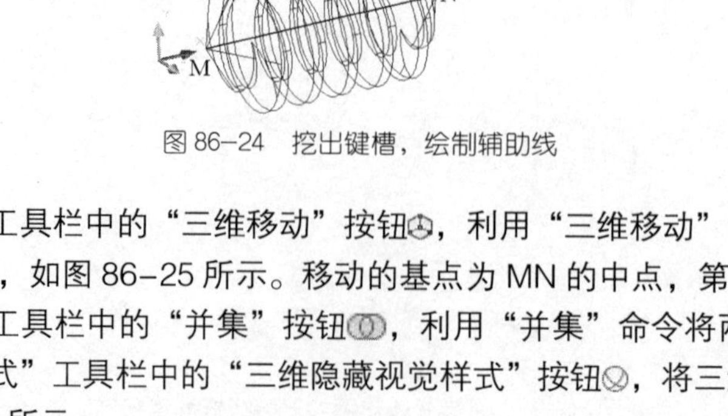

图 86-24　挖出键槽，绘制辅助线

20 单击“建模”工具栏中的“三维移动”按钮，利用“三维移动”命令将蜗杆三维实体和轴的三维实体移到一起，如图 86-25 所示。移动的基点为 MN 的中点，第 2 点为 KL 的中点。

21 单击“建模”工具栏中的“并集”按钮，利用“并集”命令将两个三维实体合并。

22 单击“视觉样式”工具栏中的“三维隐藏视觉样式”按钮，将三维实体显示为三维隐藏视觉样式，如图 86-26 所示。

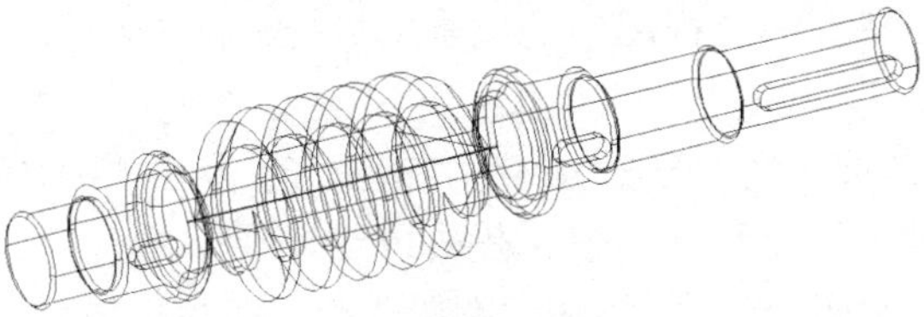

图 86-25　移动三维实体

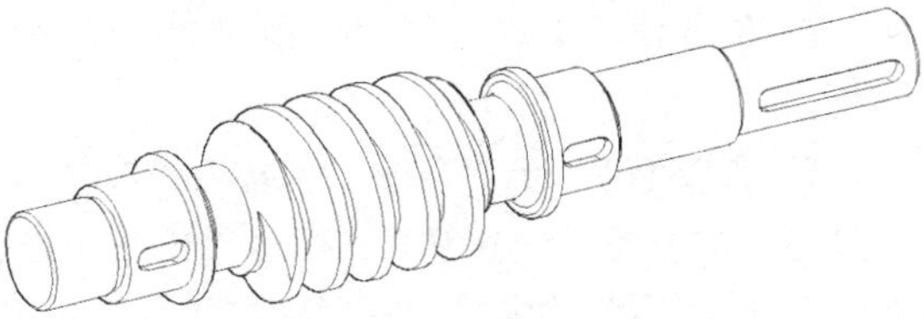

图 86-26　显示为三维隐藏视觉样式

23 设置渲染目标和渲染材质，并创建纯白色渲染视图。单击“渲染”工具栏中的“渲染”按钮，即可对蜗杆轴三维实体进行渲染，如图 86-1 所示。

完成创建蜗杆轴三维实体。

实例 87　套杯三维实体

本实例所用的三维绘图命令：“旋转”Revolve 命令、“三维自由观察”3DFOrbit 命令、“用户坐标系”USC 命令、“圆柱体”Cylinder 命令、“差集”Subtract 命令、“材质”Materials 命令、“渲染”Render 命令。

实例 53 中绘制的套杯的三维实体如图 87-1 所示。

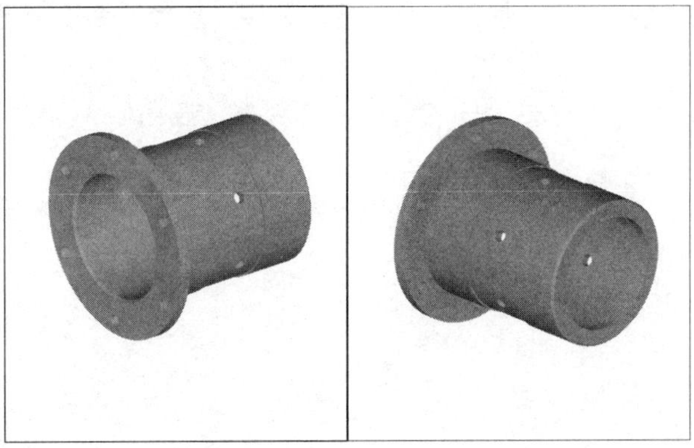

图 87-1　套杯三维实体

绘制步骤

1 单击“标准”工具栏中的“新建”按钮，弹出 “选择样板”对话框，在“打开”下拉列表中选择“无样板打开 – 公制（M）”选项，新建一个图形文件。

2 选择菜单“文件”→“另存为”选项，将图形保存为“套杯三维实体.dwg”。

3 单击“图层”工具栏中“图层特性管理器”按钮，在弹出的“图层特性管理器”对话框中创建“轮廓线”层。

4 单击“标准”工具栏中的“打开”按钮，利用“打开”命令打开图形文件“套杯.dwg”，并关闭“标注”层、“点画线”层和“细实线”层。

5 单击“标准”工具栏中的“复制”按钮，将套杯主视图中的上半部分轮廓线复制到粘贴板。

6 选择菜单“窗口”→“套杯三维实体.dwg”选项，将该图形切换为当前图形。单击“标准”工具栏中的“粘贴”按钮，在适当位置单击，将复制到粘贴板的图形粘贴到当前图形中。

7 选择菜单“格式”→“图层工具”→“图层匹配”选项，利用“图层匹配”命令将粘贴的图形的图层修改为“轮廓线”层。如图 87–2 所示。

8 单击“修改”工具栏中的“删除”按钮，利用“删除”命令将均布圆孔的轮廓线、内倒角连线删除。

9 单击“修改”工具栏中的“修剪”按钮，利用“修剪”命令修剪套杯阶梯孔轮廓线。

10 单击“绘图”工具栏中的“直线”按钮，利用“直线”命令连接轮廓线的端点 A 和 B，如图 87–3 所示。

11 单击“修改”工具栏中的“修剪”按钮，利用“修剪”命令修剪套杯两个端面的轮廓线，如图 87–4 所示。

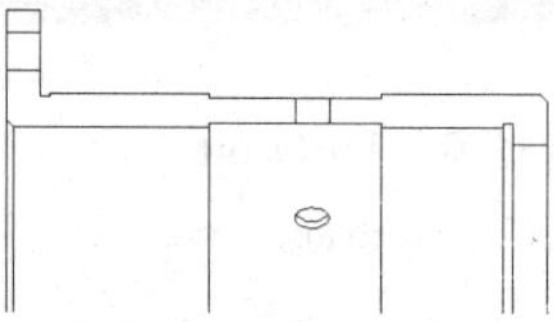
图 87–2　复制粘贴图形

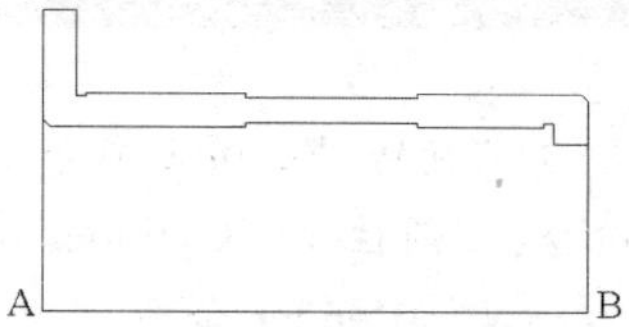

图 87–3　删除修剪轮廓线

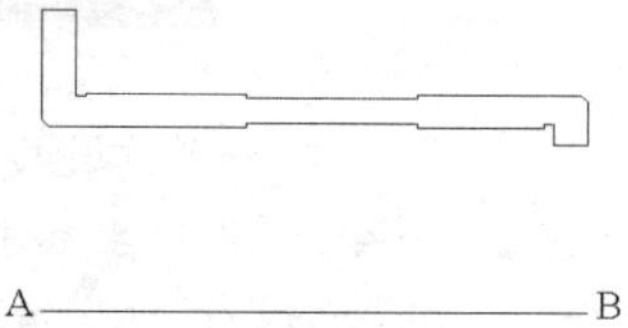

图 87–4　修剪端面轮廓线

12 单击“绘图”工具栏中的“面域”按钮，利用“面域”命令将封闭的平面图形创建为面域。

13 单击“建模”工具栏中的“旋转”按钮，利用“旋转”命令将创建的面域绕直线 AB 旋转 360°，如图 87–5 所示。

14 单击“动态观察器”工具栏中的“自由动态观察”按钮，调整观察方向，并将直线 AB 删除。

15 单击“视觉样式”工具栏中的“三维线框视觉样式”按钮，将三维实体显示为三维线框视觉样式，如图 87–6 所示。

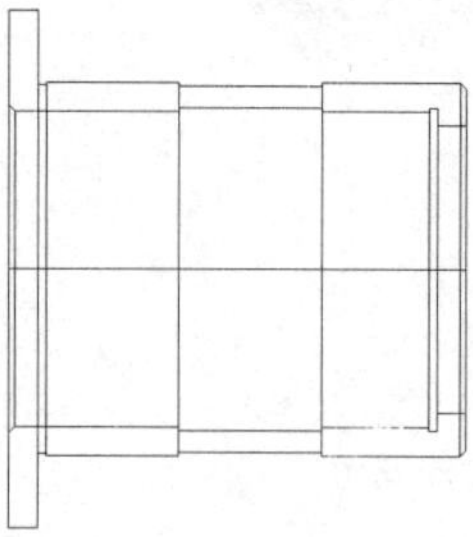
图 87–5　旋转面域

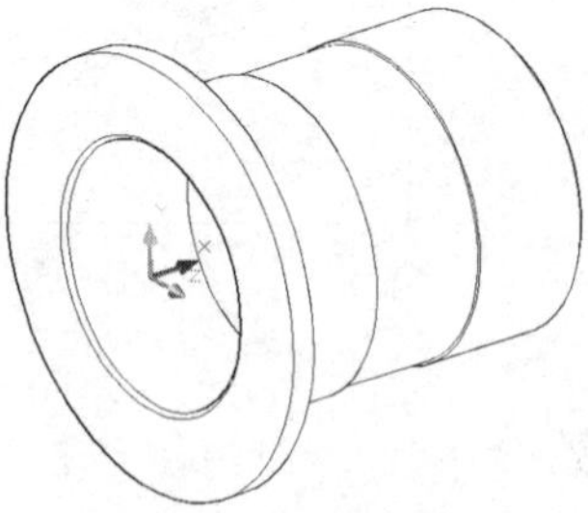
图 87–6　调整观察方向

16 单击 USC 工具栏中的“Y”按钮，将坐标系绕 Y 轴旋转 90°。

17 利用“圆柱体”命令创建用于挖端面均布孔的圆柱体，如图 87–7 所示。

命令: _cylinder　　（单击“建模”工具栏中的“圆柱体”按钮，启动“圆柱体”命令）
指定底面的中心点或 [三点(3P)/两点(2P)/相切、相切、半径(T)/椭圆(E)]: 0,77.5,0↙
（输入圆柱体底面中心的坐标，回车）

```
指定底面半径或 [直径(D)]: 5.5↙        (输入圆柱体底面半径5.5, 回车)
指定高度或 [两点(2P)/轴端点(A)]: 10↙        (输入圆柱体高度10, 回车)
```

18 单击 USC 工具栏中的“X”按钮，将坐标系绕 X 轴旋转-90°。

19 利用“圆柱体”命令创建用于挖套杯壁上均布孔的圆柱体，如图 87-8 所示。

```
命令: _cylinder        (单击“建模”工具栏中的“圆柱体”按钮，启动“圆柱体”命令)
指定底面的中心点或 [三点(3P)/两点(2P)/相切、相切、半径(T)/椭圆(E)]: 0,-90,50↙
(输入圆柱体底面中心的坐标, 回车)
指定底面半径或 [直径(D)]: 5↙        (输入圆柱体底面半径5, 回车)
指定高度或 [两点(2P)/轴端点(A)]: 20↙        (输入圆柱体高度20, 回车)
```

20 单击“建模”工具栏中的“三维阵列”按钮，利用“三维阵列”命令将两个圆柱体绕 Y 轴做环形阵列，结果如图 87-9 所示。

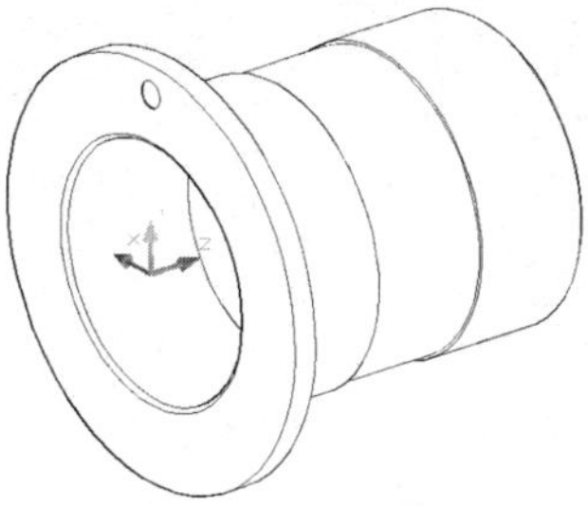
图 87-7　创建圆柱体

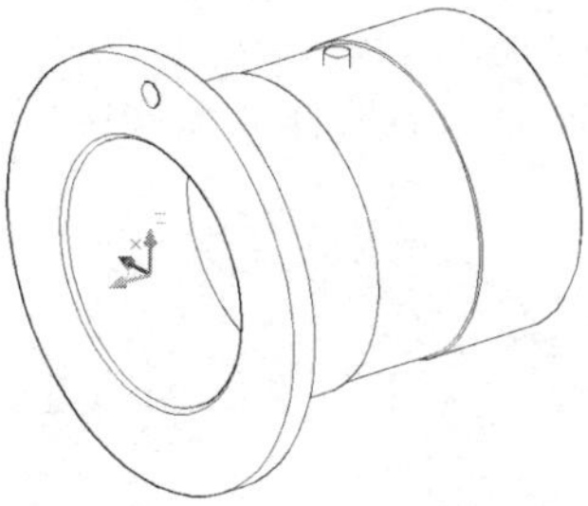
图 87-8　创建另一个圆柱体

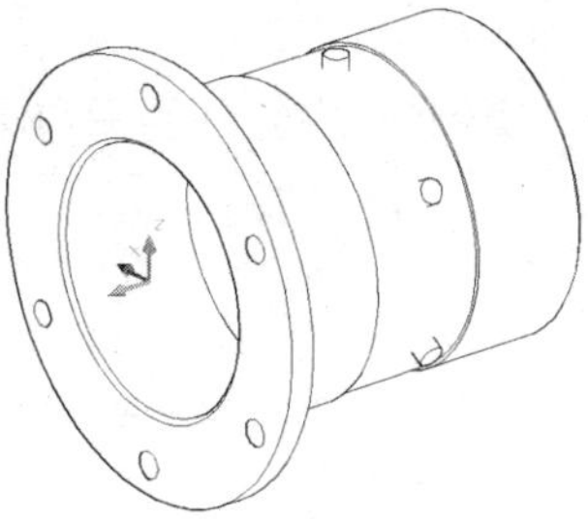
图 87-9　将圆柱体做环形阵列

21 单击“建模”工具栏中的“差集”按钮，利用“差集”命令将旋转后得到的三维实体与 12 个圆柱体做“差集”运算，挖出在端面和套杯壁上均布的圆孔，如图 87-10 所示。

22 选择菜单“视图”→“视口”→“两个视口”选项，利用“视口”命令创建两个垂直视口。

23 单击右侧视口，视口被激活后，单击“动态观察器”工具栏中的“自由动态观察”按钮，调整观察方向，如图 87-11 所示。

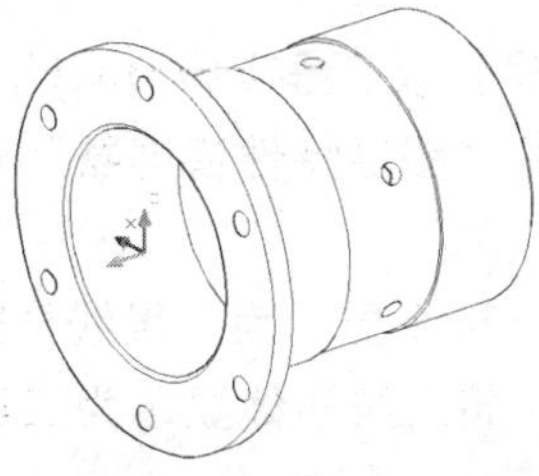
图 87-10　“差集”运算结果

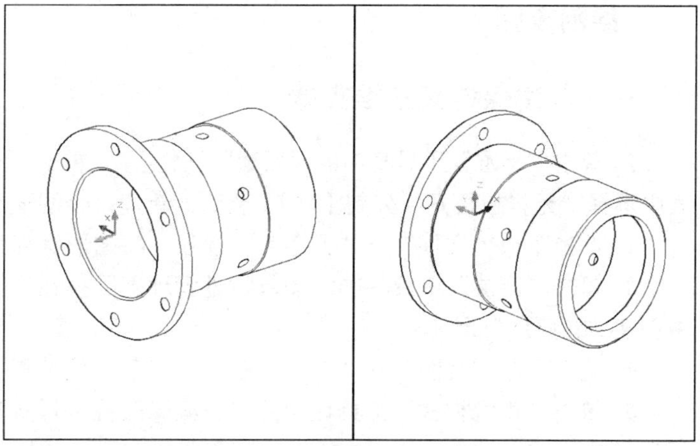
图 87-11　创建两个垂直视口

24 设置渲染目标和渲染材质，并创建纯白色渲染视图。单击“渲染”工具栏中的“渲染”按钮，即可对两个视口中的套杯三维实体进行渲染，如图 87-1 所示。

完成创建套杯三维实体。

实例 88 深沟球轴承三维实体

本实例所用的三维绘图命令:“当前视觉样式”Vscurrent 命令、“球体”Sphere 命令、“用户坐标系”USC 命令、“三维阵列”3darray 命令、“并集”Union 命令、“圆柱体”Cylinder 命令、“差集”Subtract 命令、“交集”Intersect 命令、“三维镜像”3dMirror 命令、“旋转”Revolve 命令、“三维移动”3dmove 命令、“材质”Materials 命令、“渲染”Render 命令。

实例 30 中绘制的深沟球轴承 6210 三维实体如图 88-1 所示。

图 88-1　深沟球轴承三维实体

绘制步骤

一、创建保持架三维实体

1 单击“标准”工具栏中的“新建”按钮，弹出 “选择样板”对话框，在“打开”下拉列表中选择“无样板打开－公制（M）”选项，新建一个图形文件。

2 选择菜单“文件”→“另存为”选项，将图形保存为“深沟球轴承三维实体.dwg”。

3 单击“图层”工具栏中“图层特性管理器”按钮，在弹出的“图层特性管理器”对话框中创建“轮廓线”层。

4 选择菜单“视图”→“三维视图”→“东北等轴测”选项，坐标系显示为二维线框图标。

5 单击“视觉样式”工具栏中的“三维隐藏视觉样式”按钮，将三维实体显示为三维隐藏视觉样式。

6 将“轮廓线”层设置为当前层，单击“绘图”工具栏中的“圆”按钮，利用“圆”命令绘制半径为 35mm 的中心圆。

7 打开状态栏中的“正交”按钮和“对象捕捉”按钮，利用“球体”命令创建保持架上的外表面球体。

```
命令: _sphere        (单击“建模”工具栏中的“球体”按钮○，启动“球体”命令)
指定中心点或 [三点(3P)/两点(2P)/相切、相切、半径(T)]:      (捕捉中心圆的象限点)
指定半径或 [直径(D)] : 6↙       (输入球半径6，回车)
```

8 单击 USC 工具栏中的“原点”按钮，将坐标系原点移到中心圆的圆心处，如图 88-2 所示。

9 单击“建模”工具栏中的“三维阵列”按钮，利用“三维阵列”命令将球体绕 Z 轴做环形阵列，阵列的数量为 10 个，如图 88-3 所示。

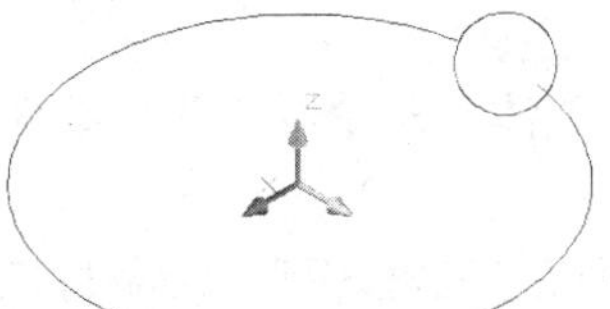

图 88-2　绘制圆和球体

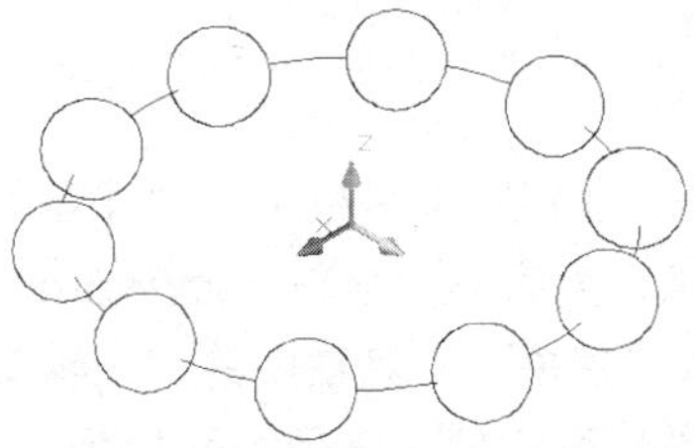

图 88-3　球体做环形阵列

10 单击“建模”工具栏中的“并集”按钮，利用“并集”命令将 10 个球体合并。

11 单击“建模”工具栏中的“圆柱体”按钮，利用“圆柱体”命令以坐标原点为底面圆心绘制半径为 33mm 和 37mm，高度均为 6mm 的圆柱体，如图 88-4 所示。

12 单击“修改”工具栏中的“删除”按钮，利用“删除”命令将中心圆删除。

13 单击“建模”工具栏中的“差集”按钮，利用“差集”命令将大圆柱体和小圆柱体做“差集”运算，结果如图 88-5 所示。

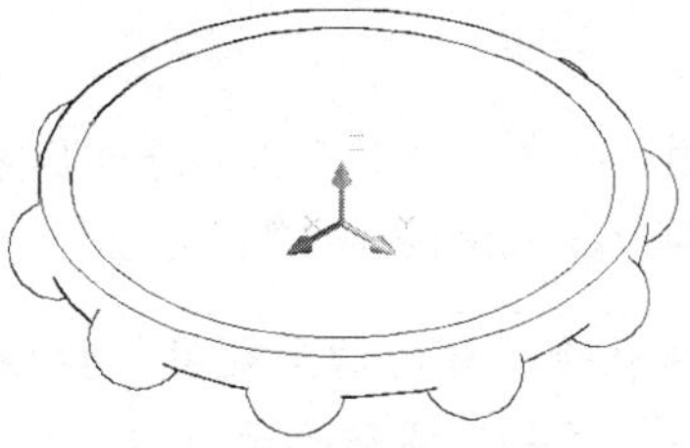

图 88-4　创建两个圆柱体

图 88-5　两个圆柱体做“差”运算

14 单击“建模”工具栏中的“交集”按钮，利用“交集”命令将“差”运算后得到的三维实体与 10 个合并的球体做“交集”运算，结果如图 88-6 所示。

15 单击“建模”工具栏中的“圆柱体”按钮，利用“圆柱体”命令以坐标原点为底面圆心绘制半径为 33mm 和 37mm，高度均为 1mm 的圆柱体，如图 88-7 所示。

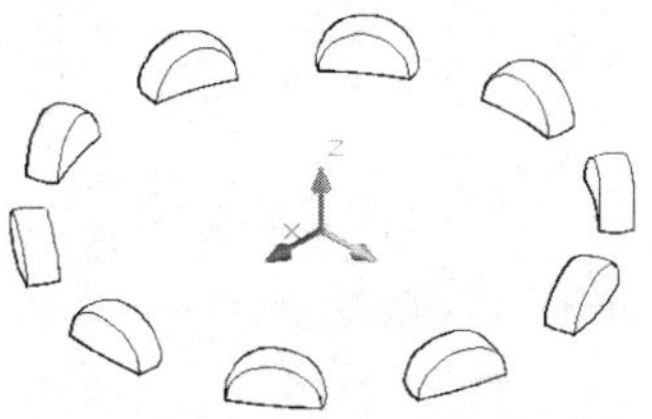

图 88-6　“交”运算结果

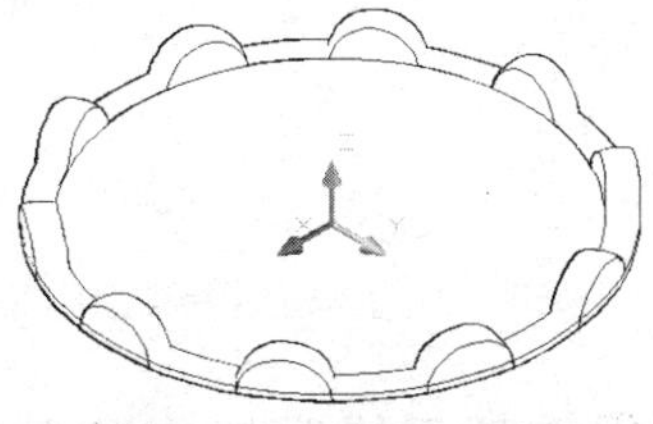

图 88-7　创建两个圆柱体

16 单击“建模”工具栏中的“差集”按钮，利用“差集”命令将大圆柱体和小圆柱体做“差集”运算，结果如图 88-8 所示。

17 单击“建模”工具栏中的“并集”按钮，利用“并集”命令“差集”运算得到的空心圆柱体与“交集”运算得到的三维实体合并，结果如图 88-9 所示。

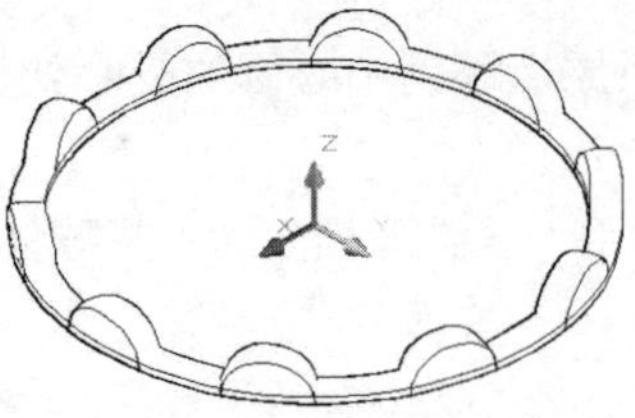

图 88-8 两个圆柱体做“差”运算

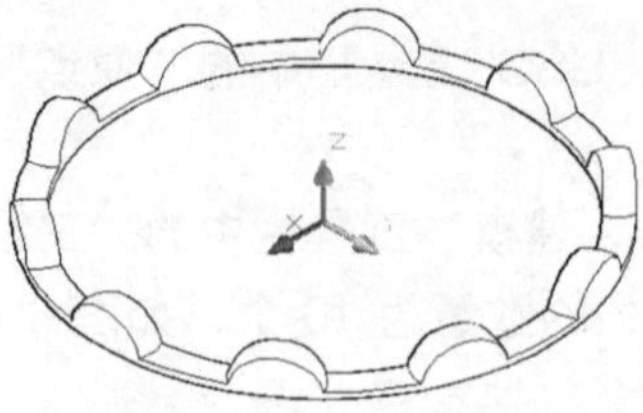

图 88-9 “并”运算结果

18 单击“建模”工具栏中的“球体”按钮，利用“球体”命令以“并”运算后得到三维实体中球体的球心为球心，绘制半径为 5mm 的球体。

19 单击“建模”工具栏中的“三维阵列”按钮，利用“三维阵列”命令将半径为 5mm 的球体绕 Z 轴做环形阵列，阵列的数量为 10 个，如图 88-10 所示。

20 单击“建模”工具栏中的“差集”按钮，利用“差集”命令将“并”运算后得到的三维实体与 10 个球体做“差集”运算，结果如图 88-11 所示。

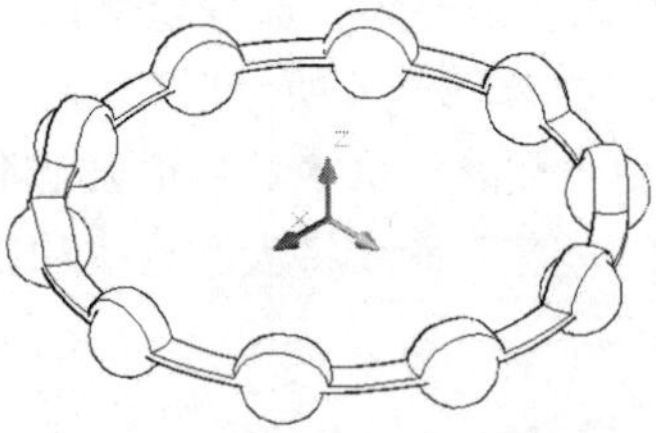

图 88-10 创建球体并做环形阵列

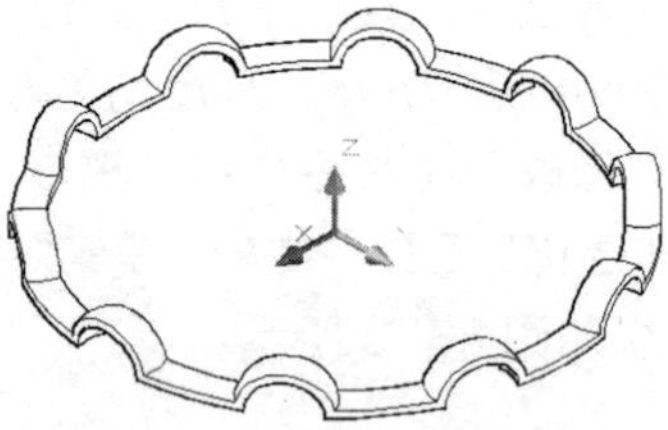

图 88-11 “差”运算结果

21 单击“修改”工具栏中的“圆角”按钮，利用“圆角”命令在内外球面与圆柱表面的交线处绘制半径为 2mm 的圆角，得到上半个保持架三维实体，如图 88-12 所示。

提示：绘制圆角过程可以单击“动态观察器”工具栏中的“自由动态观察”按钮，调整观察方向，单击“标准”工具栏中的“实时偏移”按钮调整显示窗口。

22 选择菜单“修改”→“三维操作”→“三维镜像”选项，利用“三维镜像”命令将上半个保持架三维实体以经过坐标原点的 XOY 平面为对称面做镜像，得到两部分保持架三维实体，如图 88-13 所示。

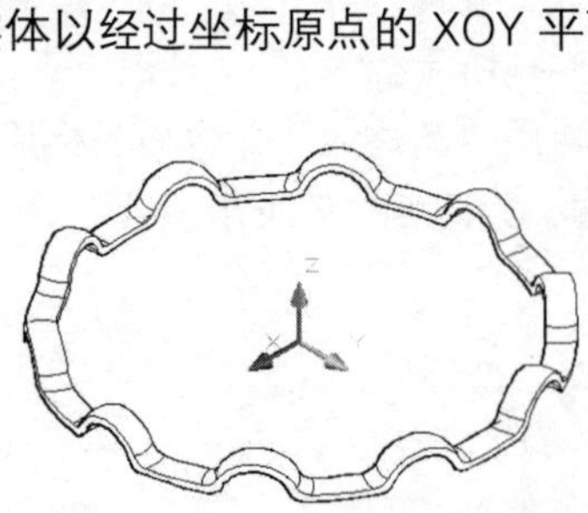

图 88-12 上半个保持架三维实体

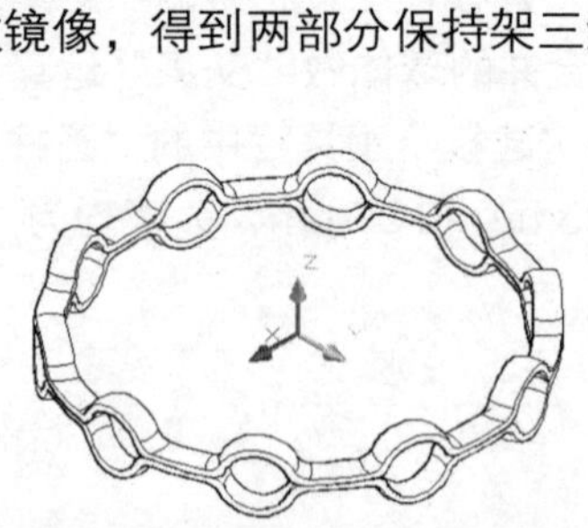

图 80-13 两部分保持架三维实体

二、在保持架三维实体中安装滚动球体和铆钉

1 单击“建模”工具栏中的“球体”按钮，利用“球体”命令以两部分保持架三维实体中球体的球心为球心，绘制半径为 5mm 的球体。

2 选择菜单“修改”→“三维操作”→“三维阵列”选项，利用“三维阵列”命令将半径为 5mm 的球体绕 Z 轴做环形阵列，阵列的数量为 10 个，在两部分保持架之间安装上滚动球体，如图 88–14 所示。

3 单击 USC 工具栏中的“X”按钮，将坐标系绕 X 轴旋转 90°。

4 单击“绘图”工具栏中的“直线”按钮，利用“直线”命令在绘图区适当位置绘制与 Y 轴平行的直线 AB，长度为 2mm。

5 单击“标准”工具栏中的“窗口缩放”按钮，将直线放大显示。

6 单击“绘图”工具栏中的“圆”按钮，分别以 A 点和 B 点为圆心绘制半径均为 0.9mm 的圆，如图 88–15 所示。

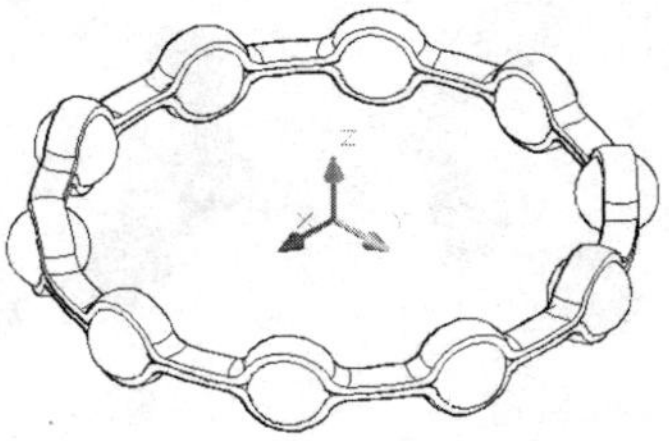

图 88–14　安装滚动球体

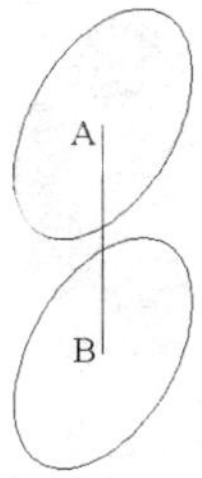

图 88–15　绘制直线和圆

7 单击“绘图”工具栏中的“直线”按钮，利用“直线”命令连接端点 A 和象限点 C、连接端点 B 和象限点 D。

8 单击“修改”工具栏中的“偏移”按钮，利用“偏移”命令偏移直线 AB，偏移距离为 0.5mm。

9 单击“修改”工具栏中的“延伸”按钮，利用“延伸”命令以两个圆为延伸边界，向两端延伸直线 AB，如图 88–16 所示。

10 单击“修改”工具栏中的“修剪”按钮，利用“修剪”命令修剪出如图 88–17 所示的图形。

11 单击“绘图”工具栏中的“面域”按钮，利用“面域”命令将修剪出来的图形创建为面域。

12 单击“建模”工具栏中的“旋转”按钮，利用“旋转”命令将面域绕直线 EF 旋转 360°，得到铆钉的三维实体，如图 88–18 所示。

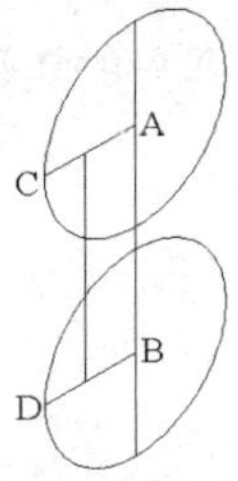

图 88–16　连线后偏移、延伸直线

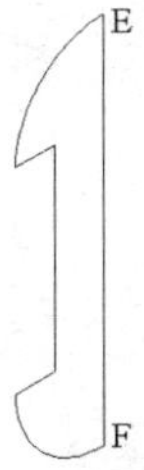

图 88–17　修剪图形

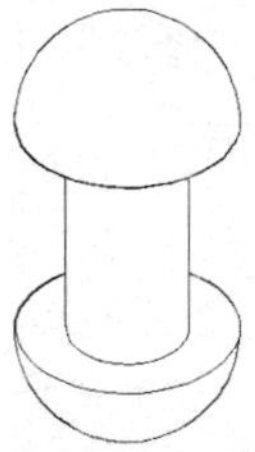

图 88–18　铆钉三维实体

13 单击“标准”工具栏中的“缩放上一个”按钮，回到上一个显示窗口。单击 USC 工具栏中的“上一个 USC”按钮，返回上一个坐标系。

14 为了更清晰地看清绘制的辅助线和安装的铆钉，单击“视觉样式”工具栏中的“三维线框视觉样式”按钮，将三维实体显示为三维线框视觉样式。

15 单击“绘图”工具栏中的“直线”按钮，利用“直线”命令过坐标原点绘制一条倾斜辅助线，其端点的坐标为“35<18”，如图 88-19 所示。

16 单击“修改”工具栏中的“移动”按钮，利用“移动”命令将铆钉装配到保持架上。移动的基点为铆钉上方半球的球心，指定第 2 点时单击“对象捕捉”工具栏中的“临时追踪点捕捉”按钮，捕捉倾斜线的端点为临时追踪点，竖直向上移动光标，输入追踪距离 1 后回车，结果如图 88-20 所示。

17 选择菜单“修改”→“三维操作”→“三维阵列”选项，利用“三维阵列”命令将铆钉三维实体绕 Z 轴做环形阵列，阵列的数量为 10 个，在保持架上安装上 10 个铆钉，如图 88-21 所示。

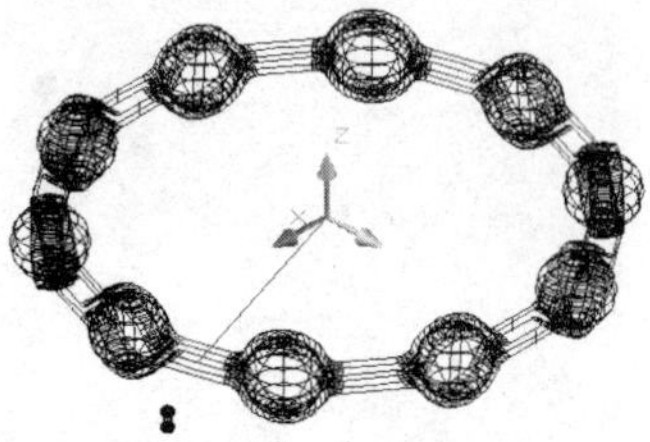

图 88-19　绘制辅助线

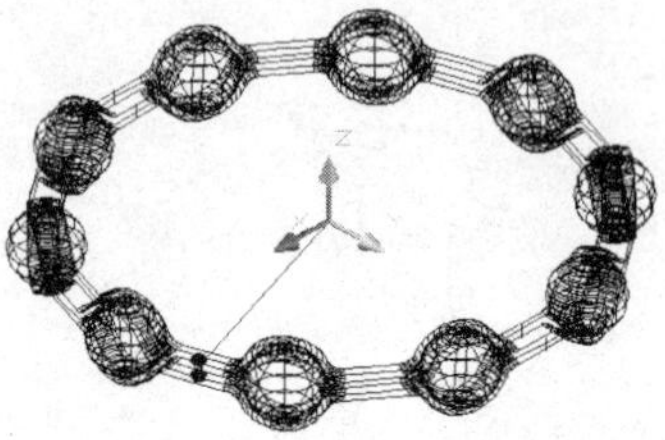

图 88-20　安装一个铆钉

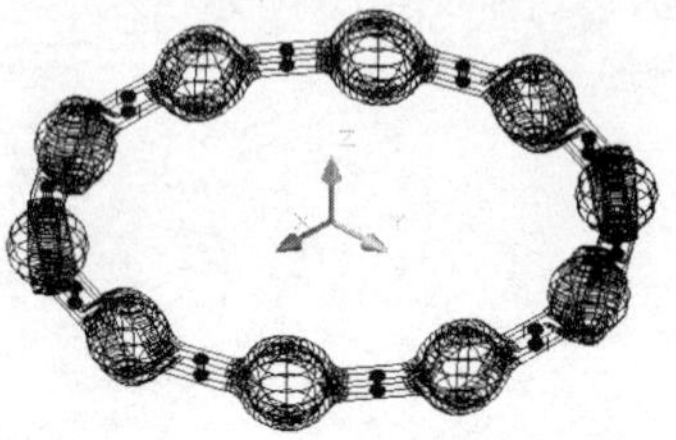

图 88-21　安装十个铆钉

三、装配轴承内圈和外圈

1 单击 USC 工具栏中的“Y”按钮，将坐标系绕 Y 轴旋转-90°。

2 单击“标准”工具栏中的“打开”按钮，利用“打开”命令打开图形文件“深沟球轴承.dwg”，并关闭“标注”层、“点画线”层和“细实线”层。

3 单击“标准”工具栏中的“复制”按钮，将深沟球轴承主视图中的上半部分轮廓线复制到粘贴板。

4 选择菜单“窗口”→“深沟球轴承三维实体.dwg”选项，将该图形切换为当前图形。单击“标准”工具栏中的“粘贴”按钮，在适当位置单击，将复制到粘贴板的图形粘贴到当前图形中。

5 选择菜单“格式”→“图层工具”→“图层匹配”选项，利用“图层匹配”命令将粘贴的图形的图层修改为“轮廓线”层，如图 88-22 所示。

6 单击“绘图”工具栏中的“直线”按钮，利用“直线”命令连接端点 G 和 H。

7 单击“修改”工具栏中的“删除”按钮，利用“删除”命令将端点 G 和 H 与带圆角的矩形的连线删除。

8 单击“修改”工具栏中的“修剪”按钮，利用“修剪”命令修剪带圆角的矩形和圆，如图 88-23 所示。

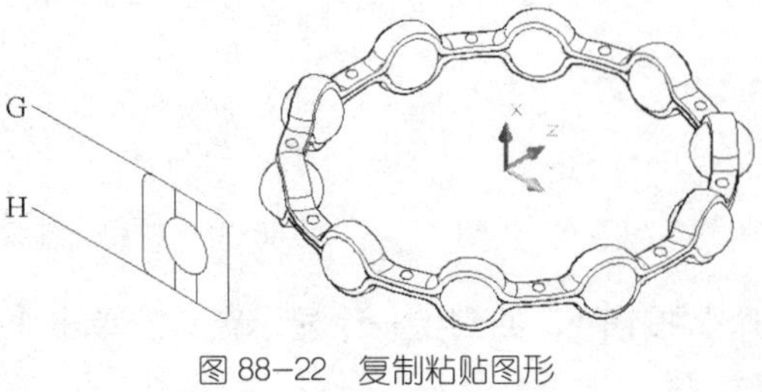

图 88-22　复制粘贴图形

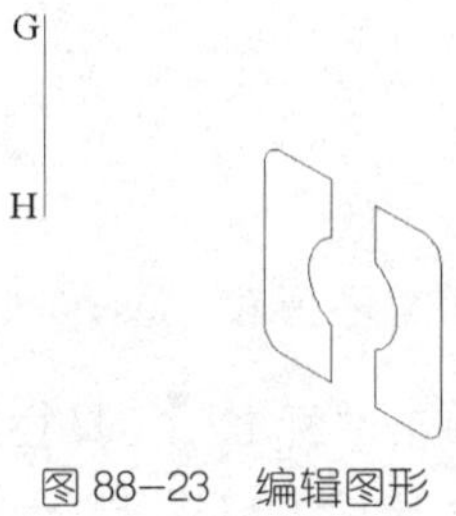

图 88-23　编辑图形

9 单击“绘图”工具栏中的“面域”按钮，利用“面域”命令将修剪出来的两个封闭图形创建为面域。

10 单击“建模”工具栏中的“旋转”按钮，利用“旋转”命令将面域绕直线 GH 旋转 360°，得到轴承内圈和外圈的三维实体，如图 88-24 所示。

11 单击“建模”工具栏中的“三维移动”按钮，利用“三维移动”命令将轴承内圈和外圈的三维实体与保持架、滚动体移到一起。移到的基点为直线 GH 的中点，第 2 点为坐标原点。

12 单击“修改”工具栏中的“删除”按钮，利用“删除”命令将直线 GH 删除，如图 88-25 所示。

13 单击“动态观察器”工具栏中的“自由动态观察”按钮，调整观察方向调整观察方向，如图 88-26 所示。

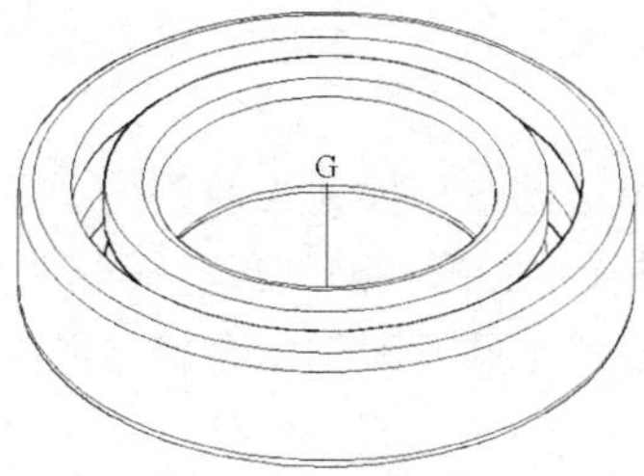

图 88-24　轴承内圈和外圈的三维实体

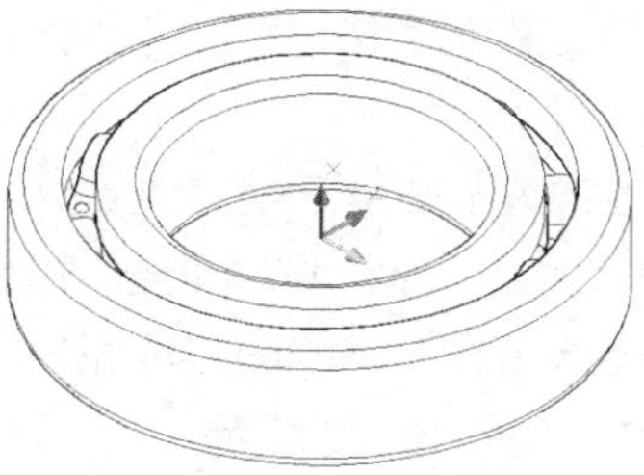

图 88-25　移动三维实体

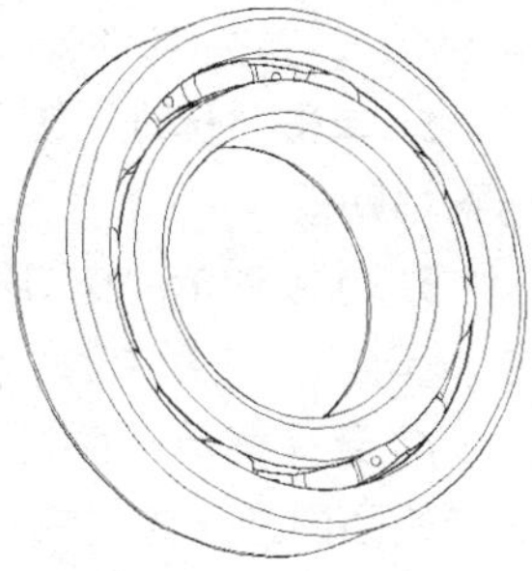

图 88-26　调整观察方向

14 设置渲染目标和渲染材质，并创建纯白色渲染视图。单击“渲染”工具栏中的“渲染”按钮，即可对创建深沟球轴承三维实体进行渲染，如图 88-1 所示。

完成创建深沟球轴承三维实体。

实例 89　圆锥滚子轴承三维实体

本实例所用的三维绘图命令：“旋转”Revolve 命令、“三维自由观察”3DFOrbit 命令、“当前视觉样式”Vscurrent 命令、“三维阵列”3darray 命令、“差集”Subtract 命令、“三维移动”3dmove 命令、“材质”Materials 命令、“渲染”Render 命令。

实例 31 中绘制的圆锥滚子轴承的三维实体如图 89-1 所示。

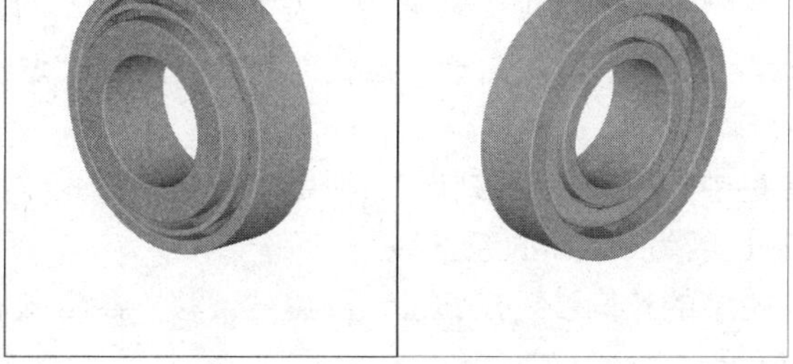

图 89-1　圆锥滚子轴承三维实体

绘制步骤

1 单击“标准”工具栏中的“新建”按钮，弹出 “选择样板”对话框，在“打开”下拉列表中选择“无样板打开 – 公制（M）”选项，新建一个图形文件。

2 选择菜单“文件”→“另存为”选项，将图形保存为“圆锥滚子轴承三维实体.dwg”。

3 单击“图层”工具栏中“图层特性管理器”按钮，在弹出的“图层特性管理器”对话框中创建“轮廓线”层。

4 单击“标准”工具栏中的“打开”按钮，利用“打开”命令打开图形文件“圆锥滚子轴承.dwg”，并关闭“标注”层、“点画线”层和“细实线”层。

5 单击“标准”工具栏中的“复制”按钮，将圆锥滚子轴承主视图中的上半部分轮廓线复制到粘贴板。

6 选择菜单“窗口”→“圆锥滚子轴承三维实体.dwg”选项，将该图形切换为当前图形。单击“标准”工具栏中的“粘贴”按钮，在适当位置单击，将复制到粘贴板的图形粘贴到当前图形中。

7 选择菜单“格式”→“图层工具”→“图层匹配”选项，利用“图层匹配”命令将粘贴的图形的图层修改为“轮廓线”层。如图 89–2 所示。

8 分别单击“绘图”工具栏中的“直线”按钮，利用“直线”命令连接端点 A 和 B，以及滚子端面轮廓线的中点 C 和 D，如图 89–3 所示。

9 分别单击“修改”工具栏中的“删除”按钮和“修剪”按钮，利用“删除”命令和“修剪”命令删除、修剪轮廓线。

10 单击“绘图”工具栏中的“直线”按钮，利用“直线”命令连接滚子端面轮廓线的端点 E 和 F，得到轴承内外圈的断面轮廓线和滚子的半断面轮廓线，如图 89–4 所示。

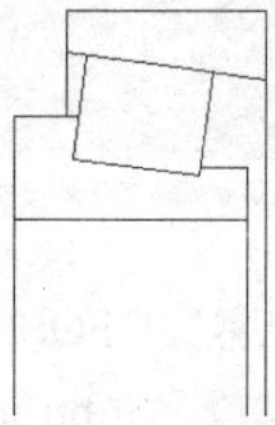

图 89–2 复制粘贴图形

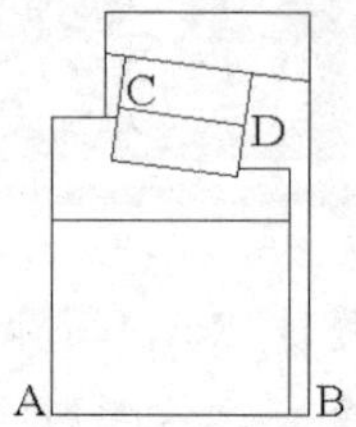

图 89–3 连接端点和中点

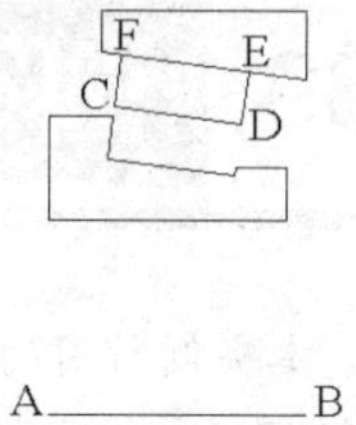

图 89–4 删除、修剪出断面轮廓线

11 单击“修改”工具栏中的“圆角”按钮，利用“圆角”命令在内外圈轮廓线的直角处绘制半径为 0.5mm 的圆角，如图 89–5 所示。

12 单击“修改”工具栏中的“偏移”按钮，利用“偏移”命令连续向上偏移直线 CD 两次，偏移距离为 1mm。

13 选择菜单“修改”→“拉长”选项，利用“拉长”命令中的“增量”选项将两条偏移出来的倾斜线向左上方拉长 2mm。回车，再次启动“拉长”命令，选择“增量”选项将第一条偏移出来的倾斜线向右下方拉长 0.5mm。

14 单击“绘图”工具栏中的“直线”按钮，利用“直线”命令过拉长后的第一条偏移出来的倾斜线的右下方端点绘制长度为 3mm 的竖直线。

15 单击“修改”工具栏中的“偏移”按钮，利用“偏移”命令向右偏移该竖直线，偏移的距离为 1mm，如图 89–6 所示。

16 单击“修改”工具栏中的“圆角”按钮，利用“圆角”命令在拉长后的第一条偏移出来的倾斜线和经过其右下方端点绘制的竖直线之间绘制半径为 0.5mm 的圆角，在第二条偏移出来的倾斜线和偏移出来的竖直线之间绘制半径 1.5mm 的圆角。

17 单击“绘图”工具栏中的“直线”按钮，利用“直线”命令连接两条倾斜线的左上方端点和两条竖直线的下方端点，得到保持架的断面轮廓线，如图 89-7 所示。

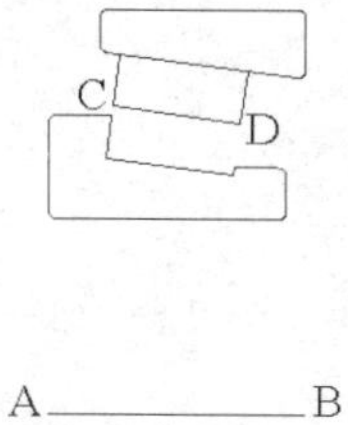

图 89-5　绘制圆角

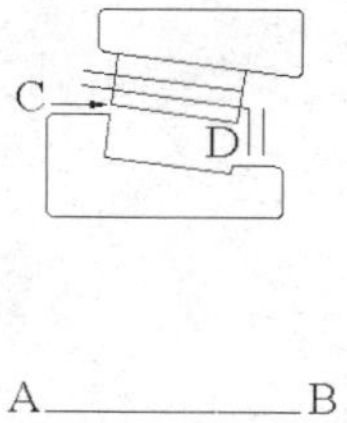

图 89-6　偏移、拉长、绘制直线

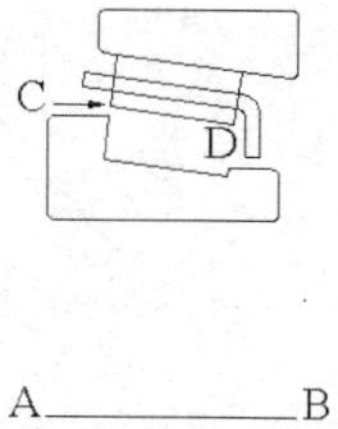

图 89-7　绘制保持架断面轮廓线

18 单击“绘图”工具栏中的“面域”按钮，利用“面域”命令将轴承内外圈轮廓线、保持架断面轮廓线和滚子的半断面轮廓线创建为面域。

19 单击“建模”工具栏中的“旋转”按钮，利用“旋转”命令将由轴承内外圈轮廓线、保持架断面轮廓线创建的面域绕直线 AB 旋转 360°，将由滚子的半断面轮廓线创建的面域绕直线 CD 旋转 360° 如图 89-8 所示。

20 单击“动态观察器”工具栏中的 “自由动态观察”按钮，调整观察方向。

21 单击“视觉样式”工具栏中的“三维隐藏视觉样式”按钮，将三维实体显示为三维隐藏视觉样式，如图 89-9 所示。

22 单击“建模”工具栏中的“三维阵列”按钮，利用“三维阵列”命令将半径为滚子的三维实体绕直线 AB 做环形阵列，阵列的数量为 12 个，如图 89-10 所示。

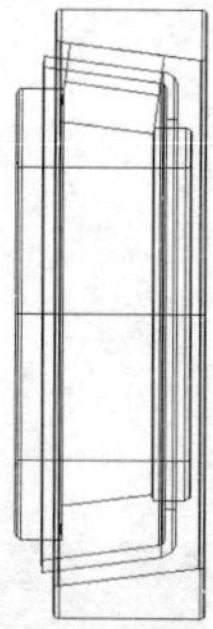
图 89-8　旋转面域

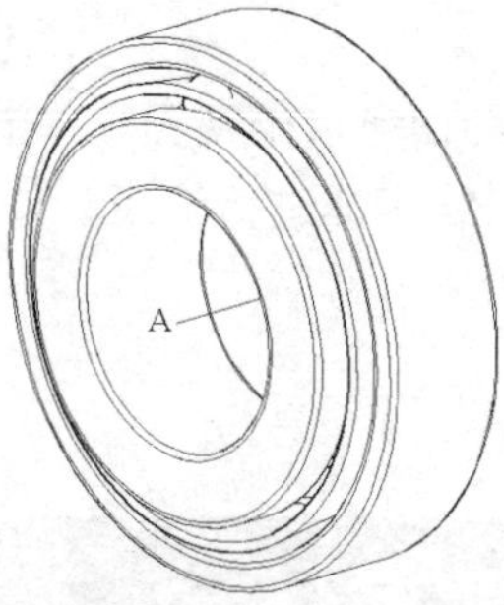

图 89-9　调整观察方向

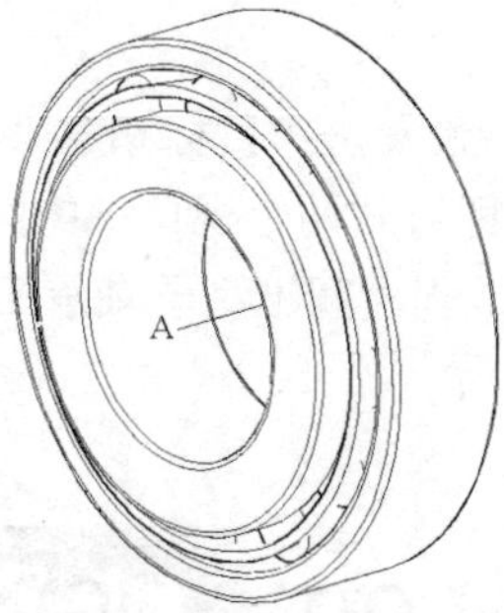

图 89-10　滚子三维实体做环形阵列

23 单击“修改”工具栏中的“复制”按钮，利用“复制”命令复制 12 个滚子三维实体和旋转保持架断面得到的三维实体，以及直线 AB，如图 89-11 所示。

24 单击“建模”工具栏中的“差集”按钮，利用“差集”命令从旋转保持架断面得到的三维实体中减去 12 个滚子三维实体，得到保持架的三维实体，如图 89-12 所示。

25 单击“修改”工具栏中的“删除”按钮，利用“删除”命令将旋转保持架断面得到的三维实体删除。

26 单击“建模”工具栏中的“三维移动”按钮，利用“三维移动”命令将保持架三维实体和内外圈的三维实体移到一起，移动的基点为 A_1，第 2 点为 A。

27 单击“修改”工具栏中的“删除”按钮，利用“删除”命令将直线 AB 和 A_1B_1 删除，得到圆锥滚子轴承三维实体，如图 89-13 所示。

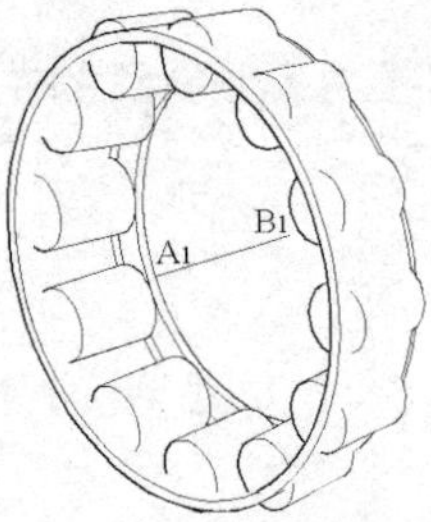

图 89-11 复制三维实体和直线

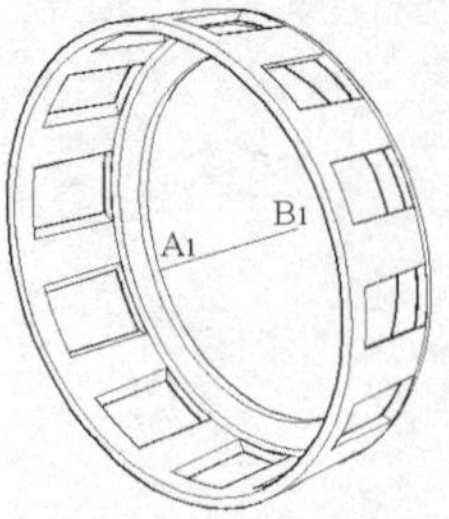

图 89-12 保持架三维实体

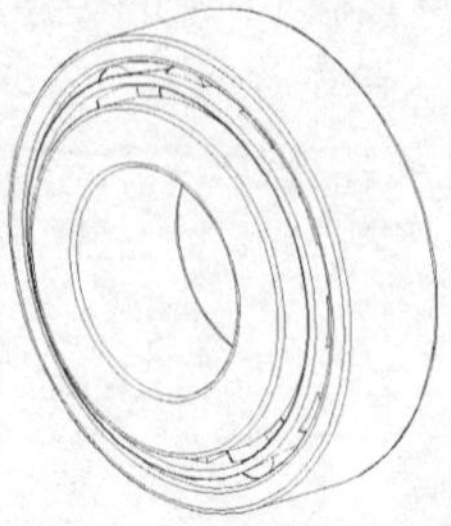

图 89-13 圆锥滚子轴承三维实体

28 选择菜单“视图”→“视口”→“两个视口”选项，利用“视口”命令创建两个垂直视口。

29 单击“动态观察器”工具栏中的“自由动态观察”按钮，调整观察方向，如图 89-14 所示。

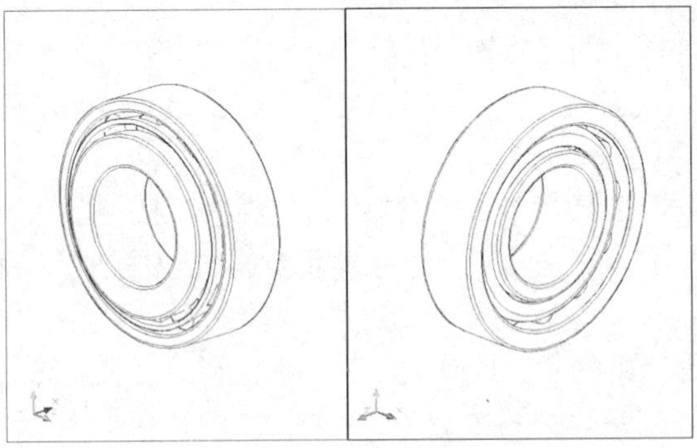

图 89-14 创建两个视口

30 设置渲染目标和渲染材质，并创建纯白色渲染视图。单击“渲染”工具栏中的“渲染”按钮，即可对两个视口中的圆锥滚子轴承三维实体进行渲染，如图 89-1 所示。

完成创建圆锥滚子轴承三维实体。

实例 90 轴承盖三维实体

本实例所用的三维绘图命令：“当前视觉样式”Vscurrent 命令、“圆柱体”Cylinder 命令、“用户坐标系”USC 命令、“三维移动”3dmove 命令、“三维阵列”3darray 命令、“并集”Union 命令、“差集”Subtract 命令、“圆角”Fillet 命令、“旋转”Revolve 命令、“拉伸”Extrude 命令、“实体编辑”Slidedit 命令、“材质”Materials 命令、“渲染”Render 命令。

实例 54 中绘制的轴承盖的三维实体如图 90-1 所示。

图 90–1　轴承盖三维实体

绘制步骤

一、创建端盖三维实体

1 单击“标准”工具栏中的“新建”按钮，弹出 “选择样板”对话框，在“打开”下拉列表中选择“无样板打开 – 公制（M）”选项，新建一个图形文件。

2 选择菜单“文件”→“另存为”选项，将图形保存为“轴承盖三维实体.dwg”。

3 单击“图层”工具栏中“图层特性管理器”按钮，在弹出的“图层特性管理器”对话框中创建“轮廓线”层。

4 将“轮廓线”层设置为当前层，单击“建模”工具栏中的“圆柱体”按钮，利用“圆柱体”命令创建半径为 80mm、高度为 12mm 的圆柱体。

5 单击“动态观察器”工具栏中的“自由动态观察”按钮，调整观察方向。

6 单击“视觉样式”工具栏中的“三维隐藏视觉样式”按钮，将三维实体显示为三维隐藏视觉样式。

7 打开状态栏中的“正交”按钮和“对象捕捉”按钮，单击“建模”工具栏中的“圆柱体”按钮，利用“圆柱体”命令以底面半径为 80mm 的圆柱体的不可见端面的象限点为底面圆心，创建底面半径为 12mm、高度为 12mm 的圆柱体。

8 单击 USC 工具栏中的“原点”按钮，将坐标系原点移到半径为 80mm 的圆柱体的可见端面的圆心处。

9 单击“建模”工具栏中的“圆柱体”按钮，利用“圆柱体”命令创建半径为 7mm、高度为 8mm 的圆柱体。

10 回车，再次启动“圆柱体”命令，以底面半径为 7mm 的可见端面的圆心为底面圆心，创建底面半径为 4.5mm、高度为 4mm 的圆柱体，如图 90–2 所示。

11 单击“建模”工具栏中的“三维移动”按钮，利用“三维移动”命令移动两个同轴线的小圆柱体，移动的基点为底面半径为 4.5mm 圆柱体可见端面的圆心，第 2 点为底面半径为 12mm 圆柱体可见端面的圆心。

12 单击“建模”工具栏中的“三维阵列”按钮，利用“三维阵列”命令将 3 个同轴线的圆柱体绕 Z 轴做环形阵列，阵列的数量为 6 个，如图 90–3 所示。

13 单击“建模”工具栏中的“并集”按钮，利用“并集”命令将 6 个底面半径为 12mm 的圆柱体和底面半径为 80mm 的圆柱体合并。

14 单击“建模”工具栏中的“差集”按钮，利用“差集”命令将合并后的圆柱体与其余圆柱体做“差集”运算，挖出 6 个均匀分布的阶梯孔，如图 90-4 所示。

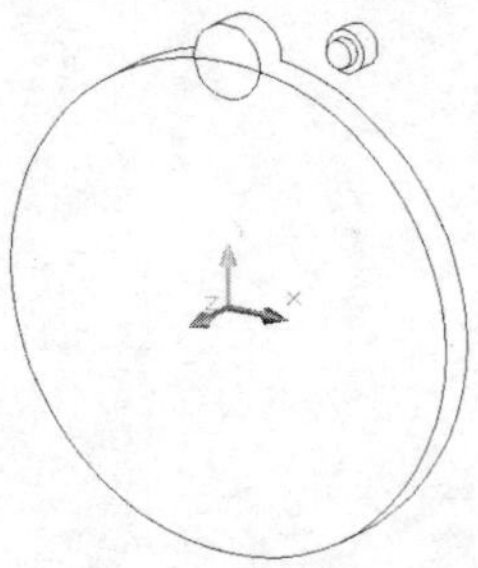

图 90-2　绘制圆柱体

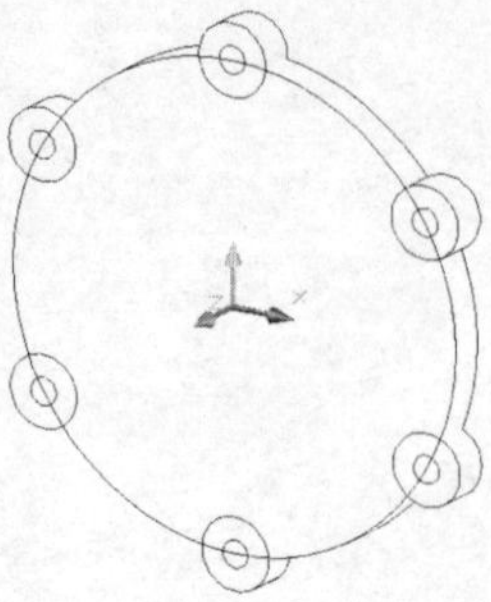

图 90-3　圆柱体做环形阵列

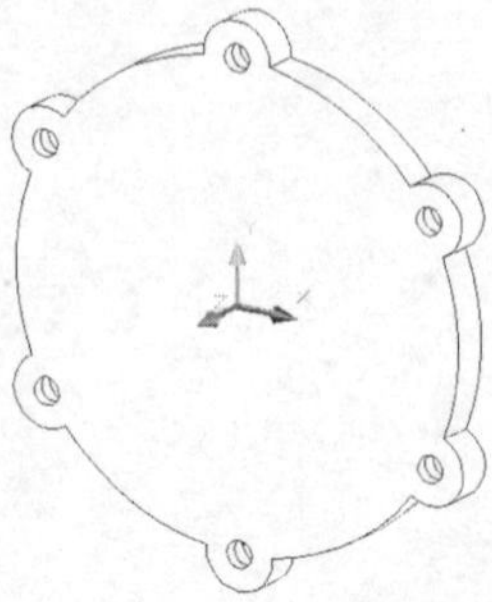

图 90-4　“并”、“差”运算结果

15 利用“圆角”命令在外圆柱表面的 12 条交线处创建半径为 6mm 的圆角，得到端盖的三维实体，如图 90-5 所示。

命令：_fillet　　（单击“修改”工具栏中的“圆角”按钮，启动“圆角”命令）
当前设置：模式 = 修剪，半径 = 0.0000
选择第一个对象或 [放弃(U)/多段线(P)/半径(R)/修剪(T)/多个(M)]：　　（单击外圆柱表面的一条交线）
输入圆角半径：6
选择边或 [链(C)/半径(R)]：
……
选择边或 [链(C)/半径(R)]：　　（依次单击外圆柱表面的其他交线）
选择边或 [链(C)/半径(R)]：↙　　（回车，结束选择边）
已选定 12 个边用于圆角。

16 再次启动“圆角”命令，在端盖不可见端面的外轮廓线处创建半径为 3mm 的圆角，如图 90-6 所示。

命令：_fillet　　（单击“修改”工具栏中的“圆角”按钮或回车，启动“圆角”命令）
当前设置：模式 = 修剪，半径 = 6.0000
选择第一个对象或 [放弃(U)/多段线(P)/半径(R)/修剪(T)/多个(M)]：　　（单击端盖不可见端面的外轮廓线中的任意一条圆弧）
输入圆角半径 <6.0000>：3↙　　（输入圆角半径3，回车）
选择边或 [链(C)/半径(R)]：C↙　　（输入C，回车，选择“链”选项）
选择边链或 [边(E)/半径(R)]：　　（单击端盖不可见端面的外轮廓线中的另一条圆弧）
选择边链或 [边(E)/半径(R)]：↙　　（回车，结束选择边链）
已选定 24 个边用于圆角。

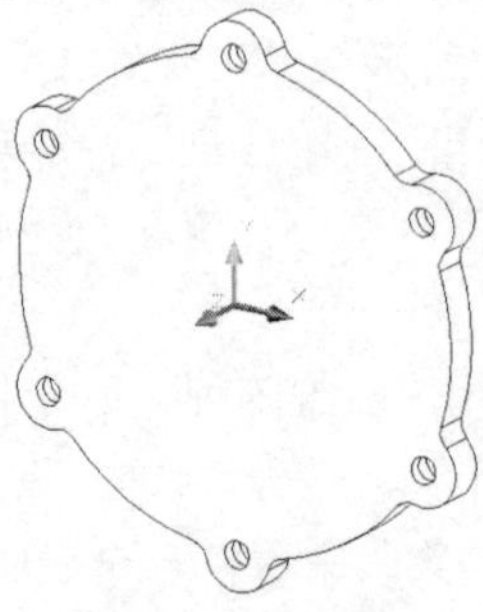

图 90-5　绘制圆角

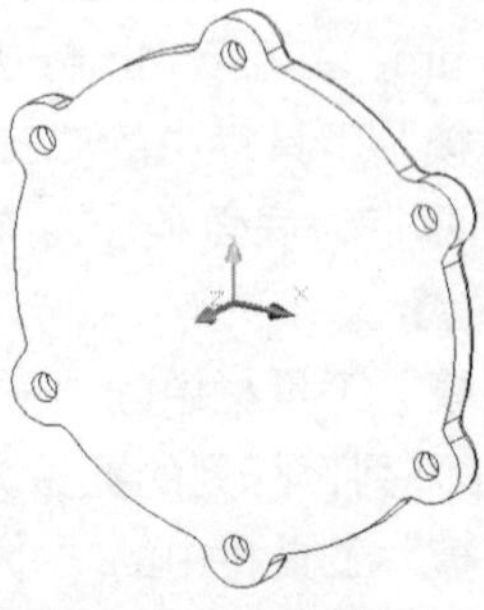

图 90-6　绘制圆角

二、创建圆柱体

1 单击“建模”工具栏中的“圆柱体”按钮，利用“圆柱体”命令以坐标原点为底面圆心创建 3 个同轴线圆柱体，半径和高度为 70mm 和 13mm、60mm 和 13mm、41mm 和 28mm，如图 90-7 所示。

2 利用“倒角”命令在底面半径为 70mm 的圆柱体的可见底面的圆周处绘制倒角。

```
命令: _chamfer       (单击“修改”工具栏中的“倒角”按钮，启动“倒角”命令)
(“修剪”模式) 当前倒角距离 1 = 0.0000，距离 2 = 0.0000
选择第一条直线或 [放弃(U)/多段线(P)/距离(D)/角度(A)/修剪(T)/方式(E)/多个(M)]:
(单击底面半径为70mm的圆柱体的可见底面的圆周)
基面选择...
输入曲面选择选项 [下一个(N)/当前(OK)] <当前(OK)>:↙      (回车，选择“当前”选项)
指定基面的倒角距离: 1↙       (输入倒角距离1，回车)
指定其他曲面的倒角距离 <1.0000>: 1↙       (输入倒角距离1，回车)
选择边或 [环(L)]: 选择边或 [环(L)]:     (再次单击底面半径为70mm的圆柱体的可见底面的圆周)
```

3 单击“建模”工具栏中的“差集”按钮，利用“差集”命令将倒角后的圆柱体和底面半径为 60mm 的圆柱体做“差集”运算，结果如图 90-8 所示。

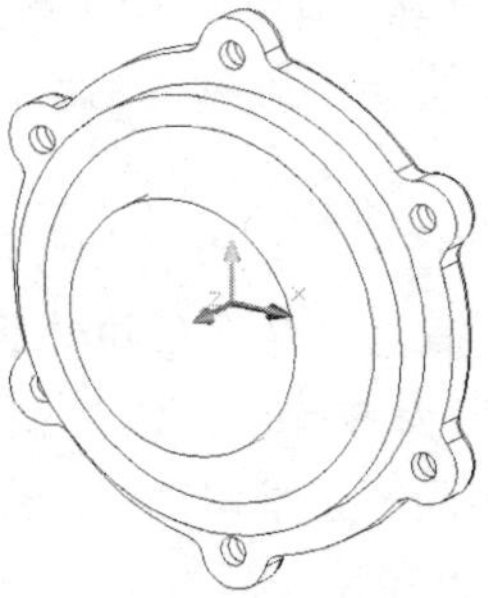

图 90-7　创建圆柱体

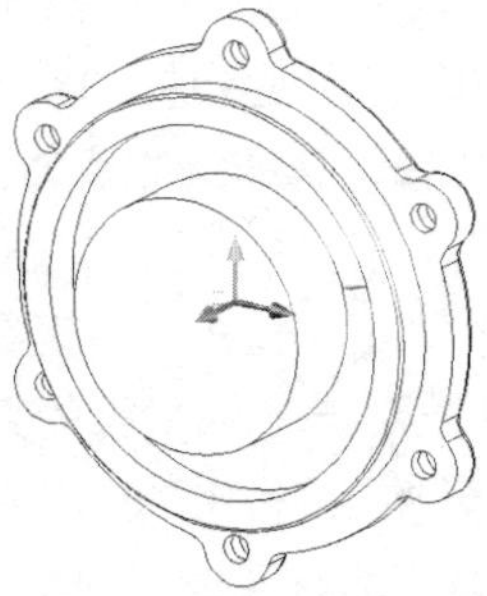

图 90-8　倒角并做“差”运算

三、挖切轴承孔、安装肋板

1 单击 USC 工具栏中的“Y”按钮，将坐标系绕 Y 轴旋转 90° 。

2 单击“标准”工具栏中的“打开”按钮，利用“打开”命令打开图形文件“轴承盖.dwg”，并关闭“标注”层、“点画线”层和“细实线”层。

3 单击“标准”工具栏中的“复制”按钮，将轴承盖主视图的上半部分图形中的肋板和轴承孔轮廓线复制到粘贴板。

4 选择菜单“窗口”→“轴承盖三维实体.dwg”选项，将该图形切换为当前图形。单击“标准”工具栏中的“粘贴”按钮，在适当位置单击，将复制到粘贴板的图形粘贴到当前图形中。

5 选择菜单“格式”→“图层工具”→“图层匹配”选项，利用“图层匹配”命令将粘贴的图形的图层修改为“轮廓线”层，如图 90-9 所示。

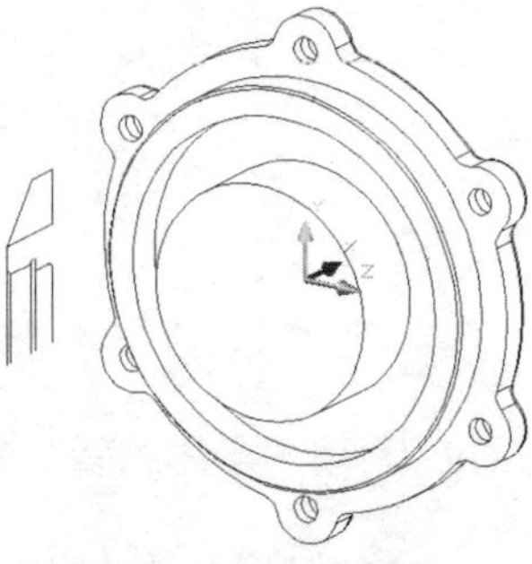

图 90-9　复制粘贴圆形

6 单击“修改”工具栏中的“修剪”按钮，利用“修剪”命令修剪粘贴的轴承盖端面轮廓线后，对轴承孔轮廓线和肋板轮廓线进行编辑。

7 单击“绘图”工具栏中的“直线”按钮，利用“直线”命令连接端点 A、B。

8 选择菜单“修改”→“拉长”选项，利用“拉长”命令中的“增量”选项，将肋板轮廓线 EF 向两端各延长 5mm，得到新的端点 G 和 H。

9 回车，再次启动“拉长”命令，利用该命令中的“动态”选项将肋板轮廓线 CD 向两端适当延长。

10 单击“绘图”工具栏中的“直线”按钮，利用“直线”命令分别过端点 G 和 H 绘制与 X 轴平行的直线，两条直线与 CD 的延长线的交点分别为 K 和 L，如图 90-10 所示。

11 单击“修改”工具栏中的“删除”按钮，利用“删除”命令将内倒角轮廓线和肋板轮廓线 CF 和 DE 删除。

12 单击“修改”工具栏中的“修剪”按钮，利用“修剪”命令修剪出如图 90-11 所示的图形。

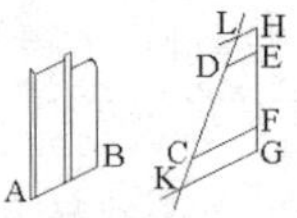

图 90-10 分别编辑轴承孔和肋板轮廓线

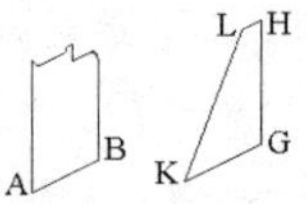

图 90-11 编辑轴承孔和肋板轮廓线的结果

13 单击“绘图”工具栏中的“面域”按钮，利用“面域”命令将两个封闭图形创建为面域。

14 单击“建模”工具栏中的“旋转”按钮，利用“旋转”命令将轴承孔面域绕直线 AB 旋转 360°，得到挖切轴承孔的三维实体。

15 单击“建模”工具栏中的“拉伸”按钮，利用“拉伸”命令将肋板面域拉伸 10mm。

16 单击“绘图”工具栏中的“直线”按钮，利用“直线”命令过拉伸后得到的三维实体的轮廓线 HI 的中点 J 绘制与 Y 轴平行的直线 JM，JM 的长度为 65mm，如图 90-12 所示。

17 单击“建模”工具栏中的“三维移动”按钮，利用“三维移动”命令移动挖切轴承孔的三维实体，移动的基点为该实体可见端面的圆心，第 2 点为底面半径为 41mm 圆柱体可见端面的圆心。

18 单击“修改”工具栏中的“复制”按钮，利用“复制”命令复制“差”运算后得到的空心圆柱和底面半径为 41mm 圆柱体，复制的基点为坐标原点，第 2 点为辅助线的端点 M，如图 90-13 所示。

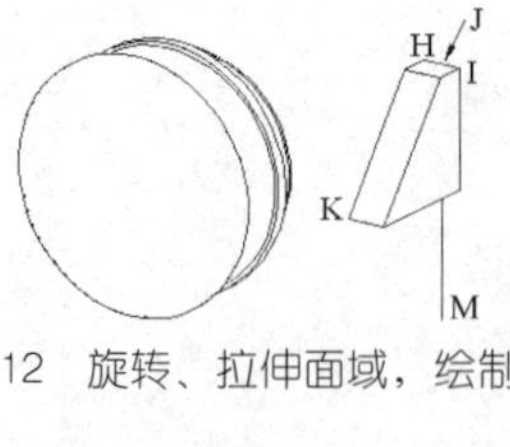

图 90-12 旋转、拉伸面域，绘制辅助线

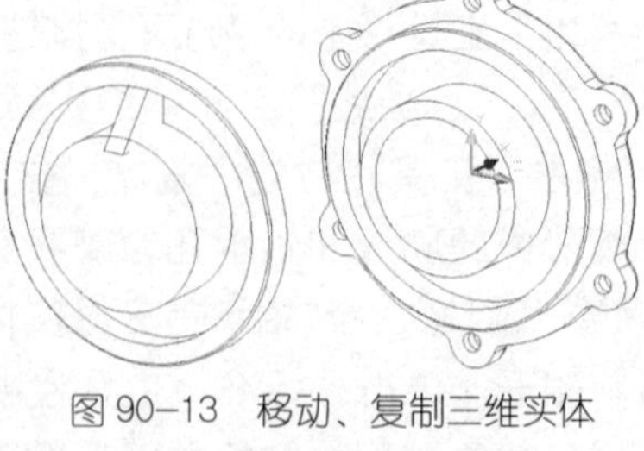
图 90-13 移动、复制三维实体

19 利用“实体编辑”命令拉伸复制出来的底面半径为 41mm 的圆柱的端面。

```
命令: _solidedit        (单击“实体编辑”工具栏中的“拉伸面”按钮)
实体编辑自动检查:  SOLIDCHECK=1
输入实体编辑选项 [面(F)/边(E)/体(B)/放弃(U)/退出(X)] <退出>: _face
输入面编辑选项[拉伸(E)/移动(M)/旋转(R)/偏移(O)/倾斜(T)/删除(D)/复制(C)/颜色(L)/
材质(A)/放弃(U)/退出(X)] <退出>: _extrude
```

选择面或 [放弃(U)/删除(R)]：　(单击复制出来的底面半径为41mm的圆柱的可见端面圆周)
找到 2 个面。
选择面或 [放弃(U)/删除(R)/全部(ALL)]：R↙　　(输入R，回车，选择"删除"选项)
删除面或 [放弃(U)/添加(A)/全部(ALL)]：(单击复制出来的底面半径为41mm的圆柱的素线)
找到一个面，已删除 1 个。
删除面或 [放弃(U)/添加(A)/全部(ALL)]：↙　　(回车，结束选择删除面)
指定拉伸高度或 [路径(P)]：10↙　　(输入拉伸高度10，回车)
指定拉伸的倾斜角度 <0>：↙　　(回车，拉伸的倾斜角度为0)
已开始实体校验。
已完成实体校验。
输入面编辑选项[拉伸(E)/移动(M)/旋转(R)/偏移(O)/倾斜(T)/删除(D)/复制(C)/颜色(L)/材质(A)/放弃(U)/退出(X)] <退出>：↙　　(回车，结束"实体编辑"命令)

20 单击"建模"工具栏中的"并集"按钮，利用"并集"命令将"差"运算得到的空心圆柱体与端盖三维实体合并。

21 单击"建模"工具栏中的"差集"按钮，利用"差集"命令将合并后的三维实体与挖切轴承孔的三维实体做"差集"运算，挖出轴承孔，如图 90-14 所示。

22 回车再次启动"差集"命令，将拉伸得到的三维实体与复制的空心圆柱、拉伸端面后的圆柱体做"差集"运算，得到肋板三维实体，如图 90-15 所示。

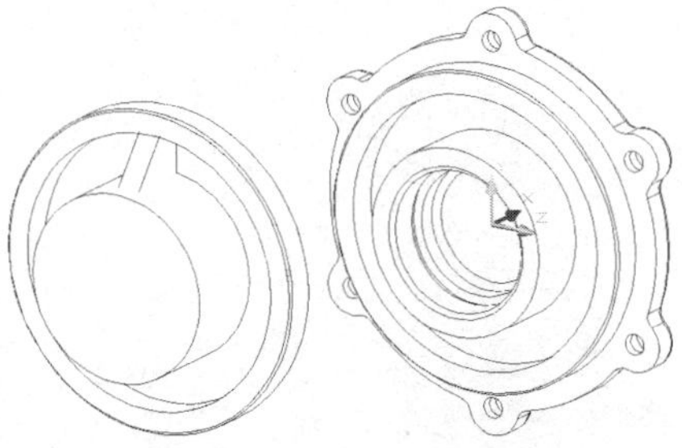

图 90-14　拉伸端面，做布尔运算

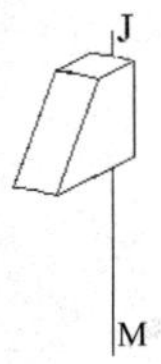

图 90-15　肋板三维实体

23 单击"建模"工具栏中的"三维移动"按钮，利用"三维移动"命令移动肋板三维实体，移动的基点为辅助线的端点 M，第 2 点为坐标原点，如图 90-16 所示。

24 单击"修改"工具栏中的"删除"按钮，利用"删除"命令将辅助线 JK 删除。

25 单击"建模"工具栏中的"三维阵列"按钮，利用"三维阵列"命令将肋板绕 X 轴做环形阵列，阵列的数量为 4 个。

26 单击"建模"工具栏中的"并集"按钮，利用"并集"命令将所有三维实体合并。

27 单击 USC 工具栏中的"原点"按钮，调整坐标系原点的位置，如图 90-17 所示。

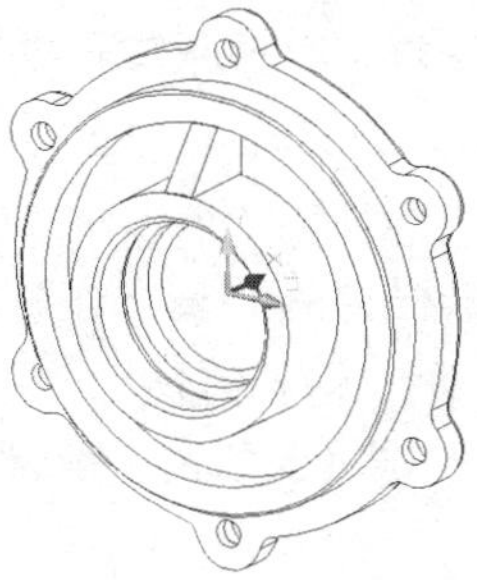

图 90-16　安装肋板

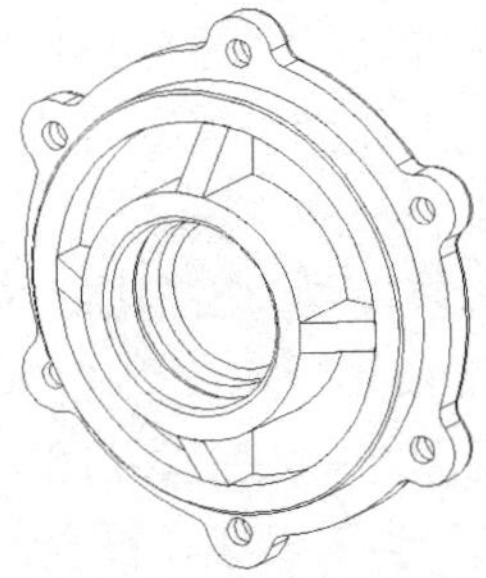

图 90-17　合并三维实体

28 设置渲染目标和渲染材质，并创建纯白色渲染视图。单击“渲染”工具栏中的“渲染”按钮，即可对轴承盖三维实体进行渲染，如图 90-1 所示。

完成创建轴承盖三维实体。

实例 91 减速箱体三维实体

本实例所用的三维绘图命令：“长方体”Box 命令、“当前视觉样式”Vscurrent 命令、“用户坐标系”USC 命令、“圆角”Fillet 命令、“圆柱体”Cylinder 命令、“差集”Subtract 命令、“三维镜像”3dMirror 命令、“并集”Union 命令、“三维移动”3dmove 命令、“拉伸”Extrude 命令、“三维阵列”3darray 命令、“旋转”Revolve 命令、“实体编辑”Slidedit 命令、“材质”Materials 命令、“渲染”Render 命令。

实例 58 中绘制的减速箱体的三维实体如图 91-1 所示。

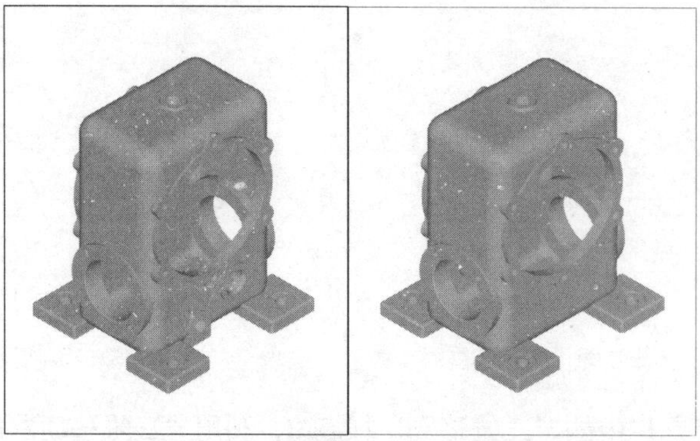

图 91-1　减速箱体三维实体

绘制步骤

一、创建箱体和底座

1 单击“标准”工具栏中的“新建”按钮，弹出 “选择样板”对话框，在“打开”下拉列表中选择“无样板打开 – 公制（M）”选项，新建一个图形文件。

2 选择菜单“文件”→“另存为”选项，将图形保存为“减速箱体三维实体.dwg”。

3 单击“图层”工具栏中“图层特性管理器”按钮，在弹出的“图层特性管理器”对话框中创建“轮廓线”层。

4 将“轮廓线”层设置为当前层，单击“建模”工具栏中的“长方体”按钮，启动“长方体”命令创建长度 174mm、宽度为 110mm、高度为 249mm 的长方体。

5 选择菜单“视图”→“三维视图”→“东北等轴测”选项，单击“视觉样式”工具栏中的按钮，将三维实体显示为三维线框视觉样式。

6 单击“绘图”工具栏中的“直线”按钮，利用“直线”命令连接长方体底面的对角点。

7 打开状态栏中的“正交”按钮和“对象捕捉”按钮，单击 USC 工具栏中的“原点”按钮，将坐标系原点移到长方体底面对角线的中点处，如图 91–2 所示。

8 单击“修改”工具栏中的“删除”按钮，利用“删除”命令将对角线删除。

9 单击“修改”工具栏中的“圆角”按钮，利用“圆角”命令在长方体的 12 条棱线处绘制半径均为 20mm 的圆角，如图 91–3 所示。

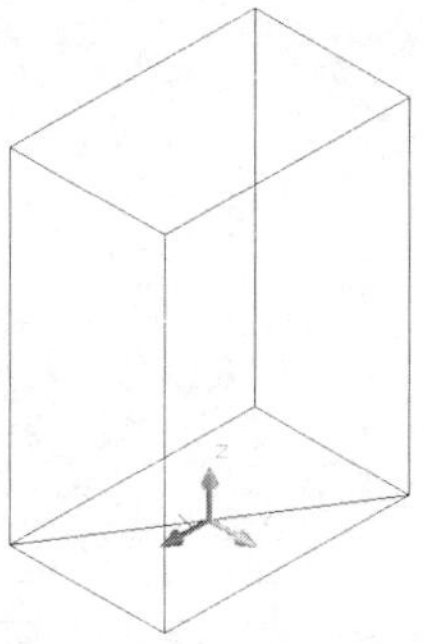

图 91–2　创建长方体，绘制对角线

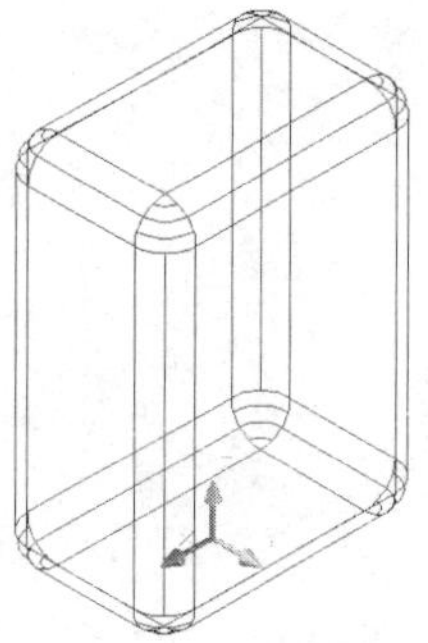

图 91–3　绘制圆角

10 利用“长方体”命令创建底座长方体。

```
命令: _box      (单击“建模”工具栏中的“长方体”按钮，启动“长方体”命令)
指定第一个角点或 [中心(C)]: 42,35,-3↙      (输入第一角点的坐标，回车)
指定其他角点或 [立方体(C)/长度(L)]: @60,60↙      (输入第二角点相对于第一角点的坐标，回车)
指定高度或 [两点(2P)] <249.0000>: 15↙      (输入长方体的高度15，回车)
```

11 单击“建模”工具栏中的“圆柱体”按钮，利用“圆柱体”命令创建两个同轴线圆柱体，半径和高度为 6.5mm 和 13mm、14mm 和 2mm。其中小圆柱底面圆心的坐标为(75, 75, –3)，大圆柱底面圆心为小圆柱上端面的圆心，如图 91–4 所示。

12 单击“修改”工具栏中的“圆角”按钮，利用“圆角”命令在底座长方体的上表面的 4 条棱边和 4 条竖直棱线处绘制半径均为 3mm 的圆角。

13 单击“建模”工具栏中的“差集”按钮，利用“差集”命令将圆角后的底座长方体与两个圆柱体做“差集”运算，挖出锪平孔和通孔。

14 选择菜单“修改”→“三维操作”→“三维镜像”选项，利用“三维镜像”命令以坐标面 YOZ 为对称面做挖孔后的底座长方体的镜像，如图 91–5 所示。

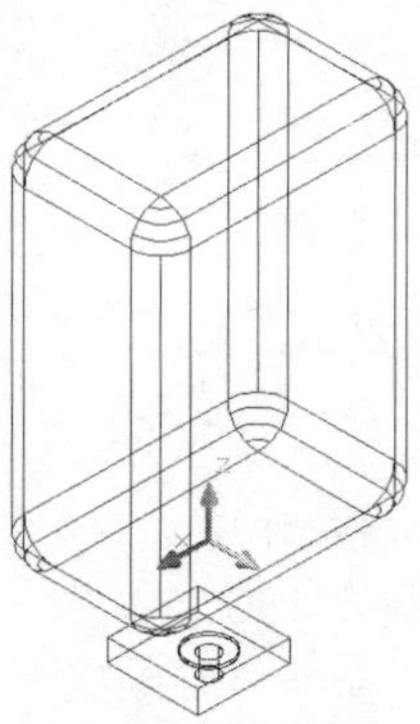

图 91–4　创建底座长方体和挖孔圆柱体

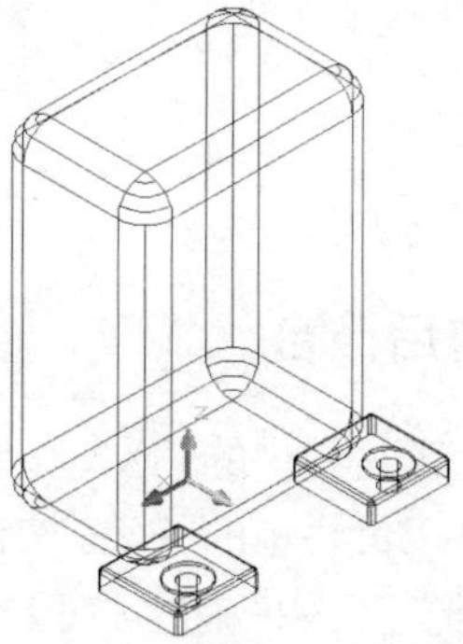

图 91–5　做左右对称镜像

15 选择菜单“修改”→“三维操作”→“三维镜像”选项，利用“三维镜像”命令以坐标面 ZOX 为对称面做两个底座长方体的镜像，如图 91-6 所示。

16 单击“建模”工具栏中的“并集”按钮，利用“并集”命令将以上创建的实体合并，结果如图 91-7 所示。

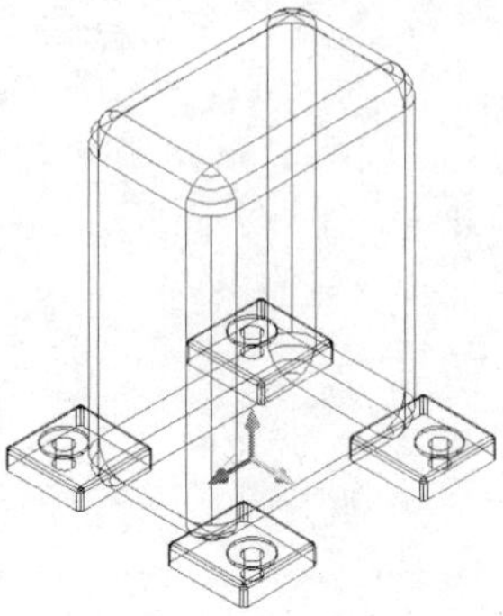

图 91-6　做前后对称镜像

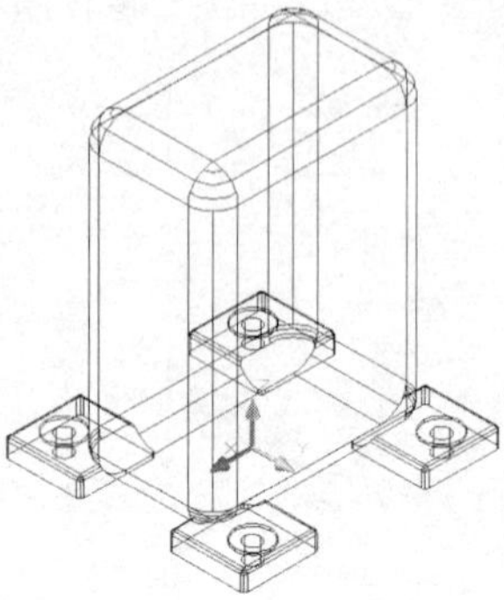

图 91-7　合并三维实体

17 单击“建模”工具栏中的“长方体”按钮，利用“长方体”命令创建长度 154mm、宽度为 90mm、高度为 22mm 的长方体。

18 单击“绘图”工具栏中的“直线”按钮，利用“直线”命令连接长方体底面的对角点，如图 91-8 所示。

19 单击“修改”工具栏中的“圆角”按钮，利用“圆角”命令在长方体的 12 条棱线处绘制半径均为 10mm 的圆角，如图 91-9 所示。

20 单击“建模”工具栏中的“三维移动”按钮，利用“三维移动”命令移动圆角后的长方体，移动的基点为对角线的中点，第 2 点的坐标为(0, 0, 10)。

21 单击“建模”工具栏中的“差集”按钮，利用“差集”命令将合并后的三维实体与圆角后的长方体做“差集”运算，完成创箱体和底座，如图 91-10 所示。

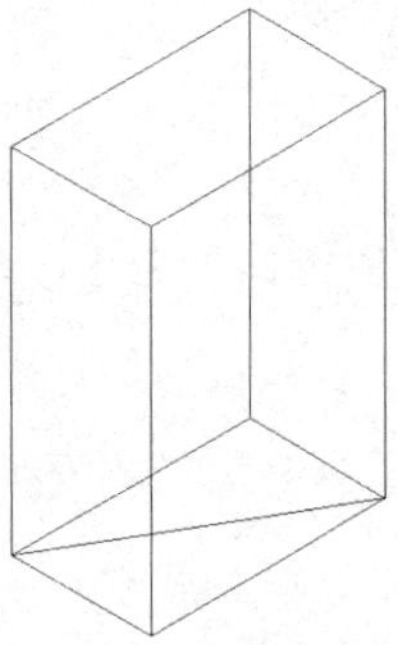

图 91-8　创建长方体

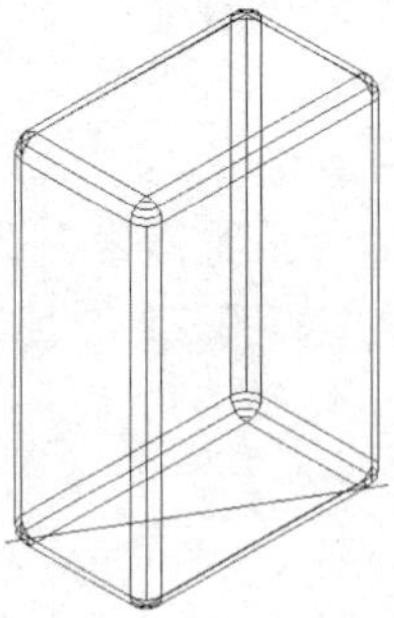

图 91-9　绘制圆角

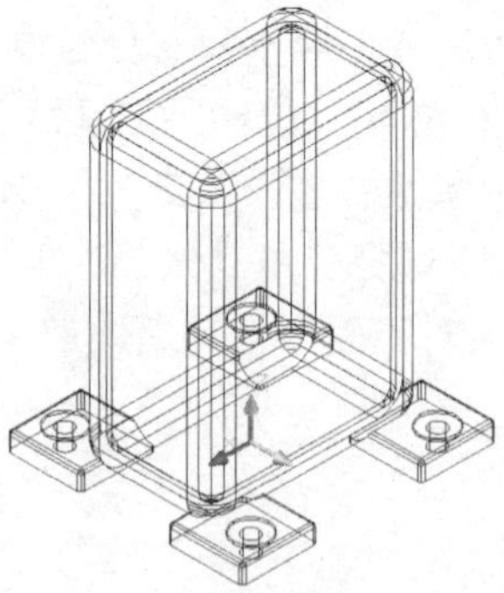

图 91-10　完成创建箱体和底座

二、创建前后凸台

1 单击 USC 工具栏中的“X”按钮，将坐标系绕 X 轴旋转-90° 。

2 单击 USC 工具栏中的“Z”按钮，将坐标系绕 Z 轴旋转 180°。

3 单击“标准”工具栏中的“打开”按钮，利用“打开”命令打开图形文件“轴承盖.dwg”，并关闭“标注”层、“点画线”层和“细实线”层。

4 单击“标准”工具栏中的“复制”按钮，将轴承盖左视图中的外轮廓线复制到粘贴板。

5 选择菜单“窗口”→“减速箱体三维实体.dwg”选项，将该图形切换为当前图形。单击“标准”工具栏中的“粘贴”按钮，在适当位置单击，将复制到粘贴板的图形粘贴到当前图形中。

6 选择菜单“格式”→“图层工具”→“图层匹配”选项，利用“图层匹配”命令将粘贴的图形的图层修改为“轮廓线”层。

7 单击“绘图”工具栏中的“面域”按钮，利用“面域”命令将粘贴的图形创建为面域。

8 单击“建模”工具栏中的“三维移动”按钮，利用“三维移动”命令移动创建的面域，移动的基点为面域中大圆弧的圆心，第 2 点的坐标为(0,147,58)，如图 91–11 所示。

9 单击“建模”工具栏中的“拉伸”按钮，利用“拉伸”命令将面域拉伸 –13mm。

10 单击“标准”工具栏中的“打开”按钮，利用“打开”命令打开图形文件“六角头螺栓三维实体.dwg”。

11 单击 USC 工具栏中的“X”按钮，将坐标系绕 X 轴旋转 180°。

12 单击“标准”工具栏中的“复制”按钮，将六角头螺栓三维实体复制到粘贴板。

13 选择菜单“窗口”→“减速箱体三维实体.dwg”选项，将该图形切换为当前图形。单击“标准”工具栏中的“粘贴”按钮，在适当位置单击，将复制到粘贴板的图形粘贴到当前图形中。

14 选择菜单“格式”→“图层工具”→“图层匹配”选项，利用“图层匹配”命令将粘贴的图形的图层修改为“轮廓线”层，如图 91–12 所示。

15 单击“修改”工具栏中的“缩放”按钮，利用“缩放”命令将粘贴的螺栓三维实体缩小为原来的 0.8 倍。

16 单击“建模”工具栏中的“三维移动”按钮，利用“三维移动”命令移动螺栓三维实体，移动的基点为螺杆端面的圆心，指定第 2 点时单击“对象捕捉”工具栏中的“临时追踪点捕捉”按钮，捕捉拉伸后三维实体可见端面中小圆弧的圆心为临时追踪点，沿 Z 轴负方向追踪的距离为 13mm。

17 单击“建模”工具栏中的“三维阵列”按钮，利用“三维阵列”命令将螺栓三维实体绕拉伸后得到的三维实体的轴线做环形阵列，阵列的数量为 6 个，如图 91–13 所示。

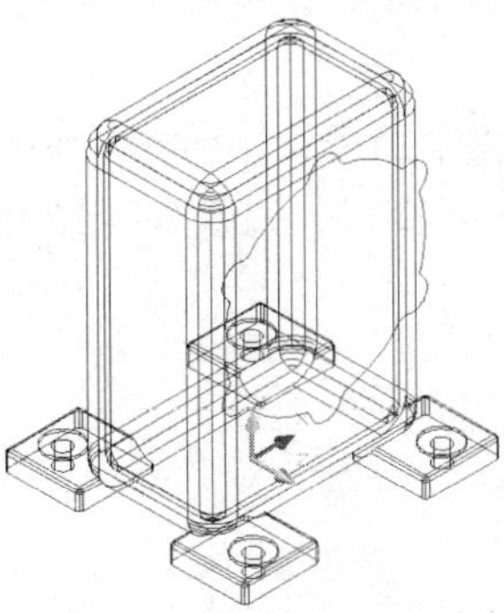

图 91–11　复制粘贴图形

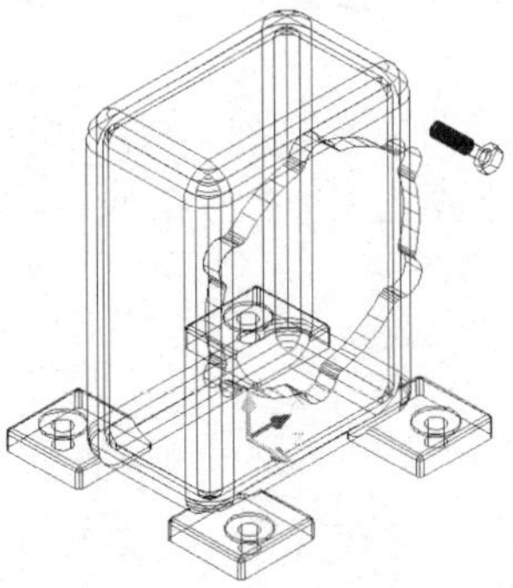

图 91–12　螺栓面域、复制粘贴螺栓实体

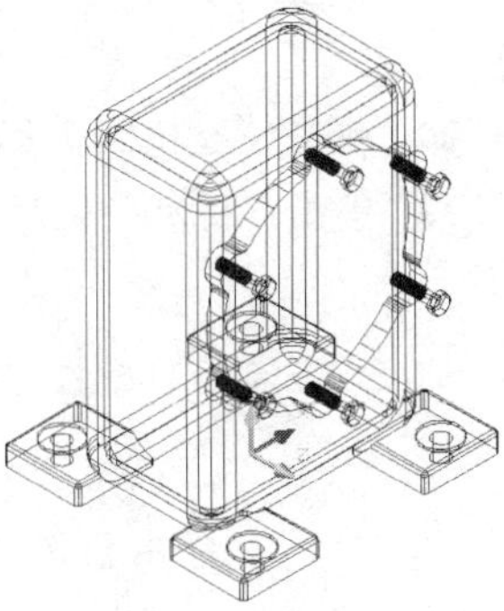

图 91–13　三维阵列

18 选择菜单“修改”→“三维操作”→“三维镜像”选项，利用“三维镜像”命令以坐标面 XOY 为对称面做拉伸得到的三维实体和 6 个螺栓三维实体的镜像。

19 单击“建模”工具栏中的“圆柱体”按钮，利用“圆柱体”命令以拉伸得到的三维实体的可见端面的圆心为底面圆心创建半径为 70mm、高度为–116mm 的圆柱体，如图 91–14 所示。

20 单击“建模”工具栏中的“并集”按钮，利用“并集”命令将拉伸得到的三维实体及其镜像与箱体合并。

21 单击“建模”工具栏中的“差集”按钮，利用“差集”命令将合并后的三维实体与 12 个螺栓三维实体及底面半径为 70mm 的圆柱体做“差集”运算，结果如图 91-15 所示。

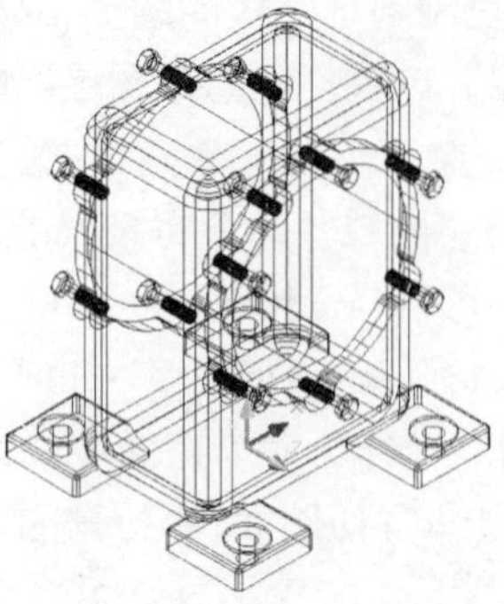

图 91-14 三维镜像

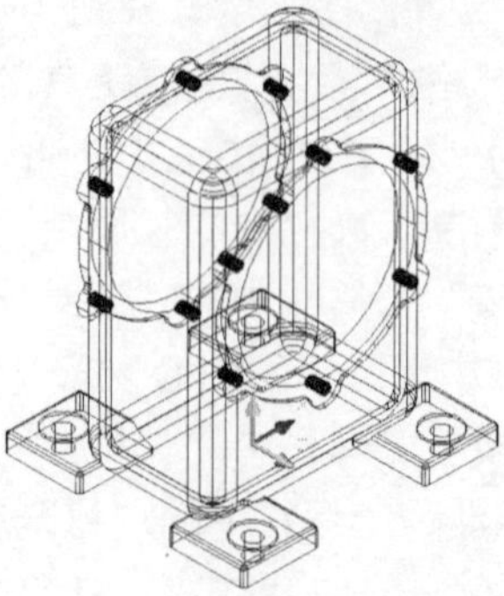

图 91-15 创建前后轴承盖凸台

22 单击“标准”工具栏中的“打开”按钮，利用“打开”命令打开图形文件“减速箱体.dwg”，并关闭“标注”层、“点画线”层和“细实线”层。

23 单击“标准”工具栏中的“复制”按钮，将减速箱体主视图中的螺塞凸台、油标凸台轮廓线及部分轴承盖凸台轮廓线复制到粘贴板。

24 选择菜单“窗口”→“减速箱体三维实体.dwg”选项，将该图形切换为当前图形。选择菜单“视图”→“三维视图”→“平面视图”→“当前视图”选项，单击“标准”工具栏中的“粘贴”按钮，在适当位置单击，将复制到粘贴板的图形粘贴到当前图形中，如图 91-16 所示。

25 选择菜单“格式”→“图层工具”→“图层匹配”选项，利用“图层匹配”命令将粘贴的图形的图层修改为“轮廓线”层。

26 选择菜单“修改”→“拉长”选项，利用“拉长”命令中的“动态”选项将粘贴的轴承盖凸台的两条圆弧轮廓线适当拉长，使其相交。

27 单击“修改”工具栏中的“修剪”按钮，利用“修剪”命令修剪如图 91-17 所示的图形。

28 单击“绘图”工具栏中的“面域”按钮，利用“面域”命令将两个封闭的图形创建为面域。

29 单击“建模”工具栏中的“拉伸”按钮，利用“拉伸”命令将两个面域拉伸 13mm。

30 单击“标准”工具栏中的“缩放上一个”按钮，回到上一个显示窗口，如图 91-18 所示

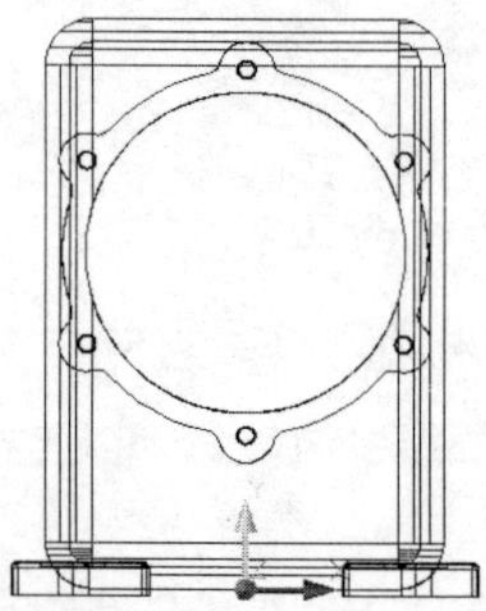

图 91-16 复制、粘贴图形

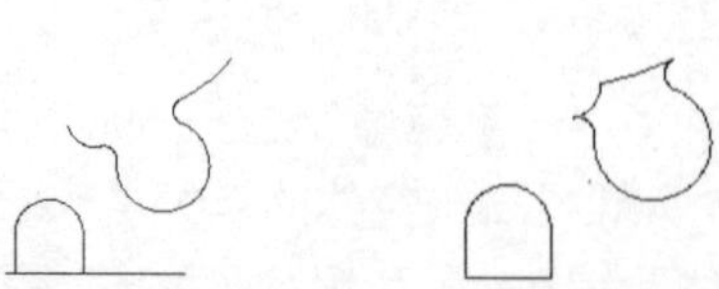

图 91-17 编辑图形

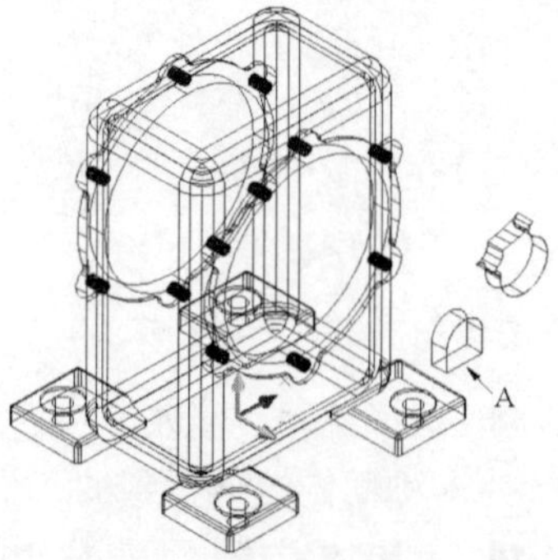

图 91-18 拉伸面域

31 单击“建模”工具栏中的“三维移动”按钮，利用“三维移动”命令移动两个拉伸出来的三维实体，移动的基点为圆头长方体可见端面水平轮廓线的中点 A，第 2 点的坐标为(-20, 0, 58)，

如图 91-19 所示。

32 单击“建模”工具栏中的“并集”按钮，利用“并集”命令将以上创建的实体合并，得到螺塞凸台和油标凸台。

33 单击“标准”工具栏中的“窗口缩放”按钮，将螺塞凸台和油标凸台放大显示。

34 选择菜单“窗口”→“六角头螺栓三维实体.dwg”选项，将该图形切换为当前图形。单击“标准”工具栏中的“复制”按钮，将六角头螺栓三维实体复制到粘贴板。

35 选择菜单“窗口”→“减速箱体三维实体.dwg”选项，将该图形切换为当前图形。单击“标准”工具栏中的“粘贴”按钮，在适当位置单击，将复制到粘贴板的图形粘贴到当前图形中。

36 选择菜单“格式”→“图层工具”→“图层匹配”选项，利用“图层匹配”命令将粘贴的图形的图层修改为“轮廓线”层，如图 91-20 所示。

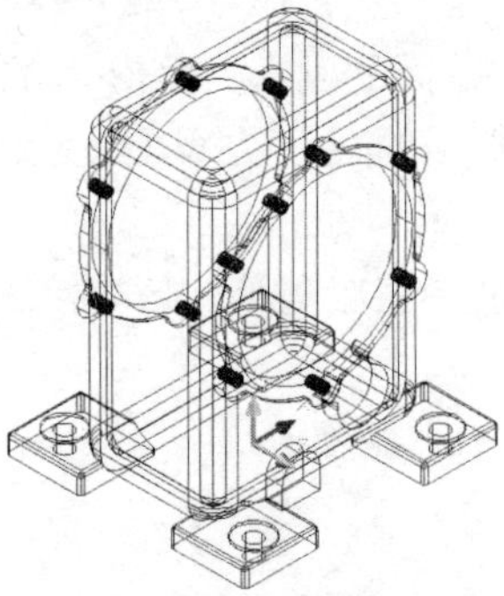

图 91-19　移动三维实体

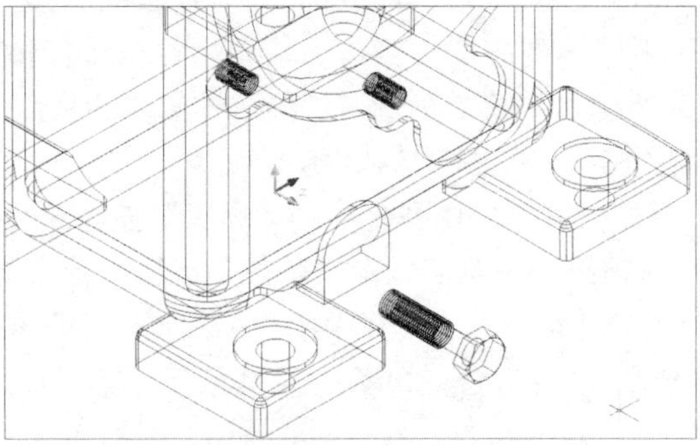

图 91-20　复制、粘贴六角头螺栓三维实体

37 单击 USC 工具栏中的“Y”按钮，将坐标系绕 Y 轴旋转-90°。

38 选择菜单“窗口”→“减速箱体.dwg”选项，将该图形切换为当前图形。单击“标准”工具栏中的“复制”按钮，将减速箱体零件图中油标孔局部视图中的轮廓线复制到粘贴板。

39 选择菜单“窗口”→“减速箱体三维实体.dwg”选项，将该图形切换为当前图形。单击“标准”工具栏中的“粘贴”按钮，在适当位置单击，将复制到粘贴板的图形粘贴到当前图形中。

40 选择菜单“格式”→“图层工具”→“图层匹配”选项，利用“图层匹配”命令将粘贴的图形的图层修改为“轮廓线”层，如图 91-21(a)所示。

41 单击“绘图”工具栏中的“直线”按钮，利用“直线”命令连接油标孔内 30°倒角连线的中点，如图 91-21(b)所示。

42 单击“修改”工具栏中的“延伸”按钮，利用“延伸”命令将中点的连线延伸到两侧端面轮廓线上，交点为 C 和的 D，如图 91-21(c)所示。

43 单击“修改”工具栏中的“修剪”按钮，利用“修剪”命令修剪出如图 91-21(d)所示的图形。

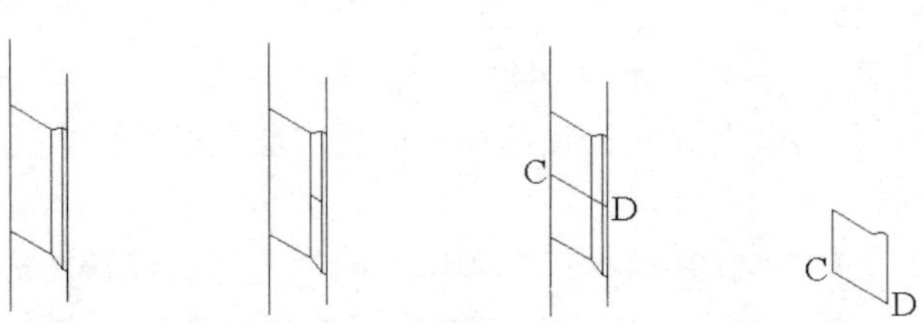

(a)　(b)　(c)　(d)

图 91-21　复制、粘贴图形并进行编辑

44 单击“绘图”工具栏中的“面域”按钮，利用“面域”命令将修剪出的封闭的图形创建为面域。

45 单击“建模”工具栏中的“旋转”按钮，利用“旋转”命令将创建的面域绕直线 CD 旋转 360°，得到挖油标孔的三维实体，如图 91-22 所示。

46 单击“修改”工具栏中的“缩放”按钮，利用“缩放”命令将粘贴的螺栓三维实体放大 1.6 倍。

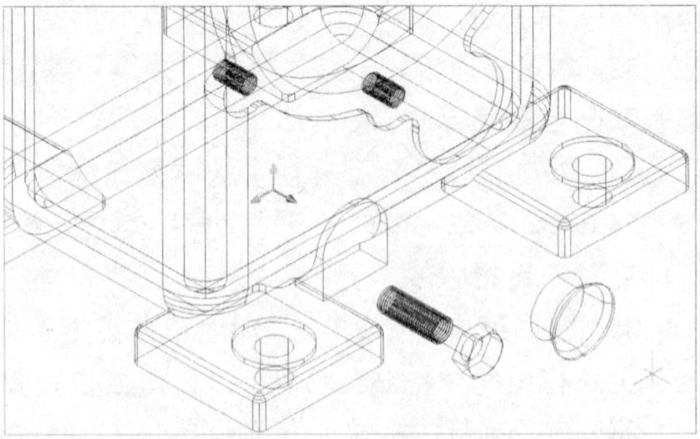

图 91-22　旋转面域

47 单击“建模”工具栏中的“三维移动”按钮，利用“三维移动”命令移动螺栓三维实体和旋转面域得到的三维实体，移动螺栓三维实体的基点为螺杆端面的圆心，第 2 点的坐标为 (35, 0, -20)。移动旋转面域得到的三维实体的基点为该实体可见端面的圆心，第 2 点为油标凸台可见端面的圆心，如图 91-23 所示。

48 单击“建模”工具栏中的“差集”按钮，利用“差集”命令将减速箱体与螺栓三维实体及旋转面域得到的三维实体做“差集”运算，挖出螺塞孔和油标孔。

49 单击“标准”工具栏中的“缩放上一个”按钮，回到上一个显示窗口。

完成创建前后凸台，如图 91-24 所示。

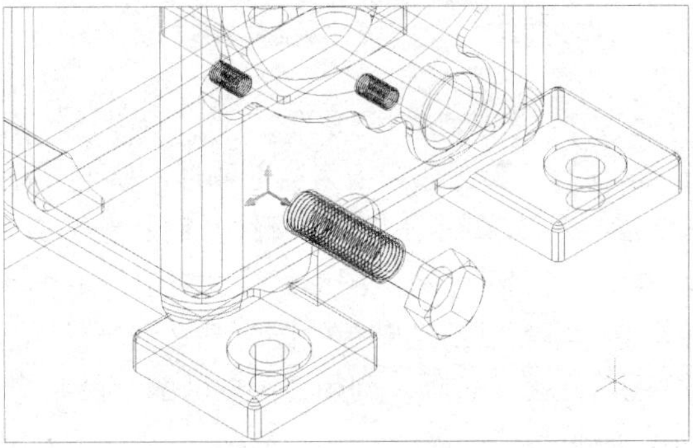

图 91-23　移动三维实体

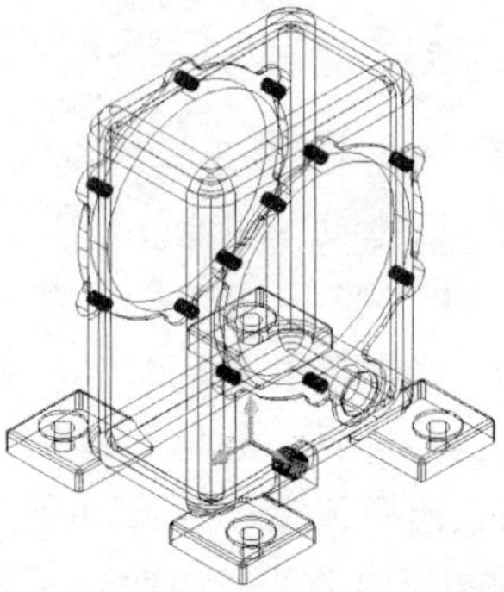

图 91-24　完成创建前后凸台

三、创建左右凸台

1 单击“标准”工具栏中的“窗口缩放”按钮，将箱体的左侧面下方部分放大显示。

2 单击“建模”工具栏中的“圆柱体”按钮，利用“圆柱体”命令创建底面半径为 51mm、高度为-22mm 的圆柱体，底面圆心的坐标为（0, 67, 90）。

3 回车，再次启动“圆柱体”命令，以底面半径为 51mm 的可见端面的圆心为底面圆心，创建底面半径为 32.5mm、高度为-22mm 的圆柱体。

4 回车，再次启动“圆柱体”命令，在绘图区适当位置创建底面半径为 2.55mm、高度为 16 的圆柱体。

5 选择菜单“窗口”→“六角头螺栓三维实体.dwg”选项，将该图形切换为当前图形。单击“标准”工具栏中的“复制”按钮，将六角头螺栓三维实体复制到粘贴板。

6 选择菜单“窗口”→“减速箱体三维实体.dwg”选项，将该图形切换为当前图形。单击“标准”工具栏中的“粘贴”按钮，在适当位置单击，将复制到粘贴板的图形粘贴到当前图形中。

7 选择菜单“格式”→“图层工具”→“图层匹配”选项，利用“图层匹配”命令将粘贴的图形的图层修改为“轮廓线”层，如图 91–25 所示。

8 单击“修改”工具栏中的“缩放”按钮，利用“缩放”命令将粘贴的螺栓三维实体缩小为原来的 0.6 倍。

9 利用“实体编辑”命令将小圆柱的端面拉伸为圆锥体，如图 91–26 所示。

```
命令: _solidedit      (单击“实体编辑”工具栏中的“拉伸面”按钮)
实体编辑自动检查:  SOLIDCHECK=1
输入实体编辑选项 [面(F)/边(E)/体(B)/放弃(U)/退出(X)] <退出>: _face
输入面编辑选项[拉伸(E)/移动(M)/旋转(R)/偏移(O)/倾斜(T)/删除(D)/复制(C)/颜色(L)/
材质(A)/放弃(U)/退出(X)] <退出>: _extrude
选择面或 [放弃(U)/删除(R)]:        (单击底面半径为2.55mm圆柱体的不可见端面)
找到 2 个面。
选择面或 [放弃(U)/删除(R)/全部(ALL)]: R↙       (输入R, 回车, 选择“删除”选项)
删除面或 [放弃(U)/添加(A)/全部(ALL)]:       (单击底面半径为2.55mm圆柱体的素线)
找到一个面, 已删除 1 个。
删除面或 [放弃(U)/添加(A)/全部(ALL)]:↙       (回车, 结束选择删除面)
指定拉伸高度或 [路径(P)]: 5↙       (输入拉伸高度5, 回车)
指定拉伸的倾斜角度 <0>: 60↙       (输入拉伸的倾斜角度, 回车)
已开始实体校验。
已完成实体校验。
输入面编辑选项[拉伸(E)/移动(M)/旋转(R)/偏移(O)/倾斜(T)/删除(D)/复制(C)/颜色(L)/
材质(A)/放弃(U)/退出(X)] <退出>: ↙       (回车, 结束“实体编辑”命令)
```

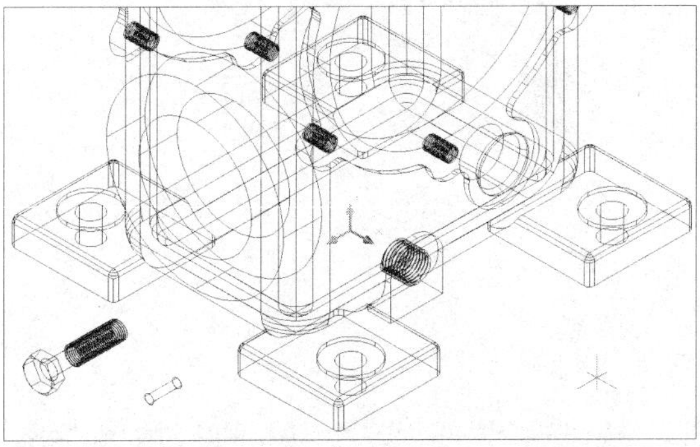

图 91–25　创建圆柱体、复制粘贴螺栓实体

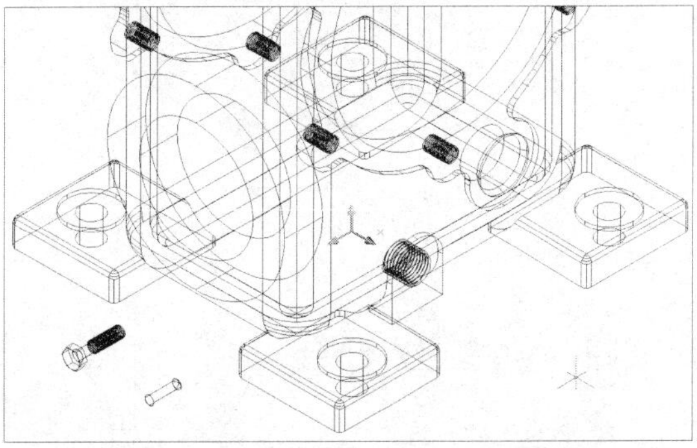

图 91–26　缩小拉伸实体，拉伸小圆柱体端面

10 单击“建模”工具栏中的“三维移动”按钮，利用“三维移动”命令移动拉伸端面后的小圆柱体和螺栓三维实体，移动拉伸端面后的小圆柱体的基点为该实体可见端面的圆心，指定第 2 点时可以单击“对象捕捉”工具栏中的“捕捉自”按钮，捕捉底面半径为 51mm 的圆柱体可见端面的圆心为基点，第 2 点相对于该基点的坐标为“@42<45”。移动螺栓三维实体的基点为螺杆端面的圆心，指定第 2 点时可以单击“对象捕捉”工具栏中的“临时追踪点捕捉”按钮，捕捉拉伸端面后的小圆柱体可见端面的圆心为临时追踪点，沿–Z 轴方向追踪 12mm 即可捕捉到移动的第 2 点。

11 选择菜单“修改”→“三维操作”→“三维阵列”选项，利用“三维阵列”命令将拉伸端面后的小圆柱体和螺栓三维实体绕底面半径为 51mm 的圆柱体的轴线做环形阵列，阵列的数量为 4 个，结果如图 91–27 所示。

12 单击“标准”工具栏中的“缩放上一个”按钮，回到上一个显示窗口。

13 选择菜单“修改”→“三维操作”→“三维镜像”选项，利用“三维镜像”命令以坐标面 XOY 为对称面做阵列后得到的三维实体和两个圆柱体的镜像，如图 91-28 所示。

14 单击“建模”工具栏中的“并集”按钮，利用“并集”命令将两个底面半径为 51mm 的圆柱体与箱体合并。

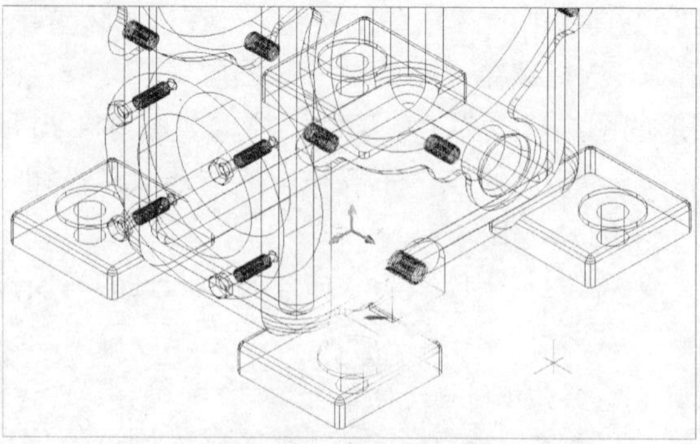

图 91-27 移动三维实体后做环形阵列

15 单击“建模”工具栏中的“差集”按钮，利用“差集”命令将合并后的三维实体与其余三维实体做“差集”运算，创建出左右凸台，并挖出轴孔和螺孔。

16 利用“倒角”命令在左右两端半径为 32.5mm 的轴孔的圆周处绘制倒角，倒角距离为 1mm。

完成创建左右凸台，如图 91-29 所示。

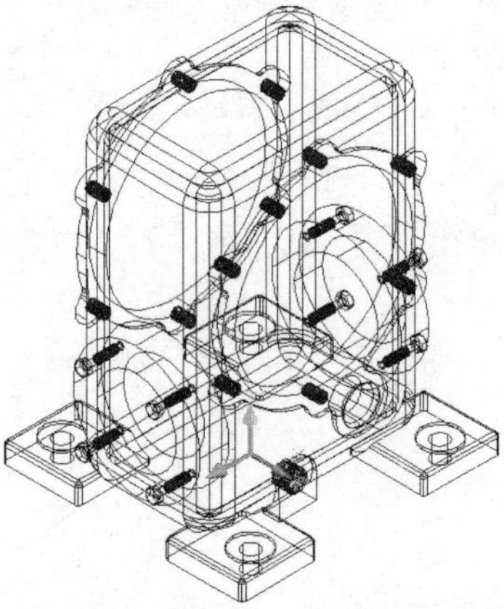

图 91-28 做三维镜像

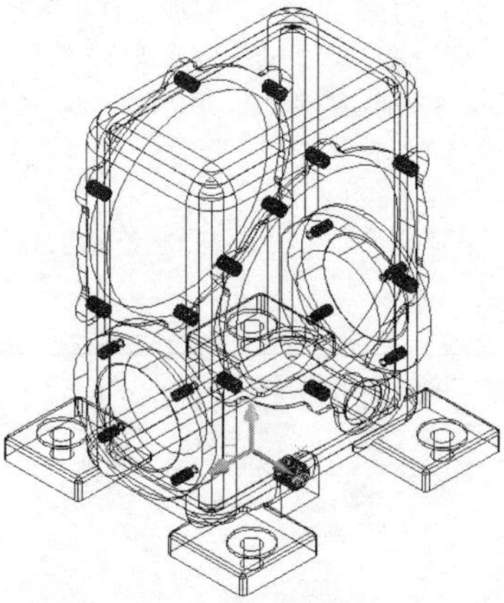

图 91-29 完成创建左右凸台

四、创建上方凸台

1 连续 3 次单击 USC 工具栏中的“上一个 USC”按钮，返回创建箱体和底座时的坐标系。

2 单击“标准”工具栏中的“窗口缩放”按钮，将箱体上表面部分放大显示。

3 单击“建模”工具栏中的“圆柱体”按钮，利用“圆柱体”命令创建底面半径为 13mm、高度 3mm 的圆柱体，底面圆心的坐标为（0, 0, 249）。

4 选择菜单“窗口”→“六角头螺栓三维实体.dwg”选项，将该图形切换为当前图形。单击“标准”工具栏中的“复制”按钮，将六角头螺栓三维实体复制到粘贴板。

5 选择菜单“窗口”→“减速箱体三维实体.dwg”选项，将该图形切换为当前图形。单击“标准”工具栏中的“粘贴”按钮，在适当位置单击，将复制到粘贴板的图形粘贴到当前图形中。

6 选择菜单“格式”→“图层工具”→“图层匹配”选项，利用“图层匹配”命令将粘贴的图形的图层修改为“轮廓线”层，如图 91-30 所示。

7 单击“建模”工具栏中的“并集”按钮，利用“并集”命令将创建的圆柱体与箱体合并。

8 单击“修改”工具栏中的“圆角”按钮，利用“圆角”命令在圆柱体与箱体的交线处绘制半径为 3mm 的圆角。

9 单击"修改"工具栏中的"缩放"按钮，利用"缩放"命令将粘贴的螺栓三维实体放大 1.6 倍。

10 单击"建模"工具栏中的"三维移动"按钮，利用"三维移动"命令移动螺栓三维实体，移动的基点为螺杆端面的圆心，第 2 点的坐标为（0, 0, 239），如图 91–31 所示。

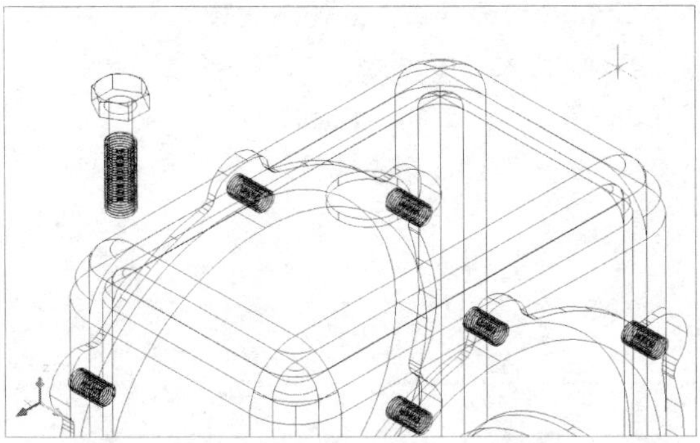

图 91–30　创建圆柱体，复制、粘贴螺栓实体

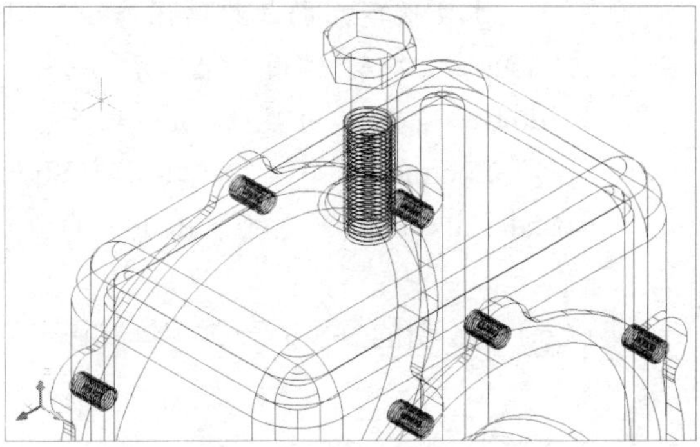

图 91–31　绘制圆角，移动螺栓实体

11 单击"建模"工具栏中的"差集"按钮，利用"差集"命令将箱体与螺栓三维实体做"差集"运算，创建出上方凸台，并挖出螺孔，如图 91–32 所示。

12 单击"标准"工具栏中的"缩放上一个"按钮，回到上一个显示窗口。

13 单击 USC 工具栏中的"原点"按钮，调整坐标系原点的位置。

14 单击"视觉样式"工具栏中的"概念视觉样式"按钮，将减速箱体的三维实体显示为概念视觉样式。

15 选择菜单"视图"→"视口"→"两个视口"选项，利用"视口"命令创建两个垂直视口。

16 单击右侧视口，视口被激活后，选择菜单"视图"→"三维视图"→"西南等轴测"选项，如图 91–33 所示。

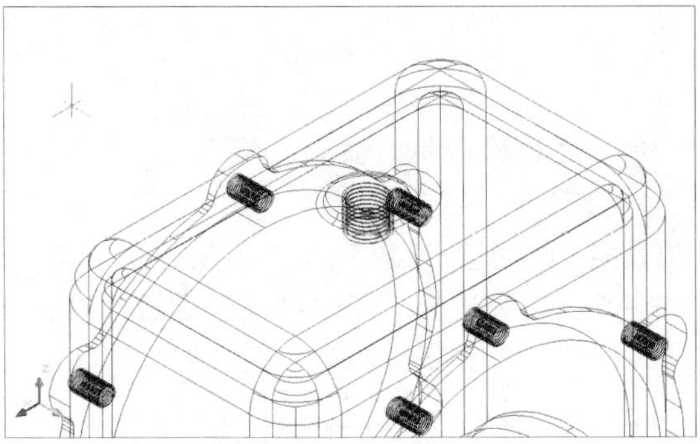

图 91–32　创建上方凸台

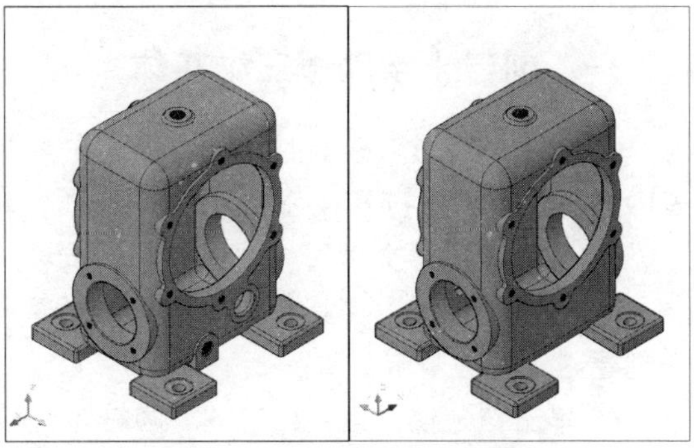

图 91–33　创建两个视口

17 设置渲染目标和渲染材质，并创建纯白色渲染视图。单击"渲染"工具栏中的"渲染"按钮，即可对两个视口中的减速箱体三维实体进行渲染，如图 91–1 所示。

完成创建减速箱体三维实体。

实例 92 拨叉三维实体

本实例所用的三维绘图命令："圆柱体" Cylinder 命令、"当前视觉样式" Vscurrent 命令、"用户坐标系" USC 命令、"拉伸" Extrude 命令、"三维移动" 3dmove 命令、"并集" Union 命令、"圆角" Fillet 命令、"剖切" Slice 命令、"差集" Subtract 命令、"实体编辑" Slidedit 命令、"倒角" Chamfer 命令、"材质" Materials 命令、"渲染" Render 命令。

实例 59 中绘制的拨叉的三维实体如图 92-1 所示。

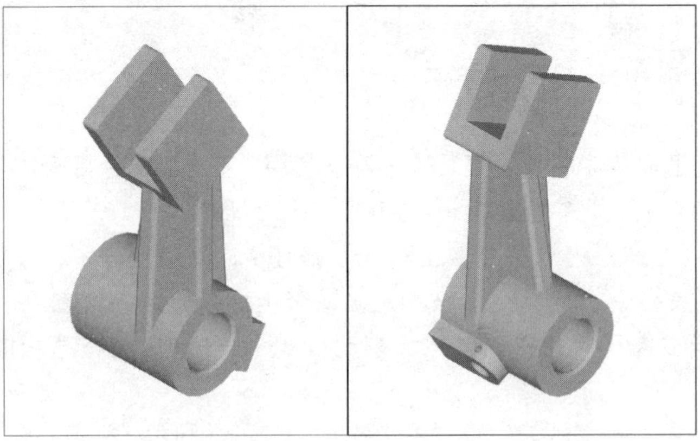

图 92-1 拨叉三维实体

绘制步骤

一、创建十字肋板三维实体

1 单击"标准"工具栏中的"新建"按钮，弹出"选择样板"对话框，在"打开"下拉列表中选择"无样板打开－公制（M）"选项，新建一个图形文件。

2 选择菜单"文件"→"另存为"选项，将图形保存为"拨叉三维实体.dwg"。

3 单击"图层"工具栏中"图层特性管理器"按钮，在弹出的"图层特性管理器"对话框中创建"轮廓线"层。

4 单击"建模"工具栏中的"圆柱体"按钮，利用"圆柱体"命令创建底面半径为 20mm，高度为 49mm 的圆柱体。

5 选择菜单"视图"→"三维视图"→"东北等轴测"选项，单击"视觉样式"工具栏中的按钮，将三维实体显示为三维线框视觉样式。

6 打开状态栏中的"正交"按钮和"对象捕捉"按钮，单击 USC 工具栏中的"原点"按钮，将坐标系原点移到圆柱体不可见端面的圆心处，

7 单击"标准"工具栏中的"打开"按钮，利用"打开"命令打开图形文件"拨叉.dwg"，

并关闭“标注”层、“点画线”层和“细实线”层。

8 单击“标准”工具栏中的“复制”按钮，将拨叉左视图中的圆柱、肋板和拨叉的轮廓线复制到粘贴板。

9 选择菜单“窗口”→“拨叉三维实体.dwg”选项，将该图形切换为当前图形。单击“标准”工具栏中的“粘贴”按钮，在适当位置单击，将复制到粘贴板的图形粘贴到当前图形中。

10 选择菜单“格式”→“图层工具”→“图层匹配”选项，利用“图层匹配”命令将粘贴的图形的图层修改为“轮廓线”层，如图 92-2 所示。

11 单击“修改”工具栏中的“移动”按钮，利用“移动”命令移动带圆角的倾斜矩形及其内部的倾斜线。

12 单击“修改”工具栏中的“复制”按钮，利用“复制”命令复制所移动的图形。

13 单击“绘图”工具栏中的“直线”按钮，利用“直线”命令过端点 A 绘制与 X 轴平行的直线 AB。

14 单击“修改”工具栏中的“合并”按钮，启动“合并”命令后，单击粘贴的圆弧为合并对象，输入 L 后回车，选择“闭合”选项，将圆弧闭合为整圆，如图 92-3 所示。

15 单击“修改”工具栏中的“延伸”按钮，利用“延伸”命令将与直线 AB 不相交的轮廓线延伸到 AB。

16 单击“修改”工具栏中的“删除”按钮和“修剪”按钮，删除、修剪粘贴图形中的轮廓线，得到 3 个封闭的图形。

17 单击“绘图”工具栏中的“面域”按钮，利用“面域”命令将 3 个封闭的图形创建为面域，如图 92-4 所示。

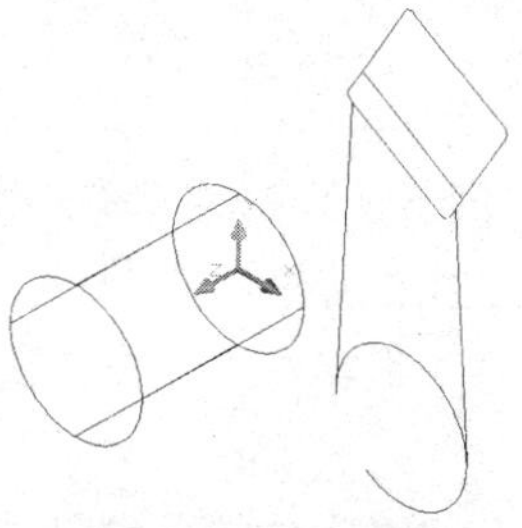

图 92-2　修改图层

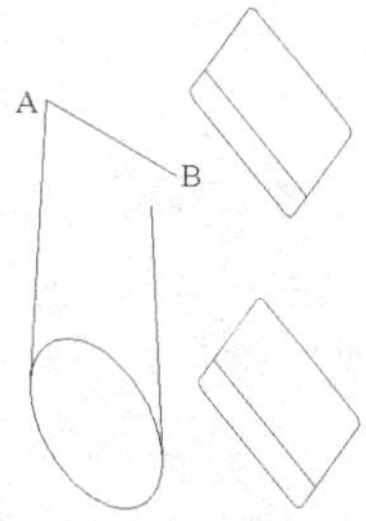

图 92-3　编辑粘贴的图形

图 92-4　创建面域

18 单击“建模”工具栏中的“拉伸”按钮，利用“拉伸”命令拉伸 3 个面域，拉伸 3 个面域的高度为 8mm、32mm 和 18mm，得到三维实体Ⅰ、Ⅱ、Ⅲ，如图 92-5 所示。

19 单击“建模”工具栏中的“三维移动”按钮，利用“三维移动”命令移动三维实体Ⅰ，移动的基点为该实体可见端面的圆心，第 2 点的坐标为（0, 0, 19）。

20 单击 USC 工具栏中的“Y”按钮，将坐标系绕 Y 轴旋转 90°。

21 选择菜单“窗口”→“拨叉.dwg”选项，将该图形切换为当前图形。

22 单击“标准”工具栏中的“复制”按钮，将拨叉主视图中的肋板的轮廓线复制到粘贴板。

23 选择菜单“窗口”→“拨叉三维实体.dwg”选项，将该图形切换为当前图形。单击“标准”工具栏中的“粘贴”按钮，在适当位置单击，将复制到粘贴板的图形粘贴到当前图形中。

24 选择菜单“格式”→“图层工具”→“图层匹配”选项，利用“图层匹配”命令将粘贴的图形的图层修改为“轮廓线”层，如图 92-6 所示。

25 单击“绘图”工具栏中的“直线”按钮，利用“直线”命令连接端点 D 和 F。

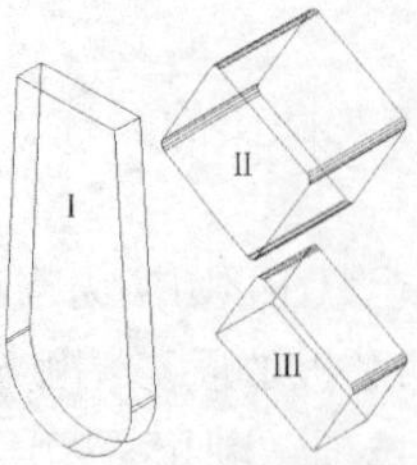

图 92-5　拉伸面域

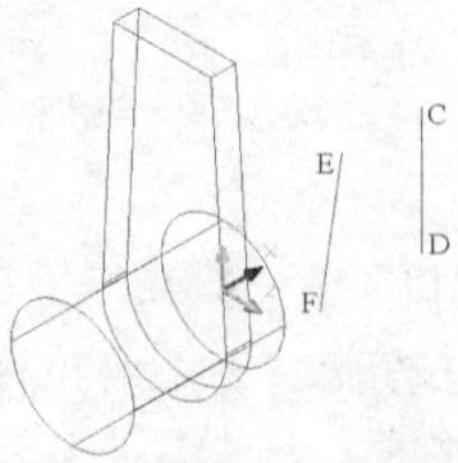

图 92-6　移动三维实体，复制粘贴图形

26 选择菜单“修改”→“拉长”选项，利用“拉长”命令中的“增量”选项，将直线 CD 和 EF 向下拉长 5mm，向上拉长 20mm，得到直线 GH 和 IJ，如图 92-7 所示。

27 单击“绘图”工具栏中的“直线”按钮，利用“直线”命令连接端点 G 和 I、H 和 J。

28 单击“绘图”工具栏中的“面域”按钮，利用“面域”命令将有由直线 GH、HJ、JI 和 IG 构成的封闭图形创建为面域。

29 单击“建模”工具栏中的“拉伸”按钮，利用“拉伸”命令将面域拉伸 8mm，得到三维实体Ⅳ。

30 单击“绘图”工具栏中的“直线”按钮，利用“直线”命令过端点 D 绘制与 Z 轴平行的辅助线 DK，DK 的长度为 8mm，如图 92-8 所示。

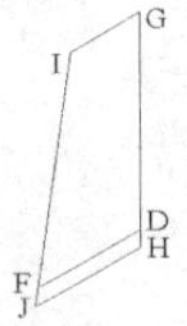

图 92-7　连接端点，拉长直线

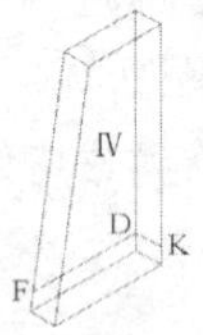

图 92-8　拉伸面域，绘制辅助线

31 单击“建模”工具栏中的“三维移动”按钮，利用“三维移动”命令移动三维实体Ⅳ，移动的基点为辅助线 DK 的中点，第 2 点的坐标为（-2, 20, 0），如图 92-9 所示。

32 单击“建模”工具栏中的“并集”按钮，利用“并集”命令将三维实体Ⅰ、Ⅳ与圆柱体合并。

33 单击“修改”工具栏中的“圆角”按钮，利用“圆角”命令在三维实体的倾斜棱边处绘制半径为 2mm 的圆角，如图 92-10 所示。

34 选择菜单“修改”→“三维操作”→“剖切”选项，利用“剖切”命令将两个肋板三维实体的上表面切平（切去高出的那部分肋板实体）。

完成创建十字肋板三维实体，如图 92-11 所示。

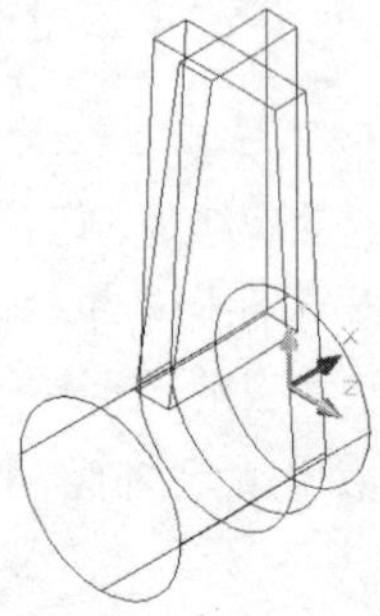

图 92-9　移动三维实体

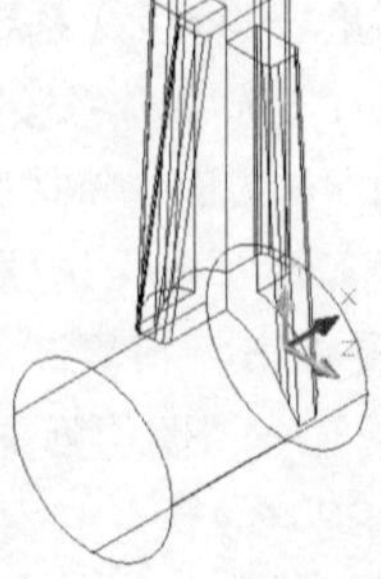

图 92-10　绘制圆角

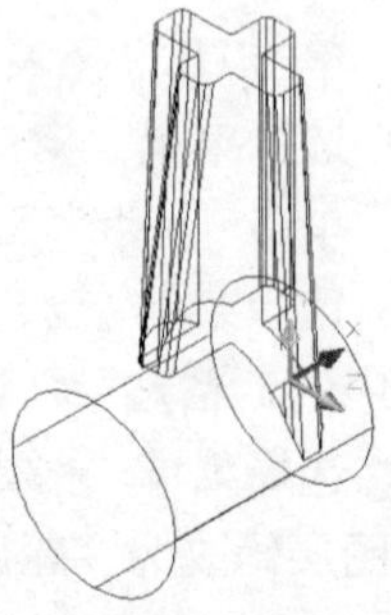

图 92-11　完成十字肋板三维实体

二、创建拨叉三维实体

1 单击“绘图”工具栏中的“直线”按钮，利用“直线”命令连接十字肋板上表面相对棱边的中点 a 和 b、c 和 d，两条连线的交点为 e。

2 单击“绘图”工具栏中的“直线”按钮，利用“直线”命令过交点 e 绘制与 Y 轴平行的直线 ef，并连接圆柱体两个端面的圆心 g 和 h。

3 单击“修改”工具栏中的“延伸”按钮，利用“延伸”命令将直线 fe 延伸到与直线 gh 相交，交点为 i，如图 92-12 所示。

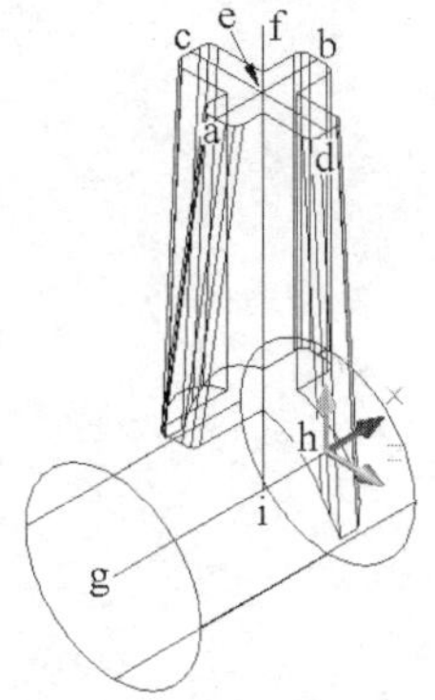

图 92-12　绘制辅助线

4 单击 USC 工具栏中的“面 USC”按钮，将三维实体 II 的右上表面设置为当前绘图面。

```
命令: _ucs
当前 UCS 名称: *没有名称*
指定 UCS 的原点或 [面(F)/命名(NA)/对象(OB)/上一个(P)/视图(V)/世界(W)/X/Y/Z/Z轴(ZA)] <世界>: _fa
选择实体对象的面:        (在三维实体 II 的右上表面的棱边的左上方端点附近单击该棱边)
输入选项 [下一个(N)/X 轴反向(X)/Y 轴反向(Y)] <接受>:↙ (回车，X轴与单击的棱边对齐)
```

5 单击“绘图”工具栏中的“直线”按钮，利用“直线”命令连接 X 轴所在棱边的中点 L 和与 X 轴相对棱边的中点 M。

6 单击“修改”工具栏中的“偏移”按钮，利用“偏移”命令沿 X 轴的负方向偏移直线 LM，偏移距离为 3mm，得到直线 NP，如图 92-13 所示。

7 单击 USC 工具栏中的“Y”按钮，将坐标系绕 Y 轴旋转 90°。

8 单击“修改”工具栏中的“偏移”按钮，利用“偏移”命令沿 X 轴的正方向偏移直线 NP，偏移距离为 28mm，得到直线 QR，如图 92-14 所示。

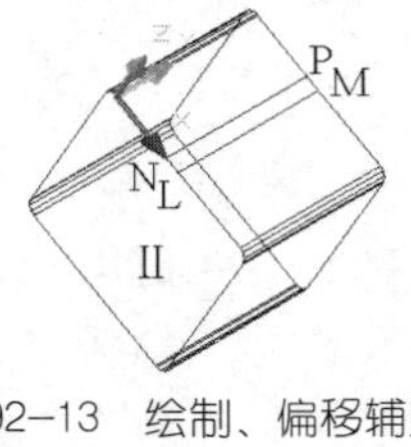

图 92-13　绘制、偏移辅助线

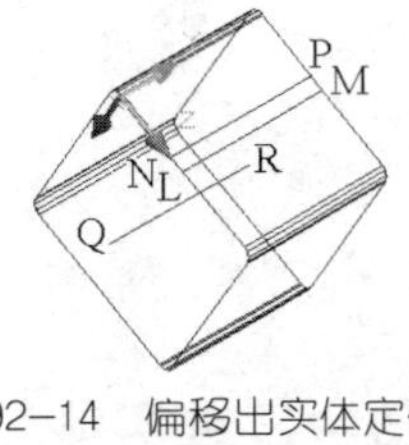

图 92-14　偏移出实体定位线

9 双击 USC 工具栏中的“上一个 USC”按钮，返回原来的坐标系。

10 单击“建模”工具栏中的“三维移动”按钮，利用“三维移动”命令移动三维实体 II 和中点连线 LM，移动的基点为辅助线 QR 的中点，指定第 2 点时单击“对象捕捉”工具栏中的“临时追踪点捕捉”按钮，捕捉端点 i 为临时追踪点，沿直线 if 的追踪距离为 80mm，即可捕捉到第 2 点，如图 92-15 所示。

11 单击“修改”工具栏中的“删除”按钮，利用“删除”命令将直线 NP 和 QR 删除。

12 单击“绘图”工具栏中的“直线”按钮，利用“直线”命令连接三维实体 III 右上表面相对的两个棱边的中点 S 和 T，如图 92-16 所示。

13 单击“建模”工具栏中的“三维移动”按钮，利用“三维移动”命令移动三维实体 III，移动的基点为辅助线 ST 的中点，第 2 点为直线 LM 的中点，如图 92-17 所示。

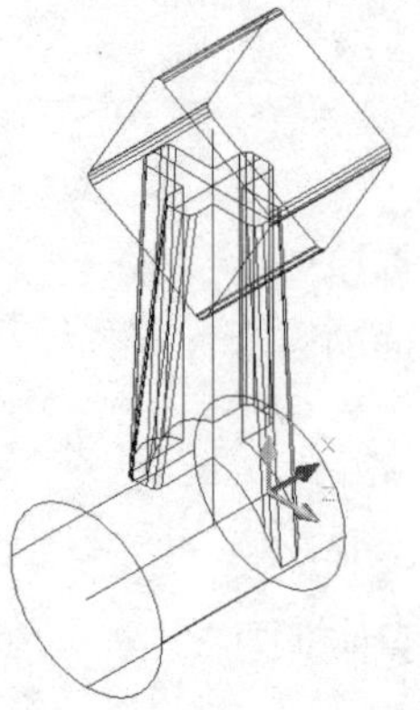
图 92-15　移动三维实体

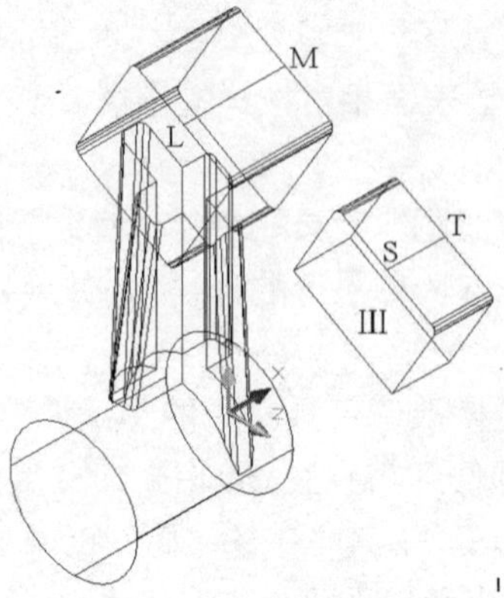

图 92-16　绘制辅助线

14 单击“修改”工具栏中的“删除”按钮，利用“删除”命令将直线 LM 和 ST 删除。

15 单击“建模”工具栏中的“并集”按钮，利用“并集”命令将三维实体 II 与肋板三维实体合并。

16 单击“建模”工具栏中的“差集”按钮，利用“差集”命令将合并后的三维实体与三维实体 III 做“差集”运算，创建出拨叉三维实体，如图 92-18 所示。

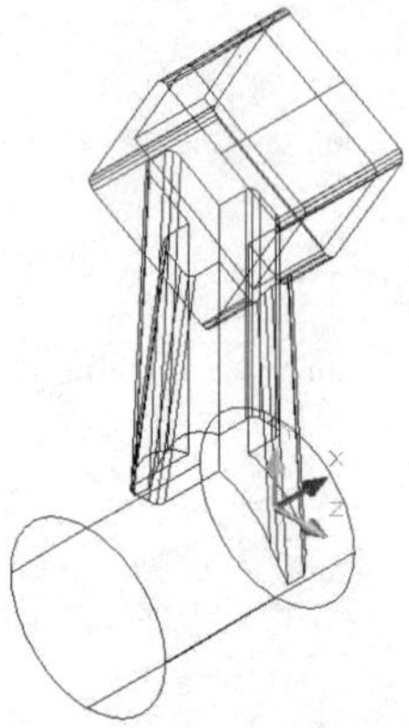
图 92-17　移动三维实体

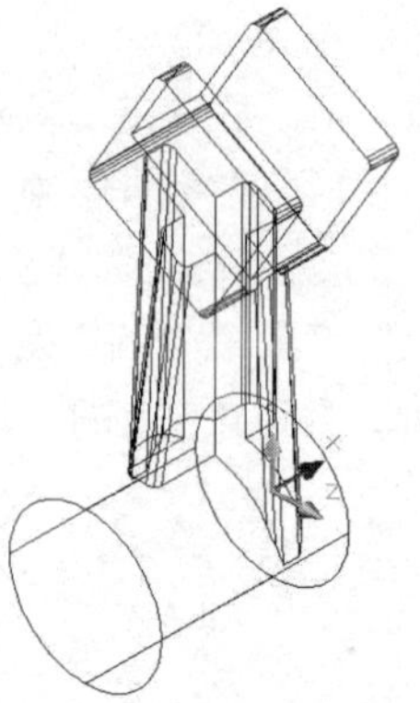
图 92-18　创建出拨叉三维实体

三、创建倾斜凸台三维实体

1 选择菜单“视图”→“三维视图”→“东南等轴测”选项，将三维实体显示为东南等轴测图。

2 单击“绘图”工具栏中的“圆”按钮，利用“圆”命令绘制半径为 9mm 和 4.5mm 的同心圆。

3 单击“绘图”工具栏中的“直线”按钮，利用“直线”命令以半径为 9mm 的圆的上象限点为起点，连续绘制水平线、竖直线和水平线，第 2 条水平线的端点为半径为 9mm 的圆的下象限点，3 条直线的长度为 22mm、18mm 和 22mm，如图 92-19 所示。

4 单击“修改”工具栏中的“修剪”按钮，利用“修剪”命令修剪半径为 9mm 的圆，如图 92-20 所示。

5 单击“绘图”工具栏中的“面域”按钮，利用“面域”命令将半圆和 3 条直线构成的封闭图形创建为面域。

6 单击“建模”工具栏中的“拉伸”按钮，启动“拉伸”命令将面域和圆拉伸 10mm，得到圆头长方体和圆柱体，如图 92-21 所示。

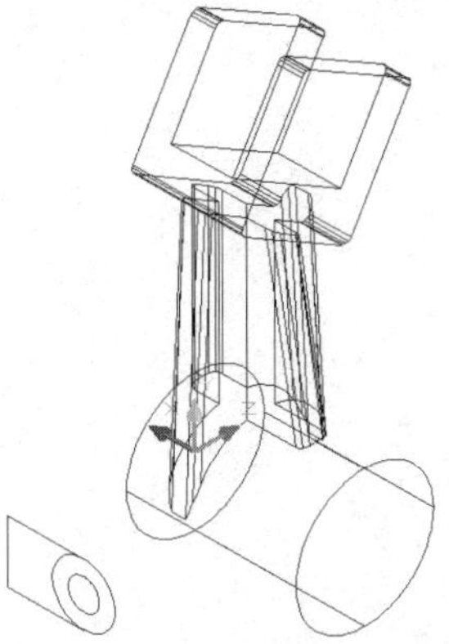
图 92-19　绘制同心圆和直线

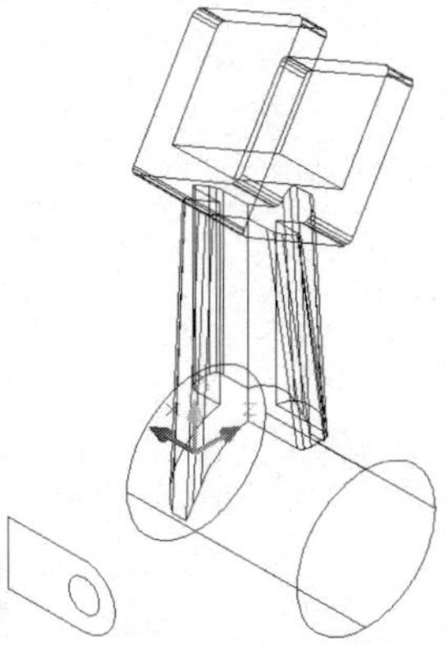
图 92-20　修剪圆

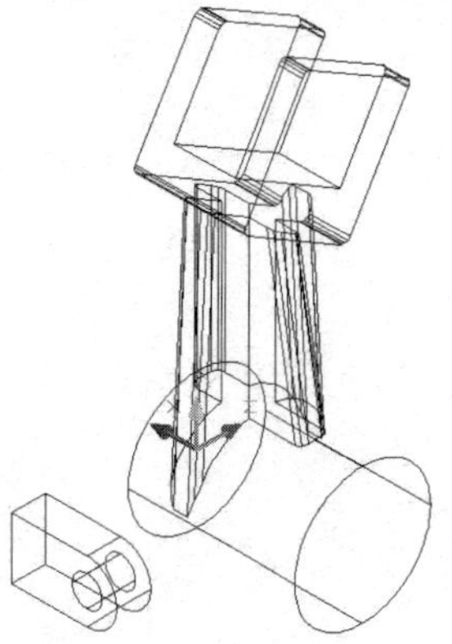
图 92-21　拉伸面域和圆

7 单击 USC 工具栏中的“X”按钮，将坐标系绕 X 轴旋转 90°。

8 单击“建模”工具栏中的“圆柱体”按钮，利用“圆柱体”命令创建半径为 1.5mm、高度为 18mm 的圆柱体。指定圆柱体底面圆心的位置时，可单击“对象捕捉”工具栏中的“临时追踪点捕捉”按钮，捕捉圆头长方体的可见端面上半圆的上端点为临时追踪点，沿 Y 轴正方向追踪 4mm 即可确定出圆柱体端面圆心的位置。

9 单击“实体编辑”工具栏中的“拉伸面”按钮，利用“实体编辑”命令将底面半径为 4.5mm 的圆柱的不可见端面拉伸为倾斜角度为 60° 的圆锥体，如图 92-22 所示。

10 单击 USC 工具栏中的“Y”按钮，将坐标系绕 Y 轴旋转 90°。

11 单击 USC 工具栏中的“Z”按钮，将坐标系绕 Z 轴旋转 90°。

12 单击“修改”工具栏中的“旋转”按钮，利用“旋转”命令将圆头长方体和两个圆柱体绕基点 W 旋转 30°，如图 92-23 所示。W 为圆头长方体可见端面上竖直轮廓线的中点。

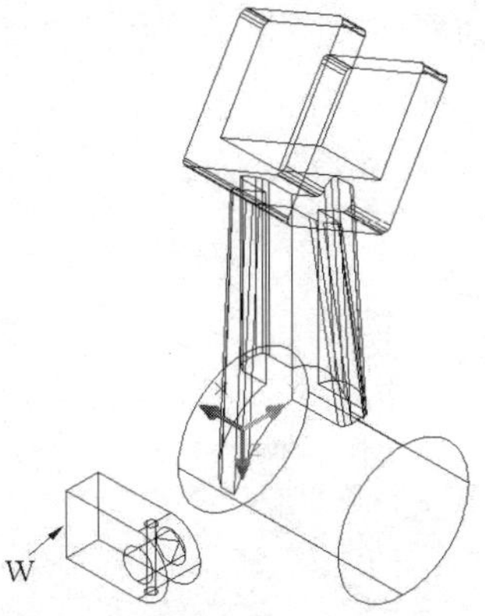

图 92-22　创建圆柱体，拉伸大圆柱体

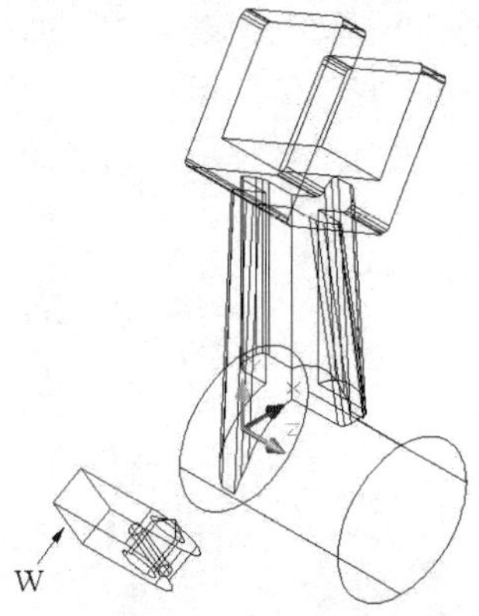

图 92-23　旋转三维实体

13 单击“建模”工具栏中的“三维移动”按钮，利用“三维移动”命令移动旋转后的 3 个三维实体，移动的基点为端面轮廓线的中点 W，第 2 点的坐标为“25<300”，如图 92-24 所示。

14 单击“建模”工具栏中的“并集”按钮，利用“并集”命令将圆头长方体与拨叉三维实体合并。

15 单击“建模”工具栏中的“差集”按钮，利用“差集”命令将合并后的三维实体与两个圆柱体做“差集”运算，创建出倾斜凸台三维实体，并挖出盲孔和销孔，如图 92-25 所示。

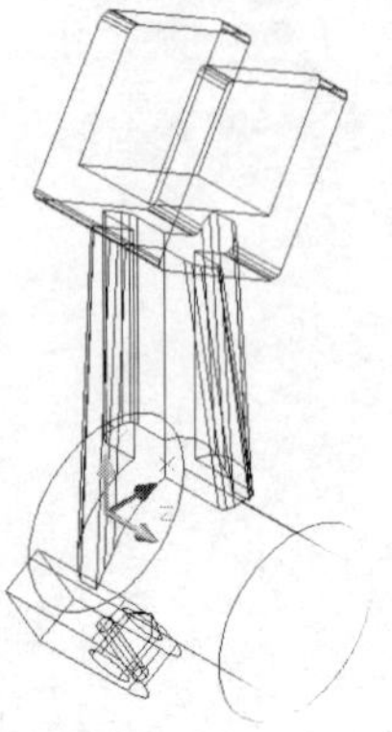

图 92-24　移动三维实体

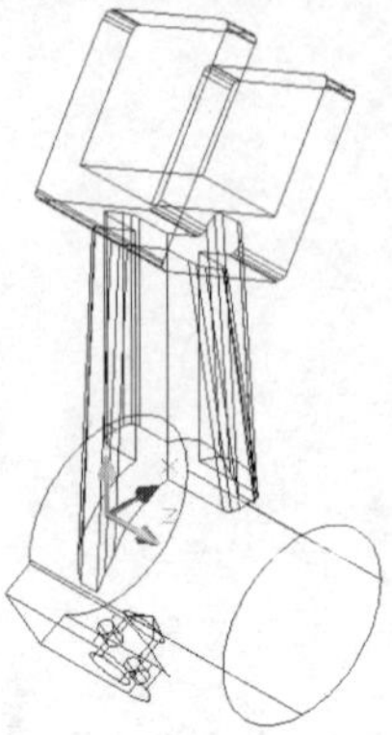

图 92-25　创建出倾斜凸台三维实体

四、挖切轴孔和键槽

1 选择菜单“窗口”→“拨叉.dwg”选项，将该图形切换为当前图形。

2 单击“标准”工具栏中的“复制”按钮，将拨叉左视图中的轴孔和键槽的轮廓线复制到粘贴板。

3 选择菜单“窗口”→“拨叉三维实体.dwg”选项，将该图形切换为当前图形。单击“标准”工具栏中的“粘贴”按钮，在适当位置单击，将复制到粘贴板的图形粘贴到当前图形中。

4 选择菜单“格式”→“图层工具”→“图层匹配”选项，利用“图层匹配”命令将粘贴的图形的图层修改为“轮廓线”层，如图 92-26 所示。

5 单击“绘图”工具栏中的“面域”按钮，利用“面域”命令将粘贴的图形创建为面域。

6 单击“建模”工具栏中的“拉伸”按钮，启动“拉伸”命令将面域拉伸 49mm。

7 单击“建模”工具栏中的“三维移动”按钮，利用“三维移动”命令移动拉伸后的 3 个三维实体，移动的基点为该实体可见端面的圆心，第 2 点为底面半径为 20mm 的大圆柱体可见端面的圆心，如图 92-27 所示。

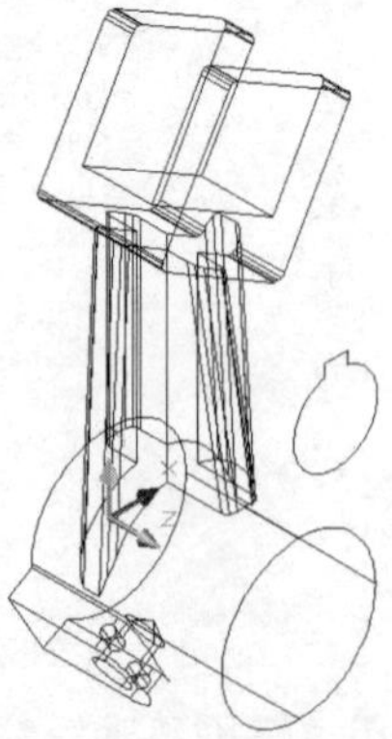

图 92-26　复制、粘贴图形

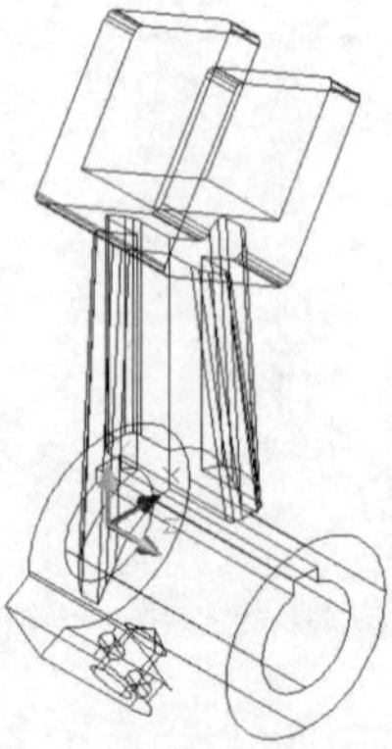

图 92-27　移动拉伸后得到的实体

8 单击“建模”工具栏中的“差集”按钮，利用“差集”命令将拨叉三维实体与拉伸后得到的三维实体做“差集”运算，挖出轴孔和键槽，如图 92-28 所示。

9 单击“修改”工具栏中的“倒角”按钮，利用“倒角”命令轴孔在大圆柱体两个端面上的圆周处创建倒角，倒角距离为 1mm，如图 92-28 所示。

10 单击 USC 工具栏中的“原点”按钮，调整坐标系原点的位置，

11 单击“视觉样式”工具栏中的“概念视觉样式”按钮，将拨叉的三维实体显示为概念视觉样式。

12 选择菜单“视图”→“视口”→“两个视口”选项，利用“视口”命令创建两个垂直视口。

13 单击左侧视口，视口被激活后，选择菜单“视图”→“三维视图”→“西北等轴测”选项，如图 92-29 所示。

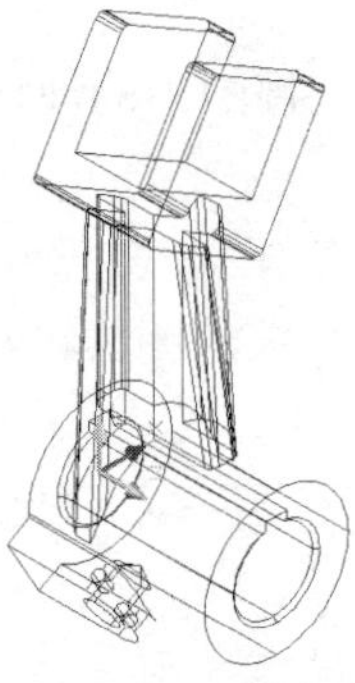

图 92-28　挖切轴孔和键槽，并创建倒角

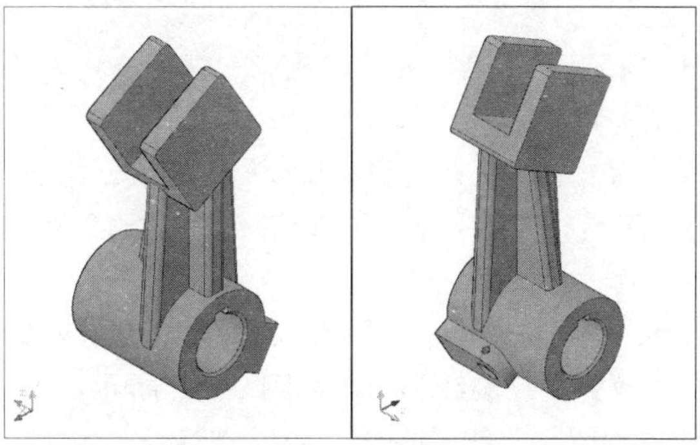

图 92-29　创建两个视口

14 设置渲染目标和渲染材质，并创建纯白色渲染视图。单击“渲染”工具栏中的“渲染”按钮，即可对两个视口中的拨叉三维实体进行渲染，如图 92-1 所示。

完成创建拨叉三维实体。

实例 93　油杯和轴衬固定套三维实体

本实例所用的三维绘图命令：“旋转”Revolve 命令、“三维自由观察”3DFOrbit 命令、“当前视觉样式”Vscurrent 命令、“长方体”Box 命令、“三维移动”3dmove 命令、“三维阵列”3darray 命令、“差集”Subtract 命令、“拉伸”Extrude 命令、“剖切”Slice 命令、“并集”Union 命令、“材质”Materials 命令、“渲染”Render 命令。

实例 72 中滑动轴承所用的油杯和轴衬固定套的三维实体如图 93-1 所示。

图 93-1　油杯和轴衬固定套三维实体

绘制步骤

一、复制、粘贴图形

1 单击“标准”工具栏中的“新建”按钮，弹出 “选择样板”对话框，在“打开”下拉列表中选择“无样板打开 – 公制（M）”选项，新建一个图形文件。

2 选择菜单“文件”→“另存为”选项，将图形保存为“油杯和轴衬固定套三维实体.dwg”。

3 单击“图层”工具栏中“图层特性管理器”按钮，在弹出的“图层特性管理器”对话框中创建“轮廓线”层。

4 单击“标准”工具栏中的“打开”按钮，利用“打开”命令打开图形文件“滑动轴承.dwg”，并关闭“标注”层、“点画线”层和“细实线”层。

5 单击“标准”工具栏中的“复制”按钮，将滑动轴承装配图的主视图中的油杯和轴衬固定套图形复制到粘贴板。

6 选择菜单“窗口”→“油杯和轴衬固定套三维实体.dwg”选项，将该图形切换为当前图形。单击“标准”工具栏中的“粘贴”按钮，在适当位置单击，将复制到粘贴板的图形粘贴到当前图形中。

7 选择菜单“格式”→“图层工具”→“图层匹配”选项，利用“图层匹配”命令将粘贴的图形的图层修改为“轮廓线”层。如图 93–2 所示。

8 单击“绘图”工具栏中的“直线”按钮，利用“直线”命令连接端点 A 和 B，以及端点 C 和 D。

9 单击“修改”工具栏中的“删除”按钮和“修剪”按钮，利用“删除”命令和“修剪”命令删除、修剪轮廓线，如图 93–3 所示。

10 单击“绘图”工具栏中的“面域”按钮，利用“面域”命令将两个封闭图形创建为面域。

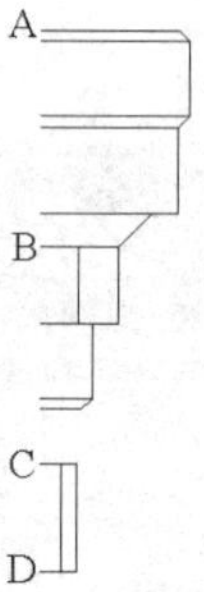

图 93–2　复制粘贴图形

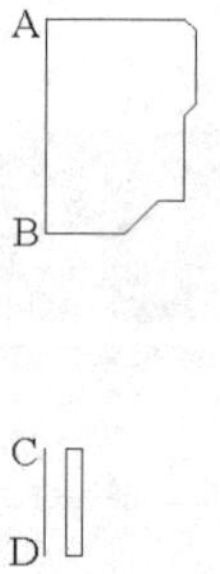

图 93–3　删除、修剪轮廓线

二、创建油杯三维实体

1 单击“建模”工具栏中的“旋转”按钮，利用“旋转”命令将多边形面域绕直线 AB 旋转 360°。

2 单击“动态观察器”工具栏中的“自由动态观察”按钮，调整观察方向，如图 93–4 所示。

3 单击“视觉样式”工具栏中的“三维隐藏视觉样式”按钮，将三维实体显示为三维线框视觉样式。

4 单击“建模”工具栏中的“长方体”按钮，利用“长方体”命令创建长度为 1mm、宽度为

12mm、高度为 1mm 的长方体。

5 单击“标准”工具栏中的“窗口缩放”按钮，将长方体放大显示，如图 93-5 所示。

6 单击“建模”工具栏中的的“三维移动”按钮，利用“三维移动”命令将长方体和旋转得到的三维实体移到一起，如图 93-6 所示。移动的基点为在长方体上捕捉棱边的中点 F，指定第 2 点时可以单击“对象捕捉”工具栏中的“临时追踪点捕捉”按钮，在旋转得到的三维实体的大圆柱体端面圆周上捕捉象限点 E 为临时追踪点，沿 Y 轴正方向追踪 1mm 即可确定第 2 点的位置。

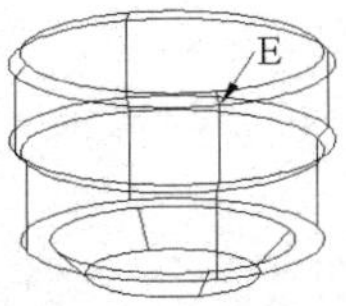

图 93-4　旋转面域

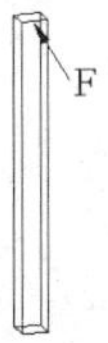

图 93-5　创建长方体

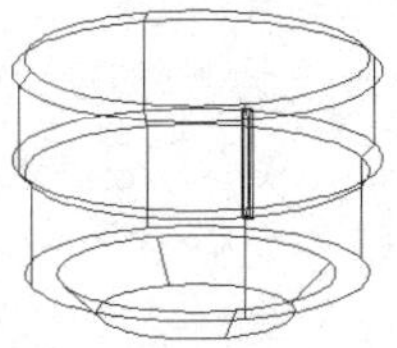
图 93-6　移动长方体

7 单击“建模”工具栏中的“三维阵列”按钮，利用“三维阵列”命令将长方体绕旋转得到的三维实体的轴线做环形阵列，阵列的数量为 60 个，如图 93-7 所示。

8 单击“建模”工具栏中的“差集”按钮，利用“差集”命令将旋转得到的三维实体与 60 个长方体做“差集”运算，在旋盖上挖出直纹，如图 93-8 所示。

9 单击 USC 工具栏中的“X”按钮，将坐标系绕 X 轴旋转 90°。

10 单击“绘图”工具栏中的“正多边形”按钮，利用“正多边形”命令绘制外接圆直径为 21mm 的正六边形，如图 93-9 所示。

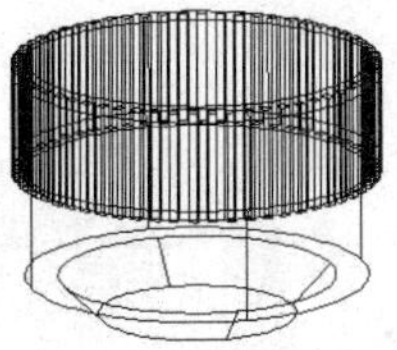
图 93-7　长方体做环形阵列

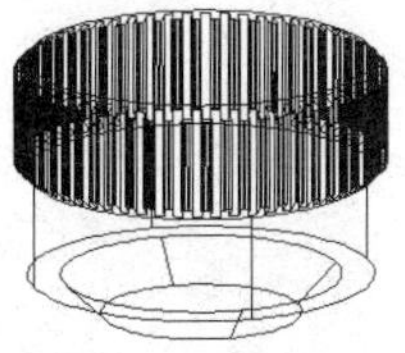
图 93-8　“差”运算结果

图 93-9　绘制正六边形

11 单击“建模”工具栏中的“拉伸”按钮，利用“拉伸”命令将正六边形拉伸为正六棱柱，高度为 10mm。

12 单击“绘图”工具栏中的“直线”按钮，利用“直线”命令连接正六棱柱可见端面上相对的两个顶点 G、H，即绘制对角线 GH，如图 93-10 所示。

13 单击“建模”工具栏中的“三维移动”按钮，利用“三维移动”命令将正六棱柱和“差”运算得到的三维实体移到一起。移动的基点为对角线 GH 的中点，第 2 点为“差”运算得到的三维实体中下方不可见端面的圆心，如图 93-11 所示。

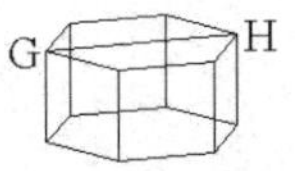

图 93-10　绘制辅助线

图 93-11　移动六棱柱

14 单击“修改”工具栏中的“删除”按钮，利用“删除”命令将辅助线 GH 删除。

15 单击“标准”工具栏中的“打开”按钮，利用“打开”命令打开图形文件“六角头螺栓三维实体.dwg”。

16 单击“标准”工具栏中的“复制”按钮，将六角头螺栓三维实体复制到粘贴板。

17 选择菜单“窗口”→“ 油杯和轴衬固定套三维实体.dwg”选项，将该图形切换为当前图形。单击“标准”工具栏中的“粘贴”按钮，在适当位置单击，将复制到粘贴板的图形粘贴到当前图形中。

18 选择菜单“格式”→“图层工具”→“图层匹配”选项，利用“图层匹配”命令将粘贴的图形的图层修改为“轮廓线”层。

19 单击“修改”工具栏中的“缩放”按钮，利用“缩放”命令将粘贴的六角头螺栓三维实体放大 1.4 倍，如图 93-12 所示。

20 选择菜单“修改”→“三维操作”→“剖切”选项，利用“剖切”命令将螺杆切断，保留的螺杆的长度为 10mm，如图 93-13 所示。指定剖切位置时可以单击“对象捕捉”工具栏中的“临时追踪点捕捉”按钮，在螺杆端面上捕捉圆心为临时追踪点，沿 Z 轴负方向追踪 10mm 即可确定剖切面的位置。

21 单击“建模”工具栏中的“三维移动”按钮，利用“三维移动”命令将切断后的螺杆三维实体和六棱柱移到一起。移动的基点为螺杆可见端面的圆心，指定第 2 点时可以单击“对象捕捉”工具栏中的“临时追踪点捕捉” 按钮，在“差”运算得到的三维实体的下方不可见端面上捕捉圆心为临时追踪点，沿 Z 轴正方向追踪 10mm 即可确定第 2 点的位置。

22 单击“建模”工具栏中的“并集”按钮，利用“并集”命令将“差”运算得到的三维实体、六棱柱和螺杆三维实体合并，创建出油杯三维实体，如图 93-14 所示。

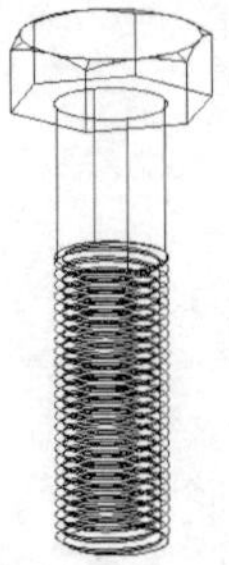

图 93-12　粘贴、放大螺栓三维实体

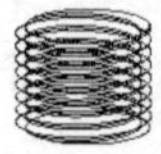

图 93-13　剖切螺栓三维实体

图 93-14　完成油杯三维实体

三、创建轴衬固定套三维实体

1 单击“建模”工具栏中的“旋转”按钮，利用“旋转”命令将矩形面域绕直线 CD 旋转 360°，如图 93-15 所示。

2 单击“修改”工具栏中的“删除”按钮，利用“删除”命令将直线 CD 删除，创建出轴衬固定套三维实体，如图 93-16 所示。

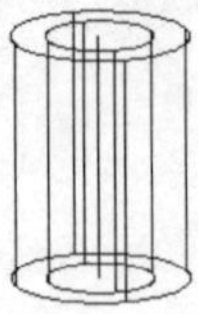

图 93-15　旋转面域

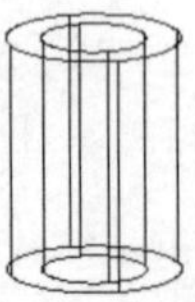

图 93-16　轴衬固定套三维实体

3 单击“渲染”工具栏中的“高级渲染设置”按钮，在“高级渲染设置”选项板中设置渲染目标和输出尺寸后将该选项板关闭。

4 单击“渲染”工具栏中的“材质”按钮，弹出的“材质”选项板。在“类型”下拉列表中选择“真实”选项。取消勾选“随对象”复选框后，单击颜色框，在弹出的“选择颜色”对话框中选择适当的颜色，完成设置“材质”选项板。单击“将材质应用到对象”按钮，回到绘图区后用光标单击创建的油杯三维实体。回车后，单击该选项板中“创建新材质”按钮，弹出如图 93-17 所示的“创建新材质”对话框后，单击“确定”按钮。“材质”选项板的预览框中显示出新的材质，如图 93-18 所示。单击颜色框，在弹出的“选择颜色”对话框中选择漫射的颜色，设置新材质后，单击“将材质应用到对象”按钮，回到绘图区后用光标单击创建的轴衬固定套三维实体。回车后，关闭“材质”选项板。

图 93-17　“创建新材质”对话框

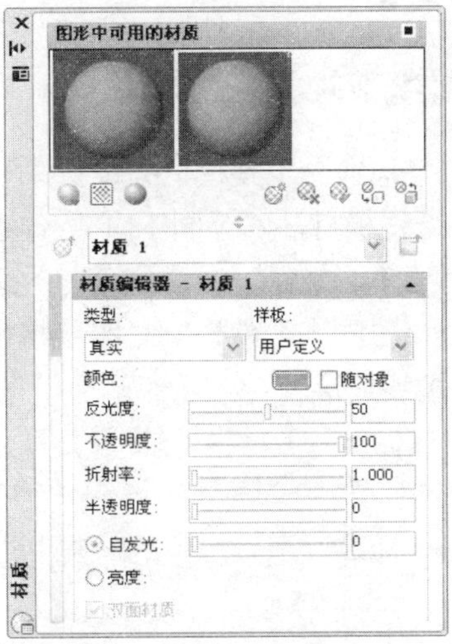

图 93-18　创建出新材质

5 创建纯白色渲染视图。单击“渲染”工具栏中的“渲染”按钮，即可对油杯和轴衬固定套三维实体进行渲染，如图 93-1 所示。

完成创建油杯和轴衬固定套三维实体。

实例 94　滑动轴承轴衬三维实体

本实例所用的三维绘图命令：“旋转”Revolve 命令、“视图”View 命令、“当前视觉样式”Vscurrent 命令、“用户坐标系”USC 命令、“拉伸”Extrude 命令、“剖切”Slice 命令、“三维移动”3dmove 命令、“差集”Subtract 命令、“三维镜像”3dMirror 命令、“圆柱体”Cylinder 命令、“材质”Materials 命令、“渲染”Render 命令。

实例 69 中绘制的滑动轴承的上轴衬和下轴衬的三维实体如图 94-1 所示。

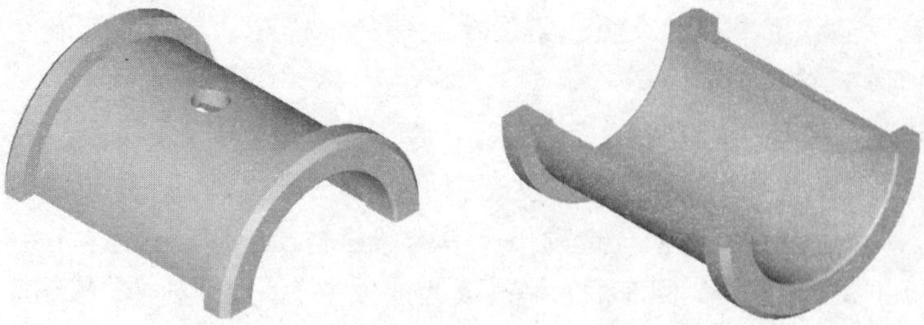

(a)　　　　　　　　　　(b)

图 94–1　滑动轴承轴衬三维实体

绘制步骤

一、创建下轴衬三维实体

1 单击“标准”工具栏中的“新建”按钮，弹出 “选择样板”对话框，在“打开”下拉列表中选择“无样板打开 – 公制（M）”选项，新建一个图形文件。

2 选择菜单“文件”→“另存为”选项，将图形保存为“滑动轴承轴衬三维实体.dwg”。

3 单击“图层”工具栏中“图层特性管理器”按钮，在弹出的“图层特性管理器”对话框中创建“轮廓线”层。

4 单击“标准”工具栏中的“打开”按钮，利用“打开”命令打开图形文件“下轴衬.dwg”，并关闭“标注”层、“点画线”层和“细实线”层。

5 单击“标准”工具栏中的“复制”按钮，将下轴衬零件图的主视图中的部分轮廓线复制到粘贴板。

6 选择菜单“窗口”→“滑动轴承轴衬三维实体.dwg”选项，将该图形切换为当前图形。单击“标准”工具栏中的“粘贴”按钮，在适当位置单击，将复制到粘贴板的图形粘贴到当前图形中。

7 选择菜单“格式”→“图层工具”→“图层匹配”选项，利用“图层匹配”命令将粘贴的图形的图层修改为“轮廓线”层。

8 单击“修改”工具栏中的“缩放”按钮，利用“缩放”命令将粘贴的图形缩小 0.5 倍，如图 94–2 所示。

9 单击“修改”工具栏中的“修剪”按钮，利用“修剪”命令修剪轮廓线，如图 94–3 所示。

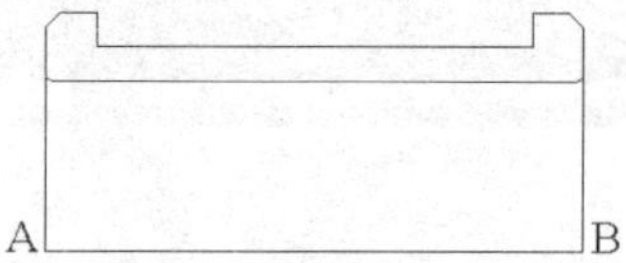

图 94–2　复制粘贴图形

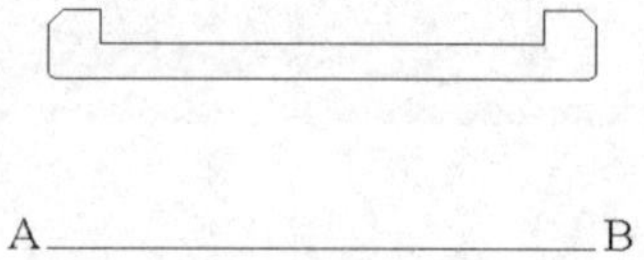

图 94–3　修剪图形

10 单击“绘图”工具栏中的“面域”按钮，利用“面域”命令将封闭的图形创建为面域。

11 单击“建模”工具栏中的“旋转”按钮，利用“旋转”命令将多边形面域绕直线 AB 旋转–180°。

12 选择菜单“视图”→“三维视图”→“东南等轴测”选项，单击“视觉样式”工具栏中的按钮，将三维实体显示为三维线框视觉样式。

13 单击“修改”工具栏中的“删除”按钮，利用“删除”命令将直线 AB 删除，

14 单击 USC 工具栏中的“原点”按钮，将坐标系的原点移到旋转得到的三维实体不可见端面的圆心处，如图 94-4 所示。

15 单击 USC 工具栏中的“Y”按钮，将坐标系绕 Y 轴旋转 90°。

16 单击 USC 工具栏中的 “Z”按钮，将坐标系绕 Z 轴旋转-90°。

17 单击“标准”工具栏中的“打开”按钮，利用“打开”命令打开图形文件“下轴衬.dwg”。

18 单击“标准”工具栏中的“复制”按钮，将下轴衬零件图的左视图中的部分轮廓线复制到粘贴板。

19 选择菜单“窗口”→“滑动轴承轴衬三维实体.dwg”选项，将该图形切换为当前图形。单击“标准”工具栏中的“粘贴”按钮，在适当位置单击，将复制到粘贴板的图形粘贴到当前图形中。

20 选择菜单“格式”→“图层工具”→“图层匹配”选项，利用“图层匹配”命令将粘贴的图形的图层修改为“轮廓线”层。

21 单击“修改”工具栏中的“缩放”按钮，利用“缩放”命令将粘贴的图形缩小 0.5 倍，如图 94-5 所示。

22 单击“修改”工具栏中的“修剪”按钮，利用“修剪”命令修剪轮廓线，如图 94-6 所示。

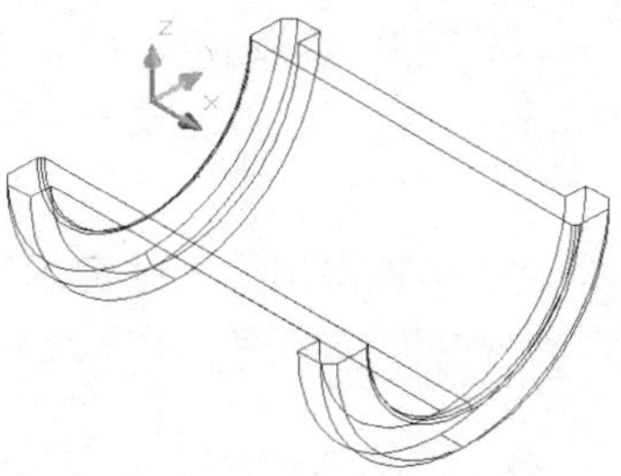

图 93-4　旋转面域，移动坐标系

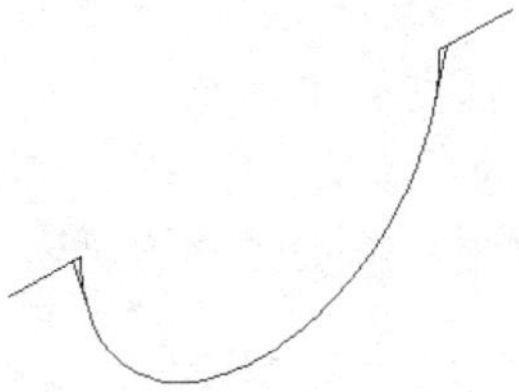

图 94-5　复制粘贴图形

图 94-6　修剪图形

23 单击“绘图”工具栏中的“面域”按钮，利用“面域”命令将两个封闭的图形创建为面域。

24 单击“建模”工具栏中的“拉伸”按钮，利用“拉伸”命令将两个面域拉伸 60mm，如图 94-7 所示。

25 单击 USC 工具栏中的“Y”按钮，将坐标系绕 Y 轴旋转-90°。

26 利用“剖切”命令将拉伸得到的两个三维实体的两端切斜，如图 94-8 所示。

```
命令: _slice      (选择菜单“修改”→“三维操作”→“剖切”选项，启动“剖切”命令)
选择要剖切的对象:
指定对角点:       (用拾取框包围拉伸得到的两个三维实体)
找到 2 个
选择要剖切的对象:↙       (回车，结束选择要剖切的对象)
指定 切面 的起点或 [平面对象(O)/曲面(S)/Z 轴(Z)/视图(V)/XY/YZ/ZX/三点(3)] <三点
>:↙
 (回车，选择“三点”选项)
指定平面上的第一个点:      (捕捉端点C)
指定平面上的第二个点:      (捕捉端点D)
指定平面上的第三个点: @10<60↙       (输入第三点相对于第二点的坐标，回车)
在所需的侧面上指定点或 [保留两个侧面(B)] <保留两个侧面>:       (捕捉端点E)
```

命令：_slice（选择菜单“修改”→“三维操作”→“剖切”选项或回车，启动“剖切”命令）
选择要剖切的对象：
指定对角点：　　（用拾取框包围两个剖切后的三维实体）
找到 2 个
选择要剖切的对象：↙　　（回车，结束选择要剖切的对象）
指定 切面 的起点或 [平面对象(O)/曲面(S)/Z 轴(Z)/视图(V)/XY/YZ/ZX/三点(3)] <三点>：↙　　（回车，选择“三点”选项）
指定平面上的第一个点：　　（捕捉端点E）
指定平面上的第二个点：　　（捕捉端点F）
指定平面上的第三个点：@10<120↙　　（输入第三点相对于第二点的坐标，回车）
在所需的侧面上指定点或 [保留两个侧面(B)] <保留两个侧面>：　　（捕捉端点C）

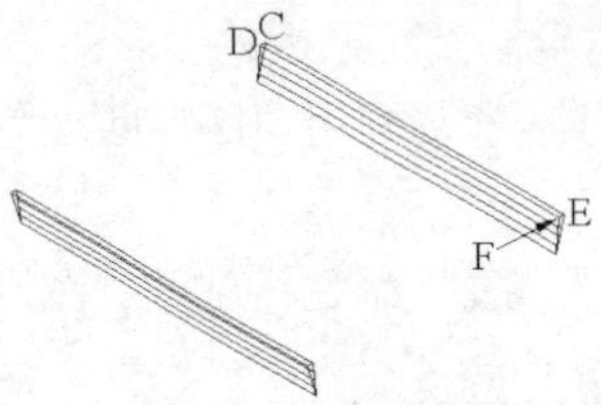

图 94-7　拉伸面域

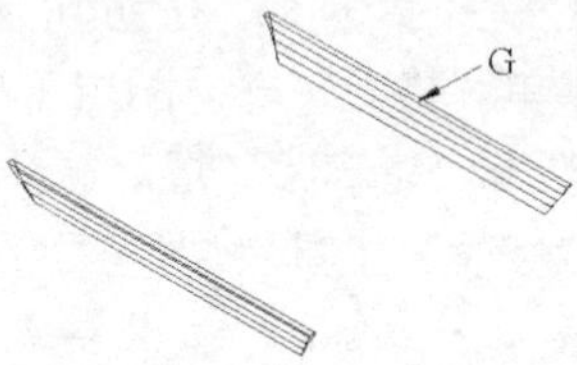

图 94-8　剖切三维实体

27 单击“建模”工具栏中的“三维移动”按钮，利用“三维移动”命令移动经过两次剖切后的三维实体，如图 94-9 所示。移动的基点为在三维实体上捕捉棱线的中点 G，第 2 点为在旋转得到的三维实体的内孔轮廓线上捕捉的中点 H。

28 单击“建模”工具栏中的“差集”按钮，利用“差集”命令将旋转得到的三维实体与经过两次剖切后的三维实体做“差集”运算，在下轴衬上切出斜槽，如图 94-10 所示。

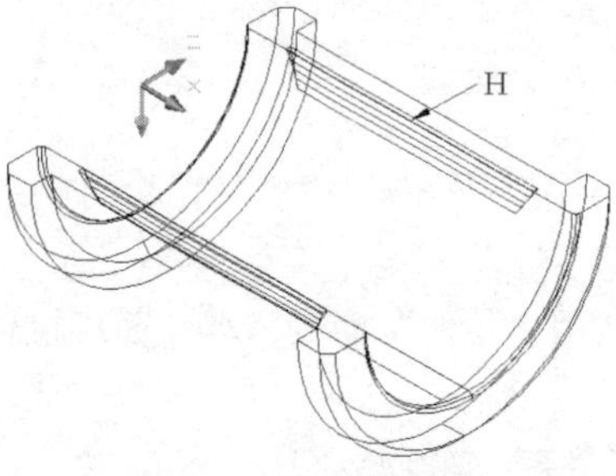

图 94-9　移动三维实体

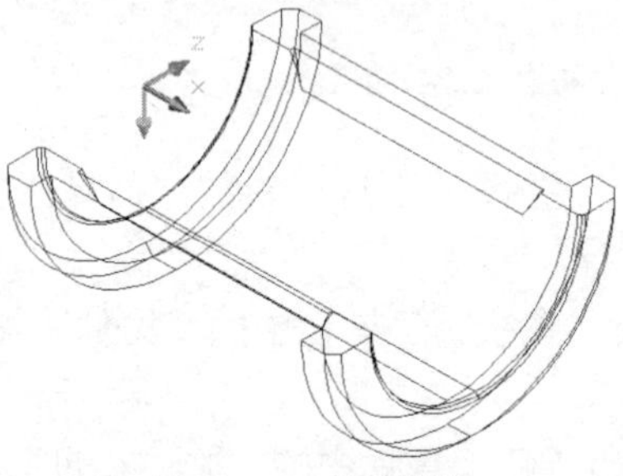
图 94-10　切出斜槽

二、创建上轴衬三维实体

1 选择菜单“修改”→“三维操作”→“三维镜像”选项，利用“三维镜像”命令以 ZOX 面为对称面，做下轴衬三维实体的镜像，结果如图 94-11 所示。

2 单击“建模”工具栏中的“三维移动”按钮，利用“三维移动”命令将下轴衬三维实体移到适当位置。

3 单击 USC 工具栏中的“Y”按钮，将坐标系统 Y 轴旋转 90°。

4 单击 USC 工具栏中的“X”按钮，将坐标系统 X 轴旋转 180°。

5 单击“标准”工具栏中的“打开”按钮，利用“打开”命令打开图形文件“上轴衬.dwg”。

6 单击“标准”工具栏中的“复制”按钮，将傻干轴衬零件图的左视图中的部分轮廓线复制到粘贴板。

7 选择菜单“窗口”→“滑动轴承轴衬三维实体.dwg”选项，将该图形切换为当前图形。单击“标准”工具栏中的“粘贴”按钮，在适当位置单击，将复制到粘贴板的图形粘贴到当前图形中。

8 选择菜单“格式”→“图层工具”→“图层匹配”选项，利用“图层匹配”命令将粘贴的图形的图层修改为“轮廓线”层。

9 单击“修改”工具栏中的“缩放”按钮，利用“缩放”命令将粘贴的图形缩小 0.5 倍，如图 94-12 所示。

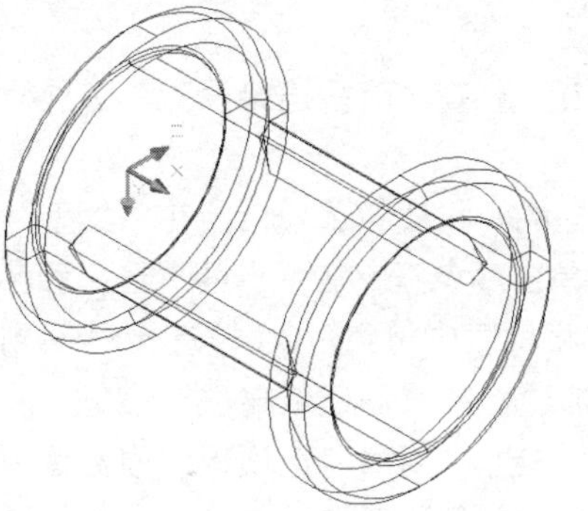

图 94-11　做下轴衬的三维镜像

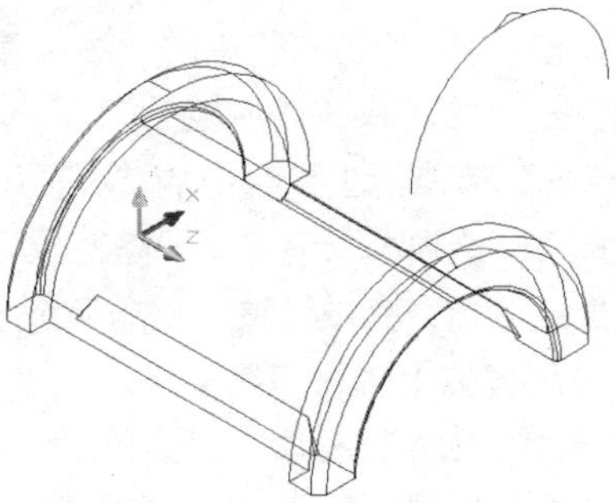

图 94-12　复制、粘贴图形

10 单击“修改”工具栏中的“修剪”按钮，利用“修剪”命令修剪轮廓线，如图 94-13 所示。

11 单击“绘图”工具栏中的“面域”按钮，利用“面域”命令将修剪的封闭图形创建为面域。

12 单击“建模”工具栏中的“拉伸”按钮，利用“拉伸”命令将面域拉伸 60mm，如图 94-14 所示。

13 单击“建模”工具栏中的“三维移动”按钮，利用“三维移动”命令拉伸得到的三维实体，如图 94-15 所示。移动的基点为该实体可见端面上圆弧的中点 I，第 2 点的坐标为(0, 25, 70)。

图 94-13　修剪图形

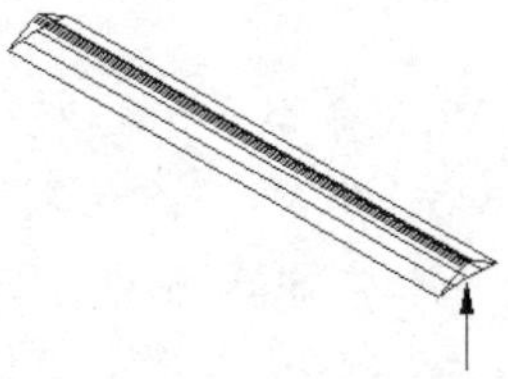

图 94-14　拉伸面域

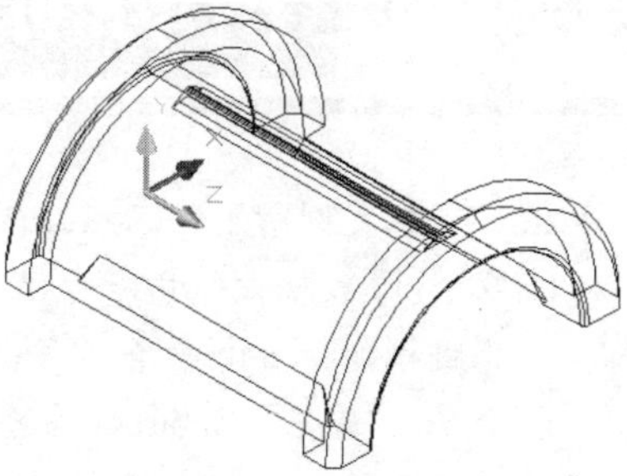

图 94-15　移到三维实体

14 单击“建模”工具栏中的“差集”按钮，利用“差集”命令将三维镜像得到的三维实体与拉伸得到的三维实体做“差集”运算，在上轴衬上挖出沟槽，如图 94-16 所示。

15 单击 USC 工具栏中的“X”按钮，将坐标系统 X 轴旋转 90°。

16 单击“建模”工具栏中的“圆柱体”按钮，利用“圆柱体”命令创建底面半径为 10mm、高度为 15mm 的圆柱体，如图 94-17 所示。圆柱体底面圆心的坐标为(0, 40, −30)。

17 单击“建模”工具栏中的“差集”按钮，利用“差集”命令将“差”运算后得到的三维实体与圆柱体做“差集”运算，在上轴衬上挖出圆孔，创建出上轴衬三维实体，如图 94-18 所示。

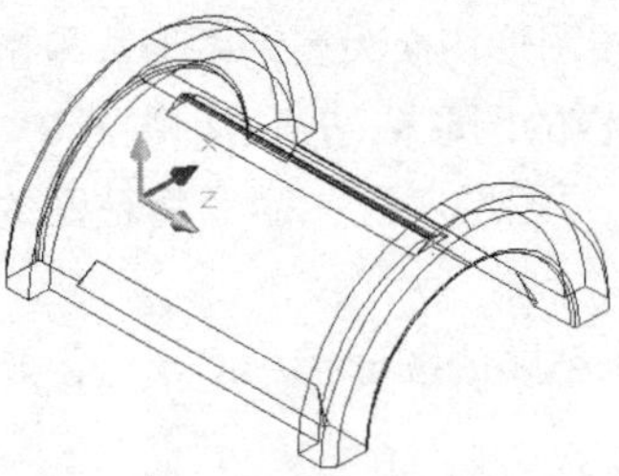

图 94–16　挖出沟槽

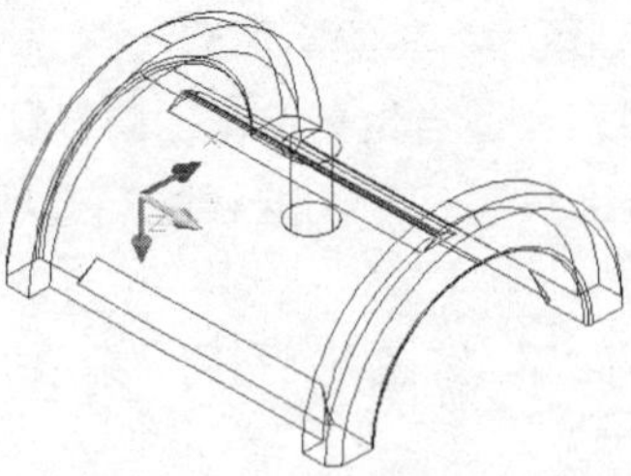

图 94–17　创建圆柱体

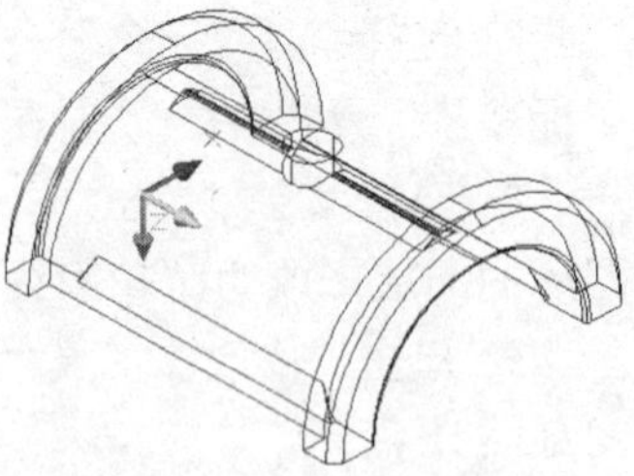

图 94–18　创建上轴衬三维实体

18 单击“渲染”工具栏中的“高级渲染设置”按钮，在“高级渲染设置”选项板中设置渲染目标和输出尺寸后将该选项板关闭。

19 单击“渲染”工具栏中的“材质”按钮，弹出的“材质”选项板。在“类型”下拉列表中选择“真实”选项。取消勾选“随对象”复选框后，单击颜色框，在弹出的“选择颜色”对话框中选择适当的颜色，完成设置“材质”选项板。单击“将材质应用到对象”按钮，回到绘图区后用光标单击创建的上轴衬三维实体。回车后，单击该选项板中“创建新材质”按钮，弹出如图 93–17 所示的“创建新材质”对话框后，单击“确定”按钮。“材质”选项板的预览框中显示出新的材质，如图 93–18 所示。单击颜色框，在弹出的“选择颜色”对话框中选择漫射的颜色，设置新材质后，单击“将材质应用到对象”按钮，回到绘图区后用光标单击创建的下轴衬三维实体。回车后，关闭“材质”选项板。

20 创建纯白色渲染视图。单击“渲染”工具栏中的“渲染”按钮，即可对滑动轴承的两个轴衬三维实体进行渲染，如图 94–1 所示。

完成创建滑动轴承轴衬三维实体。

实例 95　滑动轴承盖三维实体

本实例所用的三维绘图命令：“视图”View 命令、“当前视觉样式”Vscurrent 命令、“放样”Loft 命令、“用户坐标系”USC 命令、“圆柱体”Cylinder 命令、“圆锥体”Cone 命令、“并集”Union 命令、“剖切”Slice 命令、“三维移动”3dmove 命令、“差集”Subtract 命令、“倒角”Chamfer 命令、“圆角”Fillet 命令、“材质”Materials 命令、“渲染”Render 命令。

实例 70 中绘制的滑动轴承盖的三维实体如图 95–1 所示。

图 95–1　滑动轴承盖三维实体

绘制步骤

一、创建左右凸台三维实体

1 单击“标准”工具栏中的“新建”按钮，弹出“选择样板”对话框，在“打开”下拉列表中选择“无样板打开－公制（M）”选项，新建一个图形文件。

2 选择菜单“文件”→“另存为”选项，将图形保存为“滑动轴承盖三维实体.dwg”。

3 单击“图层”工具栏中“图层特性管理器”按钮，在弹出的“图层特性管理器”对话框中创建“轮廓线”层。

4 单击“标准”工具栏中的“打开”按钮，利用“打开”命令打开图形文件“滑动轴承盖.dwg”，并关闭“标注”层、“点画线”层和“细实线”层。

5 单击“标准”工具栏中的“复制”按钮，将滑动轴承盖零件图的俯视图中的部分轮廓线复制到粘贴板。

6 选择菜单“窗口”→“滑动轴承盖三维实体.dwg”选项，将该图形切换为当前图形。单击“标准”工具栏中的“粘贴”按钮，在适当位置单击，将复制到粘贴板的图形粘贴到当前图形中。

7 选择菜单“格式”→“图层工具”→“图层匹配”选项，利用“图层匹配”命令将粘贴的图形的图层修改为“轮廓线”层。如图 95-2 所示。

8 单击“修改”工具栏中的“延伸”按钮，利用“延伸”命令将 4 条倾斜线分别延伸到直线 AB 和 CD 上。

9 单击“修改”工具栏中的“删除”按钮，利用“删除”命令将直线 AB 和 CD 删除，如图 95-3 所示。

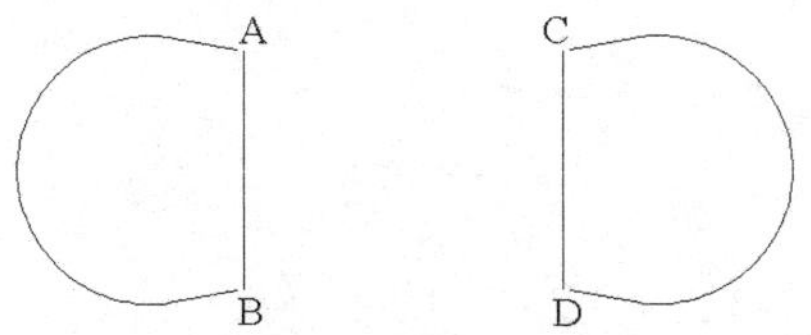

图 95-2　复制粘贴图形

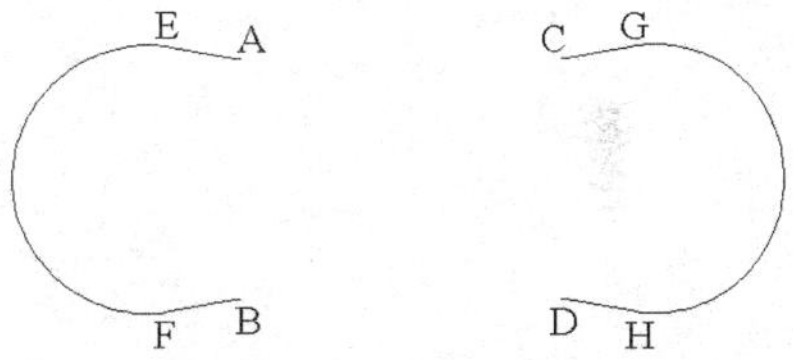

图 95-3　编辑图形

10 打开状态栏中的“对象捕捉”按钮，将“轮廓线”层设置为当前层，利用“多段线”命令沿图 95-3 所示得到直线和圆弧绘制的多段线，如图 95-4 所示。

命令：_pline　（单击“绘图”工具栏中的“多段线”按钮，启动“多段线”命令）
指定起点：　（捕捉端点A）
当前线宽为 0.0000
指定下一个点或 [圆弧(A)/半宽(H)/长度(L)/放弃(U)/宽度(W)]：　（捕捉端点E）
指定下一点或 [圆弧(A)/闭合(C)/半宽(H)/长度(L)/放弃(U)/宽度(W)]：A↙　（输入A，回车，选择“圆弧”选项）
指定圆弧的端点或[角度(A)/圆心(CE)/闭合(CL)/方向(D)/半宽(H)/直线(L)/半径(R)/第二个点(S)/放弃(U)/宽度(W)]：CE↙　（输入CE，回车，选择“圆心”选项）
指定圆弧的圆心：　（捕捉圆弧EF的圆心）
指定圆弧的端点或 [角度(A)/长度(L)]：　（捕捉圆弧的端点F）
指定圆弧的端点或[角度(A)/圆心(CE)/闭合(CL)/方向(D)/半宽(H)/直线(L)/半径(R)/第二个点(S)/放弃(U)/宽度(W)]：L↙　（输入L，回车，选择“直线”选项）
指定下一点或 [圆弧(A)/闭合(C)/半宽(H)/长度(L)/放弃(U)/宽度(W)]：　（捕捉端点B）

指定下一点或 [圆弧(A)/闭合(C)/半宽(H)/长度(L)/放弃(U)/宽度(W)]:　　　(捕捉端点D)
指定下一点或 [圆弧(A)/闭合(C)/半宽(H)/长度(L)/放弃(U)/宽度(W)]:　　　(捕捉端点H)
指定下一点或 [圆弧(A)/闭合(C)/半宽(H)/长度(L)/放弃(U)/宽度(W)]: A↙　　　(输入A，回车，选择“圆弧”选项)
指定圆弧的端点或[角度(A)/圆心(CE)/闭合(CL)/方向(D)/半宽(H)/直线(L)/半径(R)/第二个点(S)/放弃(U)/宽度(W)]: CE↙　　　(输入CE，回车，选择“圆心”选项)
指定圆弧的圆心:　　　(捕捉圆弧GH的圆心)
指定圆弧的端点或 [角度(A)/长度(L)]:　　　(捕捉圆弧的端点G)
指定圆弧的端点或[角度(A)/圆心(CE)/闭合(CL)/方向(D)/半宽(H)/直线(L)/半径(R)/第二个点(S)/放弃(U)/宽度(W)]: L↙　　　(输入L，回车，选择“直线”选项)
指定下一点或 [圆弧(A)/闭合(C)/半宽(H)/长度(L)/放弃(U)/宽度(W)]:　　　(捕捉端点C)
指定下一点或 [圆弧(A)/闭合(C)/半宽(H)/长度(L)/放弃(U)/宽度(W)]: C↙　　　(输入C，回车，选择“闭合”选项)

11 单击“修改”工具栏中的“删除”按钮，利用“删除”命令将 4 条直线和两条圆弧删除。

12 选择菜单“视图”→“三维视图”→“西南等轴测”选项，单击“视觉样式”工具栏中的“三维线框视觉样式”按钮，将三维实体显示为三维线框视觉样式。

13 利用“矩形”命令绘制长圆，如图 95-5 所示。

命令: _rectang　　　(单击“绘图”工具栏中的“矩形”按钮，启动“矩形”命令)
指定第一个角点或 [倒角(C)/标高(E)/圆角(F)/厚度(T)/宽度(W)]: F↙　　　(输入F，回车，选择“圆角”选项)
指定矩形的圆角半径 <0.0000>: 20↙　　　(输入圆角半径20，回车)
指定第一个角点或 [倒角(C)/标高(E)/圆角(F)/厚度(T)/宽度(W)]:　　　(在适当位置单击)
指定另一个角点或 [面积(A)/尺寸(D)/旋转(R)]: @125,40↙　　　(输入另一角点与第一角点的相对坐标，回车)

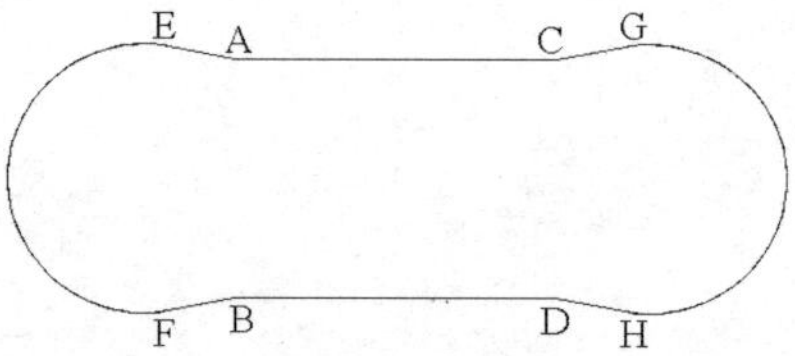

图 95-4　绘制多段线

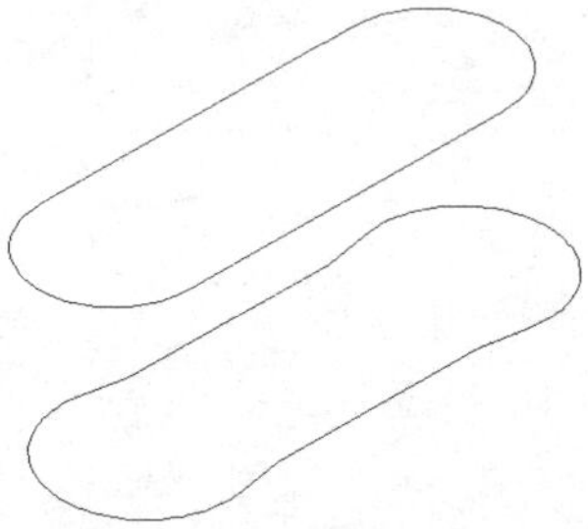
图 95-5　绘制长圆

14 单击“修改”工具栏中的“移动”按钮，利用“移动”命令调整长圆的位置，如图 94-6 所示。移动的基点为长圆的圆心，指定第 2 点时可以单击“对象捕捉”工具栏中的“临时追踪点捕捉”按钮，捕捉多段线的相应圆心为临时追踪点，沿 Z 轴正方向追踪 36mm，即可确定第 2 点的位置。

15 单击“绘图”工具栏中的“直线”按钮，利用“直线”命令连接长圆的圆心 I 和多段线的圆心 J，如图 95-6 所示。

16 利用“放样”命令创建左右凸台三维实体，如图 95-7 所示。

命令: _loft　　　(单击“建模”工具栏中的“放样”按钮，启动“放样”命令)
按放样次序选择横截面:　　　(单击多段线)
找到 1 个
按放样次序选择横截面:　　　(单击长圆)
找到 1 个，总计 2 个

```
按放样次序选择横截面:↙        (回车, 结束选择横截面)
输入选项 [导向(G)/路径(P)/仅横截面(C)] <仅横截面>: P↙        (输入P, 回车, 选择“路径”选项)
选择路径曲线:        (单击直线IJ)
```

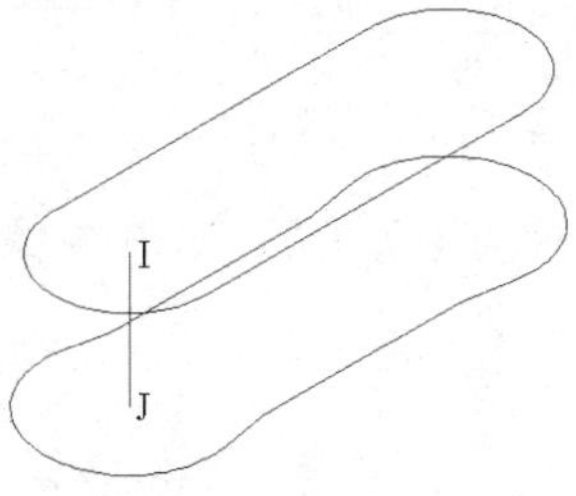

图 95–6　移动长圆，连接圆心

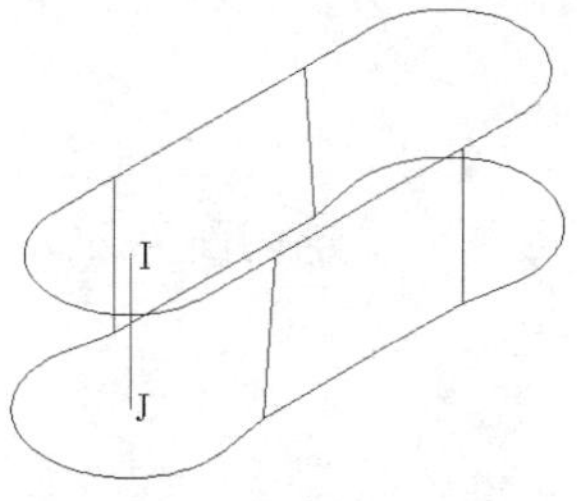

图 95–7　利用“放样”命令创建三维实体

二、创建滑动轴承盖主体

1 单击 USC 工具栏中的“X”按钮，将坐标系绕 X 轴旋转 90°。

2 单击“建模”工具栏中的“圆柱体”按钮，利用“圆柱体”命令创建底面半径为 55mm、高度为 55mm 的圆柱体。

3 单击 USC 工具栏中的“原点”按钮，将坐标系原点移到圆柱体可见端面的圆心处。

4 利用“圆锥体”命令创建圆台。

```
命令: _cone        (单击“建模”工具栏中的“圆锥体”按钮, 启动“圆锥体”命令)
指定底面的中心点或 [三点(3P)/两点(2P)/相切、相切、半径(T)/椭圆(E)]:        (捕捉圆柱体可见端面的圆心)
指定底面半径或 [直径(D)] <55.0000>: 40.5↙        (输入端面半径40.5, 回车)
指定高度或 [两点(2P)/轴端点(A)/顶面半径(T)] <55.0000>: T↙        (输入T, 回车, 选择“顶面半径”选项)
指定顶面半径 <0.0000>: 38↙        (输入顶面半径38, 回车)
指定高度或 [两点(2P)/轴端点(A)] <55.0000>: 5↙        (输入高度5, 回车)
```

5 选择菜单“修改”→“三维操作”→“三维镜像”选项，利用“三维镜像”命令做圆台的镜像，如图 95–8 所示。镜像的对称面 XOY 面，通过点的坐标为（0, 0, –27.5）。

6 单击“建模”工具栏中的“并集”按钮，利用“并集”命令将圆柱体和两个圆锥体合并。

7 选择菜单“修改”→“三维操作”→“剖切”选项，利用“剖切”命令剖切合并后的三维实体，如图 95–9 所示。剖切面为 ZX 面，通过点的坐标为（0, 2, 0），在并保留剖切平面上方的三维实体。

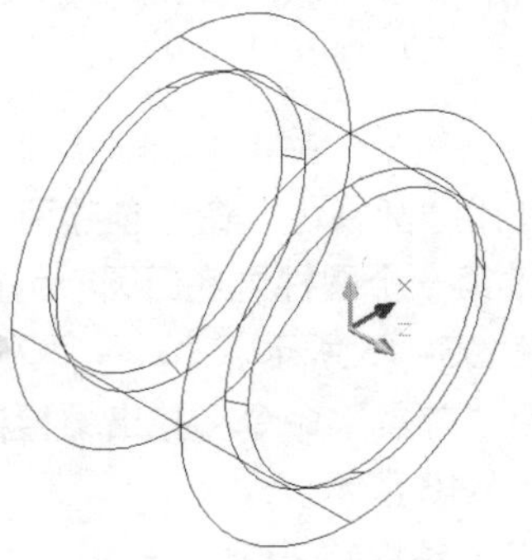

图 95–8　创建圆锥体和圆台

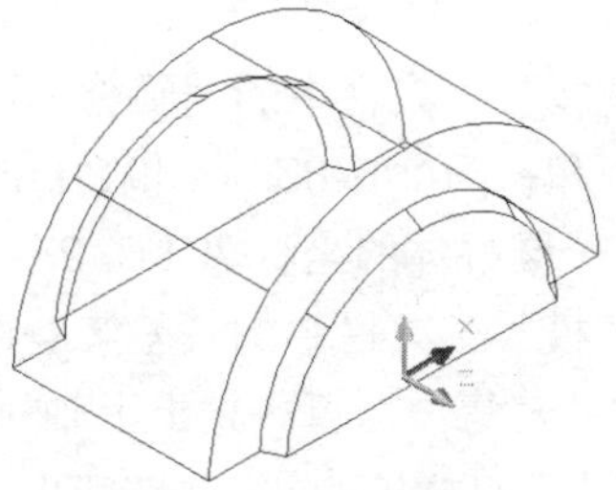

图 95–9　剖切三维实体

8 单击“建模”工具栏中的“三维移动”按钮，利用“三维移动”命令移动放样得到的三维实体，如图 95-10 所示。移动的基点为在放样得到的三维实体上捕捉底面轮廓线的中点 K，第 2 点的坐标为（0, 12, -7.5）。

9 单击“建模”工具栏中的“并集”按钮，利用“并集”命令将两个三维实体合并，如图 95-11 所示。

10 选择菜单“修改”→“三维操作”→“剖切”选项，利用“剖切”命令剖切合并后的三维实体，如图 95-12 所示。剖切面为 ZOX 面，通过点的坐标为（0, 12, 0），在并保留剖切平面两侧的三维实体。

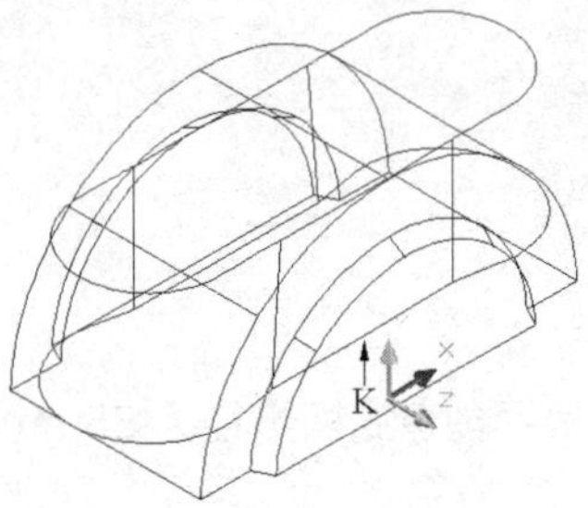

图 95-10　移动三维实体

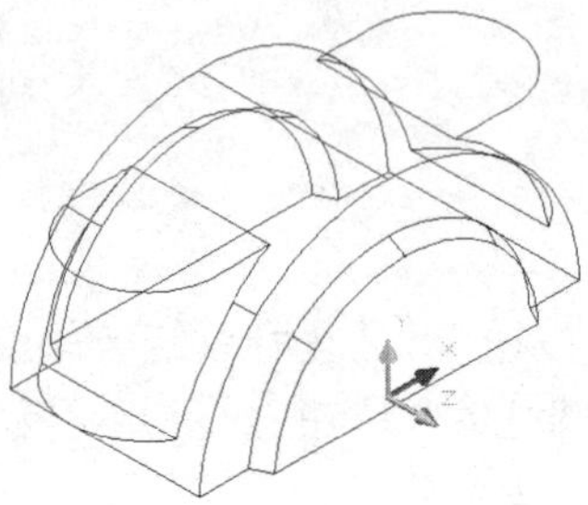
图 95-11　合并三维实体

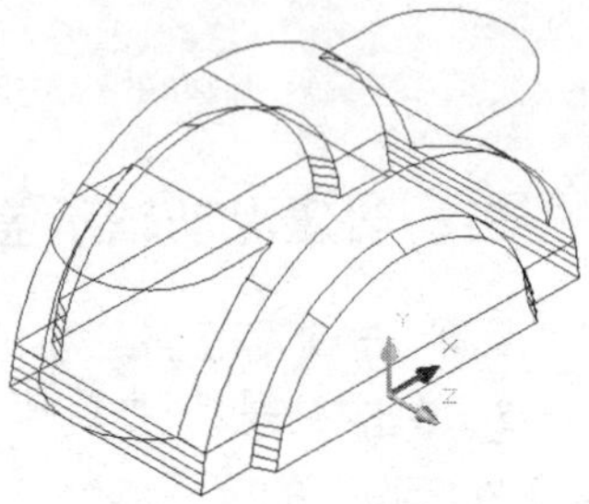
图 95-12　剖切三维实体

11 回车，再次确定“剖切”命令，剖切上一个剖切面下方的三维实体。剖切面为 YOZ 面，通过点的坐标为（45, 0, 0），在并保留剖切平面左侧的三维实体。

12 回车，再次确定“剖切”命令，剖切上一次剖切保留的三维实体，如图 95-13 所示。剖切面为 YOZ 面，通过点的坐标为（-45, 0, 0），在并保留剖切平面右侧的三维实体。

13 单击“建模”工具栏中的“并集”按钮，利用“并集”命令将两部分三维实体合并，创建出滑动轴承盖主体，如图 95-14 所示。

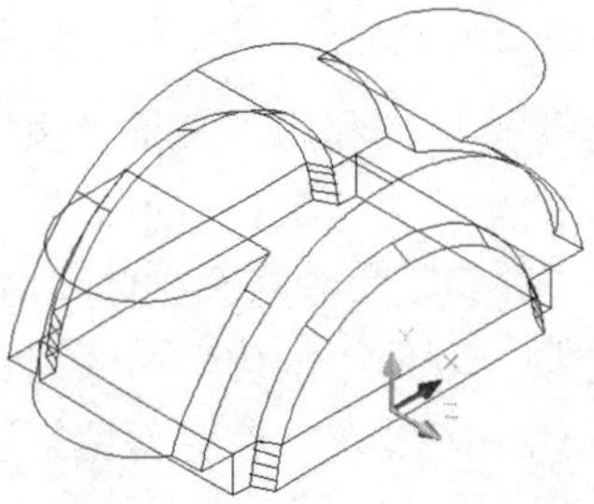
图 95-13　合并后剖切三维实体

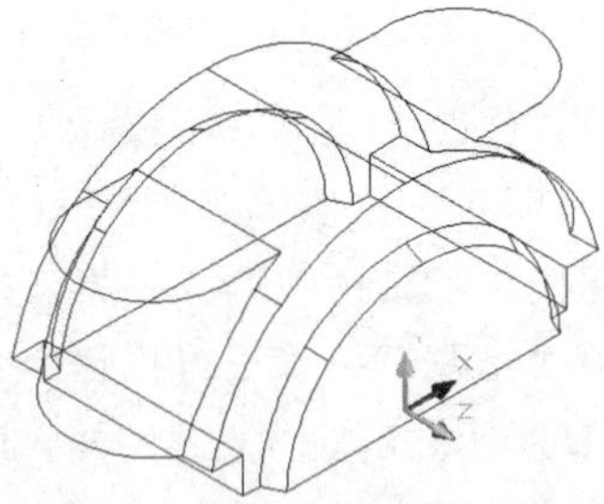
图 95-14　创建出滑动轴承盖主体

三、挖出上轴衬孔、螺栓通孔和螺孔

1 单击“建模”工具栏中的“圆柱体”按钮，利用“圆柱体”命令创建两个底面半径和高度分别为 30mm 和-65mm、33mm 和 30mm 的圆柱体，第一个圆柱体底面圆心为前方圆台可见端面的圆心，另一个圆柱体的坐标为（0, 2, -42.5），如图 95-15 所示。

2 单击“建模”工具栏中的“差集”按钮，利用“差集”命令将挖出螺栓通孔的三维实体与两个圆柱体做“差集”运算，挖出上轴衬孔，如图 95-16 所示。

3 单击 USC 工具栏中的“X”按钮，将坐标系绕 X 轴旋转-90°。

4 单击“建模”工具栏中的“圆柱体”按钮，利用“圆柱体”命令创建两个底面半径为 6.5mm、高度为 46mm 的圆柱体，圆柱体底面圆心的坐标分别为（42.5, 27.5, 2）和（-42.5, 27.5, 2）。

5 单击“建模”工具栏中的“圆柱体”按钮，利用“圆柱体”命令创建两个底面半径和高度分别为 12.5mm 和 -10mm、5mm 和 -30mm 的圆柱体，两个圆柱体底面圆心的坐标均为（0, 27.5, 59），如图 95-17 所示。

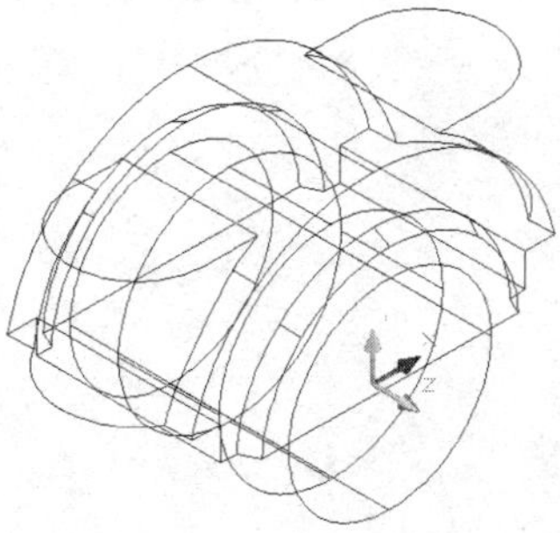

图 95-15 创建圆柱体

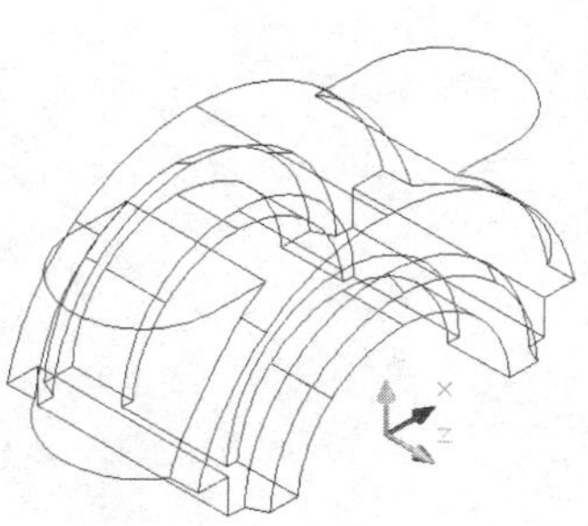

图 95-16 挖出上轴衬孔

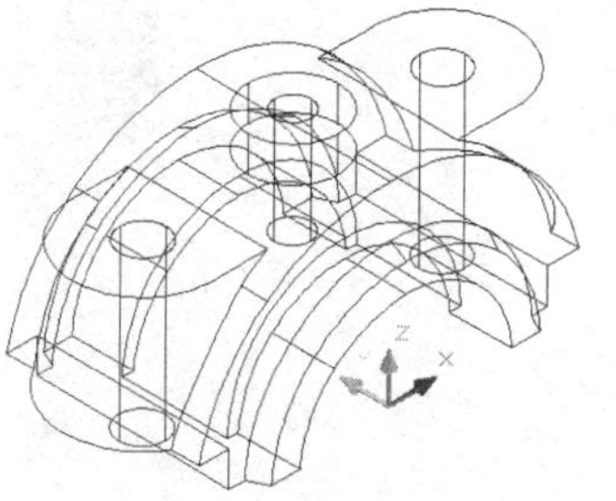

图 95-17 创建圆柱体

6 单击“建模”工具栏中的“并集”按钮，利用“并集”命令将挖出上轴衬孔的三维实体与底面半径为 12.5mm 的圆柱体合并。

7 单击“建模”工具栏中的“差集”按钮，利用“差集”命令将合并后的三维实体与另外三个圆柱体做“差集”运算，挖出螺栓通孔和上方凸台圆孔，如图 95-18 所示。

8 单击“标准”工具栏中的“打开”按钮，利用“打开”命令打开图形文件“六角头螺栓三维实体.dwg”。

9 单击 USC 工具栏中的“X”按钮，将坐标系绕 X 轴旋转 180°。

10 单击“标准”工具栏中的“复制”按钮，将六角头螺栓三维实体复制到粘贴板。

11 选择菜单“窗口”→“滑动轴承盖三维实体.dwg”选项，将该图形切换为当前图形。单击“标准”工具栏中的“粘贴”按钮，在适当位置单击，将复制到粘贴板的图形粘贴到当前图形中。

12 选择菜单“格式”→“图层工具”→“图层匹配”选项，利用“图层匹配”命令将粘贴的图形的图层修改为“轮廓线”层，如图 95-19 所示。

13 单击“修改”工具栏中的“缩放”按钮，利用“缩放”命令将螺栓三维实体放大 1.4 倍。

14 单击“建模”工具栏中的“三维移动”按钮，利用“三维移动”命令移动放大后的螺栓三维实体，如图 95-20 所示。移动的基点为螺杆端面的圆心，第 2 点的坐标为（0, 27.5, 44）。

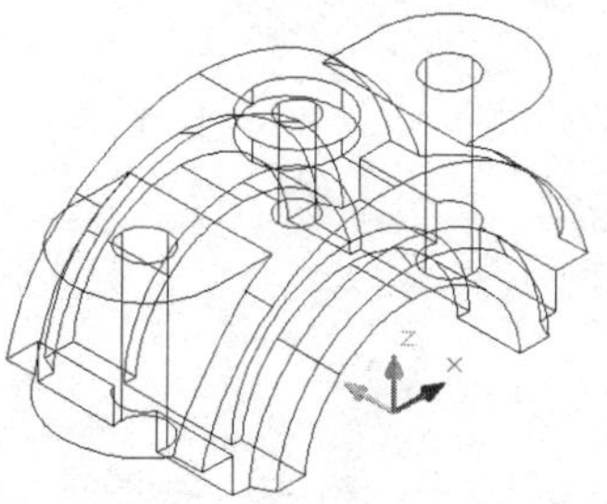

图 95-18 挖出内孔

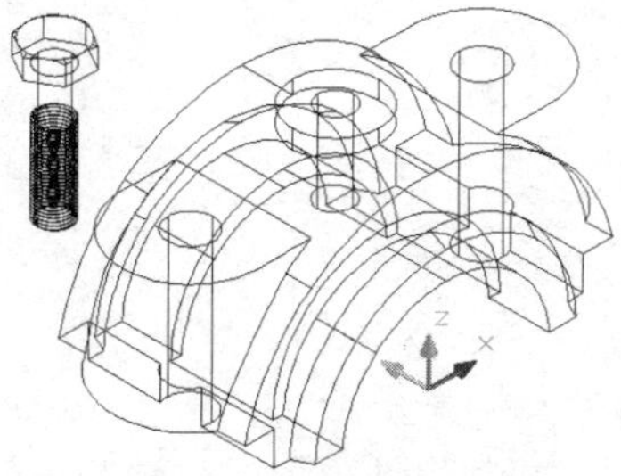

图 95-19 复制、粘贴螺栓实体

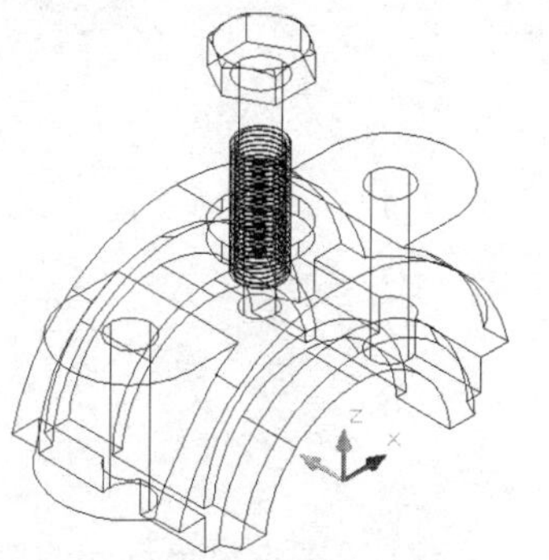

图 95-20 放大、移动螺栓实体

15 单击“建模”工具栏中的“差集”按钮，利用“差集”命令将挖出内孔的三维实体与螺栓三维实体做“差集”运算，挖出螺孔，如图 95-21 所示。

16 单击“修改”工具栏中的“倒角”按钮，利用“倒角”命令在上轴衬孔在前后圆台端面的圆弧处、及下方剖切出的凸台的轮廓线处创建倒角距离为 2mm 的倒角，如图 95-22 所示。

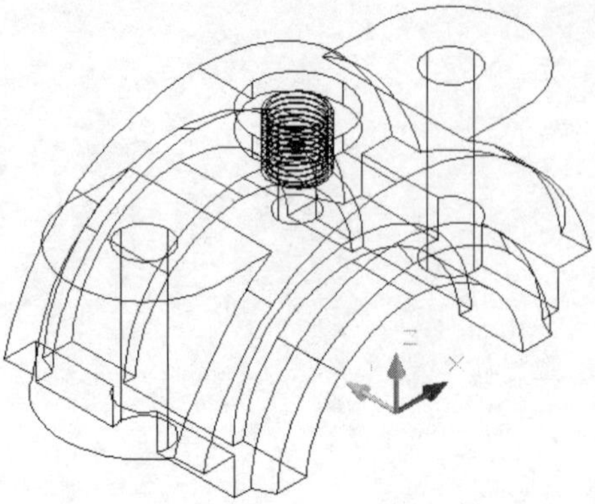

图 95-21 挖出螺孔

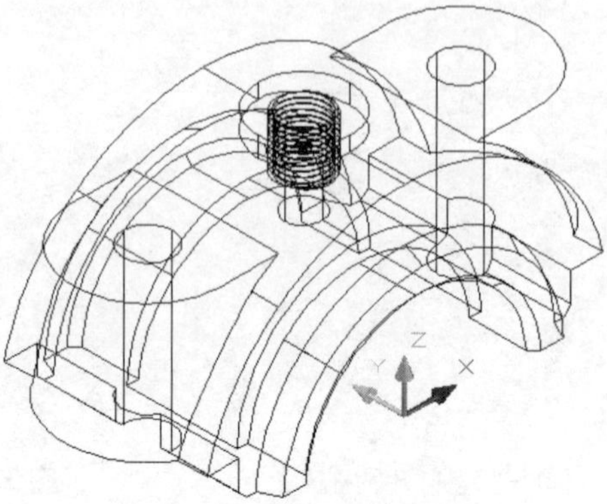

图 95-22 绘制倒角

17 利用“圆角”命令创建圆角(如果先绘制圆角，将使图形因线条过多而显得凌乱，影响看图，故最后绘制圆角)，如图 95-24 所示。

```
命令: _fillet     (单击“修改”工具栏中的“圆角”按钮，启动“圆角”命令)
当前设置: 模式 = 修剪, 半径 = 0.0000
选择第一个对象或 [放弃(U)/多段线(P)/半径(R)/修剪(T)/多个(M)]:     (单击左右凸台与大圆锥体的一条交线)
输入圆角半径: 2↙     (输入圆角半径2, 回车)
选择边或 [链(C)/半径(R)]: C↙     (输入C, 回车, 选择“链”选项)
选择边链或 [边(E)/半径(R)]:
……
选择边链或 [边(E)/半径(R)]:     (依次单击需要绘制圆角的轮廓线, 如图95-23所示)
选择边链或 [边(E)/半径(R)]:↙     (回车, 结束“圆角”命令)
已选定 13 个边用于圆角。
```

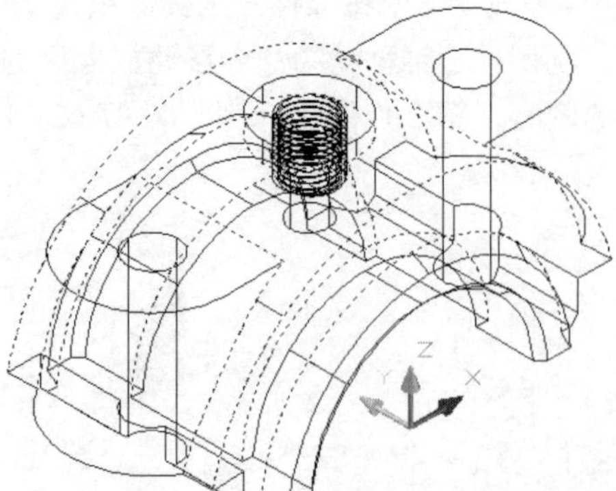

图 95-23 选择圆角边链

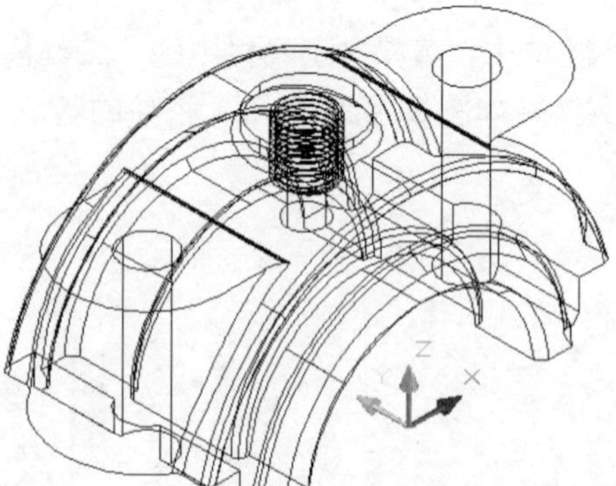

图 95-24 绘制圆角

18 设置渲染目标和渲染材质，并创建纯白色渲染视图。单击“渲染”工具栏中的“渲染”按钮，即可对滑动轴承盖三维实体进行渲染。如图 95-1 所示，完成创建滑动轴承盖三维实体。

实例 96　滑动轴承座三维实体

本实例所用的三维绘图命令:"拉伸"Extrude 命令、"三维自由观察"3DFOrbit 命令、"当前视觉样式" Vscurrent 命令、"用户坐标系" USC 命令、"剖切" Slice 命令、"三维移动" 3dmove 命令、"圆柱体" Cylinder 命令、"三维镜像" 3dMirror 命令、"差集" Subtract 命令、"放样" Loft 命令、"并集" Union 命令、"圆锥体" Cone 命令、"倒角" Chamfer 命令、"圆角" Fillet 命令、"材质" Materials 命令、"渲染" Render 命令。

实例 71 中绘制的滑动轴承座的三维实体如图 96–1 所示。

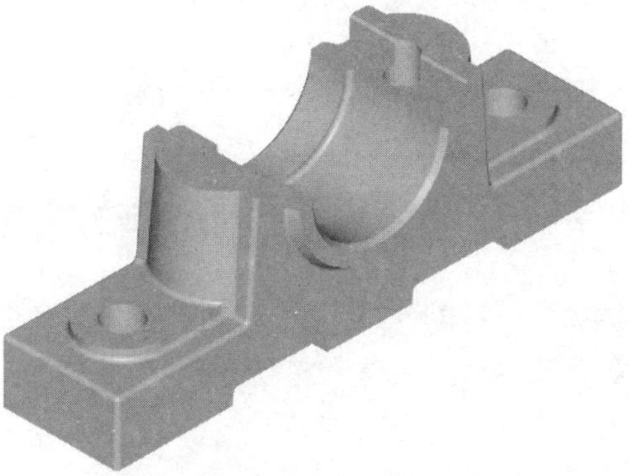

图 96–1　滑动轴承座三维实体

绘制步骤

一、创建滑动轴承座主体

1 单击"标准"工具栏中的"新建"按钮，弹出 "选择样板"对话框，在"打开"下拉列表中选择"无样板打开 – 公制（M）"选项，新建一个图形文件。

2 选择菜单"文件"→"另存为"选项，将图形保存为"滑动轴承座三维实体.dwg"。

3 单击"图层"工具栏中"图层特性管理器"按钮，在弹出的"图层特性管理器"对话框中创建"轮廓线"层, 并将该图层设置为当前层。

4 单击"标准"工具栏中的"打开"按钮, 利用"打开"命令打开图形文件"滑动轴承座.dwg"，并关闭"标注"层、"点画线"层和"细实线"层。

5 单击"标准"工具栏中的"复制"按钮，将滑动轴承座零件图的主视图中的部分轮廓线复制到粘贴板。

6 选择菜单"窗口"→"滑动轴承座三维实体.dwg"选项，将该图形切换为当前图形。单击"标准"工具栏中的"粘贴"按钮，在适当位置单击，将复制到粘贴板的图形粘贴到当前图形中。

7 选择菜单“格式”→“图层工具”→“图层匹配”选项，利用“图层匹配”命令将粘贴的图形的图层修改为“轮廓线”层，如图 96-2 所示。

8 单击“修改”工具栏中的“镜像”按钮，利用“镜像”命令做左侧倾斜轮廓线及其圆角的竖直镜像，镜像线的端点为在半圆及其下方水平轮廓线上捕捉的中点。

9 单击“修改”工具栏中的“延伸”按钮，利用“延伸”命令将左侧水平轮廓线延伸到镜像出来的圆角上。

10 单击“修改”工具栏中的“复制”按钮，利用“复制”命令复制带斜度方孔的轮廓线及其圆角，

11 打开状态栏中的“对象捕捉”按钮，单击“绘图”工具栏中的“直线”按钮，并利用“直线”命令连接端点 A 和 B。

12 单击“修改”工具栏中的“修剪”按钮和“删除”按钮，利用“修剪”命令和“删除”命令修剪、删除多余的线条，如图 96-3 所示。

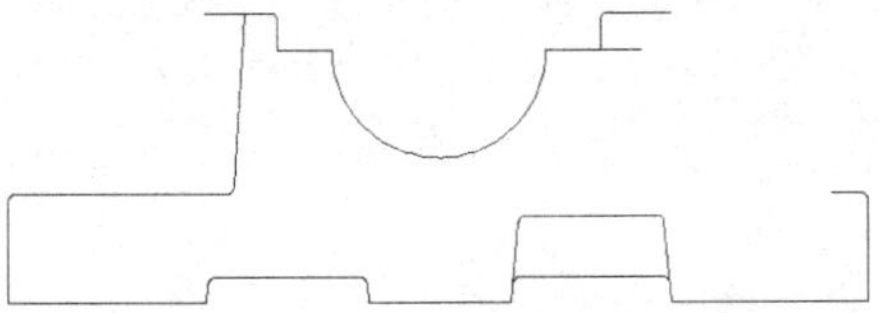

图 96-2　复制粘贴图形

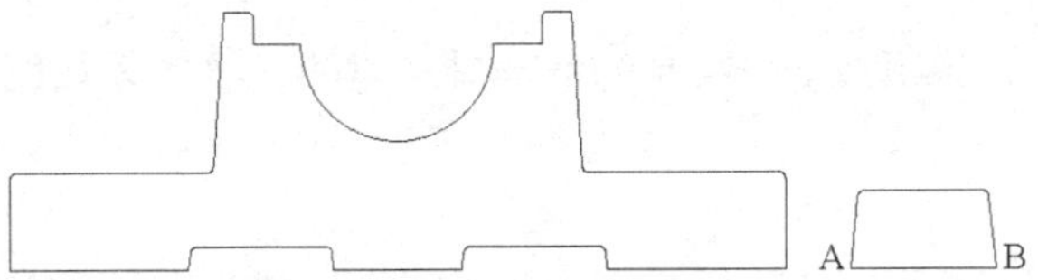

图 96-3　编辑图形

13 单击“绘图”工具栏中的“面域”按钮，利用“面域”命令将两个封闭的图形创建为两个面域。

14 单击“建模”工具栏中的“拉伸”按钮，利用“拉伸”命令拉伸两个面域，拉伸高度分别为 55mm 和 26.4mm，得到滑动轴承座主体和挖切方孔的三维实体。

15 单击“动态观察器”工具栏中的“自由动态观察”按钮，调整观察方向。

16 单击“视觉样式”工具栏中的“三维线框视觉样式”按钮，将三维实体显示为三维线框视觉样式。

17 单击“绘图”工具栏中的“直线”按钮，利用“直线”命令连接滑动轴承座主体中轮廓线的中点 C 和 D、挖切方孔的三维实体中轮廓线的中点 E 和 F。

18 单击 USC 工具栏中的“原点”按钮，将坐标系原点移到直线 CD 的中点处，如图 96-4 所示。

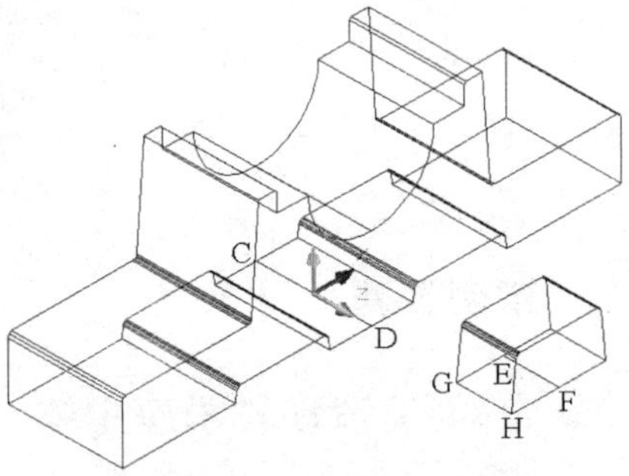

图 96-4　创建滑动轴承座主体

二、挖带斜度的方孔和螺栓通孔

1 单击“修改”工具栏中的“删除”按钮，利用“删除”命令将直线 CD 删除。

2 单击 USC 工具栏中的“Y”按钮，将坐标系绕 Y 轴旋转-90°。

3 利用“剖切”命令将挖切方孔的三维实体的前后端面切斜，斜度为 1:10，如图 96-5 所示。

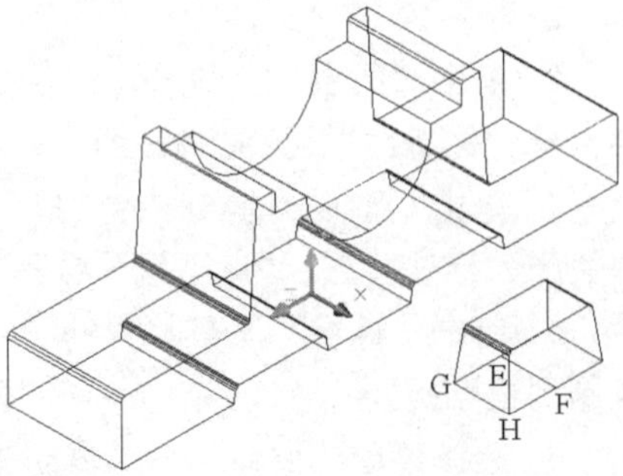

图 96-5　斜切三维实体

```
命令: _slice　　　(选择菜单“修改”→“三维操作”→“剖切”选项，启动“剖切”命令)
选择要剖切的对象:　　　(单击挖切方孔的三维实体)
找到 1 个
选择要剖切的对象:↙　　　(回车，结束选择要剖切的对象)
指定切面的起点或 [平面对象(O)/曲面(S)/Z 轴(Z)/视图(V)/XY/YZ/ZX/三点(3)] <三点>:↙
(回车，选择“三点”选项)
指定平面上的第一个点:　　　(捕捉端点E)
指定平面上的第二个点:　　　(捕捉端点G)
指定平面上的第三个点: @1,10↙　　　(输入第三点相对于G点的坐标，回车)
在所需的侧面上指定点或 [保留两个侧面(B)] <保留两个侧面>:　　　(捕捉端点F)
命令: _slice　　　(选择菜单“修改”→“三维操作”→“剖切”选项，启动“剖切”命令)
选择要剖切的对象:　　　(单击挖切方孔的三维实体)
找到 1 个
选择要剖切的对象:↙　　　(回车，结束选择要剖切的对象)
指定 切面 的起点或 [平面对象(O)/曲面(S)/Z 轴(Z)/视图(V)/XY/YZ/ZX/三点(3)] <三点
>:↙　　　(回车，选择“三点”选项)
指定平面上的第一个点:　　　(捕捉端点F)
指定平面上的第二个点:　　　(捕捉端点H)
指定平面上的第三个点: @-1,10↙　　　(输入第三点相对于H点的坐标，回车)
在所需的侧面上指定点或 [保留两个侧面(B)] <保留两个侧面>:　　　(捕捉端点E)
```

4 单击 USC 工具栏中的“上一个 USC”按钮，返回上一个坐标系。

5 单击 USC 工具栏中的“X”按钮，将坐标系统绕 X 轴旋转-90°。

6 单击“建模”工具栏中的“三维移动”按钮，利用“三维移动”命令移动斜切后的三维实体。移到的基点为在 EF 的中点，第 2 点的坐标为（42.5, 0, 0）。

7 单击“修改”工具栏中的“删除”按钮，利用“删除”命令将直线 EF 删除。

8 单击“建模”工具栏中的“圆柱体”按钮，利用“圆柱体”命令创建底面半径为 6.5mm、高度为 56mm 的圆柱体，底面圆心的坐标为（42.5, 24, 0）。

9 选择菜单“修改”→“三维操作”→“三维镜像”选项，利用“三维镜像”命令以 YOZ 平面为对称面，做斜切后三维实体和圆柱体的镜像，如图 96-6 所示。

10 单击“建模”工具栏中的“差集”按钮，利用“差集”命令将滑动轴承座主体与两个斜切的三维实体、两个圆柱体做“差集”运算，挖出带斜度的方孔和螺栓通孔，如图 96-7 所示。

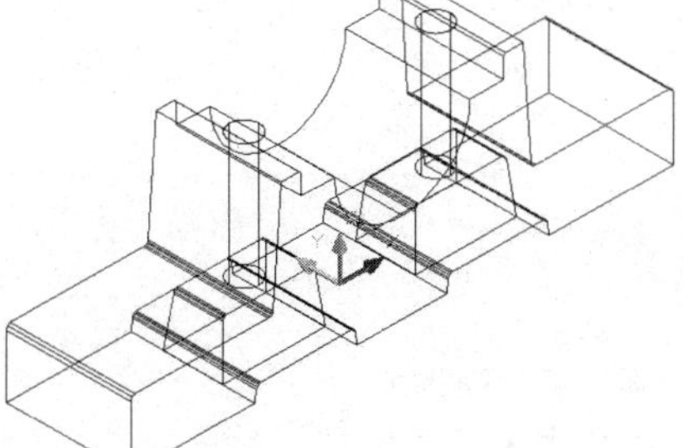

图 96-6　做三维实体的镜像

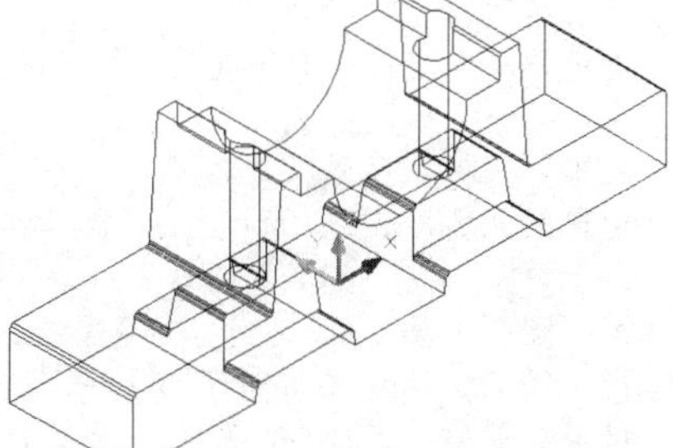

图 96-7　挖带斜度的方孔和螺栓通孔

三、创建凸台、挖安装孔

1 单击“标准”工具栏中的“打开”按钮，利用“打开”命令打开图形文件“滑动轴承座.dwg”。

2 单击“标准”工具栏中的“复制”按钮，将滑动轴承座零件图的俯视图中的部分轮廓线复制到粘贴板。

3 选择菜单“窗口”→“滑动轴承座三维实体.dwg”选项，将该图形切换为当前图形。单击“标准”工具栏中的“粘贴”按钮，在适当位置单击，将复制到粘贴板的图形粘贴到当前图形中。

4 选择菜单“格式”→“图层工具”→“图层匹配”选项，利用“图层匹配”命令将粘贴的图形的图层修改为“轮廓线”层。如图 96-8 所示。

5 单击“修改”工具栏中的“移动”按钮，利用“移动”命令调整两个圆弧的位置。

6 打开状态栏中的“正交”按钮。回车，再次启动“移动”命令，将小圆弧沿 Z 轴正方向设置向上移动 50mm。

7 选择菜单“修改”→“拉长”选项，利用“拉长”命令中的“增量”选项将两条直线拉长 5mm。

8 单击“绘图”工具栏中的“直线”按钮，利用“直线”命令分别连接两条拉长直线的新端点以及两个圆弧的端点 I 和 J、K 和 L，如图 96-9 所示。

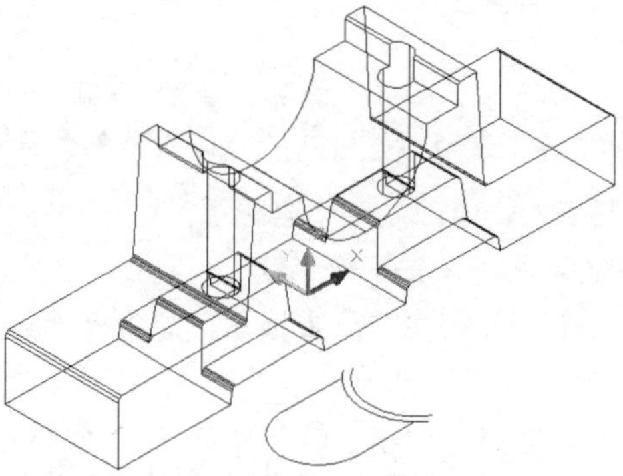

图 96-8 复制粘贴图形

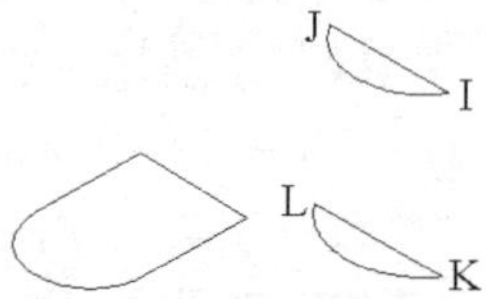

图 96-9 编辑粘贴的图形

9 单击“绘图”工具栏中的“面域”按钮，利用“面域”命令将由半圆和 3 条直线构成的封闭的图形创建为面域。

10 利用“多段线”命令绘制图 96-9 中由直线 IJ 和小圆弧构成的图形。

```
命令: _pline        (单击“绘图”工具栏中的“多段线”按钮，启动“多段线”命令)
指定起点:        (捕捉端点I)
当前线宽为 0.0000
指定下一个点或 [圆弧(A)/半宽(H)/长度(L)/放弃(U)/宽度(W)]:        (捕捉端点J)
指定下一点或 [圆弧(A)/闭合(C)/半宽(H)/长度(L)/放弃(U)/宽度(W)]: A↙        (输入A，回车，选择“圆弧”选项)
指定圆弧的端点或[角度(A)/圆心(CE)/闭合(CL)/方向(D)/半宽(H)/直线(L)/半径(R)/第二个点(S)/放弃(U)/宽度(W)]: CE↙        (输入CE，回车，选择“圆心”选项)
指定圆弧的圆心:        (捕捉圆弧IJ的圆心)
指定圆弧的端点或 [角度(A)/长度(L)]:        (捕捉圆弧的端点J)
指定圆弧的端点或[角度(A)/圆心(CE)/闭合(CL)/方向(D)/半宽(H)/直线(L)/半径(R)/第二个点(S)/放弃(U)/宽度(W)]: ↙        (回车，结束“多段线”命令)
```

11 使用同样方法，利用“多段线”命令可以绘制由直线 KL 和大圆弧构成的图形。

12 单击“修改”工具栏中的“移动”按钮，利用“移动”命令同时移动两条多段线。

13 单击“修改”工具栏中的“删除”按钮，利用“删除”命令将绘制多段线之前的直线和圆弧删除。

14 单击“绘图”工具栏中的“直线”按钮，利用“直线”命令连接两条多段线的端点 I 和 K，如图 96-10 所示。

15 单击“建模”工具栏中的“拉伸”按钮，利用“拉伸”命令拉伸面域，拉伸高度为 5mm。

16 利用“放样”命令创建三维实体，如图 96-11 所示。

```
命令: _loft      (单击“建模”工具栏中的“放样”按钮，启动“放样”命令)
按放样次序选择横截面:      (单击下方多段线)
找到 1 个
按放样次序选择横截面:      (单击上方多段线)
找到 1 个，总计 2 个
按放样次序选择横截面:↙      (回车，结束选择横截面)
输入选项 [导向(G)/路径(P)/仅横截面(C)] <仅横截面>: P↙      (输入P，回车，选择“路径”选项)
选择路径曲线:      (单击直线IK)
```

17 单击“建模”工具栏中的“三维移动”按钮，利用“三维移动”命令移动拉伸后得到的圆头长方体。移动的基点为该实体不可见端面的圆心，第 2 点的坐标为 (90, 0, 30)。

18 回车，再次启动“三维移动”命令，移动放样后的后的三维实体。移动的基点为该实体轮廓线的中点 M，第 2 点为在滑动轴承座主体的上表面上的轮廓线上捕捉的中点。

19 单击“建模”工具栏中的“圆柱体”按钮，利用“圆柱体”命令创建底面半径为 8.5mm，高度为 35mm 的圆柱体，其底面圆心的坐标为 (-90, 0, 0)，如图 96-12 所示。

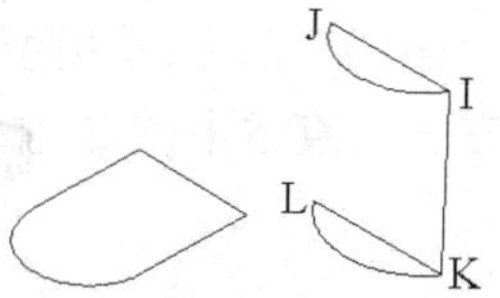

图 96-10　创建面域，绘制多段线

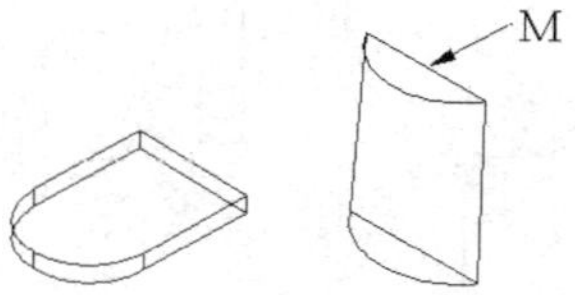

图 96-11　拉伸和放样的结果

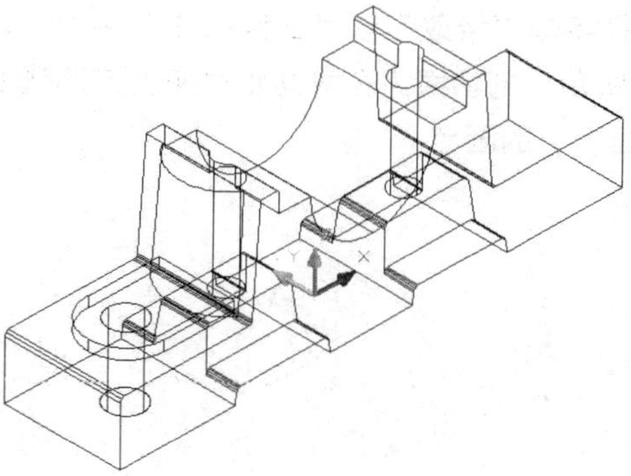
图 96-12　绘制圆柱体

20 选择菜单“修改”→“三维操作”→“三维镜像”选项，利用“三维镜像”命令以 YOZ 平面为对称面，做圆头长方体、圆柱体和放样得到的三维实体的镜像，如图 96-13 所示。

21 单击“建模”工具栏中的“并集”按钮，利用“并集”命令将滑动轴承座主体和两个放样得到的三维实体、两个圆头长方体合并。

22 单击“建模”工具栏中的“差集”按钮，利用“差集”命令将合并后的三维实体与两个圆柱体做“差集”运算，创建出凸台并挖出安装孔，如图 96-14 所示。

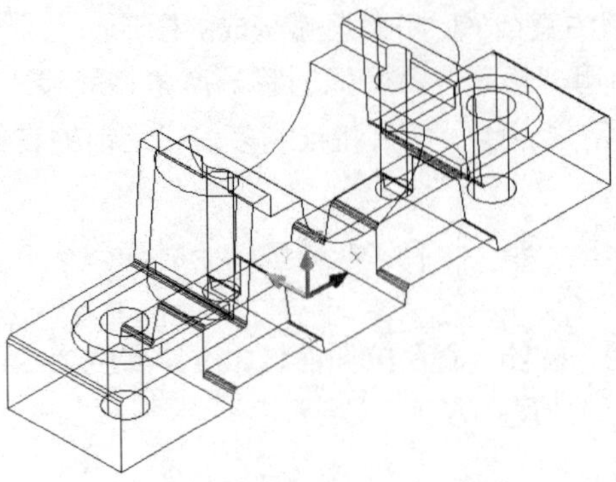

图 96–13　做三维实体的镜像

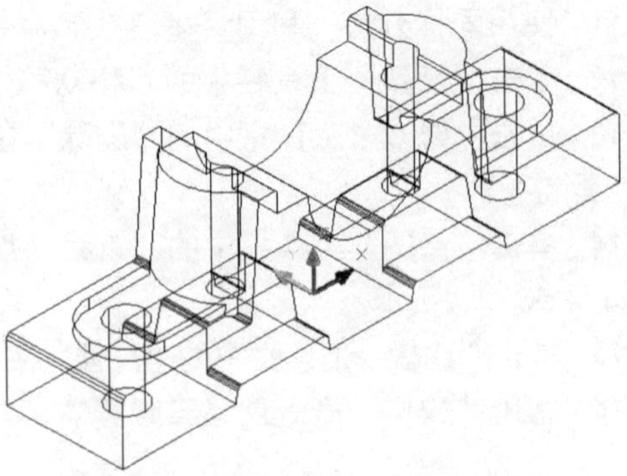

图 96–14　创建出凸台并挖出安装孔

四、创建圆台凸缘、挖下轴衬孔

1 单击 USC 工具栏中的“X”按钮，将坐标系绕 X 轴旋转 90°。

2 利用“圆锥体”命令创建圆台。

```
命令: _cone　　　（单击“建模”工具栏中的“圆锥体”按钮，启动“圆锥体”命令）
指定底面的中心点或 [三点(3P)/两点(2P)/相切、相切、半径(T)/椭圆(E)]:　　　（捕捉半圆孔可见端面的圆心）
指定底面半径或 [直径(D)] <17.000>: 40.5↙　　　（输入端面半径40.5，回车）
指定高度或 [两点(2P)/轴端点(A)/顶面半径(T)] <30.0000>: T↙　　　（输入T，回车，选择“顶面半径”选项）
指定顶面半径 <0.0000>: 38↙　　　（输入顶面半径38，回车）
指定高度或 [两点(2P)/轴端点(A)] <30.0000>: 5↙　　　（输入高度5，回车）
```

3 选择菜单“修改”→“三维操作”→“三维镜像”选项，利用“三维镜像”命令以 XOY 平面为对称面，做圆台的镜像，如图 96–15 所示。

4 选择菜单“修改”→“三维操作”→“剖切”选项，利用“剖切”命令剖切两个圆台，如图 96–16 所示。剖切面为在滑动轴衬座上方凹槽底面上捕捉的不在一条直线上的 3 个点，在并保留剖切平面下方的圆台。

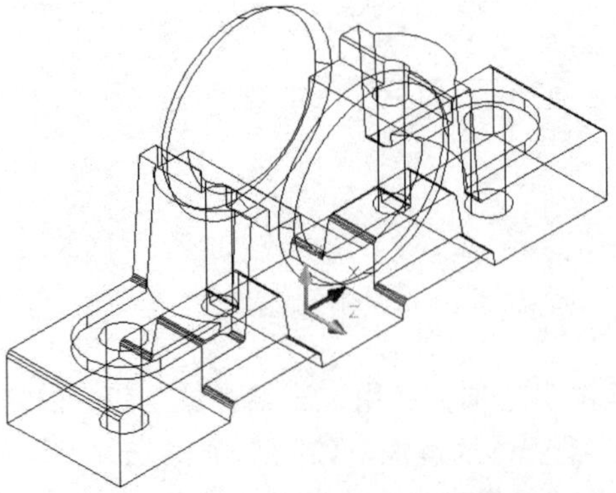

图 96–15　创建圆台，并做镜像

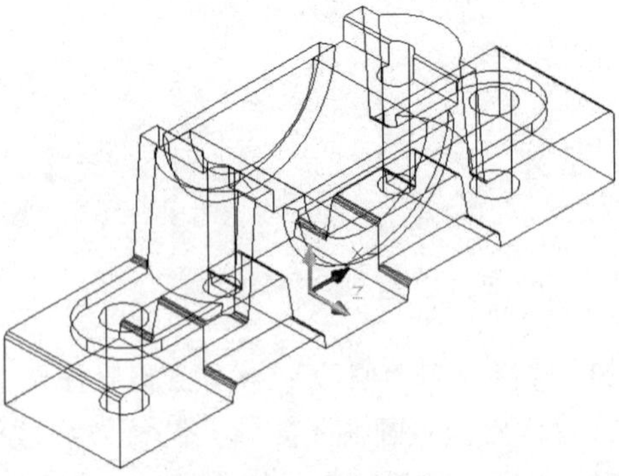

图 96–16　剖切圆台

5 单击“建模”工具栏中的“圆柱体”按钮，利用“圆柱体”命令创建底面半径为 30mm、高度为 65mm 的圆柱体，底面圆心为后方一半圆台顶面的圆心。

6 回车，再次启动“圆柱体”命令，创建底面半径为 33mm、高度为 30mm 的圆柱体，底面圆心的坐标为（0, 70, −15），如图 96−17 所示。

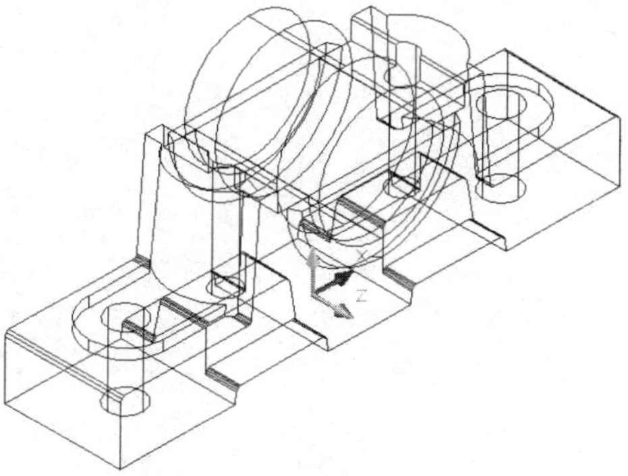

图 96−17　创建圆柱体

7 单击“建模”工具栏中的“并集”按钮，利用“并集”命令将滑动轴承座主体与两个一半圆台合并。

8 单击“建模”工具栏中的“差集”按钮，利用“差集”命令将合并后的三维实体与两个圆柱体做“差”运算，创建出圆台凸缘并挖出下轴衬孔，如图 96−18 所示。

9 单击“修改”工具栏中的“倒角”按钮，利用“倒角”命令在下轴衬孔在前后圆台凸缘的端面上的半圆处创建倒角，倒角距离为 2mm。

10 单击“修改”工具栏中的“圆角”按钮，利用“圆角”命令在创建的滑动轴衬座三维实体上创建圆角，圆角半径为 2mm，如图 96−19 所示。

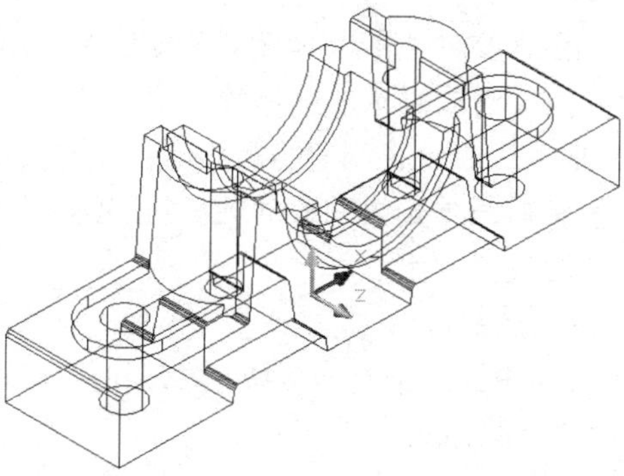

图 96−18　创建圆台凸缘并挖出下轴衬孔

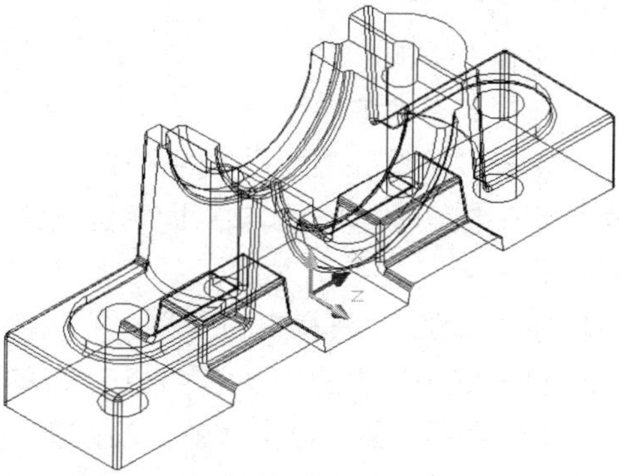

图 95−19　绘制倒角和圆角

11 设置渲染目标和渲染材质，并创建纯白色渲染视图。单击“渲染”工具栏中的“渲染”按钮，即可对滑动轴承座三维实体进行渲染，如图 96−1 所示。

完成创建滑动轴承座三维实体。

实例 97　滑动轴承三维爆炸图

本实例所用的三维绘图命令：“用户坐标系” USC 命令、“当前视觉样式” Vscurrent 命令、“三维旋转” 3drotate 命令、“剖切” Slice 命令、“长方体” Box 命令、“拉伸” Extrude 命令、“交集” Intersect 命令、“三维移动” 3dmove 命令、“并集” Union 命令、“三维移动” 3dmove 命令、“材质” Materials 命令、“渲染” Render 命令。

滑动轴承三维爆炸图如图 97−1 所示。

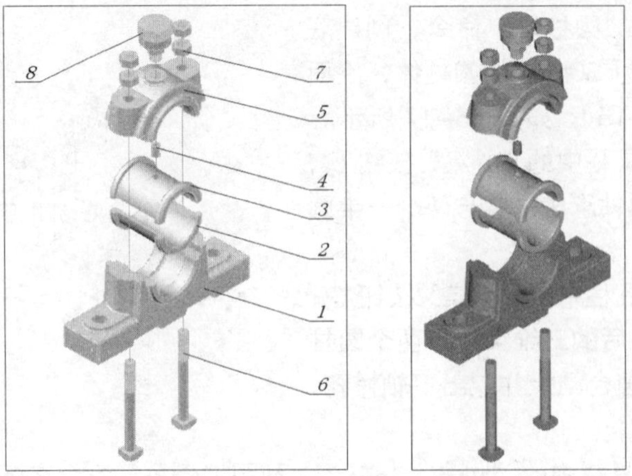

(a)　　　　　　　　　　(b)

图 97-1　滑动轴承三维爆炸图

绘制步骤

1 单击“标准”工具栏中的“打开”按钮，打开保存的图形文件“滑动轴承座三维实体.dwg”。

2 选择菜单“文件”→“另存为”选项，将图形保存为“滑动轴承三维爆炸图.dwg”。

3 单击“绘图”工具栏中的“插入”按钮，利用“插入”命令将创建的沉头螺钉三维实体、六角螺母三维实体、油杯和轴衬固定套三维实体、滑动轴承轴衬三维实体和滑动轴承盖三维实体插入当前图形中。“插入”对话框中“比例”设置均为 1，角度设置均为 0。

4 单击 USC 工具栏中的“原点”按钮，调整坐标系原点的位置。

5 打开状态栏中的“正交”按钮，单击“建模”工具栏中的三维旋转”按钮，利用“三维旋转”命令将插入的三维实体的方向调整为在滑动轴承中的装配方向。

调整沉头螺钉三维实体[其插入后的方向如图 97-2(a)所示]的方向。

命令: _3drotate
UCS 当前的正角方向: ANGDIR=逆时针　ANGBASE=0
选择对象:　　(单击沉头螺钉三维实体)
找到 1 个
选择对象:↙　　(回车，结束旋转三维旋转对象)
指定基点:　　(捕捉沉头螺钉三维实体头部可见端面的圆心，出现三个相互垂直的圆，这三个圆的圆心均为基点)
拾取旋转轴:　　(将光标移到与YOZ面平行的圆上，该圆变为黄色后，出现与X轴平行的旋转轴，旋转轴的颜色与其平行的坐标轴的颜色相同，如图97-2(b)所示。此时单击鼠标左键，即可拾取该轴为旋转轴)
指定角的起点:　　(沿Z轴正方向移动光标，如图97-2(c)所示，在适当位置单击)
指定角的端点: 90↙　　(输入90，回车，沉头螺钉三维实体绕旋转轴旋转90°，如图97-2(d)所示)

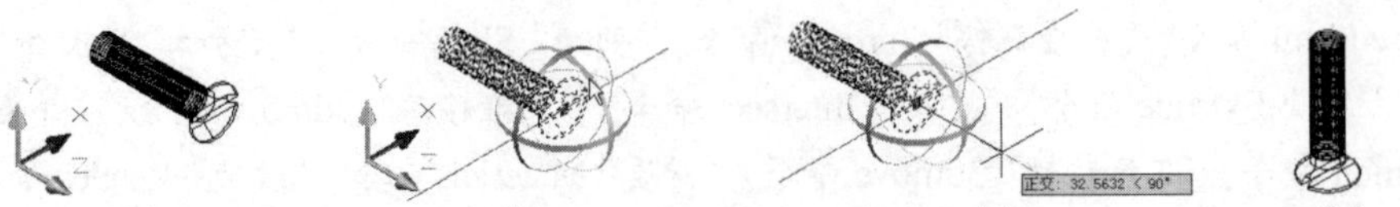

(a)　　　　(b)　　　　(c)　　　　(d)

图 97-2　利用“三维旋转”命令调整三维实体的方向

6 单击“视觉样式”工具栏中的“视觉样式管理器”按钮，打开“视觉样式管理器”选项板。在“图形中的可用视觉样式”预览框中双击“真实”视觉样式，选中该样式后，在“材质与颜色”选项栏中的“面颜色模式”下拉列表中选择“单色”选项，在“单色”下拉列表中选择“255, 255, 255”选项。在“边设置”选项栏中的“颜色”下拉列表中选择“196, 196, 196”选项，如图 97-3 所示。

7 设置“视觉样式管理器”选项板的同时，绘图区内的三维实体便按照设置的“真实”视觉样式显示。关闭“视觉样式管理器”选项板，如图 97-4 所示。

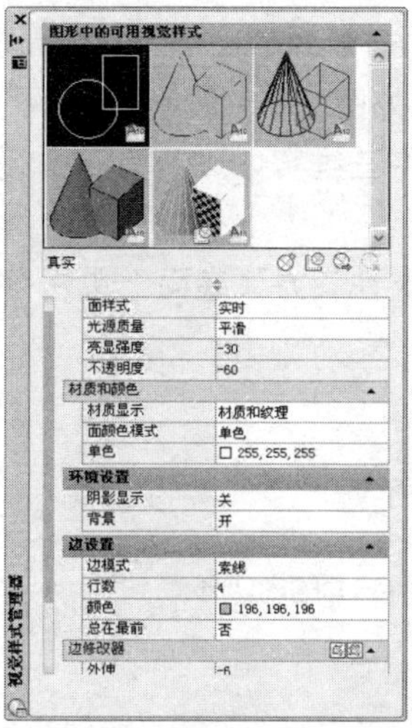

图 97-3　“视觉样式管理器”选项板

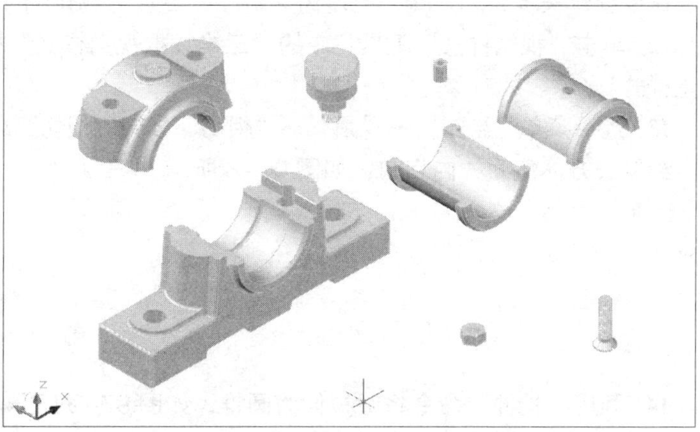

图 97-4　将三维实体显示为“真实”视觉样式

8 单击“修改”工具栏中的“缩放”按钮，利用“缩放”命令将沉头螺钉三维实体和六角螺母三维实体放大 1.2 倍。

9 选择菜单“修改”→“三维操作”→“剖切”选项，利用“剖切”命令切去螺钉三维实体的头部，保留螺杆三维实体，如图 97-5 所示。

10 利用“实体编辑”命令将螺杆三维实体拉长，如图 97-6 所示。

```
命令: _solidedit        (单击“实体编辑”工具栏中的“拉伸面”按钮)
实体编辑自动检查: SOLIDCHECK=1
输入实体编辑选项 [面(F)/边(E)/体(B)/放弃(U)/退出(X)] <退出>: _face
输入面编辑选项[拉伸(E)/移动(M)/旋转(R)/偏移(O)/倾斜(T)/删除(D)/复制(C)/颜色(L)/
材质(A)/放弃(U)/退出(X)] <退出>: _extrude
选择面或 [放弃(U)/删除(R)]:        (单击螺杆三维实体不可见端面的圆周)
找到 2 个面。
选择面或 [放弃(U)/删除(R)/全部(ALL)]: R↙        (输入R，回车，选择“删除”选项)
删除面或 [放弃(U)/添加(A)/全部(ALL)]:        (单击螺杆三维实体中圆柱的素线)
找到一个面，已删除 1 个。
删除面或 [放弃(U)/添加(A)/全部(ALL)]:↙        (回车，结束选择删除面)
指定拉伸高度或 [路径(P)]: 78↙        (输入拉伸高度78，回车)
指定拉伸的倾斜角度 <0>:↙        (回车，拉伸的倾斜角度为0)
已开始实体校验。
已完成实体校验。
输入面编辑选项[拉伸(E)/移动(M)/旋转(R)/偏移(O)/倾斜(T)/删除(D)/复制(C)/颜色(L)/
材质(A)/放弃(U)/退出(X)] <退出>:↙        (回车，选择“实体编辑”命令)
```

图 97-5　切去螺钉实体的头部

图 97-6　拉长螺杆实体

11 将“轮廓线”层设置为当前层，单击“建模”工具栏中的“长方体”按钮，利用“长方体”命令创建长度为 20mm、宽度为 20mm、高度为 9mm 的长方体，如图 97-7 所示。

12 单击“视觉样式”工具栏中的“三维线框视觉样式”按钮，将三维实体显示为三维线框视觉样式。

13 选择菜单“绘图”→“圆”→“相切、相切、相切”选项，依次在长方体底面上单击 3 个边，绘制长方体底面的内切圆，如图 97-8 所示。

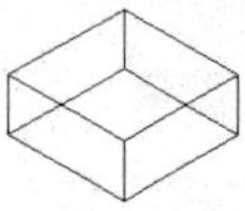

图 97-7　拉伸面域

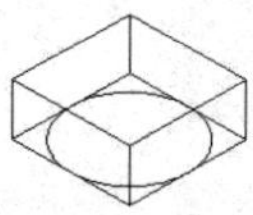

图 97-8　绘制长方体底面的内切圆

14 利用“拉伸”命令将圆拉伸为圆锥，如图 97-9 所示。

```
命令: _extrude        (单击“建模”工具栏中的“拉伸”按钮，启动“拉伸”命令)
当前线框密度: ISOLINES=4
选择要拉伸的对象:        (单击长方体底面的内切圆)
找到 1 个
选择要拉伸的对象:↙        (回车，结束选择要拉伸的对象)
指定拉伸的高度或 [方向(D)/路径(P)/倾斜角(T)] <9.0000>: T↙        (输入T，回车，选择“倾斜角”选项)
指定拉伸的倾斜角度 <60>: 60↙        (输入拉伸的倾斜角度60，回车)
指定拉伸的高度或 [方向(D)/路径(P)/倾斜角(T)] <9.0000>: -10↙    (输入拉伸高度-10，回车)
```

15 单击“修改”工具栏中的“缩放”按钮，利用“缩放”命令将圆锥体放大 3 倍，如图 97-10 所示。

16 单击“建模”工具栏中的“交集”按钮，利用“交集”命令将圆锥体和长方体做“交集”运算，在长方体的底面上切出倒角，得到方头螺栓的头部三维实体，如图 97-11 所示。

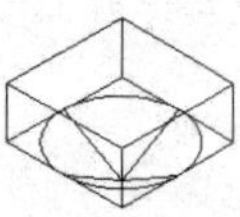

图 97-9　将圆拉伸为圆锥体

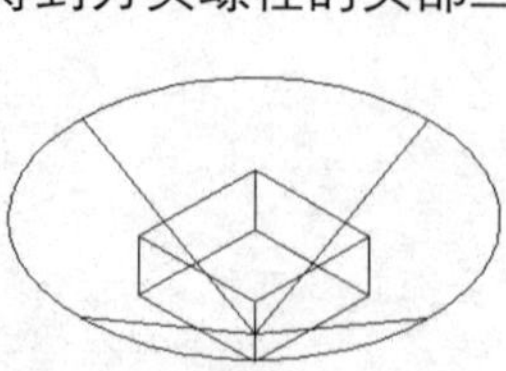

图 97-10　将圆锥体放大 3 倍

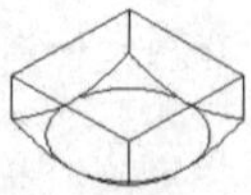

图 97-11　方头螺栓的头部三维实体

17 单击“绘图”工具栏中的“直线”按钮，利用“直线”命令在方头螺栓的头部三维实体上端面中绘制对角线。

18 单击“建模”工具栏中的“三维移动”按钮，利用“三维移动”命令移动方头螺栓的头部三维实体。移动的基点为对角线的中点，第 2 点为螺杆三维实体不可见端面的圆心。

19 单击“修改”工具栏中的“删除”按钮，利用“删除”命令将对角线删除。

20 单击“建模”工具栏中的“并集”按钮，利用“并集”命令将方头螺栓的头部三维实体与螺杆三维实体合并，得到方头螺栓三维实体，如图 97–12 所示

21 双击“标准”工具栏中的“缩放上一个”按钮，回到“真实”视觉样式显示状态。

22 单击“修改”工具栏中的“复制”按钮，利用“复制”命令复制出 3 个六角螺母三维实体和一个螺栓三维实体，如图 97–13 所示。

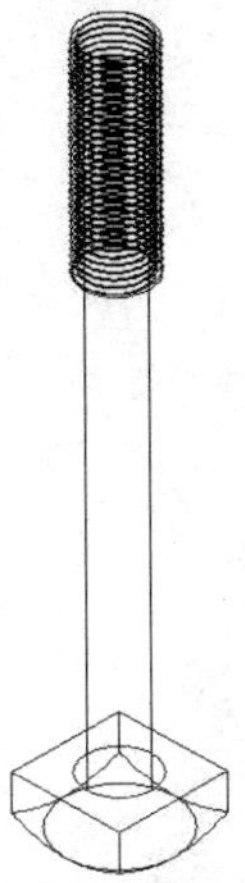

图 97–12　方头螺栓三维实体

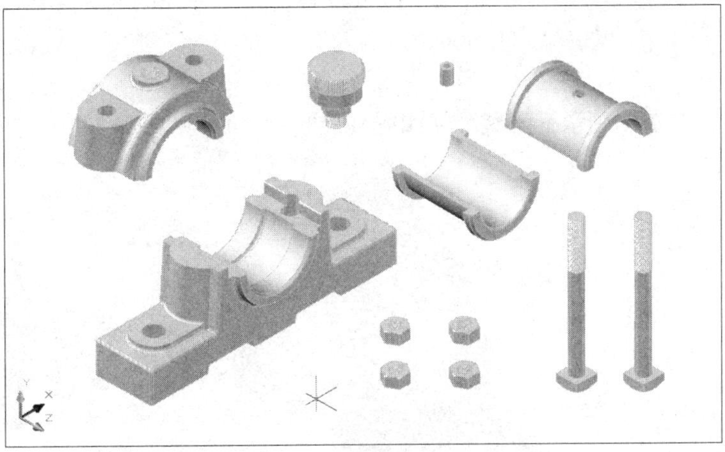

图 97–13　编辑三维实体

23 单击“建模”工具栏中的“三维移动”按钮，利用“三维移动”命令将各零件的三维实体移到装配轴线上。移动三维实体时可以利用临时追踪点捕捉或对象捕捉追踪模式。

24 按照装配次序给各零件的三维实体编号（该序号与装配图中的序号无关），即可绘制出滑动轴承的三维爆炸图，如图 97–1(a)所示。

25 单击“渲染”工具栏中的“材质”按钮，在弹出的“材质”选项板中单击该选项板中“创建新材质”按钮，创建五种新材质。“材质”选项板中共有 7 种材质，分别设置每一种材质，如图 97–14 所示。

26 在“材质”选项板的预览框中选中一种材质后，单击“将材质应用到对象”按钮，将该材质应用于相应的三维实体。其中上轴衬和下轴衬三维实体的材质相同，两个螺栓三维实体的材质相同，4 个六角螺母三维实体的材质相同。

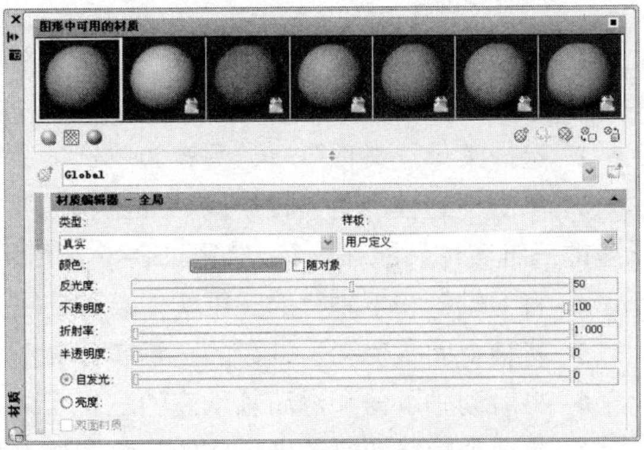

图 97–14　创建并设置新材质

27 创建纯白色渲染视图。单击“渲染”工具栏中的“渲染”按钮，即可得到滑动轴承三维爆炸图渲染图，如图 97–1(b)所示。

完成创建滑动轴承三维爆炸图。

实例 98 滑动轴承三维装配体

本实例所用的三维绘图命令：“用户坐标系”USC 命令、“当前视觉样式”Vscurrent 命令、“三维旋转”3drotate 命令、“剖切”Slice 命令、“长方体”Box 命令、“拉伸”Extrude 命令、“交集”Intersect 命令、“三维移动”3dmove 命令、“并集”Union 命令、

滑动轴承三维装配体如图 98-1 所示。

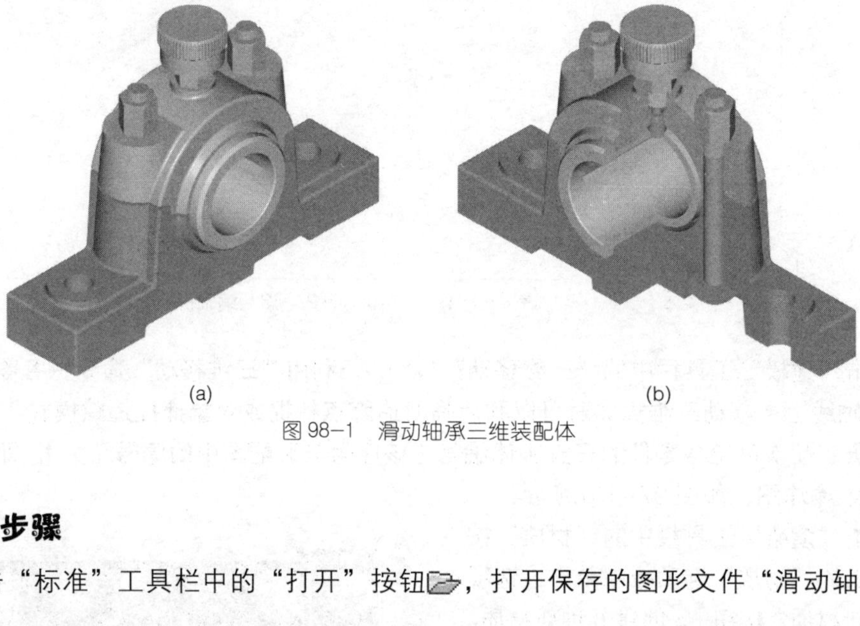

(a) (b)

图 98-1 滑动轴承三维装配体

绘制步骤

1 单击“标准”工具栏中的“打开”按钮，打开保存的图形文件“滑动轴承三维爆炸图.dwg”。

2 选择菜单“文件”→“另存为”选项，将图形保存为“滑动轴承三维装配体.dwg”。

3 单击“建模”工具栏中的“三维移动”按钮，利用“三维移动”命令将下轴衬和滑动轴承座的三维实体装配在一起，如图 98-2(a)所示。

4 将上轴衬和下轴衬的三维实体装配在一起，如图 98-2(b)所示。

5 将轴衬固定套和上轴衬的三维实体装配在一起，如图 98-2(c)所示。

6 将滑动轴承盖和滑动轴承座的三维实体装配在一起，如图 98-2(d)所示。

7 将两个螺栓和滑动轴承座的三维实体装配在一起，如图 98-2(e)所示。

8 将四个螺母和两个螺栓的三维实体装配在一起，如图 98-2(f)所示。

9 将油杯和滑动轴承盖的三维实体装配在一起，如图 98-2(g)所示。

该图渲染后即可得到滑动轴承的三维装配体，如图 98-1(a)所示。它是滑动轴承各零件装配在一起的最终效果图，注意保存。

10 选择菜单“视图”→“三维视图”→“西南等轴测”选项，将视图显示为西南等轴测图。

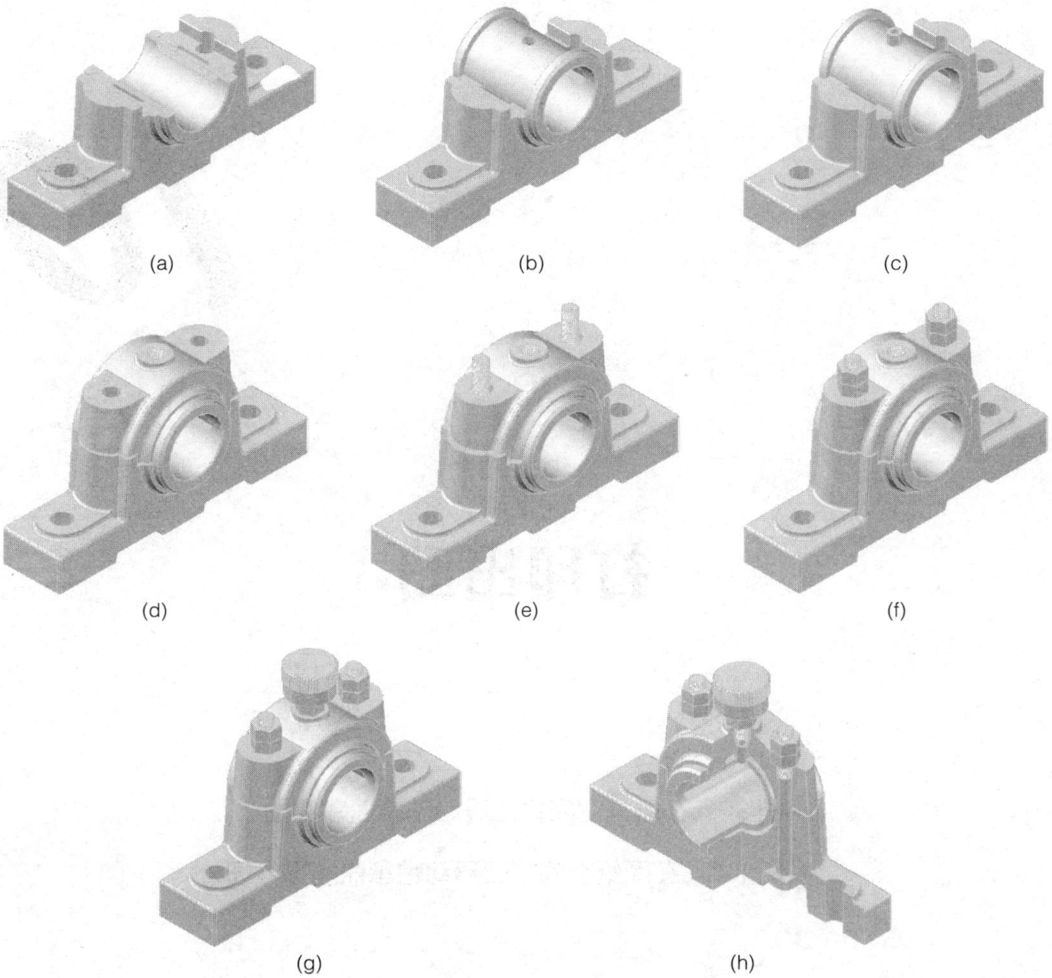

图 98–2　创建滑动轴承三维装配体的过程

11 选择菜单“修改”→“三维操作”→“剖切”选项，利用“剖切”命令将滑动轴承座、下轴衬、上轴衬和滑动轴承盖三维实体沿两个螺栓的轴线所在的前后对称面剖切，并保留前后两部分三维实体。

12 选择菜单“修改”→“三维操作”→“剖切”选项，利用“剖切”命令将滑动轴承座、下轴衬、上轴衬和滑动轴承盖的前半部分三维视图沿油杯和轴衬固定套的轴线所在的左右对称面剖切，并保留剖切面左侧的三维实体。

13 单击“建模”工具栏中的“并集”按钮，利用“并集”命令分别将每个剖切后的一半零件和四分之一零件的三维实体合并，如图 98–2(h)所示。

该图渲染后即可得到剖切后的滑动轴承的三维装配体，如图 98–1(b)所示。

10

打印出图

实例 99　在模型空间打印滑动轴承盖零件图

本实例所用的绘图命令："打开" Open 命令、"打印" Plot 命令。

绘制步骤

1 单击"标准"工具栏中的"打开"按钮，打开保存的零件图"滑动轴承盖.dwg"。

2 在模型空间打开主动齿轮轴零件图，单击"标准"工具栏中的"打印"按钮，或选择菜单"文件"→"打印"选项，弹出如图 99-1 所示"打印 – 模型"对话框。

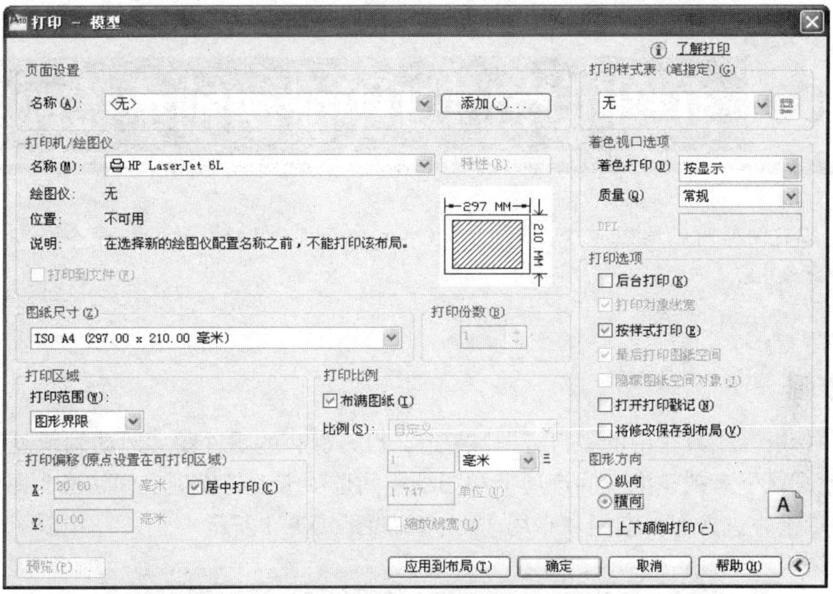

图 99–1　"打印 – 模型"对话框

在该对话框的"打印机/绘图仪"选项栏的"名称"下拉列表中选择使用的打印设备"HP LaserJet 6L"；在"图纸尺寸"下拉列表中选择"A4 (297×210mm) "选项；在"打印份数"文本框中输入打印的份数，若不设置该选项，则只打印一份；在"打印区域"选项栏的"打印范围"下拉列表选择"图形界线"选项；在"打印比例"选项栏中勾选"布满图纸"；在"打印偏移"选项栏勾选"居中打印"；在"图形方向"选项栏中选中"横向"。

3 单击"打印 – 模型"对话框中的"预览"按钮，在弹出的预览窗口内对打印效果进行预览，如图 99–2 所示。

4 得到满意的预览效果后，退出预览窗口，返回"打印 – 模型"对话框，单击"确定"按钮即可在模型空间打印出图。或在预览窗口的工具栏中单击"打印"按钮，或在预览窗口内单击鼠标右键，在弹出的打印预览快捷菜单中选择"打印"选项，也可在模型空间打印出图。

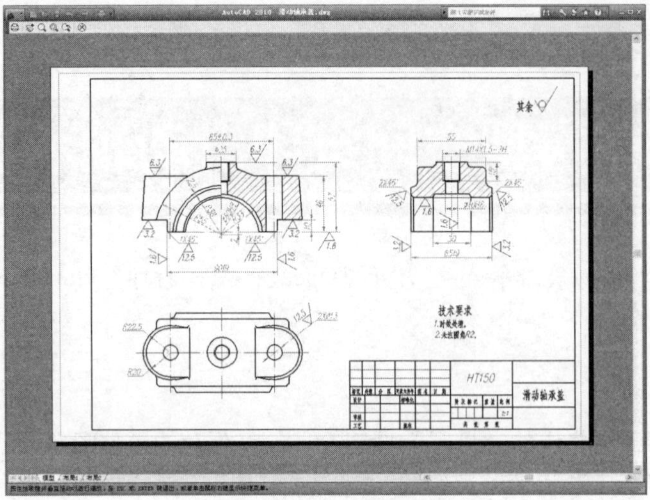

图 99–2　模型空间打印预览

实例 100　在图纸空间打印滑动轴承盖座零件图

本实例所用的绘图命令："打开" Open 命令、"视口" Vports 命令、"打印" Plot 命令。.

绘制步骤

1 单击"标准"工具栏中的"打开"按钮，打开保存的零件图"滑动轴承盖座.dwg"。

2 利用绘图区下方的模型空间选项卡和图纸空间选项卡，将模型空间切换为图纸空间。打开"布局 1"选项卡，进入图纸空间"布局 1"中，如图 100–1 所示。

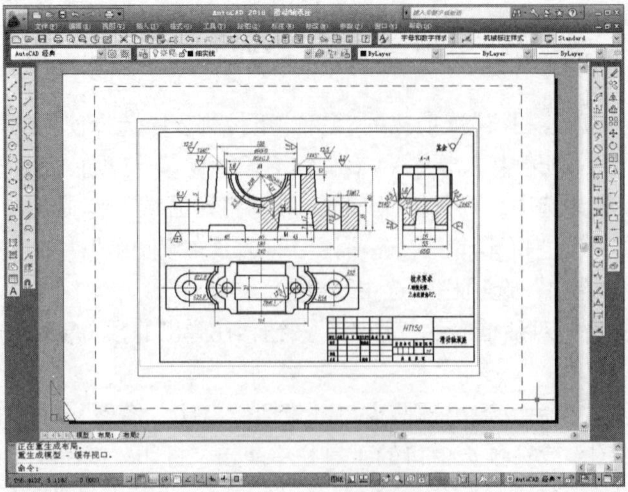

图 100–1　进入图纸空间

3 图 100-1 是未做页面设置时的打印效果。图中的虚线框是打印范围，显示在边界线外面的矩形框是浮动视口。单击"修改"工具栏中的"删除"按钮，将浮动窗口删除，如图 100-2 所示。

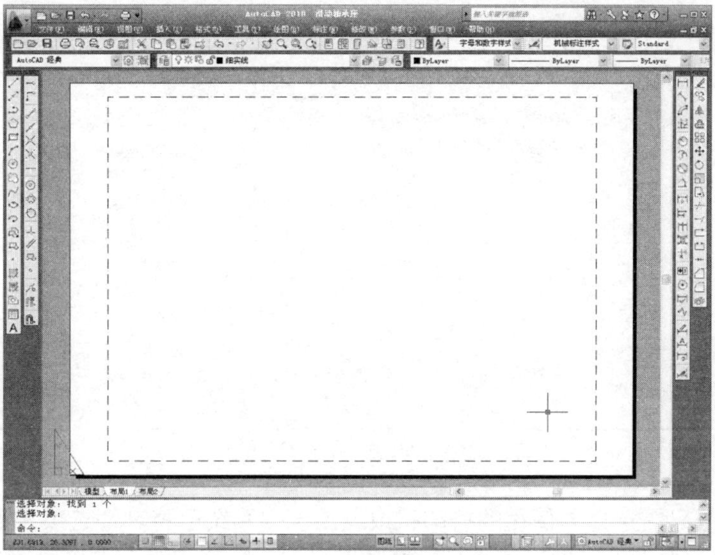

图 100-2　删除浮动视口

4 单击"视口"工具栏中的"单个视口"按钮，或选择"菜单"→"视图"→"视口"→"一个视口"选项，将单个视口布满打印区域，如图 100-3 所示。

命令: _-vports
指定视口的角点或 [开(ON)/关(OFF)/布满(F)/着色打印(S)/锁定(L)/对象(O)/多边形(P)/恢复(R)/2/3/4] <布满>:　　　(回车，选择"布满"选项)
正在重生成模型。

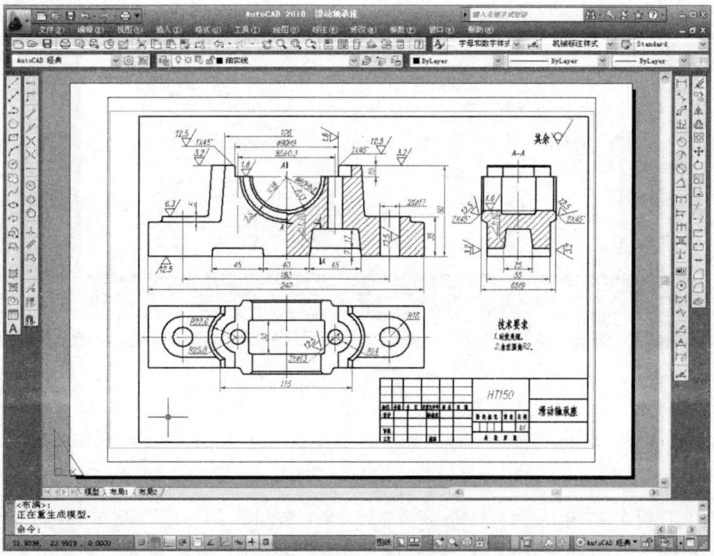

图 100-3　将单个视口布满打印区域

5 单击"标准"工具栏中的"打印"按钮，或选择"菜单"→"打印"选项，弹出如图 100-4 所示的"打印 – 布局 1"对话框。

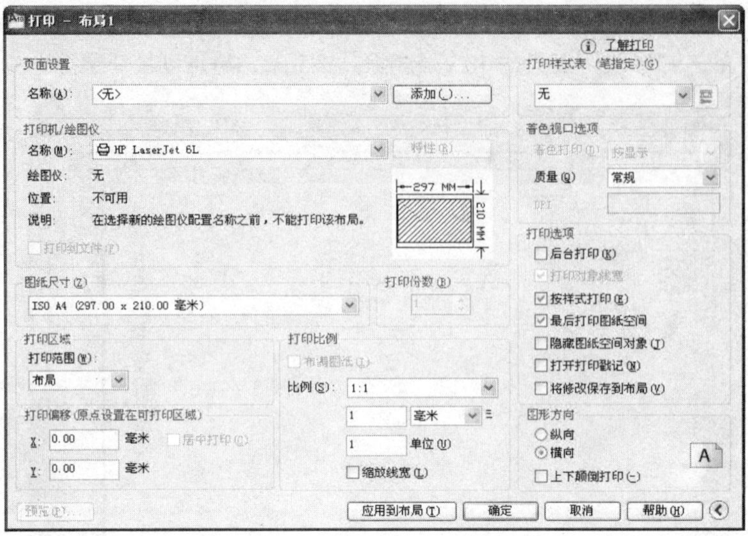

图 100-4 “打印 - 布局 1”对话框

用户在该对话框只需选择要使用的打印机或绘图仪，系统已将其他选项设置好。

6 单击“打印 - 布局 1”对话框中的“预览”按钮，在弹出的预览窗口内对打印效果进行初步预览，如图 100-5 所示。

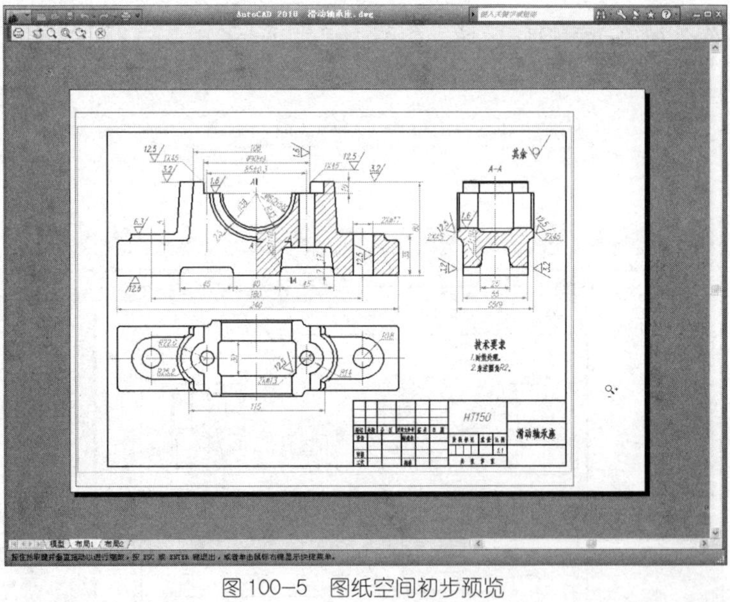

图 100-5 图纸空间初步预览

经初步预览可以看出滑动轴承座零件图在 A4 图纸上的位置偏左，需要重新设置 X 方向和 Y 方向的偏移。

7 单击预览窗口工具栏中的“关闭预览”按钮⊗；或按“Esc”键或按回车键；或单击鼠标右键，弹出如图 100-6 所示的打印预览快捷菜单，在该快捷菜单中选择“退出”选项，退出打印预览窗口，返回“打印 - 布局 1”对话框。

8 在“打印偏移”选项栏中的“X”文本框中输入“18”，“Y”文本框中输入“4”，单击“预览”按钮，预览结果如图 100-7 所示。

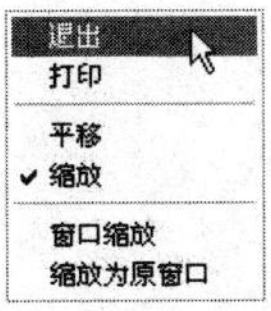

图 100-6　打印预览快捷菜单

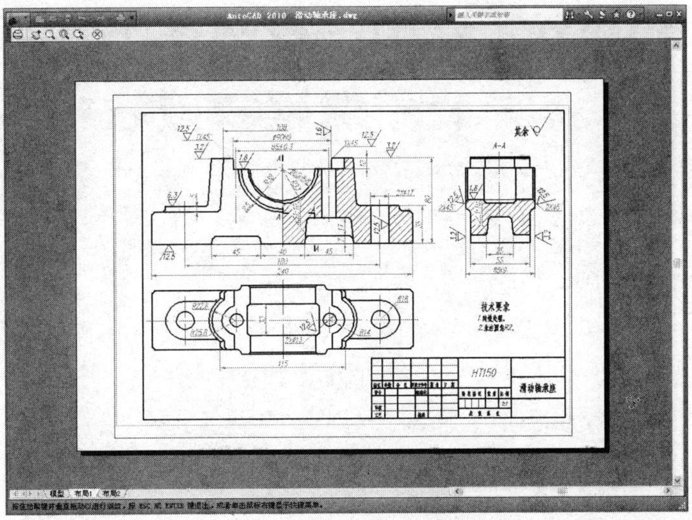

图 100-7　得到满意的预览效果

9 单击“打印－布局 1”对话框中的“确定”按钮，即可在图纸空间打印出图。